जीवन और रसायन विज्ञान

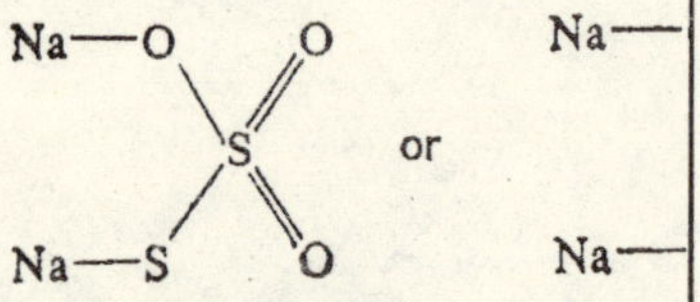

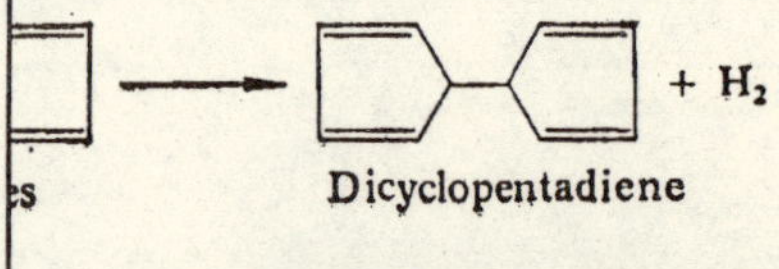

अरुणोदय प्रकाशन

नयी दिल्ली-110002

लोकोपयोगी विज्ञान विश्वकोश

जीवन और रसायन विज्ञान

परामर्श व संपादन

आनन्दिता राय

वाणी प्रकाशन

वाणी प्रकाशन का 'लोगो'
विख्यात चित्रकार मक़बूल फ़िदा हुसेन की
कूची से

ISBN : 978-93-5000-744-0

वाणी प्रकाशन
21-ए, दरियागंज, नयी दिल्ली-110002
द्वारा प्रकाशित

फोन : 0091#11#23273167, 23275710
फैक्स : 0091#11#23275710
ई-मेल : vaniprakashan@gmail.com
vani_prakashan@yahoo.com

प्रथम संस्करण : 2011

आवरण सज्जा : वाणी प्रकाशन
लक्ष्मी ऑफसेट, शाहदरा दिल्ली-110032
द्वारा मुद्रित

मूल्य : 750.00

Jeevan aur Rasayan Vigyan
Ed. Aandita Roy

भूमिका

'लोकोपयोगी विज्ञान विश्वकोश' का यह दूसरा खंड 'जीवन और रसायन विज्ञान' शीर्षक से आपके सम्मुख है। विज्ञान के अध्ययन के अन्तर्गत, रसायन विज्ञान की जो प्रमुख पहचान बनी है, उसका एक प्रमुख कारण मानव जीवन से रसायन विज्ञान का अभिन्न संबंध होना है। पानी, नमक तथा ऐसी अनेक वस्तुएँ हैं, जो पृथ्वी पर मानव जीवन की अनिवार्य शर्त है। हम उनका दैनिक जीवन में उपयोग करते हैं, लेकिन उनके स्वभाव, उनके घटक तत्वों और उनकी शुद्धता-अशुद्धता के बारे में लगभग कुछ नहीं जानते। इसका कारण है जीवन के प्रति हमारा अवैज्ञानिक नजरिया। 'लोकोपयोगी विज्ञान विश्वकोश' का बुनियादी उद्देश्य सर्व-साधारण में वैज्ञानिक चेतना और जीवन के प्रति वैज्ञानिक नजरिया विकसित करना है।

कोई भी विषय हो, उसके दो स्तर होते हैं—एक विशेषज्ञों के लिए, दूसरा सर्वसाधारण के लिए। दूसरी श्रेणी में विशेषज्ञों वाला पहले स्तर की पाठ्यपुस्तकीय कहा जाता है। प्रत्येक विषय को लोकोपयोगी बनाने और उसका सतत विकास करने के लिए विशेषज्ञों की भूमिका निर्विवाद है, किंतु वहीं लोक के बीच उसे प्रतिष्ठित करने, लोक द्वारा उसे अंगीकार करने के लिए यह भी आवश्यक है कि विषय की कुछ ऐसी व्याख्याएँ की जाएँ, ऐसी पाठ्यसामग्री तैयार की जाए, जो विशेषज्ञों वाली दुरुहता से एक सीढ़ी नीचे उतरकर, सभी आयुवर्ग के सामान्य लोगों की समझ और रुचि के अनुरूप रोचक-मनोरंजक शैली में उस विषय का परिचय दें और यह समझ भी विकसित करें कि उक्त विषय का सामान्य लोगों के जीवन में क्या महत्व है, और उसका अध्ययन उनके जीवन को किस प्रकार उपयोगी और सार्थक हो सकता है।

'लोकोपयोगी विज्ञान विश्वकोश' की योजना और रूपरेखा इसी दृष्टिकोण को सामने रख कर विकसित की गई है। सात खंडों में नियोजित और विज्ञान के अध्ययन की विभिन्न शाखाओं-उपशाखाओं को क्रमिक रूप में वर्गीकृत करके इसे सभी आयु वर्ग के सामान्य रुचि के पाठकों की ग्रहणशीलता के अनुरूप बनाया गया है। सरल-सुबोध भाषा और किस्सागोई वाली रोचक शैली में संबंधित विषय को प्रस्तुत करते हुए इस बात का पूरा ध्यान रखा गया है कि कहीं से भी दुरुहता न आने पाए। विषय को अधिक स्पष्ट और पारदर्शी बनाने के लिए यथास्थान चित्रों और तालिकाओं का उपयोग भी किया गया है। 'लोकोपयोगी विज्ञान विश्वकोश के सभी खंडों के लेखक, अनुवादक और संपादक अपने विषय के ख्याति प्राप्त विशेषज्ञ विद्वान हैं।

विज्ञान की विविध शाखाओं को समर्पित यह लोकोपयोगी विश्वकोश, खासतौर से उसका यह खंड, आपको कैसा लगा, यह हम जानना चाहेंगे, ताकि अगले संस्करणों में इसे और अधिक निखारने में आपके सुझावों का हम उपयोग कर सकें।

—प्रकाशक

क्या कहाँ है

रसायन विज्ञान : इतिहास, वर्तमान और रूपरेखा

भूमिका के स्थान पर

किसी जमाने में पूर्व के एक देश में एक बहुत विद्वान और विवेकशील राजा था। एक बार उसके मन में आया कि पृथ्वी पर बसे सभी जनगण के जीवन के बारे में उसे सब कुछ पता होना चाहिए।

उसने अपने वजीरों को बुलाया और उन्हें आज्ञा दी :

''मुझे दुनिया के सारे देशों का इतिहास लिख कर दो और यह बताओ कि वहाँ के लोग पहले कैसे रहते थे और अब कैसे रहते हैं, वे क्या करते हैं, उन्होंने कौन-कौन सी लड़ाइयाँ लड़ी हैं और अब कौन सी लड़ाइयाँ लड़ रहे हैं ; किन देशों में कौन-कौन से व्यापार और कौन-कौन सी कलाएँ पनप रही हैं।''

राजा ने यह काम पाँच साल के अंदर पूरा करने को कहा।

वजीरों ने चुपचाप सिर झुका दिये। इसके बाद उन्होंने देश के हर कोने से बड़े-बड़े विद्वानों को आमंत्रित किया और उन्हें राजा की इच्छा बतायी। कहा जाता है कि इस घटना से चर्मपत्र-उद्योग बहुत फला-फूला।

पाँच साल बाद वजीर महल में इकट्ठे हुए और राजा से बोलेः

''महाराज, आपकी इच्छा पूरी कर दी गई है। जरा खिड़की से बाहर नजर डालें। वहाँ आप अपनी अभिलाषा को साकार हुआ पायेंगे।''

राजा के आश्चर्य का ठिकाना न रहा। महल के सामने ऊंटों का काफिला खड़ा था जो इतना लंबा था कि उसका अंत दिखायी ही नहीं दे रहा था। हर ऊंट की पीठ पर दो बहुत बड़े-बड़े झोले लदे हुए थे और हर झोले में 10 मोटी-मोटी पोथियाँ थीं, जिन पर बड़ी सुंदर जिल्दें चढ़ायी गयी थीं।

''यह क्या है ?''—राजा ने पूछा।

''महाराज ! यह विश्व का इतिहास है,'' वजीरों ने जवाब दिया। ''आपकी आज्ञा पर बड़े-बड़े विद्वानों ने पाँच साल मेहनत करके इसे लिखा है।''

''मेरा मजाक उड़ा रहे हो ?''—राजा ने क्रोधित होकर कहा। ''सारी उम्र पढ़ता रहूँ तो भी इस सबका एक छोटा सा हिस्सा नहीं पढ़ पाऊँगा। उनसे कहो कि मेरे लिये एक छोटा इतिहास लिखें। परंतु कोई भी महत्वपूर्ण घटना छूटे नहीं।''

राजा ने एक साल की मोहलत दी।

एक साल बीत गया और महल के सामने फिर से ऊंटों का काफिला आ खड़ा हुआ। इस बार काफिले में केवल 10 ऊंट थे और हर ऊंट की पीठ पर 10-10 पोथियों दो के झोले लदे हुए थे।

राजा गुस्से से आग बबूला हो गया।

''उनसे बोलो कि केवल उन सबसे महत्वपूर्ण घटनाओं का ब्योरा लिखें जो हर युग में सभी देशों में घटी हैं। इसमें कितना समय लगेगा ?''

यह सुनकर सबसे पहले विद्वान व्यक्ति आगे बढ़ा और बोला :

''महाराज ! आपकी इच्छा कल पूरी हो जायेगी।''

''क्या कहा ? कल ?'' राजा ने हैरान होकर पूछा। ''ठीक है। परंतु अगर तुम मुझे धोखा दोगे तो तुम्हारा सिर कटवा दूंगा।''

सूरज अभी नीले आकाश पर उदित ही हुआ था और कलियां अभी चटकी ही थीं कि राजा ने उस विद्वान को अपने महल में बुलवाया।

विद्वान के हाथ में चंदन की एक मंजूषिका थी। ''महाराज ! इस मंजूषिका में आप उन सर्वाधिक महत्वपूर्ण घटनाओं का ब्योरा पायेंगे जो हर युग में सभी देशों में घटी हैं,'' विद्वान से सिर झुका कर कहा।

राजा ने मंजूषिका खोली। एक मखमली गद्दी पर एक छोटा सा चर्मपत्र रखा हुआ था जिस पर एक वाक्य लिखा हुआ था : ''उनका जन्म हुआ, वे जिये और उनका निधन हो गया।''

कितनी विचित्र दंतकथा है। जब हमसे रसायन के बारे में एक किताब लिखने को कहा गया और हमें यह बताया गया कि कागज सीमित है। (अभिप्राय पुस्तक के आकार से था), तो हमें यह दंतकथा याद आ गयी। इसका मतलब यह हुआ कि हमें केवल महत्वपूर्ण बातों का वर्णन करना है। परंतु सवाल यह उठता है कि रसायन में सबसे महत्वपूर्ण बातें कौन सी हैं ?

''रसायन पदार्थों तथा उनके रूपांतरणों का विज्ञान है।'' (पुस्तक के अंत में हम रसायन की इस परिभाषा पर लौटेंगे)।

यहाँ चंदन की मंजूषिका में रखे चर्मपत्र की याद आना स्वाभाविक है।

हमने अपने सिर खुजाये, दिमाग पर जोर डाला और इस निष्कर्ष पर पहुंचे कि, रसायन की हर चीज महत्वपूर्ण है। एक आदमी को कोई बात बहुत महत्वपूर्ण लग सकती है। उदाहरण के लिये, एक अकार्बनिक रसायनज्ञ के लिये अकार्बनिक रसायन पृथ्वी की नाभि हो सकता है परंतु एक कार्बनिक रसायनज्ञ के विचार बिल्कुल विपरीत हो सकते हैं। इस विषय पर एक से मत नहीं हैं।

सभ्यता कई मुद्दों से बनी है और रसायन-विज्ञान की गिनती इसके सर्वाधिक प्रमुख मुद्दों में की जाती है।

मनुष्य रसायन के बल पर अयस्कों तथा खनिजों से धातुएं प्राप्त करता है। अगर रसायन न होता, तो आधुनिक धात्विकी भी न होती।

रसायन जंतु, वनस्पति तथा खनिज पदार्थों से अद्वितीय तथा अति सुंदर पदार्थ अलग करता है।

रसायन प्रकृति का अनुसरण ही नहीं करता है, बल्कि हर साल उससे आगे भी बढ़ता जा रहा है। रसायन ने ऐसे हजारों, लाखों पदार्थ उत्पन्न किये हैं, जो प्रकृति में नहीं मिलते हैं। इन पदार्थों में अत्यंत महत्वपूर्ण और उपयोगी गुण विद्यमान हैं, जो मनुष्य के जीवन एवं कार्य के लिये नितांत आवश्यक हैं।

रसायन के नेक कामों की सूची असीम है।

जीवन के हर पहलू में अनगिनत रासायनिक प्रक्रियाओं के साथ वास्ता पड़ता है। रसायन के नियमों के ज्ञान के बिना जैव सक्रियता का सार समझना असंभव है।

मानव के विकास में रसायन का अपना अलग महत्व है।

रसायन हमारा पेट भरता है, हमें कपड़े-जूते पहनाता है तथा हमें वे चीजें देता है, जिनके बिना आधुनिक समाज का गुजारा नहीं हो सकता।

बाह्य अंतरिक्ष में राकेट भेजे गये हैं। रसायन ने उनके इंजनों के लिये इंधन तथा उनके ढांचे के लिये उच्च तापरोधी पदार्थ दिये हैं।

अगर कोई रसायन की सारी बातें लिखनी शुरू कर दे और इसके सारे पहलुओं तथा वैभव का वर्णन करना चाहे, तो एक उच्चतम विकसित देश के कागज का भंडार कम पड़ जायेगा। भाग्यवश अभी तक किसी ने ऐसी बात सोची नहीं है।

रूसी में प्रस्तुत पुस्तक का द्वितीय संस्करण लगभग दो दशक पहले प्रकाशित हुआ था, जिसका शीर्षक ''सरल रसायन'' रखा गया था। पुस्तक का यह नाम लेखकों की कल्पना का परिणाम नहीं था। सन् 1960 में सोवियत संघ में ''मोलोदाया ग्वारदीया'' नामक प्रकाशन गृह ललित विज्ञान साहित्य-माला के अंतर्गत विज्ञान के विभिन्न विषयों पर पुस्तकें प्रकाशित कर रहा था जिनके नाम ''सरस...'' रखे गये थे अतः हमें पुस्तक का नाम अपनी मर्जी से रखने का अधिकार नहीं था। अगर हमें ऐसा अवसर दिया जाता, तो निस्संदेह हम इस पुस्तक का नाम कुछ और ही रखते।

सच पूछिये तो ''सरस'' का अर्थ है–जिसे पढ़ने में मजा आये, रस आये अर्थात् रसायन के बारे में ऐसी कहानियाँ, जिनमें साजिशों की चर्चा हो, षडयंत्रों की बात हो ...

परंतु रसायन खुद ही मानव के ज्ञान का इतना लुभावना क्षेत्र है कि एक नीरस, भावहीन तरीके से इसका वर्णन करना असंभव है। इसकी भाषा साधारण तथा स्पष्ट होनी चाहिये, विशेष रूप से जब किताब सामान्य जन के लिये लिखी जा रही हो। परंतु हद से ज्यादा ''सरसता'' से झुंझलाहट भी हो सकती है....

मुख्य बात यह है कि किस चीज का वर्णन किया जाये ? रसायन की कोई निश्चित सीमायें नहीं हैं, इसके क्षितिज लगातार फैल रहे हैं परंतु लेखकों को पुस्तक के आकार का, उसकी सीमाओं का ख्याल रखना है। अतः प्रकाशन गृह के सुझाव पर लेखकों ने रसायन की निम्न सर्वाधिक महत्वपूर्ण तथा रोचक समस्याओं का वर्णन करने का प्रयास किया है :

(1) तत्वों की आवर्त प्रणाली ;
(2) विभिन्न प्रकार की रासायनिक अभिक्रियाएं ;
(3) कुछ रोचक तथा महत्वपूर्ण रासायनिक यौगिक ;
(4) रसायन में अपनायी जाने वाली अनुसंधान विधियां ;
(5) इस विज्ञान की कुछ व्यावहारिक उपलब्धियाँ।

पुस्तक के विभिन्न भाषाओं में प्रकाशित संस्करणों में छोटे-मोटे परिवर्तन और संशोधन किये गये। परंतु समय बीतता जा रहा है और इरा दौरान कई नयी रासायनिक खोजें हुई हैं, जिनकी जानकारी पाठकों के लिये महत्व रखती हैं।

हमें प्रसन्नता है कि प्रस्तुत संस्करण के प्रकाशन से पूर्व हमें ऐसा अवसर प्रदान किया गया और हम कुछ हद तक इस पुस्तक को संशोधित कर पाये हैं। पुरानी पुस्तक की कई बातों को छोड़ दिया गया है, कई त्रुटियाँ सुधारी गयी हैं और कई आवश्यक बातें जोड़ी गयी हैं। कई विषय पूर्णतया नये हैं। कई जगह हमने शैली बदल दी है, क्योंकि दो दशकों के दौरान पाठक ज्यादा सुविज्ञ हो गये हैं, उनकी जानकारी बढ़ गयी है।

बड़ी बिल्डिंग के निवासी

आवर्त प्रणाली पर सरसरी निगाह

किसी भी चीज को सरसरी नजर से देखने से उसके बारे में पहली राय से अक्सर बात नहीं बनती। कभी-कभी प्रेषक पर उसका कोई असर ही नहीं पड़ता और कभी-कभी उसे देखकर वह भौचक रह जाता है। कई बार वह उस चुटकुले के नायक की तरह चिल्ला उठता है जिसने चिड़ियाघर में जिराफ को देखकर कहा : ''यह असंभव है।''

परंतु कुछ भी हो, किसी चीज के साथ या किसी परिघटना के साथ पहले परिचय से अर्थात उस पर सरसरी नजर डालने से अक्सर काफी लाभ होता है।

मेंडेलीफ की आवर्त प्रणाली को न तो हम एक चीज कह सकते हैं और न ही एक परिघटना। यह तो एक प्रकार का एक दर्पण है, जो प्रकृति के एक सर्वाधिक महान नियम-आवर्त नियम की मुख्य बातें प्रतिबिम्बित करता है। यह नियमों का एक कोड है, जिसका पालन 100 से ज्यादा तत्व करते हैं, चाहे वे प्रकृति में मिलते हों, या मनुष्य द्वारा कृत्रिम रूप से संश्लिष्ट किये गये हों, यह रासायनिक तत्वों की बड़ी बिल्डिंग में चलने वाले कानूनों की संहिता है।

इस बिल्डिंग पर पहली नजर डालने से काफी कुछ पता चलता है। पहली प्रतिक्रिया यह होती है कि आश्चर्य का भाव पैदा होता है। ऐसा लगता है जैसे कि बड़ी-बड़ी सिलों वाली आम बिल्डिंगों के बीच एक अनोखी परंतु सुरुचिपूर्ण बिल्डिंग खड़ी हो।

मेंडलीफ की सारणी में ऐसी कौन सी चीज है जिसे देखकर हमें आश्चर्य होता है ? सबसे पहली बात यह है कि इस बिल्डिंग की मंजिलें अर्थात इसके आवर्त अलग-अलग योजनाओं से बनाये गये है।

सारणी की पहली मंजिल * पर या प्रथम आवर्त में केवल दो कमरे या खाने हैं। दूसरी और तीसरी मंजिल पर आठ कमरे हैं। अगली दो मंजिलों (चौथी और पांचवी) पर एक होटल की तरह अठारह कमरे हैं। छठी मंजिल पर और भी ज्यादा कमरे हैं—बत्तीस। क्या आपने ऐसी बिल्डिंग कभी देखी है ?

रासायनिक तत्वों की बड़ी बिल्डिंग, जिसे आवर्त प्रणाली कहते हैं, इसी आकार की है।

क्या यह वास्तुकार की सनक का परिणाम है ? बिल्कुल नहीं। जब भी कोई बिल्डिंग बनायी जाती है तब भौतिकी के नियमों का पूरा-पूरा ख्याल रखा जाता है अन्यथा हवा के एक हलके से झोंके से ही वह गिर जायेगी।

आवर्त सारणी का निर्माण करते समय भी भौतिकीय नियमों का उतनी ही सख्ती के साथ पालन किया गया है और ये नियम कहते हैं कि आवर्त में तत्वों की एक निश्चित संख्या ही हो सकती है। उदाहरणतया, प्रथम आवर्त में केवल दो तत्व हैं। न इससे ज्यादा हो सकते हैं और न इससे कम।

भौतिकविदों की यह धारणा है और रसायनज्ञ उनसे पूर्णतया सहमत हैं।

---

* मेंडेलीफ की बड़ी बिल्डिंग (आवर्त प्रणाली) की ''मंजिलों'' की क्रम-संख्या एक आम बिल्डिंग की मंजिलों की क्रम-संख्या के विपरीत अर्थात ऊपर से नीचे रखी गयी है, क्योंकि जब भी नये तत्वों के लिये कोई नयी मंजिल बनायी जायेगी तो उसे सारणी के निचले हिस्से के साथ जोड़ा जायेगा।

परंतु हमेशा ऐसी बात नहीं थी। एक जमाना था जब भौतिकविद कुछ नहीं कहते थे, क्योंकि अभी उनका वास्ता आवर्त नियम के साथ नहीं पड़ा था। परंतु जो रसायनज्ञ इतनी तेजी से नये-नये तत्व खोजते जा रहे थे, उनके लिये मुसीबत खड़ी हो रही थी। उनकी समझ में नहीं आ रहा था कि इन नये तत्वों को कहाँ रखा जाये। कई बार तो झगड़े की नौबत तक आ गयी, क्योंकि सारणी के एक खाने पर अधिकार जताने वालों की लाइन लग गयी थी।

कई वैज्ञानिक शक्की स्वभाव के थे। उन्होंने पूरी गंभीरता के साथ यह घोषित कर दिया कि मेंडेलीफ की बिल्डिंग बालू की बनी है। इन वैज्ञानिकों में एक थे जर्मन रसायनज्ञ बुन्सन, जिन्होंने अपने मित्र किरचोफ के साथ मिलकर स्पेक्ट्रमदर्शी विश्लेषण विधि विकसित की थी। परंतु जब आवर्त नियम की बात आयी तो बुन्सन ने अजीब वैज्ञानिक अदूरदर्शिता दिखायी। "अगर ऐसी बात है तो शेयर बाजार के भावों में भी नियमितता निकाली जा सकती है,"—एक बार गुस्से में उन्होंने कह दिया।

मेंडेलीफ से पहले भी कई वैज्ञानिकों ने दर्जनों रासायनिक तत्वों को एक क्रम में रखने की कोशिश की, परंतु वे असफल रहे। अंग्रेज वैज्ञानिक न्यूलैंडस संभवतया सच के बहुत पास पहुँच गये थे। उन्होंने "अष्ठकों का नियम" प्रस्तुत किया। उन्होंने तत्वों का क्रम उनके परमाणु भारों के बढ़ने के क्रम के अनुसार रखा और यह देखा कि जिस तरह से संगीत में हर आठवां स्वर ज्यादा उच्च स्तर पर पहले स्वर की पुनरावृत्ति करता है, उसी प्रकार हर आठवें तत्व के गुण पहले तत्व के गुणों से मिलते हैं। परंतु न्यूलैंडस की खोज पर प्रतिक्रिया यह हुई कि अन्य वैज्ञानिकों ने उनसे कहा : "आप तत्वों को अकारादि क्रम से क्यों नहीं रख कर देखते ? वहाँ भी आपको कुछ न कुछ नियमितताएँ मिल सकती है।"

न्यूलैंडस ऐसे कटाक्ष करने वाले विरोधी को क्या जबाव देते ? मेंडेलीफ की सारणी के आरंभिक दिन ज्यादा अच्छे नहीं रहे। इसके रचयिता पर जबरदस्त आक्रमण किये गये। इसमें कई बातें अस्पष्ट थीं और उनके स्पष्टीकरण की जरूरत थी। आधे दर्जन नये तत्व खोजना आसान था, परंतु उन्हें सारणी में जगह देना बड़ा मुश्किल काम था। समय के साथ-साथ स्थिति सामान्य होती गयी। हालांकि आज भी कभी-कभी आवर्त सारणी के ऊपर वाद-विवाद होते रहते हैं।

खगोलज्ञ रसायनज्ञों को फायदा पहुँचाना चाहते थे पर हो गया नुकसान

'मैंने कभी सोचा तक नहीं था कि आवर्त प्रणाली ठीक हाइड्रोजन से शुरू होनी चाहिये।"

आप जानते हैं ये शब्द किसके हैं ? लगता है कि या तो अनुसंधानकर्ताओं की भीड़ में से किसी ने ये शब्द कहे होंगे या किसी शौकीन ने, जिसने एक नयी व्यक्तिगत आवर्त प्रणाली बनाने का बीड़ा उठाया होगा। जिस तरह से अविरत मशीनों के कई डिजाइन प्रस्तुत किये गये, उसी तरह से "कई सारी आवर्त सारणियाँ" भी रची गयीं।

तत्वों की आवर्त प्रणाली के रूपांतरों की संख्या वास्तव में बहुत ज्यादा है। आशा है कि भविष्य में ऐसे कई और रूपांतर आयेंगे क्योंकि प्रणाली में आकर्षकण की अद्वितीय क्षमता है। पहली दृष्टि से यह प्रणाली बहुत सरल लगती है, परंतु यह भ्रम है। ऐसा लगता है जैसे कि आवर्त सारणी का एक नया रूपांतर तैयार करना बड़ा आसान काम है। बहुत सारे लोगों को इस भ्रम के कारण बड़ी नाजुक स्थिति का सामना करना पड़ता है।

मास्को के एक अनुसंधान संस्थान में, जहाँ विज्ञान के इतिहास का अध्ययन किया जाता है, बड़ी मेहनत करके एक "एटलस" तैयार की गयी है। इस "एटलस" में आवर्त सारणी के वे सभी रूपांतर संकलित किये गये हैं जो 1869 से पाठ्यपुस्तकों तथा वैज्ञानिक पत्रिकाओं में प्रकाशित होते रहे हैं। इस प्रकार के रूपांतरों की संख्या 500 से ज्यादा है। इनमें से कुछ अत्याधिक शैक्षिक महत्व रखते हैं : यह आवर्तिता के अध्ययन के विकास का वास्तविक "सचित्र इतिहास" है। इनके रचयिताओं में विश्व के सभी देशों के अनेक विख्यात रसायनज्ञ, भौतिकविद, भूविज्ञानी शामिल

है। इन सबने रासायनिक तत्वों के गुणों के आवर्त परिवर्तनों की नियमितता को चित्रित करने की पूरी कोशिश की। वास्तुकार कई थे, परंतु ''वास्तुकार आसक्तियों'' की संख्या भी कम नहीं थी। केवल गिने चुने ''उपभवन'' बड़ी बिल्डिंग के ''सामूहिक दृश्य'' के उपयुक्त थे। परंतु अधिकांश केवल ऐतिहासिक महत्व रखते हैं कहीं अधिक संख्या में (कोई नहीं जानता कि ठीक-ठीक संख्या कितनी है) योजनाएँ अस्वीकार की गयीं, क्योंकि उनमें एक मुख्य कमी थी : सबमें सहज बुद्धि का अभाव था। ऐसी योजनाएं पेश करनेवालों ने रसायन और भौतिकी के मूल सिद्धांतों का अध्ययन करने की कभी कोशिश ही नहीं की। ''नयी'' योजनाओं की धारा अजस्त्र है, जिससे बेचारे प्रकाशक खासे दुखी हैं। ऐसे एक ''खोजकर्ता'' ने प्रस्तुत पुस्तक के एक लेखक को एक सारणी दिखायी जिसमें एक हजार तत्व थे। जब यह व्यंग्यपूर्ण प्रश्न पूछा गया कि ''दो हजार तत्व क्यों नहीं रखे ?'' तो उसने यह उत्तर दिया कि ''कागज कम था इसलिये ...''।

हाँ, तो हम यह बताना चाहेंगे कि अध्याय के आरंभ में उद्धृत शब्द दमित्री मेंडेलीफ ने कहे थे। अपनी प्रसिद्ध पुस्तक 'रसायन के आधार' में उन्होंने यह बात लिखी थी। यह पुस्तक अपने समय में लाखों विद्यार्थियों के लिये रसायन की पाठ्य-पुस्तक बनी रही।

अब प्रश्न यह उठता है कि आवर्त नियम के लेखक से भूल कैसे हो गयी?

उस जमाने में ऐसी भूल होने के स्वाभाविक कारण थे। उन दिनों तत्व सारणी में परमाणु भार की वृद्धि के हिसाब से रखे जाते थे। हाइड्रोजन का परमाणु भार 1.008 और हीलियन का 4.003। अतः क्या यह नहीं सोचा जा सकता था कि ऐसे तत्व भी हो सकते हैं जिनका परमाणु भार 1.5, 2, 3 आदि हो। या ऐसे तत्व हो सकते हैं जो हाइड्रोजन से हलके हों, जिनके परमाणु भार 1 से कम हों।

मेंडलीफ तथा कई अन्य रसायनज्ञों को यह बात संभव लग रही थी। आपको यह जानकर आश्चर्य होगा कि इस निष्कर्ष पर पहुंचने में उनकी मदद खगोलज्ञों ने की, हालांकि खगोलविज्ञान और रसायन के बीच किसी तरह का सीधा संबंध नहीं है। परंतु ये खगोलज्ञ ही तो थे जिन्होंने सर्वप्रथम यह सिद्ध किया कि नये तत्वों की खोज प्रयोगशाला या भूखनिज्ञों के विश्लेषण तक ही सीमित नहीं है।

सन् 1868 में अंग्रेज खगोलज्ञ लोक्येर तथा फ्रेंच खगोलज्ञ जन्सेन पूर्ण सूर्य-ग्रहण का अध्ययन कर रहे थे। इन वैज्ञानिकों ने सूर्य किरीट के चौंधियाते प्रकाश को एक स्पेक्ट्रमदर्शी प्रिज्म में से गुजारा। स्पेक्ट्रम रेखाओं के घने घेरे में उन्हें कुछ ऐसी रेखायें दिखायी दीं, जो पृथ्वी पर ज्ञात किसी तत्व की रेखाओं से नहीं मिलती थीं। इस प्रकार हीलियम की खोज हुई। इस तत्व का नाम यूनानी शब्द पर रखा गया, जिसका अर्थ ''सूर्य'' होता है। इस घटना के 27 साल बाद जाकर ही अंग्रेज वैज्ञानिकों विलियन रैमजे तथा विलियन क्रूक्स ने पृथ्वी पर हीलियम की खोज की। थोड़ा आगे चलकर हम इस घटना का सविस्तार वर्णन करेंगे।

यह खोज एक छूत की बीमारी साबित हुई। खगोलज्ञों ने अपने-अपने टेलीस्कोप दूरवर्ती नक्षत्रों तथा निहारिकाओं की ओर कर दिये। उनकी खोजों के परिणाम अति सावधानी के साथ खगोलीय शब्दकोशों में प्रकाशित किये गये और कुछ को रासायनिक पत्रिकाओं में भी जगह मिल गई। ये ब्रह्मांड के सीमाहीन अंतरिक्ष में नये तत्वों की खोजों की खबरें थीं। इन तत्वों को बड़े शानदार नाम दिये गये, जैसे कोरोनियम और नेबूलियम, आर्कोनियम और प्रोटोफ्लुओरीन। रसायनज्ञों को केवल इनके नामों की जानकारी थी, और कुछ नहीं पता था। परंतु हीलियम की कहानी के शुभ अंत को याद करते हुए उन्होंने इन अजनबियों को आवर्त प्रणाली में जगह दे दी। उन्होंने इन तत्वों को हाइड्रोजन और हीलियम के बीच वाली खासी जगहों में रख दिया। उन्हें यह आशा थी कि निकट भविष्य में नये रैमजे और क्रुक्स कोरोनियम और इसके रहस्यमयी साथियों की पृथ्वी पर उपस्थिति सिद्ध कर देंगे।

परंतु जैसे ही भौतिकविदों का आवर्त प्रणाली के साथ वास्ता पड़ा, उनकी आशाओं पर पानी फिर गया। आवर्त

नियम के लिये परमाणु भारों की नींव कच्ची साबित हुई। उनकी जगह परमाणु के नाभिकीय आवेश को दे दी गयी, जिसका मान तत्व के परमाणु भार के बराबर होता है।

आवर्त प्रणाली में हर अगले तत्व का नाभिकीय आवेश पिछले तत्व से एक ज्यादा होता है।

जैसे-जैसे समय बीतता गया, खगोलीय उपकरणों की परिशुद्धता बढ़ती गयी और रहस्यमयी ''नेबूलियमों'' का भेद खुल गया। वे बहुत समय से ज्ञात तत्वों के परमाणु निकले। ये वे परमाणु थे, जिनके कुछ इलेक्ट्रान खो गये थे और जिसके कारण वे अपरिचित स्पेक्ट्रम दे रहे थे। खगोलीय अजनबियों के ''परिचयकार्ड'' जाली निकले।

दोमुँहा तत्व

अगर आपको कालेज में रसायन की कक्षा में बैठने का अवसर मिला हो, तो आपने शायद निम्न वार्तालाप सुना होगा :

अध्यापक :

''हाइड्रोजन को आवर्त सारणी के किस ग्रुप में स्थान दिया गया है ?''

विद्यार्थी :

''प्रथम ग्रुप में। इसका कारण यह है कि प्रथम ग्रुप के अन्य तत्वों-लीथियम, सोडियम, पोटेशियम, रूबिडियम, सीजियम और फ्रेंसियम की तरह हाइड्रोजन परमाणु के इलेक्ट्रान-कोश में भी केवल एक इलेक्ट्रान उपस्थित होता है। इन तत्वों की भांति हाइड्रोजन भी रासायनिक यौगिकों में धनात्मक संयोजकता प्रदर्शित करता है, जिसका मान 1 के बराबर होता है। इसके अलावा हाइड्रोजन कई धातुओं को उनके लवणों से अलग करने की क्षमता भी रखता है।''

क्या यह सच है ? जी हाँ, लेकिन केवल आधी बात सच है...।

रसायन एक परिशुद्ध विज्ञान है तथा रसायनज्ञ लोग आधा सच पसंद नहीं करते। हाइड्रोजन का उदाहरण इसका साक्षात प्रमाण है।

हाइड्रोजन और अन्य क्षारीय धातुओं के बीच क्या समानता है ? केवल यही कि उसकी धनात्मक संयोजकता 1 के बराबर है। केवल यही कि उनके बाह्य इलेक्ट्रान-कोशों का विन्यास एक जैसा है। बाकी बातों में वे एक दूसरे से पूर्णतया भिन्न है। हाइड्रोजन एक गैस है, एक अधातु है। हाइड्रोजन दो परमाणुओं वाला अणु बनाता है। प्रथम ग्रुप के बाकी सारे तत्व क्लासिकल धातुएँ हैं तथा रासायनिक अभिक्रियाओं में सर्वाधिक सक्रिय रहते हैं। अपने अकेले इलेक्ट्रान को घुमाते हुए हाइड्रोजन क्षारीय धातु का चोगा पहनने की कोशिश करता है। परंतु वास्तव में यह रंगा सियार होता है।

बड़ी बिल्डिंग इस तरह से बनायी गयी है कि रिश्तेदार धातुएं एक दूसरी के ऊपर रहती हैं। वे आवर्त प्रणाली के ग्रुप तथा उपग्रुप बनाती है। यह नियम बड़ी बिल्डिंग के सारे निवासियों पर लागू होता है। ग्रुप I में आकर हाइड्रोजन इस नियम को तोड़ देता है।

परंतु हाइड्रोजन बेचारा जाये भी तो कहाँ ? आवर्त सारणी में कई ग्रुप हैं, बड़ी बिल्डिंग में कितनी मंजिलें हैं। हाइड्रोजन के प्रथम मंजिली पड़ोसी हीलियम ने उस मंजिल पर फ्लैट पसंद किया, जिसे अब जीरो या शून्य कहते हैं। अन्य ग्रुपों में जगहें खाली हैं। हाइड्रोजन को ''सूरज के सामने वाला फ्लैट'' देने के लिये प्रथम मंजिल को कई तरह से बदला जा सकता है।

क्या इसे दूसरे ग्रुप में क्षारीय मृदा-धातुओं के साथ, जिनका अगुआ बेरिलियम है, नहीं रखा जा सकता ? जी नहीं, उनकी हाइड्रोजन के साथ किसी तरह की रिश्तेदारी नहीं है। तीसरे, चौथे, पाँचवें और छठे ग्रुप के निवासी—हैलोजन, फ्लुओरीन, क्लोरीन ब्रोमीन आदि—हाइड्रोजन के साथ दोस्ती करने को तैयार है।

''क्या तुम अधातु हो ?'' —फ्लुओरीन हाइड्रोजन से पूछता है।

''हाँ!''

''क्या तुम गैस हो ?''

''हाँ।''

''हम दोनों भी गैसें हैं'', फ्लुओरीन क्लोरीन की ओर इशारा करते हुए कहता है।

''मेरा अणु दो परमाणुओं वाला है,'' हाइड्रोजन कहता है।

''कमाल है!'' फ्लुओरीन आश्चर्यचकित हो कर बोला।

''हम हैलोजेनों के अणु भी ऐसे हैं।''

''अच्छा, यह बताओ, तुम ऋणात्मक आवेश दिखा सकते हो और अतिरिक्त इलेक्ट्रानों को जगह दे सकते हो ? हमें इस काम में बड़ा मजा आता है।''

''क्यों नहीं। जो क्षारीय धातुएं मुझे पसंद नहीं करती हैं, मैं उनके साथ मिलकर हाइड्रोजन यौगिक बनाता हूँ, जिन्हें हाइड्राइड कहते हैं और वहाँ मेरी संयोजकता ऋणएक होती है।''

''ठीक हैं तुम भी हमारे साथ रहने लगो। हम दोस्त बन जायेंगे।''

और हाइड्रोजन सातवें ग्रुप में रहने लगा। पर ज्यादा देर तक नहीं रह पाया। अपने नये रिश्तेदार से अच्छी तरह परिचित होने के बाद एक हैलोजेन व्यंग कसता है :

''भाई हाइड्रोजन : तुम्हारे बाह्य कोश में इलेक्ट्रानों की संख्या बहुत ही कम है। केवल एक। पहले ग्रुप के निवासियों की तरह। बेहतर होगा कि तुम क्षारीय धातुओं के पास लौट जाओ।''

हाइड्रोजन के साथ कितनी ज्यादती हो रही है! कितने फ्लैट खाली हैं पर इस बेचारे का किसी पर भी अधिकार नहीं है।

ऐसा क्यों है ? हाइड्रोजन के दोमुँहा होने का कारण क्या है ? हाइड्रोजन इतना अजीब व्यवहार क्यों कर रहा है ?

किसी भी रासायनिक तत्व के विशिष्ट गुण तब स्पष्ट होते हैं, जब वह अन्य तत्वों के साथ संयोजित होता है। तब वह उन इलेक्ट्रानों को दान कर देता है या ग्रहण कर लेता है, जो इसके बाह्य कोश से या तो बाहर निकल रहे होते हैं या अंदर घुस रहे होते हैं। जिस वक्त अपने बाह्य कोश के सारे इलेक्ट्रान खो बैठता है, उसके बाकी सारे कोश प्रायः अपरिवर्तित रहते हैं। हाइड्रोजन के अलावा बाकी सारे तत्वों पर यह बात लागू होती है। जब हाइड्रोजन अपने एकमात्र इलेक्ट्रान से जुदा हो जाता है, तो उसके बाद उसका केवल नग्न परमाणु नाभिक बच जाता है। यह प्रोटोन होता है जिसमें वास्तव में हाइड्रोजन के परमाणु का नाभिक उपस्थित होता है (वस्तुतः इसमें हमेशा केवल प्रोटोन ही उपस्थित नहीं होता, परंतु इस महत्वपूर्ण बात की चर्चा हम बाद में करेंगे)। अतः हाइड्रोजन का रसायन, एक प्राथमिक कण का, प्रोटोन का रसायन-एक अलग तरह का रसायन है। इस प्रकार हम देखते हैं कि जिन अभिक्रियाओं में हाइड्रोजन भाग लेता है, वे प्रोटोन के प्रभाव में घटती हैं।

हाइड्रोजन के परस्परविरोधी आचरण का यही कारण है।

सबसे पहला और सबसे अनोखा

हाइड्रोजन की खोज सुप्रसिद्ध अंग्रेज़ भौतिकविद हेनरी केवेन्डिश ने की थी। उनके एक समकालीन के शब्दों में वे विद्वानों में सबसे ज्यादा संपन्न और संपन्नों में सबसे ज्यादा विद्वान थे। हम अपनी तरफ से यह और जोड़ना चाहेंगे कि वे वैज्ञानिकों में औपचारिकता के सबसे अधिक भक्त थे। कहा जाता है कि केवेन्डिश जब कभी अपने पुस्तकालय

से कोई पुस्तक लेते थे, हमेशा उस पुस्तक के कार्ड पर हस्ताक्षर कर दिया करते थे। केवेन्डिश अन्य वैज्ञानिकों से ज्यादा शांत प्रकृति के थे। वे अपना सारा वक्त वैज्ञानिक अनुसंधानों में बिता देते थे, दिन-रात अपने विज्ञान में खोये रहते थे जिसके कारण वे सनकी एकांतवासी के नाम से प्रसिद्ध हो गये थे। परंतु यही वे गुण थे जिनके बल पर उन्होंने एक नयी गैस–हाइड्रोजन खोज डाली। विश्वास कीजिये, यह कोई आसान काम नहीं था। (कुछ ऐतिहासिक दस्तावेजें यह इंगित करती हैं कि इस घटना से पहले राबर्ट बायल और मिखाईल लोमोनोसोव ने हाइड्रोजन के उत्सर्जन का अवलोकन किया था....)।

केवेन्डिश ने यह खोज सन् 1766 में की और 1783 में फ्रांस में हाइड्रोजन से भरा पहला बैलून आकाश में उड़ाया गया।

हाइड्रोजन की खोज रसायनज्ञों के लिये भी बड़े काम की साबित हुई। इससे रासायनिक यौगिकों के सबसे महत्वपूर्ण वर्ग-अम्लों व क्षारकों की प्रकृति और भी अच्छी तरह से समझने में काफी मदद मिली। लवणों के विलयनों से धातुओं को अवक्षेपित करने के लिये तथा धात्विक आक्साइडों को अपचयित करने के लिये हाइड्रोजन एक अनिवार्य प्रयोगशाला अभिकर्मक बन गया। यह बात कितनी भी विरोधाभासी क्यों न लगे, पर यह सच है कि अगर हाइड्रोजन की खोज 1766 में न होकर इसके 50 साल बाद होती (और यह वास्तव में संभव था) तो रसायन का विकास (सैद्धांतिक तथा प्रायोगिक) काफी लंबे अर्से के लिये पिछड़ जाता।

जब रसायनज्ञों को हाइड्रोजन की अच्छी जानकारी हो गयी और इसे महत्वपूर्ण पदार्थों के उत्पादन में प्रयुक्त किया जाने लगा, तब भौतिकविदों ने भी इस गैस में दिलचस्पी लेनी शुरू कर दी। उन्हें बहुत सारी बातें पता चलीं जिनसे विज्ञान कई गुना ज्यादा समृद्ध हो गया।

आपको कुछ और सबूत चाहिये ? तो लीजिये हाइड्रोजन की खूबियाँ सुनिये : 1) हाइड्रोजन किसी भी द्रव या गैस (हीलियम के अलावा) की तुलना में निम्न ताप (-259.1 C) पर जमता है। 2) यह वही गैस है, जिसके परमाणु के आधार पर डेनिश भौतिकविद नील्स बोहर को परमाणु नाभिक के चारों ओर इलेक्ट्रानों के क्रम का सिद्धांत स्थापित करने में सफलता मिली जिसके बिना आवर्त नियम का भौतिक भाव समझा नहीं जा सकता था। इन तथ्यों ने अन्य अतिमहत्वपूर्ण खोजों की नींव रखी।

इसके बाद भौतिकविदों ने यह काम अपने पेशेवर भाइयों–खगोल भौतिकविदों को सौंप दिया, जो नक्षत्रों की रचना और बनावट का अध्ययन कर रहे थे। खगोल भौतिकविदों ने यह कहा कि ब्रह्माण्ड में हाइड्रोजन का स्थान पहला है। यह सूर्य, नक्षत्रों, नीहारिकाओं का मुख्य अवयव है तथा अंतरातारकीय अंतरिक्ष का मुख्य ''पूरक'' है। बाह्य अंतरिक्ष में हाइड्रोजन की मात्रा वहाँ उपस्थित सभी रासायनिक तत्वों की कुल मात्रा से अधिक है। पृथ्वी की तरह नहीं, जहाँ इसकी मात्रा 1% से भी कम है।

वैज्ञानिकों का यह विचार है कि परमाण्वीय नाभिकों के ''तारकीय'' रूपातंरणों का ताँता हाइड्रोजन से शुरू होता है जिसके फलस्वरूप सारे तत्व, सारे के सारे परमाणु बने हैं। सूर्य तथा नक्षत्रों के चमकने का कारण यह है कि उन पर तापनाभिकीय अभिक्रियाएं घटती हैं, जिनके दौरान हाइड्रोजन के हीलियम में रूपांतरित होने के फलस्वरूप बहुत बड़ी मात्रा में ऊर्जा उत्सर्जित होती है। पृथ्वी पर हाइड्रोजन एक मुख्य रसायनज्ञ है तथा बाह्य अंतरिक्ष में यह श्रेष्ठ रसायनज्ञ है।

हाइड्रोजन का एक और अद्वितीय गुण यह है कि इसके परमाणु द्वारा उत्सर्जित विकिरण का तरंग दैर्ध्य 21 सेंटीमीटर होता है। इसे सार्वत्रिक नियतांक कहते हैं क्योंकि यह ब्रह्माण्ड में हर जगह एक जैसा होता है। वैज्ञानिकों ने हाइड्रोजन ''तरंग'' पर अन्य बसे हुए संसारों के साथ रेडियो संपर्क स्थापित करने की समस्या पर ध्यान देना शुरू कर दिया है। अगर इन संसारों पर बुद्धिमान जीव बसे हुए हैं, तो उन्हें इस मान की जानकारी होनी चाहिये, उन्हें पता होना चाहिये कि 21 सेंटीमीटर से क्या अभिप्राय है।

पृथ्वी पर कितने प्रकार के हाइड्रोजन हैं ?

पहले यह समझा जाता था कि पृथ्वी पर केवल एक हाइड्रोजन है जिसका परमाणु भार एक है। परंतु 1932 में वैज्ञानिकों ने एक और हाइड्रोजन खोजा जो पहले से दोगुना भारी था। यह हाइड्रोजन का एक समस्थानिक था, जिसका परमाणु भार दो था। समस्थानिक परमाणुओं की उन विविधताओं को कहते हैं, जिनका आवेश तो एक समान होता है, परंतु परमाणु भार विभिन्न होते हैं। अन्य शब्दों में समस्थानिक परमाणुओं के नाभिकों में प्रोटोनों की संख्या विभिन्न होती है। सभी रासायनिक तत्वों के समस्थानिक ज्ञात है : इनमें से कुछ प्रकृति में मिलते हैं तथा बाकी नाभिकीय अभिक्रियाओं द्वारा कृत्रिम रूप से प्राप्त किये गये हैं।

वह हाइड्रोजन समस्थानिक, जिसका नाभिक एक नग्न प्रोटोन होता है, प्रोटियम कहलाता है तथा इसका चिन्ह ^1H है। यह एकमात्र परमाणु नाभिक है जिसके अंदर एक भी न्यूट्रान नहीं होता (हाइड्रोजन का एक और अद्वितीय गुण)।

इस अकेले प्रोटेन में एक न्यूट्रान मिलाते ही भारी हाइड्रोजन समस्थानिक का एक नाभिक प्राप्त होता है जिसे ड्यूटीरियम (^2H या ^2D) कहते हैं। प्रकृति में प्रोटियम ड्यूटीरियम से बहुत ज्यादा विस्तृत है—कुल हाइड्रोजन के 99 प्रतिशत से अधिक।

परंतु हाइड्रोजन की एक और भी किस्म होती है, जिसके नाभिक में दो न्यूट्रान होते हैं; इसे ट्राइटियम (^3H या ^3T) कहते हैं। यह वायुमंडल में कास्मिक किरणों के प्रभावस्वरूप लगातार बनता रहता है। यह बनते ही शीघ्रता के साथ अदृश्य हो जाता है। यह विघटनाभिक होता है तथा हीलियम समस्थानिक (हीलियम-3) में क्षयित हो जाता है। ट्राइटियम एक अति विरल तत्व है : पृथ्वी के सारे वायुमंडल में इसकी मात्रा केवल 6 ग्राम है। प्रति 10 घन सेंटीमीटर वायु में ट्राइटियम का केवल एक परमाणु उपस्थित होता है। हाल ही में वैज्ञानिकों ने और भी ज्यादा भारी हाइड्रोजन समस्थानिक ^4H तथा ^5H प्राप्त किये हैं, परंतु वे बहुत अस्थायी हैं।

हाइड्रोजन को केवल इस तथ्य के आधार पर रासायनिक तत्वों में विशिष्ट स्थान नहीं दिया जाता कि इसके समस्थानिक होते हैं। इसकी विशिष्टता यह है कि इसके समस्थानिकों के गुण एक दूसरे से काफी भिन्न होते हैं, विशेष रूप से उनके भौतिक गुण। अन्य तत्वों के समस्थानिकों में यह अव्यवस्था देखने को नहीं मिलती है।

हाइड्रोजन की हर किस्म का अपना अलग व्यक्तित्व है और रासायनिक अभिक्रियाओं में ये किस्में विभिन्न प्रकार से व्यवहार करती हैं। उदाहरण के लिये, प्रोटियम ड्यूटीरियम से ज्यादा सक्रिय होता है। हाइड्रोजन समस्थानिकों के व्यवहार का अध्ययन करते हुए वैज्ञानिकों ने विज्ञान की एक बिल्कुल नयी शाखा आरंभ की है, जिसे समस्थानिकों का रसायन कहते हैं। जिस रसायन से हम परिचित हैं, वह तत्वों के सभी समस्थानिकों को मिलाकर अध्ययन करता है। परंतु समस्थानिकों के रसायन में विभिन्न समस्थानिकों का पृथक् अध्ययन किया जाता है। इससे शोधकर्ता को विभिन्न रासायनिक अभिक्रियाओं के सर्वाधिक जटिल प्रक्रम समझने में सहायता मिलती है।

आवर्त प्रणाली की वास्तुकला के बारे में कुछ और तथ्य

आप उस ठेकेदार के बारे में क्या कहेंगे, जिसने एक बिल्डिंग बनवायी, उसकी छत डलवायी और केवल इसके बाद डिजाइनरों के जिम्मे यह काम सौंपा कि वे बिल्डिंग को अच्छी तरह से देखें और बतायें कि उसमें कोई कमी तो नहीं रह गयी ?

यह उस देश की कहानी की एक घटना लगती है, जहाँ हर काम उलटे तरीके से किया जाता था। आपका क्या विचार है ?

तिस पर भी तत्वों की आवर्त प्रणाली के साथ बिल्कुल ऐसी ही घटना घटी। पहले बड़ी बिल्डिंग बनायी गयी और हर रासायनिक तत्व को अलग फ्लैट दे दिया गया। रसायनज्ञों ने मेंडेलीफ की आवर्त सारणी को अपना औजार बना लिया। परंतु लंबे अर्से तक वे इस प्रश्न का उत्तर नहीं दे सके कि तत्वों के गुणों की समय-समय पर खुद ब खुद पुनरावृत्ति क्यों होती है।

इसका उत्तर भौतिकविदों ने दिया। उन्होंने इस बिल्डिंग के ढाँचे की मजबूती का हिसाब-किताब लगाया और उन्हें अद्वितीय परिणाम मिले। उन्हें बिल्डिंग में किसी भी तरह की कमी या खराबी नहीं दिखायी दी ; इसके निर्माण में ''रासायनिक यांत्रिकी'' के सारे नियमों का पूरी तरह से पालन किया गया था। अतः हमें मेंडेलीफ की सहजबुद्धि की तथा उनके रसायन के गंभीर ज्ञान की तारीफ करनी पड़ेगी।

भौतिकविदों ने अपना काम परमाणु की संरचना के अध्ययन से शुरू किया।

परमाणु का नाभिक हृदय होता है। इसके चारों ओर इलेक्ट्रान घूमते रहते हैं, जिनकी संख्या नाभिक के धन आवेशों की संख्या के बराबर होती है। हाइड्रोजन का एक इलेक्ट्रान होता है, पोटेशियम के बारह, यूरेनियम के बयानवे....। ये इलेक्ट्रान कैसे घूमते हैं ? अव्यवस्थित ढंग से, जैसे बिजली के बल्ब के आस-पास पतंगे उड़ते हैं या किसी निश्चित क्रमानुसार ?

इन प्रश्नों का उत्तर ढूँढ़ने के लिये वैज्ञानिकों को नये भौतिक सिद्धांतों का सहारा लेना पड़ा और नयी गणितीय विधियाँ विकसित करनी पड़ीं। और तब उन्हें यह पता चला कि इलेक्ट्रान नाभिक के चारों ओर निश्चित कक्षकों पर घूमते हैं जैसे ग्रह सूर्य की परिक्रमा करते हैं।

''प्रत्येक कक्षक पर कितने इलेक्ट्रान हैं ? कितने भी हो सकते हैं या संख्या सीमित होती है ?''-रसायनज्ञों ने पूछा।

''इनकी संख्या सीमित होती है'', भौतिकविदों ने उत्तर दिया।-''सारे इलेक्ट्रान-कोशों की सीमित धारिता है।''

भौतिकविदों से इलेक्ट्रान-कोशों के लिये अपने चिन्ह रखे हुए हैं। वे वर्णों K, L, M, N, O, P और Q का प्रयोग करते हैं। ये वर्ण क्रमानुसार नाभिक से कोशों की दूरी प्रदर्शित करते हैं।

भौतिकविदों और गणितज्ञों ने मिलकर एक आरेख बनाया जिसमें यह दिखाया कि प्रत्येक कक्षक में कितने इलेक्ट्रान होते हैं।

K-कोश में केवल दो इलेक्ट्रान हो सकते हैं, इससे ज्यादा नहीं। इनमें से पहला इलेक्ट्रान हाइड्रोजन परमाणु में प्रकट होता है और दूसरा हीलियम परमाणु में। यही कारण है कि मेंडेलीफ की सारणी के प्रथम आवर्त में केवल दो तत्व हैं।

L.कोश चार गुना अधिक अर्थात् आठ इलेक्ट्रानों को जगह दे सकता है। इस कोश का प्रथम इलेक्ट्रान लीथियम परमाणु में होता है और अंतिम-निआन परमाणु में। लिथियम से निआन तक के तत्व मेंडेलीफ की सारणी का दूसरा आवर्त बनाते हैं। अगले कोशों में कितने इलेक्ट्रान हैं ? M कोश में-18, N कोश में -32, O कोश में-50, P कोश में -72 आदि। हालांकि अभी तक ऐसे तत्व ज्ञात नहीं हैं जिनके O व P कोश भरे हुए हों।

अगर दो तत्वों के बाह्य इलेक्ट्रान-कोश समान प्रकार से व्यवस्थित हैं, तो तत्वों के गुणों में समानता होती है। उदाहरण के लिये, लीथियम और सोडियम में से प्रत्येक के बाह्य कोश में एक इलेक्ट्रान होता है जिसकी वजह से दोनों तत्व आवर्त सारणी के एक ही ग्रुप में, अर्थात प्रथम ग्रुप में रखे गये हैं। पाठक को इस बात पर ध्यान देना चाहिये कि ग्रुप का नंबर ग्रुप के तत्वों के परमाणुओं में संयोजकता इलेक्ट्रानों की संख्या के बराबर होता है।

उपरोक्त बातों से यह निष्कर्ष निकलता है : समान संरचना वाले बाह्य इलेक्ट्रान-कोशों की समय-समय पर पुनरावृत्ति होती है। इसी कारण रासायनिक तत्वों के गुणों की समय-समय पर पुनरावृत्ति नहीं होती।

परंतु उनकी विधिसंगत पुनरावृत्ति नहीं होती। होटल में सारे कमरे एक जैसे नहीं होते-कुछ कमरे डीलक्स (अतिसुखद) श्रेणी के होते हैं, कुछ द्वितीय श्रेणी के और कुछ कमरे बिल्कुल साधारण होते हैं, उनमें केवल सर्वाधिक आवश्यक चीजें रखी होती हैं परंतु "बड़ी बिल्डिंग" के सारे फ्लैट एक जैसे होते हैं क्योंकि आवर्त सारणी में सारे तत्वों के अधिकार समान हैं।

मिलते-जुलते तत्व उन कमरों को लेते हैं जिनकी अंदरूनी सजावट एक जैसी होती है। इन कमरों में अगर कुछ अंतर होता है, तो वह बहुत थोड़ा होता है।

उदाहरण के लिये, सारी क्षारीय धातुओं के बाह्य आवरण में एक इलेक्ट्रान होता है, वे सारी धनात्मक एकसंयोजी होती हैं, रासायनिक अभिक्रियाओं में वे सभी बड़ी सक्रियता से भाग लेती है। परंतु उनकी अभिक्रियाशीलता एक समान नहीं होती, यह लीथियम से फ्रेंसियम तक बढ़ती जाती है।

तर्क की जीत

हर बात में कोई न कोई तर्क जरूर होता है। सर्वाधिक रहस्यमयी तथ्य तक में भी अपना तर्क होता है। आरंभ में वह प्रत्यक्ष नहीं होता, जिसकी वजह से असंगतियाँ उत्पन्न हो जाती हैं।

ये असंगतियाँ किसी भी सिद्धांत या परिघटना के लिये बड़ी अशुभ साबित होती है। ये या तो यह दिखाती हैं कि सिद्धांत गलत है या फिर बहुत ज्यादा सोच-विचार करने पर मजबूर कर देती हैं। अक्सर यह होता है कि इस गंभीर सोच-विचार से रहस्यमयी तथ्य को और भी बारीकी से समझने में काफी सहायता मिलती है।

इस असंगति का एक उदाहरण देते हैं। समानता आवर्त सारणी में केवल प्रथम दो आवर्तों में प्रबल है। प्रत्येक आवर्त में तत्वों की संख्या बाह्य कोश में इलेक्ट्रानों की संख्या के बराबर है। इस प्रकार प्रथम आवर्त के तत्वों-हाइड्रोजन तथा हीलियम-के परमाणुओं में K-कोश भरा हुआ है। इसमें दो से अधिक इलेक्ट्रान नहीं हो सकते, अतः प्रथम आवर्त में केवल दो तत्व हैं। L-कोश आठ इलेक्ट्रानों वाला है जो द्वितीय आवर्त के तत्वों-लीथियम से निओन तक-के परमाणुओं से पूर्णतया भरा हुआ है। इसी वजह से द्वितीय आवर्त में आठ तत्व हैं।

द्वितीय आवर्त के बाद काफी उलझनें पैदा हो जाती हैं।

अगले आवर्तों में तत्वों की संख्या की गिनती कीजिये। तीसरे में आठ हैं, चौथे में 18, पाँचवें में 18, छठे में 32 और सातवें में भी 32 होने चाहियें (यह आवर्त अभी तक अधूरा है)। परंतु तत्संबंधी कोशों की स्थिति क्या है ? यहाँ आंकड़े विभिन्न हैं : 18, 32, 50 और 72....।

हमने इस निष्कर्ष पर पहुँचने में क्या जल्दी नहीं कर दी कि भौतिकविदों को आवर्त सारणी की बिल्डिंग में कोई कमी ही नहीं दिखायी दी ? कितनी अच्छी बात होती, अगर बिल्डिंग की हर मंज़िल के निवासी नियमित रूप से निश्चित इलेक्ट्रान-कोश भरते जाते और हर मंजिल एक क्षारीय धातु से शुरू होती तथा निष्क्रिय गैस पर खत्म होती। तब प्रत्येक आवर्त की धारिता इलेक्ट्रान-कोश की धारिता के बराबर होती....।

हमें मजबूरी में इस बात की संभाव्य अर्थ में चर्चा करनी पड़ रही है : अगर। बात यह है कि शेष वास्तव में मेल नहीं खा रहा है। मेंडेलीफ की सारणी के तीसरे आवर्त में वासियों की संख्या तीसरे कोश-M-कोश में इलेक्ट्रानों की संख्या से कम है। अगले आवर्तों में भी यही स्थिति है।

एक दुखद असंगति...। परंतु इसी असंगति में आवर्त प्रणाली के सार का सुराग मिलता है।

देखिये : हालांकि तीसरा आवर्त आर्गान पर खत्म होता है, परंतु उसके परमाणु का तृतीय M-कोश अधूरा होता है। पूरी तरह से भरे कोश में 18 इलेक्ट्रान होने चाहियें, परंतु फिलहाल इसमें केवल आठ इलेक्ट्रान हैं। आर्गान के बाद पोटेशियम आता है जो चौथी मंजिल का पहला निवासी होने के कारण चौथे आवर्त का तत्व है। परंतु पोटेशियम परमाणु

अपने अगले इलेक्ट्रान को तृतीय कोश में रखने की जगह चौथे-N कोश में रखना बेहतर समझता है। यह संयोग की बात नहीं है। इसका कारण एक नियमितता है जिसे भौतिकविदों ने प्रमाणित किया है और वह यह है कि किसी भी परमाणु के बाह्य कोश में 8 से ज्यादा इलेक्ट्रान नहीं हो सकते। 8 बाह्य इलेक्ट्रानों का संयोगवश काफी स्थायी प्रकृति का होता है।

पोटेशियम के पड़ोसी कैल्सियम में भी नवीन इलेक्ट्रान बाह्य कोश को प्राथमिकता देता है, क्योंकि तब कैल्सियम परमाणु की ऊर्जा-सप्लाई किसी भी इलेक्ट्रान वितरण की ऊर्जा-सप्लाई की तुलना में कम होती है। परंतु स्कैन्डियम में, जो कैल्सियम के बाद आता है, परमाणु के बाह्य कोश को भरने की प्रवृत्ति लुप्त हो जाती है। इसका नया इलेक्ट्रान अधूरे द्वितीय अंतिम M-कोश में गोते खाता रहता है। और चूंकि इस कोश में दस रिक्त स्थान होते हैं (हमें पता ही है M-कोश की धारिता 18 इलेक्ट्रान है), तो अगले दस तत्वों-स्कैन्डियम से जिंक तक-के परमाणु धीरे-धीरे अपने M-कोश भरते जाते हैं। अन्ततः M-कोश के सारे इलेक्ट्रान जिंक में अपनी-अपनी जगह ले लेते हैं। इसके बाद N-कोश एक बार फिर इलेक्ट्रानों को ग्रहण करना शुरू कर देता है। जैसे ही इसके पास 8 इलेक्ट्रान जमा हो जाते हैं, हमें निष्क्रिय गैस क्रिप्टान प्राप्त होती है। रूबिडियम के साथ पुरानी कहानी की पुनरावृत्ति होती है ; पाँचवां कोश चौथे के पूर्ण होने से पहले ही प्रकट हो जाता है।

इलेक्ट्रान कोशों का धीरे-धीरे भरना आवर्त सारणी के चौथे आवर्त से शुरू होने वाले निवासियों के आचरण का एक अंग है। रासायनिक तत्वों की बड़ी बिल्डिंग के अंदर इस नियम का बड़ी सख्ती से पालन किया जाता है।

इसी कारण सारणी को मुख्य व द्वितीयक उपग्रुपों में बाँटा गया है। जिन तत्वों में बाह्य इलेक्ट्रान-कोश भर जाते हैं, उन्हें मुख्य उपग्रुपों में शामिल किया जाता है और जिनमें आंतरिक भर जाते हैं, वे द्वितीयक उपग्रुप में रखे जाते हैं।

परंतु चौथा-N कोश एकदम नहीं भरता। इसका भराव बड़ी बिल्डिंग की तीन मंजिलों तक बढ़ जाता है। इस कोश का पहला इलेक्ट्रान पोटेशियम में प्रकट होता है, जो फ्लैट नंबर 19 में रहता है। परंतु 32 वां इलेक्ट्रान केवल इटेर्बियम में प्रकट होता है जो छठे आवर्त का प्रतिनिधि है। इसका परमाणु क्रमांक 70 है।

इस प्रकार आप देख ही रहे हैं कि असंगति से नुकसान नहीं, बल्कि लाभ हुआ है। इसे स्पष्ट करने के प्रयास में हमें और भौतिकविदों को आवर्त प्रणाली की संरचना की और भी अधिक गहरी जानकारी हो गयी।

रसायनज्ञों का अप्रत्याशित के साथ कैसे वास्ता पड़ा

आपने शायद अंग्रेज लेखक हरबर्ट वैल्स की विज्ञानकथा ''ग्रहों का युद्ध'' पढ़ी होगी, जिसमें मंगल के वासियों द्वारा पृथ्वी पर आक्रमण का वर्णन किया गया है।

आपको याद होगा कि जब अंतिम मंगलवासी मार दिया गया और पृथ्वी पर फिर से जीवन का सामान्य क्रम आरंभ हुआ, तो इस सदमे से संभल कर वैज्ञानिक उन सब चीजों के अध्ययन में जुट गये जो पड़ोसी ग्रह से आये इन अप्रत्याशित अतिथियों के पीछे रह गयी थीं। अन्य चीजों के अलावा उनका ध्यान रहस्यमयी काली धूल की ओर गया, जिससे मंगलवासी पृथ्वी पर जीवन नष्ट करते थे।

कई असफल प्रयोगों के बाद, जो भयंकर विस्फोटों के साथ खत्म हुए, उन्हें पता चला कि वह अशुभ पदार्थ निष्क्रिय गैस आर्गान का किसी तत्व के साथ यौगिक था। पृथ्वी के वासी इस तत्व से अभी तक अपरिचित थे।

हालांकि, जिन दिनों विज्ञान कथाओं का महान लेखक अपनी पुस्तक के अंतिम पृष्ठ लिख रहा था, रसायनज्ञों को पक्का विश्वास था कि आर्गान किन्हीं भी परिस्थितियों में किसी भी चीज के साथ संयोजित नहीं हो सकती। वे बहुसंख्यक प्रयोगों के आधार पर इस निष्कर्ष पर पहुँचे थे।

आर्गान को निष्क्रिय गैस कहा गया। रसायन में ''आलसी'' तत्वों का एक पूरा ग्रुप है। आर्गान के अलावा हीलियम, निआन, क्रिप्टान, जीनान व रेडान इस ग्रुप के सदस्य हैं।

आवर्त प्रणाली में इन तत्वों को जीरो ग्रुप में रखा गया क्योंकि इनकी संयोजकता जीरो के बराबर मानी गयी। निष्क्रिय गैसों के परमाणु इलेक्ट्रान देने में भी असमर्थ हैं और लेने में भी।

रसायनज्ञों ने निष्क्रिय गैसों के साथ अभिक्रिया कराने के हर संभव प्रयास किये। उन्होंने इन्हें इतने उच्च तापमानों तक गर्म किया जिन पर सर्वाधिक दुर्गलनीय धातुएँ उबलते हुए गर्म द्रव में बदल जाती हैं, इन्हें इतना ज्यादा ठंडा किया कि वे ठोस पदार्थ में परिवर्तित हो गयीं, तीव्र वद्युत चिंगारियाँ इन गैसों में प्रवाहित कीं तथा सर्वाधिक उग्र रासायनिक अभिकर्मकों द्वारा इन पर हमला कराया। परंतु उनके सारे प्रयत्न बेकार गये।

जहाँ दूसरे तत्व कब की हार मान गये होते तथा रासायनिक संयोजन में भाग ले बैठे होते, निष्क्रिय गैसें शांत बैठी रहीं। ऐसा लगता था जैसेकि वे शोधकर्ताओं से यह कह रही हों : ''आप अपना वक्त बर्बाद कर रहे हैं। हमें अभिक्रिया में भाग लेने का कोई चाव नहीं है। हमारी सेहत पर इसका कोई असर नहीं पड़ता।'' इस घमंड के कारण उन्हें एक और खिताब दे दिया गया–उन्हें ''उत्कृष्ट गैसें'' कहा जाने लगा। परंतु इस खिताब में व्यंग्य का पुट दिखायी देता है।

रैमजे तथा क्रुक्स को, जिन्होंने स्थलीय खनिजों में हीलियम को खोजा, गर्व होना स्वाभाविक था : उन्होंने विश्व को एक ऐसा नया रासायनिक तत्व भेंट किया, जिसका अस्तित्व एक वास्तविकता था। रासायनिक तत्व! वैज्ञानिकों ने हीलियम से आवर्त सारणी के अन्य निवासियों की तरह व्यवहार कराने के लिये मुंहमाँगे पैसे दे दिये होते–काश यह हाइड्रोजन आक्सीजन या सल्फर के साथ अभिक्रिया करने लगती और तब सम्मानित प्रोफेसर अपने विभागों में बैठकर हीलियम के आक्साइडों और लवणों की बातें सुना सकते।

परंतु निष्क्रिय गैसों के प्रथम सदस्य हीलियम ने उनकी आशाओं पर पानी फेर दिया। पिछली शताब्दी के अंत में रैमजे और ट्रैवर्स ने निओन, आर्गान, क्रिप्टान व जीनान की खोज की। आगे चलकर रेडान ने रासायनिक ''आलसियों'' का ग्रुप पूरा कर दिया। इन सभी के अपने-अपने परमाणु भार थे। परंतु सच कहा जाये तो हर वैज्ञानिक इनके नाम से पहले ''रासायनिक'' लिखने से झिझक रहा था, उदाहरण के लिये, ''तत्व आर्गान'' को कोई भी ''रासायनिक तत्व आर्गान'' कहने को नहीं तैयार था।

इसी कारण वैज्ञानिकों ने उत्कृष्ट गैसों के इस घमंडी परिवार को मेंडेलीफ की सारणी के किनारे की ओर सरका दिया। उन्होंने इनके लिये एक नया खंड बनाया, जिसका नाम जीरो ग्रुप रखा। और रसायन की पाठ्यपुस्तकों में उन्होंने यह लिखा कि कुछ रासायनिक तत्व ऐसे होते हैं जो किन्हीं भी परिस्थितियों में यौगिक बनाने में असमर्थ होते हैं।

वैज्ञानिकों को काफी आघात पहुँचा था : एक नहीं, दो नहीं, छः रासायनिक तत्व उनकी इच्छा की अवहेलना करते हुए रसायन-विज्ञान के क्षेत्र से बाहर निकल गये थे।

समस्या हल हो गयी पर तसल्ली फिर भी नहीं हुई

शुरू में मेंडेलीफ भी घबरा गये। अपनी स्थिति स्पष्ट करने के लिये उन्होंने यह तक कह दिया कि आर्गान तत्व ही नहीं है। उन्होंने इसे नाइट्रोजन का एक यौगिक बताया–N_3, जिसके अणु में तीन परमाणु हैं, जैसे आक्सीजन अणु O_2 के साथ-साथ ओजोन अणु O_3 भी होता है।

परंतु अंत में तथ्यों ने मेंडेलीफ को अपनी गलती मानने पर मजबूर कर दिया और उन्होंने रैमजे के कथन की सत्यता स्वीकार कर ली। अब विश्व की सारी पाठ्यपुस्तकों में इस अंग्रेज वैज्ञानिक को उत्कृष्ट गैसों के ग्रुप का खोजी बताया जाता है और कोई भी इस तथ्य को चुनौती देने को तैयार नहीं है।

निकोलाई मोरोज़ोव नाम के रूसी वैज्ञानिक 20 साल तक शलीसेल्बर्ग के किले में एक कैदी के रूप में रखे गये। उनका अपराध यह था कि वे जार के शासन का विरोध करने वाले एक दल ''नारोद्‌नाया वोल्या'' के सदस्य थे। आगे चलकर सोवियत सत्ता के दिनों वे एक विख्यात वैज्ञानिक के रूप में प्रसिद्ध हुए। पत्थर की बनी जेल की अभेद्य दीवारें उनकी इच्छा शक्ति का दमन करने या वैज्ञानिक कार्यों से उन्हें दूर करने में असमर्थ रहीं। उनके अध्यवसाय ने कई साहसी विचारों व परिकल्पनाओं को जन्म दिया। जेल में मोरोज़ोव ने आवर्त प्रणाली पर एक अनुसंधान कार्य पूरा किया जिसमें उन्होंने उन तत्वों के अस्तित्व की भविष्यवाणी की, जो रासायनिक रूप से निष्क्रिय होने चाहियें।

मोरोज़ोव की रिहाई के वक्त तक निष्क्रिय गैसों की खोज हो चुकी थी और उन्हें तत्वों की सारणी में शामिल किया जा चुका था।

कहा जाता है कि मेंडेलीफ की मृत्यु के कुछ समय पहले मोरोज़ोव उनसे मिलने आये थे और दोनों समकालीन वैज्ञानिकों ने आवर्त नियम पर काफी देर तक बातचीत की थी। दुर्भाग्यवश इस वार्तालाप के विवरण अज्ञात है।

रसायन के इतिहासकारों ने जब रासायनिक पत्रिकाओं के लेखों का ध्यानपूर्वक अध्ययन किया, तो उन्हें बहुत सारी दिलचस्प बातें ज्ञात हुईं। उन्हें पता चला कि अतीत के कई शोधकर्ता इस समस्या से उलझन में पड़ गये थे कि क्षारीय धातुओं और हैलोजेनों के बीच अभी भी कुछ अज्ञात तत्व हैं या नहीं। और वे इस निष्कर्ष पर पहुँचे कि ऐसे तत्व हैं। कुछ ने तो इन तत्वों के परमाणु भारों की भविष्यवाणी तक कर दी। दूसरे और भी आगे बढ़ गये। उनके कथनानुसार इन तत्वों की रासायनिक सक्रियता निम्नतम होनी चाहिये। परंतु किसी को भी उनकी समुच्चय अवस्था के बारे में पूरा यकीन नहीं था : वे ठोस पदार्थ होंगे या द्रव या गैस होंगे ? आवर्त प्रणाली में हैलोजेनों से अपने अगले तत्वों के अस्तित्व की भविष्यवाणी करने वाले लोगों में बोइसबाउड्रान (एका-ऐलुमिनियम के खोजकर्ता) तथा पिछली शताब्दी के अंत के प्रमुख वैज्ञानिक डेनिश ऊष्मरसायनज्ञ थामसन भी शामिल थे। आप देख ही रहे हैं कि इन तत्वों के अस्तित्व का पूर्वानुमान केवल मोरोज़ोव तक ही सीमित नहीं रहा। परंतु यह बात कितनी भी विरोधाभासी क्यों न लगे, यह एक वास्तविकता है कि इन पूर्वानुमानों का हीलियम तथा इसके अनुरूपों के इतिहास पर जरा सा भी असर नहीं पड़ा।

उत्कृष्ट गैसों की निष्क्रियता का भेद पता चलने से कुछ समय पहले मेंडेलीफ की मृत्यु हो गयी। यह भेद निम्न था।

भौतिकविदों ने, जो अक्सर रसायनज्ञों की सहायता करते आये हैं तथा आज भी करते हैं, यह सिद्ध किया कि वह बाह्य कोश बहुत ही ज्यादा स्थायी होता है जिसमें 8 इलेक्ट्रान स्थित होते हैं। यह कोश एक किस्म से इलेक्ट्रान-कोश के स्थायित्व का आदर्श है। अतः यह न तो इलेक्ट्रानों का दाता बनता है और न ही उनका ग्राही।

इस प्रकार हम देखते हैं कि निष्क्रिद गैसों की उत्कृष्टता का कारण—उनके बाह्य कोश में 8 इलेक्ट्रानों (या हीलियम परमाणु की स्थिति में 2) की उपस्थिति है। हीलियम का दो इलेक्ट्रानों वाला कोश अन्य रासायनिक ''आलसियों'' के अष्ट इलेक्ट्रानी कोशों से कम स्थायी नहीं होता है।

रसायनज्ञों को एक बात और समझ में आ गयी : आवर्त सारणी में जीरो ग्रुप किसी मजबूरी के कारण नहीं जोड़ा गया था। इसके बिना आवर्त सारणी की बिल्डिंग अधूरी लगती क्योंकि इसका प्रत्येक आवर्त निष्क्रिय गैस पर खत्म होता है जिसके बाद अगला इलेक्ट्रान कोश भरना आरंभ हो जाता है और बड़ी बिल्डिंग की अगली मंजिल बननी शुरू हो जाती है।

आप देख ही रहे हैं कि सारी बात कितनी सरल निकली। अभिजातीय खिताब के बावजूद उत्कृष्ट गैसों ने व्यावहारिक काम करने की क्षमता प्रदर्शित की : हीलियम को बैलूनों तथा वायुपोतों में भरा जाने लगा, इसने गोताखोरों की केसन रोग से रक्षा करनी शुरू कर दी। आर्गान तथा निआन के बल्ब रात के वक्त शहरों की शोभा बढ़ाने लगे।

परंतु शायद ''तिस पर भी यह घूमती है ?'' हो सकता है कि भौतिकविद किसी बात पर विचार करना भूल गये हों या उन्होंने अभी तक उसकी गणना नहीं की हो या रसायनज्ञों ने पदार्थों की एक दूसरे के साथ अभिक्रिया कराने के सारे साधन न अपनाये हों ?

''सनकी'' विचार की खोज या निष्क्रिय गैसों ने निष्क्रियता की आदत कैसे छोड़ी ?

''दो समानान्तर सरल रेखायें एक दूसरे को कभी नहीं काटतीं''–प्राचीन काल के सबसे महान गणितज्ञ यूक्लिड की ज्यामिति का दावा था। ''नहीं कटनी चाहियें''–पिछली शताब्दी के मध्य में रूसी वैज्ञानिक निकोलाई लोबाचेव्स्की ने घोषणा की।

और इस प्रकार एक नयी ज्यामिति का जन्म हुआ जिसे अयूक्लिड ज्यामिति कहा गया।

''यह बकवास है, गप है'' –आरंभ में प्रमुख वैज्ञानिकों ने इस ज्यामिति के बारे में ये शब्द कहे। परंतु अगर अयूक्लिड ज्यामिति न होती, तो हमारे पास सापेक्षिकता-सिद्धांत न होता और न ही हमें यह पता चलता कि ब्रह्मांड की संरचना किन नियमों का पालन करती है।

बहुत सारे पाठकों ने प्रसिद्ध रूसी लेखक अलेक्सेई टालस्टाय का उपन्यास ''इंजीनियर गारिन का हाइपरबोलाइड'' अवश्य पढ़ा होगा।

''उत्तम विज्ञान कथा''–सारी दुनिया के साहित्यिक आलोचकों का मत था।

''कथा कभी सच्चाई नहीं बन सकती''–वैज्ञानिकों ने दोहराया।

प्रथम माणिक्य द्वारा अनूठी चमक तथा शक्ति की प्रकाशीय किरण के उत्सर्जन से केवल 15 साल पहले टालस्टाय की मृत्यु हुई तथा ''लेसर'' शब्द का प्रयोग केवल विशेषज्ञों तक ही सीमित नहीं रहा।

...उत्साही रसायनज्ञों को निष्क्रिय गैसों की अनदेखी जिद पर विजय प्राप्त करने की संभावना में विश्वास था। अगर हम थोड़ा कष्ट करें और तीसरे चौथे तथा पाँचवें दशक की वैज्ञानिक पत्रिकाओं के पीले पड़े पृष्ठों को पलटें, तो हमारा कई विचित्र लेखों तथा टिप्पणियों के साथ वास्ता पड़ेगा, जो यह बताती हैं कि रसायनज्ञों ने इस बात की आशा कभी नहीं छोड़ी थी कि वे निष्क्रिय गैसों को अपने कार्यक्षेत्र में जरूर घसीट लायेंगे।

इन पृष्ठों से अजीब-अजीब सूत्र हमारी तरफ देखते हैं। वे निराले पदार्थों, हीलियम के मर्करी, पैलेडियम, प्लैटिनम तथा अन्य धात्विक यौगिकों की कथा सुनाते हैं। केवल एक बात खराब है : ये वे यौगिक नहीं हैं, जिन्हें हम प्राप्त करना चाहेंगे। इनमें हीलियम का दो इलेक्ट्रान वाला कोश अपरिवर्तित रहता है तथा यौगिक केवल अति निम्न तापमान पर अस्तित्व रखते हैं–परम शून्य के राज्य में...।

अगर हम रासायनिक पत्रिकाओं के अगले पृष्ठ पढ़ें, तो एक और नयी बात पता चलती है : सोवियत रसायनज्ञ निकीतिन ने जल, फीनोल तथा कुछ कार्बनिक द्रवों के साथ जीनान व रेडान के यौगिक प्राप्त किये $Xe.6H_2O$ और $Rn.6H_2O$। ये साधारण परिस्थितियों में स्थायी रहते हैं, सरलता से प्राप्त किये जा सकते हैं, परंतु....

परंतु पहले की तरह रासायनिक अनुबंधों का इन यौगिकों के साथ कोई संबंध नहीं है। जीनान और रेडान के परमाणु अपने बाह्य कोशों की पूर्णता के प्रति पूरी निष्ठा रखते हैं : 8 इलेक्ट्रान थे, 8 ही बाकी रह गये।

बीसवीं शताब्दी–मानव जाति के इतिहास की सबसे ज्यादा प्रचण्ड तथा अविस्मरणीय शताब्दी समाप्त होने जा रही है। वैज्ञानिक शीघ्र ही पिछले 100 वर्षों में प्राप्त उपलब्धियों का लेखा-जोखा बनायेंगे। अद्वितीय खोजों की अन्तहीन सूची में ''निष्क्रिय गैसों के रासायनिक यौगिकों के उत्पादन'' को मुख्य जगह दी जायेगी। और कुछ उत्साही वृत्ताकर निम्न शब्द जोड़ेंगे : सर्वाधिक सनसनीखेज खोजों में से एक! सनसनीखेज ? असंभव! एक रोमानी किस्सा। या इस बात की कहानी कि एक समस्या, जिसने बीसियों सालों तक वैज्ञानिकों को परेशान करे रखा, कभी-कभी कितनी आसानी

से हल की जा सकती है....।

हमारे दिनों में रसायन एक मजबूत पेड़ की याद दिलाता है जिसका विशाल शिखर लगातार बढ़ता जा रहा हो। एक शाखा का अध्ययन अकेले आदमी के बस की बात नहीं है। एक शोधकर्ता छोटी सी शाखा, कली या मुश्किल से दिखाई दे रहे कोंपल के अध्ययन में ही कई साल बिता देता है। शाखा के बारे में सारी जानकारी प्राप्त करने के लिये ऐसे हजारों अनुसंधान कार्यों की जरूरत पड़ती है।

कनाडा के रसायनज्ञ नेल बार्टलैट जिस टहनी का अध्ययन कर रहे थे, वह एक यौगिक था, जिसे रसायन की भाषा में प्लैटिनम हैक्साफ्लुओराइड कहते हैं—PtF_6। यह कोई संयोग की बात नहीं थी कि वैज्ञानिक इस पदार्थ को बहुत ज्यादा समय दे रहे थे। भारी धातुओं के साथ फ्लुओरीन के यौगिक बड़े दिलचस्प पदार्थ हैं तथा विज्ञान और उपयोग की दृष्टि से बहुत महत्व रखते हैं। इनका एक उपयोग यह है कि इनकी सहायता से नाभिकीय इंजीनियरी में यूरेनियम समस्थानिक—यूरेनियम-235 तथा यूरेनियम-238—एक दूसरे से पृथक किये जाते हैं। एक समस्थानिक को दूसरे से पृथक करना बहुत जटिल प्रक्रिया है, परंतु यूरेनियम हैक्साफ्लुओराइड UF_6 की सहायता से इस कार्य में सफलता मिली है। इसके अलावा भारी धातुओं के फ्लुओराइड अति सक्रिय रासायनिक पदार्थ होते हैं।

बार्टलैट ने PtF_6 की आक्सीजन के साथ अभिक्रिया करायी और एक विचित्र यौगिक प्राप्त किया। इस यौगिक में आक्सीजन धनावेशित अणु O_2 के रूप में उपस्थित था, अणु, जो एक इलेक्ट्रान खो चुका था। इस अणु में अजीब बात क्या थी ? विचित्रता यह थी कि इस आक्सीजन अणु से एक इलेक्ट्रान छीनना बहुत ही कठिन कार्य था, क्योंकि इसके लिये बहुत अधिक ऊर्जा चाहिये थी। प्लैटिनम हैक्साफ्लुओराइड आक्सीजन अणु से एक इलेक्ट्रान अलग करने में समर्थ पाया गया।

निष्क्रिय गैस के परमाणुओं के बाह्य कोशों से एक इलेक्ट्रान अलग करने के लिये भी काफी ऊर्जा चाहिये। यहाँ एक नियमितता लागू होती है जिसके अनुसार निष्क्रिय गैस जितनी ज्यादा भारी होती है उतनी ही कम ऊर्जा की आवश्यकता पड़ती है और आक्सीजन अणु से एक इलेक्ट्रान अलग करने के मुकाबले जीनान परमाणु से एक इलेक्ट्रान पृथक करना ज्यादा आसान साबित हुआ।

और इसका मतलब हुआ...सबसे मजेदार घटना यहीं से शुरू होती है। बार्टलैट ने प्लैटिनम हैक्साफ्लुओराइड को जीनान परमाणु से इलेक्ट्रान चुरा कर लाने का काम सौंपा। और उन्हें इस कार्य में सफलता मिली-सन् 1962 में विश्व में निष्क्रिय गैस के प्रथम रासायनिक यौगिक ने जन्म लिया। यह $XePtF_6$ था। यह काफी स्थायी था—प्लैटिनम या मर्करी के साथ बने हीलियम के ऐसे-वैसे आकर्षक यौगिकों की तरह नहीं था।

इस छोटे से दाने से तुरंत एक अंकुर निकला, जो एक बांस की तरह बढ़ने लगा। अभी कल तक कई रसायनज्ञ इस पर सन्देह कर रहे थे। निष्क्रिय गैसों के बाह्य कोश के अमोघत्व की गढंत कथा इस क्षेत्र में अनुसंधान के काम में काफी अर्से तक एक बाधा बनी रही।

आज जीनान, क्रिप्टान और रेडान के डेढ़ सौ से ज्यादा यौगिक ज्ञात हैं। फ्लुओराइड, क्लोराइड, आक्साइड तथा सब तरह के लवण इस सूची में शामिल हैं। जीनान का नाइट्रोजन यौगिक भी प्राप्त किया गया हैं। इनमें से एक तिहाई से ज्यादा यौगिक सोवियत रसायनज्ञों के प्रयासों के फलस्वरूप प्राप्त हुए हैं। तत्त्वतः, अकार्बनिक रसायन की एक नयी शाखा का जन्म हुआ है और इसका भविष्य अवश्य ही उज्ज्वल होगा। जीनान तथा क्रिप्टान के बहुत सारे यौगिक व्यावहारिक कार्यों में उपयोगी सिद्ध हो चुके हैं।

सिद्धांतवादियों ने विभिन्न पदार्थों के साथ भारी उत्कृष्ट गैसों की अभिक्रियाओं की उत्तम यांत्रिकी की व्याख्या देकर पुराने भ्रमों को छिन्न-भिन्न कर दिया है। विशेष बात यह है कि इस कार्य के लिये किसी तरह के नये विचारों की जरूरत नहीं थी, रासायनिक अन्योन्यक्रिया के प्राचीन सिद्धांतों से काम चल सकता था।

जैसाकि अक्सर विज्ञान के इतिहास में देखने को मिलता है, तीसरे और चौथे दशक के कुछ पुराने कार्य याद किये गये, जिनके लेखकों ने किसी आधार पर पूर्वानुमान किया था कि उत्कृष्ट गैसें (कम से कम, जीनान) रासायनिक अभिक्रियाओं में शामिल की जा सकती हैं। इन पूर्वानुमानियों में प्रमुख अमरीकी वैज्ञानिक लेनस पाउलिंग का नाम भी गिना जाता है।

हन्त, उनके विचारों के बीज बंजर जमीन पर पड़े....। किसी विशेष वैज्ञानिक निर्भीकता की जरूरत नहीं थी—निष्पक्ष तथा अधिक सावधान रहने की जरूरत थी।

नेल बार्टलैट ऐसे व्यक्ति निकले।

जीरो या आठवाँ ग्रुप ?

जब रासायनिक पत्रिकाओं में रोज निष्क्रिय गैसों के नये-नये यौगिकों के संश्लेषण की खबरें छपने लगीं, तो वैज्ञानिक लोग बड़ी परेशानी में पड़ गये।

"जीनान फ्लुओराइडों ने मेंडेलीफ की सारणी को खतरे में डाल दिया!" उनमें से एक वैज्ञानिक चिल्लाया, जिसका संयोगवश इस दुस्वप्नः के साथ वास्ता पड़ा था। "अगर निष्क्रिय गैसें अब निष्क्रिय नहीं, तो उनके लिये आवर्त सारणी में एक विशेष ग्रुप-जीरो ग्रुप रखने की क्या जरूरत है ?"

"आपकी बात ठीक है। परंतु निष्क्रिय गैसों का रसायन वास्तविकता में केवल जीनान का रसायन है। इस कमजोर नींव पर बड़ी बिल्डिंग को खड़ा करने का क्या कोई कारण है।

सातवें दशक के मध्य में ऐसे संवाद अक्सर सुनाई देते थे।

आखिर जीत उन्हीं लोगों की हुई जो बड़ी बिल्डिंग के पुनः निर्माण के पक्ष में थे। जीरो ग्रुप समाप्त कर दिया गया।

अब सभी उत्कृष्ट गैसें आठवें ग्रुप के मुख्य उपग्रुप में शामिल कर ली गयीं। और यह बात और भी ज्यादा तर्कसंगत लगती थी क्योंकि आठवाँ ग्रुप एक द्वितीयक उपग्रुप के कारण काफी अर्से तक अन्य ग्रुपों से भिन्न था। इस तथ्य को मेंडेलीफ की सारणी की एक कमी माना जाता था।

अब आठवाँ ग्रुप "सब जैसा" हो गया। जीनान की संयोजकता आठ के बराबर न होने के तथ्य का कोई वास्तविक महत्व नहीं है। हर नियम में कुछ "कष्टप्रद" अपवाद होते हैं। पाठकों की जानकारी के लिये हम बताना चाहेंगे कि किसी ग्रुप का नंबर उस ग्रुप को बनाने वाले तत्वों की उच्चतम संयोजकता के बराबर होता है।

अब एक बार फिर से रसायन के इतिहास के अध्ययन की आवश्यकता है। पुस्तक के आरंभ में वर्णित आवर्त प्रणालियों के "एटलस" को ज्यादा गौर से देखने की जरूरत है। आप देख सकते हैं कि इस एटलस की कई सारणियों में निष्क्रिय गैसों को आठवें ग्रुप के द्वितीयक उपग्रुप के सदस्यों के रूप में प्रस्तुत किया गया है। उन दिनों वैज्ञानिक इन विचारों का समर्थन तो क्या, उलटा इनका विरोध कर रहे थे।

हमारी दुनिया कितनी परिवर्तनीय है... आज ये रासायनिक सिद्धांत का आवश्यक अंग है तथा हर पाठ्यपुस्तक में इनकी चर्चा की जाती है।

बुद्धिमान लोगों का कहना है कि जल्दी दिखाने से काम बिगड़ जाता है। क्या हमने उत्कृष्ट गैसों को उनके जीरो ग्रुप से निकाल फेंकने में काफी जल्दी नहीं दिखायी?

आज निष्क्रिय गैसों के लगभग डेढ़ दर्जन यौगिक ज्ञात हैं जिनमें 80% से अधिक जीनान के यौगिक हैं। क्रिप्टान के यौगिक काफी कम हैं तथा वे सारे के सारे काफी अस्थायी हैं। रेडान के केवल गिने-चुने यौगिक ज्ञात हैं। परंतु यह रेडान की "कमी" नहीं बल्कि उसकी कठिनाई है। रेडान बहुत ही विरल है तथा इसके अलावा यह बहुत ज्यादा

विघटनाभिक है। सैद्धांतिक रूप से अपने ग्रुप में यह गैस रासायनिक दृष्टि से सबसे ज्यादा सक्रिय होनी चाहिये, क्योंकि इसके परमाणु की त्रिज्या सबसे ज्यादा होती है, परंतु इसके साथ काम करना एक यंत्रणा से कम नहीं है। प्रयोगकर्ताओं के मुकाबले सिद्धांतवादियों के लिये आर्गान ज्यादा रुचिप्रद है। और सिद्धांतवादियों का भविष्य आशापूर्ण नहीं है। आर्गान के गिने-चुने यौगिक मिलने की संभावना है और वे बहुत अधिक अस्थायी होंगे।

पिछले कुछ सालों में शोधकर्ताओं से कुछ ऐसी खबरें सुनाई दी हैं कि हीलियम और निआन ने आखिर अपना ''रासायनिक स्वभाव'' प्रदर्शित कर ही दिया। किसी निष्कर्ष पर पहुँचने में जल्दी नहीं कीजिये : वैज्ञानिकों को इन तत्वों में से एक के भी यौगिक नहीं प्राप्त हुए थे। उन्होंने सिर्फ़ इतना कहा कि कुछ विशिष्ट परम परिस्थितियों में हीलियम ओ़र निआन ने कुछ अन्य तत्वों, जैसे हाइड्रोजन के साथ अभिक्रिया की। इसके अलावा इन तत्वों में और कोई क्षमता नहीं थी। ये दोनों एक किस्म के ''रासायनिक निर्वाण'' का पालन करते हैं। इन तत्वों के परमाणुओं में एक महत्वपूर्ण विशेषता होती है जो इन्हें अन्य उत्कृष्ट गैसों से अलग करती है, अर्थात् हीलियम और निआन के K व L कोश एक भी इलेक्ट्रान ग्रहण करने में असमर्थ होते हैं। वे पूरी तरह से भरे होते हैं आर्गान के बाह्य कोशों में बहुत सारे रिक्त स्थान होते हैं जो उनकी रासायनिक सक्रियता के जिम्मेवार होते हैं। आइये, अब इस बात पर विचार करते हैं। क्या यह कदम ज्यादा तर्कसंगत नहीं होगा कि हीलियम और निआन को तो जीरो ग्रुप में ही रहने दें और बाकी उत्कृष्ट गैसों को आठवें ग्रुप में स्थानान्तरित कर दें। उनका रसायन वस्तुगत वास्तविकता है और इससे सामंजस्य भंग नहीं होगा बल्कि असली बात पता चलेगी। अतः इस अनुच्छेद का शीर्षक ''जीरो या आठवाँ'' की जगह ''जीरो और आठवाँ'' ज्यादा उत्तम रहेगा।

सर्वभक्षी

महान सोवियत वैज्ञानिक अलेक्सान्द्र फेर्समान ने इसका यह नाम रखा। दुनिया में इससे ज्यादा क्रूर तत्व ज्ञात नहीं है और प्रकृति ने भी ऐसा पदार्थ उत्पन्न नहीं किया है जो रासायनिक रूप से इस कथा के नायक से ज्यादा सक्रिय हो। आपको यह तत्व प्राकृत अवस्था में कभी नहीं मिलेगा, अगर मिलेगा तो केवल यौगिकों के रूप में। इसी कारण यह तत्व काफी अर्से तक स्वतंत्र अवस्था में प्राप्त नहीं किया जा सका।

अंग्रेजी भाषा में फ्लुओरीन (fluorine) लातीनी शब्द ''fluo'' से लिया गया है जिसका अर्थ होता है—''प्रवाह''। परंतु रूसी भाषा में इसका नाम ''फ्लोर'' यूनानी शब्द से लिया गया है जिसका अर्थ ''विनाशकारी'' होता है। मेंडेलीफ की सारणी के सातवें ग्रुप के मुख्य उपग्रुप के प्रतिनिधि की यह दूसरी विशिष्टता है।

किसी ने कहा है : ''मनुष्य के साथ घटी दुखद घटनाओं ने स्वतंत्र फ्लुओरीन तक पहुँचने का रास्ता दिखाया।'' ये केवल शब्द मात्र ही नहीं हैं। नये साधारण पदार्थों की खोज के दौरान अनुसंधानकर्ताओं को सैकड़ों परेशानियां झेलनी पड़ीं, कई बार निराशा का मुंह देखना पड़ा और अनोखी त्रुटियों की सजा भुगतनी पड़ी।

फ्लुओरीन तत्व को स्वतंत्र रूप में प्राप्त करने में लोगों को अपनी जान से हाथ धोना पड़ा।

स्वतंत्र फ्लुओरीन को प्राप्त करने के प्रयास में अपने जीवन की आहुति देने वाले लोगों की सूची बहुत लंबी है। आयरलैंड की विज्ञान अकादमी के सदस्य नोक्स, फ्रेंच रसायनज्ञ निक्लेसे, बेल्जियम के अनुसंधानकर्ता लायेटे—ये सारे व्यक्ति ''सर्वभक्षी'' का शिकार बन गये। और भी बहुत सारे वैज्ञानिकों को गंभीर चोटें आयीं। प्रमुख फ्रेंच रसायनज्ञ गे-लूसाक तथा थेनार्ड और अंग्रेज रसायनज्ञ हम्फरी डेवी इन वैज्ञानिकों में थे। इस बात में कोई शक नहीं कि कुछ और भी शोधकर्ता रहे होंगे जिन्होंने फ्लुओरीन को इसके यौगिकों से स्वतंत्र करने का प्रयास किया होगा और फ्लुओरीन ने उनसे इसका बदला लिया होगा। फ्रेंच रसायनज्ञ हेनरी मोईसान प्रथम व्यक्ति थे जिन्होंने यह ज्ञात किया कि स्वतंत्र अवस्था में तत्व फ्लुओरीन क्या चीज है। यह बात छिपाने की जरूरत नहीं है कि कई वैज्ञानिक इस तत्व के साथ काम

करने से डरते थे।

बीसवीं शताब्दी के वैज्ञानिकों को फ्लुओरीन के कोप को शांत करने के तरीके पता हैं, उन्होंने इससे मानवजाति की सेवा कराने के रास्ते ढूढ़ लिये हैं। अब इस तत्व का रसायन अकार्बनिक रसायन का एक स्वतंत्र क्षेत्र बन गया है।

बोतल का भयंकर जिन्न वश में कर लिया गया है और बहुसंख्यक योद्धाओं द्वारा स्वतंत्र फ्लुओरीन प्राप्त करने के प्रयासों की अच्छी कीमत वसूल कर ली गयी है।

आधुनिक रेफ्रिजरेटरों की कई किस्मों में फ्रेंआन को शीतलक के रूप में इस्तेमाल किया जाता है। रसायनज्ञों ने इस पदार्थ को अधिक जटिल नाम दिया है—डाइफ्लुओरोडाइक्लोरोमिथेन। फ्लुओरीन इस यौगिक का एक अनिवार्य घटक है।

खुद विनाशकारी होते हुए भी फ्लुओरीन ऐसे यौगिक बना सकता है, जो वास्तव में एक भी चीज नष्ट नहीं कर सकते ; वे न तो जलेंगे और न ही सड़ेंगे और क्षारों व अम्लों में अविलेय हैं। स्वतंत्र फ्लुओरीन उन पर हमला नहीं करता और आर्कटिक की ठंड का उन पर कोई असर नहीं पड़ता। तापमान में अचानक तीव्र परिवर्तन लाने से भी उनका कुछ नहीं बिगड़ता। उनमें से कुछ द्रव हैं और दूसरे ठोस पदार्थ हैं। इन सबका एक आम नाम है—फ्लुओरोकार्बन, वे यौगिक, जिनकी खोज करने में प्रकृति खुद असमर्थ थी। वे मनुष्य द्वारा बनाये गये। कार्बन और फ्लुओरीन का संयोजन बहुत उपयोगी सिद्ध हुआ है। फ्लुओरोकार्बन मोटरों में शीतलक तरलों के रूप में तथा विशेष प्रकार के वस्त्रों के संसेचन में काम आते हैं। इन्हें दीर्घायु स्नेहकों व विद्युत-रोधियों के रूप में प्रयुक्त किया जाता है तथा इसके अलावा इन्हें रसायन उद्योग के विभिन्न किस्म के उपकरणों के निर्माण में भी इस्तेमाल किया जाता है।

जब वैज्ञानिक लोग नाभिकीय ऊर्जा को काम में लाने के रास्ते ढूँढ़ रहे थे, यूरेनियम समस्थानिकों—यूरेनियम-235 तथा यूरेनियम-238 को पृथक करना आवश्यक हो गया था। हम ऊपर बता ही चुके हैं कि अनुसंधानकर्ताओं ने एक रोचक यौगिक—यूरेनियम हैक्साफ्लुओराइड की सहायता से यह जटिल समस्या हल कर दी।

फ्लुओरीन वह चीज थी जिसकी सहायता से रसयानज्ञ दशकों पुरानी यह धारणा गलत सिद्ध करने में सफल हुए कि निष्क्रिय गैसें रासायनिक "आलसीनें" होती हैं। निष्क्रिय गैस जीनान का प्रथम यौगिक फ्लुओरीन के साथ बनाया गया।

फ्लुओरीन की कामकाजी जिंदगी का लेखा जोखा यह है।

हेनिग ब्रांड का "पारस पत्थर"

मध्ययुग में जर्मन शहर हम्बर्ग में हेनिग ब्रांड नामक एक व्यापारी रहता था। हम नहीं जानते कि व्यापार के धंधे में वह कितना चतुर था, परंतु यह बात विश्वास के साथ कह सकते हैं कि उसे रसायन का कुछ ज्ञान जरूर था। उसे यह काम काफी आसान लग रहा था : केवल विख्यात "पारस पत्थर" ढूंढ़ना था, जो कीमियागरों के विचारानुसार बटिया को भी स्वर्ण में बदल सकता था।

...साल बीतते गये। व्यापारी लोगों की बातचीत में ब्रांड का नाम बहुत कम सुनाई देने लगा और अगर कभी कोई उसका नाम लेता, तो पास बैठे लोगों के चेहरे पर उदासी छा जाती थी। इस बीच ब्रांड विभिन्न खनिजों को घोलने, मिलाने, छानने लगा तथा निस्तापित करने में जुटा रहा। अम्लों, क्षारों तथा आग ने उसके हाथों की कभी ठीक न होने वाले जख्मों से भर दिया था।

एक सुनहरी शाम को भूतपूर्व व्यापारी की किस्मत जागी। उसके भभके की तली में बर्फ जैसा सफेद एक पदार्थ जमा हो गया। यह बड़ी तेजी से जलता था तथा इसके जलने के दौरान श्वासारोधी गहरा धुआं निकलता था। सबसे

ज्यादा अजीब बात यह थी कि पदार्थ अंधेरे में चमकता था। इससे निकला शीतल प्रकाश इतना तीव्र था कि ब्रांड उसकी रोशनी में अपने प्राचीन कीमियागरी निबंध पढ़ सकता था (इन निबंधों ने उसके व्यापार-पत्रों तथा रसीदों की जगह ले ली थी)।

...इस प्रकार संयोगवश एक रासायनिक तत्व फास्फोरस की खोज हो गयी। इसका नाम यूनानी भाषा से लिया गया है, जिसमें इसका अर्थ होता है—''प्रकाश का वहन वाला'' या ''प्रकाशवाहक''।

फास्फोरस कई प्रदीप्त यौगिकों का मुख्य अवयव है। आपको बास्केरविले के प्रसिद्ध शिकारी कुत्ते का किस्सा याद होगा जिसे शेरलाक होल्म्स बहुत दिनों तक तलाश करते रहे। इस कुत्ते के मुंह पर फास्फोरस पोत दिया गया था। अगर सच कहें, तो इस बात पर विश्वास करना कठिन है।

आवर्त सारणी के किसी और प्रतिनिधि में यह अद्वितीय गुण विद्यमान नहीं हैं।

एक बार किसी वैज्ञानिक ने निम्न शब्द कहे : ''फास्फोरस के बिना सोचने का काम नहीं हो सकता।'' यह बात सत्य है क्योंकि प्रमस्तिष्कीय तंतुओं में कई मिश्रित फास्फोरस यौगिक उपस्थित होते है

फास्फोरस के बिना जीवन असंभव है। इसके बिना श्वसन क्रियायें असंभव होंगी तथा पेशियां ऊर्जा का संचयन नहीं कर सकेंगी। अंत में फास्फोरस सभी जैव प्राणियों का सर्वाधिक महत्वपूर्ण अवयव है। वास्तव में कैल्सियम फास्फेट अस्थि के तंतु का मुख्य घटक होता है।

यह देखते हुए कि फास्फोरस निर्जीव को सजीव बना देता है, क्या हम यह नहीं कह सकते कि यह तत्व ''पारस पत्थर'' जैसी बढ़िया चीज है ?

और अंत में हम इस प्रश्न का उत्तर देना चाहेंगे कि फास्फोरस चमकता क्यों है।

सफेद फास्फोरस के ऊपर हमेशा फास्फोरस वाष्पों का बादल सा छाया रहता है। ये वाष्प उपचयित हो जाते हैं और बहुत बड़ी मात्रा में ऊर्जा उत्सर्जित करते हैं। यह ऊर्जा फास्फोरस परमाणुओं को उत्तेजित करती है जिसके कारण वे चमकने लगते हैं।

ताजगी की गंध या इस बात का उदाहरण कि किस प्रकार मात्रा गुण में परिवर्तित होती है।

बादल गरजे, वर्षा हुई। हवा में जो घुटन सी थी, वह अब नहीं रही। आपको सांस लेने में कोई दिक्कत महसूस नहीं हो रही। वायु शुद्ध हो गयी है और ताजगी से भर गयी है।

यह काव्यात्मक कल्पना मात्र नहीं है। बिजली की कड़क से वायुमंडल में ओजोन गैस बनती है जो वायु को शुद्ध करती है।

ओजोन आक्सीजन होती है। अंतर यह है कि आक्सीजन के अणु में दो परमाणु होते हैं जबकि ओजोन के अणु में तीन। O_2 और O_3-एक परमाणु ज्यादा या एक परमाणु कम—क्या इतनी छोटी सी बात से दोनों में बहुत ज्यादा अंतर हो जाता है?

जी, हाँ। बहुत बड़ा अंतर पैदा हो जाता है : ओजोन और आक्सीजन बिल्कुल भिन्न पदार्थ हैं।

आक्सीजन के बिना जीवन असंभव है। दूसरी तरफ ओजोन उच्च सांद्रताओं में सभी जीवों को मार देती है। यह सबसे ज्यादा शक्तिशाली उपचायक है (फ्लुओरीन के बाद)। ओजोन कार्बनिक पदार्थों के साथ मिलते ही उन्हें तुरंत नष्ट कर देती है। स्वर्ण और प्लैटिनम के अलावा बाकी सारी धातुएं ओजोन के हमले का शिकार होते ही तुरंत अपने आक्साइडों में परिवर्तित हो जाती है।

इसके दो रूप है। एक तरह तो यह सारे जीवों का हत्यारा है और दूसरी तरफ यह पृथ्वी पर कई तरीकों से जीवन को प्रोत्साहन देती है।

यह विरोधाभास आसानी से समझा सकते हैं। सूर्य का विकिरण एक समान नहीं होता है। इसमें पराबैंगनी किरणें उपस्थित होती हैं। अगर ये सारी किरणें पृथ्वी की सतह तक पहुँच जायें, तो पृथ्वी पर जीवन असंभव हो जायेगा क्योंकि ये विशाल ऊर्जा का वाहक होती हैं जो जैव प्राणियों के लिये बहुत घातक है।

सौभाग्यवश सूर्य की पराबैंगनी किरणों को केवल बहुत छोटा सा अंश पृथ्वी की सतह तक पहुँचता है। उनमें से अधिकांश 20-30 किलोमीटर ऊंचाई पर अपनी शक्ति खो बैठती हैं। इस स्तर पर, जहाँ वायु कंबल ने हमारे ग्रह को लपेट रखा है, उसके अंदर ओजोन बहुत बड़ी मात्रा में उपस्थित है। और यह पराबैंगनी किरणों को अवशोषित कर लेती है।

प्रसंगवश यहाँ हम यह बताना चाहेंगे कि पृथ्वी पर जीवन की उत्पति की आधुनिक धारणाएं बताती हैं कि प्रथम जीवों का आगमन वायुमंडल में ओजोन सतह के बनने के समय के साथ संबंधित है।

परंतु पृथ्वी पर भी लोगों को ओजोन की जरूरत है और वह भी बहुत बड़ी मात्रा में।

उन्हें और मुख्यतः रसायनज्ञों को हज़ारों टन ओजोन की बड़ी सख्त जरूरत है।

रसायन-उद्योग ने ओजोन की विस्मयकारक उपचयन शक्ति से लाभ उठाया है।

तेल-उद्योग में व्यस्त कर्मी भी इस गैस के आभारी हैं। कई तेल क्षेत्रों के पैट्रोलियम में सल्फर उपस्थित होता है। ऐसे पेट्रोलियम को कटु तेल कहते हैं। उपकरण को बड़ी तेज़ी से संक्षारित करने की क्षमता के कारण यह पैट्रोलियम बहुत परेशान करता है, उदाहरणतया, यह बिजली-स्टेशनों पर बायलर स्टोकरों को गला देता है। ओजोन की सहायता से ऐसे तेलों से सल्फर अलग किया जा सकता है और इस सल्फर के प्रयोग से सल्फयूरिक अम्ल का उत्पादन दुगुना या तिगुना बढ़ाया जा सकता है।

हम क्लोरीनित जल पीते हैं। यह अहानिकर है, परंतु इसका स्वाद झरने के जल से घटिया होता है। ओजोन के साथ अभिक्रियत जल रोगजनक जीवाणुओं से पूर्णतया मुक्त होता है तथा इसका स्वाद अप्रिय नहीं होता है।

ओजोन मोटरों के पुराने टायरों को नया बना सकती है और कपड़ों, सेलुलोस तथा धागों को विरंजित कर सकती है। इसी कारण वैज्ञानिक तथा इंजीनियर उच्च क्षमता वाले औद्योगिक ओजोनित्रों के निर्माण की योजना पर कार्य कर रहे हैं।

तो ओजोन यह चीज है। दर्शनशास्त्र ने मात्रा के गुण में परिवर्तित होने का द्वंदात्मक सिद्धांत बहुत पहले प्रतिपादित कर दिया था। रसायन का सर्वाधिक सुस्पष्ट उदाहरण आक्सीजन और ओजोन की जोड़ी है।

इतना सरल और इतना अद्वितीय

पिछले विश्व युद्ध से पहले सोवियत संघ के सिनेमाघरों में एक कमेडी चल रही थी। इस फिल्म के एक दृश्य में पानी की सप्लाई करने वाला अपने घोड़ों के चाबुक मार रहा था और साथ-साथ एक गाना गा रहा था :

"पानी हर जगह चाहिये
इसके बिना कोई काम नहीं हो सकता..."

यह गाना बहुत लोकप्रिय हुआ और अब यह एक कहावत बन गया है। परंतु इस साधारण गाने में एक गंभीर आशय छिपा हुआ है।

जल वास्तव में जीवन में पदार्थ नंबर 1 है। आक्सीजन का परमाणु धन हाइड्रोजन के दो परमाणु। संभवतः यह पहला रासायनिक सूत्र होगा जिससे आपका परिचय हुआ होगा। अब जरा यह कल्पना कीजिये कि अगर जल अचानक अदृश्य हो जाये, तो हमारे ग्रह का हाल क्या होगा।

...समुद्रों और महासागरों के गर्तों की मनहूस, ऊंघ रही गुहिकाएं, इन गर्तों में किसी जमाने में जल में घुले लवण

की मोटी-मोटी तहें....। सूखी नदियाँ, झरने, जो फिर कभी नहीं बहेंगे। राख में परिवर्तित चट्टानें : जल उनका मुख्य अवयव था।

मृत ग्रह पर न झाड़ी न फूल, एक भी जीवित प्राणी नहीं मिलेगा। और इसके ऊपर भयंकर अजीब से रंग का बिनबादल वाला आकाश।

जल कितना साधारण यौगिक है, परंतु जहाँ यह नहीं है, वहाँ जीवन असंभव है—वहाँ कैसा भी जीवन नहीं हो सकता—विवेकपूर्ण या विवेकहीन।

ऐसा क्यों है ? पहली वजह यह है कि जल विश्व में सर्वाधिक अद्वितीय रासायनिक यौगिक है।

जब सेल्सियस ने अपने थर्मामीटर का आविष्कार किया, उन्होंने अपने उपकरण को दो मानों या स्थिरांकों पर आधारित रखा : जल के क्वथनांक तथा हिमांक पर। उन्होंने प्रथम का मान 100° लिया और दूसरे का शून्य। इसके बाद उन्होंने इनके बीच के मध्यान्तरों को 100 भागों में विभाजित कर दिया। इस प्रकार तापमानों को मापने के उपकरण का जन्म हुआ।

परंतु सेल्सियस तब क्या सोचते, अगर उन्हें यह पता होता कि सिद्धांत के अनुसार जल न तो शून्य डिग्री पर जमता है और न ही 100 डिग्री पर उबलना है।

आज वैज्ञानिकों ने यह सिद्ध कर दिया है कि इस मामले में जल बहुत धोखेबाज है। यह पृथ्वी पर सर्वाधिक अनियमित यौगिक है।

वैज्ञानिकों का दावा है कि जल को 180° कम ताप पर उबल जाना चाहिये अर्थात्—80° डिग्री पर। कुछ भी कहें, आवर्त प्रणाली की नियमितता के अनुसार जल इस ऐन्टार्कटिक ताप पर उबल जाना चाहिये।

आवर्त प्रणाली में किसी भी उपग्रुप के तत्वों के गुण नियमानुसार परिवर्तित होते हैं—हल्के तत्वों से भारी तत्वों की ओर बढ़ते हुए। उदाहरण के लिये, क्वथनांक ही ले लीजिये। यौगिकों के गुण किसी पुराने तरीके से नहीं बदलते हैं बल्कि तत्वों, जिनसे अणु बने हैं, की मेंडेलीफ सारणी में स्थिति पर निर्भर करते है। एक ही ग्रुप के हाइड्रोजन यौगिकों, तत्वों के हाइड्राइडों पर भी यह बात लागू होती है।

जल को आक्सीजन हाइड्राइड कह सकते हैं। आक्सीजन छठे ग्रुप का सदस्य है, जिसमें सल्फर, सिलीनियम, टैल्यूरियम और पोलोनियम भी शामिल हैं। इन सभी तत्वों के हाइड्राइडों का आण्विक पैटर्न जल अणु जैसा है : H_2S, H_2Se, H_2Te व H_2Po। इन यौगिकों के क्वथनांक नियमिततापूर्वक परिवर्तित होते हैं—सल्फर से इसके भारी बंधुओं की ओर। और अचानक हम देखते हैं कि जल का क्वथनांक इस श्रेणी से बाहर निकल जाता है, क्योंकि यह अपने प्रत्याशित मान से बहुत उच्च है। जल आवर्त सारणी पर लागू नियमों को मान्यता देने से इंकार कर देता है और वाष्प अवस्था में अपना परिवर्तन 180 डिग्री आगे बढ़ा देता है। यह जल की प्रथम अद्वितीय अनियमितता है।

इसकी दूसरी अनियमितता इसके हिमांक के साथ संबंधित है। आवर्त प्रणाली के नियम यह कहते हैं कि जल—100 डिग्री पर जमना चाहिये। जल इस नियम का उल्लंघन करता है और जीरो डिग्री पर बर्फ में बदल जाता है।

जल की इस जिद से यह निष्कर्ष निकलता है कि पृथ्वी पर इसकी ठोस तथा प्रव अवस्थाएं अनियमित हैं।

नियम यह कहते हैं कि पृथ्वी पर जल केवल वाष्प के रूप में होना चाहिये। अब जरा ऐसी दुनिया की कल्पना कीजिये, जहां जल के गुण आवर्त प्रणाली की नियमितताओं का बड़ी सख्ती के साथ पालन करते हैं। यह निराली तस्वीर कथाकारों के लिये मजेदार उपन्यासों और कहानियों की रचना का आधार बन जायेगी। परंतु हम लोगों के लिये वैज्ञानिकों के लिये इस बात का एक और प्रमाण है कि आवर्त सारणी पहली दृष्टि में जितनी सरल दिखायी देती है, वास्तविकता में वह इससे कहीं ज्यादा जटिल है। इसके निवासियों के आचरण एक बात में जीवित लोगों से बहुत मिलते-जुलते हैं और वह यह है कि उन्हें निश्चित सीमाओं के अंदर बंद नहीं किया जा सकता। जल बहुत हठधर्मी है।

परन्तु क्यों ?

क्योंकि जल के अणुओं का एक विशेष क्रम है और इसी कारण वे एक दूसरे को आकर्षित करने की क्षमता रखते हैं। अगर हम जल से भरे गिलास में अकेले अणुओं को तलाश करना चाहें तो हमारा प्रयास विफल रहेगा। अणु ग्रुप बनाते हैं जिन्हें वैज्ञानिक संगुणन या असोसिएशन कहते हैं। जल का सूत्र H_2O की जगह $(H_2O)n$ लिखना ज्यादा बेहतर रहेगा ; यहाँ n असोसिएशन में अणुओं की संख्या प्रदर्शित करता है। जल के अणुओं के बीच बने इन संगुणक अनुबंधों को तोड़ना बहुत कठिन होता है। यही कारण है कि जल प्रत्याक्षित तापमान से काफी उच्च्य तापमान पर जम और उबल जाता है।

''छोटी नदी में अभी बर्फ अच्छी तरह से नहीं जमी है...''

सन् 1913 में एक गंभीर दुर्घटना ने सारी दुनिया को शोकग्रस्त कर दिया। विशाल समुद्री जहाज ''टिटानिक'' हिमशैल से टकराने के बाद समुद्र के गर्भ में समा गया। विशेषज्ञों ने इस भयंकर दुर्घटना के कई कारण बताये। कहा गया कि धुंध के कारण जहाज के कप्तान को समुद्र में तैरता विशाल पहाड़ ठीक समय पर दिखायी नहीं दिया ; जहाज हिमशैल से टकरा गया और नष्ट हो गया।

अगर हम इस दुखद घटना को एक रसायनज्ञ की दृष्टि से देखते हैं, तो हम एक बिल्कुल अप्रत्याशित निष्कर्ष पर पहुँचते हैं : ''टिटानिक'' जल की एक अन्य अनियमितता का शिकार बना।

बर्फ के भयंकर पहाड़–हिमशैल–जल की सतह पर कार्क की तरह तैरते रहते हैं हालांकि इन पहाड़ों का वजन कई हजार टन होता है।

यह इसलिये संभव होता है क्योंकि बर्फ जल से हलकी होती है।

किसी धातु को पिघलाने की कोशिश कीजिये और फिर गलन में ठोस धातु का एक टुकड़ा फेंकिये ; वह तुरंत डूब जायेगा। ठोस अवस्था में किसी भी पदार्थ का घनत्व द्रव अवस्था की तुलना में उच्च होता है। बर्फ और जल इस नियम के विस्मयकारी अपवाद हैं। अगर यह अपवाद न होता, तो मध्य अक्षांशों के सारे जल स्त्रोत तल तक जम जाते और उनमें बसे सारे जीव मर जाते।

प्रसिद्ध रूसी कवि नेक्रासोव की कविता याद कीजिये :

''बर्फ अभी अच्छी तरह से नहीं जमी है, छोटी नदी में ऐसा लगता है जैसे पिघली चीनी बिखरी पड़ी हो हमारे सामने।''

पाला पड़ते ही बर्फ सख्त हो जाती है। जाड़े में नदी पर एक सड़क बनायी जा सकती है। परंतु बर्फ की मोटी सतह के नीचे जल पहले की तरह बहता रहता है। नदी तल तक कभी नहीं जमती।

जल की ठोस अवस्था–बर्फ–एक विशिष्ट पदार्थ है। बर्फ की कई किस्में होती हैं। एक किस्म वह है जो प्रकृति में मिलती है और जो जीरो डिग्री (सेल्सियस के पैमाने के अनुसार) पर पिघल जाती है। उच्च दाबों के प्रयोग से वैज्ञानिकों ने प्रयोगशाला में बर्फ की छः और किस्में प्राप्त की हैं। इनमें से सर्वाधिक विलक्षण किस्म (बर्फ VII) 21.700 ऐटमौस्फियर से भी ज्यादा दाब पर प्राप्त की गयी और इसे सुर्खतप्त बर्फ कहते हैं। यह शून्य से 192°C अधिक ताप पर पिघलती है जब दाब 3200 ऐटमौस्फियर होता है।

ऐसा लगेगा जैसे कि बर्फ के पिघलने के दृश्य से ज्यादा परिचित और कोई चीज नहीं हो सकती। परंतु इस प्रक्रिया के दौरान कितनी अद्‌भुत घटनाएं घटती हैं!

कोई भी ठोस पदार्थ पिघलने के बाद फैलना शुरू हो जाता है। परंतु बर्फ के पिघलने के बाद जो जल बनता है, उस पर यह बात लागू नहीं होती। यह संकुचित होने लगता है और बाद में केवल तभी फैलना शुरू होता है जब

तापमान लगातार बढ़ता जाता है। इस बार भी जल की इस अनियमितता का कारण जल के अणुओं को एक-दूसरे को आकर्षित करने की क्षमता है। शून्य से चार डिग्री ऊपर ताप पर यह क्षमता विशेष रूप से स्पष्ट होती है, अतः इस तापमान पर जल का घनत्व उच्चतम होता है। यही कारण कि ठंडे मौसम में भी हमारी नदियां, झरनें और झीलें तल तक नहीं जमती हैं। वसन्त के आगमन से हर कोई खुश होता है, शरद के सुनहरे दिनों में हमने खूब आनंद लिया है। आनन्दमय वसंत में बर्फ का पिघलना और जंगलों का किरमिजी ठाठ-बाट...।

एक बार बर्फ जल से अनियमित गुणों का परिणाम!

बर्फ को पिघलाने के लिये काफी ऊर्जा की आवश्यकता होती है, किसी भी पदार्थ की उतनी मात्रा को पिघलाने के लिये आवश्यक ऊर्जा से कई गुना ज्यादा मात्रा।

जब जल जमता है तब यह ऊष्मा उत्सर्जित होती है। बर्फ इस ऊष्मा को वापस देते हुए पृथ्वी और वायु को गर्म कर देती है जिसके फलस्वरूप कड़ी शीत का आगमन शिथिल हो जाता है और शरद ऋतु कई सप्ताहों तक चलती रहती है। इसके विपरीत बसंत के समय बर्फ का पिघलना उमसदार मौसम को कुछ अर्से तक रोके रखता है।

पृथ्वी पर कितने प्रकार के जल हैं ?

वैज्ञानिकों ने प्रकृति में हाइड्रोजन के तीन समस्थानिक ढूँढ़े हैं और उनमें से हर कोई आक्सीजन के साथ संयोजित हो सकता है। अतः यह कहा जा सकता है कि जल की तीन किस्में होती हैं : प्रोटियम, डयूटीरियम और ट्राइटियम जल : H_2O, D_2O तथा T_2O।

ऐसे 'मिश्रित' जल भी हो सकते है जिनके अणुओं में प्रोत्यिम का एक परमाणु और डयूटीरियम का एक परमाणु या ठयूटीरियम का एक परमाणु और ट्राइटियम का एक परमाणु उपस्थित हो। यह बात जलों की सूची बढ़ा देती है : HDO, और DTO।

लेकिन जल में उपस्थित आक्सीजन भी प्रकृति में मिलने वाले तीन समस्थानिकों का मिश्रण होता है : आक्सीजन-16, आक्सीजन-17 और आक्सीजन-18। इनमें पहला आक्सीजन सर्वाधिक विस्तृत है।

आक्सीजन की इन किस्मों को ध्यान में रखते हुए सूची में 12 संभव जल और जोड़े जा सकते हैं। जब आप किसी झील या नदी से एक प्याला जल लेते हैं, तो आप शायद कभी संदेह नहीं करते कि आपके कप में 18 विभिन्न किस्मों का जल भरा है।

इस प्रकार जल, चाहे कहीं से भी क्यों न लिया गया हो, विभिन्न अणुओं का गिश्रण होता है। इनमें रो राबरो हलका अणु $H_2{}^{16}O$ तथा सबसे भारी अणु $T_2{}^{18}O$ है। अब रसायनज्ञ इन अठारह किस्मों के जल शुद्ध रूप में प्राप्त कर सकते हैं।

हाइड्रोजन समस्थानिकों के गुण एक दूसरे से बहुत ज्यादा भिन्न होते हैं। और जल की विभिन्न किस्मों के बारे में क्या कहा जा सकता है ? इनमें भी कुछ अंतर होते हैं। उदाहरण के लिये, इनके घनत्व, हिमांक तथा क्वथनांक भिन्न होते हैं।

प्रकृति में विभिन्न जलों की आपेक्षिक मात्रा हमेशा तथा हर जगह अलग-अलग होती है। उदाहरण के लिये, नल के पानी में डयूटीरियम जल D_2o की मात्रा $150D_2O$ प्रति टन होती है। परंतु प्रशान्त महासागर के जल में इसकी मात्रा काफी ज्यादा है : लगभग 165 gm। काकेशस हिम-खंड की 1 टन हिम में भारी जल की मात्रा नदी के एक घन मीटर जल की तुलना में 7 ग्राम अधिक है। संक्षेप में यह कहा जा सकता है कि जल की समस्थानिक संरचना हर जगह अलग-अलग होती है। इसका कारण यह है कि प्रकृति में समस्थानिकों के विनिमय की विशाल प्रक्रिया निरन्तर घटती रहती है। विभिन्न हाइड्रोजन तथा आक्सीजन समस्थानिक अलग-अलग परिस्थितियों में एक-दूसरे का स्थान लेते रहते हैं।

क्या और कोई ऐसा प्राकृतिक यौगिक है जिसकी इतनी सारी किस्में हैं ? जी, नहीं।

निस्संदेह हमारा वास्ता मुख्यतः प्रोटियम जल के साथ पड़ता है। परंतु हम जल की अन्य किस्मों की उपेक्षा नहीं कर सकते। इनमें से कुछ व्यावहारिक कार्यों में विस्तृत रूप से प्रयुक्त की जाती हैं, विशेषकर भारी जल D_2O। यह जल नाभिकीय रिऐक्टरों में यूरेनियम को विखंडित करने वाले न्यूट्रानों के विमंदन में प्रयुक्त किया जाता है। इसके अलावा वैज्ञानिक लोग समस्थानिक रसायन के क्षेत्र में अनुसंधान के लिये जल की विभिन्न किस्मों का इस्तेमाल करते हैं।

अठारह किस्में–इससे ज्यादा नहीं ? वास्तव में जल की किस्मों की संख्या बहुत ज्यादा हो सकती है। प्राकृतिक समस्थानिकों के अलावा आक्सीजन के संश्लिष्ट विघटनाभिक समस्थानिक भी होते हैं : आक्सीजन-14, आक्सीजन-15, आक्सीजन-19 और आक्सीजन-20। और हाइड्रोजन के समस्थानिकों की संख्या भी बढ़ गयी है : अब हम ^4H और ^5H को भी गिन सकते हैं।

अब अगर हम हाइड्रोजन और आक्सीजन के समस्थानिकों का भी हिसाब रखें तो संभव जलों की संख्या 100 तक पहुँच जायेगी। आप खुद भी तो इनकी ठीक-ठीक गिनती कर सकते हैं...

''अमृत'', प्राणदायक, सर्वव्यापी जल

विभिन्न जातियों के लोगों की बहुसंख्यक लोक-कथायें अमृत की दंतकथा पर आधारित हैं। अमृत–इसने जख्म ठीक किये, मृतक के शरीर में जान डाली, डरपोक को साहसी बनाया और बहादुर की शक्ति सौगुना बढ़ायी।

यह मात्र संयोग की बात नहीं है कि मनुष्य ने जल को इतना चमत्कारी माना है। यह तथ्य कि हम पृथ्वी पर जीवित हैं, हम हरे-भरे जंगलों और फूलों से, लहलहाते खेतों से घिरे हैं, हम नाव में बैठकर नदी की सैर कर सकते हैं या गर्मियों में बारिश के वक्त डबरे में भाग सकते हैं और सर्दियों में स्केटिंग या स्की का आनंद उठा सकते हैं–यह सब कुछ जल की ही तो देन है। अगर हम इस बात को और भी ठीक तरह से कहना चाहें, तो हम कहेंगे कि इन सबका कारण है : जल के अणुओं को एक-दूसरे को आकर्षित करने तथा संयोजन करने की क्षमता। हमारे ग्रह पर जीवन की उत्पत्ति और विकास की यह एक शर्त है।

पृथ्वी का इतिहास सबसे पहले जल का इतिहास है। यह लगातार बदलता रहा है और आज भी हमारी ग्रह का रूप बदल रहा है।

जल दुनिया में सबसे महान रसायनज्ञ है। इसके बिना एक भी प्राकृतिक प्रक्रिया नहीं घट सकती–चाहे एक नयी पहाड़ी चट्टान या नये खनिज के बनने की प्रक्रिया हो या किसी वनस्पति या जीव के अंदर घट रही अति जटिल जैवरासायनिक अभिक्रिया हो।

रसायनज्ञ लोग प्रयोगशालाओं में जल के बिना शायद ही कुछ कर पाते। पदार्थों के गुणों के अध्ययन में, उनके रूपातंरों और नये यौगिकों के उत्पादन में जल के बिना सफलता मिलने की संभावना विरल है। जल सर्वाधिक उत्तम विलायकों में गिना जाता है। कई पदार्थों को अभिक्रियाओं में भाग लेने के लिये तैयार करने के लिये सबसे पहले उन्हें घोल में परिवर्तित कर देना चाहिये।

जब कोई पदार्थ घुलता है, तो उसके साथ क्या घटना घटती है ? उसकी सतह पर अणुओं और परमाणुओं के बीच जो बल काम कर रहे होते हैं, जल में उनकी शक्ति सैकड़ों गुना क्षीण हो जाती है, जिसके परिणामस्वरूप अणु और परमाणु सतह से पृथक होकर जल में प्रवेश कर जाते हैं। चाय से भरे गिलास में चीनी का क्यूब डालने पर वह अलग-अलग अणुओं में विभाजित हो जाता है। अपनी विशेष संरचना के कारण जल के अणु में घुल रहे पदार्थ के परमाणुओं और अणुओं को आकर्षित करने की अद्भुत क्षमता होती है। अन्य विलायक इस गुण में जल का मुकाबला नहीं कर सकते।

पृथ्वी पर एक भी ऐसी चट्टान नहीं है जो जल की विनाशकारी शक्ति का सामना करने की क्षमता रखती हो। ग्रेनाइट भी अगर तुरंत नहीं तो धीरे-धीरे इसके सामने हथियार डाल देते हैं। जल घुले पदार्थों को समुद्रों और महासागरों तक पहुँचा देता है। ये चीजें ही तो इन विशाल जलाशयों के जल को नमकीन बना देती हैं। करोड़ों साल पहले इन सबका जल ऐसा नहीं था, वह पीने योग्य था.....

हिमलंब के रहस्य

छोटे बच्चों को हिमलंबों के साथ खेलने में बड़ा मजा आता है। वे कितने सुंदर होते हैं, उनमें कितनी जगमगाहट होती है। परंतु आपको पता चलने से पहले ही बच्चा हिमलंब मुंह में डाल लेता है। क्या यह वास्तव में इतना स्वादिष्ट होता है ? जरा बच्चे से इसे मांग कर देखिये और तब आपको सच्चाई पता चलेगी।

क्या बच्चा यह काम किसी सनक में करता है ? जी, नहीं,

चूजों के साथ निम्न प्रयोग किया गया। एक ग्रुप के चूजों को साधारण जल दिया गया और दूसरे ग्रुप को पिघली बर्फ का जल दिया गया, जिसमें बर्फ के टुकड़े तैर रहे हैं।

प्रयोग बहुत साधारण था। परंतु इसके परिणाम आश्चर्यजनक थे। जिन चूजों को साधारण जल दिया गया, वे उसे बड़ी शांति से बिना किसी झगड़े के पी रहे थे। परंतु पिघली बर्फ के जल की चिलचमी लड़ाई के मैदान में परिवर्तित हो गयी थी। चूजे इस पानी को इतने चाव के साथ पी रहे थे जैसे कि उन्होंने पहले कभी इतनी स्वादिष्ट चीज को देखा ही नहीं हो।

डेढ़ महीने बाद उक्त चूजों का वजन किया गया। जिन चूजों को पिघली बर्फ का पानी पिलाया गया था, उनका वजन साधारण जल को पीने वाले चूजों के मुकाबले काफी ज्यादा था।

संक्षेप में यह कह सकते हैं कि बर्फ के जल में कुछ अद्वितीय गुण विद्यमान होते हैं। यह जल जीवित प्राणियों के लिये बहुत लाभदायक होता है। ऐसा क्यों है?

आरंभ में इसका कारण पिघले जल में डयूटीरियम की अधिक मात्रा समझा गया। निम्न सान्द्रताओं वाला भारी जल जीवित प्राणियों के विकास में सहायक सिद्ध होता है। परंतु यह बात केवल कुछ अंश तक सही थी...।

अब यह विश्वास किया जाता है कि इसका वास्तविक कारण कुछ और ही है, यह पिघलने की प्रक्रिया में छिपा है।

बर्फ क्रिस्टलीय आकार की होती है। परंतु जल भी एक प्रकार का द्रव क्रिस्टल होता है। इसके अणु पूर्णतया अव्यवस्थित नहीं होते बल्कि एक सुनिश्चित जालीदार ढांचा बनाते हैं। यह बात ज़रूर है कि अंतिम की संरचना बर्फ से भिन्न होती है।

जब बर्फ पिघलती है तो इसकी संरचना काफी लंबे अर्से तक वैसी की वैसी ही बनी रहती है। बाहर से देखने पर पिघला जल एक द्रव लगता है, परंतु इसके अंदर स्थित अणु "बर्फ अवस्था" में बने रहते है। इसी कारण साधारण जल की तुलना में पिघले जल की रासायनिक सक्रियता उच्च होती है। यह स्वेच्छा से बहुसंख्यक जीवरासायनिक प्रक्रियाओं में भाग लेता है। जीव द्वारा लेने पर साधारण जल के मुकाबले अधिक सरलता से विभिन्न पदार्थों के साथ मिल जाता है।

वैज्ञानिकों का विश्वास है कि जीव के अंदर जल की संरचना बर्फ की संरचना के साथ बहुत मिलती-जुलती है। जब कोई जीव साधारण जल का सेवन करता है, तो उसकी संरचना को फिर से व्यवस्थित करना होता है। पिघले जल की संरचना पहले से ही "ठीक" होती है, अतः जीव को इसके अणुओं की पुनः व्यवस्था में अतिरिक्त ऊर्जा व्यय नहीं करनी पड़ती।

स्पष्ट है कि पिघला जल जीवन के लिये बहुत अधिक महत्व रखता है।

भाषा-विज्ञान की कुछ बातें या दो इतने विभिन्न ग्रुप

शब्दों के बिना कोई बात नहीं कही जा सकती और अक्षरों के बिना शब्द नहीं बनाये जा सकते। किसी भी भाषा का अध्ययन हम उसकी वर्णमाला में शुरू करते हैं। हर वर्णमाला में दो प्रकार के अक्षर होते हैं—स्वर और व्यंजन। इनके बिना मनुष्य की बोली अर्थहीन है... आपने शायद वह विज्ञान-कथा पढ़ी होगी, जिसमें एक अज्ञात ग्रह के निवासी एक दूसरे के साथ केवल व्यंजनों की ध्वनियों द्वारा बातचीत करते हैं। परंतु यह विज्ञान-कथा की बात है, उसमें कुछ भी लिखा जा सकता है।

प्रकृति हमारे साथ रासायनिक यौगिकों की भाषा में बातचीत करती है। और इनमें से प्रत्येक यौगिक पृथ्वी पर विद्यमान रासायनिक ''शब्दों'' या तत्वों का संयोजन है। ऐसे ''शब्दों'' की संख्या 30 लाख से ज्यादा है। परंतु रासायनिक 'वर्णमाला'' में केवल 100 से कुछ ज्यादा ''अक्षर'' हैं।

इस ''वर्णमाला'' में भी ''स्वर'' और ''व्यंजन'' हैं। सदियों से रासायनिक तत्व दो ग्रुपों में बांटे जा रहे हैं : अधातु और धातु।

धातुओं की तुलना में अधातुओं की संख्या बहुत है—चार गुना कम। मनुष्य की भाषा की तरह, जिसमें व्यंजनों के मुकाबले स्वरों की संख्या बहुत कम है।

मनुष्य की भाषा में केवल स्वरों का संयोजन विरले ही स्पष्ट होता है। यह अक्सर निरर्थक चीख की आवाज जैसा होता है।

रसायन की भाषा में केवल ''स्वरों'' (अधातुओं) का संयोजन एक आम बात है। पृथ्वी पर जो सारा जीवन चल रहा है, उसका श्रेय अधातुओं के एक दूसरे के साथ बने यौगिकों को है।

वैज्ञानिक चार मुख्य अधातुओं—कार्बन, नाइट्रोजन, आक्सीजन और हाइड्रोजन—को ऐसे ही कार्बन नहीं कहते हैं। इस शब्द का अर्थ है—वे पदार्थ, जो जैव जीवन को जन्म देते हैं। अगर हम फास्फोरस और सल्फर को भी इस सूची में लिख दें तो ये छः ''ईटें'' उन सारे पदार्थों की सूची बना देंगी, जिन्हें प्रकृति प्रोटोनों और कार्बोहाइड्रेटों, वसाओं और विटामिनों—संक्षेप में सभी महत्वपूर्ण रासायनिक यौगिकों के निर्माण में इस्तेमाल करती है।

दो अधातुओं-आक्सीजन और सिलिकन (रासायनिक ''वर्णमाला'' के दो ''स्वर'') के संयोजन से एक पदार्थ SiO_2 बनता है जिसे रसायन की भाषा में सिलिकन डाइआक्साइड कहते हैं। यह पदार्थ पृथ्वी की मूल नींव है, यह एक किस्म का सीमेंट है जो सारी चट्टानों और खनिजों को गिरने से रोके रखता है।

रासायनिक ''वर्णमाला'' के ''स्वरों'' की सूची पूरी करने में ज्यादा वक्त नहीं लगेगा। इसके लिये हमें केवल हैलोजेनों, जीरो ग्रुप की उत्कृष्ट गैसों (हीलियम और इसके साथियों) और तीन कम प्रसिद्ध तत्वों—बोरान, सिलिनियम और टैल्यूरियम के नाम जोड़ने पड़ेंगे।

परंतु यह कहना गलत होगा कि पृथ्वी पर विद्यमान सारे जीवित प्राणी केवल अधातुओं के बने हैं।

वैज्ञानिकों ने मानव के शरीर के अंदर 70 से अधिक विभिन्न रासायनिक तत्व पाये हैं : सभी अधातुएं और बहुत सारी धातुएं—लोहे से लेकर विघटनाभिक तत्वों तक, जिनमें यूरेनियम भी शामिल है।

भाषा-विज्ञानी काफी अर्से से इस प्रश्न का उत्तर ढूंढ़ रहे हैं कि मनुष्य की भाषा में स्वरों के मुकाबले व्यंजनों की संख्या क्यों अधिक है।

रसायनज्ञ इस बात का कारण जानने का प्रयास कर रहे हैं कि आवर्त सारणी में दो इतने विभिन्न ग्रुप—अधातुएं और धातुएं—क्यों हैं। इनमें से प्रत्येक ग्रुप में वे तत्व शामिल किये गये हैं जो एक दूसरे से बहुत ज्यादा भिन्न हैं। फिर भी उनमें कुछ समानता जरूर है।

''दो इतने विभिन्न ग्रुप'' क्यों ?

किसी मजाकिये आदमी ने एक बार यह कहा कि इंसान जानवर से दो मुख्य गुणों में भिन्न होता है–पहला यह कि उसे मजाक करने की समझ होती है और दूसरा यह कि उसे ऐतिहासिक तजुर्बे से लाभ उठाना आता है। इंसान अपनी असफलता पर हंसने की क्षमता रखता है और दोबारा वह कदम नहीं उठाता, जो एक बार गलत साबित हो चुका हो। इंसान में एक और गुण बताया जा सकता है : वह ''क्यों'' कहने की क्षमता रखता है और इसका उत्तर देने का प्रयास करता है।

चलिये, अब हम इस छोटे से शब्द ''क्यों'' का प्रयोग करते हैं।

उदाहरणतया, अधातुएं बड़ी बिल्डिंग की मंज़िलों और विभागों में एक समान रूप से न रखकर निश्चित भागों में क्यों सजाई गयी हैं ? धातुएं–धातु हैं और अधातुएं–अधातु हैं, परंतु इनमें अंतर क्या है ? यह काफी अच्छा सवाल है।

जब दो तत्व (कोई से दो) अभिक्रिया करते हैं तो उनके परमाणुओं के बाह्य इलेक्ट्रान-कोश फिर से व्यवस्थित होते हैं। एक तत्व के परमाणु इलेक्ट्रान छोड़ते हैं और दूसरे के परमाणु इन्हें अपनाते हैं।

धातुओं और अधातुओं के बीच अंतर इस सर्वाधिक महत्वपूर्ण रासायनिक नियम में छिपा है।

अधातुएं दो विपरीत क्रियाओं की क्षमता रखती हैं। सामान्यतः वे इलेक्ट्रान का ग्रहण करती हैं, परंतु वे उनको देने की क्षमता भी रखती हैं। उनका आचरण काफी नमनशील होता है और परिस्थितियों के अनुसार वे अपने रूप को बदल सकती हैं। अगर इलेक्ट्रानों को स्वीकार करने में ज्यादा लाभ दिखायी देता है, तो अधातुएं ऋणात्मक आयनों का रूप ले लेती हैं। और अगर विपरीत स्थिति हो, तो वे धनात्मक आयन बना देती हैं। केवल फ्लुओरीन और आक्सीजन ऐसी अधातुएं हैं जो ऐसा कोई समझौता नहीं करती : वे केवल इलेक्ट्रान स्वीकार करना जानती हैं, देना नहीं।

धातुएं अपनी आदतों के मामले में काफी कम व्यवहारकुशल होती हैं, वे अधिक स्थायी स्वभाव की होती है। उनका हमेशा एक उद्देश्य रहता है–''इलेक्ट्रानों को देना है और उन्हें कभी किसी हालत में स्वीकार नहीं करना है।'' वे धनात्मक आवेशित आयन बनाती हैं। अतिरिक्त इलेक्ट्रानों के ग्रहण में वे तनिक सी भी रुचि नहीं रखती हैं। धात्विक तत्व इस नियम का बड़ी सख्ती के साथ पालन करते हैं।

धातुओं और अधातुओं के बीच यही मुख्य अंतर है।

अतिसतर्क रसायनज्ञों ने इस कठोर नियम में भी अपवाद ढूंढ़ लिये हैं। धातुओं के बीच में भी परस्पर विरोधी पात्र उपस्थित हैं। केवल दो धातुएं ऐसी निकलीं, जिन्होंने अधात्विक विशिष्टताएं प्रदर्शित कीं। ऐस्टैटीन और रीनियम (मेंडेलीफ की आवर्त सारणी के 85 वें और 75 वें खाने के निवासी) ऋणात्मक एकसंयोजी आयन बनाते हैं। यह तथ्य धातुओं के परिवार के लिये एक काले धब्बे के समान है...।

आइये, अब यह देखते हैं कि सामान्यतः कौन से परमाणु इलेक्ट्रान देते हैं और कौन से सरलता से ग्रहण करते हैं ? जिन परमाणुओं के बाह्य कोश में केवल कुछ इलेक्ट्रान होते हैं, उनके लिये इलेक्ट्रानों का दान अति सरल रहता है और जिनके बाह्य कोश में इलेक्ट्रानों की संख्या ज्यादा होती है, वे और इलेक्ट्रानों को स्वीकार करने में बेहतरी समझते हैं जिससे कि उनके पास शीघ्र आठ इलेक्ट्रान जमा हो जायें। क्षारीय धातुओं के बाह्य कोशों में केवल एक इलेक्ट्रान होता है। इन्हें इससे बिछड़ने का जरा भी गम नहीं होता। उनके ऐसा करते ही उनके बाह्य कोश पर निमटतम निष्क्रिय गैस का स्थायी इलेक्ट्रान कोश घर बना लेता है। इसी कारण क्षारीय धातुएं सभी ज्ञात धातुओं में सबसे अधिक सक्रिय होती हैं। इनमें सबसे ज्यादा सक्रिय फ्रैंसियम (खाना न. 87) है। ग्रुप में तत्व जितना अधिक भारी होता है, उसके परमाणु का आकार उतना ही ज्यादा बड़ा होता है और अकेला बाह्य इलेक्ट्रान उतनी ही ज्यादा कमजोरी से नाभिक पकड़े रहता है।

धातुओं के राज्य में सबसे ज्यादा क्रुद्ध स्वभाव फ्लुओरीन का है। इसके "बाह्य क्षेत्र" में सात इलेक्ट्रान होते हैं। आदर्श बनने के लिये केवल एक इलेक्ट्रान की कमी रहती है। और यह बड़े लालच के साथ आवर्त सारणी के किसी भी तत्व से एक इलेक्ट्रान छीन लेती है ; फ्लुओरीन के हमले के सामने कोई टिक नहीं पाता।

अन्य अधातुएं भी इलेक्ट्रान स्वीकार करती है, कुछ ज्यादा आसानी से और कुछ कम आसानी से। और अब हम समझ सकते हैं कि इन्हें मुख्यतः सारणी के ऊपरी सीधे कोने में क्यों सजाया गया है : इनके बाह्य कोशों में बहुत सारे इलेक्ट्रान उपस्थित हैं और यह केवल उन परमाणुओं में संभव है जो आवर्तों के सिरों के पास स्थित हैं।

दो और "क्यों ?"

पृथ्वी पर धातुओं की संख्या इतनी अधिक और अधातुओं की संख्या इतनी कम क्यों है ? क्या कारण है कि अधातुओं के मुकाबले धातुएं एक-दूसरे के साथ ज्यादा मिलती-जुलती होती हैं ? वास्तव में सल्फर और फास्फोरस या आयोडीन और कार्बन की पहचान करने में गलतफहमी नहीं होनी चाहिये। परंतु एक विशेषज्ञ भी हमेशा नियोबियम और टैन्टैलम, पोटेशियम और सोडियम या मालिब्डेनम और टंग्स्टन को तुरंत नहीं पहचान सकता।

पदों को आगे-पीछे करने से उनका योग नहीं बदल जाता। यह अंकगणित का शायद सबसे "सख्त" नियम है। परंतु रसायन में, जो परमाणुओं के इलेक्ट्रान कोशों के साथ संबंधित हैं, यह नियम हमेशा लागू नहीं होता।

जब तक हमारा वास्ता आवर्त सारणी में दूसरे और तीसरे आवर्त के तत्वों के साथ पड़ता है, तब तक कोई परेशानी नहीं होती।

इन आवर्तों के प्रत्येक तत्व में नया इलेक्ट्रान परमाणु के बाह्य कोश में चला जाता है। एक इलेक्ट्रान मिलता है और नये तत्व के गुण अपने पूर्वाधिकारी से बिल्कुल भिन्न मिलते हैं। सिलिकन एलुमिनियम के साथ समानता नहीं रखता, सल्फर फास्फोरस जैसा नहीं होता। धात्विक गुण शीघ्र ही अधात्विक गुणों को स्थान दे देते हैं क्योंकि परमाणु के बाह्य कोश में जितने ज्यादा इलेक्ट्रान होते हैं, वह उतनी ही कम खुशी से उनसे जुदा होता है।

लेकिन अब हम चौथे आवर्त को देखते हैं। पोटेशियम और कैल्सियम प्रथम श्रेणी की धातुएं हैं। हम आशा करते हैं कि उनके बाद अधातुओं की बारी आयेगी।

जल्दी मत कीजिये। हमें निराश होना पड़ा है क्योंकि स्कैन्डियम से शुरू होकर हर अगला इलेक्ट्रान बाह्य कोश की जगह अंतिम से पहले कोश को प्राथमिकता देता है। "पदों की अदला-बदली..."। परंतु इस अदला-बदली से "योग"—तत्वों के गुणों का योग बदल जाता है।

बाह्य कोश के मुकाबले अंतिम से पहला कोश ज्यादा रूढ़िवादी होता है और वह तत्वों के रासायनिक ग्रुपों को काफी कम प्रभावित करता हैं। इसी कारण तत्वों के बीच अंतर कम सुनिश्चित होता है।

स्कैन्डियम को याद आता है कि उसका तीसरा इलेक्ट्रान कोश अधूरा है। इसमें 18 इलेक्ट्रान होने चाहियें, लेकिन अभी तक हैं केवल 10 ही। पोटेशियम और कैल्सियम इस बात को "भूल गये" होंगे और उन्होंने नये इलेक्ट्रानों को अपने चौथे कोश में स्थान दे दिया। स्कैन्डियम में न्याय पुनः स्थापित कर दिया जाता है।

अंतिम से पहला कोश धीरे-धीरे दस तत्वों की श्रेणी में पूरा होता जाता है। बाह्य कोश अपरिवर्तित रहता है, इसमें केवल दो इलेक्ट्रान होते हैं। परमाणु के बाह्य कोश में इलेक्ट्रानों की संख्या इतनी कम होना धातुओं की विशिष्टता है। यही वजह है कि स्कैन्डियम—जिंक "स्पैन" में केवल धातुएं ही मिलती हैं। यौगिक बनाने के अंतराल में वे अपने बाह्य कोश में इलेक्ट्रानों को स्थान क्यों दें, अगर उनके पास केवल दो इलेक्ट्रान हैं ? उनके लिये यह आसान रहेगा कि वे जिन तत्वों के साथ अभिक्रिया कर रहे हों, उन्हें ये दो इलेक्ट्रान दे दें। इसके अलावा उन्हें अपने अंतिम से पहले अधूरे कोश से अतिरिक्त इलेक्ट्रान कोश मांगने में कोई एतराज नहीं होता। इसके परिणामस्वरूप वे विभिन्न धनात्मक

संयोजकताएं प्रदर्शित करते हैं। उदाहरणतया, मैंगनीज धनात्मक डाइ, ट्राइ-, टैट्रा-, हैक्सा-और हैप्टा संयोजक हो सकता है।

आवर्त सारणी के अगले आवर्तों में भी हमें यह बात दिखाई देती है।

यही वजह है कि धातुओं की संख्या इतनी ज्यादा है और अधातुओं के मुकाबले वे एक-दूसरे के साथ ज्यादा मिलती-जुलती हैं।

वास्तुकला में मौलिकता

क्या आपने कभी ऐसी बिल्डिंग देखी है जिसके सारे कक्ष या खंड एक जैसे डिजाइन के हों और उसमें केवल एक कक्ष ऐसा हो जो अन्य से पूर्णतया भिन्न हो, जैसेकि किसी और वास्तुकार ने उसका निर्माण किया हो ?

"बड़ी बिल्डिंग" बिल्कुल एक ऐसी विचित्र इमारत है। मेंडेलीफ ने इसके एक कक्ष को एक अनोखे ढंग से सजाया है। यह बताना जरूरी है कि उन्हें ऐसा करना पड़ा था।

हमारा अभिप्राय आवर्त सारणी के आठवें ग्रुप से है। इस ग्रुप में तत्वों को तीन-तीन के क्रम से सजाया गया है। इसके अलावा वे सारे हर मंजिल पर नहीं बल्कि सारणी के केवल लंबे आवर्तों में रखे गये हैं। इनमें से एक में लोहा, कोबाल्ट और निकेल हैं तथा अन्य दो में प्लैटिनम धातुएं हैं।

मेंडेलीफ ने इन तत्वों के लिये और अधिक उचित स्थान ढूँढ़ने के काफी प्रयास किये। परंतु अंत में उन्हें आवर्त सारणी में आठवां ग्रुप जोड़ना ही पड़ा।

आठवां ग्रुप ही क्यों? क्योंकि इससे पहले वाले ग्रुप का नंबर सातवां था—हैलोजेन ग्रुप।

परंतु यह बात ग्रुप की संख्या को पूर्णतया औपचारिक बना देती है।

आठवें ग्रुप में + 8 संयोजकता एक नियम की जगह एक अपवाद है। रूथीनियम और आस्मियम इस बात की पुष्टि करने का प्रयास करते हैं हालांकि उन्हें यह काम बहुत कठिन लगता है: उनके आक्साइड RuO_3 तथा OsO_4 अस्थायी होते हैं।

वैज्ञानिकों के भरसक प्रयासों के बावजूद और कोई ऐसी धातु नहीं है जो इतनी ज्यादा "सफल" हुई हो।

आइये, हम इस पहेली को बुझाने की कोशिश करते हैं।

आपने ध्यान दिया होगा कि प्लैटिनम धातुएं बड़ी अनिच्छा के साथ रासायनिक अभिक्रियाओं में भाग लेती हैं। इसी वजह से रसायनज्ञ लोग अपने प्रयोगों के लिये प्रायः प्लैटिनम के पात्र इस्तेमाल करते हैं। प्लैटिनम और इसके साथ धातुओं के बीच "उत्कृष्ट गैसें" जैसे होते हैं। इसी कारण सदियों से इन धातुओं को "उत्कृष्ट" की उपाधि दी जा रही है। इस तथ्य पर भी ध्यान दीजिये कि ये धातुएं प्रकृति में अक्सर प्राकृत, स्वतंत्र (असंयोजित) अवस्था में मिलती है।

अब उदाहरण के लिये, लोहे को लीजिये। साधारण लोहा रासायनिक रूप से एक मध्यम सक्रिय तत्व की तरह व्यवहार करता है। जबकि शुद्ध लोहा बहुत स्थायी होता है।

प्रसंगवश यहां एक बात पर विचार करना जरूरी है। क्या यह संभव नहीं है कि धातुओं के अलावा और भी बहुत तत्व अति शुद्ध अवस्था में रासायनिक प्रभावों के प्रतिरोध की उत्तम क्षमता रखते हों ?

प्लैटिनम धातुओं के परमाणुओं में अंतिम से पहला इलेक्ट्रान कोश उनकी "उत्कृष्टता" का जिम्मेदार होता है न कि उनका बाह्य कोश।

इस कोश में केवल कुछ इलेक्ट्रानों की कमी होती है जिनके पूरा होते ही 18 इलेक्ट्रानों* का सेट बन जाता है,

---

* पैलेडियम तत्व के अंतिम से पहले कोश (N) में अठारह इलेक्ट्रान होते हैं तथा बाह्य कोश (O) में एक भी इलेक्ट्रान नहीं होता।

जो काफी स्थायी प्रकृति का होता है। इसी कारण प्लैटिनम धातुएं इस कोश से इलेक्ट्रान देने में ज्यादा रुचि नहीं दिखातीं। और न ही वे इलेक्ट्रान स्वीकर कर सकती हैं क्योंकि आखिर वे धातुएं ही तो हैं।

प्लैटिनम धातुओं की इस ''अनिश्चयता'' के कारण ही उनका व्यवहार इतना विशिष्ट होता है।

चौदह जुड़वे भाई

इन्हें लैन्थेनाइड कहते हैं। इनका यह नाम इसलिये रखा गया है क्योंकि ये सारे—चौदह के चौदह—लैन्थेनम से तथा एक दूसरे से भी बहुत मिलते हैं। इस आश्चर्यजनक रासायनिक समानता के कारण ये सारे एक ही खाने में रखे गये हैं—लैन्थेनम के खाने में, जिसका क्रमांक 57 है।

क्या यह बहुत बड़ी गलतफहमी नहीं है ? मेंडेलीफ और कई अन्य वैज्ञानिकों का विचार था कि आवर्त सारणी में हर तत्व की अपनी जगह होनी चाहिये।

परंतु यहां 14 निवासियों को एक ही खाने में डाल दिया गया है, जो तीसरे ग्रुप और छठे आवर्त के तत्व हैं।

क्या इन्हें दूसरे ग्रुपों में जगह नहीं दी जा सकती ?

कई रसायनज्ञों ने ऐसे प्रयास किये। मेंडेलीफ भी इनमें शामिल थे। उन्होंने सीरियम को चौथे ग्रुप में, प्रौजियोडिमियन को पांचवें ग्रुप में और नियोडियम को छठे ग्रुप में रखा। परंतु इस वर्गीकरण ने सारे तर्कों को चुनौती दे दी। मेंडेलीफ की सारणी के मुख्य तथा द्वितीय उपग्रुपों में भी इनसे मिलते-जुलते तत्व हैं। परंतु सीरियम जिर्कोनियम के साथ बहुत थोड़ी समानता रखता था, प्रौजियोडिमियन और नियोडियम, नियोबियम और मालिब्डेनम से बहुत भिन्न थे। अन्य दुर्लभ मृदा तत्वों (लैन्थेनम और लैन्थेनाइडों को इस नाम से पुकारा जाता है) को भी संगत ग्रुपों में रिश्तेदार नहीं मिले। इसके विपरीत वे एक दूसरे के साथ इतना मिलते-जुलते थे जैसे कि जुड़वें भाई मिलते हैं। विशेषतया तब जब वे तीन की संयोजकता दिखा रहे थे।

रसायनज्ञों से जब यह पूछा गया कि लैन्थेनाइडों को सारणी के कौन से खानों में रखा जाये तो वे कोई जवाब नहीं दे पाये। वे कहते भी क्या, जब उन्हें खुद ही लैन्थेनाइडों की विस्मयकारी समानता का कारण नहीं पता था।

लेकिन इस प्रश्न का उत्तर बहुत सरल पाया गया।

आवर्त सारणी में तत्वों के ऐसे विचित्र ग्रुप हैं जिनके परमाणुओं की संरचना कुछ विशिष्ट प्रकार की है। इन परमाणुओं में मिलाया गया इलेक्ट्रान न तो इनके बाह्य कोश में घर बनाता है और न ही अंतिम से पहले कोश में ; वह भौतिकीय नियमों का पालन करता हुआ अंतिम से तीसरे कोश में घुस जाता है।

यहां इलेक्ट्रानों को बड़ा अच्छा लगता है और वे किसी भी कीमत पर इस जगह को छोड़ने को तैयार नहीं होते। वे अति विरल स्थितियों में रासायनिक अभिक्रियाओं में भाग लेते हैं।

यह कोई संयोग की बात नहीं कि लैन्थेनाइडों की संख्या ठीक चौदह है, न कम और न ज्यादा। इसका कारण यह है कि उनके अंतिम से तीसरे कोश में, जिसे भरा गया है, ठीक चौदह रिक्त स्थान है।

इसी वजह से रसायनज्ञ लैन्थेडाइनों को लैन्थेनम के साथ एक ही खाने में रख सके हैं।

धातुओं की दुनिया और इसके विरोधाभास

आवर्त सारणी में 80 से ज्यादा तत्व धातु हैं। कुल मिलाकर अधातुओं की तुलना में वे एक दूसरे के साथ ज्यादा मिलते-जुलते हैं। पर फिर भी धातुओं के राज्य में अचंभों का कोई अंत नहीं है।

उदाहरण के लिये, विभिन्न धातुओं का रंग कौन सा है ?

धातुकर्मी सभी धातुओं को दो वर्गों में बांटते हैं : लौह और अलौह। लोहा और इसके ऐलाय लौह धातुओं में

आते हैं। उत्कृष्ट के अलावा बाकी सारी धातुएं अलौह धातुएं हैं। उत्कृष्ट से हमारा अभिप्राय ''महामहिमों''—रजत, स्वर्ण, प्लैटिनम और इसके साथियों से है। यह वर्गीकरण काफी अपरिष्कृत है। धातुएं खुद भी इस भेदभाव का सख्त विरोध करती है।

हर धातु का अपना विशिष्ट रंग होता है। इसके गहरे, हलके या रजत आधार का अपना एक निश्चित वर्ण होता है। वैज्ञानिकों ने धातुओं की अति शुद्ध अवस्था का अध्ययन करके इस बात को स्वीकार कर लिया है। इनमें से बहुत सारी धातुएं ऐसी हैं, जिन्हें हवा में रखने पर उनके ऊपर तुरंत या कुछ समय बाद आक्साइड की एक पतली परत जम जाती है जो उनके असली रंग को छिपा देती है। परंतु शुद्ध धातुओं के रंगों का परिसर अति विस्तृत होता है। सतर्क आंखें नीले, हरे-नीले, हरे, गुलाबी या पीले रंग की धातुओं में फर्क बता सकती हैं। वे मेघाच्छन्न शरत के दिन, जो रंग समुद्री जल का होता है, उसी तरह के रंग की गहरे-भूरे रंग की धातु या चांदी की तरह चमकदार धातु जो सूर्य की किरणों को एक दर्पण की तरह परिवर्तित करती है, में अंतर बता सकती है।

धातु का रंग कई बातों पर निर्भर करता है। अन्य बातों के अलावा यह उसके उत्पादन की विधि पर भी निर्भर करता है। सिल्ली के रूप में प्राप्त की गयी धातु का रंग सिन्टरन द्वारा प्राप्त धातु के रंग से भिन्न होता है।

अगर हम धातुओं की तुलना भार के हिसाब से करें तो हम उन्हें तीन ग्रुपों में बांट सकते हैं—हलकी, मध्यम और भारी धातुएं।

भारों की इन श्रेणियों में रिकार्ड तोड़ने वाले भी हैं।

लीथियम, सोडियम और पोटेशियम ऐसी धातुएं हैं जो जल में नहीं डूबती हैं क्योंकि वे जल से हलकी होती हैं। उदाहरणतया, लीथियम का घनत्व जल के घनत्व का लगभग आधा होता है। अगर लीथियम इतना सक्रिय तत्व न होता, यह विभिन्न कार्यों में बहुत उपयोगी सिद्ध होता। आप ऐसे जहाज या मोटर की कल्पना कीजिये, जो पूर्णतया लीथियम से बनी हो। दुर्भाग्यवश रसायन ने इस आकर्षक विचार पर प्रतिबंध लगा दिया है।

आस्मियम सबसे भारी धातु होती है—भारी धातुओं के बीच चैंपियन है। इस उत्कृष्ट धातु के एक घन सेंटीमीटर का वजन 22.6 ग्राम होता है। अगर तराजू के एक पलड़े पर आस्मियम का एक क्यूब रखा है तो संतुलन रखने के लिये दूसरे पलड़े पर कापर के तीन क्यूब, लेड के दो या इट्रियम के चार क्यूब रखने पड़ेंगे। आस्मियम के निकटतम पड़ोसियों—प्लैटिनम और इरीडियम का प्रदर्शन भी लगभग इतनी ही उच्च कोटि का होता है। उत्कृष्ट धातुएं सबसे भारी धातुएं भी होती हैं।

धातुओं की सख्ती लोकोक्तियों का आधार बन गयी हैं सख्त चीज की तुलना हम हमेशा लोहे के साथ करते हैं और यह कहते हैं कि वह लोहे जितनी सख्त है। परंतु धातुओं की दुनिया में स्थिति कुछ और ही है।

यहां लोहे को सख्ती का आदर्श नहीं माना जाता। सख्ती का चैंपियन क्रोमियम है जो हीरेक से थोड़ा सा अवर होता है। यह बात कितनी भी विरोधाभासी क्यों न लगे, पर यह सत्य है कि सर्वाधिक सख्त तत्व धातुओं के बीच हैं ही नहीं। सख्ती के पैमाने की चोटी पर हीरक (कार्बन का एक रूप) और क्रिस्टलीय बोरान है। लोहे को तो एक नर्म धातु कहना ज्यादा उपयुक्त रहेगा ; यह क्रोमियम से आधा सख्त होता है। और जहां तक हमारी जानी-पहचानी हलकी धातुओं की बात है, यहां हमारा अभिप्राय क्षारीय धातुओं से है तो वे मोम की तरह नर्म होती हैं।

द्रव धातुएं और एक गैसीय (?) धातु

सभी धातुएं ठोस होती हैं—सख्त या नर्म। यह एक आम नियम है। परंतु इसमें कुछ अपवाद भी है।

कुछ धातुएं द्रवों जैसी होती हैं। गैलियम या सीजियम का दाना आपकी हथेली पर ही पिघल जाता है क्योंकि इन धातुओं का गलनांक 30°C(86°F) से भी कम होता है। फ्रेंसियम, जो शुद्ध धातु के रूप में कभी प्राप्त नहीं होगा,

सामन्य ताप पर ही पिघल जाता है। मर्करी द्रव धातु की श्रेष्ठ मिसाल है, जिसे हर कोई जानता है। यह –39°C(38. 2°F) पर जम जाता है, जिसके कारण यह विभिन्न प्रकार के थर्मामीटरों के लिए उपयुक्त रहता है।

गैलियम मर्करी का महत्त्वपूर्ण प्रतिद्वंदी है और इसका कारण निम्न है। मर्करी अपेक्षाकृत निम्न तापमान 300°C(3670°F) पर उबलने लगता है। इस वजह से मर्करी थर्मामीटर उच्च तापमानों के मापने के काम नहीं आ सकते। परंतु गैलियम 2000°C(3670°F) पर वाष्प में परिवर्तित होता है। कोई और दूसरी धातु इतनी देर तक द्रव अवस्था में नहीं रह सकती अर्थात् उसके गलनांक और क्वथनांक के बीच इतना अंतर नहीं हो सकता। इस गुण के कारण गैलियम उच्च तापमान थर्मामीटरों के निर्माण के लिये अत्याधिक उपयुक्त रहता है।

इसके अलावा एक और बात है जो बहुत अधिक महत्व रखती है। वैज्ञानिकों ने सैद्धांतिक रूप से यह सिद्ध कर दिया है कि अगर मर्करी (एक तत्व जिसका परमाणु क्रमांक बहुत ज्यादा है और जो बड़ी बिल्डिंग की काल्पनिक सातवीं मंजिल–आठवें आवर्त का निवासी है) का कोई भारी तुल्यरूप है तो साधारण अवस्थाओं में इसका प्राकृत रूप गैस होगा। एक गैस जिसमें धातु के रासायनिक गुण उपस्थित हैं। क्या वैज्ञानिकों के पास अध्ययन के लिये इतना अद्वितीय तत्व होगा ? लेड का तार माचिस की तीली की ज्वाला में पिघलाया जा सकता है। अगर टिन की पन्नी को आग में फेंका जाये, तो वह तुरंत द्रव टिन में परिवर्तित हो जाती है। परंतु टंग्स्टन, टैन्टेलम या रीनियम को द्रव रूप में लाने के लिये तापमान 3000°C(5500°F) से भी ज्यादा रखना पड़ेगा। अन्य धातुओं की तुलना में ये धातुएं काफी कठिनाई से पिघलती हैं। इसी वजह से बिजली के बल्बों के तंतु टंग्स्टन और रीनियम से बनाये जाते हैं। कुछ धातुओं के क्वथनांक वास्तव में बहुत ही उच्च होते हैं। उदाहरण के लिये, हैफ्नियम 5400°C (लगभग 9800°F) पर उबलना शुरू होता है। सूरज की सतह का तापमान लगभग इतना ही जाता है।

असाधारण यौगिक

मनुष्य ने सोच-समझ कर जिस प्रथम रासायनिक यौगिक को प्राप्त किया, वह कौन सा था ?

विज्ञान का इतिहास इस प्रश्न का कोई निश्चित उत्तर नहीं दे सकता।

आइये, हम कल्पना करके खुद ही इस प्रश्न का जवाब ढूंढ़ते हैं। पहला पदार्थ, जिसे मनुष्य ने प्राप्त किया और जिसके बारे में उसे पहले से ही पता था कि वह क्या चीज बनाने जा रहा है, दो धातुओं–कापर और टिन का यौगिक था। यहां हमने जान बूझकर शब्द "रासायनिक" इस्तेमाल नहीं किया है क्योंकि कापर और टिन का यौगिक (इसे आमतौर पर कांसा कहते हैं) एक असाधारण चीज होता है। इसे ऐलाय के नाम से पुकारते हैं।

प्राचीन काल के लोगों ने पहले अयस्कों से धातु प्रगलिन करना सीखा और उसके बाद उन्हें एक दूसरे के साथ मिलाना सीखा।

इस प्रकार सभ्यता के भोर में भावी रसायन की एक शाखा के बीज बो दिये गये जिसे आज धातु रसायन कहते हैं। धातुओं और अधातुओं के यौगिकों की संरचना आमतौर पर उनमें उपस्थित तत्वों की संयोजकता पर निर्भर करती है। उदाहरणतया, साधारण नमक के अणु में धनात्मक आवेशित सोडियम और ऋणात्मक एक-संयोजी क्लोरीन उपस्थित हैं। अमोनिया NH_3 अणु में ऋणात्मक त्रिसंयोजक नाइट्रोजन तीन धनात्मक एक संयोजी हाइड्रोजन परमाणु के साथ संबंधित है। धातुओं को एक-दूसरे के साथ मिलाने से बने रासायनिक यौगिक (इन्हें अंतः धात्विक यौगिक कहते हैं) अक्सर संयोजकता के नियमों का पालन नहीं करते हैं और उनकी संरचना का अभिक्रिया में भाग ले रहे तत्वों की संयोजकता के साथ कोई संबंध नहीं होता। इसी वजह से अंतः धात्विक यौगिकों के सूत्र काफी अजीब से लगते हैं, जैसे, $MgZn_5$, KCd_7, $NaZn_{12}$ आदि। धातुओं का एक ही जोड़ा अक्सर कई अंतः धात्विक यौगिक बना सकता है ; उदाहरण के लिये, सोडियम और टिन नौ विभिन्न प्रकार के यौगिक बनाते हैं।

सामान्यतः धातुएं एक दूसरे के साथ गलित अवस्था में अभिक्रिया करती है। परंतु प्रगलित धातुएं एक दूसरे के साथ मिलकर हमेशा रासायनिक यौगिक नहीं बनाती। कभी-कभी एक धातु दूसरी धातु में केवल घुल जाती है। इसके परिणामस्वरूप एक अनिश्चित संरचना का सजातीय मिश्रण प्राप्त होता है जिसे किसी विशेष रासायनिक सूत्र द्वारा व्यक्त नहीं किया जा सकता। ऐसे मिश्रण को ठोस विलयन कहते हैं।

ऐलायों की संख्या बहुत ज्यादा है। किसी ने भी आज तक यह गिनने की कोशिश नहीं की है कि कुल कितने ऐलाय ज्ञात हैं, कितने और प्राप्त किये जा सकते हैं।

कुछ ऐलाय ऐसे हैं जिनमें कम से कम एक दर्जन धातुएं उपस्थित हैं और हर नयी धातु उनके गुणों पर विशेष प्रभाव डालती है। बहुत सारे ऐलाय ऐसे हैं जो केवल दो धातुओं से बने हैं, उन्हें द्विधात्विक कहते हैं, परंतु उनके गुण उनके घटकों के अनुपात पर निर्भर करते हैं। कुछ धातुएं बड़ी आसानी से, किसी भी मात्रा में पिघल जाती है। कांसा ओर पीतल (कापर और जिंक का एक ऐलाय) ऐसी धातुएं हैं। दूसरी धातुएं, जैसे कापर और टंग्स्टन किसी भी अवस्था में पिघलने को तैयार नहीं होतीं। परंतु वैज्ञानिकों ने फिर भी उन धातुओं से एक ऐलाय बनाने में सफलता प्राप्त कर ली है, हालांकि इसके लिये उन्हें एक असाधारण तरीका अपनाना पड़ा है—पाउडर धात्विकी अर्थात् दाब पर कापर और टंग्स्टन पाउडरों का सिंटरन करके। अंतरिक्षयानों पर भारहीन अवस्था में असाधारण ऐलाय प्राप्त करने के लिये विभिन्न प्रयोग किये गये हैं।

कुछ ऐलाय साधारण ताप पर द्रव होते हैं, दूसरे ऐलाय उच्च तापमानों को सहने की उत्तम क्षमता रखते हैं। अंतिम बहुत बड़ी मात्राओं में अंतरिक्ष इंजीनियरी में प्रयुक्त किये जाते हैं। अंत में कुछ ऐलाय ऐसे भी हैं, जिनका सर्वाधिक शक्तिशाली रासायनिक एजेंट भी कुछ बिगाड़ नहीं पाते। ये ऐलाय मजबूती में केवल हीरक से कुछ अवर होते हैं।

रसायन में प्रथम ''इलेक्ट्रानिक कम्प्यूटर''

इलेक्ट्रानिक कम्प्यूटर बहुत सारे काम कर सकते हैं। वे शतरंज खेल सकते हैं, मौसम की भविष्यवाणी कर सकते हैं, यह बता सकते हैं कि दूरवर्ती नक्षत्रों की गहराइयों में क्या हो रहा है, असंभव कठिनाइयों से हल होने वाली गणनाएं पूरी कर सकते हैं। मनुष्य को केवल इस बात की जानकारी होनी चाहिये कि कम्प्यूटरों में प्रोग्राम कैसे भरा जाता है। बड़े-बड़े स्वचलित प्लांट ऐसी मशीनों द्वारा नियंत्रित किये जाते हैं। इनकी सहायता से अनुसंधानकर्ताओं को उन असंख्य रासायनिक प्रक्रमों की जानकारी हो जाती है जो अभी घटने होते हैं।

परंतु रसायनज्ञों के पास एक असाधारण ''इलेक्ट्रानिक कम्प्यूटर'' है। यह 100 से ज्यादा साल पहले खोजा गया, जब दुनिया की भाषाओं में शब्द ''इलेक्ट्रानिक कम्प्यूटर'' का प्रचलन भी नहीं हुआ था।

यह असाधारण मशीन तत्वों की आवर्त सारणी है।

इसकी सहायता से वैज्ञानिक वे काम कर पाते हैं जिनसे पहले साहसी से साहसी अनुसंधाता घबराता था। आवर्त सारणी ने उन अज्ञात तत्वों के अस्तित्व की भविष्यवाणी संभव कर दी, जिन्हें प्रयोगशाला तक में भी नहीं खोजा गया था। उनके अस्तित्व की भविष्यवाणी ही नहीं, उनके गुणों तक का वर्णन कर दिया। यह बता सकती थी कि वे तत्व धातु होंगे या अधातु, लेड की तरह भारी होंगे या सोडियम की तरह हलके होंगे और अज्ञात तत्व किन पार्थिव अयस्कों और खनिजों में ढूंढ़े जाने चाहिये। इन सब प्रश्नों के उत्तर मेंडेलीफ द्वारा आविष्कृत ''इलेक्ट्रानिक कम्प्यूटर'' ने दिये।

1875 में एक फ्रेंच वैज्ञानिक बोइस बाउडरान ने अपने साथियों को एक महत्वपूर्ण सूचना दी है। उन्हें एक जिंक अयस्क में एक नये तत्व का मिश्रण ढूंढ़ने में सफलता मिल गयी थी। उन्हें एक छोटा सा दाना प्राप्त हुआ था जिसका वजन एक ग्राम से ज्यादा नहीं था। अनुभवी अनुसंधाता होने के कारण उन्होंने गैलियम (''नवजात'' धातु का यह नाम था) वे गुणों का विस्तारपूर्वक अध्ययन किया और इस विषय पर एक लेख लिखा।

कुछ दिनों बाद डाकिये ने बोइस बाउडरान को एक चिट्ठी दी जिस पर सेंटपीटर्सबर्ग की मोहर लगी थी। संक्षिप्त पत्र के लेखक ने फ्रेंच रसायनज्ञ को यह लिखा था कि वह उनके सारे परिणामों के साथ सहमत है, परंतु एक बात मानने को तैयार नहीं है : गैलियम का सापेक्षिक घनत्व 4.7 न होकर 5.9 होना चाहिये। पत्र पर मेंडेलीफ के हस्ताक्षर थे।

पत्र पढ़ते ही बोइस बाउडरान चिंता में डूब गये। क्या रूसी वैज्ञानिक ने उनसे पहले नया तत्व खोज दिया है ?

जी नहीं, मेंडेलीफ को गैलियम नहीं मिला था। उन्होंने तो केवल आवर्त सारणी का कुशलता के साथ इस्तेमाल किया था। मेंडेलीफ को बहुत पहले यह बात पता चल गयी थी कि आज नहीं तो कल एक अज्ञात तत्व आवर्त सारणी में वह जगह ले लेगा, जिसे अभी तक गैलियम घेरे हुए था। उन्होंने इसका नाम एकाएलुमिनियम रखा और आवर्त सारणी में इसके पड़ोसियों के गुणों की जानकारी के आधार पर इसके गुणों की बड़ी शुद्धता के साथ भविष्यवाणी की।

इस प्रकार हम देखते हैं कि मेंडेलीफ ने रसायन में प्रथम ''प्रोग्रामक'' की भूमिका निभायी। उन्होंने लगभग एक दर्जन अज्ञात तत्वों की भविष्यवाणी की और उसके गुणों का कुछ अंश तक पूर्णतया वर्णन किया।

आज स्कूल की हर पाठ्यपुस्तक में यह बात बतायी जाती है कि किस प्रकार मेंडेलीफ के ''एकाबोरान'' और ''एकासिलिकन'' के गुण स्कैन्डियम और जर्मेनियम के गुणों के साथ पूर्णतया मिल गये। पहले तत्व की खोज स्वीडिश वैज्ञानिक नील्सन ने 1879 में की थी और दूसरे को जर्मन वैज्ञानिक विन्कलर ने 1866 में खोजा था। इन खोजों ने सारे विश्व को मेंडेलीफ की आवर्त सारणी को मान्यता देने पर मजबूर कर दिया था।

अन्य तत्व, जिनके अस्तित्व और गुणों की भविष्यवाणी मेंडेलीफ द्वारा की गयी, केवल बीसवीं शताब्दी में खोजे गये। टेक्नीशियम, तत्व नंबर 43 (मेंडेलीफ का ''एकामैंगनीज'') सन् 1937 में कृत्रिम रूप से संश्लिष्ट किया गया, नंबर 85—ऐस्टैटीन (''एकाआयोडीन'') और नंबर 87 फ्रेंसियम (''एकासीजियम'') केवल पांचवें दशक में संश्लिष्ट किये गये। 19वीं शताब्दी के अंत में विघटनाभिक तत्व पोलोनियम (''द्विटैल्यूरियम'')—नंबर 84, रेडियम (''एकाबोरियम'')—नंबर 88 और बाद में प्रोटैक्टिनियम (''एकाटैन्टैलम'')—नंबर 91 खोजे गये।

मेंडेलीफ ने कई बार इस बात पर जोर दिया कि आवर्त सारणी ने नये रासायनिक तत्वों की खोज में संयोग की संभावना समाप्त कर दी। परंतु सारणी का कोई दुर्बोध भौतिकीय आधार नहीं है। ''असाधारण कम्प्यूटर'' कई बार फेल हो गया। हाइड्रोजन से हलके और यूरेनियम से भारी तत्व अभी भी वाद-विवाद का विषय बने रहे। दुर्लभ मृद तत्वों के क्षेत्र में फैली दुर्व्यवस्था को दूर करना कोई सरल काम नहीं था। आवर्त सारणी निश्चित रूप से नहीं बता सकी कि ऐसे तत्वों की संख्या कितनी है और वे एक दूसरे से इतना ज्यादा क्यों मिलते हैं।

परंतु दुनिया में कोई भी चीज पूर्णतया सही नहीं है....। इस बात में कोई शक नहीं कि मेंडेलीफ के ''कम्प्यूटर'' के लाभ इसकी कमियों से बहुत ज्यादा है।

''इलेक्ट्रानिक कम्प्यूटर'' रुक गया

हमारी शताब्दी के तीसरे दशक तक भौतिकी और रसायन ने बहुत ज्यादा तरक्की कर ली। दो दशकों में इन विज्ञानों की उपलब्धियां मानवजाति के पूर्ववर्ती इतिहास की सारी उपलब्धियों से कम नहीं थी।

परंतु नये तत्वों की खोज का काम अचानक रुक गया।

मेंडेलीफ की सारणी के कौन-कौन से खाने अभी खाली थे, यह बात तब स्पष्ट हुई जब भौतिकविदों ने आवर्त सारणी का सार समझाया और परमाणु क्रमांक की नयी परिभाषा प्रस्तुत की।

हां, तो 72 और 75 नंबर खाने खाली थे। पहला खाना जिस तत्व से भरा गया, उसे 1923 में हंगेरियन और डेनिश वैज्ञानिकों जार्ज हेवेसी और डर्फ कोस्टर ने खोजा। उन्होंने खनिज जिर्कोन में एक अति विरल तत्व हैफ्नियम

खोजा। यह तत्व जिर्कोनियम का अनुरूप निकला। इन दोनों तत्वों का रासायनिक पृथक्करण आज भी एक कठिन समस्या बना हुआ है। अतः हैफ्नियम को, जिसे कुछ वैज्ञानिकों ने दुर्लभ मृदा तत्वों के परिवार का सदस्य बना दिया था, यह परिवार छोड़कर चौथे ग्रुप के द्वितीय उपग्रुप में अपनी जगह लेनी थी। इस प्रकार लैन्थेनाइडों की सही संख्या निश्चित हो गयी। और इस बात से युवा आवर्त सिद्धांत की सत्यता की प्रायोगिक पुष्टि हो गयी।

1927 में रीनियम ने हमेशा के लिये 75 नंबर खाने में घर बना लिया। इसे यह स्थान दो जर्मन वैज्ञानिकों इडा और वाल्टर नोडाक ने दिया। यह उन विरल स्थितियों में से है जब किसी नारी ने एक नये तत्व की खोज की। 1898 में मरीया क्यूरी ने अपने पति प्येर के साथ मिलकर रेडियम को खोजा और 1939 में एक फ्रेंच नारी मारग्रेट पियरे ने फ्रेंसियम की खोज की।

पृथ्वी पर मिलने वाले स्थायी रासायनिक तत्वों में अंतिम तत्व रीनियम था। आवर्त सारणी में कई ''खाली'' खाने बच गये थे जिन्हें भर जाना था। इन खानों के तत्वों के परमाणु क्रमांक क्रमशः 43, 61, 85 और 87 थे।

ऐसे विचित्र तत्व कौन से थे जिन्होंने आवर्त सारणी में रहने से साफ-साफ इंकार कर दिया ?

पहला अजनबी। यह तत्व सातवें ग्रुप का सदस्य होना चाहिये, इसका परमाणु क्रमांक 43 होना चाहिये और यह मैंगनीज और रोनियम के बीच स्थित होना चाहिये, इसके गुण भी इन तत्वों के साथ मिलने चाहियें। इस तत्व को मैंगनीज अयस्कों में ढूंढ़ने का फैसला किया गया।

दूसरा अजनबी। यह दुर्लभ मृदा तत्वों का साथी होना चाहिये और इसमें बिल्कुल उन जैसे गुण होने चाहियें। परमाणु क्रमांक 61 होना चाहिये।

तीसरा अजनबी। यह सबसे भारी हैलोजन, आयोडीन का बड़ा भाई होना चाहिये। यह तत्व रसायनज्ञों को बहुत आश्चर्य में डाल सकता था क्योंकि इसमें क्षीण धात्विक गुण विद्यमान मिलने चाहिये थे। हैलोजेन भी और धातु भी—दोमुंहे तत्व की एक कितनी शानदार मिसाल! इस तत्व के लिये बड़ी बिल्डिंग में 85 नंबर फ्लेट तैयार कर दिया गया।

चौथा अजनबी। अब यह कितना मजेदार तत्व है। सबसे ज्यादा क्रोधी, सबसे ज्यादा सक्रिय धातु और यह आपकी हथेली में ही पिघल जायेगी। क्षारीय धातुओं में सबसे भारी। इसका परमाणु क्रमांक 87 है।

वैज्ञानिकों ने रहस्यमय अजनबियों के केसों की लंबी-चौड़ी फाइलें बनायीं। सुप्रसिद्ध जासूस शेर्लोक होल्म्स अपराधी द्वारा पीये गये सिगार या उसके जूतों पर लगी गोंद से उसे ढूंढ़ सकते थे। परंतु रसायनज्ञों के, जो अज्ञात पदार्थों की सूक्ष्म से सूक्ष्म मात्रा की पहचान करनी सीख चुके थे, कुशल तरीकों के सामने होल्म्स के तरीके कोई महत्व नहीं रखते थे।

चालाक जासूस हमेशा भाग्यशाली निकलते थे, परंतु रसायनज्ञ नहीं। रहस्यमय अजनबियों को ढूंढ़ने और उनको फ्लेट अलाट करने के उनके सारे प्रयास व्यर्थ गये।

अजनबियों को हर जगह खोजा गया : सिगार की राख में, वनस्पतियों के अवशेषों में ; सर्वाधिक विरल और सर्वाधिक आकर्षक खनिजों में, जो खनिज संग्रहालयों की शोभा बढ़ा रहे थे ; समुद्रों और महासागरों के जलों में। परंतु कोई फायदा नहीं हुआ।

अनसुलझी समस्याओं की फाइल में एक और फाइल जुड गयी, जिसके ऊपर निम्न संक्षिप्त शीर्षक लिख दिया गया—''रासायनिक तत्वों 43, 61, 85 और 87 के रहस्यमय अन्तर्धान का केस।''

प्रकृति ने कहीं चालाकी से इन तत्वों को हमारे ग्रह पर उपस्थित मूल पदार्थों की सूची से गायब तो नहीं कर दिया ? क्या यह उनकी सनक का परिणाम नहीं हो सकता ?

जी हां, यह एक जादू की तरह लगता है। कहते हैं कि चमत्कार नहीं होते हैं, परंतु अज्ञात कारणों से बड़ी बिल्डिंग के चार फ्लेट खाली पड़े रहे।

वे तभी भरे गये जब वैज्ञानिकों ने रासायनिक तत्वों को कृत्रिम रूप से बनाना सीख लिया।

एक तत्व को दूसरे में कैसे बदल सकते हैं ?

दुनिया में हमारे चारों ओर असंख्य रासायनिक अभिक्रियाएं घटती हैं, वे सारी इलेक्ट्रान कोशों के रसायन का प्रभुत्व स्वीकार करती हैं। परमाणु ऋणात्मक या धनात्मक आवेशित आयन बन कर इलेक्ट्रान ले या दे सकता है। एक परमाणु सैकड़ों और हजारों अन्य परमाणुओं के साथ मिल कर एक विशालाकार अणु बना सकता है। परंतु वह हमेशा उसी एक ही तत्व के गुणों का वाहक बना रहता है। कार्बन 60 लाख से अधिक यौगिक बनाता है, परंतु वह प्रत्येक यौगिक में कार्बन ही रहता है, चाहे वह कार्बन डाइआक्साइड CO_2 हो या सर्वाधिक जटिल प्रोटीन हो।

एक तत्व को दूसरे में परिवर्तित करने के लिये उसके परमाणु के नाभिकों को पुनः व्यवस्थित करना पड़ता है जिससे कि उनके आवेश बदल जायें।

रसायनज्ञ लोग रासायनिक अभिक्रियाओं को घटाने के लिये उच्च तापमानों, दाबों और उत्प्रेरकों तथा पदार्थों का प्रयोग करते हैं, जो अल्प मात्राओं में मिलाये जाने पर अभिक्रियाओं की चाल तेज कर देते हैं।

हजारों डिग्री तापमानों और कई हजार एटमौस्फियर दाबों से परमाणुओं के नाभिकों को पुनः व्यवस्थित करने में सफलता नहीं मिलती। इस विधि से एक तत्व को दूसरे में परिवर्तित नहीं किया जा सकता।

परंतु विज्ञान की एक अन्य शाखा-नाभिकीय रसायन की विधियों से यह काम संभव हो सकता है। नाभिकीय रसायन के ''ताप तथा दाब'' –प्रोटोन और न्यूट्रान, भारी हाइड्रोजन समस्थानिकों के नाभिक (डयूट्रान) और हीलियम परमाणुओं (α-कणों) के नाभिक और अंत में मेंडेलीफ की सारणी के विभिन्न तत्वों के आयन-बोरान और आक्सीजन, निआन और आर्गान, कैल्सियम, लोहा, क्रोम हैं। इसके रासायनिक उपकरणों में नाभिकीय रिऐक्टर, जिनमें बमबारी करने वाले कण बनते हैं, त्वरित्र-जटिल उपकरण शामिल हैं, जो कणों को असीम गति प्रदान करते हैं। परमाणु के नाभिक में घुसने के लिये मिसाइल कण में अत्याधिक उच्च ऊर्जा होनी चाहिये (विशेष रूप में अगर वह धनात्मक आवेशित है), जिससे नाभिकीय आवेश की प्रतिकर्षी प्रक्रिया पर विजय पाना सरल हो जाता है। नाभिकीय रसायन के चिन्हों की अपनी अलग प्रणाली होती है, परंतु इसकी अभिक्रियाओं के समीकरण ''परम्परागत'' रासायनिक समीकरणों से मिलते हैं।

यह नाभिकीय रसायन था जिसने मेंडेलीफ की सारणी में खाली जगहों को भर दिया।

यूनानी शब्द ''टैक्नेटोस'', जिसका अर्थ ''कृत्रिम'' होता है, मनुष्य द्वारा कृत्रिम विधि से प्राप्त प्रथम तत्व के नाम का आधार बन गया। 1936 के अंत में तीव्र डयूट्रानों का एक पुंज साइक्लोटोन में त्वरित करके मालिब्डेनम की प्लेट से टकराया। तीव्र डयूट्रानों ने इलेक्ट्रान कोशों को ऐसे काट दिया जैसे कि एक चाकू मक्खन को काटता है और वे नाभिक तक पहुंच गये। नाभिक के साथ टकराते ही प्रत्येक डयूट्रान, जो एक प्रोटोन और एक न्यूट्रान से बना था, विखंडित हो गया, जिसके फलस्वरूप न्यूट्रान एक कोने में हट गया और प्रोटोन नाभिक में फंस गया। इससे नाभिकीय आवेश में इकाई की वृद्धि आ गयी और 42 नंबर खाने का निवासी मालिब्डेनम अपने सीधे हाथ की ओर स्थित पड़ोसी तत्व नंबर 43 में परिवर्तित हो गया।

साधारण रसायन की तरह, जहां एक ही यौगिक विभिन्न तरीकों से प्राप्त किया जा सकता है, नाभिकीय रसायन में भी एक जैसे तत्व विभिन्न अभिक्रियाओं द्वारा कृत्रिम रूप से प्राप्त किये जा सकते हैं।

लोगों ने दुनिया की सर्वाधिक विराली फैक्टरी में सैकड़ों किलोग्राम टैक्नीशियम प्राप्त करना सीख लिया। यह फैक्टरी नाभिकीय रिऐक्टर है, जहां मंद न्यूट्रानों के प्रभावस्वरूप यूरेनियम नाभिकों को विखंडित करके ऊर्जा प्राप्त की जाती है।

यूरेनियम नाभिक विभिन्न खंडों में विभाजित हो जाते हैं ; प्रत्येक नाभिक दो खंडों में विभाजित होता है। ये मेंडेलीफ

की सारणी के मध्य में स्थित तत्वों के परमाणुओं के नाभिक हैं। यूरेनियम विखंडित होकर कई तत्वों को जन्म देता है, जो आवर्त सारणी में 30 से ज्यादा खाने घेरते हैं–30 नंबर से लेकर 64 नंबर तक। टैक्नीशियम तथा एक और विचित्र तत्व, जिसे कई दशकों तक भूपर्पटी में बेकार ही खोजा जाता रहा, भी इस सूची में शामिल हैं। यह तत्व प्रोमीथियम था, जो 61 नंबर खाने का निवासी है।

इसी प्रकार नाभिकीय अभिक्रियाओं के फलस्वरूप तत्व नंबर 85 और 87-ऐस्टेटीन और फ्रेंसियम प्राप्त किये गये।

अब हाइड्रोजन और यूरेनियम के बीच में एक भी खाना खाली नहीं था। हम जानते ही हैं कि हाइड्रोजन से पहले कोई तत्व नहीं हो सकता। और यूरेनियम के बाद ?

यूरेनियम के पीछे सत्तरह कदम

आज हम सत्तरह परायूरेनियम तत्वों की जानकारी का दावा करते हैं : नंबर 73–नेप्टयूनियम से नंबर 109 तक, जिसका अभी तक कोई नाम नहीं रखा गया है। परंतु इनमें से हर तत्व के बारे में हमारी जानकारी की सीमा भिन्न है। हां, एक बात निश्चय के साथ कह सकते हैं और वह यह कि इनमें से कोई भी तत्व प्रकृति में नहीं मिलता है। इनमें से सबसे हलके तत्वों–नेप्टयूनियम और प्लूटोनियम की नगण्य मात्रा के पुट कुछ यूरेनियम खनिजों में मिले हैं। यह प्रकृति में घट रही नाभिकी अभिक्रियाओं का परिणाम है। परंतु अति नगण्य होने के कारण इस पर विचार करना ही बेकार है।

सभी परायूरेनियम तत्व विघटनाभिक होते हैं और वह भी काफी ज्यादा हद तक। जैसे-जैसे तत्व का परमाणु क्रमांक बढ़ता जाता है, वैसे-वैसे उसका जीवन-काल घटता जाता है।

और क्या पता है ? हम जानते हैं और दावा कर सकते हैं कि हमें नेप्टयूनियम, प्लूटोनियम, ऐमेरिशियम, क्यूरियम के गुणों की अच्छी जानकारी है, जो बीसवीं शताब्दी के पांचवें दशक में प्राप्त किये गये। अद्वितीय नाभिकीय इंधन प्लूटोनियम के, जो यूरेनियम से कहीं ज्यादा प्रभावशाली है, रसायन का विस्तारपूर्वक अध्ययन किया गया। आज नाभिकीय रिऐक्टरों में इस तत्व की बड़ी मात्राएं संश्लिष्ट की जाती है।

जहां तक बर्केलियम (नंबर 97), कैलीफर्नियम (नंबर 98), आइन्सटाइनियम (नंबर 99), फर्मियम (नंबर 100), मेंडेलीवियम (नंबर 101) का सवाल है, तो उनके बारे में हमारी ''जानकारी'' काफी कम विश्वसनीय है। और यह जानकारी परमाणु क्रमांक की वृद्धि के साथ-साथ कम होती जाती है। इन पांच तत्वों के साथ काम करना बहुत ही मुश्किल काम है क्योंकि इनका संश्लेषण बहुत टेढ़ा काम है ; प्रायोगिक कार्यों के लिये इनकी पर्याप्त मात्रा प्राप्त करना बहुत मुश्किल कार्य है। जहां तक बर्केलियम और कैलीफार्नियम की बात है, तो इनकी प्राप्ति के प्रयासों के परिणाम संतोषजनक लगते हैं : वैज्ञानिकों ने दोनों को धातुओं के बारे में प्राप्त कर लिया है। परंतु आइन्सटाइनियम और फर्मियम की प्राप्त मात्राएं एक ग्राम का भी अंश है और जब मेंडेलीवियम संश्लिष्ट किया गया, तो उसकी मात्रा केवल कुछ हजार परमाणु निकली। धातु मेंडेलीवियम का वजन करना असंभव सा कार्य है क्योंकि यह धातु कभी भी पर्याप्त मात्रा में संचित नहीं की जा सकती और इसका जीवन-काल दो महीने से ज्यादा नहीं होता। फिर भी वैज्ञानिक लोग ''मेंडेलीवियम के रसायन'' की बात करते हैं। प्रसंगवश यहां हम यह बताना चाहेंगे कि इस तत्व का रसायन कुछ हद तक अप्रत्याशित है। मेंडेलीवियम और इसका साथी फर्मियम इतने अधिक अस्थायी होते हैं कि इनके स्त्रोतों को हर वक्त प्रयोगशालाओं में रखना चाहिये।

परायूरेनियम तत्वों का अगला ''दस्ता'' नंबर 102 से शुरू होता है। इस तत्व की खोज का इतिहास गलतफहमियों से भरा पड़ा है। इसका एक कारण यह है कि इस तत्व के संश्लेषण के लिये एक बिल्कुल नयी विधि अपनायी गयी और दूसरा कारण यह है कि इसका अर्ध क्षय-काल केवल मिनटों तक सीमित होता है। स्वाभाविक है कि इस तत्व की जितनी भी मात्रा संश्लिष्ट की जाये, वह हमेशा कुछ सौ परमाणुओं तक ही सीमित रहेगी। इस तत्व की इन विशिष्टताओं

के कारण बहुत सारे भ्रमों और शंकाओं का जन्म हुआ। आज विद्यार्थी स्नातक की उपाधि प्राप्त करने के लिये अपने शोधकार्य तत्व नंबर 102 को समर्पित करते हैं।

तत्व नंबर 102 ने वास्तविक ''रासायनिक प्रेतों'' की सूची आरंभ की। जब कभी भी कोई व्यक्ति इनसे और अच्छी तरह से परिचित होना चाहता है, उसे खुरचन से एक नाभिकीय अभिक्रिया घटानी होती है।

तत्वों का निराला, रहस्यमय जगत ; उन तत्वों का, जो जन्म लेने के तुरंत बाद अदृश्य हो जाते हैं। इस बारे में बहुत सारी बातें अस्पष्ट तथा अनिश्चित है। ज्यादा संभावना इसी बात की है कि हमें इस जगत की कोई जानकारी नहीं है। कोई भी पूर्ण निश्चय के साथ नहीं बता सकता कि इस या उस तत्व को वैज्ञानिकों के किस दल ने सबसे पहले संश्लिष्ट किया। और यह अनिश्चितता अक्सर लंबी तथा निरर्थक बहसों को जन्म देती है। इसी कारण अनुसंधाता नये तत्वों को नाम देने के मामले में कोई जल्दी नहीं दिखा रहे हैं।

अगर आपके पास किसी तत्व के केवल कुछ गिने-चुने परमाणु हों, तो उसके रासायनिक गुणों का अध्ययन करना बहुत टेढ़ा काम साबित होगा। वैज्ञानिकों की पटुता और कुशलता अपनी चरम सीमा पर पहुंच गयी लगती थी। परिशुद्ध और जटिल प्रयोगों से यह सिद्ध करना संभव हो गया कि तत्व नंबर 102 और 103 ऐक्टिनाइड परिवार के सदस्य हैं। आवर्त सारणी के लिये इस नयी खोज का संयोजन अति महत्वपूर्ण साबित हुआ। आगे चलकर कुर्चातोवियम और नील्सबोहरियम की रासायनिक प्रकृति निर्धारित की गयी। अन्य परायूरेनियम तत्वों की तरह वैज्ञानिकों ने अभी इन तत्वों पर अपना ध्यान केन्द्रित नहीं किया है।

तत्वों की दुनिया में मर्त्यता और अमरता

एक समय ऐसा आया जब रसायनज्ञ एक प्रकार से पुरातत्वज्ञ बन गये। उन्होंने भू-पर्पटी में उपस्थित विभिन्न खनिजों की आयु निश्चित करने के तरीके सीख लिये, जैसेकि एक पुरातत्वज्ञ यह ज्ञात करता है कि कांस्य का कोई आभूषण या मिट्टी का कोई बर्तन कितनी शताब्दियों पहले बनाया गया था।

कुछ खनिजों की आयु साढ़े चार अरब वर्ष से भी ज्यादा निकली। वे उतने ही प्राचीन हैं जितना ग्रह पृथ्वी है। परंतु खनिज रासायनिक यौगिक होते हैं वे तत्वों के बने होते हैं। अतः तत्व वास्तव में अमर होते हैं।

यह पूछना बेतुकी बात नहीं होगा कि क्या तत्व की मृत्यु होती है ? सभी सजीव प्राणियों का दुखदायी अंत मृत्यु है।

देखने में यह प्रश्न निरर्थक लगता है, परंतु वास्तव में बात ऐसी नहीं है।

आप एक भौतिकीय तथ्य—विघटनाभिकता से परिचित ही होंगे। यह उन तत्वों (बल्कि उनके परमाणुओं के नाभिकों) में उपस्थित होता है जो स्वतः क्षयित हो जाते हैं। कुछ नाभिक उनकी गहराइयों से इलेक्ट्रान उत्सर्जित करते हैं। दूसरे α-कण (हीलियम के नाभिक) छोड़ते हैं। तीसरे दो समान अर्द्धों में विखंडित हो जाते हैं : इस प्रक्रिया को स्वतः विखंडन कहते हैं।

क्या सारे तत्व विघटनाभिक होते हैं ? जी नहीं, परंतु वे जरूर हैं जो आवर्त सारणी के अंत में स्थित हैं—पोलोनियम से शुरू होते हैं।

क्षयित होने पर एक विघटनाभिक तत्व पूर्णतया अदृश्य नहीं होता। वह दूसरे तत्व में परिवर्तित हो जाता है। विघटनाभिक रूपांतरों की शृंखला बहुत लंबी हो सकती है।

उदाहरणतया, थोरियम और यूरेनियम अंत में स्थायी लेड में परिवर्तित हो जाते हैं। परंतु इस अवस्था तक पहुंचने के मार्ग में कई दर्जन विघटनाभिक तत्वों का जन्म और मृत्यु होती है।

विघटनाभिक तत्वों का स्थायित्व विभिन्न होता है। कुछ पूर्णतया अदृश्य होने से पहले कई दर्जन अरब वर्ष जीवित

रह सकते हैं। दूसरों का जीवन-काल कुछ मिनटों या सेकंडों के अंशों तक ही सीमित रहता है। वैज्ञानिक लोग विघटनाभिक तत्वों के स्थायित्व का निर्धारण एक विशेष मात्रा की सहायता से करते हैं जिसे एक विशेष अर्ध क्षय-काल कहते हैं। इस समय के दौरान विघटनाभिक तत्व की कोई भी मात्रा अपने आरंभिक भार की ठीक आधी मात्रा के बराबर क्षयित होती है।

यूरेनियम और थोरियम का अर्ध क्षय-काल कई अरब साल है।

परंतु आवर्त सारणी में जो तत्व इनसे पहले आते हैं—प्रोटैक्टिनियम, रेक्टिनियम, रेडियम, फ्रेंसियम, रेडान, ऐस्टैटीन और पोलोनियम—उनके साथ बात कुछ और ही है। उनका अर्ध क्षय-काल काफी कम होता है—प्रत्येक का लाख साल से ज्यादा नहीं होता। और इस बात के कारण एक अप्रत्याशित पहेली सामने आ जाती है।

अगर ऐसी बात है तो ये छोटे अर्ध क्षय-काल वाले तत्व हमारी पृथ्वी पर कैसे जीवित रह गये, जिसकी आयु लगभग 5 अरब वर्ष है ? इस कल्पनातीत अर्से में रेडियम, ऐक्टिनियम तथा उनके ग्रुप के अन्य तत्व सैकड़ों से भी ज्यादा बार अदृश्य हो जाने चाहिये थे।

परंतु वे अभी भी उपस्थित हैं और शताब्दियों से पार्थिव खनिजों में छिपे आ रहे हैं। ऐसा लगता है जैसेकि प्रकृति के पास कोई अमृत है जो इन तत्वों को मृत्यु से दूर रखता है।

जी नहीं, ऐसी कोई बात नहीं है। इसका कारण बहुत साधारण है और वह यह है कि वे एक असीम स्त्रोत द्वारा पोषित किये जाते हैं—यूरेनियम और थोरियम के पार्थिव रिजर्वो द्वारा। जब तक ये विघटनाभिक ''कुलपति'' स्थायी लेड रूपांतरित होने का लंबा और जटिल मार्ग तय करते हैं, वे रास्ते में मध्यवर्ती तत्वों में परिवर्ति होते रहते हैं। इस प्रकार रासायनिक तत्वों को हम दो ग्रुपों में विभाजित कर सकते हैं—प्राथमिक और द्वितीयक।

सारे अनुविघटनाभिक तत्व और यूरेनियम तथा थोरियम, जिनके अर्ध क्षय-काल पृथ्वी की आयु से अधिक हैं, प्राथमिक तत्व हैं। वे सौर-प्रणाली की रचना के साक्षी हैं।

बाकी सारे द्वितीयक तत्व हैं।

फिर भी ऐसा समय आयेगा जब आवर्त सारणी में कुछ तत्वों की कमी आ जायेगी। ये यूरेनियम और थोरियम होंगे—द्वितीयक तत्वों के अनन्त स्त्रोत (इन्हें अपेक्षाकृत ''अनन्त'' कहना ज्यादा उत्तम रहेगा)। कुछ खरब सालों बाद ये तत्व भी पृथ्वी से अदृश्य हो जायेंगे। और अगर इतने दूर के भविष्य तक पृथ्वी खुद भी कायम रही, तो इन तत्वों के विघटनाभिक रूपांतरों के उत्पाद फिर भी अदृश्य हो जायेंगे।

एक, दो, तीन, बहुत सारे....

आदमजाति के मानव की गिनती करने की क्षमता लगभग इसी तरह की थी। उसका गणित केवल दो परिमाणात्मक मात्राओं तक सीमित था—''ज्यादा'' और ''कम''।

डेढ़ सौ साल पहले तक, जब लोग उन विभिन्न तत्वों की मात्राओं का अनुमान लगाने का प्रयास करते थे, जिन्हें हमारे ग्रह ने अपने भंडारों में इकट्ठा कर रखा है, वे इसी मापदण्ड का इस्तेमाल करते थे।

उदाहरणतया, लेड, जिंक और रजत का प्रयोग बहुत विस्तृत था : अर्थात् वे बहुत ज्यादा थे। अतः इन तत्वों को बहुल माना गया। परंतु दुर्लभ मृदाएं (लैन्थेनाइड) विरल थे क्योंकि वे पृथ्वी पर शायद ही कभी मिले थे। उनकी मात्रा बहुत कम थी। आपने देखा, सौ साल पहले यह काम कितना आसान था।

रासायनिक तत्वों के स्टोरों के प्रथम निरीक्षकों का काम बहुत ही आसान था। हमारे समकालीन उनकी ''गतिविधियों'' की बात सोचते हुए मुस्करायेंगे।

और वे मुस्कराएं क्यों न : अब वे ठीक-ठीक बता सकते हैं कि हर चीज की कितनी मात्रा है! वे अब यह तक

बता सकते हैं कि भूपर्पटी में प्रत्येक तत्व के कितने परमाणु उपस्थित हैं। वे शायद यह भी जानते हैं कि हमारे ग्रह के खनिजों में लेड, जिंक और रजत तीनों की कुल मिलाकर जितनी मात्रा है, बदनाम दुर्लभ मृदाओं की मात्रा उससे थोड़ी सी ही कम है।

भूरसायन के विज्ञान की स्थापना अमरीकी वैज्ञानिक फ्रेन्सिस क्लार्क के नाम के साथ बहुत गहरा संबंध रखती है।

वे प्रथम वैज्ञानिक थे, जिन्होंने रासायनिक तत्वों के परमाणु भारों को एक सुनिश्चित क्रम से व्यवस्थित किया। उस वक्त तक विभिन्न वैज्ञानिकों ने एक ही तत्व के अलग-अलग परमाणु भार निर्धारित किये थे। सही परमाणु भार कैसे पता किया जाये ? 5000 से ज्यादा नमूनों के गंभीर विश्लेषण के बाद क्लाक ने सबसे ज्यादा यथार्थ मान चुने। ये क्लार्क ही तो थे, जिन्होंने प्रकृति में तत्वों के बाहुल्य की समस्या का वैज्ञानिक रूप से अध्ययन किया।

उनके प्रस्ताव पर परमाणु भारों की एक अंतर्राष्ट्रीय समिति बनायी गयी। हर साल यह समिति बुलेटिन प्रकाशित कराती थी जिसमें परमाणु भारों में परिवर्तनों की सूचना दी जाती थी। यह परम्परा आज तक कायम है।

क्लार्क की खोजों से पृथ्वी पर रासायनिक तत्वों के बाहुल्य की समस्या के अध्ययन में काफी निश्चितता आयी। अब वैज्ञानिक यह बता सकते थे कि कौन से तत्वों का बाहुल्य था और कौन सी की कमी थी और पृथ्वी पर हर तत्व की कितनी मात्रा थी। और पृथ्वी पर तत्वों के वितरण को द्योतित करने के लिये जो परिमाणात्मक मापदण्ड चुना गया, उसका नाम आधुनिक भूरसायन के संस्थापक के नाम पर क्लार्क रखा गया।

इस प्रकार एक नये विज्ञान-भूरसायन का जन्म हुआ। इसने मनुष्य को इतने अजीब किस्से सुनाये, जिन्हें उसने पहले कभी नहीं सुना था।

पता चला कि मेंडेलीफ आवर्त सारणी के प्रथम 26 प्रतिनिधि-हाइड्रोजन से शुरू होकर लोहे तक-पृथ्वी की लगभग सारी पर्पटी बनाते हैं। वे इसके वजन का 99.7 प्रतिशत बनाते हैं अर्थात् प्रकृति में विद्यमान बाकी सारे 67 तत्वों की कुल मात्रा केवल 0.3 प्रतिशत है।

तो पृथ्वी पर किस चीज का बाहुल्य है ?

न लोहे का, न ताम्र का और न ही टिन का, हालांकि मनुष्य इन्हें हजारों सालों से इस्तेमाल करता आ रहा है और इनकी सप्लाई भी बहुत ज्यादा लगती है, इन्हें कभी खत्म न होने वाली धातुएं कहा जा सकता है। सबसे ज्यादा बाहुल्य जिस तत्व का है, वह आक्सीजन है। अगर हम एक काल्पनिक तराजू के एक पलड़े पर पृथ्वी के सारे आक्सीजन स्रोत रख दे और बाकी सारे : तत्व दूसरे पलड़े पर, तो तराजू लगभग पूर्णतया संतुलित मिलेगी। भू-पर्पटी का लगभग आधा भाग आक्सीजन है। यह हर जगह उपस्थित है : जल में, वायुमंडल में, असंख्य चट्टानों में, हर जानवर में, हर वनस्पति में और हर जगह यह अतिमहत्वपूर्ण भूमिका निभाता है।

भू-पर्पटी का 1/4 भाग सिलिकन है। यह अकार्बनिक प्रकृति का मूल आधार है।

इसके अलावा पृथ्वी के तत्वों के बाहुल्य का क्रम निम्न है : ऐलुमिनियम-74 प्रतिशत; लोहा-4.2 प्रतिशत ; कैल्सियम-3. 3 प्रतिशत ; सोडियम-2.4 प्रतिशत; पोटेशियम और मैग्नीशियम-प्रत्येक 2.35 प्रतिशत ; हाइड्रोजन-1.0 प्रतिशत और टाइटेनियम-0.6 प्रतिशत।

हमारे ग्रह के दस सर्वाधिक बहुल रासायनिक तत्व ये हैं।

परंतु पृथ्वी पर कौन सी चीज सबसे कम है ? स्वर्ण, प्लैटिनम और प्लैटिनम धातुएं बहुत कम हैं। इसी वजह से इनकी कीमतें बहुत ऊंची हैं।

परंतु यहां एक विरोधाभास से वास्ता पड़ता है और वह यह कि स्वर्ण वह धातु थी जिसके साथ मनुष्य अन्य धातुओं से पहले परिचित हुआ। प्लैटिनम आक्सीजन से पहले खोजा गया, जब किसी ने भी सिलिकन और ऐलुमिनियम

का नाम तक नहीं सुना था।

उत्कृष्ट धातुओं में एक निराली विशेषता होती है। वे प्रकृति में यौगिकों के रूप में नहीं बल्कि प्राकृत रूप में मिलती हैं। उन्हें अयस्कों से अलग करने की कोई जरूरत नहीं होती। इसी वजह से वे पृथ्वी पर इतने पुराने युग में मिलीं।

परंतु फिर भी ये तत्व ''विरलता'' का पुरस्कार लेने के अधिकारी नहीं हैं। यह घटिया पुरस्कार द्वितीयक विघटनाभिक तत्वों को दिया गया है। और वे वास्तव में बहुत ही ज्यादा विरल है।

भूरसायनज्ञों के कथनानुसार पृथ्वी पर पोलोनियम की कुल मात्रा केवल 9600 टन है ; रेडान की मात्रा इससे भी कम है—260 टन ; ऐक्टिनियम की मात्रा 26 हजार टन है। रेडियम और प्रोटैक्टिनियम सच्चे देव हैं; उनकी मात्रा लगभग 10 करोड़ टन है ; परंतु यह मात्रा स्वर्ण और प्लैटिनम की तुलना में बहुत कम है। यहां तक ऐस्टेटीन और फ्रेंसियम का सवाल है तो उन्हें देव शायद ही कहा जा सकता है क्योंकि उनकी मात्रा और भी कम है। ऐस्टेटीन और फ्रेंसियम के पार्थिव रिजर्व मिलीग्रामों तक सीमित हैं।

पृथ्वी पर सर्वाधिक विरल तत्व का नाम ऐस्टेटीन (सारी भू-पर्पटी में केवल 69 मिलीग्राम) है। इस तथ्य को और टीका-टिप्पणी की जरूरत नहीं है।

मालूम हुआ है कि प्रथम परायूरेनियम तत्व नेप्टयूनियम और प्लूटोनियम भी पृथ्वी पर मिले हैं। ये तत्व यूरेनियम और मुक्त न्यूट्रानों के बीच अति विरल अभिक्रियाओं के घटने के फलस्वरूप प्रकृति में पैदा होते हैं। ये ''देव'' सैकड़ों और हजारों टन भारी हो सकते हैं। परंतु प्रोमिथियम और टैक्नीशियम, जिनका जन्मदाता भी यूरेनियम ही है (यूरेनियम में स्वतः विखंडन की क्षमता रखने के कारण इसके नाभिक दो समान खंडों में विभाजित हो जाते हैं), के बारे में कहने के लिये ही कुछ नहीं है। वैज्ञानिकों को टैक्नीशियम और प्रोमिथियम के अवगम्य अवशेष मिले हैं। बाकी मात्रा को अभी खोजना है जिसके आधार पर इन तत्वों के पार्थिव रिजर्वों को तोला जायेगा।

क्या प्रकृति न्यायी है ?

आज वैज्ञानिक यह कहते हैं कि प्रकृति में ज्ञात सारे रासायनिक तत्व किसी भी खनिज के नमूने में ढूंढ़े जा सकते हैं। सारे तत्व बिना किसी अपवाद के। यह बात जरूर है कि उनके अनुपातों में बहुत ज्यादा अंतर होता है। परंतु ऐसा क्यों कि किसी तत्व का बहुत ज्यादा बाहुल्य है और कोई तत्व बहुत ही ज्यादा विरल है ?

आवर्त सारणी में सभी तत्वों के अधिकार समान हैं। हर किसी को एक निश्चित जगह मिली हुई है। परंतु जैसे ही तत्वों के पार्थिव रिजर्वों की बात होती है, तो ये समान अधिकार ऐसे अदृश्य हो जाते हैं जैसे धुआं हवा में।

मेंडेलीफ की सारणी के हलके तत्व, इसके शुरू के तीस के लगभग प्रतिनिधि भू-पर्पटी का मुख्य भाग बनाते हैं। परंतु उनके बीच कोई समानता नहीं है। कुछ ज्यादा बहुल है : दूसरे कम। उदाहरण के लिये, बोरान, बेरिलियम और स्कैन्डियम बहुत ज्यादा विरल तत्वों में गिने जाते हैं।

क्योंकि पृथ्वी का अस्तित्व बना आ रहा है, तो इसके तत्वों की सप्लाई दोहरायी गयी होगी। यूरेनियम और थोरियम की विघटनाभिकता के कारण उनकी काफी मात्रा नष्ट हो गयी। उत्कृष्ट गैसों और हाइड्रोजन की बहुत बड़ी मात्रा बाह्य अंतरिक्ष में चली गयी। परंतु आम तस्वीर नहीं बदली।

हमारे दिनों के वैज्ञानिक यह लिखते हैं कि भू-पर्पटी में रासायनिक तत्वों का बाहुल्य उसी में से घटता जाता है जिस क्रम से उनका वजन हलके तत्वों के मध्यम वाले की ओर तथा मध्यम से भारी तत्वों की ओर बढ़ता जाता है। परंतु यह नियम हर जगह लागू नहीं होता। उदाहरण के लिये, मेंडेलीफ की सारणी के हलके प्रतिनिधियों की तुलना में पृथ्वी पर भारी लेड की मात्रा कहीं ज्यादा है। ऐसा क्यों है ? सबकी मात्राएं समान क्यों नहीं हैं ? क्या प्रकृति

को न्यायी समझा जा सकता है ? उसने कुछ तत्वों को संचयित किया है और दूसरों की सप्लाई बिल्कुल बंद कर दी ?

जी नहीं, ऐसी कोई बात नहीं है। तत्वों का कम या ज्यादा होना कुछ नियमों पर निर्भर करता है। सच कहें तो हमें अभी तक इन नियमों की जानकारी नहीं हुई है, हम उनकी केवल कल्पना करते हैं।

आप देख ही रहे हैं कि रासायनिक तत्व हमेशा नहीं रहे हैं। ब्रह्मांड की रचना इस प्रकार की है कि उसके विभिन्न भागों में हर वक्त तत्वों के बनने या संश्लेषण की विशाल प्रक्रिया इतनी विशाल होती है कि किसी अन्य चीज की इसके साथ तुलना नहीं की जा सकती। कास्मिक नाभिकीय रिऐक्टर, कास्मिक त्वरित नक्षत्र हैं। इनमें से कुछ की गहराइयों में हमेशा रासायनिक तत्व "पक" होते हैं।

यहां पर अनसुने तापमानों, अकल्पनीय दाबों का राज होता है। यहां के मुख्य नियम-नाभिकीय रसायन के नियम होते हैं, यहां नाभिकीय रासायनिक अभिक्रियाओं का सिक्का चलता है जो एक तत्व को दूसरे में, हलके तत्वों को भारी में परिवर्तित करते हैं। और ये नियम ऐसे हैं कि कुछ तत्व बड़ी आसानी से और बहुत बड़ी मात्राओं में बनते हैं जबकि दूसरे काफी कठिनाइयों से, अतः अल्प मात्राओं से बनते हैं।

यह सब विभिन्न परमाण्वीय नाभिकों के स्थायित्व पर निर्भर करता है। नाभिकीय रसायन का इस मामले में एक निश्चित मत है। हलके तत्वों के समस्थानिकों के नाभिकों में प्रोटोनों और न्यूट्रानों की समान संख्या विद्यमान होती है। यहां ये प्राथमिक तत्व बहुत स्थायी संरचनाएं बनाते हैं। इसी कारण हलके नाभिक अधिक सरलता से संश्लिष्ट हो जाते हैं। सामान्यतः प्रकृति की प्रवृति यह होती है कि वह सबसे अधिक संभव स्थायी प्रणालियां बनाती रहती है। इसका संश्लेषण सरल होता है, परंतु ये नाभिकीय अभिक्रियाओं में स्वेच्छा से भाग नहीं लेतीं जिससे कि अधिक आवेश वाले नाभिक बन सकें। अंतिम किस्म वाले नाभिकों में प्रोटोनों की तुलना में न्यूट्रानों की संख्या अधिक होती है, अतः माध्यमिक और भारी द्रव्यमान वाले अपने अधिक स्थायित्व की डींग नहीं मार सकते। वे संयोग का ज्यादा लाभ उठाते हैं, परिवर्तन की ज्यादा प्रवृत्ति रखते हैं, अतः बहुत बड़ी मात्राओं में संचयित होने की क्षमता नहीं रखते हैं।

नाभिकीय रसायन के नियमानुसार नाभिकों का आवेश जितना उच्च होता है, उनका संश्लेषण उतना ही अधिक कठिन होता है, जिसके कारण वे कम संख्याओं में बनते हैं।

हमारी पृथ्वी की रासायनिक संरचना एक मूक प्रतिकृति जैसी है, जिसे तत्वों की उत्पत्ति की प्रक्रिया को निर्धारित करने वाले नियमों की गतिकी का प्रतिबिंब कहा जा सकता है। वैज्ञानिकों को जब इन नियमों की पूर्ण जानकारी हो जायेगी, तब यह पता चल जायेगा कि विभिन्न तत्वों के बाहुल्य में इतना अधिक अंतर क्यों होता है।

इसी बीच सैद्धान्तिक भौतिकविद एक ऐसे निष्कर्ष पर पहुंचे हैं जो कल्पना से बाहर है। ऐसा लगता है कि परमाणुओं के नाभिक के स्थायित्व भिन्न होते हैं और इनमें से सबसे ज्यादा स्थायी लौह-56 का नाभिक होना चाहिये। कभी न कभी बाकी सारे नाभिक इस नाभिक में रूपांतरित हो जाने चाहियें।

हमारे विविध ब्रह्मांड की जगह एक अतिविशाल "लौह थक्का"...। यह बात एक विज्ञान-कथा की घटना सी लगती है।

झूठे सूर्यों के मार्ग पर

विज्ञान का इतिहास रासायनिक तत्वों की दो सूचियों से परिचित है। पहली सूची उन तत्वों की है, जिन्होंने मेंडेलीफ की सारणी में अपनी जगह हमेशा के लिये घेर ली। उनकी खोज अशंकनीय है, चाहे वे प्रकृति में मिले हैं या चाहे कृत्रिम रूप से संश्लिष्ट किये गये हैं। इस सूची के अलावा एक और सूची है, जो पाठ्यपुस्तकों में नहीं मिल सकती। यह सूची अधिकांश वैज्ञानिकों की निगाहों से बची रहती है, परंतु रसायन के इतिहास का अध्ययन करने वाले वैज्ञानिक इससे परिचित होते हैं। यह त्रुटियों का एक भारी रजिस्टर है अर्थात् उन तत्वों की खोजें, जो बाद में झूठी साबित हुईं।

ऐसी खोजों की संख्या से दुगुनी ज्यादा है। कोई भी विज्ञान ऐसा नहीं हो सकता, जिसके विकास में गलतफहमियां, त्रुटियां न हुई हों।

एक नये रासायनिक तत्व की खोज वैज्ञानिक के लिये गर्व की बात है। एक नये तत्व की खोज से अनुसंधाता अपने नाम का कीर्तिगान करता है, उसे इतिहास का एक अंग बना देता है। ऐसी खोज एक पूर्ण खोज होती है, इसे न तो सुधारा जा सकता है, न ही असत्य प्रमाणित किया जा सकता है, और न ही बढ़ाया जा सकता है। यह खोज सदा के लिये होती है।

जिन दिनों रसायन अभी एक यथार्थ विज्ञान नहीं बना था तथा इसके अनुसंधान की विधियां त्रुटिपूर्ण थीं, जब भौतिकी ने रासायनिक तत्वों के सार तथा उनके वर्गीकरण की प्रणाली-मेंडेलीफ की आवर्त सारणी की व्याख्या नहीं दी थी, झूठी खोजों से बचना बड़ा मुश्किल काम था। ज्ञान की इस कमी से हर तरह की त्रुटियों और अटकलबाजियों का जन्म हुआ। इन त्रुटियों में अविवेचित त्रुटियां भी थीं, जब उदाहरण के लिये, रासायनिक विश्लेषणों के परिणामों की गलत व्याख्या दी गयी और ऐसी त्रुटियां भी थीं जिनके रचयिता किसी भी तरह से इतिहास में अपना नाम करना चाहते थे...।

अजीब-अजीब तरह की घटनाएं घटीं : या तो ''खोजकर्ताओं'' ने खुद अपनी गलतियां मान लीं या उनके साथियों ने उनकी ''खोजों'' को झूठा साबित कर दिया। एक-आध बार पहली अप्रैल के दिन जैसे मजाक के ओछे काम भी हुए....। ''मृतजात'' तत्वों को बड़े शानदार नाम दिये गये, जैसे डिमोनियम, डमेरियन, कैरोलिनियम, डिनेबियम, ग्लाउकोडिमियम, इन्कोग्नीटियम, कास्मियम, नियोकास्मियम....।

एक अंगेज़ फ्रीहैंड की याद आना स्वाभाविक है जिन्होंने मृत सागर के निर्जीव जल में 85 और 87 नंबर तत्वों के अवशेष ढूंढ़ने के लिये एक विशेष अभियान-दल आयोजित किया था। या अमरीकी एलीसन की, जिन्होंने, जब वैज्ञानिक इस पहेली के हल में व्यक्त थे कि पृथ्वी पर आयोडीन और सीजियम के भारी सदृशरूप क्यों नहीं मिलते हैं, अचानक हर जगह इन तत्वों की तलाश शुरू कर दी। उन्हें ये तत्व एक नयी विधि द्वारा सारे विलियनों और खनिजों में मिले। यह विधि उन्होंने खुद ही ढूंढ़ी थी, परंतु वह त्रुटिपूर्ण साबित हुई। विश्लेषण से प्रयोगकर्ता की आंखें बहुत थक जाती थीं जिसकी वजह से उसे भ्रम हो जाता था।

महान वैज्ञानिक भी त्रुटियों से बच नहीं सके हैं। इतावली वैज्ञानिक फेर्मी का विचार था कि यूरेनियम पर न्यूट्रानों की बमबारी कराने से तुरंत कई परायूरेनियम तत्व प्रकट हो जाते हैं। परंतु वास्तविकता में ये यूरेनियम के नाभिकों के विखंडित अंश थे—आवर्त सारणी के मध्य के तत्व।

यह कुख्यात गलत रास्ता हमारे दिनों में भी लोगों को भटका रहा है। 1957 में स्टाकहोल्म में वैज्ञानिकों के एक दल ने एक नया तत्व संश्लिष्ट किया, जिसका परमाणु क्रमांक 102 था। इसका नाम डायनेमाइड के खोजकर्ता के सम्मान में नोबेलियम रखा गया। सोवियत और अमरीकी अनुसंधाताओं ने इन परिणामों को असत्य साबित कर दिया। और अब वैज्ञानिक यह मजाक करते हैं कि नोबेलियम का सिर्फ चिन्ह ''No'' ही बाकी रह गया है। हालांकि सोवियत संघ और अमरीका में अन्य विधियों द्वारा वास्तव में 102 वें तत्व के समस्थानिक प्राप्त किये गये हैं।

विज्ञान के इतिहास के आकाश में ''झूठे सूरज'' छाये हुए थे। इनमें से अधिकांश काफी तीव्रता के साथ चमक कर या तो तुरंत या कुछ समय बाद अस्त हो गये। परंतु कुछ, जो हमेशा के लिये बुझे लगते थे, दशकों बाद फिर से एक नयी रोशनी के साथ चमकने लगे।

पिछली शताब्दी के नौंवे दशक में विख्यात वैज्ञानिक विलियम क्रूक्स ने दावा किया कि उन्हें इट्रियम से अभी तक अज्ञात साधारण पदार्थों का एक झुण्ड अलग करने में सफलता मिल गयी है। उन्होंने इन पदार्थों का नाम रखने की कोई कोशिश ही नहीं की, केवल विभिन्न यूनानी अक्षरों द्वारा द्योतित कर दिया। चूंकि ये सारे तत्व गुणों के मामले में एक दूसरे के साथ काफी मिलते-जुलते थे, क्रूक्स ने इनका एक आम नाम ''मेटा-तत्व'' रख दिया। वैज्ञानिकों ने

शीघ्र ही इन परिणामों का खंडन कर दिया और क्रूक्स ने खुद भी अपनी गलतियां स्वीकार कर लीं। विशेष बात यह थी कि क्रूक्स ने अपने "मेटा-तत्वों" को स्वतंत्र रासायनिक व्यष्टि कभी नहीं समझा, उन्हें किसी विशिष्ट तत्वों की विविधता माना। यह रासायनिक तत्वों की समस्थानिकता की प्रकृति का पूर्वाभास था, जिसे हमारी शताब्दी के प्रथम दशक के अंत में खोजा गया।

बीसवीं शताब्दी के तीसरे दशक में जर्मनी में रिचर्ड स्वीन ने (जो लातविया के नागरिक थे) ग्रीनलैंड की असीम हिमनदियों की कस्मिक धूल में परायूरेनियम तत्वों के नमूने ढूंढ़े। यह विवेकशून्य खोज नहीं थी। स्वीन को इस वैज्ञानिक परिकल्पना ने मार्ग दिखाया था कि अधिक परमाणु भारों वाले परायूरेनियम तत्वों का उन्नत स्थायित्व होना चाहिये अर्थात् उनके विघटनाभिक स्तर ने ही उन्हें वर्तमान समय तक जीवित रहने योग्य बना दिया। स्वीन ने यह कह दिया कि उन्हें इनमें से एक तत्व नंबर 108 का एक्सरे स्पेक्ट्रम दिखायी दिया है। उस वक्त किसी ने भी उनकी इस बात पर ध्यान नहीं दिया। परंतु चालीस साल बाद स्वीन के विचार को पुनरूज्जीवित किया गया, परंतु एक नये दृष्टिकोण से। यह "सापेक्षिक स्थायित्व द्वीप" की परिकल्पना में कार्यान्वित हुआ, जिसका वर्णन बाद में किया जायेगा। इस परिकल्पना ने रासायनिक तत्वों के अस्तित्व की सीमा निर्धारित करने के कार्य में अतिमहत्वपूर्ण भूमिका निभायी।

1877 में रूसी रसायनज्ञ सेर्गेई केर्न ने एक नये तत्व डेवियम की खोज की घोषणा की, जिसका नाम उन्होंने विख्यात अंग्रेज रसायनज्ञ हम्फ्री डेवी के सम्मान में रखा। इस खोज की पुष्टि नहीं हुई। कई सालों बाद इतिहासकार इस निष्कर्ष पर पहुंचे कि केर्न को प्राकृतिक खनिजों में शायद रीनियम के अवशेष मिले थे। रीनियम की वास्तविक खोज सन् 1927 में हुई।

इस प्रकार हम देखते हैं कि सारे "झूठे सूरज" वास्तव में झूठे नहीं निकले।

उपरोक्त तथ्यों से हम इस निष्कर्ष पर पहुंचते हैं कि विज्ञान के इतिहास की अवहेलना नहीं की जा सकती। इसमें रसायन के इतिहास से कुछ कम अप्रत्याशित तथ्य नहीं मिलते हैं। कभी-कभी पुरानी उपेक्षित चीजें भी नयी चीजों की तरह चमक सकती हैं।

एक सौ नौ तत्वों में से एक का भाग्य

एक रासायनिक तत्व के भाग्य के बारे में एक छोटी सी कहानी प्रसिद्ध है।

यह 92 नंबर खाने में रहता है और इसका नाम यूरेनियम है।

इस तत्व का नाम ही लेना काफी है। सारे युगों और सारे लोगों की दो महान वैज्ञानिक खोजें यूरेनियम के साथ संबंधित हैं। वे हैं–विघटनाभिकता की खोज और भारी नाभिकों के विखंडन की खोज। यूरेनियम ने मानव को नाभिकीय ऊर्जा के भंडारों की कुंजी सौंप दी है। उसकी सहायता से मनुष्य ने प्रकृति में अज्ञात तत्व उत्पन्न किये : परायूरेनियम तत्व, टैक्नीशियम और प्रोमिथीयम।

ऐतिहासिक दस्तावेजें बताती हैं कि यूरेनियम के जीवन की शुरूआत 24 सितंबर 1789 के दिन हुई।

रासायनिक तत्वों की खोज के इतिहास में सब तरह की घटनाओं के साथ वास्ता पड़ता है। कुछ उदाहरणों में किसी को भी तत्व के खोजकर्ता का नाम पता नहीं था। दूसरी ओर ऐसे तत्व भी हैं जिनके खोजकर्ताओं के नामों की बड़ी लंबी सूची है। परंतु यूरेनियम के "धर्मपिता" के बारे में उपलब्ध जानकारी बिल्कुल पक्की है। वे बर्लिन के एक रसायनज्ञ मार्टिन क्लाप्रोथ थे जिनकी गिनती विश्लेषण रसायन के संस्थापकों में की जाती है। परंतु इतिहास ने क्लाप्रोथ के साथ शरारत की : मार्टिन क्लाप्रोथ के अलावा हमारे नायक के "कई और भी धर्मपिता" मिले।

पिचब्लैन्ड के साथ मनुष्य सदियों से परिचित चला आ रहा है और इसे जिंक और लोहे का एक अयस्क माना जाता रहा है। क्लाप्रोथ की तेज निगाहों ने इस अयस्क में एक अज्ञात धातु के मिश्रण की उपस्थिति की संभावना भांपी

और शीघ्र ही उनकी यह बात सच सिद्ध हो गयी। उन्हें काले चूर्ण के रूप में एक नया तत्व प्राप्त हुआ, जिसमें धातु जैसी चमक थी। ग्रह यूरेनस, जिसकी खोज कुछ समय पहले अंग्रेज़ खगोलज्ञ हरशैल ने की थी, के सम्मान में इस तत्व का नाम यूरेनियम रखा गया।

इस घटना के बाद लगभग आधी शताब्दी तक किसी ने भी क्लाप्रोथ की खोज पर संदेह प्रकट नहीं किया। किसी में इतना साहस ही नहीं था कि वह यूरोप के प्रमुख विश्लेषण-रसायनज्ञ के कार्य को चुनौती दे सके। तत्व यूरेनियम रसायन की पाठ्यपुस्तकों के पृष्ठों पर मार्च करता रहा।

1843 में फ्रेंच रसायनज्ञ यूजीन पेलीगोट ने इस उल्लसित मार्च की गति हलकी कर दी। उन्होंने यह सिद्ध किया कि क्लाप्रोथ का जिस चीज के साथ वास्ता पड़ा था, वह तत्व यूरेनियम न होकर केवल यूरेनियम आक्साइड था। बाद में निष्पक्ष इतिहासकारों ने यह लिखा कि पेलीगोट को इस तत्व का दूसरा "धर्मपिता" माना जा सकता है।

परंतु इस नाम से यूरेनियम के "धर्मपिताओं" की सूची समाप्त नहीं हो गयी थी। इसके तीसरे धर्मपिता रूसी वैज्ञानिक मेंडेलीफ थे।

आरंभ में यूरेनियम आवर्त सारणी में ठीक जगह पर नहीं रखा जा सका। इसे तीसरे ग्रुप में कैडमियम और टिन के बीच जगह दी गयी, जहां अब इंडियम रहता है। यूरेनियम को यह जगह उसके परमाणु भार के आधार पर दी गयी, न कि गुणों के आधार पर। गुणों की दृष्टि से यूरेनियम इस जगह पर एक अजनबी जैसा लग रहा था।

मेंडेलीफ इस निष्कर्ष पर पहुंचे कि यूरेनियम का परमाणु भार गलत निश्चित किया गया है, यह दो गुना ज्यादा होना चाहिये। इस आधार पर यूरेनियम सारणी के VI ग्रुप में आ गया और इस श्रेणी के तत्वों का अंतिम सदस्य बन गया। इस प्रकार यूरेनियम ने तीसरी बार "जन्म" लिया।

प्रयोगकर्ताओं ने शीघ्र ही सिद्ध कर दिया कि मेंडेलीफ की बात सही थी।

यूरेनियम, तुम्हारा घर कहां है ?

मेंडेलीफ की प्रणाली में ऐसे तत्व नहीं हैं जिनका कोई निश्चित स्थान न हो। उदाहरण के लिये, हाइड्रोजन एक ऐसा तत्व है—सबसे पहला तत्व। अनुसंधाता अभी भी पूरी तरह से निश्चित नहीं कर पाये हैं कि तत्व नंबर 1 सारणी के प्रथम ग्रुप में रखा जाये या सातवें ग्रुप में....।

यूरेनियम पर भी उक्त बात लागू होती है।

परंतु क्या मेंडेलीफ ने इसका स्थान हमेशा के लिये निश्चित नहीं कर दिया था ?

कई दशकों तक किसी ने भी यूरेनियम को आवर्त सारणी में छठे ग्रुप में (परिवार के सर्वाधिक भारी सदस्य के रूप में) रखने पर आपत्ति नहीं की। क्रोमियम, मालिब्डेनम और टंग्स्टन भी इसी ग्रुप में थे और इस तत्व की स्थिति काफी मजबूत लग रही थी।

परंतु समय बदला और यूरेनियम इस श्रेणी के तत्वों का अंतिम सदस्य नहीं रहा। मनुष्य द्वारा निर्मित परायूरेनियम तत्वों का एक पूरा "झुंड" इसके दायीं ओर खड़ा हो गया और उन सबको मेंडेलीफ की सारणी में जगह देनी थी। परायूरेनियम तत्वों को कौन से ग्रुप में रखा जाये और कौन से खाने दिये जायें ? काफी वादविवाद के बाद बहुत सारे वैज्ञानिक इस निष्कर्ष पर पहुंचे कि वे सारे एक अकेले ग्रुप में और एक अकेले खाने में रखे जाने चाहियें।

यह फैसला आसमान से नहीं गिरा था। आवर्त सारणी में एक बार पहले भी ऐसी घटना घटी थी। लैन्थेनाइड, छठे आवर्त के 14 तत्व इकट्ठे लैन्थेनम के साथ ग्रुप III के एक ही खाने में रखे गये थे।

भौतिकविदों ने बहुत पहले से ही यह भविष्यवाणी कर दी थी कि अगले आवर्त में ऐसी परिघटना घटेगी। उनका कहना था कि लैन्थेनाइडों से मिलते-जुलते तत्वों का एक परिवार सातवें आवर्त में होना चाहिये। इस परिवार

का नाम ऐक्टिनाइड होगा क्योंकि यह ऐक्टिनियम के तुरंत बाद शुरू होगा, जो सारणी में लैन्थेनम के बिल्कुल नीचे स्थित है।

अतः सारे परायूरेनियम तत्व इस परिवार के सदस्य हैं। केवल वे ही नहीं, बल्कि यूरेनियम और इसके बायीं और स्थित पड़ोसी–प्रोटैक्टिनियम और थोरियम भी। इन सब तत्वों को छठे, पांचवें और चौथे ग्रुप में अपनी पुरानी तथा जानी-पहचानी जगह छोड़ कर तीसरे ग्रुप में जाना पड़ेगा।

काफी समय पहले मेंडेलीफ ने यूरेनियम को इस ग्रुप से बाहर निकाल दिया था। अब वह यहां वापस आ गया था, परंतु इस बार ''पूरे अधिकारों'' के साथ। आपने देखा कि आवर्त सारणी के जीवन में कितनी विचित्र घटनाएं घट सकती हैं।

भौतिकविद इस परिवर्तन से सहमत थे, परंतु सारे रसायनज्ञ नहीं और इसकी कोई वजह थी। वह यह थी कि गुणों के मामले में यूरेनियम III ग्रुप के लिये उतना ही अजनबी है जितना मेंडेलीफ के समय में था। थोरियम और प्रोटैक्टिनियम के लिये भी तीसरा ग्रुप उचित नहीं है।

यूरेनियम, तुम्हारा घर, तुम्हारी जगह कहां है ? हम इस प्रश्न का उत्तर कुछ ठहर कर देंगे।

पुरातत्व विज्ञान की छोटी-छोटी कहानियां

मनुष्य ने लोहे को पहली बार कब इस्तेमाल किया ? उत्तर स्वतःप्रामाणित लगता है : जब उसने लोहे को इसके अयस्कों से प्रगलिन करना सीख लिया। इतिहासकारों ने इस महान घटना की तिथि तक निश्चित कर दी है–पृथ्वी पर ''लौह युग'' के आरंभ की तिथि।

परंतु लौह युग आदिम धातुकर्मियों द्वारा अपरिष्कृत भट्टियों में लोहे के पहले किलोग्राम प्राप्त करने से काफी पूर्व ही शुरू हो चुका था। विश्लेषण की शक्तिशाली विधियों से लैस रसायनज्ञ इस निष्कर्ष पर पहुंचे थे।

हमारे पूर्वजों द्वारा इस्तेमाल किये गये लोहे के पहले टुकड़े आकाश से गिरे थे। लौह उल्कापिंडों में लोहे के अलावा निकेल और कोबाल्ट भी हमेशा उपस्थित होते हैं। अब रसायनज्ञों ने लोहे के अति प्राचीन औजारों का विश्लेषण किया, तो उन्हें उनके अंदर मेंडेलीफ की सारणी में लोहे के पड़ोसी-कोबाल्ट और निकेल मिले।

परंतु पृथ्वी के लौह अयस्कों में ये तत्व हमेशा नहीं मिलते हैं।

क्या यह निष्कर्ष अविवाद्य है ? सौ प्रतिशत नहीं है....। प्राचीनता का अध्ययन एक बहुत कठिन कार्य है। परंतु यहां अप्रत्याशित बातों के साथ भेंट होने की बहुत संभावना है।

पुरातत्वज्ञों ने एक बार रसायन के इतिहासकारों को अचंभे में डाल दिया। यह घटना इस प्रकार की थी।

1912 में नेप्लस के पास प्राचीन रोमन साम्राज्य के खंडहरों की खुदाई के दौरान आक्सफोर्ड यूनिवर्सिटी के प्रोफेसर गुन्थर को कांच की पच्चीकारी के आश्चर्यजनक सुन्दर नमूने मिले। कांच का रंग दो हजार साल बीतने पर भी फीका नहीं पड़ा था।

गुन्थर ने प्राचीन रोमनों द्वारा प्रयुक्त रंगों की संरचना निश्चित करने के उद्देश्य से हलके हरे रंग के कांच के दो नमूने इंग्लैंड भेजे, जहां वे रसायनज्ञ मैक्ले के हाथ लग गये।

विश्लेषण के दौरान कोई अप्रत्याशित परिणाम सामने नहीं आये, हां डेढ़ प्रतिशत के लगभग अशुद्धि जरूर मिली। परंतु मैक्ले नहीं बता सके कि यह अशुद्धि क्या चीज थी।

संयोग ने इस प्रश्न का उत्तर दे दिया। किसी के दिमाग में यह बात आई कि क्या अशुद्धि विघटनाभिक तो नहीं है ? वह व्यक्ति बड़ा भाग्यशाली निकला क्योंकि अशुद्धि वास्तव में विघटनाभिक प्रकृति की निकली। परंतु यह गुण उसे किस तत्व ने दिया ?

रसायनज्ञों ने यह कहा कि अज्ञात अशुद्धि यूरेनियम आक्साइड है।

क्या यह एक खोज थी ? शायद ही। यूरेनियम लवण बहुत प्राचीन काल से कांच के रंजन में प्रयुक्त होते आ रहे थे। यह यूरेनियम के प्रथम व्यावहारिक उपयोगों में गिना जाता था। परंतु रोमन कांच में यूरेनियम स्पष्ट रूप से एक अशुद्धि था।

कुछ समय के लिये कहानी रुक जाती है। परंतु कुछ दशकों बाद अमरीकी पुरातत्वज्ञ और रसायनज्ञ कैली को इस तथ्य की जानकारी मिली।

विस्तृत अनुसंधानों, पुनरावृत्त विश्लेषणों तथा विभिन्न आंकड़ों की तुलना के बाद कैली इस निष्कर्ष पर पहुंचे कि प्राचीन रोमन कांच में यूरेनियम की उपस्थिति संयोग की बात न होकर एक नियम था। रोमन लोगों को यूरेनियम खनिजों की जानकारी थी और वे इन्हें व्यावहारिक कार्यों में, विशेषतया, कांच के रंजन में प्रयुक्त करते थे।

यूरेनियम की जीवन-गाथा शायद यहीं से शुरू होती है।

आवर्त नियम के ''दर्पण''

मेंडेलीफ के आवर्त नियम में एक खास बात है और परिमाणात्मक रूप में, अर्थात् गणित के सूत्रों द्वारा व्यक्त नहीं किया जा सकता। भारी सूत्र भी यह काम नहीं कर सकते। यह नियम एक अविवाद्य तथ्य प्रमाणित करता है और वह यह है कि तत्वों के परमाणु के आवेश की वृद्धि के साथ-साथ उनके रासायनिक गुणों की समय-समय पर पुनरावर्ति होती है। यह आवेश संख्यिक रूप से आवर्त सारणी में तत्व के परमाणु क्रमांक के बराबर होता है।

आवर्त नियम तत्वों की आवर्त सारणी में सजीव रूप में व्यक्त हुआ है। यही चीज इसे प्रकृति के अन्य मौलिक नियमों से अलग करती है। सच पूछिये तो आवर्त सारणी अद्वितीय है क्योंकि आवर्त की परिभाषा, जो इसकी वास्तुकला का मुख्य अवयव है, काफी अच्छी तरह से दी गयी है। आवर्त सारणी में प्रस्तावित रूपांतरों की संख्या विशाल है (और अभी भी नये-नये प्रस्ताव आ रहे हैं)। इस संदर्भ में हम आपसे इस पुस्तक का पृष्ठ 82-83 देखने का अनुरोध करेंगे। ये सारे रूपांतर मेंडेलीफ द्वारा खोजे नियम के एक किस्म से ''दर्पण'' हैं। प्रत्येक ''दर्पण'' की ''परावर्तक क्षमताओं'' का विश्लेषण रसायन के इतिहासकारों की किस्मत में लिखा है।

अभ्यास निश्चितता मांगता है। इसे आवर्त प्रणाली का वह रूप चाहिये, जिससे वैज्ञानिक की जरूरतें भी पूरी हो जायें, अध्यापक की भी और स्कूल के विद्यार्थी की भी, जो सब लोगों को आधुनिक रसायन की मुख्य बातें और रासायनिक तत्व के सर्वाधिक महत्वपूर्ण गुणों से परिचित करा दे।

एक ऐसा रूपांतर पृष्ठ 82, 83 पर दिया गया है।

आवर्त प्रणाली एक सजीव प्राणी की तरह है, जो लगातार परिवर्तित और विकसित होता रहता है। इसका काम केवल काफी दिनों से स्थापित तथ्यों को प्रतिबिम्बित करने तक ही सीमित नहीं है। रसायनज्ञों और भौतिकविदों के संयुक्त प्रयासों से ज्ञात तत्वों के नये गुणों के अध्ययन और नाभिकीय संश्लेषण के दौरान प्राप्त भारी परायूरेनियम तत्वों की रासायनिक प्रकृति के अध्ययन के परिणाम से जो भी नयी बात पता चलती है, आवर्त प्रणाली उसे अपना लेती है। जैसा कि हम बता चुके हैं कि पिछले कुछ दशकों में कई महान खोजें सम्पन्न हुई हैं। निस्संदेह आवर्त प्रणाली को ये सारी खोजें अपनानी चाहियें। अतः हम पाठकों के सामने आवर्त प्रणाली का एक और रूपांतर पेश कर रहे हैं (पृष्ठ 84), जिसे अभी विस्तृत मान्यता नहीं मिली है। इसके बावजूद भी यह कुछ तत्वों के गुणों के बारे में नूतन तथ्य प्रतिबिम्बित करता है। इस प्रकार ऐक्टिनाइड अब सारणी के सबसे नीचे, लैन्थेनाइड के नीचे नहीं रहे, वे उनके पीछे खड़े हैं। पता चला है कि ऐक्टिनाइडों का रसायन बहुत ही ज्यादा विशिष्ट है और वे लैन्थेनाइडों के साथ उतनी समानता नहीं रखते जितनी कि पहले समझी जाती थी।

उत्कृष्ट गैसों हीलियम और निआन के लिये जीरो ग्रुप छोड़ दिया गया। इन तत्वों के कम या ज्यादा स्थायी यौगिक शायद ही कभी प्राप्त हों। हाइड्रोजन, वह तत्व जिसे आवर्त प्रणाली के किसी भी विशेष ग्रुप के जिम्मे नहीं किया जा सकता, के अद्वितीय ग्रुपों को प्रदर्शित करने के प्रयास भी किये गये।

रसायन के विकास के साथ बड़ी बिल्डिंग के अंदर कुछ तबदीलियां हो सकती हैं, परंतु महान मेंडेलीफ का बनाया ढांचा वैसे का वैसा ही रहेगा।

सीमा कहां है ?

हम एक बार फिर दमित्री मेंडेलीफ के पैगम्बरी शब्द दोहराना चाहेंगे : ''भविष्य आवर्त नियम को नष्ट नहीं करेगा, परंतु उसे विस्तृत और विकसित जरूर करेगा।''

साहित्य में कई बार इस विषय की चर्चा की गयी है कि बीसवीं शताब्दी ने मेंडेलीफ की शिक्षा में कौन से ''विस्तार'' और कौन से ''विकास'' लाये हैं। नये रासायनिक तत्वों की खोज ने इसे विशेष रूप से ''विस्तृत'' किया है।

सन् 1934 में सारे विश्व ने मेंडेलीफ की 100 वीं जन्मतिथि मनायी। इस समय तक हाइड्रोजन और यूरेनियम के बीच स्थित सारे तत्वों की ठीक संख्या ज्ञात हो चुकी थी। केवल कुछ की अभी खोज नहीं हुई थी।

यूरेनियम ऊपरी सीमा के कोने पर डट कर खड़ा था। किसी को यह आशा नहीं थी कि यूरेनियम से भारी तत्वों की खोज हो जायेगी।

छः साल बाद यह भ्रम तोड़ दिया गया। यूरेनियम तत्वों का सफल संश्लेषण आरंभ हो गया और रासायनिक तत्वों की दुनिया की सीमाएं चौड़ी होने लगीं।

तब यह सांस्कारिक प्रश्न उठा : सीमा कहां है ? नाभिकीय संश्लेषण द्वारा प्राप्त तत्व का अंतिम परमाणु क्रमांक क्या होगा ?

फिर भी हम इतने नियमनिष्ठ नहीं है। अगर सच कहें तो हमारी शताब्दी के तीसरे दशक में भी रसायनज्ञ और भौतिकविद इस प्रश्न का उत्तर ढूंढ़ रहे थे कि सारणी का अंतिम तत्व कौन सा है और इस सवाल का जवाब ढूंढ़ने का तरीका काफी अजीब था।

सैद्धान्तिक भौतिकी के गंभीर लेखों के पृष्ठों पर नंबर 137 दिखायी देने लगा। और एक प्रमुख वैज्ञानिक ने तो एक पुस्तिका तक छपवाने की हिम्मत कर डाली जिसका शीर्षक काफी अजीब सा था : ''जादुई नंबर 147''।

वास्तव में जादू ने मनुष्य के दिमाग को हमेशा मोहित किया है। अनोखी बातें मनुष्य को आकर्षित करती है। परंतु अगर हमेशा नहीं, तो अधिकांश स्थितियों में जादू रहस्य के साथ-साथ रहता है।

सैद्धान्तिक भौतिकी में रहस्यवाद के लिये कोई जगह

MENDELEYEV'S PERIODIC

Periods	Rows	Groups of I	II	III	IV	V
1	I	(H)				
2	II	Li 3 6.94$_1$ $2s^1$ Lithium 1 2	Be 4 9.01218 $2s^2$ Beryllium 2 2	5 B 10.81 $2p^1$ Boron 3 2	6 C 12.011 $2p^2$ Carbon 4 2	7 N 14.0067 $2p^3$ Nitrogen 5 2
3	III	Na 11 22.98977 $3s^1$ Sodium 1 8 2	Mg 12 24.305 $3s^2$ Magnesium 2 8 2	13 Al 26.98154 $3p^1$ Aluminium 3 8 2	14 Si 28.085$_5$ $3p^2$ Silicon 4 8 2	15 P 30.97376 $3p^3$ Phosphorus 5 8 2
4	IV	K 19 39.098$_3$ $4s^1$ Potassium 1 8 8 2	Ca 20 40.08 $4s^2$ Calcium 2 8 8 2	Sc 21 44.9559 $3d^1 4s^2$ Scandium 2 9 8 2	Ti 22 47.90 $3d^2 4s^2$ Titanium 2 10 8 2	V 23 50.9415 $3d^3 4s^2$ Vanadium 2 11 8 2
	V	29 Cu 63.54$_6$ $3d^{10} 4s^1$ Copper 1 18 8 2	30 Zn 65.38 $4s^2$ Zinc 2 18 8 2	31 Ga 69.72 $4p^1$ Gallium 3 18 8 2	32 Ge 72.5$_9$ $4p^2$ Germanium 4 18 8 2	33 As 74.9216 $4p^3$ Arsenic 5 18 8 2
5	VI	Rb 37 85.467$_8$ $5s^1$ Rubidium 1 8 18 8 2	Sr 38 87.62 $5s^2$ Strontium 2 8 18 8 2	Y 39 88.9059 $4d^1 5s^2$ Yttrium 2 9 18 8 2	Zr 40 91.22 $4d^2 5s^2$ Zirconium 2 10 18 8 2	Nb 41 92.9064 $4d^4 5s^1$ Niobium 1 12 18 8 2
	VII	47 Ag 107.868 $5s^1$ Silver 1 18 18 8 2	48 Cd 112.41 $5s^2$ Cadmium 2 18 18 8 2	49 In 114.82 $5p^1$ Indium 3 18 18 8 2	50 Sn 118.6$_9$ $5p^2$ Tin 4 18 18 8 2	51 Sb 121.7$_5$ $5p^3$ Antimony 5 18 18 8 2
6	VIII	Cs 55 132.9054 $6s^1$ Cesium 1 8 18 18 8 2	Ba 56 137.33 $6s^2$ Barium 2 8 18 18 8 2	La* 57 138.905$_5$ $5d^1 6s^2$ Lanthanum 2 9 18 18 8 2	Hf 72 178.4$_9$ $5d^2 6s^2$ Hafnium 2 10 32 18 8 2	Ta 73 180.947$_9$ $5d^3 6s^2$ Tantalum 2 11 32 18 8 2
	IX	79 Au 196.9665 $5d^{10} 6s^1$ Gold 1 18 32 18 8 2	80 Hg 200.5$_9$ $6s^2$ Mercury 2 18 32 18 8 2	81 Tl 204.3$_7$ $6p^1$ Thallium 3 18 32 18 8 2	82 Pb 207.2 $6p^2$ Lead 4 18 32 18 8 2	83 Bi 208.9804 $6p^3$ Bismuth 5 18 32 18 8 2
7	X	Fr 87 [223] $7s^1$ Francium 1 8 18 32 18 8 2	Ra 88 226.0254 $7s^2$ Radium 2 8 18 32 18 8 2	Ac** 89 [227] $6d^1 7s^2$ Actinium 2 9 18 32 18 8 2	Ku 104 [261] $6d^2 7s^2$ Kurchatovium 2 10 32 32 18 8 2	105 $6d^3 7s^2$ 2 11 32 32 18 8 2

* LANTHANIDES

Ce 58	Pr 59	Nd 60	Pm 61	Sm 62	Eu 63	Gd 64
140.12 $4f^2 6s^2$ Cerium 2 8 20 18 8 2	140.9077 $4f^3 6s^2$ Praseodymium 2 8 21 18 8 2	144.2$_4$ $4f^4 6s^2$ Neodymium 2 8 22 18 8 2	[145] $4f^5 6s^2$ Promethium 2 8 23 18 8 2	150.4 $4f^6 6s^2$ Samarium 2 8 24 18 8 2	151.96$_5$ $4f^7 6s^2$ Europium 2 8 25 18 8 2	157.2 $4f^7 5d^1 6s^2$ Gadolinium 2 9 25 18 8 2

** ACTINIDES

Th 90	Pa 91	U 92	Np 93	Pu 94	Am 95	Cm 96
232.0381 $6d^2 7s^2$ Thorium 2 10 18 32 18 8 2	231.0359 $5f^2 6d^1 7s^2$ Protactinium 2 9 20 32 18 8 2	238.02$_9$ $5f^3 6d^1 7s^2$ Uranium 2 9 21 32 18 8 2	237.0482 $5f^4 6d^1 7s^2$ Neptunium 2 9 22 32 18 8 2	[244] $5f^6 7s^2$ Plutonium 2 8 24 32 18 8 2	[243] $5f^7 7s^2$ Americium 2 8 25 32 18 8 2	[247] $5f^7 6d^1 7s^2$ Curium 2 9 25 32 18 8 2

नहीं है। वास्तविकता यह थी कि ''जादुई'' नंबर 137 भौतिकीय सिद्धांतों और गणितीय गणनाओं का उत्पाद था।

K- कोश परमाणु के नाभिक के सबसे निकट होता है। इसमें केवल दो इलेक्ट्रान होते हैं। जैसे-जैसे नाभिकीय आवेश बढ़ता जाता है, कोश की त्रिज्या घटती जाती है। अतः यूरेनियम परमाणु में यह कोश, उदाहरण के लिये पोटेशियम के मुकाबले, नाभिक के ज्यादा समीप है। यूरेनियम का नाभिकीय आवेश 92 है। अगर यह इससे ज्यादा होता, तो क्या होता ? कुछ साधारण गणनाओं के आधार पर सिद्धांतवादी इस निष्कर्ष पर पहुंचे हैं कि नाभिकीय आवेश के किसी निश्चित मान पर K-कोश का व्यास नाभिक के व्यास के बराबर हो जायेगा। इसके फलस्वरूप निम्न घटना घटेगी : इलेक्ट्रान नाभिक पर ''गिरेगा'' और नाभिक उसे ''सटक जायेगा।'' इसकी वजह

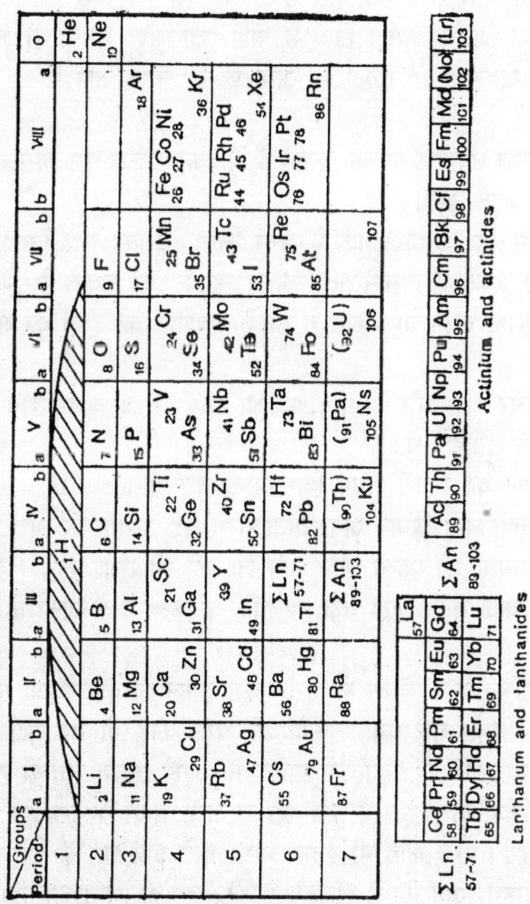

SYSTEM OF ELEMENTS

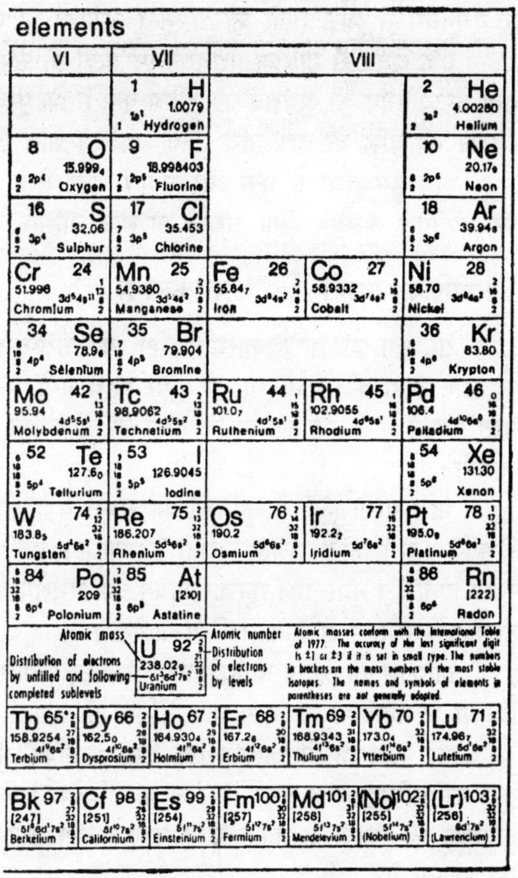

से नाभिक के कुल धनात्मक आवेश में इकाई की कमी आ जायेगी। सिद्धांतवादियों ने दावा किया कि यह घटना तब घटेगी जब नाभिक का आवेश 137 होगा। इस सिद्धांत से यह स्पष्ट है कि 137 से ज्यादा परमाणु क्रमांक वाले तत्व नहीं हो सकते।

अगर यह बात वास्तव में सच होती तो रसायन का भविष्य कितना उज्ज्वल होता। इसका मतलब यह होता कि मेंडेलीफ की सारणी में 40 से ऊपर नये तत्वों की कमी है।

यह बात बड़ी अजीब सी लगती है कि अभी तक इनमें से एक भी तत्व की खोज नहीं हुई है। इसका कारण यह है कि नंबर 137 जादूई के मुकाबले रहस्यमयी ज्यादा

है। सिद्धांतवादियों ने गणना करते वक्त एक छोटी सी बात—विघटनाभिकता का ख्याल नहीं रखा, जिसके कारण प्रकृति में यूरेनियम से भारी तत्वों का अस्तित्व असंभव हो जाता है।

एक दर्जन से अधिक परायूरेनियम तत्वों के सफल संश्लेषण के बाद उक्त बात स्पष्ट हो गयी। इनमें से पहले तत्व नेप्ट्यूनियम का अर्धक्षयकाल इतना कम है कि पृथ्वी पर इसका मिलना असंभव है। परायूरेनियम तत्वों के नाभिकीय आवेश की वृद्धि के साथ-साथ उनके अर्धक्षय-काल तेजी से घटते जाते हैं।

और इस तथ्य से एक और सवाल जन्म लेता है : नाभिकीय आवेश का मान कितना होने पर एक नये तत्व का संश्लेषण असंभव होगा अर्थात् संश्लिष्ट नाभिक बनते ही तुरंत उसी क्षण नष्ट हो जायेगा ?

''सापेक्षिक स्थायी द्वीप'' परिकल्पना

सा. स्था. द्वी. सापेक्षिक स्थायी द्वीप...का संक्षिप्त रूप है। परंतु इसका मतलब क्या होता है ? छठे दशक में वैज्ञानिकों को ज्ञात तत्वों की संख्या 100 से ऊपर पहुंच गयी, परमाणु क्रमांक तीन अंकों वाले हो गये। वैज्ञानिक बहुत खुश थे। परंतु गणनाओं ने यह बताया कि शीघ्र ही सीमा आ जायेगी। तत्वों की सूची 108 या 110 पर पहुंच कर खत्म हो जायेगी।

भारी परमाणुओं के नाभिकों का सबसे बड़ा शत्रु स्वतः विखंडन है। ऐसा लगता है जैसे कि उन्हें दो खंडों में विभाजित होने की ''लालसा'' होती है। नाभिक का आवेश जितना ज्यादा होता है, यह ''लालसा'' उतनी ही ज्यादा स्पष्ट होती है। नंबर 104 कुरचातोवियम का अर्धक्षय-काल केवल 3/10 सेकंड है। अतः प्रश्न ''सीमा कहां है ?'' शीघ्र ही विषय-सूची में से निकाल दिया जायेगा।

इतिहास का अपना मार्ग होता है। ऐसे कई उदाहरण मिल सकते हैं जो यह बताते हैं कि किस प्रकार कुछ असाधारण विचारों ने घटनाओं का सारा क्रम सोचने की प्रणाली ही बदल डाली।

सा. स्था. द्वी. परिकल्पना एक ऐसा ''सनकी'' विचार था। इसने 1965 में जन्म लिया। इसका सार निम्न है : कुछ परायूरेनियम तत्व स्वतः विखंडन के ''विरोधी'' निकल सकते हैं, ''सापेक्षिक रूप से स्थायी'' हो सकते हैं। वे इस अवस्था तक स्थायी हो सकते हैं कि कोई व्यक्ति उन्हें संश्लिष्ट करने या प्रकृति में उनके अवशेषों को ढूंढ़ने का साहस कर सकता है।

सिद्धांत ने ऐस द्वीपों के निर्देशांक दिये : वे तत्वों नंबर 110 और 114, 126 तथा 164 (!) के बाद स्थित होने चाहियें तथा अस्थायित्व के महासागर में ''मजबूत भूमि के टुकड़े'' थे।

इन सब बातों का मतलब यह था कि आवर्त सारणी की ऊपरी सीमा फिर अनिश्चित थी।

सा. स्था. द्वी. परिकल्पना ने भौतिकविदों को आशावादी बना दिया। अनुसंधाताओं ने बड़े उत्साह के साथ काम शुरू कर दिया। ऐसा लग रहा था जैसे कि सिद्धांत की सत्यता की पहली पुष्टि होने जा रही थी तथा पहले ''द्वीप'' पर नये तत्व का झंडा फहराया जाने वाला था। परंतु ऐसी कोई घटना नहीं घटी, हालांकि परिकल्पना के जन्म के बाद दो दशक बीत चुके थे।

''द्वीपवासियों'' में सबसे हलके नंबर 110 114 के नाभिकीय संश्लेषण के दौरान कुछ तकनीकी कठिनाइयां सामने आयीं, जिन पर विजय प्राप्त करना बड़ा कठिन काम था। बहुत सारे प्रयोग किये गये, परंतु कोई भी यह नहीं बता सका कि कौन से विशिष्ट नाभिक प्राप्त किये गये थे। ऐसे तत्वों की प्रकृति में प्राप्ति से काफी आशा लगायी गयी। समय-समय पर वैज्ञानिकों ने यह घोषणा की कि उन्हें खनिजों के नमूनों में कुछ अज्ञात भारी तत्वों के अवशेष मिले हैं। विघटनाभिकता के परीक्षण से उनकी खोजों की पुष्टि हुई। परंतु कोई भी इतना भाग्यशाली नहीं था कि ऐसे तत्वों का जरा सा कण भी देख पाया हो। अतः इस निष्कर्ष पर पहुंचा गया कि ये खोजें झूठी थीं। यह इस बात का उदाहरण

है कि ''झूठे सूरजों के मार्ग'' ने वैज्ञानिकों को कहां पहुंचा दिया।

वैज्ञानिकों की सा. स्थ. द्वी. परिकल्पना में रुचि धीरे-धीरे कम होती गयी।

हाल ही में संपन्न 108 और 109 नंबर तत्वों के संश्लेषण ने यह सिद्ध कर दिया है कि उनका जीवन-काल एक सेकेंड के हज़ारों हिस्से के बराबर है। वैज्ञानिकों ने छठे दशक के सिद्धांतों को लेखागार में भेजकर कहीं गलती तो नहीं की ? हो सकता है कि विख्यात सीमा काफी पास है ?

हो सकता है कि सा. स्थ. द्वी. परिकल्पना नाभिकीय भौतिकी के इतिहास में एक सैद्धांतिक गलती की सुंदर किवदंती बनी रहेगी। परंतु इसे पूर्णतया अस्वीकार करना अकालिक होगा। कई बार ऐसा हुआ है कि किसी सिद्धांत के प्रस्ताव के कई साल इसकी सत्यता साबित होकर काम शुरू हो जाता था। नकारात्मक परिणाम भी तो एक परिणाम है।

''कम्प्यूटर'' रसायन

अगर ''महातत्वों'' के खोजकर्ताओं को आखिर में उनके संश्लेषण में सफलता मिल भी जाये, तो उनकी मात्रा फिर भी कुछ परमाणुओं तक ही सीमित रहेगी। शुरू में यह हाल होगा। और इससे एक नयी समस्या खड़ी हो जायेगी।

भौतिकविदों को नवजात नाभिकों और उनके द्रव्यमानों के विघटनाभिक गुणों के बारे में थोड़ी सी भी जानकारी मिलने पर काफी संतुष्टि होती है। परंतु रसायनज्ञों को ? उन्हें मुख्यतः तत्वों के रासायनिक गुणों में दिलचस्पी होती है। इसके लिये इस बात की थोड़ी जानकारी आवश्यक है कि इलेक्ट्रान परमाणुओं के बाह्य कोशों में अपने को किस तरह से सजाते हैं।

एक या दो दर्जन परमाणु प्रयोगों के लिये कम रहेंगे। परंतु इतिहास में कुछ ऐसे उदाहरण मिलते हैं जब रसायनज्ञों ने कुछ गिने चुने परमाणुओं के आधार पर तत्व के मुख्य रासायनिक गुण बता दिये। यह बात कुरचातोवियम और नील्सबोहरियम पर लागू होती है। परंतु यहां अनुसंधाता आवर्त प्रणाली द्वारा निदर्शित होकर यह अनुमान लगा सके थे कि 104 नं. तत्व हैफ्नियम जैसा होगा और 105 नंबर-टैन्टेलम जैसा। इस आधार पर उन्होंने एक प्रयोग किया जिसमें केवल कुछ दर्जन परमाणु मिले।

114, 110 और 126 न. के तत्व किन तत्वों जैसे होंगे ? क्या आवर्त प्रणाली इस मामले में कोई मदद कर सकती है ?

जैसाकि हम जानते हैं इसका सातवां आवर्त अधूरा है। पिछले आवर्त छठे की तरह इसमें भी 32 तत्व होने चाहियें। स्पष्ट है कि 110 नंबर तत्व प्लैटिनम जैसा होगा और 114 नंबर-लेड जैसा।

''स्पष्ट है'' का मतलब ''निश्चित रूप से'' नहीं हो सकता।

आइये, एक बार फिर ऊपर दिये हुए उदाहरणों पर ध्यान देते हैं। जब वैज्ञानिकों ने ऐक्टिनाइडों के गुणों का विस्तारपूर्वक अध्ययन किया, उन्हें इस बात का विश्वास हो गया कि सातवें आवर्त के तत्वों का यह ग्रुप तथा छठे आवर्त के लैन्थेनाइड एक दूसरे से काफी भिन्न रासायनिक जगतों के प्रतिनिधि थे। उनकी रासायनिक विशिष्टताएं पूर्णतया भिन्न थीं। लैन्थेनाइडों के नीचे ऐक्टिनाइडों की वर्तमान स्थिति, जो आवर्त प्रणाली के अधिकांश रूपांतरों के लिये उभयनिष्ट है, अतीत को केवल एक श्रद्धांजलि है। यहां प्रत्याशित सादृश्य नहीं है।

इस तथ्य से रसायनज्ञ सावधान हो जाता है। क्या यह नहीं हो सकता कि सातवें आवर्त के अज्ञात तत्व भी सनकपन दिखायें ? इस प्रश्न का उत्तर तुरंत नहीं दिया जा सकता। इसके लिये बहुत सारी गणनाएं करनी पड़ेंगी, जिनमें भौतिकीय और गणितीय विधियां प्रयुक्त करनी पड़ेगी। इन गणनाओं में काफी मेहनत लगेगी। इन्हें हाथ के हाथ करना असंभव है।

इन स्थितियों में कम्प्यूटर काम आता है। कभी-कभी यह कुछ सेकंडों में परिणाम दे देता है और कभी-कभी इसे काफी ''सोचना पड़ता है'', जिसमें काफी घंटे लग जाते हैं। परंतु अगर ये गणनाएं कलम से की जायें, तो कई साल लग जायेंगे। स्पष्ट है कि सालों की तुलना में कुछ घंटे नगण्य हैं।

सारे आवश्यक आंकड़े, जैसे परमाणु संरचना के प्राचल, ज्ञात रासायनिक तत्वों के मुख्य गुण और उनके परिवर्तनों की नियमितताएं कम्प्यूटर में भरी गयीं। कम्प्यूटर को कई सारे परिकल्पित तत्वों के लिये इलेक्ट्रान विन्यास तैयार करना था तथा उनमें से कुछ सर्वाधिक महत्वपूर्ण गुणों का मूल्यांकन करना था। कम्प्यूटर के लिये यह काम काफी बड़ा था क्योंकि अनुसंधाताओं की रुचियां काफी विस्तृत थीं। वे आवर्त प्रणाली के इतने गहरे अध्ययन का इरादा किये बैठे थे कि देखने वाले व्यक्ति आश्चर्य में डूब जाते थे। यहां तक कि, 184 परमाणु क्रमांक वाले तत्व को भी कई अनुसंधान कार्य समर्पित किये गये !

परंतु यह बात अवास्तविक लगती है। चलिये, हम काम की बात करते हैं। देखें कि 114 नंबर के तत्व के बारे में क्या पूर्वानुमान लगाये गये ? विचार था कि यह लेड जैसा लगेगा, परंतु इसके कुछ गुण लेड से भिन्न होंगे। सातवें आवर्त के अन्य परिकल्पित तत्वों पर भी यही बात लागू होती है : इनमें से अनुसंधाताओं को आश्चर्यचकित करने के लिये प्रत्येक के अपने-अपने आशातीत गुण हैं। संक्षेप में ऐसा लगता है कि आवर्त सारणी के आरंभ से तत्व जितना दूर होता है, इसके गुण उतने ही ज्यादा असाधारण होते हैं। अतः तत्वों के सादृश्य की बात बताते हुए काफी सावधानी बरतनी चाहिये।

जब कम्प्यूटर ने आठवें आवर्त के तत्वों के बारे में भरे आंकड़ों के परिणाम दिये तो इस बार भौतिकविदों के आश्चर्यचकित होने की बारी आयी : इस आवर्त में और 50 तत्व होने चाहियें और यह 168 परमाणु क्रमांक वाली ''अतिभारी'' उत्कृष्ट गैस (''उत्कृष्ट द्रव'' कहना और भी ज्यादा सही रहेगा) पर समाप्त होना चाहिये। आवर्त प्रणाली की नियमितताओं और परमाणु की संरचना के आधार पर इस बात की आशा की जा सकती थी। परंतु कम्प्यूटर की राय कुछ और ही थी : वह तत्व नंबर 164 को आठवें आवर्त की ऊपरी सीमा मान रहा था। इससे पहले सिद्धांतवादियों ने आठवें आवर्त के परमाणुओं के इलेक्ट्रान विन्यासों की रचना को क्रमबद्ध करने की कोशिश कई बार की थी तथा उनके बीच कोई ज्यादा मतभेद भी नहीं थे। परंतु कम्प्यूटर द्वारा प्रस्तावित क्रम बिल्कुल ही अप्रत्याशित था। यह व्यवस्थित न होकर अव्यवस्थित ज़्यादा था। यह पूरी तरह से अव्यवस्थित नहीं था : कुछ अन्य, अभी तक अज्ञात नियमों ने तत्वों की दुनिया के दूरवर्ती क्षेत्र में काम शुरू कर दिया। नियम, जो रहस्यमयी प्रकृति के थे।

रसायनज्ञ लोग निम्न निष्कर्ष पर पहुंचे। अगर उन काल्पनिक तत्वों का अस्तित्व एक वास्तविकता हो जाता, तो रसायनज्ञों को उन्हें आवर्त सारणी में उचित जगह देने में बड़ी मेहनत करनी पड़ती क्योंकि घर अलाट करते समय बड़ी बिल्डिंग के अंदर लागू वास्तुशिल्पीय सिद्धांतों का पालन करना पड़ता : ''कम्प्यूटर की राय'' के अनुसार उनके गुणों की विशिष्टता यह होनी चाहिये थीं कि वे परमाणु क्रमांक की वृद्धि के साथ बदलने नहीं चाहिये थे। अगर ये तत्व एक वास्तविकता हो जाते तो आवर्तता की घटना की परिभाषा बदल दी गयी होती।

एक बार किसी वैज्ञानिक ने सैद्धांतिक रसायन को ''कम्प्यूटर रसायन'' कह कर पुकारा। अभी तक ये सैद्धांतिक गणनाएं कम्प्यूटर तकनीक की क्षमताओं का प्रदर्शन करती हुई अनुसंधाताओं की कल्पना को चिढ़ा रही है। परंतु अगर इन तत्वों का अस्तित्व एक वास्तविकता बन जाये, तब कितना मजा आ जाये। सैकड़ों, हजारों बेचैन अनुसंधाताओं के लिये अनोखे रासायनिक तत्वों तथा एक निराले रसायन की दुनिया के द्वार खुल जायेंगे।

इसके लिये सिर्फ इतना ही करना होगा कि ऐसे तत्वों का संश्लिष्ट करने के रास्ते ढूंढ़ लिये जायें। संशयवादी यह कह सकता है कि ये रास्ते कभी नहीं मिलेंगे क्योंकि चतुर प्रकृति जानती है कि उसे तत्वों की कुल कितनी मात्रा की जरूरत है। सारे ''परायूरेनियम'' तथा ''महातत्व'' केवल उत्पादन अवशेष हैं जिन्हें बहुत दिनों पहले निकाल दिया

गया था। तो क्या इतना पैसा खर्च करके और इतनी मेहनत करके उन्हें पुनर्जीवित करना उचित है ? किसी भी भारी परायूरेनियम तत्व का प्रत्येक परमाणु काफी कीमत रखता है।

संशयवादी मूलतः गलत है। अभी तक अज्ञात तत्वों के क्षेत्र में घुसने से भौतिक विश्व के बारे में हमारी जानकारी गहरी और विस्तृत होने की आशा है। कोई भी वैज्ञानिक उपलब्धि कठोर प्रयासों बिना नहीं मिल पाती।

अब हमें बड़ी बिल्डिंग के निवासियों की कहानियों की शृंखला समाप्त कर देनी चाहिये। थोड़ा सा सब्र कीजिये। हमें आपको कुछ और बातें भी बतानी हैं।

तत्वों का रजिस्टर

एक बार जब एक अजीब आदमी को नक्षत्रों के बारे में और उनकी संरचना के बारे में बताया गया और यह भी समझाया गया कि वे प्रकाश उत्सर्जित क्यों करते हैं, तो वह चिल्ला कर बोला : ''यह सब तो मैं समझ गया। परंतु मैं यह जानना चाहता हूँ कि खगोलज्ञों ने विभिन्न नक्षत्रों के नाम कैसे खोजे।''

तारकीय तालिकाओं में लाखों खगोलीय पिंडों के नाम मिलते हैं। परंतु आप यह मत सोचिये कि ''बीटेलजूज'' या ''सीरियस'' जैसे सुंदर नाम सारे नक्षत्रों के लिये सोचे गये हैं। खगोलज्ञ नक्षत्रों को एक किस्म के कोड, अक्षरों व अंकों के एक संयोजन द्वारा द्योतित करना ज्यादा बेहतर समझते हैं। अगर वे ऐसा नहीं करें, तो बहुत गड़बड़ी हो जायेगी। परंतु कोड की सहायता से विशेषज्ञ बड़ी आसानी से नक्षत्र का स्थान निर्धारित कर सकता है तथा इसके स्पेक्ट्रम की क्लास निश्चित कर सकता है।

नक्षत्रों की तुलना में रासायनिक तत्वों की संख्या काफी कम है। परंतु यहां भी उनके नाम में कई बार उनकी खोज की रोमांचक कथायें छिपी होती हैं। और रसायनज्ञ, जिन्होंने एक नया तत्व खोजा, ''नवजात'' का नाम ढूंढ़कर विरले ही घाटे में रहते थे।

तत्व के लिये ऐसा नाम सोचना जरूरी होता था जो कम से कम उसके गुणों का आंशिक प्रदर्शन तो करे। अगर चाहें तो आप इन्हें व्यवसायी नाम कह सकते हैं। उन्हें रोमानी नहीं कहा जा सकता। इन नामों के उदाहरण निम्न हैं–हाइड्रोजन (यूनानी भाषा में इसका अर्थ होता है ''जल पैदा करने वाला'') आक्सीजन(''अम्ल पैदा करने वाला'') और फास्फोरस (''प्रकाश देने वाला'') ये नाम इन तत्वों के महत्वपूर्ण गुण बताते हैं।

कुछ तत्वों के नाम सौर-परिवार के ग्रहों के नाम पर रखे गये : जैसे सिलिनियम और टैल्यूरियम (यूनानी भाषा में इनका अर्थ क्रमशः चंद्रमा और पृथ्वी होता है), यूरेनियम, नेप्टयूनियम और प्लूटोनियम।

अन्य नाम पौराणिक कथाओं से लिये गये हैं।

इनमें से एक नाम टैन्टेलम है। जीवस (यूनानी देवराज) का चहेता पुत्र टैन्टैलस को एक अपराध के कारण देवताओं ने बड़ी भयंकर सजा दी। उसे जल में इस तरह खड़ा होना पड़ा था कि उसकी गर्दन पानी तक जल में डूबी हुई थी और उसके सिर के ऊपर रसीले, खुशबूदार फलों की डालियां लटक रही थीं। परंतु जब भी वह अपनी प्यास बुझानी चाहता, पानी उसके मुंह के नीचे रह जाता और जब भी वह अपनी भूख मिटाने के लिये फलों की ओर हाथ बढ़ाता, डालियां ऊपर उठ जातीं। रसायनज्ञों ने तत्व टैन्टेलम को इसके अयस्कों से अलग कोने में जितनी तकलीफें उठायीं, उनकी तुलना भगवान जीवस के पुत्र के दुखों के साथ ही की जा सकती है...।

टाइटेनियम और वैनेडियम नाम भी यूनानी पौराणिक कथाओं से लिये गये हैं।

ऐसे तत्व भी हैं जिनके नाम विभिन्न देशों या महाद्वीपों के सम्मान में रखे गये, जैसे जर्मेनियम, गैलियम (गैल-फ्रांस के प्राचीन नाम पर), पोलोनियम (पोलेंड), स्कैन्डियम (स्कैन्डेनेविया), फ्रेंसियम, रूथीनियम (लातीनी भाषा में रूस को रूथीनिया कहते हैं), यूरेनियम और अमेरिसियम। अन्य तत्वों के नाम शहरों पर रखे गये, जैसे हैफ्नियम (कोपेनहैगन),

ल्यूटेशियम (ल्यूटीया-पेरिस का लातीनी नाम), बर्केलियम (अमरीका के एक शहर बर्केली के सम्मान में), इट्रियम, टेर्बियम, अर्बियम और इटर्बियम (इटर्वी-स्वीडन के छोटे से कस्बे के नाम पर, जहां इन तत्वों के खनिज मिले)।

अंत में कुछ तत्वों के नाम महान वैज्ञानिकों के नामों को अमर करने के उद्‌देश्य से रखे गये : क्यूरियम, फेर्मियम, आइन्सटाइनियम, मेंडेलीवियम, लारेन्सियम, कुर्चातोवियम और नील्सबोहरियम।

प्राचीन काल के तत्वों के नामों की उत्पत्ति पर वैज्ञानिकों में अभी भी कुछ मतभेद हैं और अभी तक कोई नहीं बता सकता कि सल्फर को सल्फर और लोहे को लोहा क्यों कहा जाता है।

आपने देख ही लिया है कि रासायनिक तत्वों के रजिस्टर में हमें कितनी विचित्र बातें देखने को मिलती हैं।

सांप, जिसके मुंह में अपनी दुम है।

रसायन विज्ञान का अभिप्राय

पृथ्वी पर लगभग सारी चीजें रासायनिक यौगिकों से, रासायनिक तत्वों के संयोजनों की विविधता से बनी है।

परंतु तत्वों की संख्या, जो पृथ्वी पर मूल पदार्थों के रूप में विद्यमान हैं, इतनी कम नहीं है। पृथ्वी का लगभग सारा वायुमंडल गैस नाइट्रोजन और आक्सीजन से बना है। इसमें आर्गान, निआन, हीलियम, क्रिप्टान, और जीनान के नगण्य मिश्रण भी उपस्थित हैं। आक्सीजन और नाइट्रोजन हमारे ग्रह पर बहुसंख्यक विभिन्न यौगिकों के अंश के रूप में भी मिलते हैं जबकि उत्कृष्ट गैसों का अभी तक एक भी प्राकृतिक यौगिक नहीं खोजा गया है। स्वर्ण, रजत, मर्करी और ताम्र भी पृथ्वी पर साधारण पदार्थ हैं। वे मनुष्य द्वारा अति प्राचीन काल में खोजे सर्वप्रथम तत्व थे। कार्बन कोयले और ग्रेफाइट के रूप में मिलता है, परंतु उसकी अधिकांश मात्रा सजीव प्राणियों का अंग है।

परंतु तब भी यौगिक पूर्ण चैंपियन हैं।

बहुत समय पहले कस्मिक द्रव्य के थक्के में, जो अंत में हमारा ग्रह बन गया, लगभग 100 रासायनिक तत्वों के परमाणु उपस्थित थे। सैकड़ों, हजारों, लाखों साल बीत गये। परिस्थितियां बदल गयीं। परमाणुओं ने एक दूसरे के साथ अभिक्रिया की और प्रकृति की विशाल प्रयोगशाला चालू हो गयी। प्रकृति के विकास के लंबे प्रक्रम के दौरान ररायनज्ञों ने हर प्रकार के पदार्थ प्राप्त करने सीख लिये, साधारण जल के अणु से लेकर जटिलतम प्रोटोनों तक।

पृथ्वी के विकास तथा उस पर जीवन के विकास का क्षेत्र मुख्यतः रसायन को जाता है।

रासायनिक यौगिकों की विविधता का कारण ऐसी प्रक्रियाएं हैं जिन्हें रासायनिक अभिक्रियाएं कहते हैं। वे रसायन-विज्ञान की सच्ची आत्मा हैं, उसका मुख्य विषय है। दुनिया में एक सेकंड में जितनी रासायनिक अभिक्रियाएं घटती हैं, उनकी संख्या का लगभग अनुपात लगाना असंभव है।

उदाहरण के लिये, अगर एक व्यक्ति शब्द ''सेकंड'' का उच्चारण करता है, तो उसी क्षण में उसके मस्तिष्क में कई सारी रासायनिक प्रक्रियाएं घटती हैं। हम बोलते हैं, सोचते हैं, खुश होते हैं या गमगीन होते हैं, इन सारी क्रियाओं के साथ लाखों रासायनिक अभिक्रियाएं स्थान लेती हैं। हमें ये अभिक्रियाएं कभी दिखाई नहीं देतीं, परंतु बहुत सारी रासायनिक अभिक्रियाएं ऐसी हैं, जो हमें बिना किसी तैयारी के रोज दिखायी देती हैं, हम उनके बारे में सोचते तक नहीं हैं।

जब हम तेज चाय के एक कप में नींबू की फांक डालते हैं, चाय का रंग पीला हो जाता है। जब हम माचिस की तीली जलाते हैं, लकड़ी की तीली ज्वाला दे कर चारकोल में बदल जाती है।

ये सारी रासायनिक अभिक्रियाएं हैं।

आदिम काल का वह पुरुष, जिसने आग जलानी सीखी, पहला रसायनज्ञ था। उसने इच्छानुसार पहली रासायनिक अभिक्रिया पूरी की-दहन की। और यह अभिक्रिया सबसे ज्यादा आवश्यक मानवजाति के सारे इतिहास में सर्वाधिक

महत्वपूर्ण अभिक्रिया है।

इसकी सहायता से ठंड के दिनों में हमारे दूर के पूर्वजों को अपने घर गर्म रखने के लिये ताप मिला। हमारे दिनों में उसकी सहायता से कई टन भारी राकेट आकाश में भेजकर हमारे लिये बाह्य अंतरिक्ष के द्वार खुल गये हैं। प्रोमिथियस के बारे में जिसने लोगों को अग्नि दी, प्रसिद्ध दंतकथा, प्रथम रासायनिक अभिक्रिया की दंतकथा भी रची गयी थी।

जब भी साधारण पदार्थ या यौगिक एक दूसरे के साथ अभिक्रिया करते हैं तो वे प्रायः हमें इसकी जानकारी दें देते हैं।

गंधक के अम्ल में जिंक का एक टुकड़ा डालिये। तुरंत ही अम्ल में गैस के बुलबुले उठने शुरू हो जायेंगे और कुछ समय बाद धातु अदृश्य हो जायेगी। जिंक हाइड्रोजन उत्सर्जित करते अम्ल में घुल जाता है। आप यह सारी घटना खुद अपनी आंखों से देख सकते हैं।

या सल्फर के एक ढेले को जलाइये। यह नीली ज्वाला के साथ जलता है और आपको सल्फर डाइआक्साड–रासायनिक यौगिक, जो सल्फर और आक्सीजन के संयोजन से बनता है, की श्वासवारोधी गंध महसूस होगी।

निर्जल कापर सल्फेट C_uSO_4 के सफेद पाउडर को जल से नम करते ही वह तुरंत नीले रंग का हो जाता है। लवण जल से मिलकर नीले थोथे $C_uSO_4\ 5H_2O$ के क्रिस्टल बनाता है। इस प्रकार के पदार्थों को क्रिस्टल हाइड्रेट कहते हैं।

क्या आप जानते हैं कि चूने की प्यास बुझाने का क्या परिणाम होता है ? अनबुझे चूने पर पानी डालते हैं और परिणाम में बुझा चूना $Ca(OH)_2$ मिलता है। हालांकि पदार्थ का रंग नहीं बदलता, परंतु यह स्पष्ट दिखाई देता है कि एक अभिक्रिया घटी है क्योंकि जैसे ही अनबुझे चूने पर पानी डालते हैं, ऊर्जा बहुत बड़ी मात्रा में उत्सर्जित होती है।

सारी रासायनिक अभिक्रियाओं की मुख्य तथा निरपवाद शर्त यह है कि उनके साथ तापीय ऊर्जा उत्सर्जित या अवशोषित होती है। कभी-कभी इतनी ज्यादा ऊष्मा उत्सर्जित होती है कि उसे बड़ी आसानी से महसूस किया जा सकता है। जब उत्सर्जित ऊष्मा की मात्रा बहुत कम होती है, माप के लिये विशेष विधियां प्रयुक्त की जाती हैं।

तड़ित तथा कछुए

विस्फोट बड़ी भयानक चीज़ है। भयानक है क्योंकि वह तत्काल, सेकंड के गिने-चुने अंशों में घटित हो जाता है।

परंतु विस्फोट है क्या चीज ? यह एक साधारण रासायनिक अभिक्रिया है जिसके दौरान गैसों का बहुत बड़ी मात्रा में उत्सर्जन होता है। इस तत्काल घटने वाली रासायनिक प्रक्रिया का एक उदाहरण है, जैसे बंदूक की गोली में बारूद का दहन या डाइनेमाइट का विस्फोट।

परंतु विस्फोट एक प्रकार से चरम सीमा है। अधिकांश अभिक्रियाओं के घटने में कुछ समय लगता है।

कई अभिक्रियाएं इतनी मंद गति से घटती हैं कि उनका पता चलाना बहुत मुश्किल काम हो जाता है।

कांच के एक पात्र में जल के अवयवों–दो गैसों–हाइड्रोजन और आक्सीजन–के मिश्रण की कल्पना कीजिये। वे बहुत लंबे अर्से तक आरंभिक अवस्था में बनी रह सकती हैं : एक महीने, एक साल, सैकड़ों सालों तक कांच पर जल की एक भी बूंद दिखायी नहीं देती है। आप सोच सकते हैं कि हाइड्रोजन आक्सीजन के साथ बिल्कुल भी संयोजित नहीं होती है, परंतु वास्तविकता यह है कि दोनों गैसें संयोजित होती हैं परंतु बहुत ही मंद गति से। पात्र के पेंदे में जल की अवगम्य मात्रा के बनने में हजारों साल लग जायेंगे।

ऐसा क्यों है ? तापमान के कारण। सामान्य ताप (15–20°C) पर हाइड्रोजन आक्सीजन के साथ बहुत मंद गति से अभिक्रिया करती है। परंतु अगर हम पात्र को गर्म करें, तो उसकी दीवारें नम होने लगती हैं और यह इस बात का पक्का संकेत है कि एक अभिक्रिया घट रही है। 550°C पर पात्र टूट जाता है और चारों ओर कांच के छोटे-छोटे

टुकड़े बिखर जाते हैं। इसका कारण यह है कि उक्त तापमान पर हाइड्रोजन और आक्सीजन विस्फोट के साथ अभिक्रिया करती हैं।

मुक्त अवस्था में हाइड्रोजन और आक्सीजन H_2 और O_2 के अणुओं के रूप में रहती हैं। जल के अणु में परिवर्तित होने के लिये दोनों को आपस में टकराना चाहिये। जितनी अधिक बार वे एक दूसरे के साथ टकराती हैं, जल के अणु के बनने की उतनी ही ज्यादा संभावना रहती है। सामान्य ताप तथा दाब पर हाइड्रोजन का प्रत्येक अणु आक्सीजन के एक अणु के साथ 10 अरब से ज्यादा बार टकराता है। अगर हर ऐसी टक्कर के परिणामस्वरूप रासायनिक अन्योन्यक्रिया घटी, तो अभिक्रिया एक सेकंड के दस अरबवें हिस्से में विस्फोट से भी तीव्र गति से घटेगी।

परंतु हमें अपने पात्र में कोई परिवर्तन नहीं दिखायी देता है : न आज, न कल और न ही दस सालों में। सामान्य परिस्थितियों में रासायनिक अभिक्रिया में बहुत ही कम टक्करें होती हैं। परेशानी यह है कि हाइड्रोजन और ऑक्सीजन अणुओं के रूप में टकराती है। टकराने से पहले इन अणुओं को परमाणुओं में खंडित होना पड़ता है। आक्सीजन परमाणुओं और हाइड्रोजन परमाणुओं के बीच इनके अणुओं में रासायनिक अनुबंध क्षीण किये जाने चाहिये। वे इस स्तर तक क्षीण किये जाने चाहियें कि असमान हाइड्रोजन और आक्सीजन परमाणु संयोजित न हो पायें। अब तापमान चाबुक का काम करता है और अभिक्रिया की गति तेज कर देता है। यह टक्करों की संख्या कई गुना ज्यादा कर देता है। यह अणुओं का कंपन तेज कर देता है जिससे उनके रासायनिक अनुबंध क्षीण हो जाते हैं। और जब हाइड्रोजन और आक्सीजन एक दूसरे के साथ परमाणु स्तर पर मिलती हैं, वे तुरंत अभिक्रिया कर जाती हैं।

जादूई अवरोध

आप निम्न कल्पना कीजिये।

आपने जैसे ही हाइड्रोजन आक्सीजन के साथ मिलायी, जल वाष्प बन गयी। जैसे ही लोहे की एक प्लेट वायु के संपर्क में लायी गयी, उसकी सतह पर लाल जंग की तह जम गयी और कुछ मिनटों बाद ठोस चमकीली धातु एक पाउडर लौह आक्साइड में परिवर्तित हो गयी।

विश्व में सारी रासायनिक अभिक्रियाएं विस्मयकारी गति से घटित हैं। सारे अणुओं की एक दूसरे के साथ अभिक्रिया उनमें उपस्थित ऊर्जा पर निर्भर नहीं करती है। दो अणुओं के बीच प्रत्येक टक्कर के परिणामस्वरूप उनका रासायनिक संयोजन स्थान लेता है।

पृथ्वी से सारी धातुएं लुप्त हो जायेंगी क्योंकि वे आक्सीकृत हो जायेंगी। कार्बनिक पदार्थ, जिनमें जीवित कोशिकाओं वाले पदार्थ भी शामिल हैं, साधारण परंतु अधिक स्थायी यौगिकों में परिवर्तित हो जायेंगे।

यह एक निराली दुनिया होगी, जीवनरहित दुनिया, रसायनरहित दुनिया, अत्याधिक स्थायी यौगिकों की अजीब दुनिया—उन यौगिकों की, जिनकी रासायनिक अभिक्रियाओं में भाग लेने में तनिक भी रुचि नहीं है।

सौभाग्यवश हमें ऐसे दुःस्वप्न का कोई खतरा नहीं है। एक जादुई अवरोध इस ''रासायनिक महाविपत्ति'' का रास्ता रोके खड़ा है।

इस अवरोध को सक्रियण ऊर्जा कहते हैं। अणु रासायनिक अभिक्रियाओं में तब तक भाग नहीं ले सकते, जब तक उनकी ऊर्जा सक्रियण ऊर्जा के बराबर या उससे अधिक नहीं हो जाती।

सामान्य तापमानों पर भी, उदाहरण के लिये हाइड्रोजन और आक्सीजन के अणुओं के बीच ऐसे अणु होंगे जिनकी ऊर्जाएं उनकी सक्रियण ऊर्जा के बराबर या उससे अधिक होगी। यही कारण है कि इन परिस्थितियों में जल बनता है। हां, यह बात जरूर है कि वह बहुत धीरे-धीरे बनता है। अभिक्रिया की गति मंद होती है क्योंकि पर्याप्त रूप से ऊर्जस्वी अणुओं की संख्या बहुत कम होती है। परंतु उच्च तापमान बहुत सारे अणुओं को सक्रियण अवरोध तक ले

आता है और हाइड्रोजन और आक्सीजन के बीच रासायनिक अन्योन्यक्रिया के उदाहरणों की संख्या बहुत अधिक बढ़ जाती है।

संतुलन के बारे में कुछ शब्द

चिकित्साशास्त्र के अपने संकेताक्षर हैं जो प्राचीन काल से परिचित चले आ रहे हैं। आज कई देशों की सेनाओं के डाक्टर अपने कंधों पर ऐसा फीता लगाते हैं जिस पर प्याले के चारों ओर लिपटा एक सांप चित्रित होता है।

अब ऐसा ही एक संकेताक्षर रसायन में भी है। यह एक सांप है जिसके मुंह में उसकी दुम है।

प्राचीन काल के लोगों में तरह-तरह के रहस्यमयी चिन्हों की भक्ति का प्रचलन था, जिनका मतलब बताना आज भी काफी मुश्किल काम है।

रहस्यमयी चिन्हों की बात अपनी जगह ठीक है, परंतु ''रासायनिक सांप'' का एक निश्चित अर्थ है। यह प्रतिवर्ती रासायनिक अभिक्रिया का प्रतीक है।

हाइड्रोजन के दो परमाणु और आक्सीजन का एक परमाणु संयोजित होकर जल बनाते हैं। इसी प्रकार जल का एक अणु अपने अवयवों में विभाजित हो जाता है। एक ही क्षण में दो प्रतिवर्ती अभिक्रियाएं घटती हैं : जल का बनना (अग्रवर्ती अभिक्रिया) और इसका विभाजन (प्रतिवर्ती अभिक्रिया)। रसायनज्ञ इन दो विरोधात्मक क्रियाओं को निम्न एक प्रकार से व्यक्त करेगा : $2H_2+O_2$ $2H_2O$ दायीं ओर निर्देशित तीर अग्रवर्ती अभिक्रिया दर्शाता है तथा बायीं ओर निर्देशित–प्रतिवर्ती अभिक्रिया।

मूलतः सभी रासायनिक अभिक्रियाएं बिना किसी अपवाद के प्रतिवर्ती होती हैं।

आरंभ में अग्रवर्ती अभिक्रिया प्रबल होती है। पैमाना जल के अणुओं के बनने की दिशा की ओर झुकता है। इसके बाद विपरीत अभिक्रिया तेज होनी शुरू हो जाती है। अंत में एक ऐसा क्षण आता है जब बने अणुओं की संख्या विभाजित अणुओं की संख्या के बराबर हो जाती है और दोनों अभिक्रियाएं–बायीं से दायीं और तथा दायीं से बायीं ओर एक समान चाल से घटती हैं।

एक वैज्ञानिक कहेगा कि संतुलन की अवस्था स्थापित कर ली गयी है। यह अवस्था प्रत्येक रासायनिक अभिक्रिया में स्थापित कर दी जाती है, कभी-कभी तुरंत और कभी कुछ घंटों, दिनों या हफ्तों बाद।

अपनी प्रायोगिक सरगरमियों में रसायन दो उद्देश्यों का पालन करता है। पहला यह कि वह रासायनिक क्रिया को पूर्ण कराने का प्रयास करता है जिससे कि आरंभिक पदार्थ एक-दूसरे के साथ पूर्णतया अभिक्रिया कर जायें। दूसरा यह कि वह आवश्यक उत्पादों की अधिकतम मात्रा प्राप्त करने के लिये संघर्ष करता है। इन उद्देश्यों का पूरा करने के लिये रासायनिक संतुलन स्थगित कर दिया जाना चाहिये। अग्रवर्ती अभिक्रिया–हां, प्रतिवर्ती अभिक्रिया–नहीं।

और यहां रसायनज्ञ को एक गणितज्ञ बनना पड़ता है। वह दोनों मात्राओं के बीच प्राप्त पदार्थों की सान्द्रता और अभिक्रिया में भाग ले रहे आरंभिक पदार्थों की सान्द्रता के बीच अनुपात ज्ञात करता है।

यह अनुपात एक भिन्न होता है। भिन्न का अंश जितना अधिक और हर जितना कम होता है, भिन्न उतना ही बड़ा होता है।

अगर अग्रवर्ती अभिक्रिया प्रबल हो, तो समय के अनुसार उत्पादों की मात्रा आरंभिक पदार्थों की मात्रा से अधिक होगा और परिणाम में एक अनियमित भिन्न प्राप्त होगा। विपरीत अवस्था में भिन्न नियमित होगा।

रसायनज्ञ इस भिन्न के मान को अभिक्रिया का संतुलन स्थिरांक कहता है और इसे K द्वारा द्योतित करता है। अगर वह यह चाहता है कि अभिक्रिया के परिणामस्वरूप उत्पाद की अधिकतम मात्रा प्राप्त हो, तो उसे सबसे पहले विभिन्न तापमानों के लिये K की मात्राओं की गणना करनी चाहिये।

उदाहरण कि लिये, अमोनिया के संश्लेषण के लिये सर्वाधिक अनुकूल परिस्थितियां तब होंगी, जब तापमान न्यूनतम होगा और दाब अधिकतम होगा। रासायनिक अभिक्रियाओं के राज्य में क्रियाशील एक अन्य नियम का यह अधिकार क्षेत्र है।

इस नियम को इसके खोजकर्ता, फ्रेंच वैज्ञानिक ला-शातैलिए के नाम पर ला-शातैलिए नियम कहते हैं।

आप एक ऐसे स्प्रिंग की कल्पना करें जिसे एक अटल आधार के बीच बनाया गया है। अगर इसे न तो दबाया जाये और न ही खींचा जाये, तो इसे संतुलन की अवस्था में स्थित माना जा सकता है। परंतु अगर इसे दबाया या खींचा जाये, तो यह संतुलन की अवस्था से बाहर आ जाता है। साथ ही साथ इसके प्रत्यास्थ बल, जो स्प्रिंग को दबाने या खींचने का प्रतिरोध करते हैं, बढ़ने शुरू हो जाते हैं। अंत में एक ऐसा क्षण आ जाता है, जब दोनों बल एक दूसरे को संतुलित करते हैं। स्प्रिंग एक बार फिर से संतुलन की अवस्था में आ जाता है, परंतु यह अवस्था वह नहीं होती, जो आरंभ में थी। इसका नया संतुलन दबाने या खींचने की ओर विस्थापित है।

खींचे स्प्रिंग के संतुलन की अवस्था में परिवर्तन ला-शातैलिए नियम की प्रक्रिया का सादृश्य (हालांकि काफी अपरिष्कृत) है। यह रसायन में निम्न प्रकार से प्रतिपादित किया गया है। मान लेते हैं कि कोई बाह्य बल संतुलन में स्थित किसी प्रणाली पर कार्य कर रहा है। संतुलन बाह्य बल द्वारा निदर्शित दिशा में स्थानान्तरितहो जायेगा। यह तब तक स्थानान्तरित होता रहेगा, जब तक कि प्रतिक्रियाशील बल बाह्य बलों के बराबर नहीं हो जायेंगे। अमोनिया के संश्लेषण N_2+3H_2 $2NH_3$ पर एक निगाह डालिये। समीकरण दर्शाता है कि गैसों के चार आयतन (हाइड्रोजन के तीन आयतन और नाइट्रोजन का एक आयतन) गैस अमोनिया ($2NH_3$) के दो आयतन देते हैं। दाब बढ़ाने से आयतन घटने लगता है। इस स्थिति में प्रभाव अनुकूल रहता है। ''स्प्रिंग'' दबाया जा रहा है। अभिक्रिया मुख्यतः बायीं ओर से दायीं ओर घटती है : $N_2+3H_2 \rightarrow 2NH_3$ तथा अमोनिया का उत्पादन बढ़ जाता है।

अमोनिया के संश्लेषण के दौरान ताप का उत्सर्जन होता है। अगर हम मिश्रण को गर्म करें, तो अभिक्रिया दायीं से बायीं ओर घटेगी क्योंकि गर्म करने से गैसों का आयतन बढ़ जाता है और अभिकारकों ($3H_2$ व N_2) का आयतन परिणाम ($2NH_3$) के आयतन से अधिक है। अतः प्रतिवर्ती अभिक्रिया अग्रवर्ती से प्रबल होगी। ''स्प्रिंग'' खिंच जायेगा।

दोनों प्रभावों के फलस्वरूप संतुलन की एक नयी अवस्था स्थान लेगी, परन्तु पहली स्थिति में यह अमोनिया के उत्पाद की वृद्धि का संकट होता है जबकि दूसरी स्थिति में उत्पाद बड़ी तेजी से घटने लगेगा।

कछुआ तड़ित कैसे बन सकता है तथा इसके विपरीत

डेढ़ सौ साल पहले एक रसायनज्ञ ने अतिसावधानी से एक प्लैटिनम तार एक पात्र में घुसाया जिसके अंदर हाइड्रोजन और आक्सीजन का मिश्रण भरा था।

परिणाम बहुत अद्वितीय था। पात्र कोहरे से अर्थात् जल वाष्प से भर गया। तापमान में कोई परिवर्तन नहीं आया और न ही दाब के साथ ऐसी कोई बात हुई, परंतु हाइड्रोजन और आक्सीजन के बीच अभिक्रिया कुछ सेकंडों में घट गयी। वही अभिक्रिया, जो वैज्ञानिकों की गणनानुसार हजारों सालों में घटनी चाहिये थी।

बात यहीं खत्म नहीं हुई। जिस प्लैटिनम तार ने दोनों गैसों को तत्काल संयोजित कर दिया था, उनमें किसी तरह का भी परिवर्तन नहीं आया था। इसका रूप, रासायनिक संरचना तथा भार उतने ही थे जितने प्रयोग से पहले थे।

यह वैज्ञानिक जादूगर नहीं तो और कौन था, जो कुतूहली जनता को खुश करने के लिये तरह-तरह के तमाशे दिखाता है। यह एक गंभीर अनुसंधाता था—जर्मन रसायनज्ञ डोबेरेनर। इस वैज्ञानिक द्वारा अवलोकित घटना को अब उत्प्रेरण कहते हैं। जो पदार्थ ''कछुओं को तड़ित जैसी चाल से चलने'' की क्षमता प्रदान करते हैं, उन्हें उत्प्रेरक कहते हैं। वे धातुओं (ठोस या पाउडर), विभिन्न किस्म के तत्वों के आक्साइडों, लवणों या क्षारों के रूप में हो सकते हैं।

उन्हें पृथक पदार्थों के रूप में भी प्रयुक्त किया जा सकता है और मिश्रणों के रूप में भी।

उत्प्रेरक के बिना अमोनिया का संश्लेषण बहुत मंद गति से होता है, चाहे हम दाब और ताप कितना भी बदल दें। परंतु उत्प्रेरक की उपस्थिति से बात कुछ और हो जाती है। साधारण धात्विक लोहा, जिसमें ऐलुमिनियम और पोटेशियम आक्साइड मिले हों, अभिक्रिया को काफी तीव्र कर देता है।

बीसवीं शताब्दी के रसायन के अभूतपूर्व विकास का श्रेय उत्प्रेरकों के प्रयोग को मिलता है। इनका महत्व यहीं तक ही सीमित नहीं है। जानवरों और वनस्पतियों के अंदर विभिन्न अत्यावश्यक प्रक्रियाएं भी विशेष उत्प्रेरकों की उपस्थिति के कारण घटती है, जिन्हें एन्जाइम कहते हैं। सभी सजीव और निर्जीव प्रकृति का रसायन इन अद्भुत त्वरित्रों का क्षेत्र है।

परंतु अगर हम प्लैटिनम की जगह ताम्र, ऐलुमिनियम या लोहे का तार लें, तब क्या होगा ? क्या पात्र की दीवारों पर फिर से कोहरा छा जायेगा ? जी, नहीं। हाइड्रोजन और आक्सीजन संयोजित होने में वैसी जरा सी भी रुचि नहीं दिखातीं, जैसे कि जादुई प्लैटिनम की उपस्थिति में दिखा रही थीं।

प्रत्येक पदार्थ किसी विशेष प्रक्रिया को त्वरित नहीं कर सकता। इसी कारण रसायनज्ञों का कहना है कि उत्प्रेरक अपनी प्रक्रिया, अपने कामों के मामले में वरणशील होते हैं : वे किसी अभिक्रिया पर बहुत प्रबल प्रभाव डाल सकते हैं, परंतु अन्य पर उनका कोई असर नहीं होता। हां, इसमें कुछ अपवाद जरूर हो सकते हैं। उदहारण के लिये, ऐलुमिनियम आक्साइड, कार्बनिक और अकार्बनिक दोनों तरह के यौगिकों की कई दर्जन विभिन्न संश्लेषण अभिक्रियाओं को उत्प्रेरित करने की क्षमता रखता है। अंत में विभिन्न उत्प्रेरक एक जैसे पदार्थों के मिश्रण की अभिक्रिया के अलग-अलग परिणाम दिला सकते हैं अर्थात विभिन्न उत्पाद बना सकते हैं।

उत्प्रेरकों के अलावा कुछ और पदार्थों में भी बहुत आश्चर्यजनक गुण होते हैं, जिन्हें वर्धक कहते हैं। वे खुद न अभिक्रिया की चाल तेज करते हैं और न ही मंद करते हैं। परंतु अगर उन्हें उत्प्रेरक में मिला दें, तो वे उत्प्रेरक के मुकाबले अभिक्रिया की चाल काफी ज्यादा तीव्र कर देते हैं। हाइड्रोजन और आक्सीजन के बीच अभिक्रिया में लोहे, ऐलुमिनियम या सिलिकन आक्साइड की "अशुद्धियों" वाला प्लैटिनम तार और भी ज्यादा उत्प्रेरक प्रभाव उत्पन्न करेगा।

एक और किस्म का उत्प्रेरण भी होता है—अंतः बाह्य उत्प्रेरण। प्रतिउत्प्रेरण और प्रतिउत्प्रेरक होते हैं। वैज्ञानिक इन्हें निरोधक या संदमक कहते हैं। इनका कार्य तीव्र रासायनिक अभिक्रियाओं को मंद करना है।

शृंखला अभिक्रियाएं

कल्पना करते हैं कि हमारे पास कांच के एक फ्लास्क में दो गैसों—क्लोरीन और हाइड्रोजन का मिश्रण है। सामान्य परिस्थितियों में ये गैसें बहुत मंद गति से अभिक्रिया करती है। परंतु अगर आप फ्लास्क के पास मैग्नीशियम की एक पट्टी जलायें, तो तुरंत एक विस्फोट होगा (जो कोई भी इस प्रयोग को करने का प्रयास करना चाहे, उसे फ्लास्क को मोटे तार के बने टोप से जरूर ढक देना चाहिये)।

क्लोरीन और हाइड्रोजन तीव्र प्रकाश के प्रभावस्वरूप क्यों विस्फोटित होती है ?

इसका उत्तर यह है कि इस प्रक्रिया में शृंखला अभिक्रिया घटती है। अगर हम फ्लास्क को 700°C तक गर्म करें, तो वह भी विस्फोटित हो जायेगा : क्लोरीन और हाइड्रोजन तुरंत सेकंड के एक अंश में संयोजित हो जायेंगी। इस परिणाम से हम ताज्जुब में नहीं पड़ेंगे क्योंकि हम जानते हैं कि ताप अणुओं की सक्रियण ऊर्जा बढ़ा देता है। परंतु उक्त प्रयोग में तापमान परिवर्तित नहीं हुआ। यह अभिक्रिया प्रकाश के कारण घटी।

क्वान्टम, प्रकाश के सूक्ष्मतम अंश ऊर्जा की विशाल मात्रा के वाहक होते हैं। यह ऊर्जा अणुओं को सक्रिय करने के लिये आवश्यक ऊर्जा से काफी अधिक होती है। जब एक क्लोरीन अणु प्रकाश क्वान्टम के मार्ग में आ जाता है, तो क्वान्टम इसे परमाणुओं में विभाजित करके अपनी ऊर्जा उन्हें देता है।

अब क्लोरीन परमाणु उत्तेजित, ऊर्जा से समृद्ध अवस्था में हैं ये परमाणु हाइड्रोजन अणुओं को भी परमाणुओं में विभाजित कर देते हैं। अंतिम में से एक क्लोरीन के एक परमाणु के साथ संयोजित हो जाता है और दूसरा मुक्त रहता है। परंतु यह उत्तेजित है। इसे अपनी ऊर्जा का कुछ भाग दान करने की लालसा होती है। किसे? क्लोरीन अणु को क्यों ? और जब यह एक अणु के साथ टकराता है, तो यहां शान्त क्लोरीन अणु का अंत हो जाता है।

अब एक बार फिर एक सक्रिय क्लोरीन परमाणु स्वच्छन्द है, परंतु इसे अपनी ऊर्जा से छुटकारा पाने में ज्यादा समय नहीं लगता है।

इस प्रकार हमें अभिक्रियाओं की एक लंबी क्रमागत शृंखला मिलती है।

जैसे ही अभिक्रिया आरंभ होती है, अभिक्रिया के फलस्वरूप उत्सर्जित ऊर्जा द्वारा अधिकाधिक अणु सक्रिय कर दिये जाते हैं। अभिक्रिया की चाल पहाड़ से लुढ़कते हिमधाव की तरह बढ़ती है। जैसे ही हिमधाव घाटी में पहुँचता है, वह मृतक हो जाता है। शृंखला अभिक्रिया तब मृतक होती है, जब यह सारे अणुओं को पकड़ लेती हैं, जब हाइड्रोजन और क्लोरीन के सारे अणु अभिक्रिया कर चुके होते हैं।

रसायनज्ञों को बहुत सारी शृंखला अभिक्रियाओं का ज्ञान है। एक विख्यात वैज्ञानिक निकोलोई सिम्योनोव ने इन अभिक्रियाओं का विस्तारपूर्वक अध्ययन किया है। भौतिकविद भी शृंखला अभिक्रियाओं के साथ परिचित हैं। न्यूट्रानों द्वारा यूरेनियम नाभिकों का विखंडन भौतिकीय शृंखला अभिक्रिया का एक उदाहरण है।

रसायन ने विद्युत के साथ दोस्ती कैसे की ?

पहली नजर से देखने पर एक सम्मानित व्यक्ति द्वारा ऐसा काम करना बड़ा अजीब सा लगता था।

सबसे पहले उसने धातु की छोटी-छोटी चकतियां बनायीं। दर्जनों चकतियां, ताम्र की और जिंक की। इसके बाद उसने कई स्पंजों को गोल कतलों में काटा और उन्हें नमकीन जल में भिगो दिया। इसके बाद उसने टुकड़ों को एक दूसरे के ऊपर रखना शुरू कर दिया, जैसे एक बच्चा पिरामिड बनाता है, परंतु वह उन्हें एक निश्चित क्रम से रख रहा था : ताम्र की एक चकती, स्पंज का एक कतला, जिंक की एक चकती। और यह क्रम उसने कई बार दोहराया, जब तक चट्टा गिरना नहीं शुरू हुआ।

जैसे ही उस व्यक्ति ने अपनी इमारत का ऊपरी हिस्सा गीली उंगली से छुआ, उसने अपना हाथ तुरंत झटके से दूर हटा दिया : उसे बिजली का झटका लगा था।

सन् 1800 में प्रसिद्ध इतावली भौतिकविद अलैसान्द्रो वोल्टा ने गैल्वैनी सेल-विद्युत के रासायनिक स्त्रोत की खोज इस प्रकार की। ''वोल्टा कॉलम'' में रासायनिक अभिक्रियाओं के फलस्वरूप विद्युत उत्पन्न हुई।

इस प्रकार विज्ञान की एक नयी शाखा-विद्युत-रसायन का जन्म हुआ।

वैज्ञानिकों ने एक उपकरण उपार्जित किया, जिसकी सहायता से वे काफी लंबे समय तक विद्युत उत्पन्न कर सकते थे। विद्युत तब तक प्रवाहित होती रहेगी, जब तक ''वोल्टा कॉलम'' में रासायनिक प्रक्रिया बंद नहीं हो जायेगी।

विभिन्न पदार्थों पर विद्युत के प्रभाव का अध्ययन एक अतिरोचक काम साबित हुआ।

दो अंग्रेजों, एक डाक्टर कार्लीस्ले और एक इंजीनियर निकलसन ने जल से काम शुरू करने का फैसला किया। उस वक्त तक रसायनज्ञों को यह पता चल गया था कि जल हाइड्रोजन और आक्सीजन से बना है। परंतु वे इस बात को सिद्ध नहीं कर पाये थे।

कार्लीस्ले और निकलसन ने एक विद्युत बैटरी ली, जिसमें 17 वोल्टा सेल लगे थे। यह काफी शक्तिशाली विद्युत धारा दे रही थी। और जल बड़ी शक्ति के साथ दो गैसों—हाइड्रोजन और आक्सीजन में विभाजित होने लगा, अन्य शब्दों में विद्युत-अपघटन होने लगा। विद्युत द्वारा पदार्थों के विखंडन की प्रक्रिया को हम इसी नाम से पुकारते हैं।

दुश्मन नंबर एक

सैकड़ों हजारों वात्या भट्टियां दुनिया के हर कोने में इस्पात और लोहा उत्पन्न करती हैं। विभिन्न देशों के अर्थशास्त्री बड़ी सावधानी के साथ गणना करते हैं कि इस साल कितने लाख टन धातु प्राप्त की गयी और अनुमान लगाते हैं कि अगले साल कितनी धातु प्रगलित की जायेगी।

और यही अर्थशास्त्री हमें विस्मयकारक तथ्य की सूचना देते हैं कि हर आठवीं वात्या भट्टी किसी भी तरह की धातु नहीं देती अर्थात् वह बेकार सिद्ध होती है। हर वर्ष धातु का लगभग 12% हिस्सा मनुष्य के हाथ से निकल जाता है, वह एक बेरहम दुश्मन का शिकार बन जाता है....।

इस दुश्मन का नाम जंग (संक्षारण) है। विज्ञान की भाषा में इसे धात्विक संक्षारण कहते हैं। यह केवल लोहे और इस्पात को ही नहीं बल्कि अलौह धातुओं–ताम्र, टिन और जिंक को भी नष्ट करता है।

संक्षारण का अर्थ है–धातुओं का उपचयन (आक्सीकरण)। अधिकांश धातुएं मुक्त अवस्था में बहुत स्थायी नहीं होती। वायु में रखने पर धातु की चमकीली सतह पर कुछ समय बाद अशुभ विविध रंगों के आक्साइड पैटर्नों की तह जम जाते हैं।

धातुएं और ऐलाय उपचयित होने पर अपने बहुत सारे महत्वपूर्ण गुण खो देते हैं। वे क्षीण और कम तन्य हो जाते हैं तथा उसकी तापीय और विद्युत सुचालकताएं कम हो जाती हैं।

एक बार शुरू होने पर, संक्षारण आधे रास्ते में कभी नहीं रुकता। ''भूरा राक्षस'' धातु को धीरे-धीरे, परंतु अवश्य पूर्णतया नष्ट कर देता है। गिने-चुने आक्सीजन अणु धातु की सतह पर हमला करते हैं। आक्साइड के पहले कुछ अणु बन जाते हैं। अन्य शब्दों में यह कह सकते हैं कि एक आक्साइड फिल्म बन जाती है। यह काफी ढीली होती है जिसकी वजह से धातु के परमाणु इसके अंदर से ऐसे निकल जाते हैं जैसे छन्नी में से निकल रहे हों और वे वापस लौट कर तुरंत आक्सीकृत हो जाते हैं। इसके अलावा आक्सीजन अणु भी फिल्म के रंध्रों के रास्ते धातु के अंदर घुस जाते हैं जहां वे अपना विनाशकारी काम जारी रखते हैं।

ज्यादा आक्रमणशील रासायनिक वातावरण में संक्षारण और भी अधिक तीव्र गति से आगे बढ़ता है। क्लोरीन, फ्लुओरीन, सल्फर डाइआक्साइड और हाइड्रोजन सल्फाइड भी धातुओं के कोई कम खतरनाक दुश्मन नहीं हैं। जब कोई धातु गैसों के प्रभावस्वरूप संक्षारित होती है, तो रसायनज्ञ इस घटना को गैस संक्षारण कहते हैं।

और विभिन्न विलयनों का क्या असर होता है ? वे भी धातुओं के भयंकर दुश्मन है। उदाहरण के लिये, साधारण समुद्री जल। बड़े-बड़े समुद्री जहाज समय-समय पर मरम्मत के लिये डाकयार्ड में लाये जाते हैं जहां उनके पेंदों और सतहों पर लगी जंग हटाई जाती है।

हम आपको एक अमरीकी करोड़पति का किस्सा सुनाते हैं जिसने एक बार बहुत भयंकर भूल की।

वह दुनिया के सबसे बढ़िया यॉट का मालिक बनना चाहता था। उसने इसके निर्माण का आदेश दिया और इस यॉट के लिये एक रोमानी नाम ''समुद्र की पुकार'' भी सोच लिया। उसने पैसे की परवाह नहीं की। ठेकेदारों ने अपने गाहक को खुश करने में कोई कसर नहीं छोड़ी। यॉट बना दिया गया, अब केवल उसकी अंदरूनी सजावट बाकी रह गयी थी।

परंतु यह यॉट समुद्र में कभी नहीं गया : इसे ऐसा अवसर ही नहीं मिला। यॉट को जल में उतारने से कुछ पहले यह पता चला कि उसका ढांचा और तला पूर्णतया संक्षारित हो गये थे।

क्यों ? क्योंकि संक्षारण एक विद्युत-रासायनिक प्रक्रिया है।

जहाज के निर्माताओं ने यॉट के तले पर निकेल-ताम्र ऐलाय, जिसे जर्मन सिल्वर कहते हैं, की पालिश करने का

फैसला किया था। यह विचार महंगा जरूर था, पर था बढ़िया क्योंकि यह ऐलाय समुद्री जल में संक्षारण का अच्छा प्रतिरोधी साबित होता है। यह बात ठीक है कि यह संक्षारण का प्रतिरोध करता है, परंतु यह बहुत मजबूत नहीं है। और इसी कारण जहाज के कई हिस्से अन्य धातुओं, विशेष किस्म के इस्पातों के बनाने पड़े।

और यही बात यॉट के लिये खतरनाक साबित हुई। जर्मन सिल्वर और इस्पात और तलों के बीच बने गैल्वैनी सेलों के संपर्क के पाइंट तुरंत विघटित होने लगे। अंत बहुत दुखदायी था।

करोड़पति के दुख का वर्णन नहीं किया जा सकता और यॉट निर्माताओं ने संक्षारण के नियम की एक बात हमेशा के लिये गांठ बांध ली। वह यह थी कि अगर मुख्य धातु में ऐसी धातुएं मिला दी जायें, जो उसके साथ गैल्वैनी सेल बनाने की क्षमता रखती हैं, तो संक्षारण की चाल बड़ी तेजी से बढ़ जाती है।

...और इसका मुकाबला कैसे किया जाये ?

दिल्ली में एक अद्वितीय स्तम्भ है जो कई शताब्दियों से वहां खड़ा है। इस स्तंभ की खासियत यह है कि वह शुद्ध लोहे का बना है। वक्त पर इसका कोई असर नहीं हुआ है। जमाना गुजरता जा रहा है, परंतु स्तंभ बिल्कुल नया लगता है। इस पर जंग नहीं लगता। ऐसा लगता है जैसे कि जंग ने अपनी आदतों के साथ विश्वासघात कर लिया है।

प्राचीन धातुकर्मियों ने शुद्ध लोहा कैसे प्राप्त किया, यह बात एक पहेली बनी हुई है। कुछ उतावले लोगों का दावा है कि इसे मनुष्य ने नहीं बनाया है। अन्य ग्रहों से आये आगन्तुकों ने पृथ्वी पर अपने आगमन का कीर्तिगान करने के लिये यह स्तंभ लगाया था।

परंतु अगर हम इस स्तंभ की उत्पत्ति के रहस्यमय ज्योति-चक्र पर ध्यान न दें, तो एक तथ्य फिर भी बना रहता है जो रसायनज्ञों के लिये बहुत महत्व रखता है। वह यह है कि धातु जितनी अधिक शुद्ध होती है, संक्षारण का उस पर आक्रमण उतना ही हलका होता है। अगर आप संक्षारण पर विजय प्राप्त करना चाहते हैं, अधिक से अधिक शुद्ध धातुएं इस्तेमाल करें।

केवल शुद्धता ही महत्वपूर्ण नहीं है, धातु की चीज की सतह ज्यादा से ज्यादा चिकनी (परिष्कृत) रखना भी आवश्यक है। ऐसा लगता है कि भिन्न ''पहाड़ियां'' और ''घाटियां'' बाह्य अन्तर्वेशनों की भूमिका निभा सकती हैं। वैज्ञानिकों और इंजीनियरों ने लगभग आदर्श चिकनी सतहें प्राप्त कने में सफलता हासिल कर ली है। ऐसी सतहों वाले पुर्जे राकेटों और अंतरिक्ष यानों के निर्माण में प्रयुक्त भी हुए हैं।

तो क्या इसका मतलब यह हुआ कि संक्षारण से बचाव की समस्या हल हो गयी है ? बिल्कुल नहीं। अत्याधिक शुद्ध धातुएं बहुत महंगी पड़ती हैं और इन्हें प्राप्त करना भी मुश्किल होता है, विशेषकर बड़ी मात्राओं में। इसके अलावा इंजीनियरी ऐलायों को प्राथमिकता देती है, क्योंकि उनके गुणों का क्षेत्र ज्यादा विस्तृत होता है। और ऐलाय में कम से कम दो धातुएं जरूर होती हैं।

रसायनज्ञों ने सभी तरह के संक्षारण मेकेनिज्मों का काफी विस्तारपूर्वक अध्ययन किया है। और जब वे पूर्वनिर्धारित गुणों वाला कोई नया ऐलाय प्राप्त करना चाहते हैं, वे हमेशा संक्षारण के पहलू पर पूरा ध्यान जरूर देते हैं। आज ऐसे कई ऐलाय हैं, जो संक्षारण के अति उत्तम प्रतिरोधक हैं।

हमारी रोजमर्रा की जिंदगी में जस्तेदार (galvanized) और टिन चढ़ी चीजों के साथ अक्सर हमारा वास्ता पड़ता है। लोहे को संक्षारण से बचाने के लिये उस पर जिंक या टिन की पालिश कर दी जाती है, जो कुछ अर्से तक फायदेमंद सिद्ध होता है। इसके अलावा आपने घरों की लोहे की छतों पर तेल के पेंट की मोटी सतह जरूर देखी होगी।

संक्षारण को निर्बल या कम करने का अर्थ यह भी होता है कि संक्षारण प्रक्रिया के दौरान घट रही विद्युत-रासायनिक अभिक्रिया की गति भी कम हो जाती है। इस उद्देश्य के लिये विशेष प्रकार के कार्बनिक और अकार्बनिक पदार्थ प्रयुक्त

किये जाते हैं जिन्हें संदमक कहते हैं।

आरंभ में वे परीक्षण-प्रणाली के आधार पर खोजे गये और संयोगवश मिले।

पुराने जमाने में रूसी बंदूक बनाने वाले एक विचित्र विधि अपनाते थे। बंदूक की नालों से पपड़ी उतारने के लिये वे उन्हें ऐसे सल्फयूरिक अम्ल से धोते थे जिसमें गेहूं का भूसा मिला होता था। इस अपरिष्कृत तरीके से वे धातु को अम्ल के प्रभाव से बचाये रखते थे।

अब नयें संदमकों की खोज का काम न ही ईश्वरप्रेरित काम है और न ही किस्मत की बात है, यह एक सुनिश्चित विज्ञान है। आज हर तरह के सैकड़ों रासायनिक संक्षारण संदमक ज्ञात है।

धातुओं को संक्षारण की बीमारी लगने से पहले ही हमें उनकी ''सेहत'' का ध्यान रखना चाहिये। ''धातु के डाक्टरों''–रसायनज्ञों को यह काम सबसे पहले करना है।

प्रदीप्त जेट

पदार्थ की अवस्थाएं कितनी होती हैं ? इनमें से तीन काफी प्रसिद्ध हैं : गैस, द्रव और ठोस। सच पूछिये तो रोजमर्रा की जिंदगी में अन्य अवस्थाओं के साथ हमारा असल में कभी वास्ता ही नहीं पड़ता। रसायन भी सदियों से इन तीन अवस्थाओं से संतुष्ट चला आ रहा था। और केवल पिछले दशकों में इसने पदार्थ की चौथी प्लैज्मा में रुचि लेनी शुरू कर दी है।

प्लैज्मा भी एक गैस है, परंतु साधारण किस्म की नहीं। उदासीन परमाणुओं और अणुओं के अलावा इसमें आयन और इलेक्ट्रान भी होते हैं। एक साधारण गैस में भी आयनित कण होते हैं और उसका तापमान जितना उच्च होता है, इन कणों की संख्या उतनी ही ज्यादा होती है। अतः आयनित गैस और प्लैज्मा के बीच कोई निश्चित सीमा नहीं है। परंतु प्रथानुसार यह माना जाता था कि एक गैस प्लैज्मा में तब परिवर्तित होती है, जब वह अंतिम के मुख्य गुण प्रदर्शित करने लगती है, उदाहरण के लिये उच्च विद्युत सुचालकता।

पहली दृष्टि से यह बात विरोधाभासी लगती है कि प्लैज्मा ब्रह्मांड का स्वामी है। सूर्य और नक्षत्रों का पदार्थ तथा बाह्य अंतरिक्ष की गैसें प्लैज्मा अवस्था में है। यह सारा प्राकृतिक प्लैज्मा है। पृथ्वी पर इसे कृत्रिम रूप से बनाना पड़ता है। इसके लिये विशेष प्रकार के उपकरण प्रयुक्त किये जाते हैं जिन्हें प्लैज्माट्रोन कहते हैं। इन उपकरणों में एक विद्युत आर्क द्वारा विभिन्न गैसें (हीलियम, हाइड्रोजन, नाइट्रोजन, आर्गान) प्लैज्मा में परिवर्तित की जाती है। प्रदीप्त प्लैज्मा जेट प्लैज्माट्रोन तुंड के तंग चनल तथा एक चुंबकीय क्षेत्र द्वारा संपीड़ित किया जाता है जिससे कि उसके अंदर का तापमान कई हजार डिग्री तक पहुंच जाये।

रसायनज्ञ बहुत जमाने से ऐसे तापमानों के सपने देख रहे थे क्योंकि कई रासायनिक प्रक्रियाओं के लिये उच्च तापमानों की भूमिका का महत्व शायद ही अधिक समझा जाये। आज यह सपना सच हो गया है : रसायन की एक नयी शाखा ने जन्म लिया है, जिसे प्लैज्मारसायन या ''ठंडे'' प्लैज्मा का रसायन कहते हैं।

इसे ''ठंडा'' प्लैज्मा क्यों कहा गया है ? क्योंकि एक ''गर्म'' प्लैज्मा भी होता है जिसका तापमान लाखों डिग्री होता है। यह वह प्लैज्मा है जिसकी सहायता से भौतिकविद तापनाभिकीय संश्लेषण में सफलता प्राप्त करने की कोशिश कर रहे हैं अर्थात नियंत्रित नाभिकीय अभिक्रिया द्वारा हाइड्रोजन को हीलियम में रूपांतरित करने का प्रयास कर रहे हैं।

परंतु रसायनज्ञ ''ठंडे'' प्लैज्मा से काफी संतुष्ट हैं। कई हजार डिग्री तापमान पर रासायनिक प्रक्रिया का अध्ययन–और कौन सी बात इससे ज्यादा लुभावनी हो सकती है ?

संशयवादियों का विचार था कि मेहनत बेकार जायेगी क्योंकि इतने गर्म तापमान पर सारे पदार्थों का बिना किसी अपवाद के वही हाल होगा, वे नष्ट हो जायेंगे और सबसे ज्यादा पेचीले अणु भी पृथक परमाणुओं और आयनों में वियोजित

हो जायेंगे।

वास्तविकता इससे कहीं ज्यादा जटिल है। प्लैज्मा केवल नष्ट ही नहीं करता, वह सृष्टि भी करता है। इसके अंदर नये रासायनिक यौगिक अति सरलता से संश्लेषित किये जा सकते हैं, जिनमें से कुछ अन्य तरीकों से प्राप्त नहीं किये जा सकते।

ऐसे विचित्र पदार्थ हैं जिनका किसी भी रासायनिक पाठ्यपुस्तक में वर्णन नहीं किया गया : Al_2O, Ba_2O_3, SO, Si^o, CaCl आदि। इनके अंदर तत्व असाधारण अनियमित संयोजकताएं दर्शाते हैं। ये सारी बातें काफी मजेदार हैं, परंतु प्लैज्मारसायन ने इससे ज्यादा महत्वपूर्ण कामों का जिम्मा लिया है, मुख्यतः पहले से ज्ञात महत्वपूर्ण पदार्थों का सस्ता और तीव्र गति से उत्पादन।

और अब कुछ शब्द प्लैज्मा रसायन की उपलब्धियों के बारे में।

ऐसीटिलीन कई सारे कार्बनिक संश्लेषणों को शुरू कराने के लिये अति महत्वपूर्ण पदार्थ है, जैसे प्लास्टिकों, रबरों, रंगों और औषधियों के उत्पादन के लिये। परंतु ऐसीटिलीन अभी भी पुराने तरीके से प्राप्त किया जाता है—कैल्सियम कार्बाइड को जल द्वारा विखंडित करके। यह तरीका मंहगा तो पड़ता ही है, परंतु इसके साथ-साथ यह असुविधाजनक भी है।

प्लैज्माट्रोन में हर काम दूसरे ढंग से होता है। हाइड्रोजन से बने प्लैज्मा का तापमान 5000°C होता है। हाइड्रोजन प्लैज्मा जेट अपनी विशाल ऊर्जा को एक विशेष रिऐक्टर में ले आता है जिसे मिथेन दी जाती है। मिथेन बड़ी शक्ति के साथ हाइड्रोजन से मिलायी जाती है और एक सेकंड के दस हजारवें अंश के अंदर 75% से अधिक मिथेन ऐसीटिलीन में परिवर्तित हो जाती है।

क्या यह आदर्श तरीका नहीं है ? हमें अपनी सहमति जतानी चाहिये! परंतु हमेशा कोई न कोई रुकावट सामने आ जाती है। अगर हम ऐसीटिलीन को अतिरिक्त समय के लिये प्लैज्मा के उच्च ताप क्षेत्र में छोड़ दें, तो उसका विखंडन आरंभ हो जाता है। अतः तापमान को सुरक्षित स्तर तक गिराना चाहिये। यह काम कई तरीकों से किया जा सकता है, परंतु तकनीकी रूप से यह काफी कठिन कार्य है। अभी तक प्राप्त ऐसीटिलीन का केवल 15% अंश विखंडन से बचाया जा सकता है। परंतु इतनी मात्रा का मिलना भी कोई बुरी बात नहीं है।

सस्ते द्रव हाइड्रोकार्बनों को प्लैज्मा रासायनिक विधि द्वारा विखंडित करके ऐसीटिलीन, एथिलीन तथा प्रोपिलीन प्राप्त करने की एक विधि प्रयोगशाला में विकसित की गयी है।

एक अति महत्वपूर्ण समस्या का समाधान अभी भी बाकी है और वह वायुमंडलीय नाइट्रोजन का स्थायीकरण। नाइट्रोजन युक्त यौगिकों जैसे, अमोनिया का रासायनिक उत्पादन एक अति कठिन तथा महंगा काम है। कुछ दशकों पहले नाइट्रोजन आक्साइड को औद्योगिक स्तर पर विद्युत द्वारा संश्लेषित करने के प्रयास किये गये, परंतु इसका आर्थिक लाभ बहुत निम्न स्तर का था। यहां भी प्लैज्मारसायन से काफी आशाएं हैं।

सूर्य एक रसायनज्ञ के रूप में

एक बार स्टीफेन्सन, जिन्होंने भाप के इंजन का आविष्कार किया था, अपने एक भूवैज्ञानिक दोस्त बैकलैंड के साथ इंगलैंड की प्रथम रेलवे लाइन के पास सैर कर रहे थे। उन्हें एक रेल जाती दिखायी दी।

''बैकलैंड! क्या तुम बता सकते हो कि रेल गाड़ी को कौन सी चीज चलाती है ?'' स्टीफेन्सन ने पूछा।

''क्यों ?'' तुम्हारे बनाये अद्वितीय इंजनों के ड्राइवर के हाथ।''

''नहीं''।

''बायलर में जल रही आग'' ?

"अब भी गलत बता रहे हो, इंजन को सूरज चला रहा है जो उस पुराने जमाने में चमक रहा था, जब बनस्पतियां जीवित थीं और फिर वे कोयले में परिवर्तित हो गयीं जिसे ड्राइवर भट्‌टी में फेंक रहा है।"

सारी जीवित चीजों की उत्पत्ति का श्रेय सूरज, विशेषतया बनस्पतियों को जाता है। आप जरा इन्हें अंधेरे में पैदा करने की कोशिश कीजिये और आपको क्या मिलेगा—हरी-भरी रसीली डंठलों की जगह पीले पतले केशर। सूर्य के प्रकाश के प्रभाव के कारण क्लोरोफिल (हरी पत्तियों को रंग देने वाला पदार्थ) वायु की कार्बन डाइआक्साइड को कार्बनिक पदार्थों के अणुओं में परिवर्तित कर देता है जो वनस्पति का अधिकांश भाग बनाते हैं।

तो क्या इसका मतलब यह हुआ कि बनस्पतियों में सारे कार्बनिक पदार्थों को संश्लेषित करने वाला मुख्य "रसायनज्ञ" सूर्य या इसकी किरणें हैं ? यह बात ठीक सी लगती है। बनस्पतियों द्वारा कार्बन डाइआक्साइड के परितापन की प्रक्रिया को प्रकाश संश्लेषण ऐसे ही नहीं कहा गया।

ज्ञात है कि बहुत सारी रासायनिक अभिक्रिया प्रकाश के प्रभावस्वरूप घटती है। रसायन की एक विशेष शाखा इनका अध्ययन करती है जिसे प्रकाश रसायन कहते हैं।

परंतु प्रकाश रासायनिक अभिक्रियाओं के अध्ययन के फलस्वरूप अभी तक प्रयोगशाला में न तो प्रोटोनों के उत्पादन में सफलता मिली है और न ही कार्बोहाइड्रेटों के। और ये वे यौगिक हैं जो बनस्पतियों में प्रकाश-संश्लेषण के मुख्य उत्पाद हैं।

आरंभिक अवस्था में बनस्पति बहुत जटिल कार्बनिक अणुओं के संश्लेषण के लिये केवल कार्बन डाइआक्साइड, जल तथा सौर प्रकाश का प्रयोग करती है। परंतु यह भी संभव हो सकता है कि कोई और चीज भी इन प्रक्रियाओं में भूमिका निभाती है। ऐसी फैक्टरी की कल्पना कीजिये जिसमें एक तरफ से पाइपों के जरिये सोडा, पेट्रोल, पोटेशियम नाइट्रेट आदि अंदर पहुंचाये जा रहे हों और दूसरे गेट से डबलरोटी, चटनी और चीनी से लदे ट्रक बाहर जा रहे हों। यह एक कल्पना मात्र है, परंतु बनस्पतियों के अंदर बिल्कुल ऐसी घटना घटती है,

बनस्पतियों के अपने व्यक्तिगत उत्प्रेरक होते हैं जिन्हें एन्जाइम कहते हैं। प्रत्येक एन्जाइम अभिक्रिया को केवल एक निश्चित दिशा में घटने पर मजबूर कर देता है। हालांकि हम प्रकृति, विशेषतया, बनस्पतियों से उनके द्वारा कई पदार्थों के उत्पादन के पेटेंट छीन तो नहीं सकते, परंतु कुछ स्थितियों में हम उनकी दिशा अपनी इच्छानुसार मोड़ सकते हैं। इस दिशा में प्रकाश-संश्लेषण प्रक्रियाओं पर किये गये अनुसंधान-कार्य वैज्ञानिकों के लिये बहुत उपयोगी सिद्ध हुए हैं। हाल में ही यह पता चला है कि अगर प्रकाश-संश्लेषण के दौरान विभिन्न तरंग-दैध्यों वाला प्रकाश प्रयुक्त किया जाये, तो रासायनिक रूप से विभिन्न पदार्थ प्राप्त होते हैं। उदाहरण के लिये, लाल-पीली किरणों द्वारा प्रदीपन के फलस्वरूप मुख्य पदार्थों के रूप में कार्बोहाइड्रेट प्राप्त होते हैं जबकि नीली किरणों से प्रोटीन मिलते हैं।

अतः आशा है कि निकट भविष्य में मनुष्य बनस्पतियों की सहायता से उन कार्बनिक यौगिकों को प्राप्त करने में सफल हो जायेगा, जिनकी उसे काफी मात्रा में जरूरत पड़ती है। निस्संदेह फैक्टरियां लगाकर उनमें अद्वितीय उपकरण फिट करने और जटिल संश्लेषण तकनीक को ढूंढ़ने की जगह सिर्फ उष्ण-ग्रह बनाना तथा प्रयुक्त की जा रही प्रकाश-किरणों की तीव्रता और स्पेक्ट्रमी संरचना का नियंत्रण काफी रहेगा। तब बनस्पतियां खुद सारी आवश्यक चीजों को बना देंगी, सबसे साधारण कार्बोहाइड्रेटों से लेकर सर्वाधिक जटिल प्रोटोनों तक।

तत्व आपस में क्यों संयोजित होते हैं ?

तत्वों की पारस्परिक क्रिया के बिना रसायन एक विज्ञान नहीं रहेगा। परंतु वे संयोजित क्यों होते हैं ? वे विभिन्न यौगिकों को इतनी अधिक संख्या में क्यों बनाते हैं ? उनके संयोजन का मेकेनिज्म क्या है ?

शब्द "रासायनिक बंधुता" की चर्चा सबसे पहली बार अठाहरवीं शताब्दी में हुई। एक तत्व की दूसरे के साथ

बंधुता जितनी अधिक होती है, प्राप्त रासायनिक यौगिक उतना ही ज्यादा स्थायी होता है।

इस रासायनिक बंधुता की प्रकृति में कई लोगों ने रुचि दिखायी। कुछ वैज्ञानिकों का विचार है कि इस बंधुता का सार यौगिक को बनाने वाले धनात्मक तथा ऋणात्मक आवेशित अंगों के विद्युत आकर्षण में छिपा है, जैसे, कैल्सियम सल्फेट के अणु में, जहां CaO धनात्मक आवेशित है और SO_3 ऋणात्मक। स्वीडिश रसायनज्ञ बर्जेलियस का विद्युत-रसायनी या द्वैतवासी सिद्धांत यही कहता था। इस सिद्धांत ने रसायन के सैद्धांतिक विकास में महत्वपूर्ण भूमिका निभायी, परंतु अंत में नये प्रायोगिक तथ्यों के सामने यह टिक नहीं सका। अन्य अनुसंधाताओं का मत कुछ और ही था, उनके विचारानुसार प्रत्यक रासायनिक अन्योन्यक्रिया गुरुत्वाकर्षण के सदश आकर्षण के यान्त्रिक बल के आधार पर निर्धारित की जाती है। मेंडेलीफ भी इस सिद्धांत के समर्थक थे, जिनका विश्वास था कि रासायनिक अन्योन्यक्रियाओं की दुनिया अपने न्यूटन का इंतजार कर रही है।

आज हर कोई यह जानता है कि रासायनिक अनुबंधता के मेकेनिज्म का वर्णन करने के सारे प्रयास तब तक व्यर्थ रहे, जब तक वैज्ञानिकों को परमाणु की संरचना के बारे में कुछ भी पता नहीं था।

परमाणु-माडल के आविर्भाव के फलस्वरूप रासायनिक अनुबंधों के सिद्धांतों का निर्गमन हुआ। परंतु 1897 में इलेक्ट्रान की खोज के बाद अधिकाधिक वैज्ञानिक मानने लगे कि यह प्राथमिक कण इस प्रश्न की व्याख्या में निर्णायक भूमिका अवश्य निभायेगा कि परमाणु संयोजित होकर अणु क्यों बनाते हैं, जिनसे सारे साधारण पदार्थ और यौगिक बने हैं।

आधुनिक दृष्टिकोण से इलेक्ट्रान संबंधी प्रथम सिद्धांत काफी अपरिष्कृत थे। सारा काम ठीक होने में लगभग 20 साल लग गये।

आज पाठ्यपुस्तकें भी "रासायनिक बेड़ियों" के दो मुख्य रूपांतरों के बारे में बताती हैं, जो परमाणुओं को अणुओं में अनुबंधित करती है।

सारे परमाण्वीय इलेक्ट्रान रासायनिक अनुबंधों में भाग नहीं लेते, केवल बाह्य कोशों में स्थित इलेक्ट्रान यह काम करते हैं।

मान लीजिये, दो परमाणु, उदाहरण के लिये, सोडियम और फ्लुओरीन के परमाणु टकराते हैं। पहले के बाह्य कोश में एक इलेक्ट्रान है और दूसरे में सात है। सोडियम अपने एकमात्र इलेक्ट्रान से आसानी से जुदा हो सकता है जबकि फ्लुओरीन इस इलेक्ट्रान को अपने बाह्य कोश में लेने को तैयार है। इस प्रकार सोडियम का एक धनात्मक आवेशित आयन और फ्लुओरीन का ऋणात्मक आवेशित आयन बनते हैं। इनमें से प्रत्येक के बाह्य कोश में निकटतम निष्क्रिय गैस निआन के परमाणु की तरह आठ इलेक्ट्रान हैं। इलेक्ट्रानों का यह अष्टक बहुत स्थायी प्रकृति का होता है। आकर्षण के विद्युत बल विपरीत आवेशित आयनों को जोड़ देते हैं और सोडियम फ्लुओराइड का स्थायी अणु बन जाता है।

इस प्रकार के रासायनिक अनुबंध को आयनी अनुबंध कहा गया। यह कई सारे रासायनिक यौगिकों में "सीमेंट" का काम करता है। परंतु यह "शुद्ध रूप" में बहुत कम अवसरों पर घटता है।

आयनी अनुबंध का एक समान भागीदार होता है—सहसंयोजी अनुबंध। इसका मेकेनिज्म निम्न उदाहरण द्वारा समझाया जा सकता है। फ्लुओरीन F_2 के अणु कैसे बनते हैं ? फ्लुओरीन परमाणु अपने बाह्य इलेक्ट्रानों से जुदा नहीं हो सकते, अतः इस स्थिति में किसी भी तरह के विपरीत आवेशित आयन नहीं बन सकते।

फ्लुओरीन परमाणुओं के बीच रासायनिक अनुबंध इलेक्ट्रानों के एक उभयनिष्ट जोड़े द्वारा बनता है। प्रत्येक परमाणु एक इलेक्ट्रान देता है जिसके फलस्वरूप दोनों परमाणुओं में अब अपने बाह्य कोशों की तरह आठ इलेक्ट्रान इकट्ठे हो जाते हैं अर्थात् वही स्थायी अष्टक बन जाता है। परंतु "शुद्ध सहसंयोजी" अनुबंधों वाले यौगिक कोई ज्यादा नहीं हैं, एक या दूसरे कारणवश मिश्रित आयनी सहसंयोजी अनुबंध बन जाते हैं।

इलेक्ट्रान अष्टक अमोघता की धारणा का रसायन के सिद्धांत में काफी लंबे अर्से तक प्रभुत्व बना रहा, परंतु जैसाकि हम ऊपर देख चुके हैं कि निष्क्रिय गैसों के रासायनिक यौगिकों के संश्लेषण ने ''अष्टक सिद्धांत'' को काफी हद तक निर्बल कर दिया।

आयनी और सहसंयोजी रासायनिक अनुबंधों के सिद्धांत माडलों की जगह विभिन्न परमाणुओं के बीच रासायनिक अन्योन्यक्रिया की रूपरेखा हैं क्योंकि वे केवल गुणात्मक पैटर्न प्रदर्शित करते हैं।

आधुनिक रसायन मात्रात्मक वर्णन मांगता है। आधुनिक रसायन ने रासायनिक अनुबंधता के जिन वर्तमान सिद्धांतों का समर्थन किया है, वे बहुत जटिल हैं। वे क्वान्टम यांत्रिकी पर आधारित हैं और गणित का प्रयोग करते हैं।

रसायन और विकिरण

रसायनज्ञों ने अभी तक हरी पत्तियों की खोज नहीं की। परंतु प्रकाश रासायनिक अभिक्रियाओं को पूरा कराने के लिये प्रकाश के प्रयोग का प्रचलन चल रहा है। फोटोग्राफी की प्रक्रिया प्रकाश रसायन की क्रिया का एक उदाहरण है। प्रकाश मुख्य फोटोग्राफर है।

परंतु रसायनज्ञों की दिलचस्पियां प्रकाश की किरणों तक ही सीमित नहीं है। इनके अलावा एक्सकिरणें और विघटनाभिक विकिरण भी हैं। वे विशाल ऊर्जा के वाहक होते हैं। उदाहरणतया, प्रकाश की किरणों के मुकाबले एक्स-किरणें हजारों गुना तथा गामा-किरणें लाखों गुना अधिक तीव्र होती हैं।

क्या रसायनज्ञ लोग अब उनकी अवहेलना करेंगे ?

इस प्रकार विश्वकोशों और पाठयपुस्तकों, विशेष पुस्तकों और पत्रिकाओं, जनप्रिय पुस्तिकाओं और निबंधों में एक नया शब्द ''विकिरण रसायन'' दिखाई देने लगा। यह विज्ञान की उस शाखा का नाम है जो रासायनिक अभिक्रियाओं पर विकिरणों के प्रभाव का अध्ययन करती है।

हालांकि यह विज्ञान की एक युवा शाखा है, परंतु कई उपलब्धियों के कारण इसे गर्व करने का अधिकार हो सकता है।

उदाहरणतया, पेट्रोल रसायन की अति सामान्य प्रक्रियाओं में से एक का नाम चटचटाहट है। इस प्रक्रिया के फलस्वरूप पेट्रोल में उपस्थित जटिल कार्बनिक यौगिक साधारण यौगिकों में विभाजित हो जाते हैं। वे जो हाइड्रोकार्बन बनाते हैं, उनमें से कुछ गैसोलीन में होते हैं।

चटचटाहट एक नाजुक प्रक्रिया है। इसे उच्च तापमान, उत्प्रेरकों की उपस्थिति और काफी लंबा समय चाहिये।

ये सारी बातें पुराने तरीके पर लागू होती हैं। नये तरीके में चटचटाहट को न तो ताप चाहिये और न ही रासायनिक त्वरित्र, और इसमें समय भी काफी कम लगता है।

नयी विधि में गामा-किरणें इस्तेमाल की जाती हैं। वे विकिरणी चटचटाहट संपन्न कराती है। वे कार्बनिक अणुओं को तोड़ देती हैं। यहां विकिरण एक ध्वंसक होता है।

पंरतु हमेशा ऐसी बात नहीं होती।

अगर हलके गैस हाइड्रोकार्बनों–मिथेन, एथेन या प्रोपेन को विकिरणित करने के लिये इलेक्ट्रानों का प्रवाह (बीटा-किरणें) प्रयुक्त किया जाये, तो अणु भारी द्रव हाइड्रोकार्बनों में परिवर्तित हो जाते हैं। यह विकिरणी संश्लेषण का एक उदाहरण है।

विघटनाभिक किरणों की अणुओं को ''सीने'' की क्षमता बहुकलन प्रक्रियाओं में प्रयुक्त की जाती है।

आप सबने पालिएथिलीन के बारे में सुना होगा। परंतु शायद ही सब लोग यह जानते हैं कि इसका उत्पादन एक अति जटिल प्रक्रिया है जिसके लिये उच्च दाब, विशेष उत्प्रेरक तथा विशेष उपकरण आवश्यक होते हैं। विकिरणी बहुकलन को इनमें से एक की भी जरूरत नहीं होती और वह पालिएथिलीन की कीमत आधी कर देता है।

यहां हमने विकिरणी रसायन की केवल कुछ उपलब्धियां बतायी हैं। वे दिन पर दिन अधिक प्रभावशाली बनती जा रही है।

परंतु विघटनाभिक विकिरण मानव का केवल मित्र ही नहीं है। यह उसका शत्रु भी है—एक धूर्त्त और बेरहम शत्रु, जो विकिरण का रोग उत्पन्न करता है।

अभी तक इस गंभीर रोग के व्यापक उपचार उपलब्ध नहीं है। सबसे बढ़िया तरीका यही है कि विघटनाभिक विकिरण के अनावरण की सारी संभावनाएं खत्म कर दी जायें।

एक सबसे लंबी अभिक्रिया

पिछले कुछ सालों में रसायनज्ञों ने अपनी प्रयोगशालाओं में सैकड़ों और हजारों तरह के विभिन्न कार्बनिक यौगिक बनाये हैं। उनमें से कुछ इतने अधिक जटिल हैं कि कागज पर उनका संरचना का सूत्र लिखना काफी मुश्किल काम होता है। इसमें काफी समय लगता है।

यह बात अशंकनीय है कि प्रोटीन अणु का, सर्वाधिक महत्वपूर्ण प्रोटीनों में से एक का संश्लेषण कार्बनिक रसायनज्ञों की महानतम जीतों में से एक है।

हमारा अभिप्राय इंसुलिन से है, यह वह हार्मोन है, जो जीव के अंदर कार्बोहाइड्रेट उपपाचन पर नियंत्रण रखता है।

अगर हम इंसुलिन अणु की संरचना का वर्णन करने का प्रयास करें, तो हमें कई पृष्ठ भरने पड़ेंगे। याद रखिये कि इस प्रोटीन अणु की संरचना की कई बातें रसायनज्ञों की अभी भी स्पष्ट नहीं है। इंसुलिन एक वास्तविक विशाल अणु है हालांकि इसमें उपस्थित तत्वों की संख्या सीमित होती है। परंतु वे बहुत जटिल संयोजनों में व्यवस्थित होते हैं

अतः सरलता के लिये, आइये, हम यह मान लेते हैं कि इंसुलिन अणु दो हिस्सों या दो शृंखलाओं—शृंखला A और शृंखला B से बना होता है। ये शृंखलाएं एक दूसरे के साथ एक अनुबंध द्वारा जुड़ी है जिसे डाइसल्फाइड अनुबंध कहते हैं। अन्य शब्दों में वे एक तिरछी कड़ी से जुड़े हैं, जिसमें दो सल्फर परमाणु उपस्थित हैं।

इंसुलिन पर हमले की योजना निम्न थी : पहले शृंखला A और B को अलग-अलग संश्लेषित करना था। फिर इन्हें डाइसल्फाइड तिरछे पुल द्वारा एक दूसरे के साथ जोड़ देना था।

आइये, अब गणित की कुछ बातें करते हैं। शृंखला A को प्राप्त करने के लिये रसायनज्ञों को लगभग 100 विभिन्न क्रमागत अभिक्रियाएं घटानी पड़ीं। शृंखला B को 100 से ज्यादा अभिक्रियाओं की जरूरत पड़ी। इस प्रकार सारे काम में कई महीने लग गये।

परंतु अंत में दोनों शृंखलाएं प्राप्त हो गयीं। अब उन्हें जोड़ना था। और यहीं असली परेशानी सामने आयी। वैज्ञानिकों को हर बार निराश होना पड़ा। फिर भी एक सुहावनी शाम को प्रयोगशाला की लॉग-बुक में निम्न संक्षिप्त वाक्य लिख दिया गया : ‘‘इंसुलिन अणु का संश्लेषण पूरा हो गया है।’’

वैज्ञानिकों को कृत्रिम रूप से इंसुलिन प्राप्त करने के लिये दो सौ तेईस चरणों से गुजरना पड़ा। इस संख्या पर ध्यान दीजिये : अब तक किसी भी ज्ञात रासायनिक यौगिक की प्राप्ति इतनी ज्यादा कठिन नहीं थी। इसके लिये दस आदमियों को तीन साल तक खून-पसीना एक करना पड़ा।

परंतु जीवरसायनज्ञ एक बहुत अजीब बात कहते हैं : एक जीवित कोशिका के अंदर प्रोटीन के संश्लेषण में ....दो से तीन सेकंड तक लगते हैं।

तीन साल या तीन सेकंड। आज के रसायन-विज्ञान की तुलना में जीवित कोशिका का संश्लेषण उपकरण कितना ज्यादा श्रेष्ठ है।

रासायनिक संग्रहालय

कुछ आम बातें

अब हम आपको रासायनिक संग्रहालय के कुछ प्रदर्शनियों के साथ परिचित कराना चाहेंगे। निस्संदेह यह संग्रहालय फिलहाल हमारी कल्पना तक सीमित है। विभिन्न रासायनिक यौगिक प्रदर्शन की वस्तुएं माने जा सकते हैं। हर आदर्श संग्रहालय में प्रत्येक प्रदर्शित वस्तु का एक तालिका नंबर होता है। रासायनिक संग्रहालय में प्रदर्शन की सारी वस्तुओं की सूची बनाने के लिये सात अंकों वाले नंबरों की आवश्यकता पड़ेगी।

रासायनिक तत्व जितने संयोजन बना सकते हैं, उनकी सही संख्या कितनी है ? इस प्रश्न का उत्तर शायद ही कभी मिलेगा। अगर सारे संभव रासायानेक यौगिक संश्लेषित कर लिये जायें, तो इसका मतलब यह होगा कि रसायन एक विज्ञान के रूप में समाप्त हो गया है।

हमारे काल्पनिक संग्रहालय मे दो मुख्य हिस्से हैं—एक में कार्बनिक और दूसरे में अकार्बनिक यौगिक दिखाये गये हैं। प्रत्येक कार्बनिक यौगिक का अनिवार्य घटक तत्व कार्बन हैं जो बड़ी बिल्डिंग में 6 नंबर फ्लेट का मालिक है। इसे जीवन का मुख्य तत्व कहना ठीक ही है। वास्तविकता में यह पहला तत्व था जिससे मानवजाति परिचित हुई।

अकार्बनिक यौगिकों के मुकाबले कार्बनिक यौगिकों की संख्या बहुत ज्यादा है। और उनके वर्गीकरण की प्रणाली कहीं अधिक नियमित है। यह नियमितता वास्तव में अद्वितीय है। इसका कारण कार्बन परमाणुओं की एक विशेषता में छिपा है।

असमानता के कारण तथा इसके परिणाम

कार्बन परमाणुओं के बीच रासायनिक अनुबंध काफी मजबूत होता है। इसके कारण कार्बन परमाणु लंबी श्रृंखलाएं बनाने के योग्य हो जाते हैं। उदाहरण के लिये, एक ऐसा यौगिक प्राप्त किया गया है जिसमें 70 कार्बन परमाणु एक रेखा में क्रमबद्ध है। निस्संदेह हम यहां बहुलकों की नहीं बल्कि साधारण पदार्थों की बात कर रहे हैं। बहुलकों में कार्बन श्रृंखलाएं बहुत ही ज्यादा लंबी हो सकती हैं।

जहां तक अन्य तत्वों की बात है तो उसमें श्रृंखलाएं बनाने की क्षमता नहीं होती है। केवल कार्बन के सदृश रूप-सिलिकन और जर्मेनियम ऐसे कुछ गुण प्रदर्शित करते हैं, जो कार्बन के गुणों के साथ थोड़ी सी समानता रखते हैं। इन अनुबंधों को निम्न प्रकार से व्यक्त किया जा सकता है :

$$C—C, C≡C=C, \text{ या } C:C, C::C, C:::C$$

एक अनुबंध वाले यौगिक में सबसे सरल हाइड्रोकार्बन एथेन है। इसका रासायनिक सूत्र इस तरह से लिखा जाता है : $H_2C—CH_3$। एथेन कार्बनिक यौगिकों के एक बड़े वर्ग से संबंधित है, जिन्हें संतृप्त हाइड्रोकार्बन एलकेन कहते हैं। इनके "पिता" का नाम मिथेन CH_4 है जिसमें केवल एक कार्बन का परमाणु है। किसी भी संतृप्त हाइड्रोकार्बन

की संरचना एक अति सरल सूत्र C_nH_{2n+2} द्वारा व्यक्त की जा सकती है।

इन हाइड्रोकार्बनों को संतृप्त कहते हैं क्योंकि उनकी अन्य तत्वों के साथ संयोजित होने की क्षमता पूर्णतया खत्म हो चुकी होती हैं।

हाइड्रोकार्बनों के दूसरे वर्ग के अंतर्गत असंतृप्त हाइड्रोकार्बन (ऐल्कीन और ऐल्काइन सहित) आते हैं जिनमें एथिलीन $H_2C{=}CH_2$ और ऐसीटिलीन $HC{\equiv}CH$ सबसे साधारण हैं।

कार्बन और हाइड्रोजन से बने यौगिक कार्बनिक रसायन की आधारशिला हैं। इनके बल पर विभिन्न कार्बनिक यौगिकों की बहुत सारी किस्में प्राप्त की जा सकती हैं।

यहां यह बताना आवश्यक है कि कार्बन परमाणुओं के बीच उपरोक्त किस्मों के रासायनिक अनुबंध एकान्तरित हो सकते हैं जिसके कारण कार्बनिक संश्लेषण की संभावनाएं काफी बढ़ जाती है।

कार्बन शृंखलाओं की एक और महत्वपूर्ण विशेषता यह है कि वे शाखाओं में विभाजित होने की क्षमता रखती है। आइये, हम ब्यूटेन C_4H_{10} का उदाहरण लेते हैं। इसके कार्बन परमाणु केवल एक रेखा में ही नहीं :

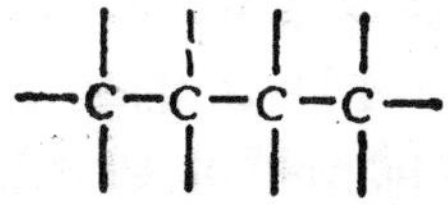

बल्कि इस तरह से भी क्रमबद्ध किये जा सकते हैं :

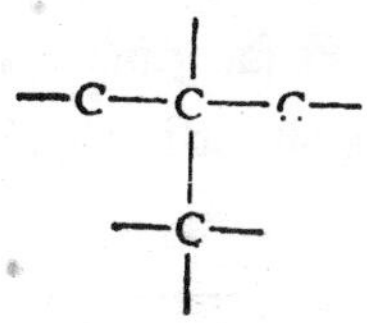

इस यौगिक को आइसोब्यूटेन कहते हैं और इसके गुण ब्यूटेन से भिन्न होते हैं।

पांच कार्बन परमाणुओं से विभिन्न विन्यासों की पांच शाखा शृंखलाएं बनायी जा सकती हैं। एक पृथक रासायनिक यौगिक, विशिष्ट गुणों वाला हाइड्रोकार्बन उनमें से प्रत्येक शृंखला के संगत होगा। रासायनिक यौगिकों की ऐसी किस्में, जिनमें समरूपी रासायनिक तत्वों की संख्या समान परंतु विभिन्न रूप से क्रमबद्ध होती है, समावयव कहलाती है।

समावयव की घटना केवल कार्बनिक रसायन तक ही सीमित नहीं है, यह रसायन की एक सामान्य बात है।

अणुओं में कार्बन परमाणुओं की संख्या की वृद्धि के साथ-साथ समावयवों की संख्या भी बढ़ती जाती है। उदाहरण के लिये $C_{13}H_{28}$ सूत्र वाला संतृप्त हाइड्रोकार्बन 802 समावयव दे सकता है और अगर इसका सूत्र $C_{20}H_{42}$ हो तो समावयवों की संख्या 366000 तक पहुंच जायेगी। परंतु इसका मतलब यह नहीं है कि ये सारे समावयव शुद्ध रूपों में प्राप्त किये जा सकते हैं। और फिर इस बात की कोई ज्यादा जरूरत भी नहीं है।

परंतु यह तथ्य कार्बनिक यौगिक की विविधता का एक अति स्पष्ट उदाहरण है।

यह विषय यहीं समाप्त नहीं हो जाता।

कार्बन शृंखलाएं शाखाएं बनाने की क्षमता तो रखती ही हैं, इसके अलावा वे बंद होकर चक्र तथा बहुभुज भी बना सकती हैं जिनमें तीन, चार, पांच, छः या अधिक कार्बन परमाणु हो सकते हैं। ये चक्रीय हाइड्रोकार्बन होते हैं। ये भी विभिन्न कार्बनिक यौगिकों की बहुत सारी किस्मों के लिये कच्चा माल का प्रबंध करते हैं...

कार्बन और हाइड्रोजन के अलावा आवर्त प्रणाली के कुछ और गिने चुने तत्व भी कार्बनिक यौगिकों के निर्माण में प्रयुक्त किये जा सकते हैं। अगर हमने सबसे पहले आक्सीजन, हेलोजेन, नाइट्रोजन, सल्फर और फास्फोरस के नाम लिये तो हमने वस्तुतः सूची समाप्त कर दी।

रासायनिक छल्ले

महान वैज्ञानिकों की महान खोजों के बारे में कई किवदंतियां प्रसिद्ध हैं।

कहा जाता है कि एक बार न्यूटन जब अपने बाग में बैठे कुछ सोच रहे थे तो अचानक एक सेब उनके पैरों के पास गिरा। इस घटना से उन्हें गुरुत्वाकर्षण नियम का सूत्र मिला।

यह कहा गया है कि मेंडेलीफ को पहली बार उनकी आवर्त प्रणाली सपने में दिखायी दी थी। उन्हें सिर्फ़ इतना ही करना था कि उठकर अपने ''स्वप्न'' को कागज पर लिख दिया जाये।

संक्षेप में यह कहा जा सकता है कि खोजों और खोजकर्ताओं के बारे में तरह-तरह के किस्से गढ़े गये हैं।

परंतु विख्यात जर्मन रसायनज्ञ केकूले के मन में आया विचार वास्तव में एक काफी विचित्र तथ्य पर आधारित था।

वैज्ञानिकों को काफी अर्से से एक अतिमहत्वपूर्ण कार्बनिक यौगिक बेंजीन की जानकारी रही है। वे जानते थे कि इसमें कार्बन के छः परमाणु और हाइड्रोजन के छः परमाणु होते हैं। उन्होंने इसकी कई अभिक्रियाओं का अध्ययन किया।

परंतु वे यह मुख्य बात नहीं जानते थे कि छः कार्बन परमाणु किस प्रकार से क्रमबद्ध थे। इस समस्या ने केकूले को परेशानी की थी। और यहां हम उनके शब्दों में बताते हैं कि उन्होंने इसे कैसे हल किया–''मैं डेस्क के सामने बैठ कर एक पाठ्यपुस्तक लिख रहा था। मेरा दिमाग कहीं और ही था। मेरी आंखों के सामने परमाणु नाच रहे थे। मेरे दिमाग की आंख साफ-साफ देख रही थी कि उनकी लंबी कतारें सांपों की तरह इधर-उधर छटपटा रही थीं। परंतु अचानक एक सांप ने अपनी दुम पकड़ ली और मेरी आंखों के सामने घूमना शुरू कर दिया। ऐसा लग रहा था जैसेकि वह मुझे चिढ़ा रहा हो।

मैंने लिखना शुरू कर दिया जैसेकि मुझे तड़ित ने झटके से जगा दिया हो....।

केकूले के दिमाग में बनी तस्वीर यह कह रही थी कि कार्बन शृंखलाएं छल्लों में बंद हो सकती हैं।

केकूले के बाद रसायनज्ञों ने बेंजीन की संरचना निम्न प्रकार से व्यक्त करनी शुरू कर दी :

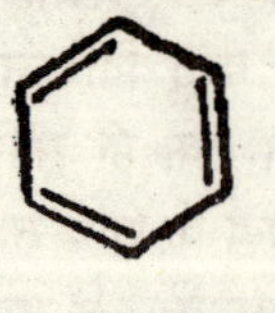

बेंजीन छल्ले ने कार्बनिक रसायन में बड़ी जबरदस्त भूमिका निभायी।

छल्लों में कार्बन परमाणुओं की संख्या भिन्न हो सकती है। छल्ले एक साथ भी विकसित हो सकते हैं और निराली ज्यामितिय आकृतियां बना सकते हैं। कार्बनिक रसायन की कोई भी पाठ्यपुस्तक ज्यामिति की पाठ्यपुस्तक से कुछ मिलती-जुलती होती है क्योंकि लगभग हर पृष्ठ पर ''ज्यामितिय आकृतियां'' कार्बनिक यौगिकों के संरचनी सूत्र दिखायी देते हैं।

बेंजीन के छल्ले निम्न दो पैटर्न बनाते हैं :

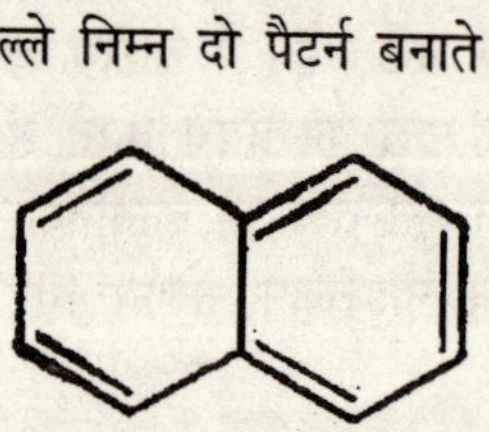

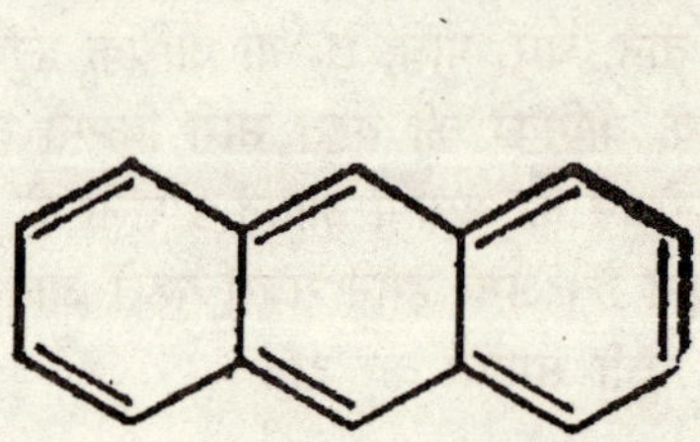

दायां पैटर्न नैफ्थलीन का संरचनी सूत्र दर्शाता है और बायां ऐन्थ्रसीन—सख्त कोयले का।

तीसरी संभावना

यह समझा गया कि तत्व कार्बन तीन पदार्थों से बना है। वैज्ञानिकों ने इस त्रियेक को अपरूपता कही। अन्य शब्दों में एक ही तत्व के तीन अपरूपी रूपांतर हो सकते हैं।

तीन कार्बन पदार्थ निम्न थे : हीरक, ग्रेफाइट और काला कार्बन। ये तीनों एक दूसरे से बहुत भिन्न हैं : "कठोरता का राजा"—हीरक, नर्म पपड़ीदार ग्रेफाइट और शुष्क कार्बन कज्जल।

इन अपरूपों के बीच अंतर का कारण यह है कि इनके अगुणों में कार्बन परमाणुओं का क्रम असमान होता है।

हीरक में वे एक ज्यामितिय आकृति टेट्राहेड्रोन (चतुष्फलक) के शीर्ष में स्थान लेते हैं और बड़ी मजबूती के साथ अनुबंधित होते हैं। इसी कारण हीरक इतना ज्यादा कठोर होता है।

इसके विपरीत ग्रेफाइट में कार्बन परमाणु समतलों में व्यवस्थित होते हैं और समतलों के बीच अनुबंध कमजोर होते हैं। ग्रेफाइट के नर्म होने और आसानी से पपड़ी में परिघर्तित होने का यही कारण है।

जहां तक कार्बन कज्जल की संरचना का सवाल है तो इस विषय पर काफी मतभेद हैं। काफी लंबे अर्से तक यह धारणा प्रबल रही कि कार्बन कज्जल एक रवेदार पदार्थ नहीं है। इसे कार्बन की एक अक्रिस्टलीय किस्म माना गया।

परंतु अभी कुछ समय पहले यह पाया गया कि ग्रेफाइट और कार्बन कज्जल वास्तव में एक ही चीज है और इनका आण्विक क्रम एक समान है।

इस प्रकार केवल दो अपरूप—हीरक और ग्रेफाइट रह गये।

परंतु वैज्ञानिकों ने कार्बन की तीसरी किस्म को कृत्रिम रूप से तैयार करने का फैसला किया। इस कार्य की योजना इस प्रकार बनायी गयी।

हीरक और ग्रेफाइट में कार्बन परमाणुओं की शृंखला विभिन्न क्रम में होते हुए भी बंद होती है। क्या कार्बन परमाणुओं को खींच कर एक लंबी रैखिक शृंखला बनायी जा सकती है ? अन्य शब्दों में क्या एक बहुलक अणु प्राप्त हो सकता है जो एक सरल रेखा में क्रमबद्ध कार्बनों से बना हो ?

किसी रासायनिक उत्पाद को प्राप्त करने के लिये सबसे पहले आरंभिक पदार्थ की जरूरत पड़ती है। "कार्बन नंबर 3" के लिये केवल ऐसीटिलीन, दो कार्बन परमाणुओं और दो हाइड्रोजन परमाणुओं के यौगिक C_2H_2 को कच्चे माल की तरह प्रयुक्त किया जा सकता है।

ऐसीटिलीन ही क्यों ? क्योंकि इसके अणु में कार्बन परमाणु हाइड्रोजन परमाणुओं की न्यूनतम संख्या के साथ अनुबंधित होते हैं। अतिरिक्त हाइड्रोजन संश्लेषण में बाधा नहीं डालेंगे।

ऐसीटिलीन में एक और महत्वपूर्ण विशेषता होती है : जैसाकि रसायनज्ञ कहते हैं, यह अभिक्रियाशील होता है। इसके अणु में कार्बन परमाणु तीन रासायनिक अनुबंधों (H—C≡C—H) द्वारा एक दूसरे के साथ जुड़े होते हैं और इनमें दो को आसानी से तोड़ा जा सकता है और बाद में इन्हें कार्बनों को अन्य अणुओं के साथ जोड़ने में प्रयुक्त किया जा सकता है उदाहरणतया, उसी ऐसीटिलीन के अणुओं के साथ।

इस प्रकार योजना का प्रथम चरण एकलकी एसीटिलीन से बहुलक पालिऐसीटिलीन प्राप्त करना था।

यह कोई प्रथम प्रयास नहीं था। उन्नीसवीं शताब्दी में जर्मन रसायनज्ञ बाएयर ने इस अभिक्रिया को संपन्न कराने का प्रयास किया, परंतु उनके परिणाम केवल टेट्राऐसीटिलीन—चार ऐसीटिलीन अणुओं के संयोजन की प्राप्ति तक सीमित रहे। यह यौगिक भी काफी अस्थायी सिद्ध हुआ। विभिन्न देशों के कई अन्य वैज्ञानिकों ने भी इसी मार्ग को अपनाया,

परंतु सफलता किसी को नहीं मिली।

आखिर में कार्बनिक संश्लेषण की आधुनिक शक्तिशाली विधियों द्वारा पालिऐसीटिलीन की प्राप्ति संभव हो गयी। सोवियत वैज्ञानिकों ने कार्बनिक यौगिकों का एक नया वर्ग प्राप्त किया है, जिसे पालिनी कहते हैं। ये नवजात पदार्थ तुरंत व्यावहारिक कार्यों में प्रयुक्त होने लगे क्योंकि वे अति उत्तम अर्धचालक निकले।

अब कार्बन की तीसरी किस्म के संश्लेषण के दूसरे चरण की बारी आ गयी। इसके अंतर्गत पालिऐसीटिलीन अणुओं से हाइड्रोजन परमाणु इस प्रकार अलग करते थे कि प्राप्त शृंखला में केवल कार्बन परमाणु रह जायें।

रसायन की भाषा में हाइड्रोजन परमाणुओं को अलग करने के प्रक्रम को एक लंबा और नीरस नाम दिया गया है। इस प्रक्रम का सार समझाने की कोई जरूरत नहीं है : प्रयोगशाला की लॉग-बुकों में इस प्रक्रम का वर्णन लिखने में कई पृष्ठ लग गये क्योंकि पालिऐसीटिलीन से हाइड्रोजन अलग करना काफी टेढ़ा काम साबित हुआ।

परंतु अंत में कार्बन प्राप्त हो गया। विश्वकोशों में इस पदार्थ को कार्बन का अपरूपी रूपांतर बताया गया है जिसके अणुओं की संरचना रैखिक है। कार्बिन की दो किस्में मानी जाती हैं : α कार्बन और B– कार्बन। α– कार्बन में एकल और द्वितीयक अनुबंध एकान्तरित होते हैं : C—C=C—C=C— जबकि B– कार्बन में कार्बन परमाणु एक दूसरे के साथ केवल द्विक अनुबंधों से जुड़े होते हैं : C=C=C=C=। संयोगवश कार्बिन प्रकृति में एक अति विरल खनिज के रूप में पाया गया, जिसके गुण कभी-कभी प्राकृतिक ग्रेफाइट में विद्यमान होते हैं।

कार्बिन का व्यावहारिक प्रयोग प्रचलित हो गया है : इसे एक अर्धचालक के रूप में प्रयुक्त किया जाता है।

सम्मिश्र यौगिकों के बारे में कुछ शब्द

उन्नीसवीं शताब्दी में कई महान वैज्ञानिक हुए थे, परंतु उनमें से तीन अद्वितीय थे। विज्ञान के विकास में उनका योगदान अन्य वैज्ञानिकों से कहीं अधिक था। उन्होंने आधुनिक रसायन की नींव रखी।

उनमें से एक का नाम था—दमित्री मेंडेलीफ जिन्होंने आवर्त नियम और तत्वों की आवर्त प्रणाली की रचना की। दूसरे वैज्ञानिक अलेक्सान्द्र बुतलेरोव थे, जो कार्बनिक यौगिकों के संरचना-सिद्धांत के जन्मदाता थे। ये दोनों रूसी थे।

तीसरे वैज्ञानिक जर्मन रसायनज्ञ एल्फ्रेड वेरनर थे। उनकी खोज का नाम केवल दो शब्दों—"उपसहसंयोजकता सिद्धांत" तक सीमित था, परंतु अकार्बनिक रसायन के लिये यह युगप्रवर्तक सिद्ध हुआ।

यह सब तब शुरू हुआ जब रसायनज्ञों ने धातुओं और अमोनिया के बीच अभिक्रियाओं के अध्ययन का काम अपने हाथों में लिया। उन्होंने साधारण लवण के विलयन, जैसे, कापर क्लोराइड में अमोनिया विलयन मिलाया। विलयन के वाष्पीकरण के फलस्वरूप अतिसुंदर नीले-हरे रवे प्राप्त हुए। विश्लेषण ने इन्हें सामान्य संरचना वाले रवे बताया, परंतु यह एक रहस्यमय समान्यता थी।

कापर क्लोराइड का सूत्र $CuCl_2$ है। कापर द्विसंयोजक होता है और यहां हर बात स्पष्ट है। अमोनिया यौगिक के रवे भी इतने जटिल नहीं थे : $Cu(NH_3)_2Cl_2$।

परंतु दो अमोनिया अणुओं को कापर परमाणु के साथ इतने स्थायी रूप से संयोजित करने वाले बल कौन से हैं ? इस परमाणु की दोनों संयोजकताएं क्लोरीन परमाणुओं के साथ अनुबंध बनाने में खर्च हो गयीं। लगता है कि इस यौगिक में कापर त्रिसंयोजक है।

ऐसा एक और उदाहरण है—कोबाल्ट यौगिक $C_0(NH_3)_6Cl_3$। कोबाल्ट एक ठेठ त्रिसंयोजक तत्व है, परंतु इस यौगिक में यह असंयोजक लगता है।

ऐसे यौगिकों को बहुत बड़ी संख्याओं में संश्लेषित किया गया और उनमें से प्रत्येक एक देर से फटने वाली सुरंग की तरह था जिसने संयोजकता सिद्धांत की नींव में घोंसला बना रखा था।

स्थिति ने तर्कसंगत व्याख्या को चुनौती दे दी। कई धातुओं ने अतर्गल संयोजकताएं दिखायीं।

एल्फ्रेड वेरनर ने इस विचित्र घटना का कारण बताया।

उनके विचारानुसार अपनी सामान्य, मुख्य संयोजकताएं संतृप्त करने के बाद भी परमाणु अतिरिक्त संयोजकता प्रदर्शित कर सकते हैं। उदाहरण के लिये, कापर द्वारा क्लोरीन परमाणुओं पर दो मुख्य संयोजकताएं खर्च करने के बाद यह अमोनिया के साथ संयोजित होने के लिये दो अतिरिक्त संयोजकताएं ढूंढ़ लेता है।

$Cu(NH_3)_2Cl_2$ जैसे यौगिक सम्मिश्र यौगिक कहलाते हैं। इसी यौगिक में धनायन $[Cu(NH_3)_2]^{2+}$ सम्मिश्र संरचनी होता है, जैसे, $K_2[PtCl_6]$ में सम्मिश्र ऋणायन $[PtCl_6]^{2-}$ उपस्थित है।

परंतु एक धातु कितनी द्वितीयक संयोजकताएं प्रदर्शित कर सकती है ? यह उसकी समन्वय संख्या पर निर्भर करता है। अंतिम का निम्नतम मान I और अधिकतम 12 है। ऊपर बताये कापर-अमोनिया यौगिक में यह 2 है और बताता है कि अमोनिया के कितने अणु कापर-परमाणु के साथ संयोजित हैं। अधिकांशतया समन्वय संख्याएं 4 और 6 काम में लायी जाती हैं।

इस प्रकार असाधारण संयोजकताओं की पहेली हल हो गयी। अकार्बनिक रसायन की एक नयी शाखा-सम्मिश्र यौगिकों के रसायन का जन्म हुआ।

वर्तमान समय में एक लाख से अधिक सम्मिश्र यौगिक ज्ञात हैं। दुनिया के हर कोने में रासायनिक संस्थानों और प्रयोगशालाओं में इनका अध्ययन किया जा रहा है। केवल सैद्धांतिक सृजन में लगे रसायनज्ञ ही नहीं, जो यह जानने का प्रयास करते हैं कि चीजें कैसे और क्यों बनी हैं, अन्य वैज्ञानिक भी इन यौगिकों में रुचि ले रहे हैं।

सम्मिश्र यौगिकों के बिना जीवन असंभव है। हीमोग्लोबिन–रक्त का एक महत्वपूर्ण घटक और क्लोरोफिल-सारी बनस्पतियों के जीवन का आधार-दोनों सम्मिश्र यौगिक हैं। कई किण्व और एंजाइम सम्मिश्र संरचना के प्ररूप हैं।

विश्लेषक लोग कई सारे पदार्थों के अत्याधिक जटिल विश्लेषणों के लिये सम्मिश्र यौगिक इस्तेमाल करते हैं।

सम्मिश्र यौगिकों की सहायता से कई धातुएं अति शुद्ध अवस्था में प्राप्त की जा सकती हैं। इन्हें महत्वपूर्ण रंजकों के रूप में और जल के मृदुकरण के लिये प्रयुक्त किया जाता है। संक्षेप में सम्मिश्र यौगिक सर्वव्यापी हैं।

साधारण यौगिक में एक अनोखी बात मिलती है

हमारे दिनों में फोटोग्राफी सीखना एक बहुत आसान काम है। एक छोटा बच्चा भी यह काम कर सकता है। संभव है कि उसे इसके सारे रहस्य पता न हों (उनमें से कई विशेषज्ञों को भी यह जानकारी नहीं होती), परंतु फोटो खींचने और उन्हें डेवेलप करने के लिये उसे थोड़ा सा अभ्यास होना चाहिये और बड़ों की कुछ सलाहों का अनुसरण करना चाहिये।

अतः हमें विस्तार से यह बताने की जरूरत नहीं है कि फोटोग्राफर क्या करता है।

उदाहरण के लिये, उसे यह अच्छी तरह से पता है कि कभी-कभी फोटोओं पर भूरे रंग के धब्बे छप जाते हैं, विशेषकर, अगर उन्हें ज्यादा देर तक प्रकाश में रखा जाये। फोटोग्राफर इसका कारण कागज (या प्लेट) का अस्थायीकरण समझता है।

वैज्ञानिक शब्दावली में आप इस संबंध में पढ़ सकते हैं कि आप को प्लेट या कागज स्थायीकरण विलयन में पर्याप्त समय तक नहीं रखना चाहिये।

स्थायीकरण की क्या जरूरत होती है ? जिस किसी ने फोटोग्राफी में थोड़ी सी भी रुचि ली हो, वह इस प्रश्न का उत्तर बता सकता है।

उदभासन के बाद फिल्म की सतहों पर बचे सिल्वर ब्रोमाइड को हटाने के लिये इसकी जरूरत पड़ती है।

विभिन्न तरह के स्थायीकारक खोजे गये हैं। परंतु सबसे सस्ता और विख्यात स्थायीकारक हाइपो है। रसायनज्ञ इसे सोडियम थायोसल्फेट कहते हैं।

परंतु पहले कुछ शब्द सोडियम सल्फेट के बारे में कहना चाहिये। इसकी खोज जर्मन रसायनज्ञ जोहान गलौबेर ने की और यह काफी जमाने से ज्ञात था। इसी कारण सोडियम सल्फेट को गलौबेर लवण (सब्जी) भी कहते हैं। इसका सूत्र

Na_2So_4 $10H_2O$ है।

रसायनज्ञों को यौगिकों के संरचनी सूत्र बनाने का शौक है। वे निर्जलीय सोडियम सल्फेट को निम्न प्रकार से व्यक्त करते हैं :

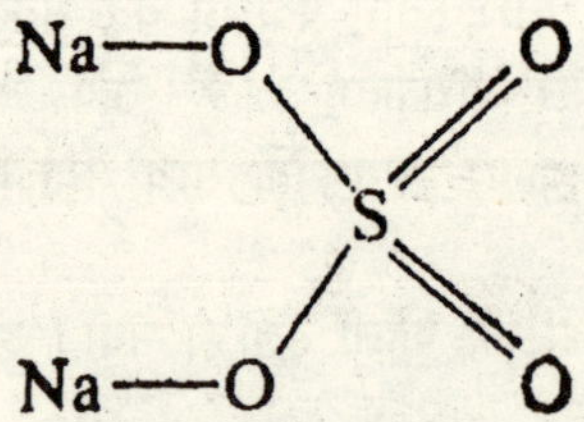

इस सूत्र को एक नजर से देखने पर एक नौसिखिया भी समझ जाता है कि इस यौगिक में सल्फर षटसंयोजक है और आक्सीजन ऋणात्मक द्विसंयोजक है।

थायोसल्फेट की संरचना लगभग ऐसी ही है। एक छोटी सी बात जरूर है और वह यह है कि एक आक्सीजन परमाणु की जगह सल्फर परमाणु ने ले रखी है :

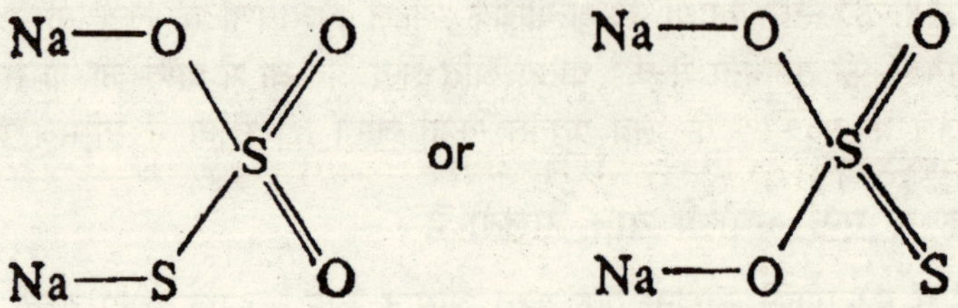

आपने देखा, यह कितना सरल है। परंतु थायोसल्फेट एक बहुत विचित्र यौगिक है। इसमें विभिन्न संयोजकताओं वाले दो सल्फर परमाणु उपस्थित हैं। एक का आवेश 6+ है और दूसरे का 2–। रसायनज्ञों का ऐसी संवृति के साथ वास्ता बहुत कम पड़ता है।

हमें सर्वाधिक साधारण चीजों में कई बार बहुत अद्वितीय गुण मिलते हैं।

हम्फरी डेवी को क्या बात पता नहीं थी ?

प्रसिद्ध अंग्रेज रसायनज्ञ हम्फरी डेवी के वैज्ञानिक कार्यों की सूची निस्संदेह बहुत लंबी है।

वे एक प्रतिभाशाली वैज्ञानिक के साथ-साथ एक उत्तम अनुसंधाता भी थे। डेवी ने जिस भी काम को हाथ में लेते थे, उसे सफलतापूर्वक जरूर निबटाते थे। उन्होंने कई नये रासायनिक यौगिक प्राप्त किये और अनुसंधान की बहुत सारी नयी विधियां विकसित कीं। अंत में डेवी ने चार तत्वों की खोज की। ये तत्व थे—पोटेशियम और सोडियम, मैग्नीशियम और बेरियम। उन्होंने ये तत्व बहुत समय से ज्ञात यौगिकों के विद्युत-अपघटन द्वारा प्राप्त किये।

उनके कार्यों में से एक में एक साधारण रासायनिक यौगिक–क्लोरीन हाइड्रेट $Cl_2.6H_2O$ की प्राप्ति का वर्णन किया गया है। इस यौगिक में जल के छः अणु क्लोरीन अणु के साथ संयोजित होते हैं।

हालांकि डेवी ने इस पदार्थों के गुणों का अति विस्तार से अध्ययन किया, परंतु उन्हें यह कभी नहीं पता चला कि उन्हें एक बिल्कुल नयी किस्म का एक यौगिक प्राप्त हो गया है, जिसमें एक भी रासायनिक अनुबंध नहीं है।

यह बात केवल बीसवीं शताब्दी के रसायनज्ञों को स्पष्ट हुई। उन्होंने संयोजकता की आधुनिक परिकल्पना के अनुसार क्लोरीन हाइड्रेट के अस्तित्व का वर्णन करने के प्रयास किये, परंतु वे सफल नहीं हुए : यह काम बहुत टेढ़ा साबित हुआ।

दशकों से रसायनज्ञ इस प्रश्न का उत्तर ढूंढ़ रहे थे कि क्या निष्क्रिय गैसें वात्सव में निष्क्रिय हैं या किसी विशेष तरीके से उन्हें रासायनिक अभिक्रियाओं में भाग लेने योग्य बनाया जा सकता है ? हमें पहले से ही इस प्रश्न का उत्तर पता है। परंतु इस प्रश्न का उत्तर ज्ञात होने से पहले ही वैज्ञानिकों ने आर्गान, क्रिप्टान, जीनान और निआन के कई हाइड्रेट बनाने में सफलता प्राप्त कर ली।

इन हाइड्रेटों में एक भी साधारण रासायनिक अनुबंध नहीं था। इसके बावजूद भी उनमें से कई अपेक्षाकृत स्थायी पदार्थ थे।

साधारण कार्बनिक यौगिक यूरिया वैज्ञानिकों के लिये एक और पहेली बना हुआ था। यह बड़ी सरलता से कई हाइड्रोकार्बनों और ऐलकोहालों के साथ संयोजित हो गया। इस अजीब ''दोस्ती'' पर आश्चर्य हो रहा था : किन बलों ने यूरिया और ऐलकोहाल को एक दूसरे की ओर आकर्षित कर दिया ? रासायनिक बलों के अलावा किसी भी चीज ने....।

कुछ भी हो, रासायनिक अनुबंधों रहित यौगिकों, पदार्थों का नया वर्ग बड़ी तेजी से बढ़ने लगा।

परंतु इस बात में कोई अलौकिकता नहीं दिखायी दी।

संयोजित होने वाले दोनों अणु समान नहीं हैं। उनमें से एक ''मेजबान'' का कार्य करता है और दूसरा ''मेहमान'' का।

मेजबान अणु एक रवेदार जाली बनाते हैं। इस जाली में हमेशा कुछ दरारें होती हैं जो परमाणुओं से नहीं भरी होती हैं। ''मेहमान'' अणु इन दरारों में घुस जाते हैं। परंतु मेहमानदारी एक अजीब किस्म की होती है। अतिथि मेजबान के साथ काफी लंबे अर्से तक रहते हैं क्योंकि उन्हें रवेदार जाली की दरारों से निकलने में काफी दिक्कत महसूस होती है।

इस प्रकार गैस क्लोरीन, आर्गान, क्रिप्टान और अन्यों के अणु जल की रवेदार जाली की दरारों में फँस गये।

अब रसायनज्ञ इन तथा अन्य कई पदार्थों को, जिनके विभिन्न अणुओं के बीच एक भी रासायनिक अनुबंध नहीं होता, जालकित (या कोशिकीय) यौगिक कहते हैं।

26, 28 या और कोई अद्वितीय यौगिक

इन पदार्थों को कैटीनेन कहते हैं। लातीनी भाषा में कैटीना का अर्थ ''शृंखला'' होता है।

तो क्या हुआ? शृंखला शब्द सारी बात थोड़ी बता देता है। यह कार्बनिक रसायन की शब्दावली का एक आम शब्द है।

परंतु सभी शृंखलाएं समान नहीं होतीं, इनमें अन्तर होता है। हमें उनके द्वारा बनाये रैखिक या शाखित और कभी-कभी काफी जटिल पैटर्न देखने के अवसर मिले हैं।

अब जरा ठहर जाइये और एक क्षण के लिये सोचिये, कार्बनिक रसायन शृंखला की धारणा ग्राफीय है, परंतु बहुत

ज्यादा सुनिश्चित नहीं है। रोज की भाषा में शृंखला शब्द का अर्थ कुछ और ही है। इसके योजकों के पास कोई स्थिर मेकेनिकल अनुबंध नहीं है, परंतु वे एक दूसरे में स्वतंत्रता से गुजर जाते हैं। कार्बनिक यौगिकों में चक्र एक दूसरे के साथ रासायनिक अनुबंधों द्वारा संयुक्त होते हैं, उदाहरण के लिये, ऐन्थ्रसीन में तीन बेंजीन छल्ले हैं। यह चक्रों की शृंखला से मिलता है परंतु फिर भी यह एक शृंखला नहीं है।

अतः रसायनज्ञों ने इस प्रश्न का हल ढूंढ़ना शुरू किया कि क्या पृथक चक्र एक साधारण शृंखला के योजकों की तरह आपस में निम्न प्रकार से जोड़े जा सकते हैं ?

संक्षेप में वे चक्रीय अणुओं को किसी रासायनिक अनुबंध के बिना एक मेकेनिकल फैशन से जोड़ना चाहते थे।

यह आकर्षक विचार बहुत दिनों तक वैज्ञानिकों के दिमाग में छाया रहा। सिद्धांत उनके पक्ष में था। उसने ऐसे संश्लेषण में किसी प्रकार की अलंघनीय रुकावटें नहीं पैदा की। रसायनज्ञों ने सैद्धांतिक रूप से चक्र में विद्यमान कार्बन परमाणुओं की संख्या की गिनती तक कर डाली।

जहां तक व्यवहार की बात है तो स्थिति काफी खराब थी। हर बार संश्लेषण किसी न किसी चरण पर गतिरोधी हो जाता था और रसायनज्ञों को तरह-तरह के नये तरीके सोचने पड़ते थे।

1964 में अप्रैल की एक सुनहरी सुबह को नये यौगिक का जन्म हुआ। इसके जन्मदाता दो जर्मन रसायनज्ञ—लुटरीन्गहास और शील थे। इसके लिये बीस क्रमबद्ध रासायनिक प्रक्रियाओं, बीस चरणों की जरूरत पड़ी।

यौगिक में दो चक्रीय अणु थे, जो शृंखला के योजकों की तरह अंतग्रंथित थे। एक योजक में 26 और दूसरे में 28 कार्बन परमाणु थे। अतः पदार्थ को इतना शुष्क नाम दिया : कैटीनेन 26, 28।

दो अंतर्गथित छल्ले अब कैटीनेन रसायन का अतीत भी बन चुके हैं। अब वैज्ञानिक और ज्यादा जटिल छल्लों पर काम कर रहे हैं, जैसे ;

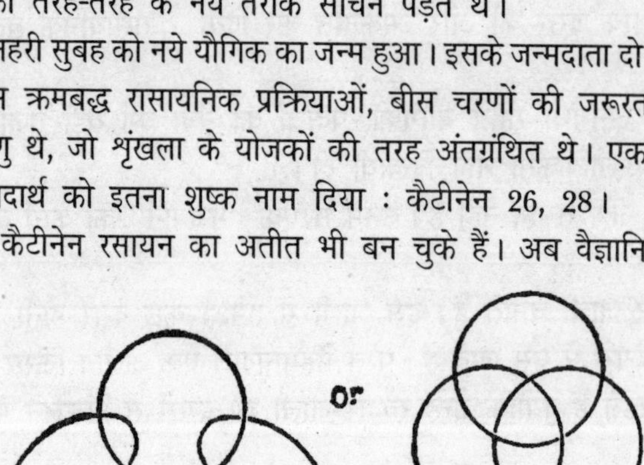

ये तीन योजक-कैटीनेनों के नमूने हैं।

बायें कैटीनेन में मध्यवर्ती योजक में 26 कार्बन परमाणु और बाह्य में 20, 20 होने चाहियें। दायें कैटीनेन अर्थात् तीन छल्लों वाले में प्रत्येक में कम से कम 30 परमाणु जरूर होने चाहियें।

नये परिवार के प्रथम नवजात कैटीनेन 26, 28 को बाह्य रूप आश्चर्यजनक साधारण है : यह 125°C पर पिघलने वाला रवेदार पाउडर है।

क्या कैटीनेन प्रकृति में उपलब्ध हैं ? प्रकृति में हर चीज कार्यसाधक है। उसकी कोई भी चीज बेकार नहीं जाती। अगर प्राकृतिक कैटीनेन हैं, तो उनके लिये विशेष काम होने चाहियें।

वैज्ञानिकों का काम उन्हें ढूंढ़ना है।

केडेट के द्रव के गुणगान

1760 में फ्रेंच रसायनज्ञ केडेट ने विज्ञान के इतिहास में एक बहुत बड़ा काम कर दिया हालांकि उन्हें खुद इस बात की जानकारी नहीं थी।

उन्होंने अपनी प्रयोगशाला में निम्न प्रयोग किया (हम नहीं जानते कि उनका उद्देश्य क्या था) केडेट ने पोटेशियम ऐसीटेट को आर्सेनिक अक्साइड के साथ गर्म किया। इस प्रयोग का परिणाम उन्हें कभी पता नहीं चला क्योंकि प्राप्त पदार्थ वास्तव में एक पैशाचिक प्रकृति दर्शा रहा था।

यह काले रंग का गाढ़ा द्रव था। यह वायु में धुआं छोड़ता था तथा आसानी से ज्वलित हो जाता था। इसके अलावा इसमें से असहनीय दुर्गंध आती थी।

लगभग 70 वर्ष बाद केडेट की ''दुरभिसंधि'' का विश्लेषण किया गया। इसके मुख्य घटक बहुत अनोखी प्रकृति वाले आर्सेनस यौगिक निकले।

इन यौगिकों में क्या अनोखापन था, यह बात समझने के लिये हम याद दिलाना चाहेंगे कि सभी कार्बनिक यौगिकों में एक महत्वपूर्ण विशिष्टता उभयनिष्ट होती है : वे कार्बन परमाणुओं की शृंखलाओं पर आधारित हैं–रैखिक, शाखित या चक्रीय शृंखलाओं पर। यह बात सच है कि कुछ अन्य तत्वों के परमाणु भी इन शृंखलाओं में घुस सकते हैं। परंतु ऐसे तत्व बहुत कम हैं (उन्हें कार्बजन कहते हैं) : आक्सीजन, नाइट्रोजन, हाइड्रोजन, सल्फर और शायद फास्फोरस।

आर्सेनिक निश्चित रूप से इनमें शामिल नहीं होता।

केडेट के द्रव में एक पदार्थ डाइकैकोडिल (यूनानी शब्द ''कैकोडेस'' से जिसका अर्थ ''बदबुदार'' होता है) उपस्थित था। इसकी संरचना ऐसी है कि आर्सेनिक परमाणु कार्बन परमाणुओं के बीच घुस गये हैं, अतः

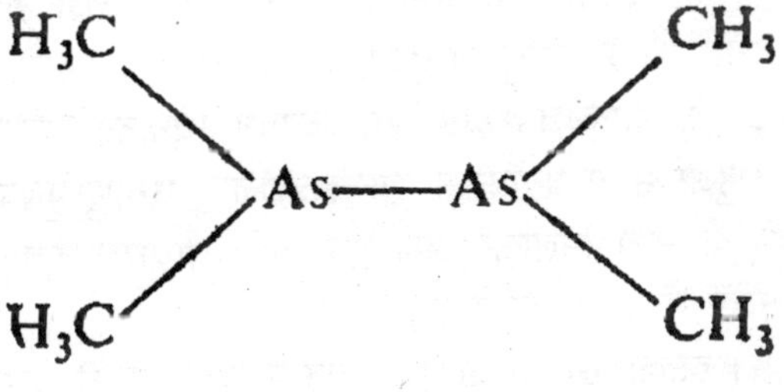

वे कार्बनिक यौगिक, जिनकी कार्बन शृंखलाओं में अकार्बजन तत्वों (धातुओं या अधातुओं) के परमाणु विद्यमान होते हैं, अब विषम-कार्बनिक यौगिक (कार्बधात्विक, अगर तत्व एक धातु है) कहलाते हैं।

इस प्रकार केडेट ने विश्व में पहले विषम-कार्बनिक यौगिक का संश्लेषण किया।

आज ऐसे हजारों पदार्थ ज्ञात हैं। विषम-अकार्बनिक और मुख्यतः कार्ब-धात्विक रसायन रसायन का बड़ा स्वतंत्र विभाग, इसका मुख्य अध्याय बन गया है।

इसने कार्बनिक और अकार्बनिक रसायन के बीच एक पुल बना दिया है और एक बार फिर से यह दिखा दिया है कि हमारे जमाने में विज्ञानों का वर्गीकरण कितना औपचारिक है।

निस्संदेह यह इस किस्म का कार्बनिक रसायन है जो ऐसे यौगिकों का अध्ययन करता है, जिनमें धातुएं निर्जीव प्रकृति के विशिष्ट प्रतिनिधि, सर्वाधिक महत्वपूर्ण भूमिका निभाती हैं।

दूसरी ओर क्या इसे अकार्बनिक रसायन कहा जा सकता है, अगर इसके तत्व पदार्थों की बहुत बड़ी संख्या काफी अंश तक शुद्ध कार्बनिक संजात हैं ?

कार्ब-धात्विक पदार्थों में विज्ञान की बहुत रुचि है। एक धात्विक परमाणु और कार्बन परमाणु के बीच अनुबंध उनकी मुख्य विशेषता है।

बड़ी बिल्डिंग के मुख्य उपग्रुप की लगभग सारी धातुएं कार्ब-धात्विक यौगिकों में उपस्थित मिल सकती हैं। इन पदार्थों के गुण बहुत विविध हैं।

कुछ शून्य से काफी निम्न तापमान पर भी बड़ी शक्ति के साथ विस्फोटित होते हैं। दूसरी ओर अन्य ताप के उत्तम प्रतिरोधी होते हैं।

कुछ रासायनिक रूप से बहुत सक्रिय होते हैं जबकि दूसरे विभिन्न प्रकार के बाह्य प्रभावों का अनिच्छा से उत्तर देते हैं।

विषम-कार्बनिक यौगिकों के प्रयोग का क्षेत्र बहुत विस्तृत है और व्यावहारिक रूप से असीम है। ये प्लास्टिक और रबर, अर्धचालकों और परम शुद्ध धातुओं के उत्पादन में प्रयुक्त किये जाते हैं ; ये औषधियों और कृषि पीड़कनाशियों और राकेट तथा मोटर इंधनों के घटकों के रूप में इस्तेमाल होते हैं। अंत में, ये बहुत परिवर्तनशील रासायनिक अभिकर्मक और उत्प्रेरक हैं। ये कई महत्वपूर्ण प्रक्रियाओं को सफलतापूर्वक संपन्न करने में सहायक सिद्ध होते हैं।

सोवियत संघ में विषम-कार्बनिक रसायनज्ञों का एक बड़ा ग्रुप है जिसकी स्थापना अकादमीशियन अलेक्सान्द्र नेस्मेयानोव ने की।

TEL की कहानी

TEL संकेताक्षर हैं यह उस यौगिक का नाम है जो मनुष्य की व्यावहारिक गतिविधियों में बहुत उपयोगी सिद्ध होता है। यह पेट्रोल की बचत करता है। किसी ने भी कभी यह गिनने की कोशिश नहीं की कि TEL ने सारे इतिहास में कुल कितने लीटर पेट्रोल की बचत की है, परंतु निस्संदेह यह काफी प्रभावशाली संख्या निकलेगी।

रहस्यमय TEL क्या चीज है ? एक रसायनज्ञ कहेगा : हाइड्रोकार्बन एथेन का धात्विक लेड के साथ एक कार्बधात्विक यौगिक। एथेन (C_2H_6) के चारों अणुओं में से प्रत्येक से एक हाइड्रोजन परमाणु पृथक करके और प्राप्त हाइड्रोकार्बन मूलों (C_2H_5) को एक लेड परमाणु के साथ मिलाकर आप एक अति साधारण सूत्र–$Pb(C_2H_5)_4$ वाला पदार्थ प्राप्त करेंगे। इसे टेट्रा ऐथिल लेड या संक्षेप में TEL कहते हैं।

TEL एक भारी द्रव होता है। इसका रंग हलका हरा होता है तथा इसकी गंध ताजे फल जैसी होती है, परंतु यह बहुत ज्यादा हानिकारक होता है। इसकी गिनती सर्वाधिक तीव्र विषों में की जाती है।

TEL के बाह्य रूप से कुछ पता नहीं चलता। यह अन्य पदार्थों जैसा लगता है ; रसायनज्ञों को इससे कहीं ज्यादा अद्वितीय तत्वों की जानकारी है। परंतु अगर मोटर-गाड़ी के टैंक में भरे पेट्रोल में एक प्रतिशत TEL मिला दें, तो जादू हो जाता है।

किसी भी मोटर या हवाई जहाज का हृदय उसका आंतरिक दाह-इंजन होता है। इसकी कार्यप्रणाली बहुत सरल होती है। एक सिलिंडर में पेट्रोल और वायु का मिश्रण संपीड़ित किया जाता, इसके बाद इस मिश्रण को विद्युत चिंगारी द्वारा जलाया जाता है। एक विस्फोट होता है और ऊर्जा उत्सर्जित होती है जो इंजन को चालू कर देती है।

मिश्रण के संपीडन अनुपात पर सब कुछ निर्भर करता है। यह अनुपात जितना उच्च होता है, इंजन की शक्ति उतनी ही अधिक होती है। तथा इंधन किफायत से इस्तेमाल होता है। यह सिद्धांत है। व्यवहार में हम मिश्रण को अपनी इच्छानुसार बहुत अधिक उच्च स्तर तक संपीडित नहीं कर सकते। इसके परिणामस्वरूप इंजन में ''खराबी'' आ जाती

है। इंधन के अधूरे, असमान दहन से इंजन बहुत ज्यादा गर्म हो जाता है, इसके पुर्जे बड़ी जल्दी घिस जाते हैं और यह पेट्रोल का खर्चा हद से ज्यादा बढ़ा देता है।

इंजन के डिजाइन में लाये सुधारों और पेट्रोल के शुद्ध ग्रेडों से यह ''खराबी'' कुछ हद तक कम कर दी गयी, परंतु पूरी तरह से दूर नहीं की जा सकी। इंजन की मोटरें हद से ज्यादा गर्म होती रहीं और मिश्रण के असमान विस्फोटन से उनकी कार्यअवधि कम होती रही।

काफी सोच-विचार के बाद वैज्ञानिक इस निष्कर्ष पर पहुंचे कि विस्फोट का दमन और मिश्रण का समान रूप से दहन केवल तभी संभव हो सकता है, जब इंधन के गुण बदल दिये जायें।

परंतु कैसे ?

थोमस मिडग्ले, एक अमरीकी रसायनज्ञ ने इस प्रश्न का हल ढूंढ़ने की दिशा में काफी मेहनत की। उनका पहला सुझाव बहुत आश्चर्यजनक था। उनका दावा था कि अगर पेट्रोल को लाल रंग में रंग दिया जाये, तो यह ज्यादा ऊष्मा अवशेषित करेगा और अधिक उड़नशील बन जायेगा। इसके फलस्वरूप इंधन-वायु मिश्रण का संपीडन और भी ज्यादा बेहतर होगा।

मिडग्ले ने पेट्रोल को रंगने के लिये उसमें थोड़ा सा आयोडीन मिला दिया। और उन्हें यह देखकर बहुत खुशी हुई कि पेट्रोल वास्तव में कम विस्फोटित होने लगा था। परंतु जैसे ही आयोडीन की जगह साधारण पेंट मिलाया गया, मोटर फिर से पुरानी खराबियों का शिकार होने लगी।

अतः यह सिद्ध हो गया कि रंग को कोई लाभ नहीं होता था। मिडग्ले की खोज ज्यादा देर तक कायम नहीं रही। उनका यह प्रतिभाशाली विचार ठीक था कि संभवतया कुछ ऐसे पदार्थ होने चाहियें जिनकी थोड़ी सी मात्रा मिलाने पर पेट्रोल काफी उत्तम किस्म का हो जा सकेगा।

आयोडिन ने कुछ हद तक यह काम कर दिखाया। अन्य पदार्थ, साधारण या यौगिक ढूंढ़े जाते थे। वैज्ञानिकों ने दर्जनों, सैकड़ों यौगिकों का परीक्षण किया। अंत में वैज्ञानिक इस महत्वपूर्ण निष्कर्ष पर पहुंचे कि अपस्फोटरोधी कर्मक उच्च परमाणु भार वाले तत्वों के यौगिकों के बीच ढूंढ़ने चाहियें। उदाहरण के लिये, इस संबंध में लेड यौगिकों का परीक्षण किया जा सकता है।

परंतु लेड को पेट्रोल में कैसे मिलायें ? न तो धातु पेट्रोल में घुलती है और न ही इसके लवण घुलते हैं। एक ही तरीका संभव हो सकता है और वह यह कि लेड के कुछ कार्बनिक यौगिक प्रयुक्त किये जायें।

तब पहली बार शब्द ''टेट्राएथिललेड'' TEL उच्चारित किया गया। यह 1921 की बात थी।

पेट्रोल में TEL की बहुत थोड़ी सी मात्रा मिलाने से आश्चर्यजनक परिणाम प्राप्त हुए। इंधन की कोटि तुरंत उत्तम हो गयी। इंधन-वायु का मिश्रण अब पहले से दोगुना ज्यादा संपीडित किया जा सकता था। इसका मतलब यह था कि उसी गति पर पहले की तुलना में अब पेट्रोल की खपत केवल आधी होगी। मोटर-गाड़ियों और हवाई जहाजों की क्रियाविधि से मिसफायर दूर कर दिये गयें

और यहां हम एक विचित्र आर्थिक सूचना दे रहे हैं : विश्व में TEL का उत्पादन इतना अधिक है कि लेड के प्राकृतिक स्त्रोत खतरे में है।

TEL में एक बहुत बड़ी खराबी है—इसकी उच्च विषाक्तता। आपने शायद ऐसे ट्रक देखे होंगे जिनके ऊपर निम्न शब्द लिखे होते हैं : ''एथिल पेट्रोल विष''। TEL मिले पेट्रोल के साथ काफी सावधानी बरतनी चाहिये।

अपस्फोटरोधी कर्मकों में TEL पायनियर था और अभी भी इसकी गिनती सर्वाधिक महत्वपूर्ण कर्मकों में की जाती है। परंतु वैज्ञानिक इसकी जगह कोई अन्य इतना ही प्रभावशाली, परंतु अहानिकर पदार्थ ढूंढ़ने की समस्या पर गंभीरता से विचार कर रहे हैं !

एक ऐसा पदार्थ ढूंढ़ भी लिया गया है। इसे CMT कहते हैं। अगर आप इससे परिचित होना चाहते हैं, तो अगली कहानी पढ़िये।

अनोखे सैंडविच

आज ज्ञात कार्ब-धात्विक यौगिकों की संख्या दस हजार से ऊपर पहुंच चुकी है। परंतु लगभग चालीस साल पहले कार्ब-धात्विक रसायन में बहुत सारी जगह खाली पड़ी थी। रसायनज्ञों को कार्बनिक अणुओं में संक्रमण धातुओं के आरोपण का कोई तरीका समझ में नहीं आ रहा था। संक्रमण धातुएं वे हैं जो आवर्त सारणी के द्वितीयक उपग्रुप में रखी गयी हैं। इन धातुओं की संख्या पचास से कुछ कम है। जब रसायनज्ञों ने इन धातुओं के कार्बनिक यौगिक प्राप्त करने में सफलता हासिल कर ली, तो पता चला कि ये यौगिक बहुत अस्थायी होते थे। 1951 में, जैसाकि विज्ञान के इतिहास में कई बार हुआ है, महामहिम "संयोग" का आगमन हुआ। अंग्रेज रसायनज्ञ पाउसन ने अपने शिष्य केली को एक बड़ा कठिन काम दिया। केली को एक हाइड्रोकार्बन संश्लेषित करना था जिसका नाम बहुत लंबा था—डाइसाइक्लोपेंटाडाइएनिल। इस काम को पूरा करने के लिये दो पांच सदस्यी कार्बन चक्रों को जोड़ना आवश्यक था। अन्य शब्दों में C_5H_6 सूत्र वाले दो यौगिकों से एक $C_{10}H_{10}$ (यह माना गया कि दो हाइड्रोजन परमाणु विभाजित हो जायेंगे) बनाना था।

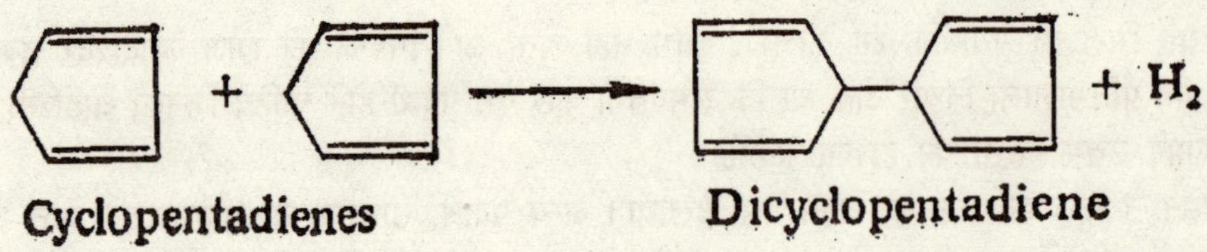

केली को पता था कि यह अभिक्रिया केवल उत्प्रेरक की उपस्थिति में घट सकती है, अतः उन्होंने इस काम के लिये फेरस क्लोराइड चुना।

एक सुहावनी सुबह को पाउसन और केली के आश्चर्य का ठिकाना न रहा। प्रत्याशित रंगहीन द्रव की जगह अभिक्रिया उत्पाद अतिसुंदर नारंगी रंग के रवे थे और लात मारने पर भी स्थायी बने रहे थे। वे 500°C तक स्थायी थे जो कि कार्बनिक रसायन के लिये एक असाधारण बात थी।

परंतु प्रोफेसर और शिष्य को और भी ज्यादा आश्चर्य तब हुआ, जब उन्होंने रहस्यमय रवों का विश्लेषण किया और आश्चर्यचकित होने की कोई वजह भी थी। रवों में कार्बन, हाइड्रोजन और....लोहा मिले। विशिष्ट संक्रमण धातु लोहा विशिष्ट कार्बनिक पदार्थों के साथ संयोजित हो गया था।

इस कार्ब-लौह यौगिक का सूत्र भी असामान्य निकला :

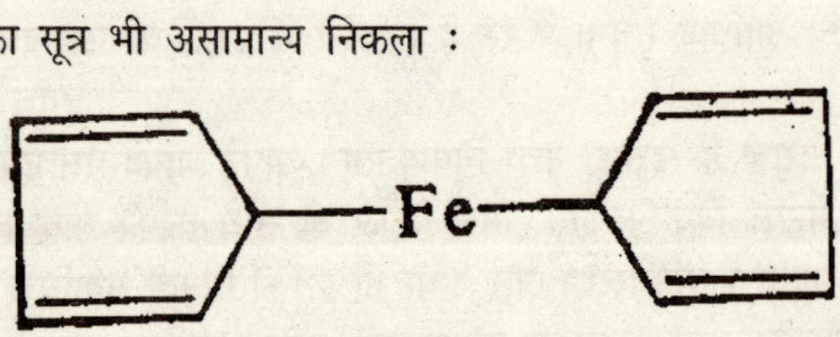

दोनों छल्ले (साइक्लोपेंटाडाइएनिल) समतल समपेथभुजीय हैं। ऐसा लगता है जैसे कि डबलरोटी के दो स्लाइसों

के बीच लौह परमाणु लगा दिया गया हो। इस तरह यौगिकों को अब ''सैंडविच'' कहते हैं।

फेरोसीन (हमारे कार्ब-लौह यौगिक का यह नाम रखा गया) ''सैंडविच'' परिवार का पहला सदस्य बन गया।

सुविधा के लिये हमने फेरोसीन को एक समतल में दिखाया है, परंतु वास्तविकता में इसके अणु की संरचना काफी जटिल होती है।

फेरोसीन का संश्लेषण आधुनिक रसायन की सर्वाधिक सनसनीखेज घटनाओं में गिना जाता है। सिद्धांतवादियों और व्यवसायिओं दोनों को कार्ब-धात्विक रसायन की संभावनाओं संबंधी अपने बहुत सारे विचारों पर पुनर्विचार करना पड़ा।

फेरोसीन का जन्म 1951 में हुआ। आज ऐसे कई दर्जन ''सीन'' ज्ञात हैं। लगभग सभी संक्रमण धातुओं के लिये ''सैंडविच'' यौगिक प्राप्त कर लिये गये हैं।

फिलहाल वे केवल सैद्धांतिक रसायनज्ञों की रुचि का विषय हैं। जहां तक व्यावहारिक प्रयोग का सवाल है, तो सारी बातें अभी स्पष्ट नहीं हुई हैं। परंतु....

और अब CMT से परिचित कराने का वक्त आ गया है। इस पदार्थ का पूरा नाम बहुत लंबा है, परंतु इसे याद करना आसान है क्योंकि यह तुकान्त है :

साइक्लोपेंटाडाइएनिल–मैंगनीजट्राइकार्बोनिल।

और इसके अणु का विन्यास भी आसानी से लिखा जा सकता है :

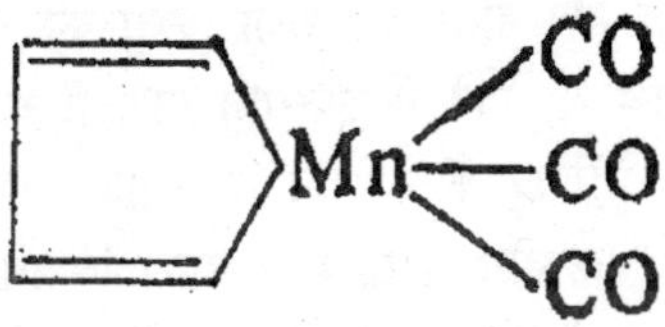

''डबलरोटी के दूसरे स्लाइस'' (साइक्लोपेंटाडाइएनिल छल्ले) की जगह भराव (मैंगनीज परमाणु) कार्बन मोनोआक्साइड के तीन अणुओं द्वारा जुड़ा है।

CMT एक श्रेष्ठ अपस्फोटरोधी कर्मक है। इसका काम हमारे पुराने दोस्त TEL से बढ़िया है और इसका कारण यह है कि CMT करीब-करीब अहानिकारक है।

कार्बन मोनोक्साइड की अजीब सनक

इस यौगिक में कोई अनोखी बात नहीं है : कार्बन का एक परमाणु और आक्सीजन का एक परमाणु। इसे कार्बन मोनोआक्साइड कहते हैं। यह बहुत विषाक्त होता है और रासायनिक अभिक्रियाओं में अनिच्छा से भाग लेता है। CO सूत्र वाले पदार्थ के ये संक्षिप्त गुण हैं।

आप विश्वास करें या नहीं, 1916 में जर्मनी के एक रासायनिक प्लांट में एक साधारण घटना घटी। किसी ने एक बहुत पुराने सिलिंडर को इस्तेमाल करने का फैसला किया। इस सिलिंडर में लगभग पांच साल तक दो गैसों–हाइड्रोजन और कार्बन मोनोआक्साइड का मिश्रण दाब के अंदर रखा गया था। इसे खोलकर गैसें बाहर निकाल दी गयीं और इसके तले पर हलके भूरे रंग का एक द्रव मिला, जिसमें से अप्रिय, कूड़े जैसी गंध आ रही थी।

यह द्रव एक ज्ञात, परंतु बहुत विरल रासायनिक यौगिक निकला, जिसमें एक लौह परमाणु और कार्बन मोनोआक्साइड के पांच अणु उपस्थित थे। रासायनिक पुस्तिकाओं के अनुसार इसका नाम लौह पेंटाकार्बोनिल $Fe(CO)_5$ था।

संयोगवश वैज्ञानिक खोजों की किस्मत की बात करते हुए हम यहां बताना चाहेंगे कि लौह पेंटकार्बोनिल एक

ही दिन 15 जून 1891 दो वैज्ञानिकों ने प्राप्त किया : बर्थलोट ने फ्रांस में और मोन्ड ने इंगलैंड में। ऐसा संयोग बहुत कम होता है।

जब इस बात की खोज की गयी कि सिलिंडर के अंदर पदार्थ कैसे बन गया, तो यह पता चला कि कोई अलौकिक बात नहीं पाई है। हाइड्रोजन ने लौह धातु में अपचयित करके पात्र की आंतरिक सतह को बहुत ज्यादा सक्रिय बना दिया। दाब के अंदर कार्बन मोनोआक्साइड लौह के साथ अभिक्रिया कर गया था। अभिक्रियाओं के मेकेनिज्म का अध्ययन करके उसी प्लांट के रसायनज्ञों ने एक उपकरण बनाया, जिसमें पदार्थ की दर्जनों किलोग्राम मात्रा प्राप्त की जा सकती थी।

वास्तव में लौह पेंटाकार्बोनिल व्यावहारिक कार्यों में प्रयुक्त होने लगा था। यह इतना अपस्फोटरोधी कर्मक नहीं था। एक विशेष इंधन प्राप्त किया गया जिसमें लौह पेंटाकार्बोनिल उपस्थित था। इसे मोटेलीन कहा गया। परंतु मोटर-कारों ने मोटेलीन ज्यादा अर्से तक प्रयोग नहीं किया। पेंटाकार्बोनिल बड़ी आसानी से दो अवयवों में विभाजित हो जाता था और प्राप्त लौह पाउडर इंजन के पिस्टन के छल्लों को अवरुद्ध कर देता था। और इसी वक्त TEL की खोज हुई।

आप लौह पेंटाकार्बोनिल के सरल विभाजन पर ज्यादा ध्यान न दें और कुछ अन्य बातों पर गौर करें।

कार्बोनिल की बहुत बड़ी संख्या ज्ञात है : क्रोमियम, मालिब्डेनम, टंग्स्टन, यूरेनियम, कोबाल्ट, निकेल, मैंगनीज और रीनियम आदि के। इन यौगिकों में विभिन्न गुण विद्यमान हैं : कुछ द्रव हैं, कुछ ठोस हैं, कुछ आसानी से विभाजित हो जाते हैं, जबकि अन्य काफी स्थायी होते हैं।

परंतु इन सबमें एक बहुत अनोखा गुण होता है : संयोजकता की आम धारणा कार्बोनिलों पर लागू नहीं होती।

यह याद दिलाना पड़ेगा कि सम्मिश्र यौगिकों में उदासीन अणुओं की विभिन्न संख्याएं धात्विक आयनों के साथ संयोजित होती हैं। इसी कारण सम्मिश्र यौगिकों के रसायन में संयोजकताओं की जगह समन्वय संख्याएं इस्तेमाल की जाती हैं। समन्वय संख्या दिखाती हैं कि केन्द्रीय परमाणु के साथ कितने अणु, परमाणु या सम्मिश्र आयन जुड़े हैं।

कार्बोनिल प्रकृति की खोज के और भी ज्यादा निराले फल हैं। इनमें उदासीन परमाणु उदासीन अणुओं के साथ संयोजित होते हैं। इन यौगिकों में धातुओं की संयोजकता शून्य के बराबर माननी चाहिये क्योंकि कार्बन मोनोआक्साइड एक उदासीन अणु होता है।

यह रसायन का एक और विरोधाभास है और सच कहें तो अभी तक इसकी कोई सैद्धांतिक व्याख्या नहीं दी गयी है।

अतः अब सिद्धांत की दुनिया की हमारी सैर खत्म होती है।

अभ्यास ने धात्विक कार्बोनिलों को एक स्वादिष्ट निवाला पाया है। पहली बात उत्प्रेरकों के रूप में। परंतु कार्बोनिलों के इससे भी ज्यादा महत्वपूर्ण उपयोग हैं।

आइये, हम उस किस्से की ओर लौटते हैं जिसमें एक पुराने सिलिंडर में प्राप्त अनोखा द्रव लौह पेंटाकार्बोनिल निकला.... लंबी कहानी को छोटा करने के लिये हम यह कहेंगे कि उस प्लांट में लौह पेटाकार्बोनिल का औद्योगिक स्तर पर उत्पादन शुरू हो गया। परंतु एक बार जब संश्लेषण उपकरण का आपरेटर ऊंघ रहा था, पेंटाकार्बोनिल एक छेद से बाहर निकलने लगा। पदार्थ की वाष्पें पास में रखी स्टील की एक चादर पर जमा हो गयीं। आपरेटर को शीघ्र ही छेद का पता चल गया और उसने शीघ्रता के साथ उसे बन्द कर दिया, परन्तु इस कार्य के दौरान उसने अनजाने में पास पड़ी चादर को खिसका दिया, जिसके परिणामस्वरूप वह प्लेटफार्म से नीचे गिर गयी।

शिकारियों के बीच एक कहावत प्रसिद्ध है : "साल में एक बार एक छड़ी भी गोली दाग देगी।" स्टील की चादर, जो इतने अर्से तक धूप में शांति के साथ पड़ी रही थी, फर्श से टकराते ही विस्फोटित हो गयी।

इस घटना की जांच के लिये एक विशेष "जांच समिति" नियुक्त की गयी। इस समिति को कई बैठकें आयोजित

करनी पड़ीं। विशेषज्ञ इस निष्कर्ष पर पहुंचे कि चादर के ''विस्फोटित'' होने का कारण यह था कि उसके ऊपर एक बढ़िया किस्म के लौह पाउडर की तह जम गयी थी। सारे विभाजित पाउडर सामान्यतया विस्फोटित हो जाते हैं ; उदाहरण के लिये, फर्श की धूल और चीनी पाउडर से हुए विस्फोट ज्ञात हैं।

पेंटाकार्बोनिल के विभाजन के फलस्वरूप चादर पर लौह पाउडर जम गया।

धात्विक कार्बोनिलों के विभाजन से उत्तम धात्विक पाउडरों की प्राप्ति में वैज्ञानिकों ने बहुत ज्यादा रुचि दिखायी।

उन्होंने यह निर्धारित किया कि ऐसे पाउडरों में अति विशिष्ट गुण विद्यमान होते हैं। उनके कण बहुत सूक्ष्म होते हैं –व्यास एक माइक्रोन से जरा सा अधिक होता है। उदाहरणतया, लौह पाउडर मजबूत धात्विक शृंखलाओं वाले रोयेंदार लौह ''ऊन'' के रूप में प्राप्त किया जा सकता है। गर्म सतह पर जमाये जाने पर कार्बोनिल उसके ऊपर एक मजबूत और बारीक फिल्म बनाते हैं ऐसे पाउडरों और बारीक फिल्मों में अति महत्वपूर्ण चुंबकीय और वैद्युत गुण विद्यमान होते हैं जिसके कारण ये रेडियो इंजीनियरी और इलेक्ट्रानिक में विस्तृत रूप से प्रयुक्त किये जा रहे हैं। पाउडर धात्विकी कार्बोनिल पाउडरों में रुचि ले रही है।

आक्सीजन धन फ्लुओरीन

''तो क्या कहा जाये ?'' कुछ दशकों पहले किसी भी रसायनज्ञ ने चिल्ला कर कहा होगा। ''आक्सीजन और फ्लुओरीन, दो सर्वाधिक सक्रिय अधातुओं का यौगिक ? यह बकवास है। आक्सीजन और फ्लुओरीन एक दूसरे के साथ अभिक्रिया नहीं करते।

आज के अनुसंधाता को यह जानकर बहुत आश्चर्य होगा कि किसी जमाने में वैज्ञानिकों को ऐसी गलतफहमी हो गयी थी।

इसका कारण यह था कि उन दिनों अनुसंधाता धात्विक फ्लुओरीन के साथ कार्य करने में पूर्णतया कुशल नहीं हुए थे और तब की प्रायोगिक तकनीक अधुनिक रसायन की तरह बहुत विकसित नहीं थी। उदाहरण के लिये, विद्युत विसर्जन या अतिनिम्न तापमानों का प्रयोग अभी शुरू नहीं हुआ था।

जैसे ही अनुसंधाता ऐसी ''चरम'' परिस्थितियों में प्रयोग करने सीख गये, फ्लुओरीन और आक्सीजन के यौगिक संश्लेषित कर लिये गये।

किसी भी तत्व के साथ आक्सीजन के यौगिक को आक्साइड कहते हैं, परंतु ''फ्लुओरीन आक्साइड'' कहना गलत होगा। विद्युत ऋणात्मकता तत्वों की एक आवश्यक विशिष्टता है। यह एक रासायनिक अनुबंधों में भाग लेने वाले परमाणु को अणु में इलेक्ट्रानों को आकर्षित करने की क्षमता का परिमाणात्मक विवरण देती है। इसका मान मेंडेलीफ की सारणी में क्षारीय धातुओं से हेलोजेनों की ओर लगातार बढ़ता जाता है। रासायनिक यौगिकों का नाम रखने के लिये कुछ निश्चित नियमों का पालन करना पड़ता है जिनके आधार पर हम बोरान कार्बाइड, फास्फोरस सल्फाइड, नाइट्रोजन आक्साइड आदि नाम देते हैं। इन यौगिकों में द्वितीय तत्वों की विद्युत ऋणात्मकता पहले तत्वों से अधिक है। फ्लुओरीन की विद्युत ऋणात्मकता उच्चतम मान तक पहुंच जाती है, अतः आक्सीजन यौगिकों को फ्लुओरीन की जगह आक्सीजन फ्लुओराइड कहना चाहिये।

मुक्त अवस्था में फ्लुओरीन प्राप्त करने के बाद हेनरी मोइसान ने आक्सीजन और फ्लुओरीन के यौगिक बनाने के प्रथम प्रयास किये। परंतु वे किसी निश्चित निष्कर्ष पर कभी नहीं पहुंचे। उन्होंने केवल यह निश्चित किया कि फ्लुओरीन की जल के साथ अभिक्रिया के फलस्वरूप कुछ बहुत अस्थायी यौगिक बनते हैं।

अगले 100 सालों में आक्सीजन फ्लुओराइडों पर बहुत सारा वैज्ञानिक साहित्य छापा गया।

अब तक इस तरह के छः यौगिक ज्ञात हो चुके हैं और सभी को रासायनिक विरलों में गिना जा सकता है।

इनका सामान्य सूत्र O_nF_2 है और ये सारे अत्याधिक अस्थायी यौगिक हैं। केवल आक्सीजन डाइफ्लुओराइड OF_2 सामान्य तापमान पर बना रह सकता है। यह जल में अविलेय गैस है जिसे फ्लुओरीन और सोडियम हाइड्रोआक्साइड की अभिक्रिया के फलस्वरूप प्राप्त किया जा सकता है। बाकी सारे आक्सीजन फ्लुओराइड एक विधि से प्राप्त किये जाते हैं अर्थात् निम्न तापमानों पर आक्सीजन और फ्लुओरीन के मिश्रण (एक निश्चित अनुपात में मिलाये) में विद्युत विसर्जन प्रवाहित करके।

तथापि इनके अधिकांश गुण अस्पष्ट रहते हैं और यह कोई आश्चर्य की बात नहीं है क्योंकि O_6F_2 जैसा पदार्थ केवल−213°C ताप तक स्थायी रहता है।

आक्सीजन फ्लुओराइड आक्सीजन अम्ल बनाने की क्षमता नहीं रखते हैं और वास्तव में फ्लुओरीन की गिनती उन अधातुओं में की जाती है (हीलियम, निओन और आर्गान के साथ), जो ऐसे अम्ल नहीं बना सकतीं जिनके अणुओं में आक्सीजन परमाणु विद्यमान हों।

फिर भी इस बात में कोई शक नहीं कि ये मायिक यौगिक वैज्ञानिकों को और कई तमाशे दिखायेंगे।

लाल और हरा

ये दोनों बहुत जटिल कार्बनिक पदार्थ हैं। इनके संरचनी सूत्र लिखने में हमारी पुस्तक का एक पूरा पृष्ठ भर जायेगा। दोनों सम्मिश्र यौगिक परमाणु एक जटिल ढांचे के केंद्र पर खुद को खो देता है। यह ढांचा कई चक्रों से बना होता है। रसायनज्ञ ऐसे यौगिकों को कीलेट यौगिक कहते हैं।

''ये'' से हमारा अभिप्राय हीमोग्लोबिन और क्लोरोफिल है। रक्त का लाल रंग और वनस्पतियों का हरा रंग इन्हीं की ही तो देन हैं। ये दोनों पदार्थ पृथ्वी की सारी सजीव चीजों के स्वामी हैं।

हीमोग्लोबिन का क्रोड़ एक आक्सीजन परमाणु है। विभिन्न जंतुओं के रक्त में विभिन्न हीमोग्लोबिन होते हैं, परंतु सब की मूल संरचना एक जैसी है। मनुष्य के रक्त में लगभग 750 ग्राम हीमोग्लोबिन होता है।

हीमोग्लोबिन श्वसन अंगों से आक्सीजन जीव के ऊतकों तक पहुंचाता है।

क्लोरोफिल की संरचना भी लगभग ऐसी ही होती है। फर्क इतना है कि इसमें धात्विक परमाणु मैग्नीशियम परमाणु होता है। क्लोरोफिल का मुख्य कार्य बहुत जिम्मेदारी वाला तथा जटिल होता है। यह वनस्पतियों को वायुमंडल से कार्बन डाइआक्साइड के परिपाचन योग्य बनाता है।

रसायनज्ञ हीमोग्लोबिन और क्लारोफिल की प्रक्रिया के मेकेनिज्म के सार का अध्ययन करना शुरू कर दिया है। स्पष्ट है कि लौह और मैग्नीशियम के केन्द्रीय धात्विक परमाणु बहुत महत्वपूर्ण भूमिका निभाते हैं।

परंतु ऐसा लगता है कि प्रकृति की कल्पना काफी अपव्ययी है। लोहा और मैग्नीशियम ही केवल ऐसी धातुएं नहीं हैं जो पार्फिनी पंजर (हीमोग्लोबिन और क्लोरोफिल के ढांचे का यह एक उभयनिष्ट नाम है) में घुस सकती हैं। ताम्र, मैंगनीज या वेनेडियम भी धात्विक ''क्रोड़'' हो सकते हैं।

पृथ्वी पर ऐसे प्राणी भी हैं जिनका रक्त नीले रंग का होता है। मोलस्कों की कुछ किस्मों का रक्त ऐसा होता है। इनके रक्त के हीमोग्लोबिन में लोहे की जगह ताम्र होता है।

तो आपने देख ही लिया, हमारे रासायनिक संग्रहालय में कितने अद्वितीय प्रदर्शन के नमूने रखे हुए हैं।

सबसे ज्यादा असाधारण परमाणु ; सबसे ज्यादा असाधारण रसायन

इस अद्वितीय परमाणु का चिन्ह Ps है। परंतु मेंडेलीफ की सारणी में आप इसे बेकार ही खोजेगें। यह किसी रासायनिक तत्व का चिन्ह नहीं है। और इसका क्षय-काल केवल एक क्षण है, एक सेकंड के करोड़वें हिस्से से भी कम। इसके

बावजूद भी इसे विघटनाभिक नहीं कहा जा सकता।

Ps का मतलब है पाजिट्रोनियम। इसकी संरचना बहुत सरल है।

एक हाइड्रोजन परमाणु, रासायनिक तत्वों के सारे परमाणुओं में सबसे साधारण परमाणु लीजिये। एक इलेक्ट्रान एक प्रोटोन के चारों ओर घूमता है।

पाजिट्रोनियम परमाणु कुछ विशेष प्रकार के विघटनाभिक रूपांतरों में दिखाई देता है ; उन रूपांतरों में, जिनमें एक पाजिट्रान उत्सर्जित होता है। बहुत थोड़े अर्से के लिये पाजिट्रान एक इलेक्ट्रान के साथ एक स्थायी तंत्र बना लेता है।

पाजिट्रोनियम में प्रोटोन की भूमिका एक प्राथमिक कण निभाता है जिसे पाजिट्रान कहते हैं। यह इलेक्ट्रान का प्रतिविन्यासी होता है। पाजिट्रान का आकार तथा द्रव्यमान इलेक्ट्रान जैसा होता है। अंतर केवल इतना है कि इसका आवेश विपरीत चिन्ह वाला होता है (धनात्मक)।

पाजिट्रान और इलेक्ट्रान के बीच टक्कर का मतलब है—दोनों का अंत। भौतिकविदों के शब्दानुसार एक दूसरे का विनाश करते हैं। अन्य शब्दों में, वे विकिरण में परिवर्तित हो जाते हैं।

परंतु अदृश्य होने से कुछ पहले ये दो पक्के शत्रु अल्प समय के लिये एक दूसरे के साथ खड़े होकर दैत्य पाजिट्रोनियम परमाणु को जन्म देते हैं। यह एक परमाणु होता है जिसका कोई नाभिक नहीं होता क्योंकि इलेक्ट्रान और पाजिट्रान गुरुत्वाकर्षण के उभयनिष्ट केन्द्र के चारों ओर घूमते हैं।

अब किन लोगों की पोजिट्रोनियम में रुचि हो सकती थी ? लगेगा कि केवल सैद्धांतिक भौतिकविदों की ; या विज्ञान-कथा के लेखकों की, जो अपने तारकीय अंतरिक्ष-यानों के लिये इंधन की नयी किस्में ढूंढ़ रहे होंगे। तथापि हमारे दिनों में पाजिट्रोनियम के बारे में काफी कुछ लिखा जा रहा है।

अपने अल्प क्षय-काल में पोजिट्रोनियम रासायनिक अभिक्रियाओं में भाग लेने की क्षमता रखता है। यह उन रासायनिक यौगिकों के साथ बहुत स्वेच्छा से अभिक्रिया करता है जिनके स्वतंत्र संयोजकता अनुबंध बच गये होते हैं। ये अप्रयुक्त रिक्त स्थान पाजिट्रोनियम परमाणुओं द्वारा अधिकृत कर लिये जाते हैं।

विशेष उपकरणों की सहायता से रसायनज्ञ किसी पदार्थ के अणु में घुसे पाजिट्रोनियम के क्षय की प्रकृति ज्ञात कर सकते हैं। यह विभिन्न प्रकार से क्षयित होता देखा गया है। यह बात अणु की संरचना पर निर्भर करती है। इस विशेषता के आधार पर रसायनज्ञ आण्विक डिजाइनों की जटिलताओं का अध्ययन कर सकते हैं तथा कई जटिल और विवादात्मक समस्याएं हल कर सकते हैं, जहां अन्य विधियां अशक्त सिद्ध हुई हैं।

एक बार फिर हीरा

हीरा हमारे रासायनिक संग्रहालय में सबसे महत्वपूर्ण प्रदर्शन का नमूना नहीं है। यह इतना साधारण है कि इसे अद्वितीय नहीं कहा जा सकता। आज इसके कार्बन पंजर से किसी को भी आश्चर्य नहीं होता। सतरहवीं शताब्दी में वैज्ञानिकों ने साधारण आवर्धन लेन्स की सहायता से धूप में हीरे के रवे जलाये थे।

बहुत अर्से से रसायनज्ञों के दिमाग में एक और ही बात भरी हुई थी और वह यह कि ग्रेफाइट को हीरे में कैसे परिवर्तित किया जाये। दोनों कार्बन हैं और उन्हें केवल ग्रेफाइट ढांचे को हीरक के ढांचे में पुनः व्यवस्थित करना था। इस प्रकार सबसे मुलायम माल से कुछ निकाले या उसमें कुछ मिलाये बिना सर्वाधिक कठोर चीज बनाती थी।

अंत में एक रास्ता ढूंढ़ लिया गया। यह एक बहुत मजेदार किस्सा है और वक्त आने पर हम इसकी चर्चा करेंगे। फिलहाल हम यह बताना चाहेंगे कि कृत्रिम हीरा प्राप्त करने के लिये जबरदस्त दाब की आवश्यकता थी।

तो दाब हमारी इस कहानी का नायक होगा। साधारण दाब नहीं, सिर्फ एक, दो या दस ऐटमौस्फियर नहीं, बल्कि

अति उच्च दाब, जब एक वर्ग सेंटीमीटर पृष्ठीय क्षेत्रफल हजारों, लाखों किलोग्रामों को संभाले रखता है।

अतः अति उच्च दाब अब तक अज्ञात पदार्थों की प्राप्ति संभव कर देते हैं।

कीमियागरों को फास्फोरस की दो किस्में ज्ञात थीं—सफेद और लाल। अब एक तीसरी किस्म है—काला फास्फोरस। सबसे भारी, सबसे घना, यह कई धातुओं की तरह विद्युत का उत्तम सुचालक है। यह अधातु, फास्फोरस अति उच्च दाबों द्वारा एक धात्विक तथा स्थायी पदार्थ में परिवर्तित की गयी।

फास्फोरस के पीछे आर्सेनिक तथा इसके बाद कुछ अन्य अधातुएं भी इसी तरह से धातुओं में परिवर्तित की गयीं। और हर बार वैज्ञानिकों को गुणों में आश्चर्यजनक परिवर्तन दिखाई दिये। अति उच्च दाबों ने उनकी आंखों के सामने ये गुण बदल दिये।

भौतिकी की दृष्टि से कोई असाधारण घटना नहीं घटी थी। अति उच्च दाब ने तत्वों और उनके यौगिकों की केवल रवेदार संरचना पुनः व्यवस्थित कर दी थी, उन्हें अधिक धात्विक बना दिया था।

इस प्रकार एक शुद्ध भौतिकीय शब्द ''दाब धात्विकीकरण'' का जन्म हुआ।

अंतरिक्ष-यात्री चंद्रमा की सैर कर चुके हैं। अब मंगल और शुक्र की बारी है। इसके बाद और भी ज्यादा दूरस्थ तथा रहस्यमय संसारों का नंबर आयेगा। लोगों की बार-बार असामान्य, अप्रत्याशित तथा अज्ञात के साथ मुलाकात होगी।

परंतु इस वक्त हमारी एक विशेष प्रश्न में रुचि है।

क्या सारी जगहों पर एक जैसे रासायनिक तत्व हैं ? क्या मेंडेलीफ की आवर्त सारणी का नियम बिना किसी अपवाद के सारे अंतरिक्षीय पिंडों पर लागू होता है? या रूसी वैज्ञानिक की विलक्षण रचना केवल पृथ्वी के लिये ठीक है ?

हमें आशा है कि हमारे अनन्त प्रश्नवाचक चिन्हों से पाठक नाराज नहीं हुए हैं। परंतु वास्तव में जवाब देने की जगह सवाल पूछना कहीं आसान है।

दार्शनिकों की एक निश्चित धारणा है। उन्हें विश्वास है कि सारे ब्रह्मांड में आवर्त नियम और आवर्त प्रणाली समान है। वे समान हैं, परंतु एक आवश्यक शर्त के साथ : केवल वहां, जहां परिवेशी परिस्थितियां पार्थिव परिस्थितियों से ज्यादा भिन्न नहीं हैं, जहां तापमान और दाब बहुअंकी संख्याओं द्वारा व्यक्त नहीं होती है। और वहां वे सीमित हैं।

पैरों तले अज्ञात चीज

एक पूर्वी कहावत है : ''तारे गिनने से पहले अपने पैरों तले देखो।''

क्या हम अपने ग्रह को अच्छी तरह से जानते हैं ? दुर्भाग्यवश हमें इसके बारे में बहुत थोड़ी जानकारी है। हमें भूमंडल के अंदरूनी भाग की संरचना की तथा इसकी दूरस्थ गहराइयों में उपस्थित पदार्थों की बहुत अल्प जानकारी है।

हमारे पास केवल यही है कि हमें बहुसंख्यक विभिन्न परिकल्पनाएं ज्ञात है और पता है कि उसमें से किसी को भी प्राथमिकता नहीं दी जा सकती।

यह सच है कि तेल के कुएं कई किलोमीटर की गहराई पर पाये गये हैं, और निकट भविष्य में जितनी गहराइयों पर खुदाई की जायेगी, वह संख्या बहुत प्रभावशाली लगती है—पंद्रह से बीस किलोमीटर तक। परंतु यह नहीं भूलना चाहिये कि पृथ्वी की त्रिज्या 6.300 किलोमीटर है।

एक और पूर्वी कहावत प्रसिद्ध है : ''काष्ठफल का स्वाद जानने से पहले उसे तोड़ना आवश्यक है।

मोटे हिसाब से हम यह कह सकते हैं कि हमारा ग्रह संरचना के मामले में एक काष्ठफल से मिलता है। एक

कोश-भूपर्पटी-बाहर, और एक गिरी—पृथ्वी का क्रोड-अंदर। पृथ्वी की पर्पटी और क्रोड़ के बीच एक मोटी सतह होती है, जिसे पावार कहते हैं।

हमें कुछ अंश तक यह पता है कि पृथ्वी का कोश किस चीज से बना है। कोश नहीं बल्कि वह पतली रुचिर परत, जिसने हरे काष्ठफल को लपेट रखा है। प्रावार लें या क्रोड़, यह बात अभी तक पहेली बनी है कि इनकी बनावट कैसी है।

हां, एक बात पूर्ण निश्चय के साथ कही जा सकती है। पृथ्वी के आंतर स्तर को बनाने वाले पदार्थ काफी असाधारण है। पृथ्वी के केन्द्र के जितने समीप होंगे, ऊपर स्थित सतहों का दाब उतना ही ज्यादा उच्च होगा। क्रोड़ पर दाब तीस लाख ऐटमौस्फियर तक पहुंच जाता है।

प्रसंगवश, पृथ्वी के क्रोड़ के बारे में। एक शताब्दी से अधिक अर्से तक वैज्ञानिकों में इसकी संरचना पर मतभेद चले आ रहे हैं। जितने वैज्ञानिक, उतनी ही परिकल्पनाएं।

कुछ का कहना है कि ग्रह का क्रोड़ लोहे-निकेल का बना है। दूसरे कुछ और ही सोचते हैं। उनके मतानुसार क्रोड एक खनिज आलिवीन से बना है। सामान्य परिस्थितियों में यह मैग्नीशियम, लौह और मैंगनीज सिलिकेटों का मिश्रण होता है। क्रोड़ के अंदर विशाल दाब आलिवीन को धातु जैसे एक पदार्थ में परिवर्तित कर देता है। कुछ वैज्ञानिक इससे भी आगे बढ़ जाते हैं। उनका दावा है कि क्रोड़ का केन्द्रीय भाग हाइड्रोजन से बना है जिसे पूर्ण पिंडन तक संपीड़ित किया गया है, जिसके कारण उसमें अद्वितीय धात्विक गुण विद्यमान हैं। कुछ अन्य वैज्ञानिक....।

बेहतर रहेगा कि हम यहीं रुक जायें। "काष्ठफल का स्वाद जानने से पहले उसे तोड़ना आवश्यक है।" परंतु पृथ्वी के क्रोड़ तक पहुंचने में बहुत लंबा समय लगेगा।

हमें परमाण्वीय नाभिक की संरचना के मुकाबले पृथ्वी के क्रोड़ की संरचना के बारे में बहुत कम जानकारी है। क्या यह एक विरोधाभास नहीं है ?

जी हां, अज्ञात हमारे पैरों तले हैं। रसायनज्ञ के लिये आश्चर्यों का एक असली गोदाम : तत्वों की असाधारण रवेदार अवस्थाएं ; अधातुओं का धातुओं में परिवर्तन; यौगिकों की बहुत सारी किस्में, जिनके गुणों की कल्पना करना भी मुश्किल है।

गहराइयों का आश्चर्यजनक रसायन।

परंतु जैसाकि सोवियत वैज्ञानिक कापूस्तीन्स्की ने बताया है फिलहाल हमारा रसायन एक अति "सामान्य" विज्ञान है।

क्या आवर्त प्रणाली अधिकतम गहराइयों के लिये भी वैध है ? जी हां, जब तक परमाणुओं की इलेक्ट्रानी संरचना अपरिवर्तित रहती है। जब तक इलेक्ट्रान उन कोशों में सजे रहते हैं जिनके अंदर उन्हें रहना चाहिये।

परंतु यथापूर्व स्थिति केवल इतने लंबे अर्से के लिये सुरक्षित है।

जब वह चीज वह है ही नहीं

जी नहीं, अति उच्चदाब की बात अभी खत्म नहीं हुई है। यह एक नया अजूबा दिखाने जा रहा है।

परमाणु की संरचना काफी मजबूत होती है। यह कुछ इलेक्ट्रान खो सकता है और उसके बाद परमाणु एक आयन में परिवर्तित हो जाता है। रासायनिक अन्योन्यक्रियाओं के दौरान यह प्रक्रिया हर वक्त घटती रहती है।

परमाणु कई इलेक्ट्रान खो सकता है और अंत में सारे भी खो सकता है जिससे कि "नग्न" नाभिक बाकी रह जाये। यह संवृत्ति 10 लाख डिग्री तापमान पर दिखाई देती है अर्थात् नक्षत्रों में।

परंतु यहां एक अन्य पहेली है। मान लेते हैं कि इलेक्ट्रानों की कुल संख्या अपरिवर्तित रहती है, परंतु वे खुद

को इलेक्ट्रान कोशों में विभिन्न प्रकार से क्रमबद्ध कर लेते हैं। इस प्रकार के परिवर्तन से परमाणु के अर्थात् तत्व के गुण अवश्य ही बदलेंगे। हम कह सकते हैं कि यह चित्र के नीचे लिखा विषय है। आइये, अब चित्र की बात करते है।

आपको पोटेशियम परमाणु के चित्रण में कोई दिक्कत महसूस नहीं होती है। इसमें चार कोश होते हैं। नाभिक के सबसे निकट वाले (Kऔर L) भरे हुए हैं : पहले कोश में 2 और दूसरे में 8 इलेक्ट्रान उपस्थित हैं। सामान्य परिस्थितियों में और कोई इलेक्ट्रान उनमें नहीं शामिल हो सकेगा। परंतु अन्य दो कोशों के भरने में काफी कसर बाकी है। M–कोश में केवल 8 इलेक्ट्रान हैं (हालांकि इसमें 18 इलेक्ट्रान हो सकते हैं) और N–कोश का भरण अभी शुरू हुआ है (इसमें एक इलेक्ट्रान है) और ऐसी स्थिति पिछले कोश के पूरा होने से पहले होती है।

पोटेशियम पहला परमाणु है जो अपने इलेक्ट्रानकोश के अंतर्गत, चरणबद्ध गठन का प्रदर्शन करता है।

परंतु यह कल्पना करना कठिन नहीं है कि चौथे कोश में घुसने के बजाय पोटेशियम इलेक्ट्रान तीसरा कोश का भरण जारी रख सकता है (इस कोश में अभी दस जगहें खाली हैं)।

विलक्षण ? बिल्कुल सामान्य परिस्थितियों में। परंतु अति उच्च दाब एक असामान्य स्थिति बना देते हैं।

अति उच्च दाबों पर नाभिक के चारों ओर स्थित इलेक्ट्रान-कोश बहुत ज्यादा सिकुड़ने लगते हैं। और बाह्य इलेक्ट्रान नीचे पड़े अधूरे कोशों में "गिर" सकते हैं।

उदाहरण के लिये, मान लेते हैं कि पोटेशियम परमाणु के चौथे कोश में बाह्य इलेक्ट्रान तीसरे में अंतःस्थित था, जिससे M-कोश में नौ इलेक्ट्रान हो गये।

इसका क्या परिणाम होगा ? पोटेशियम का परमाणु क्रमांक (19) उतना ही रहेगा जितना पहले था और इलेक्ट्रानों की संख्या भी वही रहेगी तथा तत्वों का कोई रूपांतरण घटित नहीं होगा।

हमारी पुरानी मित्र क्षारीय धातु पोटेशियम अब हमारी मित्र नहीं रहेगी। यह एक अजनबी धातु बनेगी जिसमें चार के बजाय तीन कोश होंगे और जिसके बाह्य कोश में एक की जगह नौ इलेक्ट्रान होंगे। अतः "निओपोटेशियम" के रासायनिक गुणों का नये सिरे से अध्ययन करना पड़ेगा।

हम केवल अनुमान लगा सकते हैं कि ये गुण कैसे होंगे क्योंकि "भेड़िया-मानव पोटेशियम" का जरा सा कण भी अनुसंधान के लिये कभी नहीं मिला है।

और भी ज्यादा उच्च दाबों पर पोटेशियम से अगले तत्व भी अपना बाहरी रूप बदलेंगे। इलेक्ट्रानकोशों के चरणबद्ध भरण के साथ मेंडेलीफ की सारणी के नियम का पालन नहीं किया जायेगा। जब तक एक कोश अधुरा होता है, तब तक अगला खाली पड़ा रहता है।

यह भी एक आवर्त प्रणाली होगी, परंतु मेंडेलीफ की नहीं। इसके निवासी (पहले तीन आवर्तों के तत्वों के अलावा) भिन्न होंगे। इसकी "क्षारीय" धातुएं ताम्र और प्रोमिथियम होंगी तथा इसकी उत्कृष्ट गैसें निकेल और नियोडियम होंगी जिनमें संगत बाह्य कोश भर गये होंगे।

अतिउच्च दाबों का रसायन ऐसा रूप ले सकता है! असामान्य संयोजकताएं, अजीब गुण, अनोखे यौगिक....।

आकर्षक ? जी, हां! वास्तव में ? कौन जानता है...। यहां एक बार फिर "सनकी" विचार की जरूरत है क्योंकि एक बिल्कुल नये प्रकार के पदार्थ की प्राप्ति का सवाल है। अगर यह अतिउच्च दाबों पर भी बना रहता है, तो वह साधारण परिस्थितियों में परंपरागत तत्वों का रूप ग्रहण कर सकता है। प्रसंगवश हम बताना चाहेंगे कि विज्ञान कथाकारों ने यह विचार पकड़ ही लिया है। सवाल यह है कि इस परिवर्तन को बनाये रखने या जमाने के लिये क्या कदम उठायें जायें। अगर हम इस सवाल का हल ढूंढ़ने में सफल हो जाते हैं तो हमारे पास एक नया रसायन-विज्ञान विकसित होगा, रसायन नंबर 2 का जन्म होगा।

इसकी आंखों से

विश्लेषण के उपयोग के बारे में

मिखाईल लोमोनोसोव ने एक बार निम्न शब्द कहे : "रसायन अपनी बांहें फैला रहा है... ।" लगभग दौ सौ साल पहले उनकी पटुता ने आने वाली पीढ़ियों के लिये इस विज्ञान का महत्व अनुभव कर लिया था।

बीसवीं शताब्दी ने इस कथन को सुस्पष्ट कर दिया है। अब रसायन "कई भुजाओं वाली सृष्टि" है। शायद ही प्रत्येक अकादमीशियन इसकी शाखाओं की तुरंत गिनती कर सकता है। और लगभग हर साल इसकी एक न एक नयी शाखा जरूर निकलती है।

परंतु एक चीज ऐसी है जिसके बिना ये रासायनिक "भुजायें" निष्प्राण होकर लटकने लगेंगी। यह चीज रासायनिक विश्लेषण है।

इसकी सहायता से रसायनज्ञ पृथ्वी पर विद्यमान बहुत सारे तत्वों की खोज में और उनके परमाणु भार-महत्वपूर्ण रासायनिक गुण-निर्धारित करने में सफल हुए हैं।

इसके आधार पर वे साधारण पदार्थों और रासायनिक यौगिकों के अवयव निश्चित कर पाये हैं—साधारण नमक से लेकर प्रोटीनों तक के।

इसने चट्टानों और खनिजों की संरचनाएं बतायी हैं और भूरसयानज्ञों की पृथ्वी के रासायनिक तत्वों के भंडारों की गिनती करने में मदद की है।

रसायन विश्लेषण का बहुत आभारी है, विशेषतया एक परिशुद्ध विज्ञान बनने के मामले में। असंख्य उदाहरणों से यह स्पष्ट है कि मानव के कार्यकलाप के विभिन्न क्षेत्रों में उसकी सहायता के लिये विश्लेषण सबसे पहले आगे बढ़ता है।

उदाहरण के लिये, कल्पना करते हैं कि लोहा अपने अयस्क से वात्या-भट्टी में प्रगलित किया जा रहा है। इसके गुण मुख्य रूप से प्राप्त धातु में कार्बन की मात्रा पर निर्भर करते हैं। अगर इसमें 1.7 प्रतिशत से ज्यादा कार्बन है, हमें ढलवां लोहा प्राप्त होता है : 1.7 से 0.2 प्रतिशत के मध्यांतर स्टील के विभिन्न ग्रेड प्रदर्शित करते हैं और अगर धातु में 0.2 प्रतिशत से कम कार्बन है तो इसे पिटवां लोहा कहते हैं।

लोहे और स्टील, तांबे और कांस्य के बीच क्या फर्क होता है ? नीले थोथे में कितना ताम्र होता है ? क्या खनिज कार्नेलाइट में पोटेशियम काफी मात्रा में होता है ? केवल रासायनिक विश्लेषण इन तथा इनसे मिलते प्रश्नों का जवाब देता है। दो मुख्य प्रश्न इसके सामने खड़े होते हैं : अनुसंधान हेतु लिये पदार्थ में कौन से तत्व उपस्थित हैं और किस अनुपात में ? पहला गुणात्मक विश्लेषण का कार्यक्षेत्र है और दूसरा मात्रात्मक विश्लेषण का।

जहां तक विश्लेषण की किस्मों का सवाल है तो साधारण व्यक्ति ही क्या, एक अनुभवी विशेषज्ञ भी तुरंत नहीं बता सकता कि उनकी कुल संख्या कितनी है।

अच्छी बारूद कैसे बनायी जाये ?

बारूद किसने खोजी ? किवदंती कहती है कि यह काम जर्मन मठवासी बर्थोलड श्वार्ज ने किया था। इस बात के सबूत मिले हैं कि चीनी लोग बहुत समय पहले बारूद इस्तेमाल करते थे।

बारूद का बनाना कोई मुश्किल काम नहीं है : आपको सिर्फ इतना ही करना है कि सल्फर, शोरे और चूर्णित चारकोल को निश्चित अनुपातों में मिलाना है। परंतु ये घटक बहुत बढ़िया किस्म के होने चाहियें। इनकी कोटि की जांच कैसे की जा सकती है ?

पुराने जमाने में बारूद बनाने वाले शोरे को चख कर देखते हैं।

चख कर शोरे की परीक्षा करने का निम्न विचित्र तरीका पुरालेख में मिला है : ''जिस शोरे का स्वाद नमकीन और कड़वा होता है, वह बढ़िया नहीं होता ; अगर शोरा जीभ काटता है और थोड़ा सा मीठा लगता है, तब वह अच्छा होता है।''

सल्फर के परीक्षण का तरीका इससे भी ज्यादा अपूर्व था।

सल्फर के एक टुकड़े को मुट्ठी में बंद करके कान के पास लाया जाता था। अगर हलकी सी चटचटाहट की आवाज सुनायी देती थी, तो सल्फर काम लायक समझा जाता था, अन्यथा उसे अशुद्ध माना जाता था।

शुद्ध सल्फर चटचटाता क्यों है ? इसकी ऊष्मा चालकता बहुत निम्न होती है। मुट्ठी सल्फर को गर्म कर देती है और इसके विभिन्न भागों का तापमान भिन्न हो जाता है। भंगुर होने के कारण सल्फर चटक कर छोटे-छोटे टुकड़ों में विभाजित हो जाता है। अशुद्ध सल्फर की ऊष्मा चालकता बहुत ज्यादा होती है ; जिसके कारण वह अधिक स्थायी होता है। इस प्रकार कान की सहायता से रासायनिक विश्लेषण का यह वैज्ञानिक आधार है।

संक्षेप में यह कहा जा सकता है कि अतीत के रसायनज्ञों के मुख्य विश्लेषण यंत्र उनकी ज्ञानेन्द्रियां थीं। कुछ साधारण पदार्थों और यौगिकों के नाम इस तथ्य की पुष्टि करते हैं। उदाहरण के लिये, बेरिलियम को पहले ग्लूसीनियम कहते थे क्योंकि इसके लक्षणों का स्वाद मीठा होता है। ग्लिसरीन नाम भी लातीनी भाषा से लिया गया है जहां इसका अर्थ ''मीठा'' होता है। प्राकृतिक सोडियम सल्फेट को मिरैबिलाइट कहते हैं, जिसका अर्थ ''कड़वा'' होता है।

जर्मेनियम की खोज कैसे हुई ?

मार्च 1886 के शुरू में मेंडेलीफ को एक पत्र मिला ; जिसमें निम्न शब्द लिखे हुए थे :

''आदरणीय महोदय!

आपके पास एक रिपोर्ट का रीप्रिन्ट भेज रहा हूँ जिससे यह प्रमाणित होता है कि मैंने एक नया तत्व ''जर्मेनियम'' खोजा है। आरंभ में मैंने सोचा कि यह तत्व आपकी अद्वितीय और गंभीरता के साथ बनायी आवर्त सारणी में ऐंटिमनी और बिस्मथ के बीच की खाली जगह भर देगा और यह तत्व आपके एका-ऐंटिमनी के समान होगा, परंतु तथ्य कहते हैं कि यह एका-सिलिकन है।

मुझे आशा है कि मैं शीघ्र ही आपको इस रोचक पदार्थ के बारे में और विस्तृत जानकारी भेज सकूंगा। आज मैं आपके सच्चे अनुसंधान की एक नयी विजय की सूचना देना चाहता हूं और इस पत्र द्वारा आपके प्रति हार्दिक सम्मान प्रकट करना चाहता हूं।

आपका क्लेमेन्त्स विन्कलर फ्रेबर्ग, सैक्सन 26 फरवरी, 1886.

लगता है कि जर्मेनियम की खोज से लगभग सौ साल पहले पहले हेनरी केवेन्डीश ने निम्न शब्द बार-बार व्यर्थ में ही नहीं दोहराये : ''हर चीज माप, संख्या और भार के आधार पर निर्धारित की जाती है।'' कुछ दिनों पहले सैक्सन

में मिले एक अति विरल खनिज आर्जिरोडाइट का विश्लेषण करने पर विन्कलर को इसमें लोहे, जिंक और मर्करी की अल्प मात्राओं के साथ मुख्यतः रजत और सल्फर मिले। परंतु वैज्ञानिक को यह देखकर बहुत आश्चर्य हुआ कि आर्जिरोडाइट में मिले सारे तत्वों के प्रतिशतों का योग 93 बना और यह 100 तक नहीं पहुंचने की जिद किये था।

बाकी 7 प्रतिशत क्या हो सकता था?

अधिकांश तत्वों के विश्लेषण की उस वक्त जितनी विधियां ज्ञात थीं, विन्कलर ने वे सारी एक-एक करके अपनायीं। इसके बाद उन्होंने एक साहसी पूर्वानुमान लगाया और वह यह था कि चूंकि 7 प्रतिशत सारी विश्लेषण कार्य विधियों के उपयोग के फलस्वरूप बच निकले थे, अतः वे किसी अज्ञात तत्व को प्राप्त होने चाहिये। उनके पूर्वानुमान की पूरी तरह से पुष्टि हो गयी। विश्लेषण की कार्यविधि में थोड़ा सा परिवर्तन लाकर विन्कलर ने अज्ञात सात प्रतिशत अलग कर दिये और उन्हें उस वक्त तक अज्ञात एक नयी धातु प्राप्त हुई। उन्होंने इस धातु का नाम अपनी मातृभूमि के सम्मान में जर्मनियम रखा।

भारात्मक विश्लेषण ने एक अन्य तत्व की खोज में महत्वपूर्ण भूमिका निभायी। यह तत्व-आर्गान, उत्कृष्ट गैसों का प्रथम प्रतिनिधि था।

पिछली शताब्दी के दसवें दशक के आरंभ में अंग्रेज भौतिकविद रेले ने अकेले तत्वों की गैसों के घनत्व और उनके परमाणु भारों के निर्धारण का काम अपने हाथ में लिया। सब काम ठीक चलता रहा, परंतु नाइट्रोजन पर पहुंचकर अजीब बातें दिखायी देने लगीं। वायु से अलग किये 1 लीटर नाइट्रोजन का भार रासायनिक यौगिकों से प्राप्त नाइट्रोजन की उतनी ही मात्रा के भार से 0.0016 ग्राम अधिक निकला। रासायनिक यौगिक की किस्म का अंतिम परिणाम पर कोई असर नहीं पड़ रहा था। अमोनियम नाइट्राइट, नाइट्रास या नाइट्रिक आक्साइडों, यूरिया, अमोनिया अथवा अन्य यौगिकों से प्राप्त नाइट्रोजन का अभागा लीटर वायुमंडलीय नाइट्रोजन की उतनी ही मात्रा से हलका पाया गया।

इस अजीब अंतर का कारण पता न चलने पर रेले ने लंदन की एक पत्रिका ''नेचर'' में एक लेख छपवाया, जिसमें अपने प्रयोग के परिणामों का विवरण दिया। शीघ्र ही अनुसंधाता रेमजे ने रेले को उत्तर दिया और दोनों अनुसंधाताओं ने मिलकर इस पहेली का हल ढूंढ़ना शुरू कर दिया। अगस्त 1894 में उन्होंने एक नये तत्व की खोज की घोषणा की। यह वही तत्व था जो रेले की प्रथम असफलताओं का कारण था। वायु में इसकी मात्रा एक प्रतिशत के लगभग पायी गयी।

इस प्रकार साधारण भारात्मक विश्लेषण ने नये तत्वों की खोज के काम में वैज्ञानिकों की सहायता की। आज एक भी रासायनिक प्रयोगशाला इसके बिना काम नहीं चला सकती। साधारण भारण जटिल यौगिकों तथा खनिजों में तत्वों की प्रतिशतताएं निर्धारित करने में सहायक सिद्ध होता है। हां, यह बात जरूर है कि इससे पहले तत्वों को एक दूसरे से अलग करने में काफी मेहनत की जरूरत पड़ती है।

प्रकाश और वर्ण

सोवियत संघ के प्रत्येक सरकारी पर्व के अवसर पर आपको मास्को रेडियो के घोषक के मुंह से निम्न सूचना सुनाई देती है :

''रक्षा-मंत्री के आदेश पर... के सम्मान में.... मैं हमारे देश की राजधानी में, गणतंत्रों की राजधानियों और वीर-नगरों में आतिशबाजी द्वारा सलामी की आज्ञा देता हूँ...।''

सलामी के दौरान साल्वो की गरज के साथ पीले, हरे और लाल रंग का प्रकाश आकाश को बहुत भव्य बना देता है।

साल्वो और आतिशबाजी द्वारा त्योहार मनाने की प्रथा बहुत प्राचीन काल से चली आ रही है। चीन में आतिशबाजी

की कला ईसा से दो हजार वर्ष पूर्व ज्ञात थी। परंतु रंगीन ज्वालाओं की सहायता से रासायनिक विश्लेषण करने की बात वैज्ञानिकों ने कुछ अर्से पहले ही सोची है।

लगभग डेढ़ सौ साल पहले जर्मन भौतिकविद किरचोफ ने इस बात पर ध्यान दिया कि विभिन्न धातुओं के लवण गैस बर्नर की रंगहीन ज्वाला को अलग-अलग रंग में बदल देते थे। सोडियम लवण—पीले रंग में, कैल्सियम लवण किरमिजी लाल और बेरियम लवण हरे रंग में, आदि।

जल्दी ही किरचोफ की समझ में यह बात आ गयी कि उक्त तथ्य पदार्थों में रासायनिक तत्वों को ढूंढ़ने की एक तेज और विश्वसनीय विधि प्रस्तुत कर रहा था। तथापि उनका उल्लास असामयिक था। जब तक शुद्ध लवण इस्तेमाल किये जाते रहे, तब तक तो सारा काम ठीक चलता रहा। परंतु जब सोडियम और पोटेशियम का बैंजनी रंग बर्नर की ज्वाला के चमकीले पीले रंग (सोडियम की उपस्थिति के कारण) के सामने लगभग अगोचर सा था।

भौतिकविद वन्सन ने रसायनज्ञ किरचोफ की सहायता की। उन्होंने यह सुझाव दिया कि लवणों के मिश्रण के साथ बर्नर की ज्वाला का अध्ययन एक विशेष उपकरण—स्पेक्ट्रमदर्शी द्वारा किया जाये। इस उपकरण का मुख्य अंग एक प्रिज्म होता है जो अपने में से गुजरे श्वेत प्रकाश को एक स्पेक्ट्रम में अर्थात् घटकों में विभाजित कर देता है। ''स्पेक्ट्रमदर्शी'' नाम का अर्थ ''एक स्पेक्ट्रम का दर्शन'' होता है।

यह विचार बहुत सफल सिद्ध हुआ। गैस बर्नर की ज्वाला ने, जिसमें परीक्षण हेतू लिया लवण डाला गया था, प्रकाश के अन्य स्त्रोतों से भिन्न एक अविराम स्पेक्ट्रम की जगह एक रैखिक स्पेक्ट्रम दिया और स्पेक्ट्रम की रेखाएं हमेशा एक स्थिर अवस्था में रहती थीं। इस प्रकार ज्वाला में डाले सोडियम लवण ने स्पेक्ट्रम में दो पास-पास स्थित गहरे पीले रंग की रेखाएं दीं। पोटेशियम लवणों ने एक लाल और दो बैंगनी रेखाएं दीं, आदि।

किरचोफ और बन्सन ने देखा कि किसी भी विशेष रासायनिक तत्व की रेखाएं स्पेक्ट्रम में हमेशा एक स्थिति में प्रकट होती थीं। इस बात से कोई फर्क नहीं पड़ता था कि सोडियम ज्वाला में सोडियम क्लोराइड, सल्फेट, कार्बोनेट या नाइट्रेट के रूप में डाला गया है, सोडियम रेखाओं की स्थिति हमेशा एक जैसी बनी रहती थी। सोडियम लवणों के साथ अन्य लवण, उदाहरणतया, पोटेशियम, कापर, लौह, स्ट्रान्शियम या बेरियम लवण मिलाने पर भी सोडियम रेखाओं की स्थिति पर कोई फर्क नहीं पड़ता था।

अपनी खोज से प्रेरित होकर किरचोफ और बन्सन ने अथक परिश्रम किया। उन्होंने बहुत सारे तत्वों और यौगिकों का ''ज्वाला में'' परीक्षण किया। कुछ समय बाद उन्होंने रासायनिक तत्वों की एक सूची तैयार की, जिसमें स्पेक्ट्रम में उन तत्वों की रेखाओं की विशेषताएं बतायीं। अब वैज्ञानिक पदार्थों के कई जटिल मिश्रणों का सही विश्लेषण कर सके।

इस प्रकार स्पेक्ट्रमदर्शी-विश्लेषण का जन्म हुआ। यह मिश्रणों में कई ज्ञात रासायनिक तत्वों के गुणात्मक निर्धारण की केवल एक उत्तम विधि ही नहीं थी। इससे नये तत्वों की खोज के काम में भी सहायता की : रूबिडियम, सीजियम, इंडियम, गैलियम और उत्कृष्ट गैसों की खोज का श्रेय मुख्यतः स्पेक्ट्रम-विश्लेषण को मिलता है। और जब यह देखा गया कि रेखाओं की तीव्रता (चमक) मिश्रण में उपस्थित पदार्थ की सान्द्रता पर निर्भर करती है, स्पेक्ट्रम-विश्लेषण ने परिमाणात्मक विधियों में माननीय स्थान ले लिया।

सूर्य का रासायनिक विश्लेषण

1868 के सूर्य-ग्रहण को देखने के लिये खगोलज्ञों ने हमेशा की तरह कई सारे उपकरण तैयार किये। इस बार सूची में स्पेक्ट्रमदर्शी का नाम था, जिसने कुछ अर्से पहले कई नये तत्वों की खोज संभव की थी।

सूर्य-ग्रहण बीत गया और फिर से सब कुछ सामान्य हो गया। परंतु 26 अक्तूबर 1868 को पेरिस विज्ञान अकादमी

को एक साथ दो पत्र मिले ; पहला पत्र भारत से फ्रेंच जेन्सेन ने भेजा था और दूसरा इंगलैंड से एक अंग्रेज लाक्येर ने।

दोनों वैज्ञानिकों ने अपने पत्रों में इस बात की सूचना दी कि प्रत्येक ने अपनी किसी खास विधि से सौर ज्वाला, सौर पदार्थ के विराट उत्सर्जनों का प्रेक्षण किया है, जिनकी प्रकृति उस वक्त तक अज्ञात थी। यहां सबसे मजेदार बात यह है कि जेन्सेन और लाक्येर ने सौर ज्वाला के स्पेक्ट्रम के प्रेक्षण में तब सफलता प्राप्त कर ली, जब सूर्य-ग्रहण नहीं लगा था जबकि बाकी सारे वैज्ञानिकों के प्रेक्षण सूर्य-ग्रहण के वक्त के थे। इस विशिष्ट खगोलीय घटना के सम्मान में पेरिस विज्ञान अकादमी ने एक विशेष पदक ढलवाने का फैसला किया।

तब कई खगोलज्ञ और ज्वालाओं के अध्ययन में जुट गये और शीघ्र ही यह पता चला कि उनके स्पेक्ट्रम में एक निश्चित पीली रेखा थी जिसे पृथ्वी पर विद्यमान ज्ञात तत्वों की रेखा नहीं ठहराया जा सकता था। इतालवी खगोलज्ञ सेची ने इस रेखा को चिन्ह D_2 द्वारा द्योतित किया। परंतु उन्हें विश्वास था कि रेखा हाइड्रोजन के कारण थी, जो सूर्य पर अतिउच्च तापमानी परिस्थितियों में बनी रहती है। लाक्येर और उनके देशवासी फ्रेंकलैंड सेची के साथ सहमत नहीं थे और इस बात का दावा कर रहे थे कि स्पेक्ट्रम की रेखा एक रासायनिक तत्व की थी जो पृथ्वी पर नहीं बल्कि सूर्य पर उपस्थित था। उन्होंने इस तत्व का नाम ''हीलियम'' रखा जिसका अर्थ ''सौर'' होता है।

लगभग 30 साल तक हीलियम एक परिकल्पित तत्व बना रहा। स्पेक्ट्रम के अलावा इस तत्व के बारे में और कुछ नहीं पता था। वैज्ञानिक अन्य तत्वों की, जो पृथ्वी पर बहुत समय से ज्ञात थे, सूर्य पर उपस्थिति प्रमाणित करते रहे, परंतु हीलियम एक रहस्य बना रहा। केवल 1895 में हीलियम पृथ्वी पर खोजा गया और इस तथ्य ने एक बार फिर स्पेक्ट्रम विश्लेषण विधि की शक्ति प्रदर्शित कर दी।

सूर्य के बाद पास और दूर स्थित अन्य नक्षत्रों की बारी आयी। तारकीय वायुमंडल की चमक-दमक पृथ्वी के स्पेक्ट्रमदर्शियों तक पहुंच गयी और वैज्ञानिक लोग अपनी प्रयोगशालाओं में विभिन्न प्रकार की रेखाओं के जटिल घेरों के अध्ययन में जुट गये। वैज्ञानिकों को आकाशीय पिंडों में वे तत्व मिले, जो पृथ्वी पर पहले से ही ज्ञात थे।

केवल 80 साल बाद टेक्नीशियन तत्व ने वैज्ञानिक अचंभों की कतार में सौर हीलियम को हटाकर पहला स्थान ले लिया। यह तत्व मेंडेलीफ की सारणी में 43 नंबर खाने का मालिक था। स्थलीय अयस्कों में एक प्रेत-टेक्नीशियम पहली बार कुछ नक्षत्रों के स्पेक्ट्रमों में ढूंढ़ा गया और केवल इसके बाद इस तत्व के लेश पृथ्वी पर पाये गये। नक्षत्रों में टेक्नीशियम एक विरल तत्व बिल्कुल नहीं है। यह उनमें नाभिकीय अभिक्रियाओं के फलस्वरूप निरंतर बनता रहता है।

और कोई नये तत्व सूर्य या किसी नक्षत्र में नहीं खोजे गये।

परंतु विचित्र बात यह है कि आकाशों में रासायनिक तत्वों का ''सांमजस्य'' पृथ्वी से भिन्न है। बाह्य अंतरिक्ष में आक्सीजन और सिलिकन नहीं बल्कि हाइड्रोजन और हीलियम प्रबल हैं। आवर्त प्रणाली के इन प्रथम दो प्रतिनिधियों की ब्रह्मांड में मात्रा बाकी सारे तत्वों की कुल मात्रा से कई गुना अधिक है। आप देख रहे हैं कि तारकीय रसायन कितना आश्चर्यजनक विरोधाभास प्रस्तुत करता है : हमारी अधिकांशगंगा मुख्यतः हाइड्रोजन की बादशाहत है।

तरंगे और पदार्थ

प्रकृति में रंगों की झलकों की संख्या असीम है। रसायनज्ञ भी इस बात को अच्छी तरह से जानते हैं, रंगों के सप्तक ने अक्सर उन्हें उलझन में डाला है।

''नियोडिमियम नाइट्रेट का विलयन किस रंग का होता है ?''

''गुलाबी रंग का'' रसायनज्ञ उत्तर देता है।

''और त्रिसंयोजी लोहे का लवण किस रंग का हो जायेगा अगर उसमें पोटेशियम थायोसायनेट मिलाते हैं ?''

''लाल रंग का''

''और फीनालफ्थेलिन किस रंग का हो जायेगा अगर उसमें कोई क्षारीय विलयन मिला दें ?''

''किरमिजी रंग का'',

हम ऐसे असंख्य प्रश्न पूछ सकते हैं। बहुत सारी रासायनिक अभिक्रियाएं निश्चित झलक के रंग के साथ घटती हैं। अगर हम और एक दर्जन यौगिकों के नाम गिनायें, जिनके विलयन लाल रंग की आभा जैसे होते हैं, तो हम पूर्णतया चक्कर में पड़ जायेंगे। कहा जाता है कि जो चित्रकार और कारीगर कपड़े को रंगते हैं, वे लाल रंग की लगभग दो दर्जन आभाएं पहचान सकते हैं। कुशल आंखें ऐसी होती हैं!

परंतु झलकों और आभाओं की पहचान का यह ''अन्तर्दर्शी'' तरीका रसायनज्ञों के लिये कोई खास महत्व नहीं रखता। एक ही पदार्थ का विलयन सान्द्रता के अनुसार विभिन्न आभाओं वाला हो सकता है। उन सबको कैसे याद रखा जा सकता है ?

पृथ्वी पर ऐसे लोग हैं जो अपनी आंखें बंद करके उंगलियों की सहायता से रंगों की पहचान कर सकते हैं। डाक्टरों के कथानुसार ऐसे लोगों की त्वचीय दृष्टि बहुत ज्यादा विकसित होती है। प्रसिद्ध लेखक जोनाथन स्वीफ्ट ने लापुतन विज्ञान अकादमी के ''वैज्ञानिक'' विषय पर व्यंग्य कसा ; इस अकादमी में नेत्रहीन लोग चित्रकारों के लिये विभिन्न रंगों को मिलाते थे।

आज अंग्रेज व्यंग्यकार का व्यंग्य उचित नहीं रहा। अब रसायनज्ञ विलयन को देखे बिना ही उसका रंग बता सकते हैं। वे यह काम स्पेक्ट्रमप्रकाशमिति की सहायता से करते हैं। विश्लेषण की इस विशेष विधि का नाम एक उपकरण से लिया गया है जिसे स्पेक्ट्रमप्रकाशमापी कहते हैं। इसकी सहायता से रासायनिक यौगिक या उसके विलयन के रंग का विश्लेषण किया जा सकता है।

परंतु प्रकाश है क्या चीज ? यह तरंगों का विद्युत चुंबकीय कंपन है। प्रत्येक तरंग की एक निश्चित लंबाई (दैर्ध्य) (सामान्यतः यूनानी अक्षर ''लैम्डा'' से व्यक्त की जाती है) होती है। तरंग दैर्ध्य किसी भी रंग या आभा की विशेषताएं बिल्कुल ठीक बताती हैं। उदाहरण के लिये, रसायनज्ञ कहते हैं : ''620 मिलीमाइक्रान तरंग-दैर्ध्य वाला लाल रंग'', या ''637 मिलीमाइक्रान तरंग दैर्ध्य वाला लाल रंग'' (एक मिलीमाइक्रान एक माइक्रान के एक हजारवें भाग या एक मिलीमीटर के दस लाखवें भाग के बराबर होता है)। इस प्रकार विभिन्न आभाओं को अलग-अलग नाम देने की जरूरत नहीं रहती, जैसे, ''किरमिजी'', ''लाल'', ''बोदों'', ''सिंदूरी'', ''हिंगुल'' आदि। सिर्फ तरंग-दैर्ध्य बता दीजिये और दुनिया के सौर वैज्ञानिक रंग और आभा का बिल्कुल सही अंदाजा लगा लेंगे। अब प्रत्येक यौगिक को एक प्रकार का प्रमाण पत्र मिला हुआ है जिसमें ''लैम्डा... के बराबर है'' ''रंग'' के खाने में नीचे लिखा होता है। हमारा विश्वास कीजिये यह बहुत सम्मानित कागज है।

परंतु अभी आधी बात पूरी हुई है। यौगिक का रंग उसके द्वारा अवशोषित तथा उत्सर्जित किरणों के तरंग-दैर्ध्यों पर निर्भर करता है। उदाहरणतया, अगर निकेल लवण के विलयन का रंग हरा है, तो वह नीली झलक के अलावा बाकी सारे तरंग-दैर्ध्यों का प्रकाश अवशोषित करता है। पोटेशियम क्रोमेट का पीला विलयन केवल पीली किरणों के लिये पारदर्शी होता है।

स्पेक्ट्रमप्रकाशमापी प्रकाश-किरणों के पुंजों को निश्चित तरंग-दैर्ध्य देता है और यह निर्धारित करने में सहायक होता है कि वे विभिन्न पदार्थों द्वारा किस प्रकार अवशोषित होते हैं। स्पेक्ट्रमप्रकाशमापी द्वारा बहुसंख्यक यौगिकों, कार्बनिक और अकार्बनिक का अध्ययन किया गया है।

दृश्य प्रकाश के अलावा एक और प्रकाश होता है जो मनुष्य की आंखों को दिखाई नहीं देता अर्थात् अदृश्य प्रकाश।

प्रकाश की इस प्रकार की किस्में दृश्य प्रकाश स्पेक्ट्रम की सीमाओं से बाहर होती है और पराबैंगनी तथा अवरक्त किरणें कहलाती हैं। रसायनज्ञ इनसे भी लाभ उठाना सीख गये हैं। उन्होंने विभिन्न रासायनिक पदार्थों के स्पेक्ट्रमों का पराबैंगनी और अवरक्त किरणों में अध्ययन किया और एक बहुत दिलचस्प तथ्य खोजा। उन्होंने देखा कि प्रत्येक रासायनिक यौगिक (या आयन) का अपना अलग अवशोषण बन्ड स्पेक्ट्रम होता है। प्रत्येक पदार्थ का अपने रंग का (अवरक्त या पराबैंगनी) प्रमाणपत्र होता है।

अवशोषण स्पेक्ट्रम केवल गुणात्मक विश्लेषण के लिये ही नहीं बल्कि परिमाणात्मक विश्लेषण के लिये भी प्रयुक्त किये जा सकते हैं। इसका कारण यह तथ्य है कि कई बार विलयन में रासायनिक यौगिक की सांद्रता जितनी उच्च होती है, उसका रंग उतना ही तेज होता है अर्थात् वह एक निश्चित तरंग-दैर्ध्य के रंग को ज्यादा शक्ति के साथ अवशोषित करता है। अतः किसी विलयन द्वारा प्रकाश का अवशोषण निश्चित करके (आमतौर पर कहा जाता है कि उसका प्रकाशिकीय घनत्व निर्धारित करके) किसी भी विशेष तत्व की सांद्रता ज्ञात की जा सकती है।

पारद की केवल एक बूंद इस काम के लिये काफी रहती है

अति प्राचीन काल से एक कहावत प्रसिद्ध चली आ रही है : ''प्रतिभाशाली व्यक्तियों की सारी बातें साधारण होती हैं।''

रासायनिक विश्लेषण के क्षेत्र में खोज के उपलक्ष में नोबल पुरस्कार केवल एक बार प्रदान किया गया। यह खोज 1922 में विख्यात चेकोस्लोवाकियन वैज्ञानिक यारोस्लाव हेरोव्स्की ने की। तब से प्राग एक प्रकार से मक्का बन गया है। असंख्य ''तीर्थयात्रियों'' ने हेरोव्स्की की नयी विधि—पोलेरोग्राफी—सीखने के लिये प्राग की यात्रा की।

आज हर साल पोलेरोग्राफी विश्लेषण पर सारी दुनिया में एक हजार से अधिक लेख प्रकाशित होते हैं। इस विधि का कखरा निम्न है। जिस विलयन में दिये पदार्थ की सांद्रता ज्ञात करनी होती है, उसे एक कांच के बीकर में भर देते हैं। इसके बाद कुछ पारद बीकर के तले में रख देते हैं। पारद की सतह इलेक्ट्रोड का काम करती है। कैपिलरी नली से बीकर में निश्चित अंतरालों से गिर रहे पारद की बूंदें दूसरे इलेक्ट्रोड का काम करती हैं।

इलेक्ट्रोड विद्युत-स्त्रोत के साथ जोड़ दिये जाते हैं। इसके कारण विलयन में विद्युत-अपघटन होना चाहिये। परंतु विद्युत-अपघटन तभी होगा, जब पारद की बूंद पर विभव काफी उच्च होगा। अगर विभव निम्न है, परिपथ में किसी भी प्रकार की धारा प्रवाहित नहीं होगी। जब विभव किसी सीमा से बढ़ा दिया जाता है, तो विलयन में उपस्थित आयनों का विसर्जन आरंभ हो जाता है। तब परिपश में धारा का प्रबाह शुरू हो जाता है।

अगर विलयन में विभिन्न तत्वों के आयन उपस्थित हैं, तो हर किस्म उन विशेष आयनों के विभिन्न विभव मान पर विसर्जित होगी।

रसायनज्ञ लेखाचित्र बनाते हैं जिनमें विभवों के मान भुजी के समानान्तर तथा उत्पन्न धारा कोटियों के समानान्तर अंकित करते हैं। इस प्रकार बना वक्र एक सीढ़ी की तरह होता है जिसकी हर पैड़ी आयनों की एक निश्चित किस्म के विसर्जन के संगत होती है।

प्राप्त वक्र की एक मानक वक्र के साथ तुलना करते हैं जिसे ज्ञात पदार्थों की ज्ञात सांद्रताओं वाले विलयन के लिये पहले से अंकित कर लिया गया है।

इस प्रकार विलयन एक साथ गुणात्मक और परिमाणात्मक रूप से विश्लेषित किया जा सकता है। विशेष उपकरणों की सहायता से विश्लेषण स्वचालित रूप से किया जा सकता है।

पोलेरोग्राफीय विधि के बारे में पहला विशेषण जो आप सोचेंगे, वह होगा—सुचारू। परंतु सुचारूपन इसकी अकेली विशेषता नहीं है। पोलेरोग्राफी आसान, द्रुत और परिशुद्ध है ; इन गुणों के मामले में यह विश्लेषण की अन्य विधियों

से श्रेष्ठ हैं। उदाहरण के लिये, पोलेरोग्राफी द्वारा एक घन सेंटीमीटर विलयन में 1/10 लाख जिंक क्लोराइड को मात्रात्मक रूप से निर्धारित किया जा सकता है। इस विश्लेषण में 10 मिनट से कम समय लगता है।

हेरोव्स्की की मौलिक विधि अब परिष्कृत कर दी गयी है और इसके कई नये रूपांतर सुझाये गये हैं। इसमें से एक है—अवशोषण पोलेरोग्राफीय विश्लेषण, जो बहुत सुग्राहित है। यह विधि 1/10 लाख ग्राम जितनी निम्न सांद्रताओं वाले एक घन सेंटीमीटर विलयन में कार्बनिक पदार्थ निर्धारित करने में सरलता से प्रयुक्त की जा सकती है।

पोलेरोग्राफी की आवश्यकता कहां पड़ती है ? लगभग हर जगह : स्वचलित नियंत्रण के लिये, खनिजों और ऐलायों के विश्लेषणों के लिये। पोलेरोग्राफी से जीव में विटामिनों, हार्मोनों और विषों की मात्राओं का अनुपात लगाया जाता है।

एक रासायनिक प्रिज्म

संयोगवश इस वैज्ञानिक का नाम और पेशा उसकी खोज के अनुरूप हैं।

वह एक बनस्पतिज्ञ था और उसका नाम मिखाईल त्सवेत था। रूसी भाषा में रंग को त्सूवेत कहते हैं। बनस्पतिज्ञ त्वसेत की क्लोरोफिल में रुचि थी, जो जैसाकि हम जानते ही हैं, पत्तियों को हरा रंग प्रदान करता है।

परंतु प्रोफेसर त्सवेत को कई रासायनिक प्रक्रियाओं की जानकारी थी। विशेष रूप से उन्हें ऐसे पदार्थों (अधिशोषकों) का पता था जो अपनी सतहों पर कई गैसों और द्रवों को रोक (अधिशोषित) सकते है।

उन्होंने एक पत्ती को पीसकर हरे पेस्ट में परिवर्तित कर लिया और फिर उसमें ऐलकोहाल मिलाया। पेस्ट का रंग गायब हो गया, जिसका मतलब यह हुआ कि उसकी रंजन सामग्री ऐलकोहाल ने निकाल ली।

इसके बाद उन्होंने कांच की एक नली ली और बेंजीन में भिगोया चाक उसमें भर दिया। अब उन्होंने इस नली में क्लोरोफिलयुक्त विलयन उड़ेला।

चाक पाउडर की ऊपरी सतह हरी हो गयी।

वैज्ञानिक ने नली में बूंद-बूंद करके बेंजीन डालना शुरू कर दिया। हरा छल्ला सरकने लगा और नीचे की ओर बढ़ने लगा। और फिर कमाल हो गया! यह विभिन्न रंगों के कई बैंडों में विभाजित हो गया। पीले-हरे, हरे-नीले और विभिन्न आभाओं वाले तीन पीले बैंड बन गये। वनस्पति त्सवेत को यह नजारा बहुत अनोखा लगा। और यह नज़ारा रसायनज्ञों के लिये बहुत महत्वपूर्ण उपलब्धि साबित हुआ।

जैसाकि हम बता चुके हैं कि क्लोरोफिल कई रासायनिक यौगिकों का मिश्रण था। ये यौगिक एक दूसरे से भिन्न थे, परंतु उनकी आण्विक संरचना और गुण मिलते थे। आज जिसे क्लोरोफिल कहते हैं, वह उनमें से एक तथा सर्वाधिक महत्वपूर्ण था। अब यह सारे पदार्थ एक सरल विधि द्वारा एक दूसरे से पृथक किये जा चुके हैं।

ये सारे चाक द्वारा अधिशोषित किये गये थे, परंतु प्रत्येक अपने ढंग से। चाक पाउडर की सतह द्वारा प्रत्येक यौगिक को रोकने की शक्ति भिन्न थी। और जब बेंजीन नली में से गुजरा, उसने पदार्थों को विभिन्न क्रम से साफ किया। पहले उन पदार्थों को, जिन्हें कम मजबूती के साथ पकड़ कर रखा गया था और फिर उनको, जिन्हें ज्यादा मजबूती के साथ रोका गया था। इस प्रक्रिया के परिणामस्वरूप विभाजन हुआ।

अधिशोषक ("रासायनिक प्रिज्म") के कॉलम ने पदार्थों के जटिल मिश्रण को उसके अवयवों में पृथक कर दिया जैसे कि एक प्रिज्म सूर्य के प्रकाश को स्पेक्ट्रम के रंगों में विभाजित कर देता है। त्सवेत ने 1903 में आविष्कृत इस विश्लेषण विधि को "क्रोमैटोग्राफी" नाम से पुकारा। यूनानी भाषा में इस शब्द का अर्थ होता है—"वर्णलेखन"।

आज विश्व की सारी वैश्लेषिक प्रयोगशालाओं में रासायनिक "वर्णलेखन" विधि एक सर्वाधिक महत्वपूर्ण विधि बनी हुई है।

परंतु बहुत सारी वैज्ञानिक खोजों के अंत अतर्क्य है। कुछ भुला दी गयी हैं, कभी-कभी कई सालों के लिये, जिससे कि बाद में वे वैज्ञानिक क्षितिज पर ऐसे चमके जैसेकि प्रथम दीप्ति का सितारा चमकता है। क्रोमैटोग्राफी के साथ भी यही हुआ। केवल पांचवें दशक में इसे याद किया गया और किसी ने कभी भी इस बात पर अफसोस प्रकट नहीं किया।

प्रोमिथियम कैसे खोजा गया ?

सच पूछिये, तो यह तत्व, जिसका परमाणु क्रमांक 61 है, कई बार खोजा गया। और हर बार इसे दूसरा नाम दिया गया : इलिनियम, फ्लोरेनशियम साइक्लोनियम। परंतु हर बार इसकी खोज झूठी साबित हुई और मृत-जात का नाम इतिहास बन गया।

इसके बाद वैज्ञानिकों ने यह सिद्ध किया कि पृथ्वी पर 61 वाला नंबर तत्व था ही नहीं। प्रकृति ने किसी अजीब सनक के कारण आवर्त प्रणाली से इसका एक प्रतिनिधि नहीं छीन लिया। कारण यह था कि तत्व नंबर 61 के सारे समस्थानिक विघटनाभिक तथा अस्थायी हैं और बहुत समय पहले पड़ोसी तत्वों के समस्थानिकों में क्षयित हो गये हैं।

अंत में, 1945 में एक नाभिकीय रिऐक्टर की प्रक्रिया के दौरान यह तत्व कृत्रिम रूप से प्राप्त किया गया। रिऐक्टर के इंधन यूरेनियम के नाभिकों के विखंडन के फलस्वरूप बहुत बड़ी संख्या में टुकड़े बनते हैं जो हलके तत्वों के नाभिक होते हैं। इनमें प्रोमिथियम (इस दुग्रहिय तत्व का असली नाम) भी शामिल होता है।

सैद्धांतिक भौतिकविदों ने इस रिपोर्ट पर हस्ताक्षर कर दिये होंगे। परंतु रसायनज्ञ प्रोमिथियम को अपने हाथों में पकड़ कर "महसूस" करना चाहेंगे और नयी धातु के छोटे से कण या कम से कम इसके यौगिकों को अपनी आंखों से जरूर देखना चाहेंगे।

तथापि यूरेनियम विखंडन के टुकड़ों के मिश्रण से तत्व नंबर 61 की 1/10 या 1/100 ग्राम से अधिक मात्रा प्राप्त करना शायद संभव होगा।

क्या यह मात्रा बहुत थोड़ी है ? रसायनज्ञों का कई बार पदार्थों की इससे भी कम मात्राओं के साथ वास्ता पड़ा था और वे सफल रहे थे।

कठिनाई कुछ और ही तरह की थी। प्रोमिथियम एक दुर्लभ मृदा तत्व है और हम इस परिवार के सदस्यों की समानता की चर्चा कर चुके हैं। नाभिकीय टुकड़ों के मिश्रण में प्रोमिथियम के निकटतम पड़ोसियों-नियोडियम और समेरियम भी काफी मात्रा में उपस्थित थे।

सबसे पहले प्रोमिथियम को उनसे पृथक करना था, परंतु यह काम इतना आसान नहीं था। जिन रसायनज्ञों ने सारा जीवन दुर्लभ मृदाओं के अध्ययन में बिता दिया, उन्होंने वास्तव में एक महान वैज्ञानिक कार्य किया। यह एक यातना थी—इसके लिये इससे ज्यादा उपयुक्त शब्द नहीं मिलेगा—14 जुड़वों को अलग करना और प्रत्येक को अलग-अलग रूप में प्राप्त करना।

(फ्रेंच रसायनज्ञ उरबेन ने शुद्ध थूलियम प्राप्त करने का फैसला किया। और उन्होंने यह काम पूरा कर दिखाया। परंतु इसमें पांच साल लगे और उन्हें पंद्रह हजार से ऊपर नीरस तथा बहुत थकाऊ रासायनिक प्रयोग करने पड़े।)

निस्संदेह शुद्ध प्रोमिथियम का पृथक्करण सरल था, परंतु इतना ज्यादा नहीं।

याद रखना चाहिये कि यह तत्व विघटनाभिक है और तीव्रता से क्षयित हो जाता है। अतः संभव था कि जब तक इसे पृथक कर दिया गया तब तक यह खत्म ही हो गया हो।

अतः तेज विधियों की जरूरत थी, ऐसी विधियों की, जो लैन्थेनाइडों को सालों या महीनों या हफ्तों में नहीं, बल्कि कुछ घंटों अलग कर दें। रसायन को ऐसी कोई विधि पता नहीं थी।

तब क्रोमैटोग्राफी को याद किया गया। त्सवेत की पृथक्कारी नली (अब इसे क्रोमैटोग्राफी कॉलम कहा जाता है) को एक अधिशोषक (पहले की तरह चाक नहीं, बल्कि विशेष आयान-विनिमय रेजिन) से भर दिया गया। रेजिन सतह में से दुर्लभ मृदा तत्वों का विलयन गुजारा गया। हालांकि लैन्थेनाइड एक दूसरे के साथ बहुत ज्यादा समानता रखते हैं। परंतु वे एकसमान नहीं होते। प्रत्येक रेजिन के साथ एक जटिल यौगिक बनाता है। इन यौगिकों का स्थायित्व एक निश्चत क्रम से भिन्न होता है। परिवार का पहला सदस्य लैन्थेनम सबसे मजबूत यौगिक बनाता है और अंतिम सदस्य ल्यूटीशियम सबसे कमजोर यौगिक बनाता है।

इसके बाद रेजिन को एक विशेष विलयन से धोया जाता है। विलयन की बूंदें रेजिन कणों को साफ कर देती हैं और यहां भी एक निश्चित क्रम से।

और शुद्ध दुर्लभा मृद लवणों के विलयन बूंद-बूंद करके कॉलम से निकलना शुरू हो जाते हैं : पहले ल्यूटीशियम लवण और अंत में लैन्थेनम।

यह वह विधि है जिसके द्वारा अमरीकी वैज्ञानिकों मारिन्स्की, ग्लेन्डेनिन और कोरयेल ने नियोडिमियम और समेरियम से प्रोमिथियम प्रथक किया। और उन्हें इस काम में केवल कुछ घंटे लगे।

स्ट्राबेरी की खुशबू कैसी होती है ?

देवदारू के वृक्षों के जंगल में एक हरा भरा मैदान...। जुलाई का एक गर्म दिन। स्ट्राबेरी, स्ट्राबेरी, जिधर देखो, उधर स्ट्राबेरी-पकी, सख्त, चमकीली लाल स्ट्राबेरी, इतनी स्वादिष्ट कि मुंह में रखते ही पिघल जाती है।

परंतु स्ट्राबेरी की खुशबू कैसी होती है ? आपको मानना पड़ेगा कि आपने इस बात को कभी सोचा ही नहीं। आपने देवदारू के वृक्षों के जंगल की सुवास का, उजले वन-गलियारे की सुगंध का आनंद उठाया होगा।

परंतु गंध एक बहुत जटिल परिघटना है। गंधों का एक पूरा विज्ञान है। वैज्ञानिकों को अभी एकसमान धारणा निर्धारित करनी है कि कुछ पदार्थों की गंध तीव्र क्यों होती है जबकि दूसरें में न के बराबर गंध होती है ; कुछ गंधें प्रिय लगती हैं और कुछ से घृणा होती है।

इस बात में कोई संदेह नहीं कि किसी पदार्थ की गंध उसके अणुओं की संरचना के साथ संबंधित होती है। परंतु कैसे ? इस बात का हम कोई निश्चित उत्तर नहीं दे सकते। गंधों पर अभी तक कोई पक्का भौतिक सिद्धांत नहीं सोचा गया है।

रसायनज्ञों का काम आसान हैं वे विभिन्न गंधों के ''उत्तरदायी'' भिन्न अणुओं की पहचान कर सकते हैं और आपको ठीक-ठीक बता सकते हैं कि स्ट्राबेरी की खुशबू कैसी होती है।

स्ट्राबेरी की गंध बहुत जटिल प्रकार की होती है ; यह 96 विभिन्न गंधों का मिश्रण होती है। सर्वाधिक अनुभवी इत्रफरोश भी प्रकृति की इतनी शानदार ''स्ट्राबेरी इत्र'' बनाने की क्षमता पर ईर्ष्या कर सकता है।

वैज्ञानिक इस ''स्ट्राबेरी'' इत्र को किस तरह से विच्छेदित कर पाये ?

गैस-द्रव क्रोमेटोग्राफी विधि द्वारा।

इस विधि में अधिशोषक विशेष प्रकार से प्राप्त सिलिकन डाइआक्साइड SiO_2 होता है जिसे न उड़ने वाले द्रव में भिगोया हुआ होता है। गतिमान माध्यम के रूप में एक निष्क्रिय गैस (आर्गान) ली जाती है। और बस इन्हीं चीजों से काम चल जाता है।

अन्यथा कांच की नली को केवल न उड़ने वाले द्रव में भिगो सकते हैं। नली बहुत लंबी होनी चाहिये।

ताजी स्ट्राबेरियों की सारी खुशबू को ''पकड़ने'' के लिये अनुसंधाताओं का.... 120 मीटर लंबी नली इस्तेमाल करनी पड़ी थी।

निस्संदेह इसे एक कुंडली के रूप में लपेटा जाना था और एक विशेष उपकरण तापस्थायी में रखा जाना था, जहां तापमान धीरे-धीरे तथा समान रूप से बढ़ाया जा सकता था। यह इसलिये आवश्यक था क्योंकि स्ट्राबेरी की गंध के विभिन्न घटकों की उड़नशीलता की गति भिन्न होती है। घटक नली के अंदर एक निश्चित क्रम में व्यवस्थित हो गये। इसके बाद नली में आर्गान प्रवाहित कर उन्हें बाहर धकेल दिया गया। निर्गम द्वार पर एक जटिल उपकरण विभिन्न घटकों के निकलने का क्रम अंकित करता गया। स्ट्राबेरियों की गंध में उनकी संख्या 96 निकली हालांकि उनका कुल वजन केवल 10^{-12} ग्राम था।

रसायनज्ञों ने इस विधि द्वारा कई बहुत जटिल प्राकृतिक पदार्थों का अध्ययन किया है। क्या आप बता सकते हैं कि पेट्रोलियम के कितने अवयव होते हैं ? दो सौ तीस से कम नहीं। इसके अलावा उनकी केवल गिनती ही नहीं की गयी है बल्कि प्रत्येक की पहचान भी की गयी है।

तीन शताब्दियों के बाद रोग निदान

सर इसाक न्यूटन की जीवनी की इतनी विस्तृत जानकारी है कि उनके जीवन की कुछ आंतरिक तथा विचित्र बातें तक पता हैं, कहा जाता है कि इंगलैंड के हाउस आफ कामनस का सदस्य होते हुए भी वैज्ञानिक ने केवल एक बार भाषण दिया...जब उन्होंने खिड़की बंद करने की प्रार्थना की।

परंतु हाल तक न्यूटन की जीवनी में एक खाना खाली था। 1692 में वे गंभीर रूप से बीमार पड़ गये : उनको भूख नहीं लगती थी, उन्हें अनिद्रा रोग हो गया था, उन्हें अपने मित्रों को देखकर खुशी नहीं होती थी, उनकी याददाश्त कम हो गयी थी। उन दिनों उन्होंने जो पत्र लिखे, उनकी शैली और सारांश दोनों ही अजीब थे।

सौभाग्यवश रहस्यमय बीमारी एक साल बाद दूर हो गयी और विख्यात भौतिकविद तीन दशक और जिये।

न तो न्यूटन खुद और न ही उनकी जीवनगाथा के लेखक बता सके कि उन्हें क्या हो गया था। यह अनुमान लगाया गया कि उनका तंत्रिका तंत्र फेल हो गया था। उनके जीवन में कुछ उत्कट परिस्थितियां आई थीं, परंतु ये 1692 से काफी पहले की बातें थीं।

कुछ वर्ष पहले ब्रिटिश वैज्ञानिक एक और संभावना सुझाई और वह यह कि बीमारी का असली कारण मर्करी का जहर था। न्यूटन के पत्रों, उनकी डायरियों तथा प्रयोगशाला की लॉगबुकों, जिसमें उन्होंने अपने प्रयोगों तथा उनमें प्रयुक्त किये गये रासायनिक अभिकर्मकों का वर्णन किया था, के गंभीर अध्ययनों से इस शक की पुष्टि हो गई।

यहां यह बताना जरूरी है कि न्यूटन ने अपने को रसायन से बचकर कभी नहीं रखा ; उन्होंने कीमियागरी प्रयोग तक किये। वे अपने रासायनिक हस्तकौशल से प्राप्त चीज को अक्सर चखकर देखते थे। 1692 में उनके द्वारा लिखी टिप्पणियों में मर्करी, ऐंटिमनी और अन्य जहरीले पदार्थों से संबंधित ''कीमियागरी'' प्रयोगों का वर्णन मिलता है। इन तथ्यों का न्यूटन की बीमारी के साथ संबंध जोड़ते हुए अनुसंधाता इस निष्कर्ष पर पहुंचे कि इस बात की बहुत ज्यादा संभावना है कि उन्हें मर्करी का जहर चढ़ गया था।

परंतु लगभग तीन सौ साल बाद इस रोग-निदान को सिद्ध कैसे किया जाये ?

पूर्व में एक ऐसी मिसाल हो चुकी है जब आधुनिक रासायनिक विधियों की सहायता से ऐतिहासिक रहस्यों का भेद खोला गया। छठे दशक में वैज्ञानिकों ने नैपोलियन के बालों के एक गुच्छे का विशेष विश्लेषण किया। शक था कि जिन दिनों नैपोलियन सेंटे हेलेना टापू पर निर्वास के दिन बिता रहे थे, उन्हें आर्सेनिक दे दिया गया था। नाभिकीय

रिऐक्टर में बालों को न्यूट्रानों द्वारा किरणित किया गया। विघटनाभिक उत्सर्जन के गुण के आधार पर यह सिद्ध हो गया कि बालों में आर्सेनिक की उच्च मात्रा उपस्थित थी।

सौभाग्यवश इसाक न्यूटन के बालों की कुछ लटें संभाल कर रखी गयीं थीं। पोर्टस्माउथ के अर्ल ने, जिनके पास एक ऐसा स्मृति-चिन्ह था, इंगलैंड के ओल्डरमेस्टन नाभिकीय केन्द्र को 15 बाल दे दिये।

प्रत्येक बाल का "न्यूट्रान संसाधन" संपन्न सहकराया गया। सर्वाधिक परिशुद्ध उपकरण की सहायता से विभिन्न रासायनिक तत्वों की न्यून से न्यून सांद्रताएं ज्ञात की गयीं। जिन तत्वों को बहुत ज्यादा विषैला समझा जाता था, उन पर विशेष ध्यान दिया गया।

एक महीने के कठोर परिश्रम के बाद यह स्पष्ट हो गया कि न्यूटन के बाल में विषैली धातुओं की मात्रा सामान्य से कहीं अधिक थी। मर्करी की सांद्रता विशेष रूप से बहुत ज्यादा थी। मनुष्य के बाल में इसकी सामान्य मात्रा औसतन 0.0005% से ऊपर नहीं जाती जबकि न्यूटन के बाल में यह 0.02% तक पहुंच गयी थी, जो अनुमेय सीमा से 400 गुना अधिक थी।

निस्संदेह न्यूटन के कीमियागर प्रयोग बेकार ही नहीं गये और हमें भाग्य का आभारी होना चाहिये कि वे समय पर संभल गये। बहुत सारे अनुसंधाता खतरनाक रासायनिक अभिकर्मकों का शिकार बने।

इस प्रकार आधुनिक विज्ञान सारे युगों के एक महान वैज्ञानिक की बीमारी का निदान करने में सफल हुआ।

सक्रियण विश्लेषण

विश्लेषण की एक सुग्राही विधि ने उन ऐतिहासिक पहेलियों को बुझाया। इसका सार निम्न है।

प्राकृतिक आर्सेनिक बहुत स्थायी तत्व होता है। जो भी हो, किसी को भी इसमें विघटनाभिकता कभी नहीं मिली हैं।

आर्सेनिक में एक और खूबी होती है। यह "अकेला" तत्व होता है। अन्य कई तत्व दो, तीन या अधिक समस्थानिकों के मिश्रण होते हैं। उदाहरण के लिये, टिन के दस स्थायी समस्थानिक होते हैं और वे सारे प्रकृति में मिलते हैं।

आर्सेनिक ऐसा नहीं है। इसके नाभिक में 33 प्रोटोन और 42 न्यूट्रान उपस्थित हैं तथा यह संयोजन बहुत स्थायी हैं।

परंतु अगर एक बाह्य न्यूट्रान किसी तरह से इस नाभिक में घुसा दिया जाये, तो इसका स्थायित्व खत्म हो जाता है और आर्सेनिक का एक विघटनाभिक समस्थानिक बन जाता है जिसे रासायनिक विधियों के बिना नहीं ढूंढ़ा जा सकता। इसके लिये ऐसे उपकरण की जरूरत होती है जो विघटनाभिक उत्सर्जन को अंकित करे। सक्रिय अर्सेनिक की मात्रा जितनी अधिक होती है, उसका विकिरण उतना ही ज्यादा तीव्र होता है।

यह सक्रियण विश्लेषण की बहुत महत्वपूर्ण विधि का साधारण परंतु मुख्य सिद्धांत है। इसकी सहायता से पदार्थों की अत्यणु मात्राएं, एक ग्राम के अंश जिन्हें दशमलव चिन्ह के बाद 10 या 12 शून्यों की संख्याओं द्वारा व्यक्त किया जाता है, ज्ञात किये जाते हैं। इसके लिये अध्ययन हेतू ली गयी वस्तु को केवल न्यूट्रानों के पुंज द्वारा किरणित करना था और प्राप्त विघटनाभिक समस्थानिकों द्वारा उत्सर्जित विकिरण नापना था।

इस मामले मे मर्करी आर्सेनिक से मिलता है ; न्यूट्रानों के साथ इसके किरणन के फलस्वरूप भी विघटनाभिक समस्थानिक बनते हैं।

आधुनिक विश्लेषकों के लिये सक्रियण विश्लेषण एक सब कुछ देखने वाली आंख का काम करता है, जो बातें अन्य विश्लेषण विधियां मुश्किल से ढूंढ़ पाती हैं, यह विधि उन्हें बड़ी आसानी से ढूंढ़ लेती है।

शुद्ध जर्मेनियम को एक उत्तम अर्धचालक माना गया है। परंतु अगर इसमें किसी अशुद्धि, जैसे एंटिमनी, के केवल

कुछ परमाणु (एक ऐंटिमनी पर परमाणु प्रति खरब जर्मेनियम परमाणु जितनी निम्न मात्रा) उपस्थित हों, तो जर्मेनियम की अर्धचालकता पूर्णतया खत्म हो जाती है।

इसी वजह से जर्मेनियम की बहुत ध्यान से जांच करनी पड़ती है और यह काम केवल सक्रिय विश्लेषण की सहायता से पूरा किया जा सकता है।

इस प्रकार न्यूट्रान जर्मेनियम की प्लेट की ओर तेजी से बढ़ते हैं। रसायनज्ञ जानते हैं कि इसमें ऐंटिमनी की कुछ मात्रा उपस्थित है। यह इतनी कम हो सकती है कि इसे नगण्य माना जा सकता है, परंतु इतनी ज्यादा कि जर्मेनियम की शुद्धता अस्वीकार करनी पड़ेगी। जर्मेनियम और ऐंटिमनी के परमाण्वीय नाभिक न्यूट्रानों के साथ विभिन्न प्रतिक्रिया करते हैं। प्रथम उन्हें किसी प्रकार की प्रतिक्रिया दिखाये बिना बड़ी शांति से गुजरने देता है और अंतिम उन्हें बड़े लालच के साथ अवशोषित कर लेता है। इसी कारण से ऐंटिमनी के विघटनाभिक समस्थानिक बन जाते हैं। बाकी काम विकिरण गणक निबटाते हैं। और तब हम विश्वास के साथ कह सकते हैं कि जर्मेनियम में ऐंटिमनी की मात्रा ज्यादा है या कम।

एकल परमाणुओं का रसायन

किसी जमाने में वैज्ञानिक नये तत्व के गुणों का अध्ययन करते समय इस बात का रोना रोते थे कि तत्व की मात्रा मिलीग्रामों में होने की वजह से उन्हें बहुत परेशानी होती थी।

तब से ''अल्पता का मापदंड'' कई बार संशोधित किया गया है। 1937 में इतावली वैज्ञानिक पेरियर और सेर्गे ने, बस उन्हीं दिनों प्राप्त तत्व नंबर 43 टैक्नीशियम के गुणों का काफी सफलतापूर्वक अध्ययन किया। उनके पास आवर्त सारणी के इस नये प्रतिनिधि की केवल 1/10 अरब ग्राम मात्रा थी।

इस प्रयोग से अन्य वैज्ञानिकों को काफी लाभ पहुंचा। परायूरेनियम तत्वों के साथ काम करते समय रसायनज्ञों को माइक्रोग्राम आदि को पूरी तरह से भुला देना पड़ा था। ''भारहीन, अल्प मात्राएं''—परायूरेनियम तत्वों पर छपे वैज्ञानिक लेखों के पृष्ठों पर ये शब्द दिखायी देने लगे। अनुसंधाता आवर्त प्रणाली के इस क्षेत्र में जितना आगे बढ़ते गये, उनके सामने उतनी ही ज्यादा परेशानियां खड़ी होने लगीं।

अंत में एक सौ एक नंबर तत्व की बारी आयी, जिसका नाम महान खसी वैज्ञानिक के सम्मान में मेंडेलीवियम रखा गया।

चूंकि नये परायूरेनियम तत्व का एक नाम रख दिया गया था, अतः वैज्ञानिकों को इस बात का पूर्ण विश्वास हो जाना चाहिये था कि वह वास्तव में प्राप्त कर लिया गया था।

जिन परिस्थितियों में तत्व नंबर 101 के संश्लेषण की आशा थी, उन्हें कलित करना अपेक्षाकृत सरल था। संगत नाभिकीय अभिक्रिया का समीकरण लिखना कोई ज्यादा कठिन काम नहीं था। नये परायूरेनियम तत्व को कौन सा समस्थानिक बनेगा, इसका भी अनुमान लगाया जा सकता था।

सिद्धांत यह कहता था। परंतु प्रयोग से जो कुछ मिला था, उसकी पुष्टि भी तो करनी थी। यह सिद्ध करना था कि नाभिकीय प्रक्रिया के फलस्वरूप एक सौ एक तत्व के ही समस्थानिक बने थे, और किसी दूसरे तत्व के नहीं।

आगे बड़ी अजीब बात हुई। ''एक सौ एक तत्व के एक संश्लेषण के दौरान नये तत्व के एक से अधिक परमाणु बनने की आशा नहीं होती''—पक्के भौतिक तथा गणित तर्क का यह निर्णय था और यह बात सच सिद्ध हो गयी। केवल एक अकेले परमाणु, एक अज्ञात परमाणु ने अपने जन्म की घोषणा की। परंतु क्या यह एक सौ एक तत्व का परमाणु था ?

सुग्राही विकरणमापी उपकरणों से परमाणु का अर्धक्षय-काल जरूर निर्धारित कर लिया गया, परंतु वे उसकी रासायनिक

प्रकृति नहीं बता सके।

और संक्षेप में क्या एकल परमाणु के मुख्य रासायनिक गुणों का अध्ययन संभव है ?

क्रामैटोग्राफी यहां काम आयी।

अब आप हमारे तर्क पर ध्यान दें। एक सौ एक तत्व ऐक्टिनाइड परिवार से संबंधित होना चाहिये। ऐक्टिनाइडों के कुछ गुण एक और मिलते जुलते परिवार के तत्वों लैन्थेनाइडों जैसे हैं, विशेषतया जब वे त्रिसंयोजी होते हैं। लैन्थेनाइडों का पृथक्करण आयन-विनिमयी क्रोमैटोग्राफी द्वारा संपन्न किया गया, लैन्थेनाइड मिश्रण से एक सुनिश्चित क्रम में अलग हुए : भारी पहले और उनके बाद हलके।

ऐक्टिनाइड शृंखला में एक सौ एक तत्व के बाद आइन्सटाइनियम (नंबर 99) और फर्मियम (नंबर 100) पृथक किये गये। अगर हम क्रोमैटोग्राफी विधि द्वारा आइन्सटाइनियम, फर्मियम और तत्व नंबर 101 को पृथक करना चाहें तो क्रोमैटोग्राफी कॉलम से निकले द्रव की पहली बूंदों में अंतिम तत्व उपस्थित मिलना चाहिये।

वैज्ञानिकों ने कई बार मेंडेलीवियम संश्लेषण के प्रयोग दोहराये। मनुष्य द्वारा बनाये गये परमाणु की प्रकृति निश्चित करने के लिये उन्होंने कई बार आयन-विनियम क्रोमैटोग्राफी का प्रयोग किया। और हर अवस्था में मेंडेलीवियम परमाणु विलयन की ठीक उस बूंद में मिला जिसमें सिद्धांत के अनुसार इसे मिलना था। पहले इन बूंदों में केवल फर्मियम और आइन्सटाइनियम मिले। अतः मेंडेलीवियम का परमाणु क्रमांक 101 है और गुणों के मामले में इसके एक विशेष एक्टिनाइड होने की बहुत ज्यादा संभावना है।

एक आश्चर्यजनक संख्या

अपनी गणनाओं में वैज्ञानिकों का स्थिरांकों अर्थात् किसी विशेषता या गुण बताने वाले संख्यात्मक मानों के साथ अकसर वास्ता पड़ता है। हम ऐसे एक स्थिरांक की ओर आपका ध्यान आकर्षित करना चाहते हैं।

इसे आवोगाद्रों की संख्या कहते हैं। इसका यह नाम प्रसिद्ध इतालवी वैज्ञानिक के सम्मान में रखा गया है। जिन्होंने इस स्थिरांक का प्रयोग किया। किसी तत्व के ग्राम-परमाण में उपस्थित परमाणुओं की संख्या को आवोगाद्रो की संख्या कहते हैं।

यहां यह याद दिलाना पड़ेगा कि किसी तत्व के परमाणु भार के तुल्य ग्रामों की संख्या ग्रामपरमाणु कहलाती है। कार्बन का ग्राम-परमाणु (लगभग) 12 ग्राम होता है, लोहे का 56 ग्राम और यूरेनियम का 238 ग्राम।

उपरोक्त में से प्रत्येक मात्रा में परमाणुओं की संख्या आवागाद्रो की संख्या के ठीक बराबर होती है।

इसे कागज पर व्यक्त करने के लिये अंक 6 के बाद तेइस शून्य लिखे जाने चाहियें : और इसका बिल्कुल सही मान 6.025×10^{23} है।

इस प्रकार हम देखते हैं कि बारह ग्राम कार्बन, छप्पन ग्राम लोहे या दो सौ अड़तीस ग्राम यूरेनियम में कितने परमाणु उपस्थित हैं। आवागाद्रो की संख्या इतनी बड़ी है कि इसकी कल्पना करना भी मुश्किल है। फिर भी आइये, हम कोशिश करते हैं।

हमारी पृथ्वी की आबादी लगभग 3 अरब है। अब कल्पना कीजिये कि पृथ्वी के सारे निवासियों ने किसी तत्व के ग्राम-परमाणु में परमाणुओं की संख्या की गिनती करने का फैसला कर लिया। मान लीजिये हर व्यक्ति ने रोज आठ घंटे काम किया और एक सेकंड में एक गिनती की। पृथ्वी के सारे निवासियों को 6.025×10^{23} परमाणुओं की गिनती करने में कितना समय लगेगा ?

एक बहुत साधारण गणना, जिसे आप खुद भी आसानी से कर सकते हैं, बताती है कि इसमें 2 करोड़ साल लग जायेंगे।

आवोगाद्रो की संख्या की विशालता इस बात का सबूत है कि सारे रासायनिक तत्वों की सर्वव्यापिता की धारणा की नींव पक्की है। हम हर जगह किसी भी रासायनिक तत्व के कुछ अणु जरूर ढूंढ़ सकते हैं। यह स्पष्ट है कि पूर्णतया शुद्ध पदार्थ प्राप्त करने का प्रयास असफल रहेगा। 10^{23} परमाणुओं में नयी अशुद्धियां मिलाये बिना किसी अशुद्धि के एकल परमाणु को पकड़ पाना पूर्णतया असंभव है।

निस्संदेह एक ग्राम लोहे में लगभग 10^{23} परमाणु होते हैं। अगर इसमें कापर परमाणुओं का केवल 1% (10 मिलीग्राम) अशुद्धि के रूप में हो, तो यह संख्या 10^{20} परमाणुओं से कम नहीं होती। अगर अशुद्धि की मात्रा घटाकर एक प्रतिशत का दस हजारवां हिस्सा कर दी जाये, तब भी मुख्य पदार्थ के प्रति 10^{23} परमाणुओं में अशुद्धि के परमाणुओं की संख्या 10^{16} परमाणु रहती है। अगर अशुद्धि में आवर्त प्रणाली के सारे तत्व उपस्थित हैं, तब हर तत्व के औसतन 10^{14} अर्थात् 10 खरब परमाणु होंगे।

रसायन का विस्तार....

एक बार फिर हीरों की बात

एक शुद्ध बिना फलक वाला हीरा कठोरता में सारे खनिजों , पदार्थों आदि का चैंपियन होता है। आधुनिक इंजीनियरी को हीरों के बिना काफी परेशानी होगी।

धारीदार और घिसा हीरा रत्न बन जाता है, जिसका और कोई रत्न मुकाबला नहीं कर सकता।

जौहरी लोग भूरे-नीले हीरों की विशेषतया ऊंची कीमत आंकते हैं। वे लाखों में कभी एक बार मिलते हैं जिसकी वजह से उनकी कीमत वास्तव में बहुत ही ज्यादा ऊंची रखी जाती है।

परंतु इस सब के बावजूद भी रत्न-हीरे इतने ज्यादा महत्वपूर्ण नहीं है। अगर कुछ और साधारण हीरे होते तो कि हम प्रत्येक नन्हें क्रिस्टल की चिंता न करते।

हन्त, पृथ्वी पर हीरों के निक्षेप बहुत कम हैं तथा वे और भी कम समृद्ध हैं। इनमें से एक दक्षिणी अफ्रीका में है जो अभी भी सोवियत संघ के बाहर विश्व के हीरक उत्पादन का नब्बे प्रतिशत भाग दे रहा है। सोवियत संघ में छठे दशक में हीरों से समृद्ध एक बहुत बड़ा क्षेत्र याकूतिया में खोजा गया और अब वहां औद्योगिक स्तर पर हीरों का उत्पादन हो रहा है।

प्राकृतिक हीरों के निर्माण के लिये विशेष परिस्थितियां चाहिये थीं, अर्थात् अतिउच्च तापमानों और विशाल दाबों की जरूरत थी। भू-पर्पटी की गहरी सतहों में हीरों का जन्म हुआ। कई जगह हीरों से समृद्ध गलन बाद में सतह पर आ गये और जम गये, परंतु ऐसी घटनाएं बहुत ही विरल थीं।

परंतु क्या हम प्रकृति की मदद के बिना काम नहीं चला सकते ? क्या मनुष्य खुद हीरे नहीं बना सकता ?

विज्ञान के इतिहास को कृत्रिम रूप से हीरे प्राप्त करने के बहुसंख्यक प्रयासों की जानकारी है। (प्रसंगवश हम बताना चाहेंगे कि हेनरी मोइसान ऐसे प्रथम प्रयोगर्ताओं में शामिल थे। वे फ्लुओरीन को स्वतंत्र अवस्था में प्राप्त करने वाले प्रथम वैज्ञानिक थे)। परंतु किसी भी वैज्ञानिक को सफलता नहीं मिली। या तो उनकी विधियां मूलतः गलत थीं या प्रयोगकर्ताओं के पास ऐसे उपकरण नहीं थे जो अतिउच्च ताप और दाब के संयोजन की क्षमता रखते थे।

शताब्दी के केवल छठे दशक के मध्य में आधुनिक इंजीनियरी ने कृत्रिम हीरों का उत्पादन की समस्या को हल ढूंढ़ लिया। जैसे कि आशा की जा सकती थी, आरंभिक माल ग्रेफाइट था। इसे एक साथ 1 लाख ऐटमोस्फियर दाब तथा लगभग तीन हजार डिग्री सेंटीग्रेट ताप के प्रभाव में रखा गया। अब दुनिया के कई देशों में हीरों का उत्पादन किया जाता है।

परंतु इस बार रसायनज्ञ केवल सब के साथ मिलकर आनन्द मना सके। उन्होंने इस काम में एक छोटी सी भूमिका निभायी, इस उपलब्धि का अधिकांश श्रेय भौतिकविदों को मिला।

फिर भी रसायनज्ञं एक और तरीके से विजयी हुए। उन्होंने हीरों को और श्रेष्ठ बनाने में सहायता दी।

हीरों को श्रेष्ठ करने में ? क्या हीरों से भी ज्यादा आदर्श चीज हो सकती है ? क्रिस्टलों की दुनिया में इसकी क्रिस्टलीय संरचना सबसे श्रेष्ठ है। हीरे के क्रिस्टलों में कार्बन परमाणुओं की आदर्श ज्यामितीय व्यवस्था हीरों को इतना कठोर बनाती है।

हीरों को और ज्यादा कठोर नहीं किया जा सकता, परंतु हीरे से ज्यादा कठोर पदार्थ जरूर बनाया जा सकता है। रसायनज्ञों ने ऐसे पदार्थ के उत्पादन के लिये आरंभिक पदार्थ बना लिया है।

बोरान और नाइट्रोजन का एक यौगिक है जिसे बोरान नाइट्राइड कहते हैं। देखने में यह बहुत साधारण लगता है, परंतु इसकी क्रिस्टलीय संरचना देखकर सावधान होना पड़ता है। इसकी क्रिस्टलीय संरचना ग्रेफाइट जैसी होती है। इसी कारण काफी अर्से तक नाइट्राइड ''सफेद ग्रेफाइट'' के नाम से ज्ञात रहा है। यह बात जरूर सच है कि किसी ने भी कभी इससे पेंसिल बनाने की कोशिश नहीं की...।

रसायनज्ञों ने बोरान नाइट्राइड के संश्लेषण की एक सस्ती विधि ढूंढ़ ली। भौतिकविदों ने इस पर कई परीक्षण किये जिनके दौरान दाब लाखों ऐटमौस्फियर और ताप हजारों डिग्री सेसियस रखा गया। उनका तर्क बहुत साधारण था। अगर ''काला'' ग्रेफाइट हीरे में परिवर्तित किया जा सकता है, तो ''सफेद'' प्रतिपक्ष से हीरे जैसा पदार्थ क्यों नहीं प्राप्त किया जा सकता ?

उनके प्रयासों का परिणाम बोराजोन था, जो हीरे से ज्यादा कठोर पदार्थ था। यह हीरे के चिकने फलकों पर निशान बना सकता है और उच्च ताप सह सकता है ; बोराजोन को जलाना इतना सरल काम नहीं है।

बोराजोन अभी भी काफी मंहगा है। इसकी कीमत गिराने के लिये कुछ मेहनत करनी पड़ेगी। परंतु सर्वाधिक महत्वपूर्ण काम निबटा दिया गया है। मनुष्य एक बार फिर प्रकृति से ज्यादा कुशल साबित हुआ है।

कुछ दिनों पहले एक खबर मिली है कि जापानी वैज्ञानिक हीरे से काफी ज्यादा कठोर पदार्थ प्राप्त करने में सफल हो गये हैं। उन्होंने मैग्नीशियम सिलिकेट (मैग्नीशियम सिलिकन और आक्सीजन का एक यौगिक) 150 टन प्रति वर्ग सेंटीमीटर दाब पर रखा। स्पष्ट कारणों की वजह से संश्लेषण का विस्तृत वर्णन नहीं छापा गया। नवजात ''कठोरता के राजा'' का अभी तक कोई नाम नहीं रखा गया है। परंतु इससे कोई फर्क नहीं पड़ता। फर्क इस बात का पड़ता है कि हीरा जो शताब्दियों से कठोरतम पदार्थों की सूची में प्रथम स्थान पर चला आ रहा है, निकट भविष्य में काफी नीचे चला जायेगा।

अंतहीन अणु

हर व्यक्ति जानता है कि रबर क्या है। यह गेंद और जूते है। यह सर्जन के दस्ताने है। कारों के टायर, सिकाई की बोतल, बरसाती और पानी के पाइप भी रबर के ही बने होते हैं।

आज हजारों फैक्टरियों और प्लांटों में रबर और रबर की चीजों का उत्पादन किया जाता है। कुछ दशकों पहले रबर की सारी चीजें प्राकृतिक रबर से बनायी जाती थीं जिसे कूचुक कहते हैं। यह शब्द टूपी* भाषा से लिया गया है जिसका अर्थ है हेविया की आंसू। हेविया एक बहुत महत्वपूर्ण वृक्ष है जिसके रस से रबर बनाया जाता है।

रबर से कई उपयोगी चीजें बनायी जा सकती हैं और यह बहुत खराब बात है कि इसके उत्पादन में काफी मेहनत लगती है और हेविया केवल उष्ण-कटिबंध क्षेत्रों में पैदा होता है। इन सब बातों के कारण उद्योग जगत की प्राकृतिक कच्चे माल की मांग पूरी करना असंभव हो गया है।

यहां फिर रसायन काम आया। सबसे पहले रसायनज्ञों ने इस प्रश्न का उत्तर ढूंढ़ने का प्रयास किया कि रबर

---

* टूपी दक्षिणी अमरीकी रेड इंडियनों की एक जाति की भाषा है। इस जाति के लोग मुख्यतः अमेजन नदी की घाटी में रहते हैं।

इतना लचकदार क्यों होता है। ''हेविया के आंसुओं का काफी देर तक अध्ययन करने के बाद उन्हें इस प्रश्न का उत्तर मिल गया। यह स्थापित हो गया कि रबर के अणुओं की संरचना कुछ विशेष प्रकार की होती है। उनमें विशाल श्रृंखलाओं में जुड़ी पुनरावर्ती समान यूनिटें बहुत बड़ी संख्या में उपस्थित होती हैं। निस्संदेह पंद्रह हजार यूनिटों वाला लंबा अणु हर दिशा में मुड़ सकता है और लचकदार होता है। यह देखा गया है कि श्रृंखलाओं को बनाने वाले यूनिट C_5H_8 के अवशेष हैं, जिसका संरचनी सूत्र निम्न है :

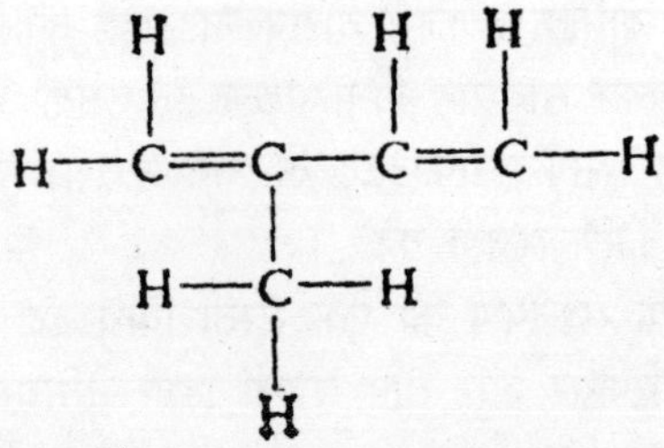

यह कहना ज्यादा उचित होगा कि आइसोप्रीन आरंभिक प्राकृतिक एकलक की एक किस्म है। बहुलकीकरण के दौरान आइसोप्रीन अणु में थोड़ा-सा परिवर्तन आ जाता है : कार्बन परमाणुओं के बीच द्वि अनुबंध टूट जाता है और स्वतंत्र अनुबंध यूनिटों को एक विशाल रबर अणु में जोड़ देते हैं।

वैज्ञानिक और इंजीनियर बहुत अर्से से संश्लिष्ट रबर के उत्पादन की समस्या का हल ढूंढ़ रहे थे।

प्रथम दृष्टि से यह काम ज्यादा मुश्किल नहीं लगता था। आइसोप्रीन प्राप्त करके इसका बहुलकीकरण कराना था अर्थात् आइसोप्रीन यूनिटों को जोड़कर कृत्रिम रबर की लंबी तथा लचकदार श्रृंखलाएं बनानी थीं।

परंतु वास्तविकता देखकर बहुत निराशा हुई। कुछ दिक्कतों का सामना करने के बाद रसायनज्ञ आइसोप्रीन के संश्लेषण में सफल हो गये, परन्तु जब इसके बहुलकीकरण की बारी आयी, रबर प्राप्त नहीं हुआ। यूनिट एक दूसरे के साथ मिल गये, परंतु एक निश्चित क्रम में नहीं बल्कि बड़ी बेतरतीबी के साथ, जिसके परिणामस्वरूप प्राप्त कृत्रिम उत्पाद रबर से थोड़े भिन्न थे।

अतः रसायनज्ञों को ऐसी विधियां खोजनी थीं जिनकी सहायता से आइसोप्रीन यूनिट श्रृंखला में सही तरीके से जुड़ पायें।

विश्व का प्रथम संश्लिष्ट रबर तीसरे दशक में सोवियत संघ में प्राप्त किया गया। अकादमीशियन लेबेदेव ने श्रृंखला युनिट :

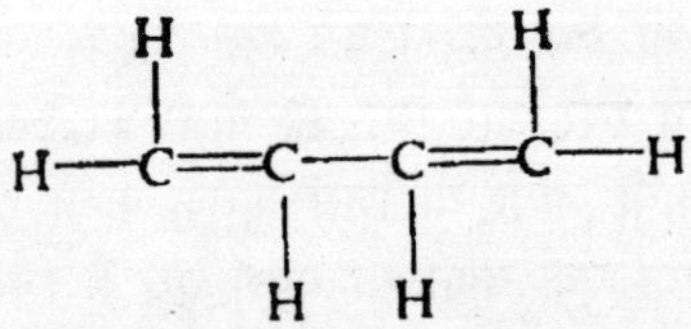

के लिये एक दूसरा पदार्थ ब्यूटाडाइन चुना।

इसकी संरचना तथा बनावट आइसोप्रीन से बहुत मिलती है, परंतु इसके बहुलकीकरण का नियंत्रण सरल है।

आज संश्लिष्ट रबरों की बहुत बड़ी संख्या ज्ञात है (प्राकृतिक रबर और इस रबर में भेद दिखाने के लिये अंतिम को प्रायः प्रत्यास्थ बहुलक कहा जाता है)।

प्राकृतिक रबर और इससे बने माल में बहुत कमियां हैं। उदाहरण के लिये, यह तेलों और वसाओं में बहुत फूल

जाता है, कई उपचायकों का अच्छी तरह से प्रतिरोध नहीं करता, विशेष रूप से ओजोन का, जिसके लेश वायुमंडल में हमेशा उपस्थित नहीं हैं। प्राकृतिक रबर की बनी चीजों का वल्कनीकरण करना पड़ता है अर्थात् उच्च ताप पर सल्फर द्वारा निरूपन आवश्यक होता है। कच्चा रबर इस प्रकार अच्छे या ऐबोनाइट में परिवर्तन किया जाता है। काम के दौरान प्राकृतिक रबर की बनी चीजें (जैसे, कार के टायर) ऊर्जा की बहुत बड़ी मात्रा उत्सर्जित करती हैं जिसके कारण चीजों की उम्र कम हो जाती है, वे जल्दी ही घिस जाती हैं।

इसी वजह से वैज्ञानिकों को बेहतर गुणों वाले नये संश्लिष्ट रबर बनाने पड़े। उदाहरण के लिये, रबरों का परिवार है जिसे ब्यूना कहते हैं। यह नाम दो शब्दों के आरंभों से लिया गया है –''ब्यूटाडाईन'' और ''नैट्रियम'' (लातीनी में ''सोडियम का नाम)। बहुलकीकरण के दौरान सोडियम उत्प्रेरक की भूमिका निभाता है। इस परिवार के कुछ प्रत्यास्थ बहुलक अति उत्तम गुण रखते हैं और मुख्यतः मोटरों के टायरों के उत्पादन में प्रयुक्त किये जाते हैं

आइसोब्यूटिलीन और आइसोप्रीन के संयुक्त बहुलकीकरण से प्राप्त ब्यूटिल रबर विशेषतया बहुत काम के सिद्ध होते हैं। सबसे पहली बात यह है कि यह सबसे सस्ता रबर है। दूसरी यह कि प्राकृतिक रबर के मुकाबले में यह ओजोन के प्रति निष्क्रिय है। इसके अलावा ब्यूटिल रबर के बने वल्केनीजेट, जो आज टायर की टयूबों के निर्माण में विस्तृत रूप से प्रयुक्त होते हैं, प्राकृतिक रबर से बने वल्केनीजेटों से 10 गुना अधिक वायु-अभेद्यी होते हैं।

पालीयूरिथेन रबर विशेष महत्व रखते हैं। उनका तनन-सामर्थ्य होता है और वे बहुत कम घिसते हैं। पालियूरिथेन प्रत्यास्थ बहुलक अपहोल्सटरी के लिये रबर फोम के निर्माण में काम आते हैं।

पिछले सालों में कुछ ऐसे रबर बनाये गये हैं जिनकी वैज्ञानिक कल्पना भी नहीं कर सकते थे। ये मुख्यतः कार्बसिलिकन तथा फ्लुओरोकार्बन यौगिकों पर आधारित प्रत्यास्थ बहुलक हैं। इन प्रत्यास्थ बहुलकों का तापीय स्थायित्व प्राकृतिक रबर से दोगुना उच्च होता है। ये ओजोन के प्रतिरोधी होते हैं और फ्लुओरोकार्बन यौगिकों पर आधारित रबर सधूम सल्फ्यूरिक और नाइट्रिक अम्ल तक का प्रतिरोध करता है।

परंतु रबरों की बात यहीं खत्म नहीं हो जाती। कार्बोक्सिल-युक्त रबर अर्थात् ब्यूटाडाइन और कार्बनिक अम्लों के सहबहुलक प्राप्त किये गये हैं। उनका तनन सामर्थ्य बहुत उच्च होता है।

अतः यह स्पष्ट है कि इस क्षेत्र में भी प्रकृति ने मनुष्य द्वारा बनायी चीजों के सामने अपनी हार मान ली है।

कठोर हृदय और गेंडे की खाल

कार्बनिक रसायन में यौगिकों के एक वर्ग को हाइड्रोकार्बन कहते हैं। और इनका यह नाम ठीक ही रखा गया है क्योंकि इनके अणुओं में हाइड्रोजन और कार्बन परमाणुओं के अलावा और कुछ नहीं होता। उनके सबसे ज्यादा ज्ञात विशिष्ट प्रतिनिधि मेथेन (प्राकृतिक गैस का लगभग 95% अंश) और पैट्रोलियम है, जिससे विभिन्न किस्म का पेट्रोल और कई अन्य उपयोगी उत्पाद बनाये जाते हैं।

सबसे साधारण हाइड्रोकार्बन मेथेन CH_4को लीजिये। अब अगर हम मेथेन में हाइड्रोजन परमाणुओं द्वारा बदल दें, तो हमें क्या प्राप्त होगा ? कार्बन डाइआक्साइड Co_2। अगर हम सारे हाइड्रोजन परमाणु क्लोरीन परमाणुओं द्वारा बदल देते हैं, तो हमें एक प्रसिद्ध पदार्थ–कार्बन टेट्राक्लोराइड प्राप्त होता है। परंतु अगर हम क्लोरीन की जगह फ्लुओरीन लें, तब क्या होगा ?

कुछ दशकों पहले शायद ही कोई व्यक्ति इस प्रश्न का उत्तर दे सकता था। परंतु हमारे दिनों में फ्लुओरोकार्बन यौगिकों का अध्ययन रसायन की एक स्वतंत्र शाखा बन गया है।

फ्लुओरोकार्बनों के भौतिक गुण हाइड्रोकार्बनों के लगभग पूर्णतया समान होते हैं। परंतु यह बात तब तक सही है, जब तक उभयनिष्ट गुणों की चर्चा करते हैं। हाइड्रोकार्बनों के विपरीत फ्लुओरोकार्बन बहुत सक्रिय पदार्थ होते हैं।

इसके अलावा वे उत्तम ताप प्रतिरोधी होते हैं जिसकी वजह से कभी-कभी इन्हें ऐसे पदार्थों की संज्ञा दी जाती है जिनका ''हृदय कठोर है और जिनकी खाल गेंडे जैसी है।''

हाइड्रोकार्बनों (और कार्बनिक यौगिकों के अन्य वर्गों) की तुलना में इनके अधिक स्थायित्व की रासायनिक व्याख्या अपेक्षाकृत सरल है। फ्लुओरीन परमाणु हाइड्रोजन परमाणुओं से काफी बड़े होते हैं। अतः वे अन्य अभिक्रियाशील परमाणुओं के लिये कार्बन के परमाणुओं की ओर बढ़ने का रास्ता अगम्य कर देते हैं।

दूसरी ओर आयनों में रूपांतरित फ्लुओरीन परमाणु अपने इलेक्ट्रान से जुदा होने में हिचकिचाहट दिखाते हैं और अन्य परमाणुओं के साथ अभिक्रिया करना ''पसंद नहीं करते।'' जैसा कि हम जानते हैं कि फ्लुओरीन सर्वाधिक सक्रिय धातु है और शायद ही कोई अधातु है जो इसके आयन को उपचयित कर सकती है (इससे एक इलेक्ट्रान अलग कर सकती है)। और हां, कार्बन-कार्बन बंध खुद भी बहुत स्थायी होता है (हीरे को याद कीजिये)।

अक्रियता के कारण फ्लुओरीनकार्बनों का विस्तृत रूप से प्रयोग होता हैः जैसे, फ्लुओरोकार्बन रेजिन, जिसे टेफ्लान कहते हैं, 300°C तक का ताप सह सकता है और सल्फ्यूरिक, नाइट्रिक, हाइड्रोक्लोरिक तथा अन्य अम्लों के प्रति उदासीन रहते हैं। वे उबले क्षारों का प्रतिरोध करते हैं और सभी ज्ञात कार्बनिक और अकार्बनिक विलायकों में अविलेय है। फ्लुओरोप्लास्टिक को कभी-कभी ''कार्बनिक प्लैटिनम'' कहने के कुछ कारण है : वे रासायनिक प्रयोगशाला के उपकरणों, विभिन्न औद्योगिक रासायनिक उपकरणों तथा विभिन्न कार्यों के लिये आवश्यक पाइपों के निर्माण के लिये शानदार सामग्री हैं। हमारा विश्वास कीजिये, अगर प्लैटिनम इतना महंगा नहीं होता, तो इस दुनिया में बहुत सारी चीजें इस धातु से बनायी जातीं ; परंतु फ्लुओरोप्लास्टिक अपेक्षाकृत सस्ता है।

फ्लुओरोप्लास्टिक दुनिया में सर्वाधिक चिकनी चीजें हैं। मेज पर फेंकी फ्लुओरोप्लास्टिक के बने बेयरिंग को तेल देने की कोई जरूरत नहीं है। अंत में फ्लुओरोप्लास्टिक उत्तम ताप प्रतिरोधी होते हैं। फ्लुओरोप्लास्टिक रोधन 400°C तक का ताप सह सकते हैं, जो लेड के गलनांक से उच्च है।

मनुष्य द्वारा निर्मित सर्वाधिक अद्वितीय पदार्थों में गिने जाने वाले फ्लुओरोप्लास्टिकों में ये गुण होते हैं।

द्रव फ्लुओरोप्लास्टिक अदहनशील होते हैं तथा काफी निम्न तापमानों पर जम जाते हैं। इन यौगिकों पर फफूंदों तथा कीड़ों के आक्रमण का कोई असर नहीं होता और वे संक्षारण के उत्तम प्रतिरोधी होते हैं।

कार्बन और सिलिकन का संघ

प्रकृति में दो तत्व ऐसे हैं जो विशेष स्थान का दावा कर सकते हैं। पहला तत्व कार्बन है जो जीव प्रकृति का आधार है। इसका दावा वैध है क्योंकि कार्बन परमाणु एक दूसरे के साथ मजबूती से जुड़ कर शृंखला जैसे यौगिक बनाने की क्षमता रखते हैं :

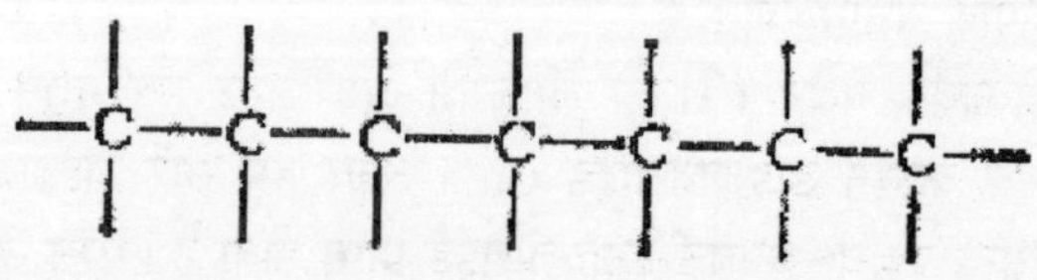

दूसरा तत्व सिलिकन है। यह सारी अकार्बनिक प्रकृति का आधार है। परंतु सिलिकन परमाणु का कार्बन परमाणुओं जैसी लंबी शृंखलाएं नहीं बना सकते और इसके अलावा प्रकृति में प्राप्त सिलिकन यौगिकों की संख्या कार्बन यौगिकों की संख्या से कम है।

वैज्ञानिकों ने सिलिकन की इस कमी को ''सुधारने'' का फैसला किया। निस्संदेह सिलिकन कार्बन की तरह त्रिसंयोजक

होता है। कार्बन परमाणुओं के बीच बने अनुबंध सिलिकन परमाणुओं के बीच बने अनुबंधों से काफी ज्यादा दृढ़ होते हैं, परंतु दूसरी ओर इस कारण सिलिकन कम सक्रिय तत्व होता है। अब अगर हम कार्बन की जगह सिलिकन से कार्बनिक यौगिकों जैसे यौगिक प्राप्त कर सकें, तो उनमें कितने अद्वितीय गुण मिल सकते हैं।

आरंभ में वैज्ञानिक असफल रहे। हालांकि उन्होंने यह सिद्ध कर दिया कि सिलिकन ऐसे यौगिक बना सकता है जिनमें परमाणु आक्सीजन परमाणुओं के साथ एकान्तरित हो सकते हैं :

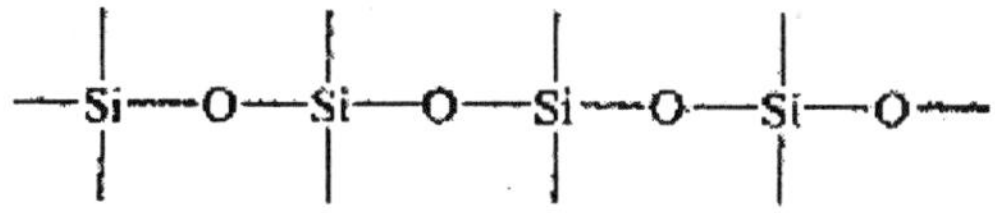

परंतु इस प्रकार से बने यौगिक स्थायी नहीं थे।

पहली सफलता उन्हें तब मिली जब उन्होंने सिलिकन परमाणुओं को कार्बन परमाणुओं के साथ संयोजित करने का फैसला किया। ऐसे यौगिक, जिन्हें कार्बसिलिकन यौगिक या सिलिकन कहते हैं, वास्तव में कई अद्वितीय गुण रखते हैं। सिलिकनों के आधार पर विभिन्न रेजिन बनाये गये हैं और उनसे ऐसे प्लास्टिक बनाये जा सकते हैं जो लंबे अर्से तक उच्च तापमान सह सकते हैं।

कार्बसिलिकन बहुलकों पर आधारित प्रत्यास्थ बहुलकों में बहुत उपयोगी गुण विद्यमान होते हैं जिनमें से एक गुण है—ताप प्रतिरोधता। सिलिकन रबर की कुछ किस्में 350°C तक स्थायी रहती है। अब आप ऐसे रबर से बने टायर की कल्पना करें।

सिलिकन रबर कार्बनिक विलायकों में जरा सा भी नहीं फूलते। अब ये इंधन ट्रांसपोर्ट लाइनों के लिये विभिन्न प्रकार के होज पाइपों के निर्माण में प्रयुक्त किये जाते हैं।

कुछ सिलिकन द्रव और रेजिन तापमानों के विस्तृत परिसर में अपनी श्यानता मुश्किल से बदलते है। इस गुण के कारण वे स्नेहकों की भूमिका के लिये उपयुक्त साबित हुए हैं। निम्न उड़नशीलता और उच्च क्वथनांक के कारण सिलिकन द्रव उच्च निर्वात पंपों में बहुत उपयोगी सिद्ध हुए हैं।

कार्बसिलिकन यौगिक जल प्रत्याकर्षी होते हैं और इस महत्वपूर्ण गुण का उपयोग जल प्रत्याकर्षी वस्त्रों के निर्माण में किया जाता है। परंतु बात वस्त्रों की ही नहीं है। कहते हैं कि जल पत्थर को घिस देता है। महत्वपूर्ण निर्माण प्रोजेक्टों पर किये गये परीक्षणों से पता चला कि संरचनी पदार्थों को विभिन्न कार्बसिलिकन द्रवों द्वारा संसेचित कराना बहुत लाभदायक रहता है।

हाल में सिलिकनों पर आधारित मजबूत तापरोधी इनेमल बनाये गये हैं। ताम्र या लोहे की प्लेटों पर इन इनेमलों की पालिश करने से कई घंटे तक 800°C ताप सह सकती है।

कार्बन और सिलिकन के विशेष संयोजन की यह फिलहाल शुरूआत है। परंतु इस "द्वैत" संयोजन से रसायनज्ञ संतुष्ट नहीं है। वे कार्बसिलिकन यौगिकों के अणुओं में अन्य तत्व, जैसे ऐलुमिनियम, टाइटेनियम या बोरान मिलाने के प्रयास में व्यस्त हैं। यह समस्या भी सफलतापूर्वक हल कर दी गयी है और इनके परिणामस्वरूप पदार्थों का एक बिल्कुल नया वर्ग प्राप्त हुआ है, जिसे पालीआर्गेनोमेटालोसिलोक्सेन कहते हैं। इन बहुलकों की शृंखलाओं में विभिन्न योजक हो सकते हैं : सिलिकन-आक्सीजन-ऐलुमिनियम, सिलिकन-आक्सीजन-टाइटेनियम, सिलिकन-आक्सीजन-बोरान, आदि। ऐसे पदार्थ तापरोधता के गुण में कई धातुओं तथा ऐलायों का मुकाबला करते हैं, वे 500-600°C पर पिघलते हैं।

अनोखी छलनियां

इन छलनियों की बनावट अनुपम होती है। वे असीम कार्बनिक अणु होती हैं जिनमें कई रोचक गुण विद्यमान होते हैं। पहला यह कि कई अन्य प्लास्टिकों की तरह वे जल तथा कार्बनिक विलायकों में अविलेय होते हैं। दूसरा यह कि वे आयनजनी समूहों के बने होते हैं अर्थात् उन समूहों के जो एक विलायक में (विशेषतया, जल में) विभिन्न प्रकार के आयन उत्पन्न करने की क्षमता रखते हैं। अतः इन यौगिकों को विद्युत अपघट्य के ग्रुप में रखा जा सकता है।

इनमें हाइड्रोजन आयन किसी धातु द्वारा बदला जा सकता है।

तदनुसार ये अद्वितीय यौगिक आयन विनिमयक के रूप में ज्ञात हैं। धनायनों (धनात्मक आवेशित आयनों) के साथ अन्योन्यक्रिया की क्षमता रखने वाले यौगिक धनायन विनिमयक कहे जाते हैं और जो ऋणात्मक आवेशित आयनों के साथ अन्योन्यक्रिया करते हैं, ऋणायन विनिमयक कहलाते हैं। प्रथम कार्बनिक आयन विनिमयक कहलाते हैं। प्रथम कार्बनिक आयन विनिमयक हमारी शताब्दी के चौथे दशक के मध्य में संश्लेषित किये गये और शीघ्र ही विस्तृत मान्यता प्राप्त कर गये। यह कोई आश्चर्य की बात नहीं है क्योंकि आयन विनिमयकों की सहायता से कठोर जल मृदु बनाया जा सकता है और नमकीन जल ताजा बनाया जा सकता है।

दो कॉलमों की कल्पना कीजिये जिसमें से एक धनायन विनिमयक से भरा है और दूसरा ऋणायन विनिमयक से। मान लेते हैं कि हमें साधारण नमक मिला जल शुद्ध करना है। सबसे पहले हम जल धनायन विनिमयक में से गुजारते हैं। इसमें सारे सोडियम आयन हाइड्रोजन आयनों द्वारा बदले जाते हैं जिसके फलस्वरूप हमारे जल में अब सोडियम क्लोराइड की जगह हाइड्रोक्लोरिक अम्ल उपस्थित होगा। इसके बाद हम जल को ऋणायन विनिमयक में से गुजारते हैं। अगर यह हाइड्रोक्सिल रूप में है। (अर्थात् इसमें ऋणायन हाइड्रोक्सिल आयन के विनिमय की क्षमता रखता है), तो विलयन के सारे क्लोराइड आयन हाइड्रोक्सिल आयनों द्वारा बदल दिये जायेंगे। और हाइड्रोक्सिल आयन मुक्त हाइड्रोजन आयनों के साथ तुरंत जल अणु बना देंगे। जिस जल में आरंभ में सोडियम क्लोराइड उपस्थित था, उसे आयन विनिमय कॉलमों में से गुजार कर पूर्णतया विलवणीकरित किया जा सकता है। प्राप्त उत्पाद के गुण आसवित जल की सबसे बढ़िया किस्मों के गुणों से निम्न नहीं होते।

परंतु आयन विनिमयक केवल जल के अखनिजीकरण के कारण ही इतने प्रसिद्ध नहीं हुए हैं। यह देखा गया कि आयन विनिमयक विभिन्न सामर्थ्यों वाले भिन्न आयनों की तुलना में अधिक मजबूती के साथ रोके जाते हैं, पोटेशियम सोडियम आयनों के मुकाबले अधिक मजबूती के साथ, आदि। आयन विनिमयकों ने धातुओं को पृथक करने की एक सरल विधि प्रस्तुत की। आज आयन विनिमयक उद्योग के विभिन्न क्षेत्रों में महत्वपूर्ण भूमिका निभा रहे हैं। उदाहरणतया, बहुत लंबे अर्से तक फोटोग्राफी प्रयोगशालाओं में अपशिष्टों से कीमती रजत प्राप्त करने की कोई उपयुक्त विधि उपलब्ध नहीं थी। आयन-विनिमय फिल्टरों की सहायता से यह महत्वपूर्ण समस्या हल कर दी गयी।

अच्छा, परंतु क्या मनुष्य आयन-विनिमयकों की सहायता से समुद्री जल से कभी कीमती धातुएं प्राप्त कर पाएगा ? इसका उत्तर हां है। हालांकि समुद्री जल में विभिन्न लवण अलग-अलग मात्रा में उपस्थित होते हैं, इससे उत्कृष्ट धातुओं की प्राप्ति निकट भविष्य की बात है।

अभी यह परेशानी महसूस हो रही है कि जब समुद्री जल धनायन विनिमयक में से गुजरता है, इसमें उपस्थित लवण धनायन विनिमयक पर कीमती धातुओं की अल्प मात्रा के जमने में बाधा डालते हैं। तथापि पिछले दिनों एक नयी किस्म के रेजिन संश्लिष्ट किये गये हैं, जिन्हें इलेक्ट्रान-विनिमय रेजिन कहते हैं। ये विलयन में धातु आयनों के बदले अपने आयनों का केवल विनिमय ही नहीं करते, बल्कि इलेक्ट्रानों का दान कर धातु को अपचयित भी करते हैं।

हाल ही में किये गये परीक्षणों से यह पता चला है कि अगर रजतयुक्त विलयन ऐसे रेजिनों में से गुजारा जाता है, तो रजत आयन नहीं बल्कि धात्विक रजत रेजिन पर जमा होने लगता है और अंतिम के गुण काफी लंबे अर्से तक बने रहते हैं। इस प्रकार अगर लवणों का एकमिश्रण इलेक्ट्रान विनिमयक में से गुजारा जाता है, तो अपचयित आयन बड़ी सरलता के साथ एक शुद्ध धातु के परमाणुओं में परिवर्तित किये जा सकते हैं।

रासायनिक पंजे

एक प्राचीन मजाक के अनुसार रेगिस्तान में शेरों को पकड़ने से आसान कोई काम नहीं है। चूंकि रेगिस्तान में केवल दो ही चीजें होती हैं–रेत, तो आपको बस इतना ही करना है कि एक छलनी लेनी है और इसमें रेगिस्तान छानना है। रेत जाली में से निकल जायेगी और शेर बाकी रह जायेगा।

परंतु अगर एक कीमती रासायनिक तत्व अन्य व्यर्थ तत्वों की बहुत बड़ी मात्रा के साथ मिला हो, तब क्या करना चाहिये ? या अगर किसी पदार्थ से एक हानिकर अशुद्धि अलग करनी हो और उस अशुद्धि को मात्रा बहुत थोड़ी हो, तब क्या करना चाहिये ?

यह कोई विरल समस्या नहीं है। नाभिकीय रिऐक्टरों के निर्माण में प्रयुक्त होने वाले जिर्कोनियम में हैफ्नियम की अशुद्धि की मात्रा एक प्रतिशत के दस हजारवें अंश अधिक नहीं होनी चाहिये, जबकि साधारण जिर्कोनियम में इसकी मात्रा एक प्रतिशत का लगभग दो दशांश होती है।

हैफ्नियम और जिर्कोनियम के रासायनिक गुण बहुत मिलते हैं जिसके कारण साधारण विधियां बेकार हैं। अद्वितीय रासायनिक छलनी, जिसकी हम ऊपर चर्चा कर चुके हैं, भी यहां बेबस है। इसके बावजूद भी जिर्कोनियम का बहुत शुद्ध होना जरूरी है।

सदियों तक रसायनज्ञ एक साधारण नियम का पालन करते रहे : ''जैसी चीज वैसा ही घोलक चाहिये।'' अकार्बनिक पदार्थ सरलता से अकार्बनिक विलायकों में घुल जाते हैं और कार्बनिक पदार्थ कार्बनिक विलायकों में। खनिज अम्लों के कई लवण जल में, निर्जलीय हाइड्रोफ्लुओरिक अम्ल, द्रव हाइड्रासाएनिक अम्ल से अच्छी तरह से घुल जाते हैं, जैसे बेंजीन, ऐसीटोन, क्लोरोफार्म, कार्बन डाइसल्फाइड आदि।

रसायनज्ञों ने इस बात से लाभ उठाने का फैसला किया।

ररायनज्ञों ने इरा बात रो लाभ उठाने का फैसला किया।

नाभिकीय रिऐक्टरों के आपरेशन के दौरान घिसे यूरेनियम इंधन शलाकों को समय-समय पर बदलना आवश्यक होता है। हालांकि उनमें अशुद्धियों (यूरेनियम विखंडन के टुकड़ों) की मात्रा एक प्रतिशत के हजारवें भाग से अधिक नहीं होती। इंधन की शलाकें पहले नाइट्रिक अम्ल में घोली जाती है। नाभिकीय रूपांतरणों के फलस्वरूप प्राप्त सारा यूरेनियम और अन्य धातुएं नाइट्रेटों में परिवर्तन हो जाती है। कुछ अशुद्धियां, जैसे, जीनान और आयोडीन, गैसों या वाष्पों के रूप में बाहर निकल जाती है, अन्य, जैसे टिन, अवमल में रह जाती हैं।

यूरेनियम के अलावा प्राप्त विलयन में भी अन्य कई अशुद्धियां उपस्थित होती है, विशेषतया, प्लूटोनियम, नेप्ट्यूनियम, दुर्लभ मृदा धातुएं, टैक्नीशियम तथा कुछ अन्य। कार्बनिक पदार्थ बस यहीं काम आते हैं। यूरेनियम तथा अन्य अशुद्धियों युक्त नाइट्रिक अम्ल विलयन एक कार्बनिक पदार्थ ट्राब्यूटाइल फास्फेट के विलयन के साथ मिलाया जाता है। व्यावहारिक रूप से सारा यूरेनियम आर्गनिक अवस्था में आ जाता है जबकि अशुद्धियां नाइट्रिक अम्ल विलयन में रह जाती हैं। इस प्रक्रिया को निष्कर्षण कहते हैं। दो निष्कर्षणों के बाद यूरेनियम लगभग पूरी तरह से अशुद्धिरहित हो जाता है और फिर से यूरेनियम इंधन शलाकों के निर्माण में प्रयुक्त किया जा सकता है। इसके बाद निष्कर्षित अशुद्धियों से सबसे

महत्वपूर्ण पदार्थ, विशेषतया प्लूटोनियम और कुछ अन्य विघटनाभिक समस्थानिक अलग कर दिये जाते हैं।

जिर्कोनियम और हैफ्नियम भी इसी विधि से पृथक् किये जा सकते हैं।

अब निष्कर्षण इंजीनियरी में विस्तृति रूप से प्रयुक्त किया जाता है। यह केवल अकार्बनिक यौगिकों के शुद्धिकरण के लिये ही नहीं बल्कि कई कार्बनिक यौगिकों के शुद्धिकरण में भी प्रयुक्त किया जाता है, जैसे, विटामिन, वसा तथा ऐल्केलाइड आदि।

रसायन के इतिहास की संक्षिप्त सैर

जब भी पिछली शताब्दी के रसायन के अद्वितीय प्रतिनिधियों के नाम गिनाये जाते हैं तो जर्मन प्रोफेसर हेरमन कोप का नाम जरूर लिया जाता है। अन्य विशेषताओं के अलावा उनमें एक और विशेषता थी और वह यह कि वे रसायन के इतिहासकार थे। उन्होंने अपने उत्तराधिकारियों के लिये चार भागों वाली एक पुस्तक लिखी जो विज्ञान के दीर्घकालीन विकास को समर्पित की गयी थी। कोप पहले व्यक्ति थे जिन्होंने रसायन के इतिहास को कई कालों में विभाजित किया। आरंभिक अवस्था में, जिसके अंदर प्राचीन काल से चौथी शताब्दी का समय लिया गया था, प्रायोगिक तथ्यों को संचयित किया गया था। इसके बाद कीमियागरी का जमाना आया जो लगभग बारह शताब्दियों तक कायम रहा। आधुनिक रसायन के जन्म की तिथि (या और ठीक कहने के लिये विश्लेषण की परिमाणात्मक विधियों का विकास) कोप अठाहरवीं शताब्दी का अंतिम चतुर्थांश बताते हैं। इससे पहले दो अपेक्षाकृत संक्षिप्त कालों का वर्णन किया गया था : फ्लोजिस्टन सिद्धांत का आधिपत्य और आइट्रोजन की उन्नति। प्रथम सिद्धांत का दावा था कि पदार्थों के दान के दौरान एक विशेष प्रकार का द्रव्य फ्लोजिस्टन बनता था। इस सिद्धांत को असत्य सिद्ध करने में 100 से ज्यादा साल लग गये।

आइट्रोरसायन का अक्षरक्षः : अर्थ है चिकित्सा या औषधि रसायन। यूनानी भाषा में चिकित्सक को आइट्रोस कहते हैं। इस रसायन के व्यावहारिक उद्देश्य थे : औषधियों की प्राप्ति और हर प्रकार के रोगों का इलाज।

पारात्सेल्स की गिनती प्रमुख औषधि रसायनज्ञों में की जाती है। यह उनका कुलनाम नहीं बल्कि उपनाम था। उनका वास्तविक नाम लंबा और शानदार था : थियोफ्रास्टस बोम्बास्टस वान होहेनहिम। तीस साल की उम्र में विख्यात हो गये थे और यह अफवाह फैल गयी थी कि वे रोगी को जादू से ठीक करते थे।

वे केवल एक चिकित्सक ही नहीं बल्कि रसायनज्ञ भी थे और उस जमाने के हिसाब से काफी कुशल रसायनज्ञ थे। उन्होंने पदार्थों के विस्तृत परिसर के गुणों का अध्ययन करके महत्वपूर्ण तथ्य प्रस्तुत किये। परातसेल्स ने अपने कार्यों में कई रासायनिक प्रक्रमों के वर्णन भी दिये, परंतु परेशानी यह है कि उसके निबंधों को पढ़ना व समझना आसान काम नहीं है।

फिर भी थियोफ्रास्टस बोम्बास्टस वान होहेनहिम विज्ञान के इतिहास में उन विरल हस्तियों में से एक थे जिन्होंने कीमियागरों, जो क्षारक धातुओं को स्वर्ण में बदलने के सपने देख रहे थे..., के रहस्यमय विश्वासों का खंडन करके रसायन के जन्म का आधार तैयार किया।

रसायन जिसने सफेद कोट पहन लिया

पारात्सेल्स ने एक बार कहा था कि रसायन का सच्चा उद्देश्य स्वर्ण बनाना नहीं है। इसका असली उद्देश्य है—औषधियों का निर्माण।

जैसाकि दार्शनिकों ने ध्यान दिया होगा, यह कथन बहुत व्यावहारिक महत्व रखता था, विशेष रूप से मध्य युग में जब महामारियों की पुनरावृत्तियों से लाखों लोगों की जानें चली गयी थीं।

विभिन्न नगरों में दवाइयों की दुकानें खोली गयी, जो असलियत में रासायनिक प्रयोगशालाएं थीं। कई विशिष्ट रसायनज्ञों ने यह काम शुरू कर दिया।

औषधियां तथा इलाज के अन्य साधन प्रायः तुक्केबाजी के आधार पर तैयार किये जाते थे। औषधविज्ञान अभी इतना युवा था कि उसे विज्ञान नहीं कहा जा सकता था। औषधियों के मुकाबले शताब्दियों पुराने पारंपरिक साधन, जैसे, विभिन्न प्रकार की जड़े, अर्क, निषेक, जोशांदे आदि रोगियों के लिये ज्यादा लाभकर सिद्ध होते थे।

जैसे-जैसे समय बीतता गया, रसायन और औषधि का संयोजन मजबूत होता गया जिसने एक नये विज्ञान औषध-रसायन, औषधि प्राप्ति के विज्ञान को जन्म दिया।

पारात्सेल्स का नाम प्रथम भेषजज्ञों की सूची में शामिल करना न्यायसंगत रहेगा। उनके कई ''जोशांदे'' बहुत समय पहले विस्मृति में डूब गये हैं और अब यह कहना मुश्किल है कि उनसे लाभ ज्यादा हुए या हानियां। परंतु उनकी औषधियों की सूची में मर्करी और सल्फर की मलहमें शामिल थीं जो आज भी त्वचा रोगों के उपचार में प्रयुक्त की जाती हैं। इसके अतिरिक्त लौह और ऐंटिमनी लवण तथा विभिन्न जड़ी-बूटियों के टिंचर भी इस सूची में गिनाये गये थे। ये सारे नाम काफी लंबे अर्से तक औषधकोश में प्रचलित रहे।

प्रसंगवश हम यहां बताना चाहेंगे कि हमारे दिनों में भी सारी औषधियों का लगभग एक चौथाई भाग प्राकृतिक औषधियां है। बाकी रासायनिक प्रयोगशालाओं में कृत्रिम रूप से प्राप्त की जाती हैं। और यहां हम उनमें से कुछ के साथ आपका परिचय कराना चाहेंगे।

गठिया के इलाज में सैलिसिलिक अम्ल के रोगनाशक गुण बहुत अर्से से ज्ञात हैं। परंतु पहले यह वनस्पति पदार्थों से प्राप्त किया जाता था जिसमें वक्त और मेहनत दोनों ही बहुत ज्यादा लगते थे। केवल 1874 में सरलता से उपलब्ध फीनाल से सैलिसिलिक अम्ल प्राप्त करने की एक सरल विधि विकसित की गयी।

सैलिसिलिक अम्ल कई औषधियों का आधार बनाता है। प्रसिद्ध ऐस्पिरिन इनमें से एक है। सामान्यतः एक औषधि की ''आयु'' काफी कम होती है : नयी औषधियां पुरानी औषधियों की जगह से लेती हैं, जो विभिन्न रोगों के इलाज में ज्यादा श्रेष्ठ और उपयुक्त साबित होती हैं। ''ऐस्पिरिन'' अमर औषधि लगती है। इस औषधि की मांग कम नहीं होती और ''साधारण'' औषधियों में यह सबसे ज्यादा प्रसिद्ध है। यह एक अच्छी ज्वरनाशी औषधि है तथा सरदर्द दूर करने का एक बढ़िया साधन है। इसके उपयोग का परिसर समय के साथ कम नहीं होता। पिरामिडोन, जो 90 वर्ष पूर्व संश्लिष्ट की गयी, अभी दवा की हर दुकान में उपलब्ध है और इसकी प्रसिद्धि ऐस्पिरिन की प्रसिद्धि के साथ तुलना की जा सकती है।

सैलवरसैन-संश्लेषण औषधि रसायन की एक महान उपलब्धि थी। यह एक औषधि होती है जिसमें रासायनिक तत्व आर्सेनिक के व्युत्पन्न उपस्थित होते हैं। कई आर्सेनिक यौगिक तीव्र विष होते हैं। परंतु सैलवरसैन एक अति भयंकर तथा संक्रामक रोग सिफिलिस के उपचार में प्रभावशाली औषधि सिद्ध हुआ। (पाठकों की जानकारी के लिये हम बताना चाहेंगे कि अगर लातीनी भाषा से सैलवरसैन का शब्दशः अनुवाद किया जाये तो इसका अर्थ होता है : ''आर्सेनिक जिंदाबाद'')। सैलवरसैन के रचयिता एक जर्मन भेषजज्ञ तथा सूक्ष्मजीवविज्ञानी पाल एहरलिच थे। इस औषधि के संश्लेषण से पहले उन्हें बहुत मेहनत करनी पड़ी। केवल छः सौ छठे प्रयासों पर एहरलिच को इस कार्य में सफलता मिली। सैलवरसैन को कुछ अर्से पहले ''सम्पाक-606'' तक के नाम से पुकारा गया। और 914वें प्रयास से एहरलिच को एक और भी ज्यादा शक्तिशाली औषधि प्राप्त हुई जिसका नाम उन्होंने ''निओसैलवरसैन'' रखा।

सल्फोनैमाइड औषधियों का एक और अद्वितीय है, जिसने सारे लोगों की जानें बचायी है।

श्वेत स्ट्रेप्टोसिड को कौन नहीं जानता ? बुजुर्गों को अधिक प्रभावशाली लाल स्ट्रेप्टोसिड याद होगा जो द्वितीय विश्वयुद्ध से पहले इस्तेमाल किया जाता था। परंतु यह विषाक्त पाया गया और इसका उत्पादन बंद कर दिया गया।

पेंट तथा वार्निश उद्योग के विकास में व्यस्त रसायनज्ञों तथा औद्योगिक कर्मचारियों के प्रयासों से सल्फोनैमाइड का नाम चारों ओर फैल गया। काफी लंबे अर्से तक रंजक वनस्पतियों की विधियों से प्राप्त किये जा रहे थे। अब कार्बनिक रसायन की विधयों से उन्हें संश्लिष्ट करना अधिक सरल तथा लाभदायक हो गया।

1908 में यह सिद्ध किया गया कि सल्फैनिलिक अम्ल कई महत्वपूर्ण रंजकों को आधार होता है। इसके अणु की संरचना काफी साधारण होती है : बेंजीन छल्ले के एक ''सिरे'' के साथ एक NH_2 ग्रुप जोड़ा जाता है, दूसरे के साथ–SO_2OH। अगर अंतिम में OH ग्रुप NH_2 द्वारा बदल दिया जाये तो परिणाम यह होगा कि सल्फैनिलिक अम्ल का ऐमाइड प्राप्त होगा जिसने रंजकों के उत्पादन में महत्वपूर्ण भूमिका निभायी।

परंतु एक चौथाई शताब्दी बाद यह पता चला कि सल्फैनिलिक रंजक शक्तिशाली औषधियां हैं जो रोगजनक जीवाणुओं को मार देती है। पूयभरण तथा स्ट्रेप्टोकोकी के रोगजनक कर्मक भी इनमें शामिल थे। अतः स्ट्रप्टोसिड नाम इसी के आधार पर बनाया गया।

सल्फोनैमाइडों ने अभी तक अपना महत्व खोया नहीं है। किसने सल्फाजोल, सल्फाएथिडोल, सल्फाडाइमेसिन, सल्फाडाइमेथीक्सिन आदि नाम नहीं सुने हैं ?

डाक्टर द्वारा बतायी कोई औषधि या दुकान में उपलब्ध कोई औषधि कई विशेषज्ञों द्वारा विभिन्न क्षेत्रों में किये गये जबरदस्त अनुसंधानकार्य का परिणाम होती है।

अतियोग्य रसयानज्ञों, सूक्ष्मजीवविज्ञानियों, भेषजज्ञों, आविषज्ञों तथा चिकित्सकों के संयुक्त प्रयासों के फलस्वरूप नयी औषधियां प्राप्त की जाती हैं। एक नयी औषधि के निर्माण में औसतन 8 से 10 साल तक लग जाते हैं। इस लंबे अर्से दौरान हजारों विभिन्न प्रकार के पदार्थों का अध्ययन किया जाता है इससे पहले कि उनमें से सबसे अधिक प्रभावशाली का चुनाव किया जाये। लेकिन इसके बाद हर पहलू से औषधि का परीक्षण किया जाना चाहिये जिससे कि इसके अतिरिक्त प्रभाव का पता चल जायें, जो जीव के लिये हानिकारक सिद्ध हो सकते हैं।

अगर इन नियमों की अवहेलना की जाये, तो दुर्घटना घट सकती है। सातवें दशक के आरंभ में पश्चिमी जर्मनी की फर्मों ने एक निद्रापक थैलिडोमाइड का खूब प्रचार किया। इस दवाई को गर्भवती स्त्रियों के लिये विशेष रूप से उपयोगी बताया गया क्योंकि इसके प्रयोग से गहरी और स्फूर्तिदायक नींद आने की आशा थी। परंतु इस दवाई के गुणों का अध्ययन भलीभांति नहीं किया गया था जिसका परिणाम यह हुआ कि हजारों बच्चे जन्मजात विकृतियों के साथ पैदा हुए।

''औषध नीतियों'' के विश्लेषण से विचित्र बातें पता चलती हैं। उदाहरण के लिये, आज कितने किस्म की औषधियां इस्तेमाल की जाती है ? लगता है लगभग 200-300 सर्वाधिक प्रसिद्ध हैं तथा चिकित्सकों द्वारा खूब इस्तेमाल की जाती है हालांकि कभी-कभी काफी विरल तथा विशिष्ट औषधियों की भी जरूरत पड़ती है, जिन्हें चिकित्सा विशेषज्ञ विभिन्न विशेष क्षेत्रों में इस्तेमाल करते हैं।

हर साल औषधियों के नामों की संख्या में काफी बढ़ोतरी होती है। क्या यह वृद्धि हमेशा उतनी ही तेज रहेगी जितनी आज है ? इसका उत्तर हां है, कम से कम निकट भविष्य में। आज चिकित्सकों को 30.000 के लगभग विभिन्न रोग ज्ञात हैं जिनमें से केवल एक तिहाई औषधियों की सहायता से लगभग ठीक किये जा सकते हैं। अतः नयी तथा अधिक प्रभावशाली औषधियों की मांग बनी रहेगी।

यह जानना महत्वपूर्ण है कि कौन सा रोग किस औषधि से ठीक होता है, परंतु इसके साथ-साथ औषधि के प्रभाव, उसकी प्रतिक्रिया के मेकेनिज्म की भी जानकारी होनी चाहिये। इसके लिये पूर्ण रासायनिक अनुसंधान करने की जरूरत पड़ती है।

उदाहरण के लिये, कार्बनिक बारबिट्यूरिक अम्ल का एक आधुनिक व्युत्पन्न निद्रापकों के रूप में इस्तेमाल किया

जाता है। इनके अणुओं में कार्बन, हाइड्रोजन, आक्सीजन तथा नाइट्रोजन परमाणु उपस्थित होते हैं। इसके एक कार्बन परमाणु के साथ दो ऐल्किल ग्रुप जुड़े हैं, जो हाइड्रोकार्बन अणु हैं। इन अणुओं से एक हाइड्रोजन परमाणु छीन लिया गया है। यह देखा गया कि ऐल्किल ग्रुप में कार्बन परमाणुओं की संख्या जितनी ज्यादा होती है, औषधि उतनी ही ज्यादा प्रभावशाली होती है। किसी भी अवस्था में कार्बन परमाणुओं की संख्या चार से कम नहीं होनी चाहिये।

हमारे कष्टप्रद दिनों में निद्रापकों की मांग निरंतर बढ़ती जा रही है। उन औषधियों की संख्या बहुत ज्यादा है जो उत्तेजना कम करती हैं। इन्हें प्रशांतक कहते हैं। इनमें से सर्वाधिक शक्तिशाली मानसिक रोगों के उपचार में इस्तेमाल की जाती हैं। अब रासायनिक चिकित्सा मानसिक विकारों के उपचार की मुख्य विधि बन गयी है।

आधुनिक आंकड़ों के अनुसार हृदयवाहिका रोग मनुष्य की नश्वरता का एक मुख्य कारण है। चिकित्सकों के पास इन गंभीर रोगों के इलाज के लिये औषधियों का विस्तृत भंडार है।

रसायनज्ञों ने पैमाक्विन संश्लेषित करके मलेरिया के विरुद्ध संघर्ष करने में चिकित्सकों की सहायता की। पैमाक्विन पहले प्रचलित कुनैन से बहुत ज्यादा प्रभावशाली है, जिसे सिनकोना वृक्ष की छाल से प्राप्त किया जाता था। PASA तथा टयूबेजाइड के जटिल रासायनिक संश्लेषण के उत्पादों से तपेदिक के इलाज में काफी सहायता मिली हैं। अंत में, ''रासायनिक साधानों'' द्वारा कैंसर की कई किस्मों (विशेषतया त्वचा कैंसर) का इलाज किया गया।

हमारी शताब्दी के आरंभ में मनुष्य की औसत जीवनावधि 46 साल थी, जबकि 2000 वें साल में यह 70 साल हो जायेगी। और यह, संभवतया, बीसवीं शताब्दी की एक सर्वाधिक असाधारण उपलब्धि है जिसका श्रेय आंशिक रूप से ''उस रसायन को मिलता है जिसने सफेद कोट पहना हुआ है।

फंफूदी का चमत्कार

चिकित्सक और सूक्ष्मजीवविज्ञानी इस शब्द को बहुत समय से जानते थे और विशेष पुस्तकों में इसका वर्णन मिलता था। परंतु हाल तक जीव-विज्ञान और चिकित्सा के अध्ययन से दूर रहने वाले व्यक्ति के लिये इसका कोई महत्व नहीं था। बहुत सारे रसायनज्ञ भी इसका महत्व नहीं जानते थे। अब हर कोई इसे जानता है। यह शब्द है–प्रतिजीव।

परंतु अविशेषज्ञ ने ''प्रतिजीव'' शब्द से परिचित होने से पहले एक और शब्द सीखा–''जीवाणु''। यह सिद्ध किया गया कि कई रोग जैसे निमोनिया, तानिका-शोथ, पेचिश, टाइफाइड ; तपेदिक आदि सूक्ष्मजीवों के कारण उत्पन्न होते हैं। इन सूक्ष्मजीवों से संघर्ष करने के लिये प्रतिजीवों की जरूरत थी।

मध्य युग में ही कुछ किस्म की फंफूदियों के रोगनाशक प्रभाव की जानकारी थी। यह सच है कि मध्ययुगी ऐस्कुलापों (चिकित्सकों) के विचार काफी अनोखे थे। उदाहरण के लिये, यह समझा जाता था कि रोग के इलाज में केवल एक किस्म की फफूंदी सहायक होती है और वह उस व्यक्ति की खोपड़ी से प्राप्त की जा सकती है जिसे जुर्म की सजा में या तो फांसी दी गयी हो या जिसका सिर तलवार से काटा गया हो।

परंतु यह बात कोई विशेष महत्व नहीं रखती। यहां एक दूसरी बात महत्व रखती है : अंग्रेज रसायनज्ञ अलेक्सान्द्र फ्लेमिंग फफूंदी की एक किस्म से सक्रिय पदार्थ अलग करने में सफल हो गये जिसके परिणामस्वरूप प्रथम प्रतिजीव पेनिसिलिन का आविष्कार हुआ।

पेनिसिलिन नामक प्रतिजीव रोगात्मक सूक्ष्मजीवों के विरुद्ध एक उत्तम हथियार साबित हुआ, जैसे स्ट्रेप्टोकोकी आदि। इसने सिफिलिस के जीवाणु स्पाइरोकीट पैलिडा को भी परास्त कर दिया।

हालांकि अलेक्सांद्र फ्लेमिंग ने पेनिसिलिन की खोज 1928 में की, परंतु इसका नुस्खा-फार्मूला केवल 1945 में निश्चित किया गया। 1947 तक पेनिसिलिन प्रयोगशाला में संश्लिष्ट कर ली गयी थी। लगता था कि इस बार मनुष्य ने आखिर प्रकृति को पकड़ लिया था, परंतु ऐसी बात नहीं थी। पेनिसिलिन का प्रयोगशाला में संश्लेषण कोई आसान

काम नहीं है ; इसे फफूंदी से प्राप्त करना काफी ज्यादा सरल है।

परंतु रसायनज्ञों ने हार नहीं मानी। और यहां भी वे अच्छे परिणाम देने में सफल हुए। जिस फफूंदी से आमतौर पर पेनिसिलिन प्राप्त की जाती थी, उसकी ''उत्पादकता'' बहुत निम्न थी और वैज्ञानिकों ने उसकी कार्यक्षमता बढ़ाने का फैसला किया।

उन्होंने ऐसे पदार्थ ढूंढ़े, जिन्हें सूक्ष्मजीव के आनुवांशिक तंत्र में घुसा देने से सूक्ष्मजीव के लक्षण बदल गये। इसके अलावा ये नये लक्षण आनुवांशिक बन गये। इसके परिणामस्वरूप फफूंदी की एक नई किस्म प्राप्त हुई, जो पेनिसिलिन ज्यादा तत्परता के साथ उत्पन्न करती थी।

प्रतिजीवों का आधुनिक संग्रह काफी प्रभावशाली है : स्ट्रेप्टोमाइसिन, टेरामाइसिन, टेट्रासाइक्लिन, ओरोमाइसिन, बायोमाइसिन, एरिथरोमाइसिन आदि। आज कुल मिलाकर लगभग एक हजार विभिन्न प्रतिजीव ज्ञात हैं और उनमें से सौ के लगभग प्रतिजीव विभिन्न रोगों के इलाज में प्रयुक्त होते हैं। इनकी प्राप्ति में रसायन एक मुख्य भूमिका निभाता है।

सूक्ष्मजीवविज्ञानियों द्वारा द्रव संवर्ध माध्यम जिसमें सूक्ष्मजीवों की बस्तियां होती हैं, के संचयन के बाद रसायनज्ञों की बारी आयी।

उनका काम प्रतिजीवों को अलग करना है। प्राकृतिक ''कच्चे माल'' से जटिल कार्बनिक यौगिक अलग करने के लिये विभिन्न रासायनिक विधियां अपनायी जाती हैं। प्रतिजीव विशेष अधिशोषकों द्वारा अधिशोषित किये जाते हैं; अनुसंधाता ''रासायनिक पंजें'' इस्तेमाल करते हैं अर्थात् विभिन्न विलायकों द्वारा प्रतिजीव प्राप्त करते हैं। वे उन्हें आयन विनिमय रेजिनों द्वारा शुद्ध करके विलयनों से अवक्षेपित करते हैं। इसके परिणामस्वरूप एक नया प्रतिजीव प्राप्त होता है जिसे कई लंबे प्रक्रमों द्वारा तब तक शुद्ध किया जाता है, जब तक कि एक शुद्ध क्रिस्टल पदार्थ प्राप्त न हो जाये।

इनमें से कुछ, जैसे पेनिसिलिन अभी भी सूक्ष्म-जीवों की सहायता से संश्लेषित की जाती है, परंतु अन्य के उत्पादन का आधा श्रेय प्रकृति को मिलता है।

परंतु ऐसे प्रतिजीव भी हैं, जैसे सिन्थोमाइसिन, जिन्हें रसायनज्ञ प्रकृति की सहायता के बिना प्राप्त करते हैं। ऐसे प्रतिजीव शुरू से अंत तक रासायनिक प्लांटों में संश्लेषित किये जाते हैं।

रसायन की शक्तिशाली विधियों के बिना शब्द ''प्रतिजीव'' कभी भी इतना प्रसिद्ध नहीं होता और न ही ये प्रतिजीव चिकित्सा के क्षेत्र में वास्तविक क्रांति ला पाते।

सूक्ष्मतत्व–वनस्पतियों के विटामिन

शब्द ''तत्व'' के कई अर्थ होते हैं। उदाहरण के लिये, इसका मतलब एक वर्ग के समान नाभिकीय आवेश वाले परमाणु हो सकता है। परंतु ''सूक्ष्मतत्व'' क्या चीज है ? ये वे रासायनिक तत्व हैं जो जंतुओं और वनस्पतियों में बहुत अल्प मात्रा में उपस्थित होते हैं। मनुष्य के शरीर के अंदर 65% आक्सीजन, लगभग 18% कार्बन और 10% हाइड्रोजन उपस्थित होते हैं। ये दीर्घतत्व हैं क्योंकि ये विशाल मात्राओं में उपस्थित होते हैं। परंतु टाइटेनियम और ऐलुमिनियम को सूक्ष्मतत्व कहा जा सकता है क्योंकि उनकी मात्रा 1 प्रतिशत का केवल हजारवां हिस्सा होती है।

जैव रसायन के भोर में किसी ने भी इस छोटी सी बात पर कभी ध्यान नहीं दिया। वास्तव में एक प्रतिशत का सैकड़ेवां या हजारवां अंश कोई महत्व नहीं रखता था और फिर उन दिनों इतनी अल्प मात्राएं प्राप्त भी तो नहीं की जाती थीं।

इंजीनियरी तथा विश्लेषण विधियों के विकास के साथ-साथ वैज्ञानिकों को जीवित पदार्थों में अधिकाधिक तत्व मिलने लगे। तथापि एक लंबे अर्से तक सूक्ष्मतत्वों की भूमिका की जानकारी नहीं थी। आज हालांकि रासायनिक विश्लेषण

द्वारा किसी भी नमूने में एक प्रतिशत की दस लाखवीं तो क्या दस करोड़वीं अशुद्धि निश्चित की जा सकती है, परंतु फिर भी वनस्पतियों तथा जंतुओं की अनिवार्य गतिविधियों के लिये कई सूक्ष्मतत्वों का महत्व अभी तक पता नहीं चला है।

परंतु कुछ बातें ऐसी हैं जिनके बारे में काफी जानकारियां मिल चुकी हैं। उदाहरण के लिये, यह ज्ञात है कि विभिन्न जीवों में ऐसे तत्व उपस्थित होते हैं, जैसे, कोबाल्ट, बोरान, कापर, मैंगनीज, जिंक और रेडियम भी। जी हां, रेडियम, हालांकि नगण्य मात्रा में।

प्रसंगवश हम यह बताना चाहेंगे कि अब तक मानव के शरीर के अंदर लगभग 70 रासायनिक तत्व ढूंढ़े जा चुके हैं और यह विश्वास किया जाता है कि मनुष्य के शरीर के अंदर सारी आवर्त प्रणाली उपस्थित है। इसके अलावा हर तत्व एक निश्चित भूमिका निभाता है। कुछ वैज्ञानिकों का तो यह मत है कि शरीर में कई विकृतियां सूक्ष्मतत्वों के सामंजस्य में गड़बड़ी के कारण ही उत्पन्न होती हैं।

लोहा और मैंगनीज वनस्पति प्रकाश संश्लेषण में महत्वपूर्ण भूमिका निभाते हैं। अगर एक पौधा ऐसी जमीन में उगाया जाये जिसमें जरा सा भी लोहा उपस्थित न हो तो उसकी पत्तियां और डंठलें कागज की तरह सफेद होंगी। परंतु अगर ऐसे पौधे पर लोहे के लवणों का घोल छिड़क दें, तो यह तुरंत प्राकृतिक हरे रंग का हो जायेगा। कापर भी प्रकाश-संश्लेषण के लिये आवश्यक होता है। यह वनस्पतियों में कापर की कमी होने पर प्रोटीन कम बनता है जिसमें नाइट्रोजन उपस्थित होता है।

जटिल कार्बनिक मालिब्डेनम यौगिक विभिन्न किण्वकों के घटक होते हैं। वे नाइट्रोजन के स्वांगीकरण को बढ़ावा देते हैं। मालिब्डेनम की कमी से पत्तियां मुरझा सकती हैं। इसका कारण यह है क मालिब्डेनम के अभाव में पौधे नाइट्रेटों का स्वांगीकरण नहीं कर पाते जिसके फलस्वरूप उनकी (नाइट्रेटों की) आवश्यकता से अधिक मात्रा संचयित हो जाती है। मालिब्डेनम वनस्पतियों में फास्फोरस की मात्रा को भी प्रभावित करता है। इसके अभाव में अकार्बनिक फास्फेट कार्बनिक फास्फेटों में परिवर्तित नहीं होते। मालिब्डेनम की कमी वनस्पतियों में वर्णकों के संचयन को भी प्रभावित करती है ; पत्तियों पर दाग पड़ जाते हैं और वे पीली हो जाती है।

बोरान के अभाव में वनस्पतियां फास्फोरस का स्वांगीकरण भलीभांति नहीं कर पातीं। बोरान विभिन्न शर्कराओं के बेहतर अंतरण को भी बढ़ावा देता है।

सूक्ष्मतत्व जंतुओं के शरीरों में भी महत्वपूर्ण भूमिका निभाते हैं। यह देखा गया है कि जंतुओं के भोजन में वैनेडियम का पूर्ण अभाव होने से उन्हें भूख कम लगती है और यह कमी घातक भी सिद्ध हो सकती है। दूसरी ओर सूअरों के भोजन में वैनेडियम की मात्रा बढ़ाने से उनकी वृद्धि में तेजी आ जाती है और उनके अंदर चर्बी की मोटी तह बन जाती है।

जिंक उपापचय में महत्वपूर्ण भूमिका निभाता है और जंतुओं के रक्ताणुओं का एक घटक होता है।

जब कोई जंतु (या मनुष्य) उत्तेजना की अवस्था में होता है, तो उसका यकृत सामान्य रुधि परिसंचरण में मैंगनीज, सिलिकन, ऐलुमिनियम, टाइरेनियम और कापर स्त्रावित करता है, परंतु अगर केन्द्रीय तंत्रिका तंत्र निरोधित है, तो केवल मैंगनीज, कापर तथा ऐलुमिनियम का स्त्रावण रोक दिया जाता है। यकृत के अलावा मस्तिष्क, वृक्क, फेफड़े तथा पेशियां भी रुधिर में सूक्ष्मजीवों की मात्रा नियंत्रित करते हैं।

वनस्पतियों और जंतुओं की वृद्धि तथा विकास में सूक्ष्मतत्वों की भूमिका का स्पष्टीकरण रसायन और जीवविज्ञान के लिये एक महत्वपूर्ण तथा दिलचस्प कार्य है। इस समस्या के हल के निकट भविष्य में निस्संदेह महत्वपूर्ण परिणाम प्राप्त होंगे और विज्ञान के लिये नयी संभावनाएं पैदा होंगी।

वनस्पतियां क्या खाती हैं और रसायन का इस बात के साथ क्या संबंध है ?

प्राचीन काल में भी ऐसे रसोइये थे जो अपनी पाक उपलब्धियों के कारण बहुत प्रसिद्ध थे। शाही महलों की मेजों पर हर तरह के स्वादिष्ट पकवानों के ढेर लगे होते थे। अमीर लोग अपने भोजन पर बहुत ध्यान देने लग पड़े थे।

ऐसा लगेगा जैसे कि वनस्पतियां अपने भोजन के बारे में इतनी तुनकमिजाज नहीं थीं। जड़ी-बूटियों तथा झाड़ियां गर्म रेगिस्तानों और ध्रुवीय टुन्ड्रा में जीवित रही हैं। देखने में वे अविकसित तथा अभागी लगती हैं परंतु हैं तो जीवित न।

उन्हें अपने विकास के लिये किसी चीज की जरूरत थी। परंतु किस चीज की ? वैज्ञानिक लोग कई साल तक इस रहस्यमय ''किस चीज'' को खोजते रहे।

उन्होंने कितने ही प्रयोग, कितने ही वादविवाद किये, परंतु फिर भी उनके हाथ कुछ नहीं लगा।

अंत में प्रसिद्ध जर्मन रसायनज्ञ जस्टस वान लिबिग ने पिछली शताब्दी के मध्य में इस प्रश्न का उत्तर बता ही दिया। उन्हें रासायनिक विश्लेषण द्वारा मदद मिली थी। उन्होंने वनस्पतियों की बहुत सारी किस्मों को पृथक रासायनिक तत्वों में ''विभाजित'' किया। आरंभ में उनकी संख्या कोई ज्यादा नहीं थी, कुल दस तत्व थे : कार्बन और हाइड्रोजन, आक्सीजन और नाइट्रोजन, कैल्सियम और पोटेशियम, फास्फोरस और सल्फर, मैग्नीशियम और लोहा। परंतु इन दस तत्वों से पृथ्वी पर हरियाली का सागर बन गया।

अतः इस निष्कर्ष पर पहुंचा गया कि वनस्पतियों को जीवित रहने के लिये किसी न किसी तरह से तत्वों का स्वांगीकरण करना पड़ता है।

परंतु कैसे ? वनस्पतियों के खाद्य-भंडार हैं किस जगह ?

स्पष्ट है, मृदा में, जल में और वायु में।

परंतु कुछ विचित्र बातों के साथ वास्ता पड़ रहा था, जिनका स्पष्टीकरण आवश्यक था। कुछ मृदाओं में एक वनस्पति बड़ी तेजी से बढ़ सकती है, हरी-भरी हो सकती है और फल दे सकती है जबकि अन्य में वह कुम्हला जाती है, सूख जाती है और बीमार वनस्पति में परिवर्तित हो जाती है। स्पष्ट है कि अंतिम मृदाओं में किसी तत्व का अभाव था।

लिबिग से पहले भी लोगों को यह बात पता थी कि अगर सर्वाधिक उपजाऊ जमीन में हर साल एक ही चीज की खेती की जाये तो फसल घटिया होती जायेगी।

जमीन कंगाल हो गयी थी। वनस्पतियां धीरे-धीरे उसमें उपस्थित सारे रासायनिक तत्व चट कर गयी थीं।

मृदा को ''खाना खिलाना'' था अर्थात् उसे वे पदार्थ देने थे जो उससे निकाल लिये गये थे, उसे नया माल देना था। बहुत प्राचीन काल में भी खादों के प्रयोग का प्रचलन था। पीढ़ी दर पीढ़ी से मिले अनुभवों तथा सहजबुद्धि के आधार पर वे मृदा में मिलायी जाती थीं।

लिबिग ने खादों के प्रयोग को एक विज्ञान के स्तर तक पहुंचाया और इस विज्ञान का नाम कृषि-रसायन रखा गया। रसायन वनस्पतियों का सेवक बन गया। इसका उद्देश्य था : लोगों को ज्ञात खादों के प्रयोग के सही तरीके सिखाना और नयी खादों की खोज के रास्ते दिखाना।

आज दर्जनों विभिन्न प्रकार की खादें ज्ञात है। इनमें सर्वाधिक महत्वपूर्ण पोटेशियम, नाइट्रोजन और फास्फोरस खादें हैं क्योंकि पोटेशियम, नाइट्रोजन और फास्फोरस वे तत्व हैं जिनके बिना एक भी पौधा बढ़ नहीं सकता।

छोटा सा सादृश्य या रसायन वनस्पतियों को पोटेशियम कैसे खिलाता है ?

एक समय था जब यूरेनियम, जो आज बहुत विख्यात है, रसायन विज्ञान की पिछली गलियों का निवासी बना हुआ था। केवल कांच का रंजन और फोटोग्राफी संकोच के साथ उस पर अधिकार जता रहे थे। इसके बाद यूरेनियम में रेडियम उपस्थित पाया गया। हजारों टन यूरेनियम अयस्कों से रजत धातु की नगण्य मात्रा प्राप्त की गयी और यूरेनियम की विशाल मात्राओं से युक्त अवशेषों के ढेर लग गये जो लंबे अर्से तक ऐसे ही पड़े रहे। आखिर यूरेनियम की किस्मत जागी जब यह पता चला कि इस तत्व द्वारा मानव नाभिकीय ऊर्जा पर विजय प्राप्त कर सकता है। अवशेष खजाना बन गये।

जर्मनी में स्टासफर्ट लवण निक्षेप प्राचीन काल से ज्ञात चले आ रहे हैं। इनमें कई लवण उपस्थित थे, मुख्यतः पोटेशियम और सोडियम के। सोडियम लवण जो साधारण नमक (खाने का नमक) होता है, तुरंत काम में लाया जाने लगा। पोटेशियम लवणों की कोई परवाह नहीं की गयी और खानों के चारों ओर उनके पहाड़ जैसे ऊंचे ढेर जमा होते गये। किसी को भी मालूम नहीं था कि उनका क्या किया जा सकता था। हालांकि कृषि को पोटेशियम खादों की बड़ी सख्त जरूरत थी, परंतु स्टासफर्ट अवशेष इस्तेमाल नहीं किये जा सकते थे क्योंकि उनके अंदर मैग्नीशियम काफी मात्रा में उपस्थित था। अल्प मात्राओं में मैग्नीशियम वनस्पतियों के लिये लाभदायक रहता है, परंतु बड़ी मात्राओं में यह घातक सिद्ध होता है।

इस बार रसायन काम आया। पोटेशियम लवणों से मैग्नीशियम अलग करने की एक साधारण विधि ढूंढ़ी गयी और स्टासफर्ट खानों के चारों ओर खड़े पहाड़ ऐसे गायब होने लगे जैसे वसंत में बर्फ गायब होनी शुरू हो जाती है। विज्ञान के इतिहासकारों का कथन है कि जर्मनी में पोटेशियम लवणों के विवेचन का प्रथम प्लांट सन् 1811 में लगाया गया। एक साल बाद ऐसे प्लांटों की संख्या चार हो गयी और 1872 में 33 जर्मन प्लांट साल भर में पांच लाख टन से ज्यादा अशुद्ध लवण संसाधित कर रहे थे।

शीघ्र ही कई देशों में पोटेशियम खाद प्लांट चालू हो गये। आज कई देशों में पोटेशियम लवणों का उत्पादन उनके द्वारा साधारण नमक के उत्पादन से कई गुना ज्यादा है।

''नाइट्रोजन संकट''

नाइट्रोजन की खोज के लगभग एक सौ साल बाद एक प्रमुख सूक्ष्मजीवविज्ञानी ने निम्न शब्द लिखे : ''सामान्य जीवविज्ञान की दृष्टि से नाइट्रोजन लगभग विरल धातु से अधिक महत्वपूर्ण है। नाइट्रोजन लगभग सभी प्रोटीन अणुओं का, चाहे वनस्पतियों के हों या जंतुओं के हों, घटक होता है। नाइट्रोजन के बिना प्रोटीन नहीं हो सकता और प्रोटीन के बिना जीवन संभव नहीं हो सकता। एंगेल्स ने कहा है कि ''जीवन प्रोटीनों के अस्तित्व का रूप है।''

प्रोटीन अणुओं को उत्पन्न करने के लिये वनस्पतियों को नाइट्रोजन की जरूरत पड़ती है। परंतु वे उसे कहां से लेते हैं ? नाइट्रोजन की रासायनिक सक्रियता निम्न होती है और यह सामान्य परिस्थितियों में अभिक्रियाओं में भाग नहीं लेता है। अतः वनस्पतियां वायुमंडलीय नाइट्रोजन का सारा भंडार जमीन में होता है। हंत! यह भंडार बहुत छोटा होता है। इसमें नाइट्रोजन के कुछ गिने चुने यौगिक होते हैं। यही कारण है कि जमीन अपना नाइट्रोजन बड़ी तेजी से खो देती है और इसे अतिरिक्त नाइट्रोजन खादों की जरूरत पड़ती है।

''चिली शोरा'' नाम अब इतिहास की एक घटना बन गया है। परंतु लगभग सत्तर वर्ष पहले इसका नाम हर किसी की जबान पर था।

चिली के विशाल क्षेत्र में एक सुनसान, मनहूस रेगिस्तान अताकामा है जो सैकड़ों किलोमीटरों में फैला हुआ है।

पहली नजर से देखने पर यह एक साधारण रेगिस्तान लगता है। परंतु इसमें विचित्र बात है जो इसे विश्व के अन्य सारे रेगिस्तानों से अलग कर देती है। यहां रेत की पतली सतह के नीचे सोडियम नाइट्रेट, जिसे शोरा भी कहते हैं, के प्रचुर निक्षेप बिखरे पड़े हैं ये निक्षेप बहुत अर्से से ज्ञात थे, परंतु उन पर गंभीर ध्यान तब दिया गया जब यूरोप में बारूद की कमी महसूस होने लगी। आपको याद होगा कि पहले बारूद चारकोल, सल्फर और शोरे से बनायी जाती थी।

इस विदेशी माल को लाने के लिये तुरंत एक अभियान दल चिली भेजा गया। तथापि सारा माल समुद्र में फेंकना पड़ा। यह पता चला कि बारूद के निर्माण में केवल पोटेशियम साल्टपीटर (शोरा) प्रयुक्त किया जा सकता था। सोडियम शोरा बड़ी उत्कंठा के साथ वायुमंडल से नमी अवशोषित कर लेता था जिससे बारूद सीली और बेकार हो जाती थी।

यह पहली घटना नहीं थी जब यूरोप के लोगों को विदेश से मंगाया माल समुद्र में फेंकना पड़ा था। सतरहवीं शताब्दी में प्लेटिनो-डेल-पिंटो नदी के किनारों पर एक सफेद धातु, जिसका नाम बाद में प्लैटिनम रखा गया, के दाने मिले। जब 1735 में पहली बार प्लैटिनम यूरोप में लाया गया तो किसी को भी इसके उपयोग की जानकारी नहीं थी। उन दिनों केवल दो उत्कृष्ट धातुएं—स्वर्ण और रजत ज्ञात थीं और प्लैटिनम की बाजार में कोई कीमत नहीं थी। परंतु किसी चतुर व्यक्ति ने इस बात पर ध्यान दिया कि प्लैटिनम और स्वर्ण के घनत्व काफी निकट थे और उसने इस तथ्य का लाभ उठाते हुए सिक्के बनाते समय स्वर्ण में प्लैटिनम मिलाना शुरू कर दिया। यह चार सौ बीसी थी। स्पेन की सरकार ने प्लैटिनम के आयात पर पाबंदी लगा दी और इस धातु के जितने भंडार देश में जमा हो गये थे, वे सारे इकट्ठे कर लिये गये और असंख्य प्रेक्षकों की उपस्थिति में समुद्र में फेंक दिये गये।

परंतु चिली शोरे का इतिहास समाप्त नहीं हुआ था। यह एक उत्तम नाइट्रोजन खाद साबित हुआ, जिसे प्रकृति ने बड़ी दयालुता के साथ मनुष्य को उपलब्ध कर दिया था। चिली के निक्षेपों पर विस्तृत रूप से खनन का काम शुरू कर दिया गया और कीमती खाद से लदे जहाज इक्यूक्यू बंदरगाह से दुनिया के हर कोने में पहुंचने लगे।

1898 में सर विलियम क्रूक्स की निराशाजनक भविष्यवाणी ने सारे विश्व को भयभीत कर दिया अपने एक भाषण में उन्होंने नाइट्रोजन की भूखमारी के कारण मानवजाति के नष्ट होने की भविष्यवाणी की। उन्होंने यह कहा कि हर साल खेत फसल के साथ-साथ नाइट्रोजन से भी वंचित होते जा रहे हैं और चिली के शोरे के निक्षेप धीरे-धीरे खाली होते जा रहे हैं। अताकामा रेगिस्तान का खजाना समुद्र में जल की एक बूंद नहीं तो और क्या था।

तब वैज्ञानिकों को वायुमंडल का ख्याल आया। वायुमंडल में नाइट्रोजन के असीमित भंडार पर सबसे पहले संभवतः प्रसिद्ध रूसी वैज्ञानिक तिमिरयाजेव ने ध्यान दिया, जिन्हें विज्ञान और मनुष्य की प्रतिभा में दृढ़ विश्वास था। वे क्रूक्स की आशंका से सहमत नहीं थे। उन्हें विश्वास था कि मानवजाति नाइट्रोजन संकट पर विजय प्राप्त कर लेगी और कोई न कोई रास्ता ढूंढ़ लेगी। 1908 तक दो नार्वेजियन वैज्ञानिक क्रिस्टिअन बिर्कलैंड और इंजीनियर सैमुअल ऐडे ने विद्युत आर्क द्वारा औद्योगिक स्तर पर वायुमंडलीय नाइट्रोजन का यौगिकीकरण संपन्न किया।

लगभग उन्हीं दिनों जर्मन रसायनज्ञ फ्रिट्ज हेबर ने नाइट्रोजन और हाइड्रोजन से अमोनिया प्राप्त करने की विधि विकसित की। इसने अंत में वनस्पतियों के पोषण के लिये परम आवश्यक स्थिर नाइट्रोजन की समस्या हल कर दी। वायुमंडल में मुक्त नाइट्रोजन प्रचुर मात्रा में उपस्थित है। वैज्ञानिकों की गणनानुसार अगर वायुमंडल का सारा नाइट्रोजन खादों में परिवर्तित कर दिया जाये, तो यह मात्रा सारी दुनिया की वनस्पतियों को 10 लाख साल से अधिक अर्से तक पोषित करने के लिये पर्याप्त रहेगी।

फास्फोरस की क्या जरूरत है ?

जस्टस लिबिग का विचार था कि वनस्पति वायुमंडलीय नाइट्रोजन अवशोषित कर सकती है और जमीन को केवल

पोटेशियम और फास्फोरस खादों की जरूरत पड़ती है। परंतु इन तत्वों ने उनका साथ नहीं दिया। उनकी ''पेटेंट खाद'', जिसके उत्पादन का ठेका एक अंग्रेज कंपनी ने लिया, बढ़िया फसल देने में असफल रही। केवल कई सालों बाद लिबिग अपनी गलती समझ पाये। उन्होंने अविलेय फास्फेट लवणों का प्रयोग किया था क्योंकि उन्हें डर था कि वर्षा का पानी विलयशील लवणों को जमीन से बाहर निकाल देगा। परंतु पता चला कि वनस्पतियां अविलेय फास्फेटों से फास्फोरस नहीं ले सकती थीं। अतः मनुष्य को विवश होकर वनस्पतियों के लिये एक किस्म के ''आर्धपरिष्कृत उत्पाद'' तैयार करने पड़े।

हर साल दुनिया की फसलें खेतों से लगभग 1 करोड़ टन फास्फोरिक अम्ल लेती हैं। वनस्पतियों को फास्फोरस की क्या जरूरत पड़ती है ? यह न तो वसाओं और न ही कार्बोहाइड्रेटों का घटक होता है। और बहुत सारे प्रोटीन अणुओं, विशेषतया साधारण में भी फास्फोरस उपस्थित नहीं होता है।

परंतु फिर भी फास्फोरस के बिना इनमें से एक भी यौगिक बन नहीं सकता।

प्रकाश-संश्लेषण कार्बन डाइआक्साड और जल से कार्बोहाइड्रेट संश्लेषण की प्रक्रिया मात्र ही नहीं है, जिसे वनस्पति मजाक-मजाक में संपन्न करती है। यह एक अति जटिल प्रक्रिया है।

प्रकाश-संश्लेषण वनस्पतियों की कोशिकाओं के क्लोरोप्लास्टों में घटता है जो इस प्रक्रिया में विशेष ''अंगों'' का कार्य करते हैं। क्लोरोप्लास्टों में फ़ास्फोरस यौगिक काफी मात्रा में उपस्थित होते हैं। क्लोरोप्लास्टों की तुलना एक जानवर के उदर के साथ की जा सकती है, जहां भोजन का स्वांगीकरण और पाचन स्थान लेता है क्योंकि इनका वनस्पति की इमारती ''ईंटों'', मुख्यतः कार्बन डाइआक्साइड और जल के साथ सीधा वास्ता पड़ता है।

वनस्पति फास्फोरस यौगिकों की सहायता से वायु से कार्बन डाइआक्साइड अवशोषित करती है। अकार्बनिक फास्फेट कार्बन डाइआक्साइड को कार्बोनेट ऋणायनों में बदल देते हैं जिनसे बाद में जटिल कार्बनिक अणु बनते हैं।

निस्संदेह वनस्पतियों की अनिवार्य गतिविधियों में फास्फोरस की भूमिका यहीं खत्म नहीं हो जाती। और न ही यह कहा जा सकता है कि वनस्पतियों के लिये इसका महत्व पूर्णतया समझ लिया गया है। फिर भी जो कुछ भी पता है उससे यह स्पष्ट है कि यह अति महत्वपूर्ण भूमिका निभाता है।

रासायनिक युद्ध

यह एक वास्तविक युद्ध है, हालांकि इसमें तोपें, टैंक, राकेट या बंब इस्तेमाल नहीं हो रहे हैं। यह एक ''शांत'' युद्ध है, बहुत से लोगों द्वारा अलक्षित, परंतु यह युद्ध मृत्यु तक के लिये है। और इस युद्ध में विजय सब लोगों के लिये मंगलदायक सिद्ध होगी।

क्या साधारण कुकुरमाछी काफी हानि पहुंचाती है ? गणना की गयी है कि अकेले सोवियत संघ में ही इस हानिकर सृष्टि द्वारा पहुंचायी हानि कई लाख रूबल तक पहुंच जाती है। और खरपतवार के बारे में क्या कहा जा सकता है ? अमरीका में उनके कारण 4 अरब डालर का नुकसान होता है। या टिड्डियों को ही लीजिये; वे वास्तव में महाविपत्ति साबित होती हैं, हरे-भरे खेतों को बंजर, निर्जीव रेगिस्तानों में बदल देती है। अगर हम वनस्पतियों तथा जंतुओं द्वारा विश्व की कृषि को पहुंचायी सारी हानियों की गिनती करें, तो यह संख्या इतनी अधिक हो जायेगी कि इसकी कल्पना तक करना मुश्किल है। इस धनराशि से पूरे एक साल तक 20 करोड़ लोगों को मुफ्त भोजन खिलाया जा सकेगा।

एक प्रत्यय है ''साइड'', जिसका अर्थ होता है—नाशक। अब रसायनज्ञ कुछ समय से तरह-तरह के ''साइड'' बना रहे हैं। उन्होंने कीट नाशक (इनसेक्टिसाइड) बनाये जो कीटों को नष्ट करते हैं, जूसाइड जो कुन्तकों को और हर्बिसाइड जो खरपतवारों को नष्ट करते हैं। ये सारे ''साइड'' अब कृषि में विस्तृत रूप से प्रयुक्त किये जाते हैं।

द्वितीय विश्व युद्ध से पहले मुख्यतः अकार्बनिक विषैले रसायन प्रयुक्त किये जाते थे। विभिन्न कुन्तक, कीट तथा

खर-पतवार आर्सेनिक, सल्फर, कापर, बेरियम, फ्लुओरीन तथा अन्य विषैले यौगिकों द्वारा नष्ट किये जाते थे। तथापि पांचवें दशक के मध्य से कार्बनिक विषैले रसायन विस्तृत रूप से इस्तेमाल किये जाने लगे। कार्बनिक यौगिकों की ओर झुकाव विमर्शित था। वे मनुष्यों और पशुधन के लिये कम हानिकारक होने के साथ-साथ अधिक व्यापक भी थे और अकार्बनिक रसायनों की तुलना में उनकी कम मात्राओं से ही उद्देश्य पूरा हो जाता था।

हाल तक वनस्पतियों तथा पशुओं की रक्षा के लिये रसायन बाह्यतः प्रयुक्त किये जाते थे। तथापि यह स्पष्ट है कि एक अच्छी बारिश या तेज हवा इन रसायनों को बहा या उड़ा देगी और इस स्थिति में उनका प्रयोग नये सिरे से करना पड़ेगा। अतः वैज्ञानिकों ने इस समस्या पर विचार करना शुरू कर दिया कि रसायन आंतरिक रूप से कैसे प्रयुक्त किये जा सकते हैं। इनका असर वैसा ही होगा जैसा टीके का मनुष्य पर असर होता है : टीका लगाने के बाद मनुष्य को रोग लगने का तनिक भी भय नहीं रहता। जैसे ही जीवाणु ऐसे शरीर में प्रवेश करते हैं, वे अदृश्य ''स्वास्थ्य के रक्षकों'' द्वारा नष्ट कर दिये जाते हैं, जो टीके के परिणामस्वरूप उसके अंदर उत्पन्न हो जाते हैं।

आंतरिक प्रयोग के लिये रसायनों का निर्माण संभव पाया गया। वैज्ञानिकों ने कीट पीड़क और वनस्पति की संरचना में अंतर का लाभ उठाया। ऐसा रसायन वनस्पतियों के लिये अहानिकर है, परंतु कीटों के लिये प्राणघातक विष है।

रसायन वनस्पतियों की केवल कीटों से ही नहीं बल्कि खर-पतवारों से भी रक्षा करता है। हर्बिसाइड नामक रसायन खोजे गये, जो खर-पतवारों को दबाते हैं, परंतु खेतों के पौधों के विकास में बाधा नहीं डालते।

यह बात कितनी अजीब लगती है कि प्रथम हर्बिसाइड संभवतः खादें थीं। किसानों ने बहुत समय पहले इस बात पर ध्यान दिया कि अगर सुपरफास्फेट या पोटेशियम सल्फेट की बड़ी मात्राएं खेतों में बिखेर दी जाये, तो पौधे बड़ी तेजी से बढ़ते हैं, परंतु खर-पतवार की वृद्धि दब जाती है। परंतु कीटनाशकों की तरह कार्बनिक यौगिक प्रमुख हर्बिसाइड बन गये हैं।

किसानों के सहायक

रेल की पटरियों पर घास का उगना असहनीय है। अतः हर साल लोग दशंतियों और हंसियों से उसकी ''हजामत कर देते हैं''। परंतु मास्को खाबारोव्स्क रेलवे लाइन लीजिये। यह नौ हजार किलोमीटर लंबी है और इस पर उगी सारी घास काटने के लिये लगभग एक हजार पूर्णकालिक मजदूरों की जरूरत पड़ेगी (और यह काम गर्मियों में कई बार करना पड़ेगा)।

क्या ''हजामत'' करने की कोई रासायनिक विधि नहीं ढूंढ़ी जा सकती ? लगता है, यह संभव है।

एक हैक्टर (2.471 एकड़) क्षेत्र में घास काटने के लिये 20 आदमियों को सारे दिन काम करना पड़ेगा। हर्बिसाइड यह काम इतने ही क्षेत्र में कुछ घंटे में निबटा देते हैं, विशेष बात यह है कि वे घास पूरी तरह से साफ कर देते हैं।

क्या आप जानते हैं कि डिफोलिएन्ट क्या चीज है ? ''फोलियम'' लातीनी में पती को कहते हैं। डिफोलिएन्ट उस रसायन को कहते हैं जो सारी पतियां गिरा देता है। डिफोलिएन्टों के प्रयोग से कपास की खेती का यंत्रीकरण संभव हो पाया है। वर्ष प्रति वर्ष, शताब्दी दर शताब्दी लोग कपास के खेतों में घुसकर हाथों से कपास के गोलक इकट्ठे करते आ रहे थे। जिस किसी ने हाथ से कपास इकट्ठी करने का काम नहीं देखा हे, वह शायद ही कल्पना कर सकता है कि यह काम कितना कठिन होता है, विशेषतया, जब 40° या 50°C ताप की कड़कती धूप में यह काम करना पड़ता है। अब सारा काम बहुत आसान हो गया है। कपास गोलकों के खुलने से कुछ दिन पहले कपास के खेतों पर डिफोलिएन्ट छिड़क दिये जाते हैं। $Mg[ClO_3]_2$ सबसे साधारण डिफोलिएन्ट है। पत्तियां झाड़ियों से झड़ जाती हैं और इसके बाद कपास इकट्ठा करने की मशीनें खेतों में लाई जाती हैं। प्रसंगवश हम बताना चाहेंगे कि एक और रसायन भी डिफोलिएन्ट का काम कर सकता है। यह $CaCN_2$ है। इसका जो अंश नीचे गिरता है, वह भूमि को नाइट्रोजन

खाद प्रदान करता है।

परंतु रसायन कृषि की सहायता करने के मामले में और भी आगे बढ़ गया है। ऐसे पदार्थ खोजे गये हैं, जो वनस्पतियों की वृद्धि उत्तेजित करते हैं। इन्हें आक्सिन कहते हैं। आरंभ में इस उद्देश्य की पूर्ति के लिये केवल प्राकृतिक यौगिक प्रयुक्त किये गया, परंतु अब रसायनज्ञ इनमें से सबसे सरल यौगिक विषम आक्सिन को संश्लेषित करना सीख गये हैं। ये पदार्थ वनस्पतियों की वृद्धि, पुष्पण तथा फलन तीव्र करने के साथ-साथ उनकी प्रतिरोधक्षमता तथा जीवनशक्ति भी बढ़ाते हैं। तथापि यह देखा गया कि उच्च सांद्रताओं में आक्सिन का प्रयोग विपरीत प्रभाव डालता है : वे वनस्पतियों की वृद्धि तथा विकास में बाधा डालते हैं।

यहां हम औषधियों के साथ लगभग पूर्ण सादृश्य देखते हैं। ऐसी औषधियां हैं जिनमें आर्सेनिक, बिस्मथ और मर्करी उपस्थित होते हैं, परंतु उच्च सांद्रताओं में ये सारे पदार्थ विषाक्त होते हैं। उदाहरण के लिये, आक्सिन अलंकारी पौधों तथा फूलों का पुष्पण स्थगित कर सकते हैं। वसंत के दिनों में अचानक ठंड पड़ने पर वे वृक्षों के मुकुलन तथा पुष्पण में बाधा डाल सकते हैं। दूसरी तरफ ठंडे इलाकों में, जहां गर्मियां छोटी होती हैं, वे कई फलों और सब्जियों को तीव्र गति से उगाने में सहायक सिद्ध होते हैं। हालांकि आक्सिनों के ये गुण बड़े पैमाने पर कार्यान्वित नहीं किये गये हैं, इस बात में कोई शक नहीं कि निकट भविष्य में किसानों के ये सहायक विस्तृत रूप से प्रयुक्त किये जायेंगे।

ऊर्जा के रासायनिक स्त्रोत

कोयला, गैस, पेट्रोलियम के उत्पाद तथा प्राकृतिक इंधन की अन्य किस्में विद्युत ऊर्जा के उत्पादन में विस्तृत रूप से प्रयुक्त की जाती हैं। परिपथ में धारा का आविर्भाव रासायनिक प्रक्रियाओं का परिणाम ही तो है।

ऊर्जा की एक किस्म का दूसरी किस्मों में रूपांतरण हर बिजली-घर के आपरेशन का आधार है। इस योजना के अनुसार इंधन के दहन के फलस्वरूप उत्सर्जित रासायनिक ऊर्जा ऊष्मा में परिवर्तित की जाती है जो क्रमशः यांत्रिक ऊर्जा में परिवर्तित की जाती है। स्कूल का हर बच्चा जानता है कि यह सब कुछ किस प्रकार से घटता है।

यह योजना साधारण है, परंतु यह कई चरणों में घटती है। क्या इसे और भी छोटा नहीं किया जा सकता ? उदाहरण के लिये, क्या कुछ मध्यवर्ती चरण निकाले नहीं जा सकते जिससे कि रासायनिक ऊर्जा सीधी विद्युत ऊर्जा में परिवर्तित हो जाये ?

पाठक चिल्ला कर कह सकते हैं कि इसमें कोई असाधारणता नहीं है। निस्संदेह लगभग 150 साल से ऐसे सीधे रूपांतरण ज्ञात हैं। फ्लेशगन या ट्रांजिस्टर में इस्तेमाल किये जाने वाले सेल इसका उदाहरण है। इस साधारण आविष्कार में चुने गये रासायनिक अभिकर्मकों के बीच उपापचय अभिक्रियाओं की ऊर्जा सीधी विद्युत में परिवर्तित की जाती है। विद्युत का प्रथम रासायनिक स्त्रोत 1830 में बनाया गया जिसका नाम उसके आविष्कारकों के सम्मान में डेनियल-जैकब सेल रखा गया।

आज कई प्रकार के गैल्वैनी सेल (प्रयोज्य) और बैटरियां विभिन्न कंपनियों द्वारा बनायी जाती हैं जिन्हें पुनःआवेशित किया जा सकता है। इनकी सबसे बड़ी खूबी उच्च कार्यक्षमता है जो 100 प्रतिशत के निकट होती है और इनमें प्रयुक्त की जाने वाली धातुओं और रासायनिक अभिकर्मकों की ऊंची कीमत इनकी मुख्य कमी है। इनकी वोल्टेज भी इतनी उच्च नहीं होती।

इस प्रकार इंधन सेलों का विकास एक तात्कालिक कार्यभार बन गया है।

उनके आपरेशन का सिद्धांत लगभग साधारण सेलों के सिद्धांत जैसा है। फर्क केवल यह है कि उपचयनीय और अपचयनीय धातुओं की जगह सस्ते तथा अधिक उपलब्ध गैसीय दाह्य पदार्थ प्रयुक्त किये जाते हैं, साधारण सेलों की तरह इंधन सेलों में भी इलेक्ट्रोड होते हैं हालांकि वे ऊर्जा के उत्पादन में भाग नहीं लेते, वे केवल उत्प्रेरक की भूमिका

निभाते हैं। इंधन निरंतर इलेक्ट्रोडों तक पहुंचाया जाता है। यह धनाग्र पर उपचयित होता है जबकि उपचायक का अपचयन ऋणाग्र पर स्थान लेता है। इलेक्ट्रोडों के बीच विभवान्तर उत्पन्न हो जाता है। इंधन सेल के कार्य के बारे में इससे ज्यादा और कुछ नहीं बताया जा सकता। यह तब तक कार्य कर सकता है जब तक इंधन और उपचायक की सप्लाई मिलती रहती है।

आज जिस इंधन का सामान्यतः प्रयोग किया जाता है, वह हाइड्रोजन है। आक्सीजन उपचायक के रूप में प्रयुक्त गैस के संबंध में इलेक्ट्रोडों के लिये सामग्री की समस्या सफलतापूर्वक हल कर ली गयी है। सेल अपेक्षाकृत निम्न तापमानों पर काम कर सकते हैं।

हाइड्रोजन-आक्सीजन इंधन सेल के विस्तृत उपयोग संभव हो सकते थे। उदाहरण के लिये, यह लाखों मोटर-कारों के अंतरदहन इंजनों की जगह ले सकता था। वातावरण कितना शुद्ध हो जाता! परंतु हमेशा कोई न कोई अड़चन सामने आ जाती है। एक किलोग्राम हाइड्रोजन के दहन से प्राप्त ऊर्जा अंतरदहन इंजन में पेट्रोल की उसी मात्रा के दहन से प्राप्त ऊर्जा से 10 गुना ज्यादा होती है। अतः पेट्रोल के साथ मुकाबला करने के लिये हाइड्रोजय की कीमत पेट्रोल की कीमत के दस गुने से अधिक नहीं होनी चाहिये। तथापि हाइड्रोजन की वास्तविक कीमत इससे काफभ ज्यादा है। हाइड्रोजन को पर्याप्त मात्राओं में प्राप्त करने की सस्ती और प्रभावशाली विधियां अभी तक ज्ञात नहीं हो पायी हैं। इसके संचयन, संग्रहण तथा परिवहन की समस्याएं भी अभी तक हल नहीं हो पायी हैं।

परंतु फिर भी इंधन सेल भविष्य के ऊर्जा-स्त्रोत है।

प्रेत, जो सेवा करते हैं

आवर्त प्रणाली के कई तत्व आज भी बहुत महंगे हैं जिसकी वजह से उनके व्यावहारिक प्रयोगों का परिसर सीमित है। परंतु हमें पूरी उम्मीद है कि यह स्थिति हमेशा नहीं बनी रहेगी। रसायन और भौतिकी तत्वों की कीमत कम कर देंगे। वे ऐसा अवश्य करेंगे क्योंकि जैसे-जैसे समय बीतता जा रहा है आवर्त सारणी के अधिकाधिक निवासी प्रयोगों में भाग ले रहे हैं।

परंतु कुछ ऐसे तत्व हैं जो या तो भूपर्पटी में होते ही नहीं या इतनी नगण्य मात्रा में होते हैं कि कहा जा सकता है कि वे होते ही नहीं हैं। ऐस्टैटीन, फ्रेंसियम, नेप्टयूनियम और प्लूटोनियम, प्रोमिथियम और टेक्नीशियम आदि तत्व इस श्रेणी में आते हैं।

तथापि ये तत्व कृत्रिम रूप से प्राप्त किये जा सकते हैं।

अभी तक सर्वाधिक महत्वपूर्ण कृत्रिम तत्व प्लूटोनियम है। और इसका विश्व उत्पादन अब आवर्त प्रणाली के कई ''साधारण'' तत्वों से अधिक है। यहां यह बताना आवश्यक है कि रसायनज्ञ प्लूटोनियम की गिनती सर्वाधिक परिचित तत्वों में करते हैं। हालांकि इस तत्व की ''आयु'' 25 साल से थोड़ी ज्यादा है। यह कोई संयोग की बात नहीं है। इसका कारण यह है कि प्लूटोनियम नाभिकीय रिऐक्टरों के लिये एक उत्तम इंधन हैं जो यूरोनियम से निम्न नही है।

और प्रोमिथियम के बारे में क्या कहा जा सकता है जो अभी तक स्थलीय अयस्कों में नहीं मिला है ? यह लघु सेलों के उत्पादन में प्रयुक्त हुआ है, जिनका आकार ड्राइंग के पिन के मुण्डक से थोड़ा सा बड़ा होता है। सबसे बढ़िया रासायनिक सेल 6 महीने से ज्यादा नहीं चलते। प्रोमिथियम परमाण्वीय सेल 5 साल तक लगातार काम करता है और यह श्रवण-सहायों से लेकर नियंत्रित अस्त्रों तक में इस्तेमाल की जाती है।

ऐस्टैटीन की सहायता से चिकित्सक अवटु ग्रंथि के रोगों का इलाज करते हैं। अब विघटनाभिक विकिरण की सहायता से अवटु ग्रंथि के विकारों का इलाज करने के प्रयास किये जा रहे हैं। ज्ञात है कि अवटु ऐस्टैटीन आयोडीन

का रासायनिक सदृशरूप है। जीव में प्रवेशित कराने पर ऐस्टैटीन अवटु ग्रंथि में एकत्रित हो जाता है और इसके विघटनाभिक गुण बाकी काम निबटा देते हैं।

इस प्रकार हम देखते हैं कि कुछ कृत्रिम तत्व व्यावहारिक प्रयोगों से दूर नहीं है। यह सच है कि मानवजाति के लिये उनकी सेवा एक तरफी है क्योंकि मनुष्य केवल उनके विघटनाभिक गुणों से लाभ उठा सकता है। परंतु इसकी वजह यह है कि रसायनज्ञों ने अभी तक उनके रासायनिक गुणों के अध्ययन का काम हाथ में नहीं लिया है। टेक्नीशियम एक अपवाद है। पता चला है कि इस धातु के लवण लोहे और इस्पात की चीजों की संक्षारण-प्रतिरोधता बहुत बढ़ा देते हैं।

लंबा उपसंहार

इस पुस्तक को लिखना रोचक परंतु कठिन काम था। रोचक इसलिये, क्योंकि हर किस्सा, चाहे वह रसायन के अतीत के बारे में था, चाहे वर्तमान या भविष्य के बारे में था, यह याद दिलाता था कि रसायन कितना आकर्षक विज्ञान है। हमारे सामने कई कठिनाइयां कुछ आत्मपरक प्रकृति की थीं। प्रथम स्थान पर किस चीज की चर्चा की जाये ? अगर हम छोटी बातों पर बिल्कुल भी ध्यान न दें तो बड़ी बातों की ओर ध्यान कैसे एकाग्र कर सकते हैं ? इस पुस्तक को लिखते समय हमारे सामने ये मुख्य समस्याएं खड़ी हुईं।

इस बात में कोई शक नहीं कि दूसरे लेखकों ने इस पुस्तक को लिखने के लिये विभिन्न शैली अपनायी होती। परंतु हमने वह शैली चुनी, जो हमें उपयुक्त लगी और अब पाठकगण बता सकते हैं कि हमारी शैली उन्हें पसंद आयी या नहीं।

सामान्यतः पुस्तकें संक्षिप्त उपसंहार के साथ समाप्त की जाती हैं। परंतु उपसंहार लिखने के कोई सुनिश्चित नियम नहीं है। साधारणतया पुस्तक का अंत लिखना भी उतना ही कठिन होता है जितना उसकी शुरूआत करना।

हमारे विचार से उपसंहार में पाठकों को आधुनिक रसायन की मुख्य विशेषताओं की संक्षिप्त जानकारी देनी उपयुक्त रहेगी। यह काम इतना आसान नहीं है क्योंकि आधुनिक रसायन एक अति जटिल वैज्ञानिक "जीव" है। इसके विभिन्न क्षेत्रों के विशेषज्ञ भी प्रायः एक दूसरे की बातें समझ नहीं पाते क्योंकि वे अलग-अलग भाषाएं बोलते हैं।

यही कारण है कि हम उपसंहार को केवल कुछ वाक्यों तक सीमित नहीं रह सके।

तो फिर रसायन है क्या चीज ?

रासायनिक परिघटनाएं, प्रक्रियाएं और पदार्थ हमारी पुस्तक के नायक थे। रसायन विज्ञान (केमिस्ट्री) इन सबका अध्ययन करता है। फिर भी वह चीज क्या है ? यह प्रश्न उतना सरल नहीं है जितना देखने में लगता है।

दुर्भाग्यवश हमें ठीक पता नहीं है और शायद ही कभी पता चले कि शब्द "केमिस्ट्री" आया कहां से ? इस बारे में केवल अनुमान लगाये गये हैं। कुछ अनुसंधाताओं के विचारानुसार यह शब्द मिस्र के प्राचीन नाम "केम" से लिया गया है। इसका अर्थ "काला" है क्योंकि नील नदी की घाटी की मिट्टी का रंग काला था। दूसरे इसका आधार यूनानी शब्द "ख्यूमा" मानते हैं जिसका अर्थ है –ढलाई (हो सकता है कि रसायन की उत्पत्ति धातुओं की ढलाई के साथ संबंधित रही हो) या एक अन्य शब्द "केमिविस" (मिश्रण) (रसायन के लिये अति विशिष्ट प्रक्रिया)। अंत में तीसरे अनुसंधाता प्राचीन चीनी भाषा से शब्द "ख्यूमा" को केमिस्ट्री शब्द का आधार मानते हैं। चीनी भाषा में इसका अर्थ स्वर्ण है (आपको याद होगा कि कीमियागरी का उद्देश्य था कृत्रिम विधि से स्वर्ण प्राप्त करना)।

और भी विचार हैं। परंतु हम उनका वर्णन नहीं करने जा रहे हैं। हालांकि किसी भी नाम या शब्द की उत्पत्ति की जानकारी इतिहास के लिये काफी महत्व रखती है।

रसायन की प्रथम स्पष्ट परिभाषा संभवतः सन् 1675 में फ्रेंच वैज्ञानिक निकोल्या लेमेरी ने अपनी पाठ्यपुस्तक ''रसायन का पाठ्यक्रम'' में दी : ''रसायन वह कला है जो मिश्रित पिंडों में उपस्थित विभिन्न पदार्थों को अलग करना सिखाती है।'' मिश्रित पिंडों से लेमेरी का अभिप्राय था—जंतु, वनस्पति और खनिज।

परंतु अठारहवी शताब्दी के अंत में रसायन को एक स्वतंत्र विज्ञान समझा जाने लगा, जो निस्संदेह निर्माण अवस्था में था। विभिन्न वैज्ञानिकों और शिक्षाशास्त्रियों ने बाद में रसायन की अलग-अलग परिभाषाएं दीं। इन परिभाषाओं की तुलना तथा विश्लेषण करना शायद काफी रोचक काम सिद्ध होगा....

आज रसायन की परिभाषा संक्षिप्त है : ''विज्ञान, जो पदार्थों और उनके रूपांतरणों का अध्ययन करता है।'' वास्तव में इस परिभाषा में कमी निकालना कठिन काम है। रसायन वास्तव में पदार्थों तथा उनके रूपांतरणों का अध्ययन करता है, उनके गुणों की जांच करता है और इन गुणों का कारण ढूंढ़ने का प्रयास करता है, साधारण पदार्थों से जटिल पदार्थ प्राप्त करता है और विलोमतः जटिल को साधारण में परिवर्तित करता है।

लगता है कि यह परिभाषा बिल्कुल सही है। परंतु प्राचीन काल में भी यह कहा जाता था कि संदेह करने से फायदा होता है।

रसायन का दोस्त भौतिक विज्ञान भी तो पदार्थों के रूपांतरणों तथा उनके गुणों का अध्ययन करता है। बेशक, अपनी विधियों से। एक ही पदार्थ तीन समुच्चय अवस्थाओं में हो सकता है : ठोस, द्रव और गैस। इनके अलावा एक चौथी अवस्था और होती है जिसे प्लैज्मा कहते हैं पदार्थों की यह विविधता भौतिकविज्ञानियों के कार्य क्षेत्र के अंतर्गत आती है। पदार्थों के भौतिक गुण भी उतना ही महत्व रखते हैं जितना कि उनके रासायनिक गुण।

अतः अगर हम भौतिकी को पदार्थों और उनके रूपांतरणों का विज्ञान कह दें, तो यह कोई अपराध नहीं होगा। इस बात में कोई संदेह नहीं कि भौतिकी के उद्‌देश्य और कार्य ज्यादा विस्तृत और विविध हैं। इसके अलावा आज यह विश्वास किया जाता है कि भौतिकी मौलिक विज्ञान है और रसायन नहीं है। परंतु इस विषय की हम कुछ समय बाद चर्चा करेंगे।।

अगर यह बात है तो रसायन के अस्तित्व की क्या विशेषता है ? अपने समय में द. मेंडेलीफ ने रसायन को रासायनिक तत्वों का विज्ञान बताया था। और यह परिभाषा सही कहलाने का अधिकार रखती है क्योंकि सभी पदार्थ तत्वों के परमाणुओं के विभिन्न संयोजन होते हैं।

अभी हमने ''परमाणु'' शब्द इस्तेमाल किया है। हमारी दृष्टि से यही शब्द रसायन का अर्थ समझने की एक ''कुंजी'' है। सभी रासायनिक रूपांतरण ऐसे या वैसे परमाणुओं के इलेक्ट्रान विन्यासों की पुनःव्याख्या के साथ संबंधित होते हैं। तब रसायन की इलेक्ट्रानी परिभाषा निम्न हुई : विज्ञान, जो पारस्परिक क्रिया कर रहे परमाणुओं और अणुओं के विन्यासों में इलेक्ट्रानों की पुनःव्यवस्था पर आधारित है। पदार्थों के गुण अपने आप नहीं पता चलते हैं, वे केवल तब स्पष्ट होते हैं, जब पदार्थ एक दूसरे के साथ अभिक्रिया करते हैं।

हर पदार्थ में परमाणुओं का संयोजन होता है। ये परमाणु अनुबंधित भी हो सकते हैं और मुक्त भी। परंतु पदार्थ की परिभाषा इससे ज्यादा विस्तृत है। परमाण्वीय नाभिक भी तो पदार्थ होता है, जिसे पदार्थ की नाभिकीय अवस्था कहते हैं। रसायन नाभिकों का अध्ययन नहीं करता। यह एक विशेष विज्ञान नाभिकीय भौतिकी का काम करता है।

इस प्रकार रसायन की क्लासिकल परिभाषा पर कुछ प्रतिबंध लग जाते हैं। रसायन केवल उन रूपांतरणों के साथ वास्ता रखता है जो परमाणुओं के बाह्य इलेक्ट्रानी कोशों के साथ संबंधित होते हैं। वह आंतरिक और परमाण्वीय नाभिकों का अध्ययन नहीं करता।

इसका मतलब यह नहीं है कि हम रसायन की सर्वस्वीकृत परिभाषा बदलने की मांग कर रहे हैं। हम केवल इस

बात पर ध्यान दिलाना चाहते हैं : यह स्पष्ट करना आवश्यक है कि ''पदार्थों'' और ''रूपांतरणों'' से क्या अभिप्राय है। प्रस्तुत पुस्तक इस गंभीर वाद-विवाद के लिये उपयुक्त नहीं है। जहां तक वैज्ञानिकों-रसायनज्ञों तथा प्रकृति विज्ञान के दार्शनिकों की बात है, तो उन्हें तुरन्त सोचना चाहिये : क्या रसायन की परिभाषा को दूसरा, अधिक उपयुक्त रूप देने का समय नहीं आ गया है ?

रसायन में क्रांतियां

मनुष्य संसार का ज्ञान पाने की प्रक्रिया में जिस पथ पर बढ़ता है, वह कोई सीधा रास्ता, धीरे-धीरे बढ़ती चढ़ाई नहीं है। दार्शनिक इस पथ को उद्‌विकास कहते हैं। विज्ञान का विकास तो क्रांतिकारी घटनाओं जैसा रहा है। कभी ऐसी क्रांति पूरे प्राकृतिक विज्ञान में आयी, तो कभी किसी एक ज्ञान शाखा में।

रसायन विज्ञान अपने विकास पथ में दो क्रांतियों से गुजरा है। और उनमें से प्रत्येक ने सिद्धांत के रूप से दुनिया की नयी तस्वीर, दुनिया की नयी रासायनिक तस्वीर पेश की। परंतु इससे पहले रसायन को अभी एक और काम करना था–खुद को ज्ञान की एक स्वतंत्र शाखा साबित करना था। उसे रहस्यात्मक कीमियागरी का लबादा फेंकना पड़ा, प्रायोगिक तथ्यों के संचयन का लंबा मार्ग तय करना पड़ा और आखिर में जाकर पदार्थों के गुणात्मक और परिणामात्मक विश्लेषण की प्रथम विधियां ढूंढ़नी पड़ीं। रसायन तब विज्ञान बना, जब उसने उचित रूप से तुला पकड़ ली–ये शब्द कभी द. मेंडेलीफ ने कहे थे। तुला के आधार पर रसायन का प्रथम मुख्य नियम स्थापित किया जा सका–पदार्थ के संरक्षण का नियम।

रासायनिक अभिक्रियाओं से संबंधित विभिन्न तथ्य स्पष्टीकरण मांग रहे थे, उन्हें सिद्धांत की जरूरत थी। अठाहरवीं शताब्दी के आरंभ में फ्लोजिस्टान सिद्धांत ने यह भूमिका अपने हाथ में ले ली। परंतु यह सिद्धांत केवल रासायनिक रूपांतरणों की व्याख्या दे रहा था–अपने ढंग से, परंतु बिल्कुल गलत व्याख्या। एंगेल्स ने बिल्कुल ठीक कहा था कि फ्लोजिस्टान युग में रसायन सिर पर चढ़ गया था।

अठाहरवीं शताब्दी के अंतिम चतुर्थांश में फ्रेंच वैज्ञानिकों लाऊज्यो ने इस सिद्धांत का प्रायोगिक रूप से खंडन किया और इसकी जगह अपना आक्सीजन दहन सिद्धांत प्रस्तुत किया। वे ठीक समझे थे कि हाल में खोजा आक्सीजन एक मुक्त रासायनिक तत्व था। यह पहली रासायनिक क्रांति की प्रथम लहर थी।

दूसरी क्रांति उन्नीसवीं शताब्दी के बिल्कुल आरंभ में आयी। अंग्रेज वैज्ञानिक जोहन डाल्टन प्रथम व्यक्ति थे जिन्होंने परमाणुओं को परिमाणात्मक गुण प्रदान किये। उन्होंने परमाणु भार की धारणा प्रस्तुत की। इसका मान यह बताता था कि नियत तत्व का परमाणु हाइड्रोजन के परमाणु से कितने गुना भारी था। डाल्टन ने हाइड्रोजन का परमाणु भार इकाई के बराबर माना। उनके विचारानुसार प्रत्येक रासायनिक तत्व एक ही किस्म को परमाणुओं से बना है।

इस प्रकार रासायनिक तत्वों की पहचान केवल गुणात्मक लक्षणों के आधार पर ही नहीं बल्कि परिमाणात्मक लक्षणों के आधार पर भी संभव हो गयी।

एंगेल्स ने डाल्टन को आधुनिक रसायन का पिता कहा है। डाल्टन का परमाण्वीय सिद्धांत परमाण्वीय-आण्विक सिद्धांत का आधार बना, जिसने पिछली शताब्दी में रसायन के विकास पर असीम प्रभाव डाला। कोई भी प्रायोगिक उपलब्धि या सैद्धांतिक ज्ञान इस सिद्धांत की मुख्य बात की अवहेलना नहीं कर सकी। इसके पथ पर चलते हुए मनुष्य की ऐसी उपलब्धियों का जन्म हुआ, जैसे आवर्त नियम, रासायनिक यौगिकों की संरचना का सिद्धांत, समन्वय सिद्धांत आदि। उन्नीसवीं शताब्दी के अंत तक रसायन ने समाज में वैसी ही प्रतिष्ठा बना ली, जैसी अन्य प्रकृति विज्ञानों की थी; वह अपना व्यावहारिक महत्व समझ गया था।

इस प्रकार क्लासिकल रसायन का जमाना आ गया। इसके द्वारा एकत्रित बहुत सारी जानकारियों तथा तथ्यों का

महत्व हमारे जमाने में भी कम नहीं हुआ है।

सारी खूबियां होते हुए भी परमाण्वीय-आण्विक सिद्धांत ने मुख्य प्रश्न का उत्तर देने में आनाकानी की : परमाणु की बनावट कैसी है? उन्नीसवीं शताब्दी के अंत में वैज्ञानिकों को इस बात की लगभग उतनी ही जानकारी थी जितनी प्राचीनकाल के परमाणुविशेषज्ञों को थी।

परमाण्वीय संरचना के माडल के बिना बहुत सारी बातों का स्पष्टीकरण असंभव था। उदाहरण के लिये, रासायनिक तत्वों के गुणों के आवर्ती परिवर्तनों का कारण और परमाणुओं के बीच रासायनिक अनुबंधों का सार समझ पाना असंभव था। ''मनुष्यों के सारे कामों में विस्तृत रूप से भाग लेते हुए'' भी रसायन विज्ञान अंधा सा लग रहा था।

दूसरी रासायनिक क्रांति आवश्यक हो गयी थी।

अगर पहली क्रांति पूर्णतया रसायन के गर्भ में हुई, तो दूसरी को भौतिकी की महान खोजों का आभार मानना चाहिये : एक्सरे किरणों, विघटनाभिकता, उत्कृष्ट गैसों और विशेष रूप से इलेक्ट्रान की खोज का। यह कहना ठीक है कि इन खोजों से प्रकृति विज्ञान में क्रांति आयी और संसार की एक नयी भौतिकीय तस्वीर का निर्माण संभव हो पाया। इन खोजों के आधार पर परमाण्वीय संरचना का नाभिकीय माडल बनाया जा सका। यह काम सन् 1911 में अंग्रेज वैज्ञानिकों रदरफोर्ड ने संपंन किया : इसके दो साल बाद डेनिश भौतिकविद नील्स बोहर ने क्वांटम सिद्धांत की सहायता से इस माडल की व्याख्या दी। रदरफोर्ड-बोहर का परमाण्वीय माडल द्वितीय रासायनिक क्रांति की महान उपलब्धि थी। इसके बल पर कई तथ्यों का वैज्ञानिक स्पष्टीकरण संभव हुआ, जैसे तत्वों के आवर्त सिद्धांत का प्रतिपादन और रासायनिक अनुबंधों के प्रथम भौतिकीय सिद्धांतों का प्रस्तुतीकरण। इस प्रकार रसायन को पाने अंदर झांक कर देखने का अवसर प्राप्त हुआ और इसका दूरगामी विकास शुरू हो गया! तीसरे दशक के अंत में भौतिकी ने क्वान्टम यांत्रिकी का रूप धारण करके परमाण्वीय माडल को और भी ज्यादा गंभीर आधार प्रदान किये।

रसायन या नवीन रसायन के विकास में नये युग के आविर्भाव का यह आधार था। अगर क्लासिकल रसायन परमाण्वीय-आण्विक सिद्धांत का आभारी था, तो नवीन रसायन की उत्पत्ति और विकास का श्रेय परमाण्वीय संरचना के सिद्धांत को मिला।

नवीन रसायन ने अपने विकास के लिये जो प्रयास किये, उनकी कोई दूसरी मिसाल नहीं मिल सकती। बीसवीं शताब्दी के छठे दशक के आरंभ को आधुनिक वैज्ञानिक-तकनीकी क्रांति का काल माना जाता है। चार दशकों में रसायन की उपलब्धियां पिछले हजार साल की सारी उपलब्धियों से कहीं अधिक थी। रसायन को प्रथम स्थान मिल गया। रसायन के साथ किसी तरह का संबंध न रखने वाले बहुत सारे क्षेत्रों, जैसे धात्विकी, और्जिकी, कम्प्यूटर, संचार साधन, पर्यावरण-संरक्षण प्रणाली (यह सूची बहुत लंबी है) में रासायनिक प्रक्रियाओं की भूमिका निर्णयात्मक होती है। रसायन का नाभिकीय और्जिकी में स्थान बहुत प्रभावित करने वाला उदाहरण है, नाभिकीय इंधन की प्राप्ति, प्रयोग तथा प्रक्रमण के काम में रासायनिक संचालनों का हिस्सा 75% से अधिक है। रसायन के बिना मनुष्य नाभिकीय ऊर्जा कभी प्राप्त नहीं कर सकता था।

संक्षिप्त परंतु आवश्यक विष्कंभक

आज का सबसे महान रसायनज्ञ मोटे तौर पर भी यह नहीं बता सकता कि नवीन रसायन है क्या चीज। आधुनिक रसायनज्ञ साधारणतः सूक्ष्म विशेष होते हैं। वे रसायन के उस क्षेत्र की अति उत्तम जानकारी रखते हैं, जिसके साथ उनका कार्य संबंधित होता है। अंत में, अगर उन्हें अध्यापन कार्य अच्छा लगता है और वे अपनी प्रतिष्ठा की परवाह न करते हैं, तो उन्हें आधुनिक रसायन के मुख्य नियमों और नियमितताओं का काफी अच्छा ज्ञान होता है।

परंतु वैज्ञानिकों—विश्वकोश-विशेषज्ञों का जमाना हमेशा के लिये चला गया है। रसायन के हर पहलू की पूरी जानकारी

किसी को भी नहीं है। परंतु प्रत्येक योग्य रसायनज्ञ को नवीन रसायन की मुख्य बातों की जानकारी अवश्य होनी चाहिये।

आइये, तो फिर उसके परामर्शों का फायदा उठाते हैं।

नवीन रसायन की मुख्य विशेषता

आज हर विज्ञान या विज्ञान के विषय का महत्व उसकी व्यावहारिक उपलब्धियों के स्तर द्वारा निर्धारित किया जाता है। परंतु इसका मतलब यह नहीं है कि सिद्धांतों पर कम ध्यान दिया जाता है। बात यह है कि सिद्धांत गिने चुने लोगों का कार्यक्षेत्र है जबकि अधिकांश लोगों के लिये व्यावहारिक उपलब्धियों से परिचित होना कहीं ज्यादा सरल है। यह शायद काफी अपरिष्कृत विचार है। परंतु सैद्धांतिक विचारों के बिना किसी भी नयी रासायनिक प्रक्रिया का उपयोग संभव नहीं हो सकता और कई बार तो इस कार्य में कम्प्यूटरों तक का इस्तेमाल जरूरी होता है।

यह एक स्पष्ट धारणा है। यह केवल एक भूमिका है जिससे आधुनिक रसायन की मुख्य विशेषता निश्चित की जा सके।

इस विशेषता को निम्न शब्दों द्वारा व्यक्त किया जा सकता है : नवीन रसायन महान "उत्पादक" शक्ति बन गया है।

हमने विशेष कारणवश शब्द उत्पादक उद्धरण चिन्हों के बीच लिखा है। हमारे लिये इस शब्द के दो अर्थ निकलते हैं। एक तरफ तो रसायन की उत्पादक-शक्ति हजारों टन रासायनिक उत्पादों के उत्पादन में व्यक्त होती है, जैसे अम्ल, लवण, खाद आदि। जिनके बिना आधुनिक सभ्यता असंभव थी। और इस तथ्य को विशेष टिप्पणी की जरूरत भी नहीं है। यहां हमारे लिये दूसरा अर्थ ज्यादा महत्व रखता है : नये रासायनिक मुख्यतः कार्बनिक यौगिकों की संख्या में निरंतर वृद्धि। दस साल के पुराने आंकड़े बताते हैं कि विश्व की सारी रासायनिक प्रयोगशालाओं में हर सप्ताह कम से कम 10 नये कार्बनिक पदार्थ जरूर संश्लेषित किये जाते हैं और पदार्थों की कुल संख्या 5000000 बतायी गयी। जाहिर है कि दस साल बाद ये आंकड़े पुराने हो चुके हैं, परंतु नये आंकड़े अभी तक एकत्रित नहीं किये गये हैं। अकार्बनिक यौगिकों की संख्या इनसे कई गुना कम है।

बहुत सारे नये यौगिकों का संश्लेषण संभवतः वैज्ञानिकों की जिज्ञासा का फल है। इनमें से कुछ यौगिकों की प्राप्ति सैद्धांतिक महत्व रखती है और केवल कुछ ही ऐसे होते हैं जो तुरंत व्यावहारिक प्रयोग के लायक सिद्ध होते हैं।

रसायन लगातार और बहुत बड़े पैमाने पर अध्ययन के नये-नये विषयों की रचना करता रहता है। परंतु इसका अर्थ यह नहीं है कि ये सारे कई लाख यौगिक तुरंत अध्ययन का विषय बन जाते हैं। इनमें से एक-दो ही काम के निकलते हैं, परंतु कल दूसरे भी महत्वपूर्ण साबित हो सकते हैं। अन्य प्रकृति विज्ञानों में ऐसी परिघटना संभव नहीं है। यहां एक बार फिर रसायन की क्लासिकल परिभाषा याद आती है : विज्ञान, जो पदार्थों और उनके रूपांतरणों का अध्ययन करता है। इस परिभाषा में निम्न शब्द और जोड़ देने चाहियें : केवल अध्ययन ही नहीं करता, बल्कि विशाल मात्राओं में उन्हें प्राप्त भी करता है। कभी-कभी पत्रकार यह अभिव्यक्ति पसंद करते हैं : रसायन दूसरी प्रकृति की रचना करता है। इसमें सच्चाई का कुछ अंश है। कृत्रिम रूप से प्राप्त यौगिकों की संख्या, जिनका व्यावहारिक प्रयोग होता है, प्रकृति द्वारा मनुष्य को "दिये" पदार्थों की संख्या से बहुत अधिक है। परंतु "दूसरी प्रकृति की रचना करते हुए" रसायन प्रकृति को बहुत हानि पहुंचाता है, यह उसे बुरी तरह से संदूषित करता है। अब यह खतरा सारे विश्व पर मंडराने लगा है। आज वायुमंडल और जलमंडल में करोड़ों टन ऐसे अपशिष्ट रासायनिक पदार्थ छोड़े जाते हैं जो सारे जगत के लिये घातक हैं। ओजोन परत, जो हमारे ग्रह को पराबैंगनी विकिरण के विनाशकारी प्रभाव से सुरक्षित रखती है, के पतला बनने

की संवृत्ति इसका एक अति स्पष्ट उदाहरण है। अनुमान है कि नाइट्रोजन के आक्साइड तथा फ्रेआन, जो हर रेफ्रिजरेटर में इस्तेमाल होते हैं–इस हानि में सहायक सिद्ध हो रहे हैं। रसायन के इस ''धोखे'' की चर्चा हम आगे करेंगे।

तिस पर भी नवीन रसायन का व्यापक उद्देश्य विज्ञान और प्रविधि के विभिन्न क्षेत्रों के लिये नये पदार्थों की रचना है। जबकि ऐसे पदार्थों की प्राप्ति की समस्या असामान्य ढंग से हल की जाती है। सबसे पहले वैज्ञानिक अपनी इच्छा प्रकट करते हैं कि नये पदार्थ में कौन-कौन से गुण विद्यमान होने चाहियें जिससे कि वे निश्चित उद्देश्यों के लिये प्रयुक्त किये जा सकें। इसके बाद वे उन तरीकों का सुझाव देते हैं जिनसे ऐसा पदार्थ प्राप्त किया जा सकता है। तरीकों के चुनाव में वे अक्सर कम्पूयटर की प्राथमिक गणनाओं की सहायता लेते हैं। इस व्यापक समस्या का नाम निम्न शब्दों द्वारा व्यक्त कर सकते हैं : पहले से निर्धारित गुणों वाले पदार्थों की प्राप्ति।

उदाहरण के लिये, बहुलकों की गिनती ऐसे पदार्थों में की जाती है। आज उनकी संख्या बहुत बड़ी है और रसायन हर साल उनकी नयी-नयी किस्में बना रहा है। बीसवीं शताब्दी के छठे दशक के मध्य में बहुलकों का उत्पादन ऐलुमिनियम के उत्पादन से भी ऊपर पहुंच गया। मजबूत बहुलकों की बहुत सख्त जरूरत है। आपको शायद पता नहीं होगा कि पोलिएथिलीन इस्पात से दुगुना मजबूत हो सकता है, हालांकि यह बात असंभव लगती है। जापान में तो पोलिएथिलीन के नमूने तैयार भी कर दिये गये हैं जिनकी मजबूती 2000kg/mm^2 है। ऊष्मा प्रतिरोधी बहुलकों की भी उतनी ही जरूरत है। हाल ही में ऐसा बहुलक प्राप्त किया गया है जिसकी ऊष्मा-प्रतिरोधता 1000°C तक पहुंच गयी है। अलग-अलग बहुलकों की जगह अब उनके ऐलायों का प्रयोग विस्तृत हो रहा है। ऐलायों में वे गुण होते हैं जो घटकों में नहीं आ सकते। आशा की जाती है कि इस शताब्दी के अंतिम दशक के मध्य तक अलग बहुलकों का प्रयोग उतना ही विरल हो जायेगा जितना आज अलग-अलग धातुओं का है। मृतिका पदार्थों की विभिन्न किस्में भी पहले से निर्धारित गुणों वाले पदार्थों के अंतर्गत आती हैं। इनकी गिनती उन पदार्थों में की जाती है जिनसे वैज्ञानिक-तकनीकी क्रांति की गति में काफी तेजी आयी। मृतिका भविष्य में भी कई अचंभे दिखाने जा रही है। यहां ''मृतिका'' किस्म के उस यौगिक का उदाहरण याद करना काफी होगा जिसमें उच्च तापीय अतिचालकता उपस्थित पायी गयी। जिर्कोनियम डाइआक्साइड तथा इट्रियम आक्साइड के मिश्रण से एक मृतिका पदार्थ प्राप्त किया गया है। यह अतितन्य पदार्थ साबित हुआ है। इसका बनी झिल्ली खींचने पर बिना टूटे दोगुना लंबी हो गयी। खास बात यह है कि खींचने के बाद उसकी मजबूती और भी ज्यादा बढ़ गयी।

आप सहमत हैं न कि ये उदाहरण वास्तव में बहुत प्रभावशाली हैं ? हमारा दिल करता है कि हम रसायन के लिये ''काल्पनिक'' रसायन शब्द इस्तेमाल करें। परंतु वह कड़े सिद्धांतों पर टिका है।

समय की बचत के बारे में

कई शताब्दियों के दौरान रसायन परीक्षण-प्रणाली विधि के आधार पर आगे बढ़ता रहा। उन्नीसवीं शताब्दी में भी अधिकांश रासायनिक यौगक प्राकृतिक पदार्थों से संयोगवश संश्लिष्ट या अलग किये गये। मेंडेलीफ की आवर्त प्रणाली के प्रतिपादन से पहले भी नये रासायनिक तत्वों की खोजें सांयोगिक होती थीं। नये परिणाम प्राप्त करके रसायनज्ञ ठीक तरह से नहीं बता सकते थे कि वे परिणाम उन्हें कैसे और क्यों प्राप्त हुए।

संयोग का बोलबाला था। यह सज्जन केवल सिद्धांत का कहना मानते हैं। या बहरहाल वह इन्हें ठीक करना जानता है।

हम ऊपर ही बता चुके हैं कि फ्लोजिस्टान सिद्धांत रसायन का सर्वप्रथम सिद्धांत था। क्या हुआ अगर वह त्रुटिपूर्ण था पर 50 से ज्यादा साल तक रसायनज्ञ लोग इसे आधार मान कर काम करते रहे। इसकी गद्दी आक्सीजन सिद्धांत ने संभाली जिसने रसायनज्ञों को सोच-विचार करने पर मजबूर कर दिया। विचार की व्यवस्था हाथ में थी जिससे नये

परिणाम और तेजी से प्राप्त होने लगे।

काफी लंबे अर्से तक रसायन के सिद्धांतों का केवल स्पष्टीकरण दिया जाता रहा। विकासशील विज्ञान के लिये यह कम से कम है। स्पष्टीकरण के अलावा दूरदर्शिता भी आवश्यक थी। और अब पूर्वानुमान की क्षमता रखने वाले सिद्धांत आ गये, तो रसायन धीरे-धीरे अनुभाविक विज्ञानों के ग्रुप की ओर बढ़ने लगा। रासायनिक लेखों में गणित के सूत्र और समीकरणों का प्रयोग बढ़ने लगा और इसका अर्थ यह था कि रसायन में सैद्धांतिक स्पष्टीकरणों और गणनाओं का वक्त आ गया था।

इन्होंने अनुसंधाताओं का वक्त बचाया। दर्जनों प्रयोगों की जगह एक-दो काफी रहते थे। और शब्द ''सैद्धांतिक रसायन'' कुछ विशेष पुस्तकों का शीर्षक बन गया।

वक्त की मांग है कि आधुनिक रसायन को उच्च गणित का ज्ञान जरूर होना चाहिये। और नहीं, तो कम से कम उसे उन विभागों की जानकारी अवश्य होनी चाहिये, जो बहुत अर्से से प्रकृति विज्ञान में, विशेषतया भौतिकी में प्रयुक्त होते आ रहे हैं।

आधुनिक रसायन शक्तिशाली सिद्धांतों पर टिका है और अब गंभीर रसायनज्ञ संगत पाठ्यपुस्तक का अध्ययन किये बिना तथा अंतरिक गणनाएं किये बिना एक भी कदम नहीं उठाता है।

दुनिया में कुल कितने रसायन हैं ?

स्पष्ट है—एक। स्वतंत्र विज्ञान तथा प्रकृति विज्ञान के अंग के रूप में एक है। परंतु हमारी पुस्तक पढ़ने के दौरान आपको कई बार निम्न शब्द मिले होंगे : अकार्बनिक, कार्बनिक, भौतिकीय, विश्लेषीय रसायन। यह समझना मुश्किल नहीं है कि ये सारे रसायन के विभाग हैं, जिनमें से हर किसी का अपना अध्ययन-विषय है। इन विभागों पर बहुसंख्यक विशेष पुस्तकें लिखी गयी हैं। रासायनिक शिक्षा-संस्थानों में विद्यार्थी जिस विषय का अध्ययन करता है, उसके पाठ्य-क्रम का नाम विषय के नाम पर रखा जाता है।

इन चार विभागों को ''आधुनिक रासायनिक विज्ञानों के आधुनिक वर्गीकरण का आधार'' माना जाता है। विरोधाभासी बात यह है कि कोई भी इन विभागों की ठीक-ठीक परिभाषा नहीं देता है। शोध-कार्य और पाठ्यपुस्तकें ऐसी बहुसंख्यक परिभाषाओं से भरी पड़ी हैं, परंतु पहली बात तो यह है कि वे अधूरी हैं, दूसरी यह कि वे विरोधात्मक हैं, तीसरी यह कि वे अतीत की भेंट हैं, जब रसायन अपनी धारणाओं के सारगर्भित महत्व पर कोई विशेष ध्यान नहीं देता था और चौथी यह कि हर कुशल रसायनज्ञ अकार्बनिक, कार्बनिक, भौतिकीय और विश्लेषीय रसायनों को अपनी व्यक्तिगत परिभाषाएं देना अपना कर्तव्य समझता है।

इससे आसान और क्या काम हो सकता है ? परंतु वास्तविकता में यह इतना सरल काम नहीं है। रसायन की विस्मयकारी व्यावहारिक और सैद्धांतिक सफलताओं ने इस प्रकृति विज्ञान के वर्गीकरण की समस्याओं को उभरने का अवसर ही नहीं दिया।

हमने आपका ध्यान इस समस्या की ओर इसलिये आकर्षित किया है कि आप एक सच्चाई जान जायें : रसायनज्ञ को रसायन-विज्ञान में अपनी जगह की ठीक जानकारी होनी चाहिये। उसे कम से कम इतना जरूर पता होना चाहिये कि उसकी रुचियां रसायन के किस विभाग के साथ अधिक संबंधित है।

रसायन का सारा इतिहास प्रमाणित करता है कि ये चारों ''रासायनिक ढेले'' लगातार और अधिक छोटी छिप्टियों में विभाजित होते रहे हैं। परंतु यह काफी घटिया ''यांत्रिक'' सादृश्य है।

विज्ञान की भाषा में इस प्रक्रिया को विभेदन कहते हैं। आइये, अकार्बनिक रसायन के उदाहरण से इस शब्द की परिभाषा स्पष्ट करते हैं। यहां विभेदन अनुसंधान के विषयों के साथ घटित हुआ। अकार्बनिक रसायन में रासायनिक

विषय बने जिनका सार या तो रासायनिक यौगिकों के अलग-अलग वर्गों का अध्ययन था या रासायनिक यौगिकों या उनके संयोजनों के रसायन का अध्ययन था। स्पष्ट है कि ऐसे विषयों के उदाहरण बताना आवश्यक है, तो लीजिये ये हैं : अम्लों का रसायन; क्षारकों का रसायन; कार्बाइडों का रसायन; हाइड्राइडों का रसायन; दुर्लभ मृदा तत्वों का रसायन; परायूरे नियम तत्वों का रसायन; उत्कृष्ट गैसों का रसायन; फास्फोरस का रसायन; फ्लुओरीन का रसायन; सिलिकन का रसायन आदि।

कार्बनिक रसायन के क्षेत्र में भी यही बात मिलेगी।

यह विभाजन ''सुविधा के कारण'' नहीं किया गया है। विषय का ज्ञान प्राप्त करने के लिये यह आवश्यक है। और रसायन का विशेष विषय इसी दिशा में आगे बढ़ा।

हम विभेदन की सीमा स्पष्ट करने के काम से दूर रहना पसंद करेंगे। प्राचीन सुक्ति कहती है : ''इतिहास के कपड़ों को फिर से नहीं काटते''।

हमारा उद्‌देश्य कहीं सरल है : पाठकों ये यह बताना है कि अब रसायन बहुमुखी और बहुभुजी जीव बन गया हैं कुछ लोग इसकी तुलना उस पेड़ के साथ करते हैं, जो लगातार शाखित होता रहता है। हम इस तुलना से सहमत हैं।

दो अन्य ''मौलिक रसायनों''—भौतिकीय तथा विश्लेषीय रसायन के बारे में क्या कहा जा सकता है ? पता चलता है कि यहां स्थिति काफी जटिल है।

भौतिकीय रसायन में अलग-अलग विभागों में विभाजित होने की प्रवृत्ति नहीं थी। ऐसा लगता है जैसेकि वह ज्ञान के विभिन्न रंग-बिरंगे टुकड़ों के जोड़ों से बना हो। रासायनिक अभिक्रियाओं के तापीय प्रभावों के अनुसंधान ने ऊष्मा रसायन को जन्म दिया। विद्युत धारा के परिणामस्वरूप प्राप्त रासायनिक प्रक्रियाओं ने विद्युत रसायन नामक विभाग में प्राण डाले। रसायन में अधिकांश अभिक्रियाएं द्रव माध्यम में घटती हैं। : यहीं से विलयनों का अध्ययन शुरू हुआ। भौतिकीय विचारों की सहायता से रासायनिक अभिक्रियाओं की गति और मेकेनिज्म का अध्ययन सरल हो गया है। इस प्रकार भौतिकीय रसायन का जन्म हुआ—रासायनिक बलगति की। अब इसे रसायन का एक स्वतंत्र विभाग माना जा सकता है। इस सूची में एक नाम और जोड़ देते हैं—रासायनिक ताप्रवेगिकी, जिसकी गिनती आधुनिक रसायन के सैद्धांतिक आधारों में की जाती है।

इन सारी शाखाओं के समुच्चय को आज भौतिकीय रसायन कहते हैं। परंतु इसके अलावा एक और विभाग है—रासायनिक भौतिकी। परंतु यहां हम इन दोनों विभागों में अंतर समझाने नहीं जा रहे हैं। यह अंतर दिखाना इतना सरल काम नहीं है और फिर हमारी पुस्तक के पृष्ठ इन स्पष्टीकरणों के लिये उपयुक्त नहीं हैं।

और हमें इस बीच विश्वास हो गया है कि नवीन रसायन ने काफी हद तक पूर्ण वैज्ञानिक जीव की विशेषताएं खो दी हैं। परंतु यह कोई खराबी नहीं है। यह विकास का द्वंद्ववाद है।

विश्लेषीय रसायन की स्थिति पर अभी तक बहस हो रही है। वह क्या है ? रसायन का एक स्वतंत्र विभाग है जिसके अपने सिद्धांत और अपनी विधियां हैं या अन्य रसायनों का ''नौकर'' है जिसे विभिन्न पदार्थों के विश्लेषण के लिये परिशुद्ध आंकड़ें लाने का काम दिया गया है ?

उत्कर्ष विश्लेषण के बिना आधुनिक रसायन अंधा है। प्रत्येक रासायनिक संश्लेषण की जांच विश्लेषण द्वारा की जाती है। आदर्श ''रासायनिक सूक्ष्मदर्शियों'' की सहायता से रासायनिक अभिक्रियाओं के घटने के हर पहलू का बारीकी से अध्ययन किया जा सकता है। विश्लेषीय विधियों की सहायता से अति आधुनिक तकनीक में प्रयुक्त होने वाले परमशुद्ध पदार्थों में अशुद्धियों की नगण्य मात्राएं निर्धारित की जाती हैं। पर्यावरण को शुद्ध रखने के काम में विश्लेषणीय रसायन अति महत्वपूर्ण भूमिका निभा रहा है।

पिछले वर्षों में विश्लेषीय रसायन ने एक नये विषय को जन्म दिया है : रासायनिक निदान : विधियों का समुच्चय, जिसके आधार पर घट रही रासायनिक अभिक्रियाओं की विभिन्न विशेषताएं निर्धारित की जाती हैं। विशेष संसूचक ''निदान शास्त्रियों'' की भूमिका निभाते हैं, जिन्हें रासायनिक संवेदक कहते हैं और जो हर चीज निर्धारित कर सकते हैं। उदाहरण के लिये, रासायनिक संवेदकों के आधार पर ऐसा उपकरण बनाया गया है जो 100 विभिन्न गैसों की उपस्थिति निर्धारित कर सकता है और वह भी बहुत जल्दी और अति शुद्धता के साथ।

विश्लेषकों ने रसायन और भौतिकी दोनों से ही बहुसंख्यक विधियां ली हैं। आज भौतिकीय विधियां प्रथम स्थान पर हैं। पाठकों की सूचना के लिये कुछ की गिनती करते हैं : स्पेक्ट्रम (प्रकाशिकीय और एक्सरे) विधियां ; एक्सरे संरचनात्मक विश्लेषण ; पराबैंगनी, अवरक्त और रेडियों स्पेक्ट्रोस्कोपी ; द्रव्यमान स्पेक्ट्रोमीटरी ; इलेक्ट्रान अनुचुंबकीय और नाभिकीय चुंबकीय अनुनाद विधियां आदि। यह सूची काफी हद तक अधूरी है। इनमें से कुछ विधियों पर हम पीछे प्रकाश डाल चुके हैं।

अगर सच कहा जाये तो मनुष्य की प्रथम जानकारी विश्लेषण की कृपा से ही तो प्राप्त हुई, जब वह यह जानने की कोशिश कर रहा था कि विभिन्न पदार्थ किन चीजों से बने हैं।

रसायन विज्ञानों का वर्गीकरण जारी है

हमें अकार्बनिक और कार्बनिक रसायन की विशेषताओं का संक्षिप्त वर्णन देना ही पड़ेगा।

परंपरानुसार आवर्त प्रणाली के सभी तत्व अकार्बनिक रसायन का अध्ययन-विषय माने जाते हैं और कार्बनिक रसायन कार्बन के लाखों यौगिकों का अध्ययन करता है। अकार्बनिक रसायन कार्बन के केवल कुछ गिने-चुने उत्पाद अपनी गोद में उठाता है। कार्बन के बिना कार्बनिक यौगिक नहीं बन सकते। इसके अलावा कुछ और तत्व भी उनके घटक होते हैं जिन्हें कार्बजन कहते हैं, जैसे हाइड्रोजन, नाइट्रोजन, आक्सीजन, सल्फर, हैलोजेन, फास्फोरस आदि।

हालांकि अकार्बनिक रसायन लगभग 90 रासायनिक तत्वों पर टिका है, इसके भंडार में 250000 के आसपास यौगिक जमा हो गये हैं अर्थात् कार्बनिक यौगिकों से कई गुना कम। यह कोई आश्चर्य की बात नहीं : नये अकार्बनिक यौगिकों का संश्लेषण कार्बनिक यौगिकों के संश्लेषण से काफी ज्यादा कठिन होता है।

अकार्बनिक रसायन अतिप्राचीन रसायनों में गिना जाता है। कुछ शताब्दियों पहले इसे खनिज रसायन कहते थे। इसकी धारा में अधिकांश रासायनिक तत्व खोजे गये जिससे विश्व की आधुनिक वैज्ञानिक रूप रेखा तैयार करने में बहुत सहायता मिली।

कार्बनिक रसायन काफी जवान है। केवल उन्नीसवीं शताब्दी के प्रथम चतुर्थांश में इसे रसायन की स्वतंत्र शाखा माना गया। इससे पहले भी कई कार्बनिक पदार्थ ज्ञात थे। उन्हें वनस्पतियों और जंतुओं के उत्पादों से प्राप्त किया जाता था। उस वक्त शायद ही किसी वैज्ञानिक को इस बात पर संदेह था कि कार्बनिक पदार्थ केवल सजीव प्राणियों द्वारा बनाये जा सकते हैं और कृत्रिम रूप से उनका संश्लेषण असंभव है। वैज्ञानिक सर्वशक्तिमान ''प्राणधारी बल'' को कार्बनिक पदार्थ की उपस्थिति का कारण मानते थे। 1828 में प्रकृति विज्ञान में एक क्रांतिकारी घटना घटी : जर्मन वैज्ञानिक व्योलर को पहली बार अकार्बनिक प्रकृति के यौगिकों से कार्बनिक यौगिक यूरिया प्राप्त हुआ। कुख्यात ''प्राणधारी बल'' का तख्ता उलट दिया गया और कार्बनिक रसायन में यौगिकों के संश्लेषण का युग आरंभ हुआ। पिछली शताब्दी के अंत में ही अनुसंधान के क्षेत्र में कार्बनिक रसायन अकार्बनिक रसायन के बराबर ही नहीं, बल्कि उससे आगे भी निकल गया। यौगिकों की संरचना के प्रथम सिद्धांत कार्बनिक रसायन तक सीमित रखे गये।

परंतु फिर भी अकार्बनिक और कार्बनिक रसायन के बीच बिल्कुल स्पष्ट सीमा निर्धारित नहीं की जा सकती। कुछ क्षेत्र ऐसे हैं, जहां ऐसा लगता है जैसे कि वे एक दूसरे को अतिछादित करते हैं। एक छोटा सा उदाहरण लेते हैं—साधारण

यौगिक हाइड्रोसायनिक अम्ल—HCN। इसे किधर रखा जाये—कार्बनिक या अकार्बनिक पदार्थों के साथ ? चूंकि यह पूर्णतया कार्बजन तत्वों से बना है, तो इसे प्रथम ग्रुप में रखना चाहिये। परंतु बहुत पुराने जमाने से इसके लवण सायनाइड खनिज रसायन का विषय माने जाते रहे हैं।

दौ मौलिक रसायनों के चौराहों से दो शक्तिशाली रासायनिक विषय निकले, जिनकी स्वतंत्र को बहुत जमाने से मान्यता मिल चुकी हैं। पहला विषय समन्वय रसायन है, जो सम्मिश्र यौगिकों का रसायन है। इन यौगिकों में काफी कार्बनिक तत्व भी उपस्थित होते हैं और दूसरा विषय—कार्ब-तात्विक यौगिकों का रसायन है (कार्ब-धात्विक यौगिक भी इसमें शामिल हैं)। रसायन के इन विभागों को कार्बनिक या अकार्बनिक रसायन के साथ संबंधित करना इतना सरल नहीं है।

इन्हें संकर रासायनिक विषय कहते हैं। रसायनों के आधुनिक वर्गीकरण की चर्चा के दौरान संकरण शब्द का प्रयोग किया जाता है। रसायन के विभिन्न विभाग आपस में मिलकर रासायनिक अनुसंधानों की नवीन दिशाओं को जन्म देते हैं। उदाहरणतया, रेडियो रसायन, विकिरण रसायन, प्लाज्मा रसायन और कई अन्य नये विभाग बन गये हैं। और इस प्रकार विभिन्न ''रसायनों'' की संख्या बहुत बढ़ गयी।

परंतु यह गिनती यहीं खत्म नहीं हो जाती। ज्ञान के कई ऐसे विभाग हैं जो विभिन्न प्रकृति विज्ञानों के पारस्परिक प्रभाव के फलस्वरूप बने हैं। ''विज्ञान की भाषा में'' इस पारस्परिक प्रभाव को समाकलन कहते हैं।

''समाकल'' विज्ञानों में सबसे प्राचीन और सम्मानित निम्न दो हैं—भूरसायन और जीवरसायन। विशेष रूप से दूसरा विज्ञान, जिसका अध्ययन आज चरम सीमा पर पहुंच गया है। दोनों विज्ञानों पर हमारी इस पुस्तक जैसी विशेष रासायनिक पुस्तक लिखी जा सकती है। पाठकों को चिंता करने की जरूरत नहीं है, ऐसी बहुत सारी जनप्रिय, गंभीर और साधारण पुस्तकें प्रकाशित की गयी हैं। उनका चुनाव पाठक को खुद करना पड़ेगा।

तथ्यों के सीमाहीन महासागर में

150 साल पहले एक युवा विज्ञान के रूप में रसायन का विकास काफी तीव्र गति से हो रहा था। कुछ तथ्य तथा जानकारियां अनुसंधाताओं के बहुमत तक पहुंचने से पहले ही पुरानी हो जाती थीं। परंतु इसके बावजूद भी रसायन की भी सफलताओं पर निगाह रखना असंभव नहीं हुआ था। यह काम केवल एक-दो वैज्ञानिकों के बस का था। महान स्वीडिश रसायनज्ञ बेर्जेलियस एक ऐसे वैज्ञानिक थे। 28 साल के अर्से के दौरान वे हर वर्ष अपनी ''वार्षिक रिपोर्ट'' छापते थे। उनकी यह कोशिश होती थी कि वे विभिन्न देशों और जातियों के लोगों के रासायनिक अनुसंधानों की उपलब्धियों का अधिक से अधिक पूर्ण विवरण दें। हर ''वार्षिक रिपोर्ट'' एक मोटी पोथी जैसी थी, परंतु वह एक साल के अंदर प्राप्त रासायनिक जानकारियों और तथ्यों का विश्वकोश थी।

1848 में स्वीडिश रसायनज्ञ की मृत्यु हो गयी, परंतु ''वार्षिक रिपोर्ट'' दो और सालों तक प्रकाशित होती रही। परंतु अब कोई भी वैज्ञानिक नयी खोजों पर निगरानी नहीं रख पा रहा था।

यहां हम पाठकों को इस पुस्तक की भूमिका में दिये किस्से की याद दिलाना चाहेंगे।

सतरहवीं-अठारहवीं शताब्दियों में विख्यात प्रकृति-वैज्ञानिकों द्वारा लिखी पोथियों के आधार पर रसायन के ज्ञान का स्तर निर्धारित किया जाता था और रसायन की महत्वपूर्ण बातों और प्रक्षणों के बारे में जानकारी इकट्ठे की जा सकती थी। ऐसी एक पुस्तक का हम पीछे वर्णन कर चुके हैं। हमारा अभिप्राय लेमेरी द्वारा लिखित ''रसायन का पाठ्यक्रम'' नामक पुस्तक से है। 1778 में जर्मनी में रसायन से संबंधित लेख छापने वाली प्रथम पत्रिका प्रकाशित की गयी।

उन्नीसवीं शताब्दी के द्वितीय अर्द्धांश में रसायन के निश्चित विभागों पर पत्रिकाएं छपने लगीं। 1980 में सारे विश्व में लगभग 700 रासायनिक पत्रिकाएं प्रकाशित हो रही थीं।

नयी रासायनिक पत्रिकाओं का प्रकाशन रसायन में घट रहे प्रक्रमों—विभेदीकरण, संकरण और समाकलन—के दर्पण की भूमिका निभा रहा था। आधुनिक रासायनिक पत्रिकाओं के नामों का साधारण विश्लेषण रसायन विज्ञान के विषयों की स्थिति पर काफी प्रकाश डाल सकता है।

रसायन से संबंधित पत्रिकाओं की संख्या की वृद्धि के कारण उनका अध्ययन भी ज्यादा कठिन होता गया। वे विभिन्न भाषाओं में प्रकाशित होते थे और हर रसायनज्ञ बहुभाषाविद् नहीं था। इसके अलावा रसायन के बारे में बहुत सारी उपयोगी बातें उन पत्रिकाओं में प्रकाशित होती थीं, जो अन्य वैज्ञानिक विषयों के ग्रुप में आती थीं। कभी-कभी किसी महान रासायनिक खोज की खबर उन पत्रिकाओं के पृष्ठों पर छपती थी जिनका रसायन के साथ कोई संबंध नहीं था।

इन सब परेशानियों से बचने के लिये विशेष निबंध पत्रिकाएं प्रकाशित की जाने लगीं, जैसे ''Chemical Abstracts'' जो सारी दुनिया में प्रसिद्ध है। इन पत्रिकाओं से कुछ समय तक काफी सहायता मिली।

किसी भी वैज्ञानिक अनुसंधान-कार्य में पुनरावृति से बहुत दुख होता है। अतः काम शुरू करते समय हर अनुसंधाता को इस बात की स्पष्ट जानकारी होनी चाहिये कि उस क्षेत्र में क्या कुछ किया जा चुका है। कहीं ऐसा न हो जाये कि उसके द्वारा प्राप्त परिणाम पहले किसी ने प्राप्त किये हों। सबसे पहले वह पुस्तकालय में जाकर विषय से संबंधित निबंध पत्रिकाओं के पिछले सारे अंक देखता है और फिर निश्चित समय बाद (कुछ दिनों या सप्ताहों या महीनों बाद) जब उसे अपने अनुसंधान-विषय के बारे में पर्याप्त व आवश्यक जानकारी मिल जाती है, वह बड़ी निश्चिंतता के साथ प्रयोगशाला में कदम रखता है।

आधुनिक दृष्टिकोण से खोज का यह तरीका काफी आदर्श लगता है। ऐसा होता है, परंतु हमेशा नहीं। कभी-कभी साहित्य की खोज की अपेक्षा प्रयोग करना कहीं ज्यादा सरल होता है। निबंधों और पत्रिकाओं के पढ़ने में बहुत ज्यादा समय खराब हो जाता है जो प्रयोग के समय से बहुत ज्यादा हो सकता है।

यह कोई आश्चर्य की बात नहीं है। 1975 में एकत्रित आंकड़ों के अनुसार विश्व में प्रति मिनट एक रासायनिक लेख प्रकाशित होता है अर्थात् एक घंटे में साठ और 24 घंटों में एक हजार चार सौ चालीस। हर लेख अगर केवल दो पृष्ठों का भी हो, तो हर रोज रसायन की विश्व डायरी में 2880 नये पृष्ठ जोड़ दिये जाते हैं। इस तथ्य की किसी टिप्पणी की जरूरत है ? कोई भी पत्रिका इतनी सारी सूचनाएं प्रकाशित करने की क्षमता नहीं रख सकती।

विज्ञान और तकनीक के सभी क्षेत्रों में आज जो स्थिति बन गयी है, उसे ''सूचनाओं का विस्फोट'' कहते हैं। इसके आधुनिक प्रभावों का अभी तक भली-भांति अध्ययन नहीं किया गया है। हम नहीं कह सकते कि भविष्य में यह प्रभाव कैसा होगा।

एक जमाना था, जब रसायनज्ञ लोग सूचनाओं के अभाव की शिकायत करते थे। परंतु अब वे इसके बाहुल्य से तंग है। पंरतु रसायन के विकास को कोई नहीं रोक सकता और इसलिये कोई न कोई रास्ता ढूंढ़ना पड़ेगा।

अलग-अलग रासायनिक विषयों पर प्रकाशित ''अत्यावश्यक-सूचनाएं'' जो विशेष रासायनिक समाचार-पत्रों की तरह होती हैं, सहायता कर सकती हैं और सहायता कर रही हैं। व्यक्तिगत कम्प्यूटरों का प्रयोग किया जा रहा है। वे अनुसंधाता की रुचि के विषय से संबंधित बहुत सारी रासायनिक जानकारी और संदर्भ के स्त्रोत होते हैं। अगर आप चाहें तो इसे आधुनिक रसायन-विज्ञान की एक और विशेषता कहा जा सकता है। कम्प्यूटरों की सहायता से रसायन की सेवा में विभिन्न प्रकार के परिकलन भी किये जाते हैं।

वैज्ञानिक खोज किसने की ?

हम पहले ही बता देते हैं कि यहां हमारा अभिप्राय खोज से नहीं बल्कि किसी छोटे से तथ्य की स्थापना से तथा

पहले से किये प्रेक्षणों की विस्तृत जानकारी से है।

जब हम काफी पुरानी रासायनिक पत्रिकाओं के पृष्ठ पलटते हैं तो एक विशेष कौतुहलपूर्ण खूबी देखते हैं। अधिकांश स्थितियों में हर लेख का एक लेखक है। उदाहरण के लिये, द. मेंडेलीफ ने अपने सारे 550 लेख अपने अकेले प्रयासों से लिखे। ऐसे लेख बहुत कम मिलते हैं जिन्हें दो लेखकों ने मिलकर लिखा हो। तीन या चार लेखकों द्वारा दिये लेख मिलना तो बहुत ही बड़ी बात है।

चलिये, अब जरा आधुनिक पत्रिकाओं पर ध्यान देते हैं। जो बात पिछली शताब्दी में एक नियम थी, वह हमारे दिनों में अपवाद है। आज दस या इससे भी ज्यादा लेखकों द्वारा लिखा लेख मिलना कोई इतनी विरल बात नहीं है।

निस्संदेह ये लेख प्रयोगों के परिणाम हैं। सिद्धांतों की रचना आम तौर पर बड़े समुदायों द्वारा नहीं होती। आधुनिक रसायनिक प्रयोग शुद्ध करने से पहले अतिसावधानी से उसकी परियोजना बनानी पड़ती है और काफी देर तक उसकी तैयारी करनी पड़ती है। विशेष रूप से जब ''सूक्ष्म पदार्थों'' के साथ वास्ता पड़ता है। इसी कारण रसायनज्ञों के अलावा अन्य विज्ञानों और तकनीकी क्षेत्रों के विशेषज्ञों को भी आरंभिक कार्यों का साझीदारों की संख्या दस या इससे भी ज्यादा हो जाती है। और निस्संदेह उनमें से हर कोई लेख का सहलेखक कहलाने का अधिकारी होता है। नवीन रसायन वह विज्ञान बन गया है जो वैज्ञानिकों के समूहों द्वारा आगे बढ़ाया जा रहा है और कई बार ये वैज्ञानिक विभिन्न देशों के प्रतिनिधि होते हैं। और प्रत्येक भागीदार के योगदान का सही-सही मूल्यांकन करना भागीदारों का निजी मामला है। बाकी लोगों के लिये वे सक्षम सहलेखक हैं।

अगर हम आधुनिक रसायन की एक और विशेषता का नाम लें, तो इससे सच्चाई का खंडन नहीं होगा—हमारा अभिप्राय सामूहिक अनुसंधान कार्यों से है।

सब कुछ कहने के बाद अगले विभाग की सुर्खी विरोधाभासी लगती है....

रसायन विज्ञान नाम की चीज है भी या नहीं ?

सावधान पाठक शायद इस प्रश्न को पढ़कर आश्चर्यचकित नहीं होगा : पीछे हम बता चुके हैं कि भौतिकी से भिन्न रसायन मौलिक विज्ञान नहीं है। हमें यह बात फिर से कहनी पड़ेगी। वास्तव में भौतिकी पदार्थ की संरचना के बहुत ज्यादा व्यक्तिगत पहलुओं का अध्ययन करती है, वह विभिन्न घटनाओं और प्रक्रमों के घटने के कारण ढूंढ़ती है। भौतिकी ने यह सिद्ध किया है कि हमारा सारा ब्रह्मांड—अदृश्य परमाणु से लेकर विशाल आकाशगंगा तक—चार प्रकार के मौलिक पारस्परिक प्रभावों द्वारा नियंत्रित है—विद्युत-चुंबकीय, प्रबल, दुर्बल और गुरुत्वीय। हम समझते हैं कि पाठकों ने इनके नाम सुने होंगे और अगर नहीं तो पदार्थ की संरचना से संबंधित किसी भी पुस्तक में इनका वर्णन मिल सकता है। यह भौतिकी ही है जिसने आगे चलकर यह सिद्ध किया कि हमारी दुनिया तीन भौतिकीय कणों से बनी है—प्रोटानों, न्यूट्रानों और इलेक्ट्रानों से, जिन्हें प्राथमिक कण कहते हैं।

हमारा पुराना मित्र ''परमाणु'' भी इस श्रेणी में आता है जो दो शताब्दियों से रसायन का विकास नियंत्रित कर रहा है। पिछली शताब्दी के वैज्ञानिकों को इस बात का तनिक भी आभास नहीं था कि परमाणु सरंचना इतनी जटिल हो सकती है। यह तीन प्रकार के प्रारंभिक कणों से बना है और ये तीनों कण अलग-अलग ग्रुपों के अंतर्गत आते हैं (द्रव्यमानों के आधार पर प्राथमिक कणों का सुस्पष्ट वर्गीकरण किया गया है)। प्रोटोन और न्यूट्रान (इन दोनों का द्रव्यमान लगभग बराबर होता है, न्यूट्रान तनिक सा भारी होता है) बेरिआन होते हैं जबकि इलेक्ट्रान (इसका द्रव्यमान प्रोटोन के द्रव्यमान के 1/1840 भाग के बराबर होता है) लेप्टानों के अंतर्गत आता है। ज्ञात है कि प्रोटोन और न्यूट्रान परमाणु का नाभिक बनाते हैं और इलेक्ट्रान नाभिक की परिक्रमा करते हैं। विशेष बात यह है कि इलेक्ट्रानों की गति क्वान्टम यांत्रिकी और विद्युत-गतिकी के नियमों का बड़ी सख्ती के साथ पालन करती है। यही नहीं—परमाणु चार मौलिक पारस्परिक

प्रभावों के खेल का परिणाम होता है। इलेक्ट्रान क्षेत्र में विद्युत-चुंबकीय नियमों का सिक्का चलता है, प्रबल पारस्परिक प्रभाव नाभिक पर नियंत्रण रखता है। इस सुनिश्चित संतुलन में निर्बल पारस्परिक प्रभाव भी भाग लेता है (वह कुछ विघटनाभिक नाभिकों की प्रकृति निर्धारित करता है)। निस्संदेह गुरुत्वीय पारस्परिक प्रभाव के बिना काम नहीं चलता, परंतु अभी तक यह स्पष्ट नहीं हुआ कि वह कौन सी भूमिका निभाता है। प्रकृति अभी तक परमाणु से अधिक मजबूत और हार्मोनिक संरचनाएं नहीं बना पायी है (हो सकता है कि हमें उनका पता न हो)।

हालांकि परमाणु ने रसायन द्वारा प्राप्त उपलब्धियों को विकास के आधुनिक स्तर तक पहुंचाया है, परंतु फिर भी विषय भौतिकी का ही रहता है। वे सारे नियम, जो उसकी संरचना और प्रकृति को नियंत्रित करते हैं, निस्संदेह भौतिकी का अंग है। हमें पहले से ही पता है कि हर रासायनिक प्रक्रिया के फलस्वरूप परमाण्वीय इलेक्ट्रानों का पुनःवितरण स्थान लेता है और परमाणुओं के बीच अनुबंध बनते हैं जिनकी प्रकृति भौतिकीय धारणाओं द्वारा स्पष्ट की जाती है। और अगर रासायनिक अभिक्रियाओं के घटने की केवल बाह्य परिस्थितियों का मूल्यांकन किया जाये तो, ये परिस्थितियां भी तो भौतिकीय हैं (ताप, दाब, विद्युतधारा, प्रकाश या विकिरण का प्रभाव)—संक्षेप में हर रासायनिक प्रक्रिया भौतिकीय जगत में घटती है।

इसी कारण वैज्ञानिक, विशेष रूप से जो प्रकृति विज्ञान के दार्शनिक प्रश्नों के विशेषज्ञ हैं, इस बात का दावा करते हैं कि सारा रसायन आखिर में भौतिकी में गिना जा सकता है और वह अपनी सारी सच्चाइयां भौतिकीय, इलेक्ट्रानी भाषा में व्यक्त करता है। सारे रासायनिक रूपांतरण (और अगर सारे नहीं तो अधिकांश) ''कोमल'' परिस्थितियों में घटते हैं। ये परिस्थितियां पदार्थ की परमाण्वीय संरचना कायम रहने देती है।

इन तर्कों का खंडन करना कठिन है। रसायन की पूर्ण ''आत्मनिर्भरता'' के समर्थक इतनी भारी प्रतिदलीलें नहीं दे सकते।

तथापि रसायन को एक स्वतंत्र विज्ञान मानना असंभव है। रसायन ने ही तो मनुष्य को उसके चारों ओर बिखरे पदार्थों से परिचित किया है। रसायन ने प्रकृति को अज्ञात यौगिकों की विशाल संख्या प्राप्त की और इस प्रकार दूसरी प्रकृति की रचना कर दी। रसायन ने मानव सभ्यता के विकास में सीधा भाग लिया और अपने कानूनों, नियमों और नियमावलियों की लंबी सूची तैयार की।

इन सब विशेषताओं के बाद रसायन को विज्ञान की पदवी से वंचित क्यों किया जाये ? यह बात दूसरी है कि रसायन खुद अपने आंतरिक साधनों द्वारा अपनी घटनाओं और प्रक्रियाओं के कारणों का स्पष्टीकरण नहीं दे सकता। बस यहीं भौतिकी की सहायता के बिना वह अपना काम नहीं चला सकता। अतः कोई भी इस बात का खंडन नहीं कर सकता कि सारा नवीन रसायन भौतिकीय आधार पर बना है। परंतु इसका मतलब यह नहीं है कि रसायन को शुष्क भौतिकीय सूत्रों के साथ मिला दिया जाये।

आइये, आपको कुछ अन्य क्षेत्रों के साहश्यों से परिचित करते हैं। प्रत्येक संगीत कृति गणितीय समीकरणों की जटिल प्रणाली के रूप में लिखी जा सकती है। ध्वनियों के अनोखे संयोग को संगीत कहते हैं। वायु के कंपनों को ध्वनियां कहते हैं, जिन्हें हमारी श्रवणेन्द्रियां ग्रहण करती हैं। हर प्रकार की कंपन प्रक्रियाएं निश्चित समीकरणों का पालन करती है।

और अब जरा कल्पना कीजिये : आपकी मनपसंद धुन की जगह आपके सामने गणितीय सूत्रों से भरी एक मोटी कॉपी पेश की जाती है।

संगीत, जो केवल भौतिकी के साधनों द्वारा व्यक्त होता है ....

या एक और उदाहरण लीजिये : आपको अपने प्रिय कवि की कविताओं का हवाला देने का शौक है, हर बार आपको उसमें एक नया भाव, नया अर्थ दिखाई देता है। परंतु इस कविता को एक वैज्ञानिक विषय के आधार पर,

जिसे संरचनात्मक भाषा विज्ञान कहते हैं। अलग-अलग वाक्यों, शब्दों या शब्दों के टुकड़ों में तोड़ा जा सकता है। यही नहीं, इस प्रक्रिया को गणितीय संकेतों द्वारा भी लिखा जा सकता है।

काव्य की जगह-फिर गणित....हम समझते हैं कि यहां किसी टिप्पणी की जरूरत नहीं है। रासायनिक अभिक्रियाओं का वैविध्य तथा उनकी शान का प्रयोगों से पता चलता है। यहां शुष्क सिद्धांत जीवन पाते हैं, साहसी पूर्वकथन साकार होते हैं और भ्रमों को दूर किया जाता है।

प्रयोग ने ही तो रसायन-विज्ञान की संभावनाओं को अक्षय बना दिया है। हजारों, लाखों नये रासायनिक यौगिकों के कृत्रिम संश्लेषण का, सजीव प्राणियों से अज्ञात पदार्थों के पृथक्करण का और अद्वितीय गुणों वाले पदार्थों की प्राप्ति का अंत नहीं दिखाई देता है।

जीव-कर्मण्यता का प्रदर्शन-यह अंत में सूक्ष्म, घनिष्ठ रासायनिक अभिक्रियाओं की विशाल संख्या की समष्टि होता है। रासायनिक नियमों के लिये जीवन का अस्तित्व कोई परायी चीज नहीं है। रसायन वह जादुई छड़ी बन गयी है जिसने निर्जीव पदार्थ को जीवित में परिवर्तन कर दिया है। आखिर में रसायन ही जीवन की उत्पत्ति के महान रहस्य का उद्घाटन करेगा।

संक्षेप में यह कहा जा सकता है : रसायन रचना करता है—भौतिकी स्पष्टीकरण देती है ....

रसायन रसायन के विरुद्ध

हमने रसायन की कितनी तारीफ की है। परंतु पुस्तक समाप्त करने से पहले हम उसकी बुराई करने जा रहे हैं। क्या ऐसा शोचनीय अंत उचित है ? जी हां, क्या किया जाये, इसकी बहुत आवश्यकता है।

पहले मनुष्य बहुत कम सोचता था कि उसकी बहुयोजी कार्यशीलता का परिवेश पर क्या प्रभाव पड़ता है। बीसवीं शताब्दी के अंत में निम्न वाक्यांश एक आम बात हो गया है : ''मानव प्रकृति का नाश कर रहा है।'' मनुष्य द्वारा रची औद्योगिक शक्ति मीठे जल, विश्व महासागर और वायुमंडल को विषाक्त और गंदा कर रही है। इसने पृथ्वी की हरियाली खराब कर दी है, मिट्टी की उपजाऊशक्ति कम कर दी है तथा बहुत सारे जानवरों, पक्षियों और वनस्पतियों को नष्ट कर दिया है। इस औद्योगिक प्रगति ने मनुष्य के रहने की परिस्थितियां बहुत ज्यादा बिगाड़ दी हैं।

यह तथ्य कितना ही दुखदायी क्यों न लगे, पर यह सच है कि परिवेश के संदूषण की सारी समस्याएं रसायन के कारण ही जन्म लेती हैं। और अगर कोई उन्हें सफलतापूर्वक हल कर सकता है, तो वह खुद रसायन ही है। अनुसंधाता प्रकृति के रासायनिक संदूषण का रसायन के साधनों द्वारा मुकाबला करने की संभावना पर ध्यान दे रहे हैं।

विभिन्न उद्योग हर साल अलग-अलग प्रकार के पदार्थों की लाखों टन मात्रा वायुमंडल में फेंकते हैं। ये सारे ''जहरीले पदार्थ'' अंत में किसी न किसी रूप में पृथ्वी पर गिरते हैं, उदाहरणतया, वर्षा के रूप में, जिसकी हर बूंद में अम्ल की उच्च सान्द्रता उपस्थित होती है। ''अम्लीय वर्षा'' वनस्पति के लिए बहुत खतरनाक सिद्ध होती है। वायुमंडल में जो भी चीजें फेंकी जा रही हैं, तकनीकी रूप से उनकी मात्रा और कम करना असंभव कार्य है। अर्थात् उनके अवचूषण की रासायनिक विधियां विकसित करनी चाहियें। फेंकी जा रही चीजों में बहुत सारे उपयोगी पदार्थ उपस्थित होते हैं जिन्हें उपयोगी कार्यों में प्रयुक्त करके बहुत लाभ उठाया जा सकता है। जैसे, सल्फर डाइआक्साइड गैस वायुमंडल में बहुत बड़ी मात्राओं में फेंकी जाती है और यही सल्फ्यूरिक अम्ल का स्रोत भी बन सकती है।

उत्पादन के हानिकारक उद्गारों को ठीक वक्त पर और समझदारी के साथ पकड़ लेना चाहिए। इस उद्देश्य की प्राप्ति के लिए विशेष रासायनिक आवशोषक विकसित किये जा रहे हैं।

सब जानते हैं कि नालों का पानी कितना घातक होता है। दुनिया में ऐसी नदियों और झीलों की संख्या कम नहीं है जिनमें रसायन ने सारे सजीव प्राणियों को नष्ट कर दिया है। हजारों जलाशयों को खतरा बना हुआ है। अब

हर नदी का जल पीया नहीं जा सकता। मनुष्य अपनी अदूरदर्शिता का फल भोग रहा है। मुख्य उद्देश्य—प्रमुख उत्पाद की प्राप्ति और अपशिष्ट... । उन पर ध्यान देने की क्या जरूरत है? नालों के जल घातक तो होते ही हैं, इसके साथ-साथ उनसे आर्थिक हानि भी होती है क्योंकि वे बहुत सारे उपयोगी पदार्थों को बहा ले जाते हैं।

विभिन्न देशों के प्रमुख वैज्ञानिक बड़ी गंभीरता के साथ ऐसे तकनीकी साधन ढूंढ़ रहे हैं जिनसे हर उत्पादन प्रक्रम में अपशिष्ट बने ही नहीं। फिलहाल यह बात विज्ञान कल्पना साहित्य तक सीमित है।

मनुष्य को प्रभावशाली और किफायती रास्ते ढूंढ़ने चाहियें। और नहीं तो कम से कम अपने रहने के वातावरण को तो नहीं बिगड़ने देना चाहिए। आने वाली पीढ़ियों के लिए हमारे ग्रह को उतना ही सुंदर और हरा-भरा छोड़ना चाहिये, जितना हमारे समकालीन समझते हैं।

और इस काम में रसायन को गंभीर होकर मनुष्य की सहायता करनी चाहिये।

रासायनिक तत्त्वों की खोज

यह पुस्तक

'लोकोपयोगी विज्ञान विश्वकोश माला' के अंतर्गत प्रकाशित प्रस्तुत पुस्तक 'रासायनिक तत्त्वों की खोज का इतिहास' स्वयं में एक विश्वकोश है। इसके लेखकद्वय त्रिफोनोव बंधु अपने विषय के अंतरराष्ट्रीय ख्याति के विद्वान् हैं। उन्होंने इस पुस्तक में रसायन विज्ञान में प्रयुक्त होने अक्षर-संकेतों के जन्म और रासायनिक तत्त्वों व यौगिकों की खोज का इतिहास विस्तारपूर्वक और अत्यंत रोचक भाषा-शैली में प्रस्तुत किया है। रसायन विज्ञान की भाषा की अपनी अलग वर्णमाला है। रासायनिक तत्त्वों के चिह्न इस वर्णमाला के अक्षर हैं तथा इन अक्षरों से बने शब्द असंख्य विविध रासायनिक यौगिकों के प्रतीक हैं। आज 40 लाख से अधिक यौगिक ज्ञात हैं। हर सप्ताह 6000 नए यौगिक इस सूची में सम्मिलित हो जाते हैं। लगता है कि यह क्रिया अनंत बनी रहेगी।

अलग अक्षरों-तत्त्वों की संख्या काफी कम है, आज इनकी कुल संख्या 107 है। रसायन की भाषा की वर्णमाला बनाने में कई हजार साल लग गए परंतु अधिकांश अक्षरों के भेद पिछले 200 सालों में खुले हैं। इस थोड़ी अवधि को ही रसायन विज्ञान का वास्तविक जन्मकाल माना जा सकता है।

सारी जीव और निर्जीव प्रकृति 80 से कुछ ज्यादा तत्त्वों के विभिन्न संयोजनों से बनी है। लोगों को ज्ञात शेष तत्त्व प्रकृति में विद्यमान नहीं हैं। वैज्ञानिकों ने उन्हें परमाणु प्रतिक्रियाओं की सहायता से कृत्रिम विधियों द्वारा बनाया है। इन विधियों से कुछ नए तत्त्व प्राप्त किए जा सकते हैं, परंतु हम नहीं जानते कि उनकी संख्या कितनी होगी। हाँ, यह जरूर स्पष्ट है कि रासायनिक वर्णमाला अभी पूरी तरह से प्रयुक्त नहीं हुई है।

प्रस्तुत पुस्तक में बताया गया है कि यह वर्णमाला कैसे बनी, किस तरह के अनुसंधानकर्ताओं के तेज दिमाग ने एक के बाद दूसरे तत्त्व की खोज की।

रासायनिक तत्त्वों के बारे में बहुत सारी किताबें लिखी गयी हैं और अगर इन सबको इकट्ठा कर लिया जाए तो एक बड़ा पुस्तकालय बन जाएगा। इन पुस्तकों में बताया गया है कि रासायनिक तत्त्व किन खनिजों, किन अयस्कों से मिलते हैं तथा उनकी निकासी की क्या विधियाँ हैं, उनके भौतिक तथा रासायनिक गुण क्या हैं तथा वे मनुष्य के किस काम आते हैं। यह बहुत आश्चर्य की बात है कि बहुत सारे तत्त्वों की विविधता, मनुष्य के लिए उनका लाभ और उपयोग इतने विस्तृत हैं। आज हर तत्त्व अपने मुँह से अपने गुणों का बखान कर रहा है तथा आधुनिक वैज्ञानिक-तकनीकी क्रांति में महत्त्वपूर्ण भूमिका निभा रहा है।

रासायनिक तत्त्वों का इतिहास उनकी खोज की कहानी से शुरू होता है, परंतु रसायन के साहित्य में इस महत्त्वपूर्ण पहलू पर बहुत कम ध्यान दिया गया है। इस बात में कोई संदेह नहीं कि रासायनिक तत्त्वों की खोज का इतिहास मानव द्वारा ज्ञान की प्राप्ति के इतिहास का एक महत्त्वपूर्ण भाग है।

चलिए, हम आपको तत्त्वों की खोज के इतिहास से परिचित कराते हैं।

हर तत्त्व की अपनी 'जीवनगाथा' है। हर 'जीवनगाथा' दिलचस्प है। बहुत सारे तत्त्वों की खोज के इतिहास का आज तक ध्यानपूर्वक अध्ययन नहीं किया गया। इन तत्त्वों के इतिहास के बारे में ऐसे कई सवाल हैं जिनके अभी तक उत्तर नहीं मिले हैं। अनुसंधानकर्त्ताओं को इनका जवाब देना है। संभव है कि भविष्य में आपमें से ही कोई इस काम का बीड़ा उठा ले।

प्रस्तावना

लगभग 80 साल पहले रासायनिक तत्त्व जर्मेनियम (मेंडेलीफ ने अपनी आवर्त सारणी में इस तत्त्व को 'एकासिलिसिया' नाम देकर इसके अस्तित्व की भविष्यवाणी की थी) के खोजकर्ता जर्मन रसायनज्ञ क्लेमेन्स विन्क्लेर ने तत्त्वों की दुनिया को एक थियेटर की उपमा दी, जहाँ एक के बाद दूसरा दृश्य दिखाया जाता है। नाटक में रासायनिक तत्त्व पात्रों के रूप में सामने आते हैं। विन्क्लेर के कथनानुसार हर तत्त्व की अपनी भूमिका होती है, कभी यह भूमिका साधारण है और कभी मुख्य।

इन शब्दों द्वारा वैज्ञानिक ने सभी ज्ञात तत्त्वों का महत्त्व बताया।

लेकिन इतिहास की दृष्टि से खोजों को मुख्य या गौण में बाँटना गलत होगा। कोई भी तत्त्व क्यों न लें—उसका परिचय, उसका अस्तित्व एक महत्त्वपूर्ण ऐतिहासिक घटना है।

अतः हमें यह फैसला करना है कि तत्त्वों की खोज का किस क्रम से वर्णन किया जाए।

तत्त्वों को उनकी क्रमसंख्या के हिसाब से लिया जा सकता है : पहले हाइड्रोजन, फिर हीलियम, उसके बाद लीथियम. ..इस प्रकार आखिरी 107वें तत्त्व तक पहुँचा जा सकता है जिसका अभी तक कोई नाम नहीं रखा गया है। दूसरा तरीका यह हो सकता है कि मेंडेलीफ की आवर्त सारणी के ग्रुपों के क्रमानुसार तत्त्व ले लिए जाएँ। तीसरा तरीका यह हो सकता है कि तत्त्व अकारादि क्रम से लिए जाएँ।

हमारे विचारानुसार ये तीनों तरीके ठीक नहीं हैं क्योंकि इनके अपनाने से कई तत्त्वों की खोजों के इतिहास का तैथिक क्रम भंग हो जाएगा। हम इस पुस्तक में तत्त्वों का वर्णन तैथिक क्रम के आधार पर ही करने जा रहे हैं।

परंतु इससे पहले हम यह बताना चाहेंगे कि रासायनिक तत्त्व से क्या अभिप्राय है।

'रासायनिक तत्त्व' क्या चीज है?

एक निश्चित क्रम से जुड़े परमाणुओं के समूह को तत्त्व कहते हैं। परमाणु नाभिक तथा उसे चारों ओर से घेरे हुए इलेक्ट्रोनों से बना होता है। नाभिक में पूर्णसांख्यिक धनात्मक आवेश होता है जिसे लातीनी अक्षर Z से अंकित करते हैं। यह आवेश नाभिक में उपस्थित मौलिक कणों-प्रोटोनों की संख्या पर निर्भर करता है। प्रोटोनों का आवेश 'ध (धनात्मक) इलेक्ट्रोनों के आवेश (ऋणात्मक) के बराबर होता है। दूसरे शब्दों में हम कह सकते हैं कि नाभिक में प्रोटोनों की संख्या (Z) परमाणु के इलेक्ट्रानी आवरणों में स्थित इलेक्ट्रोनों की संख्या निर्धारित करती है। तत्त्वों के रासायनिक गुण, उनका व्यवहार, आवरणों में इलेक्ट्रोनों के वितरण पर निर्भर करता है। इसका मतलब यह हुआ कि किसी खास तत्त्व के आवेश Z का नाभिक इसकी मूल विशषेता निर्धारित करता है। यहाँ हम यह और कहना चाहेंगे कि राशि Z का मान आवर्त सारणी में तत्त्व की क्रम संख्या के बराबर होता है। उदाहरण के लिए, ऑक्सीजन (क्रम संख्या 8) के परमाणु के नाभिक में उपस्थित धनात्मक आवेश का मान 8 होता है अर्थात् उसमें 8 प्रोटोन होते हैं।

इस प्रकार हम देखते हैं कि रासायनिक तत्त्व नाभिक Z के बराबर आवेश वाले परमाणुओं का संयोजन होता है।

नाभिक Z का यह मान उस तत्त्व का मेंडेलीफ की आवर्त सारणी में स्थान निश्चित करता है।

क्या एक ही तत्त्व के परमाणु एक दूसरे से भिन्न हो सकते हैं? हाँ, यह संभव है, क्योंकि नाभिक में प्रोटोनों के अलावा न्यूट्रान भी तो होते हैं। न्यूट्रानों और प्रोटोनों के द्रव्यमान करीब बराबर होते हैं। भिन्नता केवल यह है कि न्यूट्रान आवेश के वाहक नहीं होते, ये तटस्थ रहते हैं। ऐसे नाभिक नहीं होते जिनमें न्यूट्रान न हों। यहाँ सबसे हलके तत्त्व हाइड्रोजन के परमाणु का नाभिक अपवाद है जो केवल एक प्रोटोन का बना होता है, हालांकि हाइड्रोजन परमाणुओं की विविधता के नाभिक ज्ञात हैं जिनमें न्यूट्रान भी शामिल हैं। नाभिकीय प्रोटोन तथा न्यूट्रानों के द्रव्यमान मिलकर परमाणु का द्रव्यमान निश्चित करते हैं क्योंकि इलेक्ट्रोनों के द्रव्यमान बहुत कम होते हैं (इलेक्ट्रॉन प्रोटोनों से 1840 गुना हलके होते हैं, किसी एक तत्त्व के परमाणुओं की विविधताओं को जिनके नाभिकों में न्यूट्रानों की विभिन्न संख्या होती है, समस्थानिक (Isotope) कहते हैं। यूनानी भाषा में 'Isotope' का अर्थ है—एक जगह पर रहने वाले अर्थात् एक तत्त्व के सभी समस्थानिक आवर्त सारणी में एक ही घर में रहते हैं। प्रकृति में जितने भी तत्त्व मिलते हैं उनमें से लगभग तीन चौथाई तत्त्व समस्थानिक रखते हैं। बाकी तत्त्वों को 'अकेले तत्त्व' कहते हैं। प्रकृति में उनकी केवल एक विविधता ज्ञात है अर्थात् उनके परमाणु केवल एक किस्म के होते हैं।

कुछ भी कहें 'रासायनिक तत्त्व' की परिभाषा काफी औपचारिक है जिसके अनुसार तत्त्व परमाणुओं और नाभिक के निश्चित आवेश का संयोजन होता है। सच बात तो यह है कि जिन तत्त्वों से हमारा वास्ता पड़ता है वे या तो विभिन्न रासायनिक यौगिकों के अवयव होते हैं या सरल पदार्थों के रूप में मिलते हैं। सरल पदार्थ स्वतंत्र ढँग से मूलतत्त्वों के अस्तित्व का एक रूप है जिसकी बदौलत उनको देखना संभव होता है। प्रकृति में कुछ तत्त्व केवल सरल पदार्थों के रूप में मिलते हैं, कुछ सरल पदार्थों के रूप में भी और यौगिकों के रूप में भी मिलते हैं, तीसरे केवल यौगिकों के अवयवों के रूप में मिलते हैं। इस तीसरे ग्रुप के तत्त्वों की संख्या अन्य ग्रुपों से अधिक है। प्रकृति में तत्त्वों की उपस्थिति के रूप ने उनकी खोज के इतिहास में महत्त्वपूर्ण भूमिका निभायी है।

तत्त्व को तत्त्व ही क्यों कहते हैं ?

रसायन के इतिहासकार इस बात पर एकमत नहीं हैं, परंतु कम या ज्यादा हद तक सही अनुमान प्रचलित है। बात यह है कि प्राचीन काल में शब्द 'तत्त्व' का अर्थ उतना यथार्थ नहीं था जितना आज 'रासायनिक तत्त्व' का है। उस जमाने में इस शब्द का अर्थ दार्शनिक भाव रखता था।

एक परिकल्पना के अनुसार शब्द 'तत्त्व'-अंग्रेजी element लातीनी अक्षरों l, m,n और t से बना है जिनके एक साथ उच्चारण से एल, एम, एन, टे अर्थात् 'elemente' शब्द बनता है (लातीनी भाषा में elementum)। संभव है कि इस प्रकार शब्द element की रचना करते समय वैज्ञानिकों ने इस बात पर ध्यान आकर्षित कराना चाहा हो कि अगर शब्द अक्षरों से बनता है तो विभिन्न पदार्थ तत्त्वों से बने माने जा सकते हैं। यह व्याख्या बहुत सरल भी है और अप्रत्याशित भी। और भी कई व्याख्याएँ हैं परंतु हम उनकी चर्चा नहीं करने जा रहे हैं।

'तत्त्व' 'रासायनिक तत्त्व' कैसे बन गया?

जब तक परमाणु का आधुनिक प्रतिमान नहीं आया तब तक तत्त्व की व्याख्या बड़ी अनिश्चित सी रही। प्राचीन युग के महान दार्शनिक अरस्तु की गिनती तत्त्व के प्रथम व्याख्याकर्ताओं में की जाती है : ''तत्त्व वस्तु के प्रारंभिक आधार रूप को कहते हैं जिससे वह बनी है और जिससे कोई दूसरा रूप अलग नहीं किया जा सकता''* अरस्तु का विचार था कि एक

* अरस्तु. कृतियों का संग्रह, खंड I पृ० 118 (रूसी संस्करण)

प्राथमिक पदार्थ है, जिसमें चार गुण मौजूद हैं—गर्मी, सर्दी, नमी तथा खुश्की। प्राकृतिक तत्त्व अग्नि, वायु, जल तथा पृथ्वी इनके संयोजन से बने हैं। अरस्तु के मतानुसार सभी पिंड इन चीजों से बने हैं, प्राचीन काल में तत्त्वों की ऐसी धारणा प्रचलित थी। अरस्तु का यह सिद्धांत कई शताब्दियों तक कीमियागरी तथा प्रकृतिशास्त्र के अध्ययन का सैद्धांतिक आधारभूत बना रहा।

सोलहवीं शताब्दी में प्रसिद्ध चिकित्सक तथा प्रकृतिशास्त्री पारासेल्स ने तत्त्वों की परिभाषा को अधिक 'पार्थिव आधार' प्रदान किया। उन्होंने अनुमान किया कि सभी पदार्थ तीन प्रारंभिक चीजों से बने होते हैं—पारद, लवण तथा सल्फर, जिनमें तीन गुण विद्यमान होते हैं—वाष्पशीलता, ठोसपन तथा दाह्यता।

सत्रहवीं शताब्दी के विख्यात अंग्रेज रसायनज्ञ रा० बायल ने तत्त्वों की प्रकृति को सही ढंग से समझने की दिशा में महत्त्वपूर्ण कदम उठाए। अपनी पुस्तक 'रसयानज्ञ-अविश्वासी' में बायल ने इस धारणा का खंडन किया कि तत्त्व निश्चित गुणों के वाहक होते हैं। उनके मतानुसार तत्त्वों की भौतिक प्रकृति होनी चाहिए तथा ये ठोस पिंडों के अंग होने चाहिएँ। इसके अलावा बायल ने तत्त्वों की संख्या की सीमा वाली धारणा का भी खंडन किया। इसी के फलस्वरूप नए तत्त्वों की खोज संभव हो गयी। परंतु अभी भी रासायनिक तत्त्वों की प्रकृति समझना वैज्ञानिकों के बस की बात नहीं थी। अतः नए तत्त्वों की खोज अक्सर ऐसी घटना बन जाती थी जिसको वैज्ञानिक ठीक तरह से नहीं समझा पाते थे।

अ० लेवूजियो के विचार इस दिशा में काफी महत्त्वपूर्ण तथा प्रगतिशील सिद्ध हुए। उन्होंने सरल पिंडों की काफी स्पष्ट परिभाषा सामने रखी। उनके विचारानुसार सभी पदार्थ, जिनका वैज्ञानिकों द्वारा अभी तक विभाजन नहीं किया गया है, वे तत्त्व हैं। लेवूजियो ने सभी सरल पदार्थों को चार ग्रुपों में बाँटा।

उन्होंने प्रथम ग्रुप में ऑक्सीजन, नाइट्रोजन, हाइड्रोजन के साथ-साथ प्रकाश तथा ऊष्मोत्पादक को भी सम्मिलित कर लिया। (निस्संदेह यह वैज्ञानिक का भ्रम था)। वैज्ञानिक का कहना था कि ये सरल पदार्थ तत्त्व समझे जा सकते हैं। दूसरे ग्रुप के सल्फर, फास्फोरस, कार्बन, फार्मिक अम्ल का मूलक (भावी क्लोरीन), हाइड्रोफ्लुओरिक अम्ल का मूलक (भावी फ्लुओरिन), बोरिक अम्ल का मूलक (भावी बोरान) थे। लेवूजियो के कथनानुसार ये सभी साधारण अधात्विक पदार्थ थे जो ऑक्सीजन हो सकते थे तथा अम्ल बनाने की क्षमता रखते थे। तीसरे ग्रुप में साधारण धात्विक पदार्थ शामिल किए गए : एंटिमनी, रजत, आर्सेनिक, बिस्मथ, कोबाल्ट, ताम्र, टिन, लौह, मैंगनीज, पारद, मालिब्डेनम, निकैल, स्वर्ण, प्लैटिनम, लेड, टंग्स्टन तथा जिंक। ये भी आक्सीकृत हो सकते थे तथा अम्ल बनाने की क्षमता भी रखते थे। चौथे ग्रुप में लेवूजियो ने 'लवण बनाने वाले पदार्थ' ('मिट्टी') रखेः चूना (कैल्सियम ऑक्साइड), ऐलुमिना (ऐलुमिनियम ऑक्साइड) सिलिका (सिलिकन ऑक्साइड)। परंतु 1789 में यह बात केवल कल्पनामात्र ही थी कि ये सारे पदार्थ अज्ञात तत्त्वों के ऑक्साइड ही है। लेवूजियो की समीक्षा तथा वर्गीकरण में कई बातें अस्पष्ट थीं परंतु फिर भी तत्त्वों की प्रकृति के अध्ययन के भावी कार्यक्रमों की रूपरेखा इसी वर्गीकरण ने निश्चित की।

लेवूजियो के अनुसंधान परिणामों में कमी यह थी कि उन्होंने 'तत्व' तथा 'साधारण पिंड' में भेद नहीं देखा। यह भेद आगे चलकर 19वीं शताब्दी में आण्विक-परमाण्वीय अनुसंधान कार्यों की बदौलत और बाद में मेंडेलीफ की रचनाओं में और भी स्पष्ट रूप से समझा दिया गया है।

क्या तत्त्वों की खोज का कोई नियम है?

यह सवाल पुस्तक के अंत में पूछना ज्यादा ठीक रहेगा, जब पाठक हर तत्त्व के इतिहास से परिचित हो चुके होंगे। और यह बात है भी ठीक। विवाद तभी करना चाहिए जब पास में तथ्य हों। हम भी यह करने जा रहे हैं। हम इस प्रश्न का पूर्ण उत्तर पुस्तक के अंत में देंगे। यहाँ हम इस पर केवल सरसरी निगाह डालने जा रहे हैं।

पृष्ट 243 पर तत्त्वों की खोज की सहसंबंध तालिका दी गयी है। इनमें से कौन से तत्त्वों की खोज सबसे पहले हुई?

लगभग 10 तत्त्वों के 'खोज की तिथि' कालम में तिथि की जगह यह लिखा गया हैः 'प्राचीन काल से ज्ञात है,' 'प्राचीन काल' का मतलब कुछ भी हो सकता है। हमारा अभिप्राय यह है कि ये तत्त्व हमारे युग से पहले भी ज्ञात थे। जाहिर है कि इन तत्त्वों के खोजकर्त्ताओं के नाम बताना असंभव है। पुरातत्त्वज्ञ-लोग, जिनका रसायन से कोई संबंध नहीं होता, काफी हद तक ठीक-ठीक बता पाते हैं कि प्राचीन काल में अमुक तत्त्व को पहली बार कब उपयोग में लाया गया(उन प्राचीन लोगों को इस बात का आभास तक नहीं था कि उनका वास्ता रासायनिक तत्त्व से पड़ रहा था)। चलिए, प्राचीन काल के तत्त्वों के नाम गिनाते हैं—लौह, कार्बन, स्वर्ण, रजत, पारद, टिन, ताम्र, लेड, सल्फर। एक नौसिखिया रसायनज्ञ भी यह समझता है कि इन तत्त्वों के गुण भिन्न हैं। फिर ऐसी क्या कारण है कि ये तत्त्व तालिका के शुरू में रखे गए हैं? क्या केवल इसलिए कि ये पृथ्वी पर अन्य तत्त्वों की अपेक्षा ज्यादा विस्तृत हैं?

प्राचीन तत्त्वों में केवल लौह और कार्बन ऐसे हैं जो प्रथम सर्वाधिक विस्तृत तत्त्वों में आते हैं। सल्फर भी काफी विस्तृत मात्रा में मिलता है। बाकी तत्त्व पृथ्वी पर कम मिलते हैं।

सर्वाधिक विस्तृत तत्त्वों की सूची में प्रथम स्थान पर बिल्कुल दूसरे तत्त्व हैं—ऑक्सीजन, सिलिकन, ऐलुमिनियम। लोग ऑक्सीजन श्वसन लेते थे, परंतु अठारहवीं शताब्दी के अंत तक यह नहीं जानते थे कि वह एक रासायनिक तत्त्व है। सिलिकन, पृथ्वी की सख्ती की जड़ माना जाता रहा है, परंतु इस रासायनिक तत्त्व की खोज उन्नीसवीं शताब्दी में आकर हुई। ऐलुमिनियम के साथ भी यही हुआ हालांकि मनुष्य कितने पुराने जमाने से मिट्टी का प्रयोग करता आ रहा है।

ये सारी बातें सिद्ध करती हैं कि रासायनिक तत्त्वों की वास्तविक विस्तृति उनकी खोज की तिथि के साथ बिल्कुल भी संबंधित नहीं है। अर्थात् यहाँ धारणा गलत हो जाती है कि "जितना अधिक, उतना ही पहले।" फिर ऊपर गिनाए तत्त्व अनादि काल से क्यों प्रसिद्ध हैं?

गुणों में विभिन्नता होते हुए भी इन तत्त्वों में कुछ बातें समान हैं। इनमें से अधिकांश पृथ्वी पर पिंड के रूप में मिलते हैं। हमारा मलतब यह है कि वे रासायनिक यौगिकों के रूप में नहीं बल्कि साधारण पदार्थों के रूप में मिलते हैं। आज भी कभी-कभी हम यह खबर पढ़ते हैं कि फलानी जगह स्वर्ण के डले मिले। इन्हें ढूँढ़ने के लिए रासायनिक कार्रवाइयों की जरूरत नहीं पड़ती। केवल आँखों की जरूरत पड़ती है। पृथ्वी पर रजत तथा सल्फर स्वतंत्र अवस्थाओं में (साधारण पदार्थों के रूप में) मिलते हैं, परंतु इनका अधिकांश भाग खनिजों में उपस्थित होता है। ताम्र तथा पारद स्वतंत्र अवस्थाओं में काफी कम मिलते हैं, यही कारण है कि सबसे पहले मनुष्य का इन तत्त्वों के साथ वास्ता पड़ा। कार्बन की स्थिति कुछ विशेष है : ये शायद सब तत्त्वों में सबसे पहला तत्त्व है जिसने अपने अस्तित्व के संकेत दिए। पहले अलाव की जली लकड़ियाँ साधारण कार्बन का नमूना थीं। लौह ने मानव-जाति के विकास में एक युग को जन्म दिया—लौह युग। बहुत सारे वैज्ञानिकों का मत है कि मनुष्य सबसे पहले स्वतंत्र रूप से मिले लोहे से परिचित हुआ—उल्का पिंडों में उपस्थित धात्विक लोहे के साथ। इसके बाद ही प्राचीन धातुकर्मियों ने अयस्कों से लोहे के प्रगलन की विधियाँ ढूँढ़ी। खनिजों से ही टिन तथा लेड प्राप्त किए गए। यौगिकों से इन धातुओं को प्राप्त करने की क्रियाएँ काफी सरल थीं तथा मनुष्य की क्षमता के अंदर थीं, हालांकि उस वक्त मनुष्य को रासायनिक कार्यवाईयों की सीमित जानकारी थी।

पृथ्वी के विभिन्न क्षेत्रों के वासियों ने विभिन्न तत्त्वों का इस्तेमाल अलग-अलग समय पर शुरू किया। इसी कारण इन तत्त्वों की खोज की तिथि उनके प्रथम उपयोग के इतिहास के साथ ज्यादा संबंधित है। स्पष्ट है कि यहाँ शब्द 'खोज' औपचारिक है। बाद में मानव का ज्ञान एक निश्चित स्तर तक पहुँचने पर इस शब्द का अर्थ अधिक गंभीर हो गया।

रासायनिक तत्त्वों की बड़े पैमाने पर खोज का युग केवल अठारहवीं शताब्दी के दूसरे अर्द्धांश में शुरू हुआ। इससे पूर्व की दसियों शताब्दियों में केवल पाँच नए तत्त्व खोजे गए—आर्सेनिक, एंटिमनी, बिस्मथ, फास्फोरस तथा जिंक। पारसमणि ढूँढ़ने की धुन में पागल कीमियागरों ने ये तत्त्व संयोगवश खोज डाले। इस खोज में इन तत्त्वों के गुण सहायक सिद्ध हुए, जैसे फास्फोरस की अँधेरे में चमकने की अद्‌भुत क्षमता तथा आर्सेनिक के यौगिकों की कुछ खास खूबियाँ।

जैसे ही दो मुख्य शर्तें पूरी होने लगीं, नए रासायनिक तत्त्वों की खोज एक आकस्मिक बात नहीं रह गयी। यह एक आम बात हो गयी। पहली यह कि रसायन एक स्वतंत्र विज्ञान के रूप में स्वीकार किया जाने लगा था तथा इसके अध्ययन की विधियाँ काफी संतोषजनक हो गयी थीं और वैज्ञानिक रासायनिक तत्त्वों के खजानों-खनिजों की संरचना का अध्ययन करना सीख गए थे। दूसरी यह कि अधिकांश वैज्ञानिक रासायनिक तत्त्व की परिभाषा पर एक मत हो गए थे। इस प्रकार रसायन के विकास का महान् विश्लेषण युग शुरू हो गया जिसके दौरान पृथ्वी पर उपस्थित विभिन्न तत्त्वों के मुख्य भाग की खोज हुई।

इस काल में हाइड्रोजन तथा वायुमंडलीय गैसों—नाइट्रोजन और ऑक्सीजन की खोज विशेष महत्त्व रखती है। इसका श्रेय वाती रसायन (pnuematic chemistry) को जाता है। काफी समय तक यह समझा जाता रहा कि गैसों का अध्ययन केवल भौतिकविज्ञों का काम है, अतः जब भी अनुसंधानकर्ताओं को नयी गैसें मिलती थीं वे उन्हें वायु की नयी किस्में समझते थे। उस वक्त इस बात में किसी को विश्वास नहीं था कि ये नयी गैसें रासायनिक तत्त्व ही हैं। यह समझने के लिए पुराने सिद्धांतों पर पुनर्विचार करना पड़ा। सबसे पहले फ्लोजिस्टन सिद्धान्त का खंडन करना पड़ा। फ्लोजिस्टन दाह्यता की आरंभिक अवस्था मानी जाती थी। (आगे हमारा इस सिद्धांत के साथ वास्ता पड़ेगा)। शीघ्र ही वैज्ञानिकों को उनके परिश्रम का फल मिल गया : हाइड्रोजन, नाइट्रोजन तथा ऑक्सीजन की खोज ने आधुनिक रसायन की मुख्य धारणाओं के निरूपण में अतिमहत्त्वपूर्ण भूमिका निभायी।

इस दृष्टि से यह बात विरोधाभासी नहीं लगती कि ऑक्सीजन की खोज इतनी देर से हुई जबकि यह सबसे अधिक विस्तृत तत्त्व है तथा इसकी कुल मात्रा भू-पर्पटी के लगभग आधे द्रव्यमान के बराबर है। इस विलंब का कारण यह था कि रसायन को परिपक्व होना था ताकि वह इस तत्त्व की एक नए पदार्थ के रूप में विशिष्टता स्थापित कर सके। इस काम के लिए अनुसंधान की उचित विधियाँ चाहिए थीं।

अनुसंधान की लगातार संशोधित विभिन्न विश्लेषक विधियाँ वह प्रेरणाशक्ति थीं जिनकी बदौलत रासायनिक तत्त्वों की दुनिया के नए-नए प्रतिनिधियों का अस्तित्व समझने में सहायता मिली। परंतु केवल रासायनिक विश्लेषण की सहायता से आवर्त सारणी के सभी खानों को भरना संभव नहीं था। वैज्ञानिकों ने कई नए तत्त्वों का अस्तित्व केवल इस कारण से स्वीकार नहीं किया कि इन तत्त्वों की रासायनिक अभिक्रियाओं के फलस्वरूप इन तत्त्वों ने एक और तरीके से खुद भी प्रकृति में अपनी उपस्थिति की घोषणा की, विशेष रूप से उन तत्त्वों ने, जिनकी पृथ्वी की चीजों में काफी कम मात्रा है।

भू-पर्पटी की रचना में, विभिन्न खनिजों तथा अयस्कों के निर्माण में करोड़ों साल लग गए और इस प्रक्रिया के दौरान प्रकृति की कई विचित्रताएँ सामने आयीं, सच, कहें तो उन विचित्रताओं का संबंध भूरसायन की विशिष्ट नियमितताओं के साथ है। कुछ तत्त्वों को किसी भी तरह का दान नहीं दिया गया अर्थात् वे अपने खुद के खनिज नहीं बना सके या जिनमें उनकी मात्रा काफी अधिक होती। वे अन्य विभिन्न खनिजों में कम मात्रा में अधिमिश्रण के रूप में उपस्थित थे। ऐसा लगता है जैसे कि भू-पर्पटी पर तितर-बितर हो गए हों। इसी कारण इन्हें 'बिखरे तत्त्व' कहते हैं। वे तत्त्व बहुत कम अवसरों पर अपने खनिज बनाते हैं और अगर सौभाग्यवश वैज्ञानिकों को ये खनिज मिल जाते हैं तो नया तत्त्व तुरंत रासायनिक विश्लेषण का मसाला बन जाता है। आगे चलकर हम देखेंगे कि जर्मेनियम के साथ ऐसी ही घटना घटी, जिसे एक विरल खनिज आर्जिरोडाइट से प्राप्त किया गया था।

दूसरे बिखरे तत्त्वों का इतिहास कुछ और ही है। सीजियम, रूबिडियम, इंडियम, थैलियम तथा गैलियम वे रासायनिक तत्त्व हैं जिनकी उपस्थिति रसायन के बिना स्वीकार कर ली गयी। इन तत्त्वों के पास अपना मुलाकाती कार्ड था—स्पेक्ट्रम। इन तत्त्वों की खोज अनुसंधान की एक नयी विधि-स्पेक्ट्रमी विश्लेषण के आधार पर हुई। अगर किसी पदार्थ के कण को गैस की ज्वाला में डाला जाए और फिर प्रिज्म से इसका अध्ययन किया जाए तो अपवर्तित प्रकाश में विभिन्न रंगों वाली कई स्पेक्ट्रमी रेखाएँ दिखाई देंगी जिनकी स्थितियाँ भी विभिन्न होंगी। ज्ञात तत्त्वों के स्पेक्ट्रमों के अध्ययन से वैज्ञानिक इस

निष्कर्ष पर पहुँचे कि हर तत्त्व का अपना अलग स्पेक्ट्रम होता है। स्पेक्ट्रमी विश्लेषण तुरंत अनुसंधान का एक शक्तिशाली स्रोत स्वीकार कर लिया गया। अगर किसी पदार्थ के स्पेक्ट्रम में अज्ञात स्पेक्ट्रमी रेखाएँ दिखाई देतीं तो यह अनुमान लगाना ठीक था कि उस पदार्थ में एक नया, अज्ञात तत्त्व उपस्थित था। ऊपर गिनाए पाँच तत्त्वों का इसी तरह से पता चला। यहाँ वैज्ञानिकों के साहस की प्रशंसा करनी आवश्यक है जिन्होंने तत्त्वों के कणों को हाथ में लिए बिना तथा उनके गुण जाने बिना नए तत्त्वों के अस्तित्व की घोषणा की।

स्पेक्ट्रमों के आधार पर हीलियम, निआन, आर्गान, क्रिप्टान तथा जिनान जैसे असाधारण रासायनिक तत्त्वों की खोज की गयी। इनका नाम उत्कृष्ट गैसें या निष्क्रिय तत्त्व रखा गया। इनकी मात्रा बहुत थोड़ी है तथा पृथ्वी के वायुमंडल का केवल एक छोटा-सा अंश है। बहुत दिनों तक यह समझा जाता रहा है कि ये तत्त्व रासायनिक प्रतिक्रियाओं के अयोग्य हैं तथा समय-समय पर कुछ लोगों की यह धारणा रही कि इन गैसों को रासायनिक तत्त्व कहना गलत है। निष्क्रिय तत्त्वों की खोज रसायन के बिना हुई तथा निम्न तापमानों पर गैसों के द्रवण की विधि ढूँढ़ने के बाद इन निष्क्रिय तत्त्वों को पृथ्वी के वायुमंडल में से निकाल कर एक दूसरे से अलग करना संभव हो गया।

निस्संदेह तत्त्वों की खोज के इतिहास में उनकी व्यापकता भी कुछ महत्त्व रखती है परंतु जो तत्त्व प्रकृति में कम मिलते हैं, उनकी खोज सबसे बाद में ही हुई। प्राकृतिक रेडियो ऐक्टिव तत्त्वों का इतिहास इस धारणा की पुष्टि करता है। ये तत्त्व उन्नीसवीं शताब्दी के अंत तथा बीसवीं शताब्दी के आरंभ में मिले। और वह भी एक विशेष परिस्थिति के कारण। अगर यह परिस्थिति उत्पन्न न होती तो शायद ये तत्त्व काफी लंबे अर्से तक मनुष्य की पहुँच से बाहर ही रहते क्योंकि रासायनिक विश्लेषण और स्पेक्ट्रमी विश्लेषण इन तत्त्वों का जरा सा भी आभास नहीं दे सके थे। यह परिस्थिति थी नयी भौतिक परिघटना के आविष्कार की, जिसका नाम रेडियोधर्मिता रखा गया है। कुछ पदार्थ ऐसे हैं जो अपने आप हर वक्त विकिरण निकालते रहते हैं। पहले यह पता चला कि विकिरणक्षमता न तो पदार्थों में होती है और न ही रासायनिक यौगिकों में । यह केवल निश्चित रासायनिक तत्त्वों-यूरेनियम तथा थोरियम-में होती है जिन्हें आवर्त सारणी के आखिर में स्थान दिया गया है। अनुसंधान कार्यों के दौरान वैज्ञानिकों ने यह देखा कि कभी-कभी विकिरण यूरेनियम तथा थोरियम के विकिरण से काफी तीव्र होता था। अतः एक नयी परिघटना की भविष्यवाणी की गयी कि यह विकिरण अज्ञात रेडियोधर्मी (विघटनाभिक) तत्त्वों के कारण उत्पन्न होता है। पोलोनियम तथा रेडियम की खोज ने इस बात को सत्य सिद्ध कर दिया। इन तत्त्वों के साथ-साथ अनुसंधान की एक नयी विधि का प्रचलन शुरू हुआ—विकिरणमापी विधि जिसकी बदौलत प्राकृतिक रेडियोधमी। तत्त्वों की खोज संभव हुई। इस बार तत्त्वों की पहचान उनकी रेडियोधमी। विशेषता के आधार पर की गयी। अन्य विधियों के मुकाबले विकिरणमापी विधि अधिक श्रेष्ठ है।

हमारी शताब्दी के दूसरे दशक के अंत में प्रकृति में उपस्थित तत्त्वों की खोज का काम निबटा दिया गया था। लेकिन रसायानिक तत्त्वों की खोज का इतिहास यहाँ समाप्त नहीं हो गया। अब शब्द 'खोज' को एक नयी व्याख्या मिल गयी। इसका मतलब था अब उन तत्त्वों के साथ लोगों का परिचय शुरू हुआ जो पृथ्वी पर नहीं हैं अर्थात् जिन्हें नाभिकीय अभिक्रिया द्वारा कृत्रिम रूप से प्राप्त किया गया है। यह एक अतिकठिन वैज्ञानिक तथा तकनीकी समस्या थी जिसे विभिन्न देशों के वैज्ञानिक हल कर रहे थे। सभी कृत्रिम तत्त्व (इन्हें संश्लिष्ट तत्त्व भी कहते हैं) रेडियोधर्मी हैं, अतः यहाँ विकिरणमापी विधि बड़े काम की सिद्ध हुई। इस काम में निर्णयात्मक भूमिका भौतिकविज्ञों ने निभायी। परंतु रसायनज्ञों की समस्या भी कुछ कम जटिल नहीं थी। आज भी बहुत सारे संश्लिष्ट तत्त्व केवल गिने-चुने परमाणुओं के रूप में प्राप्त किए जा सकते हैं। इन परमाणुओं में अत्यधिक रेडियोधर्मिता उपस्थित होती है तथा इसकी तीव्रता के कारण इनका जीवन-काल सेकेंड के अंश जितना अल्प होता है। इसलिए रसायनज्ञ लोग इनके गुणों के अध्ययन के लिए अनोखी विधियाँ अपनाते हैं।

इस तरह हम समझ सकते हैं कि उन रासायनिक तत्त्वों की खोज का शताब्दियों पुराना प्रक्रम कैसे चलता रहा जिनसे

आज मेंडेलीफ की आवर्त सारणी के खाने भरे हुए हैं। चलिए, इस प्रक्रम का विस्तारपूर्वक अध्ययन करते हैं, अपनी कथा के हर पात्र का अलग-अलग परिचय लेते हैं।

लेकिन इससे पहले हम कुछ शब्द इस पुस्तक की विषय-सूची के बारे में कहना चाहेंगे। पुस्तक दो भागों में बँटी है; पहले भाग में उन तत्त्वों का वर्णन किया गया है जो प्रकृति में मिले हैं और दूसरे भाग में संश्लिष्ट तत्त्वों पर प्रकाश डाला गया है। स्पष्ट है कि प्रथम भाग प्राचीन तत्त्वों के इतिहास से शुरू होना चाहिए (अध्याय I)। इसके बाद मध्य युग में आविष्कृत तत्त्वों की चर्चा होनी चाहिए। (अध्याय II)। इन अध्यायों में जिन तत्त्वों का वर्णन किया गया है उन पर शब्द 'खोज; लागू नहीं किया जा सकता। इस शब्द को आधुनिक अर्थ तब मिला, जब 'रासायनिक तत्त्व' की परिभाषा स्पष्ट हो गयी। वाती रसायन के विकास तथा क्रमबद्ध फ्लोजिस्टन सिद्धांत के खंडन ने इस कार्य में महत्त्वपूर्ण भूमिका निभायी। ऑक्सीजन, नाइट्रोजन तथा हाइड्रोजन की खोज फ्लोजिस्टन सिद्धांत के खंडन का परिणाम थी। इसके साथ-साथ वैज्ञानिक समझ गए कि ऑक्सीजन, हाइड्रोजन और नाइट्रोजन रासायनिक तत्त्व भी हैं (अध्याय III)

अठारहवीं शताब्दी के दूसरे अर्द्धांश तथा उन्नीसवीं शताब्दी के प्रथम अर्द्धांश में रासायनिक विश्लेषण की विधि की सहायता से अधिकांश रासायनिक तत्त्वों की खोज हुई (अध्याय (IV)। कुछ क्षारीय तथा क्षारीय-मृदा धातुएँ विद्युत्-रासायनिक विधि से प्राप्त की गयीं (इनका वर्णन पाँचवें अध्याय में किया गया है)। पिछली शताब्दी में पाँचवें और छठे दशक के संगम पर एक और विधि (स्पेक्ट्रमी विधि) खोज ली गयी जिसकी सहायता से पृथ्वी पर कुछ और नए तत्त्वों का अस्तित्व सिद्ध किया गया (छठा अध्याय)।

दुर्लभ मृदा तत्त्वों, उत्कृष्ट या निष्क्रिय गैसों तथा मेंडेलीफ द्वारा पूर्वकथित तत्त्वों की खोजों की कहानी खास तौर से दिलचस्प है। हालांकि ये खोजें रासायनिक-विश्लेषण तथा स्पेक्ट्रमी विधि की सहायता से की गयीं परंतु तत्त्वों के ऊपर वर्णित संयोजनों का इतिहास कुछ विशिष्ट है अतः इन पर अलग-अलग अध्यायों में प्रकाश डाला गया है। (सातवाँ, आठवाँ और नौवाँ अध्याय)। पृथ्वी पर मिले अंतिम स्थायी तत्त्वों हैफ्नियम तथा रेनियम का अपना अलग-अलग इतिहास है। इसका वर्णन दसवें अध्याय में किया गया है। पुस्तक के प्रथम भाग की समाप्ति रेडियोधर्मी तत्त्वों के इतिहास से की गयी है (ग्यारहवाँ अध्याय)। पाठक को रेडियोधर्मिता की दुनिया की सैर करायी गयी है तथा उसे अस्थायी तत्त्वों तथा समस्थानिकों से मिलवाया गया है जिनकी बहुसंख्या नाभिकीय अभिक्रियाओं द्वारा कृत्रिम रूप से प्राप्त की गयी है। उनका या संश्लिष्ट तत्त्वों का वर्णन पुस्तक के दूसरे भाग में किया गया है जो दो अध्यायों में बाँटा गया है (बारहवाँ और तेरहवाँ अध्याय)। पहले (बारहवें) अध्याय में पाठक का आवर्त सारणी की पिछली सीमाओं के अंदरहाइड्रोजन से यूरेनियम (टेक्नीशियम, प्रोमिथियम, ऐस्टैटीन तथा फ्रांसियम) तक सभी नए तत्वों के संश्लेषण से परिचय कराया गया है। दूसरे (तेरहवें) अध्याय में परायूरेनियम तत्त्वों की खोज के इतिहास का वर्णन किया गया है तथा नाभिकीय संश्लेषण के भविष्य की चर्चा की गयी है।

पुस्तक के उपसंहार में तत्त्वों की खोज के स्थैतिक आंकड़े दिए गए हैं, 'रासायनिक तत्त्व की खोज' की व्याख्या दी गयी है तथा तत्त्वों की खोज के इतिहास में घटी गलतियों का वर्णन किया गया है। झूठी खोजों के बारे में अध्याय के लेखक ब० मेलनिकोव हैं।

प्रथम भाग

प्रकृति में मिले रासायनिक तत्त्व

आज तक जितने भी रासायनिक तत्त्वों का पता चला है, उनमें से अधिकांश प्राकृतिक पदार्थों में मिले हैं। ये प्राकृतिक पदार्थ या तो विभिन्न अयस्कों या खनिजों या पृथ्वी के वायुमंडल में शामिल हैं। आज पूरे विश्वास के साथ यह कहा जा सकता है कि प्रकृति में और नए तत्त्व नहीं हैं जिनकी भविष्य में कभी खोज संभव होगी। सभी स्थायी तत्त्वों तथा प्राकृतिक विघटनाभिक तत्त्वों पर भी यह बात लागू होती है। इन्हें 'विश्लेषण द्वारा खोजे तत्त्व कहा जा सकता है। इन तत्त्वों की अस्तित्व मनुष्य के साथ, उसके ज्ञान के साथ तथा अनुसंधान की विधियों के साथ कोई मतलब नहीं रखती। ये सौर मंडल के विकास की प्राथमिक अवस्थाओं में भी वर्त्तमान थे जब हमारे ग्रह की रचना हुई।

पुस्तक के प्रथम अध्याय में इन तत्त्वों की खोज के इतिहास का वर्णन किया गया है।

प्रकृति में मिले सभी तत्त्वों में 90% से ज्यादा तत्त्व स्थायी हैं अर्थात् उनमें विघटनाभिकता का गुण नहीं होता है। मेंडेलीफ की आवर्त सारणी में ये तत्त्व पहले खाने से शुरू हैं—हाइड्रोजन तथा 83 वें खाने पर खत्म हैं—बिस्मथ। इस क्रम में दो अपवाद हैं—$z = 43$ (टेक्नीशियम) तथा $z = 61$ (प्रोमिथियम)। परमाण्विक नाभिकों के गुणों के विचित्र नियमों के कारण टेक्नीशियम तथा प्रोमिथियम के सभी समस्थानिक विघटनाभिक होते हैं, इनका जीवनकाल बहुत ही अल्प होता है। इसके परिणामस्वरूप ये तत्त्व आज प्राकृतिक पदार्थों में सुरक्षित नहीं रह पाए हैं। वे विखंडित होकर अपने पड़ोसी स्थायी तत्त्वों में परिवर्तित हो गए हैं।

पृथ्वी पर प्राकृतिक विघटनाभिक तत्त्वों की संख्या काफी कम है। आवर्त सारणी में उनका क्रम पोलोनियम ($z = 84$) से शुरू होता है तथा यूरेनियम ($z = 89$) पर समाप्त होता है। इन तत्त्वों में केवल थोरियम और यूरेनियम ऐसे हैं जिनकी आयु बहुत ज्यादा होती है जिसके कारण ये दोनों तत्त्व पृथ्वी की रचना के काल से चले आ रहे हैं तथा काफी सांद्रित रूप में मिल रहे हैं। यही कारण है कि नए रासायनिक तत्त्वों के रूप में यूरेनियम तथा थोरियम की खोज उस समय से बहुत पहले हुई जब वैज्ञानिक विघटनाभिकता की परिघटना से पूर्णतया अपरिचित थे। अन्य प्राकृतिक विघटनाभिक तत्त्वों (पोलोनियम, रेडॉन, रेडियम, ऐक्टिनियम तथा प्रोटेक्टिनियम) की मात्राएँ अपेक्षाकृत काफी कम हैं।

अध्याय I

प्राचीन काल के तत्त्व

स्पष्ट है कि प्राचीन काल की सीमाओं को हम ठीक ठीक नहीं बता सकते हैं, इसलिए हम इस अध्याय में वर्णन के लिए जिन तत्त्वों को चुन रहे हैं, उनका चुनाव ऐतिहासिक परंपरा पर आधारित है। इस अध्याय में उन तत्त्वों (विशेष रूप से धातुओं) की चर्चा की जाएगी जिनके प्रचलन की बात प्राचीन दस्तावेजों में मिलती है या विभिन्न ऐतिहासिक कालों में इनके उपयोग की बात पुरातत्त्वज्ञों ने सिद्ध की है। इन तत्त्वों के संबंध में 'खोज' शब्द का प्रयोग पूरे हक से नहीं किया जा सकता है। इस अध्याय के पात्रों को रासायनिक तत्त्वों के रूप में मान्यता काफी बाद में मिली। इनकी 'खोज' की तिथि तथा खोजकर्त्ताओं के नाम ज्ञात नहीं है। इस कारण अध्याय की शैली तथा विषय के वर्णन का तरीका कुछ विशिष्ट सा है। हम संक्षेप में आपको बताएँगे कि इन तत्त्वों के बारे में क्या ज्ञात है तथा प्राचीन काल में इनका उपयोग क्या था।

हमें प्राचीन काल की सात धातुओं का वर्णन करना है–स्वर्ण, रजत, ताम्र, लौह, लेड, टिन, पारद। इन सात अद्वितीय धातुओं ने सभ्यता के विकास तथा प्राकृतिक दर्शनवादी सिद्धांतों में अतिमहत्त्वपूर्ण भूमिका निभायी है। इन धातुओं के अतिरिक्त हमें सल्फर की भी बात करनी है जिसका प्राचीन काल से प्रयोग होता आ रहा है। हमें कार्बन भी लेना है जो शायद मनुष्य को ज्ञात तत्त्वों में सबसे प्राचीन है। इसी कारण हम रासायनिक तत्त्वों का इतिहास कार्बन से शुरू करने जा रहे हैं।

कभी-कभी जिंक, प्लैटिनम, ऐंटिमनी तथा बिस्मथ की गिनती भी प्राचीन काल के तत्त्वों में की जाती है परंतु इस बात के पक्के प्रमाण नहीं मिले हैं कि ये तत्त्व प्राचीन काल में मनुष्य को ज्ञात थे।

कार्बन

कार्बन की खोज की सही-सही तिथि बताना असंभव है। परंतु यह स्थापित करना मुश्किल नहीं है कि इस तत्त्व को साधारण पदार्थ के रूप में मान्यता कब दी गयी। इसके लिए प्रमुख फ्रांसीसी रसायनज्ञ अ० लेवूजियो द्वारा 1789 में प्रकाशित 'साधारण पिंडों की तालिका' देखना काफी रहेगा। इस तालिका में कार्बन को एक साधारण पदार्थ दिखाया गया है। परंतु इस तालिका में अपना स्थान लेने के पहले कार्बन को कुछ सालों या सदियों का नहीं बल्कि कई हजार सालों का रास्ता तय करना पड़ा। आग जलाना सीखने से पहले भी मनुष्य कार्बन को जानता था। तडित् द्वारा जले जंगलों की लकड़ी कार्बन नहीं तो और क्या थी? जैसे ही मनुष्य ने आग जलाना सीख लिया वैसे ही कार्बन हमेशा के लिए उसका साथी बन गया।

कार्बन ने फ्लोजिस्टन सिद्धांत के विकास में काफी महत्त्वपूर्ण भूमिका निभायी। इस सिद्धांत ने कुछ समय तक इस विचारधारा का समर्थन किया कि कार्बन साधारण पदार्थ नहीं है। फ्लोजिस्टन सिद्धांत के जन्मदाता कार्बन को शुद्ध

फ्लोजिस्टन समझते थे। अ० लेवूजियो पहले व्यक्ति थे जिन्होंने यह दिखाया कि कार्बन एक साधारण पदार्थ है। उन्होंने कोयले तथा अन्य पदार्थों के जलने के प्रक्रम का अध्ययन किया। यहाँ कुछ देर के लिए हम आपका ध्यान इस कहानी से हटाना चाहेंगे। आपके क्यों का उत्तर निम्न है।

बात यह है कि प्रकृति में कार्बन दो अपर रूपों में मिलता है—हीरक तथा ग्रैफाइट के रूप में। मनुष्य बहुत प्राचीन काल से इन दोनों अपर रूपों से परिचित है। यह बात भी बहुत पुराने जमाने से पता है कि काफी उच्च तापमान तक गर्म करने पर हीरक बिना कोई अवशेष छोड़े जल जाता है। परंतु इसके बावजूद भी हीरक तथा ग्रैफाइट को बिल्कुल अलग-अलग पदार्थ माना जाता रहा। कार्बन डाइऑक्साइड की खोज वह घटना थी जिसने यह सिद्ध करने में सहायता की कि हीरक तथा ग्रैफाइट एक ही पदार्थ के दो अलग-अलग रूप हैं। अ० लेवूजियो ने हीरक तथा लकड़ी के कोयले को जलाकर यह सिद्ध किया कि दोनों पदार्थ जलने पर कार्बन डाइऑक्साइड निकालते हैं इस प्रयोग से वैज्ञानिक को यह विश्वास हो गया कि हीरक तथा ग्रैफाइट का प्रारंभिक रूप एक ही है। 1787 में लेवूजियो, गिटोन डि मोरवो, बेरटोले तथा फुरक्रुआ ने एक पुस्तक प्रकाशित की जिसका नाम था 'रासायनिक नामावली की विधि'। इस पुस्तक में पहली बार 'Carboneum' शब्द (कार्बन) इस्तेमाल हुआ।

1797 में स० टेनान्ट ने यह देखा कि अगर हीरक तथा ग्रैफाइट की एक समान मात्रा जलायी जाती है तो दोनों से एक समान मात्रा में कार्बन डाइऑक्साइड निकलता है तथा 1799 में गिटोन डि मोरवो ने यह सिद्ध कर दिया कि हीरक, ग्रैफाइट तथा कोक केवल कार्बन से बने होते हैं और किसी चीज से नहीं। इसके 20 साल बाद इसी वैज्ञानिक ने हीरक को अतिसावधानी से जलाकर ग्रैफाइट में परिवर्तित कर दिखाया और फिर उतनी ही सावधानी से ग्रैफाइट को जलाकर कार्बन डाइऑक्साइड बना कर दिखा दी। परंतु अठारहवीं और उन्नीसवीं शताब्दियों का विज्ञान ग्रैफाइट को फिर से हीरक में परिवर्तित नहीं कर सका। यह काम केवल 1955 में संभव हुआ जब अंग्रेज वैज्ञानिकों के एक दल को विश्व में पहली बार कृत्रिम हीरक बनाने में सफलता मिल गयी। इन वैज्ञानिकों ने संश्लेषण के दौरान दाब 10^9 पास्कल तथा तापमान 3000°C रखा।

हीरक के संश्लेषण के कुछ अर्से बाद सोवियत वैज्ञानिकों ने एक नया पदार्थ प्राप्त किया—कार्बाइन। अब यह सिद्ध हो चुका है कि कार्बाइन कार्बन का तीरारा अपर रूप है। कार्बाइन में कार्बन के परमाणु लंबी शृंखलाओं में आबंधित होते हैं। देखने में यह काजल जैसा है।

कार्बन तथा इसके यौगिकों के अध्ययन ने रसायन की एक नयी शाखा—कार्बनिक रसायन को जन्म दिया।

सल्फर

मनुष्य को सल्फर की जानकारी बहुत पुराने जमाने से है। होमर के जमाने में प्राचीन यूनानवासी सल्फर को जलाकर सल्फर डाइऑक्साइड प्राप्त करते थे तथा इस गैस का प्रयोग एक रोगाणुनाशक के रूप में करते थे। प्राकृत सल्फर के निक्षेप भी प्राचीन काल में ज्ञात थे। उदाहरणतया, प्लीनी ज्येष्ठ ने इटली और सिसिली के सल्फर निक्षेपों का वर्णन किया है। सल्फर का प्रयोग कपड़ा-उद्योग में होता था। कार्बन की तरह सल्फर भी प्राचीन काल से आतिशबाजी के निर्माण में इस्तेमाल होता आ रहा है। 'यूनानी अग्नि; नाम से प्रसिद्ध एक प्रकार के गोलाबारूद में पिसा सल्फर (1 भाग), कोयला (2 भाग) तथा शोरा (6 भाग) मिला होता था। इसकी खोज शायद पाँचवीं शताब्दी में बाइजेटाइनी में हुई। इसमें और काले गनपाउडर में थोड़ा सा अंतर है।

एक उत्तम दहनशील पदार्थ होने के कारण तथा अन्य धातुओं के साथ सरलता से मिल जाने की क्षमता के कारण मध्य युग में सल्फर को 'विशेष सम्मान' दिया गया। कीमियागर सल्फर को दाह्यता का आरंभ मानते थे तथा सभी धातुओं का अंगभूत बताते थे। वे लोग अक्सर सल्फर के कई अस्वाभाविक गुण बताते थे हालांकि कुछ कीमियागरों ने इसके

वास्तविक गुणों का काफी ठीक वर्णन किया।

अ० लेवूजियो ने सल्फर की तत्त्वीय प्रकृति सिद्ध की। हालांकि उन्नीसवीं शताब्दी के आरंभ में सल्फर को एक स्वतंत्र तत्त्व स्वीकार कर लिया गया था, परंतु इसके बावजूद भी वैज्ञानिक लोग प्राकृतिक सल्फर की रचना का ठीक-ठीक पता करने के लिए विभिन्न प्रयोग कर रहे थे। 1808 में ह० डेवी ने यह घोषणा की कि साधारण अवस्था में सल्फर ऑक्सीजन तथा हाइड्रोजन की थोड़ी मात्रा और सल्फर की बड़ी मात्रा का यौगिक होता है। इस धारणा से सल्फर की तत्त्वीय प्रकृति पर संदेह होने लगा, परंतु 1809 में गे-लुसाक ने इस संदेह को हमेशा के लिए मिटा दिया। 1810 में ह० डेवी ने यह कहा कि सल्फर में ऑक्सीजन मिलने का कारण यह है कि प्राकृत सल्फर में उसके ऑक्साइड उपस्थित होते हैं। सल्फर के अध्ययन के लिए अलग-अलग निक्षेपों से नमूने लेने पर वैज्ञानिक ने यह देखा कि निक्षेप बदलने से सल्फर में ऑक्सीजन की मात्रा भी बदल जाती थी। आधुनिक रसायन के अनुसार यह कहा जा सकता है कि डेवी को सल्फर में जो ऑक्सीजन मिला, वह सल्फर के ऑक्साइडों का नहीं बल्कि विभिन्न धातुओं के ऑक्सीसल्फाइडों का था जो हमेशा सल्फर में उपस्थित होते हैं।

स्वर्ण

कार्ल मार्क्स ने स्वर्ण के बारे में निम्न शब्द लिखे : ''स्वर्ण पहली असली धातु थी जिसे मनुष्य ने खोजा।''

यह बात ठीक ही तो है। खुदाई के दौरान नवपाषाण युग के पत्थरों के बने औजारों के साथ-साथ स्वर्ण की बनी चीजें भी मिलीं। परंतु ऐसा लगता है कि उन दिनों मनुष्य केवल संयोगवश मिले स्वर्ण का इस्तेमाल करता था। परंतु जैसे ही समाज का वर्गीकरण होने लगा, मनुष्य ने स्वर्ण खुदाई के प्रयास शुरू कर दिये। इस परिवर्तन के कारण स्पष्ट हैं। हर प्रकार की परिस्थितियों में सुरक्षित रहने, सरलता से विभाजित होने की क्षमता तथा ऊँची कीमत के कारण स्वर्ण पुराने जमाने से मुद्रा की भूमिका निभाता आ रहा है।

अतिप्राचीन काल से स्वर्ण आभूषणों के निर्माण में भी प्रयुक्त होता आ रहा है। मिस्र के फिराउनों की सभी पीढ़ियों के पिरामिडों की खुदाई के दौरान पुरातत्त्वज्ञों को स्वर्ण के बहुत सारे आभूषणों के साथ-साथ स्वर्ण की बनी घर के काम की बहुत सारी चीजें भी मिली हैं।

स्वर्ण का प्रचलन केवल मिस्र तक ही सीमित नहीं था। ईसा से 1000 वर्ष पूर्व चीन, भारत और मैसोपोटामियाई राज्यों में भी स्वर्ण प्रचलित था। ईसा से पूर्व आठवीं और सातवीं शताब्दियों के यूनान में स्वर्ण के सिक्के चलते थे। ईसा से एक शताब्दी पूर्व आर्मीनिया में स्वर्ण के सिक्के चलने लगे थे। इस प्रकार यह सिद्ध हो जाता है कि यूरोप तथा एशिया के प्राचीन राज्यों के लोग स्वर्ण से परिचित थे। भारत और नूबी (उत्तर-पूर्वी अफ्रीका) में स्वर्ण की सबसे प्राचीन खानें थीं।

परंतु प्राचीन काल में इस धातु को शुद्ध रूप में प्राप्त करने की विधि अज्ञात थी। अक्सर स्वर्ण का रजत के साथ ऐलाय प्राप्त किया जाता था। इसका नाम आजेम था। इसके अलावा स्वर्ण और रजत का एक प्राकृतिक ऐलाय भी ज्ञात था—इलेक्ट्रॉम।

मानवजाति के इतिहास में और कोई धातु स्वर्ण जितनी अशुभ सिद्ध नहीं हुई है। इस धातु पर कब्जा करने के लिए युद्ध लड़े गए, असंख्य जातियाँ और देश तबाह हो गए। स्वर्ण के लिए भयंकर से भयंकर अपराध हुए। परंतु फिर भी स्वर्ण मिलने से मनुष्य को शांति नहीं मिलती थी। उलटा उसके खजाने से दिल में लालच की भावना बस जाती थी। वह डरपोक और फिक्रमंद हो जाता था।

स्वर्ण की खोज के इतिहास में कीमियागरी युग बड़ा विषादपूर्ण माना जाता है। यह चौथी से सोलहवीं शताब्दी

---

* कार्ल मार्क्स—''राजनीतिक अर्थशास्त्र की आलोचना'', मास्को, 1951 पृ० 160।

तक चला। कीमियागर पारसमणि तलाश कर रहे थे जिसकी सहायता से साधारण धातुओं को स्वर्ण में परिवर्तित किया जा सके। कीमियागरी यों ही पैदा नहीं हुई। इसके कई कारण थे। मिस्र इतनी तेजी से तरक्की इसलिए कर गया क्योंकि मिस्र वासी स्वर्ण निकालने के रहस्य से परिचित थे। इसके अलावा यह भी पता था कि अगर लोहे की चीजें काफी अर्से तक ताम्र की खानों में रखी जाती थीं तो उनके ऊपर ताम्र की परत जम जाती थी। यह विश्वास किया जाता था कि लौह ताम्र में परिवर्तित हो जाता था। अगर ऐसा हो सकता था तो क्या अन्य धातुएँ स्वर्ण में नहीं बदली जा सकती थीं? प्राकृत लेड सल्फाइड में अक्सर रजत की कुछ मात्रा उपस्थित होती है जिसे कभी-कभी अलग करने में सफलता मिलती थी। इससे यह निष्कर्ष निकाला गया कि लेड रजत में परिवर्तित हो जाता था। इन सब बातों के अलावा कीमियागरी के विकास में एक और बात बहुत सहायक सिद्ध हुई और वह थी पदार्थ का एकत्व सिद्धांत। इसके अनुसार सारे पदार्थ एक ही तरह की चीजों से बने होते हैं फर्क केवल इतना है कि भिन्न-भिन्न पदार्थों में इन चीजों का अनुपात अलग-अलग होता है।

वास्तव में पारसमणि ढूँढ़ने के सारे प्रयास असफल रहे; हालांकि इस काम में कई कीमियागरों को अपने प्राणों से हाथ धोना पड़ा। अन्य धातुओं को स्वर्ण में बदलने की जितनी भी खबरें मिलीं वे सारी झूठी थीं।

जिस वक्त स्पेनिश हमलावरों ने दक्षिणी तथा मध्य अमरीका पर कब्जा किया, यूरोप में कीमियागरी का खूब बोलबाला था। स्पेनिश लोग इंका जाति के रेड-इंडियनों के पास स्वर्ण के अनगिनत भंडारों को देखकर आश्चर्यचकित हो गए। इंका लोग स्वर्ण को एक पवित्र धातु मानते थे। वे इसे सूर्य देवता की धातु समझते थे जिसके कारण उनके मंदिर स्वर्ण से भरे पड़े थे। स्पेनिश हमलावरों ने इंकाओं के सरदार अताअलप्पा को कैद कर लिया तथा उसकी रिहाई की कीमत बहुत ही ज्यादा रखी। उन्होंने $50m^3$ स्वर्ण माँगा परंतु स्पेनिश सेनापति फ्रांसिस्को पिसारो को यह डर था कि अगर वह इंका सरदार को छोड़ देगा तो हमेशा के लिए खतरा बना रहेगा। अतः उसने पूरी कीमत मिलने से पहले ही अताअलप्पा को मरवा दिया । जब इंका लोगों को अपने सरदार की मौत की खबर मिली, स्वर्ण से लदे 1100 लामा (खच्चर) अपने रास्ते में थे। इंकाओं ने सारा स्वर्ण अजान्गार पहाड़ियों में छिपा दिया (अजान्गार का अर्थ है—सबसे दूर का इलाका), परंतु इतनी कोशिशों के बावजूद भी वे लोग सारा स्वर्ण नहीं छिपा सके। स्पेनिश हमलावरों ने पेरू के एक अतिसमृद्ध नगर कुस्को पर कब्जा करके खूब लूटमार की। उन्होंने प्राचीन कारीगरों की कीमती कलाकृतियों को पिघला कर स्वर्ण की सिल्लियां बनवा दीं और सारा खजाना स्पेन भिजवा दिया।

रूस में स्वर्ण का खनन सन् 1600 में शुरू हुआ, परंतु इसका असली औद्योगिक स्तर पर खनन केवल उन्नीसवीं शताब्दी में आरंभ हुआ।

लातीनी भाषा में स्वर्ण को 'Aurum कहते हैं। यह शब्द Aurora' से लिया गया है जिसका अर्थ है—'भोर'।

रजत

रजत स्वर्ण के मुकाबले अधिक सक्रिय धातु है। भू-पर्पटी में इसकी मात्रा स्वर्ण से 1.5 गुना अधिक है परंतु प्राकृत अवस्था में यह बहुत कम मिलता है। यह कोई आश्चर्य की बात नहीं कि प्राचीन काल में रजत की कीमत स्वर्ण से ज्यादा होती थी। उदाहरणार्थ, प्राचीन मिस्र में इन दोनों धातुओं की कीमत में 2.5 और 1 का अनुपात था। अगर स्वर्ण अधिकतर सिक्कों के निर्माण में प्रयुक्त होता था तो रजत ने एक दूसरा काम ढूँढ़ लिया था। उदाहरण के लिए, इस धातु से पानी रखने के बर्तन बनाए जाते थे।

ईसा से चार शताब्दी पूर्व सिकंदर महान् की सेना ने फारस और फिनीशिया जीत लिया। अब उसने भारत पर हमला कर दिया। यहाँ उसके सैनिकों पर आंतों की बीमारियों ने धावा बोल दिया जिससे वे लोग बहुत घबरा गए। सैनिकों ने आगे बढ़ने से इंकार कर दिया और घर लौटने की इच्छा प्रकट की। इन बीमारियों का एक रहस्य था। बात यह थी कि

सिंकदर की सेना के अफसरों पर इन बीमारियों का तनिक भी असर नहीं हो रहा था हालांकि वे लोग भी साधारण सैनिकों की तरह लड़ाई की सभी मुसीबतों का बोझ उठा रहे थे। इस घटना के 2000 साल बाद वैज्ञानिकों को इसका भेद पता चला। बात यह थी कि साधारण सैनिकों के गिलास टिन के बने होते थे जबकि अफसर लोग रजत के गिलासों में पानी पीते थे। रजत पानी में घुल कर एक कोलाइड विलयन बनाता है जो रोगजनक कीटाणुओं को मार देता है। हालांकि जल में रजत की विलयनशीलता बहुत कम है, परंतु कीटाणुओं को मारने के लिए इतनी मात्रा ही काफी होती है।

अतिप्राचीन काल से रजत की खानें ज्ञात रही हैं। रजत के विशाल निक्षेप यूनान, स्पेन तथा जर्मनी में थे। अमरीका की खोज से पेरू और मैक्सिको के रजत निक्षेपों का पता चला। रजत अयस्कों में अक्सर लेड खनिज मिले होते हैं। लेड से रजत अलग करने की एक प्राचीन विधि आज भी ज्ञात है। रजत अयस्क को पीस कर पानी से धोने के बाद सुखाया जाता था। इसके बाद इस अयस्क में फलस्क मिलाकर प्रगलित करके एक ऐलाय बनाया जाता था। इस ऐलाय को चारकोल के साथ गर्म करने पर प्राप्त रजत और लेड के ऐलाय का निस्तापन किया जाता था। वायु में गर्म करने पर रजत बिल्कुल भी ऑक्सीकृत नहीं होता था, परंतु लगभग सारा लेड ऑक्सीकृत होकर लेड ऑक्साइड में परिवर्तित हो जाता था। लेड ऑक्साइड का गलनांक 896ºC है और रजत का 960ºC। इस प्रकार लगभग शुद्ध रजत प्राप्त किया जाता था। आज रजत प्राप्त करने की विधियाँ दूसरी हैं जो पुरानी विधि से काफी श्रेष्ठ तथा विकसित हैं।

स्वर्ण की तरह रजत भी सिक्कों के निर्माण में प्रयुक्त होता रहा, परंतु स्वर्ण के मुकाबले इसकी कीमत लगातार गिरती गयी। 1874 में एक पाउंड स्वर्ण की कीमत 15.5 पाउंड रजत की कीमत के बराबर थी। आस्ट्रेलिया में रजत के निक्षेप मिलते ही यह अनुपात और भी ज्यादा गिर गया–1: 46 हो गया। 1816 में इंग्लैंड में द्विधातुपन (bimetallism) की प्रथा समाप्त कर दी गयी अर्थात् मुद्रा के निर्माण में एक ही वक्त में दो धातुओं का प्रयोग (स्वर्ण और रजत) बंद कर दिया गया। बाद में अन्य देशों ने भी इंग्लैंड का अनुसरण किया।

रूसी सिक्कों 'रूबल' और 'कोपेक' के इन नामों का श्रेय भी रजत को जाता है। तेरहवीं शताब्दी में कीव रूस में रूबल का चलन शुरू हुआ। यह रजत की एक टिकिया होती थी जिसका वजन 200 ग्राम के आसपास होता था। ऐसा समझा जाता है कि रूबल के सिक्के ढालते समय पहले रजत की एक बहुत बड़ी सिल्ली ढाली जाती थी और फिर उसके हिस्से कर दिये जाते थे। रूबल रूसी शब्द 'रूबित' से लिया गया है जिसका अर्थ है–'काटना'। 'कोपेक' शब्द कुछ अर्से बाद प्रचलित हुआ। 1534 में रूस में रजत के सिक्के बनने लगे जिन पर एक घुड़सवार का चित्र अंकित होता था। इस घुड़सवार के हाथ में एक भाला होता था। कोपेक रूसी शब्द 'कोप्यो' से लिया गया है जिसका अर्थ है–'भाला'।

लगता है शब्द 'सिल्वर' या तो असारी भाषा से लिया गया है (serpu) या गाथिक भाषा से (silubr)। लातीनी नाम argentum शायद संस्कृत से लिया गया है।

ताम्र

फ्रांसीसी वैज्ञानिक म० बर्थेलोट के विचारानुसार मानवजाति कम से कम 5000 साल से ताम्र को जरूर जानती है। अन्य अनुसंधानकर्ताओं के मतानुसार ताम्र के प्रचलन का इतिहास इससे भी पुराना है। ताम्र तथा टिन के साथ बना इसका एक ऐलाय-कांसा बहुत लंबे अर्से तक कामकाज की चीजों के निर्माण में मुख्य पदार्थ की भूमिका निभाता रहा। इन दो पदार्थों ने मानवजाति के विकास के इतिहास में एक युग की आधारशिला रखी जिसका नाम है–कांस्ययुग। ताम्र इतनी महत्त्वपूर्ण धातु क्यों सिद्ध हुई? ताम्र प्रकृति में काफी विस्तृत है तथा इसको काम लायक बनाना बहुत सरल होता है। शुरू में लोग केवल उस ताम्र का उपयोग करते थे जो प्रकृति में स्वतंत्र रूप में मिलता था। परंतु बाद में जरूरत ज्यादा होने के कारण ताम्र अयस्कों के खनन की आवश्यकता महसूस होने लगी। ताम्र की उच्च्च मात्रा युक्त अयस्क से धातु अलग करना अपेक्षाकृत काफी आसान काम होता है। ईसा से तीस शताब्दी पूर्व भी ताम्र औजारों के निर्माण में विस्तृत रूप से प्रयुक्त

होता था। मिस्र के फिराउन चिओपस के पिरामिड में अति विशालकाय पत्थर लगाए गए, जिन्हें ताम्र के औजारों से काटा गया।

साइप्रस की ताम्र खान प्राचीन ताम्र खानों में सबसे ज्यादा प्रसिद्ध थी। लगता है कि इस धातु का लातीनी नाम cuprum इसी द्वीप के नाम से लिया गया है।

जैसे ही मनुष्य ने कांसा बनाना सीख लिया, वह पत्थर के औजारों की जगह पूरी तरह कांसे के औजार इस्तेमाल करने लगा। संभवतः पहला कांसा मनुष्य ने संयोग से बनाया था। क्रेट द्वीप पर हुए पुरातत्वज्ञी अनुसंधानों से यह बात सिद्ध हुई है। इस द्वीप पर ताम्र के साथ-साथ कांसे की भी चीजें मिली हैं जो ईसा से 3500 वर्ष पूर्व के जमाने की हैं। पहला कांसा काफी महंगा था तथा मुख्यतः आभूषणों और विलास-वस्तुओं के निर्माण में प्रयुक्त होता था। प्राचीन मिस्र में कांसे से दर्पण बनाए जाते थे। कांसा भी ताम्र की तरह मीनाकारी तथा मूर्त्ति-निर्माण के लिए अति उत्तम पदार्थ था। ईसा से पाँच शताब्दी पूर्व मनुष्य कांसे की मूत्तियाँ बनाना सीख गया था। माइसीनी युग में यूनान में कांसे की मूर्त्तिकला प्रगति की चरम सीमा पर पहुँच गयी थी। हमारे युग में भी तो ताम्र और कांसा इन कामों में प्रयुक्त हो रहे हैं।

कांसे के अलावा ताम्र का एक और अद्वितीय ऐलाय है—पीतल या पीला तांबा, जिससे भी मानवजाति प्राचीन काल से परिचित है। प्राचीन मिस्रवासी , यूनान, भारत, असीरी तथा रोम के निवासी ताम्र, कांसे तथा पीले तांबे से परिचित थे, ये लोग ताम्र के साथ-साथ कांसे के भी हथियार बनाते थे। अल्ताई, साइबेरिया तथा ट्रांस-काकेशस के कुछ इलाकों की पुरातत्वज्ञी खुदाई के दौरान ताम्र तथा कांसे के बने चाकू, तीरों की नोंकें, ढाल तथा टोप मिले हैं जो ईसा से आठ-छः शताब्दी पूर्व के जमाने में बनाए गए। प्राचीन यूनान तथा रोम में ढालों तथा तलवारों के निर्माण में भी ताम्र तथा कांसा प्रयुक्त किए जाते थे। अग्निशस्त्रों का आविष्कार होने पर ताम्र को एक और काम मिल गया।

लौह

प्रकृति में सबसे ज्यादा विस्तृत धातुओं में ऐलुमिनियम के बाद दूसरा स्थान लौह को प्राप्त है, परंतु मिश्रणों के बिना शुद्ध रूप में पैदा हुआ लौह प्रकृति में बहुत कम मिलता है। संभव है कि मनुष्य के हाथ लगा पहला लौह उल्कापिंड से उत्पन्न हुआ लौह था। लौह जल तथा वायु की उपस्थिति में अति सरलता से ऑक्सीकृत हो जाता है तथा मुख्यतः ऑक्साइडों के रूप में मिलता है। लौह के ऑक्सीकरण की वजह से इस धातु की बनी प्राचीन चीजें बहुत कम मिलती हैं। लगभग 5000 साल पूर्व मनुष्य लौह, से परिचित हुआ। आरंभ में लौह बड़ा महँगा था तथा इसकी कीमत स्वर्ण से भी ज्यादा थी। स्वर्ण के आभूषण की मीनाकारी लौह से की जाती थी।

अगर सारे महाद्वीपों के लोगों को स्वर्ण, रजत तथा ताम्र का पता करीब एक ही जमाने में लगा तो लौह के साथ ऐसा कुछ नहीं हुआ। मिस्र तथा मैसोपोटामिया में ईसा से 2000 वर्ष पूर्व अयस्कों से लौह अलग करने की विधि खोजी गयी। ट्रांस-काकेशस एशिया-माइनर तथा प्राचीन यूनाम में ईसा से पूर्व द्वितीय सहस्राब्दी के अंत में और भारत में उसी द्वितीय सहस्राब्दी के मध्य में मनुष्य ने लौह को अयस्क से अलग करना सीखा। चीन के लोगों को इस कला का ज्ञान काफी देर से हुआ—ईसा से पूर्व प्रथम सहस्राब्दी के मध्य में। नई दुनिया के देशों में लौह युग यूरोप के लोगों के साथ आया अर्थात् हमारे युग की दूसरी सहस्राब्दी में। अफ्रीका की कुछ जातियों ने कांसे का कभी इस्तेमाल ही नहीं किया। उन्होंने लौह से कार्य चलाना शुरू कर दिया। इसका कारण विभिन्न प्राकृतिक परिस्थितियाँ हैं। जिन देशों में ताम्र और टिन के भंडार बहुत कम हैं, वहाँ इन धातुओं की जगह दूसरी धातु का प्रयोग स्वाभाविक था। अमरीका में शुद्ध प्राकृत ताम्र का एक अतिविशाल निक्षेप होने के कारण यहाँ के लोगों को दूसरी नई धातुओं की कोई जरूरत नहीं महसूस हुई। लौह का उत्पादन धीरे-धीरे बढ़ता गया तथा इसे कीमती धातु की जगह एक साधारण धातु माना जाने लगा। हमारे युग के आरंभ तक लौह का प्रयोग काफी विस्तृत हो गया।

उस जमाने में जितनी भी धातुएँ तथा ऐलाय ज्ञात थे, उनमें लौह सबसे ज्यादा मजबूत था। इसी कारण जैसे ही लौह सस्ता हुआ, लोग इस धातु का प्रयोग विभिन्न औजारों तथा हथियारों के निर्माण में करने लगे। हमारे युग के आरंभ में यूरोप और एशिया ने लौह के उत्पादन में काफी तरक्की कर ली थी। भारतीय धातुकर्मी लौह के प्रगलन तथा ढालने-पीटने के काम में विशेष रूप से निपुण हो गए थे।

लौह के उत्पादन की विधियों का इतिहास बहुत मनोरंजक है। आरंभ में मनुष्य केवल उल्कापिंडों से मिले लौह का इस्तेमाल करता था जो विरल होने के कारण बहुत महँगा पड़ता था। इसके बाद लोगों ने लौह के अयस्कों को हवादार स्थानों में कोयले के साथ गर्म करके लौह प्राप्त करना सीख लिया। इस प्रकार जो लोहा मिलता था वह स्पंजी तथा निम्न कोटि का होता था तथा इसमें धातुमल की बहुत बड़ी मात्रा उपस्थित होती थी। खुली भट्ठी का आविष्कार लोहे के उत्पादन में एक अतिमहत्वपूर्ण कदम था। इस भट्ठी की अंदरूनी सतह पर उच्चतापसह पदार्थ लगा होता था। सीरिया के प्राचीन नगरों की खुदाई यह बताती है कि इस विधि द्वारा प्राप्त लोहा काफी हद तक शुद्ध होता था। आगे चलकर लोगों को यह भी पता चल गया कि ढलवां लोहा, जिसे वे पहले कूड़ा समझ कर फेंक देते थे, फिर से लोहे में बदला जा सकता है। खास बात यह थी कि इस काम में कोयला बहुत कम लगता था तथा प्राप्त लोहे की कोटि बहुत उच्च होती थी।

पंद्रहवीं शताब्दी के अंत में प्रथम प्रगलन भट्ठियाँ बन गयीं जिनसे केवल ढलवां लोहा प्राप्त होता था। लोहे तथा इस्पात के प्रगलन की विधियाँ बड़ी तेजी से विकसित होने लगीं। 1855 में इस्पात बनाने की परिवर्तक विधि प्रस्तुत की गयी जिसका आज भी प्रयोग हो रहा है। 1865 में एक नयी विधि ढूंढ़ी गयी जिसे फ्रांसीसी धातुकर्मी-वैज्ञानिक प्येर मार्टिन का नाम दिया गया। इस्पात में धातुमल न के बराबर होता है।

रासायनिक चिह्न Fe लातीनी शब्द 'Ferrum' से लिया गया है जिसका अर्थ है—लौह।

लेड

लेड प्राकृत अवस्था में बहुत कम मिलता है, परंतु अयस्कों में बड़ी आसानी से प्रगलित किया जा सकता है। सबसे पहले मिस्रवासियों को इस धातु का पता चला। उसी जमाने में इन लोगों को लौह और रजत की भी जानकारी हुई थी। ईसा से 2000 वर्ष पूर्व भारत और चीन के लोग लेड प्रगलित कर सकते थे। यूरोप में इस धातु का उत्पादन कुछ देर से शुरू हुआ, हालांकि ईसा से छः शताब्दी पूर्व के जमाने के दस्तावेज यह बताते हैं कि टायर व्यापारिक मेले में लेड की बिक्री हुई थी। बाबिल के राजा हमुरापी के शासनकाल में बहुत बड़ी मात्रा में लेड उत्पादित किया जाता था। काफी अर्से तक लोग लेड को टिन समझते रहे टिन का नाम 'plumbumalbum' रखा हुआ था तथा लेड का 'plumbum nigrum'। केवल मध्य युग में इन्हें दो अलग-अलग धातुओं के रूप में स्वीकार किया गया।

यूनानी तथा फिनीशियाई लोगों ने स्पेन में कई लेड खानों में खुदाई शुरू करवायी, बाद में रोमन लोगों ने इन पर कब्जा कर लिया। प्राचीन रोम में लेड का उपयोग काफी विस्तृत था। इसे बर्तनों तथा पत्र लिखने की कलम के निर्माण में प्रयुक्त करते थे। विख्यात रोमन पाइप लाइन के पाइप भी लेड से ही तो बनाए गए थे। सफेद रंजकों के निर्माण में भी लेड इस्तेमाल किया जाता था। रोडस द्वीप सफेद लेड का सबसे बड़ा निर्यातक था। इसके उत्पादन की जो विधि उन दिनों प्रचलित थी, वह आज भी अपनायी जा रही है। यह विधि निम्न हैः लेड के टुकड़े सिरके में डुबो कर जो लवण प्राप्त होता है उसे पानी के साथ काफी देर तक उबालते हैं। अब सफेद लेड तैयार है। परन्तु लाल लेड पहली बार संयोगवश प्राप्त हुआ। यूनान के पिरेस बंदरगाह में आग दुर्घटना के दौरान सफेद लेड से भरे ड्रम भी आग की लपेट में आ गए। आग बुझाने पर इन जले ड्रमों में लाल रंग का एक पदार्थ मिला : यह लाल लेड था।

रूस में लेड का उत्पादन प्राचीन काल से ज्ञात है, परंतु अठारहवीं शताब्दी तक इसके उत्पादन की विधि काफी अपरिष्कृत थी। अग्निशस्त्रों के आविष्कार के बाद बंदूकों की गोलियाँ लेड से बनायी जाने लगीं। आज लेड का उपयोग

सैनिक कार्यों में और भी ज्यादा हो गया है। परंतु 'मिलिट्री' में नौकरी के अलावा लेड के पास कई शांतिपूर्ण काम भी हैं। उदाहरणतया, छापेखाने के अक्षर लेड और ऐंटिमनी के ऐलाय से बनाए जाते हैं। इसके अलावा विभिन्न प्रयोगों के दौरान रेडियमधर्मी विकिरण से बचाव के लिए लेड के दस्ताने, एप्रन आदि पहने जाते हैं।

यूनानी लोग लेड को मालिब्डास (molibdos) कहते थे। चिन्ह Pb लातीनी शब्द plumbum से लिया गया है।

टिन

टिन साधारणतया प्रकृति में एक खनिज कैसिटेराइट (रांगा पत्थर) के रूप में मिलता है। समझा जाता है कि मनुष्य को टिन की जानकारी लगभग 6-6.5 हजार साल पहले हुई अर्थात् जिस युग में ताम्र का पता चला। भूमध्य सागर के तटवर्त्ती इलाकों, फारस और भारत में टिन का उत्पादन विस्तृत था। मिस्रवासी काँसा बनाने के लिए आवश्यक टिन फारस से लाते थे। अ० लुकास ने अपनी पुस्तक 'प्राचीन मिस्री पदार्थ तथा उत्पादन' में लिखा है कि मिस्र में टिन अयस्क न होने पर भी इस धातु की बनी सबसे प्राचीन चीजें (काँसे को छोड़कर) अठारहवीं पीढ़ी के फिराउनों की कब्रों में मिली हैं (ईसा से 1580-1350) वर्ष पूर्व। पुरातत्वज्ञों को यहाँ टिन की बनी एक अँगूठी तथा बोतल मिली है जो विश्व में सबसे प्राचीन मानी जाती हैं। टिन केवल भूमध्यसागरीय देशों में ही ज्ञात नहीं था। जूलियस सीजर ने ब्रिटेन के मध्यवर्ती इलाकों में लेड के उत्पादन की चर्चा की है। स्पेनिश सेनापति कोर्टेज ने 1519 में जब दक्षिणी अमरीका पर कब्जा किया, तो उसने यह देखा कि मैक्सिको में टिन के सिक्के खूब चल रहे थे। परंतु यह पता नहीं चल सका कि अमरीका में टिन की खोज कब शुरू हुई।

प्राचीन काल में टिन का उपयोग काँसे के निर्माण तक ही सीमित नहीं था। टिन के गहने तथा बर्तन बनाए जाते थे। प्लीनी ज्येष्ठ तथा डायोस्कोराइड ने ताम्र-प्लेटों पर टिन का अस्तर चढ़ाने का जिक्र किया है जिससे ताम्र संक्षरण से बचा रहता था।

तेरहवीं शताब्दी तक यूरोप में अकेला इंग्लैंड ऐसा देश था जहाँ टिन का उत्पादन होता था। टिन की कीमत काफी ऊँची थी। सोलहवीं शताब्दी के मध्य में इसकी कीमत रजत के बराबर थी तथा इसका प्रयोग विलास-वस्तुओं के निर्माण में होता था। जैसे-जैसे इसका उत्पादन बढ़ता गया, इसे और कई काम मिलते गए, उदाहरणतया, यह टिन-प्लेट के निर्माण में प्रयुक्त होने लगा।

इसका लातीनी नाम stannum संस्कृत भाषा से लिया गया है, चिन्ह Sn लातीनी नाम से लिया गया है।

पारद

रूसी लेखक इ० येफ्रेमोव ने एक कहानी लिखी है, जिसका शीर्षक है 'पहाड़ी आत्माओं की झील।' जो कोई भी धूप में इस झील की सैर करने आता था, उसकी मौत हो जाती थी। इस इलाके के लोगों का विश्वास था कि झील में आत्माएँ रहती थीं जो आगंतुकों को जरा भी पसंद नहीं करती थीं। जब भूविज्ञानियों का दल ऊँची पहाड़ियों के बीच स्थित इस झील पर पहुँचा तब पता चला कि उस झील में केवल पानी ही नहीं भरा था। झील के अंदर पानी के साथ-साथ प्राकृतिक पारद भी मिला। इसकी वाष्पें ही वे 'दुष्ट आत्माएँ' थीं जो गर्मी के दिनों में झील के आस-पास के इलाके में फैल जाती थीं।

वास्तव में पारद अक्सर प्राकृत रूप में मिलता है, और कभी-कभी बिल्कुल अप्रत्याशित जगहों पर। उदाहरणतया, स्पेन के कुछ पहाड़ी जिलों में लोगों को कुओं के तलों में पारद मिला। प्राचीन काल में चीनी और भारतीय लोग पारद से परिचित थे। ईसा से 2000 वर्ष पूर्व के जमाने की मिस्री कब्रों की खुदाई के दौरान भी पारद मिला। अधिकांश शोधकर्त्ताओं को यह विश्वास है कि प्राचीनकाल के मनुष्य को पारद का एकमात्र खनिज सिनबार ज्ञात था। थियोफ्रास्टस (ईसा से 300 वर्ष पूर्व) ने सिनबार से पारद प्राप्त करने की एक विधि का वर्णन किया है जिसमें सिनबार की ताम्र तथा सिरके के साथ

प्रतिक्रिया के परिणामस्वरूप पारद प्राप्त होता था। मनुष्य को पारद का इतने प्राचीन काल में पता चलने का कारण यह था कि सिनबार से पारद प्राप्त करना बहुत सरल होता था। इस खनिज को सिर्फ उच्च ताप तक गर्म करने से ही पारद मिल जाता था।

विश्व का सबसे विशाल पारद निक्षेप स्पेन (अल्माडेन) में है। रोमन साम्राज्य के काल में इस निक्षेप पर खनन कार्य शुरू हो गया था। रोमन लोग यहाँ से प्रतिवर्ष 4.5 टन पारद निकालते थे।

प्राचीन काल में पारद के उपयोग विस्तृत थे। पारदमिश्रणों से दर्पण की एक सतह पर बारीक परत चढ़ायी जाती थी ताकि शीशे की प्रतिबिंबन-क्षमता बढ़ जाए। पारद तथा इसके यौगिक औषधि के रूप में इस्तेमाल किए जाते थे। सिनबार मुख्यतः रंजक के रूप में प्रयोग होता था न कि शुद्ध पारद की प्राप्ति के काम में। एक धातु पर दूसरी धातु चढ़ाने की गैलवनी विधि के आविष्कार से पहले पारद तथा रजत पालिश में प्रयुक्त होते थे। धातु की पट्टी पर पारद मिश्रण का लेप चढ़ाकर उसे काफी तपाते थे जिससे पारद वाष्पित हो जाता था तथा पट्टी पर स्वर्ण या रजत की पतली सतह रह जाती थी। परंतु यह विधि बहुत खतरनाक थी। गैसों के अध्ययन में पारद ने बहुत महत्त्वपूर्ण भूमिका निभायी; इसे गैस पम्पों तथा गैस रखने के बर्तनों में इस्तेमाल करते थे।

अरस्तु ने पारद का नाम 'द्रव रजत' रखा। डियोस्कोराइड ने इसे 'रजत जल' बताया जिसके आधार पर लातीनी भाषा में इसका नाम 'hydrargirum' रखा गया।

अध्याय II

मध्य युग में खोजे गए रासायनिक तत्त्व

कुछ ऐसे रासायनिक तत्त्व हैं जिनकी खोज का इतिहास बिल्कुल भी पता नहीं है। इस कारण इनका वर्गीकरण काफी कठिन काम है। पिछले अध्याय में 9 तत्त्वों को हमने प्राचीन काल के तत्त्व माना क्योंकि हमारे पास इस बात के प्रमाण हैं। परंतु अब हमारे सामने पाँच और तत्त्व हैं : फास्फोरस, आर्सेनिक, एंटिमनी, बिस्मथ तथा जिंक। कुछ सबूत मिलते हैं जिनके अनुसार अगर प्रागैतिहासिक काल में नहीं तो हमारे युग से पहले लोगों को फास्फोरस के अलावा अन्य चारों तत्त्वों की जानकारी थी और अगर तत्त्वों की नहीं, तो उनके अयस्कों तथा खनिजों का पता था। परंतु उनकी जानकारी बड़ी अस्पष्ट तथा भ्रमजनक थी। कीमियागरी के युग में इन तत्त्वों की कल्पना थोड़ी स्पष्ट हुई, जब प्रयोगशालाओं तथा दवाखानों में विभिन्न प्रकार के रासायनिक प्रयोग किए जा रहे थे। परंतु रासायनिक अभिक्रियाओं का सार लोगों की समझ के बाहर रहा। हाँ, इन अनुसंधान कार्यों से विज्ञान को एक लाभ जरूर हुआ—कुछ उपयोगी पदार्थों (अम्लों तथा लवणों) का प्रयोग खूब बढ़ गया।

जिन तत्त्वों की चर्चा हम इस अध्याय में करने जा रहे हैं, मध्य युग में इसी प्रकार के अनुसंधान कार्यों के दौरान उनका पता चला। विश्लेषक रसायन उस वक्त पैदा भी नहीं हुआ था तथा इन तत्त्वों के बारे में जो तथ्य पता चले थे, उनके अनुसार इन तत्त्वों के परिचय को नए तत्त्वों की खोज कहना उचित नहीं था।

संक्षेप में हम यह कह सकते हैं कि फास्फोरस, आर्सेनिक, एंटिमनी, बिस्मथ तथा जिंक का इतिहास असामान्य है। प्रकृति की सनक के कारण P, As, Sb तथा Bi आवर्त सारणी के पाँचवें ग्रुप के मुख्य उपग्रुप में रखे गए हैं। इन तत्त्वों के गुणों की समानता ने अक्सर कई गलतफमियाँ पैदा की हैं।

चूंकि इन तत्त्वों की खोज का क्रम कोई महत्त्व नहीं रखता, हम सबसे पहले फास्फोरस का वर्णन करेंगे।

फास्फोरस

सबसे ज्यादा आश्चर्य की बात यह है कि सभी प्राचीनकालीन तथा मध्यकालीन तत्त्वों में अकेला फास्फोरस ऐसा है जिसकी खोज की सही तिथि पता है—सन् 1669। इस बात के पक्के सबूत नहीं मिले हैं कि मनुष्य को इससे पहले भी फास्फोरस या इसके यौगिकों की जानकारी थी। फास्फोरस का आविष्कार सत्रहवीं शताब्दी की एक अतिमहत्त्वपूर्ण तथा अप्रत्याशित घटना थी जिसने वैज्ञानिक तथा विद्वान् जगत् में एक तहलका-सा मचा दिया था। इस पदार्थ (तत्त्व कहना असामयिक था) में एक अद्वितीय गुण था—साधारण ताप पर यह वायु में खुद संदीप्त होने लगता था। इस प्रकार के यौगिक को (उदाहरणतया, बोलोनी पत्थर अर्थात् बेरियम सल्फाइड BaS जो बैराइट के कोयले तथा तेल के साथ परितापन का उत्पाद है) फास्फोरस का नाम दिया गया (यूनानी शब्दों 'phos'—'प्रकाश' तथा 'phoro'‘वहन करता हूँ’)। इस प्रकार तत्त्व का नाम

उस की खोज से पहले ही रख दिया गया।

फास्फोरस की खोज का इतिहास काफी असाधारण हैं। हम्बर्ग में एक दिवालिया व्यापारी रहता था जिसका नाम हेनिग ब्रांड था। उन दिनों कीमियागरी का महत्त्व बहुत घट गया था परंतु लोग अभी भी 'पारसमणि' के अस्तित्व में विश्वास करते थे। ब्रांड भी उन लोगों में शामिल था। अपनी आर्थिक हालत सुधारने के लिए उसने विभिन्न यौगिकों में मौलिक पदार्थ ढूँढ़ना शुरू कर दिया। उसके द्वारा विश्लेषित पदार्थों में मनुष्य का मूत्र भी शामिल था। ब्रांड ने मूत्र को उबाल कर एक चाशनी सी बना दी और फिर इसका आसवन करके लाल रंग का एक द्रव्य प्राप्त किया जिसका नाम उसने मूत्र तेल रखा। इस द्रव को एक बार फिर गर्म करने से ब्रांड को अपने रिटार्ट के पेंदे में एक काला अवक्षेप मिला। परितापित करने पर यह अवक्षेप एक सफेद संदीप्त पदार्थ में परिवर्तित हो गया जो रिटार्ट की दीवारों पर जम गया। कीमियागर की प्रसन्नता का ठिकाना न था। उसे यह लग रहा था कि उसने अग्नि का सार अलग कर लिया है। ब्रांड ने अपनी खोज की खबर गुप्त रखी तथा फास्फोरस के साथ काम जारी रखा। वह इस तत्त्व की सहायता से अन्य धातुओं को स्वर्ण में बदलने की कोशिश कर रहा था। जैसी आशा थी, ब्रांड के प्रयास व्यर्थ हो गए।

परंतु ब्रांड ज्यादा अर्से तक अपने रहस्य को छिपा नहीं सका। उसने खुद ही इसका भेद खोल दिया। साधारण धातुओं से स्वर्ण प्राप्त न होने पर उसने नए पदार्थ को बेचने का धंधा शुरू करना चाहा। फास्फोरस की बिक्री करते हुए उसने इसे प्राप्त करने की विधि गुप्त रखी परंतु उसकी यह योजना भी असफल हो गयी। यूरोप में जैसे ही फास्फोरस का पता चला, बहुत सारे वैज्ञानिकों ने इसकी ओर ध्यान दिया : प्रसिद्ध गणितज्ञ लेइबनित्स, रसायनज्ञ तथा भौतिकविद् क्राफ्ट, कुन्केल, बॉयल, ह्यूजेन्स आदि। उन दिनों कुन्केल सैक्सन के राजा के दरबार में राजकीय कीमियागर के पद पर आसीन थे उन्होंने अपने सहायक क्राफ्ट को हम्बर्ग जाकर ब्रांड से फास्फोरस बनाने का रहस्य पता करने को कहा। क्राफ्ट ने यह रहस्य 200 थालेर (मुद्रा) देकर खरीद लिया परंतु कुन्केल को इसकी हवा नहीं लगने दी। क्राफ्ट ने इस जानकारी से खुद लाभ उठाने का फैसला किया और वह यूरोप के देशों की यात्रा पर निकल पड़ा। वह इस अद्वितीय पदार्थ की चमक से समाज को चकित करना चाहता था। उधर कुन्केल ने खुद फास्फोरस बनाने की कोशिश की। काफी प्रयासों के बाद उसे इस काम में सफलता मिल गयी।

ब्रांड की विधि हम तक नहीं पहुँच पायी, परंतु कुन्केल की विधि (1676) की आज भी काफी अच्छी जानकारी है। ताजे मूत्र को काला अवक्षेप प्राप्त होने तक वाष्पित करते थे। इस अवक्षेप को पहले सावधानीपूर्वक गर्म करते थे और फिर इसमें रेत तथा कोयला मिलाकर खूब गर्म करते थे। उड़नशील तथा तैल द्रव्यों को अलग करने पर रिटार्ट की दीवारों पर सफेद रंग का पदार्थ जमा हो जाता था जो फास्फोरस होता था। इस प्रोसेस में निम्न रासायनिक प्रतिक्रियाएँ घटती थीं :

(a) $NaNH_4HPO_4 \xrightarrow{t} NaPO_3 + NH_3\uparrow + H_2O;$

(b) $2NaPO_3 + SiO_2 \xrightarrow{t} Na_2SiO_3 + P_2O_5;$

(c) $P_2O_5 + 5C \xrightarrow{t} P_2 + 5CO\uparrow$

ब्रांड की तरह कुन्केल ने भी फास्फोरस बनाने की विधि गुप्त रखने का फैसला किया। 1680 में राबर्ट बॉयल ने लगभग इसी विधि से फास्फोरस प्राप्त किया। वे तीसरे वैज्ञानिक थे जिन्हें फास्फोरस प्राप्त करने में सफलता मिली थी। उन्होंने लंदन की रॉयल सोसाइटी को एक व्यक्तिगत पत्र द्वारा इस बात की सूचना दी। बॉयल के सहायक हैन्केवित्स ने फास्फोरस का बड़े पैमाने पर उत्पादन करके काफी पैसा बनाया क्योंकि उन दिनों फास्फोरस काफी महँगा था।

काफी अर्से तक यह विश्वास किया जाता रहा कि फास्फोरस का केवल एक अपर रूप (सफेद) होता है। परंतु 1847 में श्रेटर ने फास्फोरस को वायु के बिना 300ºC तक गर्म करके लाल फास्फोरस प्राप्त किया जो सफेद फास्फोरस की तरह

जहरीला नहीं था तथा हवा में दहनशील नहीं था। 1934 में ब्रिजमैन ने उच्च दाब पर फास्फोरस गर्म करके इसका तीसरा अपररूप प्राप्त किया—काला फास्फोरस)

आर्सेनिक (संखिया)

यूनान तथा रोम के वासियों को आर्सेनिक यौगिकों की, विशेषतया, इसके सल्फाइडों As_2S_3 (डाइआर्सेनिक ट्राइसल्फाइड तथा As_4S_4 (realgar) की अच्छी जानकारी थी। ये लोग डाइआर्सेनिक ट्राइसल्फाइड को 'आर्सेनिक' के नाम से भी जानते थे। प्लीनीज्येष्ठ तथा डियोस्कोराइड ने इन यौगिकों की विषाक्तता का वर्णन किया है। डियोस्कोराइड ने परितापित आर्सेनिक से सफेद आर्सेनिक (ऑक्साइड) प्राप्त करने की विधि का जिक्र किया है।

आर्सेनिक प्राकृत अवस्था में कभी-कभी मिलता है। उसे उसके यौगिकों से आसानी से पृथक् किया जा सकता है। यह पता नहीं है कि सबसे पहले इस तत्त्व को किसने प्राप्त किया। अक्सर इसकी खोज का श्रेय कीमियागर अल्बर्ट महान् को दिया जाता है। पारासेल्स ने आर्सेनिक प्राप्त करने की एक विधि का वर्णन किया है जिसके अनुसार डाइआर्सेनिक ट्राइसल्फाइड को अंडे के छिलकों के साथ मिलाकर परितापित करने के बाद आर्सेनिक धात्विक अवस्था में प्राप्त किया जाता था। कुछ सूचनाओं के अनुसार लोगों को इससे काफी पहले भी धात्विक आर्सेनिक की जानकारी थी, परंतु वे इसे प्राकृत पारद का एक रूप समझते थे। इस धारणा के दो कारण थे—पहला यह कि आर्सेनिक सल्फाइड पारद के एक खनिज से बहुत मिलता-जुलता है और दूसरा यह कि आर्सेनिक को इसके अयस्कों से अलग करना कोई ज्यादा मुश्किल नहीं होता।

मध्ययुग में आर्सेनिक केवल यूरोप में नहीं, बल्कि एशिया में भी ज्ञात था। चीनी कीमियागर अयस्कों से आर्सेनिक प्राप्त करने की विधि भी जानते थे। अगर मध्ययुग में यूरोप के विशेषज्ञ यह सिद्ध नहीं कर सकते थे कि अमुक व्यक्ति की मृत्यु आर्सेनिक के विष से हुई है तो चीनी कीमियागर यह बात बता सकते थे। दुर्भाग्यवश उनके विश्लेषण की विधि अज्ञात ही रही। यूरोप में मनुष्य के शरीर के अंदर तथा मृत्यु से पहले उसके द्वारा खाए भोजन में आर्सेनिक की मात्रा ज्ञात करने की विधि डी मार्श ने बाद में खोजी। यह विधि बहुत ही सुग्राही है तथा आज भी अपनायी जा रही है।

क्योंकि प्रकृति में आर्सेनिक कभी टिन के साथ मिला होता है इसलिए इतिहास में, उदाहरणतया चीनी साहित्य में टिन के नए बर्तनों में रखी मदिरा या जल पीने से लोगों को विषाक्तता का विवरण मिलता है।

बहुत अर्से तक लोग सफेद आर्सेनिक या इसके ऑक्साइड को और खुद आर्सेनिक को एक ही पदार्थ समझते रहे। इस गलतफहमी को सबसे पहले ब्रांड ने दूर किया। बाद में लेवूजियो ने भी यह सिद्ध कर दिया कि आर्सेनिक एक स्वतंत्र रासायनिक तत्त्व है।

पुराने जमाने से आर्सेनिक ऑक्साइड का प्रयोग चूहे तथा कीड़े मारने की दवाई के रूप में होता आ रहा है। रूसी भाषा में इस तत्त्व को 'मिश्याक' कहते हैं जो दो रूसी शब्दों 'मिश' तथा 'याद' से बना है जिनके अर्थ क्रमशः 'चूहा' तथा 'विष हैं। आर्सेनिक का चिन्ह As लातीनी शब्द Arsenicum से लिया गया है। इस शब्द की व्युत्पत्ति का इतिहास अस्पष्ट है।

ऐंटिमनी

ऐंटिमनी तथा इसके यौगिक अति प्राचीन काल से ज्ञात हैं। कुछ शोधकर्ताओं का कथन है कि ईसा से 3400 वर्ष पूर्व दक्षिण बाबिल में बर्तनों के निर्माण में ऐंटिमनी इस्तेमाल किया जाता था। प्राचीन काल में यह तत्त्व तथा इसके यौगिक मुख्यतः सौंदर्य-प्रसाधन बनाने के लिए प्रयुक्त होते थे। इनसे कुमकुम तथा भौं के लिए काला रंग बनाते थे। परंतु मिस्र के लोगों को ऐंटिमनी की बिल्कुल जानकारी नहीं थी या बहुत थोड़ी जानकारी थी। ममियों के रंग तथा मिस्र की कब्रों की खुदाई इस बात के सबूत हैं।

प्राचीन काल में लोग ऐंटिमनी को लेड समझते थे। केवल पुनर्जागरण युग के कीमियागरी साहित्य में ऐंटिमनी की काफी ठीक परिभाषा दी गई। उदाहरणार्थ, अग्रिकोला ने स्पष्ट कहा कि ऐंटिमनी अन्य धातुओं से भिन्न धातु है। वासीलिस वालेन्तीनस ने ऐंटिमनी पर एक निबंध लिखा, जिसका नाम रखा 'ऐंटिमोनियम की विजय-गाड़ी।' इस में वालेन्तीनस ने ऐंटिमनी तथा इसके यौगिकों के उपयोगों का वर्णन किया।

लातीनी नाम Antimonium के बारे में कई मत हैं। संभवतः यह यूनानी शब्द 'antimonot (s)' से लिया गया है, जिसका अर्थ है 'एकाकीपन का शत्रु।' यह नाम ऐंटिमनी की अन्य खनिजों के साथ दोस्ती की ओर इशारा करता है।

रूसी भाषा में ऐंटिमनी को 'सुरमा' कहते हैं। यह शब्द तुर्की भाषा से लिया गया है, जिसका अर्थ होता है–'रंगभूषा', 'मलहम'। कुछ पूर्वी भाषाओं में इस शब्द का आज भी यही मलतब होता है। 1724 से रूसी भाषा में इस तत्त्व के लिए 'सुरमा' शब्द प्रचलित है।

बिस्मथ

मानवजाति बिस्मथ को बहुत प्राचीन काल से जानती है, परंतु काफी लंबे अर्से तक इसे आर्सेनिक, लेड तथा टिन समझा जाता रहा। उदाहरणतः, पारासेल्स का कहना था कि ऐंटिमनी की दो किस्में होती हैं : पहली किस्म का ऐंटिमनी प्रायः काले रंग का होता है तथा इसकी सहायता से स्वर्ण शुद्ध किया जाता है। यह ऐंटिमनी लेड से बहुत मिलता है। दूसरी किस्म का ऐंटिमनी सफेद रंग का होता है जिसे बिस्मथ कहते हैं। यह टिन से मिलता है। इन दोनों किस्मों के मिश्रण से रजत जैसा पदार्थ प्राप्त होता है। यह गलतफहमी काफी अर्से तक बनी रही। रसायन की दृष्टि से इस गलतफहमी के कारण स्पष्ट हैं। ऐंटिमनी तथा बिस्मथ एक जैसे तत्त्व हैं तथा इनके गुणों और पड़ोसी ग्रुप के तत्त्वों–लेड तथा टिन के गुणों में काफी समानता होती है।

आग्रिकोला ने पारासेल्स के विपरीत बिस्मथ का विस्तारपूर्वक वर्णन किया। उसने सैक्सन में मिले अयस्कों से इस तत्त्व को अलग करने की विधि पर भी प्रकाश डाला। बहुत दिनों तक खनिक लोग बिस्मथ को भी टिन की तरह लेड का अलग रूप समझते रहे। उन्हें यह भी विश्वास था कि बिस्मथ रजत में परिवर्तित किया जा सकता है।

मध्य रूस में बिस्मथ पंद्रहवी शताब्दी से ज्ञात है। जैसे-जैसे मुद्रण-कला का विकास होता गया, छपाई अक्षरों के निर्माण में ऐंटिमनी के साथ-साथ बिस्मथ भी प्रयुक्त किया जाने लगा। साहित्य में बहुत कम धातुएँ ऐसी हैं जिन्हें बिस्मथ की तरह ढेर सारे नाम दिए गए। फोन लिपिमान ने अपनी पुस्तक 'बिस्मथ का इतिहास (1480 से 1800 तक)' में इस धातु के 21 नाम गिनाए हैं जो यूरोप में प्रचलित रहे थे। केवल 18वीं शताब्दी में इसे एक स्वतंत्र धातु के रूप में स्वीकार किया गया। बिस्मथ का नाम विकृत जर्मन शब्दों 'विस' तथा 'मात' से लिया गया है जिसका अर्थ है 'सफेद द्रव्य।'

जिंक

जिंक भी उन तत्त्वों में शामिल है जिनके यौगिकों से मानवजाति अतिप्राचीन काल से परिचित है। इसका सबसे प्रसिद्ध खनिज कैलामाइन (जिंक कार्बोनेट) था। इस खनिज के परितापन से जिंक ऑक्साइड प्राप्त किया जाता था जो नेत्र-रोगों के उपचार में बहुत उपयोगी सिद्ध होता था।

हालांकि जिंक ऑक्साइड को अपचयित करके शुद्ध जिंक प्राप्त करना अति सरल होता है, परंतु फिर भी धातु के रूप में यह तत्त्व ताम्र, लौह, टिन तथा लेड के काफी बाद प्राप्त हो सका। इसका कारण यह था कि कोयले द्वारा जिंक ऑक्साइड के अपचयन में बहुत उच्च ताप की जरूरत पड़ती है ($\approx 1100^{\circ}C$)। धातु का क्वथनांक $906^{\circ}C$ होता है जिसकी वजह से जिंक के वाष्प उड़नशील हैं तथा आसानी से प्रतिक्रिया क्षेत्र से उड़ जाते हैं।

जिंक को धातु के रूप में प्राप्त करने से पहले जिंक के अयस्क पीतल (जिंक और ताम्र का ऐलाय) के निर्माण में

प्रयुक्त किए जाते थे। यूनान, रोम, भारत तथा चीन के लोग पीतल से परिचित थे। यह बात सिद्ध हो चुकी है कि रोमवासियों ने सम्राट् आगस्त (ईसा से 20 वर्ष पूर्व ईसा के 14 वर्ष बाद) के शासनकाल में पहली बार पीतल प्राप्त किया। आश्चर्य की बात यह है कि रोमन लोगों की पीतल बनाने की विधि उन्नीसवीं शताब्दी तक अपनायी जाती रही।

यह बताना असंभव है कि जिंक कब प्राप्त किया गया। प्रागैतिहासिक ढाकी खंडहरों में एक मूर्त्ति मिली है जिसमें 27.5% जिंक इस्तेमाल किया गया है। हो सकता है कि पीतल के उत्पादन के दौरान जिंक एक गौण उत्पाद के रूप में प्राप्त होता था।

यूरोप में नौवीं-दसवीं शताब्दियों में जिंक प्राप्त करने की कला का रहस्य खो गया तथा इसे भारत और चीन से मंगाया जाने लगा। यह माना जाता है कि औद्योगिक स्तर पर जिंक का उत्पादन सबसे पहले चीन में शुरू हुआ। इसके उत्पादन की विधि अति सरल थी। मिट्टी के बर्तनों में कैलामाइन भर देते थे तथा फिर उन्हें कसके बंद कर देते थे। अब इन बर्तनों को एक दूसरे के ऊपर रख कर एक पिरामिड सा बना देते थे। बर्तनों के चारों ओर खाली जगह में कोयला भर कर उन्हें तब तक गर्म करते थे जब तक वे लाल सुर्ख नहीं हो जाते थे। अब इन बर्तनों को ठंडा करके तोड़ देते थे। इनके अंदर से धातु के पिंड निकलते थे। इस प्रक्रिया में मिट्टी के बर्तन वाष्पों के संघनित्रों का कार्य करते थे।

यूरोप में सोलहवीं शताब्दी में एक बार फिर जिंक प्राप्त करने की विधि ढूँढ़ ली गयी। इस वक्त तक जिंक एक स्वतंत्र धातु के रूप में स्वीकार किया जा चुका था। अगली दो शताब्दियों में बहुत सारे रसायनज्ञ तथा धातुकर्मी जिंक प्राप्त करने की विधियों पर कार्य करते रहे। अ० मारग्राफ ने इस काम में काफी महत्त्वपूर्ण योगदान दिया। उन्होंने 1746 में जिंक पर एक पुस्तक लिखी जिसका शीर्षक था–'प्राकृत खनिज कैलामाइन से जिंक प्राप्त करने की विधियाँ'। उन्होंने यह सिद्ध किया कि रामेल्सबर्ग (जर्मनी) में मिले लेड अयस्कों में जिंक उपस्थित था। इसके अलावा मारग्राफ ने यह भी स्थापित किया कि जिंक स्फैलेराइट (प्राकृत जिंक सल्फाइड) से भी प्राप्त किया जा सकता है।

शब्द 'जिंक' लातीनी भाषा से लिया गया है जिसका अर्थ है–'ल्यूकोमा' या 'सफेद परत'। कुछ विद्वान् यह मानते हैं कि जिंक जर्मन शब्द 'Zinn' से लिया गया है जिसका अर्थ है–'लेड।'

अध्याय III

जल और वायु के तत्त्व

इस अध्याय में हम तीन प्राकृतिक गैसों का वर्णन करेंगे : हाइड्रोजन, नाइट्रोजन तथा ऑक्सीजन, जिनकी खोज अठारहवीं शताब्दी के द्वितीय अर्द्धांश की अति महत्त्वपूर्ण घटना थी। पृथ्वी का लगभग सारा वायुमंडल नाइट्रोजन और ऑक्सीजन से बना है (अन्य गैसों की मात्रा बहुत ही थोड़ी होती है)। हाइड्रोजन और ऑक्सीजन के संयोजन से एक अद्वितीय यौगिक-जल प्राप्त होता है। ये तीनों तत्त्व कार्बन के साथ मिलकर कार्बनिक तत्त्व बनाते हैं तथा सब जीव-जंतुओं और वनस्पतियों में (बिना किसी अपवाद के) उपस्थित होते हैं।

हाइड्रोजन, नाइट्रोजन तथा ऑक्सीजन की खोज ने रसायन के विकास में अतिमहत्त्वपूर्ण भूमिका निभायी तथा इसने बहुत-सी आधुनिक धारणाओं को जन्म दिया। इन गैसों की खोज के साथ संबंधित उपलब्धियों की संक्षिप्त सूची निम्न है : दहन का ऑक्सीजन सिद्धांत (अ० लेवूजियो); परमाण्विकी सिद्धांत की स्थापना (ज० डाल्टन); अम्लों तथा क्षारों का सिद्धांत; ऑक्सीजन तथा हाइड्रोजन के सापेक्ष परमाणु भारों (द्रव्यमानों) का निर्धारण। सभी बाकी तत्त्वों के जन्मदाता के रूप में हाइड्रोजन को प्राथमिक पदार्थ मानने की धारणा (व० प्राउट)।

तत्त्वों के इतिहास में हाइड्रोजन, नाइट्रोजन तथा ऑक्सीजन की खोजों का विशेष महत्त्व है। इन तत्त्वों की असली प्रकृति को समझना एक जटिल, विरोधात्मक तथा लंबा प्रक्रम था। रासायनिक प्रतिक्रियाओं के दौरान नए गैसीय पदार्थ (हाइड्रोजन, नाइट्रोजन तथा ऑक्सीजन) मिलने पर भी वैज्ञानिकों को यह पता नहीं था कि उनका वास्ता नए रासायनिक तत्त्वों के साथ पड़ रहा था।

प्राचीन काल से गैस का केवल एक रूप ज्ञात था वायु। इसे भौतिकी के अनुसंधान का विषय माना जाता था। रसायनज्ञों को इसमें कोई दिलचस्पी नहीं थी। विभिन्न प्रक्रियाओं (उदाहरणतया, किण्वन या सड़न) के दौरान जो गैसीय पदार्थ बनते थे, वैज्ञानिक उन्हें हवा की किस्में समझते थे। गैस की धारणा के साथ मनुष्य का वास्ता केवल सत्रहवीं शताब्दी में पड़ा। इसके जन्मदाता थे प्रसिद्ध प्रकृतिविद् जे० वान-हेल्मोन्ट। उन्होंने यह शब्द यूनानी भाषा से लिया–chaos। एक बार वान-हेल्मोन्ट ने 62 पाउंड लकड़ी जलाकर केवल एक पाउंड राख प्राप्त की। बाकी 61 पाउंड लकड़ी कहाँ गयी? वैज्ञानिक का विचार था कि यह 'लकड़ी की आत्मा' में बदल गयी थी। वैज्ञानिक ने लिखा : 'अभी तक अज्ञात इस आत्मा को मैं एक नया नाम दे रहा हूँ–गैस' अब हम जानते हैं कि लकड़ी जलाकर वान हेल्मोन्ट को कार्बन डाइऑक्साइड प्राप्त हुआ था जिसकी खोज अगली बार केवल 100 साल बाद एक अंग्रेज भौतिकविद् जो० ब्लैक ने की थी। परंतु दुर्भाग्यवश वान-हेल्मोन्ट ने अपनी खोज का महत्त्व नहीं समझा। उन्हें 'लकड़ी की आत्मा' वायु की एक किस्म लग रही थी।

इससे स्पष्ट है कि हम वायु तथा जल के तत्त्वों के लिए 'नए तत्त्वों की खोज' के शब्दों का इस्तेमाल इस अर्थ में नहीं कर सकते हैं जिसमें यह बाद में संभव हुआ। दूसरी तरह से हाइड्रोजन, नाइट्रोजन तथा ऑक्सीजन की खोजें, जो

पूर्ववैज्ञानिक काल में हुईं, आकस्मिक खोजों से बिल्कुल भिन्न हैं। इसके दो सबूत हैं—पहला यह कि अठारहवीं शताब्दी में एक सिद्धांत बहुत विकसित था—फ्लोजिस्टन सिद्धांत और दूसरा यह कि जे. वान हेल्मोन्ट के प्रयासों के फलस्वरूप पदार्थ की गैसीय अवस्था रसायन के अध्ययन का विषय बन गयी थी तथा रसायन की एक नयी शाखा—वायवीय रसायन का जन्म हो चुका था जिसकी अपनी अलग अनुसंधान विधियाँ तथा प्रयोगशाला उपकरण थे। अन्य शब्दों में सैद्धांतिक धारणाओं पर आधारित सोद्देश्य अनुसंधान कार्यों ने प्राथमिक गैसों की खोज संभव कर दी। इन खोजों का इतिहास बताने से पहले हम फ्लोजिस्टन सिद्धांत तथा वावयीय रसायन की चर्चा करनी चाहेंगे।

फ्लोजिस्टन सिद्धांत का सार बहुत साधारण था जिसके कारण यह सिद्धांत विश्वासजनक लगता था। इस सिद्धांत का नाम यूनानी शब्द phlogistos से लिया गया है जिसका अर्थ है—'दहनशील।' इस सिद्धांत की क्या जरूरत थी? बात यह थी कि उस वक्त लोगों को यह पता नहीं था कि दहन, धातुओं के निस्तापन तथा श्वसन के दौरान कौनसी प्रक्रियाएँ घटती हैं तथा उनका सार क्या है? बस तभी एक ऐसे पदार्थ—फ्लोजिस्टन के अस्तित्व का विचार पैदा हुआ जो ऊपर बतायी सभी प्रक्रियाओं में मुख्य पात्र की भूमिका निभाता है।

हालांकि 'दहनशील पदार्थ' के अस्तित्व की बात कई वैज्ञानिकों ने कही, परंतु फ्लोजिस्टन सिद्धांत के असली जन्मदाता जर्मन रसायनज्ञ और चिकित्सक ग० श्ताल थे। उन्होंने इस सिद्धांत को इस प्रकार समझाया: सभी पदार्थ तभी जल सकते हैं जब उनके अंदर फ्लोजिस्टन उपस्थित होगा। किसी भी पदार्थ के अंदर फ्लोजिस्टन की मात्रा जितनी ज्यादा होगी, उसका दहन उतना ही ज्यादा सक्रिय होगा। कोयले का उदाहरण लेते हैं, जो लगभग फ्लोजिस्टन का बना होता है। धातुओं के निस्तापन के दौरान उनका फ्लोजिस्टन बाहर निकल जाता है तथा वे कैलिक्स (calx) में परिवर्तित हो जाती हैं। अगर परितापित धातु में फ्लोजिस्टन मिला दी जाए, तो फिर से शुद्ध धातु प्राप्त हो जाती है। धातुओं के सिंडर का कोयले के साथ परितापन इसका अच्छा उदाहरण हैं इस प्रक्रिया की जानकारी प्राचीन धातुकर्मियों को भी थी।

आधुनिक रसायन के दृष्टिकोण से इस सारी बात का मतलब यह निकलता है कि ऑक्सीकरण के दौरान (उदाहरणतया, किसी धातु के निस्तापन में ऑक्साइड का बनना) धातु के अंदर से फ्लोजिस्टन निकल जाता है; इसके विपरीत अपचयन (धातु के ऑक्साइड के साथ कोयले का परितापन) के दौरान यह फ्लोजिस्टन धातु में फिर से वापस आ जाता है।

यह प्रक्रिया स्पष्ट है कि इसे समझना बहुत सरल है। परंतु आज एक नौसिखिया रसायनज्ञ भी जानता है कि फ्लोजिस्टन सिद्धांत गलत है। इस सिद्धांत का मतलब यह हुआ कि दहन के दौरान पदार्थ का वजन बढ़ने की जगह कम हो जाना चाहिए अर्थात् धातु का ऑक्साइड धातु से हलका होना चाहिए। अगर फ्लोजिस्टन सिद्धांत को सत्य मान लिया जाए तो धातुओं को मिश्रित पदार्थ (धातु + फ्लोजिस्टन) मानना चाहिए तथा उनके ऑक्साइडों को साधारण पदार्थ (धातु—फ्लोजिस्टन) स्वीकार करना चाहिए।

इन बातों के बावजूद भी लगभग 100 साल तक विज्ञान जगत् फ्लोजिस्टन सिद्धांत को मान्यता देता रहा तथा इसके समर्थकों में उस काल के बड़े-बड़े रसायनज्ञ भी शामिल थे, जैसे, केवेंडिश, प्रीस्टली, शील, जिनके नाम वायु तथा जल के तत्त्वों की खोज के साथ संबंधित हैं। इन खोजों के प्रथम चरणों में फ्लोजिस्टन सिद्धांत ने महत्त्वपूर्ण भूमिका निभायी।

गैसों के अध्ययन में वैज्ञानिकों की रुचि ने वायवीय रसायन की स्थापना को प्रेरणा दी जो हाइड्रोजन, नाइट्रोजन तथा ऑक्सीजन की खोज की दिशा में दूसरा आवश्यक कदम था। गैसों का अध्ययन बहुत लंबे अर्से तक इसलिए मुश्किल हो रहा था क्योंकि न तो उन्हें प्राप्त तथा जमा करने की सरल विधियाँ ज्ञात थीं और न ही उनके गुणों के विश्लेषण की विधियाँ पता थीं। गैसों को भर कर रखने तथा तोलने का एकमात्र बर्तन-जानवरों का मूत्राशय था। गैसों का अध्ययन ठोस पदार्थों तथा द्रवों के मुकाबले बहुत मुश्किल था।

अठारहवीं शताब्दी के आरंभ में इंग्लैंड के एक वैज्ञानिक से० हेल्स ने वायवीव टब का निर्माण किया इस उपकरण

में बर्तन, जिसमें गैस बन रही थी (प्रतिक्रिया मिश्रक युक्त भभका) गैस संग्रही भाग से अलग कर दिया गया था। यहाँ एक उल्टा फ्लास्क संग्रही का काम कर रहा था जिसके अंदर पानी भरा हुआ था। गैस के बुलबुले फ्लास्क में घुस कर पानी बाहर निकाल देते थे तथा कुछ समय बाद फ्लास्क गैस से भर जाता था।

एक अन्य अंग्रेज वैज्ञानिक जो० ब्लैक (जिनकी गिनती वायवीय रसायन के जन्मदाताओं में की जाती है) ने भी वायवीय टब का प्रयोग किया। उन्होंने बहुत दिनों से ज्ञात दो यौगिकों—चूने तथा सफेद मैग्नीशियम (कैल्सियम तथा मैग्नीशियम कार्बोनेट) का अध्ययन किया। उन्हें इस यौगिकों के निस्तापन तथा अम्लों के साथ इनकी प्रतिक्रिया से एक गैस प्राप्त हुई। अब हम बड़ी आसानी से समझ सकते हैं कि यह गैस 'लकड़ी की आत्मा' थी, जिसे वान-हेल्मोन्ट ने चारकोल जला कर प्राप्त किया था। परंतु वान हेल्मोन्ट इससे और आगे नहीं बढ़े। ब्लैक ने वान हेल्मोन्ट की तरह यह काम अधूरा नहीं छोड़ा। उन्होंने यह देखा कि निस्तापन या अम्लों की प्रतिक्रिया के फलस्वरूप प्राप्त यौगिक फिर से प्रारंभिक अवस्था में परिवर्तित किए जा सकते हैं।

एक आधुनिक रसायनज्ञ ब्लैक की सफलता पर निम्न टिप्पणी करेगा : वैज्ञानिक ने एक अग्रवर्ती प्रतिक्रिया (कार्बोनेटों का ऑक्साइडों तथा कार्बन डाइऑक्साइड में वियोजन) तथा एक प्रतिवर्ती प्रतिक्रिया ऑक्साइडों में कार्बन डाइऑक्साइड मिश्रित करके आरंभिक उत्पाद की प्राप्ति) की। आरंभिक उत्पादों का द्रव्यमान पूर्णनया पुनः स्थापित हुआ। इस प्रकार ब्लैक को उस कार्य में सफलता मिल गयी जिसमें अन्य वैज्ञानिक असफल रहे थे।

ब्लैक ने गैस का परिबद्ध अवस्था में वजन किया। इस गैस को उन्होंने परिबद्ध, या 'स्थिर' वायु कहा। यह गैस किण्वन प्रक्रिया के दौरान या चारकोल के दहन के दौरान अलग हुई, परंतु इसने न तो श्वसन कायम रहने दिया और न ही दहन। ब्लैक के विचारानुसार यह गैस वायुमंडल का एक स्वतंत्र घटक थी।

इस प्रकार सन् 1754 में 'स्थिर वायु' के नाम से कार्बन डाइऑक्साइड की खोज हुई। इस घटना ने आगे चलकर अन्य गैसों की खोज में अति महत्त्वूपर्ण भूमिका निभायी। इसका मुख्य कारण यह था कि बहुत सारे वादविवादों के बाद वैज्ञानिक लोग कार्बन डाइऑक्साइड को वायु की एक किस्म की जगह एक स्वतंत्र पदार्थ मानने लगे थे। वे इस गैस को अधिक ठोस पिंडों में उपस्थित मानते थे। चूँकि ऑक्साइडों में कार्बन डाइऑक्साइड मिलाने से प्राप्त पदार्थ का द्रव्यमान आरंभिक पदार्थ के द्रव्यमान से अधिक हो गया, फ्लोजिस्टन सिद्धांत की मुख्य बात गलत सिद्ध हो गयी। परतु इस तथ्य के महत्त्व को मान्यता मिलने में बहुत अर्सा लग गया। इस दौरान फ्लोजिस्टन सिद्धांत वायवीय रसायन के बहुत सारे प्रेक्षणों की व्याख्या का एकमात्र आधार बना रहा।

हाइड्रोजन

हाइड्रोजन की गिनती आवर्त सारणी के सर्वाधिक अद्वितीय तत्त्वों में की जाती है। आवर्त सारणी में इसे प्रथम स्थान दिया गया है। यह गैस अन्य सभी गैसों से हलकी होती है। हाइड्रोजन की खोज से रसायनज्ञों को इस सिद्धांत की बहुत समस्याओं को हल करने का सुअवसर मिला। इसका परमाणु अपने एकमात्र संयोजक इलेक्ट्रॉन को गँवा कर एक 'नंगे' प्रोटोन में परिवर्तित हो जाता है। यही कारण है कि हाइड्रोजन का रसायन बिल्कुल अलग है। यह मूल कण का रसायन है।

किसी जमाने में रूसी रसायनज्ञ द० मेंडेलीफ ने हाइड्रोजन को सर्वाधिक निराला तत्त्व बताया (वे छोटे आवर्तों के तत्त्व निराले समझते थें) क्योंकि रासायनिक तत्त्वों की प्राकृतिक श्रेणी इसी से आरंभ होती है।

कितनी अच्छी बात है कि इतना अद्वितीय तत्त्व सरलता से उपलब्ध हो जाता है। किसी भी स्कूल की प्रतियोगिता में इसे आसानी से प्राप्त किया जा सकता है; उदाहरणतया, जिंक की छिप्टियों पर नमक का अम्ल डाल कर।

उस पुराने जमाने में, जब रसायन एक विज्ञान नहीं था, जब कीमियागर पारसमणि की खोज में पागल थे, कई सारे

अम्ल फिर भी ज्ञात थे, जैसे, हाइड्रोक्लोरिक, सल्फ्यूरिक और नाइट्रिक अम्ल, आदि। लौह तथा जिंक जैसी धातुओं का भी पता था। अन्य शब्दों में, उस वक्त भी मनुष्य के पास वे सारे घटक थे जिन की प्रतिक्रिया से हाइड्रोजन बन जाती है। केवल ऐसे अवसर की जरूरत थी जो वैज्ञानिकों के विचार को प्रेरणा दे सके।

16-18 शताब्दियों के रासायनिक इतिहास में ऐसे कई अवसरों का वर्णन किया गया है जब शोधकर्ताओं को जिंक और छिप्टियों पर सल्फ्यूरिक अम्ल डालने से बुलबुलों का रूप में एक गैस प्राप्त होती थी जिसे वे वायु की ज्वलनशील किस्म समझते थे।

महान् रूसी वैज्ञानिक मि० लोमोनोसोव भी उन वैज्ञानिकों में शामिल थे जिन्हें इस रहस्यमयी किस्म की वायु के अवलोकन का अवसर मिला। सन् 1745 में उन्होंने एक शोध-प्रबंध लिखा जिसका शीर्षक था 'धातुओं की कांति'। इसमें निम्न शब्द पढ़ने को मिलते हैं: ''किसी भी साधारण धातु, विशेषतया, लोहे को अम्लीय ऐलकोहलों में विलयित कराने पर फ्लास्क के सूराख से दहनशील वाष्प बाहर निकलती है।'' (उस जमाने की शब्दावली के अनुसार अम्लों को अम्लीय ऐलकोहल कहते थे) इससे हम निष्कर्ष निकाल सकते हैं कि लोमोनोसोव को हाइड्रोजन का अवलोकन हुआ था। परंतु अगर उनका वाक्य पूरा पढ़ा जाए तो पता चलता है कि उन्होंने इसे फ्लोजिस्टन समझा था। अम्ल में विलयित होकर धातु नष्ट हो गयी और दहनशील वाष्प (materia ignea) उत्पन्न हुई जिसकी वजह से यह विश्वास करना बहुत सरल था कि विलयित होने के दौरान धातु ने फ्लोजिस्टन खो दिया। इस प्रकार हर बात फ्लोजिस्टन सिद्धांत के अनुसार बिल्कुल ठीक निकलती थी।

अब हम अद्वितीय अंग्रेज वैज्ञानिक केवेन्डीश की चर्चा करने जा रहे हैं जो एक उत्तम प्रयोगकर्ता थे तथा जिन्होंने बड़ी निष्ठा के साथ विज्ञान की सेवा की। केवेन्डीश अपने प्रयोगों के परिणामों की घोषणा करने में कभी भी जल्दी नहीं करते थे तथा कई बार कई सालों बाद वे अपने लेख छपवाते थे। इस वजह से आज यह बताना बहुत मुश्किल है कि इस वैज्ञानिक ने दहनशील वायु का प्रेक्षण करके इसका कब वर्णन किया। इतना अवश्य ज्ञात है कि उनका यह अनुसंधान कार्य वायवीय रसायन की दृष्टि से किया गया था तथा 1766 में इस संबंध में उनका यह लेख छपा, जिसका शीर्षक था-''कृत्रिम वायु के साथ प्रयोग''। यह भी अनुमान लगाया जा सकता है कि यह कार्य उन्होंने ब्लैक के काम से प्रभावित होकर किया था। केवेन्डीश की 'स्थिर' वायु में रुचि थी जिसके कारण उन्होंने परीक्षण द्वारा यह देखने का फैसला किया कि क्या कृत्रिम वायु के अन्य रूप भी होते हैं? वैज्ञानिक ने पदार्थों में उपस्थित परिबंद्धित अवस्था में एक किस्म की हवा को यह नाम दिया जिसे कृत्रिम विधि द्वारा पृथक् किया जा सकता था। केवेन्डीश को पता था कि अन्य कई वैज्ञानिकों ने भी कई बार दहनशील वायु का प्रेक्षण किया। वे खुद भी इसे उसी विधि से प्राप्त करते रहे : लोहे, जिंक तथा टिन पर सल्फ्यूरिक अम्ल की प्रतिक्रिया द्वारा, परंतु वे प्रथम व्यक्ति थे जिन्हें पक्का विश्वास था कि हर बार एक ही किस्म की वायु प्राप्त होती थी-दहनशील वायु। वे प्रथम वैज्ञानिक थे जिन्होंने दहनशील वायु के अद्वितीय गुणों पर गौर किया। फ्लोजिस्टन सिद्धांत के अनुयायी होने के कारण केवेन्डीश ने इस पदार्थ की प्रकृति की केवल एक व्याख्या दी। लोमोनोसोव की तरह उन्होंने भी इस दहनशील वायु को फ्लोजिस्टन समझा। उनके कथनानुसार विभिन्न धातुओं में फ्लोजिस्टन की मात्रा अलग-अलग होती है। इस प्रकार ब्लैक की 'स्थिर' वायु में केवेन्डीश की दहनशील वायु जुड़ गयी। सच बात तो यह है कि दोनों में से किसी ने भी कोई नयी बात नहीं खोजी। दोनों ने पूर्व प्रेक्षणों के सार ही प्रस्तुत किए। परंतु मनुष्य के ज्ञान के इतिहास में इनकी अति महत्त्वपूर्ण भूमिका रही।

प्रतिबद्ध वायु तथा दहनशील वायु दो अलग-अलग चीजें थीं तथा दोनों साधारण वायु से भिन्न थीं दहनशील वायु बहुत ही हलकी थी। केवेन्डीश ने देखा कि उनके द्वारा अलग किया फ्लोजिस्टन द्रव्यमान युक्त था। वे पहले वैज्ञानिक थे जिन्होंने विभिन्न गैसों की मात्रा की इकाई-घनत्व को जन्म दिया। उन्होंने वायु का घनत्व इकाई मानकर दहनशील वायु का घनत्व 0.09 तथा प्रतिबद्ध वायु का 1.57 निकाला। यहाँ केवेन्डीश प्रयोगकर्ता तथा केवेन्डीश--फ्लोजिस्टन वादी के बीच एक मतभेद पैदा हो गया। अगर दहनशील वायु में धनात्मक द्रव्यमान है तो उसे किसी भी हालत में शुद्ध फ्लोजिस्टन

नहीं माना जा सकता। अन्यथा धातुएँ दहनशील वायु खोकर खुद भी द्रव्यमानरहित हो जाएँगी। इस मतभेद को दूर करने के लिए केवेन्डीश ने एक नयी परिकल्पना प्रस्तुत की। उन्होंने दहनशील वायु को फ्लोजिस्टन तथा जल का मिश्रण घोषित किया। इस परिकल्पना का सार यह था कि हाइड्रोजन को आखिकार दहनशील वायु का एक अवयव मान ही लिया गया।

उक्त तथ्यों से यह निष्कर्ष निकलता है कि केवेन्डीश भी अपने पूर्वाधिकारियों की तरह दहनशील वायु की प्रकृति नहीं समझ पाए, हालांकि उन्होंने इसका वजन किया, इसके गुणों का वर्णन किया तथा इसे कृत्रिम वायु का एक स्वतंत्र रूप बताया। केवेन्डीश को खुद भी इस तरह का पता नहीं था कि वे प्राप्त फ्लोजिस्टन का जिस तरह से अध्ययन कर रहे थे, उस तरह से केवल एक नये रासायनिक तत्त्व का अध्ययन किया जाता है। उस जमाने में फ्लोजिस्टन सिद्धांत का इतना ज्यादा बोलबाला था कि केवेन्डीश के दिमाग में यह विचार तक नहीं आया कि दहनशील वायु एक गैसीय रासायनिक तत्त्व है। यह जानते हुए भी कि दहनशील वायु के वास्तविक गुण फ्लोजिस्टन सिद्धांत का खंडन करते हैं, केवेन्डीश ने अपनी नयी परिकल्पना प्रस्तुत की, जो फ्लोजिस्टन सिद्धांत जितनी ही गलत थी।

अतः यह कहना गलत होगा कि 1766 में अंग्रेज वैज्ञानिक केवेन्डीश ने हाइड्रोजन की खोज की। वास्तव में उन्होंने अन्य वैज्ञानिकों के मुकाबले दहनशील वायु के बनाने के प्रक्रमों तथा उसके गुणों का ज्यादा विस्तार से वर्णन किया, परन्तु वे दहनशील वायु की प्रकृति समझने में फिर भी असफल ही रहे। इसमें केवेन्डीश का कोई दोष नहीं था, क्योंकि उस वक्त रसायन इतना विकसित नहीं हुआ था। हाइड्रोजन को सही मान्यता मिलने तथा रसायन में उपयुक्त स्थान लेने में कई साल लग गए।

इसका लातीनी नाम हाड्रोजीनियम hydrogenium यूनानी शब्दों हाइड्र (hydr) तथा जीनाओ (gennao) से बनाया गया है जिसका अर्थ है–"जल उत्पन्न करता हूँ।" लेवूजियो ने 1779 में इसे यह नाम देने का प्रस्ताव रखा, जब जल का अवयवानुपात पता चल गया था। इसका चिह्न H बर्जेलियस के प्रस्ताव पर रखा गया।

हाइड्रोजन को अद्वितीय तत्त्व की संज्ञा इसलिए दी गयी है कि इसके समस्थानिकों के भौतिक तथा रासायनिक गुण भिन्न होते हैं। इस भिन्नता के कारण किसी जमाने में कुछ वैज्ञानिक हाइड्रोजन के समस्थानिकों को स्वतंत्र तत्त्व समझने लगे तथा आवर्त सारणी में इनके लिए विशेष स्थान ढूँढ़ने लगे। यही कारण है कि हाइड्रोजन के समस्थानिकों की खोज का इतिहास काफी दिलचस्प है। इसके बिना हाइड्रोजन का इतिहास अधूरा है।

बीसवीं शताब्दी के तीसरे दशक में रसायनज्ञ हाइड्रोजन के समस्थानिकों का पता लगाने का प्रयास कर रहे थे, परंतु उनके प्रयास व्यर्थ हुए। इसके परिणामस्वरूप एक गलत मान्यता पैदा हुई कि हाइड्रोजन के समस्थानिक नहीं होते हैं। फिर भी 1931 में यह विचार प्रस्तुत किया गया कि हाइड्रोजन का एक भारी समस्थानिक होता है जिसकी द्रव्यमान संख्या 2 है। चूंकि यह समस्थानिक हाइड्रोजन के हलके समस्थानिक से दुगुना भारी होना चाहिए, अतः वैज्ञानिकों ने भौतिक विधियों द्वारा भारी हाइड्रोजन को विखंडित करने की कोशिश की। सन् 1932 में अमरीकी वैज्ञानिकों यूरे, ब्रिक्वेडे तथा मर्फी ने द्रवित हाइड्रोजन को वाष्पित करके अवशेष का स्पेक्ट्रोमीटर द्वारा अध्ययन किया। उन्हें अवशेष में हाइड्रोजन का एक भारी समस्थानिक मिला। वायुमंडल में यह समस्थानिक केवल 1941 में खोजा गया। इसका नाम ड्यूटीरियम रखा गया जो यूनानी शब्द 'ड्यूटीरोस' (deuteres) से लिया गया है जिसका अर्थ है–"द्वितीय, और कोई।" हाइड्रोजन का अगला समस्थानिक ट्राइटियम (यूनानी शब्द ट्राइटोस (trites) तृतीय) रेडियोधर्मी (विघटनाभिक) होता है तथा इसकी द्रव्यमान संख्या 3 है। इसकी खोज अंग्रेज वैज्ञानिकों म० ओलीफेंट, पी० हार्टेक तथा अ० रदरफोर्ड ने की। हाइड्रोजन के मुख्य समस्थानिक का नाम प्रोटियम रखा गया। केवल हाइड्रोजन एक ऐसा तत्त्व है जिसके समस्थानिकों के नाम तथा चिह्न (H, D व T) अलग-अलग हैं। हाइड्रोजन की 99.99% मात्रा प्रोटियम तथा बाकी ड्यूटीरियम है। ट्राइटियम की मात्रा न के बराबर होती है।

नाइट्रोजन

हालांकि पृथ्वी के वायुमंडल में प्रतिबंद्ध वायु (कार्बन डाइऑक्साइड) तथा दहनशील वायु (हाइड्रोजन) की उपस्थिति बाद में ज्ञात हुई, परंतु इनकी खोजों का वायुमंडल के अध्ययन के साथ कोई संबंध नहीं था। प्राकृतिक वायु 'क्लासिकी' वायु समझी जाती थी तथा किसी ने यह सोचा तक नहीं था कि यह गैसों का मिश्रण भी हो सकती है। परंतु फिर भी वायुमंडल के अध्ययन ने ही वायवीय रसायन के विकास में अति महत्त्वपूर्ण योगदान दिया।

वायुमंडल के अध्ययन से मनुष्य को नाइट्रोजन का पता चला। हालांकि एक विशेष वैज्ञानिक को इस तत्त्व की खोज का श्रेय दिया जाता है, इसकी खोज की सही तिथि भी बतायी जाती है, परंतु यह निश्चितता भ्रमजनक है। वास्तव में नाइट्रोजन के इतिहास को वायवीय रसायन की मुख्य घटनाओं से प्रथक् करना बहुत मुश्किल है।

लोग प्राचीन काल से नाइट्रोजन के यौगिकों से परिचित हैं, उदाहरणार्थ, शोरे और नाइट्रिक अम्ल से। उन्हें अक्सर नाइट्रोजन डाइऑक्साइड के भूरे वाष्प दिखाई देते थे। स्वाभाविक है कि नाइट्रोजन के अकार्बनिक यौगिकों के विखंडन की सहायता से नाइट्रोजन की खोज असंभव थी। इस तत्त्व में न कोई स्वाद है, न रंग और न ही कोई गंध है। रासायनिक प्रतिक्रिया में भी यह निष्क्रिय है। इन सब बातों के कारण रसायनज्ञों का ध्यान नाइट्रोजन की ओर आकर्षित नहीं हुआ।

इसी कारण हमें यह मुश्किल लगता है कि नाइट्रोजन के इतिहास का वर्णन कहाँ से शुरू किया जाए। हम इस तत्त्व का इतिहास 1767 से शुरू करते हैं, जब हे० केवेन्डीश तथा एक अन्य विख्यात अंग्रेज भौतिकविद्, रसायनज्ञ और दार्शनिक जे० प्रीस्टली ने विभिन्न गैसों पर विद्युत् विसर्जनों की प्रतिक्रिया का अध्ययन शुरू किया। उन दिनों ऐसी गैसों की संख्या बहुत कम थी : साधारण वायु, प्रतिबद्ध वायु तथा दहनशील वायु। हालांकि इन प्रयोगों से कोई निश्चित परिणाम नहीं मिले, परंतु बाद में यह सिद्ध हो गया कि विद्युत विसर्जन से आर्द्र वायु में नाइट्रिक अम्ल बनता है। आगे चलकर इस तथ्य ने पृथ्वी के वायुमंडल की गैसीय अवयवानुपात के विश्लेषण में काफी महत्त्वपूर्ण भूमिका निभायी।

1777 में केवेन्डीश ने प्रीस्टली को एक व्यक्तिगत पत्र द्वारा इस बात की सूचना दी कि उन्हें वायु की एक नयी किस्म बनाने में सफलता मिल गयी है जिसका नाम उन्होंने श्वासावरोधी या विषाक्त वायु रखा है। केवेन्डीश ने साधारण वायु को तप्त कोयले के ऊपर से गुजारा तथा इस प्रयोग को कई बार दोहराया। इस प्रयोग से जो प्रतिबद्ध वायु उत्पन्न हुई, उसे क्षार ने सटक लिया। बची हुई वायु विषाक्त थी। केवेन्डीश ने इस विषाक्त वायु का बहुत गौर से अध्ययन नहीं किया। उन्होंने अपने पत्र में प्रीस्टली को केवल इसकी खबर दी। बाद में केवेन्डीश ने इस विषाक्त वायु का अध्ययन किया तथा इस दिशा में उन्होंने काफी सफलता प्राप्त की, परंतु इसकी खोज का श्रेय एक दूसरे वैज्ञानिक को मिल चुका था।

प्रीस्टली को जब केवेन्डीश का पत्र मिला, वे काफी महत्त्वपूर्ण प्रयोगों में व्यस्त थे। उन्होंने पत्र में लिखी बात पर कोई ध्यान नहीं दिया। उन दिनों प्रीस्टली वायु के एक निश्चित आयतन में विभिन्न दहनशील पिंड जला रहे थे तथा धातुओं का परितापन कर रहे थे। प्रयोग के दौरान, जो प्रतिबद्ध वायु बनती थी, उसे वे चूने के पानी द्वारा अलग कर देते थे। प्रीस्टली ने अपने प्रयोग के दौरान एक महत्त्वपूर्ण बात देखी कि वायु का आयतन काफी कम हो गया। आज का पाठक इस विशेष परिवर्तन का कारण समझता है। उसे पता है कि धातुओं के निस्तापन या पिंडों के दहन के फलस्वरूप उपकरण के ऊपर उपस्थित ऑक्सीजन प्रतिक्रिया में भाग लेता है और तत्त्वों के साथ यौगिक बनाता है तथा वहाँ केवल नाइट्रोजन बाकी रह जाता है। परंतु उस वक्त प्रीस्टली को ऑक्सीजन जैसी किसी गैस के अस्तित्व की बात बिल्कुल पता नहीं थी (दो साल बाद वे इसके खोजियों की सूची में शामिल हो गए), अतः अपने प्रेक्षण की व्याख्या के लिए उन्होंने फ्लोजिस्टन का सहारा लिया। प्रीस्टली का विचार था कि फ्लोजिस्टन के प्रभाव के कारण ही धातुओं के निस्तापन से ऐसा परिणाम मिला था। उपकरण में बची वायु फ्लोजिस्टन से संतृप्त है, अतः इसे 'फ्लोजिस्टिड वायु' कहा जा सकता है। यह वायु न तो श्वसन कायम रखती है और न ही दहन।

इस प्रकार हम देखते हैं कि प्रीस्टली ने वह गैस प्राप्त की जिसको आगे चलकर नाइट्रोजन के नाम से पुकारा गया। परंतु इस अत्यधिक महत्त्वपूर्ण परिणाम को प्रीस्टली ने गौण महत्त्व दिया। उनके लिए 'फ्लोजिस्टिड वायु' का अस्तित्व इस बात का सबूत था कि प्राकृतिक प्रक्रमों में फ्लोजिस्टन एक निश्चित भूमिका निभाता है। यह बात एक बार फिर सिद्ध करती है कि फ्लोजिस्टन सिद्धांत ने प्राथमिक गैसों की खोज में कितनी रुकावट पैदा की।

इस प्रकार न केवेन्डीश और न ही प्रीस्टली इस नयी गैस की प्रकृति समझ पाए। इस काम में सफलता बाद में मिली, जब रसायन विज्ञान में ऑक्सीजन प्रकट हुआ। ब्लैक के शिष्य, अंग्रेज चिकित्सक डे० रदरफोर्ड ने, जिन्हें नाइट्रोजन का आविष्कारक माना जाता है, अपने साथी वैज्ञानिकों की तुलना में कोई नया काम नहीं किया। 1772 के सितम्बर में उन्होंने मास्टर की डिग्री प्राप्त करने के लिए एक शोध प्रबंध प्रकाशित किया जिसका शीर्षक निम्न था—"तथाकथित वायु और विषाक्त वायु के बारे में कुछ विचार।" इस प्रबंध में उन्होंने बाद में नाइट्रोजन के नाम से प्रसिद्ध एक गैस के गुणों का वर्णन किया। रदरफोर्ड के कथनानुसार यह गैस चूने के पानी या क्षार में अवशोषित नहीं होती थी तथा श्वसन के लिए अनुपयुक्त थी। वैज्ञानिक ने इस गैस का नाम 'खराब गैस' रखा।

अभी नाइट्रोजन की वास्तविक खोज नहीं हुई थी और इसे गैसीय रासायनिक तत्त्व के रूप में स्वीकार नहीं किया गया था। अठारहवीं शताब्दी के सातवें दशक में नाइट्रोजन को तीन नामों से पुकारा जाता था जिसकी वजह से और भी ज्यादा गड़बड़ी पैदा हो गयी थी। फ्लोजिस्टिड, विषाक्त तथा खराब गैस को अभी असली नाम नहीं मिला था।

अ० लेवूजियो तथा कुछ अन्य फ्रेंच वैज्ञानिकों ने 1787 में इसका नाम नाइट्रोजन रखा। ये लोग नयी रासायनिक नामावली के संस्थापक थे। उन्होंने इसका नाम 'azote' रखा। यूनानी भाषा में उपसर्ग 'a' का अर्थ है रहित तथा शब्द 'zoe' का अर्थ है—जीवन। वैज्ञानिकों ने नाइट्रोजन में निम्न मुख्य गुण देखें : निर्जीव, श्वसन और दहन के लिए अनुपयुक्त। बाद में उनकी यह धारणा गलत सिद्ध हो गयी क्योंकि पता चला कि नाइट्रोजन वनस्पतियों के जीवन के लिए बहुत आवश्यक है। परंतु इसका नाम 'azote' बदला नहीं गया। इस तत्त्व का चिह्न N लातीनी शब्द नाइट्रोजिनियम (nitrogenium) से लिया गया है इसका अर्थ है—'शोरा बनाने वाला।"

केवेन्डीश ने नाइट्रोजन के गुणों का विस्तारपूर्वक अध्ययन किया। उनकी गिनती उन प्रथम वैज्ञानिकों में की जाती है जिन्होंने फ्लोजिस्टिड वायु को साधारण वायु का अवयव माना। एक दिन प्रयोगों के दौरान केवेन्डीश को फ्लोजिस्टिड वायु की एकरूपता पर संदेह हुआ। उन्होंने इस वायु में ऑक्सीजन मिला कर उस में विद्युत् स्पार्क प्रवाहित किया जिसके फलस्वरूप ऑक्सीजन तथा सारी वायु नाइट्रोजन ऑक्साइड में परिवर्तित हो गयी जिसे उन्होंने प्रतिक्रिया क्षेत्र से अलग कर दिया। केवेन्डीश ने देखा कि हर बार फ्लोजिस्टिड वायु (नाइट्रोजन) का थोड़ा-सा अंश निष्क्रिय बना रहा और ऑक्सीजन के साथ प्रतिक्रिया नहीं करता था। यह बहुत ही थोड़ा अंश था—गैस के एक छोटे बुलबुले के रूप में, इसमें कुछ नाइट्रोजन का 1/125वां अंश था। यह बात 1785 की है। केवेन्डीश ने इस परिघटना का सार समझने की कोशिश नहीं की। केवल 100 साल बीतने पर इस रहस्य का भेद खुला जिसका वर्णन IX अभ्यास में किया जाएगा, जहाँ हम निष्क्रिय गैसों की चर्चा करेंगे।

ऑक्सीजन

बिना किसी संकोच के यह कहा जा सकता है कि ऑक्सीजन के अलावा शायद ही और कोई तत्त्व है जिसने रसायन के विकास में इतनी महत्त्वपूर्ण भूमिका निभायी। इस प्राणदायक गैस के कारण अठारहवीं शताब्दी के अंत में रसायन ने बहुत ज्यादा तरक्की की। सबसे पहले ऑक्सीजन ने फ्लोजिस्टन सिद्धांत का खंडन कर दिया। हालांकि यह सिद्धांत गलत जरूर था पर इसका ऐतिहासिक महत्त्व तुच्छ नहीं समझना चाहिए। इस सिद्धांत की सहायता से उस जमाने की रासायनिक धारणाओं का वर्गीकरण किया जाता रहा, प्रकृति और प्रयोगशालाओं में घट रही विभिन्न प्रक्रियाओं का मूल्याँकन एक

दृष्टिकोण से किया जाता रहा। (हालांकि वह दृष्टिकोण गलत था), इस की बदौलत अनुसंधान कार्यों के सामने एक आम लक्ष्य आया। फ्लोजिस्टन सिद्धांत ने ही हाइड्रोजन और नाइट्रोजन की खोज में अपना योग दिया, परंतु 'वायु की इन किस्मों' के अध्ययन से ऐसे नए तथ्यों का संचय हुआ जिनको नए दृष्टिकोण से समझने की आवश्यकता पड़ी। अन्य शब्दों में रसायन को अपनी उपलब्धियों की आवश्यकता पड़ी। अन्य शब्दों में रसायन को अपनी उपलब्धियों पर नयी नजर डालने की सख्त जरूरत महसूस हुई और ऑक्सीजन ने यह संभावना प्रस्तुत की।

...फ्लोजिस्टन सिद्धांत को चुनौती देते हुए कई वैज्ञानिक पहले भी यह अनुमान लगाते रहे कि ज्वलनशील पिंडों के दहन तथा धातुओं के निस्तापन के दौरान ये चीजें वायु में एक 'अनुकल्प' (substitute) ले लेती हैं। 1673 में राबर्ट बॉयल निम्न फैसले पर पहुँचे ये–लेड तथा एंटिमनी के परितापन के दौरान 'अग्नि पदार्थ' (materia ignea) के छोट-छोटे कणों के मिलने के कारण इन धातुओं का वजन बढ़ जाता है। इस घटना के 80 साल बाद महान् रूसी वैज्ञानिक लोमोनोसोव ने निम्न शब्द कहे–"अच्छे वैज्ञानिक रा० बायॅल की धारणा गलत है।" लोमोनोसोव ने साफ-साफ कह दिया कि दहन के प्रक्रम में वायु भाग लेती है तथा इस प्रक्रम के दौरान वायु के कण निस्तापित पिंड के साथ मिल कर उसका द्रव्यमान बढ़ा देते हैं।

जिन दिनों वायवीय रसायन की जड़ें मजबूत हो रही थीं, फ्रेंच रसायनज्ञ प० बेयन ने एक लेख (1774) प्रकाशित किया, जिसमें उन्होंने निस्तापन के दौरान धातुओं का द्रव्यमान बढ़ने के कारण पर प्रकाश डाला। उन्हें विश्वास था कि निस्तापन के दौरान एक विशेष किस्म की वायु–एक लचकदार तरल पदार्थ-धातु में मिल जाता था जो साधारण वायु से भारी होता था। बेयन ने मर्करी यौगिकों के ऊष्मीय विखंडन द्वारा यह तरल पदार्थ प्राप्त किया तथा दूसरी बार विपरीत क्रिया द्वारा अर्थात् धात्विक मर्करी की प्रतिक्रिया से तरल पदार्थ को लाल रंग के यौगिक में परिवर्तित कर दिया।

दुर्भाग्यवश बेयन ने अपना अनुसंधान कार्य यहीं तक सीमित रखा, उन्होंने विषय का और आगे अध्ययन नहीं किया। परंतु आगे चलकर आप देखेंगे कि वैज्ञानिक का ऑक्सीजन के साथ वास्ता पड़ा था। दो बातें याद रखिए–1774 के वर्ष को तथा बेयन द्वारा अवलोकित यौगिक–लाल मर्करी ऑक्साइड को। उसी साल प्रीस्टली ने भी इसी यौगिक के साथ प्रयोग किया। इससे कुछ दिन पहले उन्होंने इस तथ्य पर ध्यान दिया कि हरी वनस्पतियों की उपस्थिति में प्रतिबंद्ध वायु जो श्वसन को सहारा नहीं देती, फिर से साधारण वायु-सी बन जाती है जो जंतुओं के श्वसन के लिए उपयुक्त है। यह तथ्य केवल रसायन के लिए ही नहीं बल्कि जीवविज्ञान के लिए भी बहुत अधिक महत्त्वपूर्ण था। प्रीस्टली प्रथम वैज्ञानिक थे जिन्होंने यह सिद्ध किया कि वनस्पतियाँ ऑक्सीजन बाहर निकालती हैं।

18वीं शताब्दी के सातवें दशक के आरंभ में मनुष्य शोरा गैस से परिचित हो चुका था जो लोहे की छिट्टियों पर तनु नाइट्रिक अम्ल की प्रतिक्रिया से प्राप्त होती थी। प्रयोगों से वैज्ञानिकों को यह पता चला कि शोरा गैस को नर्म लौह चूरे की सहायता से वायु के एक नए रूप में बदला जा सकता है, जो दहन के लिए उपयुक्त परंतु श्वसन के लिए अनुपयुक्त है। इस प्रकार प्रीस्टली ने नाइट्रोजन के एक और ऑक्साइड N_2O की खोज की जिसका नाम उन्होंने dephlogisticated saltpetre gas रखा। 1 अगस्त 1774 का दिन प्रीस्टली के लिए एक आम दिन की तरह था, वह अपनी प्रयोगशाला में बड़ी मेहनत के साथ प्रयोग कर रहे थे, पर रसायन के इतिहास में यह दिन अमर होने जा रहा था।

उन्होंने एक पात्र में लाल मर्करी ऑक्साइड भर कर उसे बंद कर दिया और फिर एक बड़े लैंस की सहायता से उस पात्र की ओर सूरज की किरणों को केंद्रित किया। पात्र में भरा यौगिक विखंडित होकर चमकदार धात्विक मर्करी तथा एक गैस में परिवर्तित हो गया। (कई सालों बाद इस गैस का नाम ऑक्सीजन रखा गया तथा यह तीसरी प्राथमिक गैस हुई)। ऑक्सीजन को नाइट्रोजन की तरह पहली बार वायुमंडल से प्राप्त नहीं किया गया। वायु का नया रूप एक ठोस रासायनिक यौगिक से प्राप्त किया गया। प्रीस्टली की गैस श्वसन के उपयुक्त थी। इस गैस के वायुमंडल में रखी मोमबत्ती साधारण वायु में रखी मोमबत्ती की अपेक्षा अधिक तीव्र प्रकाश दे रही थी। जब नई गैस को वायु में मिलाया गया तो कोई नई बात

नहीं दिखायी दी, परंतु शोरे के साथ मिलाते ही इस गैस में से भूरे रंग की वाष्प निकलने लगी (आज इसे NO_2 के नाम से जाना जाता है जो NO से बनती है। जब शोरे गैस पर साधारण वायु की प्रतिक्रिया करायी गयी, तब भी लगभग इसी तरह के परिणाम मिले हालांकि वे इतने स्पष्ट नहीं थे। अब प्रीस्टली को बस निम्न शब्द कहने थे : ''नई गैस वायु का अंग है।'' परंतु वे यह कहने के लिए तैयार नहीं थे। उन्होंने वायु के नए रूप को "dephlogisticated air" के नाम से पुकारा। फ्लोजिस्टन सिद्धांत के अनुयायी से और क्या आशा की जा सकती थी।

इस खोज के बाद (यह ऑक्सीजन के इतिहास की एक महत्त्वपूर्ण घटना है) प्रीस्टली पेरिस आ गए जहाँ उन्होंने अन्य फ्रेंच वैज्ञानिकों को अपने प्रयोगों की बात बतायी। लेवेजियो को अपने अंग्रेज साथी के प्रयोग का महत्त्व एकदम समझ में आ गया। वे इसका महत्त्व आँकने में प्रीस्टली से आगे निकल गए। प्रीस्टली फिर भी नयी गैस को dephlogisticated air ही कहते रहे (यह फ्लोजिस्टन सिद्धांत की मजबूती का एक और सबूत है)। अपनी खोज की महानता न समझते हुए प्रीस्टली dephlogisticated air को एक मिश्रित पदार्थ मानते रहे। केवल 1786 में लेवूजियो के विचारों से प्रभावित होकर उन्होंने एक गैसीय प्राथमिक पिंड के रूप में इसका अध्ययन शुरू कर दिया।

सी. शील

इस प्रकार ऑक्सीजन की खोज का श्रेय दो वैज्ञानिकों को मिलता है–बेयन तथा प्रीस्टली को। इस सूची में एक नाम और शामिल करना चाहिए–सुप्रसिद्ध स्वीडिश रसायनज्ञ क० शील का। 1777 में उन्होंने एक पुस्तक लिखी जिसका शीर्षक था–''वायु तथा अग्नि के बारे में रासायनिक निबंध।'' इस पुस्तक ने उनका नाम सारे वैज्ञानिक जगत् में प्रसिद्ध कर दिया। वास्तव में उन्होंने यह पुस्तक 1775 में लिखी, परंतु प्रकाशक की गलती से यह दो साल बाद छापी गयी। इस भूल के कारण शील से ऑक्सीजन के खोजकर्त्ता का पद छिन गया, हालांकि उन्होंने बेयन् तथा प्रीस्टली से काफी पहले 1774 में ही इस गैस का वर्णन किया तथा उनकी व्याख्या इन दो वैज्ञानिकों से काफी ज्यादा स्पष्ट तथा यथार्थ थी। शील ने अकार्बनिक यौगिकों के विखंडन से कई विधियों द्वारा ऑक्सीजन (fiery air) प्राप्त की। उन्होंने गंधक के अम्ल के साथ शोरे का आसवन करके भूरी वाष्प निकाली जो उच्च ताप पर रंगहीन हो गई। शील ने इन वाष्पों को एक बर्तन में इकट्ठा कर लिया और इस नई गैस का नाम 'अग्निमय वायु' रखा। प्रीस्टली की तरह शील की इस गैस में रखी मोमबत्ती का प्रकाश भी साधारण वायु में रखी मोमबत्ती के प्रकाश से काफी तीव्र था। शील यह समझते थे कि अग्निमय वायु साधारण वायु का एक अवयव है। उन्होंने इसमें रदरफोर्ड की विषाक्त या खराब गैस को मिलाकर दोनों गैसों का एक मिश्रण तैयार किया। इस मिश्रण में और साधारण वायु में तनिक भी अंतर नहीं था। वैज्ञानिक को इस बात का अंदाजा हो गया था कि वायुमंडल दो गैसों का मिश्रण है जिनके नाम आगे चलकर नाइट्रोजन और ऑक्सीजन रखे गए। यह बात हमें आसान लगती है क्योंकि आज ज्ञान बहुत बढ़ चुका है, परंतु उन दिनों रसायन इतना विकसित नहीं था। और फिर शील वैसे भी फ्लोजिस्टन सिद्धांत के भक्त थे। दहनशील वायु (हाइड्रोजन) को वायु के साथ एक पात्र में जलाकर वैज्ञानिक को दहनशील वायु तथा अग्निमय वायु की प्रतिक्रिया के उत्पाद का कोई निशान नहीं मिला। वे तो सिर्फ इस निर्णय पर पहुँचे कि इस प्रतिक्रिया से ऊष्मा उत्पन्न होती है। उनके विचारानुसार अग्निमय वायु फ्लोजिस्टन के साथ मिलकर ऊष्मा पैदा करती है जिसके 'विखंडन' से अग्निमय वायु प्राप्त होती है अर्थात् ऑक्सीजन एक ज्वाला के रूप में निकलती है।

जिस वक्त शील ने अग्निमय वायु की खोज की, उन्हें प्रीस्टली के प्रयोगों की तनिक भी जानकारी नहीं थी। उन्होंने 30 सितंबर 1774 को लेवूजियो के नाम एक पत्र में इस बात की सूचना भेजी। बड़े अफसोस की बात है कि शील के

प्रयोगों के परिणाम बहुत देर से छापे गए। अगर वे पहले छप गए होते तो शायद प्राथमिक गैसों की प्रकृति के अध्ययन में इतना ज्यादा वक्त न लगता।

एक प्रतिभाशाली रयायनज्ञ लेवूजियो के प्रयासों से विज्ञान जगत् को प्राथमिक गैसों की प्रकृति का ज्ञान प्राप्त हुआ। जिन दिनों फ्लोजिस्टन सिद्धांत की तूती बोल रही थी, रसायनज्ञों ने अपने प्रयोगों से ऐसे तथ्य इकट्ठे कर लिए, जिन्होंने रसायन की दुनिया में एक क्रांति ला दी। फ्रे० एंगेल्स ने इसके बारे में निम्न शब्द लिखे : 'लेवूजियो प्रीस्टली द्वारा प्राप्त ऑक्सीजन में फ्लोजिस्टन सिद्धांत का प्रतिलोम देख सके, जिसके बल पर उन्होंने संपूर्ण फ्लोजिस्टन सिद्धांत का खंडन कर दिया। अर्थ यह नहीं कि उन्होंने फ्लोजिस्टन सिद्धांत पर आधारित प्रयोगों के परिणामों का महत्त्व न के बराबर घोषित किया। उनका महत्त्व पहले जितना बना रहा। हाँ, यह बात जरूर है कि उनका प्रतिपादन उल्टा कर दिया गया तथा उनका फ्लोजिस्टन सिद्धांत की भाषा से रसायन की नयी भाषा में अनुवाद कर दिया गया जिसके बल पर उसका महत्त्व वैसा का वैसा ही बना रहा।''

लेवूजियो का ऑक्सीजन की खोज का रास्ता उनके समकालीनों की अपेक्षा ज्यादा स्पष्ट तथा सीधा था। यह बात जरूर सच है कि शुरू में लेवूजियो भी दूसरे रसायनज्ञों की तरह फ्लोजिस्टन सिद्धांत के पक्ष में थे, परंतु जैसे-जैसे उन्हें नए-नए तथ्य प्राप्त होते गए, वे उसका उतना ही ज्यादा विरोध करने लगे। उन्होंने वायु में विभिन्न पदार्थों के दहन संबंधी अपने प्रयोगों का वर्णन लिखित रूप में किया (वे यह काम 1 नवंबर 1772 तक पूरा कर पाए)। उनका निष्कर्ष था कि सभी पिंडों (इनमें धातुएँ भी शामिल हैं) का द्रव्यमान दहन तथा निस्तापन के दौरान बढ़ जाता है।

चूंकि इन सभी प्रक्रमों के लिए वायु की बहुत बड़ी मात्रा की उपस्थिति आवश्यक थी, लेवूजियो एक और फैसले पर पहुँचे। उनके विचारानुसार वायु विभिन्न गुणों वाली गैसों का मिश्रण है। वायु का एक निश्चित भाग दहन प्रक्रम में सहायक सिद्ध होता है। जो जल रहे पदार्थ के साथ प्रतिक्रिया करता है। शुरू में लेवूजियो यह समझे कि वायु की यह किस्म ब्लैक की प्रतिबद्ध वायु से मिलती जुलती है, परंतु शीघ्र ही उन्हें अपनी गलती पता चल गयी। 1 फरवरी 1774 में फ्रेंच वैज्ञानिक ने यह देखा कि जो वायु दहन के दौरान पदार्थ के साथ प्रतिक्रिया करती है, वह श्वसन के लिए सबसे ज्यादा उपयुक्त है। इस प्रकार लेवूजियो का भावी ऑक्सीजन के साथ वास्ता पड़ गया, परंतु उन्होंने इस नयी गैस की खोज की घोषणा न करने का फैसला किया क्योंकि वे कुछ अतिरिक्त प्रयोग करना चाहते थे।

अक्टूबर 1774 में प्रीस्टली ने लेवूजियो को अपनी खोज की सूचना भेजी। इस खबर से फ्रेंच वैज्ञानिक को अपने प्रेक्षण की असली कीमत पता चल गयी। उन्होंने तुरंत ऑक्सीजन के सबसे उपयुक्त जनक—लाल मर्करी ऑक्साइड के साथ प्रयोग शुरू कर दिए। अप्रैल 1775 में लेवूजियो ने फ्रेंच विज्ञान अकादमी के सामने एक रिपोर्ट प्रस्तुत की जिसका शीर्षक था ''उस पदार्थ की प्रकृति का विवरण, जो परितापन के दौरान धातु में मिल कर उसका द्रव्यमान बढ़ा देता है'' यह ऑक्सीजन की खोज की सूचना थी। ''इस वायु की खोज,'' लेवूजियो ने अकादमी को बताया, 'प्रीस्टली, शील और मैंने लगभग एक ही समय में की। शुरू में मैंने इसका नाम ''वायु, जिसमें आसानी से सांस लिया जा सकता है'' रखा, परंतु बाद में बदल कर 'प्राणदायक' या 'शक्तिवर्धक वायु' रख दिया।

यह तथ्य अकेला ही इस बात का प्रमाण है कि ऑक्सीजन की प्रकृति समझने में लेवूजियो अपने समकालीनों से कितना आगे निकल गए थे। उनकी उक्त रिपोर्ट के बाद शक्तिवर्धक वायु तुरंत विस्तृत अध्ययन का विषय बन गयी। कुछ अर्से बाद वैज्ञानिक इस निष्कर्ष पर पहुँचे कि वह ''वायु, जिसमें सांस लेना सबसे सरल होता है'' अम्लकारी विकासक होती है, जो सब अम्लों का सर्वाधिक महत्त्वपूर्ण अवयव होता है। परंतु आगे चलकर यह सिद्ध हो गया कि यह विचार गलत था (जब हाइड्रोक्लोरिक अम्ल के उदाहरण पर ऑक्सीजन रहित अम्लों का वर्णन किया गया)। परंतु 1779 में लेवूजियो ने इस गुण के आधार पर गैस का नाम ''ऑक्सीजन'' रख दिया जो यूनानी शब्दों "oxys" तथा "genos" से लिया गया जिनका अर्थ है 'अम्ल' तथा 'पैदा करता हूँ।'

जल के अवयवानुपात की जानकारी ऑक्सीजन सिद्धांत की पुष्टि का एक महत्त्वपूर्ण अंतिम कदम था। 1781 में केवेन्डीश ने यह देखा कि दहन के दौरान दहनशील वायु डिफ्लोजिस्टिन वायु के साथ मिलकर लगभग पूर्णतया जल में परिवर्तित हो जाती है, परंतु अंग्रेज वैज्ञानिक ने केवल 1784 में अपने प्रयोगों के परिणाम प्रकाशित किए। जैसे ही लेवूजियो को केवेन्डीश के प्रयोगों की जानकारी हुई, उन्होंने खुद भी ये प्रयोग दोहराए। इन प्रयोगों के परिणाम से लेवूजियो इस निष्कर्ष पर पहुँचे कि जल एक साधारण पदार्थ न होकर दहनशील वायु तथा शक्तिवर्धक वायु का मिश्रण होता है। यह 1783 की बात है। अतः लेवूजियो को प्रथम वैज्ञानिक माना जाता है जिसने जल का अवयवानुपात निश्चित किया। परंतु वास्तविकता यह है कि केवेन्डीश ने उनसे भी पहले यह काम किया। जल के अवयवानुपात की जानकारी से हाइड्रोजन की सही प्रकृति समझने में बड़ी मदद मिली।

ए. लेवूजियो

ऑक्सीजन की खोज का इतिहास रोचक होने का मुख्य कारण यह है कि इस नए रासायनिक तत्त्व की खोज का प्रक्रम एक घटना तक सीमित नहीं था। ऑक्सीजन के आनुभविक अवलोकन से लेकर एक गैसीय रासायनिक तत्त्व के रूप में इसकी प्रकृति की जानकारी होने तक कई घटनाएँ घटीं। यहाँ यह बताना आवश्यक है कि ऑक्सीजन तथा अन्य प्राथमिक गैसों की खोज एक अकेले आदमी का काम नहीं था। फ्रे० एंगेल्स ने इस बारे में निम्न शब्द लिखे : "प्रीस्टली तथा शील ने ऑक्सीजन प्राप्त किया, परंतु उन्हें यह पता नहीं था कि उन्हें कौन सी चीज मिली है...हालांकि लेवूजियो ने जैसे कि उन्होंने बाद में लिखा, दूसरों के साथ और उनसे स्वतंत्र रूप में ऑक्सीजन का विवरण नहीं दिया वास्तव में वे ही ऑक्सीजन के असली आविष्कारक थे, न कि वे दो वैज्ञानिक जिन्हें यह पता तक ही नहीं था कि उन्होंने कौन सी चीज प्राप्त करके उसका विवरण दिया है।"

अध्याय IV

रासायनिक विश्लेषण के आधार पर खोजे गए तत्त्व

इस अध्याय में उन तत्त्वों का वर्णन किया जाएगा, जिनकी खोज प्राकृतिक पदार्थों, मुख्यतः विभिन्न खनिजों के रासायनिक विश्लेषण के आधार पर संभव हुई। रसायन एक विज्ञान के रूप में अपनी जड़ें पक्की करता जा रहा था तथा अजैव प्रकृति के अध्ययन में इसकी सक्रियता दिन प्रति दिन बढ़ती जा रही थी। हम इस अध्याय का आरंभ कोबाल्ट से तथा इसकी समाप्ति वैनेडियम से करेंगे। इसमें लगभग 100 साल (1735-1830) के इतिहास का विवरण दिया जाएगा। इस अर्से के दौरान रासायनिक विश्लेषण के आधार पर 30 से ज्यादा रासायनिक तत्त्व खोजे गए जो रासायनिक-विश्लेषण-विधि की बड़ी उपलब्धि का सबूत था। इस विधि ने अन्य तत्त्वों की खोज में भी अतिमहत्त्वपूर्ण भूमिका निभायी, उदाहरणार्थ दुर्लभ मृदा तत्त्वों की खोज में, परंतु इन के इतिहास की विशेषता के कारण इन तत्त्वों की चर्चा एक अलग अध्याय में की गयी है।

कोबाल्ट

कोबाल्ट की खोज का इतिहास इसके नाम के इतिहास से शुरू करना बेहतर रहेगा। प्राचीन काल में सैक्सन में एक खनिज मिलता था जिसका नाम 'कोबोल्ड' रखा गया था। वहाँ के खनिकों का यह विचार था कि इस खनिज के अंदर एक दुष्ट आत्मा रहती है। यह खनिज रजत से बहुत मिलता जुलता था, परंतु इससे रजत प्राप्त करने के सभी प्रयास बेकार सिद्ध हुए।

ईसा से 5000 साल पहले प्राचीन मिस्र के लोग नीले कोबाल्ट के काँच, इनैमल (तामचीनी) तथा रंजकों से परिचित थे। फिराउन तूतान्खामोन के मकबरे की खुदाई के दौरान पुरातत्त्वज्ञों को नीले काँच के कई टुकड़े मिले। यह पता नहीं है कि कोबाल्ट यौगिकों के आधार पर नीले काँच तथा रंजकों का निर्माण एक संयोग की बात थी या लोगों को इसकी पूरी जानकारी थी। सच्चाई कुछ भी हो, इनके निर्माण की विधि बहुत लंबे अर्से तक अज्ञात रही। नीले रंजकों का प्रथम वर्णन 1679 के दस्तावेजों में मिलता है।

कोबाल्ट की खोज सन् 1735 में एक स्वीडिश रसायनज्ञ ब्रांड ने की। अपने शोध-प्रबंध में उन्होंने एक नयी अर्द्धधातु 'कोबोल्ड' का वर्णन किया। इसमें अर्द्धधातुओं का अभिप्राय उन यौगिकों से था जिनके गुण ज्ञात धातुओं जैसे थे, परंतु जिनकी पिटाई नहीं की जा सकती है। उन्होंने निम्न छः अर्द्धधातुओं का वर्णन किया : पारद, बिस्मथ, जिंक, ऐंटिमनी, कोबाल्ट और आर्सेनिक (चूंकि बिस्मथ के अधिकांश यौगिकों में कोबाल्ट उपस्थित होता है, ब्रांड ने कोबाल्ट और बिस्मथ की पहचान के कई तरीके बताए)।

1744 में ब्रांड को एक नया खनिज मिला जिसमें कोबाल्ट, लौह तथा सल्फर उपस्थित थे। यह खनिज कोबाल्ट

सल्फाइड Co_3S_4 था।

आगे चलकर ब्रांड ने कोबाल्ट का बारीकी से अध्ययन किया। अठारहवीं शताब्दी के अंत–उन्नीसवीं शताब्दी के आरंभ में बर्गमैन, थेनार्ड, प्राउस्ट तथा बेर्जेनियस ने कोबाल्ट और इसके यौगिकों का अध्ययन किया। उनका कार्य इस तत्त्व के ध्यानपूर्वक अध्ययन के लिए बहुत सहायक हुआ। काफी लंबे अर्से तक बहुत सारे वैज्ञानिक कोबाल्ट की खोज की बात झूठी मानते रहे। केवल अठारहवीं शताब्दी के अंत में अनेक रसायनज्ञों के प्रयोगों द्वारा कोबाल्ट की खोज की पुष्टि हुई।

निकैल की तरह कोबाल्ट भी अक्सर (कई बार बहुत बड़ी मात्रा में) उल्कापिंडों में उपस्थित होता है। 1819 में एक जर्मन रसायनज्ञ स्ट्रामेयर ने एक उल्कापिंड में कोबाल्ट खोजा तथा कुछ अर्से बाद टेनान्ट को इसी उल्कापिंड में निकैल मिला।

निकैल

आवर्त सारणी में कोबाल्ट का पड़ोसी निकैल इसके साथ काफी समानता रखता है। पहली बात तो यह है कि निकैल को भी 'दानव खानदान' का माना गया है। इसका नाम जर्मन शब्द 'कुप्फरनिकैल' (Kupfernickel) से बना है जिसका अर्थ है 'ताम्र दानव'। यह उस खनिज का नाम था जिसका वर्णन 1694 में स्वीडिश खनिजविद् हिरने ने किया तथा जिसे उन्होंने गलती से ताम्र अयस्क मान लिया। इस खनिज से ताम्र प्राप्त करने के सारे प्रयास विफल रहे।

सच कहा जाए तो मनुष्य निकैल को अतिप्राचीन काल से जानता है। ईसा से तीन शताब्दी पूर्व प्राचीन चीन के वासी एक ऐलाय बनाते थे जिसके निर्माण में ताम्र, निकैल तथा जिंक इस्तेमाल किए जाते थे। मध्य एशिया में बैक्टीरिया के लोग इस ऐलाय से सिक्के बनाया करते थे। ऐसा एक सिक्का लंदन के ब्रिटिश संग्रहालय में आज भी सुरक्षित रखा हुआ है।

'कुप्फरनिकैल' की प्रकृति के वर्णन के बाद भी इसे ताम्र अयस्क माना जाता रहा। 1726 में एक जर्मन औषधि-विशेषज्ञ लिंक ने इस खनिज का अध्ययन किया। उन्होंने देखा नाइट्रिक अम्ल में विलयित होने पर इस खनिज का रंग हरा हो गया। इससे वे इस निष्कर्ष पर पहुँचे कि इस खनिज में कोबाल्ट अयस्क होने की ज्यादा संभावना है। इतने में स्वीडिश खनिकों को लाल रंग का एक खनिज मिला जो काँच में मिलाने पर उसको नीला रंग नहीं देता था। उन्होंने उसका नाम रखा 'कोबोल्ड', जिसने अपनी आत्मा खो दी है।' यह भी निकैल खनिजों में से एक था।

1751 तक यही स्थिति बनी रही। उस साल स्वीडिश खनिजविद् तथा रसायनज्ञ क्रोन्स्टेड ने कोबाल्ट की खान में मिले एक खनिज में दिलचस्पी ली। उन्होंने एक प्रयोग के दौरान इस अयस्क के अम्लीय विलयन में लोहे का एक छोटा सा टुकड़ा डाल कर देखा। अगर इस विलयन में ताम्र होता तो वह लोहे के ऊपर जरूर जम जाता। परंतु वैज्ञानिक को यह देखकर बहुत आश्चर्य हुआ कि ऐसी कोई बात नहीं हुई। विलयन में ताम्र नहीं था। यह परिणाम प्रयोग में लिये हुए अयस्क के बारे में उस जमाने में प्रचलित धारणाओं के अनुकूल नहीं था। अब क्रोन्स्टेड ने इस अयस्क में बिखरे हरे क्रिस्टलों में रुचि लेनी शुरू कर दी। बहुत सारे प्रयोगों के बाद उन्होंने कुप्फरनिकैल से एक धातु अलग कर दी जो ताम्र से बिल्कुल भिन्न थी। वैज्ञानिक के कथनानुसार यह धातु ठोस तथा भंगुर थी तथा इस पर चुंबक का बहुत हलका सा असर पड़ता था। गर्म करने पर यह एक काले पाउडर में परिवर्तित हो जाती थी तथा घोलने पर अतिसुंदर हरा रंग देती थी। चूँकि यह धातु कुप्फरनिकैल में उपस्थित थी, अतः क्रोन्स्टेड ने इसका नाम इसी अयस्क के नाम पर रखने का फैसला किया, परंतु उन्होंने इसका नाम थोड़ा संक्षिप्त जरूर कर दिया–निकैल। अब यह ज्ञात हो चुका है कि कुप्फरनिकैल निकैल आर्सेनाइड होता है।

यूरोप के बहुत सारे वैज्ञानिकों ने इस नए तत्त्व की खोज को मान्यता दे दी। परंतु कुछ वैज्ञानिकों का यह मत था कि निकैल कोबाल्ट, लौह, आर्सेनिक तथा ताम्र का मिश्रण होता है। 1775 बर्गमैन ने इन सारी शंकाओं को दूर कर दिया। उन्होंने यह सिद्ध कर दिया कि इन तत्त्वों के मिश्रण में निकैल के गुण नहीं होते हैं चाहे उन्हें किसी भी अनुपात में क्यों न मिला लिया जाए।

मैंगनीज

मैंगनीज के यौगिक, विशेषतया इसका ऑक्साइड—पाइरोलुसाइट (MnO_2) प्राचीन काल से ज्ञात है। ये काँच तथा चीनी-मिट्टी उद्योग में प्रयुक्त किए जाते थे। 1540 में इटली के एक धातुकर्मी बीरिनगुसिओ ने पाइरोलुसाइट के बारे में निम्न बातें लिखीं : यह भूरे रंग का होता है, गर्म करने पर पिघलता नहीं है तथा काँच व चीनी-मिट्टी को बैंगनी रंग में रंग देता है। उन्होंने पाइरोलुसाइट में एक और अद्वितीय गुण देखा—यह पीले तथा हरे काँच का धुँधलापन दूर करने की क्षमता रखता है।

आस्ट्रिया के वैज्ञानिक कैम शायद पहले व्यक्ति थे जिन्हें धात्विक मैंगनीज की थोड़ी सी मात्रा प्राप्त करने में सफलता मिली। सन् 1770 में उन्होंने एक मिश्रण गर्म किया जिसमें 1 भाग पाइरोलुसाइट पाउडर तथा 2 भाग काला फ्लक्स (कोयले तथा K_2CO_3 का मिश्रण) मिलाया था। कैम को नीले सफेद भँगुर क्रिस्टल प्राप्त हुए। यह शायद अशुद्ध मैंगनीज था, परंतु वैज्ञानिक केवल इस निर्णय पर पहुँचे कि प्राप्त धातु लौहरहित है और अपना प्रयोग अधूरा ही छोड़ दिया।

मैंगनीज की आगे की कहानी बर्गमैन के नाम के साथ जुड़ी है जिन्होंने इस वक्त तक निकैल की खोज प्रमाणित कर दी थी। उन्होंने पाइरोलुसाइट की निम्न शब्दों में व्याख्या की : ''काले नैग्नीशियम'' के नाम से प्रसिद्ध खनिज एक नयी मृदा है। इसे न तो परितापित चूना समझना चाहिए और न ही मैग्नीशिया ऐल्बा (अर्थात् मैग्नीशियम ऑक्साइड)। परंतु कैम के विपरीत बर्गमैन कुछ प्रयत्नों के बावजूद भी पाइरोलुसाइट से धातु प्राप्त नहीं कर सके।

शील तीसरे वैज्ञानिक थे जिन्होंने इस खनिज से एक नया तत्त्व प्राप्त करने की कोशिश की। 1774 में उन्होंने स्टॉकहाल्म विज्ञान अकादमी के सामने एक लेख प्रस्तुत किया जिसका शीर्षक था : ''मैंगनीज तथा इसके गुण''। इस लेख में उन्होंने उन सारे प्रयोगों का संक्षिप्त विवरण दिया जो उन्होंने 3 साल के दौरान पाइरोलुसाइट का अध्ययन करते समय किए। इस ज्ञानप्रद लेख में उन्होंने दो धातुओं (बेरियम तथा मैंगनीज) की खोज की सूचना दी तथा दो गैसीय तत्त्वों (भावी क्लोरीन और हाइड्रोजन) का वर्णन किया। शील ने यह सिद्ध कर दिया कि उस वक्त जितनी भी मृदा ज्ञात थी, मैंगनीज ऑक्साइड उन सबसे भिन्न थी।

मैंगनीज के इतिहास में दो तिथियाँ अत्यधिक महत्त्वपूर्ण साबित हुईं—16 मई और 27 जून, 1774। 16 मई को शील ने अपने देशवासी तथा मित्र गाहन को शोधित पाइरोलुसाइट का एक नमूना भेजा और उसका विखंडन करने का आग्रह किया। गाहन ने कोयले की क्रुसिबल में पाइरोलुसाइट पाउडर, तेल तथा कोयले के चूरे का मिश्रण भरकर 1 घंटे तक इसका परितापन किया। उन्हें क्रुसिबल के तल में धातु का एक पिंड मिला जिसका वजन पाइरोलुसाइट के आरंभिक वजन का तीसरा भाग था। 27 जून को गाहन का भेजा नयी धातु का नमूना शील को मिल गया। शील ने अपने साथी को लिखा कि उनके मतानुसार पाइरोलुसाइट से मिला पिंड एक नई अर्द्धधातु था, जो अन्य सभी अर्द्धधातुओं से बिल्कुल भिन्न था, परंतु लौह से काफी मिलता-जुलता था। शब्द 'अर्द्धधातु' काफी समय तक रसायन तथा धात्विकी में प्रचलित रहा। इस प्रकार गाहन को धात्विक मैंगनीज अलग करने में सफलता मिल गयी तथा उन्होंने इस धातु की खोज का काम संपूर्ण कर दिया। यह बात जरूर सच है कि उनके द्वारा प्राप्त मैंगनीज में कार्बन काफी मात्रा में उपस्थित था (शुद्ध मैंगनीज बाद में प्राप्त हुआ)।

1785 में एक जर्मन रसायनज्ञ आइलजमैन ने स्वतंत्र रूप से धात्विक मैंगनीज प्राप्त किया। उन्हें गाहन तथा शील के प्रयोगों की तनिक भी जानकारी नहीं थी उन्होंने पाइरोलुसाइट, फ्लुओरस्पार, चूने तथा कोयला पाउडर के मिश्रण को गर्म करके प्राप्त उत्पाद का परितापन किया। परंतु इस विधि द्वारा प्राप्त मैंगनीज और भी ज्यादा अशुद्ध था। आरंभ में इस धातु का नाम मैंगनीजियम manganesium लिया गया जो पाइरोलुसाइट को पुराने नाम लेपिस मैंगनेसिस (lapis manganesis) से लिया गया। जब 1808 में मैंग्नीशियम मिल गया तब नामों में भ्रम न होने देने के लिए इसका लातीनी

नाम बदल दिया गया। अब इसका नाम मैंगनम (manganum) रख दिया गया।

बेरियम

आवर्त सारणी के द्वितीय ग्रुप के अपने सहधर्मियों की भाँति बेरियम प्रकृति में स्वतंत्र रूप में नहीं मिलता है। बेरियम सल्फेट तथा कार्बोनेट इसके सर्वाधिक विस्तृत खनिज हैं। सत्रहवीं शताब्दी (1602) में ही कीमियागरों ने बेरियम के एक खनिज में काफी दिलचस्पी लेनी शुरू कर दी थी।

उस साल बोलोन्या (इटली) के एक मोची कैस्सीओरलो ने इस बात पर ध्यान दिया कि भारी स्पार (बेरियम सल्फेट) को अगर कोयले तथा सूखने वाले तेल के साथ गर्म करके सामान्य ताप तक ठंडा किया जाए, तो भारी स्पार लाल रंग की चमक देने लगता है। इस खनिज को बोलोन्या पत्थर, बोलोन्या फास्फोरस, सूर्य पत्थर आदि नामों से पुकारा गया। यह बेरियम सल्फाइड BaS था। इसकी अद्वितीय चमक के तुरंत कई कारण बताए गए। उदाहरणार्थ, फ्रेंच रसायनज्ञ लेमेरी ने अपनी पुस्तक 'रसायन का पाठ्यक्रम' में यह लिखा कि बोलोन्या पत्थर अंधेरे में इसलिए चमकता है कि इसके अंदर गंधक उपस्थित है। एक अन्य खनिज बोल्डयूइन फास्फोरस (निर्जल कैल्सियम नाइट्रेट) में भी यही विशेषता पायी गयी।

काफी अर्से तक (1774 तक) भारी स्पार को चूना पत्थर समझा जाता रहा। दोनों को एक ही यौगिक की दो किस्में माना जाता था। 1774 में जब शील और गाहन मिलकर पाइरोलुसाइट का अध्ययन कर रहे थे, उन्हें एक नया यौगिक प्राप्त हुआ। इस यौगिक की सल्फ्यूरिक अम्ल के साथ प्रतिक्रिया कराने से एक सफेद अवक्षेप प्राप्त हुआ। शील ने यह स्थापित किया कि भारी स्पार में एक अज्ञात मृदा उपस्थित है जिसका नाम उन्होंने बेरिटिस रख दिया।

अठारहवीं शताब्दी के अंतिम चतुर्थांश में बेरियम ऑक्साइड की अच्छी जानकारी हो चुकी थी। रसायनज्ञों का अनुमान था कि इसके अंदर एक अज्ञात धातु उपस्थित है। 1789 में लेवूजियो ने अपनी 'रसायन की पाठ्यपुस्तक' में इस मत का समर्थन किया। 'सरल पिंडों की सारणी' में बेरिटिस को एक साधारण पदार्थ बताया गया। आखिर 1808 में है० डेवी ने नयी धातु प्राप्त कर ही ली। उन्हें यह धातु (बेरियम) उसी विधि से प्राप्त हुई जिससे उन्होंने कैल्सियम प्राप्त किया था। (अध्याय V देखिए)।

बेरियम का नाम यूनानी शब्द बेरस (baros) से लिया गया है जिसका अर्थ 'भारी' होता है। बेरियम ऑक्साइड तथा इसके खनिजों के बड़े भारीपन के कारण इस तत्त्व को ऐसा नाम दिया गया।

मॉलिब्डेनम

इस तत्त्व की खोज का इतिहास घटनाओं से भरपूर नहीं है। एक बात जरूर रोचक है और वह यह कि इस तत्त्व की खोज काफी जल्दी हो गयी, 1778 में, जब रासायनिक-विश्लेषण विधि इनती ज्यादा प्रचलित नहीं थी। निस्संदेह आरंभ में यह तत्त्व ऑक्साइड के रूप में अलग किया गया। मजे की बात यह है कि इसका नाम इसकी खोज से पहले प्रचलित हो गया। यह नाम दो खनिजों-मॉलिब्डेना (molybdena) (लेड की चमक वाला खनिज) तथा मॉलिब्डस (molybdos) लेड के नाम से लिया गया जो एक दूसरे से बहुत मिलते-जुलते थे। इन दोनों खनिजों से बाहरी रूप से मिला हुआ एक और खनिज था जो आगे चलकर मॉलिब्डेनाइट (molybdenum sulphide) के नाम से प्रसिद्ध हुआ।

1754 में स्वीडिश खनिजविद् क्रोन्स्टेड ने इन खनिजों की भिन्नता स्थापित करते हुए यह बताया कि मॉलिब्डेनाइट में कुछ विशिष्ट गुण विद्यमान हैं। परंतु वे इस बात का सबूत नहीं दे सके। सौभाग्यवश कुछ परिस्थितियों के कारण मॉलिब्डेनाइट के अध्ययन की रिपोर्ट शील के हाथ लग गयी। 1778 में उन्होंने मॉलिब्डेनाइट का विश्लेषण किया। मालिब्डेनाइट पर सांद्रित नाइट्रिक अम्ल की प्रतिक्रिया के फलस्वरूप एक विशाल सफेद पिंड प्राप्त हुआ जिसे शील ने एक विशेष प्रकार की सफेद मृदा बताया। शील जानते थे कि ग्रेफाइट पर नाइट्रिक अम्ल की कोई प्रतिक्रिया नहीं होती है। अतः

ग्रेफाइट तथा मॉलिब्डेनाइट की भिन्नता स्पष्ट हो गयी। शील ने इस सफेद मृदा का नाम 'मॉलिब्डिक अम्ल' रखा क्योंकि इसमें अम्लीय गुण विद्यमान थे। स्वीडिश रसायनज्ञ ने इसका परितापन करके मॉलिब्डेनम ऑक्साइड—नयी धातु का ऑक्साइड प्राप्त किया। इसमें उनका पक्का विश्वास था तथा उनके देशवासी बर्गमैन भी उनसे सहमत थे।

अब मॉलिब्डिक मृदा से धातु अलग करना महत्त्वपूर्ण कदम था। शील ने मृदा का कोयले के साथ परितापन करने की योजना तैयार की, परंतु कुछ कारणों से वे खुद इस काम को नहीं कर सके और उन्होंने अपने मित्र हैल्म को यह प्रयोग करने को कहा। 1790 में हैल्म ने शील के अनुरोध पर मॉलिब्डेक मृदा का परितापन किया। परंतु उनके द्वारा प्राप्त मॉलिब्डेनम में कार्बन तथा मालिब्डेनम कार्बाइड उपस्थित थे। 1817 में बेर्जेलियस ने शुद्ध मालिब्डेनम प्राप्त की (हाइड्रोजन द्वारा इसके ऑक्साइड का अपचयन करके)।

टंग्स्टन

टंग्स्टन को वुलफ्रैम भी कहते हैं। इस तत्त्व की गिनती भी विरल तत्त्वों में की जाती है, परंतु इसके बावजूद भी अठारहवीं शताब्दी के अंतिम चतुर्थांश में इस तत्त्व के ऑक्साइड की खोज हो गयी। सच यह है कि खोज संयोगवश हुई, परंतु रासायनिक विश्लेषण की विधि के विस्तार ने इसमें महत्त्वपूर्ण योगदान दिया।

'टंग्स्टन' का नाम 'वुलफ्रैम' काफी पहले प्रचलित हो गया था। जर्मन भाषा में इस शब्द का अर्थ है—'भेड़िये का झाग (wolf's froth) । बात यह थी कि कुछ अयस्कों से टिन अलग करते समय प्रगलित धातु का कुछ भाग खो जाता था। मध्ययुग के खनिकों का यह विश्वास था कि अयस्क में एक खनिज उपस्थित था जो टिन को खा जाता था जैसे भेड़िया मेमने को। इस खनिज का नाम वुल्फ्रैम या वुल्फ्रैमाइट (wolframite) रखा गया। जैसे-जैसे समय बीतता गया, वैज्ञानिकों की टंग्स्टन में रुचि बढ़ती गयी। 1761 में जर्मन खनिजविद् लीमान ने वुल्फ्रैमाइट का विश्लेषण किया, परंतु उन्हें इस खनिज के अंदर कोई नयी चीज नहीं मिली। उनके देशवासी वोल्फ के कथनानुसार वुल्फ्रैमाइट में कोई नयी चीज उपस्थित थी। उन दिनों एक और अजीब खनिज टंग्स्टन या भारी पत्थर भी ज्ञात था जिसे 1751 में क्रोन्स्टेड ने खोजा था। शील ने 1781 में इस खनिज में दिलचस्पी ली। उन्होंने टंग्स्टन (कैल्सियम वुल्फ्रैमाइट) पर नाइट्रिक अम्ल की प्रतिक्रिया कराके एक सफेद पदार्थ प्राप्त किया। जो मॉलिब्डिक अम्ल से मिलता-जुलता था। शील एक उत्तम विश्लेषक तो थे ही उन्होंने दोनों अम्लों के बीच अंतर दिखा दिया जिसके कारण उन्हें टंग्स्टन का आविष्कारक माना जाता है।

उन्हीं दिनों शील के देशवासी बर्गमैन भी इस तत्त्व की खोज के बहुत नजदीक थे। उनके विचारानुसार उच्च घनत्व के कारण टंग्स्टन में बेरिट मृदा की उपस्थिति संभव थी। खनिज का अध्ययन करते समय उन्हें इसके अंदर कुछ और ही चीज (एक सफेद पदार्थ) मिली, जिसका नाम उन्होंने टंगस्टिक अम्ल रखा। परंतु इसके बाद बर्गमैन गलत रास्ते पर चल पड़े। वे टंगस्टिक तथा मॉलिब्डिक अम्ल को आर्सेनिक के उत्पाद समझने लगे। उन्होंने अपनी इस धारणा की सत्यता की जाँच नहीं की। 1783 में दो भाइयों-स्पेनिश रसायनज्ञों फ्रे० तथा हे० डे'लुआर ने वुल्फ्रैमाइट से एक सफेद अम्ल प्राप्त किया जो टंगस्टिक अम्ल के सदृश था। बर्गमैन तथा शील की तरह स्पेनिश रसयानज्ञ भी टंग्स्टन को धातु के रूप में प्राप्त करने में सफल रहे।

टेल्यूरियम

अठारहवीं शताब्दी के द्वितीय अर्द्धांश में आस्ट्रिया में एक अनोखा खनिज मिला, जिसका रंग नीला-सफेद था। जिस इलाके में यह खनिज मिला, वह सातपहाड़ियों (Siebengebirge) के नाम से प्रसिद्ध था। खनिज को अनोखा इसलिए समझा जाता था क्योंकि इसकी अवयवानुपात के बारे में एक राय नहीं थी। विवाद इस बात का था कि इस खनिज में

स्वर्ण उपस्थित है या नहीं। इसके नाम भी अजीब से थे—विरोधाभासी स्वर्ण, सफेद स्वर्ण, समस्यात्मक स्वर्ण। कुछ वैज्ञानिकों का विचार था कि इस खनिज के ऊपर बहस करना बेकार ही था क्योंकि इस में संभवतः ऐंटिमनी या बिस्मथ या दोनों ही तत्त्व उपस्थित थे। 1782 में एक खनन इंजीनियत म्यूलर ने (आगे चलकर वे रेइखेन्श्टेन के काउंट बने) इस अयस्क का रासायनिक विश्लेषण करके इससे धात्विक कण अलग किए, जो उन्हें ऐंटिमनी से मिलते-जुलते लगे। परंतु अगले साल वे इस फैसले पर पहुँचे कि उनका वास्ता एक नए अज्ञात तत्त्व से पड़ रहा है।

म्यूलर को अपने निष्कर्ष पर संदेह हो रहा था। उन्होंने बर्गमैन की राय जाननी चाहिए। परंतु उन्होंने अयस्क का जो नमूना बर्गमैन को भेजा, वह बहुत छोटा था। उसके अध्ययन से किसी निश्चित निष्कर्ष पर नहीं पहुँचा जा सकता था। हाँ, यह बात जरूर पता चल गयी कि म्यूलर की धातु ऐंटिमनी नहीं थी और यह बात यहीं खत्म हो गयी। अगले 15 सालों में किसी ने भी आस्ट्रियन खनन इंजीनियर की खोज में बिल्कुल दिलचस्पी नहीं ली। टेल्यूरिम का अभी असली जन्म नहीं हुआ था।

इसके दूसरे जन्म का श्रेय जर्मन रसायनज्ञ मा० क्लाप्रोत को मिलता है। 25 जनवरी 1798 के दिन उन्होंने बर्लिन विज्ञान अकादमी की सभा में एक रिपोर्ट पढ़ी जिसमें 'सात पहाड़ियों' में मिले स्वर्ण अयस्क का वर्णन किया। क्लाप्रोत ने म्यूलर का प्रयोग दोहराया। अगर म्यूलर को अपने अन्वेषण की सत्यता पर संदेह हुआ था, तो इस बार ऐसा नहीं हुआ। क्लाप्रोत ने नए तत्त्व का नाम टेल्यूरियम रखा (लातीनी शब्द "tellus" से, जिसका अर्थ है 'पृथ्वी')। हालांकि क्लाप्रोत को अयस्क का नमूना म्यूलर से मिला था, परंतु वे टेल्यूरियम की खोज में किसी दूसरे को भागी नहीं बनाना चाहते थे। हम भी यह समझते हैं कि इस तत्त्व की खोज भें जर्मन रसायनज्ञ की कम भूमिका नहीं थी। क्योंकि उन्होंने एक भूले तत्त्व को नया जीवन दिया।

यह विश्वास किया जाता है कि एक तीसरे व्यक्ति ने भी टेल्यूरियम की खोज में भाग लिया। हमारा अभिप्राय हंगरी की पेस्ट यूनिवर्सिटी के रसायन तथा वनस्पति विज्ञान के प्रोफेसर किताईबेल से है। 1789 में उनके एक साथी ने उन्हें एक खनिज दिया जिसे मॉलिब्डेनाइट बताया जा रहा था। इस खनिज में रजत की उपस्थिति की आशा थी। किताईबेल ने इस खनिज से एक नया तत्त्व अलग किया। इसके बाद उन्होंने यह स्थापित किया कि समस्यात्मक स्वर्ण में भी यही तत्त्व विधमान था। इस प्रकार उन्होंने स्वतंत्र रूप से टेल्यूरिम की खोज की। दुख की बात है कि उन्होंने अपने अनुसंधान कार्यों के परिणाम तुरंत प्रकाशित नहीं करवाए। उन्होंने अपने कुछ साथियों को केवल इसकी सूचना भेजी। वियेना के खनिजविद् एस्ट्नर भी इन लोगों में शामिल थे। क्लाप्रोत को किताईबेल के परिणामों की जानकारी एस्ट्नर ने दी। उन्होंने इसकी प्रशंसा जरूर की, परंतु सत्यता की जाँच नहीं की। म्यूलर ने क्लाप्रोत की राय इस घटना के कई साल बाद माँगी थी। इस दौरान क्लाप्रोत को म्यूलर के प्रयोगों को दोहराने का मौका मिल गया था। इसलिए वे म्यूलर को ही इस तत्त्व का एकमात्र खोजी मानते थे और उन्होंने अपनी रिपोर्ट में इस पर जोर दिया।

काफी लंबे अर्से तक टेल्यूरियम को एक धातु माना जाता रहा। 1832 में बेर्जेलियम ने इस बात को साबित कर दिया कि इस तत्त्व और सिलीनियम तथा सल्फर के बीच बड़ी समानता है जिसके कारण इसे हमेशा के लिए अधातुओं की सूची में शामिल कर लिया गया।

स्ट्रॉन्शियम

1787 में स्कॉटलैंड के एक गाँव स्ट्रान्टियन की एक लेड खान में एक नया खनिज स्ट्रान्शिएनाइट मिला। कुछ खनिजविद् इसे फ्लुओराइट (CaF_2) की एक किस्म समझते थे, परंतु अधिकांश वैज्ञानिक इसे विदेराइट (बेरियम खनिज $BaCO_3$) का एक रूप मानते थे।

1790 में स्कॉटलैंड के एक चिकित्सक क्राउफोर्ड ने इस खनिज का ध्यानपूर्वक अध्ययन किया। वे इस निष्कर्ष पर

पहुँचे कि स्ट्रान्शिएनाइट पर नमक के अम्ल की प्रतिक्रिया से प्राप्त लवण बेरियम क्लोराइट से भिन्न था। यह जल में ज्यादा तेजी से विलयित हो गया तथा इसके क्रिस्टलों का आकार भी दूसरा था। क्राउफोर्ड इस फैसले पर पहुँचे कि स्ट्रान्शिएनाट में एक मृदा उपस्थित थी जो अभी तक अज्ञात थी।

1791 के अंत में स्कॉटलैंड के एक रसायनज्ञ होप ने स्ट्रान्शिएनाइट का अध्ययन शुरू कर दिया। उन्होंने विदेराइट तथा स्ट्रान्शिएनाइट के बीच अंतर स्थापित कर दिया। होप ने यह भी देखा कि बिना बुझे चूने के मुकाबले स्ट्रान्शियम मृदा जल के साथ अधिक तेजी से प्रतिक्रिया कर जाती थी; यह बेरियम ऑक्साइड की तुलना में जल में ज्यादा अच्छी तरह से घुल जाती थी तथा सभी स्ट्रान्शियम यौगिकों की ज्वाला लाल रंग की होती थी। होप ने यह सिद्ध कर दिया कि नयी मृदा कैल्सियम तथा बेरियम मृदा का मिश्रण नहीं हो सकती थी। लेवूजियो के मतानुसार नयी मृदा धात्विक प्रकृति की थी, परंतु वे इस बात को सत्य सिद्ध नहीं कर सके। 1808 में डेवी ने इस विचार को सच साबित किया।

स्ट्रान्शियम की खोज का इतिहास अधूरा ही रह जाएगा, अगर हम एक और वैज्ञानिक का नाम नहीं लेंगे, जिन्होंने स्ट्रान्शिएनाइट के अध्ययन में महत्त्वपूर्ण योगदान दिया। हमारा अभिप्राय रूसी रसायनज्ञ लोवित्स से है जिन्होंने स्वतंत्र रूप से यह सिद्ध किया कि स्ट्रान्शिएनाइट में एक अज्ञात तत्त्व विद्यमान है। लोवित्स प्रथम वैज्ञानिक थे जिन्होंने भारी स्पार में स्ट्रान्शियम खोजा। डेवी द्वारा प्रस्तावित विधि से प्राप्त स्ट्रान्शियम पूर्णतया शुद्ध नहीं था। 1924 में एक अमरीकी वैज्ञानिक डैनर ने स्ट्रान्शियम ऑक्साइड का धात्विक ऐलुमिनियम या मैग्नीशियम द्वारा अपचयन करके शुद्ध स्ट्रान्शियम प्राप्त किया।

जिर्कोनियम

जिर्कोनियम ऑक्साइड को बहुत दिनों तक ऐलुमिनियम ऑक्साइड (ऐलुमिना) समझा जाता रहा क्योंकि दोनों यौगिकों में बहुत समानता होती है। हालांकि जिर्कोनियम खनिज मध्य युग में भी ज्ञात थे, परंतु किसी को इनमें एक अज्ञात तत्त्व की उपस्थित का ख्याल तक नहीं आया। पृथ्वी पर एक अत्यधिक विस्तृत तत्त्व (0.02%) होते हुए भी अठारहवीं शताब्दी के अंत तक मनुष्य को जिर्कोनियम की जानकारी नहीं थी। जिर्कोनियम मुख्यतः एक खनिज जिर्कोल से मिलता है, जो दो रूपों में पाया जाता है—हायासिन्थ तथा जारगून। अपने खूबसूरत रंगों (पीले भूरे से धूमल हरे तक) के कारण हायासिन्थ प्राचीन काल में भी एक कीमती पत्थर के रूप में ज्ञात था।

विश्वास किया जाता था कि हायासिन्थ का गठन माणिक्य तथा पुखराज जैसा होता है।

जिर्कोनियम का विश्लेषण कई बार किया गया, परंतु हर बार कोई-न-कोई गलती जरूर हो जाती थी। 1787 में जर्मन रयायनज्ञ विगलैब को सिलोनी जिर्कोन के विश्लेषण से सिलिकन डाइऑक्साइड में बहुत अल्पमात्रा में केवल चूना, मैग्नीशिया और लोहा मिले। उनसे पहले बर्गमैन जैसे चतुर वैज्ञानिक ने यह स्थापित कर दिया कि सिलोनी हायासिन्थ में 25% सिलिकन डाइऑक्साइड, 40% ऐलुमिनियम ऑक्साइड, 13% लौह ऑक्साइड तथा 20% चूना उपस्थित होता है। इस प्रकार भावी तत्त्व जिर्कोनियम ऐलुमिनियम ऑक्साइड के पीछे छुपा रहा।

1789 में क्लाप्रोत ने इस घटनावरण का भंडाफोड़ कर दिया। उन्होंने जिर्कोन पाउडर (बर्गमैन द्वारा चयित नमूने जैसा यौगिक) को एक क्षार के साथ रजत की बनी क्रुसिबल में गर्म किया। प्राप्त ऐलाय सल्फ्यूरिक अम्ल में घोल कर क्लाप्रोत ने इस विलयन से एक नयी मृदा अलग की जिसका नाम उन्होंने जिर्कोनियम रखा। उनके विश्लेषण के परिणाम निम्न थे : 25% सिलिका, 0.5% लौह ऑक्साइड, 70% जिर्कोनियम मृदा। हम देख ही रहे हैं कि क्लाप्रोत के परिणाम बर्गमैन के परिणामों से बिल्कुल भिन्न थे। उसी साल एक अन्य वैज्ञानिक गुएटोन डि मोरवियू ने फ्रांस मे मिले हायासिन्थ से जिर्कोनियम प्राप्त कर क्लाप्रोत के परिणामों की पुष्टि कर दी।

धात्विक जिर्कोनियम प्राप्त करना काफी मुश्किल काम साबित हुआ। 1808 में ह० डेवी ने विद्युत्धारा की सहायता से जिर्कोनियम मृदा का विखंडन करने की कोशिश की, परंतु उन्हें सफलता नहीं मिली। केवल 1824 में बेर्जेलियस ने एक

प्लैटिनम क्रुसिबल में पोटेशियम, पोटेशियम फ्लुओराइड तथा जिर्कोनियम के सूखे मिश्रण को गर्म करके अशुद्ध जिर्कोनियम धातु के रूप में प्राप्त की। इस तत्त्व का नाम खनिज के नाम पर रखा गया है।

यूरेनियम

अभी भी बहुत सारे ऐसे व्यक्ति मिल सकते हैं, जो यह नहीं बता सकते हैं कि आवर्त सारणी क्या चीज होती है। परंतु यूरेनियम का नाम संभवतः बहुत लोगों ने सुना है क्योंकि बीसवीं शताब्दी के इतिहास में इस तत्त्व की भूमिका अतिमहत्त्वपूर्ण रही है।

यूरेनियम के अध्ययन के बल पर मानव परमाणु ऊर्जा के प्रयोग की समस्या हल कर पाया है।

आवर्त सारणी का 92वां तत्त्व आधुनिक सभ्यता के लिए परमावश्यक हुआ। यह अन्य कई रासायनिक तत्त्वों से पहले लगभग 200 वर्ष पूर्व खोजा गया, परंतु आधे से ज्यादा अर्से तक यह लगभग अज्ञात रहा।

इस पर भी यूरेनियम का इतिहास कोई रहस्य नहीं है। इसकी खोज की ठीक तिथि ज्ञात है। यह भी पता है कि इसकी खोज किसने की। यूरेनियम के आगे के जीवन की पर्याप्त जानकारी हैं

परंतु बेहतर रहेगा कि आपको इस तत्त्व की कहानी शुरू से सुनाई जाए।

जिस खनिज को आज पिचब्लैंड कहते हैं, मानव उसके साथ प्राचीन काल से परिचित है। शुरू में यह समझा जाता था कि पिचब्लैंड मुख्यतः लोहे के ऑक्साइडों तथा जिंक से बना हैं इससे ज्यादा और कुछ नहीं पता था।

महान रसायनज्ञ तथा विश्लेषक क्लाप्रोत ने, जिनका नाम पुस्तक में पहले भी कई बार लिया जा चुका है, पिचब्लैंड के नमूने का ध्यानपूर्वक अध्ययन करने का फैसला किया। उन्होंने इस खनिज को नाइट्रिक अम्ल में घोलकर विलयन में पोटेश मिलाया। उन्हें पीले रंग का एक अवक्षेप प्राप्त हुआ, जो पोटैश की अतिरिक्त मात्रा में सरलता से घुल गया। क्लाप्रोत ने इस अवक्षेप के रंगरूप का वर्णन निम्न प्रकार से किया : सुंदर हरे-पीले रंग के क्रिस्टल, जिनका आकार षट्फलकीय प्रिज्म जैसा था। जर्मन वैज्ञानिक इस निष्कर्ष पर पहुँचे कि उनका वास्ता एक ऐसे लवण के साथ पड़ा है, जिसमें एक अज्ञात तत्त्व उपस्थित है। क्लाप्रोत ने इस लवण का परितापन किया और प्राप्त ऑक्साइड से नयी धातु अलग करने की कोशिश की। जिस वक्त क्रूसिबल के तले में चमकदार काला पाउडर जम गया, वैज्ञानिक यह समझे कि उन्हें अपने उद्देश्य में सफलता मिल गयी है, हालांकि वे धातु को ऐलाय के रूप में प्राप्त नहीं कर पाए थे।

क्लाप्रोत ने नवजात तत्त्व का नाम यूरेनियम रखने का प्रस्ताव पेश किया। उन्होंने लिखा कि पहले केवल सात ग्रहों को मान्यता दी जाती थी, जिनके नाम पर सात धातुओं के नाम रखे गए हैं। अतः परंपरानुसार नयी धातु का नाम हाल में खोजे गए ग्रह के नाम पर रखा जाना चाहिए। यह ग्रह यूरेनस था, जो पहली बार सन् 1781 में हेरशेल नाम खगोलज्ञ को दिखायी दिया था। आगे चलकर कई और नए रासायनिक तत्त्वों के नाम विभिन्न ब्रह्मांडीय पिंडों के नाम पर रखे गए...।

क्लोप्रोत ने यूरेनियम को सरल पदार्थों की सूची में शामिल कर लिया, पाठ्यपुस्तकों में नयी धातु का नाम दिखायी देने लगा, इसके परमाणु भार का मान ज्ञात कर लिया गया (जो आगे चलकर बिल्कुल गलत साबित हुआ)। परंतु नई धातु की प्रकृति के बारे में भ्रम हो गया था। क्लाप्रोत धात्विक यूरेनियम प्राप्त करने में असफल रहे थे। उनका यूरेनियम शुद्ध धातु न होकर धातु का ऑक्साइड था जिसमें स्वतंत्र धातु की बहुत थोड़ी मात्रा उपस्थित थी।

क्लाप्रोत की मृत्यु के छः साल बाद (1817) बेर्जेलियस के शिष्य आर्फवेडसन को, जो लीथियम के खोजकर्ता के रूप में प्रसिद्ध हो चुके थे, क्लाप्रोत के यूरेनियम पर कुछ शक हुआ। उन्होंने यूरेनियम का गहरे हरे रंग का ऑक्साइड लिया और उसे उच्च ताप पर हाइड्रोजन द्वारा अपचयित किया। प्रतिक्रिया के दौरान वैज्ञानिक को भूरे रंग का एक पाउडर प्राप्त हुआ। उन्होंने इसे धात्विक यूरेनियम समझा, परंतु वास्तविकता में यह यूरेनियम डाइऑक्साइड UO_2 था जो U_3O_8 के

अपचयन से प्राप्त हुआ था।

तत्त्व को धातु के रूप में प्राप्त करने में बीस साल और लग गए। 1841 में फ्रेंच रसायनज्ञ पेलिगो को इस काम में सफलता मिली। उन्होंने अपचयन के लिए एक नयी विधि अपनायी : उन्होंने जलरहित यूरेनियम क्लोराइड में धात्विक पोटेशियम मिलाकर मिश्रण को बंद प्लैटिनम क्रूसिबल में गर्म किया। क्रूसिबल के तले में पाउडर जमा हो गया। क्लाप्रोत के पाउडर की तरह इसका रंग भी काला था। परंतु इस बार वास्तव में धात्विक यूरेनियम का पाउडर प्राप्त हुआ था। इसके गुण क्लाप्रोत के यूरेनियम के गुणों से काफी भिन्न थे। इस प्रकार नए रासायनिक तत्त्व को ऑक्साइड के रूप में प्राप्त करने के बाद स्वतंत्र रूप में अलग करने में 50 से भी ज्यादा साल लग गए। यूरेनियम ने अपने चेहरे पर चढ़े नकाब को हटाने में कितना ज्यादा अर्सा लगा दिया।

धातु को ऐलाय के रूप में सर्वप्रथम मुआसान नाम के एक फ्रेंच रसायनज्ञ ने प्राप्त किया। उन्होंने इस कार्य के लिए एक विद्युत् भट्टी प्रयुक्त की जिसमें उच्च तापमान प्राप्त करने का प्रबंध किया गया था। मुआसान ने यूरेनियम का पहला नूमना मई 1896 में प्राप्त किया और अपने देशवासी बैकेरेल को भेंट कर दिया। बैकेरेल ने कुछ समय पहले विघटनाभिकता की खोज की थी। मुआसान के उदारतापूर्ण उपहार के बल पर बैकेरेल यह सिद्ध कर सके कि प्राथमिक यूरेनियम ही वह तत्त्व है, जिसमें विघटनाभिकता के गुण विद्यमान हैं। यह खोज बहुत ही महत्त्वपूर्ण सिद्ध हुई; सारा विज्ञान-जगत् यूरेनियम में रुचि लेने लगा।

इस घटना के 25 साल पहले केवल एक व्यक्ति ऐसा था जो यूरेनियम में काफी ज्यादा दिलचस्पी दिखा रहा था–रूसी रसायनज्ञ दूमित्री मेंडेलीफ। आठवें दशक के आरंभ में वे अपनी आवर्त प्रणाली बना रहे थे। उन्हें यूरेनियम तत्त्व बहुत नखरेबाज लगा। इसके परमाणु भार (~ 120) के अनुसार प्रणाली में जो जगह इसे दी जानी चाहिए थी, वह इसके गुणों के साथ बिल्कुल भी मेल नहीं खा रही थी। यूरेनियम अपने को बोरॉन और ऐलुमिनियम का रिश्तेदार बता रहा था जबकि इसके रासायनिक गुण मालिब्डेनम तथा टंग्स्टन से मिल रहे थे। न्याय तब होता, जब यूरेनियम को आवर्त प्रणाली के तीसरे ग्रुप से निकाल कर छठे ग्रुप में रख दिया जाता अर्थात् सारणी के मध्य से उठाकर बिल्कुल अंत में रख देते। इसके लिए छोटा-सा काम करना था यूरेनियम का परमाणु भार बदलना था–उसे दोगुना बढ़ाना था। यह घोषणा करनी थी कि यूरेनियम का परमाणु भार गलत निकाला गया है। इसके लिए बड़ी हिम्मत की जरूरत थी, परंतु मेंडेलीफ हिचके नहीं, उन्होंने इस बात को वैज्ञानिकों से सामने कह दिया शीघ्र ही उनकी बात सच सिद्ध हो गयी और यूरेनियम के परमाणु भार की शुद्ध गणना से इसका मान 240 के निकट निकला। इस घटना से यूरेनियम आवर्त प्रणाली का अंतिम तत्त्व बन गया और इसने वैज्ञानिकों के सामने एक रहस्य खड़ा कर दिया : यही तत्त्व अंतिम तत्त्व क्यों है और क्या यह अंतिम तत्त्व है भी या नहीं ?

मेंडेलीफ ने अपनी मृत्यु से कुछ पहले अपनी प्रसिद्ध पुस्तक 'रसायन के आधार' (1906) में निम्न भविष्यसूचक शब्द लिखे : 'हमारे युग की भौतिकी तथा रसयान की दो अति महत्त्वपूर्ण खोजें यूरेनियम के साथ संबंधित हैं आर्गान तत्त्वों (विशेषतया हीलियम) तथा विघटनाभिक पदार्थों की खोज...। यूरेनियम में उपस्थित अवगम्य पदार्थ के द्रव्यमान की सान्द्रता, जो परमाणु के अभाज्य द्रव्यमान का रूप ले लेती है, सभी ज्ञात सांद्रताओं में सबसे उच्च है तथा इसमें अद्वितीय विशेषताएँ मिलनी चाहिएँ।...गुझे पूरा विश्वास है कि अगर यूरेनियम का अध्ययन इसके प्राकृतिक स्रोतों से शुरू किया जाए, तो बहुत सारी नयी बातों की खोज होगी। जो लोग अध्ययन के लिए नए विषय खोज रहे हैं, मैं उन्हें यह सलाह दूँगा कि वे यूरेनियम के यौगिकों का ध्यानपूर्वक अध्ययन करें।''

यह कहना ठीक नहीं होगा कि मेंडेलीफ की सलाह तुरंत मान ली गयी। यूरेनियम की अभी काफी लंबे अर्से तक उपेक्षा होती रही, यह केवल फोटोग्राफी तथा काँच के रंजन में प्रयुक्त होता रहा...

परंतु सन् 1939 में न्यूट्रानों के प्रभाव में यूरेनियम के विभाजन की खोज होती है। यह महान वैज्ञानिक घटना इस

तत्त्व को इतना ज्यादा महत्त्वूपर्ण बना देती है कि यह उपयोग के हिसाब से सीधा पहले नंबर पर आ जाता है।

मेंडेलीफ की भविष्यवाणी सत्य सिद्ध हुई। परंतु यूरेनियम का एक किस्म से परिवर्तन हो गया। मॉलिब्डेनम तथा टंग्स्टन के साथ सदृश होने के कारण यह तत्त्व आवर्त सारणी के छठे ग्रुप में रखा गया था, परंतु इसके विभाजन ने इस तत्त्व की पक्की जगह छिनवा दी। अब इसे ऐक्टिनाइड परिवार का सदस्य माना जाने लगा, हालांकि इस ग्रुप के बारे में बहुत सारी बातें अभी भी अस्पष्ट हैं।

टाइटेनियम

अंग्रेज पादरी ग्रेगोर पेशे से रसायनज्ञ नहीं थे, परंतु कभी-कभी उनका रासायनिक प्रयोगों के साथ वास्ता पड़ता रहता था। इसकी वजह यह थी कि उन्हें खनिजविज्ञान के अध्ययन का शौक था। समय-समय पर ग्रेगोर विभिन्न खनिजों की रचना का अध्ययन करते रहते थे। उन्हें इस कार्य में इतनी ज्यादा सफलताएँ मिलीं कि आगे चलकर बेर्जेलियस उन्हें एक अद्वितीय खनिजविद् मानने लगे।

एक बार ग्रेगोर एक काली रेत के गठन में रुचि लेने लगे। यह रेत उन्हें मेनेकीन घाटी में मिली थी जो उनके चर्च की जायदाद थी। यह काली रेत बारूद में मिलती-जुलती थी तथा इसमें मैले-सफेद रंग की दूसरी किस्म की रेत मिली हुई थी। ग्रेगोर इस प्राकृतिक पदार्थ में रुचि लेने लगे। उन्होंने काली रेत अलग करके उसका रासायनिक विश्लेषण किया। नीचे दिए आँकड़ों से आप खुद ही समझ जाएँगे कि ग्रेगोर का विश्लेषण कितना ज्यादा परिशुद्ध था : $40^{9}/_{16}\%$ लौह ऑक्साइड (9/16 अंश तक की शुद्धता विशेष रूप से प्रभावित करती है) $3^{1}/_{2}\%$ सिलिका, 45% लाल-भूरे रंग का चूना। ग्रेगोर ने यह भी कहा कि विश्लेषण के परिणामस्वरूप रेत का $4^{15}/_{16}\%$ भाग खो जाता है। इस सूची में लाल-भूरे रंग का चूना आकर्षण का विषय है। यह सल्फ्यूरिक अम्ल में घुल कर पीले रंग का विलयन बनाता है। जिंक, टिन या लोहे की प्रतिक्रिया से विलयन शोण रंग का हो जाता है। ग्रेगोर ने एक लेख लिखा जिसमें इन सब बातों का वर्णन किया। संकोची होने के कारण वे अपने अनुसंधान कार्य को अधूरा समझते रहे। उन्होंने केवल कुछ तथ्य सामने रखे जिनकी व्याख्या केवल उनसे ज्यादा ज्ञानी वैज्ञानिक ही दे सकते थे।

ग्रेगोर के मित्र खनिजविद् हाकिन्स ने उन्हें विश्वास दिलाया कि काली रेत एक नया, अभी तक अज्ञात खनिज है। हाकिन्स जैसे अनुभवी खनिजविद् की बातों से ग्रेगोर मान गए कि काली रेत में एक नया धात्विक पदार्थ उपस्थित है। उन्होंने इस धातु का नाम 'मेनेकीन' (उस जगह के नाम पर, जहाँ यह रेत मिली थी) तथा रेत का नाम 'मेनेकेनाइट' रखने का सुझाव दिया। आज इस काली रेत को खनिज इल्मेनाइट (ilmenite) कहा जाता है तथा इसका सूत्र $FeTiO_3$ है। इन सब बातों से यह साबित हो जाता है कि टाइटेनियम की खोज 1791 में ग्रेगोर ने की थी।

हालांकि ग्रेगोर के अनुसंधान की खूबियाँ संदेहरहित हैं, परंतु फिर भी कुछ इतिहासकार क्लाप्रोत को टाइटेनियम का आविष्कारक मानते हैं। लगता है, अंग्रेज पादरी कुछ ज्यादा ही संकोची स्वभाव का था। क्लाप्रोत ने दूसरा तरीका चुना। उन्होंने निस्संदेह ग्रेगोर का लेख पढ़ा, परंतु वे तुरंत इसका सार नहीं समझ पाए। 1795 में उन्हें हंगरी से लाए एक खनिज के नमूने से नए तत्त्व का ऑक्साइड अलग करने में सफलता मिल गयी। अब इस खनिज को रूटाइल (TiO_2) के नाम से जाना जाता है। क्लाप्रोत द्वारा प्राप्त ऑक्साइड ग्रेगोर की मेनेकीन मृदा से बहुत ज्यादा मिलता था। शीघ्र ही क्लाप्रोत ने यह सिद्ध कर दिया कि उन्होंने और ग्रेगोर ने एक ही तत्त्व खोजा है।

जर्मन वैज्ञानिक ने इस तत्त्व का नाम टाइटेनियम (पृथ्वी के पुत्रों टाइटेनों के सम्मान में) रखा। शुद्ध धात्विक टाइटेनियम 1910 में प्राप्त हुआ।

क्रोमियम

साइबेरिया को क्रोमियम की जन्मभूमि बताया जाता है : यहाँ अठारहवीं शताब्दी में एक खनिज क्रोकोआइट मिला, जो उस वक्त लाल लेड के नाम से जाना जाता था। क्रोमियम के कुछ अन्य अयस्क इससे पहले भी ज्ञात थे। यह कोई आश्चर्य की बात नहीं है क्योंकि क्रोमियम की गिनती उन तत्त्वों में की जाती है जो प्रकृति में प्रचुर मात्रा में (भू-पर्पटी का 0.02%) विद्यमान हैं। इसके बावजूद भी क्रोमियम को ऑक्साइड के रूप में ही अलग करना बहुत मुश्किल काम है जिसके कारण काफी अर्से तक यह काम वैज्ञानिकों की ताकत से बाहर रहा। हालांकि क्रोमियम यौगिक विभिन्न रंगों के होते हैं, परंतु इस खूबी के बावजूद भी वैज्ञानिकों ने क्रोमियम खनिजों में कोई रुचि नहीं दिखायी।

हाँ, क्रोकोआइट जरूर एक अपवाद साबित हुआ। 1766 में पहली बार इस खनिज का विश्लेषण एक जर्मन रसायनज्ञ लीमान ने किया जो उन दिनों सेंट-पीटर्सबर्ग (लेनिनग्राद) में रहते थे। उन्होंने खनिज के नमूने को नमक के अम्ल में घोल कर पन्ने जैसे रंग का एक अतिसुंदर विलयन प्राप्त किया। वे इस निर्णय पर पहुँचे कि क्रोकोआइट में लेड उपस्थित हैं जिसमें अशुद्धियाँ मिली हुई हैं। वैज्ञानिक को गलतफहमी हो गयी थी। ये अशुद्धियाँ केवल क्रोमियम हो सकती थीं क्योंकि क्रोकोआइट लेड क्रोमेट ($PbCrO_4$) होता है। लीमान की किस्मत में इस खनिज के गठन की खोज नहीं लिखी थी।

1770 में सेंट-पीटर्सबर्ग के एक अकादमीशियन पाल्लास का एक बार फिर क्रोकोआइट के साथ वास्ता पड़ा। यह खनिज यूराल में बेरेजोव खानों में मिला था। पाल्लास ने इस खनिज का निम्न शब्दों में वर्णन किया; "यह लेड अयस्क कई रंगों में मिलता है, परंतु अक्सर यह सिनबार जैसे रंग का होता है। इस भारी खनिज के क्रिस्टल अनियमित पिरामिडों की तरह होते हैं तथा क्वार्ट्ज में माणिक्यों की तरह जड़े होते हैं।"

पाल्लास एक पर्यटक, भूविज्ञानी तथा खनिजविद् थे। रसायन से उनका कोई वास्ता नहीं था। परंतु उन्हीं के कारण खनिज क्रोकोआइट यूरोप की प्रयोगशालाओं तक पहुँच गया। इस खनिज का एक नमूना उस जमाने के प्रसिद्ध रसायनज्ञ-विश्लेषक वोक्लेन के हाथ लग गया।

लीमान द्वारा क्रोकोआइट के अध्ययन के बाद तीन दशक बीत गए। इस अर्से के दौरान वैज्ञानिकों ने कई बार इस खनिज का गठन जानने के लिए के विभिन्न प्रयास किए, परंतु उन्हें इस खनिज में किसी भी तरह के नए तत्त्व नहीं मिले। उनके प्रयोगों के परिणाम परस्पर विरोधी थे। उदाहरणार्थ, एक विश्लेषक ने यह सूचना दी कि लेड अयस्क में मॉलिब्डिक अम्ल, निकैल, कोबाल्ट, लोहा तथा ताम्र उपस्थित हैं। वोक्लेन ने भी अपने पहले प्रयोगों में गलतियाँ कीं। उन्हें क्रोकोआइट में लेड डाइऑक्साइड, लोहा तथा ऐलुमिना मिले।

1797 में फ्रेंच वैज्ञानिक ने क्रोकोआइट का और भी ज्यादा बारीकी से अध्ययन करने का फैसला किया। धीरे-धीरे वोक्लेन को यह विश्वास होता गया कि खनिज में न तो आर्सेनिक उपस्थित है और न ही मॉलिब्डिक अम्ल। इसमें 3 या 4 ज्ञात धातुएँ भी नहीं हैं और लोहा तथा ऐलुमिना भी नहीं हैं। वोक्लेन ने अपने पिछले प्रयोगों के परिणामों का खुद ही खंडन कर दिया। वे इस निष्कर्ष पर पहुँचे कि क्रोकोआइट में एक नयी धातु उपस्थित है जिसके गुण अन्य धातुओं के गुणों से भिन्न हैं।

वोक्लेन ने खनिज के पाउडर को पोटेशियम कार्बोनेट के साथ उबाला। प्राप्त लेड कार्बेनेट में वैज्ञानिक के कथनानुसार किसी अज्ञात अम्ल का पोटेशियम लवण उपस्थित था। विभिन्न अभिकर्मक मिलाने से यह विलयन तरह-तरह के सुंदर रंगों में रंग जाता था : पारद लवण लाल अवसाद देते थे; लेड लवण—पीला, टिन क्लोराइट विलयन को हरा कर देता था। इन सब परिणामों से वोक्लेन को विश्वास आ गया कि उनका वास्ता सचमुच एक नए तत्त्व के साथ पड़ रहा है। अब इसका ऑक्साइड प्राप्त करना काफी सरल हो गया था।

इस घटना के कई वर्ष बाद द० मेंडेलीफ ने अपनी पुस्तक 'रसायन के सिद्धांत' में लिखा है कि वोक्लेन यूराल में

मिले लाल क्रोमियम अयस्क या क्रोमियम लेड लवण के बल पर ही क्रोमियम की खोज कर पाए। इस तत्त्व के यौगिकों के चमकीले रंगों के कारण वैज्ञानिक ने इसका नाम यूनानी शब्द क्रोमा (chroma) से बनाया जिसका अर्थ 'रंगता हूँ' होता है। यहाँ इस बात की चर्चा जरूरी है कि नयी धातु का यह नाम वोक्लेन ने अपने देशवासियों फोरक्रुय तथा हाइये के सुझाव पर रखा। वोक्लेन से अलग, स्वतंत्र रूप से उन्हीं दिनों क्लाप्रोत ने भी क्रोकोआइट में एक नयी धातु की उपस्थिति सिद्ध की, परंतु वे अपनी बात फ्रेंच रसायनज्ञ की तरह स्पष्ट नहीं कर सके।

लंबे अर्से तक धात्विक क्रोमियम प्राप्त करने के सभी प्रयास असफल होते रहे। वोक्लेन ने भी ऐसे प्रयास किये, परन्तु उन्हें भी केवल क्रोमियम कार्बाइड प्राप्त करने में सफलता मिली।

बेरिलियम

1798 में वोक्लेन की किस्मत ने एक बार फिर उनका साथ दिया, उन्होंने एक नए रासायनिक तत्त्व बेरिलियम की खोज कर दी। यह कोई सरल काम नहीं था, इसे केवल वोक्लेन जैसा प्रतिभाशाली तथा कुशल रसायनज्ञ-विश्लेषक कर सकता था। आगे चलकर यह पता चला कि गुणों के मामले में बेरिलियम बहुत नखरेबाज है तथा कई सालों तक इसकी संयोजकता और परमाणु भार के मान पर वैज्ञानिकों में मतभेद रहा जिसकी वजह से मेंडेलीफ को अपनी आवर्त प्रणाली व्यवस्थित करने में काफी दिक्कत हुई।
बेरिलियम की इन खूबियों की चर्चा हम बाद में करेंगे।

मानव प्राचीन काल से बहुमूल्य तथा अर्द्धमूय रत्नों की जानकारी रखता आ रहा है, जैसे चमकीला हरा पन्ना, प्रकाश के अनुसार रंग बदलने वाला ऐलेग्जैनड्राइट आदि। इन सबके अंदर बेरिलियम ऑक्साइड उपस्थित होता है। हजारों सालों से ये रत्न आभूषणों में प्रयुक्त होते आ रहे हैं, परंतु केवल अठारहवीं शताब्दी के अंतिम चतुर्थांश में वैज्ञानिकों ने इनके गठन में दिलचस्पी लेनी शुरू की।

बर्लिन के एक प्रोफेसर अहार्ड (1779) उन प्रथम व्यक्तियों में गिने जाते हैं जिन्होंने बेरिल का अध्ययन शुरू किया। उन्होंने अपने लंबे तथा थका देने वाले विश्लेषण छः बार दोहराए और उन्हें यह लगा जैसे कि उन्होंने बेरिल की गठन ठीक-ठीक पता कर ली है। उनके परिणामों के अनुसार बेरिल में 21.7% सिलिका (सिलिकन ऑक्साइड) 60.05% ऐलुमिना (ऐलुमिनियम ऑक्साइड) 5.02% लोह ऑक्साइड व 8.3% चूना मिट्टी (कैल्सियम ऑक्साइड) उपस्थित थे। इन पदार्थों की मात्राओं का योग 95.07% बैठ रहा था। बाकी 5% का क्या हुआ, समझ नहीं आ रहा था।

1785 में एक अन्य जर्मन रसायनज्ञ बीन्डहेइम ने बेरिल का विश्लेषण दोहराया। परंतु इस बार उनके द्वारा प्राप्त पदार्थों की मात्राओं का योग 101% बैठ रहा था, हालांकि उन्हें भी वही घटक मिले थे, जो अहार्ड को। फालतू प्रतिशत कहाँ से आ गया, पता नहीं चल रहा था।

इस घटना के 12 साल बाद विश्लेषण के पंडित क्लाप्रोत ने इस काम को अपने हाथ में लिया, जो यूरेनियम, टाइटेनियम तथा जिर्कोनियम के खोजकर्ता के रूप में सारे विश्व में प्रसिद्ध हो चुके थे। उन्होंने पेरू से मिले पन्नों का अध्ययन शुरू किया। उन्हें ये पन्ने रूसी कूटनीतिज्ञ तथा खनिजों के शौकीन गोलीत्सिन ने भेंट किए थे। प्राचीन काल में भी लोगों को इस बात की जानकारी थी कि बेरिलों व पन्नों में काफी समानताएँ होती हैं। क्लाप्रोत ने इस बात की पुष्टि करने के लिए रासायनिक विश्लेषण का सहारा लिया। उन्हें पन्ने के अंदर वे घटक मिले जो बेरिल में उपस्थित थे, परंतु प्राप्त पदार्थों की मात्राओं का योग 98% बैठ रहा था। क्लाप्रोत इस 2% कमी का रहस्य नहीं खोल सके और एक और (चौथे) तत्त्व की खोज के श्रेय से वंचित हो गए।

क्लाप्रोत से पहले तथा फिर उन्हीं के साथ-साथ वोक्लेन भी बेरिलों तथा पन्नों का अध्ययन कर रहे थे। परंतु काफी अर्से तक उनके प्रयोग व्यर्थ जा रहे थे। उन्हें एक तथ्य जरूर पता लगा, जो आगे चलकर बड़ा महत्त्वपूर्ण सिद्ध हुआ : बेरिल

तथा पन्ने में एक ही प्रकार के पदार्थ उपस्थित थे, परंतु उनकी मात्राएँ विभिन्न थीं। इसके अलावा वोक्लेन को पन्ने में क्रोमियम की थोड़ी सी मात्रा भी मिली। इस तत्त्व को वे उन्हीं दिनों खोज कर चुके थे। क्रोमियम की उपस्थिति से पन्ने के हरे रंग के रहस्य पता चल गया। बेरिल में क्रोमियम बिल्कुल भी नहीं था। बस तभी वोक्लेन के दिमाग में यह विचार पैदा हुआ कि पन्ने और बेरिल की विभिन्नता क्रोमियम की अनुपस्थिति तक ही सीमित नहीं हो सकती। यह भी तो संभव हो सकता है कि बेरिल में कोई 'और पदार्थ' उपस्थित है जो विश्लेषण के दौरान या तो नष्ट हो जाता है या किसी दूसरे घटक, जैसे ऐलुमिना, के पीछे छिप जाता है।

14 फरवरी 1798 को वोक्लेन ने पेरिस विज्ञान अकादमी की सभा में एक रिपोर्ट पढ़ी जिसका शीर्षक ही उसका विषय बता रहा था : "ऐक्वामेरीन या बेरिल के बारे में तथा इस खनिज में एक नयी मृदा की प्राप्ति के बारे में।"

वोक्लेन ने यह बताया कि कुछ विश्लेषणों के आधार पर उन्हें यह विश्वास हो गया है कि बेरिल में कोई अज्ञात अशुद्धि उपस्थित है, जो हर वक्त ऐलुमिना के साथ रहती है तथा उसे ऐलुमिना से अलग करना बहुत कठिन काम है। इसी कारण खनिज के नमूने में ऐलुमिनियम ऑक्साइड की प्रतिशत मात्रा हर बार भिन्न निकलती है। काफी प्रयासों के बाद वोक्लेन इस अशुद्धि को अलग करने में सफल हो गए। इस चीज के रासायनिक गुण वास्तव में ऐलुमिना से बहुत मिलते-जुलते थे, परंतु एक अंतर जरूर मिला : यह चीज ऐलम नहीं बनाती थी।

अगर यह नयी चीज ऐलुमिना नहीं थी तो यह उस वक्त ज्ञात 'मृदाओं' में भी शामिल नहीं की जा सकती थी, क्योंकि यह उनसे ऐलुमिना से भी ज्यादा भिन्न थी। इसका मतलब यह हुआ कि यह वास्तव में किसी अज्ञात तत्त्व का ऑक्साइड अर्थात् नयी 'मृदा' थी।

लवण का स्वाद मीठा होने के कारण वोक्लेन ने नए तत्त्व का नाम ग्लूसाइनम (यूनानी भाषा में इस शब्द का अर्थ 'मीठा' होता है) रखना चाहा (चिह्न Gl)। परंतु इस नाम को मान्यता नहीं दी गयी क्योंकि प्रकृति वाले कई अन्य पदार्थों का स्वाद भी मीठा होता है। क्लाप्रोत के सुझाव पर इसका नाम 'बेरिलियम' रखा गया।

अगर ध्यान से देखें तो हम बहुत सारे रासायनिक तत्त्वों में कोई न कोई खूबी ढूँढ़ सकते हैं जिसने इस तत्त्व की खोज तथा आगे के जीवन को काफी प्रभावित किया। बेरिलियम की खूबी यह थी कि वह ऐलुमिनियम से मिलता था। इस समानता के कारण लगभग बीस साल तक रसायनज्ञ-विश्लेषक गलतफहमी में पड़े रहे और अहार्ड, बीन्डहेइंम तथा क्लाप्रोत जैसे कुशल वैज्ञानिक सच्चाई को जानने में असमर्थ रहें। बेरिलियम ने खुद भी कोई कम परेशान नहीं किया, इसके यौगिकों की दुहरी प्रकृति के कारण उन्हें शुद्ध रूप में प्राप्त करना काफी मुश्किल काम था।

काफी अर्से तक इस बात पर ही बहस चलती रही कि बेरिलियम ऑक्साइड का सूत्र क्या है : BeO या Be_2O_3। बहुत सारे वैज्ञानिकों ने दूसरे सूत्र को सही माना, वह इस कारण से कि बेरिलियम ऐलुमिनियम से मिलता है, अतः अगर ऐलुमिनियम ऑक्साइड का सूत्र Al_2O_3 है तो बेरिलियम ऑक्साइड का सूत्र Be_2O_3 होना चाहिए। सूत्र के चुनाव के अनुसार बेरिलियम का परमाणु भार भी अलग-अलग निकाला गयाः परिणामों की सत्यता सिद्ध करने के लिए प्रयासों से विभिन्न मान प्राप्त हुए : 9 से 14 तक। इसी कारण बेरिलियम को मेंडेलीफ की आवर्त सारणी के विकास में बाधा डालने वाली टोली का अगुआ माना जाता है। मेंडेलीफ खुद तो यह समझ गए थे कि बेरिलियम ऑक्साइड का सूत्र BeO है तथा द्विसंयोजक होने के कारण यह तत्त्व आवर्त सारणी के द्वितीय ग्रुप में रखा जाना चाहिए, परंतु इसके लिए यह आवश्यक था कि बेरिलियम का परमाणु भार 9 के लगभग हो। परंतु अन्य अनुसंधानकर्ताओं के परिणाम और भी ज्यादा भिन्न निकल रहे थे। बेरिलियम की त्रि-संयोजकता के पक्के समर्थक दो स्वीडिश रसायनज्ञ थे : नील्सन और पीटरसन। उनके प्रयोगों के अनुसार बेरिलियम का परमाणु भार 13.8 था तथा उनके विचार से इस तत्त्व को आवर्त सारणी में नहीं रखा जा सकता था। परंतु अधिक परिशुद्ध प्रयोगों के बाद इन्हीं वैज्ञानिकों को मेंडेलीफ की बात को मान्यता देनी पड़ी। परंतु यह घटना 1884 में घटी, अर्थात् आवर्त नियम की खोज के 15 साल बाद।

आइए, अब वोक्लेन की खोज की ओर लौटते हैं। उन्होंने जिन बेरिलों का अध्ययन किया था वे रूस से लाए गये थे। फ्रेंच पर्यटक तथा खनिजविद् पाटर्न को ये खनिज अल्ताई में मिले थे और उन्होंने कुछ नमूने वोक्लेन को भेंट कर दिए। संक्षेप में यह कहा जा सकता है कि वोक्लेन को सफलता इसलिए मिली क्योंकि उन्होंने रूसी खनिजों का विश्लेषण किया : क्रोमियम साइबेरियन क्रोकोआइट में ही तो मिला था।

1798 में जर्मनी के एक प्रोफेसर ग्मेलीन ने बेरिलियम की पुनः खोज की। उन्होंने भी रूसी बेरिलों का विश्लेषण किया, जो नेरचिन्स्क खानों में मिले थे।

धात्विक बेरिलियम की प्राप्ति काफी कठिन काम साबित हुआ। 1810 में डेवी ने वैद्युत रासायनिक विधि द्वारा इस समस्या को हल करने की कोशिश की, परंतु उन्हें सफलता नहीं मिली। 1828 में जर्मनी में व्योलर तथा फ्रांस में ब्यूसी को पहली बार बेरिलियम स्वतंत्र रूप में प्राप्त हुआ। उन्होंने बेरिलियम क्लोराइड को धात्विक पोटेशियम द्वारा अपचयित किया। परंतु इस बेरिलियम में काफी अशुद्धियाँ थीं। बेरिलियम की खोज के केवल 100 साल बाद फ्रेंच रसायनज्ञ लेबो ने शुद्ध धात्विक बेरिलियम प्राप्त करने की विधि खोजी : बेरिलियम के दुहरे फ्लुओराइड तथा सोडियम के वैद्युत अपघटन द्वारा। वोक्लेन द्वारा बेरिलियम की खोज के केवल 150 साल बाद यह तत्त्व प्रायोगिक रूप से इस्तेमाल होना शुरू हुआ। इस तत्त्व में कई बेहतरीन भौतिक और रासायनिक गुण पाए गए, जिनके आधार पर यह नयी तकनीक के लिए अति मूल्यवान् बन गया।

नियोबियम तथा टैन्टेलम

इन तत्त्वों का प्रारंभिक जीवन एक दूसरे के साथ इतना ज्यादा संबंधित रहा कि इनकी खोजों के इतिहास का अलग-अलग वर्णन शायद ही उचित होगा। इनका इतिहास 26 नवंबर 1801 के दिन से शुरू हुआ जब अंग्रेज रसायनज्ञ हैट्चेट ने ब्रिटिश रॉयल सोसाइटी की सभा में एक नए तत्त्व की खोज की सूचना दी। सभा के सदस्य-वैज्ञानिक इस प्रकार की सूचनाओं के आदी हो गए थे। ये खबरें अब पहले की तरह सनसनी नहीं पैदा करती थीं। हैट्चेट का भाषण शांति के साथ सुना गया। उसका विषय था : "उत्तरी अमरीका के एक खनिज का विश्लेषण, जिसमें अभी तक एक अज्ञात धातु उपस्थित है।' सच कहें तो हैट्चेट को खनिज का नमूना सीधा नयी दुनिया से नहीं मिला था बल्कि एक बिल्कुल नजदीक जगह से–ब्रिटिश संग्रहालय से मिला था। संग्रहालय की तालिका में इस खनिज को 'एक काला अयस्क' बताया गया था, "जिसे विन्ट्रोप नामक व्यक्ति ने मैसाचुसेट्स (संयुक्त राज्य अमरीका) से भेजा था।"

शुरू में हैट्चेट ने यह समझा कि उक्त खनिज साइबेरिया के क्रोमियम अयस्क की एक किस्म है, अतः उन्होंने इस अयस्क से क्रोमिक अम्ल अलग करने का प्रयास किया। परंतु बात कुछ और ही निकली। अब यह ज्ञात हो चुका है कि मेसाचुसेट्स से भेजे खनिज में कई धातुएँ उपस्थित हैं तथा इस खनिज से एक नया तत्त्व प्राप्त करना बहुत मुश्किल काम था। खनिज में जरा सा भी क्रोमियम नहीं था। तब हैट्चेट इस निष्कर्ष में पहुँचे कि उनके द्वारा प्राप्त यौगिक क्रोमिक अम्ल न होकर किसी अज्ञात धातु का ऑक्साइड था। इस खनिज के उत्पत्ति-स्थल के सम्मान में अंग्रेज वैज्ञानिक ने इसका नाम कोलम्बाइट (अमरीका के अन्वेषक कोलम्बस तथा इस महाद्वीप के पहले नाम कोलम्बिया के नाम पर) रखा। तत्त्व का नाम 'कोलम्बियम' रखा गया। एक साल बाद 1802 में एक ऐसी घटना घटी जिसने कोलम्बियम की खोज की नगण्यता को काफी दिलचस्प बना दिया। स्वीडिश रसायनज्ञ एकेबर्ग को इतेरबू गाँव के पास मिले कुछ खनिजों के विश्लेषण से एक नयी धातु का ऑक्साइड प्राप्त हुआ। सफेद रंग का यह ऑक्साइड किसी भी अम्ल की बड़ी से बड़ी मात्रा में नहीं घुल रहा था।

एकेबर्ग ने इस ऑक्साइड को विलयन में परिवर्तित करने के गंभीर प्रयास किए, परंतु हर बार उन्हें असफलता मिली। उन्होंने इस नयी धातु का नाम 'टैन्टेलम' (टैन्टेलस द्वारा सही यंत्रणा के आधार पर) रखा, जिसका अर्थ है बेकार अर्थात् व्यर्थ प्रयास। एकेबर्ग को पक्का विश्वास था कि उन्होंने वास्तव में एक नया तत्त्व खोज डाला है तथा कई वैज्ञानिक भी

उनकी बात का समर्थन कर रहे हैं। परंतु अंग्रेज रसायनज्ञ वोलेस्टोन के परिणाम बहुत ही आश्चर्यजनक थे। उन्होंने 1809 में यह घोषणा की : कि कोलम्बियम तथा टैन्टेलम के बीच कोई अंतर नहीं है। दोनों एक ही तत्त्व हैं। इन धातुओं के ऑक्साइडों का घनत्व एकसा था तथा वोलेस्टोन को दोनों के रासायनिक गुण भी सदृश लगे। उनके लेख का शीर्षक था : ''कोलम्बियम तथा टैन्टेलम की समरूपता।'' इसका मतलब यह हुआ कि एकेबर्ग ने केवल कोलम्बियम की पुनः खोज की अर्थात् उन्होंने हैट्चेट की खोज की पुष्टि की।

परंतु बेर्जेनियस कुछ और ही समझ रहे थे। उन्होंने एकेबर्ग द्वारा प्रस्तावित नाम 'टैन्टेलम' का समर्थन किया। उनकी राय यह थी कि अंग्रेज और स्वीडिश रसायनज्ञों के नाम साथ-साथ लिए जाने चाहिए। 1814 की शरद में बेर्जेनियस ने स्कॉटलैंड के रसायनज्ञ थामसन को एक व्यक्तिगत पत्र लिखा जिसमें उन्होंने यह कहा कि वे हैट्चेट की खोज का महत्त्व कम नहीं समझते, परंतु वे इस बात पर जोर देना चाहते हैं कि एकेबर्ग के अनुसंधान कार्यों से पहले टैन्टेलम तथा इसके ऑक्साइडों के गुणों की किसी को कोई जानकारी नहीं थी। (यह वही थामसन थे जो डाल्टन के परमाण्विक सिद्धांत के प्रथम समर्थक थे)। बेर्जेनियस के विचारानुसार हैट्चेट का कोलम्बिक अम्ल टैन्टेलम ऑक्साइड तथा टंग्स्टिक अम्ल का मिश्रण था, परंतु शीघ्र ही यह स्पष्ट हो गया कि कोलम्बाइट में टंग्स्टन बिल्कुल नहीं था।

तीन दशकों बाद बेर्जेनियस के एक शिष्य रोजे ने इस झगड़े का हमेशा के लिए फैसला कर दिया। उन्होंने यह सिद्ध कर दिया कि टैन्टेलम तथा कोलम्बियम के बीच समात्मिकता नहीं है जिसका मतलब यह हुआ कि हैट्चेट तथा एकेबर्ग ने भिन्न रासायनिक तत्त्व खोजे थे।

रोजे ने अलग-अलग निक्षेपों से कोलंबाइट तथा टैन्टेलाइट के नमूने लेकर उनका विश्लेषण किया। हर बार वे इस निष्कर्ष पर पहुँचे कि इन खनिजों में टैन्टेलम के अलावा एक और अज्ञात तत्त्व उपस्थित है। जिसके गुण टैन्टेलम से मिलते हैं। रोजे ने इस अजनबी का नाम 'नियोबियम' (टैन्टेलस की पुत्री 'नियोबा' के सम्मान में) रख दिया। 1845 की ग्रीष्म में वैज्ञानिक के हाथ यह खनिज लग गया जिसमें किसी जमाने में हैट्चेट ने कोलम्बियम खोजा था। रोजे ने इस खनिज से नियोबियम ऑक्साइड अलग किया जो कोलम्बियम ऑक्साइड के सदृश था।

गलतफहमी आखिर दूर हो ही गयी इसकी वजह यह थी कि नियोबियम और टैन्टेलम के गुण बहुत मिलते-जुलते हैं तथा दोनों तत्त्व कोलम्बाइट तथा टैन्टेलाइट में एक साथ मिलते हैं। असल में हैट्चेट तथा एकेबर्ग ने दोनों तत्त्वों की एक ही वक्त पर खोज की, परंतु वे इनके बीच कोई अंतर नहीं ढूँढ़ सके। हैट्चेट ने जिस खनिज का अध्ययन किया था, उसमें निस्संदेह नियोबियम ज्यादा था। इसी वजह से दोनों तत्त्वों की जीवनगाथा की सबसे महत्त्वपूर्ण घटना नियोबियम और टैन्टेलम को अलग करने की विधि की खोज मानी जाती है। 1865 में इस काम को स्विटजरलैंड के एक रसायनज्ञ मारिन्याक ने किया जिन्होंने हाइड्रोफ्लुओरिक अम्ल में पोटेशियम फ्लुओटैन्टेलेट तथा फ्लुओनियोबेट की विलेयताओं में अंतर स्थापित किया। उसी साल मारिन्याक ने नियोबियम और टैन्टेलम के सही परमाणु भार निकाले। कई रसायनज्ञों ने इन तत्त्वों को शुद्ध रूप में प्राप्त करने की कोशिश की, परंतु उन्हें अशुद्ध धातुएँ ही मिलीं। केवल बीसवीं शताब्दी के आरंभ में एक अमरीकी वैज्ञानिक बोल्टन को 99% शुद्ध नियोबियम तथा टैन्टेलम प्राप्त करने में सफलता मिली।

प्लैटिनम धातुएँ

आवर्त सारणी के आठवें ग्रुप के छः तत्त्व प्लैटिनम धातु कहलाते हैं—इनमें से तीन तत्त्व—रूथीनियम, रोडियम और पैलेडियम पाँचवें आवर्त के सदस्य हैं तथा बाकी तीन आस्मियम, इरीडियम और प्लैटिनम—छठे आवर्त के। अधिकांश प्लैटिनम धातुएँ भू-पर्पटी में काफी छोटे ऐतिहासिक काल में खोजी गयीं। रसायन के इतिहासकारों ने प्लैटिनम धातुओं के इतिहास पर ध्यान दिया, परंतु इसके बावजूद भी इनके इतिहास के कई पहलू अभी भी पर्याप्त रूप से स्पष्ट नहीं हैं। इसका मुख्य कारण यह है कि ऊपर गिनाये छः तत्त्वों के रासायनिक गुण एक दूसरे से बहुत ज्यादा भिन्न हैं। इन रासायनिक

विभिन्नताओं पर हम नीचे प्रकाश डालेंगे।

सभी प्लैटिनम धातुएं भू-पर्पटी में बहुत कम विस्तृत हैं : इसके वजन के केवल $5.10^{-7}\%$ परंतु प्लैटिनम तथा पैलेडियम के प्राकृतिक स्रोत इससे दस गुना अधिक हैं। कुछ भी हो, उन्नीसवीं शताब्दी के आरंभ में रासायनिक वैश्लेषिक विधि इतने विरल रासायनिक तत्त्वों को ढूंढ़ने में समर्थ थी। इसके अलावा एक और बात ने प्लैटिनम धातुओं की खोज के इतिहास को काफी ज्यादा प्रभावित किया : ये प्रकृति में स्वतंत्र रूप में मिलती हैं। परंतु केवल प्लैटिनम ही ऐसी धातु है जो बड़े डलों के रूप में मिलती है (अब तक जितने प्लैटिनम डले मिले हैं, उनमें सबसे बड़े का वजन 10 किलोग्राम है)। शायद इसी वजह से प्लैटिनम धातुओं की खोज के इतिहास में प्लैटिनम का नाम सबसे पहले लिखा गया है।

प्रकृति में प्लैटिनम धातुएँ कुछ अयस्कों और खनिजों में अधिक मिलती हैं। काफी पुराने जमाने से वैज्ञानिक कच्चे प्लैटिनम या प्लैटिनम अयस्क के साथ काम करते आ रहे हैं। आज इसे खनिज पालिक्सन कहते हैं। इसमें मुख्यतः प्लैटिनम, लौह, इरीडियम, पैलेडियम तथा रोडियम उपस्थित होते हैं। इसके अलावा इसमें लगभग 10 अन्य रासायनिक तत्त्व भी बहुत थोड़ी मात्रा में उपस्थित होते हैं। स्पष्ट है कि इस खनिज ने रासायनिक वैश्लेषिक विधि इस्तेमाल करने वाले रसायनज्ञों को काफी परेशान किया।

स्वर्ण और रजत के साथ सारी प्लैटिनम धातुएँ भी बहुमूल्य धातुओं के परिवार में गिनी जाती हैं। इसका एक कारण यह भी है कि ये धातुएँ अम्लों के प्रति बहुत स्थायी होती हैं। केवल पैलेडियम ऐसी धातु है जो गर्म नाइट्रिक अम्ल में धीरे-धीरे विलीन हो जाती है। परंतु इस 'खूबी' से प्लैटिनम और इसके साथियों का अध्ययन कठिन बन गया क्योंकि विभिन्न खनिजों का विखंडन करने के लिए अम्लों की ही तो सहायता ली जाती है।

अन्य शब्दों में यह कहा जा सकता है कि प्लैटिनम धातुओं के अध्ययन के क्षेत्र में सफलता प्राप्त करने के लिए रसायनज्ञ-विश्लेषक को मेहनती तथा समझदार होना चाहिए था। इन धातुओं के गुणों की विभिन्नता का भी ध्यान रखना था। बहुत ज्यादा समानता होते हुए भी प्लैटिनम धातुओं की रासायनिक प्रकृति में कुछ भिन्नता थी। परंतु ये सारी सूचनाएँ कई सालों तक इकट्ठी होती रहीं तथा आरंभ में अनुसंधानकर्ताओं को अपनी सहजबुद्धि पर निर्भर रहना पड़ा।

अगर प्लैटिनम को अलग कर दिया जाए (आगे चलकर हम देखेंगे कि इस धातु की खोज का इतिहास पूरी तरह से ज्ञात नहीं है) तो ये कहा जा सकता है कि चार प्लैटिनम धातुएँ केवल दो साल के अर्से के अंदर (1803 और 1804 में) एक ही देश-इंग्लैंड-के वैज्ञानिकों ने कच्चे प्लैटिनम के विश्लेषण से प्राप्त कर ली थीं। इस बात में कोई शक नहीं कि कुछ अनुकूल परिस्थितियाँ इस कार्य में सहायक सिद्ध हुई, परंतु वास्तविकता में ये खोजें अनुसंधानकर्ताओं की कुशलता का परिणाम थीं। इसके बाद प्राप्त परिणामों के अध्ययन में तथा कच्चे प्लैटिनम को शुद्ध करने की नई विधियाँ ढूँढ़ने और प्लैटिनम धातुओं की रासायनिक प्रकृति समझने में पूरे चालीस साल लग गए। केवल इसके बाद ही अंतिम प्लैटिनम धातु—रूथीनियम की खोज संभव हो पायी। परंतु काफी लंबे अर्से तक एक सवाल फिर भी खड़ा रहा : प्लैटिनम के सारे साथी प्रकृति में ढूँढ़ लिए गए हैं या नहीं?

नए रासायनिक तत्त्वों की झूठी खोजों ने प्लैटिनम खनिजों तथा अयस्कों का अध्ययन काफी मुश्किल कर दिया। परंतु इन गलतफहमियों से सच्चाई का मार्ग ढूँढ़ने में सहायता भी मिली।

हमारे जमाने में भी प्लैटिनम धातुओं को काफी ज्यादा शुद्ध रूप में प्राप्त करना जटिल रासायनिक काम माना जाता है। अतः इस बात में कोई संदेह नहीं होना चाहिए कि जिस वक्त ये धातुएँ खोजी गयीं, इन सबमें अशुद्धियों की पर्याप्त मात्रा भी मिली हुई थी।

यूरोप कच्चा प्लैटिनम काफी अर्से तक दक्षिणी अमरीका से मँगवाता रहा। इस कारण इन धातुओं का रासायनिक अध्ययन ज्यादा विकसित नहीं हो पाया। 1824 की ग्रीष्म में यूराली प्लैटिनम की खोज बहुत महत्त्वपूर्ण साबित हुई और अगले साल इस प्रचुर निक्षेप का औद्योगिक स्तर पर खनन शुरू हो गया। 1825 में इस निक्षेप से 10 पूद* कच्चा प्लैटिनम

प्राप्त किया गया (तुलना के लिए हम बताना चाहेंगे कि दक्षिणी अमरीकी निक्षेपों से एक साल में एक पूद से भी कम प्लैटिनम मिलता था।)

इतिहास की सनक का एक उदाहरण देखिए—यूराली प्लैटिनम की खोज अगर 25 साल पहले हो जाती, तो प्लैटिनम धातुओं के अध्ययन का परिणाम कुछ और ही होता। कई अन्य रासायनिक तत्त्वों के इतिहास में भी ऐसा कुछ देखने को मिलता है : धातुओं के प्रचुर स्रोत मिलने से पहले रसायनज्ञ इन धातुओं के विरल तथा गिने-चुने खनिजों के अध्ययन में खून-पसीना एक कर चुके थे।

इसलिए हम यह कह सकते हैं कि कई रासायनिक तत्त्वों की खोज का क्रम अक्सर इस बात पर निर्भर रहता था कि नए तत्त्व का प्राकृतिक स्रोत कितना विस्तृत था क्योंकि अयस्क के नमूने की मात्रा अपर्याप्त होने पर रासायनिक वैश्लेषिक विधि द्वारा कई बार अज्ञात तत्त्व को ढूँढ़ना असंभव हो जाता था।

हमारा ध्यान मुख्य विषय से हट गया है, परंतु उक्त तथ्य प्लैटिनम धातुओं की खोज के इतिहास पर काफी प्रकाश डालते हैं। आइए, अब प्रत्येक तत्त्व की अलग-अलग व्याख्या करते हैं।

प्लैटिनम

यह बहुमूल्य धातु कई बार उन धातुओं की सूची में शामिल की जाती है, जो अति प्राचीन काल में ज्ञात थीं, अर्थात् स्वर्ण तथा रजत के साथ गिनी जाती है। इस निष्कर्ष पर पहुँचने का कारण प्लैटिनम का बड़े डले के रूप में मिलना हो सकता था। परंतु सच्चाई की खातिर हम यह बताना चाहेंगे कि प्राचीन काल में धात्विक प्लैटिनम के मिलने तथा प्रयोग में लाने की बात केवल किंवदंतियों पर आधारित है। क्योंकि यह बात काफी संदेहजनक लगती है कि हमारे दूरवर्ती पूर्वज प्लैटिनम को शुद्ध रूप में इस्तेमाल करते थे। कुछ प्राचीन दस्तावेजों में कच्चे प्लैटिनम निक्षेपों का विवरण मिलता है, परंतु ये विवरण अधूरे तथा अस्पष्ट हैं। उदाहरण के लिए, प्लीनी ज्येष्ठ ने काले रंग की भारी रेत का वर्णन किया है (उनका अभिप्राय संभवतः टिन अयस्क में था); कुछ इतिहासकारों ने कई शताब्दियों बाद यह लिख दिया कि प्लीनी ने प्लैटिनम खानें देखी थीं उनके विचारानुसार भूमध्यसागर की कुछ जातियाँ सफेद रंग का एलेक्ट्रुम नामक जो ऐलाय इस्तेमाल करती थीं, वह स्वर्ण और रजत का ऐलाय नहीं, बल्कि प्लैटिनम था।

मध्य युग में भी समय-समय पर विभिन्न प्राकृतिक खनिजों का वर्णन किया जाने लगा, जिन्हें बाद में प्लैटिनम अयस्क बताया जाने लगा। संक्षेप में यह कह सकते हैं कि प्लैटिनम तथा प्लैटिनम धातुओं का शताब्दियों पुराने इतिहास का अध्ययन अभी पूरा नहीं हुआ है। यहाँ हम उन घटनाओं का वर्णन करने जा रहे हैं जो इस तत्त्व की वास्तविक खोज से पहले घटीं।

यूरोप में अज्ञात खनिजों के नमूने पहली बार दक्षिणी अमरीका के एक छोटे से निक्षेप 'चोको' (आधुनिक कोलंबिया) से लाए गए। धात्विक रूप में इस धातु का प्रथम वर्णन सन् 1557 में इतालवी प्रकृति-वैज्ञानिक तथा कवि स्कालीगेर ने किया। लगभग उन्हीं दिनों एक अन्य प्रसिद्ध इतालवी वैज्ञानिक कारदानो ने दक्षिणी अमरीकी खनिज के गुणों पर एक लेख प्रकाशित किया। दोनों लेखों में इस धातु की किसी अज्ञात प्रकृति की चर्चा की गयी। कुछ अर्से तक यह धातु 'स्पेनिश कोरूंडुम' के नाम से जाना जाता रहा।

निक्षेप चोको स्पेनिश लोगों के कब्जे में था। यहाँ पिंटो नामक छोटी सी नदी बहती थी। स्पेनिश उपनिवेशिकों ने खनिज का नाम 'प्लाटीना डेल पिंटो' रखा; प्लाटीना शब्द 'प्लाटो' का संक्षिप्त रूप है जिसका स्पेनिश भाषा में अर्थ है—'रजत।'

---

* 1 पूद—16.38 किलोग्राम।

स्पेनिश अधिकारी, गणितज्ञ तथा पर्यटक डोन अन्तोनिअ डे उलोआ प्रथम व्यक्ति था जिसने यूरोप के प्रकृति-वैज्ञानिकों को इस नाम से परिचित कराया। सन् 1736 म एक छोटे से अभियान-दल के सदस्य के रूप में अन्तोनिओ दक्षिणी अमरीका की यात्रा पर निकला, जहाँ उसने अन्य स्थानों के अलावा चोको निक्षेप का भी दौरा किया। 10 साल के बाद वह स्पेन लौटा। 1748 में उसने एक गंभीर पुस्तक लिखी जिसका शीर्षक निम्न था : "दक्षिणी अमरीका की यात्रा की रिपोर्ट"। यह पुस्तक मैड्रिड में प्रकाशित हुई। यह यूरोप की पहली पुस्तक थी जिसमें 'प्लेटिनम' शब्द इस्तेमाल किया गया था।

कभी-कभी इसी तथ्य के आधार पर अन्तोनिओ को प्लैटिनम का प्रथम खोजी बताया जाता है। खोजकर्ता के परिश्रम को पूर्ण आदर देते हुए यह कहा जा सकता है कि उक्त निष्कर्ष न्यायोचित नहीं है। स्पेनिश पर्यटक तथा प्रकृति-वैज्ञानिक रसायनज्ञ नहीं था। अगर हम यह कहें कि प्लैटिनम का पहली बार वर्णन करने वाले व्यक्ति का नाम अन्तानिओ था तो ज्यादा बेहतर रहेगा। परंतु इस नए रासायनिक तत्त्व की खोज का श्रेय उसे देना गलत होगा क्योंकि उसके वर्णन और 'नए तत्त्व की खोज' के बीच कोई मेल ही नहीं बैठता है। परंतु इसके बावजूद भी सन् 1748 को प्लैटिनम की खोज की तिथि स्वीकार की गयी है।

अन्तोनिओ की पुस्तक से यूरोप के प्रकृति-वैज्ञानिकों की प्लैटिनम में बहुत रुचि हो गयी और यूरोप के देश दक्षिणी अमरीकी निक्षेपों से प्लैटिनम अयस्क आयात करने लगे। विभिन्न यूरोपीय देशों के रसायनज्ञ कच्चे प्लैटिनम का रासायनिक अध्ययन करने लगे। इन अनुसंधानों के दौरान धीरे-धीरे यह विश्वास होने लगा कि चोको से लाए खनिज में वास्तविकता में एक नया तत्त्व उपस्थित है जो एक धातु है जिस पर रासायनिक अभिकर्मकों का कोई विशेष असर नहीं होता।

रसायन के आधुनिक इतिहासकार ऐसे कई अनुसंधानकर्ताओं के नाम लेते हैं जो अठारहवीं शताब्दी के द्वितीय अर्धांश में दक्षिणी अमरीकी खनिज का बड़ी दिलचस्पी के साथ अध्ययन कर रहे थे। वे अंग्रेज रसायनज्ञों वाटसन व ब्राउनिंग, स्वीडिश वैज्ञानिक शेफर, जर्मन अनुसंधानकर्ता फोन जिकिनगेन, फ्रेंच प्रकृति-वैज्ञानिक शाबाना के नाम गिनाते हैं। इनमें हर वैज्ञानिक ने प्लैटिनम के अध्ययन में थोड़ा या ज्यादा योगदान दिया है। इस तत्त्व के कई गुण ज्ञात किए गए, रजत व स्वर्ण के साथ इसके ऐलाय बनाने की संभावनाओं पर विचार किया गया, अम्लराज में इसकी विलेयता परखी गयी। अमोनिया क्लोराइड द्वारा विलयनों से प्लैटिनम अवक्षेपित करने की विधि भी आखिर में ढूँढ़ ली गयी, जिसने प्लैटिनम धातुओं के अध्ययन में अति महत्वपूर्ण भूमिका निभायी।

यह मानना उचित होगा कि रासायनिक तत्त्व प्लैटिनम की खोज का श्रेय किसी विशेष व्यक्ति को नहीं दिया जा सकता। इस विषय पर विभिन्न धारणाएँ हो सकती हैं, परंतु इनमें से एक को भी पूर्णतया सत्य नहीं माना जा सकता। अतः यह कहना बेहतर रहेगा कि प्लैटिनम की खोज कई व्यक्तियों के दल ने की। लेवूजियो ने 'सरल पदार्थों की सारणी' में प्लैटिनम को रासायनिक विशिष्टता दी है। उनके शब्दानुसार 'यह सरल धात्विक प्रकृति का पदार्थ है, जो अपचयित होता है तथा अम्ल होता है।" इसी कारण यह रासायनिक तत्त्व की पदवी प्राप्त करने के योग्य हो गया।

पैलेडियम

प्लैटिनम धातु परिवार के इस सदस्य की खोज विख्यात अंग्रेज रसायनज्ञ वोल्लास्टोन ने की। उन्होंने इस तत्त्व का नाम खगोलज्ञ ओलबर्स द्वारा खोजे क्षुद्रग्रह पैलेड के नाम पर रखा। पैलेडियम की खोज की तिथि 1803 मानी जाती है हालांकि वोल्लास्टोन की डायरी से यह पता चलता है कि उन्हें जुलाई 1802 में इस नयी धातु की जानकारी हो गयी थी। वैज्ञानिक ने कच्चा प्लैटिनम अम्लराज में घोला और विलयन पर पारद सायनाइड मिलाया। परिणामस्वरूप एक पीले रंग का अवक्षेप प्राप्त हुआ। इस अवक्षेप को बहुत गर्म करके उपचयित करने पर वोल्लास्टोन को चमकीली गोलियाँ प्राप्त हुईं। वैज्ञानिक इस निष्कर्ष पर पहुंचे कि उन्हें एक नयी धातु खोजने में सफलता मिल गयी है। कुछ अज्ञात कारणों से वोल्लास्टोन ने प्राप्त परिणामों को तुरंत प्रकाशित तो नहीं करवाया, परंतु अपनी प्राथमिकता कायम रखने के उद्देश्य से इस खोज को एक विचित्र

रूप दे दिया जिसके कारण पैलेडियम की खोज के इतिहास की अपनी खूबी है।

...अप्रैल 1803 में मिस्टर फोर्स्टर की दुकान के बाहर शोविन्डो पर एक छोटा सा पर्चा चिपका दिया गया था, जिस पर निम्न शब्द लिखे हुए थे (पाठकों को यह बताना चाहेंगे कि इस घटना से कुछ समय पहले फोर्स्टर को किसी अज्ञात व्यक्ति ने पतले धात्विक वर्क का एक नमूना भेजा था जिसके साथ एक पर्चा भी रखा था। इस पर्चे पर निम्न संदेश छपा हुआ था) :

''पैलेडियम या नया रजत। इस तत्त्व में ऐसे गुण विद्यमान हैं कि इसे एक नयी बहुमूल्य धातु माना जा सकता है।

1. यह शुद्ध नाइट्रिक अम्ल में घुल जाती है तथा प्राप्त विलयन का रंग गहरा लाल होता है।

2. जिस तरह अम्लराज के विलयन से स्वर्ण अवक्षेपित होता है, उसी तरह से हरा कसीस उक्त विलयन से इस धातु को अवक्षेपित कर देता है।

3. वाष्पित करने पर विलयन लाल चूने में परिवर्तित हो जाता है जो नमक के अम्ल तथा अन्य अम्लों में घुल जाता है।

4. यह धातु स्वर्ण, प्लैटिनम तथा रजत के अलावा पारद तथा अन्य सभी धातुओं द्वारा अवक्षेपित हो जाती है।

5. इसका घनत्व प्राप्त करने की विधि पर निर्भर करता है तथा 11.3 से 11.8 तक पहुँच सकता है।

6. अग्नि के संपर्क में लाने पर इस धातु की ऊपरी सतह थोड़ी सी धुंधली हो जाती है तथा आसमानी रंग ले लेती है। परंतु कुछ समय बाद फिर से चमकने लगती है जैसे कि अन्य बहुमूल्य धातुएँ बहुत ज्यादा गर्म करने पर चमकने लगती हैं।

7. लोहार की भट्टी में भी इस धातु को बड़ी मुश्किल से पिघलाया जा सकता है।

8. परंतु अगर इसमें थोड़ा सा सल्फर मिला दिया जाए, तो यह बड़ी आसानी से पिघल जाती है जैसे जिंक।

...यह धातु केवल मिस्टर फोर्स्टर के पास मिल सकती है जिनका पता निम्न है : दुकान नंबर 26, जेरार्ड स्ट्रीट सोहो, लंदन।

धातु के तीन तरह के नमूने खरीदे जा सकते हैं जिनकी कीमत क्रमशः पाँच शिलिंग, आधी गिन्नी तथा एक गिन्नी है।''

इस पर्चे की प्रतिलिपियाँ अंग्रेज वैज्ञानिकों को भी भेजी गयी थीं। अंग्रेज रसायनज्ञ चेनेविक्स ने इस सूचना में काफी दिलचस्पी दिखायी। उन्होंने तुरंत फोर्स्टर की दुकान से इस धातु की काफी मात्रा खरीद ली। चेनेविक्स ने इस धातु में वे सारे गुण उपस्थित पाए, जिनकी चर्चा उस पर्चे में की गयी थी। उन्होंने इस धातु का नमूना वोक्लेन को भेजा। वोक्लेन ने भी चेनेविक्स के परिणामों की पुष्टि की। परन्तु चेनेविक्स को इस धातु के प्रचार का तरीका बड़ा अजीब लगा और इसमें कुछ चार सौ बीसी दिखायी दी। उन्होंने यह घोषाणा की कि इस धातु का रासायनिक विश्लेषण कुछ अद्वितीय गुण जरूर दर्शाता है, परंतु इसका मतलब यह नहीं है कि धातु एक अज्ञात पदार्थ है। केवल इतना कहा जा सकता है कि धातु प्लैटिनम और पारद का एक ऐलाय है। कुछ वैज्ञानिक चेनेविक्स के कथन का समर्थन कर रहे थे और दूसरे विरोध कर रहे थे। वोक्लेन को इस धातु में न तो प्लैटिनम मिला था और न ही पारद। परंतु चेनेविक्स अपनी बात पर डटे रहें। उनके विचारानुसार पैलेडियम प्लैटिनम और पारद का ऐलाय था। उन्होंने ब्रिटिश रॉयल सोसाइटी की सभा में अपने विचार प्रकट किए और इस विषय पर एक विशेष लेख छपवाया।

24 जून 1804 पैलेडियम के इतिहास की दूसरी महत्त्वपूर्ण तिथि है। इस दिन रॉयल सोसाइटी की सभा में वोल्लास्टोन ने अपना अगला लेख पढ़ा। इस बार यह लेख प्लैटिनम अयस्क में मिले एक नए रसायानिक तत्त्व रोडियम के बारे में था। इस लेख में वोल्लास्टोन ने पैलेडियम का रहस्य खोल दिया : ''पिछले साल पैलेडियम नामक जो धात्विक पदार्थ फोर्स्टर की दुकान में बिक रहा था, वह प्लैटिनम अयस्क में (बहुत थोड़ी मात्रा में) मिलता है। वोल्लास्टोन ने चेनेविक्स के दावे का खंडन किया। बाद में 25 फरवरी 1805 को वोल्लास्टोन ने अपनी चालाकी की बात सरे आम कह दी और अपने को पैलेडियम का खोजी घोषित कर दिया। उसी साल 4 जुलाई के दिन वोल्लास्टोन ने रॉयल सोसाइटी के सदस्यों के सामने एक लेख पढ़ा जिसका शीर्षक था : ''पैलेडियम की खोज के बारे में तथा प्लैटिनम के अलावा अन्य पदार्थों की उपस्थिति के

बारे में।" 1809 में वोल्लास्टोन ने ब्राजील में मिले प्लैटिनम अयस्क के नमूने का अध्ययन करके यह स्थापित कर दिया कि पैलेडियम छोटे डलों के रूप में मिलता है। इस घटना के 18 साल बाद हम्बोल्ट ने भी वोल्लास्टोन के कथन की पुष्टि की।

रोडियम

पैलेडियम की खोज के बाद वोल्लास्टोन की गिनती उन प्रथम वैज्ञानिकों में की जाने लगी, जिनके कच्चे प्लैटिनम के साथ प्रयोग वैज्ञानिक तथ्यों पर आधारित थे तथा काफी सोच-समझ के बाद निश्चित उद्देश्य की प्राप्ति के लिए किए गए थे। वोल्लास्टोन प्लैटिनम धातुओं के रसायन के वास्तविक जन्मदाता थे। उनके प्रयोगों ने तत्त्वों के इस परिवार के पाँच सदस्यों की खोज में निर्णयात्मक भूमिका निभायी। वोल्लास्टोन के देशवासी टेनान्ट के अनुसंधानकर्ता भी इस दिशा में काफी महत्त्वपूर्ण साबित हुए। अब हम इस वैज्ञानिक की चर्चा करने जा रहे हैं।

वोल्लास्टोन ने रोडियम को सन् 1803 व 1804 के बीच खोजा, जब पैलेडियम का रहस्य खुला नहीं था, जो जेरार्ड स्ट्रीट पर फोर्स्टर की दुकान में बिक रहा था तथा रसायनज्ञों की शांति भंग कर रहा था। स्पष्ट है कि रोडियम की खोज का स्रोत भी दक्षिणी अमरीका में लाया कच्चा प्लैटिनम ही था। जिस विधि से वोल्लास्टोन ने यह प्लैटिनम धातु प्राप्त की, वह आगे चलकर क्लासिकल विधि बन गयी। सबसे पहले कच्चा प्लैटिनम अम्लराज में घोला गया। अतिरिक्त अम्ल को क्षार द्वारा उदासीन कर दिया गया। प्राप्त विलयन में अमोनियम क्लोराइड मिलाया गया जिससे प्लैटिनम अमोनियम क्लोरो-प्लेटिनेट के रूप में अवक्षेपित हो गया। बचे विलयन से पैलेडियम अवक्षेपित करने के लिए वोल्लास्टोन ने उसमें पारद साइनाइड मिला दिया। विलयन से अंतिम लवण की अतिरिक्त मात्रा निकाल कर उन्होंने उसे तब तक वाष्पित किया जब तक कि एक शुष्क अवशेष प्राप्त हो गया। वोल्लास्टोन को गहरे लाल रंग का पाउडर प्राप्त हुआ। इस पाउडर के अध्ययन से वैज्ञानिक इस निष्कर्ष पर पहुँचे कि पाउडर सोडियम तथा एक नयी धातु का द्वि-क्लोराइड था।

नयी धातु को स्वतंत्र रूप में प्राप्त करना काफी सरल काम था। गर्म लवण को हाइड्रोजन की धारा में अपघटित करके सोडियम क्लोराइड अलग करने के बाद धात्विक पाउडर बचा। वोल्लास्टोन ने इस पाउडर को पिघला कर 'रोडियम' की धात्विक गोलियाँ तैयार कीं। नयी धातु को यह नाम दिया गया। नए प्लैटिनम तत्त्व के कई लवणों के आधार पर इसका यह नाम रखा गया। यूनानी भाषा में 'रोडोन' का अर्थ 'गुलाब', 'गुलाबी' होता है)। वोल्लास्टोन ने नए तत्त्व का नाम रखने में परंपरा का ख्याल नहीं रखा। वे करते भी क्या, 'खाली' क्षुद्रग्रह था कहाँ। 'सीरेरा' खाली था, परंतु 1803 में नए दुर्लभ मृदा तत्त्व (सीरियम) का नाम इस क्षुद्रग्रह के नाम पर रख दिया गया था।

सभी प्लैटिनम धातुओं में रोडियम सबसे अधिक विरल है। ब्राजील तथा कोलंबिया की स्वर्ण रेत में रोडियम का एकमात्र खनिज-रोडिट मिला है। अन्य प्लैटिनम धातुओं के ज्ञात खनिजों की संख्या एक से ज्यादा है, हालांकि वे भी काफी विरल हैं।

ऑस्मियम तथा इरीडियम

विज्ञान के इतिहास में सबसे पहले कभी ऐसी घटना नहीं घटी जब दो साल के अंदर एक ही देश (इंग्लैंड) में एक साथ समान गुण वाले चार तत्त्वों की खोज हुई हो। एक अन्य अंग्रेज वैज्ञानिक टेनान्ट भी वोल्लास्टोन के साथ-साथ प्लैटिनम धातुओं का अध्ययन कर रहे थे। परंतु अगर वोल्लास्टोन को पैलेडियम तथा रोडियम का खोजकर्ता माना जाता है तो ऑस्मियम और इरीडियम की खोज का श्रेय अन्य वैज्ञानिकों को दिया जाता है, हालांकि इसमें टेनान्ट का योगदान सबसे ज्यादा था।

अन्य प्लैटिनम धातुओं के मुकाबले ऑस्मियम तथा इरीडियम में कुछ खास खूबियाँ होती हैं जो इनके नामों का कारण बनीं 'आस्मियम' यूनानी शब्द आस्मे (सुगंध) से लिया गया है क्योंकि ऑस्मियम ऑक्साइड वाष्पशील होता है तथा एक

विशेष तीव्र गंध देता है। दूसरे तत्त्व का नाम इसके लवणों के रंगों की विविधता के कारण 'इरीडियम' रखा गया (यूनानी शब्द 'इरीस' से, जिसका अर्थ 'इंद्रधनुष' होता है) अगर इरीडियम रंग इतने महँगे न होते तो चित्रकार सारी की सारी तस्वीर ही इन रंगों से रंग देते। इन अद्वितीय विशेषताओं के कारण प्लैटिनम धातुओं की खोज को काफी बढ़ावा मिला।

वोल्लास्टोन की तरह टेनान्ट ने अपरिष्कृत प्लैटिनम को अम्लराज में घोला। उन्हें भभके के पेंदे में धात्विक चमक वाला एक काला अवक्षेप प्राप्त हुआ। प्लैटिनम के साथ किए प्रयोगों में यह बात पहले भी देखी गयी थी, परंतु इस अवक्षेप को ग्रेफाइट समझा जाता था। 1803 की ग्रीष्म में टेनान्ट ने यह राय दी कि इस अवक्षेप में शायद एक नयी धातु उपस्थित है। उसी साल शरद में फ्रेंच रसायनज्ञ कोलेट-डेस्कोटिज भी इस निष्कर्ष पर पहुँचे कि अवक्षेप में एक धातु उपस्थित है जो अमोनियम प्लैटिनम लवणों से अवक्षेपित हुई है तथा जो लाल रंग देती है। अपनी ओर से वोक्लेन ने काले पाउडर को क्षार के साथ गर्म करके एक वाष्पशील ऑक्साइड प्राप्त किया। वोक्लेन को विश्वास था कि यह कोलेट-डेस्कोटिज द्वारा वर्णित धातु का ऑक्साइड था। टेनान्ट के प्रयोगों से कई वैज्ञानिकों को प्रेरणा मिली और वे धड़ाधड़ प्रयोग के पीछे प्रयोग करने लगे। टेनान्ट ने खुद भी अपने प्रयोग जारी रखे और 1804 की बसंत में उन्होंने ब्रिटिश रॉयल सोसाइटी को यह सूचना दी कि पाउडर में दो नयी धातुएँ उपस्थित थीं जिन्हें आसानी से एक-दूसरे से अलग किया जा सकता था। 1805 में उन्होंने एक लेख छपवाया जिसका शीर्षक था : "प्लैटिनम के घुलने के बाद काले पाउडर में मिली दो धातुओं के बारे में।" इस लेख में पहली बार 'ऑस्मियम' और 'इरीडियम' नामों की चर्चा की गयी।

ऊपर वर्णित काला पाउडर संभवतः ऑस्मियम तथा इरीडियम का प्राकृतिक ऐलाय अर्थात् ऑस्मिरीडियम था। इरीडियम रासायनिक प्रतिक्रियाओं के प्रति स्थायी रहता.है तथा ठोस दशा में अम्लराज तक में नहीं घुलता। इसके विपरीत ऑस्मियम अति सरलता से अम्लराज में घुल जाता है तथा सभी प्लैटिनम धातुओं में इस धातु के गुण कुछ अलग तरह के होते हैं। इन खूबियों के कारण इरीडियम और ऑस्मियम बड़ी तेजी तथा सरलता से एक दूसरे से अलग कर दिए गए।

1817 में अंग्रेज रसायनज्ञ तथा खनिजविद् ब्रांडे ने प्लैटिनम धातुओं की खोज पर एक भाषण पढ़ा। उनके कथनानुसार अगर आधुनिक विश्लेषण की परिशुद्धता की दृष्टि से सारे रसायन का मूल्यांकन किया जाए तो प्लैटिनम धातुओं के तथा उनको अलग करने के इतिहास से ज्यादा आश्चर्यजनक इतिहास नहीं मिलेगा।

परंतु क्या सारी प्लैटिनम धातुएँ खोज ली गयी हैं? वैज्ञानिकों ने यह सवाल बार-बार उठाया। वर्ष बीतते गए, परंतु इस प्रश्न का कोई भरोसेदार उत्तर नहीं मिला। केवल 1844 में प्लैटिनम धातुओं की अंतिम धातु रूथीनियम की खोज हुई। यह धातु भी प्लैटिनम की तरह प्रकृति में विस्तृत है। सबसे भारी परमाणु भार वाली धातु प्लैटिनम सबसे पहले खोजी गयी तथा सबसे हलकी धातु रूथीनियम—सबसे बाद में। यह संयोग की बात ही थी कि प्लैटिनम धातुओं का अध्ययन बहुत ही मुश्किल काम था तथा इसके लिए रसायन की गहरी जानकारी आवश्यक थी।

रूथीनियम

अन्य प्लैटिनम धातुओं की अपेक्षा रूथीनियम इतनी देर बाद क्यों खोजा गया? हालांकि यह तत्त्व हमेशा अपने भाइयों के साथ मिलता है तथा उन्हीं के बराबर विस्तृत है। इस प्रश्न का कोई विशेष उत्तर ढूँढ़ने के लिए दिमाग खपाने की जरूरत नहीं है। प्लैटिनम धातुओं के इतिहास के आरंभ में हम बता ही चुके हैं कि इन धातुओं की खोज कोई सरल काम नहीं था। उन्नीसवीं शताब्दी के आरंभ में खोज चार तत्त्वों-पैलेडियम, रोडियम, आस्मियम व इरीडियम की रासायनिक विशिष्टता पर वैज्ञानिकों को संदेह हो रहा था।

रूथीनियम के इतिहास की ये खोजें विशेष महत्त्व रखती हैं। रूथीनियम प्रथम रासायनिक तत्त्व था, जिसकी खोज किसी रूसी वैज्ञानिक ने की : कार्ल क्लाउस दूसरी यह कि रूथीनियम यूराली निक्षेपों के खनिजों में मिला था। (यूराली कच्चे प्लैटिनम में उपस्थित आस्मिरीडियम में 20% रूथीनियम होता है)।

यूराली प्लैटिनम की खोज के बाद रूस में सर्वप्रथम 1828 में देर्पूट यूनिवर्सिटी (आज इसे तारतू यूनिवर्सिटी कहते हैं) के एक प्रोफेसर ओजान ने इसका अध्ययन शुरू किया। कच्चे प्लैटिनम को अम्लराज में घोलने के बाद थोड़ा सा अवशेष बच गया। ओजान ने इसकी गठन ज्ञात करने का निश्चय किया। वैज्ञानिक ने कभी कल्पना भी नहीं की थी कि विश्लेषण से उन्हें इतने अद्वितीय परिणाम मिलेंगे : उनमें एक नहीं, दो नहीं बल्कि तीन नए रासायनिक तत्त्व मिले। वैज्ञानिक ने एक का नाम प्लूरान, दूसने का पोलीन और तीसरे का रूथीनियम रखा। इस प्रकार तत्त्व का जन्म बाद में हुआ और उसका नाम पहले ही रख दिया गया। रसायन के इतिहासकारों में इस बात पर बहस होने लगी कि ओजान द्वारा खोजे तीन तत्त्वों की वास्तविकता क्या है, रूथीनियम भी इस बहस का विषय था। एक निष्कर्ष सबसे ज्यादा यथार्थ लग रहा था, वह यह कि ये तत्त्व ज्ञात प्लैटिनम धातुओं के यौगिक या ऐलाय हो सकते थे। परंतु ओजान को खुद भी अपने परिणामों पर संदेह हो रहा था। उन्होंने अपने प्रयोगों के बारे में बेर्जेलियस को एक रिपोर्ट भेजी। बेर्जेलियस ने इन परिणामों की पुष्टि नहीं की और ओजान चुप करके बैठ गए। उन दिनों बेर्जेलियस का बहुत मान था तथा कोई भी उनकी बात काटने की हिम्मत नहीं रखता था। संभव है कि महान् स्वीडिश रसायनज्ञ के नकारात्मक उत्तर के कारण बाकी प्लैटिनम धातुओं के अध्ययन का काम केवल 1841 में फिर से शुरू किया गया।

रसायन के इतिहासकार कभी-कभी पोलिश अनुसंधानकर्ता सन्यादेत्स्की को रूथीनियम का खोजी बताते हैं, जिन्होंने सन् 1803 में प्लैटिनम अयस्क में एक नया तत्त्व 'वेस्टियम' खोजा। उनके विचार से वेस्टियम वही तत्त्व था जिसकी बाद में क्लाउस ने 'रूथीनियम' के नाम से खोज की। परंतु अब यह स्थापित हो चुका है कि वेस्टियम की खोज एक झूठे तत्त्व की खोज थी।

क्लाउस ने 1840 में यूराली प्लैटिनम अयस्कों का अध्ययन शुरू किया, जब वे एक कुशल रसायनज्ञ के रूप में काफी प्रसिद्ध हो चुके थे। उन दिनों केन्क्रीन रूस के वित्त मंत्री थे। केन्क्रीन ने क्लाउस को अनुसंधान के लिए आवश्यक कच्चा माल दिलवा दिया। शीघ्र ही क्लाउस ने कच्चे प्लैटिनम से 2 पाउंड ([1] पाउंड-409.5 ग्राम) अवशेष प्राप्त करके 10% प्लैटिनम तथा प्लैटिनम धातुएँ-इरीडियम, रोडियम, आस्मियम व पैलेडियम भी काफी मात्रा में अलग कर लीं, उन्होंने ये सारी धातुएँ काफी शुद्ध रूप में प्राप्त की थीं। विशेष बात यह थी कि सारे कार्यों के बाद क्लाउस को एक अज्ञात पदार्थ की कुछ मात्रा मिली जिसकी गठन से वैज्ञानिक अभी अपरिचित नहीं थे, परंतु उन्हें यह संदेह होने लगा कि इस पदार्थ में कोई नयी चीज उपस्थित हो सकती है।

क्लाउस ने ओजान के प्रयोग दोहराए, परंतु कोई खास परिणाम हाथ नहीं लगे। परंतु क्लाउस ने जब अपनी खुद की योजनानुसार काम शुरू किया, तो बात कुछ दूसरी नजर आयी। 1844 में उन्होंने 184 पृष्ठ की एक रिपोर्ट प्रकाशित करवायी जिसमें प्लैटिनम धातुओं के अनुसंधान के परिणामों का विस्तारपूर्वक वर्णन किया। इससे पहले किसी भी वैज्ञानिक ने ऐसी रिपोर्ट भी नहीं लिखी थी। इसे प्लैटिनम धातुओं के रसायन का विश्वकोश कहा जा सकता था।

क्लाउस ने इस बात की सूचना दी कि उन्हें प्लैटिनम परिवार के एक नए सदस्य-एक नए रासायनिक तत्त्व की खोज में सफलता मिल गयी है। वैज्ञानिक को इस तत्त्व की 6 ग्राम मात्रा प्राप्त हुई थी। इसके बाद ओजान की तरह क्लाउस ने भी इस खोज की खबर बेर्जेलियस को भेजीं स्वीडिश रसायनज्ञ ने इस बार भी असहमति प्रकट की, परंतु क्लाउस ने हिम्मत नहीं हारी और अपनी बात की सत्यता सिद्ध कर दी। 1845 में बेर्जेलियस ने भी नए तत्त्व को मान्यता दे दी।

पीटर्सबर्ग की विज्ञान अकादमी ने क्लाउस के परिणामों की सत्यता की जाँच करने के लिए विशेष समिति नियुक्त की। गेस्स व फ्रीत्स्शे इस समिति के सदस्य थे। इस समिति ने क्लाउस की खोज की पुष्टि कर दी जिसके फलस्वरूप वैज्ञानिक को देमीदोव पुरस्कार से सम्मानित किया गया। उन दिनों रूस में वैज्ञानिकों के लिए यह सबसे बड़ा पुरस्कार था।

इस तत्त्व का नाम रूस के लातीनी नाम (रूथीनिया) से लिया गया है। वैज्ञानिक ने एक सच्चा देशभक्त होने के नाते तथा अपने देश के अन्य वैज्ञानिकों के कार्यों के सम्मान में इस तत्त्व को यह नाम दिया। क्लाउस ने कुल मिलाकर बीस

साल तक प्लैटिनम धातुओं का अध्ययन किया। उन्हें रूस में प्लैटिनम के अध्ययन का आरंभकर्ता कहा जा सकता है।

हैलोजेन

हैलोजेनों के साथ मनुष्य का असली परिचय उन्नीसवीं शताब्दी में हुआ। हालांकि फ्लुओरीन तथा क्लोरीन अठारहवीं शताब्दी के सातवें दशक में खोजे जा चुके थे, परंतु इस घटना के केवल 40 साल बाद यह तथ्य पता चला कि क्लोरीन एक रासायनिक तत्त्व है। स्वतंत्र अवस्था में प्राप्त होने से पहले फ्लुओरीन तो पूरे सौ साल तक अपने यौगिकों के पीछे ही छिपा रहा जब कि आयोडिन तथ बोमीन शुरू से ही सरल तत्त्वों के रूप में ज्ञात थे।

हम देख रहे हैं कि इन तत्त्वों के इतिहास अलग-अलग हैं। परंतु विज्ञान में, विशेषतया रसायन में, इन तत्त्वों की समष्टि ने, जिसका 1811 में हैलाजेन नाम रखा गया, अतिमहत्त्वपूर्ण भूमिका निभायी।

फ्लुओरीन के अलावा बाकी सारे हैलोजेन रासायनिक विश्लेषण द्वारा प्राप्त किए गए स्वतंत्र फ्लुओरीन विद्युत् रासायनिक विधि द्वारा प्राप्त किया गया।

फ्लुओरीन

विख्यात सोवियत वैज्ञानिक अकादमीशियन फेर्समान ने इस तत्त्व को सर्वभक्षी की संज्ञा दी है। वास्तव में ऐसे बहुत थोड़े पदार्थ (प्राकृतिक या मनुष्य द्वारा निर्मित्त) हैं जो फ्लुओरीन के अपूर्व रासायनिक आक्रमण का मुकाबला करने की क्षमता रखते हैं। फ्लुओरीन का इतिहास इसी गुण पर आधारित है। स्वतंत्र अवस्था में प्राप्त की जाने वाली अधातुओं में कालक्रमानुसार फ्लुओरीन अंतिम स्थान पर है (निष्क्रिय गैसों के अतिरिक्त)। फ्लुओरीन के अस्तित्व की पूर्वसूचना के केवल सौ साल बाद वैज्ञानिक इस तत्त्व को गैस अवस्था में प्राप्त करने में सफल हुए। रसायनज्ञों ने 15 बार इसे प्राप्त करने की कोशिश की, परंतु हर बार उन्हें असफलता का मुख देखना पड़ा। कुछ वैज्ञानिकों को इस प्रयास में अपने स्वास्थ्य से हाथ धोना पड़ा और कुछ की तो जान ही चली गयी।

फ्लुओरीन का एक प्राकृतिक यौगिक फ्लुओर-स्पार या फ्लुओराइट (CaF_2) प्राचीन काल से ज्ञात रहा है। इस अहानिकर खनिज का, जिसकी हर पत्थर-संग्रहकर्ता को जानकारी थी, प्रथम वर्णन 16वीं शताब्दी के दस्तावेजों में मिलता है। परंतु जैसे ही वैज्ञानिकों को हाइड्रोफ्लुओरिक अम्ल प्राप्त करने में सफलता मिल गयी, फ्लुओराइट के बारे में उन्हें अपनी धारणा बदलनी पड़ीं यह बताना मुश्किल है कि हाइड्रोफ्लुओरिक अम्ल को पहली बार किसने प्राप्त किया, परंतु इतना जरूर पता है कि 1670 में न्यूरेनबर्ग के एक कारीगर श्वानहार्ड ने काँच पर इस तत्त्व के आक्रमण के प्रभाव पर ध्यान दिया। श्वानहार्ड तथा उनके अनुयायियों का यह विचार था कि यह सिलिसिक अम्ल था जो काँच का निक्षारण कर जाता था, परंतु वास्तविकता में यह हाइड्रोफ्लुओरिक अम्ल था।

इस घटना के सौ साल बाद फ्लुओरिक शील के हाथ लगा। उन्होंने फ्लुओरिक की दो किस्मों (हरे तथा सफेद) का अध्ययन किया। वैज्ञानिक ने नमूनों के पाउडर को सल्फ्यूरिक अम्ल के साथ गर्म किया और यह देखा कि काँच के भभके की आंतरिक सतह अपारदर्शी हो गयी तथा भभके की तली में एक सफेद पदार्थ जमा हो गया। शील के कथनानुसार फ्लुओराइट में चूनामिट्टी के अलावा एक अज्ञात अम्ल उपस्थित था। उन्होंने इस अम्ल में चूने का पानी मिला कर कृत्रिम फ्लुआर-स्पार प्राप्त किया जो प्राकृतिक खनिज जैसा था।

जिस साल (1771) हाइड्रोप्लुओरिक अम्ल प्राप्त करने में सफलता मिली, उसे फ्लुओरीन की जन्मतिथि मान लिया गया, हालांकि यह बात न्यायसंगत नहीं है। शील द्वारा प्राप्त अम्ल (उन दिनों इसे 'स्वीडिश अम्ल' कहा गया) की प्रकृति अस्पष्ट बनी रही। शील की खोज के ऊपर वैज्ञानिकों में मतभेद था। परंतु इन सब बातों के बावजूद वक्त के साथ-साथ शील की बात की सच्चाई सामने आने लगी।

हाइड्रोफ्लुओरिक अम्ल की गिनती वर्गीकृत यौगिकों में की जाने लगी तथा वैज्ञानिक इस बात में विश्वास करने लगे कि इस अम्ल में एक नया रासायनिक तत्त्व उपस्थित है। लेवूजियो ने इस धारणा को और भी मजबूत कर दिया, जिन्होंने हाइड्रोफ्लुओरिक अम्ल के मूल (radical fluorique) को एक सरल पदार्थ के रूप में 'सरल पदार्थों की सारणी' में शामिल कर लिया। परंतु लेवूजियो भी गलती पर थे, वे यह समझ रहे थे कि अम्ल में ऑक्सीजन उपस्थित है। उनकी गलतफहमी स्वाभाविक थी क्योंकि उस वक्त रसायनज्ञ ऑक्सीजन को अम्लों का अनिवार्य घटक मानते थे।

शील की विधि से जो हाइड्रोफ्लुओरिक अम्ल प्राप्त हुआ, उसकी शुद्धता उच्च होनी चाहिए थी, परंतु इस अम्ल में बहुत सारी अशुद्धियाँ मिली हुई थीं। केवल 1809 में गेई-लुजाक तथा थेनार्ड ने लेड से बने भभके में फ्लुओर-स्पार तथा सल्फ्यूरिक अम्ल को गर्म करके अपेक्षाकृत शुद्ध हाइड्रोफ्लुओरिक अम्ल प्राप्त किया। इस प्रयोग के दौरान दोनों वैज्ञानिकों को फ्लुओरिन के विष से बहुत ज्यादा हानि पहुँची।

एक वर्ष बाद फ्लुओरीन के प्रागैतिहास में एक अतिमहत्त्वपूर्ण घटना घटी। एक साथ दो वैज्ञानिकों-अंग्रेज डेवी तथा फ्रेंच ऐम्पियर ने हाइड्रोफ्लुओरिक अम्ल से ऑक्सीजन 'निर्वासित' कर दी। उन्होंने पूर्ण विश्वास के साथ निम्न घोषणा की : हाइड्रोफ्लुओरिक अम्ल HCl के सदृश है। इस घोषणा द्वारा डेवी ने हैलोजनों के मामले में दूसरी बार हस्तक्षेप किया (इससे कुछ अर्से पहले वे क्लोरीन की प्राथमिक प्रकृति सिद्ध कर चुके थे।)

ऊपर बताए तथ्य से स्पष्ट है कि डेवी ऐसे प्रथम व्यक्ति थे जिसने फ्लुओरीन को स्वतंत्र अवस्था में प्राप्त करने का प्रयास किया। ऐम्पियर ने इस तत्त्व का नाम 'फ्लुओरीन' रखा (यूनानी भाषा में 'फ्तोरोस' (ftoros) का अर्थ है 'विनाश' होता है)। उन्होंने हाइड्रोफ्लुओरिक अम्ल की आक्रमणकारी प्रकृति के कारण यह नाम चुना (किसी भी वैज्ञानिक का उस वक्त तक स्वतंत्र फ्लुओरीन के असली आक्रमणकारी स्वभाव से वास्ता नहीं पड़ा था)। परंतु डेवी ज्यादा शान्तिप्रिय मिजाज के थे। उन्होंने ऐम्पियर का प्रस्ताव ठुकरा दिया और क्लोरीन के उदाहरण पर इस तत्त्व का नाम 'फ्लुओरीन' रखा।

तत्त्व को नाम देने के बावजूद भी डेवी फ्लुओरीन को स्वतंत्र अवस्था में प्राप्त करने में असफल रहे। दो सालों तक लगातार (1813 व 1814) वैज्ञानिक इस कठिन समस्या का समाधान ढूँढ़ते रहे। उन्होने दो विधियाँ अपनायीं: पहली वैद्युत रासायनिक विधि, जिसने विश्व को सोडियम, पोटेशियम, कैल्सियम, तथा मैग्नीशियम दिए थे, दूसरी क्लोरीन की फ्लुओराइडों के साथ प्रतिक्रिया। हाइड्रोफ्लुओरिक अम्ल के विद्युत्-विश्लेषण से कुछ नहीं मिला और क्लोरीन की फ्लुओराइडों के साथ प्रतिक्रिया ने भी कोई परिणाम नहीं दिए। फ्लुओरीन युक्त यौगिकों के साथ काम करने के कारण डेवी बहुत बीमार हो गए। मजबूर होकर उन्हें अपना अनुसंधान कार्य बंद करना पड़ा, हालांकि वे प्रथम वैज्ञानिक थे, जिन्होंने फ्लुओरीन का परमाणु भार (19.06) ज्ञात किया। डेवी के प्रयोगों की असफलता तथा उनकी बीमारी देखकर अगले लगभग 20 साल तक किसी ने भी स्वतंत्र फ्लुओरीन प्राप्त करने की कोशिश ही नहीं की। केवल डेवी के प्रिय शिष्य तथा सहायक फैराडै ने, जिनका विज्ञान में योगदान अपने गुरु से कम नहीं था, 1834 में (डेवी की मृत्यु के बाद) स्वतंत्र फ्लुओरीन की पहेली को हल करने की कोशिश की। परंतु शुष्क प्रगलित फ्लुओराइडों के विद्युत्-विश्लेषण से भी उन्हें कुछ हासिल नहीं हुआ।

असफलताओं का क्रम चलता रहा। 1836 में आयरलैंड के निवासी-नोक्स-बंधुओं ने इस समस्या का हल ढूँढ़ने का बीड़ा उठाया। 5 साल तक वे खतरनाक प्रयोग करते रहे परंतु कोई फायदा नहीं हुआ। दोनों भाइयों पर जहर का गहरा असर पड़ गया और शीघ्र ही इससे एक भाई की मृत्यु हो गयी। 1846 में बेल्जियमवासी लुइये तथा उनके पीछे फ्रेंच रसायनज्ञ निक्लेस का भी यही हाल हुआ। आखिर 1854-1856 में पेरिस के एक पॉलिटैक्निकल स्कूल के प्रोफेसर फ्रेमी को स्वतंत्र फ्लुओरीन को प्राप्त करने में सफलता मिल सी गयी। उन्होंने निर्जल प्रगलित CaF_2 का विद्युत् विश्लेषण द्वारा विखंडन करने में सफलता प्राप्त कर ली। धात्विक कैल्सियम कैथोड पर जमा हो गया जबकि ऐनोड से एक गैस निकली, जो फ्लुओरीन हो सकती थी। परंतु गैस के बुलबुलों का दिखाई देना काफी नहीं है, उन्हें इकट्ठा करना आवश्यक है। परंतु

फ्रेमी से यह काम नहीं हो सका। हमारे विचार से फ्रेमी को फ्लुओरीन का सह-आविष्कारक कहलाने का पूरा अधिकार है क्योंकि उनकी भूमिका शील से कुछ कम नहीं है।

1869 में अंग्रेज रसायनज्ञ गोर को स्वतंत्र फ्लुओरीन की थोड़ी सी मात्रा प्राप्त हुई जिसने विस्फोट करते हुए तुरंत हाइड्रोजन के साथ प्रतिक्रिया कर दिया। ऐसे दस और अन्वेषक थे, जो स्वतंत्र फ्लुओरीन प्राप्त करने की आशा लगाए बैठे थे। इतिहास ने उनके नाम सुरक्षित रखे हैं

आखिर वह घड़ी आ गयी जब मोईसान ने फ्लुओरीन की किस्मत का जिम्मा अपने हाथ में ले लिया। सबसे पहले उन्होंने अपने पूर्वाधिकारियों की गलतियों पर ध्यान दिया। उनकी समझ में आ गया कि फैराडे, फ्रेमी तथा गोरे असफल रहे क्योंकि वे फ्लुओरीन के प्रकोप को शांत नहीं कर पाये जो तुरंत उपकरण के द्रव्य के साथ प्रतिक्रिया कर जाता था। मोईसान उन लोगों की गलती भी समझ गए जो फ्लुओराइडों पर क्लोरीन की प्रतिक्रिया द्वारा फ्लुओरीन प्राप्त करने की कोशिश कर रहे थे। क्लोरीन फ्लुओरीन के मुकाबले कमजोर उपचायक था।

मोईसान ने परेशानियों से बचने के लिए U-आकार बर्तन लिया। पहले उन्होंने प्लैटिनम का बना बर्तन चुना, परंतु बाद में उन्होंने ताम्र के बर्तन को प्राथमिकता दी क्योंकि उसके साथ बने कापर-फ्लुओराइड के साथ न तो फ्लुओरीन कोई प्रतिक्रिया करता है और न ही हाइड्रोजन फ्लुओराइड। इस प्रकार कापर-फ्लुओराइड की एक सतह बर्तन को नष्ट होने से बचाती थी। मोईसान ने इस बर्तन में निर्जल हाइड्रोफ्लुओरिक अम्ल भरकर उसमें थोड़ा सा पोटेशियम बायोफ्लुओराइड मिला दिया जिससे विलयन विद्युत्-चालकीय हो जाए। अब यह बर्तन –25°C तापक्रम पर स्थित एक शीतकारी मिश्रण में रख दिया गया। CaF_2 से बने विशेष डाटों से होकर प्लैटिनम इलेक्ट्रोड घुसाए गए। विद्युत् विश्लेषण के परिणामस्वरूप कैथोडों से हाइड्रोजन निकलने लगा तथा ऐनोडों से–फ्लुओरीन। यह फ्लुओरीन ताम्र ट्यूबों में भर लिया गया।

26 जून 1886 के दिन मोईसान ने पहला सफल प्रयोग पूरा किया। उन्होंने सिलिकन के साथ फ्लुओरीन की प्रतिक्रिया से उत्पन्न ज्वाला का प्रेक्षण किया। उन्होंने पेरिस विज्ञान अकादमी को एक विनीत रिपोर्ट भेजी जिसमें उन्होंने यह लिखा कि उत्पन्न गैस की प्रकृति के बारे में विभिन्न परिकल्पनाएँ संभव हैं। सबसे साधारण परिकल्पना यह हो सकती है कि वास्तव में यह गैस फ्लुओरीन है हालांकि यह गैस हाइड्रोजन फ्लुओराइड का HF तथा ओजोन का मिश्रण भी हो सकती है। इस मिश्रण की प्रतिक्रिया बहुत उच्च है जो इस गैस की क्रिस्टलीय सिलिसिक अम्ल पर तीव्र प्रतिक्रिया की पुष्टि करती है।

चूंकि मोईसान अकादमी के सदस्य नहीं थे, उनकी रिपोर्ट डेब्रे नाम के एक वैज्ञानिक ने पढ़ी। अकादमी ने रिपोर्ट की पुष्टि करने के लिए एक विशेष समिति बनायी तथा डेब्रे, फ्रेमी और फ्रेंच रसायनज्ञों के 'बुजुर्ग' बर्थलोट को इस समिति का सदस्य चुना। पहले दिन मोईसान स्वतंत्र फ्लुओरीन प्राप्त करने में असफल रहे, परंतु अगले दिन उन्होंने समिति के सदस्यों के सामने यह काम करके दिखा दिया। इस प्रकार फ्लुओरीन की जीवनी में एक तिथि और आ गयी, जो शायद सबसे ज्यादा महत्त्व रखती है क्योंकि इस दिन (1886) यह तत्त्व स्वतंत्र अवस्था में प्राप्त किया गया। 1887 में मोईसान ने द्रव अवस्था में फ्लुओरीन प्राप्त किया।

क्लोरीन

प्राचीन काल में मनुष्य कई क्लोरीनयुक्त यौगिकों से परिचित था जैसे, खाने का नमक-सोडियम क्लोराइड ($NaCl$) अमोनियम क्लोराइड (NH_4Cl) आदि। इसके बाद नमकाम्ल (HCl) से लोगों की जानकारी हुई, जिसका विभिन्न उपयोग शुरू हुआ। अनुसंधानकर्ताओं का अनगिनत क्लोरीन यौगिकों के साथ वास्ता जरूर पड़ा होगा तथा इस बात में कोई शक नहीं कि इन पदार्थों के साथ कामकाज के दौरान क्लोरीन कई बार जरूर प्राप्त हुई होगी। कई विख्यात वैज्ञानिकों, जैसे गलौबेर (गलौबेर लवण-सज्जी–के निर्माता) वान-हैल्मोन्ट तथा राबर्ट बॉयल आदि को इस तत्त्व का प्रेक्षण करने का मौका

मिला। हालांकि इस अनजानी पीली-हरी गैस पर वैज्ञानिकों ने ध्यान जरूर दिया, पर उनमें से कोई भी इसकी प्रकृति शायद ही समझ पाया हो।

स्वीडिश रसायनज्ञ शील भी गलतफहमी के शिकार हो गए। उन्होंने स्कूली पाठ्यपुस्तक में लिखी विधि से क्लोरीन प्राप्त की, अर्थात् मैंगनीज डाइऑक्साइड पर हाइड्रोक्लोरिक अम्ल की प्रतिक्रिया द्वारा। शील ने पाइरोलुसाइट पाउडर अर्थात् प्राकृतिक मैंगनीज डाइऑक्साइड (MnO_2) लिया। यह कहना गलत होगा कि वैज्ञानिक ने संयोगवश यह विधि चुनी। शील जानते थे कि HCl और पाइरोलुसाइट की प्रतिक्रिया से एक अद्वितीय दहन वायु (गैस) (भावी हाइड्रोजन) प्राप्त होना चाहिए, जैसा कि अक्सर धातुओं के साथ अम्लों की प्रतिक्रिया से होता है (दे० पृष्ठ 57) इस बार भी उन्हें एक गैस जरूर मिली, परंतु इसमें और दहनशील गैस में जरा सी भी समानता नहीं थी। इसकी गंध बड़ी अप्रिय थी तथा रंग भी अप्रिय था–पीला-हरा। यह गैस कार्क खा जाती थी तथा फूलों और पत्तियों को रंगहीन कर देती थी। नयी गैस उत्तम रासायनिक अभिकर्मक सिद्ध हुई। यह कई धातुओं के साथ प्रतिक्रिया कर जाती थी तथा अमोनिया के साथ मिल कर एक गहरा धुआँ निकालती थी (अमोनियम क्लोराइड NH_4Cl)। यह जल में बहुत कम विलयशील थी। शील ने इस गैस के लिए शब्द ''एक नया रासायनिक तत्त्व'' नहीं इस्तेमाल किए हालांकि इसकी खोज उनकी मुट्ठी में थी तथा तर्कों के आधार पर इस गैस की प्राथमिक प्रकृति निश्चित की जा सकती थी। स्वीडिश रसायनज्ञ फ्लोजिस्टन सिद्धांत के पक्के अनुयायी थे। वे इस गैस को ऐसा नमकाम्ल समझते थे जिसने फ्लोजिस्टन खो दी हो। उन्होंने इसका नाम डिफ्लोजिस्टीकेटिड हाइड्रोक्लोरिक अम्ल या डिफ्लोजिस्टीकेटिड म्यूरिक अम्ल रखा (HCl को म्यूरिक अम्ल कहा जाता था–लातीनी शब्द 'म्यूरिआ' से जिसका अर्थ है–'लवण-जल')। उस वक्त शील केवेंडीश तथा अन्य वैज्ञानिकों की इस धारणा से सहमत थे कि दहनशील वायु (हाइड्रोजन) फ्लोजिस्टन है। इसका मतलब यह निकलता था कि नई गैस एक साधारण पदार्थ थी (नमक का अम्ल घटाकर फ्लोजिस्टन)। परंतु शील ने ऐसा कोई निष्कर्ष नहीं निकाला। हालांकि नई गैस की खोज की तिथि 1774 मानी जाती है, परंतु इसकी प्रकृति समझने में वैज्ञानिकों को कई साल लग गए।

लेवूजियो ने फ्लोजिस्टन सिद्धांत का खंडन किया। उन्होंने 'डिफ्लोजिस्टीकेटिड म्यूरिक अम्ल' नाम का विरोध किया। लेवूजियो के विचारानुसार शील का अम्ल नमक के अम्ल तथा ऑक्सीजन का मिश्रण था। आज जिस तत्त्व को हम क्लोरीन के नाम से जानते हैं, लेवूजियो ने उसका नाम उपचयित म्यूरिक अम्ल रखा। फ्रेंच रसायनज्ञ का विश्वास था कि सभी अम्लों में ऑक्सीजन जरूर उपस्थित होता है जो किसी न किसी तत्त्व के साथ मिला होता है। लेवूजियो इस तत्त्व का नाम 'म्यूरियम' (murium) रखते हैं तथा इसे 'साधारण पदार्थों की सारणी' में जगह दे देते हैं (म्यूरियम मूल rapical muriatique)।

परिणाम विरोधाभासी निकला। लेवूजियो शील द्वारा ढूँढ़ी गैस की प्रकृति निश्चित करना चाहते थे, परंतु उन्होंने मामला और भी उलझा दिया। संभव है कि नयी सैद्धांतिक धारणाओं के दृष्टिकोण से क्लोरीन के इतिहास में यह घटना घटनी जरूरी थी। कुछ वैज्ञानिकों ने स्वतंत्र म्यूरियम प्राप्त करने की कोशिश की, परंतु वे असफल रहे और नयी गैस की प्रकृति अस्पष्ट बनी रही।

1807 में डेवी ने इस समस्या का हल ढूँढ़ना शुरू कर दिया। उन्होंने कुरव्यात म्यूरिक अम्ल के साथ कई तरह के प्रयोग किए। डेवी ने इस अम्ल को विद्युत्-विश्लेषण द्वारा विखंडित करना चाहा, परंतु कोई फायदा नहीं हुआ। उनकी लाख कोशिशों के बावजूद भी म्यूरिक अम्ल में न तो जल प्राप्त हुआ और न ही ऑक्सीजन। अन्य शब्दों में, अम्ल ने ऐसा व्यवहार किया जैसे कि वह एक साधारण पदार्थ हो। परंतु इसके बावजूद जब भी वह धातुओं या उनके लवणों के साथ प्रतिक्रिया करता, साधारण लवण बन जाते थे। अब डेवी के पास और कोई रास्ता नहीं था। उन्हें यह मानना पड़ा कि ऑक्सीजन म्यूरिक अम्ल केवल एक साधारण पदार्थ से बना है अर्थात् उन्हें 30 साल पहले शील द्वारा आविष्कृत गैस की प्राथमिक प्रकृति को मान्यता देनी पड़ी। 19 नवंबर 1810 को उन्होंने ब्रिटिश रॉयल सोसाइटी की बैठक में इस बात की सूचना दी।

डेवी ने तत्त्व का नाम 'क्लोरीन' रखने का प्रस्ताव पेश किया। यूनानी भाषा में (cloros) 'क्लोरस' शब्द का अर्थ—'पीला-हरा' होता है। दो साल बाद 1812 में फ्रेंच रसायनज्ञ गे-लुजाक ने इसका नाम बदल कर 'क्लोर' (chlor) रख दिया (अंग्रेजी बोलने वाले देशों के अलावा बाकी सबने यह नाम स्वीकार कर लिया।

डेवी के साथ-साथ गे-लुजाक तथा थेनार्ड ने भी मिलकर अक्सीम्यूरिक अम्ल का अध्ययन शुरू किया। वे दोनों वैज्ञानिक भी इसकी प्रकृति जानना चाहते थे। शुरू में इन लोगों ने भी इस अम्ल में ऑक्सीजन की उपस्थिति दिखानी चाही। इन्होंने अम्ल को लाल तप्त पोर्सिलेन ट्यूब के रास्ते चारकोल के ऊपर से गुजारा। अगर शील की गैस में ऑक्सीजन होता, तो चारकोल उसे अवश्य ही अवशोषित कर लेता। परंतु ऐसा कुछ नहीं हुआ। जो गैस ट्यूब में आती रही वही वैसी की वैसी बाहर निकल जाती। परंतु इस प्रयोग में लेवूजियो के पक्के अनुयायियों की ऑक्सीम्यूरिक अम्ल के बारे में राय नहीं बदली।

परंतु डेवी के प्रयोगों से तत्कालीन वैज्ञानिक बहुत ही ज्यादा प्रभावित हुए और उन्होंने यह मानना शुरू कर दिया कि म्यूरियम क्लोरीन था। 1813 में गे-लुजाक तथा थेनार्ड डेवी के साथ सहमति जताने लगे। केवल बेर्नेलियस काफी लंबे अर्से तक क्लोरीन की प्राथमिक प्रकृति पर संदेह करते रहे, परंतु आखिर में उन्हें भी सत्य स्वीकार करना पड़ा। आयोडीन तथा ब्रोमीन की खोज तथा अध्ययन के बाद क्लोरीन की प्राथमिक प्रकृति पर किसी को जरा भी संदेह नहीं रहा।

1811 में जर्मन रसायनज्ञ श्वेईगर ने क्लोरीन का नाम 'हैलोजेन' रखने का प्रस्ताव पेश किया (यूनानी शब्दों 'halo' 'gen' से, जिनका अर्थ है—'लवण' तथा 'उत्पन्न करता हूँ') क्योंकि यह तत्त्व क्षारीय धातुओं के साथ सरलता से मिल जाता है। क्लोरीन के लिए इस नाम को स्वीकार नहीं किया गया, परंतु आगे चलकर यह नाम इस ग्रुप के सारे तत्त्वों का सामान्य नाम पड़ गया : फ्लुओरीन, क्लोरीन, ब्रोमीन तथा आयोडीन का। 1823 में फैराडे को पहली बार द्रवित अवस्था में क्लोरीन प्राप्त हुई।

आयोडीन

स्वतंत्र अवस्था में प्राप्त होने वाला दूसरा हैलोजेन आयोडीन था। इस तत्त्व का रंग रूप तथा रासायनिक गुण कुछ विशेष प्रकार के थे। अगर यह अकेला हैलोजेन होता, तो रसायनज्ञों को इसकी प्रकृति समझने में बड़ी मुश्किलों का सामना करना पड़ता, परंतु प्राथमिक क्लोरीन का पता चल चुका था जिसकी वजह से आयोडीन की प्रकृति के अध्ययन में काफी मदद मिली।

फ्रांस के एक शहर डिजोन का एक ठेकेदार कुर्टुआ पोटाश तथा शोरे के उत्पादन का धंधा करता था। वह समुद्री शैवालों की भस्म कच्चे माल के रूप में इस्तेमाल करता था। भस्म पर जल की क्रिया से समुद्री शैवालों का मातृ विलयन प्राप्त होता था। आधुनिक विज्ञान ने सिद्ध कर दिया है कि इस भस्म पर जल की क्रिया से समुद्री शैवालों का मातृ विलयन प्राप्त होता था। आधुनिक विज्ञान ने सिद्ध कर दिया है कि इस भस्म में कुछ क्षारीय तथा क्षारीय-मृदा धातुओं के क्लोराइड, ब्रोमाइड, आयोडाइड, कार्बोनेट तथा सल्फेट उपस्थित होते हैं। परंतु कुर्टुआ के जमाने में केवल इतना पता था कि इस भस्म में पोटेशियम तथा सोडियम यौगिकों के अलावा और कुछ नहीं होता (केवल क्लोराइड, कार्बोनेट तथा सल्फेट होते हैं)। वाष्पित करने पर सबसे पहले सोडियम क्लोराइड अवक्षेपित हो जाता था, फिर पोटेशियम क्लोराइड तथा सल्फेट। बाकी मातृ विलयन विभिन्न लवणों का मिश्रण होता था जिनमें सल्फरयुक्त लवण भी उपस्थित होते थे।

सल्फर यौगिकों का विखंडन करने के लिए कुर्टुआ ने विलयन में सल्फयूरिक अम्ल मिलाना शुरू कर दिया। एक दिन उसने गलती से आवश्यकता से अधिक अम्ल मिला दिया। बस तभी एक अप्रत्याशित घटना घटी; अचानक बैंगनी रंग के वाष्प के अतिसुंदर बादल चारों ओर छा गए। परंतु इस वाष्प की गंध इतनी ज्यादा अप्रिय थी कि इसकी खूबसूरती किसी काम की नहीं रही थी, यहाँ तक कि इस गंध से आँखों से आँसू निकल आए थे। इसके बाद और भी ज्यादा अजीब बात

हुई : वाष्प ठंडी चीजों की सतह पर बैंगनी रंग की भारी बूँदों में संघनित न होकर गहरे रंग के धात्विक चमक वाले क्रिस्टलों में अवक्षेपित हो गयी। कुर्टुआ ने नए पदार्थ में और भी बहुत सारे रोचक तथा अद्वितीय गुण उपस्थित पाए। कुर्टुआ एक नए रासायनिक तत्त्व की खोज की घोषणा कर सकता था, परंतु उसे अपने प्रयोगों की सत्यता पर संदेह था। उसके पास अनुसंधान के पूरे साधन भी नहीं थे। उसने अपने दोस्तों से इस काम में मदद माँगी। उसने डेसोरमेस तथा क्लीमेन्ट की प्रयोगशालाओं में अपने प्रयोग जारी रखने की इच्छा प्रकट की। उसने इन वैज्ञानिकों से यह अनुरोध किया कि वे उसकी खोज की रिपोर्ट किसी वैज्ञानिक जर्नल में छपवा दें।

परंतु इन लोगों ने केवल दो साल बाद 1813 में इस काम को पूरा किया। एक फ्रेंच जर्नल "Annales de chime et de physique" में इन वैज्ञानिकों ने अपने नाम से एक रिपोर्ट छपवायी जिसका शीर्षक था : ''कुर्टुआ द्वारा एक क्षारीय लवण में एक नए पदार्थ की खोज।'' कुर्टुआ ने इस पदार्थ का एक नमूना (बहुत थोड़ी मात्रा) डिजोन की एक दवाइयों की फर्म को भेंट कर दिया ताकि अन्य वैज्ञानिक भी इसका अध्ययन कर सकें। क्लीमेन्ट ने खुद भी आयोडीन की कुछ मात्रा प्राप्त करके उसका अध्ययन किया। वे पहले वैज्ञानिक थे जिन्होंने यह विचार प्रकट किया कि यह तत्त्व क्लोरीन से मिलता जुलता है। 1813 में दो वैज्ञानिकों ने स्वतंत्र रूप से आयोडीन की प्राथमिक प्रकृति के सबूत पेश किए—ये थे—गे-लुजाक तथा डेवी। फ्रेंच वैज्ञानिक ने इस तत्त्व का नाम आयोड (iode) रखने का प्रस्ताव पेश किया तथा अंग्रेज रसायनज्ञ ने आयोडीन (iodine)-(यूनानी शब्द "iodes" से जिसका अर्थ 'बैंगनी' है)।

आयोडीन रासायनिक तत्त्वों में उन गिने-चुने तत्त्वों की सूची में शामिल है जिनके गुणों के अध्ययन में बहुत थोड़ा वक्त लगा। गे-लुजाक ने इस काम में महत्त्वपूर्ण योगदान दिया। उन्होंने आयोडीन पर एक पुस्तक भी लिखी जो विज्ञान के इतिहास में किसी अकेले तत्त्व के बारे में पहली पुस्तक थी।

परंतु नयी पीढ़ी कुर्टुआ के योगदान को भूली नहीं। डिजोन में एक सड़क को उसका नाम दिया गया है। रासायनिक तत्त्वों के प्रथम खोजियों की सूची में केवल कुछ गिने-चुने लोगों को ही ऐसा सम्मान मिला है।

ब्रोमीन

प्रकृति में उपस्थित हैलोजेनों में विशिष्ट गुणों वाले इस तत्त्व की खोज सबसे आखिर में हुई (अगर हम यह स्वीकार करते हैं कि शील ने 1771 में फ्लुओरीन की खोज कर दी थी)।

1825 की शरद में हेइडेलबर्ग यूनिवर्सिटी में चिकित्सा तथा रसायन के प्रोफेसर ग्मेलिन की प्रयोगशाला में निम्न घटना घटी। लेविग नाम के एक विद्यार्थी ने अपने अध्यापक को मोटी दीवारों वाला एक फ्लास्क दिखाया जिसके अंदर बदबूदार लाल-भूरा रंग का एक द्रव भरा हुआ था। लेविग ने यह बताया कि उसने अपने जन्मस्थल क्रेजिनाज के एक प्राकृतिक झरने के पानी के अवयवानुपात का अध्ययन किया है। और यह देखा कि गैसीय क्लोरीन मातृ विलयन का रंग लाल-भूरा कर देती है। लेविग ने ईथर द्वारा वह पदार्थ अलग कर दिया। यह लाल-भूरे रंग का एक द्रव्य था जो आगे चलकर ब्रोमीन के नाम से जाना गया।

ग्मेलिन ने अपने विद्यार्थी के काम में काफी दिलचस्पी दिखायी और नए पदार्थ को अधिक मात्रा में प्राप्त करके ध्यान से उसका अध्ययन करने की सलाह दी। यह सलाह बहुत उचित थी क्योंकि लेविग को प्रयोगों का जरा भी अनुभव नहीं था। निस्संदेह, अनुसंधान के लिए वक्त की जरूरत थी और उसी ने हेइडेलबर्ग के इस विद्यार्थी का काम बिगाड़ दिया।

जिस वक्त लेविग लाल-भूरे द्रव की नयी खुराकें तैयार करने में व्यस्त था, एक फ्रेंच जर्नल "Annales de chimie et de physique" में एक बड़ा लेख छपा, जिसका शीर्षक निम्न था : ''समुद्री जल में उपस्थित एक विशिष्ट पदार्थ का विवरण।'' इसके लेखक का नाम बालार्ड था। वह फ्रांस के एक शहर मोन्टेपेलिअर के औषधीय स्कूल की प्रयोगशाला में सहायक के पद पर काम करते थे। उनके 'विशिष्ट पदार्थ' के गुण लेविग द्वारा प्राप्त लाल-भूरे द्रव के गुणों से बहुत मिलते

थे। बालार्ड ने यह लिखा कि उन्होंने सन् 1824 में लवण कच्छों के प्ररोहण का अध्ययन शुरू किया। उन्होंने विभिन्न रासायनिक अभिकर्मकों की सहायता से कच्छ घासों से उपयोगी पदार्थ प्राप्त करने के प्रयास किए। उन्होंने एक मातृ-विलयन तैयार किया जो किसी अभिकर्मक जैसे क्लोरीन, की प्रतिक्रिया से भूरे रंग में परिवर्तित हो गया। इसके बाद बालार्ड ने समुद्री शैवाल की भस्म से प्राप्त एक क्षारीय विलयन का अध्ययन शुरू किया। जैसे ही उन्होंने इस विलयन में स्टार्च तथा क्लोरीन जल मिलाया, विलयन में दो द्रवों की परतें दिखायी देने लगीं। निचली परत का रंग नीला था जबकि ऊपरी परत में आयोडीन उपस्थित था जिसने स्टार्च को नीले रंग में परिवर्तित कर दिया था। ऊपरी परत में क्या था? शुरू में बालार्ड ने यह कहा कि ऊपरी परत में क्लोरीन तथा आयोडीन का एक यौगिक उपस्थित है। उन्होंने इस यौगिक को पृथक् करने की कोशिश की, परंतु सफलता नहीं मिली। इसके बाद ही मोन्टेपेलिअर के इस प्रयोगशाला के सहायक ने यह सोचने की हिम्मत की कि लाल-भूरा रंग अभी तक किसी अज्ञात रासायनिक तत्त्व की देन थी। बालार्ड ने इस परिकल्पना के आधार पर लाल-भूरे रंग का द्रव प्राप्त किया, जिसे कुछ महीने पहले एक साधारण विद्यार्थी (जो आगे चलकर अकादमीशियन बना तथा सोरबोन में प्रोफेसर के पद पर नियुक्त किया गया) लेविग ने प्राप्त किया था।

बालार्ड ने नए तत्त्व को बड़ा नीरस सा नाम दिया–'म्यूराइड' (लातीनी शब्द 'म्यूरिआ' से जिसका अर्थ 'लवण जल' या 'खारा पानी' होता है)। वे इस तत्त्व की प्रकृति भी उतनी ही नीरस मानते थे। वे इसे भी मर्करी की तरह साधारण तापमान पर द्रव्य अवस्था में रहने वाला एकमात्र अधातु समझते थे।

निस्संदेह वैज्ञानिकों ने बालार्ड के लेख पर ध्यान दिया, परंतु उनके दोस्तों ने उन्हें सलाह दी कि वे इस खोज की सूचना पेरिस विज्ञान अकादमी को दें। उनका परामर्श मानकर बालार्ड ने 30 नवंबर 1825 को एक रिपोर्ट भेजी जिसका शीर्षक निम्न था–"समुद्री जल में उपस्थित एक विशेष पदार्थ का विवरण।" इस रिपोर्ट का सार यह था कि म्यूराइड की क्लोरीन तथा आयोडीन के बीच समानता है। अकादमी के सदस्यों को इस तरह की रिपोर्ट अक्सर मिलती रहती थीं। उन्होंने उसकी सत्यता की जाँच के लिए एक समिति बनायी। गे-लुजाक, वोक्लेन तथा थेनार्ड इस समिति के सदस्य थे। उन्होंने बालार्ड के परिणामों की पुष्टि कर दी, परंतु उन्हें बालार्ड का दिया नाम पसंद नहीं था। समिति ने इस तत्त्व का नाम 'ब्रोमीन' (यूनानी शब्द 'ब्रो-मोस' (बदबूदार) के आधार पर) रख दिया।

14 अगस्त 1826 के दिन समिति ने अपना फैसला सुनाया : ब्रोमीन की खोज रसायन के लिए बहुत महत्त्व रखती थी।

हाँ, एक वैज्ञानिक ऐसा भी था जिसे बालार्ड द्वारा नए तत्त्व की खोज की खबर सुनकर जलन हुई। इस व्यक्ति का नाम लिबिख था। कुछ साल पहले एक जर्मन फर्म ने उन्हें द्रव से भरी एक बोतल भेजी थी ताकि वे इसके गठन की जाँच करें। लिबिख ने इस द्रव का ध्यानपूर्वक अध्ययन किए बिना ही जल्दबाजी में इसे आयोडीन तथा क्लोरीन का मिश्रण घोषित कर दिया। परंतु जैसे ही उन्हें बालार्ड की खोज की खबर मिली, उन्होंने तुरंत बोतल में बचे बाकी द्रव को विश्लेषण करके देखा। यह द्रव ब्रोमीन ही था। उनके समकालीनों का कहना है कि गुस्से में उन्होंने ये शब्द कहे "बालार्ड ने ब्रोमीन की खोज नहीं की है, ब्रोमीन ने बालार्ड को खोजा है।"

रसायन के विकास में हैलोजेनों का महत्त्व

जैसे-जैसे परमाणु द्रव्यमानों (भारों) का निर्धारण काफी हद तक परिशुद्ध होता गया, वैसे-वैसे तत्त्वों को उनके परमाणु भारों की वृद्धि के अनुसार क्रमबद्ध करना संभव होता गया। इसका लाभ यह हुआ कि हलके तत्त्वों से भारी तत्त्वों की ओर संक्रमण के परिणामस्वरूप उनके रासायनिक गुणों के परिवर्तनों की विशेषताएँ सामने आयीं–यह बात आवर्त नियम की खोज का एक आधार सिद्ध हुई। इसके अलावा रासायनिक रूप में समान तत्त्वों के प्राकृतिक ग्रुपों के बारे में धारणा बन गयी। क्लोरीन, ब्रोमीन तथा आयोडीन का त्रिक ऐसा पहला ग्रुप था। जर्मन वैज्ञानिक डोबेरेइनर ने इस ग्रुप का ध्यानपूर्वक

अध्ययन किया। उन्हें मेंडेलीफ का एक पूर्वाधिकारी माना जा सकता है। इस त्रिक की सहायता से एक रोचक नियम संगति सामने आयीः मध्य तत्त्व का परमाणु भार पहले और तीसरे तत्त्वों के परमाणु भारों के आधे योग के बराबर होता है। यह बात अन्य त्रिकों (प्राकृतिक ग्रुपों) में भी पायी गयी। इस प्रकार हैलोजेनों (क्लोरीन, ब्रोमीन तथा आयोडीन) ने भावी आवर्त नियम के निर्माण में नींव की ईंटों का काम किया।

अम्लों के गुणों तथा उनके गठन के अध्ययन में इन तत्त्वों ने अमूल्य योगदान दिया है। आरंभ में क्लोरीन की खोज में इस धारणा का समर्थन किया कि सभी अम्लों में ऑक्सीजन जरूर उपस्थित होता है, परंतु आगे चलकर क्लोरीन पहला तत्त्व साबित हुआ जिसके लिए दोनों ऑक्सीजन युक्त तथा ऑक्सीजन रहित (हाइड्रोक्लोरिक) अम्ल प्राप्त किए गए। वैज्ञानिकों ने हैलोजेनों के ऑक्सीजनयुक्त अम्लों के अध्ययन से अम्लों की शक्ति तथा विघटन-क्षमता के बारे में अपनी धारणाएँ विकसित कीं। हाइड्रोहेलिक रसायन पर क्लोरीन, ब्रोमीन तथा आयोडीन के प्रभावों की सूची यहीं समाप्त नहीं हो जाती।

प्रायोगिक रसायन में भी हमें ऐसा कुछ देखने को मिलता है। हैलोजन-व्युत्पादी हाइड्रोकार्बन कई कार्बनिक यौगिकों की प्राप्ति में महत्त्वपूर्ण मध्यस्थ उत्पाद सिद्ध होते हैं। इस तथ्य से उन्नीसवीं शताब्दी में कार्बनिक विश्लेषण के विकास में बड़ी तेजी आयी। क्लोरीनीकरण विधि खनिजों तथा अयस्कों से विभिन्न कीमती धातुएँ प्राप्त करने के लिए अक्सर काम में लायी जाती है। आयोडाइडों का प्रयोग अतिशुद्ध धातुओं की प्राप्ति में उपयुक्त है। आज फ्लुओरीन का रसायन विज्ञान का एक स्वतंत्र विषय बन गया है।

बोरॉन

मध्ययुग में लोग बोरॉन के एक यौगिक बोरेक्स (सुहागा) से परिचित थे और इसका विस्तृत प्रयोग करते थे। इस बात के कई लिखित प्रमाण मिले हैं परंतु बोरेक्स शायद इससे पहले भी ज्ञात था। ऐसे प्रमाण मिले हैं जो यह बताते हैं कि? ईसा की प्रथम शताब्दी में धातुओं की सोल्डरिंग में इसका प्रयोग प्रचलित था। परंतु प्राकृतिक बोरेक्स का गठन बहत लंबे अर्से तक अस्पष्ट रहा। बोरेक्स के बाद बोरिक अम्ल का अध्ययन आरंभ हुआ। डच भौतिकविद् होम्बर्ग ने 1702 में बोरेक्स को सल्फ्यूरिक अम्ल के साथ गर्म करके पहली बार बोरिक अम्ल प्राप्त किया। यह चिकित्सा में 'होम्बर्ग का शांतिदायक लवण' नाम से प्रयुक्त किया जाने लगा। 1767 में फ्रेंच रसायनज्ञ बैरन ने बोरेक्स का गठन जानने का पहला प्रयास किया। उन्होंने इस ज्ञात पदार्थ में होम्बर्ग-लवण तथा सोडा उपस्थित पाए। उनकी बात बिल्कुल ठीक थी क्योंकि अब हम ज़ानते हैं कि बोरेक्स बोरिक अम्ल का सोडियम लवण होता है ($Na_2B_4O_7$)।

बोरॉन का आरंभिक इतिहास स्वीडिश रसायनज्ञ बर्गमान के साथ संबंधित रहा है। उनके कथनानुसार होम्बर्ग लवण एक लवण नहीं, बल्कि एक यौगिक था जो अम्ल से मिलता जुलता था। सच बात तो यह है कि उन्होंने ही इसका नाम 'बोरिक अम्ल' रखा। लेवूजियो ने अपनी 'साधारण पिंडों की सारणी' में 'बोरिक मूल' शब्द का प्रयोग किया था। उनका अभिप्राय बोरॉन ऑक्साइड से था। परंतु एक रासायनिक तत्त्व के रूप में बोरॉन की खोज में 20 साल और लग गए।

बोरॉन की खोज कई वैज्ञानिकों ने की : फ्रेंच रसायनज्ञ थेनार्ड तथा गे-लुजाक और अंग्रेज रसायनज्ञ डेवी ने। इन लोगों ने इस नए तत्त्व का नाम 'बोरॉन' तथा 'बोरेसियम ('बारेक्स' शब्द के आधार पर) रखा। विशेष बात यह थी कि दोनों अवसरों पर नए तत्त्व को प्राप्त करने की विधि एक जैसी थी : बोरिक अम्ल के धात्विक पोटेशियम द्वारा अपचयन। रसायन के इतिहास की यह शायद अकेली मिसाल है जब दस दिनों के अंदर कई अनुसंधानकर्ताओं ने स्वतंत्र रूप से एक नए रासायनिक तत्त्व की खोज कर डाली। गे-लुजाक तथा थेनार्ड ने इस तत्त्व की खोज की घोषणा 21 जून 1808 को की जबकि डेवी ने 9 दिन बाद 30 जून 1808 को। स्पष्ट है कि फ्रेंच रसायनज्ञों की प्रथमता नगण्य थी क्योंकि स्वतंत्र बोरॉन प्राप्त करने में उन्होंने डेवी की पिछली खोज (प्राथमिक पोटेशियम की प्राप्ति) का सहारा लिया था।

कैडमियम

सन् 1817 में गोटिन्गन यूनिवर्सिटी के प्राध्यापक तथा हनोवर शहर के दवाखानों के मुख्य निरीक्षक स्ट्रोमेयर ने यह देखा कि जिंक कार्बोनेट के परितापन से एक पीला द्रव्य प्राप्त होता था हालांकि इसके अंदर उन्हें न लोहे के और न ही लेड के निशान मिले।

इस अजीब बात से स्ट्रोमेयर की दिलचस्पी बढ़ गयी और उन्होंने साल्जगिटर जाकर दवाइयों की एक फर्म में अपने प्रयोग को दोहराया। इस बार भी वही परिणाम मिला। अब वैज्ञानिक ने जिंक ऑक्साइड का और भी बारीकी से अध्ययन करने का फैसला किया। स्ट्रोमेयर इस निष्कर्ष पर पहुँचे कि जिंक ऑक्साइड का रंग एक अज्ञात धात्विक ऑक्साइड से बनता था जो इससे पहले कभी नहीं मिला था। रसायनज्ञ ने इस ऑक्साइड को जिंक ऑक्साइड से पृथक् करके धातु के रूप में अपचयित करने में सफलता प्राप्त कर ली।

स्ट्रोमेयर ने निम्न विधि अपनायी : उन्होंने संदूषित जिंक ऑक्साइड को सल्फ्यूरिक अम्ल में घोल कर विलयन में हाइड्रोजन सल्फाइड प्रवाहित की। इसके बाद उन्होंने सल्फाइडों के मिश्रण को छानकर धो दिया। फिर इसे सांद्रित नमक के अम्ल में घोल दिया। इस विलयन को वाष्पित कर सुखा लिया। स्ट्रोमेयर ने अवक्षेप को जल में घोलकर उसमें अमोनियम कार्बोनेट काफी मात्रा में मिला दिया। चूँकि नई धातु का कार्बोनेट अमोनियम कार्बोनेट की उपस्थिति की वजह से विलयन में नहीं घुला, स्ट्रोमेयर ने अवक्षेप छान लिया और धोकर ऑक्साइड में परिवर्तित कर लिया। इस ऑक्साइड को उन्होंने चारकोल के साथ गर्म करके धातु में अपचयित कर दिया। परंतु स्ट्रोमेयर को इस धातु की केवल 3 ग्राम मात्रा प्राप्त हुई जिसकी वजह से वह इसके गुणों का अच्छी तरह से अध्ययन नहीं कर पाए। केवल 1818 में वे नई धातु का पूर्ण अध्ययन करने में सफल हुए।

स्ट्रोमेयर ने इस धातु को प्राप्त करने की विधि—$ZnCO_3$ के परितापन के आधार पर इसका नाम कैडमिया रखा। यूनानी भाषा में प्राकृतिक $ZnCO_3$ को 'कैडमिया' कहते हैं। स्ट्रोमेयर से अलग, परंतु कुछ अर्से बाद जर्मनी में दो अन्य वैज्ञानिकों मैसनर तथा कर्स्टन ने भी कैडमियम की खोज कर दी। कैडमियम की खोज में जर्मन चिकित्सक रोलोफ भी प्राथमिकता पाने के अधिकारी थे। रोलोफ प्रथम व्यक्ति थे जिन्होंने गर्म करने पर जिंक ऑक्साइड के अजीब व्यवहार पर ध्यान दिया था। कर्स्टन ने नई धातु का नाम 'मेलीनियम' रखने का प्रस्ताव पेश किया क्योंकि इसके सल्फाइड का रंग पीला था। नई धातु का नाम 'क्लाप्रोतियम' (क्लाप्रोत के सम्मान में) या 'यूनोनियम' (क्षुद्रग्रह के नाम पर) भी सुझाया गया, परंतु इन नामों को मान्यता नहीं दी गयी।

लीथियम

कुछ रासायनिक तत्त्वों की खोजें अप्रत्यक्ष रूप से ऐसे लोगों के नामों के साथ संबंधित हैं जिनका उनकी खोजों के साथ कभी कोई वास्ता नहीं था। परंतु इस कार्य में जो भूमिका इन लोगों ने निभायी, उसका अपना अलग महत्त्व था।

हमारी इस कथा का नायक ऐसे तत्त्वों की सूची में शामिल है। यह पृथ्वी पर सबसे हलकी धातु है तथा प्रकृति में मिली क्षारीय धातुओं में इसका तीसरा स्थान है–पोटेशियम और सोडियम के बाद। परंतु पृथ्वी पर पोटेशियम और सोडियम के मुकाबले इसकी मात्रा काफी कम है तथा इसके खनिज इतने कम है कि उँगलियों पर गिन सकते हैं। इसी कारण मानव का लीथियम के साथ काफी देर से परिचय हुआ।

लीथियम की खोज का इतिहास, प्रसिद्ध ब्राजीली वैज्ञानिक तथा राजनैतिक आन्द्रादा ए सिल्वा द्वारा, इस तत्त्व के खनिजों की खोज के साथ संबंधित है। सिल्वा को खनिजों के अध्ययन का बहुत शौक था। अठारहवीं शताब्दी के अंत में वे स्कैण्डिनेवियन देशों की यात्रा कर रहे थे। इस यात्रा के दौरान वे स्वीडन की कुछ खानें देखने गए। ऊटों नामक एक

खान में सिल्वा को दो अज्ञात खनिज मिले। उन्होंने एक रासायनिक पत्रिका में इन खनिजों का वर्णन पेटेलाइट तथा स्पाडुमीन नामों से किया। 1800 में छपे उनके लेख में स्पॉडुमीन और पेटेलाइट को दुर्गलनीय खनिज बताया गया, जो नाइट्रिक अम्ल में मंद गति से घुल जाते हैं, परंतु इन खनिजों की रासायनिक गठन के बारे में एक भी शब्द नहीं कहा गया है।

विख्यात खनिजविद् गायूड ने इस लेख को पढ़ा। उन्होंने वोक्लेन को स्पॉडुमीन तथा पेटेलाइट का रसायानिक विश्लेषण करने की सलाह दी, परंतु वोक्लेन ने केवल प्रथम खनिज का अध्ययन किया। उन्हें खनिज में मुख्यतः ऐलुमिना तथा सिलिका मिले, परंतु इनके अलावा 9% क्षार भी प्राप्त हुए, जिन्हें वोक्लेन ने पोटेशियम क्षार बताया।

उन्हीं दिनों एक जर्मन खनिजविद् फोन फूक्स ने भी स्पॉडुमीन में रुचि लेनी शुरू कर दी। उन्होंने यह देखा कि खनिज का पिंच ज्वाला को अतितीव्र लाल रंग प्रदान करता है, परंतु उन्होंने इसका कारण जानने का कोई प्रयास नहीं किया। आगे चलकर उन्हें इस लापरवाही पर बड़ा अफसोस हुआ।

बेर्जेलियस तथा हिजिग्गेर ने भी स्पॉडुमीन का अध्ययन किया, परंतु उनके हाथ कुछ नहीं लगा।

इस दौरान रसायनज्ञ लोग पेटेलाइट की खोज की बात भूल गए थे। सिल्वा ने इस खनिज का वर्णन इतना संक्षिप्त किया था कि वैज्ञानिकों को उनके कथन पर विश्वास नहीं हुआ। परंतु 1817 में यह खनिज दूसरी बार उसी जगह ऊटो में मिला और इसी साल इसका नमूना वोक्लेन को उपलब्ध हो गया। इस खनिज की गठन स्पॉडुमीन से जरा भी भिन्न नहीं थी : वोक्लेन ने अपनी बात फिर दोहरायी—उनके कथनानुसार इस खनिज में पोटेशियम लवण उपस्थित था।

उन्हीं दिनों एक युवा रसायनज्ञ ऑर्फवेडसन को बेर्जेलियस की प्रयोगशाला में काम पर रखा गया था। आर्फवेडसन की उम्र 15 साल थी। बेर्जेलियस ने उन्हें पेटेलाइट के विश्लेषण का काम सौंपा। यह 1817 की शरद् की बात थी।

आर्फवेडसन ने पेटेलाइट से सिलिका, फिर ऐलुमिना और फिर कैल्सियम की थोड़ी सी मात्रा प्राप्त की। उन्होंने प्राप्त पदार्थों का अतिध्यानपूर्वक वजन किया और इन गणनाओं का योग किया। उन्होंने इसमें पूरे 4% की कमी पायी। वोक्लेन को इससे भी ज्यादा कमी मिली थी, परंतु उन्होंने इसे पोटेशियम क्षार बताया था।

ऑर्फवेडसन इस बात को मानने के लिए तैयार नहीं थे। उन्होंने विश्लेषण के लिए एक अन्य विधि अपनायी। परिणामस्वरूप उन्हें एक तत्त्व का सल्फ्यूरिक लवण प्राप्त हुआ, जिसमें क्षारीय गुण उपस्थित थे। परंतु यह तत्त्व न तो पोटेशियम हो सकता था और न ही सोडियम। वैज्ञानिक इस निष्कर्ष पर पहुँचे कि पेटेलाइट में एक अज्ञात क्षारीय धातु उपस्थित थी। यह जनवरी 1818 की बात है। इसी कारण लीथियम की खोज की तिथि 1818 माननी चाहिए। हम नहीं जानते कि हर जगह इसकी जन्मतिथि 1817 क्यों लिखी जाती है? बेर्जेलियस ने अपने युवा सहायक के प्रयोगों की सराहना की: 9 फरवरी 1817 को बेर्जेलियस ने बेरटोले को एक पत्र लिखा जिसमें निम्न शब्द कहे गए थे : ''प्रतिभाशाली रसायनज्ञ आर्फवेडसन ने एक नया क्षार खोजा है।..., उन्हें यह क्षार पेटेलाइट नामक खनिज में मिला है। खनिज में 80% सिलिका, 17% ऐलुमिनियम ऑक्साइड तथा 3% नया क्षार उपस्थित है। अन्य क्षारों के मुकाबले इस क्षार में अम्लों को संतृप्त करने की क्षमता बहुत अधिक है तथा यही वह गुण है जिसके कारण इसकी खोज संभव हुई।''

ऑर्फवेडसन ने अपने गुरु से नए तत्त्व के नाम के बारे में सलाह माँगीं बेर्जेलियस ने बेरटोले को लिखा कि नए तत्त्व का नाम 'लीथियोन' (यूनानी शब्द 'लीथियोस' से, जिसका अर्थ 'पत्थर' होता है) रखा गया है। बेर्जेलियस के विचारानुसार यह नाम इस बात का प्रतीक है कि यह क्षार खनिजों की दुनिया में खोजा गया था जबकि दूसरे दो क्षार पोटेशियम व सोडियम वनस्पति जगत् में मिले थे।

ऑर्फवेडसन ने थोड़े अर्से में ही लीथियम के सारे महत्त्वपूर्ण गुणों का अध्ययन कर लिया। उन्होंने लीथियम क्लोराइड को वैद्युत धारा द्वारा विभाजित करके नए तत्त्व को धातु के रूप में प्राप्त करने का प्रयास किया, परंतु बेर्जेलियस की प्रयोगशाला की गैल्वेनी बैटरी इतनी शक्तिशाली नहीं थीं। लीथियम ऑक्साइड को लोहे या कोयले द्वारा गर्म करने से भी धात्विक लीथियम नहीं मिला। धात्विक लीथियम प्राप्त करने का काम डेवी ने पूरा किया, जिन्हें क्षारीय धातुओं तथा क्षारीय

मृदा धातुओं की प्राप्ति के काम का पर्याप्त अनुभव था तथा जिसके पास शक्तिशाली बैटरी भी थी।

उसी वर्ष ऑर्फवेडसन ने स्पाडुमीन तथा उन्हीं दिनों मिले तीसरे लीथियम खनिज लेपिडोलाइट (ऊटो में ही) में लीथियम ढूँढ़ लिया। इन खनिजों में पेटेलाइट के मुकाबले लीथियम की मात्रा कहीं अधिक थी (क्रमशः 8 व 4% लीथियम हाइड्रोक्साइड)।

संक्षेप में यह कहा जा सकता है कि ऐतिहासिक दृष्टि से लीथियम की किस्मत अच्छी निकली। ऑर्फवेडसन ने इसे एक साथ कई खनिजों में खोज लिया तथा उसी वक्त अन्य वैज्ञानिकों ने इसकी पुष्टि कर दी और उसी साल तत्त्व स्वतंत्र रूप से प्राप्त कर लिया गया। उसी 1818 में ग्मेलीन ने यह देखा कि लीथियम के लवण बर्नर की ज्वाला को गहरा लाल रंग प्रदान करते हैं। उसे इस सुंदर नजारे को देखने में बड़ा मजा आ रहा था और फोन फूक्स को बड़ी खीज हो रही थी।

सिलीनियम

सिलीनियम की गिनती उन तत्त्वों में की जाती है जिनके साथ वैज्ञानिकों का उनकी खोज से पहले भी वास्ता पड़ा, परंतु समान गुणों वाले अन्य तत्त्वों के पीछे छिपे होने के कारण (सल्फर और टैल्यूरियम) वैज्ञानिक उनकी पहचान न कर सके, सिलीनियम वैज्ञानिकों की निगाह से बचा रहा। केवल 1817 में इस तत्त्व ने दो स्वीडिश रसायनज्ञों बेर्जेलियस तथा गाहन के सामने हाथ उठा दिए। 23 सितंबर के दिन ग्रीप्सहोल्म के कारखाने में सल्फ्यूरिक अम्ल के उत्पादन का निरीक्षण करते समय उन्हें इसमें टैल्यूरियम की थोड़ी सी मात्रा मिली। बेर्जेलियस ने इसके बाद की घटना का वर्णन निम्न प्रकार से किया : उन्होंने गाहन के सहयोग से ग्रीप्सहोल्म में अपनायी जा रही सल्फ्यूरिक अम्ल के उत्पादन की विधि का अध्ययन किया। उन्हें सल्फ्यूरिक अम्ल में एक अवक्षेप मिला जिसका कुछ हिस्सा लाल रंग का था और कुछ हलके भूरे रंग का। फुँकनी की ज्वाला में गर्म करने पर इस अवक्षेप से मूली की खुशबू निकलने लगी और वह लेड जैसी चमक वाली एक धातु में परिवर्तित हो गया। क्लाप्रोत के विचारानुसार मूली की गंध टैल्यूरियम की उपस्थिति का संकेत करती थी। गाहन ने फालुन की खानों के पाइराइट में भी ऐसी ही गंध उपस्थित पायी। बेर्जेलियस को अपने अवक्षेप में एक विरल धातु मिलने की आशा थी। उन्होंने इस भूरे अवक्षेप का अध्ययन शुरू कर दया, परंतु उन्हें उसमें टैल्यूरियम नहीं मिला। तब उन्होंने सल्फ्यूरिक अम्ल प्लांट में फालुन खान में मिले सल्फर के दहन के बाद कई महीनों के दौरान बचे सारे माल को इकट्ठा करके अवक्षेप की काफी मात्रा प्राप्त कर ली और उसका अति ध्यानपूर्वक अध्ययन शुरू कर दिया। बेर्जेलियस इस निष्कर्ष पर पहुँचे कि अवक्षेप में एक अज्ञात धातु उपस्थित थी जिसके गुण टैल्यूरियम से मिलते थे। इस सादृश्य के कारण नयी धातु का नाम 'सीलिनियम' (यूनानी शब्द 'सेलेनुस'–'चंद्रमा') रखा गया, क्योंकि टैल्यूरियम का नाम ग्रह के नाम पर रखा गया था। बेर्जेलियस ने सिलीनियम के कई गुणों का अध्ययन किया और 1818 में जर्नल "Annales de chimie et de physique" में एक लेख छपवाया, जिसका शीर्षक निम्न था : ''फालुन में निकाले सल्फर में प्राप्त एक नए खनिज पिंड का अध्ययन।''

सिलिकन

यह रासायनिक तत्त्व असंख्य खनिजों, अयस्कों तथा भू-पर्पटी का मुख्य अवयव है। इसका लातीनी नाम 'सिलिसियम' 'सिलेक्स', शब्द से लिया गया है जिसका अर्थ 'कठोर पत्थर' होता है। भू-पर्पटी के भार का 28% भाग पार्थिव सिलिकन होता है तथा विस्तार की दृष्टि से इस तत्त्व को दूसरा नंबर प्राप्त है (ऑक्सीजन के बाद)। सिलिकन रासायनिक रूप में कार्बन का सदृशरूप है, परंतु दोनों में फर्क यह है कि कार्बन स्वतंत्र रूप में अतिप्राचीन काल से ज्ञात चला आ रहा है जबकि सिलिकन सरल पदार्थ के रूप में केवल 1823 में प्राप्त किया गया। यह वर्ष इस तत्त्व की जन्मतिथि माना जाता है।

क्या यह कथन न्यायोचित है? मनुष्य बहुत पुराने जमाने से सिलिकन यौगिकों को इस्तेमाल करता आ रहा है।

आदिम जाति के लोगों के औजार, निर्माण-कार्यों में इस्तेमाल की जाने वाली चीजें, काँच आदि इस बात को प्रमाणित करती हैं...इसके बावजूद भी सिलिकन को प्राचीन तत्त्व क्यों नहीं माना जाता? मध्ययुग में लोग सिलिका मृदा के साथ परिचित हो गए थे और अठारहवीं शताब्दी में बहुत सारे वैज्ञानिक यह विचार प्रकट करने लगे थे कि यह मृदा किसी अज्ञात तत्त्व का ऑक्साइड है। परंतु इस तत्त्व को अलग कैसे किया जाए, किसी को भी पता नहीं था और अगर अलग कर भी लिया जाए तो क्या वह धातु होगा? यह काम बड़ा ही मुश्किल साबित हो रहा था। बाद में जाकर यह पता चला कि सिलिकन को डाइऑक्साइड से अपचयित करना इतना मुश्किल क्यों होता है। लेवूजियो ने सिलिकन को 'साधारण पदार्थों की तालिका' में चौथे ग्रुप में चूने, मैग्नीशिया, बेरिट तथा ऐलुमिना के साथ जगह दी। इस ग्रुप में उन्होंने वे पदार्थ रखे थे जो 'लवण बनाते हैं तथा मृदा के रूप में मिलते हैं।''

लेवूजियो और शील ने सिलिकन 'मृदा' को विभाजित करने की कोशिश की, पर कोई फायदा नहीं हुआ। 1810 में डेवी ने इस काम को अपने हाथों में लिया। उन्होंने वैद्युतरासायनिक विधि अपनायी जिसके आधार पर कुछ दिनों पहले वे पोटेशियम, सोडियम, मैग्नीशियम तथा कैल्सियम स्वतंत्र रूप में प्राप्त कर चुके थे। परंतु अंग्रेज रसायनज्ञ के प्रयास भी व्यर्थ गए। उनहोंने गैल्वेनी बैटरी को अलग रख दिया और शुद्ध रासायनिक विधि द्वारा यह काम पूरा करना चाहा : उन्होंने तप्त सिलिकन ऑक्साइड के ऊपर से धात्विक पोटेशियम की वाष्प गुजारी, परंतु इस बार भी प्राथमिक सिलिकन ने बाहर निकलना पसंद नहीं किया।

ज. बेर्जेलियस

एक साल बाद दो और महान वैज्ञानिक इस काम में जुट गए : गे-लुसाक व टेनार। फ्रेंच अनुसंधानकर्ताओं ने सिलिकन के फ्लुओराइड यौगिक (टेट्राफ्लुओराइड) व धात्विक पोटेशियम के बीच व्यतिक्रिया करायी। इस तीव्र व्यतिक्रिया के फलस्वरूप लाल-भूरे रंग का पदार्थ प्राप्त हुआ परंतु ये वैज्ञानिक इसकी प्रकृति नहीं समझ सके। उन्हें संभवतः अक्रिस्टलीय सिलिकन प्राप्त हुआ था जिसमें काफी अशुद्धियाँ उपस्थित थीं।

इस घटना के 10 वर्ष बाद बेर्जेलियस ने सिलिकन को स्वंतत्र रूप में प्राप्त करने का काम अपने हाथ में लिया। उद्देश्य तक पहुँचने के लिए वैज्ञानिक को कई प्रयोग करने पड़े। सबसे पहले उन्होंने सिलिका, लौह पाउडर व कोयले का मिश्रण डेढ़ हजार डिग्री सेंटीग्रेट तक गर्म किया जिसके परिणामस्वरूप उन्हें सिलिकन व लौह का एक ऐलाय फेरोसिलिसियम प्राप्त हुआ। पहली बार किसी वैज्ञानिक को यह यौगिक प्राप्त करने में सफलता मिली थी। इसके बाद स्वीडिश रसायनज्ञ ने गे-लुसाक वे टेनार के प्रयोगों को दोहराया। बेर्जेलियस ने लाल-भूरे रंग का पदार्थ जल से धोया। कुछ अशुद्धियाँ जल में घुल गयीं और बाकी बचे गहरे-भूरे रंग के पाउडर में, बेर्जेलियस के विचारानुसार, वास्तव में सिलिकन स्वतंत्र रूप में उपस्थित था। परंतु वह पोटेशियम फ्लुओरोसिलिकेट की अशुद्धि के रूप में था। अशुद्धि को दूर करने के लिए पाउडर को बहुत देर तक जल में धोना पड़ा तथा यह काम बड़ा मुश्किल सिद्ध हुआ। अन्य विधि ज्यादा सुविधाजनक तथा प्रभावशाली साबित हुई तथा इसके द्वारा प्राप्त अक्रिस्टलीय सिलिकन काफी शुद्ध था—इस विधि के अंतर्गत पोटेशियम फ्लुओरोसिलिकेट को अतिरिक्त धात्विक पोटेशियम द्वारा निस्तापित किया गया। अक्रिस्टलीय सिलिकन से बेर्जेलियस ने शुद्ध सिलिका प्राप्त किया। प्रयोगों की इस शृंखला के कारण ही बेर्जेलियस को सिलिकन का खोजकर्ता माना जाने लगा।

1855 में फ्रेंच रसायनज्ञ सेनक्लेर डेविल को धात्विक ऐलुमिनियम प्राप्त करते समय क्रिस्टलीय सिलिकन अलग करने में सफलता मिल गयी।

ऐलुमिनियम

सिलिकन के बाद जिस तत्त्व की खोज का नंबर आया, वह ऐलुमिनियम था। पृथ्वी पर सर्वाधिक पाए जाने वाले तत्त्वों में यह तीसरे स्थान पर है तथा सर्वाधिक विस्तृत धातुओं में इसका प्रथम स्थान है। यह तत्त्व लगभग 250 से भी ज्यादा खनिजों में मिलता है। ऐलुमिनियम ऑक्साइड अर्थात् ऐलुमिना प्राचीन काल से ज्ञात है। यह कई बहुमूल्य रत्नों में मिलता था, जैसे याकूत, नीलम, गार्नेट, फिरोजा, पन्ना, बेरिल आदि। इस सूची में और भी बहुत सारे नाम शामिल किए जा सकते हैं। असंख्य खनिजों का मुख्य अवयव ऐलुमिनोसिलिकेट होते हैं।

ऐलुमिनियम के बारे में भी वही प्रश्न पूछा जा सकता है जो सिलिकन की कहानी में पूछा गया था। ऐलुमिनियम की खोज की तिथि अवास्तविक-सी लगती है : क्योंकि इस वक्त तक धातु के विभिन्न यौगिक ज्ञात हो चुके थे तथा किसी को भी इस बात में शक नहीं था कि ऐलुमिना इस तत्त्व का ऑक्साइड है।

परंतु जो बात मान ली गयी है, उसे बदलना असंभव है। अतः हम ऐलुमिनियम की खोज की तिथि की सत्यता की जाँच नहीं करने जा रहे हैं। इस तत्त्व की खोज इतनी देर से क्यों हुई? इस प्रश्न का उत्तर ढूँढ़ना मुश्किल काम नहीं है : ऐलुमिनियम ऑक्साइड से प्राथमिक ऐलुमिनियम अलग करना बड़ा टेढ़ा काम था, यह यौगिक बहुत ही ज्यादा मजबूत था। आज भी ऑक्साइड से इस धातु को अपचयनित करना मुश्किल काम माना जाता है तथा यह प्रगलित लवणों के विद्युत् अपघटन की विधि के कारण संभव हो सका है। पिछली शताब्दी में ऐलुमिना को अपचयित करने के लिए हाइड्रोजन तथा कोयला इस्तेमाल किया जाता था तथा ये अपचायक तत्त्व को इसके यौगिकों से बाहर नहीं निकलने देते थे। क्षारीय धातुओं, खासतौर पर पोटेशियम ने यह असंभव कार्य संभव कर दिया। रासायनिक तत्त्वों की खोज के इतिहास की यह एक अच्छी मिसाल है, जब एक तत्त्व की खोज दूसरे की खोज का आधार बन गयी।

फिटकरी (एलम) नामक यौगिक अतिप्राचीन काल से ज्ञात है। उदाहरण के लिए, ऐलुमिनियम-पोटेशियम ऐलम। मध्ययुग में इन यौगिकों को 'ऐलुमेन' कहते थे (तत्त्व का भावी नाम 'ऐलुमिनियम' इसी शब्द से लिया गया है), परंतु विभिन्न अनुसंधानकर्ताओं ने ऐलम की गठन अलग-अलग निर्धारित की। कोई भी इस बात का निश्चित उत्तर नहीं दे सका : ऐलम है क्या चीज? इस प्रश्न का उत्तर तब मिला, जब रासायनिक विश्लेषण पर्याप्त रूप से विकसित हो गया।

सन् 1754 में जर्मन रसायनज्ञ मारग्राफ को ऐलमों के विलयन में साफ क्षार मिलाने से सफेद रंग का एक अवक्षेप प्राप्त हुआ। इस अवक्षेप को सल्फ्यूरिक अम्ल में घोल कर प्राप्त विलयन को वाष्पित करने पर फिर ऐलम बन जाते थे। मारग्राफ ने यह अनुमान लगाया कि ऐलम में अज्ञात नई मृदा उपस्थित है जिसका नाम उन्होंने 'ऐलुमिना' रखा। इसका मलतब यह हुआ कि ऐलम में क्षार 'ऐलुमिना' तथा सल्फ्यूरिक अम्ल उपस्थित था—इस निष्कर्ष से मारग्राफ की रासायनिक प्रतिभा का पता चल गया था। उन्होंने एक और महत्त्वपूर्ण बात नोट की : ऐलुमिनियम 'मृदा' कीचड़ में भी उपस्थित थी। अगर इतिहास जर्मन वैज्ञानिक के प्रेक्षणों का सही मूल्यांकन करता, तो उन्हें एक नए तत्त्व की खोज का श्रेय मिल जाता। परंतु इतिहास ने तब तक इंतजार करना बेहतर समझा, जब तक कि यह तत्त्व स्वतंत्र रूप में प्राप्त नहीं हो जाता। लेवूजियो ने 'सरल पदार्थों की सारणी' में 'ऐलुमिना' को सिलिका के साथ रख दिया।

सिलिकन के इतिहास के साथ संबंधित हमारे जाने पहचाने कई वैज्ञानिकों ने ऐलुमिनियम ऑक्साइड को विभाजित करने के प्रयास किए। डेवी और बेर्जेलियस ने विद्युत् रासायनिक वैश्लेषिक विधि अपना कर देखी, पर कोई फायदा नहीं हुआ। परिस्थितियाँ कुछ ऐसी बनीं कि डेनिश वैज्ञानिक एर्स्टड को प्राथमिक ऐलुमिनियम के प्रथम खोजकर्ता कहलाने का अधिकार मिल गया। वे विज्ञान के इतिहास में एक भौतिकविद् के रूप में विख्यात हैं : उन्होंने चालक में विद्युत्धारा प्रवाहित होने पर चुंबकीय क्षेत्र बनने की परिघटना की खोज की। रसायनज्ञ के नाम से उन्हें बहुत कम लोग जानते हैं, हालांकि वे प्रथम व्यक्ति थे जिसे धात्विक ऐलुमिनियम प्राप्त करने में सफलता मिली थी।

सबसे पहले ऐर्स्टड ने निर्जलीय ऐलुमिनियम क्लोराइड संश्लिष्ट किया : इसके लिए उन्होंने एलुमिना और कोयले के तप्त मिश्रण में क्लोरीन प्रवाहित की। इसके बाद क्लोराइड को पोटेशियम के अमलगम के साथ गर्म किया। इस प्रकार पहली बार ऐलुमिनियम का अमलगम तैयार किया गया। पारद पृथक् करने के बाद एर्स्टड को धात्विक थक्के प्राप्त हुए, जो टिन से मिलते थे।

1825 की ग्रीष्म में ऐर्स्टड ने एक डेनिश पत्रिका में अपनी खोज की रिपोर्ट प्रकाशित करवायी, परंतु कम प्रचलित पत्रिका होने के कारण बहुत सारे वैज्ञानिकों को धात्विक ऐलुमिनियम की प्राप्ति की बात पता ही नहीं चली। इसी वजह से विज्ञान के कुछ इतिहासकारों ने इस बात को माना ही नहीं कि ऐर्स्टड ने धात्विक ऐलुमिनियम सचमुच में अलग किया है। वे लोग वोहलर को प्राथमिकता दे रहे थे।

इस जर्मन रसायनज्ञ के नाम के साथ ऐलुमिनियम की खोज का दोहरा संबंध है। यह 1827 की बात है। इस बात में कोई संदेह नहीं कि वोहलर ऐर्स्टड से कहीं ज्यादा कुशल रसायनज्ञ तथा प्रयोगकर्ता थे। उनका प्रयोग उनकी सूझबूझ पर आधारित था। शुरू में वे ऐर्स्टड के प्रयोग दोहराने में असफल रहे, परंतु उनसे सलाह लेने के बाद वे ऐर्स्टड की गलती समझ गए। सफलता प्राप्त करने के लिए ऐलुमिनियम क्लोराइड के विलयन को निर्जलीय अवस्था में तैयार करना आवश्यक था। वोहलर ने इसके लिए एक नया जटिल, परंतु विश्वसनीय तरीका ढूँढ़ा। सबसे पहले उन्होंने ऐलुमिनियम हाइड्रोक्साइड प्राप्त किया, फिर इस हाइड्रोक्साइड में कोयला व वनस्पति तेल मिलाकर गाढ़ा चिपचिपा पेस्ट तैयार किया। इस पेस्ट को निस्तापित करके धातु और कोयले के चूर्ण का मिश्रण प्राप्त हुआ। इस मिश्रण में से शुष्क क्लोरीन गुजार कर निर्जलीय $AlCl_3$ किया। इसके बाद ऐलुमिनियम के त्रिक क्लोराइड को पोटेशियम द्वारा अपचयित कराके काफी शुद्ध धातु प्राप्त कर ली। वोहलर प्रथम वैज्ञानिक थे जिन्होंने धात्विक ऐलुमिनियम के गुणों का वर्णन किया और 1845 में उन्होंने नयी धातु की एक सिल्ली तैयार कर दी।

परंतु बाद में यह पता चला कि वोहलर के ऐलुमिनियम में भी काफी अशुद्धियाँ मिली हुई थीं : धातु को शुद्ध रूप में प्राप्त करना काफी कठिन काम साबित हुआ। 1854 में सेन क्लेर डेविल ने इस समस्या को हल कर दिया। इसके अलावा बुन्सन के साथ उन्होंने स्वतंत्र रूप से ऐलुमिनियम के दुहरे क्लोराइड और सोडियम का वैद्युत अपघटन किया। इस प्रकार पहली बार ऐलुमिनियम वैद्युत रासायनिक विधि द्वारा प्राप्त किया गया। वैद्युत-विश्लेषण ही वह विधि साबित हुई, जिसके आधार पर ऐलुमिनियम का औद्योगिक उत्पादन संभव हो पाया और इसका श्रेय सेन क्लेर डेविल को मिला।

थोरियम

1815 में इस रासायनिक तत्त्व के आविष्कारक बेर्जेलियस ने इसे बड़ा डरावना नाम दिया—थोरियम (स्कैण्डेनेविया में गर्जन में देवता को 'थोरा' कहते हैं)। परंतु प्रसिद्ध स्वीडिश रसायनज्ञ जल्दी कर बैठे थे क्योंकि इस साल किसी भी नए रासायनिक तत्त्व की खोज नहीं हुई थी। बेर्जेलियस को फालुन खानों में मिले एक विरल खनिज का विश्लेषण करने पर एक ऑक्साइड मिला जिसे वे एक अज्ञात धातु का ऑक्साइड समझ बैठे। बस फिर क्या था? उन्होंने मौजूदा तत्त्वों की सूची में एक नाम और जोड़ दिया। उनके समकालीनों में से किसी में भी उनकी बात काटने की हिम्मत नहीं थी क्योंकि उन दिनों बेर्जेलियस पर वैज्ञानिकों का अटूट विश्वास था। परंतु बेर्जेलियस को खुद इस बात की सत्यता पर संदेह होने लगा और उनका संदेह उचित था क्योंकि 10 साल बाद यह पता चला कि उनके द्वारा प्राप्त ऑक्साइड इट्रियम फास्फेट था (इट्रियम काफी अर्से से ज्ञात था) इस प्रकार 1825 में उनकी बात झूठी साबित हो गयी।

एक साल बाद वोहलर ने नार्वे में मिले एक विरल खनिज 'पाइरोक्लोर' में एक नए तत्त्व की उपस्थिति की सूचना दी। वोहलर ने इस घटना को कोई ज्यादा महत्त्व नहीं दिया। आगे चलकर यह उनकी बहुत बड़ी भूल साबित हुई।

इस दौरान एस्मार्क को नार्वे के नजदीक लीवेन द्वीप पर एक भारी काला खनिज मिला। वैज्ञानिक ने इस खनिज का

एक नमूना बेर्जेलियस को भेजा। बेर्जेलियस ने इसका ध्यानपूर्वक अध्ययन किया। 1828 में उन्होंने सिलिकेट खनिज से एक नया तत्त्व प्राप्त होने की घोषणा की। पुराना नाम 'थोरियम' यहाँ काम आ गया। जिस खनिज से 'थोरियम-2' प्राप्त हुआ था, बेर्जेलियस ने उसका नाम 'थोराइट' रख दिया।

जब बेर्जेलियस थोरियम के गुणों का अध्ययन कर रहे थे, वोहलर ने इस बात का ध्यान दिया कि वह वही तत्त्व था जिस पर 1826 में उन्होंने कोई ध्यान नहीं दिया था। छः साल बाद जब प्रसिद्ध जर्मन वैज्ञानिक तथा पर्यटक हम्बोल्ड ने वोहलर को साइबेरिया में मिले पाइरोक्लोर का एक नमूना भेंट किया तो वोहलर और भी ज्यादा निराश हुए। वोहलर समझ गए कि कुछ साल पहले उन्हें नार्वेजियन 'पाइरोक्लोर' में और कोई तत्त्व नहीं बल्कि थोरियम ही मिला था। इस प्रकार थोरियम ने वोहलर के साथ बड़ा गंदा मजाक किया था।

बेर्जेलियस ने शुद्ध थोरियम अलग करने की कोशिश की, परंतु उन्हें सफलता नहीं मिली। काफी लंबे अर्से तक तत्त्व ऑक्साइड के रूप में जाना जाता रहा और केवल पिछली शताब्दी के आठवें दशक में इसे धातु के रूप में प्राप्त किया गया। इस प्रकार थोरियम दूसरा विघटनाभिक तत्त्व (यूरेनियम के बाद) था जिसकी खोज रासायनिक विश्लेषण के आधार पर हुई, जिसकी खोज का विघटनाभिकता के साथ कोई संबंध नहीं रहा।

वैनेडियम

...बहुत पुराने जमाने में सुदूर उत्तर में एक अति सुंदर देवी रहती थी जिसका नाम वैनेडिस था। एक दिन जब वह कुर्सी पर बैठी आराम कर रही थी किसी ने उसका दरवाजा खटखटाया। देवी बैठी रही और सोचने लगी–"जब दूसरी बार खटखटाएगा तब खोलूँगी।" परंतु बाहर खड़े व्यक्ति ने दूसरी बार दरवाजा नहीं खटखटाया और देवी को उसके लौटने की आवाज सुनाई दी। देवी को बड़ा कुतूहल हुआ : "कौन आया था?" उसने खिड़की खोल कर बाहर झांका। दरवाजा प्रसिद्ध वोहलर ने खटखटाया था जो अगर थोड़ा सा जिद्दी होते तो देवी उनकी ओर ध्यान जरूर देती।

कुछ दिनों बाद फिर किसी ने दरवाजा खटखटाया, परंतु इस बार बाहर खड़ा व्यक्ति जब तक दरवाजा खटखटाता रहा जब तक देवी उठ कर बाहर नहीं आयी। निल्स सेफस्ट्रोम देवी से मिलने आए थे। दोनों को एक दूसरे से प्यार हो गया और उनके एक पुत्र हुआ जिसका नाम उन्होंने वैनेडियम रखा। यह नयी धातु का नाम था।

28 जनवरी 1831 को स्वीडिश रसायनज्ञ बेर्जेलियस ने वोहलर को एक पत्र द्वारा उक्त शब्दों में वैनेडियम की खोज का इतिहास बताया। कहानी काफी अजीब थी तथा इसमें वैनेडियम की विभिन्न रंगों के लवण बनाने की क्षमता ने काफी महत्त्वपूर्ण भूमिका निभायी थी।

...मैक्सिको में सिमापान गाँव के पास लेड अयस्कों के निक्षेप मिले और 1801 में इनका एक नमूना आन्ट्रेस डेल रिओ के हाथ लगा। वे मैक्सिको सिटी में खनिज विज्ञान के प्रोफेसर थे। एक अच्छे विश्लेषक होने के नाते वैज्ञानिक ने इस नमूने का अध्ययन किया और वे इस नतीजे पर पहुँचे कि इसमें एक नयी धातु उपस्थित है जो क्रोमियम तथा यूरेनियम से मिलती है। डेल रिओ ने धातु के कई यौगिक प्राप्त किए। हर यौगिक का रंग अलग था। वैज्ञानिक ने इस धातु का नाम 'पैक्रामियम' (यूनानी भाषा में इसका अर्थ 'विविध रंग' होता है) परंतु बाद में उन्होंने इसका नाम बदल कर 'ऐरीट्रोनियम' (जिसका अर्थ 'लाल' होता है) रख दिया क्योंकि नए तत्त्व के कटु लवण गर्म करने पर लाल रंग के हो गए थे। डेल रिओ के दिए नाम से यूरोप के रसायनज्ञ बहुत कम परिचित थे। उन्हें डेल रिओ को प्रयोगों पर भरोसा नहीं रहा था। उन्होंने ऐरीट्रोनियम को लेड क्रोमियम मान लिया। इस संबंध में डेल रिओ ने यूरोप में अपना नया लेख भेजा, जिसका शीर्षक निम्न था "सिमापान में मिले लेड अयस्क में क्रोमयिम की खोज।" पेरिस के एक वैज्ञानिक कोलेट डेस्कोटिस ने 1809 में इस अयस्क के एक नमूने का विश्लेषण किया और मैक्सिको के वैज्ञानिक की गलत धारणा की पुष्टि कर दी। गलत इसलिए क्योंकि डेल रिओ जिस चीज को लेड क्रोमेट समझ रहे थे, वह वास्तव में वैनेडियम थी। यह बताना मुश्किल

है कि डेल रिओ को अपने परिणामों पर संदेह क्यों हुआ था। वैनेडियम की दूसरी खोज के बाद 1832 में उन्होंने खनिज विज्ञान पर एक पाठ्यपुस्तक लिखी जिसमें उन्होंने यह स्वीकार किया कि उनके द्वारा खोजी धातु क्रोमियम नहीं, वैनेडियम थी। परंतु वैनेडियम की खोज का श्रेय स्वीडिश रसायनज्ञ सेफ्स्ट्रोम को ही मिला।

1830 में सेफ्स्ट्रोम ने टाबेर्ग में मिले नए लौह अयस्क से इस तत्त्व की थोड़ी सी मात्रा प्राप्त की। परंतु उनकी इस उपलब्धि से वोहलर को बहुत दुख हुआ, क्योंकि उनसे कुछ पहले वोहलर ने भी सिमापान के उस लेड अयस्क का अध्ययन किया था जिसमें 30 साल पहले डेल रिओ को 'ऐरीट्रोनियम' मिला था। 2 जनवरी 1831 को वोहलर ने लिबिख को एक पत्र में यह लिखा कि उन्हें इस अयस्क में एक नयी चीज मिली है। जब वोहलर ने मैक्सिको के अयस्क का अध्ययन पूरा कर लिया तो यह सिद्ध कर दिया कि इस खनिज में वैनेडियम उपस्थित था न कि क्रोमियम जैसा डेल रिओ समझ रहे थे। आगे चलकर इस खनिज का नाम 'वैनेडिनाइट' रख दिया गया तथा यह दुनिया के कई और भागों में भी मिल गया। बेर्जेलियस तथ सेफ्स्ट्रोम ने वैनेडियम का अध्ययन जारी रखा और वे इस निष्कर्ष पर पहुँचे कि यह तत्त्व क्रोमियम के सदृश था। उन्होंने धात्विक वैनेडियम प्राप्त करने की काफी कोशिश की, परंतु उन्हें सफलता नहीं मिली। कुछ समय तक ये वैज्ञानिक वैनेडियम के ऑक्साइड या नाइट्राइड को धातु समझते रहे। वैनेडियम के इतिहास का अंतिम अध्याय लिखने वाला व्यक्ति एक अंग्रेज रसायनज्ञ रोस्को था। 1860 में उन्होंने वैनेडियम के रासायनिक गुणों का विस्तारपूर्वक अध्ययन किया और यह दिखाया कि वैनेडियम न तो क्रोमियम के सदृश है और न ही यूरेनियम के। इसके विपरीत उनके मतानुसार वैनेडियम एक तरफ तो नियोबियम तथा टैन्टेलम से मिलता था तथा दूसरी तरफ फास्फोरस ग्रुप के तत्त्वों के साथ भी समानता रखता था। 1869 में रोस्को को धात्विक वैनेडियम प्राप्त करने में सफलता मिल गयी। रूसी वैज्ञानिक मेंडेलीफ ने इस रसायनज्ञ के कार्यों की बहुत प्रशंसा की क्योंकि उनके विचारानुसार इन्होंने आवर्त नियम की खोज में बहुत महत्त्वपूर्ण भूमिका निभायी।

अध्याय V

विद्युत-रासायनिक विधि द्वारा खोजे गए तत्त्व

इस छोटे अध्याय में दो क्षारीय धातुओं (सोडियम तथा पोटेशियम) और दो क्षारीय मृदा धातुओं (मैग्नीशियम तथा कैल्सियम) का वर्णन किया जाएगा। इन धातुओं को उन्नीसवीं शताब्दी के प्रथम दशक में खोजा गया तथा वे सीधे स्वतंत्र अवस्था में प्राप्त की गयीं। इन तत्त्वों के यौगिक बहुत प्राचीन काल से ज्ञात चले आ रहे हैं तथा यह निश्चित करना असंभव है कि पहली बार इनका कब प्रयोग किया गया, उदाहरणतः, साधारण नमक, पोटाश, चूना या मैग्नीशिया। इन यौगिकों में धातुओं की उपस्थिति पता चलने से काफी पहले ये सारे यौगिक मनुष्य के काम आते रहे हैं।

लेवूजियो ने अपनी 'सरल पिंडों की सारणी' में चूने और मैग्नीशिया को शामिल किया, परंतु तीव्र क्षारों–पोटेशियम तथा सोडियम हाइड्रोक्साइडों को बाहर ही रहने दिया हालांकि यह लिखा कि इन पदार्थों का गठन जटिल है तथा इनकी प्रकृति का अध्ययन भविष्य में किया जा सकता है। कहा जा सकता है कि ऊपर गिनाए तत्त्वों के साथ इतिहास ने ज्यादती की है, क्योंकि उदाहरणतः, बेरियम धात्विक रूप में इनके साथ ही प्राप्त किया गया, जबकि उसकी खोज की तिथि इससे काफी पहले की बतायी जाती है। पर किया क्या जाए, तत्त्वों की खोजों का इतिहास अक्सर विचित्र रहा है।

सोडियम, पोटेशियम, मैग्नीशियम तथा कैल्सियम की खोजों की खूबी यह है कि इन धातुओं को स्वतंत्र रूप में प्राप्त करने के लिए पहली बार विद्युत्‌धारा का सफलतापूर्वक प्रयोग किया गया अर्थात् पहली बार वैद्युत-रासायनिक विधि अपनायी गयी, जो रासायनिक विश्लेषण विधि की तुलना में गौण भूमिका निभाती है। आगे चलकर प्रगलित यौगिकों के विद्युत्-अपघटन से और कई धातुएँ प्राप्त की गयी, जो आरंभ में यौगिकों के रूप में खोजी गयी थीं।

इसी कारण से ऊपर गिनायी चार धातुओं–सोडियम, पोटेशियम, मैग्नीशियम तथा कैल्सियम की खोज के इतिहास का वर्णन कर एक अलग अध्याय में किया जा रहा है। यह केवल साल की अवधि का इतिहास है तथा इसके मुख्य पात्र डेवी हैं जिनकी गिनती विद्युत्-रसायन के संस्थापकों में की जाती है।

सोडियम और पोटेशियम

सोडियम और पोटेशियम के यौगिकों की मनुष्य को प्राचीन काल से जानकारी है। मिस्र में इन धातुओं के कार्बोनेटों से कपड़े धोए जाते थे। सोडियम का एक सर्वाधिक विस्तृत यौगिक साधारण नमक प्राचीन काल से भोजन में इस्तेमाल होता आ रहा है तथा कुछ देशों में यह काफी महँगा था। कई बार तो नमक की खानों पर कब्जा करने के हेतु युद्ध तक लड़े जाते थे। सोडियम नाइट्रेट अक्सर नमक की झीलों से प्राप्त किया जाता था जबकि पोटेशियम कार्बोनेट वनस्पतियों की राख के निक्षारण से। इसी कारण से पहले यौगिक का नाम खनिज क्षार तथा दूसरे का वनस्पति क्षार रखा गया। लातीनी शब्द 'एल्कली' (alkali) मध्ययुग के एक रसायनज्ञ गेबर की देन था हालांकि उन्होंने दोनों कार्बोनेटों के बीच कोई

अंतर नहीं समझा। 1683 में पहली बार इन दोनों की प्रकृति के अंतर की बात कही गयी। हालैंड के एक वैज्ञानिक बोन ने इस बात पर ध्यान दिया कि एक ही प्रतिक्रिया में सोडे तथा पोटाश के इस्तेमाल से अवक्षेप्ति क्रिस्टलों का आकार आरंभिक यौगिक के अनुसार बदल जाता था।

1702 में श्ताल ने सोडियम तथा पोटेशियम के कुछ यौगिकों के क्रिस्टलों की भिन्नता पर ध्यान दिया। यह सोडे तथा पोटाश में अंतर स्थापित करने की दिशा में एक महत्त्वपूर्ण कदम था। 1736 में फ्रेंच रसायनज्ञ डि मोन्सो ने यह सिद्ध कर दिया कि साधारण नमक, सब्जी तथा बोरेक्स में सोडा हमेशा उपस्थित होता है। चूँकि सोडे का एक अम्लीय घटक पता था, अतः मुख्य घटक की खोज में रुचि होना एक स्वाभाविक बात थी। डि मोन्सो के विचारानुसार सोडा सल्फ्यूरिक अम्ल के साथ मिलकर सज्जी (ग्लौबेर लवण), नाइट्रिक अम्ल के साथ घनीय साल्टपीटर (सोडियम नाइट्रेट) तथा हाइड्रोक्लोरिक अम्ल के साथ समुद्री नमक की एक किस्म बनाता है। क्या इसके बल पर यह नहीं माना जा सकता है कि सोडा समुद्री नमक का मूलाधार होता है?

हालांकि बहुत पहले से रसायनज्ञों का अनुमान था कि क्षारीय मृदा धातुओं के ऑक्साइड होते हैं, परंतु फिर भी सोडे तथा पोटाश की वास्तविक प्रकृति का अध्ययन उन्नीसवीं सदी के आरंभ तक नहीं किया गया। यहाँ तक कि लेवूजियो जैसे बुद्धिमान् वैज्ञानिक का भी इसके बारे में कोई निश्चित मत नहीं था। उन्हें पता नहीं था कि सोडे तथा पोटाश के मुख्य घटक क्या हैं। उनका सुझाव था कि नाइट्रोजन इनका एक घटक हो सकता है। उन्हें यह गलतफहमी शायद सोडियम, पोटेशियम तथा अमोनियम लवणों के गुणों की समानता की वजह से हो गयी थी।

इन घटकों को निश्चित करने का श्रेय डेवी को मिलता है। शुरू में उन्हें इस काम में असफलता मिली, वे गैल्वैनी बैटरी की सहायता से सोडे और पोटाश से धातुएँ अलग नहीं कर सके। परंतु शीघ्र ही वैज्ञानिक को अपनी गलती समझ आ गयी : बात यह थी कि वे इन यौगिकों के संतृप्त जलीय विलयनों के साथ प्रयोग कर रहे थे और जल की उपस्थिति विखंडन में बाधा डाल रही थी। अक्टूबर 1807 में उन्होंने निर्जलीय पोटाश को प्रगलित करने का फैसला किया। जैसे ही उन्होंने क्षारीय हाइड्रोक्साइड गलित करके वैद्युत-विश्लेषण शुरू किया गलित द्रव में डूबे ऋणात्मक इलैक्ट्रोड पर धात्विक चमक वाली छोटी-छोटी गोलियाँ जमा होने लगीं। देखने में वे पारद जैसी थीं। कुछ गोलियाँ एक विस्फोट के साथ तेज ज्वाला देकर तुरंत जल गयीं तथा कुछ नहीं जलीं, उनकी चमक कम हो गयी तथा उनके ऊपर सफेद तह जम गयी। असंख्य प्रयोगों से डेवी इस निष्कर्ष पर पहुँचे कि ये गोलियाँ वही चीज थीं जिसकी डेवी को तलाश थी। यह अतिज्वलनशील पदार्थ पोटेशियम हाइड्रोक्साइड का मूलाधार था।

ए. डेवी

डेवी ने इस धातु का बड़ी बारीकी से अध्ययन किया। उन्होंने यह देखा कि इस धातु की पानी के साथ प्रतिक्रिया से जो ज्वाला निकलती थी वह जल से विलगित हाइड्रोजन के कारण उत्पन्न होती थी। डेवी ने पोटेशियम हाइड्रोक्साइड से प्राप्त धातु के अध्ययन के बाद इसी विधि से सोडियम हाइड्रोक्साइड की खोज शुरू कर दी और उन्हें एक और क्षारीय धातु अलग करने में सफलता मिल गयी। वैज्ञानिक ने कहा कि दूसरी धातु को प्राप्त करने में पोटाश के साथ प्रयोग के मुकाबले अधिक शक्तिशाली बैटरी की जरूरत थी। परंतु दोनों धातुओं के गुण मिलते-जुलते थे।

छोटे से अर्से में वैज्ञानिक ने पोटेशियम और सोडियम के गुणों का बारीकी से अध्ययन पूरा कर लिया। परंतु फिर भी कुछ रसायनज्ञों को इनकी प्राथमिक प्रकृति पर संदेह रहा और वे इन्हें क्षारों और हाइड्रोजन के यौगिक मानते रहे। परंतु

शीघ्र ही गे-लुजाक तथा थेनार्ड ने इस बात की विश्वसनीय पुष्टि की कि डेवी ने ये साधारण पदार्थ प्राप्त किए थे।

मैग्नीशियम

मैग्नीशियम के यौगिक-ऐस्बेस्टॉस, टैल्कम, डोलामाइट, नेफाराइट-अति प्राचीन काल से ज्ञात रहे हैं, तथा विभिन्न कार्यों में युक्त होते रहे हैं। परंतु इसके बावजूद भी इन्हें अलग-अलग पदार्थ न मानकर चूने की किस्में समझा जाता रहा।

1618 में विकेर ने इंग्लैंड में एप्स्म के पास एक खनिज स्रोत की खोज की। 1695 में एप्स्म में एक लवण (मैग्नीशियम सल्फेट) मिला, जिसका स्वाद कड़वा था। आगे चलकर यह लवण चिकित्सा कार्यों में प्रयुक्त किया जाने लगा।

इसके कुछ समय बाद वैज्ञानिकों को यह पता चला कि समुद्री जल से प्राप्त लवण की शुद्धि के बाद मातृ विलयन में सल्फ्यूरिक अम्ल मिलाने से कृत्रिम एप्स्म लवण प्राप्त किया जा सकता है। वैज्ञानिकों ने एप्स्म तथा ग्लौबेर लवण के बीच अंतर भी स्थापित किया, परंतु काफी लंबे अर्से तक वे चूने तथा सफेद मैग्नीशिया के बीच में अंतर स्थापित करने में असफल रहे। ब्लैक प्रथम वैज्ञानिक थे जो इन यौगिकों की तथा इसके सल्फेटों की जल में विलेयता में अंतर सिद्ध कर सके। न्यूमैन के प्रस्ताव पर मैग्नीशियम पाइरोलुसाइट स्वीकार हो ही चुका था। 1807 में धात्विक मैग्नीशियम सर्वप्रथम डेवी द्वारा प्राप्त किया गया। उन्होंने इसके लिए वही विधि अपनायी जो उन्होंने पोटेशियम तथा सोडियम की प्राप्ति के लिए प्रयुक्त की थी। यह बात सच है कि उनके द्वारा प्राप्त धातु ज्यादा शुद्ध नहीं थी तथा उसकी मात्रा भी बहुत थोड़ी थी। फ्रेंच वैज्ञानिक बूसी ने 1831 में शुद्ध धातु बड़ी मात्रा में प्राप्त की। तत्त्व का नाम शब्द 'मैग्नीशिया' (magnesia) से लिया गया है।

कैल्सियम

मनुष्य को कैल्सियम के बहुत सारे खनिजों की अति प्राचीन काल से जानकारी रही है, जैसे, चूना पत्थर, जिप्सम, ऐलेबास्टर (सेलखड़ी) आदि, अर्थात् इसके कार्बोनेट तथा सल्फेट खनिजों से मनुष्य का वास्ता बहुत पुराने जमाने से रहा है। प्राचीन काल में लोग चूने पत्थर को निस्तापन द्वारा चूने में परिवर्तन करने की विधि से परिचित थे। प्लीनी ज्येष्ठ ने इसका वर्णन किया है। परंतु केवल 1755 में ब्लैक ने यह सिद्ध किया कि निस्तापन के दौरान भार (द्रव्यमान) में जो कमी होती थी, वह परिबद्ध वायु-कार्बन डाइऑक्साइड–के निकल जाने की वजह से होती थी।

प्राचीन काल में 'ऐलेबास्टर' शब्द दो खनिजों के लिए प्रयुक्त किया जाता था। प्रथम खनिज (कैल्सियम सल्फेट की एक किस्म) का यह नाम आज तक प्रचलित चला आ रहा है, परंतु मिश्र में कैल्साइट (कैल्सियम कार्बोनेट) की एक किस्म को 'ऐलेबास्टर' कहा जाता है।

जिप्सम भी प्राचीन काल से निर्माण कार्यों में प्रयुक्त होता आ रहा है। जिप्सम पर आधारित विलयन पिरामिडों, मंदिरों तथा अन्य इमारतों के निर्माण में प्रयुक्त होते रहे हैं। थियोफरास्टोस ने दो खनिजों के लिए 'जिप्सम' नाम इस्तेमाल किया है : स्वयं जिप्सम के लिए तथा इसके आंशिक निर्जलीकरण के उत्पाद के लिए। जर्मन रसायनज्ञ पोट ने 1746 के शुरू में ही कैल्सियम ऑक्साइड का वर्णन कर दिया था, परंतु विभिन्न अपचायकों की सहायता से इस ऑक्साइड से धातु प्राप्त करने के सभी प्रयास असफल रहे।

डेवी ने इस काम को पूरा करने के लिए ठीक विधि सुझायी। पहले उन्होंने केरोसीन की तह से चढ़ी आर्द्र मृदा में विद्युत् धारा प्रवाहित करके कैल्सियम प्राप्त करने की कोशिश की (उन्होंने बेरियम तथा स्ट्रॉन्शियम की प्राप्ति के लिए भी यही विधि अपनायी थी)। अपने प्रयोगों के परिणामस्वरूप डेवी ने शुद्ध क्षारीय मृदा धातुओं की प्राप्ति की निम्न विधि

विकसित की। उन्होंने आर्द्र मृदा में 1/3 (द्रव्यमान का) भाग मर्करी ऑक्साइड मिलाकर इस मिश्रण को प्लैटिनम के एक बर्तन में रख दिया जिसे एक उच्च वोल्ट बैटरी के धनाग्र के साथ जोड़ा हुआ था। इसके बाद उन्होंने मिश्रण के मध्य में धात्विक मर्करी की एक बूँद डाली। इस बूँद में डूबा प्लैटिनम इलैक्ट्रोड बैटरी के ऋणाग्र से जुड़ा हुआ था। इस विधि से प्राप्त पारद मिश्रण को डेवी ने पारद तथा नयी रजत-सफेद धातु-कैल्सियम में परिवर्तित कर दिया। डेवी ने सन् 1808 में कैल्सियम प्राप्त की। उसी साल बेर्जेलियस तथा पोन्तिन ने इसी विधि से कैल्सियम प्राप्त की। धातु का नाम लातीनी शब्द 'कल्क्स' (calx) से लिया गया है जिसका अर्थ 'चूना' है।

अध्याय VI

स्पेक्ट्रमदर्शी विधि द्वारा खोजे गए तत्त्व

उन्नीसवीं शताब्दी में शायद ही ऐसा कोई दशक हुआ हो, जब रासायनिक तत्त्वों की सूची में नए तत्त्व शामिल न किए गए हों। और कुछ दशकों में खोजे गए तत्त्वों की संख्या काफी ज्यादा बढ़ जाती थी। पिछली शताब्दी का छठा दशक जरूर अपवाद है जब वैज्ञानिकों ने एक भी नया तत्त्व नहीं खोजा। इस वक्त तक वैश्लेषिक रसायन अपनी पूरी ताकत दिखा चुका था। पिछली शताब्दी के मध्य एक रासायनिक वैश्लेषिक विधि ने उन सभी तत्त्वों की खोज संभव कर दी थी जिनकी खोज में और किसी विशेष विधि की जरूरत महसूस नहीं हुई थी। खोज गए तत्त्व या तो प्रकृति में काफी विस्तृत थे या विरल तत्त्वों वाले खनिजों के निक्षेपों का सौभाग्यवश पता लग गया था। उन्नीसवीं शताब्दी के मध्य तक लगभग 60 तत्त्व खोजे जा चुके थे।

1859-1860 में दो जर्मन वैज्ञानिकों बुन्सन तथा किर्हगोफ ने एक नयी विधि विकसित की, जिसने नए तत्त्वों की खोजों के इतिहास में आया सन्नाटा भंग कर दिया। यह थी–'स्पेक्ट्रमदर्शी विधि। इसके तुरंत बाद नए तत्त्वों की खोजों की खबरें सुनायी देने लगीं और हर बार नए तत्त्व की खोज का संकेत स्पेक्ट्रम-रेखा देती थी। स्पेक्ट्रमदर्शी विधि से चार नए रासायनिक तत्त्व (सीजियम, रूबिडियम, थैलियम तथा इंडियम) खोजे गए।

सीजियम

र. बुन्सन

सीजियम ऐसा पहला रासायनिक तत्त्व साबित हुआ जिसकी पृथ्वी पर उपस्थिति की बात स्पेक्ट्रमदर्शी वैश्लेषिक विधि के आधार पर सिद्ध की गयी। परंतु इस विरल क्षारीय धातु की किस्मत कुछ और भी हो सकती थी। 1846 में जब खनिजविद् ब्रेथाउप्ट ऐल्बा द्वीप से लाए कुछ खनिजों तथा अयस्कों का अध्ययन कर रहे थे, उन्हें रंगीन क्वार्ट्जाइट का एक नमूना मिला जिसका नाम उन्होंने पालुक्स या पालीसाइट रखा। पालुक्स का नमूना फ्रेबर्ग की खनिज अकादमी के एक प्रोफेसर, जर्मन रसायनज्ञ प्लैटनर के हाथ लग गया। प्लैटनर को पालुक्स का जो नमूना मिला था, वह केवल एक विश्लेषण के लिए काफी था। प्लैटनर को खनिज के विश्लेषण से कोई नई चीज नहीं मिली, परंतु उन्हें यह देखकर बहुत आश्चर्य हुआ कि खनिज के घटकों का जोड़ केवल 92.75% निकल रहा था। बाकी 7.25% का क्या हुआ? प्लैटनर इस प्रश्न का उत्तर नहीं ढूँढ़ सके, क्योंकि वे सारा पालुक्स खर्च कर चुके थे। फिर भी वैज्ञानिक ने निम्न बात

स्थापित कर दी : उन दिनों ज्ञात सभी सिलिकेटों में से पालुक्स में ही क्षारों की सबसे अधिक मात्रा, उपस्थित थी। इसके दौरान प्लैटन्र को सीजियम की
खोज करने का सुअवसर इसलिए नहीं मिला क्योंकि वह सोडियम तथा पोटेशियम की अधिक मात्रा के पीछे छिप गया था।

1860 में बुन्सन तथा किर्हगोफ ने स्पेक्ट्रमदर्शी विधि द्वारा विभिन्न खनिज जलों के रासायनिक अवयवानुपात का अध्ययन किया। एक बार वे दूरखेम के खनिज जल के एक नमूने का अध्ययन कर रहे थे। इस खनिज जल कैल्सियम, स्ट्रॉन्शियम, मैग्नीशियम तथा लीथियम पृथक् करने के बाद वैज्ञानिकों ने जब वाष्पित विलयन की एक बूँद का स्पेक्ट्रमदर्शी अध्ययन किया तो उन्हें स्पेक्ट्रम में दो स्पष्ट नीली रेखाएँ दिखाई दीं। इनमें से एक रेखाकी स्थिति स्ट्रॉन्शियम रेखा से मिलती थी। इस प्रयोग से बुन्सन तथा किर्हगोफ इस निष्कर्ष पर पहुँचे कि यह किसी अज्ञात पदार्थ की स्पेक्ट्रम रेखाएँ थीं, क्योंकि ऐसी रेखाओं वाला कोई पदार्थ उस वक्त ज्ञात नहीं था। उनके विचारानुसार यह अज्ञात पदार्थ क्षारीय धातुओं के ग्रुप के साथ संबंधित था। उन्होंने इसका नाम 'सीजियम' (सूत्र Cs) रखने का प्रस्ताव पेश किया (लातीनी शब्द सीजियस (caesius)के आधार पर)। पुराने जमाने में यह शब्द आसमान के नीले रंग के लिए इस्तेमाल किया जाता था। सीजियम के अतिसुंदर नीले वाष्प के आधार पर वैज्ञानिकों ने यह सिद्ध कर दिया कि सोडियम, लीथियम तथा स्ट्रॉशियम के मिश्रण में इस पदार्थ की 1/1000000 मिलीग्राम मात्रा उपस्थित होती है।

11 अप्रैल 1860 को बुन्सन ने रोस्को (फोटोरसायन के अध्ययन में उनके सहयोगी) को एक पत्र द्वारा एक नयी क्षारीय धातु के अध्ययन की सूचना दी। 10 मई को बुन्सन ने बर्लिन विज्ञान अकादमी की बैठक में सीजियम की खोज की रिपोर्ट दी। 6 महीने बाद बुन्सन शुद्ध सीजियम क्लोरोप्लैटिनेट की 50 ग्राम मात्रा प्राप्त कर चुके थे। इतनी मात्रा प्राप्त करने के लिए 300 टन खनिज जल की जरूरत पड़ी थी तथा लगभग 1 किलोग्राम लीथियम क्लोराइड स्लैग के रूप में प्राप्त हुआ था। इन आँकड़ों से यह स्पष्ट है कि खनिज जलों में सीजियम की मात्रा कितनी तुच्छ थी।

चार साल बाद इतालवी विश्लेषक पिजानी ने पालुक्स का अध्ययन शुरू किया, जिसका कुछ साल पहले प्लैटनर अध्ययन कर चुके थे। पिजानी की किस्मत अच्छी निकली। उन्होंने खनिज में सीजियम ढूँढ़ लिया और यह दिखा दिया कि जर्मन वैज्ञानिक प्लैटनर ने भावी सीजियम के सल्फेट को भ्रमवश सोडियम और पोटेशियम के सल्फेटों का मिश्रण समझ लिया था। परंतु धात्विक सीजियम अभी भी प्राप्त नहीं हो सका। केवल 1882 में जर्मन रसायनज्ञ जैटरबर्ग ने सायेनाइडों के मिश्रण (CsCN तथा $Ba(CN)_2$ के वैद्युत अपघटन से शुद्ध सीजियम धातु प्राप्त की। रूस में उन्हीं दिनों स्वतंत्र रूप से बेकेतोव ने सीजियम ऐलुमिनेट ($CsAlO_2$) को हाइड्रोजन के प्रवाह में मैग्नीशियम द्वारा अपचयित करके सीजियम प्राप्त किया।

रूबिडियम

दूसरे 'स्पेक्ट्रमदर्शी तत्त्व' की खोज एक विरल खनिज लेपिडोनाइट के अध्ययन के साथ संबंधित है (लाइलैक वर्ग के कारण इसे लाइलैलाइट भी कहा जाता था)। अठारहवीं शताब्दी के अंत में क्लाप्रोत ने पहली बार इस खनिज का रासायनिक विश्लेषण किया। परंतु यह अनुभवी विश्लेषक इसमें क्षारों को नहीं ढूँढ़ पाया। अपने परिणामों पर शक होने के कारण क्लाप्रोत ने प्रयोग दोहराने का फैसला किया और इस बार (1797) लेपिडोलाइट में निम्न अवयव पाए : 54.5% सिलिकन ऑक्साइड, 38.25% ऐलुमिनियम ऑक्साइड, 4% पोटेशियम ऑक्साइड, 0.75% मैंगनीज ऑक्साइड। बाकी 2.5% कहाँ गया? क्लाप्रोत ने इसे खनिज में उपस्थित जल की हानि बताया। रसायनज्ञ ने कितने भी बढ़िया तरीके क्यों न अपनाए, वे दो महत्त्वपूर्ण अवयवों का पता लगाने में असफल रहे। ये दो अवयव थे : लीथियम (उस वक्त तक इसकी खोज नहीं हुई थी) तथा फ्लुओरीन।

1861 के आरंभ में सैक्सन में मिले इस खनिज का एक नमूना बुन्सन तथा किर्हगोफ के हाथ लगा। वैज्ञानिकों ने

इसमें से क्षारीय अवयव अलग कर दिए तथा पोटेशियम को क्लोरोप्लैटिनेट के रूप में अवक्षेपित कर दिया। अच्छी तरह से धोने के बाद इस अवक्षेप का स्पेक्ट्रमदर्शी अध्ययन किया गया। 23 फरवरी 1861 के दिन बर्लिन विज्ञान अकादमी की सभा में अन्वेषकों ने लेपिडोलाइट में एक नई क्षारीय धातु की उपस्थिति की घोषणा की। इन वैज्ञानिकों ने इस सभा में निम्न शब्द कहे : ''नई क्षारीय धातु की स्पेक्ट्रमदर्शी रेखा अतिसुंदर गहरे लाल रंग की होने के कारण हमने इस धातु का नाम 'रूबिडियम' तथा इसका सूत्र 'Rb' रखने का फैसला किया। यह शब्द हमने लातीनी शब्द 'रूबिडस' (rubidus) से लिया है जिसका अर्थ 'गहरा लाल रंग' होता है।' इसके बाद बुन्सन तथा किर्हगोफ ने उन खनिज जलों में रूबिडियम उपस्थित पाया जिनमें एक साल पहले सीजियम पाया गया था। रूबिडियम की मात्रा सीजियम से थोड़ी सी ज्यादा निकली। धात्विक रूबिडियम बुन्सन द्वारा 1863 में प्राप्त किया गया।

थैलियम

थैलियम ऐसा तीसरा तत्त्व था जिसकी पृथ्वी के खनिजों में उपस्थिति स्पेक्ट्रमदर्शी विधि द्वारा सिद्ध की गयी। इसके कुछ गुण क्षारीय धातुओं के समान निकले, जिसके कारण कुछ वैज्ञानिक इसे स्वतंत्र रासायनिक तत्त्व न मानकर कुछ क्षारीय धातुओं, मुख्यतः अज्ञात रूबिडियम तथा सीजियम का मिश्रण समझ रहे थे। इस गलतफहमी को दूर करने के लिए समय चाहिए था। जिस वक्त बुन्सन तथा किर्हगोफ उनके द्वारा खोजे गए नए तत्त्वों के अध्ययन में व्यस्त थे, एक अंग्रेज रसायनज्ञ तथा भौतिकविद् क्रूक्स ने स्पैक्ट्रमदर्शी वैश्लेषिक विधि में दिलचस्पी दिखायी। उस वक्त विज्ञान जगत् क्रूक्स को मुख्यतः 'Chemical News' जर्नल के संपादक तथा प्रकाशक के रूप में जानता था। क्रूक्स ने थैलियम की खोज की शुरूआत किसी विशेष विधि से नहीं की। 1850 में उन्हें तिल्केरोडे प्लांट (जर्मनी) से सल्फ्यूरिक अम्ल के उत्पादन के बाद लेड चेम्बरों में 10 पाउंड अवमल (slag) मिला था। वैज्ञानिक ने इस अवमल से सिलीनियम पृथक् कर दिया। उन्हें सिलीनोसायेनाइड नामक यौगिकों के अध्ययन के लिए इस तत्त्व की जरूरत थी (कूक्स का पहला प्रकाशित लेख इसी विषय पर था)। सिलीनियम अलग करने के बाद वैज्ञानिक ने इसे शुद्ध किया। इसके बाद भी पदार्थ की कुछ मात्रा बची रह गयी तथा यह सोचना स्वाभाविक था कि उसमें टैल्यूरियम उपस्थित है क्योंकि टैल्यूरियम रासायनिक गुणों की दृष्टि से सीलिनियम का सीधा सादृश रूप है। परंतु क्रूक्स की काफी कोशिशों के बावजूद टैल्यूरियम प्राप्त नहीं हुआ। वैज्ञानिक ने प्रयोग बंद कर दिए। संयोग की बात थी कि उन्होंने अवमल संभाल कर रख दिया था। (उन्हें शायद विश्वास था कि अवमल में थैलियम छिपा है।)

सीजियम तथा रूबिडियम की खोज से क्रूक्स बहुत प्रभावित हुए। व्यावहारिक होने के नाते वे तुरंत समझ गए कि स्पेक्ट्रमदर्शी विधि विश्लेषण के लिए कितनी आशाजनक थी। उन्होंने एक स्पेक्ट्रमदर्शी प्राप्त किया और तुरंत इसका प्रयोग करने का फैसला किया। उनके अध्ययन का विषय 10 साल से संभाल कर रखा सल्फ्यूरिक अम्ल का अवमल (ठीक-ठीक कहें तो इसमें से सिलीनियम निकालने के बाद बचा माल) था। क्रूक्स अवमल के नमूने को बर्नर की ज्वाला के पास लाए, परंतु उन्हें निराशा का मुँह देखना पड़ा : स्पेक्ट्रम में टैल्यूरियम रेखा के कोई चिह्न नहीं दिखाई दिए। सीलिनियम रेखाएँ प्रकट हुईं, परंतु शीघ्र ही फीकी पड़ गयीं। उनकी जगह एक अद्वितीय हरी रेखा नजर आने लगी जिसे क्रूक्स ने पहले कभी नहीं देखा था। यह रेखा अवमल में एक नए रासायनिक तत्त्व की उपस्थिति की ओर इशारा कर रही थी। वैज्ञानिक ने इस तत्त्व का नाम 'थैलियम' रख दिया। उन्होंने यह शब्द यूनानी भाषा से लिया : 'थैलस' (thallos) का अर्थ है—''एक नयी हरी शाखा।''

क्रूक्स ने जर्नल 'Chemical news' के 30 मार्च 1861 के अंक में इस खोज के बारे में पहला लेख प्रकाशित किया जिसका शीर्षक था : ''एक नए तत्त्व की उपस्थिति, संभवतः सल्फर ग्रुप के।'' यहाँ लेखक से गलती हो गयी क्योंकि

सर्वविदित है कि थैलियम सल्फर तथा इसके सदृशरूपों के साथ किसी तरह का संबंध नहीं रखता है। एक साल बाद क्रूक्स ने अपनी गलती मान ली और अपने नए लेख का शीर्षक निम्न रखा : 'थैलियम, नया धात्विक तत्त्व।' इस लेख में इस तत्त्व की सल्फर के साथ सदृशता की कोई बात नहीं कही गयी।

थैलियम की खोज का यह किस्सा है। यहाँ शब्द 'खोज' का अर्थ है थैलियम के अस्तित्व की एक नयी विधि द्वारा पुष्टि होना। परंतु क्रूक्स थैलियम का स्पेक्ट्रम देखने के बाद न तो धात्विक थैलियम प्राप्त कर सके और न ही इसके यौगिक। यह काम फ्रेंच रसायनज्ञ लामी ने किया जिसके कारण उन्हें अक्सर थैलियम का खोजी बताया जाता है।

पहली बार लामी को थैलियम की हरी रेखा सिलीनियम के नमूने में दिखायी दीं यह सिलीनियम सल्फ्यूरिक अम्ल के उत्पादन के बाद बचे अवमलों में मिला था अर्थात् लामी ने भी उसी कच्चे माल के साथ काम किया, जिसके साथ क्रूक्स ने काम किया था। यह मार्च 1862 की बात है (क्रूक्स के प्रयोगों के एक साल बाद की)। 23 जून को लामी ने पेरिस विज्ञान अकादमी को धात्विक थैलियम का एक नमूना भेंट किया जिसका वजन 14 ग्राम था। लगता है कि क्रूक्स भी धात्विक थैलियम प्राप्त करने में सफल रहे, परंतु केवल पाउडर के रूप में। लामी ने यह घोषणा की कि क्रूक्स का नमूना थैलियम नहीं बल्कि थैलियम सल्फाइड था। इस बात पर विवाद खड़ा हो गया। क्रूक्स ने यह कहा कि उन्होंने 1862 की 1 मई से पहले धात्विक पाउडर प्राप्त कर लिया था, परंतु उसकी उड़नशीलता के कारण वे उसे सिल्ली में परिवर्त्तित करने से डर रहे थे। पेरिस विज्ञान अकादमी ने इस झगड़े का फैसला करने के लिए एक विशेष समिति बनायी (प्रसिद्ध वैज्ञानिक सेंट क्लेर डेविल, पिलोजे, और ड्यूमा इसके सदस्य थे)। इस समिति ने लामी की प्रथमता को मान्यता दे दी।

इस बात में कोई संदेह नहीं कि थैलियम के रसायन के अध्ययन में फ्रेंच वैज्ञानिक ने क्रूक्स से काफी ज्यादा योगदान दिया। लामी ने यह सिद्ध किया कि धातु त्रिसंयोजक तथा एकसंयोजक यौगिक बनाती है। एकसंयोजक थैलियम क्षारीय धातुओं के साथ बहुत मिलता है तथा त्रिसंयोजक ऐलुमिनियम के साथ। ड्यूमा ने इसे 'विरोधाभासी धातु' के नाम से पुकारा। थैलियम की पोटेशियम तथा सोडियम के साथ समानता ने इस विचार को जन्म दिया कि थैलियम उच्च परमाणु भारों वाली अज्ञात क्षारीय धातुओं का मिश्रण था। बड़े अफसोस की बात है कि थैलियम की खोज का सारा श्रेय क्रूक्स को दिया जाता है तथा फ्रेंच रसायनज्ञ लामी की महत्त्वूर्ण उपलब्धियों की अक्सर उपेक्षा की जाती है।

सन् 1866 में प्रसिद्ध पर्यटक तथा खनिजविद् नोरडेनशल्ड (ग्रीनलैंड के एक अन्वेषक) को एक नया खनिज मिला जिसमें रजत, ताम्र, सिलीनियम तथा थैलियम उपस्थित थे। उन्होंने इस खनिज का नाम क्रूक्स के सम्मान में 'क्रूकेसाइट' रखा। काफी अर्से तक यह माना जाता रहा कि यह एकमात्र खनिज है जिसमें थैलियम का काफी सांद्रण उपस्थित होता है।

इंडियम

रासायनिक तत्त्वों के इतिहास में अक्सर ऐसा होता है कि किसी नए तत्त्व की खोज दूसरे तत्त्व की खोज को प्रेरणा देती है। स्पेक्ट्रमदर्शी विश्लेषण के आधार पर खोजे चार तत्त्वों के ग्रुप के अंतिम सदस्य-इंडियम की खोज में थैलियम ने ऐसी ही भूमिका निभायी।

यह घटना जर्मन नगर फ्रैबर्ग ने घटी तथा इसके मुख्य पात्र दो व्यक्ति थे : खनन अकादमी में भौतिकशास्त्र के प्रोफसेर रैख तथा उनका सहायक रिख्तर। रैख ने दो वर्ष पूर्व आविष्कृत थैलियम के कुछ गुणों में रुचि लेकर अपने प्रयोगों के लिए इस धातु की आवश्यक मात्रा प्राप्त करने का फैसला किया। सबसे पहले उन्होंने थैलियम से भरे प्राकृतिक नमूनों की प्राप्ति की बात सोची। इस उद्देश्य से उन्होंने हिमेल्स्फर्स्ट की खानों से जिंक अयस्कों की ओर ध्यान दिया। वैज्ञानिक ने इनके कुछ नमूनों का विश्लेषण किया। यह ज्ञात था कि इन अयस्कों में जिंक के अलावा सल्फर, आर्सेनिक, लेड, सिलिकन, मैंगनीज, टिन तथा कैडमियम भी उपस्थित थे। रैख का विश्वास था कि इस सूची में थैलियम भी जरूर शामिल था। दीर्घकालीन

रासायनिक प्रयोगों के बावजूद भी उन्हें अपनी मर्जी का तत्त्व नहीं मिला। इसकी जगह उन्हें फूस जैसे पीले रंग का अज्ञात अवयवानुपात वाला एक अवक्षेप प्राप्त हुआ। कहा जाता है कि एक बार जब विन्कलर (जर्मेनियम के भावी अन्वेषक) रैख की प्रयोगशाला में आए तो रैख ने उन्हें परखनली में रखा एक अवक्षेप दिखाया और कहा कि यह एक नए तत्त्व का सल्फाइड है।

बड़ा ताज्जुब होता अगर रैख अपनी बात की पुष्टि के लिए स्पेक्ट्रमदर्शी विधि न अपनाते। उन्होंने इस विधि का प्रयोग किया। परंतु दुर्भाग्यवश वे वर्णान्धता के रोगी थे, अतः उन्होंने अपने सहायक रिख्तर को स्पेक्ट्रमदर्शी विश्लेषण का काम सौंपा।

रिख्तर को पहले प्रयास में ही सफलता मिल गयी : उन्हें नमूने के स्पेक्ट्रम में एक अति चमकीली नीली रेखा दिखायी दी जिसे गलती से भी किसी दूसरे तत्त्व की रेखा नहीं समझा जा सकता था; यह रेखा सीजियम की नीली रेखा से भी नहीं मिल रही थी। अन्य शब्दों में प्रेक्षण स्पष्ट था। रिख्तर ने रैख को प्रयोग के परिणाम बताए और दोनों वैज्ञानिक इस निष्कर्ष पर पहुँचे कि हिमेलस्फर्स्ट के जिंक अयस्कों में एक नया तत्त्व उपस्थित है। इस तत्त्व का नाम 'इंडियम' रखने का फैसला किया गया (एक चमकीले नीले रंजक 'इंडियो' के नाम पर)। यहाँ एक महत्त्वपूर्ण बात बतानी आवश्यक है। इंडियम की खोज की प्रथम सूचना पर दोनों वैज्ञानिकों ने हस्ताक्षर किए थे, परंतु रैख के विचारानुसार इंडियम की खोज का श्रेय अकेले रिख्तर को मिलना चाहिए था।

स्पेक्ट्रमदर्शी विधि द्वारा प्रकृति में इंडियम की उपस्थिति सिद्ध करने के बाद दोनों वैज्ञानिकों ने इस तत्त्व की थोड़ी सी मात्रा प्राप्त कर ली। इंडियम यौगिकों से बुन्सन बर्नर की ज्वाला नीले-बैंगनी रंग की हो गयी। यह ज्वाला इतनी चमकीली थी कि स्पेक्ट्रमदर्शी के बिना भी एक नए तत्त्व की उपस्थिति स्थापित की जा सकती थी। रैख और रिख्तर ने इंडियम के कुछ गुणों का अध्ययन किया तथा विन्कलर ने इस काम में उनकी काफी सहायता की।

इतने में धात्विक इंडियम भी प्राप्त हो गया (हालांकि यह काफी अशुद्ध था); 1867 में रिख्तर ने शुद्ध इंडियम के नमूने पेरिस विज्ञान अकादमी के सामने पेश किए और उनकी कीमत 800 पाउंड बतायी। उन दोनों के हिसाब से यह काफी ज्यादा पैसा था।

इंडियम की खोज के तुरंत बाद इसके रासायनिक गुणों का वर्णन किया गया, परंतु पहली बार इसका परमाणु भार गलत निश्चित किया गया (75.6)। मेंडेलीफ इस निष्कर्ष पर पहुँचे कि इस परमाणु भार से इंडियम को आवर्त सारणी में ठीक जगह नहीं दी जा सकती, अतः उन्होंने इसका मान डेढ़ गुना करने का प्रस्ताव रखा। मेंडेलीफ की बात ठीक निकली तथा इंडियम को आवर्त सारणी के तीसरे ग्रुप में स्थान दिया गया।

अध्याय VII

दुर्लभ मृदा तत्त्व

प्रसिद्ध फ्रेंच रसायनज्ञ उरबेन ने दुर्लभ मृदा तत्त्वों के इतिहास के बारे में निम्न शब्द कहेः ''यह भ्रमों का समुद्र था तथा सत्य इसमें डूब गया था।'' हालांकि वे अपने जोशीले स्वभाव के लिए प्रसिद्ध थे, परंतु इस बार उन्होंने बात जरा भी बढ़ा-चढ़ाकर नहीं कही। वास्तव में 30 साल के अर्से के दौरान (1878 से 1910 तक) नए दुर्लभ मृदा तत्त्वों की खोजों की 100 से भी ज्यादा खबरें सुनाई दीं और उनमें से केवल 10 खोजों की बात सच निकली। इसी वजह से दुर्लभ मृदा तत्त्वों की कहानी काफी उलझी हुई है तथा इसका वर्णन इतना सरल नहीं है।

लैन्थेनम (z=57) तथा अगले 14 लैन्थेनाइडों (सीरियम z=58 से ल्यूटेशियम z=71 तक) की गिनती दुर्लभ मृदा तत्त्वों में की जाती है। इस सूची में दो नाम और शामिल किए जा सकते हैं : इट्रियम (z=39) तथा स्कैन्डियम (z=21)। इनके गुण लैन्थेनम से मिलते हैं तथा इनका दुर्लभ मृदा तत्त्वों के साथ ऐतिहासिक संबंध है। दुर्लभ मृदा तत्त्वों का इतिहास ही इट्रियम की खोज से शुरू होता है। स्कैन्डियम का इस अध्याय में संक्षिप्त वर्णन किया जा रहा है। नौवें अध्याय में इस तत्त्व की चर्चा विस्तारपूर्वक की जाएगी।

कुल मिलाकर दुर्लभ मृदा धातुएँ प्रकृति में उपस्थित सभी धातुओं का 1/5 हिस्सा हैं तथा इनकी खोजों में 113 साल लगे–1794 से (इट्रियम की खोज की तिथि) 1907 तक (ल्यूटेशियम की खोज की तिथि)। एक दुर्लभ मृदा तत्त्व प्रोमिथियम कृत्रिम ढंग से काफी देर बाद प्राप्त किया गया। दुर्लभ मृदा तत्त्वों के निराले गुणों के कारण, विशेषतया, उनकी रासायनिक समानता के कारण उनका इतिहास कुछ खास ही है। यही कारण है कि खनिजों तथा अयस्कों में ये सभी तत्त्व इकट्ठे मिलते हैं और इन्हें एक दसरे से अलग करना बड़ा टेढ़ा काम होता है। इसी वजह से दुर्लभ मृदा तत्त्वों का इतिहास झूठी खोजों की घटनाओं से भरा है : नए घोषित तत्त्व इससे पहले खोजे गए तत्त्वों का मिश्रण साबित होते थे। कई बार तो सच्ची खोजें भी शुद्ध दुर्लभ मृदा तत्त्वों की उपस्थिति नहीं सिद्ध कर सकीं। नया तत्त्व अक्सर दो या ज्यादा अज्ञात दुर्लभ मृदा तत्त्वों का मिश्रण होता था। इसी कारणवश कुछ दुर्लभ मृदा तत्त्वों की खोजों की तिथियों का वर्णन अति सावधानी से करना पड़ेगा।

दुर्लभ मृदा तत्त्वों के इतिहास की एक और विशेष बात यह है कि सारे तत्त्व शुरू में ऑक्साइडों के रूप में प्राप्त किए गए। इसी वजह से इनका नाम 'दुर्लभ मृदा' प्रसिद्ध हो गया। पुराने जमाने में रसायनज्ञ ऑक्साइडों को मृदा कहते थे, जैसे, मैग्नीशियम, कैल्सियम (''क्षारीय मृदा'' के साथ तुलना कीजिए) तथा उन्होंने प्रथम मृदा तत्त्वों इट्रियम तथा सीरियम के ऑक्साइडों को इस नाम से पुकारा (आगे चलकर स्पष्ट हो गया कि यह विचार गलत था।)। दुर्लभ मृदा तत्त्व की खोजों के काफी अर्से बाद उन्हें शुद्ध धातु के रूप में प्राप्त किया गया। उदाहरण के लिए, कई भारी लैन्थेनाइड शुद्ध धातु के रूप में केवल द्वितीय विश्वयुद्ध के उपरांत प्राप्त किए गए। अतः अब हम जब भी किसी दुर्लभ मृदा तत्त्व की बात करें, तो

पाठक यह समझें कि हमारा अभिप्राय उसके ऑक्साइड से है।

दुर्लभ मृदा तत्त्वों का आरंभिक इतिहास

1794 में फिनलैंड के एक रसायनज्ञ टूरकू (आबो) की यूनिवर्सिटी के प्रोफेसर यू. गादोलीन ने इटर्बाइट से एक अज्ञात धातु का ऑक्साइड प्राप्त किया, जिसका नाम उन्होंने इट्रियम रखा। यह खनिज सात वर्ष पूर्व स्वीडन के एक गाँव इटबाईट की एक पुरानी खान में मिला था। गाँव के नाम पर इस खनिज का नाम इटर्बाइट रख दिया गया (हालांकि बाद में वै0 गादोलीन के सुझाव पर इसका नाम बदल कर गैडोलिनाइट रख दिया गया)। इटर्बाइट शब्द के आधार पर तत्त्वों के नाम इट्रियम, ऐर्बियम, टेर्बियम तथा इटेर्बियम रखे गए।

उस जमाने के दूसरे रसायनज्ञों-विश्लेषकों—फ्रांसीसी रसायनज्ञ वोक्लेन तथा जर्मन वैज्ञानिक क्लाप्रोत ने भी विरल खनिज इटर्बाइट का अध्ययन शुरू कर दिया। इन दोनों रसायनज्ञों को भी इस खनिज में एक नया ऑक्साइड (मृदा) मिला, परंतु दोनों ने इसकी जो मात्रा पायी, वह बराबर नहीं थी। चूंकि दोनों वैज्ञानिकों ने एक ही विधि से विश्लेषण किया था, अतः उनके परिणामों में अंतर का केवल एक ही कारण हो सकता था : खनिज में एक और अज्ञात तत्त्व उपस्थित था जिसे इट्रियम से अलग करना बहुत मुश्किल था।

वास्तव में बात यही थी, परंतु यह अनजाना तत्त्व मिला एक दूसरे खनिज में। यह 1803 की बात है। वेर्जेलियस तथा हिजिन्गर को और उनसे स्वतंत्र रूप से क्लाप्रोत को नए तत्त्व का ऑक्साइड प्राप्त हुआ, जिसका नाम वैज्ञानिकों ने सीरियम रखा (1801 में खगोलज्ञ प्यात्सी द्वारा खोजे क्षुद्रग्रह 'सीरिस' के नाम पर)। खनिज को 'सीराइट' नाम से पुकारा जाने लगा। कई सालों तक गैडोलिनाइट तथा सीराइट दुर्लभ मृदा तत्त्वों के एकमात्र स्रोत बने रहे।

सीरियम इट्रियम से काफी मिलता-जुलता था, हालांकि इसके कुछ गुण इट्रियम के गुणों से अलग थे। परंतु अब यह ज्ञात हो चुका है कि जिस चीज को 'सीरियम' समझा जाता था, वह वास्तव में सीरियम दुर्लभ तत्त्वों का एक जटिल मिश्रण था (Ce से Gd तक) तथा जिस चीज को 'इट्रियम' समझा जाता था वह वास्तव में इट्रियम दुर्लभ मृदा तत्त्वों का मिश्रण था (Tb से Lu तक)। इस प्रकार 1794 में इट्रियम की तथा 1803 में सीरियम की खोज की बात गलत सिद्ध हो जाती है। 1826 में बेर्जेलियस के शिष्य मोसांदर को शक हुआ कि सीराइट से प्राप्त सीरियम शुद्ध नहीं था। परंतु अपने इस शक को विश्वास में बदलने में वैज्ञानिक ने पूरे 13 साल लगा दिए।

लैन्थेनम और डाइडिमियम, टेर्बियम और ऐर्बियम

मोसांदर द्वारा दुर्लभ मृदा तत्त्वों का विस्तारपूर्वक अध्ययन शुरू करने से पहले वैज्ञानिकों ने इट्रियम तथा सीरियम पर बहुत कम ध्यान दिया था। दोनों को रासायनिक तत्त्वों की सूची में शामिल कर लिया गया था तथा इनके कुछ गुण ज्ञात किए जा चुके थे।

अगर हर नए तत्त्व की खोज के उपलक्ष्य में एक पौधा लगाने की प्रथा होती तो इस काल्पनिक बाग में इट्रियम तथा सीरियम काफी जवान पौधे लगते। इस सादृश्य को जारी रखने के लिए 1839 के बाद सत्तर साल तक इन जवान पौधों की शाखाओं की संख्या लगातार बढ़ती रही।

सीरियम का ध्यानपूर्वक अध्ययन करने के बाद मोसांदर इस निष्कर्ष पर पहुँचे कि इसके अंदर दो और नए तत्त्व-लैन्थेनम (La) तथा डाइडिमियम (Di) उपस्थित हैं। 'लैन्थेनम' यूनानी भाषा से लिया गया है जिसका अर्थ होता है—'छिपा रहना' और यह बात है भी सच। लैन्थेनम काफी अर्से तक अनुसंधानकर्ताओं की निगाहों से बचा रहा। यूनानी भाषा में 'डाइडिमियम' का अर्थ होता है—'जुड़वाँ'; क्योंकि वह लैन्थेनम से बिल्कुल मिलता था। यह मोसांदर के दिमाग का कमाल था कि उन्होंने यह दिखा दिया कि लैन्थेनम तथा डाइडिमियम दो विभिन्न तत्त्व थे। सीरियम के पेड़ की शाखाएँ

निम्न प्रकार में दिखाई जा सकती हैं :

Ce
Ce La
La Di

आगे चलकर कई शोधकर्ताओं ने सीरियम तथा लैन्थेनम की रासायनिक विशिष्टता समझने की कोशिशें कीं। वे इन तत्त्वों की जटिलता सिद्ध करना चाहते थे। परंतु मोसांदर को वास्तव में इन तत्त्वों के अपेक्षाकृत शुद्ध ऑक्साइड प्राप्त हो गए। जहाँ तक डाइडिमियम का सवाल है, तो इसकी कहानी बिल्कुल अलग है। आपको इस तत्त्व का चिह्न आधुनिक आवर्त सारणी में कहीं भी दिखाई नहीं देगा। इस तत्त्व की दास्तान काफी लंबी है और हम इसका वर्णन बाद में करेंगे। यहाँ हम केवल इतना बताना चाहेंगे कि सीरियम की जीवनी की वास्तविक शुरूआत सन् 1839 में हुई। इट्रियम के बारे में भी यही कहा जा सकता है। सीरियम के विखंडन में सफल होने के बाद 1843 में मोसांदर ने इट्रियट का अध्ययन शुरू कर दिया। गादोलीन द्वारा आविष्कृत पुराने इट्रियम ने अपना असली सार दिखा दिया। सच कहा जाए, तो इसमें 3 तत्त्व पाए गए थे : खुद इट्रियम तथा इससे मिलते-जुलते टेर्बियम और ऐर्बियम। इससे निम्न तालिका द्वारा दर्शा सकते हैं :

Y
Y Tb
Er

इट्रियम ने अपनी विशिष्टता को बाद में दिखाया। यह बात अस्पष्ट है कि मोसांदर के पास शुद्ध टेर्बियम था या नहीं। ऐर्बियम की किस्मत भी डाइडिमियम जैसी निकली। अतः तत्त्वों की खोजों की तिथियों में एक संशोधन और करना पड़ेगा : वास्तविक इट्रियम मोसांदर को 1843 में प्राप्त हुआ। अतः मोसांदर पहले व्यक्ति थे जिन्होंने दुर्लभ मृदा तत्त्वों के इतिहास की शुरूआत की।

मोसांदर के बाद ज्ञात दुर्लभ मृदा तत्त्वों की सूची में 40 साल तक कोई परिवर्तन नहीं आया। इन तत्त्वों का अध्ययन करते समय वैज्ञानिकों से अनगिनत गलतियाँ हुईं : उन्होंने ऑक्साइडों के सूत्र गलत बताए, परमाणु भार गलत निकाले। मेंडेलीफ को पक्का विश्वास था कि ''यहाँ कुछ न कुछ गड़बड़ी जरूर है।'', अंतः उन्होंने 1869 तक खोजे दुर्लभ मृदा तत्त्वों के परमाणु भारों के मानों को बदलने का प्रस्ताव रखा। आवर्त नियम के साहित्य से हमें पता चलता हे कि मेंडेलीफ की बात सच निकली, परंतु इससे दुर्लभ मृदा तत्त्वों के इतिहास पर कोई असर नहीं पड़ा। इन तत्त्वों के गुण इतने ज्यादा समान थे कि इन्हें एक-दूसरे से अलग करना बड़ा मुश्किल साबित हो रहा था। बस, इसी तरह से एक विरोधाभास पैदा हो गया : तत्त्वों के मिश्रण को एक तत्त्व समझा जाने लगा या इसके विपरीत नए आविष्कृत तत्त्व अनेक तत्त्वों के मिश्रण निकले।

स्पेक्ट्रमदर्शी विश्लेषण भी, जिसने नए तत्त्वों की खोज में अति महत्त्वपूर्ण भूमिका निभायी, दुर्लभ तत्त्वों के इतिहास में कोई ज्यादा काम का साबित नहीं हुआ। इस विधि के प्रयोग से सही परिणामों की तुलना में गलत परिणाम अधिक निकले।

'इटेर्बियम' स्कैन्डियम, 'हॉलमियम', थूलियम

मोसांदर के बाद चार दशकों तक 'दुर्लभ मृदा' वृक्ष पर एक भी नयी शाखा नहीं उगी। इसके कई कारण थे। वैज्ञानिक दुर्लभ मृदा तत्त्वों के रसायन की सनक के आदी नहीं हो पाए थे। इन तत्त्वों को एक दूसरे से अलग करने की

विधि इनके लवणों की विलेयता में अंतर पर आधारित थी हालांकि यह अंतर बहुत छोटा सा था। अतः एक दुर्लभ मृदा को दूसरी मृदा से पूरी तरह से अलग करने के लिए पुनः क्रिस्टलीकरण के सैकड़ों एक जैसे कार्य करने आवश्यक थे।

बहुत थोड़े दुर्लभ मृदा खनिज ज्ञात थे : गैडोलिनाइट तथा सीराइट बहुत विरल थे तथा बाकी (उनकी कुल संख्या 10 के लगभग थी) इतने ज्यादा विरल थे कि केवल संग्रहालय में रखे जा सकते थे।

फिर भी नयी खोजों का युग आ गया था तथा इट्रियम वृक्ष पर पहली शाखाएँ उग आयी थीं। काफी अर्से तक वैज्ञानिकों को मोसांदर के ऐर्बियम पर संदेह होता रहा, परंतु केवल 1878 में स्विटजरलैंड के एक वैज्ञानिक मारिग्नाक ने ऐर्बियम से एक नया तत्त्व अलग किया, जिसका नाम उन्होंने 'इटेबिर्यम' रखा (इटेर्बू गाँव के नाम पर)।

यहाँ तथा इस उप-अध्याय के शीर्षक में हम 'इटेर्बियम' शब्द को उद्धरण चिह्नों के बीच लिख रहे हैं। इसकी वजह यह है कि वास्तविकता में यह एक अलग रासायनिक तत्त्व नहीं था, बल्कि कुछ दुर्लभ मृदा तत्त्वों का मिश्रण होता था, हम उस तत्त्व का नाम उद्धरण चिह्नों के बीच लिखेंगे। इसका मतलब यह हुआ कि 1878 इटेर्बियम की खोज की असली तिथि नहीं मानी जा सकती।

अगले साल स्वीडिश रसायनज्ञ नील्सन ने यह सिद्ध कर दिया कि 'इटेर्बियम' एक मिश्रण था; उन्होंने इसके आंशिक तत्त्व का आविष्कार किया जिसका नाम स्कैंडिनेविया के सम्मान में 'स्कैन्डियम' रखा। इस प्रकार ऐर्बियम ऋण 'इटेर्बियम', ऋण स्कैन्डियम...। क्या अब ऐर्बियम को अशुद्धिरहित माना जा सकता था? 1879 में नील्सन के देशभाई क्लेवे ने यह स्थापित किया कि 'इटेर्बियम' तथा स्कैन्डियम के बिना भी ऐर्बियम एक मिश्रण था। क्लेवे ने इसे तीन हिस्सों में विभाजित कर दिया : ऐर्बियम, 'हॉलमियम' तथा थूलियम में। 'हॉलमियम' का नाम स्टकाहोल्म के प्राचीन नाम के सम्मान में तथा थूलियम एक कल्पित देश थूला के नाम पर रखा गया (किवदंती के अनुसार यह देश दुनिया के कोने पर स्थित था)। वास्तव में थूलियम प्राप्त करना उतना ही मुश्किल था जितना इस दूरवर्ती तथा रहस्यमयी देश थूला तक पहुँचना।

1879 में अशुद्धियों रहित ऐर्बियम का रासायनिक व्यक्तित्व साबित कर दिया गया। अतः 1843 की जगह इस साल को इस तत्त्व की खोज की तिथि माना जाएगा। थूलियम भी उतना ही शुद्ध निकला, परंतु 'हॉलमियम' का असली जन्म होना बाकी था। इस प्रकार इट्रियम वृक्ष में दो साल के अंदर बहुत सारी शाखाएँ उग आयीं :

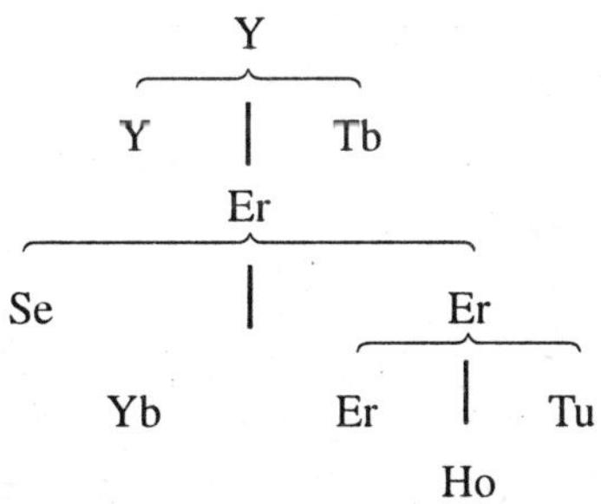

तत्त्वों की खोज के इतिहास में कुछ उभार काल होते हैं। दुर्लभ मृदा तत्त्वों के इतिहास में दो शानदार सालों का जमाना 1878-1879 ऐसा था। इस अर्से के दौरान एक और अति महत्त्वपूर्ण घटना घटी : उत्तरी अमरीका में एक और नए दुर्लभ मृदा खनिज समार्स्काइट के निक्षेप मिले। पाठकों को यह जानकार आश्चर्य होगा कि यह नाम रूसी मूल से लिया गया है। इस घटना से कुछ साल पहले सातवें दशक के मध्य में यूराल में एक जटिल गठन वाला खनिज मिला था जिसमें दुर्लभ मृदाएँ उपस्थित थीं। इस खनिज का नाम रूसी खनन इंजिनियर समार्स्की के नाम पर रखा गया। अमरीकी खनिज

यूराली खनिज का सदृशरूप था।

इस घटना का असली महत्त्व आँकना असंभव है। समार्स्काइट की खोज से दुर्लभ मृदाओं के कच्चे माल की कमी दूर की गयी। यह खनिज कई रासायनिक प्रयोगशालाओं में उपयोग होने लगा। वैज्ञानिकों के पास जब माल की पर्याप्त मात्रा होती है, तब वे अधिक शुद्धता से प्रयोग कर सकते हैं तथा प्राप्त परिणामों की जाँच भली भाँति कर सकते हैं। समार्स्काइट नए दुर्लभ मृदा तत्त्वों का स्रोत बन गया।

और अंत में उन्नीसवीं शताब्दी के आठवें दशक के आखिर में स्पेक्ट्रमदर्शी विधि अपनाने में वैज्ञानिक दक्ष हो गए तथा उन्होंने इसे नए दुर्लभ मृदा तत्त्वों की खोज का शक्तिशाली आधार बना दिया। परंतु यहाँ भी गलतियों से छुटकारा पाना मुश्किल था, क्योंकि अलग-अलग दुर्लभ मृदा तत्त्वों के स्पेक्ट्रम एक दूसरे के साथ उतना ही मिलते-जुलते थे जितने उनके रासायनिक गुण।

'डाइडिमियम' का अंत, 'समेरियम, नियोडिमियम तथा प्रेसियोडिमियम

दुर्लभ मृदा तत्त्वों के इतिहास का सबसे अद्वितीय पृष्ठ 'डाइडिमियम' ने लिखा होगा। लैन्थेनम के साथ इसकी अपूर्व रासायनिक समानता देखकर वैज्ञानिक इस निष्कर्ष पर पहुँचे कि दुर्लभ मृदा तत्त्वों का रसायन अकार्बनिक रसायन की एक अतिविशेष शाखा है। काफी लंबे अर्से तक 'डाइडिमियम' पर बहुत विश्वास बना रहा। पिछली शताब्दी के मध्य में छपे वैज्ञानिक जर्नलों में हमें कहीं भी यह पढ़ने को नहीं मिलता कि 'डाइडिमियम' तत्त्वों का मिश्रण है।

मेंडेलीफ ने अपनी आवर्त सारणी में सूत्र Di शामिल कर लिया और 'डाइडिमियम' को एक स्वतंत्र रासायनिक तत्त्व के रूप में मान्यता दे दी, हालांकि महान् रूसी वैज्ञानिक को दुर्लभ मृदा तत्त्वों पर काफी संदेह था। (उदाहरण के लिए, उन्होंने टेर्बियम का अस्तित्व स्वीकार नहीं किया)।

समार्स्काइट के अध्ययन ने 'डाइडिमियम' को मौत की सजा सुना दी। 1878 के अंत में फ्रेंच रसायनज्ञ डेलाफोन्टेन ने स्पेक्ट्रमदर्शी विधि द्वारा इस खनिज से प्राप्त डाइडिमियम के नमूनों का अध्ययन शुरू किया। उसे इसके स्पेक्ट्रम में दो नयी रेखाएँ दिखाई दीं। उन दिनों यह सिद्धांत प्रचलित था : "स्पेक्ट्रम में एक नयी रेखा नए तत्त्व के अस्तित्व का प्रमाण है।" डेलाफोन्टेन ने भी इस सिद्धांत का पालन किया। उनके विचारानुसार स्पेक्ट्रम में नयी रेखाओं के प्रकट होने का कारण 'डाइडिमियम' में उपस्थित एक तत्त्व था जिसकी उस वक्त तक खोज नहीं हुई थी। उन्होंने इस नए तत्त्व का नाम 'डेसीपीयम' रखा जिसका लातीनी अर्थ होता है–'धोखा देना', 'मूर्ख बनाना'। इसका यह नाम व्यंग्यात्मक साबित हुआ। 'डेसीपीयम' ने डेलाफोन्टेन को धोखा दिया; यह कई ज्ञात तथा अज्ञात दुर्लभ मृदा धातुओं का मिश्रण निकला।

1879 में एक फ्रेंच वैज्ञानिक लेकॉक डि बुओबोडरान ने 'डेसीपीयम' को फांसी की सजा सुना दी। इस वैज्ञानिक ने नए दुर्लभ मृदा तत्त्वों की खोज में महत्त्वपूर्ण भूमिका निभायी। अगले अध्याय में हम बताएँगे कि उन्होंने किस तरह से एक नए तत्त्व गैलियम की खोज की जिसकी उपस्थिति की भविष्यवाणी मेंडेलीफ ने की थी। डि बुआबोडरान ने समार्स्काइट से 'डाइडिमियम' प्राप्त करके उसका स्पेक्ट्रमदर्शी विधि से अति बारीकी से अध्ययन किया। गैलियम के आविष्कारक डि बुआबोडरान डेलाफोन्टेन से बेहतर प्रयोगकर्ता निकले। उन्होंने यह सिद्ध कर दिया कि 'डाइडिमियम' में अशुद्धियाँ उपस्थित थीं। उन्होंने इन अशुद्धियों को अलग करने में सफलता प्राप्त की। वैज्ञानिक ने इस नए तत्त्व का नाम 'समेरियम' रखा (समार्स्काइट शब्द के आधार पर)। परंतु डि बुओबोडरान को यह पता नहीं था कि 'समेरियम' खुद भी तत्त्वों का मिश्रण है। मारिग्राक ने तुरंत उनकी खोज की पुष्टि कर दी। 'समेरियम' के पुनः क्रिस्टलीकरण से उन्होंने इसके दो प्रभाजी अलग किए जिन्हें Y_a तथा Y_b चिह्नों से अंकित किया (इट्रियम के चिह्न Y से भिन्न रखने के लिए)। दूसरे प्रभाजी का स्पेक्ट्रम डि बुआबोडरान के 'समेरियम' के स्पेक्ट्रम जैसा था। और पहले प्रभाजी

का? इसकी चर्चा थोड़ी देर बाद करेंगे।

इस प्रकार हम देख रहे हैं कि अभाज्य 'डाइडिमियम' की जगह 'डाइडिमियम' तथा 'समेरियम' प्राप्त हो गए। अब 'डाइडिमियम' से उद्धरण चिह्न हटा क्यों न दिए जाएँ? अब शायद उसे अपना व्यक्तित्त्व मिल गया हो?

यहाँ हमारे किस्से में एक नया नाम आता है—चेकोस्लोवाकिया के वासी, रसायनज्ञ ब्राउनर का, जो मेंडेलीफ के अच्छे दोस्त तथा उनकी आवर्त सारणी के समर्थक थे। 1875 से ब्राउनर डटकर 'डाइडिमियम' के अध्ययन में जुट गए। उनका उद्देश्य यह सिद्ध करना था कि यह तत्त्व पंचसंयोजी अवस्था तक उपचयित किया जा सकता है। इस प्रश्न के सकारात्मक उत्तर से Di आवर्त सारणी के पाँचवे ग्रुप में रखा जा सकता था क्योंकि तीसरे या चौथे ग्रुप में इसके लिए कोई जगह नहीं बची थी। इससे दुर्लभ मृदा तत्त्वों को आवर्त सारणी में रखने की जटिल समस्या का हल भी मिल जाता।

स्वाभाविक था कि ब्राउनर को पंचसंयोजी 'डाइडिमियम' नहीं मिला। आज हम जानते हैं कि लैन्थेनाइड इस अवस्था तक उपचयित नहीं किए जा सकते। परंतु 'डाइडिमियम' का परमाणु भार ज्ञात करते समय ब्राउनर ने इस तत्त्व को अधिक-से-अधिक शुद्ध रूप में प्राप्त करने का फैसला किया। उन्हें यह पता चला कि 'समेरियम' से अलग किया 'डाइडिमियम' तीन प्रभाजियों में विभक्त किया जा सकता था जिनके अणु भारों में थोड़ा फर्क था। ब्राउनर 1883 में इस निष्कर्ष पर पहुँचे परंतु कुछ कारणों से उन्हें अपना अनुसंधान कार्य बंद करना पड़ा। यह बड़े दुख की बात है क्योंकि वे 'डाइडिमियम' पर पुराने दृष्टिकोण के खंडन तक लगभग पहुँच चुके थे।

यह सम्मान आस्ट्रिया के एक रसायनज्ञ आउएर वान वैल्सबाख को मिला जिन्होंने दुर्लभ मृदा तत्त्वों के रसायन में महत्त्वपूर्ण योगदान दिया। उस वक्त तक दुर्लभ मृदाओं के व्यावहारिक उपयोग की कोई जानकारी नहीं थी। बाउएर वान वैल्सबाख ने औद्योगिक जगत् की इन तत्त्वों में रुचि जगायी। उस वक्त सारी दुनिया गैस रोशनी का इस्तेमाल कर रही थी। 1883 में वैज्ञानिक ने एक नए तापदीप्त मेन्टल की खोज की जिसे एक विशेष मिश्रण द्वारा संसेचित किया गया था। इस मिश्रण में दुर्लभ मृदा तत्त्वों के लवण मिलाए गए थे। इन लवणों से प्रकाश की चमक बहुत ज्यादा बढ़ गयी तथा मेन्टल की कार्य-अवधि भी काफी ज्यादा हो गयीं इस मेन्टल को 'बाउएर मेन्टल' के नाम से जाना जाने लगा। उद्योग जगत् ने सैकड़ों किलोग्राम दुर्लभ मृदा तत्त्वों की माँग की जिसके कारण नए निक्षेपों की खोज की प्रेरणा मिली। 1886 में ब्राजील में मोनेजाइट रेत के विस्तृत निक्षेप मिले जिनमें दुर्लभ मृदा तत्त्व उपस्थित थे। इन निक्षेपों ने रसायनज्ञों की जरूरत भी हमेशा के लिए पूरी कर दी।

जून 1885 को बाउएर वान वैल्सबाख ने वियेना की विज्ञान अकादमी को इस बात की सूचना दी कि उन्होंने 'डाइडिमियम' को दो घटकों में विभाजित कर दिया है। उन्होंने एक का नाम प्रेरियोडिमियम (यूनानी भाषा में इसका अर्थ 'हलका-हरा जुड़वा' होता है क्योंकि इसके लवणों का रंग हलका-हरा था) तथा दूसरे का नाम नियोडिमियम (नया जुड़वां) रखा। पुराने 'डाइडिमियम' का नाम तक नहीं बचा! सीरियम दुर्लभ मृदा वृक्ष अब इस प्रकार दिखाई दे रहा था :

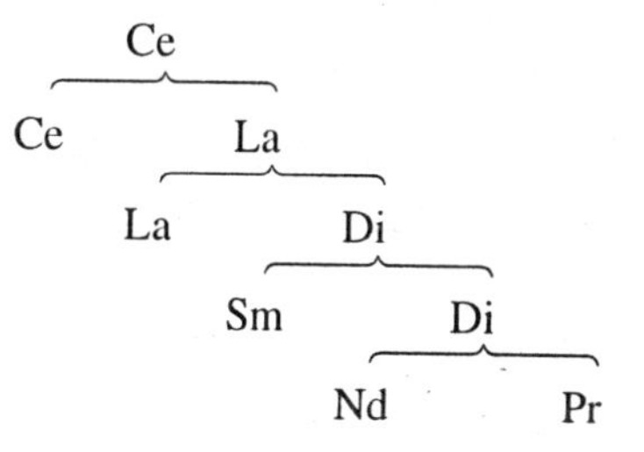

गैडोलिनियम और डिसप्रोसियम

इन दो तत्त्वों से उन्नीसवीं शताब्दी में दुर्लभ मृदा तत्त्वों की खोज का इतिहास पूरा हो जाता है। इनमें से एक तत्त्व गैडोलिनियम की खोज में मुख्य भूमिका मारिग्नाक ने निभायी।

हम बता ही चुके हैं कि मारिग्नाक 'समेरियम' को दो प्रभाजियों में विभाजित करने में सफल हो गए थे : Y_α तथा Y_β। प्रभाजी के साथ कोई दिक्कत नहीं हुई, परंतु Y_α ने काफी तंग किया। मारिग्नाक में इतना साहस नहीं था कि वे इस प्रभाजी को एक नया तत्त्व मान लें। 1886 में डि बुआबोड्रान इस निष्कर्ष पर पहुँचे। उन्होंने इस तत्त्व का नाम गैडोलिनियम (दुर्लभ मृदा तत्त्वों के रसायन के पायनिर गाडोलिन के सम्मान में) रखने का फैसला किया और मारिग्नाक से इसकी अनुमति माँगी। बुआबोडरान को उनकी अनुमति मिल गयी, परंतु विशेष बात यह थी कि मारिग्नाक ने कभी भी इस खोज का श्रेय नहीं माँगा। यह शायद उनकी महानता थी। परंतु हमारे विचारानुसार गैडोलिनियम की खोज का श्रेय दोनों वैज्ञानिकों को मिलना चाहिए।

दूसरी तरफ इस बात में कोई संदेह नहीं है कि डिसप्रोसियम की खोज (1886) डि बुआबोडरान ने अकेले ही की। जब वैज्ञानिक काफी शुद्ध हॉलमियम प्राप्त करके उसके स्पेक्ट्रम का अध्ययन कर रहे थे, उन्हें दो नयी रेखाएँ दिखायी दीं जो एक अज्ञात तत्त्व की उपस्थिति की ओर संकेत कर रही थी। कई बार पुनः क्रिस्टलीकरण करके उन्होंने यह अशुद्धि अलग कर ली। इस प्रकार हॉलमियम की खोज की असली तिथि निश्चित हो गयी।

शब्द डिसप्रोसियम यूनानी भाषा से लिया गया है जिसका अर्थ है–''कठिनाई से उपलब्ध'। यह नाम ठीक ही है क्योंकि यह दुर्लभ मृदा तत्त्वों की खोज के इतिहास की विशेषता है।

दुर्लभ मृदा तत्त्वों के इतिहास में घपला

अगर हम दुर्लभ मृदा तत्त्वों की आधुनिक सूची को ध्यान में देखते हैं तो यह पता चलता है कि अधिकांश तत्त्व 1886 तक खोजे जा चुके थे। केवल प्रोमिथियम अज्ञात था (इसकी खास वजह थी) तथा यूरोपियम और ल्यूटेशियम की खोज 20वीं शताब्दी में होनी थी। पिछली शताब्दी के नौवें दशक के मध्य में अधिकांश दुर्लभ मृदा तत्त्व खोजे जा चुके थे, केवल थोड़े से तत्त्वों की खोज बाकी थी, परंतु यह बात कौन सोच सकता था? कौन यह विश्वास दिला सकता था कि दुर्लभ मृदा तत्त्वों के प्राकृतिक खजाने खाली हो चुके हैं?

इसके विपरीत वैज्ञानिक लोग नई दुर्लभ मृदाओं की खोज की आशा लगाए बैठे थे। समेरियम, गैडोलिनियम, प्रेसियोडियम, नियोडिमियम, हॉलमियम तथा थूलियम की खोजों से उनकी हिम्मत काफी बढ़ गयी थी। उनकी आशाओं पर पाबंदी लगाना आसान काम नहीं था। आवर्त सारणी में दुर्लभ मृदा तत्त्वों को बेरियम और टैन्टेलम के बीच बहुत खाली जगह दे दी गयी। उनके परमाणु भारों में अंतर 45 इकाई था। इस जगह में बहुत सारे दुर्लभ मृदा तत्त्व, ज्ञात और अज्ञात, समा सकते थे। परंतु यह कोई नहीं बता सका कि इनकी कुल संख्या कितनी है। बीस, तीस या चालीस–कोई भी संख्या ठीक निकल सकती थी इस अनिश्चितता के कारण नए दुर्लभ मृदा तत्त्वों की अनगिनत खोजों में बहुत सहायता मिली।

बहुत सारे विख्यात वैज्ञानिक ज्ञात दुर्लभ मृदा तत्त्वों के विखंडन में जुट गए तथा उन्हें अपने प्रयोगों से बढ़िया परिणाम मिले, परंतु कुछ अर्से बाद इन वैज्ञानिकों ने खुद ही अपने परिणामों को गलत घोषित कर दिया। स्कैन्डियम के आविष्कारक नील्सन तथा उनके सहायक क्रूस ने 1887 में बड़े विश्वास के साथ यह घोषणा की कि हॉलमियम चार अवयवों में तथा डिस्प्रोसियम तीन अवयवों में विभाजित किया जा सकता है। इसका मतलब यह हुआ कि एक साथ सात नए दुर्लभ मृदा तत्त्व पैदा हो गए। ब्राउनर जैसा सावधान वैज्ञानिक भी भ्रम में पड़ गया। उन्होंने सीरियम में एक अशुद्धि ढूँढ़ी जिसका नाम मेटासीरियम रखा। इस तरह के कई और उदाहरण दिए जा सकते हैं।

वैज्ञानिक स्पेक्ट्रमदर्शी विधि पर कुछ ज्यादा ही विश्वास करने लगे थे : जैसे ही उन्हें स्पेक्ट्रम में कोई नयी रेखा दिखाई देती, वे तुरंत एक नए तत्त्व की खोज की घोषणा कर देते। उन दिनों स्पेक्ट्रमदर्शी विधि इतनी ज्यादा विकसित नहीं हुई थी तथा हमेशा यह स्थापित करना असंभव था कि नयी रेखा वास्तव में नए तत्त्व के कारण उत्पन्न हुई थी या किसी ज्ञात तत्त्व की अशुद्धि का सबूत थी। दुर्लभ मृदा तत्त्वों की झूठी खोजों का मुख्य कारण शायद यही था। एक कारण और भी था और वह यह कि विभाजन की विधियों की संख्या सीमित थी : आंशिक क्रिस्टलीकरण तथा आंशिक अवक्षेपण। पहली विधि दुर्लभ मृदा तत्त्वों के लवणों की विलेयता की विविधता पर आधारित थी तथा दूसरी—उनकी क्षारकता की विविधता पर। यह कैसे सिद्ध किया जाए कि प्राप्त चीज शुद्ध दुर्लभ मृदा थी या उसमें अशुद्धियाँ उपस्थित थीं? इसके लिए समय-समय पर प्राप्त दुर्लभ मृदा तत्त्व के ऑक्साइड का परमाणु भार निश्चित करना चाहिए था। अगर यह लगभग स्थायी रहता था तो वास्तविकता पता चल जाती थी। परंतु इस विधि में समय बहुत लगता था तथा यह काफी भारी भी थी।

1880 के आसपास मेंडेलीफ के आवर्त नियम तथा आवर्त प्रणाली को विस्तृत मान्यता मिल गयी थी। अब हर नए तत्त्व को आवर्त सारणी में रखना जरूरी था। परंतु लगभग सभी दुर्लभ मृदा तत्त्व इस सारणी से बाहर रहे। इसका कारण यह नहीं था कि आवर्त सारणी में उनके लिए खाली जगह नहीं थी। जहाँ एक जगह का सवाल था तो बेरियम और टैन्टेलम के बीच ढेर सारे खाने खाली थे। बात यह थी कि ये खाने दुर्लभ मृदा तत्त्वों के गुणों के अनुकूल नहीं थे। अगर इन तत्त्वों को सारणी के अलग-अलग ग्रुपों में रख दिया जाता तो इसका मतलब यह होता कि तीसरे और चौथे ग्रुप के अलावा बाकी सभी ग्रुपों में असंगत तत्त्व उपस्थित हैं। इसी वजह से ब्राउनर ने बड़ी मेहनत करके यह सिद्ध करने का प्रयत्न किया कि डाइडिमियम पंचसंयोजक था। चूंकि ये तत्त्व आवर्त सारणी का विरोध कर रहे थे, अतः गलतियाँ होनी स्वाभाविक थीं। पहली बार रासायनिक तत्त्वों के इतिहास में यह धारणा प्रस्तुत की गयी कि दुर्लभ मृदा तत्त्व साधारण तत्त्व नहीं हैं, लेकिन वे इन तत्त्वों की किस्में जैसी हैं। इसीलिए इन (किस्मों) के गुणों में इतनी ज्यादा समानता है।

यह विचार उस व्यक्ति की देन था जिसका नाम पहले आ चुका है तथा आगे भी कई बार लिया जाएगा। हमारा अभिप्राय थैलियम के आविष्कारक अंग्रेज वैज्ञानिक क्रूक्स से है। क्रूक्स का विचार था कि दुर्लभ मृदा तत्त्व साधारण तत्त्वों के रूपांतरण थे। उन्होंने इनका नाम मेटातत्त्व रखा। क्रूक्स स्पेक्ट्रमदर्शी विश्लेषण के परिणामों से इस निष्कर्ष पर पहुँचे थे, परंतु यहाँ स्पेक्ट्रमदर्शी वैश्लेषिक विधि ने उनको धोखा दिया। टि बुआबोडरान ने यह सिद्ध कर दिया कि क्रूक्स के प्रेक्षण गलत थे।

इस प्रकार मेटातत्त्व सिद्धांत की जड़ हमेशा के लिए उखाड़ दी गयी। परंतु कभी-कभी अतिकाल्पनिक विचारों में कुछ सच्चाई भी हो सकती है। साधारण तत्त्वों को मेटातत्त्वों का मिश्रण समझते हुए क्रूक्स ने हर तत्त्व के परमाणुओं की विविधता पर विश्वास किया। इसलिए उन्होंने शब्द 'तत्त्व' की जगह 'तात्विक ग्रुप' शब्दों के प्रयोग का प्रस्ताव पेश किया।

उनके इस विश्वास में भविष्यवाणी निहित थी, आज हम क्रूक्स की कल्पना की तुलना इस धारणा के साथ कर सकते हैं कि बहुत सारे रासायनिक तत्त्व समस्थानिकों के मिश्रण होते हैं। हम देखेंगे कि क्रूक्स को कितनी परिशुद्धता के साथ तत्त्वों की समस्थानिक प्रकृति का पूर्वज्ञान हो गया था।

हमने उन्नीसवीं शताब्दी के अंत को दुर्लभ मृदा तत्त्वों के इतिहास में 'घपले का जमाना' कहा है। परंतु धीरे-धीरे वैज्ञानिकों को सच्चाई पता चलती गयी। कुछ वैज्ञानिकों ने संभव दुर्लभ मृदा तत्त्वों की संख्या लगभग ठीक निकाली। उदाहरणार्थ, डेनमार्क के भौतिकविद् थामसन का निशाना ठीक निकला : उन्होंने इनकी संख्या 15 बतायी। ये वही थामसन थे जिन्होंने मेंडेलीफ को आवर्त सारणी के लिए 'सीढ़ीदार रूप' के इस्तेमाल का सुझाव दिया जो स्वीकार किया गया। ब्राउनर ने सभी दुर्लभ मृदा तत्त्वों को एक ग्रुप में रखने का सुझाव दिया, जिसमें इन्हें आज देख रहे हैं।

सन् 1900 में पेरिस में आयोजित विश्व प्रदर्शनी में लैन्थेनम, सीरियम तथा नियोडिमियम धातु नमूने के रूप में प्रदर्शित किए गए जो विज्ञान और तकनीक के क्षेत्र में महान् उपलब्धि के प्रतीक थे।

इटेर्बियम और ल्यूटेशियम

इस अध्याय के आरंभ में हमने फ्रेंच रसायनज्ञ उरबेन की चर्चा की है जिन्होंने दुर्लभ मृदा तत्त्वों के रसायन के विकास में महत्त्वपूर्ण भूमिका निभायी। इस वैज्ञानिक ने इन तत्त्वों को एक दूसरे से अलग करने की विधियाँ विकसित कीं, कुछ तत्त्वों के अतिशुद्ध ऑक्साइड प्राप्त किए (शुद्ध थूलियम प्राप्त करने के लिए उन्होंने 15000 बार पुनः क्रिस्टलीकरण किया) तथा इन तत्त्वों के परमाणुक द्रव्यमानों के मानों की सही जाँच की, परंतु इन्हें नया तत्त्व खोजने में किसी भी तरह से सफलता नहीं मिल रही थी।

केवल 1907 में इनकी किस्मत ने साथ दिया। वैज्ञानिक ने यह सिद्ध कर दिखाया है कि मारिग्नक का पुराना 'इटेर्बियम' दो तत्त्वों का मिश्रण था। उरबेन ने इनमें से एक का नाम वही रहने दिया। अतः 'इटेर्बियम' की सही जन्मतिथि 1907 है। उन्होंने दूसरे तत्त्व का नाम ल्यूटेशियम (पेरिस के प्राचीन नाम-ल्यूटेशिया के सम्मान में) रखा।

यह पता चला कि जिन दिनों उरबेन 'इटेर्बियम' के साथ काम कर रहे थे, वान वैल्सबाख (जो डाइडिमियम से इन्कार कर रहे थे) भी इसी तरह का प्रयोग कर रहे थे। आस्ट्रिया के इस रसायनज्ञ ने 'इटेर्बियम' का विखंडन करके इस नाम की उपेक्षा करते हुए इसके अवयवों को 'एल्डिबेरेनियम' और 'कैसिओपियम' नाम से पुकारा। उन्होंने ये नाम खगोल-विज्ञान शब्दावली से लिए।

परंतु उरबेन का लेख वान वेल्सबाख के काम की खबर से कुछ महीने पहले छपा जिसके कारण उन्हें ल्यूटेशियम का खोजी माना जाता है। परंतु जर्मन वैज्ञानिक साहित्य में काफी अर्से तक 'कैसिओपियम' का नाम तथा Cp चिह्न प्रयुक्त होते रहे। बहुत सारे वैज्ञानिक वैल्सबाख के परिणामों को ज्यादा विश्वसनीय मानते थे। सीरियम के बाद दुर्लभ मृदा तत्त्वों के इतिहास में दूसरी बार ऐसी घटना घटी थी, जब दो अलग-अलग देशों के वैज्ञानिकों ने एक नए तत्त्व की खोज की प्राथमिकता का दावा किया। इन दोनों नामों के साथ एक नाम और भी जोड़ा जा सकता है और वह अमरीकी रसायनज्ञ जेम्स का। उन्होंने स्वतंत्र रूप से यह स्थापित किया कि 'इटेर्बियम' तत्त्वों का मिश्रण था, परंतु उन्होंने अपने प्रयोगों का वर्णन तब छापा, जब अमरीकी वैज्ञानिक उरबेन तथा वान वेल्सबाख के कार्यों से परिचित हो चुके थे।

ल्यूटेशियम अंतिम प्राकृतिक दुर्लभ मृदा तत्त्व साबित हुआ तथा इस तत्त्व से दुर्लभ मृदा की श्रेणी समाप्त हो जाती है। परंतु उरबेन इस बात से सहमत नहीं थे। 1911 में उन्होंने एक नए तत्त्व-सेल्तियम की खोज की घोषणा की। उनके विचारानुसार यह तत्त्व आवर्त सारणी में ल्यूटेशियम के बाद होना चाहिए था। बाद में स्पष्ट हो गया कि उनका प्रयोग गलत था। उरबेन ने इस तत्त्व के स्पेक्ट्रम की गलत परिभाषा दी थी : नयी रेखाएँ वास्तविकता में ज्ञात तत्त्वों की रेखाएँ थीं।

दुर्लभ मृदा तत्त्वों के इतिहास से क्या सबक मिला?

दुर्लभ मृदा तत्त्वों के इतिहास से काफी शिक्षा मिलती है। इस इतिहास को दर्जनों आत्मत्यागी तथा मेहनती रसायनज्ञों की कई पीढ़ियों ने लिखा है तथा इसमें उन लोगों के लिए कोई स्थान नहीं था जो बिना मेहनत के सफल होना चाहते थे। जुड़वाँ तत्त्व को एक दूसरे से अलग करने के लिए अनगिनत प्रयोगों की जरूरत थी जो केवल धैर्यवान् वैज्ञानिकों के बस का काम था।

दुर्लभ मृदा तत्त्वों का इतिहास एक समाकलन-प्रक्रम है तथा इसके किसी भी अंश को छोड़ा नहीं जा सकता। एक तत्त्व की खोज दूसरे तत्त्व की खोज का आधार बनती गयी। असंख्य गलतियाँ भी आगे चल कर काम की साबित हुईं। वैज्ञानिक लोग इन गलतियों से सबक लेते रहे, उन्होंने अपनी अनुसंधान-विधियाँ और ज्यादा विकसित कीं तथा अपने और अपने साथियों के परिणामों की जाँच की। एक नए तत्त्व की दोबारा खोज और कहीं इतनी

ज्यादा महत्त्वपूर्ण साबित नहीं हुई, जितनी दुर्लभ मृदा तत्त्वों के इतिहास में। त्रुटियों के सागर से धीरे-धीरे सच्चाई बाहर निकाल दी गयी।

दुर्लभ मृदा तत्त्वों का इतिहास नए दुर्लभ मृदा खनिजों की खोजों पर बहुत ज्यादा निर्भर रहा। ऊपर हम समार्स्काइट तथा मोनेजाइट निक्षेपों के महत्त्व का वर्णन कर चुके हैं। इन निक्षेपों ने हमेशा के लिए वैज्ञानिकों की माँग पूरी कर दी। आपको दूसरे तत्त्वों के इतिहास में इतनी निर्भरता कहीं नहीं नजर आएगी। और अंततः किसी और तत्त्व ने आवर्त सारणी को इतना ज्यादा तंग नहीं किया जितना दुर्लभ मृदा तत्त्वों ने : इस बात की कोई जानकारी नहीं थी कि दुर्लभ मृदा तत्त्वों की कुल संख्या कितनी है तथा इनके रासायनिक गुण एक दूसरे से इतने ज्यादा क्यों मिलते हैं? केवल 1921 में इस समानता का कारण पता चला, जब डेनमार्क के वैज्ञानिक नील्स बोहर ने आवर्त प्रणाली के बारे में अपना सिद्धांत प्रस्तुत किया। इस भौतिकविद् ने उस समस्या को हल कर डाला जिसने काफी अर्से से रसायनज्ञों की नाक में दम कर रखा था। हमारे दिनों में भी वैज्ञानिकों में इस बात पर मतभेद हैं कि मेंडेलीफ की आवर्त सारणी में दुर्लभ मृदा तत्त्वों को सजाने का सबसे बढ़िया तरीका कौन सा है।

अध्याय VIII

हीलियम और अन्य निष्क्रिय गैसें

छः निष्क्रिय (उत्कृष्ट) गैसें (अब इन्हें निष्क्रिय तत्त्व कहते हैं)—हीलियम, निऑन, आर्गान, क्रिप्टॉन, जीनॉन, रेडॉन—प्रकृति में अति विरल हैं। इन तत्त्वों की खोज के काफी बाद तक यह समझा जाता रहा कि ये तत्त्व रासायनिक यौगिक नहीं बना सकते हैं जिसकी वजह से इनका नाम उत्कृष्ट या निष्क्रिय गैसें रखा गया (रैमजे ने इनके लिए एक और नाम सुझाया—'विरल गैसें', परंतु यह नाम स्वीकार नहीं किया गया। विरलता तथा निष्क्रियता के कारण इन तत्त्वों की खोज काफी देर से हुई (उन्नीसवीं शताब्दी के बिल्कुल अंत में), जब भौतिक, विशेषतया, स्पेक्ट्रमदर्शी विश्लेषण तथा द्रव अवस्था में गैसों की प्राप्ति की विधियाँ काफी विकसित हो चुकी थीं। विशेष बात यह है कि सभी निष्क्रिय गैसें स्वतंत्र अवस्था में प्राप्त की गयीं (प्रकृति में ये केवल इसी अवस्था में मिलती हैं) तथा यह काम बहुत छोटे से अर्से में पूरा किया गया—1894 से 1900 के बीच। आर्गान, हीलियम, निऑन, क्रिप्टॉन तथा जीनॉन की खोज में सर्वाधिक महत्त्वपूर्ण भूमिका एक अंग्रेज भौतिकविद् तथा रसायनज्ञ रैमजे ने निभायी। इस वैज्ञानिक उपलब्धि के उपलक्ष में उन्हें नोबल पुरस्कार से सम्मानित किया गया (1904)।

हीलियम तथा रेडॉन की खोजों का इतिहास दूसरे निष्क्रिय तत्त्वों से अलग है। रेडॉन की खोज विघटनाभिकता के अध्ययन का परिणाम था। अगर बिल्कुल ठीक कहा जाए, तो यह विकिरणमापीय विधि के प्रयोग का नतीजा था। इसलिए इस तत्त्व की चर्चा हम अध्याय XI में करेंगे, जहाँ विघटनाभिक तत्त्वों की खोजों के इतिहास का वर्णन किया जाएगा। हीलियम की खोज का रासायनिक तत्त्वों के इतिहास में विशिष्ट स्थान है। बात यह है कि सन् 1868 में सौर ज्वालाओं के स्पेक्ट्रम में एक ऐसी रेखा उपस्थित पायी गयी, जो पृथ्वी पर ज्ञात किसी भी तत्त्व की रेखा से नहीं मिलती थी। इस तथ्य से बहुत सारे वैज्ञानिक यह विश्वास करने लगे कि सूरज पर एक अज्ञात तत्त्व उपस्थित है। उन्होंने इस तत्त्व का नाम हीलियम रखा। इसके 27 साल बाद पृथ्वी पर पहली बार हीलियम प्राप्त किया गया।

हीलियम

हीलियम के विशिष्ट इतिहास ने बहुत सारे वैज्ञानिकों तथा विज्ञान के इतिहासकारों को आकर्षित किया। इसका परिणाम यह हुआ कि इसके इतिहास की असली घटनाओं का क्रम बिगड़ गया तथा उसमें कई ऐसी घटनाएँ शामिल कर दी गयीं जो कभी घटी नहीं थीं। इस तत्त्व के बारे में एक दंतकथा तक बना दी गयी—बड़ी सुंदर तथा प्रभावशील, परंतु यह सच से बहुत दूर थी।

फ्रेंच खगोलज्ञ जेन्सेन तथा अंग्रेज खगोलज्ञ लोक्येर हीलियम के आविष्कारक माने जाते हैं। इन वैज्ञानिकों ने 18 अगस्त 1868 को पूर्ण सूर्य ग्रहण का अध्ययन किया। हिंद महासागर के तटों से यह सूर्यग्रहण बड़ी अच्छी तरह से

दिखाई दिया था। वैज्ञानिकों ने पेरिस विज्ञान अकादमी को पत्रों द्वारा इस बात की सूचना दी कि सूर्य-ग्रहण के दौरान सूर्य की फोटो को स्पेक्ट्रम में एक नयी पीले रंग की रेखा D_3 दिखायी दी जो किसी अज्ञात तत्त्व की रेखा थी। इस महान् घटना के सम्मान में (सूर्य पर एक नए तत्त्व की उपस्थिति) एक विशेष मेडल ढाला गया।

इस दिलचस्प कहानी की हर बात गलत निकली। केवल दो तारीखें ठीक थीं।

सबसे पहली बात तो यह कि अगस्त 1868 में लोक्येर हिंद महासागर के तट पर नहीं गए थे तथा उन्होंने पूर्ण सूर्य ग्रहण नहीं देखा था। जेन्सेन ने सूर्य का अध्ययन सूर्य ग्रहण के बाद किया था। उनके द्वारा प्राप्त परिणाम खगोल-विज्ञान के लिए काफी महत्त्व रखते थे, परंतु भावी हीलियम की खोज के लिए काफी महत्त्वहीन थे। जेन्सेन प्रथम व्यक्ति थे जिन्होंने सौर ज्वालाओं का अध्ययन सूर्य-ग्रहण के दौरान नहीं, बल्कि साधारण परिस्थितियों में किया तथा उनकी प्रकृति का वर्णन किया। उन्होंने 24 अगस्त को पेरिस विज्ञान अकादमी के नाम जो तार भेजा, उसके शब्द निम्न थे : 'ग्रहण तथा ज्वालाओं का अध्ययन किया गया, स्पेक्ट्रम अद्वितीय तथा अप्रत्यशित है; ज्वालाएँ गैसीय प्रकृति की हैं।''

उस वक्त तक वैज्ञानिकों को ज्वालाओं की प्रकृति की सही जानकारी नहीं थी। अब उन्हें यह पता चल गया कि वे गैसीय पदार्थ के बादल थे तथा उनका रासायनिक अवयवानुपात जटिल था। जेन्सेन ने अपने प्रेक्षण की विस्तारपूर्वक सूचना एक पत्र द्वारा पेरिस भेजी, परंतु इस पत्र को पेरिस पहुँचने में 40 दिन लग गए। एक अन्य फ्रेंच खगोलविद् रैये का पत्र उनके पत्र से दो हफ्ते पहले वहाँ पहुँच चुका था। उन्होंने भी ग्रहण का अध्ययन किया तथा ज्वालाओं के बारे में कुछ बातें लिखीं। इन दिनों लोक्येर क्या कर रहे थे? वे इंग्लैंड में बैठे एक विशेष स्पेक्ट्रमदर्शी द्वारा ज्वालाओं का अध्ययन कर रहे थे तथा उनके स्पेक्ट्रमों में रेखाओं की स्थिति निश्चित करने में व्यस्त थे। 23 अक्टूबर को उन्होंने पेरिस विज्ञान अकादमी को अपने काम के बारे में पत्र भेजा; संयोगवश उनका पत्र और जेन्सेन का पत्र एक ही वक्त पर पेरिस पहुँचे।

26 अक्टूबर के दिन पेरिस विज्ञान अकादमी की सभा में जेन्सेन तथा लोक्येर के पत्र पढ़े गए, परंतु इन पत्रों में सूर्य के अभिकल्पित तत्त्व के बारे में या हीलियम स्पेक्ट्रम के बारे में एक भी शब्द नहीं कहा गया था। केवल इतना बताया गया था कि पहली बार सूर्य-ग्रहण की परिस्थिति में नहीं, साधारण परिस्थिति में ज्वालाओं का अध्ययन किया गया था। इस घटना की याद में ऊपर बताया मेडल ढाला गया।

इस प्रकार यह स्पष्ट हो जाता है कि 18 अगस्त 1868 को जेन्सेन तथा लोक्येर ने कोई हीलियम नहीं खोजी। उनके प्रेक्षणों ने वैज्ञानिकों को सूर्य-ग्रहण से मुक्त परिस्थिति में इनकी ज्वालाओं के अध्ययन की प्रेरणा जरूर दी। कई वैज्ञानिकों ने इस दिशा में अनुसंधान-कार्य शुरू कर दिए। बस, तभी यह देखा गया कि ज्वालाओं के स्पेक्ट्रम में एक ऐसी रेखा उपस्थित थी जो पृथ्वी पर ज्ञात किसी भी तत्त्व की रेखा नहीं बतायी जा सकती थी। इतालवी खगोलज्ञ सेक्की को यह रेखा औरों से अधिक स्पष्ट दिखायी दी जिन्होंने इसे D_3 चिह्न दिया। सेक्की का नाम भी जेन्सेन तथा लोक्येर के नाम के साथ क्यों न जोड़ दिया जाए? उन्होंने हीलियम की खोज में अपने पूर्वाधिकारियों से कोई कम भूमिका नहीं निभायी। बात यह है कि सेक्की ने यह विचार प्रकट किया कि D_3 रेखा वास्तविकता में उच्च ताप तथा दाब पर किसी ज्ञात तत्त्व की रेखा हो सकती है, जैसे हाइड्रोजन की। अगर धारणा की पुष्टि न हुई होती तो सेक्की D_3 रेखा को पृथ्वी पर किसी अज्ञात तत्त्व की रेखा मान लेते।

लोक्येर तथा फ्रेन्कलेन्ड ने सेक्की द्वारा उठायी समस्या को हल करने की कोशिश की, परंतु उन्हें हाइड्रोजन के स्पेक्ट्रम में कोई परिवर्तन दिखायी नहीं दिए। अतः 3 अप्रैल 1871 के अपने लेख में लोक्येर ने 'एक नया तत्त्व X' अभिव्यंजना का प्रयोग किया। कुछ ऐसे संकेत मिलते हैं, जो यह बताते हैं कि 'हीलियम' नाम (यूनानी शब्द 'हीलिओस'—"helios" जिसका अर्थ सूर्य है) फ्रैन्कलेन्ड ने सुझाया था। उसी साल 3 अगस्त को ब्रिटिश संस्था के प्रधान थामसन (लार्ड केल्विन) ने पहली बार आम सभा में 'हीलियम' शब्द का प्रयोग किया।

अगर हम हीलियम की खोज को "fait accompli" मान भी लें, तब भी इस खोज की विशिष्टता कुछ कम नहीं होती

है। यह अकेला रासायनिक तत्त्व था जिसे पदार्थ के रूप में प्राप्त नहीं किया जा सकता था। आम परिस्थितियों में हीलियम क्या हैः गैस, द्रव या ठोस पिंड? इसके क्या गुण हैं? इसका द्रव्यमान क्या है तथा प्राकृतिक तत्त्वों की श्रेणी में इसका कौन सा स्थान है?

वैज्ञानिक उनमें से एक भी प्रश्न का सन्निकट उत्तर भी नहीं बता सके। इसके अलावा सेक्की का संदेह भी दूर नहीं किया गया था। इस प्रकार हीलियम के इतिहास में एक ऐसी अवधि आ गयी, जब इसे केवल एक परिकल्पित तत्त्व माना जाने लगा। वैज्ञानिकों की हीलियम के बारे में विभिन्न धारणाएँ बन गयीं। मेंडेलीफ ने सेक्की के विचार का समर्थन किया। वे भी चमकीली पीली रेखा को उच्च्य तापमानों तथा दाबों पर किसी ज्ञात तत्त्व की रेखा मान रहे थे। परंतु क्रूक्स ने हीलियम का स्वतंत्र अस्तित्व स्वीकार कर लिया और इसे आरंभिक पदार्थ मान लिया जिसके क्रमशः जटिलतर होने के साथ-साथ अन्य सभी तत्त्व उत्पन्न हुए हैं।

कई बार ऐसा लगा कि हीलियम ही अकेला रहस्यपूर्ण तत्त्व नहीं था। खगोलज्ञों को विभिन्न अंतरिक्ष पिण्डों के स्पक्ट्रम में नयी रेखाएँ दिखायी दीं—सूर्य, नक्षत्रों तथा नीहारिकाओं आदि के स्पैक्ट्रम में। इसका परिणाम यह हुआ कि परिकल्पित तत्त्वों की एक नयी सूची बन गयी : कोरोनियम, आकोनियम, नेबूलियम, प्रोटोक्लुओरीन कई वर्षों बाद यह मान लिया गया कि ऐसे तत्त्व नहीं हैं, केवल हीलियम का अस्तित्व स्वीकार किया गया।

हीलियम को मान्यता प्राप्त करने के लिए अपना 'भू-चेहरा' दिखाना था और इसका 'भू' इतिहास एक सांयोगिक घटना से शुरू हुआ।

1 फरवरी 1895 को रैमजे को ब्रिटिश संग्रहालय के एक कर्मचारी मिएर्स का एक पत्र प्राप्त हुआ। उस वक्त रैमजे को आर्गान का खोजी माना जा चुका था। अतः यह स्पष्ट है कि मिएर्स ने रैमजे को संयोग से ही नहीं चुना था। मिएर्स ने इस पत्र में अमरीकी शोधकर्ता हिल्डेब्रांड के प्रयोगों की चर्चा की, जिन्हें 1890 के आरंभ में संयुक्त राज्य अमरीका के भू विज्ञानी संस्थान में संपन्न किया गया था। थोरियम तथा यूरेनियम के खनिजों (उदाहरणतया, क्लीवाइट) की कुछ मात्रा गर्म करने से हिल्डेब्रांड को एक गैस प्राप्त हुई, जो रासायनिक रूप से निष्क्रिय थी। इस गैस का स्पेक्ट्रम नाइट्रोजन जैसा था तथा इसके अंदर नयी रेखाएँ उपस्थित थीं।

बाद में हिल्डेब्रांड ने रैमजे को बताया कि उनकी बड़ी इच्छा थी कि वे इस रेखा को एक नए तत्त्व की रेखा बताएँ। परंतु उनके साथियों को उनके परिणामों पर संदेह था जिसके कारण हिल्डेब्रांड ने अपने प्रयोग बंद कर दिए। मिएर्स का विश्वास था कि प्राकृतिक यूरेनेटों में नाइट्रोजन की उपस्थिति की कई घटनाओं के कारण एक बार और प्रयोग किया जा सकता था।

संभवतः रैमजे को यह विश्वास हो गया कि हिल्डेब्रांड की निष्क्रिय गैस आर्गान हो सकती थी। अतः वे मिएर्स की बात मान गए और 5 फरवरी को उन्होंने क्लीवाइट की कुछ मात्रा प्राप्त की। उन दिनों रैमजे आर्गान के अध्ययन में व्यस्त थे और इससे यौगिक प्राप्त करना चाहते थे। उन्होंने यह काम अपने शिष्य मैथ्यू को सौंप दिया। मैथ्यू ने खनिज की सल्फ्यूरिक अम्ल के साथ प्रतिक्रिया करायी। उन्हें भी हिल्डेब्रांड की तरह नाइट्रोजन जैसी एक गैस के बुलबुले दिखायी दिए।

इस गैस को पर्याप्त मात्रा में एकत्रित करके रैमजे ने इसका स्पेक्ट्रमदर्शी विश्लेषण किया (14 मार्च को)। परिणाम बड़ा अप्रत्याशित निकला : स्पेक्ट्रम में एक चमकीली रेखा दिखायी दी, जो नाइट्रोजन तथा आर्गान के स्पेक्ट्रम में नहीं दिखायी दी थी।

हालांकि रैमजे के पास किसी निश्चित निष्कर्ष पर पहुँचने के लिए पर्याप्त तथ्य नहीं थे, परंतु वे समझ गए कि क्लीवाइट में आर्गान के अलावा एक और अज्ञात गैस उपस्थित थी। रैमजे ने इस गैस को शुद्ध अवस्था में प्राप्त करने में एक हफ्ता लगा दिया। 22 मार्च को उन्होंने ब्राउनर की उपस्थिति में आर्गान तथा अज्ञात गैस के स्पेक्ट्रम की तुलना की।

रैमजे ने कुछ समय के लिए इस गैस का नाम 'क्रिप्टॉन' (यूनानी भाषा में इसका अर्थ 'गुप्त' होता है) रख दिया। बाद में यह नाम दूसरी निष्क्रिय गैस को दे दिया गया। 23 मार्च को वैज्ञानिक ने अपनी डायरी में यह लिखा कि 'क्रिप्टॉन' की पीली रेखा सोडियम की रेखा नहीं थी तथा आर्गान के स्पेक्ट्रम में नहीं दिखायी दी थी (सातवें दशक के अंत में यह सिद्ध करना आवश्यक था कि सौर हीलियम की D_3 रेखा सोडियम की चमकीली पीली रेखा नहीं थी)।

रैमजे को अपने परिणामों पर विश्वास नहीं आ रहा था, अतः उन्होंने गैस से भरी एक ट्यूब क्रूक्स को भेजी। एक दिन बाद क्रूक्स ने उनको निम्न टेलीग्राम भेजा : 'क्रीप्टॉन हीलियम है, 587.49; यहाँ आइए और अपनी आँखों से देख लीजिए।'' संख्या 587.49 सौर हीलियम की तरंग-लंबाई थी (एक विशेष स्केल के अनुसार)। इन आँकड़ों से भू-हीलियम की पहचान केवल सरल हो गयी, अन्यथा इसकी खोज का इतिहास स्वतंत्र था।

अब वैज्ञानिकों को हीलियम-एक नए तत्त्व—के अध्ययन का अवसर मिल गया। यह तत्त्व परिकल्पित तत्त्व नहीं रहा था। अब हीलियम की पूर्ण निष्क्रयता पर संदेह नहीं हो रहा था, क्योंकि इस वक्त तक आर्गान की निष्क्रियता ज्ञात हो चुकी थी (1894)।

29 मार्च 1895 को क्रूक्स द्वारा प्रकाशित 'रसायन के समाचार' नामक जर्नल में रैमजे ने पृथ्वी पर हीलियम की खोज की संक्षिप्त सूचना छपवायी। मजे की बात यह है कि लगभग उन्हीं दिनों स्वीडिश वैज्ञानिक क्लेव तथा उनके सहायक लंगलैट को भी इसी क्लीवाइट में भू-हीलियम प्राप्त हुई। परंतु स्वीडिश वैज्ञनिकों की सूचना थोड़ी देर से पहुँची, अतः उन्होंने खोज की प्राथमिकता पर कोई अधिकार नहीं जताया। हाँ, उन्होंने इस बात पर दुख जरूर प्रकट किया।

भू-हीलियम को तुरंत पूर्ण मान्यता मिल गयी तथा किसी ने भी रैमजे के परिणामों को गलत साबित करने की कोशिश नहीं की। कुछ समय बाद हीलियम कई अन्य खनिजों तथा खनिज जलों में उपस्थित पायी गयी। 1898 में पृथ्वी के वायुमंडल में हीलियम की उपस्थिति सिद्ध कर दी गयी।

आर्गान

अगर आप यह विवरण पढ़ें कि 'निष्क्रिय गैसों की खोज केवेन्डीश ने 1785 में की'', तो आप इसे एक मजाक समझेंगे। परंतु यह बात कितनी भी विरोधाभासी क्यों न लगे, यह है सच। केवल शब्द 'खोज' यहाँ गलत इस्तेमाल किया गया है। इसी प्रकार यह कहा जा सकता है कि हाइड्रोजन को 1660 में रा० बॉयल ने खोजा था या 1745 में लोमोनोसोव ने। केवेन्डीश को अपने प्रयोगों में एक परिघटना दिखाई दी जिसकी प्रकृति 100 साल बाद पता चली। अपनी प्रयोगशाला की डायरी में केवेन्डीश ने एक जगह यह लिखा कि नाइट्रोजन में ऑक्सीजन की अधिक मात्रा मिलाकर प्राप्त मिश्रण में वैद्युत स्फुलिंग प्रवाहित करने पर उन्हें एक गैस की थोड़ी सी मात्रा मिली (मिश्रण के आरंभिक आयतन का 1/125 भाग)। रहस्यमयी गैस के इस बुलबुले पर बाद में वैद्युत स्फुलिंग का कोई असर नहीं पड़ा। अब हम यह जानते हैं कि इस बुलबुले में निष्क्रिय गैस उपस्थित थी, जिस बात को केवेन्डीश न तो समझ सके और न ही समझा पाए।

विल्सन (केवेन्डीश की जीवनी के लेखक) ने 1849 में अपनी पुस्तक 'हेनरी केवेन्डीश की जीवन-गाथा' में प्रसिद्ध अंग्रेज भौतिकविद् के उक्त प्रयोग का वर्णन किया। उन्नीसवीं शताब्दी में नौवे दशक के आरंभ में रैमजे ने प्लैटिनम उत्प्रेरक की उपस्थिति में गैसीय नाइट्रोजन, हाइड्रोजन तथा ऑक्सीजन की व्यतिक्रिया का अध्ययन किया। इन प्रयोगों के परिणाम किसी काम के साबित नहीं हुए और रैमजे ने उन्हें प्रकाशित तक नहीं किया। बाद में रैमजे ने खुद बताया कि उन दिनों वे विल्सन की किताब पढ़ रहे थे तथा जब वे केवेन्डीश के प्रयोग की बात पढ़ रहे थे, उन्होंने किताब में उस पैराग्राफ के आगे निम्न शब्द लिख दिएः 'ध्यानयोग्य है।' उन्होंने अपने सहायक विलियम्स को यह प्रयोग दोहराने को कहा, परंतु हमें विलियम्स के प्रयोग के परिणामों की कोई जानकारी नहीं है। लगता यही है कि उन्हें भी कुछ मिला नहीं। यह घटना रैमजे को हमेशा के लिए याद हो गयी। (उन्होंने इसे अपनी 'छिपी स्मृति' कहा) तथा इसने आर्गान की खोज के प्रागैतिहास में

एक निश्चित भूमिका निभायी। आरंभ में अंग्रेज भौतिकविद् रैले इसके मुख्य पात्र थे तथा परमाणु तथा अणु सिद्धांत के विकास की आवश्यकता इसकी ऐतिहासिक पृष्ठभूमि थी। सिद्धांत के विकास के लिये तत्त्वों के परमाणुक द्रव्यमान निश्चित करना आवश्यक था। बहुत सारे प्रयोगों से यह पता चला कि अधिकांश तत्त्वों के परमाणु भार पूर्णांक नहीं थे। इस बीच 1815-1816 में अंग्रेज भौतिकविद् प्राउट ने प्रकृतिशास्त्र के इतिहास में एक महान् परिकल्पना प्रस्तुत की। प्राउट के अनुसार सभी तत्त्वों के परमाणु हाइड्रोजन परमाणुओं से बनते हैं; अतः परमाणुक द्रव्यमान पूर्णांक होने चाहिएँ। अब या तो प्राउट गलत कह रहे थे या परमाणु भार गलत निकाले गए थे।

इस अंतर को दूर करने के लिए गैसों के गठन तथा इनकी प्रकृति का नए सिरे से अध्ययन जरूरी था। रैले के विचारानुसार सबसे पहले वायुमंडलीय गैसों—नाइट्रोजन तथा ऑक्सीजन—के घनत्व ज्ञात किए जाने आवश्यक थे क्योंकि घनत्वों के आधार पर उनके परमाणु भार निकाले जा सकते थे।

29 सितंबर 1892 को इंग्लैंड के प्रसिद्ध जर्नल 'Nature' में रैले ने एक संक्षिप्त लेख प्रकाशित करवाया। यह लेख बहुत साधारण सा लग रहा था : वायु से प्राप्त नाइट्रोजन के घनत्व से तथा वायु और अमोनिया के मिश्रण को तप्त ताम्र तार के ऊपर से प्रवाहित कराके प्राप्त नाइट्रोजन के घनत्व में अंतर था। यह अंतर बहुत छोटा-सा था—केवल 0.001, परंतु इसे प्रयोग की त्रुटि नहीं बताया जा सकता था। वायुमंडलीय नाइट्रोजन भारी था। इस प्रकार एक रहस्य ने जन्म लिया जिसको 'वायुमंडलीय नाइट्रोजन का असामान्य उच्च घनत्व' कहा गया। अन्य रासायनिक विधियों से प्राप्त नाइट्रोजन हमेशा हलकी निकलती थी।

इस अंतर का क्या कारण था? रैमजे इस समस्या में रुचि लेने लगे। 19 अप्रैल 1894 को वे रैले से मिले और दोनों ने इस विषय पर बातचीत की। परंतु दोनों वैज्ञानिक अपनी अपनी बात पर दृढ़ रहे। रैमजे का विश्वास था कि वायुमंडलीय नाइट्रोजन में एक अधिक भारी गैस उपस्थित थीं इसके विपरीत रैले को यह विश्वास था कि 'रासायनिक' नाइट्रोजन में एक हल्की गैस की उपस्थिति इस अंतर का कारण थी।

रैले की बात ज्यादा वजनी लग रही थी। वायुमंडल के अवयवानुपात का 100 सालों से अध्ययन किया जा रहा था इस बात की संभावना बहुत कम थी कि वायु के किसी घटक का पता ही न चला हो। शायद अब केवेन्डीश के प्रयोग को याद करने का वक्त आ गया है। रैमजे की 'छिपी स्मृति' कब काम आएगी? 29 अप्रैल को रैमजे ने अपनी पत्नी को एक पत्र लिखा : ''नाइट्रोजन में शायद कोई निष्क्रिय गैस उपस्थित है जो हमारी निगाहों से बच गयी है। विलियम्स आजकल इस समस्या पर काम कर रहे हैं; वे यह देखना चाहते हैं कि नाइट्रोजन के साथ मैग्नीशियम की प्रतिक्रिया से क्या प्राप्त होता है। हम एक नया तत्त्व खोज सकते हैं।''

यह पत्र बड़े विश्वास के साथ लिखा लगता है। अज्ञात गैस को नया तत्त्व बताया गया, जो नाइट्रोजन की तरह निष्क्रिय है अर्थात् रासायनिक प्रतिक्रियाओं में बड़ी मुश्किल से भाग लेता है। रैमजे ने इस 'अजनबी' को नाइट्रोजन से अलग करने के लिए नाइट्रोजन को रासायनिक रूप से आबंधित करने की कोशिश की जिसके लिए उन्होंने नाइट्रोजन तत्त्व मैग्नीशियम की छिप्टियों से नाइट्रोजन के अवशोषण की प्रतिक्रिया करायी ($3Mg+N_2 = Mg_3N_2$)। यह एकमात्र उदाहरण है जब रसायन ने निष्क्रिय गैसों की खोज में कोई भूमिका निभायी।

रैमजे ने खुद ही अपनी बात का खंडन करते हुए एक नयी संभावना प्रकट की : अज्ञात गैस नया तत्त्व न होकर नाइट्रोजन का एक अपररूप है जिसके अणु में ऑक्सीजन की तरह (O_2—आणविक ऑक्सीजन तथा O_3—ओजोन) 3 परमाणु हैं (N_3)। मैग्नीशियम द्वारा नाइट्रोजन के अवशोषण से N_2 अणु परमाणुओं में विभाजित हो जाने चाहिए थे। तब अकेला N परमाणु N_2 के साथ जोड़ा जा सकता था जिससे N_3 प्राप्त हो सकता था। रैमजे की ऐसी धारणा थी। आगे चलकर आर्गान के विरोधियों ने N_3 के अस्तित्व की इस पूर्वधारणा से खूब फायदा उठाया। रैमजे ढाई महीने तक ओजोन जैसी नाइट्रोजन प्राप्त करने के प्रयास करते रहे और 3 अगस्त को उन्हें $100cm^3$ गैस प्राप्त हुई जो 19.086 घनत्व वाली

नाइट्रोजन गैस थी।

वैज्ञानिक ने क्रूक्स तथा रैले को अपनी इस सफलता की सूचना भेजी। उन्होंने रैले को स्पेक्ट्रमदर्शी विश्लेषण के लिए एक ट्यूब गैस भेजी। रैले ने खुद नयी गैस की थोड़ी सी मात्रा प्राप्त की। अगस्त के मध्य में एक विज्ञान गोष्ठी में रैमजे और रैले ने मिलकर एक संयुक्त रिपोर्ट पेश की। उन्होंने गैस के स्पेक्ट्रम का वर्णन किया और इसकी रासायनिक निष्क्रियता पर विशेष जोर दिया। बहुत सारे वैज्ञानिकों ने बड़े ध्यान से उनकी रिपोर्ट सुनी, परंतु उन्होंने इस बात पर आश्चर्य प्रकट किया कि वायु में एक नया घटक कैसे उपस्थित हो सकता है। विख्यात भौतिकविद् लोज ने तो यह तक कह दियाः ''आप लोगों ने शायद इस गैस का नाम भी खोज लिया है?''

नवंबर के आरंभ में इस गैस के नाम की समस्या हल कर दी गयी, जब रैमजे ने रैले को इसका नाम 'आर्गान' रखने की सलाह दी (यूनानी भाषा में इसका अर्थ 'निष्क्रिय' होता है) तथा इसे A चिह्न दे दिया (आगे चलकर यह चिह्न बदल कर Ar बनाया गया)। 30 नवंबर को रॉयल सोसाइटी के अध्यक्ष लार्ड केल्विन (वही थामसन जिन्होंने सर्वप्रथम 1871 में 'हीलियम' शब्द इस्तेमाल किया था) ने वायुमंडल के एक नए घटक की खोज को वर्ष की सर्वाधिक महत्त्वपूर्ण घटना घोषित की। परंतु इस घटक की प्रकृति अभी भी अज्ञात थी। क्या यह एक रासायनिक तत्त्व माना जा सकता था? मेंडेलीफ तथा डेवार (द्रवित वायु के संग्रहण के लिए फ्लास्क के आविष्कारक) जैसे विशेषज्ञों का विश्वास था कि आर्गान N_3 थी। आर्गान की परम रासायनिक निष्क्रियता एक नया गुण था जिसकी रसायनज्ञों को पहले कोई जानकारी नहीं थी। इसकी वजह से गैस का अध्ययन बड़ा मुश्किल काम था (विशेषतया, इसका परमाणु भार ज्ञात करना)। इसके अलावा यह स्पष्ट हो गया था कि अन्य प्राथमिक गैसों से भिन्न आर्गान एकपरमाणुक थी, अर्थात् इसके अणु में केवल एक परमाणु उपस्थित था।

वी. रैमजे

14 मार्च 1895 को रूसी रसायन समाज की सभा में मेंडेलीफ ने निम्न घोषणा कीः आर्गान का 40 परमाणु भार आवर्त सारणी में ठीक नहीं बैठता है, इसमें नयी गैस के लिए स्थान नहीं है, अतः आर्गान संघनित नाइट्रोजन N_3 है।

आर्गान की खोज के साथ संबंधित समस्याओं का हल ढूँढ़ने में काफी वक्त लग गया। इसमें हीलियम की खोज ने एक निश्चित भूमिका निभायी, जो खुद भी निष्क्रिय तथा एकपरमाणुक गैस निकली। आर्गान-हीलियम के जोड़े से इस परिकल्पना को प्रेरणा मिली कि ऐसी गैसों का अस्तित्व संयोग की जगह एक नियमित बात है। अब इस परिवार के नए सदस्यों की खोजों की आशा पैदा हो गयी थी। परंतु उनकी खोज केवल साल भर बाद संभव हुई। इस दौरान वैज्ञानिकों ने हीलियम तथा आर्गान के गुणों का बारीकी से अध्ययन किया, परमाणु भारों को अति परिशुद्धता के साथ ज्ञात किया तथा आवर्त सारणी में दोनों तत्त्वों की स्थिति पर विचार प्रकट किए।

क्रिप्टॉन, निऑन, जीनॉन

निष्क्रिय गैसों के इतिहास में सन्नाटा छा गया। इसके कई कारण थेः एक कारण यह था कि वैज्ञानिक लोग आर्गान तथा हीलियम की बहुत थोड़ी मात्राओं के साथ काम कर रहे थे। इन गैसों को वायु से अलग करने के लिए रासायनिक विधि से ऑक्सीजन, नाइट्रोजन, हाइड्रोजन तथा कार्बन डाइऑक्साइड पृथक करनी पड़ती थी। सभी निष्क्रिय गैसें पृथ्वी के वायुमंडल का बहुत नगण्य सा भाग थीं तथा आर्गान और हीलयम की पृष्ठभूमि पर इनके सदृशरूपों को ढूँढ़ना बड़ा कठिन काम था। दूसरा कारण था आर्गान तथा हीलियम की रासायनिक निष्क्रियता। सर्वाधिक सक्रिय अभिकर्मक (जैसे

फ्लुओरीन) भी इनके सामने बेबस थे। रसायनज्ञों के पास निष्क्रिय गैसों के अध्ययन का कोई तरीका नहीं था, अब केवल भौतिक विधियाँ ही कुछ परिणाम दे सकती थीं। सन्नाटे के दौरान ये विधियाँ विकसित की गयीं। वैज्ञानिकों ने गैसों की अल्प मात्राओं के विश्लेषण की विधियाँ सुधारीं, स्पेक्ट्रमदर्शियों की कोटि उत्तम की तथा गैसों के घनत्व ज्ञात करने की विधियाँ विकसित कीं। आखिरकार यह घटना घट गयी जो निष्क्रिय गैसों के इतिहास में सर्वाधिक महत्त्वपूर्ण साबित हुई। दो इंजीनियरों हैम्पसन (इंग्लैंड) तथा लिन्डे (जर्मनी) ने गैसों के द्रवीकरण की एक और नयी प्रभावशाली विधि ढूँढ़ी। हैम्पसन ने एक उपकरण बनाया जो एक घंटे में एक लीटर द्रवित वायु देता था। इस सफलता से अन्य वैज्ञानिकों को बहुत प्रेरणा मिली। 1898 के आरंभ में रैमजे के सहायक ट्रैवर्स ने बड़ी मात्रा में द्रवित आर्गान प्राप्त करने के लिए एक प्रशीतक उपकरण का निर्माण शुरू कर दिया। चूंकि वायुमंडलीय गैसें विभिन्न तापमानों पर द्रवित होती हैं, अतः इन्हें एक दूसरे से अलग करना इतना मुश्किल नहीं था।

आर्गान तथा हीलियम की खोजों का दूसरा महत्त्व यह है कि उन्होंने रसायनज्ञों को रासायनिक निष्क्रियता (यह बात 25 साल बाद समझी जा सकी) के अलावा आवर्त नियम तथा आवर्त सारणी के बारे में भी सोच विचार करने पर मजबूर कर दिया। उस वक्त आवर्त सारणी की स्थिति बड़ी नाजुक हो गयी थी। आर्गान और हीलियम के तीन महत्त्वपूर्ण गुण (परमाणु भारों का मान, शून्य के बराबर संयोजकता, एक परमाणुक अणु) दोनों गैसों को आवर्त सारणी से बाहर कर रहे थे। इसी कारण मेंडेलीफ N_3 के विचार का समर्थन कर रहे थे।

इतिहास भविष्यवाणी की अद्वितीय शक्ति रखता है। आर्गान की अभी पूरी तरह खोज नहीं हुई थी, जब 24 मई 1894 को रैमजे ने रैले को एक पत्र लिखा जिसमें उन्होंने यह पूछा : क्या रैले ने कभी यह सोचा है कि गैसीय तत्त्वों के लिए आवर्त सारणी में जगह है, उदाहरणार्थ :

Li Be B C N O F X X X

Cl

Mn Fe Co Ni

Br

?more Rd Ru Pd...

रैमजे का विचार था कि मेंडेलीफ की आवर्त सारणी के दीर्घ आवर्तों में लोहे और प्लैटिनम के त्रिकों की तरह लघु आवर्त में भी तत्त्वों का त्रिक हो सकता है। आर्गान तथा हीलियम की खोजों ने इस विचार को जन्म दिया है कि गैसें दो X का स्थान ले सकती हैं। परंतु इन तत्त्वों के परमाणु भारों के मान (4 और 40) के कारण He तथा Ar को एक ही आवर्त में रखना मुश्किल लग रहा था। धीरे-धीरे नए त्रिकों का विचार दूर होता गया और रैमजे ने निष्क्रिय गैसों को प्रत्येक आवर्त के अंत में रखने का प्रस्ताव पेश किया। अब हीलियम और आर्गान के बीच एक तत्त्व की खोज की आशा की जा सकती थी जिसका परमाणु 20 के आसपास होना चाहिए था। टोरोन्टो में अगस्त 1897 में ब्रिटिश समाज की सभा में रैमजे ने इस तत्त्व के बारे में एक रिपोर्ट प्रस्तुत की जिसका शीर्षक था : 'अनखोजी गैस' रैमजे इस गैस के रोचक गुणों का वर्णन करना चाहते थे, और कहा कि इसके सर्वाधिक महत्त्वपूर्ण गुण की बात यह थी कि इस गैस की अभी तक खोज ही नहीं हुई है।

यहाँ हम एक बार फिर वही विश्वास महसूस करते हैं जो आर्गान की खोज के पहले दिन रैमजे ने अपनी पत्नी के नाम एक पत्र में व्यक्त किया था। यह अनखोजी गैस निऑन निकली। परंतु जैसा कि विज्ञान में अक्सर होता है, कुछ परिस्थितियों के कारण इस खोज से पहले एक और घटना घट गयी। नयी गैस द्रवित वायु के क्रमशः वाष्पीकरण से प्राप्त प्रभाजियों के विश्लेषण से ढूढ़ी जा सकती थी। आर्गान से हलके प्रभाजी ज्यादा दिलचस्प साबित हो रहे थे। 24 मई 1898 को रैमजे तथा ट्रेवर्स को द्रवित वायु से भरा ड्यूआर फ्लास्क प्राप्त हुआ। दुर्भाग्यवश (या भाग्यवश) वायु की मात्रा बहुत

थोड़ी होने के कारण आर्गान के पूर्ववर्त्ती की खोज असंभव थी। अतः वैज्ञानिकों ने इस वायु से द्रवित वायु के विभाजन की तकनीक विकसित करने का फैसला किया। इस प्रयोग के परिणामस्वरूप शाम को रैमजे तथा टेवर्स को जो प्रभाजी प्राप्त हुआ, वह सबसे भारी था। 31 मई तक 31 पूरे हफ्ते वैज्ञानिकों ने इस प्रभाजी पर कोई ध्यान नहीं दिया।

31 मई को रैमेजे ने इसका अध्ययन करने का फैसला किया। उन्होंने गैस से नाइट्रोजन और ऑक्सीजन की अशुद्धियाँ अलग करके स्पेक्ट्रमदर्शी वैश्लेषिक विधि से उसका अध्ययन किया। रैमजे और ट्रेवर्स के आश्चर्य का ठिकाना न था जब उन्हें एक चमकीली पीली रेखा दिखायी दी जो न हीलियम की थी और न ही सोडियम की। रैमजे ने अपनी डायरी में निम्न शब्द लिखे : "31 मई। एक नयी गैस। क्रिप्टॉन'। पाठकों को याद होगा कि पहले यह नाम भावी हीलियम को दिया गया था। अब यह नाम हमेशा के लिए निष्क्रिय गैसों के इतिहास में लिखा गया। परंतु जिस गैस के बारे में रैमजे ने रिपोर्ट पड़ी थी, वह क्रिप्टॉन नहीं थी। क्रिप्टॉन का घनत्व तथा परमाणु भार उस गैस के घनत्व तथा परमाणु भार से काफी ज्यादा थे।

इसके तुरंत बाद निऑन की खोज हो गयी। रैमजे तथा ट्रेवर्स ने वायु के आसवन के दौरान प्राप्त हलके प्रभाजियों का अध्ययन किया। उन्हें एक प्रभाजी के अंदर एक नयी निष्क्रिय गैस मिली। रैमजे के कथनानुसार इस गैस का नाम निऑन (यूनानी शब्द "neos" नवीन) उनके पुत्र ने सुझाया था। इस बार अकेले ट्रेवर्स ने प्रयोग किया क्योंकि रैमजे कहीं बाहर गए हुए थे। यह 7 जून की बात थी। इसके बाद परिणामों की जाँच तथा निऑन को बड़ी मात्रा में प्राप्त करने और इसका घनत्व ज्ञात करने में पूरा एक हफ्ता लग गया। जैसी आशा थी, निऑन हीलियम तथा आर्गान के बीच वाली गैस निकली, हालांकि अभी इसे शुद्ध रूप में प्राप्त नहीं किया गया था। निऑन तथा आर्गान को पूर्णतया अलग करने की समस्या आगे चलकर हल कर दी गयी।

अब रैमजे तथा ट्रेवर्स को एक और निष्क्रिय गैस की खोज करनी थी। परंतु इस बार वैज्ञानिक उतने निश्चित नहीं थे, जितने निऑन की खोज के पहले। जुलाई 1898 में दोनों वैज्ञानिक द्रवित वायु के आसवन में व्यस्त थे। वे इस वायु को प्रभाजियों में विभाजित करना चाहते थे। आधी रात तक रैमजे और ट्रेवर्स ने 50 से ज्यादा प्रभाजी अलग किए; अंतिम प्रभाजी में (नबंर 56 उन्हें क्रिप्टॉन मिल गयी। इसके बाद उपकरण को गर्म करके एक और प्रभाजी (नबंर 57) प्राप्त हुआ, जिसमें मुख्यतः कार्बन डाइऑक्साइड के अवशेष उपस्थित थे। रैमजे और ट्रेवर्स इस बात पर बहस करने लगे कि इस प्रभाजी का अध्ययन किया जाए या नहीं उन्होंने प्रयोग जारी रखने का फैसला किया। अगली सुबह जब वैज्ञानिकों ने 57 नबंर के प्रभाजी के स्पेक्ट्रम का अध्ययन किया तो उन्हें एक नयी चीज दिखायी दी। रैमजे और ट्रेवर्स इस निष्कर्ष पर पहुँचे कि यह एक नयी गैस की उपस्थिति का प्रमाण था। परंतु शुद्ध जीनॉन केवल 1900 के मध्य में प्राप्त की जा सकी। 'जीनान; नाम यूनानी शब्द 'जीनस' से लिया गया है जिसका अर्थ 'अजनबी' होता है।

निष्क्रिय गैसों का महत्त्व

निष्क्रिय गैसों की खोज की गिनती 19 वीं शताब्दी की चार महान् वैज्ञानिक घटनाओं में की जाती है जिन्होंने प्राकृतिक विज्ञान में क्रांति पैदा कर दी। अन्य तीन महान घटनाएँ निम्न हैं—एक्सरे किरणों की खोज, विघटनाभिकता तथा इलेक्ट्रॉन। विज्ञान के इतिहासकारों द्वारा निष्क्रिय गैसों को इतनी ज्यादा मान्यता दिए जाने के कई कारण हैं।

इन गैसों की खोज का इतिहास रंग-बिरंगा तथा उत्तेजक है। रहस्यमय सौर तत्त्व-हीलियम पृथ्वी पर खोजा गया तथा अकेला यही तथ्य सिद्ध करता है कि मनुष्य प्रकृति को और बेहतरी से जानने के लिए कितनी मेहनत कर सकता है।

आर्गान भी कम रहस्यमयी नहीं थी। इस गैस ने वैज्ञानिकों को चक्कर में डाल दिया। इसकी रासायनिक निष्क्रियता के कारण इसे तत्त्व मानना असंभव था क्योंकि इसमें कोई भी रासायनिक गुण नहीं था। परंतु अनुसंधानकर्ताओं को इस असाधारण परिस्थिति का आदी बनना पड़ा और इस बात में विश्वास करने लगे कि ऐसे तत्त्व भी हो सकते हैं जो

रासायनिक प्रतिक्रियाओं की क्षमता नहीं रखते हैं। यह विचार काफी लाभदायक सिद्ध हुआ। निष्क्रिय गैसों की खोज ने शून्य संयोजकता की धारणा को जन्म दिया। इन गैसों ने शून्य ग्रुप बनाकर आवर्त सारणी को मजबूत किया। निष्क्रिय गैसों की खोज के लगभग 25 वर्ष बाद नील्स बोहर इनकी सहायता से परमाणुओं के इलेक्ट्रॉन शैलों का सिद्धांत विकसित कर सके। इस सिद्धांत ने निष्क्रिय गैसों की रासायनिक निष्क्रियता का स्पष्टीकरण दिया तथा उनकी परामाण्विक गठन आयनी तथा सहसंयोजी आबंधों की धारणा का आधार बन गयी। इस प्रकार निष्क्रिय गैसों की खोज ने सैद्धांतिक रसायन के विकास में महत्त्वपूर्ण योगदान दिया।

सातवें दशक के आरंभ में निष्क्रिय गैसों ने वैज्ञानिक जगत् को एक बार फिर चकित कर दिया। वैज्ञानिकों ने यह सिद्ध कर दिया कि जीनॉन (मुख्यतः) तथा क्रिप्टॉन रासायनिक यौगिक बना सकती हैं। (आज ऐसे 150 से ज्यादा यौगिक ज्ञात हैं।) निष्क्रिय गैसों की ये रासायनिक निष्क्रियता की धारणा का इतने समय बाद खंडन करती हैं। यह एक विरोधाभास है तथा इन गैसों के इतिहास की एक रोचक घटना है।

निष्क्रिय गैसों की गिनती पृथ्वी पर उपस्थित सर्वाधिक विरल स्थायी तत्त्वों में की जाती है। इन गैसों का इकाई अध्ययन आयतन हवा के कितने इकाई आयतन में मिलता है, इसके आँकड़े खुद रैमजे ने प्रस्तुत किए :

गैस	हवा
हीलियम	245000
निऑन	81 000 000
आर्गान	106
क्रिप्टॉन	20 000 000
जीनॉन	170 000 000

अभी तक इन संख्याओं में कोई परिवर्तन नहीं किया गया है। रैमजे का कथन था कि वायु में जीनॉन की मात्रा समुद्री जल में स्वर्ण की मात्रा से कम है। अकेला यही कथन यह बताता है कि निष्क्रिय गैसों की खोज कितनी यंत्रणादायक थी।

अध्याय IX

आवर्त प्रणाली के आधार पर पूर्वानुमानित तत्त्व

गैलियम, स्कैण्डियम, जर्मेनियम

''आवर्त नियम के बिना न तो हम अज्ञात तत्त्वों के गुणों का पूर्वानुमान कर सकते थे और न ही उनमें से कुछ का अभाव या अनुपस्थिति महसूस कर सकते थे। तत्त्वों की खोज अकेले प्रेक्षण की बात थी। अतः नए तत्त्वों की खोज केवल संयोग, कुशाग्रता तथा दूरदर्शिता पर निर्भर थी...। आवर्त नियम इस दिशा में एक नया मार्ग दिखाता है।'' इन शब्दों द्वारा मेंडेलीफ ने यह विचार प्रकट किया कि रासायनिक तत्त्वों के इतिहास में वह समय आ गया है जब अज्ञात तत्त्वों के अस्तित्व की पूर्वसूचना तथा उनके महत्त्वपूर्ण गुणों का पूर्वानुमान संभव हो गया है।

आवर्त प्रणाली इस कथन का आधार थी। इसकी संरचना से ही यह पता चल गया था कि जहाँ जहाँ खाली खाते रह गए थे वे उन तत्त्वों के लिए थे, जो अज्ञात थे। पड़ोसी खातों के तत्त्वों के गुणों की जानकारी के आधार पर अज्ञात तत्त्वों के आम गुण पता किए जा सकते थे तथा तर्कसंगति और साधारण गणित के प्रयोग द्वारा कुछ मात्रात्मक प्राचल (परमाणुक द्रव्यमान, घनत्व, गलनांक तथा क्वथनांक आदि) परिकलित किए जा सकते थे। परंतु इस काम के लिए रयायन के क्षेत्र में बहुत ज्यादा विद्वत्ता की जरूरत थी। मेंडेलीफ में यह विद्वत्ता थी। इस विद्वत्ता, वैज्ञानिक साहस और आवर्त नियम में विश्वास के बल पर वह कुछ नए तत्त्वों के अस्तित्व तथा गुणों का पूर्वानुमान करने में सफल हुए।

मेंडेलीफ के अद्‌भुत पूर्वानुमान बहुत जमाने से पाठ्‌यपुस्तकों के विषय बन गए हैं तथा रसायन की कोई ऐसी किताब नहीं है जिसमें एका-ऐलुमिनियम, एक-बोरॉन तथा एका-सिलिकन की चर्चा न की गयी हो, जो आगे चलकर गैलियम, स्कैण्डियम तथा जर्मेनियम के नाम से जाने गए।

पूर्वानुमानित तत्त्वों की वास्तविक तत्त्वों के साथ तुलना इस प्रकार की जा सकती है :

एका-ऐलुमिनियम Ea	गैलियम Ga
परमाणुक द्रव्यमान 68	परमाणुक द्रव्यमान 69.72
शुद्ध तत्त्व का गलनांक निम्न होना चाहिए।	गलनांक 29.75°C
धातु का घनत्व 6.0 के लगभग होना चाहिए।	घनत्व 5.9 (ठोस)
परमाणु आयतन 11.5 के आसपास होना चाहिए।	परमाणु आयतन 11.8
वायु में परिवर्तित नहीं होता है।	लाल तप्त करने पर हलका सा उपचयित होता है।
उबालने पर जल को अपघिटत कर देता है।	उच्च ताप पर जल को अपघटित कर देता है।

फिटकरी (ऐलम) बनाता है, परंतु Al के मुकाबले में ज्यादा कठिनाई से।	निम्न सूत्र वाली फिटकरी बनाता है। $NH_4Ga(SO_4)_2$. ,O
Ea_2O_3 बड़ी आसानी से धातु में अपचयित हो जाता है।	हाइड्रोजन प्रवाह Ga_2O_3 परितापित करने पर Ga आसानी से अपचयित हो जाता है।
EaAl के मुकाबले ज्यादा उड़नशील होता है; यह स्पेक्ट्रमदर्शी विश्लेषण द्वारा पता चलेगा।	Ga की खोज स्पेक्ट्रमदर्शी विश्लेषण विधि से हुई।

एक-बोरॉन Eb	स्कैन्डियम Sc
परमाणुक द्रव्यमान 44 के लगभग है।	परमाणुक द्रव्यमान 45.1 है।
घनत्व 3.0 के लगभग है।	घनत्व 3.0 है।
परमाणु आयतन 15 के लगभग है।	परमाणु आयतन 15 है।
धातु उड़नशील नहीं है तथा स्पेक्ट्रमदर्शी विश्लेषण विधि द्वारा नहीं खोजी जा सकती।	उड़नशीलता अल्प है।
क्षारीय ऑक्साइड बनाती है।	क्षारीय ऑक्साइड बनाता है।
उन्नत ताप पर जल को अपघटित कर देगी।	उबालने पर जल को अपघटित कर देता है।
Eb_2O_3 जल में अविलेय है, घनत्व के लगभग है।	Sc_2O_3 जल में अविलेय है; घनत्व 3.864 है।
Eb_2O_3 बड़ी मुश्किल से फिटकरी बनाती है।	Sc_2O_3 द्विलवण $3K_2SO_4.Sc_2(SO_4)_3$ बनाता है।

एक-सिलिकन Es	जर्मेनियम Ge
परमाणुक द्रव्यमान लगभग 72 है।	परमाणुक द्रव्यमान 72.60 है।
घनत्व 5.5 के लगभग है।	घनत्व 5.327 है।
परमाणु आयतन 13 के लगभग है।	परमाणु आयतन 13.57 है।
EsO_2 का घनत्व लगभग 4.7 है।	GeO_2 का घनत्व 4.280 है।
क्षारीय गुण क्षीण है।	GeO_2 अक्रिस्टीलीय प्रकृति का होता है।
$EsCl_4$ द्रव रूप में पाया जाएगा; क्वथनांक $\approx 90^oC$ होगा	$GeCl_4$ द्रव होता है, क्वथनांक 83^oC है।
Es की विऑक्सीकरण क्षमता निम्न होती है।	Ge कठिनाई से निम्न विऑक्सिकृत अवस्था में आता है।
एक अस्थायी यौगिक EsH_4 होता है।	GeH_4 प्राप्त होता है जो सरलता से से अपघटित हो जाता है।
एक कार्ब-धात्विक यौगिक $Es(C_2H_5)_4$ होता है।	$Ge(C_2H_5)_4$ ज्ञात है।

बाएँ कालमों में एका-ऐलुमिनियम, एका-बोरॉन तथा एका-सिलिकन के मेंडेलीफ द्वारा पूर्वानुमानित गुण दिए गये हैं और दाएँ कालमों में गैलियम, स्कैन्डियम तथा जर्मेनियम के गुणों के बारे में आधुनिक तथ्य दिए गए हैं। यह कहने की जरूरत नहीं है कि अनुमानित गुणों और वास्तविक गुणों में कितनी ज्यादा समानता है। मेंडेलीफ ने उपसर्ग 'एक' के प्रयोग की निम्न शब्दों में व्याख्या दीः ''प्रत्याशित तत्त्वों को नए नाम न देने के उद्देश्य से मैं उनका नाम उसी ग्रुप के सम और विषम संखीय तत्त्वों के समीपतम निम्नतम सादृश्य के आधार पर रखूँगा। मैं केवल उसके नाम के साथ संस्कृत के अंक जोड़ दूँगा (इक, द्वि, त्रि, चतुर्थ आदि)। इस प्रकार ऐलुमिनियम का समीपतम सदृश एक-ऐलुमिनियम होगा।''

गैलियम

इस तत्त्व की खोज की तारीख तो क्या घड़ी तक ज्ञात है। "27 अगस्त 1875 को 3 और 4 बजे के बीच मुझे पिरफिट खान (आर्गेले घाटी) में मिले जिंक-ब्लैन्ड के रासायनिक विश्लेषण के उत्पादों में एक नए सरल पदार्थ के अस्तित्व के लक्षण दिखाई दिए।'' इन शब्दों के साथ डि बुआबोडरान ने पेरिस विज्ञान अकादमी के सामने अपनी रिपोर्ट पढ़नी शुरू की। उन्होंने इस नए तत्त्व के कुछ गुणों का वर्णन किया तथा यह बताया कि इस तत्त्व की अयस्क में उपस्थिति स्पेक्ट्रमदर्शी विश्लेषण से सिद्ध हुई जैसा कि मेंडेलीफ ने 5 साल पहले पूर्वानुमान किया था। डि बुआबोडरान को इस बात की शिकायत थी कि उन्हें नए पदार्थ की बहुत थोड़ी मात्रा प्राप्त हुई थी इसलिए वे नए तत्त्व के गुणों का भली भांति अध्ययन नहीं कर सके।

29 अगस्त को नए तत्त्व का नाम रखा जाता है : कि बुआबोडरान इसका नाम गैलियम (फ्रांस के प्राचीन नाम के सम्मान में) रखने की सलाह देते हैं। इस दौरान वैज्ञानिक गैलियम के अध्ययन में काफी सफलता प्राप्त करते हैं तथा वे नई जानकारी को अपनी रिपोर्ट में शामिल कर देते हैं और अपनी रिपोर्ट एक अकादमिक जर्नल में छपने के लिए भेज देते हैं। नवंबर के मध्य में इस लेख वाला जर्नल पीटर्सबर्ग पहुँचता है जहाँ मेंडेलीफ बड़ी बेसब्री से इसका इंतजार कर रहे थे। ऐसे पक्के प्रमाण मिले हैं कि मेंडेलीफ को गैलियम की खबर इससे पहले मिल चुकी थी, परंतु दूसरे स्रोत से। दो हफ्ते पहले रूसी विज्ञान सोसाइटी को पेरिस से एक रिपोर्ट मिली थी जिस पर डिक्लेरमोन्ट के हस्ताक्षर थे। इस रिपोर्ट में गैलियम की खोज की चर्चा की गयी थी तथा इसके गुणों का संक्षिप्त वर्णन किया गया था। परंतु मेंडेलीफ के लिए यह बात ज्यादा महत्त्व रखती थी कि आविष्कारक ने खुद क्या लिखा है।

लेख के प्रकाशन पर मेंडेलीफ ने एकदम अपनी प्रतिक्रिया प्रकट की। 18 नवंबर को ही उन्होंने रूसी भौतिकविदों की सोसाइटी के अधिवेशन में एक रिपोर्ट पढ़ी। अधिवेशन के विवरण के अनुसार मेंडेलीफ ने घोषणा की कि खोजी गयी धातु संभवतः एका-ऐलुमिनियम थी। अगले दिन उन्होंने फ्रेंच भाषा में एक निबंध लिखा जिसका शीर्षक रखा—''गैलियम की खोज पर टिप्पणी।'' और अंत में 18 नवंबर को रूसी रसायन सोसाइटी की सभा में मेंडेलीफ गैलियम की चर्चा करते हैं। वैज्ञानिक की इतनी ज्यादा गतिविधियों का कारण स्पष्ट है। महान् रसायनज्ञ यह समझ गए थे कि उनके द्वारा पूर्वानुमानित एक तत्त्व अब वास्तविकतक बन गया था। मेंडेलीफ का विश्वास था कि अगर अगले अनुसंधान-कार्य ये सिद्ध कर दें कि एका-ऐलुमिनियम के गण गैलियम के गुणों के सदृश हैं, तो आवर्त नियम की उपयोगिता की बात सच साबित हो जाएगी।

द. मेंडेलीफ

छः दिन बाद (कितनी शीघ्रता से।) मेंडेलीफ का उक्त लेख पेरिस विज्ञान अकादमी के जर्नल में प्रकाशित हो गया। डि बओबोडरान पर इस लेख की विशेष

प्रतिक्रिया हुई। उन्होंने अपने प्रयोग जारी रखे और नए परिणाम प्रकाशन के लिए भेज दिए। 6 दिसंबर को फ्रेंच वैज्ञानिक का अगला लेख प्रकाशित हुआ। पहले की तरह इस बार भी उन्हें यह शिकायत थी कि गैलियम की मात्रा बहुत थोड़ी थी। उन्होंने वैद्युत रासायनिक विधि द्वारा इस धातु को प्राप्त करने के तरीके का वर्णन किया तथा इसके गुणों की चर्चा की। उन्होंने यह विचार प्रकट किया कि गैलियम ऑक्साइड का सूत्र Ga_2O_3 होना चाहिए।

लेख के बिल्कुल अंत में मेंडेलीफ की टिप्पणी के बारे में कुछ शब्द कहे गए थे। डि बुआबोडरान ने स्वीकार किया कि उन्होंने इस टिप्पणी को बड़े चाव से पढ़ा क्योंकि सरल पदार्थ के वर्गीकरण में उन्हें काफी अर्से से रुचि रही है। उन्हें मेंडेलीफ द्वारा एका-ऐलुमिनियम के पूर्वानूमान की बात की तनिक भी जानकारी नहीं थी, परंतु इससे कोई फर्क नहीं पड़ा। डि बुआबोडरान का विश्वास था कि सदृश तत्त्वों की स्पेस्ट्रम रेखाओं के बल पर ही वे गैलियम की खोज पर पाए थे। सदृश रासायनिक गुणों वाले तत्त्वों की स्पेक्ट्रम रेखाओं के नियम उन्होंने खुद ही स्थापित किये थे। अतः यहाँ स्पेक्ट्रमदर्शी विश्लेषण ने निर्णायक भूमिका निभायी। परंतु इस बात की कहीं चर्चा नहीं थी कि मेंडेलीफ ने भी अपने एका-ऐलुमिनियम के पूर्वानुमान में इस बात पर जोर डाला था कि नए तत्त्वों की खोज में स्पेक्ट्रमदर्शी विश्लेषण मुख्य भूमिका निभाएगा। डि बुआबोडरान के कथनानुसार मेंडेलीफ के पूर्वानुमान का गैलियम की खोज के साथ कोई संबंध नहीं था।

परंतु जैसे-जैसे डि बुआबोडरान, धात्विक गैलियम तथा इसके यौगिकों के गुणों का अध्ययन करते गए, उनके परिणाम मेंडेलीफ के पूर्वानुमानों के साथ मिलते गए। उदाहरण के लिए, मई 1876 में फ्रेंच वैज्ञानिक ने यह स्थापित किया कि गैलियम अति सरलता से गलनीय है (गलनांक 29.5° C) तथा वायु में रखने पर सरलता से आक्सीकृत हो जाता है। 1870 में मेंडेलीफ ने एका-ऐलुमिनियम के इन्हीं गुणों की भविष्यवाणी की थी। परंतु आवर्त सारणी तथा एक-ऐलुमिनियम के आसपास के तत्त्वों के घनत्व के आधार पर मेंडेलीफ ने एका-ऐलुमिनियम का घनत्व 5.9-6.0 परिकलित किया जबकि डि बुआबोडरान ने अपने स्पेक्ट्रम नियमों के आधार पर एका-ऐलुमिनियम का घनत्व 4.7 निकाला। उन्होंने प्रयोग द्वारा इस मान की पुष्टि भी कर दी। एक अनाड़ी आदमी के लिए यह अंतर (दो इकाइयों से कम) बहुत छोटा था, परंतु आवर्त नियम के भविष्य के लिए यह बड़े महत्त्व की बात थी। उस वक्त तक एका-ऐलुमिनियम के केवल गुणात्मक पूर्वानुमानों की पुष्टि हुई थी। घनत्व प्रथम मात्रात्मक गुण था। परंतु यह घनत्व गलत परिकलित किया गया था।

कहा जाता है कि जैसे ही मेंडेलीफ ने डि बुआबोडरान के लेख में यह पढ़ा कि गैलियम का घनत्व 4.7 है, उन्होंने फ्रेंच वैज्ञानिक को एक पत्र भेजा। इस पत्र में मेंडेलीफ ने यह लिखा कि डि बुआबोडरान जिस गैलियम की बात कर रहे हैं, वह अशुद्ध है। उसमें संभवतः सोडियम उपस्थित है क्योंकि गैलियम प्राप्त करने में इसका इस्तेमाल किया जाता है। सोडियम का घनत्व बहुत निम्न होता है (0.98) जिसके कारण गैलियम का घनत्व भी कम हो सकता है। अतः गैलियम को पूर्णतया शुद्ध करने की जरूरत है।

यह पत्र फ्रांस में नहीं मिला है और न ही मेंडेलीफ के अभिलेखों में। केवल मेंडेलीफ की पुत्री तथा रसायन के विख्यात इतिहासकार मेनशूत्कीन ने इस बात के संकेत दिए हैं। मेंडेलीफ ने ऐसा पत्र लिखा या नहीं, परंतु यह जरूर सच है कि गैलियम के आविष्कारक को मेंडेलीफ के विचार जरूर पता चल गए थे। उन्होंने गैलियम का घनत्व ठीक ज्ञात करने के लिए प्रयोग दोहराने का फैसला किया। इस बार उन्होंने इस बात को ध्यान में रखा कि मेंडेलीफ ने परिकल्पित तत्त्व का घनत्व 5.9 दिया था। सितंबर 1876 के आरंभ में उन्हें यह मान प्राप्त हो गया। अब फ्रेंच वैज्ञानिक को मेंडेलीफ की बात पर विश्वास हो गया। कुछ समय बाद डि बुआबोडरान ने महान् रूसी रसायनज्ञ को अपना फोटो भेजा जिस पर निम्न शब्द लिखे थे : ''अत्यधिक सम्मान के साथ मैं यह चाहता हूँ कि मेंडेलीफ मेरे मित्र बन जाएँ। डि बु० बो०'' मेंडेलीफ ने इन शब्दों के नीचे लिखा : ''डि बुआबोडरान, पेरिस। 1875 में एका-ऐलुमिनियम की खोज की और इसका नाम 'गैलियम' रखा, Ga= 69.7"।

1879 की शरद् में ऐंगेल्स ने रोस्को तथा शोरलेमर द्वारा लिखित रसायन की एक बिल्कुल नयी पाठ्यपुस्तक पढ़ी

जिसमें मेंडेलीफ द्वारा एका-ऐलुमिनियम के पूर्वानुमान तथा गैलियम के रूप में इसकी खोज के किस्से का वर्णन किया गया था। अपने एक लेख 'प्रकृति के तर्कशास्त्र' में ऐंगेल्स ने इस पुस्तक के उक्त शब्दों को उद्धृत करते हुए निम्न बात कही: 'मेंडेलीफ ने अनजाने में हेगेल के नियम (मात्रा का गुण में संक्रमण) को कार्यान्वित रूप देकर एक बहुत बड़ा वैज्ञानिक काम किया है जिसकी तुलना लेवेरिर द्वारा एक अज्ञात ग्रह नेप्टयून के कक्षक की परिकल्पना के साथ की जा सकती है।''

स्कैन्डियम

हम दुर्लभ मृदा तत्त्वों के अध्याय में स्कैन्डियम की खोज का संक्षिप्त वर्णन दे चुके हैं (पृ० 125)। हालांकि स्कैन्डियम के बहुत सारे गुण दुर्लभ मृदा तत्त्वों के गुणों से मिलते हैं, परंतु मेंडेलीफ ने यह पूर्वानुमान लगाया कि यह तत्त्व आवर्त सारणी के तीसरे ग्रुप में बोरॉन का सदृश होना चाहिए। उनकी बात सच निकली। स्वीडिश रसायनज्ञ नील्सन ने स्कैन्डियम की खोज की; 12 मार्च 1879 को उनका एक लेख ''एक नयी विरल धातु स्कन्डियम के बारे में'' प्रकाशित हुआ तथा 14 मार्च को पेरिस विज्ञान अकादमी की सभा में इस विषय पर बहस की गयी।

परंतु नील्सन के परिणामों में कई गलतियाँ थीं। वे स्कैन्डियम को चतुर्संयोजक समझ रहे थे जिसके कारण उन्होंने इसके ऑक्साइड का सूत्र ScO_2 रखा। उन्होंने इसका परमाणु भार ज्ञात नहीं किया, केवल इसका संभावित मान बताया (160-180)। और, अंत में नील्सन ने यह सुझाव रखा कि आवर्त सारणी में स्कैन्डियम को टिन और थोरियम के बीच में रखना चाहिए जो मेंडेलीफ के पूर्वानुमान के विरुद्ध था।

स्कैन्डियम की खोज से वैज्ञानिक जगत् काफी उत्तेजित हुआ तथा नील्सन के हमवतनी क्लेवे ने इस नए तत्त्व के अध्ययन का बीड़ा उठाया। उन्होंने 5 महीने तक इसका बड़ी बारीकी से अध्ययन किया तथा वे इस निष्कर्ष पर पहुँचे कि नील्सन द्वारा प्राप्त कई परिणाम गलत थे। 18 अगस्त को क्लेवे ने पेरिस विज्ञान अकादमी के सामने एक लेख पढ़ा जिसके द्वारा वैज्ञानिकों को स्कैन्डियम के बारे में बहुत सारी नयी बातें पता चलीं। यह त्रिसंयोजक तत्त्व निकला, इसके ऑक्साइड का सूत्र Sc_2O_3 था; इसके गुण नील्सन द्वारा बताए गुणों से काफी भिन्न थे। क्लेवे का एक निष्कर्ष बहुत महत्त्वपूर्ण था स्कैन्डियम मेंडेलीफ द्वारा पूर्वानुमानित एक-बोरॉन था। क्लेवे ने एक सारणी दिखाई जिसके बाएँ कालम में एका-बोरॉन के गुण तथा दाएँ कालम में स्कैन्डियम के गुण दिए गए थे। अगले दिन क्लेवे ने मेंडेलीफ को एक पत्र भेजा जिसमें निम्न शब्द लिखे : ''मुझे आपको इस बात की सूचना देते हुए बड़ा गर्व हो रहा है कि आपका तत्त्व, एक-बोरॉन प्राप्त कर लिया गया है। यह स्कैन्डियम है जिसे इस शरद् में नील्सन ने खोजा है।''

10 सितंबर को क्लेवे ने स्कैन्डियम पर एक बड़ा लेख प्रकाशित किया जिससे यह स्पष्ट था कि उन्हें इस तत्त्व के बारे में नील्सन से ज्यादा जानकारी थी। अतः वे इतिहासकार सच कहते हैं जो नील्सन के साथ-साथ क्लेवे को भी स्कैन्डियम का खोजी मानते हैं।

काफी लंबे अर्से तक नील्सन स्कैन्डियम के कुछ झूठे गुणों के भ्रम में पड़े रहे और इसकी एका-बोरॉन के साथ समानता को अस्वीकार करते रहे। परंतु क्लेवे के कार्यों से वे काफी प्रभावित हुए और आखिरकार उन्हें अपनी गलती माननी ही पड़ी।

वक्त गुजरने पर मेंडेलीफ के सारे पूर्वानुमान सत्य सिद्ध होते गए। धात्विक स्कैन्डियम के घनत्व के पूर्वानुमान की पुष्टि ऐसी आखिरी घटना थी। केवल 1937 में जर्मन रसायनज्ञ फिशर 98% शुद्ध स्कैन्डियम प्राप्त कर सके। इसका घनत्व $3.0 g/cm^3$ था अर्थात् बिल्कुल उतना ही निकला जितना मेंडेलीफ ने बताया था।

जर्मेनियम

मेंडेलीफ तथा पूर्वानुमानित तीनों तत्त्वों में एक-सिलिकन की खोज सबसे आखिर में हुई तथा इसकी खोज अन्य दोनों

तत्त्वों के मुकाबले एक संयोग की बात थी। वास्तव में डि बुआबोडरान द्वारा गैलियम की खोज उनके स्पेक्ट्रमदर्शी अनुसंधान के साथ संबंधित थी तथा नील्सन और क्लेवे द्वारा स्कैन्डियम की खोज दुर्लभ मृदा तत्त्वों के अनुसंधान के साथ संबंधित थी, जो उन दिनों विस्तारपूर्वक किया जा रहा था।

एका-सिलिकन का पूर्वानुमान करते हुए मेंडेलीफ ने यह अंदाजा लगाया कि यह धातु उन खनिजों में मिलनी चाहिए जिनमें Ti, Zr, Nb तथा Ta उपस्थित होते हैं। इस पूर्वानुमानित तत्त्व की खोज के उद्देश्य से वे खुद कुछ विरल खनिजों का अध्ययन करना चाहते थे, परंतु यह बात उनकी किस्मत में नहीं लिखी थी और एक-सिलिकन की खोज में 15 साल और लग गए।

1885 की ग्रीष्म में फ्रेबर्ग के पास हिमेलफर्स्ट खान (जर्मनी) में एक नया खनिज मिला। इसका नाम ('आर्जिरोडाइट' रखा गया क्योंकि इसके रासायनिक विश्लेषण से रजत (लातीनी नाम अर्जेन्टम) प्राप्त हुआ था। परंतु इस खनिज का ठीक गठन जानने में सफलता नहीं मिली। फ्रेबर्ग खनन अकादमी ने रसायनज्ञ विन्कलर को यह काम सौंप दिया। विश्लेषण कोई ज्यादा मुश्किल नहीं था और शीघ्र ही विन्कलर ने इस खनिज में निम्न अवयव उपस्थित पाए : 74.72% रजत, 17.43% सल्फर, 0.66% लौह ऑक्साइड (II), 0.22% जिंक ऑक्साइड तथा 0.31% मर्करी। विन्कलर को यह देखकर बड़ा आश्चर्य हुआ कि अवयवों की कुल मात्रा 100% न होकर केवल 93.04% थी। विन्कलर ने कितनी बार प्रयोग दोहराए पर हर बार 6.96% मात्रा कम पड़ी रही थी।

तब विन्कलर ने यह सोचना शुरू कर दिया कि गायब मात्रा एक अज्ञात तत्त्व था। इस विचार में प्रेरित होकर उन्होंने खनिज का बारीकी से अध्ययन शुरू कर दिया और फरवरी 1886 में एक-सिलिकन की खोज से संबंधित मुख्य घटनाएँ घटीं।

6 फरवरी को जर्मन रसायन सोसाइटी की सभा में विन्कलर ने यह सूचना दी कि उन्हें नए तत्त्व के कुछ यौगिक प्राप्त हुए हैं तथा वे तत्त्व को स्वतंत्र रूप में प्राप्त करने में सफल हुए हैं। वैज्ञानिक की इस रिपोर्ट को प्रकाशित करके विश्व के विभिन्न अनुसंधान-संस्थानों में भेज दिया गया। रूसी भौतिक-रसायन सोयाइटी को निम्न शब्दों वाली सूचना मिली : "लेखक को यह बताते हुए प्रसन्नता हो रही है कि उसे आर्जिरोडाइट में एक नया आध्यात्मिक तत्त्व मिला है जिसके गुण आर्सेनिक और ऐंटिमनी से मिलते हैं। लेखक ने इसका नाम 'जर्मेनियम' रखा है। आर्जिरोडाइट एक नया खनिज है जो वैसबाख को फ्रेबर्ग में मिला है तथा इसके अंदर रजत, सल्फर और जर्मेनियम उपस्थित हैं।"

इस पत्र में तीन बातें ध्यान देने योग्य हैं : पहली बात यह कि विन्कलर ने नए तत्त्व को अधातु माना; दूसरी यह कि उन्होंने इसे आर्सेनिक तथा ऐंटिमनी के सदृश समझा और तीसरी यह कि तत्त्व का नाम भी रख दिया गया। आरंभ में विन्कलर इसका नाम 'नेप्टयूनियम' रखना चाहते थे, परंतु यह नाम पहले ही एक दूसरे तत्त्व को दिया जा चुका था (यह झूठी खोज थी)। अतः वैज्ञानिक ने अपने देश जर्मनी के सम्मान में इसका नाम जर्मेनियम रख दिया। यह नाम आगे चलकर विस्तृत रूप में स्वीकार कर लिया गया, हालांकि कई रसायनज्ञों ने इसे तुरंत मान्यता नहीं दी।

आगे चलकर यह पता चला कि जर्मेनियम भी काफी हद तक दुहरी प्रकृति का होता है जिसके कारण इसे अधातु कहना एक त्रुटि नहीं हो सकता। सबसे ज्यादा बहस इस बात पर हो रही थी कि जर्मेनियम किस तत्त्व का सदृश था। विन्कलर ने अपनी पहली रिपोर्ट में आर्सेनिक और ऐंटिमनी का नाम लिया, परंतु जर्मन रसायनज्ञ रिख्तर इस बात से सहमत नहीं थे। उनके विचारानुसार जर्मेनियम संभवतः एका-सिलिकन का सदृश था। लगता है कि जर्मेनियम के आविष्कारक पर रिख्तर की बात का असर हुआ। 26 फरवरी को उन्होंने मेंडेलीफ को एक पत्र लिखा जिसमें साफ-साफ कह दिया : "पहले मैं यह समझ रहा था कि यह तत्त्व आपके द्वारा सोच-समझ कर बनायी अद्वितीय आवर्त सारणी में ऐंटिमनी और बिस्मथ के बीच वाली खाली जगह भर देगा तथा यह तत्त्व आपके एका-ऐंटिमनी से मिल जाएगा, परंतु तथ्य यह कह रहे हैं कि हमारा वास्ता एका-सिलिकन के साथ पड़ रहा है।

मेंडेलीफ के बधाई पत्र का विन्कलर ने यह उत्तर भेजा। यह बात सच है कि मेंडेलीफ ने ऐंटिमनी-जर्मेनियम के सादृश्य को गलत माना, परंतु उन्होंने जर्मेनियम को एका-सिलिकन भी स्वीकार नहीं किया। लगता है कि उन्हें नए तत्त्व के प्राकृतिक स्रोत ने आश्चर्य में डाल दिया था जो उनके द्वारा पूर्वानुमानित स्रोतों (टाइटेनियम और जिर्कोनियम के अयस्कों) के साथ किसी तरह की समानता नहीं रखता था। आवर्त नियम के खोजी ने एक और परिकल्पना प्रस्तुत की : जर्मेनियम कैडमियम का सदृश—एका-कैडमियम है।

अगर गैलियम और स्कैन्डियम की प्रकृति बिना किसी संदेह के स्थापित कर दी गयी, तो जर्मेनियम के मामले में मेंडेलीफ इतने निश्चित नहीं थे। परंतु यह अनिश्चितता शीघ्र ही निश्चितता में बदल गयी और 2 मार्च को मेंडेलीफ ने विन्कलर को एक टेलीग्राम भेजा जिसमें जर्मेनियम और एक-सिलिकन की समात्मिकता स्वीकार करने की सूचना भेजी।

शीघ्र ही 'रूसी भौतिक-रसायन सोसाइटी के जर्नल' नामक पत्रिका में विन्कलर का बड़ा लेख प्रकाशित हुआ जिसका शीर्षक निम्न था : 'जर्मेनियम-एक नया तत्त्व।' इसमें एका-सिलिकन के पूर्वानुमानित गुणों तथा जर्मेनियम के वास्तविक गुणों के बीच अद्वितीय समानता का नए सिरे से वर्णन किया गया था।

अज्ञात रासायनिक तत्त्वों की पूर्वसूचना

गैलियम, स्कैन्डियम तथा जर्मेनियम की खोजों का इतिहास यह बताता है कि इन तत्त्वों की खोज पर आवर्त नियम तथा आवर्त सारणी का कोई असर नहीं पड़ा था। परंतु मेंडेलीफ ने एका-ऐलुमिनियम, एका-बोरॉन तथा एका-सिलिकन के गुणों का जो पूर्वानुमान किया था, वे गुण गैलियम, स्कैन्डियम तथा जर्मेनियम में मिल गए थे। मेंडेलीफ ने प्रकृति में इन तत्त्वों की खोज से काफी पहले ही इनके मुख्य गुण बता दिए थे। क्या यह तथ्य आवर्त सारणी की पूर्वानुमान-शक्ति का सबूत नहीं है?

गैलियम की खोज तथा इसकी एका-ऐलुमिनियम के साथ समात्मिकता आवर्त सारणी तथा तत्त्वों की खोज के इतिहास में अतिमहत्त्वपूर्ण घटना बन गयी। 1875 के बाद वे वैज्ञानिक भी आवर्त सारणी को मान्यता देने लगे, जो पहले इसकी उपेक्षा कर रहे थे। इनके बीच में कई सर्वोत्तम अनुसंधानकर्ता थे जैसे बुन्सन (स्पेक्ट्रमदर्शी विश्लेषण के जन्मदाता)। ये वही वैज्ञानिक थे जिन्होंने एक बार यह कह दिया था कि तत्त्वों का वर्गीकरण वैसा काम है जैसे कि शेयर मार्किट के भावों में नियमितता का ढूँढ़ना। क्लेवे भी इन वैज्ञानिकों में शामिल थे, जिन्होंने अपने व्याख्यानों में एक बार भी आवर्त सारणी की चर्चा नहीं की थी। स्कैन्डियम तथा जर्मेनियम की खोज मेंडेलीफ के पूर्वानुमान सिद्धांत की विजय थी।

इन 3 क्लासिक्ल तत्त्वों के अलावा मेंडेलीफ ने कुछ अन्य अज्ञात तत्त्वों की उपस्थिति का पूर्वानुमान भी किया था। 1870 में वैज्ञानिक ने अपनी प्रणाली में कुल 10 खाली जगह छोड़ रखी थीं। उनके सातवें ग्रुप में खाली खाने रह गए, जहाँ न तो मैंगनीज के सदृशरूप थे और न ही भारी आयोडीन के (सबसे भारी हैलोजन, जिसमें धातु के गुण विद्यमान होने चाहिए थे)।

मेंडेलीफ के लेखों में हम एक-, द्वि-, त्रि- मैंगनीज और एका-आयोडीन के नाम पढ़ते हैं। वैज्ञानिक को इनके अस्तित्व में पक्का विश्वास था। परंतु यहाँ हमें एक मजेदार तथ्य दिखाई देता है। एका-मैंगनीज (भावी टैक्नीशियम) तथा एका-आयोडीन (भावी ऐस्टैटीन) कृत्रिम रूप में संश्लिष्ट किए गए। स्वाभाविक था कि मेंडेलीफ को प्रकृति में इनकी अनुपस्थिति की बात पता नहीं थी। उन्हें इनकी उपस्थिति में पूरा विश्वास था क्योंकि इन तत्त्वों से आवर्त सारणी में खाली जगहें भर दी गयी थीं।

पूर्वानुमान के दो चरण होते हैं : प्रकृति में किसी तत्त्व के अस्तित्व का पूर्वानुमान तथा उसके मुख्य गुणों का पूर्वानुमान। पहला चरण मेंडेलीफ के लिए तुकबाजी का काम था क्योंकि उस वक्त किसी को भी विघटनाभिकता की जानकारी नहीं थी जो कुछ तत्त्वों का जीवन काल इतना कम कर देती है कि पृथ्वी पर उनका अस्तित्व असंभव हो जाता

है या अगर वे बने रहे सकते हैं तो केवल इस कारण कि वे दीर्घायु वाले तत्त्वों (थोरियम तथा यूरेनियम) के विघटनाभिक रूपान्तरण के उत्पाद होते हैं।

दूसरा चरण पूरी तरह से मेंडेलीफ के हाथ में था तथा उनके विश्वास पर निर्भर था। कभी-कभी वैज्ञानिक ने साहस तथा विश्वास के साथ तत्त्वों के पूर्वानुमान किए। एका-ऐलुमिनियम, एका-बोरॉन तथा एका-सिलिकन के साथ ऐसा हुआ; इन तत्त्वों को आवर्त सारणी के उस हिस्से में रखा जाना था जहाँ कई ज्ञात तथा भली भांति अध्ययन किए गए तत्त्व रखे जा चुके थे—विश्वसनीय पूर्वानुमान का क्षेत्र। कभी-कभी मेंडेलीफ ने अज्ञात तत्त्वों के गुणों का पूर्वानुमान बड़ी सावधानी से किया। इनमें मैंगनीज, आयोडीन, टेल्यूरियम के सदृशरूप तथा सातवें आवर्त के आरंभ में गायब तत्त्व एका-सीजियम, एका-बोरियम, एका-लैन्थेनम, एका-टैन्टेलम शामिल थे। यहाँ मेंडेलीफ अंधेरे में हाथ-पैर मार रहे थे। वे केवल इन तत्त्वों के परमाणु भारों तथा ऑक्साइडों के रूपों के सुझाव पेश करते थे। मेंडेलीफ का विचार था कि उन अज्ञात तत्त्वों के गुणों का पूर्वानुमान मुश्किल था क्योंकि वे प्रणाली की सीमाओं पर स्थित थे और उनके चारों ओर ज्ञात तत्त्वों की संख्या बहुत कम थी। यह अनिश्चित पूर्वानुमान का क्षेत्र था। स्पष्ट है कि दुर्लभ मृदा तत्त्व भी इनमें शामिल थे।

अंत में आवर्त सारणी के कुछ भागों में पूर्वानुमान बिल्कुल ही अविश्वसनीय थे। इनमें हाइड्रोजन से हलके तथा यूरेनियम से भारी अभिकल्पित तत्त्व शामिल थे। मेंडेलीफ ने कभी नहीं सोचा था कि आवर्त सारणी हाइड्रोजन से शुरू होनी चाहिए। उन्होंने एक लेख तक लिखा जिमसें हाइड्रोजन से पूर्ववर्त्ती दो तत्त्वों का वर्णन किया। जब भौतिकविदों ने आवर्त सारणी का स्पष्टीकरण दिया, तब मेंडेलीफ की गलती स्पष्ट हो गयी : हाइड्रोजन परमाणु के नाभिक का आवेश सबसे कम होता है (1 के बराबर)। जहाँ तक यूरेनियम से भारी तत्त्वों की बात थी मेंडेलीफ ने केवल कुछ गिने चुने तत्त्वों के अस्तित्व की बात स्वीकार की, परंतु इनके गुणों का पूर्वानुमान करने की हिम्मत नहीं की। इस प्रकार के पूर्वानुमान काफी देर बाद किए गए, जिन्होंने विज्ञान के इतिहास में महत्त्वपूर्ण घटनाओं को जन्म दिया।

अध्याय X

अंतिम स्थायी तत्त्व

(हैफ्नियम और रीनियम)

72 और 75 परमाणु संख्या वाले स्थायी तत्त्व प्रकृति में सब स्थायी तत्त्वों के अंत में बीसवीं शताब्दी के तीसरे दशक में खोजे गए। ये तत्त्व विरल हैं, विशेष रूप से रीनियम, जिसकी गिनती सर्वाधिक विरल तत्त्वों में की जाती है। परंतु इनकी विरलता इनकी खोज में इतने विलंब के साथ कोई संबंध नहीं रखती है। इसका कारण कुछ और ही है और वह है—इन तत्त्वों की विशिष्ट भू-रासायनिक प्रकृति। इन तत्त्वों को प्रकीर्णित तत्त्व माना जाता है अर्थात् वे तत्त्व जो भू-पपर्टी में अपने अयस्क तथा खनिज नहीं रखते हैं, बल्कि अन्य तत्त्वों के अयस्कों और खनिजों में अल्प अशुद्धियों के रूप में मिलते हैं। यहाँ समरूपता-कुछ यौगिकों के क्रिस्टलीय जालों में इसके आयनों का दूसरे तत्त्वों के आयनों से प्रतिस्थापन (जब अयानिक त्रिज्याएँ एक जैसी हों) महत्त्वपूर्ण भूमिका निभाती है। जिर्कोनियम तथा हैफ्नियम की आयनिक त्रिज्याएँ लगभग बराबर होती हैं तथा यह तथ्य उनके रासायनिक गुणों की समानता का मुख्य कारण है (आज भी इन दोनों तत्त्वों को एक दूसरे से अलग करना बड़ा टेढ़ा काम है)। हैफ्नियम अक्सर थोड़ी-थोड़ी मात्रा में जिर्कोनियम के प्राकृतिक स्रोतों में उपस्थित होता है, परंतु जिर्कोनियम के साथ समानता रखने के कारण उसके पीछे छिपा रह जाता है।

रीनियम किसी भी विस्तृत तत्त्व के साथ कोई खास लगाव नहीं रखता है। अतः अगर हैफ्नियम का अस्तित्व बड़ी जल्दी तथा आसानी से साबित किया जा सका, तो रीनियम की वास्तविक खोज में कई साल लग गए।

दोनों तत्त्वों की खोज की विशेषता यह थी कि वैज्ञानिकों को यह पता था कि वे किस चीज की खोज कर रहे थे। उन्होंने इनकी खोज की पहले से ही योजना बना रखी थी तथा वे शुरू से ही जानते थे कि वे क्या चीज, कहाँ पर और कैसे खोजने जा रहे थे। उन्हें 72 और 75 नंबर तत्त्वों की तलाश थी। परंतु अगर हैफ्नियम तुरंत मिल गया था तो रीनियम की खोज के मामले में उनके सारे पूर्वानुमान किसी भी काम के साबित नहीं हुए।

हैफ्नियम तथा रीनियम के इतिहास में एक और बात समान थी : दोनों स्पेक्ट्रम विश्लेषण की एक नयी विधि (एकसरे स्पेक्ट्रमदर्शी विधि) की सहायता से खोजे गए थे। इस विधि में तत्त्वों के स्पेक्ट्रमों के एक्सरे का अध्ययन किया जाता है। 1913-1914 में अंग्रेज भौतिकविद् मोजेले ने एक नियम की खोज की जो किसी तत्त्व के एक्सरे विकिरिण के तरंग दैर्ध्य का आवर्त सारणी में उनकी क्रम संख्या के साथ संबंध रखता है। इससे पहले नए तत्त्वों की खोज की इतनी ज्यादा तैयारी कभी नहीं की गयी थी। जितनी हैफ्नियम और रीनियम के मामले में।

हैफ्नियम

हैफ्नियम (परमाणु क्रमांक 72) की खोज बीसवीं शताब्दी की सर्वाधिक अद्वितीय घटनाओं में गिनी जाती है। इस

तत्त्व की खोज का इतिहास काफी दिलचस्प है क्योंकि कई विख्यात वैज्ञानिकों ने इस काम में हिस्सा लिया, जैसे रसायनज्ञ–उरबेन, हेवेसी, भौतिकविद् मोजेले, रेजेरफोर्ड, नील्स बोहर, कोस्टर आदि। इस तत्त्व के ऊपर वैज्ञानिकों के बीच काफी वाद-विवाद हुए और यही वह तत्त्व निकला जिसके आधार पर नील्स बोहर द्वारा प्रस्तुत आवर्त प्रणाली के सिद्धांत की सत्यता की परीक्षा की गयी।

पिछली शताब्दी के आठवें दशक के आरंभ में मेंडेलीफ आवर्त प्रणाली बनाने में व्यस्त थे। प्रणाली के एक रूपांतर में वैज्ञानिक ने किसी अज्ञात तत्त्व के लिए जगह छोड़ दी। उनके अनुमानानुसार इस तत्त्व का परमाणु भार 180 के लगभग होना चाहिए था तथा इसके रासायनिक गुण जिर्कोनियम के सदृश होने चाहिए थे। मेंडेलीफ की शब्दावली के अनुसार इस तत्त्व का नाम एकाजिर्कोनियम रखा जा सकता था।

आवर्त सारणी के जितने भी भिन्न रूप प्रकाशित हुए, सबमें 'एकाजिर्कोनियम' का खाना खाली रखा गया, परंतु इस तत्त्व की प्रकृति के आधार पर वैज्ञानिकों ने दो मत प्रस्तुत किए : पहले मत के अनुसार यह तत्त्व वास्तव में मेंडेलीफ की आवर्त सारणी के चौथे ग्रुप का प्रतिनिधि अर्थात् जिर्कोनियम का रासायनिक संबंधी था और दूसरे मत के अनुसार 'एकार्जिकोनियम' दुर्लभ मृदा तत्त्वों के परिवार का अंतिम सदस्य था।

एक वक्त ऐसा आया, जब यह लगा कि दूसरे मत वाले वैज्ञानिक जीत गए हैं। सन् 1911 में उरबेन ने एक नए तत्त्व सेल्तियम की खोज की घोषणा की, जिसका परमाणु भार ल्यूटीशियम से काफी अधिक था। वैज्ञानिक ने नए तत्त्व का नाम फ्रांस के एक क्षेत्र में बसने वाली प्राचीन जाति के नाम पर रखा था।...इस तत्त्व की ल्यूटीशियम के साथ समानता इसे दुर्लभ मृदा परिवार का सदस्य बता रही थी। परंतु वैज्ञानिकों ने उरबेन की खोज में कोई विशेष दिलचस्पी नहीं दिखायी, क्योंकि ऊपर हम बता ही चुके हैं कि दुर्लभ मृदा तत्त्व की नयी खोज की खबरें अक्सर झूठी निकलती थीं।

परंतु जब 1913-1914 में मोजेले ने अपने नियम के आधार पर यह सिद्ध कर दिया कि ल्यूटीशियम और टैन्टेलम के बीच एक तत्त्व रखा जाना चाहिए, जिसका परमाणु क्रमांक 72 होना चाहिए, तब रसायनज्ञों ने सेल्तियम की खोज में दिलचस्पी ली।

जून 1914 के आरंभ में उरबेन आक्सफोर्ड आए जहाँ वे मोजेल की प्रयोगशाला में एक्सरे-स्पेक्ट्रम की विधि द्वारा सेल्तियम की खोज की पुष्टि करना चाहते थे। परंतु मोजेले के विश्लेषण के परिणामों में फ्रेंच रसायनज्ञ को बहुत निराशा हुई : मोजेले ने यह कहा कि अगर उरबेन ने वास्तव में कोई नया तत्त्व खोजा है, तो उसका क्रमांक 72 नहीं हो सकता। उन्होंने 5 जून को रेजेरफोर्ड को एक पत्र में यह लिखा कि 'सेल्तियम' संभवतः निश्चित अनुपातों में इटेर्बियम व ल्यूटीशियम का मिश्रण है। मोजेले ने यह जरूर लिखा कि इस मिश्रण में एक तीसरे तत्त्व की उपस्थिति की बात पूर्णतया अस्वीकार नहीं की जा सकती। यह तत्त्व वास्तविक सेल्तियम हो सकता है मोजेले के इन शब्दों से उरबेन को काफी हौसला मिला और 25 सिंतबर 1915 को उन्होंने रेजेरफोर्ड को निम्न शब्द लिखे : "अगर सेल्तियम नहीं मिला, तो क्या हुआ, मोजेले के स्पेक्ट्रमों में ल्यूटीशियम तथा टंग्स्टन के बीच उसके लिए जगह फिर भी बची हुई है।"

साल बीतते गए और सेल्तियम का भाग्य फिर जागा। एक्सरे-स्पेक्ट्रम की वैश्लेषिक विधि काफी ज्यादा विकसित हो गयी और 1920 में महान् फ्रेंच भौतिकविद् लुई डि ब्रायल के भाई मोरिस डि ब्रायल ने उन पदार्थों के एक्सरे स्पेक्ट्रमों का अध्ययन किया, जिनके साथ 1911 में उरबेन ने प्रयोग किए थे। मोरिस डि ब्रायल भी इस निष्कर्ष पर पहुँचे कि तत्त्व नबर 72 का अस्तित्व एक वास्तविकता है। मई 1922 में उरबेन के सहायक डोविये ने एक्सरे स्पेक्ट्रमों का अध्ययन किया। डोविये के परिणामों ने उरबेन की काफी मदद की। स्पेक्ट्रमों में दो हलकी रेखाएँ दिखाई दी थीं जिनकी तरंगों की लंबाई मोजेले के नियमानुसार तत्त्व नंबर 72 की उपस्थिति दर्शा रही थी। बस फिर क्या था? उरबेन ने तुरंत कह दिया : "फैसला हो गया है। अब इस बात में कोई संदेह नहीं हो सकता कि तत्त्व नंबर 72 वास्तव में सेल्तियम है...।"

यह खबर शीघ्र ही सब जगह पहुँच गयी और इसके कुछ हफ्ते बाद रेजेरफोर्ड ने लंदन की पत्रिका 'प्रकृति' में एक

लेख छपवाया, जिसका शीर्षक था : "रहस्यमय तत्त्व की शिनाख्त।" वैज्ञानिक ने इस लेख में सेल्तियम को दुर्लभ मृदा परिवार का अंतिम सदस्य स्वीकार कर लिया था।

यह लेख कुछ समय बाद नील्स बोहर के हाथ लगा। इस लेख ने उन्हें चिंता में डाल दिया। उनकी चिंता का कारण स्पष्ट था। तीसरे दशक के आरंभ में भौतिकविद् डोविये ने आवर्त प्रणाली का नियम प्रस्तुत किया था। वैज्ञानिक ने नाभिकों के आवेशों की वृद्धि के अनुसार परमाणुओं के अभ्रों व उपाभ्रों में इलेक्ट्रानों के भरने का वास्तविक क्रम ज्ञात करने का प्रयास किया था। बोहर के विचारानुसार नंबर 58 के तत्त्व में सर्वप्रथम एक नयी चीज मिलनी चाहिए थी, जिसे आधुनिक तकनीक में "4f" इलेक्ट्रान कहते हैं तथा जो अंदरूनी अभ्रों-N (गहराई में स्थित) को पूर्ण करते हैं और इन अंदरूनी अभ्रों-N का तत्त्वों के गुणों पर कोई असर नहीं पड़ता है। लैन्थेन तथा लैन्थेनाइडों की रासायनिक समानता का यही कारण है। बोहर का कहना यह था कि चूंकि इलेक्ट्रानों की संख्या 14 से ऊपर नहीं गयी, उपअभ्रों 4f के भरने की क्रिया ल्यूटीशियम (परमाणु क्रमांक 71) के परमाणु में पूर्ण हो गयी। अतः दुर्लभ मृदा तत्त्वों के परिवार का अंतिम सदस्य ल्यूटीशियम होना चाहिए और न कि सेल्तियम। सेल्तियम केवल एकाजिर्कोनियम हो सकता है, अर्थात् चौथे ग्रुप के B उपग्रुप का तत्त्व हो सकता है...।

रेजेरफोर्ड के लेख को पढ़कर बोहर ने शुरू में फ्रेंच वैज्ञानिकों की खोज का समर्थन करना चाहा, परंतु कुछ सोच-विचार के बाद 1922 की शरद में बोहर ने यह फैसला कर लिया कि तत्त्व नंबर 72 केवल जिर्कोनियम के सदृश होना चाहिए।

इस तत्त्व के आगे के इतिहास में निर्णयात्मक भूमिका दो अनुसंधानकताओं ने निभायी जो कोपेनहैगन में बोहर के संस्थान में कार्य कर रहे थे—डेनिश स्पेक्ट्रम विशेषज्ञ कोस्टर तथा हंगेरियन रेडियोरसायनज्ञ हेवेशी। नवंबर 1922 में इन वैज्ञानिकों ने ग्रीनलैन्ड व नार्वे में मिले जिर्कोनियम खनिजों का एक्सरे-स्पेक्ट्रम अध्ययन शुरू किया। दोनों को स्पेक्ट्रमों में तत्त्व नंबर 72 की रेखाएँ स्पष्ट दिखायी दीं। नए तत्त्व के शुद्ध नमूने को प्राप्त करने के लिए हेवेशी ने काफी मुश्किल रासायनिक प्रयोग किया, जिसे पूरा करने में दो हफ्ते लग गए। इस बार जो परिणाम प्राप्त हुए, उनसे यह बात स्पष्ट हो गयी कि जिर्कोनियम खनिजों में एक अज्ञात तत्त्व उपस्थित है जिसका परमाणु क्रमांक 72 है तथा जो जिर्कोनियम से बहुत मिलता है। 9 दिसंबर 1992 को कोस्टर व हेवेशी को इस बात का पक्का यकीन हो गया और यह इस तत्त्व की खोज की वास्तविक तिथि है, हालांकि अधिकांश लोग इसकी जन्मतिथि 1923 मानते हैं जब इसके बारे में लेख प्रकाशित हुआ था ('प्रकृति' जर्नल में यह लेख 2 जनवरी के अंक में छपा था)।

इस प्रकार डोविए व उरबेन के कथन असत्य सिद्ध हो गए। तत्त्व नंबर 72 जिर्कोनियम का सदृश रूप निकला। इस घटना से बोहर के आवर्त सारणी सिद्धांत की प्रायोगिक पुष्टि हो गयी जैसे कि इससे 50 साल पूर्व गैलियम की खोज ने मेंडेलीफ की आवर्त प्रणाली की पुष्टि की थी।

कोस्टर तथा हेवेशी ने नए तत्त्व का नाम 'हैफ्नियम' रखने की सलाह दी—कोपेनहैगन के प्राचीन लातीनी नाम के सम्मान में। कुछ दिनों एक दूसरा 'डेनियम' (डेनमार्क शब्द के आधार पर) भी प्रचलित रहा, जिसका प्रस्ताव नील्स बोहर ने रखा था, परंतु आखिर में हैफ्नियम (Hf) को प्राथमिकता दी गयी।

हैफ्नियम की खोज की खबर से उरबेन को बड़ा दुख हुआ। उन्होंने अब अपना बयान बदल दिया : वे इस बात का दावा करने लगे कि हैफ्नियम सेल्तियम का सदृश रूप है, और तो और उन्होंने और डोविये ने यह कहा कि कोस्टर और हवेशी ने सेल्तियम की पुनः खोज मात्र की है। परंतु शीघ्र ही धात्विक हैफ्नियम प्राप्त हो गया और इन वैज्ञानिकों का कथन असत्य सिद्ध हो गया। नए स्पेक्ट्रमी अनुसंधान कार्यों ने इस बात की पुष्टि कर दी कि दोनों तत्त्वों के बीच कोई संबंध नहीं है। कितनी विरोधाभासी बात है कि सर्वप्रथम उरबेन को हैफ्नियम की खोज का अवसर मिला था। उन्होंने 1922 के आरंभ में लान्झे के साथ मिलकर एक विरल खनिज थार्टवाइटाइड का अध्ययन किया जिसमें 8% जिर्कोनियम ऑक्साइड

(यह बात बाद में पता चली) तथा इससे भी ज्यादा मात्रा में हैफ्नियम ऑक्साइड उपस्थित होता है। (सभी जिर्कोनियम खनिजों में से केवल इसमें हैफ्नियम की मात्रा जिर्कोनियम से अधिक होती है)। परंतु दुर्भाग्यवश उरबेन की किस्मत ने उनका साथ नहीं दिया : हैफ्नियम अपने हमशक्ल भाई जिर्कोनियम के पीछे छिपा रहा।

रीनियम

जहाँ तक इतिहास का सवाल है रीनियम की स्थिति हैफ्नियम से बेहतर थी : किसी ने भी इस तथ्य को चुनौती नहीं दी थी कि 75 नंबर तत्त्व मैंगनीज का सदृश रूप या मेंडेलीफ की पारिभाषिक शब्दावली के अनुसार त्रिमैंगनीज होना चाहिए। परंतु बाकी सब बातों में कोई निश्चितता नहीं थी।

चलिए, हम एक प्रयोग करते हैं। अगर हम कुछ निबंध तथा पाठ्यपुस्तकें चुनें जहाँ रीनियम की चर्चा की गयी है, तो हम यह देखते हैं कि अगर एक बात पर सारे लेखकों का एक मत है तो किसी दूसरी बात पर उनके मत बिल्कुल नहीं मिलते हैं। सब लेखक इस बात को स्वीकार करते हैं कि रीनियम 1925 में खोजा गया, परंतु जब इसके स्रोत की चर्चा आती है, तो सभी अलग-अलग प्राकृतिक स्रोतों का नाम लेते हैं, जिनसे रीनियम प्राप्त किया गया। इन खनिजों की सूची में कोलंबाइट, प्लेटिनम अयस्क, प्राकृत प्लेटिनम, प्राकृत टैन्टेलाइट, नियोबाइट, वुल्फ्रेमाइट, ऐल्वाइट तथा गेडोलिनाइट शामिल हैं। एक अनुभवी भूरसायनज्ञ भी इतनी बड़ी सूची से चकरा जाएगा।

इस भूमिका के बाद हम रीनियम के खोजकर्ताओं के नाम बता सकते हैं : नोडाक, टाके (जिन्होंने बाद में नोडाक से शादी कर ली) तथा स्पेक्ट्रमदर्शी विशेषज्ञ बेर्ग। कभी भी किसी और ने इस तत्त्व की खोज का दावा नहीं किया। यह अकेली मिसाल है जब औद्योगिक जगत् ने एक अज्ञात तत्त्व में दिलचस्पी ली। उद्योगपतियों को आवर्त सारणी द्वारा प्रदर्शित नियमसंगतियों की अच्छी जानकारी थी। चूंकि टंग्स्टन विद्युत् इंजीनियरी में बहुत विस्तृत रूप से प्रयोग हो रहा था, इस बात से विश्वास होना स्वाभाविक था कि 75 नंबर का तत्त्व इससे भी ज्यादा काम का साबित होगा। इस बात की बहुत ज्यादा संभावना है कि नोडाक दंपति ने इस तत्त्व की खोज के प्रथम प्रयास औद्योगिक जगत् की माँग देखते हुए किए।

1922 में पूरी तरह से तैयार होने के बाद दोनों वैज्ञानिक इस काम में जुट गए। सबसे पहले उन्होंने मैंगनीज द्वारा सदृशरूपों की खोज पर प्रकाशित सारी रिपोर्टें इकट्ठी कीं। हालांकि इन खोजों की पुष्टि नहीं हुई थी, परंतु इनकी जाँच करने में कोई हर्ज नहीं था। इसके बाद वैज्ञानिकों ने अनुसंधान का विस्तृत प्रोग्राम बनाया : वे एक साथ दो तत्त्वों की खोज करते जा रहे थे क्योंकि मैंगनीज सदृशरूपों में 75 नंबर तत्त्व के अलावा इसका हलका पूर्वाधिकारी तत्त्व नंबर 43 भी अज्ञात था। आवर्त सारणी ने इन तत्त्वों के कई गुणों का पूर्वानुमान संभव कर दिया। हम अब नोडाक दंपति के रीनियम के गुणों के पूर्वानुमान की इस तत्त्व के वास्तविक गुणों के साथ तुलना कर सकते हैं:

पूर्वानुमानित आंकड़े	आधुनिक आंकड़े
परमाणुक द्रव्यमान 187—188	186.2
घनत्व 21	20.5
गलनांक 330 OK	3323K
उच्च ऑक्साइड का सूत्र X_2O_7	Re_2O_7
उच्च ऑक्साइड का गलनांक 400-500°C	220°C

नोडाक दंपति के पूर्वानुमान बिल्कुल ठीक निकले। केवल ऑक्साइड का गलनांक काफी कम निकला। कुल मिलाकर मेंडेलीफ की पूर्वानुमान-विधि सही साबित हुई। अन्य शब्दों में नोडाक दंपति को अच्छी तरह से पता था कि 75 नंबर तत्त्व

(43 नंबर भी) क्या चीज हो सकती थी। इस प्रकार हम देखते हैं कि रीनियम का इतिहास इसके हलके सदृश रूप के इतिहास के साथ संबंधित रहा था।

परंतु इन तत्त्वों को कहाँ खोजा जाए? रीनियम के भूरासायनिक गुणों का पूर्वानुमान करते समय नोडाक दंपति ने उस वक्त के सैद्धांतिक भूरसायन की सभी जानकारियों का पूरा फायदा उठाया। उन्हें यह भी पता था कि अज्ञात तत्त्व एक अति दुर्लभ तत्त्व होना चाहिए था। परंतु उन्हें यह पता नहीं था कि यह तत्त्व प्रकीर्णित तत्त्व होगा।

वैज्ञानिकों ने खनिजों के दो ग्रुपों को अध्ययन के लिए चुना : प्लैटिनम अयस्क तथा कोलंबाइट (टैन्टेलाइट)। चार साल तक (1921 से 1925 तक) वे मेहनत करते रहे, परंतु उन्हें तत्त्व नहीं मिला। इस वक्त हैफनियम की खोज की खबर छपी, जिसकी प्रकृति में उपस्थिति एक्सरे स्पेक्ट्रमदर्शी विधि से पता चली थी। निस्संदेह इस घटना से नोडाक दंपति को मैंगनीज सदृशरूपों की खोज के लिए इस विधि के प्रयोग का ख्याल आया। उन्होंने इस काम में एक्सरे स्पेक्ट्रमदर्शी विशेषज्ञ बेर्ग से सहायता माँगी।

जून 1925 में नोडाक, टाके और बेर्ग ने दो गायब तत्त्वों-मजूरियम (नंबर 43) तथा रीनियम (नंबर 75) की खोज पर एक लेख प्रकाशित किया। ये तत्त्व कोलंबाइट तथा यूराली प्लैटिनम में मिले थे तथा इनके नाम दो जर्मन प्रांतों के नाम पर रखे गए थे। तत्त्वों के एक्सरे स्पेक्ट्रम उनके अस्तित्व की पुष्टि कर रहे थे, परंतु उन्हें प्राप्त करने की बात की कोई चर्चा नहीं की गयी थी। इसके अलावा अनुसंधानकर्ताओं का बयान काफी उलझा-सा था। जर्मन वैज्ञानिकों के लेख ने लोगों का ध्यान आकर्षित किया तथा कुछ वैज्ञानिकों ने इन परिणामों को पुनः प्राप्त करने के प्रयास किए।

परंतु वे लोग इस कार्य में असफल रहे। एक साल बाद सोवियत वैज्ञानिक ज्वैजिन्त्सेव तथा उनके साथियों ने यह सिद्ध कर दिया कि यूराली प्लैटिनम में कोई भी नए तत्त्व उपस्थित नहीं थे। इस सूचना के बाद जर्मन वैज्ञानिकों ने इस प्राकृतिक स्रोत के साथ काम बंद कर दिया। अब केवल कोलंबाइट बाकी रह गया था जिनके अवयव भिन्न थे, परंतु इनमें रहस्यमय एका-मैंगनीज उपस्थित होने चाहिए थे। वैज्ञानिकों ने खनिजों के साथ जटिल रासायनिक प्रतिक्रियाएँ कराके अज्ञात तत्त्वों को सांद्रित किया और फिर उनका एक्सरे स्पेक्ट्रम विश्लेषित किया। प्राप्त परिणाम काफी आशाजनक थे, परंतु अभी निश्चित निष्कर्षों पर नहीं पहुँचा जा सकता था : वैज्ञानिक तत्त्व नंबर 43 तथा नंबर 75 की उल्लेखनीय मात्राएँ प्राप्त नहीं कर सके जिसके कारण वे प्रयोगों द्वारा उनके गुण निश्चित नहीं कर पाए।

नोडाक दंपति के परिणामों को कोई भी वैज्ञानिक नहीं प्राप्त कर सका। उनके देशवासी प्रान्डटल ने अपने सहायक ग्रिम को नोडाक की प्रयोगशाला भेजा जिससे कि वे एका-मैंगनीजों के तैयार करने की विधि सीख सकें। वापस लौटकर ग्रिम ने सारे प्रयोग को दोहराया, विकसित किया तथा...हम नहीं जानते कि उन्हें अपनी असफलता से कितना दुख हुआ। अंग्रेज वैज्ञानिक लोरिंग तथा चेक वैज्ञानिक गिरोव्स्की और दुत्से ने भी नोडाक दंपति के परिणामों पर संदेह प्रकट किया। बाद में लोरिंग, गिरोव्स्की तथा द्रुत्से ने एक अन्य विधि द्वारा 75 नंबर तत्त्व की खोज की प्राथमिकता का दावा किया। इतिहास में उनके नामों की चर्चा मिलती है, परंतु रीनियम के आविष्कारकों के रूप में नहीं।

रीनियम की खोज की घोषणा करने वाले वैज्ञानिक यह समझ रहे थे कि उन्होंने 43 नंबर तत्त्व (बाद में टैक्नीशियम के नाम से जाना गया) भी अलग कर लिया है। अब हम जानते हैं कि उस वक्त वे लोग टेक्नीशियम की उपस्थिति किसी भी तरीके से पता नहीं कर सकते थे। परंतु नोडाक दंपति को इस तत्त्व की खोज में रीनियम से भी ज्यादा निश्चितता थी (वे उस चीज की खोज में ज्यादा विश्वास कर रहे थे जो प्रकृति में थी ही नहीं)। जैस-जैसे समय बीतता गया, नोडाक दंपति समझते गए कि अध्ययन हेतु खनिजों का दायरा बढ़ाना आवश्यक था। पिछला भू-रासायनिक पूर्वानुमान सही नहीं निकला। दो साल (1926 और 1927) की गर्मियों में नोडाक खनिजों के नमूने इकट्ठा करने के उद्देश्य से नार्वे आए। इन खनिजों में टैन्टेलाइट, गैडोलिनाइट, ऐलवाइट, फर्गुसोनाइट, मालिब्डेनाइट आदि शामिल थे। 1928 के आरंभ में खनिजों के विश्लेषण के दौरान वैज्ञानिकों को मालिब्डेनाइट से लगभग 120 मिलीग्राम रीनियम प्राप्त हुआ। यह खनिज इससे पहले

कभी भी एका-मैंगनीज का संभव स्रोत नहीं समझा गया था।

इस प्रकार रीनियम आखिर एक सच्चाई साबित हो ही गयी। इस तत्त्व के बारे में सारी शंकाएँ हमेशा के लिए मिटा दी गयीं और इसे आवर्त सारणी में 75 नंबर का खाना दे दिया गया। परंतु मजूरियम काफी अर्से तक पहेली बना रहा।

इस प्रकार हम देख रहे हैं कि रीनियम की खोज की तिथि 1928 है। जहाँ तक 1925 का सवाल है तो यह इसके प्रागैतिहास की एक महत्त्वपूर्ण घटना मात्र है।

अनुसंधान का कार्यक्रम बनाने के बाद नोडाक दंपत्ति ने एका-मैंगनीज पर प्रकाशित सारा साहित्य इकट्ठा किया। द्वितीय विश्व युद्ध के दौरान उनके विवरण खो गए, परंतु यह पक्का पता है कि उन्होंने इनमें रूसी वैज्ञानिक केर्न तथा तत्त्व 'डेवियम' के नामों की चर्चा की थी। संभव है कि यह एक नए तत्त्व की वास्तविक खोज की खबर रही हो। तथा यह भी संभव है कि 75 नंबर के तत्त्व का इतिहास 50 साल पहले शुरू हो सकता था।

बात यह है कि 1877 में डेवी के सम्मान में एक नए तत्त्व 'डेवियम' की खोज की रिपोर्ट आयी। इस रिपोर्ट में वैज्ञानिकों ने काफी दिलचस्पी ली और मेंडेलीफ ने यह सुझाव दिया कि केर्न को रूसी रसायन सोसाइटी के सामने भाषण देने के लिए आमंत्रित किया जाए। हिलेडबर्ग में बुन्सन की प्रयोगशाला में केर्न के परिणामों की जाँच करने का फैसला किया गया। बाद मे दो-तीन और वैज्ञानिकों ने इन परिणामों की पुष्टि कर दी। सबसे ज्यादा अचंभे की बात यह थी कि कुछ रासायनिक प्रतिक्रियाएँ आगे चलकर रीनियम की प्रतिक्रियाओं से बहुत मिलती-जुलती नजर आ रही थीं। क्या यह तथ्य डेवियम और रीनियम की समानता की पुष्टि नहीं कर रहा है?

कुछ कारणवश केर्न ने अपनी खोज में रुचि लेनी बंद कर दी और 1878 के बाद डेवियम का फिर कभी अध्ययन नहीं किया। उन्होंने प्लैटिनम अयस्कों से तत्त्व प्राप्त किया था, जो आधुनिक दृष्टि से असंभव बात लगती है (1926 में रूसी वैज्ञानिक ज्वैगिन्त्सेव के प्रयोगों की याद करें)। परंतु यह सच है कि लैटिनम अयस्क काफी जटिल होते हैं तथा इनके गठन भिन्न होते हैं। यूराली अयस्क में रीनियम वास्तव में उपस्थित नहीं है, परंतु अन्य निक्षेपों के अयस्कों में तत्त्व के निशान होते हैं।

केर्न ने बोर्नियो द्वीप में मिले एक अति विरल प्लैटिनम अयस्क के नमूने का अध्ययन किया। इस वक्त तक यह खान बिल्कुल खाली हो चुकी थी। बीसवीं शताब्दी के आरंभ में रूसी रसायनज्ञ चेर्निक ने इस द्वीप पर काम किया। प्लैटिनम अयस्कों का विश्लेषण करते समय उन्हें सारे नमूनों के द्रव्यमानों में हर बार एक अभाव मिला जो उन्होंने एक अज्ञात तत्त्व की उपस्थिति से समझाने की कोशिश की। यह तत्त्व केर्न का 'डेवियम' हो सकता था।

1950 में द्रुत्से ने डेवियम पर एक बड़ा लेख लिखा। उन्होंने यह लिखा कि अगर प्लैटिनम खनिजों में रीनियम मिल जाएगा, तो यह बात केर्न की खोज की पुष्टि कर देगी। बोर्नियो में मिले प्लैटिनम अयस्कों के नमूने अब केवल विश्व के गिने चुने संग्रहालयों में देखे जा सकते हैं। इनके विश्लेषण से महत्त्वपूर्ण परिणाम प्राप्त हो सकते हैं। यह घटना एक रासायनिक तत्त्व के इतिहास को काफी बदल सकती है।

अध्याय XI

विघटनाभिक तत्त्व

चौथे अध्याय में हम दो प्राकृतिक विघटनाभिक तत्त्वों की खोज के इतिहास का वर्णन कर चुके हैं। हमारा अभिप्राय थोरियम और यूरेनियम से है। खनिजों में इन तत्त्वों की मात्रा काफी अधिक होने के कारण इन्हें रासायनिक विश्लेषण द्वारा बड़ी आसानी से ढूँढ़ा जा सकता है। दूसरे प्राकृतिक विघटनाभिक तत्त्व (पोलोनियम, रेडॉन, रेडियम, ऐक्टिनियम तथा प्रोटेक्टिनियम) पृथ्वी पर सबसे कम विस्तृत तत्त्वों में गिने जाते हैं। इसके अलावा वे प्रकृति में केवल इसलिए मिलते हैं, क्योंक वे यूरेनियम और थोरियम के विघटनाभिक रूपांतर के उत्पाद होते हैं।

मेंडेलीफ की आवर्त सारणी के आखिर में स्थित ये सारे तत्त्व न तो रासायनिक विश्लेषण से और न ही स्पेक्ट्रमदर्शी विश्लेषण से आविष्कृत किए जा सकते थे। वे उन सब खनिजों में उपस्थित थे जिनमें यूरेनियम और थोरियम मिलते थे। परंतु वैज्ञानिकों को कभी यह शक ही नहीं हुआ कि यूरेनियम और थोरियम में कुछ अशुद्धियाँ उपस्थित हो सकती हैं। अशुद्धियाँ जरूर होती थीं, परंतु उनकी मात्रा में उनकी नयी रेखा देखना असंभव था।

परंतु एक नयी भौतिकीय परिघटना की खोज से वैज्ञानिकों को एक और विधि मिल गयी जिसने पदार्थों की गठन तथा गुणों के बारे में हमारे ज्ञान को काफी बढ़ाया तथा आवर्त सारणी के रारायनिक तत्त्वों की संख्या में काफी बढ़ोतरी की। हमारा अभिप्राय विघटनाभिकता से है। इस परिघटना के अध्ययन के पहले दौर में ही यह पता चल गया कि विकिरण तीन किस्मों का होता है : α किरणें (दो धनात्मक आवेशों वाले हीलियम के परमाणुओं के नाभिकों का प्रवाह), β किरणें (एक ऋणात्मक आवेश वाले इलेक्ट्रानों का फ्लक्स) तथा γ किरणें (ये किरणें वास्तव में एक्सरे किरणों जैसी होती हैं)।

प्रत्येक रश्मिसक्रिय तत्त्व का अपना अर्द्ध क्षयकाल होता है (अर्थात् एक रश्मिसक्रिय पदार्थ के आधे हिस्से के विघटन में लगा समय)।

पोलोनियम

पोलोनियम प्रथम रश्मिसक्रिय तत्त्व था जिसे विकिरणमापीय विधि से खोजा गया। 1870 में ही मेंडेलीफ ने पोलोनियम के मुख्य गुणों का पूर्वानुमान कर दिया था। उन्होंने इस तत्त्व के बारे में निम्न शब्द लिखे : ''भारी धातुओं में हम टैल्यूरियम जैसे एक और तत्त्व की खोज की आशा कर सकते हैं जिसका परमाणु भार बिस्मथ के परमाणु भार से ज्यादा होगा। इस तत्त्व में धात्विक गुण होने चाहिएँ तथा यह ऐसा अम्ल बनाएगा जिसका अवयवानुपात और गुण सल्फ्यूरिक अम्ल से मिलते-जुलते होंगे तथा इसकी ऑक्सीकरण-शक्ति टैल्यूरिक अम्ल से उच्च होगी।...RO2z में अम्लीय गुण नहीं मिल सकते, जो टैल्यूरस अम्ल में अभी भी उपस्थित हैं। यह तत्त्व कार्बो-धात्विक यौगिक बनाएगा, परंतु हाइड्रोजन यौगिक नहीं...''

19 साल बाद मेंडेलीफ ने द्वि-टैल्यूरियम (उन्होंने अज्ञात तत्त्व का यह नाम रखा) के वर्णन में महत्त्वपूर्ण बातें जोड़ी। उन्होंने निम्न गुणों का पूर्वानुमान किया :सापेक्षिक परमाणुक द्रव्यमान 212; ऑक्साइड DtO_3 बना सकता है; स्वतंत्र अवस्था में Dt- क्रिस्टलीय, सरलता से गलनीय, कठिनाई से उड़नशील होने वाली भूरे रंग की 9.8 घनत्व वाली धातु होगी; धातु बड़ी सरलता से DtO_2 में ऑक्सीकृत हो जाएगी; ऑक्साइड में हलके अम्लीय तथा क्षारीय गुण होंगे; अगर द्वि-टैल्यूरियम का हाइड्राइड होगा तो अस्थायी होगा; अन्य धातुओं के साथ तत्त्व ऐलाय बनाएगा।

नीचे पाठक खुद देखेंगे कि मेंडेलीफ के टैल्यूरियम के भारी सदृश-रूप के बारे में पूर्वानुमान सही थे या गलत। परंतु इन पूर्वानुमानों ने पोलोनियम के इतिहास को केवल अप्रत्यक्ष रूप से प्रभावित किया। पोलोनियम (तथा बाद में रेडियम) की खोज विघटनाभिकता संबंधी सिद्धांत के इतिहास में एक अतिमहत्त्वपूर्ण घटना साबित हुई और इसने इस सिद्धांत के विकास की काफी प्रेरणा दी।

मारिया तथा प्येर क्यूरी की प्रयोगशाला की डायरी से पता चलता है कि उन्होंने बैक्यूरेल या यूरेनियम किरणों का अध्ययन 16 दिसंबर 1897 को शुरू किया। पहले केवल मारिया क्यूरी ने अकेले यह काम किया और 5 फरवरी 1898 को प्येर भी इसके साथ इस काम में जुट गए। उन्होंने मापन का काम संभाला और परिणामों को संसाधित करना शुरू कर दिया। दोनों वैज्ञानिक मुख्यतः विभिन्न यूरेनियम खनिजों तथा लवणों और धात्विक यूरेनियम की विकिरण-तीव्रता नाप रहे थे। बहुत सारे प्रयोगों के बाद वे निम्न निष्कर्ष पर पहुँचे : यूरेनियम यौगिकों की विकिरण-तीव्रता निम्नतम होती है; धात्विक यूरेनियम में यह बढ़ जाती है तथा पिचब्लैन्ड नामक यूरेनियम अयस्क में विकिरण-तीव्रता उच्चतम होती है। इन परिणामों से एक और निष्कर्ष निलकता था : पिचब्लैन्ड में शायद कोई तत्त्व उपस्थित था जो यूरेनियम से काफी ज्यादा सक्रिय था।

12 अप्रैल को 'पेरिस विज्ञान अकादमी की रिपोर्ट' नामक जर्नल में मारिया तथा प्येर क्यूरी का लेख प्रकाशित हुआ जिसमें इस परिकल्पना का वर्णन किया गया था। 14 अप्रैल को मारिया और प्येर ने रसायनज्ञ बेमोन्त की सहायता से अज्ञात तत्त्व की खोज शुरू कर दी। जुलाई के मध्य में इन लोगों ने पिचब्लैन्ड का विश्लेषण पूरा कर दिया। उन्होंने इस अयस्क से प्राप्त प्रत्येक उत्पादन की सक्रियता अतिध्यानपूर्वक नापी। वैज्ञानिकों ने बिस्मथ लवणों वाले एक प्रभाजी पर विशेष ध्यान दिया। उन्हें पता चला कि इस प्रभाजी की, जो किरणें उत्सर्जित करता था, तीव्रता धात्विक यूरेनियम से 400 गुना अधिक थी। अगर अज्ञात तत्त्व वास्तव में उपस्थित था तो वह इस प्रभाजी में होना चाहिए था।

18 जुलाई को मारिया और प्येर क्यूरी ने पेरिस विज्ञान अकादमी की सभा में एक रिपोर्ट पढ़ी जिसका शीर्षक था :'पिचब्लैन्ड में उपस्थित एक नए विघटनाभिक पदार्थ के बारे में।''। उन्होंने यह बताया कि उन्हें पिचब्लैन्ड से एक धातु का अति सक्रिय सल्फर यौगिक प्राप्त करने में सफलता मिली है। जो उनसे पूर्व किसी भी वैज्ञानिक को ज्ञात नहीं था। अपने वैश्लेषिक गुणों की दृष्टि से यह तत्त्व बिस्मथ का पड़ोसी होना चाहिए। क्यूरी दंपति ने यह भी कहा कि अगर नए सरल पदार्थ के अस्तित्व की पुष्टि हो जाती है तो हम इसे पोलोनियम नाम देंगे। उन्होंने यह नाम मारिया की मातृभूमि पौलेंड के सम्मान में रखने का फैसला किया था जहाँ उनका जन्म तथा लालन-पालन हुआ था।

मा. क्यूरी

वैज्ञानिकों ने अपनी रिपोर्ट में आगे यह बताया कि उन्होंने एक नयी विधि के बल पर इस तत्त्व की खोज कर डाली है (इसमें पहली बार 'विघटनाभिकता' शब्द प्रयोग किया गया था)।

किसी जमाने में स्पेक्ट्रमदर्शी विश्लेषण ने प्राकृतिक चीजों में उन तत्त्वों के

अस्तित्व की अभिव्यक्ति संभव कर दी थी जिन्हें देखा नहीं जा सकता था, महसूस नहीं किया जा सकता था और तोला नहीं जा सकता था। इतिहास ने फिर से अपने को दोहरा, या परंतु इस बार सूचक की भूमिका विघटनाभिक विकिरणों ने निभायी, जिन्हें विकिरणमापीय तकनीक द्वारा नापा जा सकता था। परंतु मारिया और प्येर के परिणाम त्रुटियों से मुक्त नहीं थे। उनका यह कथन गलत था कि पोलोनियम और बेरियम के बीच रासायनिक समानता थी।

अगर आवर्त सारणी पर एक सरसरी निगाह डाली जाए तो पता चल जाता है कि बेरियम के भारी सदृश रूप का अस्तित्व असंभव बात है। परंतु यह भी नहीं भूलना चाहिए कि दोनों वैज्ञानिक धातु को शुद्ध रूप में अलग नहीं कर सके थे और न ही उसका परमाणु द्रव्यमान ज्ञात कर सके थे। इसके अलावा उन्हें पोलोनियम और बिस्मथ के स्पेक्ट्रमों में फर्क भी नहीं दिखे थे, इसी वजह से वैज्ञानिक पोलोनियम और टैल्यूरियम की सदृशता की उपेक्षा कर रहे थे।

इस प्रकार हम 18 जुलाई 1898 को पोलोनियम की आरंभिक खोज की तिथि मान सकते हैं क्योंकि खोज के प्रमाणन में काफी अर्सा लग गया। पोलोनियम की उच्च विकिरण-तीव्रता के कारण इसका अध्ययन बहुत मुश्किल सिद्ध हो रहा था। पता चला कि विकिरण में केवल α किरणें उपस्थित थीं, β और γ किरणों का नामोनिशान तक नहीं था। एक अजीब बात का पता चला और वह यह कि समय के साथ-साथ पोलोनियम की सक्रियता कम होती जाती थी। यूरेनियम और थोरियम में किसी ने भी यह विशेषता नहीं देखी थी। इसका परिणाम यह हुआ कि कुछ वैज्ञानिक पोलोनियम के अस्तित्व पर ही अविश्वास करने लगे। संदेही लोग इसे साधारण बिस्मथ बताने लगे जिसमें विघटनाभिक पदार्थों की अशुद्धियाँ उपस्थित थीं।

परंतु 1902 में जर्मन रसायनज्ञ मार्कवाल्ड ने दो टन यूरेनियम अयस्क से बिस्मथ प्रभाजी प्राप्त किया। उन्होंने बिस्मथ क्लोराइड विलयन में एक बिस्मथ छड़ रखी जिसके परिणामस्वरूप उन्हें एक उच्च विघटनाभिक पदार्थ का अवक्षेप प्राप्त हुआ। उन्होंने इसे एक नया तत्त्व समझा और इसका नाम रेडियोटैल्यूरियम रख दिया। बाद में उन्होंने इस घटना का वर्णन निम्न शब्दों में किया : ''मैंने इस पदार्थ का नाम फिलहाल रेडियोटैल्यूरियम रखा क्योंकि इसके सारे रासायनिक गुण इसे छठे ग्रुप में रखने की माँग कर रहे थे जहाँ बिस्मथ से भारी पारमाणुक द्रव्यमान वाले तत्त्व का खाना खाली पड़ा था...। तत्त्व बिस्मथ के मुकाबले अधिक वैद्युतऋणात्मक है, परंतु टैल्यूरियम से अधिक वैद्युतधनात्मक है; इसके ऑक्साइड में अम्लीय की जगह क्षारीय गुण होने की ज्यादा संभावना है। ये सारी बातें रेडियोटैल्यूरियम में मिलती है...। इस पदार्थ का परमाणु भार 210 के लगभग होना चाहिए।'' बाद में मार्कवाल्ड ने स्वीकार किया कि उन्हें पोलोनियम को अलग करने की प्रेरणा आवर्त सारणी से मिली थी।

जहाँ तक पिछले पोलोनियम का सवाल था तो मार्कवाल्ड ने उसे कई विघटनाभिक तत्त्वों का मिश्रण घोषित कर दिया। इसका परिणाम यह हुआ कि वैज्ञानिकों में पोलोनियम और रेडियोटैल्यूरियम की वास्तविक प्रकृति पर लंबी चौड़ी बहस होने लगी। अधिकांश वैज्ञानिक मारिया और प्येर क्यूरी का समर्थन कर रहे थे। बाद में दोनों तत्त्वों की तुलना से उनकी समानता सिद्ध हो गयी। तत्त्व की खोज का श्रेय क्यूरी दंपति को मिला और 'पोलोनियम' नाम कायम रहा।

हालांकि पोलोनियम नए प्राकृतिक विघटनाभिक तत्त्वों में प्रथम था, परंतु इसका चिह्न Po बहुत लंबे अर्से तक आवर्त सारणी में शामिल नहीं किया गया। इसका कारण यह था कि इस तत्त्व का परमाणुक द्रव्यमान ज्ञात करना बहुत मुश्किल काम सिद्ध हो रहा था। केवल 1912 में Po चिह्न को आवर्त सारणी में अपना खाना मिला।

लगभग आधी शताब्दी तक वैज्ञानिकों को पोलोनियम यौगिकों (बहुत अल्पमात्रा में) से काम चलाना पड़ा। केवल 1946 में यह धातु शुद्ध रूप में प्राप्त हो सकी। निर्वात में ऊर्ध्वपातन से प्राप्त उच्च घनत्व वाले धात्विक पोलोनियम की सतहों का रंग चांदी जैसा होता है। पोलोनियम एक नर्म तथा सरलता से गलनीय (गलनांक 254°C, क्वथनांक-962°C) धातु है, इसका घनत्व $9.3 g/cm^3$ के लगभग है। वायु में गर्म करने पर यह सरलता से स्थायी ऑक्साइड बनाता है; इसके क्षारीय और अम्लीय गुण क्षीण होते हैं। पोलोनियम का हाइड्राइड अस्थायी होता है। कई धातुओं (Pb, Hg, Ca, Zn, Na,

Pt, Ag, Ni, Be) के साथ पोलोनियम कार्ब-धात्विक यौगिक तथा ऐलाय बनाता है। अगर हम मेंडेलीफ के पूर्वानुमानों की इन गुणों के साथ तुलना करें तो हम देखेंगे कि वैज्ञानिक सच के कितने नजदीक थे।

रेडियम

पिचब्लैन्ड का विश्लेषण करते समय क्यूरी दंपति तथा बेमोन्त को बिस्मथ प्रभाजी के अतिरिक्त एक और प्रभाजी दिखायी दिया जिसकी सक्रियता बहुत उच्च थी। पोलोनियम की प्राप्ति में सफल होने के बाद वैज्ञानिकों ने इस प्रभाजी का अध्ययन शुरू किया। उन्हें इस प्रभाजी में भी एक नया विघटनाभिक तत्त्व मिलने की आशा थी।

नए तत्त्व का नाम रेडियम (लातीनी शब्द "radius" के आधार पर जिसका अर्थ ''किरणें प्रवाहित करता हूँ'' होता है) रखा गया। रेडियम का जन्म 26 दिसंबर 1898 को हुआ, जब पेरिस विज्ञान अकादमी के सदस्यों ने रिपोर्ट सुनी जिसका शीर्षक था : ''पिचब्लैन्ड में उपस्थित एक नए उच्च विघटनाभिक पदार्थ के बारे में।''। इस रिपोर्ट के लेखकों ने यह सूचना दी कि उन्हें यूरेनियम अयस्कों में अपशिष्टों से एक पदार्थ प्राप्त हुआ है जिसमें एक नया तत्त्व उपस्थित है। इस तत्त्व के गुण बेरियम से बहुत मिलते-जुलते हैं। बेरियम क्लोराइड में उपस्थित रेडियम की मात्रा इसका स्पेक्ट्रम निर्धारित करने के लिए पर्याप्त निकली। यह काम प्रसिद्ध फ्रेंच स्पेक्ट्रमदर्शी विशेषज्ञ डिमारके ने किया जिन्हें पदार्थ के स्पेक्ट्रम में एक नयी रेखा दिखायी दी। इस प्रकार हम देखते हैं कि एक नए विघटनाभिक तत्त्व-रेडियम का अस्तित्व एक ही वक्त पर दो अलग-अलग विधियों-विकिरणमापीय तथा स्पेक्ट्रमदर्शी वैश्लेषिक विधि-द्वारा सत्य साबित कर दिया गया।

सभी विघटनाभिक तत्त्वों में (थोरियम और यूरेनियम के अलावा) रेडियम वैज्ञानिकों के बीच तुरंत बहुत ज्यादा लोकप्रिय हो गया। इसके कुछ विशेष कारण थे। शीघ्र ही यह पता चल गया कि रेडियम की अर्थक्षय की अवधि काफी लंबी है—लगभग 1600 साल। यूरेनियम अयस्कों में रेडियम की मात्रा पोलोनियम से काफी ज्यादा थी (4300 गुना); इससे रेडियम का प्राकृतिक संचयन संभव हो गया। इसके अलावा रेडियम के α- विकिरण की तीव्रता काफी उच्च थी जिसकी वजह से विभिन्न रासायनिक प्रक्रमों में इसके व्यवहार पर आसानी से नियंत्रण रखा जा सकता था। रेडियम की एक और खासियत यह थी कि वह एक विघटनाभिक गैस-प्रसर्जन (emanation) उत्सर्जित करता था। इन विभिन्न गुणों के संयोजन के कारण रेडियम अध्ययन का सुविधाजनक विषय बन गया जिसके परिणामस्वरूप यह पहला विघटनाभिक तत्त्व निकला (यूरेनियम और थोरियम के अलावा) जिसे आवर्त सारणी में बिना किसी विलंब के स्थायी जगह दे दी गयी। पहली बात यह थी कि रेडियम के रासायनिक तथा स्पेक्ट्रम अध्ययन ने यह बताया कि यह तत्त्व क्षारीयमृदा धातुओं के उपग्रुप से संबंध रखता है, तथा दूसरी बात यह थी कि इसका आपेक्षिक परमाणुक द्रव्यमान बिल्कुल ठीक पता चल गया था। इस कार्य के लिए रेडियम की पर्याप्त मात्रा होनी आवश्यक थी।

43 महीने तक मारिया तथा प्येर क्यूरी एक साधारण प्रयोगाला में बहामा की खानों में मिले यूरेनियम अयस्कों के अपशिष्टों का अध्ययन करते रहे। वैज्ञानिकों ने 10000 बार प्रभाजियों का क्रिस्टलीकरण किया और आखिर उन्हें इतनी मेहनत का पुरस्कार मिल ही गया—0.1 ग्राम रेडियम क्लोराइड। विज्ञान के इतिहास में इतनी मेहनत की और कोई मिसाल नहीं मिलती है। यह मात्रा मापन के लिए पर्याप्त थी और 28 मार्च 1902 को मारिया क्यूरी ने यह घोषणा की कि रेडियम का सापेक्षिक परमाणुक द्रव्यमान 225.9 था (आधुनिक मान 226.02 से ज्यादा भिन्न नहीं था)। यह मान ठीक बैठ गया और यह आवर्त सारणी में रेडियम के अनुमानित खाने के अनुकूल था।

रेडियम की खोज के पीछे-पीछे कई अन्य विघटनाभिक तत्त्वों की खोजों की खबरें सुनाई देने लगीं, परंतु वे रेडियम की खबर जितनी विश्वसनीय नहीं थीं। हर साल नयी-नयी खोजों की रिपोर्टें आने लगीं। परंतु रेडियम फिर भी पहला विघटनाभिक तत्त्व बना रहा जिसे धातु के रूप में प्राप्त किया जा सका था।

मारिया क्यूरी तथा उनके सहयोगी डेबिरने ने मिलकर एक विलयन का विद्युत् अपघटन किया जिसमें 0.106 ग्राम रेडियम क्लोराइड उपस्थित था। धात्विक रेडियम अमलगम के रूप में पारद कैथोड पर जमा हो गया। इस अमलगम को लोहे के एक बर्तन में रखकर हाइड्रोजन प्रवाह में गर्म किया गया ताकि पारद अलग किया जाए। अब बर्तन के तले में चांदी जैसे सफेद धातु के कण चमकने लगे।

1910 में घटी यह घटना विज्ञान की महान् उपलब्धि थी। रेडियम के अध्ययन ने पदार्थ के गुणों और गठन के बारे में हमारे विचारों को पूरी तरह से बदल दिया तथा परमाणु ऊर्जा के विचार को जन्म दिया। इसके अलावा रेडियम प्रथम विघटनाभिक तत्त्व था जिसे व्यावहारिक कार्यों में प्रयोग किया गया (उदाहरण के लिए, चिकित्सा में)।

ऐक्टिनियम

क्या यह केवल संयोग की बात थी कि नए विघटनाभिक तत्त्वों में सबसे पहले पोलोनियम और रेडियम खोजे गए? इसका उत्तर नकारात्मक मिलेगा। अर्द्धक्षय की दीर्घ अवधि के कारण रेडियम यूरेनियम अयस्कों में संचयित होने की क्षमता रखता है। पोलोनियम की अर्द्धक्षय की अवधि कम होती है। (138 दिन), परंतु यह उच्च विकिरण तीव्रता वाली α किरणें उत्सर्जित करने की क्षमता रखता है। हालांकि पोलोनियम की खोज पर वैज्ञानिकां में कुछ मतभेद थे, परंतु सारे संदेह शीघ्र ही मिटा दिए गए।

विघटनाभिकता के युवा विज्ञान की तीसरी सफलता ऐक्टिनियम की खोज थी। रेडियम की खोज के शीघ्र बाद मारिया और प्येर क्यूरी ने यह विचार प्रकट किया कि यूरेनियम अयस्क में कुछ और अभी तक अज्ञात विघटनाभिक तत्त्व उपस्थित हो सकते हैं। उन्होंने यह काम अपने सहयोगी डेबिरने को सौंपा।

डेबिरने ने अपना काम कई सौ किलोग्राम यूरेनियम अयस्क से शुरू किया। वे कई महीने तक इस माल से 'सक्रिय मूल' अलग करते रहे। यूरेनियम, रेडियम तथा पोलोनियम अलग करने के बाद थोड़ा सा पदार्थ बच गया जिसकी सक्रियता यूरेनियम की सक्रियता से बहुत ज्यादा थी (100000 गुना ज्यादा)। शुरू में डेबिरने इस निष्कर्ष पर पहुँचे कि इस पदार्थ के रासायनिक गुण टाइटेनियम से मिलते हैं। परंतु कुछ अर्से बाद उन्होंने खुद अपनी बात का खंडन किया और इसे थोरियम से मिलता बताया। बाद में, 1899 के बसंत में उन्होंने एक नए तत्त्व की खोज की घोषणा की जिसका नाम उन्होंने 'ऐक्टिनियम' रखा (यूनानी भाषा में विकिरण को ऐक्टिनियम कहते हैं।)

1899 की तिथि हर पाठ्यपुस्तक, सूची-पत्र, मोनोग्रामी तथा विश्वकोषों में शामिल हुई, अर्थात् जहाँ कहीं भी ऐक्टिनियम की चर्चा होती है, यह तिथि अवश्य दी जाती है। परंतु अगर हम यह कहें कि डेरिबने ने 1899 में ऐक्टिनियम खोजा, तो इसका मतलब यह होगा कि हम कुछ महत्त्वपूर्ण तथ्यों की उपेक्षा कर रहे हैं।

वास्तविक ऐक्टिनियम थोरियम से बहुत कम मिलता-जुलता है, परंतु हम इस रासायनिक असमानता के कारण डेबिरने की खोज का खंडन नहीं कर रहे हैं। मुख्य तर्क निम्न है : डेबिरने का विश्वास था कि ऐक्टिनियम α सक्रिय है और यूरेनियम की तुलना में 100000 गुना अधिक तीव्रता से β-कण उत्सर्जित करता है। अब हम जानते हैं कि ऐक्टिनियम क्षीण α उत्सर्जक है अर्थात वह काफी निम्न ऊर्जा वाले β कण उत्सर्सित करता है जिनका पता लगाना कोई आसान काम नहीं है। डेबिरने अपने अपरिष्कृत विकिरणमापीय उपकरण से यह काम कभी भी नहीं कर सकते थे।

प्रश्न यह उठता है कि डेबिरने ने फिर खोजा क्या था? उन्होंने विघटनाभिक पदार्थों के जटिल मिश्रण की खोज की थी जिसमें ऐक्टिनियम भी उपस्थित था। परंतु ऐक्टिनियम का क्षीण β विकिरण ऐक्टिनियम के क्षय के उत्पादों उत्सर्जित α कणों की पृष्ठभूमि पर दिखाई नहीं दिया। विघटनाभिक उत्पादों के इस मिश्रण से शुद्ध ऐक्टिनियम प्राप्त करने में कई साल लग गए।

सन् 1911 में विख्यात अंग्रेज रेडियो-रसायनज्ञ सोडी ने एक पुस्तक प्रकाशित की जिसका शीर्षक था : "विघटनाभिक

तत्त्वों का रसायन''। उन्होंने अपनी पुस्तक में ऐक्टिनियम को ऐसा तत्त्व बताया जिसका अभी तक पूरा अध्ययन नहीं किया गया है। उन्होंने इस तत्त्व के बारे में निम्न शब्द लिखे : ''परमाणु भार अज्ञात है, औसत जीवन-अवधि अज्ञात है, यह किरणें उत्सर्जित नहीं करता है (इससे पता चलता है कि ऐक्टिनियम के β विकिरण को ढूँढ़ना कितना मुश्किल काम था, लेखक), इसके मातृक पदार्थ की कोई जानकारी नहीं है...।'' संक्षेप में यह कहा जा सकता है कि ऐक्टिनियम के बहुत सारे गुण अस्पष्ट थे।

डेबिरने ने ऐक्टिनियम की खोज के जो सबूत पेश किए, उनके समकालीन उनसे संतुष्ट नहीं हुए। यह कोई आश्चर्य की बात नहीं कि शीघ्र ही एक अन्य वैज्ञानिक-जर्मन रसायनज्ञ गीजेल ने एक नए विघटनाभिक तत्त्व की खोज का दावा किया। उन्होंने भी एक विघटनाभिक पदार्थ निकाल दिया जिसके गुण दुर्लभ मृदा तत्त्वों से मिलते थे। आधुनिक दृष्टि से यह तथ्य सच्चाई के ज्यादा नजदीक था। गीजेल ने इस तत्त्व का नाम 'इमेनियम' रखा क्योंकि यह एक विघटनाभिक गैस-एमेनेशन-उत्सर्जित करता था। यह गैस जिंक सल्फाइड की बनी स्क्रीन को उद्दीप्त करती थी। रेडियोटैल्यूरियम और पोलोनियम पर विवाद की तरह ऐक्टिनियम और इमेनियम के समर्थकों के बीच एक विवाद खड़ा हो गया। पहला विवाद तब दूर हो गया जब दोनों तत्त्वों की समात्मिकता सिद्ध कर दी गयी। दूसरा विवाद हल करना काफी मुश्किल काम था क्योंकि तीसरा नया विघटनाभिक तत्त्व काफी जिद्दी लग रहा था। इतिहास में डेबिरने को ऐक्टिनियम का प्रथम खोजी बताया गया है, परंतु वास्तविकता यह है कि गीजेल ने जो पदार्थ प्राप्त किया था, उसमें शुद्ध ऐक्टिनियम की काफी मात्रा उपस्थित थी। इसके अलावा गीजेल ने भी इमेनियम के स्पेक्ट्रम का प्रेक्षण किया। बहुत सारे वैज्ञानिकों का विश्वास था कि उन्होंने ऐक्टिनियम और इमेनियम की समानता सिद्ध कर दी है। वक्त के अनुसार इस विवाद की गर्मी ठंडी होती गयी।

अंग्रेज रेडियोरसायनज्ञ कैमेरोन प्रथम व्यक्ति थे जिन्होंने 1909 में Ac चिह्न को आवर्त सारणी के तीसरे ग्रुप में जगह दी (वे प्रथम वैज्ञानिक थे जिन्होंने विज्ञान की इस नयी शाखा को रेडियोरसायन नाम दिया)। परंतु ऐक्टिनियम को आवर्त सारणी में केवल 1913 में पक्का खाना मिला। जैसे-जैसे ऐक्टिनियम के क्षय के उत्पादों से शुद्धि बढ़ती गयी, वैज्ञानिकों को एक अद्भुत बात पता चली–ऐक्टिनियम द्वारा उत्सर्जित विकिरण इतना क्षीण था कि उन्हें इस बात पर शक होने लगा कि इसका उत्सर्जन है या नहीं। कुछ वैज्ञानिकों ने तो यह तक कह दिया कि ऐक्टिनियम का एक नए प्रकार का रूपांतरण–विकिरणहीन रूपांतरण-होता है। ऐक्टिनियम द्वारा उत्सर्जित β कणों के विकिरण का प्रमाण केवल 1935 में मिला। ऐक्टिनियम की अर्ध आयु 21.6 वर्ष निकली।

काफी लंबे अर्से तक धात्विक ऐक्टिनियम की प्राप्ति की बात किसी ने सोचने की हिम्मत तक नहीं की क्योंकि एक टन पिचब्लैन्ड में केवल 0.15mg ऐक्टिनियम उपस्थित होता है जबकि रेडियम की मात्रा 400 mg तक हो सकती है। धातु के रूप में इस ऐक्टिनियम को केवल 1953 में प्राप्त किया जा सका (केवल कुछ मिलीग्राम)। इसके लिए $AcCl_3$ को पोटेशियम वाष्पों के साथ अपचयित किया गया।

रेडॉन

रेडॉन (चिह्न Rn) आवर्त सारणी का 86वां तत्त्व है। यह उत्कृष्ट गैसों का सबसे भारी प्रतिनिधि है। विघटनाभिकता बहुत उच्च होने के कारण प्रकृति में वह इतना कम मिलता है कि रैमजे और ट्रेवर्स अन्य निष्क्रिय तत्त्वों की खोज करते समय इसे नहीं देख पाए। केवल विकिरणमापीय विधि के प्रयोग से रेडॉन की खोज संभव हो सकी।

आज रेडॉन के बारे में जो जानकारी है उसके अनुसार यह 86 नंबर तत्त्व के 3 प्राकृतिक समस्थानिकों का संयुक्त नाम है, जो एक-एक करके खोजे गए तथा जिनका नाम इमेनेशन रखा गया। इनके आविष्कार से विघटनाभिकता के अध्ययन में एक नया युग आरंभ हुआ क्योंकि वे प्रथम गैसीय विघटनाभिक तत्त्व थे।

1899 के आरंभ में रदरफोर्ड (उन दिनों वे कनाडा में काम कर रहे थे) तथा उनके सहयोगी ओवेन थोरियम के यौगिकों की सक्रियता का अध्ययन कर रहे थे। एक दिन अनजाने में ओवेन ने प्रयोगशाला का दरवाजा खोल दिया, जहाँ प्रयोग किया जा रहा था। हवा का एक तेज झोंका आया और वैज्ञानिकों ने देखा कि थोरियम तत्त्व का विकिरण काफी कम हो गया है। आरंभ में उन्होंने इस घटना को कोई महत्त्व नहीं दिया, परंतु बाद में उन्हें विश्वास हो गया कि हर बार हवा का झोंका थोरियम की सक्रियता घटा देता था।

रदरफोर्ड तथा ओवेन इस निष्कर्ष पर पहुँचे कि थोरियम हर वक्त एक गैसीय विघटनाभिक पदार्थ उत्सर्जित करता है। उन्होंने इसका नाम थोरियम का इमेनेशन (लातीनी भाषा में इसका अर्थ 'प्रवाह' होता है) या थोरोन रखा।

यह ध्यान में लेकर उन्होंने यह विचार प्रकट किया कि अन्य विघटनाभिक तत्त्व भी इमेनेशन अलग करने की क्षमता रखते हैं। सन् 1900 में जर्मन भौतिकविद् डोरन ने रेडियम के इमेनेशन की खोज की तथा उनके तीन साल बाद डेबिरने ने ऐक्टिनियम के इमेनेशन का पता लगाया। इस प्रकार दो नए विघटनाभिक तत्त्व खोज दिए गए—रेडॉन और ऐक्टिनॉन। एक खास बात और पता चली और वह यह थी कि तीनों इमेनेशनों की केवल अर्ध क्षय-अवधि में अंतर था—51.5 सैकंड थोरान की, 3.8 दिन रेडॉन की आयु सबसे दीर्घ होने के कारण इमेनेशन की प्रकृति ज्ञात करने के लिए सारे प्रयोगों में इस विघटनाभिक पदार्थ को इस्तेमाल किया गया। इमेनेशनों के बाकी सारे गुण एक जैसे थे। सब रासायनिक गुण रहित थे अर्थात् वे निष्क्रिय गैसें थीं (आर्गान तथा अन्य उत्कृष्ट गैसों के सदृशरूप)। बाद में यह पता चला कि सबके परमाणुक द्रव्यमान अलग-अलग थे। परंतु आवर्त सारणी में इन तीनों तत्त्वों के लिए एक जगह खाली थी—शून्य ग्रुप में जीनॉन के नीचे।

शीघ्र ही यह अपवाद एक नियम बन गया। अतः हमें विघटनाभिकता के अध्ययन के इतिहास की कुछ महत्त्वपूर्ण घटनाओं का संक्षेप में वर्णन करना पड़ेगा। अब हम रेडॉन की कहानी समाप्त करने जा रहे हैं। यह नाम जीवित रहा क्योंकि विघटनाभिक निष्क्रिय गैसों में रेडॉन सर्वाधिक दीर्घायु तत्त्व है। रैमजे ने इस तत्त्व का नाम 'नाइटान' रखने की सलाह दी (लातीनी भाषा में इसका अर्थ 'दीप्त' होता है) परंतु यह नाम स्वीकार नहीं किया गया।

विघटनाभिक तत्त्व और उनके परिवार

पोलोनियम और रेडियम की खोज से पहले आवर्त सारणी में बिस्मथ और यूरेनियम के बीच सात खाने खाली थे। जब नए आविष्कृत विघटनाभिक तत्त्वों की संख्या छोटी थी, तब उन्हें आवर्त सारणी में जगह देने में कोई परेशानी नहीं हो रही थी, परंतु इमेनेशनों ने चक्कर में डाल दिया। उनके गुण एक जैसे होने के कारण उन्हें आवर्त सारणी में अलग-अलग खानों में नहीं रखा जा सकता था, उदाहरण के लिए, उनमें से दो को आयोडीन और सीजियम के भारी अज्ञात सदृशरूपों की खाली जगहें नहीं दी जा सकती थी। यह एक अस्वाभाविक काम हो जाता।

परंतु हम अगर रहस्यमय रेडॉन परिवार को न भी छोड़ें, तब भी कई बातें अस्पष्ट रह जाती हैं। सन् 1900 में क्रूक्स को प्रयोगों के दौरान एक अजीब बात दिखायी दी। एक यूरेनियम यौगिक के आंशिक क्रिस्टलीकरण के बाद उन्हें निस्पंद तथा अवक्षेप प्राप्त हुए। यूरेनियम विलयन में उपस्थित था, परंतु किसी भी तरह की सक्रियता नहीं दिखा रहा था। इसके विपरीत अवक्षेप में यूरेनियम नहीं था, परंतु वह उच्च तीव्रता वाली किरणें उत्सर्जित कर रहा था। इस प्रेक्षण से क्रूक्स एक विरोधाभासी निष्कर्ष पर पहुँचे : यूरेनियम खुद विघटनाभिक नहीं होता है तथा इसे एक अशुद्धि विघटनाभिकता प्रदान करती है जिसे वे यूरेनियम से पृथक् करने में सफल हुए थे। क्रूक्स ने इस अशुद्धि को कोई निश्चित नाम न देकर केवल यूरेनियम-X(UX) नाम से पुकारा। आगे चलकर यह पता चला कि यूरेनियम UX के पृथक्करण के बाद फिर से सक्रिय हो जाता है। बात यह है कि UX यूरेनियम से कुछ अधिक सक्रिय पदार्थ है। इस प्रकार UX एक नया विघटनाभिक तत्त्व माना जा सकता था।

दो साल बाद रदरफोर्ड तथा सोडी ने यह प्रेक्षण किया कि थोरियम की सक्रियता भी कुछ समय के लिए लुप्त हो सकती है। इस बार अशुद्धि का नाम थोरियम-x (Thx) रखा गया। इन दोनों वैज्ञानिकों ने इस मौलिक प्रश्न का उत्तर ढूँढ़ने की कोशिश की : विकिरण के उत्सर्जन के दौरान विघटनाभिक तत्त्व के साथ क्या प्रतिक्रिया घटती है? क्या तत्त्व की रासायनिक प्रकृति कायम रहती है या उसमें परिवर्तन आ जाते हैं? वैज्ञानिकों को एक महत्त्वपूर्ण बात पता चली : थोरियम का इमेनेशन थोरियम से नहीं, बल्कि Thx से उत्पन्न हुआ था। अन्य शब्दों में वैज्ञानिकों को विघटनाभिक रूपांतरण का प्रथम चरण पता चल गया :

$$Th \rightarrow ThX \rightarrow EmTh$$

इस घटना ने विघटनाभिक क्षय के सिद्धांत के विकास में निर्णायक भूमिका निभायी।

रदरफोर्ड तथा सोडी के विचारानुसार विघटनाभिक क्षय रासायनिक तत्त्वों के रूपांतरण, उनके प्राकृतिक तत्त्वांतरण के परिणामस्वरूप होता है। उन्होंने यह बात रेडियम के उदाहरण पर कही जो α कणों के उत्सर्जन के बाद रेडॉन में परिवर्तित हो गया। कुछ समय बाद यह पता चला कि α कण द्वि आयनित हीलियम परमाणु था। रेडियम के क्षय से दो नए तत्त्व-रेडॉन और हीलियम प्राप्त हुए :

$$Ra \rightarrow Rn + He$$

रैमजे और सोडी ने शीघ्र ही अपने प्रयोगों से उक्त विचार की सत्यता सिद्ध कर दी।

रदरफोर्ड तथा सोडी ने दावा किया कि सभी ज्ञात विघटनाभिक तत्त्व पूर्णतया स्वतंत्र नहीं है, वे आनुवंशिक रूप से एक दूसरे के साथ संबंधित हैं (बाद में एक तत्त्व दूसरे में परिवर्तित हो जाता है)। ये तत्त्व तीन विघटनाभिक परिवार बनाते हैं—यूरेनियम, थोरियम तथा रेडियम परिवार (परिवारों के नाम आरंभिक तत्त्वों के आधार पर रखे गए हैं।) परंतु कई बातें अभी भी अस्पष्ट थीं परिवार में कितने सदस्य हैं? परिवार का आखिरी सदस्य कौन है? और अंत में विघटनाभिक तत्त्व क्या चीज है? इसकी वास्तविक प्रकृति क्या है?

अंतिम प्रश्न सांयोगिक नहीं है क्योंकि बीसवीं शताब्दी के आरंभ से ही विघटनाभिक पदार्थों की संख्या बढ़नी शुरू हो गयी तथा आवर्त सारणी में उन्हें जगह देना एक गंभीर समस्या बन गयी।

नए विघटनाभिक पदार्थों के कई नाम रखे गए : विघटनाभिक पिंड, सक्रियता, विघटनाभिक तत्त्व आदि। वैज्ञानिक समझ गए थे कि उनका नयी, अज्ञात भौतिक वस्तुओं के साथ वास्ता पड़ रहा था। इनमें से अधिकांश का अस्तित्व केवल विघटनाभिक गुणों के आधार पर सिद्ध किया जा सका था : विकिरण की तीव्रता, क्षय की किस्म, क्षय की अवधि का मान आदि। परंतु इनकी रासायनिक प्रकृति के बारे में कुछ नहीं कहा जा सका था। तत्त्वों का प्राचीन क्लासिक रसायन हमेशा पदार्थों की भारण-संख्याओं के साथ संबंधित था जब नया तत्त्व (या उसका यौगिक) द्रव्य के रूप में प्राप्त करने और उसकी प्रतिक्रियाओं तथा स्पेक्ट्रम का प्रेक्षण करने की संभावना प्रस्तुत होती थी। अधिकांश खोजे गए विघटनाभिक तत्त्वों के साथ यह सब कुछ करना असंभव था। अतः यह प्रश्न स्वाभाविक था कि ये रासायनिक मायने से तत्त्व हैं भी या नहीं?

विघटनाभिकता के प्रथम अनुसंधानकर्ताओं में इस बात पर मतभेद थे। मारिया और प्येर क्यूरी तथा डेबिरने का मत यह था कि सभी विघटनाभिक पदार्थ प्राथमिक प्रकृति के होते हैं, अतः वे सारे नए रासायनिक तत्त्व हैं। पोलोनियम, रेडियम तथा ऐक्टिनियम की खोजों से इस मत की काफी हद तक पुष्टि हो गयी। बहुत सारे नए विघटनाभिक पदार्थों की खोजों की खबर मिलने पर भी उक्त वैज्ञानिक अपनी बात पर डटे रहे। परंतु इस से मतभेद कम बिल्कुल नहीं हुआ, वह और भी बढ़ता गया।

रदरफोर्ड तथा सोडी का विचार दूसरा था। उनके मतानुसार विघटनाभिक पदार्थों की प्रकृति भिन्न हो सकती है।

विघटनाभिक परिवार की अपनी धारणा के आधार पर उन्होंने यह दावा किया कि कुछ सापेक्षिक स्थायी विघटनाभिक तत्त्व होते हैं, जो विघटनाभिक अन्य रासायनिक तत्त्वों की श्रेणियों के जन्मदाता माने जा सकते हैं—ये हैं यूरेनियम, थोरियम तथा रेडियम। इनकी रासायनिक प्रकृति ज्ञात है, इसलिए इन्हें साधारण तत्त्वों की सूची में शामिल किया जा सकता है (दोनों प्रकार के तत्त्वों में केवल एक ही अंतर होता है—विघटनाभिकता)। जो तत्त्व विघटनाभिक परिवारों के अंतिम सदस्य हैं, वे साधारण स्थायी तत्त्व हैं (यह विचार व्यक्त होने लगा कि विघटनाभिक परिवारों का अंतिम सदस्य लेड होना चाहिए)। आगे चलकर रदरफोर्ड और सोडी ने कहा कि इन दो किस्मों के परमाणुओं के बीच कुछ मध्यस्थ पदार्थ होने चाहिए जिनकी मुख्य विशेषता—अस्थायीत्व है, इसलिए रसायन की दृष्टि से उनकी व्याख्या नहीं दी जा सकती। इन्हें तत्त्व नहीं कहा जा सकता। ये एक किस्म के परमाणु खंड जैसे हैं। उन्होंने इनके लिए 'मेटाबोलोन' (यूनानी भाषा में इसका अर्थ 'पिंडों का रूपांतरण' होता है) नाम सुझाया। इसके कारण इन पदार्थों को आवर्त सारणी में जगह देने का सवाल नहीं उठा।

परंतु इस नाम को विस्तृत मान्यता नहीं मिल पायी। सोडी भी शीघ्र ही इस निष्कर्ष पर पहुँच गए कि मेटाबोलोन को साधारण विघटनाभिक तत्त्वों की तरह रासायनिक पदार्थ समझना चाहिए। 1902 में अंग्रेज भौतिकविद् मार्टिन ने एक नया नाम 'रेडियोतत्त्व' इस्तेमाल किया जिसकी परिभाषा आगे दी जाएगी। यहाँ हम केवल यह स्पष्ट करना चाहेंगे कि पारिभाषिक शब्द 'विघटनाभिक तत्त्व' तथा 'रेडियोतत्त्व' पर्यायवाची नहीं समझे जा सकते हालांकि साहित्य में कभी-कभी ऐसा देखने को मिलता है।

बीसवी शताब्दी के प्रथम दो दशकों में रेडियोरसायन का सारा इतिहास नए रेडियोतत्त्वों की खोज तथा पहले से खोजे तत्त्वों के साथ उनके आनुवंशिक संबंधों का इतिहास हैं। विघटनाभिक परिवारों की सीमाएँ स्पष्ट होती जा रही थीं तथा ये परिवार रेडियोतत्त्वों की प्रणाली सी बनते जा रहे थे, जैसे कि इनके पहले स्थायी तत्त्वों ने आवर्त प्रणाली बनायी थी। भूतपूर्व रेडियम परिवार यूरेनियम परिवार में शामिल हुआ, परंतु एक नए परिवार ने जन्म ले लिया—ऐक्टिनियम परिवार जिसके आरंभ का बहुत अर्से तक पता नहीं चल सका (यह केवल 1935 में पता चला)। अधिकांश रेडियोतत्त्व अल्प आयु वाले उत्पाद थे जिसके क्षय की अर्द्धावधि सेकंडों में (ज्यादा से ज्यादा मिनटों में) नापी जाती थी। विघटनाभिक परिवारों में रेडियोतत्त्वों की रासायनिक प्रकृति तथा उनका स्थान ज्ञात करना बहुत मुश्किल काम था। दुर्लभ मृदा तत्त्वों की प्राप्ति में लगी बेहिसाब मेहनत भी इस काम के सामने कुछ नहीं थी जिसके वर्णन से एक पूरी पुस्तक भरी जा सकती है। अतः हम यहाँ रेडियोतत्त्वों की खोजों के केवल इतिवृत्त आंकड़े दे पा रहे हैं (सारणी 1—3)।

तीनों विघटनाभिक परिवारों का आधुनिक रूप पृष्ठ 236 पर दर्शाया गया है।

प्रत्येक विघटनाभिक परिवार में दो विशिष्ट ग्रुप होते हैं। इमेनेशनों से पहले के रेडियोतत्त्वों की आयु अपेक्षाकृत दीर्घ होती है, इसके विपरीत इमेनेशनों के बाद के रेडियोतत्त्वों के अर्ध क्षय की अवधि बहुत अल्प होती है। इनकी पहचान के लिए विशेष चिह्न लगाए जाते हैं; लातीनी शब्द A, B और C जो उनके रासायनिक चिह्न Ra, Th और Ac के साथ उपयुक्त होते हैं। इन अल्पायु तत्त्वों के ग्रुपों को सक्रिय अवसाद कहा गया; इन अवसादों का विश्लेषण सबसे कठिन था तथा इसने काफी गलतियों और भ्रमों को जन्म दिया। परंतु इनके अध्ययन से रेडियोरसायन के नए विज्ञान के विकास में महत्त्वपूर्ण योगदान मिला।

सारणी 1

यूरेनियम-238 का विघटनाभिक परिवार

रेडियो तत्त्व का नाम	खोज की तिथि	खोजकर्ता का नाम
यूरेनियम-I	1896*	बैक्यूरेल
यूरेनियम-X_1	1900	क्रूक्स
यूरेनियम-X_2	1913	फाजान्स, गोहरिंग
यूरेनियम-II	1911	गेइगर, नाटाल
आयोनियम	1907	बोल्टवुड
रेडियम	1898	क्यूरी दंपति, बेमोन्त
रेडियम का इमेनेशन	1900	डोर्न
रेडियम-A	1903	रदरफोर्ड, बार्नेस
	1904	प्येर क्यूरी, डेन
रेडियम-B	1903	प्येर क्यूरी, डेन
रेडियम-C	1903	प्येर क्यूरी, डेन
रेडियम-C'	1909	गाहन, मिटनेर
रेडियम-C"	1912	फाजान्स
रेडियम-D (रेडियोलेड)	1900	हाफ्मैन, स्ट्राउस
रेडियम-E	1904	हाफ्मैन, गोन्दर, वेल्फ,
	1905	रदरफोर्ड
रेडियम-F (पोलोनियम)	1898	क्यूरी दंपति

सारणी 2

यूरेनियम—235 का विघटनाभिक परिवार

रेडियो तत्त्व का नाम	खोज की तिथि	खोजकर्ता का नाम
यूरेनियम—235 (AcU)	1935	डेम्पस्टर
यूरेनियम—U	1911	अन्तोनोव
प्रोटेक्टिनियम	1918	गाहन, मिटनेर
	1918	सोडी, क्रैन्स्टन
ऐक्टिनियम	1899	डेबिरने
	1902	गीजेल
रेडियो ऐक्टिनियम	1906	गाहन

* यूरेनियम की विघटनाभिकता की खोज की तिथि

ऐक्टिनियम—K	1939	पियेरे
ऐक्टिनियम—X	1900	डेबिरने
	1904	गीजेल
	1905	गोदलेव्स्की
ऐक्टिनियम का इमेनेशन	1902	गीजेल
ऐक्टिनियम—A	1911	गेइगर
एक्टिनियम—B	1904	डेबिरने
ऐक्टिनियम—C	1904	ब्रुक्स
ऐक्टिनियम—C'	1908	गाहन, मिटनेर
ऐक्टिनियम—C"	1913	मार्सडेन-विल्सन
	1914	मार्सडेन, पर्किन्स

सारणी 3
थोरियम—232 का परिवार

रेडियो तत्त्व	खोज की तिथि	खोजकर्ता का नाम
थोरियम	1898*	स्मीथ, मा० क्यूरी
मैसोथोरियम—I	1907	गाहन
मैसोथोरियम—II	1908	गाहन
रेडियोथोरियम	1905	गाहन
थोरियम—X	1902	रदरफोर्ड
थोरियम का इमेनेशन	1899	रदरफोर्ड
थोरियम—A	1910	गेइगर, मार्सडेन
थोरियम—B	1899	रदरफोर्ड
थोरियम—C	1903	रदरफोर्ड
थोरियम—C'	1909	गाहन, मिटनेर
थोरियम—C"	1906	गाहन

जैसे ही रेडियोतत्त्वों के परिवार आधुनिक रूप में आ गए, उन्हें आवर्त सारणी में खाने देने की समस्या का हल आवश्यक हो गया। प्रत्येक रेडियोतत्त्व सारणी में एक निश्चित खाना लेने वाले किसी न किसी 'साधारण' तत्त्व के साथ रासायनिक समानता दिखा रहा था। परंतु रेडियोतत्त्वों की संख्या बहुत ज्यादा थी। रैमजे ने इस हालत का फ्रेंच कहावत से वर्णन किया : embarassen richess (ज्यादा होने के कारण परेशानी)। बीसवीं शताब्दी के दूसरे दशक तक लगभग 40 रेडियोतत्त्व खोज दिये गये थे। कुछ तत्त्वों के ग्रुपों के रासायनिक गुण इतने ज्यादा मिलते थे कि उन्हें किसी भी ज्ञात विधि से अलग नहीं किया जा सका। (उदाहरणतार्थ 3 इमेनेशन और थोरियम, आयोनियम, रेडियोथोरियम, तथा अंत में रेडियम

* थोरियम की विघटनाभिकता की खोज की तिथि

और थोरियम-X।

परंतु प्रत्येक ग्रुप के रेडियोतत्त्वों के परमाणु द्रव्यमानों में काफी अंतर था और कई बार यह अंतर कई इकाइयों का होता था। इससे काफी परेशानी पैदा हो गयी थी। कुछ वैज्ञानिकों ने यह सुझाव दिया कि कई रेडियोतत्त्वों को मेंडेलीफ की सारणी से बाहर ही रहने दिया जाए। परंतु सृजनात्मक वैज्ञानिकों ने इस प्रस्ताव को अस्वीकार कर दिया। 1910 में स्वीडिश वैज्ञानिक स्ट्रोम्होल्म तथा स्वेडबर्ग ने यह विचार पेश किया कि सारणी के एक खाने में कई रेडियोतत्त्व रख दिए जाएँ (शीघ्र ही यह स्पष्ट हो गया कि इन वैज्ञानिकों की बात ठीक थी। 1910 में अंग्रेज रडियोरसायनज्ञ कैमेरोन ने स्वीडिश वैज्ञानिकों के विचार का समर्थन किया।

आरेख - 1

यूरेनियम-238, यूरेनियम-235, तथा थोरियम के विघटनाभिक परिवार

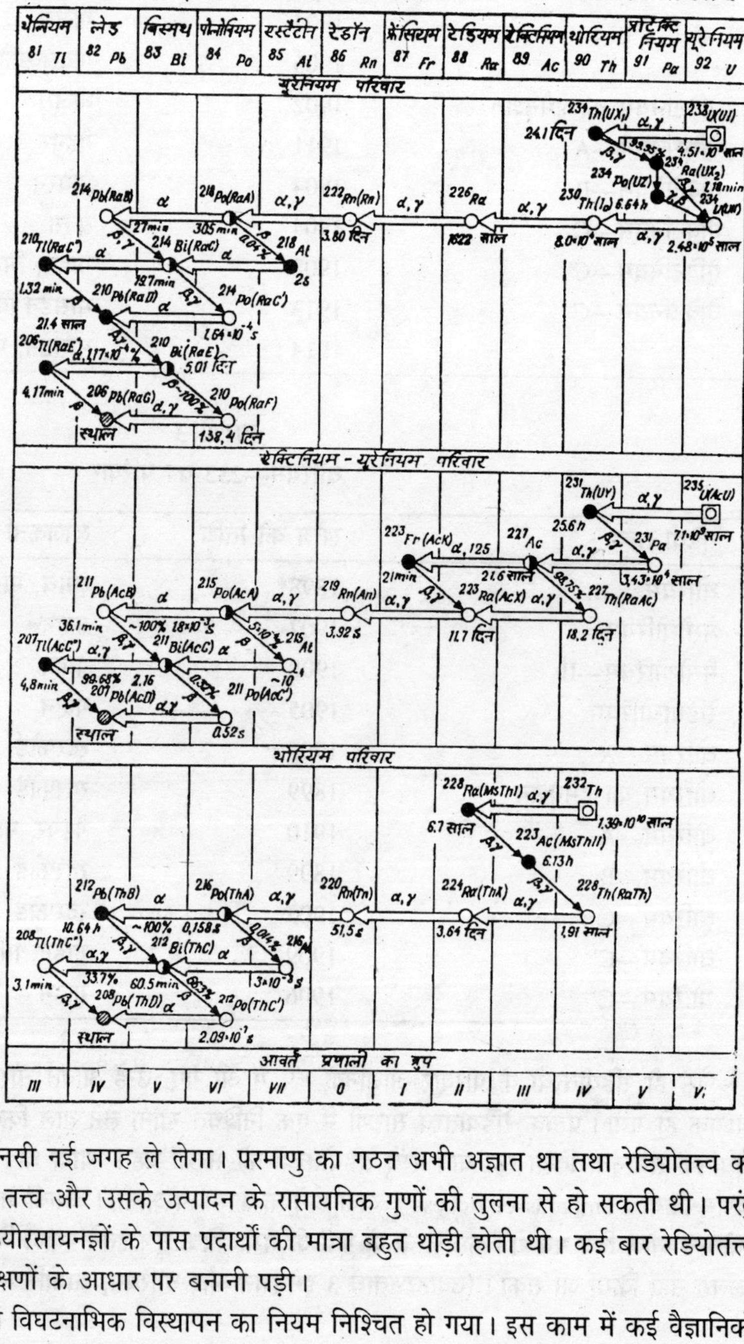

हालांकि 1903 में ही यह सिद्ध कर दिया गया था कि विघटनाभिकता के परिणामस्वरूप तत्त्वों का रूपांतरण जरूर होता है, परंतु बहुत लंबे अर्से तक वैज्ञानिक यह नहीं बता सके कि जिस वक्त रेडियो तत्त्व α या β कण उत्सर्जित करता है उस के साथ क्या घटना घटती है। इस प्रश्न के उत्तर से यह पता चल सकता था कि एक निश्चित रेडियोतत्त्व विघटनाभिक क्षय के परिणामस्वरूप आवर्त सारणी में कौनसी नई जगह ले लेगा। परमाणु का गठन अभी अज्ञात था तथा रेडियोतत्त्व की प्रकृति में आए परिवर्तनों की जानकारी तत्त्व और उसके उत्पादन के रासायनिक गुणों की तुलना से हो सकती थी। परंतु यह काम बहुत मुश्किल था क्योंकि रेडियोरसायनज्ञों के पास पदार्थों की मात्रा बहुत थोड़ी होती थी। कई बार रेडियोतत्त्व की रासायनिक 'तस्वीर' इसके गौण लक्षणों के आधार पर बनानी पड़ी।

वैज्ञानिकों की हठ और मेहनत से विघटनाभिक विस्थापन का नियम निश्चित हो गया। इस काम में कई वैज्ञानिकों ने भाग लिया, परंतु मुख्य भूमिका सोडी तथा पोलेंड के रसायनज्ञ फाजान्स ने निभायी, जिस कारण इसे सोडी-फाजान्स

नियम कहते हैं। इसके अनुसार α क्षय एक रोडयोतत्त्व को जन्म देता है जो आरंभिक तत्त्व से बायीं ओर दो खाने छोड़कर जगह ले लेता है, जबकि β क्षय के परिणामस्वरूप प्रारंभिक तत्त्व से दायीं ओर एक खाना छोड़कर। जब यह सिद्ध कर दिया गया कि एक परमाणु नाभिक का आवेश आवर्त सारणी में इस तत्त्व के नंबर के बराबर होता है तब सोडी-फाजान्स नियम की निम्न व्याख्या दी गयी : α कण एक नाभिक से दो धनावेश अलग करता है, अतः आरंभिक तत्त्व का नंबर (इसके नाभिक का आवेश) 2 कम हो जाता है जबकि β कण का उत्सर्जन नाभिक का धनावेश 1 (इकाई) से बढ़ा देता है।

विस्थापन-नियम ने विघटनाभिक परिवारों तथा तत्त्वों की आवर्त प्रणाली के बीच सद्‌भावनापूर्ण संबंध पैदा कर दिए। कुछ क्रमश : α और β क्षयों के बाद परिवारों के आरंभिक तत्त्व बनते रहे, जो मेंडेलीफ की सारणी में यूरेनियम और बिस्मथ के बीच की जगह में स्थान पाते गए। परंतु इस प्रकार हर खाने में कई रेडियो तत्त्व रखने पड़ते। इनके नाभिकों का आवेश समान था, परंतु द्रव्यमान भिन्न थे अर्थात् वे एक तत्त्व की किस्में लग रहे थे जिनके रासायनिक गुण तो एक-से थे, परंतु द्रव्यमान और विघटनाभिक गुण भिन्न थे। दिसंबर 1913 में सोडी ने तत्त्वों की इस किस्म के लिए एक नया नाम सुझाया-आइसोटोप या समस्थानिक (यूनानी भाषा में इसका अर्थ ''एक सी जगह पर रहने वाले'' होता है) क्योंकि वे आवर्त सारणी में एक ही खाने में रखे गए थे।

अब यह स्पष्ट हो गया है कि रेडियोतत्त्व प्राकृतिक विघटनाभिक तत्त्वों के समस्थानिक हैं। 3 इमेनेशन विघटनाभिक तत्त्व रेडॉन के समस्थानिक हैं जिसका आवर्त सारणी में 86 नंबर है। यूरेनियम, थोरियम, पोलोनियम और एक्टिनियम विघटनाभिक परिवारों में अपने समस्थानिकों द्वारा प्रस्तुत हैं। इसके बाद स्पष्ट हुआ कि अनेक स्थायी तत्त्वों के अपने समस्थानिक भी हैं। यहाँ एक महत्त्वपूर्ण बात बतानी आवश्यक है। जैसे ही एक स्थायी तत्त्व खोजा गया, इसका मतलब यह हुआ कि उसके समस्थानिक भी खोजे जाते थे, तो रेडियोतत्त्वों की खोज उनके सारे के सारे समस्थानिकों की खोज थी। प्रकृति में स्थायी तथा विघटनाभिक तत्त्वों की खोज की विशेषता इस से दिखाई देती है।

यह कोई आश्चर्य की बात नहीं कि जब अनगिनत रेडियोतत्त्वों को आवर्त सारणी में रखने की कोशिश की गयी, तब उसकी हालत बड़ी नाजुक हो गयी थी क्योंकि वह तत्त्वों की प्रणाली थी न कि समस्थानिकों की। विस्थापन के नियम तथा समस्थानिकता की खोज ने स्थिति को संभाल लिया और इस प्रकार रसायन के विकास का रास्ता बंद नहीं हो पाया।

प्रोटैक्टिनियम

मेंडेलीफ द्वारा पूर्वानुमानित एका-टैन्टेलम शायद अकेला विघटनाभिक तत्त्व है जिसकी वास्तविक खोज घोषित तिथि से पहले हुई थी। हम थोरियम और यूरेनियम के बीच स्थित नंबर 91 की बात कर रहे हैं। इसके दीर्घायु समस्थानिक का अर्धक्षयकाल लंबा होता है। (34300 वर्ष), अतः यह यूरेनियम अयस्कों में संचयित होना चाहिए, इसके अलावा यह α कण उत्सर्जित करता है। अगर हम इसकी खोज की स्वीकृत तिथि (1918) पर ध्यान देते हैं तो यह प्रश्न उठना स्वाभाविक है कि इसकी खोज इतनी देर से क्यों हुई। इस प्रश्न का उत्तर हम आगे चलकर देंगे। हम अब यूरेनियम-238 के परिवार (सारणी 1 और आरेख 1 देखिए) की चर्चा करने जा रहे हैं।

क्रूक्स द्वारा खोजा गया विख्यात UX सारणी 1 में यूरेनियम X_1 के नाम से दिखाया गया है। यह वही रेडियोतत्त्व है जिससे रेडियो-तत्त्वों की तलाश शुरू हुई। यह नाम इसे काफी बाद में दिया गया, जब रेडियोतत्त्व यूरेनियम-X_2 की खोज हो चुकी थी।

फरवरी 1913 में सोडी ने यह विचार पेश किया कि क्रूक्स के तत्त्व UX तथा यूरेनियम परिवार के तत्त्व U-11 (1911 में खोजे हुए) के बीच एक अज्ञात रेडियोतत्त्व होना चाहिए। सोडी के अनुसार इस नए तत्त्व के गुण एका-टैन्टेलम जैसे होने चाहिएँ। यह परिकल्पित तत्त्व आवर्त सारणी के पांचवें ग्रुप में ठीक बैठ रहा था, जहाँ प्रकृति की मौज के कारण एक भी रेडियोतत्त्व नहीं था। अगर सच कहा जाए, तो यह कोई आश्चर्य की बात नहीं थी। यूरेनियम-238 या (U-I) इस

परिवार का आरंभक तथा U-II परिवार का एक सदस्य-यूरेनियम समस्थानिक हैं, अन्य रेडियोतत्त्वों के मुकाबले इन दोनों के अर्धक्षय की अवधि काफी अधिक है। यूरेनियम-I के साथ मिले हुए यूरेनियम-II को पहचानना कोई आसान काम नहीं था। इसी तरह से यूरेनियम-II के पूर्वाधिकारी–परिकल्पित एका-टैन्टेलम UX_2 को ढूँढ़ना भी इतना आसान नहीं था।

यह काम 1913 की मार्च के मध्य में फाजान्स तथा उनके युवा सहयोगी गोहरिंग ने कर दिखाया। इन दोनों ने एक नया रेडियोतत्त्व उत्सर्जक ढूँढ़ा जिसके क्षय की अर्धआयु 7.17 मिनट थी तथा जिसके रासायनिक गुण टैन्टेलम जैसे थे। उसी वर्ष अक्टूबर में इन वैज्ञानिकों ने स्पष्ट कर दिया कि UX_2 एक नया विघटनाभिक तत्त्व है जो यूरेनियम और थोरियम के बीच स्थित है। वैज्ञानिकों ने इसका नाम ब्रेवियम (यूनानी में इसका अर्थ 'अल्पायु वाला' होता है।) रखने का सुझाव दिया।

चिह्न UX_2 ने यूरेनियम विघटनाभिक परिवार में जगह ले ली, परंतु चिह्न Bv आवर्त सारणी के 91वें खाने में नहीं रखा गया, हालांकि नए तत्त्व का कई प्रयोगशालाओं में अध्ययन किया गया और अंग्रेज तथा जर्मन वैज्ञानिकों ने इसकी खोज की पुष्टि भी की।

बात कुछ भी हो इस तथ्य से कोई इंकार नहीं करता कि तत्त्व नंबर 91 1913 में खोजा गया। यह स्वीकार करके हम एका-टेन्टेलम की याद दिलाना चाहते हैं। उसकी खोज की यह तिथि क्यों अधिकृत नहीं मानी गयी? संभव है कि अगर प्रथम विश्व युद्ध शुरू न हुआ होता तो ब्रेवियम की किस्मत पलट गयी होती। परंतु युद्ध के कारण रेडियोरसायन के अनुसंधान कार्य बंद कर दिए गए तथा सूचनाओं का आदान-प्रदान काफी ज्यादा घट गया। एका-टैन्टेलम की खोज दुबारा होनी थी।

काफी लंबे अर्से तक तीनों विघटनाभिक परिवारों में ऐक्टिनियम परिवार सबसे ज्यादा जटिल था। इस परिवार का आरंभक कौन-सा तत्त्व है? प्रश्न का उत्तर स्पष्ट नहीं था। अगर ऐक्टिनियम को परिवार का मुखिया मान लें तो इसके अर्ध क्षय की अवधि ऐसी ही होनी चाहिए जैसी थोरियम और यूरेनियम की। यह बात अविश्वसनीय लग रही थी, हालांकि ऐक्टिनियम के क्षय की आयु का पता नहीं चल पा रहा था। कुछ भी हो, पृथ्वी की आयु के मुकाबले यह नगण्य थी।

अगर ऐक्टिनियम को परिवार का आरम्भक मान लिया गया तो इसके पूर्वाधिकारी रेडियोतत्त्वों का प्रश्न कोई अर्थ नहीं रखता था। इस रवैये से एका-टैन्टेलम की खोज में बाधा पड़ी। एक और धारणा थी जिसके अनुसार ऐक्टिनियम परिवार स्वतंत्र परिवार न होकर यूरेनियम परिवार का एक अंग था। रेडियोरसायनज्ञों ने इस धारणा पर 1913-1914 में बहस की जब ब्रेवियम की खोज हो चुकी थी। परंतु इस बहस से कोई काम की बात नहीं निकली तथा ऐक्टिनियम अपने परिवार का मुखिया बना रहा, हालांकि उसका अधिकार नहीं था।

रेडियोतत्त्व UY-एक थोरियम समस्थानिक ने इस दिशा में निर्णायक भूमिका निभायी। 1911 में रदरफोर्ड की प्रयोगशाला में एक रूसी रेडियोरसायनज्ञ अन्तोनोव ने इसकी खोज की। यूरेनियम परिवार में रेडियोतत्त्व UX_1 (यह तो थोरियम का समस्थानिक है) β कण उत्सर्जित करता है तथा ब्रेवियम (UX_2) उत्पन्न करता है।

1917 में फ्रेंच वैज्ञानिक पिकार्ड ने यह विचार पेश किया कि इसी प्रकार की परिस्थितियाँ उस परिवार के आरंभ में होनी चाहिए जिसे ऐक्टिनियम परिवार कहा जाता है। उनकी इस धारणा की पुष्टि काफी देर बाद हुई। इसका सार यह था कि इस परिवार का मुखिया तीसरा, एक अज्ञात यूरेनियम समस्थानिक (U-I और U-II के अलावा) था। पिकार्ड ने इसका नाम ऐक्टिनोयूरेनियम रखा। जब यह α कण उत्सर्जित करता है, यह UY में परिवर्तित हो जाता है जो ऐक्टिनियम में परिवर्तित हो जाता है। परंतु यहाँ माध्यम उत्पाद तक रेडियोतत्त्व होना चाहिए जो आवर्त सारणी के पांचवे ग्रुप का सदस्य होना चाहिए। रूपांतरणों के इस क्रम को निम्न प्रकार से लिखा जा सकता है :

$$\text{AcU} \xrightarrow{\alpha} \text{UY} \xrightarrow{\beta} \text{EkaTa} \xrightarrow{\alpha} \text{AC}$$

पिकार्ड के इस सुझाव ने UY का प्रश्न भी हल कर दिया, जिसकी विघटनाभिक परिवार में स्थिति स्पष्ट नहीं थी। यह रचनात्मक, परंतु साहसी सुझाव परीक्षा के लायक था।

इंगलैंड में एका-टैन्टलेम की खोज का काम सोडी और उनके सहायक क्रैन्सटन ने जारी रखा। इन वैज्ञानिकों के भाग्य ने साथ दिया और दिसंबर 1917 में उन्होंने एक लेख प्रकाशित किया जिसमें यूरेनियम-Y के β क्षय के उत्पाद के रूप में एका-टैन्टेलम की खोज की सूचना दी। परंतु जर्मन रसायनज्ञों गाहन तथा मिटनेर के मुकाबले सोडी और क्रैन्सटन के एका-टैन्टेलम के बारे में आँकड़े काफी घटिया थे।

जर्मन रसायनज्ञों का लेख अंग्रेज वैज्ञानिकों के लेख से पहले छापा गया, हालांकि उन्होंने यह लेख पत्रिका को अंग्रेजों के बाद भेजा था। परंतु यहाँ पहले या बाद में छपने का कोई महत्त्व नहीं था। गाहन और मिटनेर ने अपना कार्य नए रेडियोतत्त्व की प्राप्ति तक ही सीमित नहीं रखा; उन्होंने इसके गुणों का अध्ययन किया, इसके अर्धक्षय की अवधि ज्ञात की तथा α कणों का औसत मुक्त पथ नापा। जर्मन तथा अंग्रेज वैज्ञानिकों को तत्त्व नंबर 91 का सहखोजी माना जाता है, हालांकि यह स्पष्ट है कि जर्मनों का योगदान अंग्रेजों से ज्यादा था। इस तत्त्व की खोज की कहानी फाजान्स की शराफत के उदाहरण के साथ खत्म की जा सकती है, जिन्होंने एका-टैन्टेलम की खोज की प्राथमिकता पर किसी भी तरह का अधिकार नहीं जताया (हालांकि उन्हें इसका पूरा अधिकार था)। उन्होंने केवल यह सुझाव दिया कि ब्रेवियम का नाम बदल कर प्रोटैक्टिनियम (यूनानी में इसका अर्थ 'ऐक्टिनियम से पूर्व' होता है) रख दिया, क्योंकि अंतिम रेडियोतत्त्व दीर्घायु समस्थानिक था।

इस प्रकार Pa चिह्न ने आवर्त सारणी में जगह ले ली। इसके सबसे दीर्घायु समस्थानिक की द्रव्यमान-संख्या 231 है। 1927 में शुद्ध Pa_2O_5 की कुछ मिलीग्राम मात्रा प्राप्त की गयी।

फ्रेंसियम

विघटनाभिक तत्त्वों की खोज के इतिहास में तत्त्व नंबर 87 का विशेष स्थान है। हालांकि यह तत्त्व प्रकृति में बहुत ही ज्यादा विरल है, परंतु फिर भी पहली बार यह प्राकृतिक स्रोतों में ही ढूँढ़ा गया। इस तत्त्व की कहानी का वर्णन हम पुस्तक के दूसरे भाग में करेंगे, जहाँ संश्लेषित तत्त्वों का इतिहास बताया जाएगा। इसके कुछ विशेष कारण हैं।

यहाँ हम पुस्तक का पहला भाग समाप्त कर रहे हैं।

द्वितीय भाग

संश्लेषित तत्त्व

तत्त्वांतरण (तत्त्वों के रूपांतरण) का विचार काफी पुराने जमाने में पैदा हुआ था। कीमियागर इस विचार के समर्थक थे, परंतु उनके कुछ अपने उद्देश्य थे। भरसक प्रयासों के बावजूद वे लोग तत्त्वांतरण में असफल रहे। परंतु जैसे-जैसे रसायन एक स्वतंत्र विज्ञान के रूप में विकसित होता गया तथा द्रव्य गुणों और उनकी गठन की जानकारी बढ़ती गयी, तत्त्वांतरण का सवाल फिर सामने आ खड़ा हुआ। उन्नीसवीं शताब्दी के अंत में वैज्ञानिकों ने इस समस्या की उपेक्षा की, परंतु वे इसका पूर्णतया खंडन करने से डरते रहे।

उस शताब्दी के बिल्कुल अंत में एक ऐसी घटना घटी जिसने एक विरोधाभासी धारणा को जन्म दिया और वह यह थी कि प्रकृति में हर वक्त तत्त्वों का रूपांतरण होता रहता है। यह घटना विघटनाभिकता की खोज थी। परंतु आवर्त सारणी के बिल्कुल अंत में स्थित तत्त्वों में से केवल कुछ का प्राकृतिक रूपांतरण होता रहता है।

विघटनाभिक तत्त्वांतरण पर मनुष्य का कोई बस नहीं होता। प्राकृतिक विघटनाभिक प्रक्रमों को प्रभावित करने के सारे प्रयास असफल रहे हैं। जैसे ही परमाणु संरचना का नाभिक मॉडल संरूपित किया गया, यह स्पष्ट हो गया कि विघटनाभिकता एक नाभिकीय परिघटना है। विघटनाभिकता क्षय की क्षमता नाभिक के गठन की विशेषता और नियमसंगति है।

नाभिकीय आवेश Z हर रासायनिक तत्त्व का मुख्य प्राचल होता है। जब एक नाभिक α या β कण उत्सर्जित करता है, उसका आवेश परिवर्तित हो जाता है जिसके कारण तत्त्व के रासायनिक गुण भी बदल जाते हैं। इस प्रकार एक तत्त्व दूसरे तत्त्व में बदल जाता है। अगर हमारा वास्ता एक स्थायी तत्त्व के साथ है, तो इसका नाभिकीय आवेश Z खुद कभी नहीं बदलेगा। यह तब बदलेगा जब हम इसके नाभिक की गठन बदल देंगे अर्थात् नाभिक में प्रोटोनों की संख्या घटा या बढ़ा देंगे। केवल तभी नाभिकीय आवेश बदलेगा और रासायनिक तत्त्व का कृत्रिम रूपांतरण घट जाएगा।

ए. रदरफोर्ड

रदरफोर्ड प्रथम व्यक्ति थे जिन्हें तत्त्वों के कृत्रिम रूपांतरण में सफलता मिली। सन् 1919 में उन्होंने नाइट्रोजन पर कणों की बमबारी कराके ऑक्सीजन परमाणु प्राप्त किए। इतिहास की यह पहली कृत्रिम नाभिकीय प्रतिक्रिया इस समीकरण द्वारा दर्शायी जा सकती है :

$$^{14}_{7}N + ^{4}_{2}He \rightarrow ^{17}_{8}O + ^{1}_{1}H$$

या संक्षेप में इस प्रकार :

$$^{14}_{7}N(\alpha, p)^{17}_{8}O$$

काफी लंबे अर्से तक α– कण नाभिकीय प्रतिक्रियाओं के एकमात्र स्रोत बने रहे। प्राकृतिक α– कणों की ऊर्जा उच्च नहीं होती है इसलिए वे केवल गिने-चुने तत्त्वों के नाभिकों में प्रवेश कर पाए तथा ऐसी घटनाएँ बहुत कम घटीं। परंतु चौथे दशक में हुई दो खोजों ने परिस्थिति बदल दी। 1932 में अंग्रेज वैज्ञानिक चेडविक ने न्यूट्रॉन नामक एक अनाविष्ट प्राथमिक कण की खोज की। विद्युतीय रूप से अनाविष्ट होने के कारण न्यूट्रॉन नाभिकीय रूपांतरणों के लिए सार्विक साधन सिद्ध हुआ, क्योंकि यह धनावेशी नाभिक द्वारा प्रतिकर्षित नहीं किया गया। दो साल बाद फ्रेंच भौतिकविदों इरीन तथा फ्रेडरिख जूलियट क्यूरी ने कृत्रिम विघटनाभिकता का पता लगाया–धनात्मक क्षय अर्थात् पॉजिट्रानों का उत्सर्जन। यह पता चला कि कई स्थायी तत्त्वों के विघटनाभिक समस्थानिक नाभिकीय प्रतिक्रियाओं द्वारा कृत्रिम रूप से प्राप्त किए जा सकते हैं।

सवाल उठता है कि बड़े पैमाने पर कृत्रिम विघटनाभिक समस्थानिकों का उत्पादन किस चीज से संभव हुआ? इसका श्रेय प्रयोगकर्त्ताओं-भौतिकविदों को जाता है जिन्होंने नापने के लिए अतिशुद्ध उपकरण बनाए, नाभिकीय प्रतिक्रियाओं को घटाने और उनके अध्ययन के लिए विशेष विधियाँ विकसित कीं तथा रसायनज्ञों के सहयोग से विघटनाभिक पदार्थों के अवशेष अलग करने की विधियाँ ढूँढ़ीं। इसके अलावा बमबारी करने वाले कणों का शस्त्रागार बढ़ाया गया। α कणों, प्रोटोनों, तथा न्यूट्रॉनों में डयूटरान (हाइड्रोजन के भारी समस्थानिक डयूटेरियम का नाभिक) बाद में बोरान, कार्बन, नाइट्रोजन, ऑक्सीजन, निऑन जैसे तत्त्वों के बहुआवेशी आयन भी मिल गए। इसके अतिरिक्त भौतिकविदों ने शक्तिशाली त्वरित्र भी बना दिए जो आवेशित कणों को बहुत उच्च गति से त्वरित करने की क्षमता रखते थे। इन सब उपलब्धियों ने नए तत्त्वों के कृत्रिम संश्लेषण का मार्ग प्रशस्त कर दिया।

अध्याय XII

आवर्त सारणी की पुरानी सीमाओं के अंदर संश्लेषित तत्त्वों की खोज

इस अध्याय का शीर्षक यह भी रखा जा सकता था : "आवर्त सारणी के गायब तत्त्वों का संश्लेषण।" अंतिम स्थायी तत्त्व रीनियम की खोज के बाद सारणी में हाइड्रोजन और यूरेनियम के बीच केवल 4 तत्त्व (नंबर 43, 61, 85 और 87) कम पड़ रहे थे। ये सारे तत्त्व द्वितीय विश्व युद्ध से पूर्व संश्लिष्ट कर लिए गए (या इनके संश्लेषण के अर्थपूर्ण प्रयास किए गए)। बहरहाल जो भी हो, संश्लिष्ट तत्त्वों का इतिहास इन तत्त्वों से शुरू होता है।

टैक्नीशियम

छठे आवर्त तक आवर्त सारणी का ऊपरी हिस्सा (जहाँ दुर्लभ मृदा तत्त्व स्थित हैं) हमेशा अपेक्षाकृत शांत लगता रहा, विशेष रूप से उत्कृष्ट गैसों की खोज के बाद, जिन्होंने सारणी का दायाँ भाग सुव्यवस्थित रूप से बंद कर दिया। शांत का मतलब यह है कि यहाँ सनसनीखेज खोजों की कोई गुंजाइश नहीं लग रही थी। केवल एक बात पर यानी हाइड्रोजन और हीलियम के बीच हाइड्रोजन से हलके कुछ तत्त्वों के अस्तित्व की संभावना पर बहस हो रही थी। कुछ मिलाकर यह कहा जा सकता है कि सारणी के इस हिस्से में रासायनिक तत्त्वों का सेट सुव्यवस्थित था।

अतः पाँचवें आवर्त और सातवें ग्रुप में 43 नंबर के खाने खाली रहने से स्थिति बड़ी नाजुक तथा अस्पष्ट हो गयी।

मेंडेलीफ ने इस तत्त्व का नाम एका-मैंगनीज रखा और इसके मुख्य गुणों का पूर्वानुमान करने के प्रयास किए। कई बार यह लगा कि खाना भर गया, परंतु शीघ्र ही पता चला कि भ्रम होता था। इल्मेनियम के साथ भी तो ऐसा ही कुछ हुआ। खबर मिली जैसे कि रूसी वैज्ञानिक हरमैन ने 1846 में ही इस तत्त्व की खोज कर दी थी। कुछ समय तक मेंडेलीफ भी यह विश्वास करने लगे कि इल्मेनियम एका-मैंगनीज था। कुछ अनुसंधानकर्ता यह सोचने लगे कि मालिब्डेनम और रूथीनियम के बी.च वाली खाली जगह में डेवियम रख देना चाहिए। जर्मन रसायनज्ञ रॉण ने इस खाने ये चिह्न Dv रख भी दिया। 1896 में ल्यूसियम चमका जो एक उल्कापिंड की तरह नष्ट हो गया।

मेंडेलीफ के भाग्य में एका-मैंगनीज की खोज की खुशखबरी सुनना नहीं लिखा था। उनकी मृत्यु के एक साल बाद 1908 में जापानी वैज्ञानिक ओगावा ने घोषणा की कि उन्हें विरल खनिज मालिब्डेनाइट में एक तत्त्व मिला है जिसका नाम उन्होंने 'निपोनियम' (जापान के प्राचीन नाम के सम्मान में) रखा है। अफसोस! इस बार भी एशिया आवर्त सारणी को एक नया तत्त्व देने में असफल रहा। संभवतः ओगावा का हैफ्नियम के साथ वास्ता पड़ा था। (जिसकी खोज भी बाद में जाकर हुई)।

रसायनज्ञ नए रासायनिक तत्त्वों की खोज की खबरों के आदी हो चुके थे, परंतु ओगावा की घोषणा से वे चक्कर में पड़ गए। वे सोचने लगे कि मेंडेलीफ कहीं गलत तो नहीं कह रहे थे। हो सकता है मैंगनीज के सदृशरूप होते ही न हों।

1913 में मोजेल ने इस संदेह का खंडन किया। उन्होंने यह सिद्ध कर दिया कि तत्त्वों के बीच इन सदृशरूपों की अपनी जगह है।

5 सितंबर 1925 को लिखे एक लेख में नोडाक, टक्के और बर्ग ने घोषणा की कि उन्होंने 75 नंबर तत्त्व (रीनियम) के साथ-साथ आवर्त सारणी के सातवें ग्रुप में इसके सदृशरूप मजूरियम की भी खोज कर दी है जिसका नंबर 43 है। इस प्रकार मेंडेलीफ की सारणी में, रसायन की पाठ्यपुस्तकों तथा बहुत सारी वैज्ञानिक पत्रिकाओं में दो नए चिह्न Ma तथा Re दिखायी देने लगे। इन तत्त्वों के खोजकर्ताओं को इस बात पर कोई आश्चर्य नहीं हुआ कि मजूरियम तथा रीनियम पहले नहीं खोजे गए थे। वैज्ञानिकों के मतानुसार ये तत्त्व भू-पर्पटी में सबसे अधिक विरल नहीं थे। इनकी खोज में देरी का कारण कुछ और ही था। भूरसायन को कई प्रकीर्णित तत्त्वों की जानकारी है। प्रकीर्णित तत्त्व उन तत्त्वों को कहते हैं जिनके खुद के खनिज नहीं होते, जो अन्य तत्त्वों के खनिजों के अंदर विभिन्न मात्राओं में उपस्थित होते हैं जैसे कि प्रकृति ने उन्हें एक विशाल कणित्र से स्प्रे कर दिया हो। यही कारण है कि मजूरियम तथा रीनियम की प्रकीर्णता काफी देर तक दिखायी नहीं दी। केवल एक्सरे स्पेक्ट्रम विश्लेषण की शक्तिशाली आंख उन्हें अन्य तत्त्वों के पीछे ढूँढ़ पायी। एक प्राचीन कहावत है कि अगर दो आदमी एक साथ काम शुरू करें तो इसका मतलब यह नहीं कि दोनों के परिणाम एक जैसे होंगे। दो जीवनगाथाएँ एक बिंदु से शुरू हुईं—43 और 75 नंबर तत्त्वों की, इनमें से एक आगे बढ़ती गयी और अपनी जगह पर पहुँच गयी, परंतु दूसरी रहस्यों और त्रुटियों के जंगल में खो गयी। यह मजूरियम का मार्ग था।

प्रान्डटल आवर्त सारणी के सातवें ग्रुप के खाली खानों में दिलचस्पी लेने लगे। उनकी अपनी अलग विचारधारा थी। उन्होंने आवर्त सारणी की रचना के बारे में नए विचार प्रस्तुत किए। उन्होंने प्रत्येक दुर्लभ मृदा तत्त्व को एक ग्रुप में रखने का सुझाव दिया, हालांकि अधिकांश रसायनज्ञ उस वक्त तक इस क्रम को अस्वीकार कर चुके थे। परंतु प्रान्डटल ने यह देखा कि सारणी के इस रूपान्तरण से सातवें ग्रुप में मैंगनीज के नीचे 4 खाने खाली रहते थे जो 43, 61, 75 और 93 नंबर तत्त्वों के थे। उस वक्त तक ये तत्त्व खोजे नहीं गये थे (1924)। प्रान्डटल को विश्वास था कि इन तत्त्वों की खोज न होने का कोई विशेष कारण था। परंतु जर्मन वैज्ञानिक ने अपनी सारणी हद से ज्यादा जटिल तथा कृत्रिम कर दी जिसके कारण उसे स्वीकार नहीं किया गया। रीनियम की निर्णायक खोज उनकी गलतियों का प्रथम संकेत थी। जहाँ तक उनके ट्रांसयूरेनियम (93 नंबर का तत्त्व) के बारे में विचारों की बात है तो उस वक्त इस तत्त्व के बारे में कोई सोच ही नहीं रहा था। एक बात जरूर है कि प्रान्डटल का यह सोचना ठीक निकला कि 43 और 61 नंबर के तत्त्वों में कोई सामान्य बात जरूर है।

धीरे-धीरे वैज्ञानिकों का मजूरियम के अस्तित्व में विश्वास कम होता गया। केवल इसके खोजकर्ता अपनी बात पर डटे हुए थे।

चौथे दशक के आरंभ में नोडाक ने यह कहना जारी रखा कि वक्त के अनुसार 43 नंबर का तत्त्व व्यापारिक रूप से मिलना शुरू हो जाएगा जैसे रीनियम के साथ हुआ है। परंतु समय बीतता गया और वैज्ञानिक मजूरियम प्राप्त करने में असफल होते रहे, चाहे उन्होंने किसी भी खनिज का विश्लेषण किया। उन्हें यह विश्वास होने लगा कि नोडाक की केवल आधी बात ठीक थी और वह केवल रीनियम के बारे में। विरल से विरल खनिजों के नमूनों में मजूरियम ढूँढ़ने की कोशिश की गयी। कुछ लोग तो यहाँ तक कहने लगे कि मजूरियम अपने प्राकृतिक यौगिक बनाता है जिनके अंदर अनोखे गुण होते हैं। स्वाभाविक था कि भू-रसायनज्ञों ने इस धारणा का विरोध किया। कुछ लोगों ने यहाँ तक कह दिया कि मजूरियम एक विघटनाभिक तत्त्व है। इस विचार पर संदेह प्रकट किया गया, परंतु यह सच साबित हुआ।

आइए, नाभिकीय भौतिकी की कुछ धारणाओं की चर्चा शुरू करते हैं। हमने समस्थानिकों का वर्णन किया है। अब हम एक और शब्द-समभार (Isobar) से परिचित कराने जा रहे हैं। यूनानी भाषा में इसका अर्थ होता है। ''समान भार वाले'' अर्थात् 'समान द्रव्यमान वाले।' अन्य शब्दों में, विभिन्न नाभिकीय आवेश वाले, परंतु एक जैसी परमाणु संख्याओं

वाले विभिन्न रासायनिक तत्त्वों के समस्थानिकों को समभार कहते हैं। उदाहरणतया, पोटेशियम-40 और आर्गान-40 के नाभिकीय आवेश भिन्न होते हैं। (क्रमशः 19 और 20)। परंतु इनकी परमाणु संख्याएँ एक जैसी हैं। इनके नाभिकों में प्रोटोनों और न्यूट्रॉनों की संख्याएँ भिन्न हैं, परंतु उनकी कुल संख्या बराबर है : पोटेशियम के नाभिक में 19 प्रोटोन और 21 न्यूट्रॉन होते हैं जबकि आर्गान के नाभिक में 20 प्रोटोन और 20 न्यूट्रॉन होते हैं।

इस प्रकार हम देखते हैं कि 'समभार' धारणा ने मजूरियम का रहस्य खोल दिया।

जैसे ही अधिकांश स्थायी रासायनिक तत्त्वों के समस्थानिक मिल गए—प्रत्येक तत्त्व के दस तक समस्थानिक—वैज्ञानिकों ने समस्थानिकों की नियमसंगतियों का अध्ययन शुरू कर दिया। जर्मन सैद्धांतिक भौतिकविद् माटाउख ने चौथे दशक के आरंभ में ऐसी एक नियमसंगति स्थापित की (1924 में सोवियत रसायनज्ञ स्चूकारेव ने इस नियमसंगति पर जरा प्रकाश डाला)। इस के अनुसार अगर दो समभारों के नाभिकीय आवेशों के बीच एक का अंतर होता है, तो उनमें से एक तत्त्व विघटनाभिक प्रकृति का होगा। उदाहरण के लिए, समभार $^{40}K—^{40}A_r$ के जोड़े में प्रथम क्षीण विघटनाभिकता दिखाता है, वह K—बंदीकरण नामक प्रक्रिया के कारण दूसरे समभार में परिवर्तित हो जाता है।

आगे माटाउख ने मजूरियम के पड़ोसियों-मालिब्डेनम (Z-42) तथा रूथीनियम (Z-44) के समस्थानिकों की द्रव्यमान संख्याओं की तुलना की :

समस्थानिक	Mo	94	95	96	97	98	-	100	-	-
समस्थानिक	Ru	-	-	96	-	98	99	100	101	102

इस तुलना से वैज्ञानिक किस निष्कर्ष पर पहुँचे? वे समझ गए कि 94 से 102 तक द्रव्यमान-संख्याओं के विस्तृत परिसर में 43 नंबर के तत्त्व के समस्थानिकों के लिए प्रवेश निषेध है। अन्य शब्दों में माटाउख के अनुसार मजूरियम के स्थायी समस्थानिक होते ही नहीं हैं।

अगर यह बात सत्य थी तो आवर्त सारणी में 43 नंबर के तत्त्व के साथ एक विशेष अनियमितता थी। Z-43 वाले परमाणुओं की सभी विविधताएँ विघटनाभिक होनी चाहिए थीं, क्यांकि स्थायी तत्त्वों के समुद्र में यह संख्या अस्थायीत्व का एक छोटा-सा द्वीप थी। शुद्ध रसायन के ज्ञान से इसका पूर्वानुमान असंभव था। एका मैंगनीज का पूर्वानुमान करते समय मेंडेलीफ यह नहीं साचे सके कि आवर्त सारणी के सातवें ग्रुप का यह सदस्य पृथ्वी पर उपस्थित ही नहीं होगा।

स्वाभाविक है कि उन दिनों (चौथे दशक का आरंभ) माटाउख की नियमसंगति केवल एक परिकल्पना लग रही थी। परंतु इस परिकल्पना में नियम बनने की सारी विशेषताएँ उपस्थित थीं। आगे चलकर ऐसा ही हुआ। जर्मन भौतिकविद् के विचार ने उन वैज्ञानिकों की आंखें खोल दीं जो नंबर 43 का तत्त्व पाने की आस छोड़ बैठे थे। इन लोगों को अपनी गलतियाँ पता चल गयीं। परंतु चिह्न Ma फिर भी कई सालों तक आवर्त सारणी में जगह लिए रहा। इसका कोई कारण था। यह बात सच है कि मजूरियम के सारे समस्थानिक विघटनाभिक प्रकृति के होते हैं, परंतु इससे क्या होता है? क्या पृथ्वी पर विघटनाभिक समस्थानिक नहीं हैं? हैं—यूरेनियम-238, थोरियम-232 और पोटेशियम-40। वे अभी भी पृथ्वी पर मिलते हैं क्योंकि उनके क्षय की अर्ध आयु बहुत ज्यादा है। क्या मजूरियम समस्थानिक भी दीर्घायु नहीं हो सकते? अगर हाँ, तो प्रकृति में 43 नंबर के तत्त्व की खोज की उपेक्षा नहीं की जा सकती। कई साल पुरानी समस्या हल नहीं हो पायी। कौन जानता है कि मजूरियम की जीवनगाथा क्या होती, अगर एक नया युग—तत्त्वों के कृत्रिम संश्लेषण का युग—आरंभ नहीं होता?

साइक्लोट्रॉन के आविष्कार, कृत्रिम विघटनाभिकता तथा न्यूट्रॉनों की खोज ने नाभिकीय संश्लेषण संभव कर दिया। चौथे दशक के आरंभ में ज्ञात तत्त्वों के कुछ कृत्रिम रेडियो समस्थानिक संश्लिष्ट किए गए। यूरेनियम में आवर्त सारणी के बिल्कुल बीच वाले खाली खानों को छेड़ने की हिम्मत नहीं हो रही थी। इसके कई कारण बताए गए, परंतु मुख्य कारण

नाभिकीय संश्लेषण की जटिलता था। एक घटना सहायक सिद्ध हुई। 1936 के अंत में युवा इतालवी भौतिकविद् सेग्रे स्नातकोत्तर डिग्री पाने के लिए अमरीका गए (बरक्ली), जहाँ दुनिया के एक प्रथम साइक्लोट्रॉन से सफलतापूर्वक काम लिया जा रहा था। साइक्लोट्रॉन आपरेशन में एक छोटा सा पुर्जा मुख्य भूमिका निभा रहा था। यह आवेशित त्वरित कणों के पुंज को लक्ष्य की ओर भेज रहा था। पुंज के एक हिस्से के अवशोषण के कारण यह पुर्जा बहुत गर्म हो जाता था। अतः यह आवश्यक था कि इस पुर्जे को किसी उच्च गलनीय पदार्थ, उदाहरणार्थ, मालिब्डेनम से बनाया जाए।

मालिब्डेनम द्वारा अवशोषित आवेशित कणों ने नाभिकीय प्रतिक्रिया उत्पन्न की, जिसके फलस्वरूप मालिब्डेनम का नाभिक अन्य तत्त्वों के नाभिक में परिवर्तित हो सकता था। आवर्त सारणी में मालिब्डेनम 43 नंबर के तत्त्व का पड़ोसी है। अगर त्वरित कणों की जगह ड्यूट्रान ले लेते, तो इस बात की पूरी संभावना थी कि मालिब्डेनम के नाभिक मज़ूरियम के नाभिक में परिवर्तित हो जाते।

सेग्रे के दिमाग में ऐसी ही बात आयी । एक अनुभवी रेडियो-रसायनज्ञ होने के कारण वे समझ गए थे कि अगर मज़ूरियम सचमुच में प्राप्त हो जाता है, तो इसकी मात्रा नगण्य होगी और इसे मालिब्डेनम से अलग करना बहुत ही कठिन काम होगा। अतः उन्होंने अमरीकी वैज्ञानिकों से मालिब्डेनम पुर्जे का नमूना माँग लिया और वे इसे अपने साथ इटली ले आए। वहाँ पालेर्मो यूनिवर्सिटी में रसायनज्ञ पेरियर उनके सहायक के रूप में कार्य करने लगे।

किसी निश्चित निष्कर्ष पर पहुँचने से पहले वैज्ञानिकों को लगभग आधे साल तक अनुसंधान कार्य करने पड़े। उन्होंने लंदन की पत्रिका "Nature" में एक संक्षिप्त लेख प्रकाशित किया जिसमें इतिहास में पहली बार किसी नए रासायनिक तत्त्व के कृत्रिम संश्लेषण की चर्चा की गयी थी। यह 43 नंबर का तत्त्व था जिसे अनेक देशों के वैज्ञानिक भू-पर्पटी में बेकार ही ढूँढ़ रहे थे। कैलीफोर्निया यूनिवर्सिटी के प्रोफसेर लारेन्स ने इन खोजकर्ताओं को एक मालिब्डेनम प्लेट भेंट की, जिसे बरकली साइक्लोट्रॉन में ड्यूट्रानों द्वारा किरणित किया गया था। इस प्लेट में उच्च विघटनाभिकता पायी गयी जो किसी एक पदार्थ की उपस्थिति का परिणाम नहीं हो सकती थी। अर्धक्षय की अवधि यह कह रही थी कि ये पदार्थ जिर्कोनियम, नियोबियम, मालिब्डेनम तथा रूथीनियम के समस्थानिक नहीं हो सकते थे। मुख्य संभावना यह थी कि वे 43 नंबर के तत्त्व के समस्थानिक थे।

हालांकि इस तत्त्व के रासायनिक गुण लगभग अज्ञात थे, सेग्रे और पेरियर ने इसकी सक्रियता का अध्ययन किया। यह तत्त्व रीनियम से मिलता नजर आया। इसकी विश्लेषण प्रतिक्रियाएँ वही थीं जो रीनियम की थीं। परंतु इसे रीनियम से अलग करने के लिए वही विधि अपनानी पड़ी जो मालिब्डेनम और रीनियम को अलग करने के लिए।

13 जून 1937 को पालेर्मो में एक लेख लिखा गया, परंतु इसने कोई सनसनी नहीं मचाई। वैज्ञानिक जगत् ने इस को लगभग अनदेखा सा कर दिया। इसके आँकड़े कच्चे थे और सबूत के लिए रेडियोरसायन विश्लेषण के विस्तृत तथा स्पष्ट परिणाम चाहिए थे।

बाद में जाकर सेग्रे और पेरियर को वीर मान लिया गया, क्योंकि उन्होंने किरणित मालिब्डेनम से एक नए तत्त्व की बहुत ही नगण्य मात्रा —10^{-10}g प्राप्त की थी! उनसे पहले किसी भी रेडियोरसायनज्ञ ने इतनी नगण्य मात्रा के साथ कभी काम नहीं किया था। खोजकर्ताओं ने इस तत्त्व का नाम 'टेक्नीशियम' (यूनानी में इसका अर्थ 'कृत्रिम' होता है) रखने की सलाह दी। इस प्रकार प्रथम संश्लिष्ट तत्त्व के नाम में उसकी खोज की विधि प्रतिबिम्बित हो गयी। परंतु वैज्ञानिक जगत् ने इस नाम को केवल 10 साल बाद मान्यता दी।

जैसे ही पेरियर को सेग्रे ओर किरणित मालिब्डेनम के नए नमूने प्राप्त हुए, उन्होंने अपने प्रयोग जारी रखे। अन्य वैज्ञानिकों ने उनकी खोज की पुष्टि कर दी। 1939 तक यह पता चल गया कि मालिब्डेनम पर ड्यूट्रानों या न्यूट्रानों की बमबारी से कम से कम पाँच टेक्नीशियम समस्थानिक उत्पन्न होते हैं। इनमें से कुछ की अर्धक्षय की अवधि काफी ज्यादा थी जिसके कारण नए तत्त्व का रासायनिक अध्ययन संभव हो गया। '43 नंबर के तत्त्व का रसायन'—ये शब्द अब बेतुके

नहीं लगते थे। परंतु टैक्नीशियम-समस्थानिकों के अर्धक्षय की अवधि ज्ञात करने के लिए सभी प्रयास असफल रहे। प्राप्त अनुमान हतोत्साह करने वाले थे क्योंकि उनमें से एक भी 90 दिन से ज्यादा नहीं था। इस बात से पृथ्वी पर इस तत्त्व के मिलने की सारी आशाएँ मिट गयीं।

चौथे दशक के बिल्कुल अंत तथा पांचवें दशक के आरंभ में टैक्नीशियम की स्थिति क्या थी? यह जिज्ञासु वैज्ञानिकों के लिए एक महंगा खिलौना मात्र था। विचारणीय मात्रा में इस तत्त्व के प्राप्त होने की बिल्कुल भी उम्मीद नहीं थी। परंतु जैसे ही नाभिकीय भौतिकी ने एक अद्वितीय परिघटना की खोज कर डाली, टैक्नीशियम (केवल इसकी ही नहीं) की किस्मत ही पलट गयी। यह परिघटना थी—मंद न्यूट्रॉनों द्वारा यूरेनियम का विभाजन।

जब एक मंद न्यूट्रोन यूरेनियम-235 के नाभिक में प्रविष्ट होता है, वह नाभिक को दो खंडों में तोड़ देता है। प्रत्येक खंड आवर्त सारणी के बीच वाले हिस्से के किसी तत्त्व का नाभिक होता है। इन खंडों में टैक्नीशियम के समस्थानिक भी उपस्थित हो सकते हैं। यही वजह है कि नाभिकीय रिऐक्टर (जहाँ बड़े पैमाने पर नाभिकीय ऊर्जा का उत्पादन किया जाता है) को समस्थानिकों की फैक्टरी कहते हैं।

अगर साइक्लोट्रोन ने टैक्नीशियम का संश्लेषण संभव कर दिया, तो नाभिकीय रिऐक्टर ने इस तत्त्व को किलोग्रामों में प्राप्त करने की विधि दे दी। परंतु प्रथम रिऐक्टर के चालू होने से पहले ही सन् 1940 में सेग्रे को अपनी प्रयोगशाला में यूरेनियम के विभाजन के उत्पादों से 99 द्रव्यमान वाला टैक्नीशियम समस्थानिक प्राप्त हो गया। रिऐक्टर में दूसरा जन्म लेने के बाद टैक्नीशियम रोजमर्रे (यह शब्द कितना भी विरोधाभासी क्यों न लग रहा हो) का तत्त्व बनने लगा : वास्तव में 1ग्राम यूरेनियम-235 के विभाजन से 26 मिलीग्राम टैक्नीशियम-99 प्राप्त होता है।

जैसे ही टैक्नीशियम एक विरल तत्त्व नहीं रहा, वैज्ञानिकों को कई सवालों का जवाब मिल गया। इनमें से मुख्य सवाल था—इनके अर्धक्षय की अवधि निश्चित करना। छठे दशक के आरंभ में यह स्पष्ट हो गया कि टैक्नीशियम के तीन समस्थानिक इसके अन्य समस्थानिकों तथा अन्य विघटनाभिक तत्त्वों के प्राकृतिक समस्थानिकों के मुकाबले अपेक्षाकृत लंबी उम्र के होते हैं। टैक्नीशियम-99 के अर्धक्षय की अवधि 212000 साल है, टैक्नीशियम-98 की 15 लाख साल और टैक्नीशियम 97 की इससे भी ज्यादा-26 लाख साल है। ये संख्याएँ काफी बड़ी हैं, परंतु आरंभिक टैक्नीशयम पृथ्वी पर अस्तित्व कायम रखने के लिए काफी नहीं है। आरंभिक टैक्नीशियम पृथ्वी पर तब तक रह पाएगा, जब इसके अर्धक्षय की अवधि कम-से-कम 15 करोड़ साल होगी। स्पष्ट है कि पृथ्वी पर टैकनीशियम ढूँढ़ने के सभी प्रयास व्यर्थ रहे होंगे।

परंतु टैक्नीशियम प्राकृतिक नाभिकीय प्रतिक्रियाओं के परिणामस्वरूप भी तो बन सकता है, जैसे जब मालिब्डेनम पर न्यूट्रॉनों की बमबारी की जाती है। परंतु सवाल यह उठता है कि पृथ्वी पर स्वतंत्र न्यूट्रॉन आते कहाँ से हैं। वे यूरेनियम के नैसर्गिक विभाजन के दौरान उत्पन्न हो सकते हैं। यह प्रक्रिया बिल्कुल वैसे ही घटती है जैसे ऊपर वाली। फर्क केवल इतना है कि यह नैसर्गिक रूप से घटती है तथा दो बड़े खंडों के अलावा कुछ न्यूट्रॉनों को भी जन्म देती है।

जब मालिब्डेनम अयस्कों में टैक्नीशियम ढूँढ़ने के सारे प्रयास असफल रहे, वैज्ञानिकों ने एक नयी संभावना पर ध्यान देना शुरू कर दिया। अगर नाभिकीय रिऐक्टरों में टैक्नीशियम समस्थानिक उत्पन्न किए जा सकते हैं तो क्या वे यूरेनियम के नैसर्गिक विभाजन के दौरान पैदा नहीं हो सकते?

अगर यूरेनियम के भू-स्रोतों (20 किलोमीटर मोटी भू-पर्पटी में इसका औसत मान) के आधार पर यह मान लिया जाए कि प्राकृतिक टैक्नीशियम की प्रतिशत मात्रा वही है जो कृत्रिम विभाजन के दौरान होती है, तो गणना करके हमें यह पता चलेगा कि पृथ्वी पर टैक्नीशियम की मात्रा केवल 1.5 किलोग्राम है। इतनी थोड़ी मात्रा (हालांकि यह अन्य संश्लिष्ट तत्त्वों की मात्रा से ज्यादा है) को गंभीरता से नहीं लिया जा सकता। परंतु इसके बावजूद भी वैज्ञानिकों ने यूरेनियम खनिजों से टैक्नीशियम प्राप्त करने के प्रयास किए। यह काम 1961 में अमरीकी रसायनज्ञों केन्ना और कुरोदा ने लिया। इस प्रकार टैक्नीशियम का एक और जन्म हुआ—जिस दिन वह प्रकृति में खोजा गया। अगर टैक्नीशियम के कृत्रिम संश्लेषण की

विधियाँ पता न भी चलतीं तो भी इसे पृथ्वी के गर्भ से कभी-न-कभी जरूर निकाल लिया जाता है।

परंतु अमरीकी वैज्ञानिकों से दस साल पहले 1951 में 43 नंबर के तत्त्व के बारे में एक सनसनीखेज खबर सुनी गयी। अमरीकी खगोलविद् मूर को सौर स्पेक्ट्रम में टैक्नीशियम की रेखाएँ दिखाई दीं। जैसे ही टैक्नीशियम की पर्याप्त मात्रा संश्लिष्ट कर ली गयी, इसके स्पेक्ट्रम का अध्ययन कर लिया गया। प्राप्त परिणामों की उन परिणामों के साथ तुलना की गयी जो नोडाक और बर्ग ने मजूरियम के साथ प्राप्त किए थे। टैक्नीशियम और मजूरियम के स्पेक्ट्रम पूर्णतया भिन्न निकले जिससे मजूरियम की खोज की बात हमेशा के लिए गलत साबित हो गयी। सौर टैक्नीशियम का स्पैक्ट्रम भू-टैक्नीशियम के सदृश था। यहाँ हीलियम के साथ सादृश्य स्पष्ट लग रहा था। पृथ्वी पर प्रकट होने से पहले टैक्नीशियम ने भी सूर्य पर अपनी उपस्थिति की सूचना दी। हाँ, कुछ खगोलविदों ने मूर के परिणामों पर संदेह प्रकट किया। परंतु 1952 में अंतरिक्षीय टैक्नीशियम ने एक बार फिर अपने अस्तित्व के संकेत दिए। अंग्रेज नक्षत्र भौतिकविद् मेरिल को दो नक्षत्रों-आन्द्रामेदा तथा मिरा सेटी के स्पेक्ट्रम में टैक्नीशियम रेखाएँ मिलीं। इन रेखाओं की तीव्रता बढ़ रही थी कि इन दो नक्षत्रों पर टैक्नीशियम की माात्रा आवर्त सारणी में इसके पड़ोसियों-नियोबियम, जिर्कोनियम, मालिब्डेनम, रूथीनियम, रोडियम तथा पैलेडियम की मात्राओं के बराबर थी। परंतु ये तत्त्व स्थायी हैं, जबकि टैक्नीशियम विघटनाभिक है, हालांकि इस के अर्धक्षय की अवधि काफी ज्यादा है, परंतु अंतरिक्ष में उसकी उपस्थिति नगण्य के बराबर है। अतः नक्षत्रों पर टैक्नीशियम की उपस्थिति का केवल एक ही मतलब हो सकता है : यह वहाँ अभी भी विभिन्न नाभिकीय प्रतिक्रियाओं के परिणामस्वरूप उत्पन्न होता है। नक्षत्रों पर आज बहुत बड़े पैमाने पर रासायनिक तत्त्वों का निर्माण हो रहा है। एक विद्वान् खगोल भौतिक विज्ञानी ने टैक्नीशियम को ब्रांडोत्पति सिद्धांतों (cosmogenic theories) की सत्यता की परख का सबूत बताया है। अब तत्त्वों की उत्पत्ति के हर सिद्धांत को नक्षत्रों पर घट रही नाभिकीय प्रतिक्रियाओं के अनुक्रम पर प्रकाश डालना पड़ेगा।

प्रोमिथियम

एक दुर्लभ मृदा तत्त्व का इतिहास इतना अनोखा है कि इसका अलग वर्णन आवश्यक बन जाता है। प्रोमिथियम (इस तत्त्व का आधुनिक नाम है) प्रकृति में लगभग पूर्णतया अनुपस्थित है (हमने ''लगभग'' शब्द का प्रयोग किया है, इसका कोई कारण है तथा हम इस पर आगे प्रकाश डालेंगे)। परंतु नाभिकीय संश्लेषण के परिणामस्वरूप 61 नंबर के तत्त्व की खोज होने से पहले कुछ निराली घटनाएँ घटीं।

मोजेल के अनुसंधान कार्यों से यह स्पष्ट हो गया था कि नियोडियम और समेरियम के बीच एक अज्ञात तत्त्व है। परंतु वास्तविकता में बात इतनी स्पष्ट नहीं थी, क्योंकि शीघ्र ही 61 नंबर के तत्त्व के इतिहास में कई नाटकीय घटनाएँ घटने लगीं।

नयी दुनिया नए रासायनिक तत्त्वों की खोज के मामले में अभागी रही। हमारी शताब्दी के तीसरे दशक तक जितने भी तत्त्व खोजे गए थे वे सारे यूरोप के वैज्ञानिकों द्वारा खोजे गए थे। (अति प्राचीन काल से ज्ञात तत्त्वों के अलावा)। इसलिए जब 1926 में शिकागो की इलियोन यूनिवर्सिटी के रसायनज्ञों हापकिन्स, इन्टैमा और हैरिस ने 61 नंबर के तत्त्व को खोज डाला, अमरीकी वैज्ञानिक जगत् की प्रसन्नता का ठिकाना न था।

1913 से विभिन्न देशों के अनुसंधानकर्ता दुर्लभ मृदा परिवार के इस दुर्ग्राह्य सदस्य की तलाश में लगे थे। बड़े अचंभे की बात थी कि उन्हें यह तत्त्व मिल नहीं रहा था। भूरसायनज्ञों ने सिद्ध कर दिया था कि इस परिवार के पहले अर्द्धांश के सीरियम तत्त्व (लैन्थेनम से गुडोलिनियम तक) प्रकृति में परिवार के द्वितीय अर्द्धांश के इट्रियम तत्त्वों (टेर्वियम' से ल्यूटेशियम तक) से ज्यादा विस्तृत थे। सारे इट्रियम तत्त्व ज्ञात हो गए थे, परंतु सीरियम ग्रुप में नियोडियम तथा समेरियम के बीच अभी भी एक खाना खाली रह गया था।

इसके कारण निम्न थे : 61 नंबर का तत्त्व केवल विरल ही नहीं था, वह सबसे ज्यादा विरल था। भू-पर्पटी में इसकी मात्रा अपने भाइयों के मुकाबले बहुत ही कम थी। इसके अलावा विश्लेषण की रासायनिक विधियाँ इतनी सुग्राही नहीं थी कि वे इस तत्त्व के संकेत भू-खनिजों में ढूढ़ पातीं। इस काम के लिए अधिक सुग्राही विधियाँ आवश्यक थीं।

अमरीकी रसायनज्ञों ने इस काम के लिए एक्सरे तथा प्रकाशिकीय स्पेक्ट्रमदर्शी विधियाँ अपनायीं। जिन खनिजों में 61 नंबर के तत्त्व मिलने की आशा थी उन्होंने उनका अध्ययन उक्त विधियों से किया। अगर हम दुर्लभ मृदा तत्त्वों का इतिहास याद करें तो कहा जा सकता है कि समुद्र पार के वैज्ञानिकों ने कोई आसान विधि नहीं अपनायी। स्पेक्ट्रमदर्शी विश्लेषण ने दुर्लभ मृदाओं को लाभ के साथ-साथ भी बहुत हानि पहुँचायी थी। परंतु बीसवीं शताब्दी के तीसरे दशक में स्पेक्ट्रमदर्शी विधि काफी विकसित हो चुकी थी तथा किसी भी तत्त्व के एक्सरे स्पेक्ट्रम की प्रकृति का पूर्वानुमान मोजेल के नियम के आधार पर संभव हो गया था।

अमरीकी वैज्ञानिकों ने काफी मेहनत की। उन्होंने विभिन्न खनिजों के नमूनों का अध्ययन किया। और अप्रैल 1926 में हापकिन्स, इन्टैमा और हैरिस ने 61 नंबर के तत्त्व की खोज की घोषणा कर दी। इन लोगों को इस तत्त्व का एक कण तक प्राप्त नहीं हुआ : इन्होंने एक्सरे तथा प्रकाशिकीय स्पेक्ट्रम के आधार पर ही इस तत्त्व के अस्तित्व की घोषणा की।

इलियोन यूनिवर्सिटी के सम्मान में नए तत्त्व का नाम 'इलिनियम' रखा गया और आवर्त सारणी के 61 नंबर के खाने में II चिह्न ने घर बना लिया। परंतु 6 महीने बाद ही एक दूसरे तत्त्व ने 61 नंबर के खाने पर अधिकार जताया। इसका चिह्न Fl था तथा इसका नाम 'फ्लोरेनशियम' था। इसकी खोज दो इतालवी वैज्ञानिकों रोल्ला और फर्नान्डीज ने की। उनके कथनानुसार उन्होंने 61 नंबर का तत्त्व अमरीकी वैज्ञानिकों से दो साल पहले ही खोज लिया था, परंतु कुछ कारणों से उन्होंने इस खोज की सूचना प्रकाशित नहीं करवायी थी। उनसे जब यह पूछा गया कि ये कारण क्या थे, तब उन्होंने कोई उत्तर नहीं दिया। उनके कहने के अनुसार उन्होंने इस खोज की रिपोर्ट एक लिफाफें में बंद करके फ्लोरेंस अकादमी के सेफ में रखवा दी थी।

अगर विभिन्न लोग अलग-अलग तरीकों से एक ही परिणाम पाते हैं, तो इसका मतलब यह निकलता है कि परिणाम सच्चा है। अमरीकी और इतालवी रसायनज्ञों को खुशी होनी चाहिए थी। जहाँ तक प्राथमिकता का सवाल था तो विज्ञान के लिए यह झगड़ा कोई नया नहीं था। परंतु ऊपर बताए अन्वेषकों में से एक को भी यह ख्याल तक नहीं आया था कि कुछ समय बाद इस झगड़े की जड़ ही मिट जाएगी और 61 नंबर के तत्त्व के दोनों चिह्नों-Fl या II का 61 नंबर के खाने पर अधिकार गैरकानूनी सिद्ध कर दिया जाएगा।

घटनाओं की जानकारी के लिए हमें आगे बढ़ने की जगह पीछे हटना होगा। 61 नंबर के तत्त्व की कुछ बातें उस वक्त अज्ञात थीं। 61 नंबर के तत्त्व के खोजकर्ताओं की रिपोर्ट इन शब्दों से शुरू हुई थीः ''नियोडियम और समेरियम के बीच किसी तत्त्व के अस्तित्व की बात सोचने के तब तक कोई कारण नहीं थे, जब तक मोजेले के नियम ने इस का प्रदर्शन नहीं किया।'' इस नीरस वैज्ञानिक लेख की हर बात ठीक लग रही थी। परंतु...

एक वैज्ञानिक (उसका नाम बाद में बताया जाएगा) के पुरालेखों में मिली एक हस्तलिपि में जर्मन भाषा में लिखे निम्न शब्द पढ़ने को मिले : "NB. 61 ist das von mir 1902 vorhergesagte fehlende Elemente (पाठकों से अनुरोध है कि वे अभी जर्मन-हिंदी शब्दकोश न खोलें।)

तत्त्व नंबर 61 का वास्तविक प्रागितिहास हमारे जाने-पहचाने एक वैज्ञानिक के नाम के साथ संबंधित है। यह चेक बोगूस्लाव ब्राउनर थे, जो मेंडेलीफ के घनिष्ट मित्र थे तथा दुर्लभ मृदा तत्त्वों के रसयान के बहुत बड़े विशेषज्ञ थे।

इलिनियम की खोज हो गयी थी। अमरीकी वैज्ञानिकों को बधाइयाँ मिल रही थीं और अन्य देशों के वैज्ञानिक दूसरी, तीसरी, चौथी बार इस खोज की पुष्टि कर चुके थे। 61 नंबर के तत्त्व की वंशावली के प्रथम अध्याय इस प्रकार शुरू किए गए : ''मोजेले ने पूर्वानुमान किया–अमरीकी वैज्ञानिकों ने खोज डाला।'' परंतु नवंबर 1923 में पत्रिका "Nature" में

ब्राउनर का एक लेख छपा जिसमें उन्होंने अमरीकी वैज्ञानिकों को खोज की बधाई दी, परंतु रिपोर्ट के आरंभ में लिखे शब्दों का खंडन किया। उन्होंने इस बात पर बहस नहीं की कि तत्त्व पहले किसने खोजा—अमरीकी वैज्ञानिकों ने या इतालवियों ने। तीसरे दशक में वैज्ञानिक समझ गए थे कि खोज तकनीक की बात है। मुख्य बात दूसरी थी और वह यह कि नए तत्त्व का पूर्वानुमान किसने किया था? मोजेले ने? जी नहीं। तब किसने? निस्संदेह उन्होंने...खुद ब्राउनर ने...।

इस घोषणा को निर्लज्जता नहीं कहा जा सकता। उन्होंने दुर्लभ मृदा तत्त्वों के साथ अपने कठिन प्रयोगों, आवर्त प्रणाली के अटूट ज्ञान, समान दुर्लभ मृदा तत्त्वों के गुणों में छोटे-से-छोटे परिवर्तनों को समझने की क्षमता तथा वैज्ञानिक अन्तर्ज्ञान के बल पर यह दावा किया था।

परंतु शब्दों से, तारीफ से काम नहीं चल सकता। सच्चाई प्रमाण माँगती है। चलिए, 1882 में लौटते हैं। बूढ़ा डाइडिमियम, मोसांदर का डाइडिमियम मौत के दरवाजे पर खड़ा है। डि बुओबोरडान ने इससे एक नया तत्त्व समेरियम प्राप्त कर लिया है। ब्राउनर अवशेष का बड़े ध्यान से अध्ययन करते हैं तथा बहुत कठिन रासायनिक प्रतिक्रियाओं द्वारा इसे तीन प्रभाजियों में विभाजित कर देते हैं जिनके परमाणु द्रव्यमान अलग-अलग हैं। कई कारणों से ब्राउनर अपना अनुसंधान कार्य बदं कर देते हैं और ब्राउनर वान वैल्सबाख चेक प्रेसियोडिमियम और नियोडिमियम ने उसकी जगह ले ली है—ये ब्राउनर के प्रथम और तृतीय प्रभाजी हैं। परंतु बीच वाला प्रभाजी कहाँ है अभी उसका वक्त नहीं आया है। दुर्लभ मृदा तत्त्वों के इलाके में हंगामा मचा हुआ है। नए तत्त्वों की झूठी खोजों की खबरें आवर्त प्रणाली को खतरे में डाल देती है। साल बीत रहे हैं हंगामा धीरे-धीरे शांत होता जा रहा है। ज्ञात दुर्लभ मृदा तत्त्व एक क्रमगत श्रेणी बना लेते हैं और ब्राउनर इस बात पर ध्यान देते हैं कि नियोडिमियम और समेरियम के परमाणुक द्रव्यमानों में अंतर काफी ज्यादा है : यह दो पड़ोसी दुर्लभ मृदा तत्त्वों के परमाणुक द्रव्यमानों के अंतर से बहुत ज्यादा है। दुर्लभ मृदा तत्त्वों के रसायन का बेहतरीन ज्ञान ब्राउनर से यह कहने लगा कि नियोडियिमय ओर समेरियम की श्रेणी में इनके गुणों की विभिन्नता में एक असंगति है। उन्हें अपने 1882 के प्रयोगों की बात याद आ जाती है। धागे जुड़ जाते हैं और एक पूर्वाभास जन्म लेता है, जी नहीं, निश्चितता जन्म लेती है और वह यह कि नियोडिमियम और समेरियम के बीच एक अज्ञात तत्त्व मिल सकता है। परंतु मेंडेलीफ की तरह ब्राउनर भी जल्दबाजी का काम नहीं करते। केवल 1901 में उन्होंने नियोडिमियम और समेरियम के बीच एक खाली खाना खींचा, जब उन्होंने आवर्त सारणी में दुर्लभ मृदा तत्त्वों के स्थान के बारे में अपने विचार प्रस्तुत किए।

अब हम ब्राउनर के हस्तलिपि में लिखे जर्मन शब्दों का अनुवाद दे सकते हैं : "61 नंबर का तत्त्व मेरे द्वारा 1902 में पूर्वानुमानित तत्त्व है।"

पत्रिका 'प्रकृति' के छोटे से लेख द्वारा ब्राउनर ने दुनिया को सच्चाई बताने का प्रयास किया। इस तथ्य से 61 नंबर के तत्त्व की जीवनगाथा के लेखकों का काम शायद आसान हो गया हो। जी नहीं जीवनी तभी लिखी जा सकती है जब तत्त्व का अस्तित्व एक वास्तविकता हो, परंतु इलिनियम मृतजात निकला।

जिस वक्त इतावली लोग चिह्न II को मेंडेलीफ की सारणी के 61 नंबर के खाने में फिट करने की कोशिश कर रहे थे, सतर्क आलोचकों ने इस खोज की जांच करनी चाही। प्रान्डटल इन वैज्ञानिकों में सबसे आगे थे। उनके प्रयोगों पर किसी ने संदेह प्रकट नहीं किया, परंतु उनके परिणामों ने 61 नंबर के तत्त्व के अस्तित्व का इशारा तक नहीं किया।

1926 के अंत में नोडाक दंपति ने इस काम को अपने हाथों में लिया। उन्होंने अभी-अभी दो नए तत्त्वों-मजूरियम और रीनियम (नंबर 41 और नंबर 75) की खोज की घोषणा की थी। अब ये दोनों वैज्ञानिक नियोडियम और समेरियम के बीच वाली खाली जगह को भरना चाहते थे। जिन 15 खनिजों में इलिनियम मिलने की उम्मीद थी, उन्होंने हर संभव विधि से उनका अध्ययन किया। उन्होंने 100 किलोग्राम दुर्लभ मृदा माल का विश्लेषण किया, परंतु कुछ हाथ नहीं लगा। नोडाक दंपति ने दावा किया कि अगर अमरीकी रसायनज्ञों के परिणाम सच होते, तो उन्हें निस्संदेह नया तत्त्व प्राप्त होता। अगर यह तत्त्व नियोडिमियम या समेरियम से 1 करोड़ गुना विरल है, जब भी उन्हें यह मिलता जरूर। अतः दो बातें हो

सकती हैं या तो 61 नंबर का तत्त्व इतना ज्यादा विरल है और वर्तमान अनुसंधान विधियाँ इतनी परिशुद्ध ही नहीं है कि वे इसे ढूँढ़ सके या इस तत्त्व को गलत खनिजों में ढूँढ़ा जा रहा है।

भू-रसायनज्ञों ने प्रथम कारण का विरोध किया। दुर्लभ मृदा तत्त्व प्रकृति में समान रूप से विस्तृत हैं। इलिनियम को एक अपवाद मानने का कोई कारण नहीं है। उन्होंने इस तत्त्व को कैल्सियम और स्ट्रान्शियम के खनिजों में ढूँढने की सलाह दी। सभी दुर्लभ मृदा तत्त्व आम तौर पर त्रिसंयोजक होते हैं, परंतु इनमें से कुछ द्वि या चतुर्थ संयोजक भी हो सकते हैं। उदाहरणतया यूरोपियम बड़ी आसानी से द्विआवेशी धनायन बना देता है। इनका आकार कैल्सियम और स्ट्रान्शियम के धनायनों से मिलता है तथा वे दुर्लभ मृदा खनिजों में इन तत्त्वों के धनायनों की जगह ले सकते हैं। संभव है कि इलिनियम में यह क्षमता और भी बेहतर हो और वह स्ट्रान्शियम के किसी प्राकृतिक यौगिक में मिल जाए। एक परिकल्पना के बाद दूसरी परिकल्पना जन्म लेती गयी, एक अप्रमाणित बात दूसरी पर आधारित होती गयी। नोडाक दंपति ने इस परामर्श को मानते हुए कुछ दुर्लभ मृदा खनिजों का अध्ययन किया, परंतु इस बार भी उन्हें असफलता का मुह देखना पड़ा। इलिनियम की खोज का रास्ता बंद हो गया, परंतु 61 नंबर के तत्त्व की तलाश जारी थी। यह बात जरूर थी कि प्राप्त परिणामों पर कोई विश्वास नहीं करता था।

रसायनज्ञ भू-खनिजों में 61 नंबर का तत्त्व ढूँढ़ने में असफल रहे थे। अब सैद्धान्तिक भौतिकी को वह 'लिफाफा' खोलना था जिसमें प्रकृति ने 61 नंबर का तत्त्व 'बंद करके रख दिया था।' परंतु जब यह 'लिफाफा' खोला गया, वैज्ञानिकों को एक बार फिर निराश होना पड़ा। 'लिफाफा' खाली था।

यहाँ 61 नंबर के तत्त्व का नसीब 43 नंबर के तत्त्व-टैखनीशियम-के नसीब के साथ मिल जाता है। जर्मन भौतिकविद मटाउख के नियमानुसार सिद्धांत : टैक्नीशियम के स्थायी समस्थानिक नहीं हो सकते। यह नियम तत्त्व नंबर 61 के स्थायी समस्थानिकों पर भी लागू होता है। इलिनियम मर गया है तो क्या हुआ? तत्त्व नंबर 61 को तो जीवित रहना है।

अगर यह तत्त्व वास्तविकता में है ही नहीं, तब क्या हो? इ. नोडाक के दिमाग में अचानक यह विचार आया। उन्होंने एक साहसी धारणा प्रस्तुत की। वह यह थी कि इलिनियम (फिलहाल हम यही नाम इस्तेमाल करेंगे) पृथ्वी पर प्राचीन भू-वैज्ञानिक काल में उपस्थित था। परंतु यह शक्तिशाली विघटनाभिक तत्त्व था जिसकी अर्धक्षय अवधि बहुत थोड़ी थी। इस कारण यह शीघ्रता से अपक्षयित होकर हमारे ग्रह से लुप्त हो गया। अगर हम इस विचार से सहमत हैं, तो हमें दो बिल्कुल असंभव बातें माननी पड़ेगी—पहली यह कि इलिनियम, जो आवर्त सारणी के मध्य में स्थित है, स्थायी समस्थानिक नहीं रखता और दूसरी यह कि इसके समस्थानिकों के अर्धक्षय की अवधि पृथ्वी की आयु से काफी कम है।

यह सच है कि आवर्त प्रणाली में इलिनियम के पड़ोसी नियोडिमियम और समेरियम के बहुत सारे समस्थानिक होते हैं (प्रत्येक के सात) तथा इनकी द्रव्यमान संख्याओं का परिसर काफी विस्तृत होता है—142 से 154 तक। इसका मतलब यह हुआ कि 61 नंबर के तत्त्व के किसी भी सम्भावित समस्थानिक की द्रव्यमान-संख्या इस परिसर के अंदर होनी चाहिए।

ऐसा लग रहा था जैसे कि माटाउख के नियम ने पृथ्वी पर 61 नंबर के तत्त्व के मिलने की संभावना हमेशा के लिए खत्म कर दी थी। परंतु आशा की एक किरण दिखाई दी जिससे काफी हिम्मत बंधी। यह बात ठीक है कि इलिनियम के सारे समस्थानिक विघटनाभिक है। परंतु किस स्तर तक? हो सकता है कि उनमें से कुछ का अर्धक्षयकाल बहुत ज्यादा हो। उस वक्त वैज्ञानिकों ने समस्थानिकों के अर्धक्षयकाल का पूर्वानुमान करना नहीं सीखा था। 61 नंबर की खोज आंखें मूँद कर जारी रही। परंतु अब भौतिकविद् इस फैसले पर पहुँच चुके थे कि केवल नाभिकीय संश्लेषण ही 61 नंबर की पहेली हल कर पाएगा। वे टैक्नीशियम की मिसाल भूले नहीं थे।

1926 में अपने देशवासियों की पराजय का बदला-सा लेने के उद्देश्य से सन् 1938 में अमरीका की ओहियो यूनिवर्सिटी के दो भौतिकविदों पूल और क्वील ने 61 नंबर के तत्त्व के कृत्रिम संश्लेषण का पहला प्रयोग किया। उन्होंने एक नियोडिमियम लक्ष्य पर क्षिप्र ड्यूट्रानों (भारी हाइड्रोजन के नाभिकों) की बमबारी की। उनके विचारानुसार इस प्रकार

नाभिकीय प्रतिक्रिया Nd +d→61 + n घट रही थी और इसके परिणामस्वरूप 61 नंबर के तत्त्व का समस्थानिक उत्पन्न होना चाहिए था। उनके परिणाम विरोधाभासी थे, परंतु इसके बावजूद भी वे इस निष्कर्ष पर पहुँचे कि उन्हें एक नए तत्त्व का समस्थानिक प्राप्त हो गया है जिसकी द्रव्यमान-संख्या 144 तथा अर्धक्षयकाल 12.5 घंटे है।

इस बार भी अविश्वासी लोगों ने यह कहा कि ये परिणाम गलत हैं। और उनकी बात थी भी ठीक क्योंकि कोई भी इस बात की गारंटी नहीं दे सका कि नियोडिमियम से प्रयोग पूर्णतया शुद्ध था। इसके अलावा पहचान की विधि भी इतनी विश्वसनीय नहीं थी। 1926 में किए गए अनुसंधान कार्यों की तरह इस बार भी सरल प्रकाशकीय और एक्सरे स्पेक्ट्रम 61 नंबर की उपस्थिति का सबूत दे रहे थे। यह निष्कर्ष रेडियोमापीय मापन के आधार पर किया गया।

रयायन ने इस काम में हिस्सा नहीं लिया था तथा रहस्यमयी विघटनाभिक उत्पाद की रासायनिक प्रकृति ज्ञात ही नहीं की गयी थी। अतः स्वभावतः एक प्रश्न पूछा जा सकता है कि क्या 1938 को 61 नंबर के तत्त्व की खोज की वास्तविक तिथि माना जा सकता है? जी नहीं, सिर्फ यही कहा जा सकता है कि इस साल तत्त्व के संश्लेषण के सोद्देश्य प्रयासों की शुरूआत हुई थी।

समय के साथ-साथ बमबारी करने वाले कणों की संख्या बढ़ायी जाती रही। वैज्ञानिकों ने अन्य दुर्लभ मृदा तत्त्वों के लक्ष्य लिए, प्राप्त सक्रियता के मापन की तकनीक विकसित की। वैज्ञानिक पत्रिकाओं में अन्य इलिनियम समस्थानिकों की खबरें छपने लगीं। तथ्य एक वास्तविकता बन गया। 61 नंबर के तत्त्व ने कृत्रिम रूप से जन्म ले लिया। इसका नाम बदल कर 'साइक्लोनियम' रख दिया गया। यह नाम इसलिए दिया गया क्योंकि नया तत्त्व साइक्लोट्रान की सहायता से मिला था। अब चिह्न Cy ने 61 नंबर के खाने में घर बना लिया (इस बार भी थोड़े अर्से के लिए)।

अनुसंधानकर्ताओं ने साइक्लोनियम के विघटनाभिक संकेत तो पकड़ लिए, परंतु किसी ने भी नए तत्त्व का छोटा सा दाना तक नहीं देखा था। इसके स्पेक्ट्रम तक नहीं अंकित किए गए थे। साइक्लोनियम के अस्तित्व के केवल अप्रत्यक्ष सबूत मिले थे।

बीसवीं शताब्दी के विज्ञान का इतिहास महान् घटनाओं से भरा पड़ा है तथा इनमें से एक महानतम घटना है—मंद न्यूट्रानों द्वारा यूरेनियम का विभाजन। यूरेनियम-235 के समस्थानिकों के नाभिक दो हिस्सों में विभाजित हो जाते हैं। तथा इनमें से प्रत्येक समस्थानिक आवर्त सारणी के किसी-न-किसी मध्य तत्त्व का समस्थानिक होता है। इस विधि से 30 विभिन्न तत्त्वों (जिंक से गैडोलिनियम तक) के समस्थानिक प्राप्त किए जा सकते हैं। सिद्धांतवादियों ने गणना करके यह पता लगाया है कि तत्त्व नंबर 61 के समस्थानिकों का उत्पादन काफी उच्च होता है—विभाजन के कुल उत्पाद का लगभग 3% है।

परंतु इस 3% को अलग करना बड़ा टेढ़ा काम साबित हुआ।

तीन अमरीकी रसायनज्ञों-मारीन्स्की, ग्लेन्डेनीन तथा कोरयेल ने यूरेनियम शेषों के विभाजन के लिए एक नयी रासायनिक विधि अपनायी—आयन विनियम क्रोमोटोग्राफी।

इस विधि में विशेष प्रकार के उच्च आण्विक यौगिकों की सहायता से तत्त्व एक-दूसरे से अलग किए जाते हैं। इन यौगिकों को आयन-विनियम रेजिनें कहते हैं। ये रेजिनें एक छन्नी का काम करती हैं जो तत्त्वों की एक क्रम से छंटाई कर देती हैं। इस छन्नी के तले में वैज्ञानिकों को असली खजाना मिला 61 नंबर के तत्त्व के दो समस्थानिक, जिनकी द्रव्यमान-संख्या 147 तथा 149 थी।

अब 61 के तत्त्व इलिनियम (इसका नाम फ्लोरेनशियम भी था, इसे साइक्लोनियम भी कहा गया था) को अंतिम नाम दिया जा सकता था। खोजकर्ताओं के कथनानुसार इसे नया नाम देना भी उतना ही मुश्किल लग रहा था जितना इसे प्राप्त करना। कोरयेल की पत्नी ने प्रोमिथियम नाम सुझाकर इस समस्या को हल कर दिया। एक प्राचीन यूनानी दंत कथा के अनुसार प्रोमिथियम ने देवताओं के घर से अग्नि चुराकर मनुष्यों को दे दी। उसकी इस श्रेष्ठता से भगवान् जीसस बहुत

क्रोधित हुए और उन्होंने प्रोमिथियम को बहुत कड़ी सजा दी। मारीन्स्की, ग्लोन्डेनीन तथा कोरयेल के शब्दानुसार यह नाम मनुष्य द्वारा नाभिकीय ऊर्जा के बल पर नए तत्त्व की प्राप्ति का प्रतीक ही नहीं, युद्ध की चील द्वारा मानवजाति को सजा देने के खतरे का भी सूचक है।

प्रोमिथियम 1945 में प्राप्त हो गया था, परंतु इनकी खोज की प्रथम सूचना के रूप में 1947 सिराकुजा में अमरीकी रसायन सोयाइटी की विचार-गोष्ठी के भागियों को प्रोमिथियम यौगिकों के पहले नमूने (पीला क्लोराइड तथा गुलाबी नाइट्रेट) देखने का मौका मिला। प्रत्येक यौगिक का वजन 3 मिलीग्राम था। ये नमूने मारीया क्यूरी द्वारा प्राप्त शुद्ध रेडियम लवण के नमूने से कम महत्त्वपूर्ण नहीं थे। वैज्ञानिकों ने अपनी अद्वितीय कला से प्रोमिथियम को जन्म दिया। अब इस तत्त्व को दर्जनों ग्राम मात्रा में प्राप्त किया जाता है तथा इसके बहुत सारे गुणों का अध्ययन किया जा चुका है।

माटाउख के नियम ने पृथ्वी पर 61 नंबर के तत्त्व के खजाने के द्वार बंद कर दिए थे, परंतु ये दरवाजे कस कर बंद नहीं किए गए थे। अगर प्रोमिथियम के समस्थानिकों की उम्र लंबी होती तथा उनके अर्धक्षयकाल को पृथ्वी की आयु के हिसाब से नापा जाता तो अयस्कों और खनिजों में इस तत्त्व की खोज युक्तिसंगत होती।

परंतु इस मामले में नाभिकीय भौतिकी प्राकृतिक प्रोमिथियम की दुश्मन निकली। प्रत्येक संश्लिष्ट प्रोमिथियम समस्थानिक के साथ खोज का संभव रास्ता तंग होता गया। प्रोमिथियम समस्थानिकों की आयु कम निकली। आज जो 15 प्रोमिथियम समस्थानिक ज्ञात हैं, उनमें से सबसे लंबा अर्धक्षयकाल केवल 30 साल का है, अन्य शब्दों में जब हमारी पृथ्वी ग्रह के रूप में नहीं बनी थी, तब प्रोमिथियम का इस पर नामोनिशान तक नहीं था। परंतु हमारा अभिप्राय आरंभिक प्रोमिथियम से है जो रासायनिक तत्त्वों की उत्पत्ति के दौरान बना था। एक द्वितीय प्रोमिथियम की खोज की बात भी कही जा सकती थी जो आज भी पृथ्वी पर विभिन्न प्राकृतिक नाभिकीय प्रतिक्रियाओं के फलस्वरूप बन रहा है।

यूरेनियम के खंडों के नैसर्गिक विभाजन से बनने वाले टैक्नीशियम का पता आखिर भू-पर्पटी में लगा। विभाजन के हर इन उत्पादों में तत्त्व नंबर 61 के समस्थानिक भी उपस्थित हो सकते थे। अंदाजा लगाया गया है कि भू-पर्पटी में उपस्थित यूरेनियम के नैसिर्गक विभाजन से लगभग 780 ग्राम प्रोमिथियम (न के बराबर) उत्पन्न हो सकता है। प्राकृतिक प्रोमिथियम तलाश करने का मतलब भूसे के ढेर से सूई ढूँढ़ना था।

परंतु 1968 में यह असंभव कार्य संभव कर दिया गया। अमरीकी वैज्ञानिकों के एक ग्रुप ने, जिनमें प्राकृतिक टैक्नीशियन के अन्वेषक कुरेदा भी शामिल थे पिचब्लैन्ड के एक नमूने से 147 द्रव्यमान-संख्या वाले प्राकृतिक प्रोमिथियम का समस्थानिक प्राप्त कर लिया। यह 61 नंबर के तत्त्व की खोज के अद्वितीय इतिहास की अंतिम घटना थी।

टैक्नीशियम की तरह प्रोमिथियम की खोज की भी दो तिथियाँ बताना उचित है। प्रथम तिथि—यह इसके संश्लेषण की तिथि है—सन् 1945। परंतु इन परिस्थितियों में संश्लेषण असाधारण था (इसे विभाजन-संश्लेषण कह सकते हैं)। प्रोमिथियम के प्रथम दो समस्थानिक मंद न्यूट्रॉनों द्वारा किरणित यूरेनियम के अंशों से प्राप्त किए गए थे, जबकि टैक्नीशियम सीधी नाभिकीय प्रतिक्रिया के परिणामस्वरूप प्राप्त किया गया था। इस विशेषता के कारण सभी संश्लिष्ट तत्त्वों में प्रोमिथियम का अलग स्थान है।

दूसरी तिथि-प्राकृतिक प्रोमिथियम की खोज की तिथि है—सन् 1968। इस उपलब्धि का अपना अलग महत्त्व है क्योंकि यह विश्लेषण की भौतिक और रासायनिक विधियों की चरम सीमा थी। निस्संदेह यह घटना केवल सैद्धांतिक महत्त्व रखती है। क्योंकि प्रयोगों के लिए कोई भी प्राकृतिक प्रोमिथियम प्राप्त करने नहीं जा रहा है।

ऐस्टैटीन और फ्रेंसियम

जुलाई 1925 में एक अंग्रेज वैज्ञानिक फ्रैन्ड फिलिस्तीन की यात्रा पर गए। उनकी यात्रा का उद्देश्य धार्मिक नहीं था। वे पुरातत्वज्ञ भी नहीं थे और न ही पर्यटन का शौक रखते थे। वे एक रसायनज्ञ थे और अपने साथ बहुत सारी खाली

बोतलें लेकर यात्रा पर निकले थे। वे मृत सागर के जल के नमूने इकट्ठा करना चाहते थे। पृथ्वी पर जितने भी जलाशय हैं, उनमें विलयित क्षारों की सर्वाधिक सांद्रता मृत सागर में है। इसके जल में मछली नहीं रहती है तथा मनुष्य के डूबने की कोई भी संभावना नहीं है इसके जल का घनत्व इतना ज्यादा है।

रेगिस्तानी दृश्यों से फ्रैन्ड की हिम्मत नहीं टूटी। वे मृत सागर के जल में एका-आयोडीन और एका-सीजियम ढूँढ़ने निकले थे, जो रसायनज्ञों को किसी भी वजह से मिल नहीं रहे थे। समुद्री जल में कई क्षारीय धातुओं और हैलोजेनों के लवण विलयित होते हैं तथा मृत सागर में उनकी सांद्रता विशेष रूप से अधिक होनी चाहिए। इस बात की बहुत ज्यादा संभावना है कि उनके बीच कुछ अज्ञात तत्त्व छिपे हों, विशेषतया, सबसे भारी हैलोजेन तथा सबसे भारी क्षारीय धातु।

फ्रैन्ड के दिमाग में इन तत्त्वों की खोज की बात खुद नहीं आयी थी। उन्नीसवीं शताब्दी के अंत में कोई भी वैज्ञानिक बता सकता था कि एका-आयोडीन और एका-सीजियम कहाँ मिल सकते हैं। वहीं, जहाँ क्षारीय धातुओं और हैलोजेनों के प्राकृतिक यौगिक मिलते हैं अर्थात् पोटेशियम लवणों के निक्षेपों में, समुद्रों और महासागरों के जल में, विभिन्न खनिजों में, कुओं के जल में, समुद्री शैवालों में। अन्य शब्दों में खोजने के लिए हजारों जगहें थीं।

परंतु इतने सारे स्रोत होते हुए भी एका-आयोडीन और एका-सीजियम ढूँढ़ने के सारे प्रयास असफल रहे और फ्रैन्ड की कोशिशें कोई अपवाद सिद्ध नहीं हुईं।

चलिए, पिछली शताब्दी के अंतिम दशक में लौटते हैं। मेंडेलीफ ने जब तत्त्वों की आवर्त प्रणाली बना दी, तब यह पता चला कि इसमें बिस्मथ और यूरेनियम के बीच कई खाने खाली थे जो अज्ञात तत्त्वों के थे। विघटनाभिकता की खोज के बाद ये खाने बड़ी तेजी से भरते गए। पोलोनियम, रेडियम, रेडान, ऐक्टिनियम और अंत में प्रोटैक्टिनियम ने यूरेनियम और थोरियम के बीच जगहें ले लीं। केवल एका-आयोडीन और एका-सीजियम विलंब कर रहे थे। परंतु वैज्ञानिकों को इस बात से कोई ज्यादा परेशानी नहीं हुई। ये अज्ञात तत्त्व विघटनाभिक होने चाहिए थे, क्योंकि (इस बात में कोई संदेह तब नहीं था (बिस्मथ से भारी तत्त्वों में विघटनाभिकता एक सामान्य गुण है। इसलिए अगर आज नहीं तो कल रेडियो मापीय विधि 85 और 87 नंबर वाले तत्त्वों का अस्तित्व जरूर सिद्ध कर देगी।

क्रमबद्ध विघटनाभिक रूपांतरणों की लंबी श्रेणी में यूरेनियम और थोरियम के प्राकृतिक समस्थानिक द्वितीयक रासायनिक तत्त्वों को जन्म देते हैं। बीसवीं शताब्दी के प्रथम दशक में वैज्ञानिकों को आवर्त सारणी के अंत के तत्त्वों–बिस्मथ से यूरेनियम तक–के लगभग 40 समस्थनिक ज्ञात थे। इन रेडियोतत्त्वों में तीन विघटनाभिक परिवार उपस्थित थे जिनके मुखिया थे–थोरियम-232, यूरेनियम235 और यूरेनियम-238। प्रत्येक विघटनाभिक तत्त्व ने अपने-अपने प्रतिनिधि इन परिवारों में भेजे (एका-आयोडीन और एका-सीजियम के अलावा)। तीनों श्रेणियों में ऐसा कोई सदस्य नहीं था जो 85 या 87 नंबर के तत्त्वों के समस्थानिकों के अनूकूल था। इससे एक निष्कर्ष स्वाभाविक था और वह यह कि एका-आयोडीन और एका-सीजियम विघटनाभिक ही नहीं है। परंतु क्यों? किसी में भी इस सवाल का जवाब देने की हिम्मत नहीं हो रही थी। इसका मतलब यह हुआ कि यूरेनियम और थोरियम के अयस्कों में, जहाँ सारे विघटनाभिक तत्त्व मिलते हैं, इन दोनों तत्त्वों को ढूँढ़ना बेकार था।

एका-आयोडीन और एका-सीजियम के स्थायित्व की धारणा प्रमाणित नहीं हुई। विघटनाभिक परिवारों में इन तत्त्वों को ढूँढ़ने के सारे प्रयास असफल रहे। परंतु एक संभावना रह गयी थी कि जिससे काफी आशा थी। क्या एक निश्चित समस्थानिक का क्षय एक अकेली विधि से होता है या दो विधियों से? जैसे यह हो सकता है कि वह α-और β-कण उत्सर्जित करता हो। अगर हाँ, तो इस समस्थानिक के क्षय का उत्पाद दो विभिन्न तत्त्वों के समस्थानिक होंगे तथा विघटनाभिक रूपांतरणों की श्रेणी में इस समस्थानिक पर एक नयी शाखा उग आएगी। वैज्ञानिक इस समस्या का काफी अर्से से अध्ययन कर रहे थे तथा लगता था कि कुछ समस्थानिकों के साथ ऐसा परिणाम प्राप्त हो गया था।

1913 में अंग्रेज वैज्ञानिक क्रेन्स्टन रेडियोतत्त्व MsTh=II (ऐक्टिनयम-228 का एक समस्थानिक) के साथ काम कर

रहे थे। यह समस्थानिक β कण उत्सर्जित करता है तथा थोरियम-228 में परिवर्तित हो जाता है। परंतु क्रैन्स्टन को ऐसा लगा कि उन्हें एक अतिक्षीण α-क्षय भी दिखाई दिया है। अगर यह बात सच थी तो क्षय का उत्पाद एका-सीजियम होना चाहिए था जिसकी बहुत दिनों से आशा की जा रही थी। वास्तविकता में प्रतिक्रिया निम्न थी :

$$^{228}_{89}AC \xrightarrow{\alpha} {}^{224}87$$

परंतु क्रैन्स्टन ने अपना कार्य इस प्रेक्षण तक ही सीमित रखा। एक साल बाद वियेना के तीन रेडियोरसायनज्ञों मेयर, हैस तथा पानेथ ने यूरेनियम-235 परिवार के एक सदस्य-ऐक्टिनियम-227 के समस्थानिक का अध्ययन किया। एक के बाद दूसरा प्रयोग किया गया और उनके सुग्राही उपकरणों ने आखिर में अज्ञात उत्पत्ति के α कण ढूँढ़ ही लिए। प्रत्येक विघटनाभिक समस्थानिक के α कणों का वायु में एक निश्चित पथ (कुछ सेंटीमीटर लंबा होता है। वियेना के रसायनज्ञों के प्रयोगों में यह 3.5 सेंटीमीटर निकला। अन्य किसी भी α-सक्रिय समस्थानिक के पथ की लंबाई इतनी नहीं थी—या ज्यादा थी या कम थी। वियेना रेडियम-संस्थान के वैज्ञानिक इस निष्कर्ष पर पहुँचे कि ये कण आम β सक्रिय ऐक्टिनियम-227 के α क्षय के उत्पाद थे। इसका मतलब यह है कि इस क्षय का उत्पाद तत्त्व नंबर 87 का समस्थानिक होना चाहिए था।

इस खोज की पुष्टि नए प्रयोगों द्वारा होनी थी। आस्ट्रिया के वैज्ञानिक अपनी बात सिद्ध करके दिखाने को तैयार थे, परंतु शीघ्र ही प्रथम विश्व युद्ध छिड़ गया।

वियेना के वैज्ञानिकों को वास्तव में ऐक्टिनियम-^{227}AC के α– कण दिखायी दिए थे अर्थात् 87 नंबर तत्त्व के परमाणु उनके सामने उत्पन्न हुए थे। परंतु यह बात सिद्ध भी तो करनी थी। इन परिणामों का खंडन करना सरल कार्य था। संदेही लोग यह कह रहे थे कि α सक्रियता काफी क्षीण थी और प्राप्त परिणाम संभवतः त्रुटिपूर्ण थे। दूसरों का यह कहना था कि पड़ोसी तत्त्व का समस्थानिक प्रोटैक्टिनियम भी α कण उत्सर्जित करता है जिनके पथ की लंबाई 3.5 सेंटीमीटर के लगभग होती है। संभव है कि प्रोटैक्टिनियम की अशुद्धि ने अनुसंधानकर्ताओं से त्रुटियाँ करवा दीं।

85 और 87 नंबर के तत्त्व कई बार खोजे गए और उन्हें अलग-अलग नाम दिए गए : डेकियम, मोल्डेवियम, ऐल्केतीनियम, हैल्वेटियम, लेप्तीनम, एंलोहैल्वेटियम आदि। परंतु ये केवल भ्रम थे। इतने सुंदर नामों के पीछे कुछ नहीं था।

थोरियम-232 परिवार के सभी समस्थानिकों की द्रव्यमान-संख्याएँ चार से विभाजित हो जाती हैं, इसी कारण कई बार थोरियम परिवार को 4n-परिवार भी कहा जाता है। दोनों यूरेनियम परिवारों के समस्थानिकों की द्रव्यमान-संख्याओं को चार से विभाजित करने पर 2 या 3 बचते हैं। इस वजह से यूरेनियम-238 का परिवार (4n+2) तथा यूरेनियम-235 का परिवार (4n+3) भी कहा जाता है।

परंतु (4n+1) परिवार कहाँ है? हो सकता है कि विघटनाभिकता रूपांतरणों की इस अज्ञात श्रेणी में एका-आयोडीन और एका-सीजियम के समस्थानिक मिल जाएँ। विचार उचित था, परंतु किसी भी विघटनाभिक समस्थानिक की द्रव्यमान-संख्या इस परिकल्पित परिवार के अनुकूल या सदृश नहीं निकली।

शक्की लोग यह दावा करने लगे कि पृथ्वी के अस्तित्व के आरंभिक काल में वास्तव में एक चौथी विघटनाभिक श्रेणी थी। परंतु इसके सारे समस्थनिकों का अर्धक्षयकाल बहुत थोड़ा होने के कारण वे बहुत समय पहले ही पृथ्वी से लुप्त हो गए। मानवजाति के जन्म लेने से पहले ही यह चौथा विघटनाभिक पौधा सूख गया।

तीसरे दशक में सिद्धांतवादियों ने इस परिवार को फिर से बनाने का प्रयास किया। इस काल्पनिक तस्वीर में 85 और 87 नंबर के समस्थानिकों के लिए जगह थी (परंतु रेडॉन समस्थानिकों के लिए जगह नहीं थी)। ये प्रयास भी व्यर्थ गए। हो सकता है कि ये दोनों तत्त्व होते ही न हों?

अब मंजिल ज्यादा दूर नहीं थी। परंतु इससे पहले की हम यह बताएँ कि वैज्ञानिकों का सपना सच कैसे हुआ, हम

प्रथम संश्लिष्ट तत्त्व नंबर 43-टैक्नीशियम की ओर लौटते हैं।

टैक्नीशियम प्रथम स्थान पर क्यों है? सबसे मुख्य कारण यह है कि इसने लक्ष्य और बमबारी करने वाले कणों के चुनाव में कोई दिक्कत नहीं आने दी। मालिब्डेन लक्ष्य का काम कर रहा था, जो उन दिनों काफी शुद्ध अवस्था में उपलब्ध था। न्यूट्रॉनों तथा डयूट्रानों के त्वरण के लिए त्वरित सुलभ थे। यही कारण है कि टैक्नीशियम की खोज से संश्लिष्ट तत्त्वों के युग की शुरूआत हुई।

प्रोमिथियम के साथ काम काफी मुश्किल साबित हुआ क्योंकि वह दुर्लभ मृदा परिवार का सदस्य था तथा असली परेशानी तब सामने आयी जब इसकी रासायनिक प्रकृति निश्चित करनी पड़ी।

85 और 87 नंबर के तत्त्वों का सवाल और भी ज्यादा पेचीदा था। एका-आयोडीन प्राप्त करने के प्रयास में वैज्ञानिकों के पास लक्ष्य के रूप में केवल एक ही तत्त्व था–83 नंबर का तत्त्व बिस्मथ। बमबारी करने वाला एजेंट भी एक ही था α कण। एका-आयोडीन के पूर्वाधिकारी पोलोनियम को लक्ष्य के रूप में इस्तेमाल नहीं किया जा सकता था। उन तत्त्वों से काम नहीं चल सकता था जो आवर्त सारणी में बिस्मथ से पहले थे, क्योंकि वैज्ञानिकों के पास α नंबर के तत्त्व की बमबारी के लिए आवश्यक कण नहीं थे।

एका-सीजियम का कृत्रिम संश्लेषण असंभव लग रहा था। चौथे दशक में वैज्ञानिकों के पास इस काम के लिए न तो उपयुक्त लक्ष्य थे और न ही बमबारी करने वाले कण। परंतु विज्ञान का इतिहास भी विडम्बना से भरा है। आवर्त सारणी की पुरानी सीमाओं में अनुपस्थित चार तत्त्वों में टैक्नीशियम के बाद जिस तत्त्व की खोज हुई वह यही 85 नंबर का तत्त्व था।

अब एका-आयोडीन और एका-सीजियम के समानान्तर इतिहास में वह समय आ जाता है जब वे एक दूसरे से दूर जाने लगते हैं। अतः हम इनकी खोजों का इतिहास अलग-अलग देंगे।

87 नंबर का तत्त्व तीन वैज्ञानिकों द्वारा बरकली में (अमरीका) संश्लिष्ट किया गया। इनके नाम थे–कोर्सन, मैकेन्जी और सेग्रे। इतालवी भौतिकविद् सेग्रे उस वक्त अमरीका में बस गए थे तथा तीनों वैज्ञानिकों में अकेले व्यक्ति थे जिन्हें एक नए तत्त्व (टैक्नीशियम) के कृत्रिम संश्लेषण का अनुभव था। 16 जुलाई 1940 को इन वैज्ञानिकों ने विख्यात भौतिक पत्रिका "Physcial Review" को एक बहुत बड़ा लेख भेजा जिसका शीर्षक निम्न था : "कृत्रिम विघटनाभिक तत्त्व 85" इस लेख में उन्होंने यह बताया कि उन्होंने किस प्रकार एक साइक्लोट्रान में α-कणों द्वारा बिस्मथ लक्ष्य पर बमबारी करके नाभिकीय प्रतिक्रिया $^{209}_{83}Bi(\alpha,\ 2n)$ का विघटनाभिक उत्पाद प्राप्त किया। संभवतः यह उत्पाद एका-आयोडीन का समस्थानिक था, जिसका अर्धक्षयकाल 7.5 घंटे तथा द्रव्यमान-संख्या 211 थी। सेग्रे तथा उनके साथियों ने नए तत्त्व की नगण्य मात्राओं के साथ बहुत बढ़िया रासायनिक प्रयोग किए और उन्हें विश्वास हो गया कि यह तत्त्व आयोडीन से मिलता था तथा इसमें क्षीण धात्विक गुण उपस्थित थे।

परिणाम काफी विश्वसनीय थे। परंतु फिलहाल नए तत्त्व का कोई नाम नहीं रखा गया। इसके अलावा युद्ध के कारण एका-आयोडीन के अध्ययन का कार्य स्थगित करना पड़ा। केवल 1947 में 85 नंबर के तत्त्व के कृत्रिम संश्लेषण का काम फिर से हाथ में लिया गया तथा उक्त तीनों वैज्ञानिकों ने 210 द्रव्यमान-संख्या वाले एक समस्थानिक के संश्लेषण की घोषणा की। इसका अर्धक्षयकाल कुछ ज्यादा था–कुल 8.3 घंटे। आगे चलकर पता चला कि यह 85 नंबर के तत्त्व का सबसे लंबी आयु वाला समस्थानिक था। यह भी उसी विधि से प्राप्त किया गया जिससे प्रथम समस्थानिक प्राप्त किया गया था, हालांकि इस बार बमबारी करने वाले α-कण की ऊर्जा ($^{209}Bi+\alpha$) ने दो की जगह तीन न्यूट्रॉन उत्सर्जित किए, अतः समस्थानिक की द्रव्यमान-संख्या एक कम थी। केवल अब इस तत्त्व का नाम ऐस्टैटीन (यूनानी भाषा में इसका अर्थ 'अस्थायी' होता है) रखने का फैसला किया गया (चिह्न At)।

परंतु समस्थानिकों ^{211}At तथा ^{210}At के संश्लेषणों के बीच एक अद्वितीय घटना घटी। वियेना के रेडियम-संस्थान के वैज्ञानिकों कार्लिक तथा बरनर्ट ने प्राकृतिक ऐस्टैटीन प्राप्त कर लिया। यह वास्तव में बहुत बड़ी उपलब्धि थी तथा यह रेडियो मापीय विधि के प्रयोग से संभव हुआ था। इस घटना से 85 नंबर के तत्त्व का दूसरी बार जन्म हो गया। टैक्नीशियम तथा प्रोमिथियम की तरह ऐस्टैटीन की भी दो जन्म-तिथियाँ बतायी जा सकती हैं—इसके संश्लेषण की तिथि (1940) तथा प्रकृति में इसकी खोज की तिथि (1943)।

परंतु जिस वक्त सेग्रे तथा उनके बिस्मथ के लक्ष्य पर α– कणों द्वारा बमबारी की तैयारी कर रहे थे, विज्ञान-जगत् को एका-सीजियम की जानकारी हुए एक साल से ज्यादा हो गया था। पेरिस विज्ञान अकादमी की रिपोर्टों में एक रिपोर्ट छपी जिसका शीर्षक था : "तत्त्व नंबर 87: ऐक्टिनियम से Ack की प्राप्ति।" इस पर 9 जनवरी 1939 की तारीख लिखी थी। इसकी लेखक पेरे नाम की महिला थी, जो विख्यात रेडियो रयासनज्ञ डेबिरने की सहायिका थी (डेबिरने ने 40 साल पहले ऐक्टिनियम की खोज की घोषणा की थी)।

पेरे ने कोई नयी विधि नहीं खोजी और न ही एका-सीजियम के संभव स्रोतों के बारे में उलटी-सीधी बातें कहीं। 1938 में उनके हाथ एक लेख लगा जिसे 1914 में वियेना के रसायनज्ञों मेयर, हैस तथा पानेथ ने लिखा था। पेरे ने इन वैज्ञानिकों की बात सच सिद्ध करनी चाही। उन्हें ऐक्टिनियम-227 का अतिसावधानी से शुद्ध किया हुआ नमूना प्राप्त हुआ। इस समस्थानिक की α सक्रियता काफी उच्च थी, परंतु कभी-कभी यह β– कण भी उत्सर्जित करता था। वायु में इन कणों के पथ की लंबाई 3.5 सेंटीमीटर होती थी। यह α– विकिरण प्रोटैक्टिनियम की वजह से नहीं हो सकता था क्योंकि ऐक्टिनियम का नमूना शुद्ध रखा गया था। चूंकि α–कण उत्सर्जित हो रहे हैं तो 223 द्रव्यमान-संख्या वाला एका-सीजियम के समस्थनिक लगातार संचयित होने चाहिए। पेरे एक के बाद दूसरा प्रयोग करती रहीं हैं। जी हाँ, प्रयोगों से यह बात सच सिद्ध हो गयी, ऐक्टिनियम के नमूने में वास्तव में कोई चीज इकट्ठी हो गयी थी जिसका अर्धक्षयकाल 21 मिनट था। अब रासायनिक विश्लेषण द्वारा बस यह सिद्ध करना बाकी था कि यह चीज एक नया तत्त्व था। इसके गुण सीजियम जैसे निकले।

पेरे ने नए तत्त्व का नाम अपनी मातृभूमि के सम्मान में फ्रेंसियम रख दिया। विघटनाभिक तत्त्वों की प्राचीन नामपद्धति के आधार पर कुछ अर्से तक यह ऐक्टिनियम-K(AcK) के नाम से भी ज्ञात रहा।

पेरे ने नवजात तत्त्व का जो प्रथम विवरण दिया, वह बहुत ही संक्षिप्त थाः ऐक्टिनियम -227 के α-क्षय की निम्न प्रतिक्रिया से तत्त्व बनता है।

$$^{227}_{89}Ac \xrightarrow{\alpha} {}^{223}85,$$

α-सक्रिय कण उत्सर्जित करता है और उसका अर्धक्षयकाल लगभग 21 मिनट है। इसके बाद पेरे ने कई महीने इसके रासायनिक गुणों का अध्ययन किया और यह सिद्ध कर दिखाया कि फ्रेंसियम के गुण सीजियम के गुणों के साथ पूर्णतया मिलते हैं।

प्राकृतिक विघटनाभिक तत्त्वों में और किसी का भी अर्धक्षयकाल इतना कम नहीं था : कृत्रिम रूप से संश्लिष्ट 85 नंबर के तत्त्व का अर्धक्षयकाल कई घंटे था। आशा थी कि फ्रेंसियम से ज्यादा लंबी अर्ध आयु वाले अन्य प्राकृतिक समस्थानिक मिल जायेंगे। परंतु पृथ्वी पर फ्रेंसियम का केवल एक ही समस्थानिक-फ्रेंसियम-223 मिला।

अब संश्लेषण के अलावा और कोई रास्ता नहीं बचा था। परंतु यह काफी मुश्किल काम था। पेरे की खोज के केवल 10 साल बाद वैज्ञानिक कृत्रिम रूप से फ्रेंसियम के समस्थानिक संश्लिष्ट कर पाये। 212 द्रव्यमान-संख्या वाले फ्रेंसियम समस्थानिक की उत्पत्ति की नाभिकीय प्रतिक्रिया संक्षेप में निम्न प्रकार से लिखी जा सकती है :

$$^{232}_{29}U(p,\ 6p\ 21n)^{212}_{87}Fr$$

इस विधि को तीव्र गति वाले प्रोटोनों द्वारा यूरेनियम नाभिक का विभाजन कहते हैं। इस प्रतिक्रिया के दौरान प्रोटोन त्वरित्रों पर उच्च गति तक त्वरित किये जाते हैं। इतनी उच्च ऊर्जा वाला प्रोटोन जब यूरेनियम नाभिक पर प्रहार करता है, तब एक विस्फोट सा होता है जिसके परिणामस्वरूप कणों का ढेर बाहर निकलता है—6 प्रोटोन तथा 21 न्यूट्रान। यह प्रतिक्रिया वैसे ही नहीं घट जाती है, यह सैद्धांतिक पूर्वकलन पर आधारित है। इस प्रतिक्रिया का उत्पाद—फ्रेंसियम-212 कुछ समय तक सबसे लंबी आयु वाला समस्थानिक (अर्धक्षयकाल-23 मिनट) समझा जाता रहा, परंतु बाद में इसका सही मान 19 मिनट निकला।

प्राकृतिक ऐक्टिनियम के क्षय के उत्पाद के रूप में फ्रेंसियम की प्राप्ति के मुकाबले फ्रेंसियम का कृत्रिम संश्लेषण काफी ज्यादा मुश्किल है। परंतु प्राकृतिक ऐक्टिनियम विरल होता है। अब क्या किया जाये ? हमारे जमाने में वैज्ञानिक रेडियम के मुख्य समस्थानिक (अर्धक्षयकाल-1622 वर्ष तथा द्रव्यमान-संख्या-226) को तीव्र गति वाले न्यूट्रानों से किरणित करते हैं। ^{226}Ra न्यूट्रान अवशोषित करके ^{227}Ra में परिवर्तित हो जाता है जिसका अर्धक्षयकाल 40 मिनट होता है। इसके क्षय से शुद्ध ऐक्टिनियम-227 प्राप्त होता है जिसके α-क्षय से फ्रेंसियम-223 मिलता है।

चिन्ह At तथा Fr आवर्त सारणी के 85 और 87 नंबर के खानों में फिट हो गये तथा इनके गुण पूर्वानुमानित गुणों जैसे निकले। परंतु अपने अस्थायी भाइयों टैक्नीशियम तथा प्रोमिथियम की तुलना में, जिन्हें नाभिकीय भौतिकी ने जन्म दिया, इन दोनों तत्त्वों की स्थिति काफी गौण है।

अपूर्ण कलन से पता चला है कि 20 किलोमीटर मोटी भू-पर्पटी में 520 ग्राम फ्रेंसियम तथा 30 ग्राम ऐस्टैटीन उपस्थित होते हैं (यह मात्रा काफी बढ़ा चढ़ाकर बतायी गयी है)। ये मात्राएँ उतनी ही हैं जितनी भू-स्रोतों में टैक्नीशियम और प्रोमिथियम की। संभवतः हम ऐस्टैटीन और फ्रेंसियम के साथ ज्यादती कर रहे हैं। जी, नहीं : टैक्नीशियम और प्रोमिथियम औद्योगिक मात्रा में उत्पादित किये जाते हैं—इसकी तुलना में दर्जनों किलोग्रामों की मात्रा बहुत कम है। बात यह है कि Tc और pm का अर्धक्षयकाल ज्यादा लंबा होने की वजह से इन्हें बड़ी मात्राओं में संचयन की बात ही नहीं सोची जा सकती। जब भी उनके गुणों का अध्ययन करना होता है, उन्हें नये सिरे से प्राप्त करना पड़ता है।

विघटनाभिक परिवारों में ऐस्टैटीन तथा फ्रेंसियम के समस्थानिक विघटनाभिक रूपांतरणों के मुख्य मार्गों पर न रखकर पार्श्व शाखाओं पर रखे गये हैं। नीचे ऐसी एक शाखा दिखायी गयी है जिस पर प्राकृतिक फ्रेंसियम का जन्म होता है :

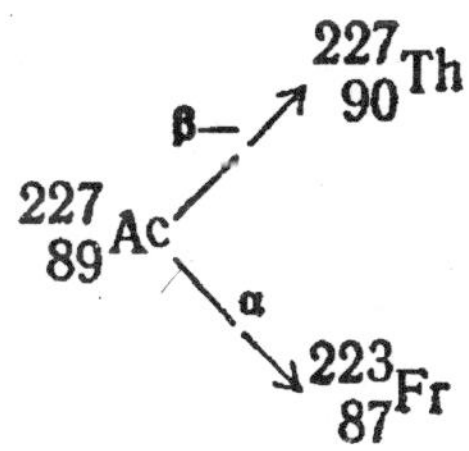

100 में से 99 बार समस्थानिक ^{227}89 Ac β-कण उत्सर्जित करता है और केवल 1 बार α-क्षय घटाता है। ऐस्टैटीन के जन्म की शाखाओं की स्थिति और भी ज्यादा नाजुक है :

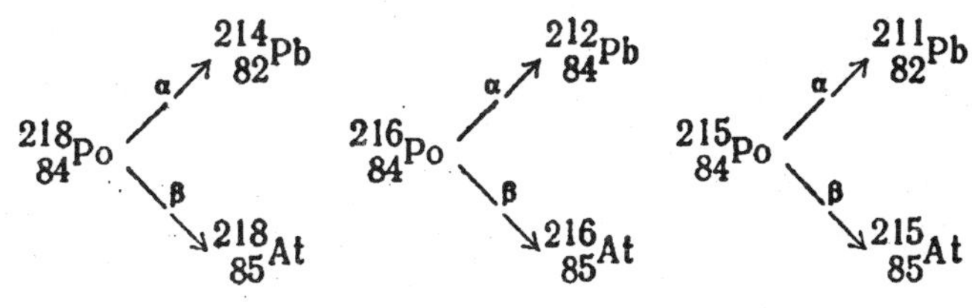

ये शाखायें क्या कहती हैं ? प्राकृतिक ऐस्टैटीन के जनित्र (पोलोनियम समस्थानिक) खुद ही बहुत विरल होते हैं। उनके लिये α-क्षय प्रमुख ही नहीं, एकमात्र विघटनाभिक प्रक्रिया भी होता है। जहां तक β-क्षयों का सवाल है तो ये उनके लिये एक दुर्घटना की तरह होते हैं। नीचे दिये आँकड़े इस बात की पुष्टि करते हैं। पोलोनियम-218 के 5000 α-क्षयों में से केवल एक β-क्षय होता है। पोलोनियम-216 (7000 में से एक) तथा पोलोनियम-215 का तो और भी बुरा हाल है (200 000 में से एक)। पृथ्वी पर प्राकृतिक फ्रेंसियम की मात्रा इससे ज्यादा है। यह सबसे लंबी आयु वाले ऐक्टिनियम के समस्थानिक ^{227}Ac (अर्धक्षयकाल 21 वर्ष) से प्राप्त किया जाता है, जिसकी मात्रा ऐस्टैटीन की उत्पादन क्षमता रखने वाले विरल पोलोनियम समस्थानिकों से अधिक है।

अध्याय XIII

पारयूरेनियम तत्त्व

पारयूरेनियम तत्त्व उन तत्त्वों को कहते हैं जिनका परमाणु क्रमांक 92 से अधिक होता है अर्थात् वे तत्त्व जो यूरेनियम के एकदम बाद आते हैं। आज ऐसे 15 तत्त्व ज्ञात हैं। कितने और पारयूरेनियम तत्त्व ढूंढ़े जाने हैं ? इस प्रश्न का उत्तर अभी अज्ञात है। यह विज्ञान का एक रहस्य है।

हालांकि प्रथम पारयूरेनियम तत्त्व, नेप्ट्यूनियम (z=93) की खोज हुए कोई ज्यादा अर्सा नहीं बीता है (1940 से), परंतु यूरेनियम से भारी तत्त्वों के अस्तित्व का सवाल वैज्ञानिकों ने इससे बहुत पहले उठाया था। मेंडेलीफ ने भी इस संभावना की उपेक्षा नहीं की थी। उन्हें विश्वास था कि अगर पृथ्वी पर पारयूरेनियम तत्त्व मिल जायेंगे, तो उनकी संख्या सीमित होगी। यह बात 1870 की है। 25 साल तक इस समस्या का कोई हल नहीं मिला। हर साल नये तत्त्वों की खोजों की कई खबरें सुनाई देने लगीं, जो बाद में झूठी साबित हुईं। परंतु किसी भी खबर में यूरेनियम से ज्यादा परमाणुक द्रव्यमान वाले तत्त्व की चर्चा कभी नहीं की गयी। यह बात अभिगृहीत सी लगने लगी कि यूरेनियम आवर्त सारणी का अंतिम तत्त्व था। परंतु क्यों कोई नहीं बता सका।

जब विघटनाभिकता की खोज हुई, तब यह पता चला कि मेंडेलीफ की सारणी के सबसे भारी प्रतिनिधियों—थोरियम तथा यूरेनियम—में यह गुण विद्यमान होता है। इस बात का सोचना तर्कसंगत था कि पारयूरेनियम तत्त्व किसी जमाने में प्रकृति में उपस्थित थे, परंतु अत्यधिक अस्थाई होने के कारण वे अन्य ज्ञात तत्त्वों में परिवर्तित हो गये हैं। इस साधारण उत्तर के पीछे एक बात छिपी थी और वह यह कि यूरेनियम के बिल्कुल नजदीकी पड़ोसियों तक का अर्धक्षयकाल पता नहीं था। कोई भी निश्चय के साथ नहीं कह सका कि ये परिकल्पित तत्त्व यूरेनियम और थोरियम से कम अस्थाई थे। अतः प्राकृतिक पारयूरेनियम तत्त्वों की खोज युक्तिसंगत थी।

साल बीतते गये और वैज्ञानिक साहित्य में एक और बार ऐसी खबर पढ़ने को मिली जैसे कि प्रथम पारयूरेनियम तत्त्व खोज लिया गया हो। सैद्धांतिक भौतिकी के विकास से यूरेनियम पर आवर्त सारणी के रुकने के कई कारण बताये गये। इनमें से कई कारण बड़े आकर्षक थे, परंतु विश्वासोत्पादक एक भी नहीं था। अन्य शब्दों में यह कहा जा सकता है कि बीसवीं शताब्दी के तीसरे दशक में पारयूरेनियम तत्त्व का प्रश्न उतना ही अस्पष्ट था, जितना उन्नीसवीं शताब्दी के अंतिम चतुर्थांश में था। इस निराशाजनक पृष्ठभूमि में एक निराली परिकल्पना दिखायी दी जिसे वैज्ञानिकों ने आरंभ में संदेह की दृष्टि से देखा। केवल 40 साल बाद इस को नया अर्थ मिला। यह परिकल्पना सन् 1925 में एक जर्मन वैज्ञानिक स्वीन्ने द्वारा प्रस्तुत की गयी जो एक विशिष्ट पदार्थ में पारयूरेनियम तत्त्व खोज रहे थे—ग्रीनलैंड के बर्फीली इलाके में मिली अंतरिक्षीय उत्पत्ति वाली धूल। पिछली शताब्दी के नौंवे दशक में विख्यात ग्रुवीय अन्वेषक नोरडेन्स्कोल्ड ने स्टाकहोल्म संग्रहालय को काले पाउडर का एक नमूना भेंट किया था। स्वीन्ने को इस पाउडर में 106-110 परमाणु क्रमसंख्या वाले

पारयूरेनियम तत्त्वों के अवशेष मिलने की आशा थी और उन्होंने अपनी एक रिपोर्ट में यह बताया कि उन्हें 108 नंबर तत्त्व का एक्सरे स्पेक्ट्रम प्राप्त हो गया है। परंतु उनकी बात पर किसी ने विश्वास नहीं किया और उन्होंने खुद ही प्रयोग बंद कर दिये।

सिद्धांतवादी होने के कारण स्वीन्ने ने रेडियोतत्वों के विभिन्न गुणों के रूपांतरणों का अध्ययन किया, विशेष रूप से अर्धक्षयकाल का। वे इस निष्कर्ष पर पहुंचे कि यूरेनियम से बिल्कुल अगले तत्त्वों का अर्धक्षयकाल कम होना चाहिये। परंतु 98 और 102 के बीच तथा 108 और 110 के बीच परमाणुक क्रमसंख्याओं के परिसरों में स्थित पारयूरेनियम तत्त्वों की आयु काफी लंबी होनी चाहिये थी। उन्हें कहां ढूंढ़ा जाये? स्वीन्ने ने यह सोचा कि सबसे बढ़िया जगह भू-खनिज नहीं, बल्कि अंतरिक्षीय पदार्थ होंगे। इसी वजह से उन्होंने नोरडेन्स्कोल्ड द्वारा एकत्रित धूल पर ध्यान दिया। यह सब रोचक तो बहुत था, परंतु प्रमाणों के अभाव के कारण उपेक्षित बना रहा।

अब हम उस वक्त की चर्चा करते हैं जब शब्द ''पारयूरेनियम तत्त्व'' शब्द ''संश्लेषण'' के साथ जोड़ा जाने लगा।

यह बात कितनी भी विरोधाभासी क्यों न लगती हो, पर यह सच है कि नये तत्त्वों (मुख्यतः पारयूरेनियम तत्त्वों) के संश्लेषण के प्रयास टैक्नीशियम की प्राप्ति से कई साल पहले शुरू कर दिये गये थे। इसका कारण था—न्यूट्रानों की खोज। वैज्ञानिक इस आवेशरहित मूल कण में अनंत प्रवेशी क्षमता देख रहे थे जो विभिन्न तत्त्वों में रूपांतरण की क्रिया उत्पन्न कर सकती है। अतः उन सभी प्रयोगशालाओं में, जहां न्यूट्रान के स्रोत उपलब्ध थे, विभिन्न पदार्थों के बने लक्ष्यों पर न्यूट्रानों की बमबारी शुरू कर दी गयी। इतावली भौतिकविद् फेर्मी इस काम में काफी सक्रियता दिखा रहे थे। उन दिनों वे रोम यूनिवर्सिटी में युवा वैज्ञानिकों के एक ग्रुप का नेतृत्व कर रहे थे।

इन वैज्ञानिकों को किरणित यूरेनियम में एक नयी सक्रियता दिखायी दी। चूंकि वे यूरेनियम-238 को किरणित कर रहे थे, यह एक न्यूट्रॉन को अवशोषित करके एक अज्ञात यूरेनियम समस्थानिक में परिवर्तित हो जाता था, जिसकी द्रव्यमान-संख्या 239 थी। न्यूट्रोनों की बहुलता के कारण यह समस्थानिक β-क्षय की प्रवृत्ति दिखा रहा था। अगर समीकरण की बायीं तरफ $^{239}U=\beta$-लिखते हैं, तो दायीं तरफ $^{239}93$ लिखना आवश्यक होगा।

फेर्मी और उनके युवा सहयोगियों ने लगभग इसी तरह से सोचा। (इतने स्पष्ट रूप से नहीं, क्योंकि उस वक्त नाभिकीय भौतिकी की कई धारणाएँ पूर्णतया विकसित नहीं हुई थीं। यह सिद्ध करना था कि यूरेनियम में न्यूट्रानों द्वारा उत्पन्न सक्रियता पूर्व तत्त्वों के कारण नहीं आई थी। रेडियो-रसायन की क्षमता की सीमाओं के अंदर यह स्थापित कर दिया गया। इस प्रकार फेर्मी और उनके ग्रुप के पास एक नया तत्त्व था—एक पारयूरेनियम तत्त्व। यह पहला तत्त्व था जिसकी खोज नाभिकीय संश्लेषण के बल पर संभव हुई थी (यह 1934 की बात है)। परंतु फेर्मी और उनके साथियों को अपने परिणामों पर पूरा विश्वास नहीं था। इस बीच नये तत्त्व की खोज की खबर समाचार-पत्रों के हाथ लग गयी और अखबारों में बड़ी उल्टी-सीधी खबरें छपने लगीं। उदाहरणार्थ, एक अखबार ने यह लिखा कि फेर्मी ने इटली की महारानी को एक परख-नली भेंट की है जिसमें 93 नंबर तत्त्व के लवण का विलयन भरा हुआ है। जिन दिनों फेर्मी का ग्रुप यूरेनियम के न्यूट्रानों से किरणन का अध्ययन कर रहा था, ऐसी कई झूठी खबरें छापी गयीं।)

इन वैज्ञानिकों ने यूरेनियम लक्ष्य से कई सारे β-सक्रिय पदार्थ प्राप्त कर लिये। इनमें से दो की रासायनिक विशेषताएँ बिल्कुल अलग थीं—यूरेनियम से पूर्व के तत्त्वों के मुकाबले ये मैंगनीज ऑक्साइड (IV) के साथ अधिक सरलता से अवपेक्षित हो गये। इससे यह निष्कर्ष निकला कि 93 नंबर का तत्त्व एका-रीनियम था जो मैंगनीज का सदृशरूप था। इसका नाम औजोनियम (Ao) रखा गया। β-सक्रिय होने के कारण यह अगले तत्त्व (z-94)—हैस्पेरियम (Hs) में परिवर्तित हो सकता था। फेर्मी ने नाभिकीय प्रतिक्रियाओं की इस श्रेणी को निम्न प्रकार से लिखा :

$$^{238}_{92}U + n \rightarrow {}^{239}_{92}U^{b-239}_{\rightarrow\ 93}Ao^{b-239}_{\rightarrow\ 94}Hs$$

जर्मन वैज्ञानिकों गाहन, मिटनेर तथा स्ट्रास्मान ने इस श्रेणी को आगे बढ़ाया। इन लोगों को रेडियो-रसायन का बहुत अनुभव था, विशेष रूप से गाहन को, जिन्होंने कई रेडियोतत्वों की खोज की थी। काफी ध्यानपूर्वक अध्ययन के बाद पारयूरेनियम तत्त्वों की संख्या 3 तक बढ़ा दी गयी (97-नंबर तक)

$$_{94}\text{Hs}\xrightarrow{\bar{}}{}_{95}\text{EkaIr}\xrightarrow{\bar{}}{}_{96}\text{Eka Pt}\xrightarrow{\bar{}}{}_{97}\text{Eka Au}\ldots$$

एका-उपसर्ग का मतलब यह है कि वैज्ञानिक प्राप्त पारयूरेनियम तत्त्वों को छठे आवर्त के इरीडियम, प्लैटिनम तथा स्वर्ण के सदृश मान रहे थे। परंतु यहीं एक बहुत बड़ी गलती हो गयी जिसका पता काफी अर्से बाद चला। समीपतम पारयूरेनियम तत्त्वों के गुण वास्तविकता में कुछ और ही थे।

विज्ञान का इतिहास ऐसी पहेलियों से भरा पड़ा है जो शुरू में निराधार लगती हैं। ड. नोडाक ने 1934 में एक ऐसा ही पहेली जैसा विचार प्रकट किया : उनका कहना था कि यूरेनियम पर न्यूट्रोनों की बमबारी से यूरेनियम नाभिक नये तत्त्वों में परिवर्तित न होकर खंडों में टूट जाते हैं जो हल्के ज्ञात तत्त्वों के नाभिक होते हैं। नोडाक के साथियों ने उनकी हंसी उड़ायी तथा गाहन ने कुछ ज्यादा ही मजाक उड़ाया। परंतु गाहन का मजाक किस्मत का मजाक बन गया।

इन्हीं दिनों कुछ और वैज्ञानिकों ने भी यह जानना चाहा कि न्यूट्रानों पर क्या प्रभाव पड़ता है। इ. जूलियट-क्यूरी तथा उनके सहायक भौतिकविद् साविच ने एक विकिरणित यूरेनियम लक्ष्य का अतिध्यानपूर्वक अध्ययन किया। उन्हें प्राप्त सक्रियताओं में एक रासायनिक तत्त्व के अवशेष मिले जिसके गुण अगले तत्त्व के मुकाबले ऐक्टिनियम अर्थात् यूरेनियम से पिछले तत्त्व के साथ ज्यादा मिल रहे थे। शीघ्र ही यह पता चला कि ऐक्टिनियम की जगह लैन्थेनम के साथ उसकी ज्यादा समानता थी। अतः स्पष्ट था कि मंद न्यूट्रोनों द्वारा यूरेनियम की बमबारी के बाद प्राप्त होने वाले उत्पादों में लैंथेनम जैसा उत्पाद था।

अगर क्यूरी और साविच "लैंथेनम जैसा" न कहकर यह कह देते कि अज्ञात तत्त्व लैन्थेनम था, वे बीसवीं शताब्दी की एक महान् खोज के लेखक (और नहीं तो कम से कम सहलेखक जरूर) बन जाते (यहां यह याद किया जा सकता है कि लैन्थेनम का नंबर 57 है तथा यूरेनियम का 92। इसके साथ-साथ नोडाक के विचार को भी याद किया जा सकता है)। क्यूरी और साविच की बात असंभव लग रही थी, परंतु तथ्य ही था। इन वैज्ञानिकों के प्रयोग इतने विश्वसनीय थे कि गाहन ने इनकी परीक्षा खुद करके देखने का फैसला किया। ये वही व्यक्ति थे जो क्यूरी के परिणामों का सख्त विरोध कर रहे थे। इसका मतलब यह हुआ कि उन्हें अपने विचारों पर संदेह होने लगा था।

अपने एक साथी स्ट्रास्मान के साथ मिलकर गाहन ने फ्रेंच वैज्ञानिकों के प्रयोग दोहराये। लगभग सारे परिणाम सही साबित हुए। यूरेनियम लक्ष्य में लैन्थेनम तथा आवर्त प्रणाली में इससे पहले के तत्त्व-बेरियम के समस्थानिक उपस्थित थे। एक रसायनज्ञ के रूप में गाहन इस तथ्य पर संदेह नहीं कर सके, परंतु एक भौतिकविद् के रूप में वे इसकी व्याख्या नहीं दे सके।

बात यह थी कि न्यूट्रानों के प्रभाव से यूरेनियम के नाभिक दो अंशों में बँट जाते थे तथा ये अंश आवर्त प्रणाली के बीच में स्थित तत्त्वों के समस्थानिक थे। नाभिकीय भौतिकी का ऐसी घटना के साथ पहले कभी वास्ता नहीं पड़ा था। परंतु तथ्य स्वीकार करने के अलावा और कोई रास्ता नहीं था। गाहन तथा स्ट्रास्मान इस निष्कर्ष पर पहुंचे कि न्यूट्रानों के प्रभाव से यूरेनियम के नाभिकों के विखंडन की क्षमता पैदा हो जाती है।

यह 23 दिसंबर 1983 की बात है। वैज्ञानिकों ने तुरंत इस खोज की सूचना प्रकाशित होने के लिये भेज दी। बाद में गाहन ने स्वीकार किया : "लेटर बॉक्स में लिफाफा डालने के बाद हमें यह सब एक बार फिर असंभव लगने लगा और हमारी इच्छा हुई कि हम लेटर बॉक्स खोलकर अपना लिफाफा वापस निकाल लें।"

असंभव बात संभव निकली। कुछ दिनों बाद मिटनेर को गाहन का पत्र मिला। मिटनेर ने गाहन के साथ कई साल

काम किया था। उन्होंने अपने भतीजे भौतिकविद् फ्रिश के साथ मिलकर इस परिघटना को सैद्धांतिक रूप देने का प्रयास किया।

एक निश्चित सीमा तक नाभिकों को द्रव की बूंदें माना जा सकता है तथा वैज्ञानिकों ने नाभिक के गुणों तथा द्रव की बूंद के गुणों के बीच एक समानता स्थापित करने के प्रयास किये हैं। अगर हम एक बूंद को पर्याप्त ऊर्जा दे दें और फिर इसे गतिशील बना दें तो यह बूंद छोटी-छोटी बूंदों में विभाजित हो जायेगी। अगर एक नाभिक को उत्तेजित करें (न्यूट्रोन द्वारा) तो वह भी छोटे-छोटे अंशों में विभाजित हो जायेगा। विभाजन की क्रिया एकदम नहीं होती। शुरू में यूरेनियम नाभिक धीरे-धीरे विरूपित हो जाता है, यह लंबा हो जाता है, फिर संकुचित होने लगता है और अंत में दो छोटे अंशों में विभाजित हो जाता है। मिटनेर तथा फ्रिश ने यूरेनियम नाभिक के विभाजन की यह व्याख्या दी। उन्होंने अपने लेख में यह लिखा कि यह प्रक्रिया जीवाणुओं के विभाजन से मिलती-जुलती है। यही कारण था कि वैज्ञानिकों ने इस परिघटना का नाम ''नाभिकीय विभाजन'' रखा।

यूरेनियम नाभिक के दो अंशों में विभाजित होने पर ऊर्जा की विशाल मात्रा बाहर निकलती है। परंतु नष्ट होने वाले यूरेनियम नाभिक से कुछ स्वतंत्र न्यूट्रान भी बाहर निकलते हैं। वे यूरेनियम के अन्य नाभिकों पर बमबारी कर सकते हैं, इत्यादि। अनुकूल परिस्थितियों में यूरेनियम के एक टुकड़े में शृंखला नाभिकीय प्रतिक्रिया शुरू हो सकती है जिसके फलस्वरूप अतिशक्तिशाली नाभिकीय विस्फोट उत्पन्न हो सकता है। 1940 में ही दो सोवियत वैज्ञानिकों जेल्दोविच तथा खारीतोन ने विभाजन की शृंखला नाभिकीय प्रतिक्रिया का एक परिशुद्ध सिद्धांत विकसित किया था। मनुष्य ने वह प्रक्रिया कराके दिखा दी जिससे प्रकृति अज्ञात थी। तत्त्वों के रूपांतरण के इतने विस्तृत प्रक्रम के साथ मनुष्य का पहले कभी वास्ता नहीं पड़ा था। यूरेनियम के विभाजन से उत्पन्न खंडों में 34 तत्त्वों के समस्थानिक मिले—चिं जिंक (Z=30) से गैडोलिनियम (Z=64) तको। नाभिकीय रिऐक्टर विघटनाभिक समस्थानिकों की फैक्टरी साबित हुआ।

न्यूट्रोनों द्वारा यूरेनियम का विभाजन कृत्रिम, जबरदस्ती का था। प्रत्येक यूरेनियम परमाणु विभाजित नहीं हो सका तथा प्रत्येक न्यूट्रॉन में इस विभाजन को प्रेरित करने की क्षमता भी नहीं थी। वैज्ञानिकों ने जब विभाजन प्रक्रिया का और बारीकी से अध्ययन किया, तब उन्हें पता चला कि यह प्रक्रिया मंद न्यूट्रानों के प्रभाव में ज्यादा तीव्रता से घटती है, विशेष रूप से 235 द्रव्यमान-संख्या वाले यूरेनियम समस्थानिक के प्रभाव से। यूरेनियम के दूसरे समस्थानिक U=238 पर असर तब हुआ जब उस पर तीव्र गति वाले न्यूट्रानों की बमबारी की गयी। क्या कृत्रिम यूरेनियम विभाजन जैसा कोई प्राकृतिक प्रक्रम है ? नील्स बोहर ने इस तरह का प्रश्न सोचा और नैसर्गिक यूरेनियम विभाजन की संभावना की परिकल्पना प्रस्तुत की (नाभिक में बाहरी ऊर्जा डाले बिना)।

दो सोवियत वैज्ञानिकों फ्लेरोव तथा पेत्रझाक ने प्रयोग द्वारा इस परिकल्पना की सत्यता की जांच करने की कोशिश की। परंतु यह कैसे सिद्ध किया जाये कि यूरेनियम के नाभिक अपने आप विभाजित हो जाते हैं ? अंतरिक्षीय किरणों के बेतरतीब नाभिक प्रयोगशाला में घुसकर प्रयोगों के परिणाम गलत कर सकते थे। इसी वजह से 1940 की शरद में आधी रात के वक्त फ्लेरोव तथा प्रेत्रझाव मास्को मेट्रो (भूमिगत रेलवे) के एक सबसे गहरे स्टेशन ''दिनामो'' में घुसे। वहां पृथ्वी के अंदर कई दर्जन मीटरों की गहराई पर अंतरिक्षीय किरणों के प्रभाव से बचने की पूरी गारंटी थी। उस रात को उन्हें एक नये विघटनाभिक रूपांतरण-नाभिक के नैसर्गिक विभाजन के अस्तित्व में विश्वास हो गया (वैज्ञानिकों ने केवल यूरेनियम-238 के साथ प्रयोग किया)। बाद में भारी तत्त्वों (थोरियम तथा विशेषतया, पारयूरेनियम तत्त्वों) के कई समस्थानिकों में इस तरह का विघटनाभिक क्षय दिखायी दिया। वर्तमान काल में विभिन्न तत्त्वों के लगभग 100 नाभिक ज्ञात हैं जो नैसर्गिक विभाजन की क्षमता रखते हैं। नैसर्गिक विभाजन का प्रक्रम न्यूट्रोनों के प्रभाव से विभाजन जैसा होता है।

अब हमारे पास प्रत्येक पारयूरेनियम तत्त्व की खोज का वर्णन करने के लिये पर्याप्त सामग्री है क्योंकि तत्त्वों के इस विशिष्ट परिसर में नैसर्गिक विभाजन बहुत महत्वपूर्ण भूमिका निभाता है।

पारयूरेनियम तत्त्वों का इतिहास 40 साल लंबा है तथा इस लंबे अर्से में वैज्ञानिकों ने यूरेनियम से शुरू करके 15 कदम आगे उठाये—93 नंबर के तत्त्व से 107 नंबर तक। अगर हम एक तालिका में 1 से 92 नंबर तक के तत्त्व क्षैतिज अक्ष में तथा खोजों के वर्ष उदग्र अक्ष में रखें, तो हमें एक वक्र रेखा प्राप्त होगी जो एक भयंकर भूचाल के भूकंप अभिलेख की तरह होगी। पारयूरेनियम तत्त्वों का आलेख एक अपेक्षाकृत निष्कोण रेखा होगी जिस पर पृथक् चोटियां दिखायी देंगी। पारयूरेनियम तत्त्वों के प्रत्येक नये संश्लेषण के परिणामस्वरूप नये तत्त्वों की परमाणुक संख्याओं में क्रमशः इकाई जोड़ी जाती थी (इसमें एक अपवाद है)।

संश्लेषणों के इतिहास में उतार और चढ़ाव देखे जा सकते हैं। प्रथम चढ़ाव 1940-1945 के दौरान था, जब चार संश्लिष्ट तत्त्व खोजे गये : नेप्ट्यूनियम (Z-93), प्लूटोनियम (Z-94), अमेरिसियम (Am=95) तथा क्यूरियम (Cm-96)। 1949 तक का अर्सा उतार का था क्योंकि किसी नये तत्त्व की खोज नहीं हुई। अगले चढ़ाव के दौरान 1949 से 1952 के बीच चार और पारयूरेनियम तत्त्व आवर्त सारणी में जोड़े गये : बेरकेलियम (Z-97) कैलिफोर्नियम (Z-98), आइन्स्टेनियम (Z-99), तथा फेर्मियम (Z-100)। प्रथम पारयूरेनियम तत्त्व के संश्लेषण के 15 साल बाद 1955 में एक और तत्त्व-मेंडेलेवियम (Z-101) संश्लिष्ट किया गया। अगले 25 सालों में बहुत कम संश्लेषण हुए—आवर्त सारणी में केवल 6 नये तत्त्व जोड़े गये। यहाँआकर वैज्ञानिकों का एक बिल्कुल नयी परिस्थिति के साथ वास्ता पड़ा और तत्त्वों के मूल्यांकन के लिये जो मापदंड प्रचलित थे, नयी परिस्थितियों में अनुपयुक्त सिद्ध हो गये।

ये सारे उतार-चढ़ाव संयोगवश नहीं घटे थे। इनके अपने-अपने यथार्थ कारण थे। जब हम बारी-बारी से पारयूरेनियम तत्त्वों के संश्लेषणों का वर्णन करेंगे, तब ये सारे कारण स्पष्ट हो जायेंगे। सबसे पहले हम नेप्ट्यूनियम का वर्णन करने जा रहे हैं।

नेप्ट्यूनियम

निस्संदेह फेर्मी ने इटली की महारानी को प्रथम पारयूरेनियम तत्त्व के विलयन की परखनली कभी भी भेंट नहीं की। यह अखबारवालों की मनगढ़न्त खबर थी। परंतु यह बात सच है कि फेर्मी के हाथों में 93 नंबर का तत्त्व था। हां, उस वक्त इस बात को सिद्ध जरूर नहीं किया जा सका। उनके प्रयोगों में यूरेनियम लक्ष्य दो समस्थानिकों—यूरेनियम-238 और यूरेनियम-235 का बना था। मंद न्यूट्रानों के प्रभावस्वरूप दूसरा समस्थानिक छोटे अंशों में विभाजित हो गया जो आवर्त प्रणाली के मध्यवर्ती हिस्से के तत्त्व थे। इन्होंने रसायन को काफी उलझा दिया जो केवल विभाजन-क्रिया की खोज के बाद स्पष्ट हो पाया।

परंतु यूरेनियम-238 न्यूट्रान अवशोषित करके तत्त्व नंबर 92 के नये समस्थानिक-यूरेनियम-239 में परिवर्तित हो गया। ^{239}U के $\beta-$ सक्रिय समस्थानिक ने प्रथम पारयूरेनियम तत्त्व के समस्थानिक को जन्म दिया जिसकी परमाणु-संख्या 93 थी। यह सब बिल्कुल वैसे ही हुआ जैसा फेर्मी और उनके ग्रुप ने सोचा था। परंतु नाभिक के असंख्य हिस्सों में भावी नेप्ट्यूनियम की पहचान करना बड़ा मुश्किल काम था। यही कारण था कि चौथे दशक के मध्य में प्रयोगों से कोई परिणाम नहीं मिले थे।

गाहन तथा स्ट्रास्मान की खोज ने पारयूरेनियम तत्त्वों के वास्तविक संश्लेषण को निर्णायक प्रेरणा दी। काम शुरू करने के लिये 93 नंबर के तत्त्व के परमाणुओं को बहुसंख्यक शेषों में ढूंढने के लिए एक विश्वसनीय तकनीक की जरूरत थी। इनका द्रव्यमान अपेक्षाकृत कम होने के कारण ये 93 नंबर के तत्त्व भारी परमाणुओं के मुकाबले ज्यादा दूर तक उड़ सकते थे (इनके पथ ज्यादा लंबे होने चाहिये थे।)

कैलिफोर्निया यूनिवर्सिटी के भौतिकविद् मैक्मिलन की यह धारणा थी। 1939 की बसंत में उन्होंने पथों के अनुसार यूरेनियम के अंशों का अध्ययन शुरू किया। उन्हें कुछ ऐसे अंशों का नमूना प्राप्त हुआ जिसका पथ काफी छोटा था। इस

नमूने में उन्हें एक विघटनाभिक पदार्थ के अवशेष मिले जिसका अर्धक्षयकाल 2.3 दिन था तथा जिसकी विकिरण तीव्रता उच्च थी। शेषों के अन्य नमूनों में ऐसी सक्रियता नहीं थी। मैक्मिलन ने दिखाया कि यह अज्ञात पदार्थ "x" यूरेनियम समस्थानिक का उत्पाद था, जो छोटे पथ वाले शेषों में उपस्थित था। इस प्रकार वैज्ञानिक ने फेर्मी द्वारा सुझायी शृंखला को निम्न प्रकार से लिखा :

$$^{238}_{92}U + n \rightarrow ^{239}_{92}U \xrightarrow{\beta-} {}^{239}93$$

अब खोज का काम अंधेरे में नहीं किया जा रहा था। नये तत्त्व की सत्यता सिद्ध करने के लिये रसायन के हस्तक्षेप की जरूरत थी। गर्मियों की छुट्टियों में मैक्मिलन के दोस्त रसायनज्ञ आबेल्सन उनसे मिलने आये और इस मुलाकात ने 93 नंबर के तत्त्व की खोज में निर्णायक भूमिका निभायी। दोनों वैज्ञानिकों ने मिलकर 2.3 दिन अर्धक्षयकाल वाले तत्त्व की रासायनिक प्रकृति निश्चित की। रासायनिक विधि से इस पदार्थ को यूरेनियम तथा थोरियम से अलग किया जा सकता था, हालांकि कुछ बातों में यह इन दोनों तत्त्वों से मिलता-जुलता था। परंतु नये तत्त्व और रीनियम में जरा भी समानता नहीं थी। वैज्ञानिकों ने इस परिकल्पना का हमेशा के लिये खंडन कर दिया कि 93 नंबर का तत्त्व एका-रीनियम होना चाहिये था।

सन् 1940 के आरंभ में पत्रिका "Physical Review" में 93 नंबर के तत्त्व की वास्तविक खोज की खबर छपी। इसका नाम यूरेनस ग्रह से अगले ग्रह नेप्टून के नाम पर "नेप्ट्यूनियम" रखा गया (यह नाम नेप्ट्यूनियम तथा यूरेनियम की समानता का प्रतीक था)।

नेप्ट्यूनियम के संश्लेषण के दौरान एक विशिष्ट लक्षण दिखायी दिया जो सारे पारयूरेनियम तत्त्वों (और अन्य संश्लिष्ट तत्त्वों) के संश्लेषणों में भी मिला। शुरू में एक निश्चित द्रव्यमान-संख्या का समस्थानिक संश्लिष्ट किया गया। नेप्ट्यूनियम के लिये यह समस्थानिक ^{239}Np था। तब से यह प्रथा बन गयी कि हर नये पारयूरेनियम तत्त्व की खोज की तिथि वही होगी जो उसके प्रथम समस्थानिक के संश्लेषण का समय होगा। परंतु कभी-कभी यह समस्थानिक इतनी छोटी आयु का होता था कि उसका भौतिक तथा रासायनिक विश्लेषण बहुत मुश्किल हो जाता था। नये तत्त्व का अध्ययन तभी बढ़िया रहता, जब इसका सबसे लंबी उम्र वाला समस्थानिक मिल जाता। नेप्ट्यूनियम के मामले में यह समस्थानिक ^{237}Np था जिसे 1942 में संश्लिष्ट किया गया :

$$^{238}_{92}U(n, 2n)^{237}_{92}U \xrightarrow{\beta-} {}^{237}_{93}Np$$

इस समस्थानिक का अर्धक्षयकाल 2.2 X10^6 वर्ष है। परंतु इसका संश्लेषण बहुत कठिन काम है। इसी कारण नेप्ट्यूनियम के गुणों का आरंभिक अध्ययन इसके तीसरे समस्थानिक 238Np से किया गया जिसे नाभिकीय प्रतिक्रिया $^{238}_{92}U(d, 2n)$ $^{239}_{93}Np$ द्वारा संश्लिष्ट किया गया। यही कारण है कि पारयूरेनियम तत्त्वों के इतिहास के लिये उस समस्थानिक के संश्लेषण की तिथि भी महत्त्व रखती है, जो अनुसंधान के लिये उपयुक्त होता है, हालांकि वह हमेशा सबसे लंबी उम्र वाला समस्थानिक नहीं होता है। नेप्ट्यूनियम की शुरूआत से अमरीकी वैज्ञानिकों की काफी लंबे अर्से तक पारयूरेनियम तत्त्वों की खोज में प्राथमिकता रही। इसका कारण स्पष्ट है–अमरीका को दूसरे विश्व युद्ध से कोई विशेष हानि नहीं पहुँची थी। परंतु यहां इस बात की चर्चा आवश्यक है कि तत्त्व नंबर 93 सन् 1942 में एक जर्मन भौतिकविद् स्तार्के द्वारा स्वतंत्र रूप से संश्लिष्ट किया गया।

1944 में नेप्ट्यूनियम की वजन करने लायक मात्रा (कुछ माइक्रोग्राम) प्राप्त की गयी। आज नाभिकीय रिऐक्टरों में इस तत्त्व की दर्जनों किलोग्राम मात्रा प्राप्त की जाती है।

आधुनिक काल में नेप्ट्यूनियम के 13 समस्थानिक ज्ञात हैं। इनमें से एक समस्थानिक नेप्ट्यूनियम-237 (^{237}Np)

1952 में प्रकृति में मिला। यह संश्लिष्ट तत्त्व के प्रकृति में मिलने की एक और मिसाल है अतः टैक्नीशियम, प्रोमिथियम, ऐस्टैटीन तथा फ्रेंसियम की तरह नेप्ट्यूनियम की खोज की भी दो तिथियां बतायी जा सकती हैं।

प्लूटोनियम

मेक्मिलन तथा आबेल्सन द्वारा प्राप्त समस्थानिक नेप्ट्यूनियम-239 β-सक्रिय था तथा नियमानुसार अगले तत्त्व अर्थात् नंबर 94 के समस्थानिक में परिवर्तित हो जाना चाहिये था। इन वैज्ञानिकों को इस तत्त्व की खोज का भी श्रेय मिलने की आशा थी, परंतु उनका सपना सच नहीं हआ। आगे चलकर पता चला कि 239 द्रव्यमान संख्यावाले 94 नंबर के तत्त्व के समस्थानिक का अर्धक्षयकाल लंबा है तथा सक्रियता निम्न है। नेप्ट्यूनियम के खोजकर्ता अज्ञात उत्पत्ति वाले तत्त्व के केवल α-कण ढूंढ़ पाये (बाद में पता चला कि ये कण 94 नंबर तत्त्व द्वारा उत्सर्जित होते थे) और उन्होंने अपना अनुसंधान कार्य बंद कर दिया।

94 नंबर के तत्त्व के संश्लेषण के कार्य का नेतृत्व सुप्रसिद्ध अमरीकी वैज्ञानिक सीबर्ग कर रहे थे जिनके ग्रुप ने कई पारयूरेनियम तत्त्वों की खोज की थी। 1940-1941 के जाड़े में उस ग्रुप ने ^{232}U (d,2n) की नाभिकीय प्रतिक्रिया का अध्ययन किया जिसने समस्थानिक नेप्ट्यूनियम-238 (^{238}Np) को जन्म दिया था। नाभिकीय प्रतिक्रिया के दौरान α-सक्रिय पदार्थ जमा होता गया। वैज्ञानिकों ने इस पदार्थ को पृथक करके अध्ययन किया। यह 94 नंबर के तत्त्व का समस्थानिक निकला, जिसकी द्रव्यमान-संख्या 238 थी तथा अर्धक्षयकाल 50 साल था। सौर परिवार के अगले ग्रह प्लूटो के नाम पर इस तत्त्व का नाम ''प्लूटोनियम'' रख दिया गया।

इस बार भी यह सबसे लंबी उम्र वाला समस्थानिक नहीं था। सबसे लंबी उम्र वाला समस्थानिक केवल 1952 में मिला, जिसकी द्रव्यमान-संख्या 244 थी तथा अर्धक्षयकाल $8.3X10^7$ वर्ष। प्लूटोनियम के अध्ययन के इतिहास में मुख्य भूमिका (239Pu) समस्थानिक प्लूटोनियम-239 ने निभायी, जिसे 1941 की बसंत में संश्लिष्ट किया गया। पहली बात तो यह थी कि यह समस्थानिक लंबी उम्र वाला था (अर्धक्षयकाल-24360 वर्ष) तथा दूसरी यह थी कि मंद न्यूट्रानों के प्रभाववश इसकी विभाजन तीव्रता यूरेनियम-235 से बहुत उच्च थी। इसी विशेषता के कारण इसे परमाणु हथियारों के निर्माण में प्रयोग के योग्य समझा गया। अतः इस तत्त्व के भौतिक और रासायनिक गणों का बड़ी सावधानी तथा बारीकी से अध्ययन किया गया। इसके परिणामस्वरूप प्लूटोनियम आवर्त प्रणाली के सबसे ज्यादा अध्ययनित तत्त्वों की सूची में शामिल हो गया। इसके अलावा अगले पररयूरेनियम तत्त्वों के संश्लेषण में प्लूटोनियम-239 को लक्ष्य के रूप में इस्तेमाल कर सकते थे। पाँचवें दशक के अंत में ये सारी बातें वैज्ञानिकों को ज्ञात हो गयीं, जब परमाणु ऊर्जा के बहुत सारे भेद खुल चुके थे। यह तत्त्वों के इतिहास की एक और विशेषता थी, जब नये तत्त्वों की खोजों की खबरें कुछ अर्से तक गुप्त रखी गयीं।

प्लूटोनियम में वैज्ञानिकों की इतनी ज्यादा रुचि थी कि अगस्त 1942 में ही इसकी वजनलायक मात्रा प्राप्त कर ली गयी (संश्लिष्ट तत्त्वों के इतिहास में इतनी तेजी से किसी और तत्त्व को नहीं प्राप्त किया गया)। आज भू-पर्पटी में उपस्थित स्थायी तत्त्वों के मुकाबले प्लूटोनियम ज्यादा बड़े पैमाने पर प्राप्त किया जा रहा है, आज इस तत्त्व के 17 समस्थानिक ज्ञात है।

नेप्ट्यूनियम की तरह प्लूटोनियम-239 समस्थानिक भी यूरेनियम खनिजों में पाया गया (केवल प्रतीकात्मक मात्राओं में)। यह प्राकृतिक न्यूट्रोनों के प्रभावस्वरूप यूरेनियम के अंदर उत्पन्न हो जाता है। इस प्रकार प्लूटोनियम एक किस्म से आवर्त प्रणाली की प्राकृतिक ऊपरी सीमा है तथा हम इसकी खोज की भी तिथियाँ बता सकते हैं।

अमेरिसियम और क्यूरियम

यह शायद पारयूरेनियम तत्त्वों के इतिहास की एकमात्र घटना है जब एक ज्यादा परमाणु-क्रमसंख्या (Z=96) वाला तत्त्व अपने पूर्व तत्त्व (Z=95) से पहले ढूंढ़ा गया। जुलाई 1944 में केलिफोर्निया यूनिवर्सिटी में साइक्लोट्रोन से अगले पारयूरेनियम तत्त्वों की खोज शुरू हो गयी। उस वक्त तक यह साइक्लोट्रोन विश्व को कई संश्लिष्ट तत्त्व, जिनमें प्लूटोनियम भी शामिल था, भेंट कर चुका था। सीबर्ग और उनके साथियों ने त्वरित α– कणों द्वारा प्लूटोनियम-239 के लक्ष्य पर बमबारी की। कोई भी आसानी से यह समझ सकता है कि चूंकि हीलियम के नाभिक का आवेश दो के बराबर होता है, अतः प्रतिक्रिया के परिणामस्वरूप प्राप्त उत्पाद तत्त्व नंबर 96 का समस्थानिक होना चाहिये, परंतु केवल तभी, जब प्राप्त नाभिकों से न्यूट्रॉन उत्सर्जित होने लगें। तब 95 नंबर के तत्त्व के समस्थानिकों का संश्लेषण हो जायेगा। प्लूटोनियम लक्ष्य में वास्तव में विभिन्न विघटनाभिक पदार्थ उत्पन्न हो गये और आरंभ में यह बताना कठिन था कि ''कौन कौन था''। केवल बहुत कुशल रासायनिक विश्लेषण बता सके कि मिश्रण में समस्थानिक $^{242}96$ भी उपस्थित था। इस समस्थानिक की खोज की पुष्टि करने के लिये वैज्ञानिकों ने समस्थानिक ^{239}Pu को न्यूट्रॉनों के शक्तिशाली पुंज द्वारा किरणित किया जिसके फलस्वरूप प्रतिक्रियाओं की निम्न शृंखला घटी :

ग. सीबर्ग

$$^{239}Pu + n \rightarrow {}^{240}Pu + n \rightarrow$$

$$\rightarrow {}^{241}Pu \xrightarrow{\beta-241} 95 + n \rightarrow$$

$$\rightarrow {}^{242}95 \xrightarrow{\beta-242} 96$$

न्यूट्रॉनों के अवशोषण के पश्चात् प्लूटोनियम β-क्षय के जरिये 95 नंबर के तत्त्व में परिवर्तित हो गया और यह तत्त्व एक और न्यूट्रॉन अवशोषित करके 96 नंबर के तत्त्व में परिवर्तित हो गया।

अंतिम उत्पाद उस उत्पाद के सदृश था जिसे वैज्ञानिक 96 नंबर के तत्त्व का 242 द्रव्यमान-संख्या वाला समस्थानिक समझ रहे थे। इस नये तत्त्व का नाम क्यूरी परिवार के सम्मान में ''क्यूरियम'' रखा गया। यह नाम रखने का एक कारण और भी था–मेंडेलीफ की सारणी में 96 नंबर के तत्त्व को दुर्लभ मृदा परिवार के एक सदस्य गैडोलिनियम का सदृशरूप माना गया था, जिसका इतिहास गैडोलिन नाम के वैज्ञानिक से शुरू हुआ था। क्यूरी परिवार भी तो विघटनाभिकता के अध्ययन का आरंभकर्ता था, जिसके विकास ने इतने महत्वपूर्ण परिणाम दिये।

तत्व नं. 95 की जन्मतिथि जनवरी 1945 है जब यह न्यूट्रॉनों द्वारा किरणित प्लूटोनियम से प्राप्त हुआ था। अमरीका के सम्मान में इसका नाम अमेरिसियस रखा गया। इस नाम के रखने का दूसरा कारण था–इसकी दुर्लभ मृदा तत्त्व यूरोपियम के साथ समानता।

हालांकि अमेरिसियस तथा क्यूरियम के संश्लेषण से पहले वैज्ञानिकों को संश्लेषण में काफी ज्यादा परेशानियाँ सामने आयीं। अमेरिसियम-241 तथा क्यूरियम-242 में फर्क दिखाने में काफी समय लगा। ये दोनों समस्थानिक सबसे ज्यादा लंबी उम्र के समस्थानिक नहीं हैं। ^{243}Am(1/2T-7950 वर्ष) तथा ^{247}Cm (1/2T.64.10^8 वर्ष) ऐसे समस्थानिक हैं, परंतु वे केवल छठे दशक में संश्लिष्ट किये जा सके। अमेरिसियम के कुल 11 समस्थानिक ज्ञात हैं तथा क्यूरियम के 13। 1945 में अमेरिसियम शुद्ध रूप में प्राप्त किया गया और धातु के रूप में सन् 1951 में। इसी साल धात्विक क्यूरियम भी प्राप्त किया गया।

क्यूरियम की खोज से पारयूरेनियम तत्त्वों के संश्लेषण का चढ़ाव-काल समाप्त हो जाता है। नेप्ट्यूनियम, प्लूटोनियम,

अमेरिसियम तथा क्यूरियम की खोजें विज्ञान के लिये अतिमहत्वपूर्ण सिद्ध हुईं। पहली बार वैज्ञानिकों को आवर्त सारणी की सीमाएँ बढ़ाने में सफलता मिली थी। इन तत्त्वों के गुण पूर्वानुमानित गुणों से बिल्कुल भिन्न निकले और वैज्ञानिक यह सोचने पर मजबूर हो गये कि इन्हें आवर्त प्रणाली में किस तरीके से रखना उचित रहेगा।

बर्केलियम

प्लूटोनियम-239 की दुर्लभता ने अमेरिसियम और क्यूरियम का संश्लेषण सरल कर दिया। शीघ्र ही वैज्ञानिकों को इसका बड़े पैमाने पर उत्पादन करना आ गया जिसकी वजह से प्लूटोनियम लक्ष्यों की प्राप्ति की कोई समस्या नहीं थी। और ज्यादा तरक्की करने के लिए अमेरिसियम और क्यूरियम को बड़ी मात्रा में संश्लिष्ट करना सीखना था। इस काम में कई साल लग गये। परंतु केवल इसी कारण से ही नये पारयूरेनियम तत्त्वों की खोज में बाधा नहीं पड़ रही थी। जब नाभिकीय प्रतिक्रिया को एक समीकरण के रूप में कागज पर लिखते हैं, तो देखने में वह बड़ी आसान प्रतिक्रिया लगती है, परंतु विशेषज्ञ जानते हैं कि वास्तविकता में यह काम कितना मुश्किल होता है। अनुसंधानकर्ताओं को बहुत सोच-समझ कर योजना बनानी पड़ती थी, नाभिकीय प्रतिक्रियाओं की आदर्श परिस्थितियाँ पता करनी पड़ती थीं तथा संश्लिष्ट समस्थानिकों के विघटनाभिक रूपांतरणों की किस्मों तथा उनके अर्धक्षयकाल का बड़ी सावधानी के साथ हिसाब लगाना होता था। दुर्भाग्यवश नाभिकीय भौतिकविदों के पास रसायनज्ञों की आवर्त प्रणाली जैसा माध्य नहीं था। 8 साल तक पारयूरेनियम तत्त्वों की खोज के इतिहास में कोई उल्लेखनीय घटना नहीं घटी। यहाँ एक और बात की चर्चा आवश्यक है। अमेरिसियम तथा क्यूरियम की सक्रियता इतनी उच्च होती है कि खुले में उनके साथ काम करना प्राणघातक सिद्ध हो सकता है। अतः आवश्यक था कि इस काम के लिये विशेष प्रयोगशालाएँ बनायी जायें—जिनका नाम तप्त प्रयोगशाला या विघटनाभिक प्रयोगशाला रखा गया।

1949 के अंत में सीबर्ग के ग्रुप को अमेरिसियम लक्ष्य बनाने तथा α–कणों द्वारा इसे किरणित करने में सफलता मिल गयी। प्रतिक्रिया पूर्वानुमान के अनुसार घटी : $^{241}Am(\alpha, 2n)^{243}97$। बरकली शहर के सम्मान में तथा 97 नंबर दुर्लभ मृदा तत्त्व टेर्बियम के साथ समानता के उपलक्ष में नये तत्त्व का नाम बर्केलियम रखा गया (आपको याद होगा कि इटेर्ब्यू गाँव के नाम पर कई दुर्लभ मृदा तत्त्वों का नाम रखा गया था)। आज बर्केलियम के 9 समस्थानिक ज्ञात हैं जिनमें से सबसे लंबी उम्र वाला ^{247}Bk (अर्धक्षयकाल 1380 वर्ष) है, यह 1956 में संश्लिष्ट किया गया। 2 साल बाद इस तत्त्व की वजन लायक मात्रा इकट्ठी कर ली गयी और 1971 में वैज्ञानिकों ने धात्विक बर्केलियम प्राप्त कर लिया। नीचे दिये आंकड़े स्पष्ट करते हैं कि बर्केलियम प्राप्ति कितनी ज्यादा मुश्किल है : 5 साल तक 8 ग्राम ^{239}Pu को नाभिकीय रिऐक्टर में न्यूट्रॉनों द्वारा किरणित किया गया और परिणाम में केवल कुछ माइक्रोग्राम बर्केलियम प्राप्त हुआ। अनुसंधानकर्ता पारयूरेनियम तत्त्वों के क्षेत्र में जितना आगे बढ़ते गए, उनकी उतनी ही कम मात्रा मिलने लगी।

कैलिफॉर्नियम

सीबर्ग और उनके सहयोगियों ने बर्केलियम के शीघ्र बाद 98 नंबर का तत्त्व भी संश्लिष्ट कर डाला। जनवरी-फरवरी 1950 में उन्होंने परिकलित नाभिकीय प्रतिक्रिया $^{242}Cm(\alpha, n)^{245}98$ घटायी और अपनी यूनिवर्सिटी तथा राज्य के सम्मान में नये तत्त्व का नाम ''कैलिफॉर्नियम'' रखा। यह नाम रखने का एक और कारण भी था—इसकी दुर्लभ मृदा तत्त्व डिस्प्रोसियम के साथ समानता (डिस्प्रोसियम का अर्थ होता है ''जहां पहुँचना मुश्किल हो'' और पिछली शताब्दी में कैलिफॉर्निया पहुंचना भी बहुत मुश्किल था)। आज कैलिफॉर्नियम के 14 समस्थानिक ज्ञात हैं जिनमें कैलिफॉर्नियम-251 (अर्धक्षयकाल 900 वर्ष) 1954 में संश्लिष्ट किया गया। 1958 में वैज्ञानिकों ने इसकी वजनात्मक मात्रा प्राप्त कर ली और 1971 में धात्विक कैलिफॉर्नियम भी प्राप्त कर लिया गया।

आइन्स्टेनियम और फेर्मियम

कैलिफॉर्नियम के संश्लेषण के बाद अमरीकी वैज्ञानिक (और अन्य देशों के वैज्ञानिक भी गंभीरतापूर्वक सोचने लगे कि आगे क्या किया जाये? क्या भविष्य में और भी ज्यादा भारी पारयूरेनियम तत्त्वों के संश्लेषण की योजना बनाना उचित रहेगा ?

वास्तव में बर्केलियम और कैलिफॉर्नियम की पर्याप्त मात्रा के संचयन की विधियाँ उपलब्ध न होने के कारण इनके लक्ष्यों के निर्माण का सवाल ही नहीं उठता था अर्थात् 99 और 100 नंबर के तत्त्वों का संश्लेषण लगभग असंभव सा लगता था। इसका मुख्य कारण था बर्केलियम और कैलिफॉर्नियम का काफी छोटा अर्धक्षयकाल जो केवल घंटों और मिनटों तक सीमित थी (वैज्ञानिकों को लंबी आयु वाले समस्थानिकों का तब पता नहीं चला था)। एक तरकीब हो सकती थी और वह यह कि प्लूटोनियम को लंबे अर्से तक उच्च तीव्रता वाले न्यूट्रॉन-पुंज से किरणित किया जाये। परंतु परिणाम प्राप्त करने के लिए कई साल इंतजार करना पड़ता।

नियम : थोड़े से अर्से में बहुत सारे न्यूट्रानों को कब्जे में कर लें तो वे बहुत भारी समस्थानिकों में परिवर्तित हो जायेंगे, उदाहरणार्थ :–

$$^{238}_{92}U + 15n \rightarrow ^{253}_{92}U$$

या

$$^{238}_{92}U + 17n \rightarrow ^{255}_{92}U$$

बहुत पहले से यह ज्ञात है कि नाभिक फालतू न्यूट्रॉनों से पीछा छुड़ाने के लिये उन्हें प्रोटोनों में परिवर्तित कर देते हैं (β-क्षय)। क्रमगत β-रूपांतरणों की यह श्रृंखला इतनी लंबी हो सकती है कि वह 99 और 100 नंबर के तत्त्वों के समस्थानिकों तक ही पहुँच सकती है।

परंतु गणना करने पर पता चला कि नाभिकीय रिऐक्टरों में न्यूट्रान-पुंजों की तीव्रता बहुत क्षीण थी, अतः उपरोक्त प्रतिक्रिया घटानी असंभव थी। इसके अलावा, सिद्धांतवादियों ने पूर्वानुमान लगाया कि 99 और 100 नंबर के तत्त्वों के समस्थानिकों का अर्धक्षयकाल कम होगा।

1 नवंबर 1952 को संयुक्त राज्य अमरीका ने प्रशांत महासागर में एक तापनाभिकीय बम का विस्फोट किया। विस्फोट की जगह पर सैकड़ों किलोग्राम मिट्टी (सांकेतिक भाषा में इसे ''कीमती कूड़ा'' कहा गया) के नमूने बड़ी सावधानी से इकट्ठे किये गये और अमरीका लाये गये। सीबर्ग और गिओसों के नेतृत्व में अमरीकी वैज्ञानिकों के एक दल ने इस विघटनाभिक राख का अतिध्यानपूर्वक अध्ययन किया। उन्हें इसके अंदर पारयूरेनियम तत्त्वों के कई विघटनाभिक समस्थानिक मिले, जिनमें दो समस्थानिक 99 और 100 नंबर के तत्त्वों के समस्थानिकों के अलावा कोई दूसरी चीज नहीं हो सकते थे।

तापनाभिकीय विस्फोट के दौरान न्यूट्रॉन-पुंजों की तीव्रता अनुमान से काफी ज्यादा निकली। इसके फलस्वरूप यूरेनियम द्वारा न्यूट्रॉनों को कब्जे में करने की घटना घट गयी, जिसकी हम ऊपर चर्चा कर चुके हैं। यूरेनियम-253 तथा यूरेनियम-255 ने क्रमशः 7 और 8 β=कण उत्सर्जित किये और फिर 99 और 100 नंबर के तत्त्वों के समस्थानिकों $^{253}99$ तथा $^{255}100$ में परिवर्तित हो गये। इनका अर्धक्षयकाल कम था, परंतु विश्लेषण के लिये पर्याप्त रहा (20 दिन और 22 घंटे)।

नये तत्त्वों के नाम आइन्स्टेनियम (आइन्स्टाइन के नाम पर) तथा फेर्मियम (फेर्मी के नाम पर) रखे गये। इनके लंबी आयु वाले समस्थानिक ^{254}Es(1/2T=270 दिन) तथा ^{252}Fm(1/2T=80 दिन) काफी देर बाद प्रयोगशालाओं में संश्लिष्ट किये गये।

इस प्रकार हम देखते रहे हैं कि आइन्स्टेनियम तथा फेर्मियम बिना किसी योजना के खोजे गये।

शाश्वत प्रश्न "आगे क्या किया जाये ?" फिर सामने आ खड़ा हुआ। अब बिल्कुल स्पष्ट हो गया था कि Z का मान जितना बढ़ता जाता है, समस्थानिकों की आयु उतनी ही कम होती जाती है। यह सोचा गया कि $Z>100$ वाले तत्त्वों का अर्धक्षयकाल सेकेंडों में नापा जायेगा ; इस तरह के समस्थानिकों को इकट्ठा करने का सवाल ही नहीं उठता था। अब तक नये पारयूरेनियम तत्त्वों की पहचान आयन विनियम क्रामोटोग्राफी के आधार पर की जाती रही 'दुर्लभ मृदा तत्त्वों के साथ उनका सदृशरूप निश्चित करने के आधार पर' परंतु बहुत अल्प आयुवाले समस्थानिक क्रोमोटोग्राफी कॉलम से बाहर निकलने से पहले ही क्षयित हो जायेंगे, जिसके फलस्वरूप रासायनिक वास्तविकता पता नहीं चलेगी।

लगता है कि प्रकृति ने तत्त्वों के दूसरे शतक के मार्ग में एक अलंघ्य बाधा खड़ी कर दी है।

मेंडेलेवियम

100 नंबर के तत्त्व की खोज वैज्ञानिक की महान् सफलता का साक्षात् प्रमाण था। इस तत्त्व के नाम द्वारा महान वैज्ञानिक फेर्मी का नाम अमर कर दिया गया जिन्होंने पारयूरेनियम तत्त्वों की तलाश का काम सबसे पहले शुरू किया था।

परंतु फेर्मियम के पीछे भयंकर खतरा के चिन्ह स्पष्ट दिखायी दे रहे थे : पारयूरेनियम तत्त्वों का मुख्य शत्रु-नैसर्गिक विभाजन गणना के अनुसार $Z=100$ वाले समस्थानिकों के विघटनाभिक रूपांतरणों की आयु बहुत थोड़ी होनी चाहिए थी। शक्तिशाली न्यूट्रॉन-पुंजों में आइन्स्टेनियम तथा फेर्मियम के सफल संश्लेषण से वैज्ञानिकों को शुरू में काफी हौसला मिला। परंतु सिद्धांतवादियों का दावा था कि फेर्मियम से आगे बढ़ने की कोई संभावना नहीं थी क्योंकि नैसर्गिक विभाजन के लिये इसका अर्धक्षयकाल बहुत छोटा था। 100 नंबर के तत्त्व का नाभिक β-कण उत्सर्जित करने से पहले ही दो अंशों में विभाजित हो जायेगा।

परंतु फिर भी 101 नंबर का तत्त्व ऐसा आखिरी तत्त्व निकला, जिसे हलके α– कणों की बमबारी द्वारा प्रतिष्ठित विधि से संश्लिष्ट किया गया। 1955 तक सीबर्ग तथा उनके साथियों ने आइन्स्टेनियम के लगभग 10 करोड़ परमाणु इकट्ठे कर लिये। आइन्स्टेनियम की यह अत्यल्प मात्रा बड़ी सावधानी के साथ एक स्वर्ण पन्नी पर लेप दी गयी, जिसकी कीमत आइन्स्टेनियम की कीमत के साथ कुछ नहीं थी। इस लक्ष्य पर α– कणों की बमबारी की गयी। वैज्ञानिकों का विचार था कि नाभिकीय प्रतिक्रिया $^{253}_{99}Es(a, n)^{256}101$ घटेगी। प्रतिक्षेप के प्रभाव के कारण 101 नंबर के तत्त्व परमाणु आइन्स्टेनियम से निकलकर स्वर्ण पन्नी के अंदर घुस गये। प्रयोग के बाद पन्नी को विलयित कर लिया गया और विलयन को क्रामोटोग्राफी कालम में विश्लेषण किया गया। सबसे ज्यादा नाजुक काम यह स्थापित करना था कि 101 नंबर तत्त्व युक्त विलयन कालम से कब निकला और नैसर्गिक विभाजन कब घटा।

प्रथम प्रयोग में केवल 5 (!) नैसर्गिक विभाजन अंकित किये गये। परंतु तत्त्व नंबर 101 के समस्थानिक की पहचान के लिये ये काफी थे। बाद में पता चला कि इसका अर्धक्षयकाल 3 घंटे तथा द्रव्यमान-संख्या 256 थी। यह अर्धआयु आशा से अधिक निकली जिसके कारण नये तत्त्व के संश्लेषण को प्रोत्साहन मिला। इसका नाम महान् रूसी वैज्ञानिक मेंडेलीफ के सम्मान में मेंडेलेवियम (चिन्ह Md) रखा गया, जिन्होंने अज्ञात रासायनिक तत्त्वों के गुणों के पूर्वानुमान के लिए आवर्त सारणी का प्रयोग सबसे पहले किया। मेंडेलेवियम के खोजकर्ताओं ने उक्त शब्द लिखे।

बाद में जब चिन्ह Md सारणी के 101 वें खाने में स्थान पा गया, इन लोगों ने इस खोज का पूरा विवरण दिया। 101 नंबर के तत्त्व संश्लेषण तथा पहचान के लिए कई बढ़िया प्रयोग किये जा चुके थे, परंतु कोई परिणाम नहीं मिल रहा था। अंत में आखिरी निर्णयात्मक प्रयोग किया गया, जिसमें सफलता मिलने की उम्मीद थी। उन लोगों को 100 नंबर तत्त्व के ज्यादा से ज्यादा दो परमाणु मिलने की उम्मीद थी। वैज्ञानिक साँस रोके, नैसर्गिक विभाजन अंकित करने वाले उपकरण

पर आँख टिकाये बैठे थे। 1 घंटा बीत गया। रात खत्म होने जा रही थी। इंतजार का अंत नजर नहीं आ रहा था।

और फिर अचानक स्वचालित रिकार्डर का पेन झटके के साथ स्कैल के बीच वाले हिस्से की ओर बढ़ा और एक पतली लाल रेखा खींच कर वापस लौट आया। विघटनाभिक पदार्थों के अध्ययन के दौरान आयतन की इतनी लंबी कूद पहले कभी नहीं देखी गयी थी। यह शायद प्रत्याशित विभाजन का संकेत था। लगभग 1 घंटे बाद दूसरा संकेत अंकित किया गया। अब अनुसंधानकर्त्ताओं को विश्वास हो गया कि 101 नंबर के तत्त्व के दो परमाणु विभाजित हो चुके थे तथा इस तत्त्व को रासायनिक तत्त्वों की सूची में शामिल किया जा सकता था।

पाठकों को यह जानकर आश्चर्य होगा कि विभाजन अंकित करने वाला उपकरण फायर-अलार्म के साथ जोड़ा गया था। इस प्रकार 101 नंबर तत्त्व ने हर बार कान फाड़ने वाली घंटी बजाकर अपने जन्म की घोषणा की।

12 साल बाद पता चला कि मेंडेलेवियम का एक और समस्थानिक होता है जिसकी आयु और भी ज्यादा लंबी होती है—^{258}Md (1/2T=2महीने)। इस समस्थानिक ने मेंडेलेवियम के रासायनिक गुणों का अध्ययन संभव कर दिया। मेंडेलेवियम की खोज से रेडियो-रसायन के अध्ययन की एक नयी शाखा का जन्म हुआ—एकल परमाणुओं का रसायन, जिसकी अपनी विशेष विधियाँ होती हैं। इसने अगले पारयूरेनियम तत्त्वों के रासायनिक गुणों के अध्ययन में निर्णायात्मक भूमिका निभायी। मेंडेलेवियम का संश्लेषण पारयूरेनियम तत्त्वों इतिहास में एक बड़ा मोड़ लाया। संश्लेषण की अन्य विधियाँ अब किसी काम की नहीं थीं क्योंकि मेंडेलेवियम पर्याप्त मात्रा में इकट्ठा करना असंभव था। सिद्धांतवादियों को 101 नंबर के तत्त्व के पीछे भूतों का घर दिखायी दे रहा था जो अनुसंधानकर्ताओं के लिये अगम्य था। इस बात में कोई संदेह नहीं रह गया था कि अगले पारयूरेनियम तत्त्वों की आयु केवल कुछ सेकंड या सैकंड का अंश होगी।

अगर वे मिल भी जाते हैं, तो उनके गुणों का अध्ययन बहुत ज्यादा कठिन होगा या असंभव होगा।

परंतु सवाल यह है कि उन्हें प्राप्त कैसे किया जाये ? इस काम के लिये कौन सी नाभिकीय प्रतिक्रियाएं उपयुक्त रहेंगी ? सौभाग्यवश छठे दशक के अंत तक इस प्रश्न का एक निश्चित उत्तर मिल गया था : हल्के तत्त्वों (कार्बन, ऑक्सीजन, निर्यान, आर्गान) को बहु-आवेशित आयनों की बमबारी करने वाले कणों के रूप में इस्तेमाल करना चाहिए था। तब साधारण पारयूरेनियम तत्त्वों—लूटोनियम, अमेरिसियम, क्यूरियम आदि से लक्ष्य बनाये जा सकते थे और लक्ष्य की समस्या मिट जाती। इस बात में कोई संदेह नहीं कि बमबारी के लिये ''नंगे'' नाभिक (उदाहरणतया, α-कण जो हीलियम का नाभिक होता है) बेहतर रहते, परंतु परमाणुओं की इलेक्ट्रोनों से बनी खाल उतारना असंभव सा था। इन बहुआवेशित आयनों को उच्च गति तक त्वरित करना आवश्यक था ताकि उनकी ऊर्जा नाभिकीय प्रतिक्रियाओं के लिये पर्याप्त हो जाये। अतः अब नये ज्यादा शक्तिशाली त्वरित्रों की जरूरत थी। जब उनका निर्माण हो गया, पारयूरेनियम तत्त्वों की खोज के इतिहास में एक और नया चढ़ाव आया। परंतु अब ''खोज'' शब्द का अर्थ इसके अब तक चले आ रहे अर्थ से भिन्न होगा।

तत्व नंबर 102

जी, हां, तत्त्व नंबर 102 को अभी तक कोई नाम नहीं मिला है। अधिकांश आधुनिक सारणियों में 102 नंबर खाना खाली रखा गया है, हालांकि यह स्वीकार किया जाता है कि इसका अध्ययन काफी अच्छी तरह से किया जा चुका है तथा यह काफी अर्से से ज्ञात है।

कभी-कभी वैज्ञानिक साहित्य में ''नोबेलियम'' नाम तथा चिन्ह No के साथ वास्ता पड़ता है, परंतु ये एक प्रायोगिक त्रुटि के परिणाम हैं जो 1957 में हुई। तब वैज्ञानिकों के एक अंतर्राष्ट्रीय दल ने नोबल भौतिक संस्थान (स्टाकहोल्म) में एक पारयूरेनियम तत्त्व के संश्लेषण के लिये पहली बार बहुआवेशित आयन प्रयुक्त किये। क्यूरियम-244 के एक लक्ष्य पर कार्बन-13 के आयनों की बमबारी की गयी। प्रतिक्रिया के उत्पादों में तथाकथित समस्थानिक ^{253}102 और ^{251}102(1/2T-

10 मिनट) पाये गये। मेंडेलेवियम के साथ मिली सफलता ने वैज्ञानिकों को प्रोत्साहित किया और उन्होंने इस बार भी आयनविनिमय क्रोमोटोग्राफी का प्रयोग किया। उन्हें ऐसा लगा जैसे कि 102 नंबर का तत्त्व भी संश्लेषित हो गया हो।

परंतु उनका दावा झूठा साबित हुआ क्योंकि किसी ने भी इन प्रयोगों की पुष्टि नहीं की। इस घटना के बाद कुछ अर्से तक लोग यह मजाक करते रहे कि नोबेलियम की एक ही चीज़ बाकी रह गयी है—No (अंग्रेजी में-नहीं)

1957 की शरद् में फ्लेरोव के नेतृत्व में सोवियत वैज्ञानिकों के एक दल ने नये पारयूरेनियम तत्त्वों के संश्लेषण का काम अपने हाथों में लिया। आज सोवियत संघ के एक नगर दुबना के नाभिकीय अनुसंधान- संस्थान की नाभिकीय प्रतिक्रियाप्रयोगशाला इस क्षेत्र में सबसे आगे है। फ्लेरोव और उनके साथियों ने प्लूटोनियम लक्ष्य पर ऑक्सीजन आयनों की बमबारी की : ${}^{244}_{94}Pu+{}^{16}_{8}O$ । परंतु परिणाम वे नहीं थे जो एक वर्ष पूर्व स्टाक्होल्म ग्रुप ने घोषित किये थे। इस बीच बरकली में सीबर्ग के

ग. फ्लेरोव

शिष्य गिओर्सो के नेतृत्व में अमरीकी वैज्ञानिकों के एक दल ने भी 102 नंबर के तत्त्व पर हमला किया। उनके परिणामों ने नोबेल संस्थान के परिणामों का खंडन किया, परंतु वे सोवियत भौतिकविदों के परिणामों के साथ भी नहीं मिल रहे थे।

इस प्रकार नोबेलियम से धीरे-धीरे केवल No बाकी रह गया। फ्लेरोव के ग्रुप ने 102 नंबर के तत्त्व के साथ 1963-1966 में काम किया। उन्होंने इसके कई समस्थानिक संश्लिष्ट किये और उनकी द्रव्यमान संख्याएँ तथा अर्धक्षयकाल ज्ञात किया। यह नये तत्त्व के साथ पहला वास्तविक परिचय था, अतः दुबना ग्रुप को इसका नाम रखने का पूरा अधिकार था। उन्होंने इसका नाम जोलियटियम (जोलिया क्यूरी के सम्मान में) रखा। परंतु अमरीकी वैज्ञानिकों ने इस नाम को स्वीकार नहीं किया, हालांकि उन्होंने दुबना ग्रुप के परिणामों की पुष्टि की।

102 नंबर वाले तत्त्व के बारे में वाद-विवाद से प्राथमिकता पर विवादों की लहर चल पड़ी। जब अगले पारयूरेनियम तत्त्वों के संश्लेषण तक बात पहुँची, तब यह विवाद और भी ज्यादा बढ़ गया। आज 102 नंबर तत्त्व के 9 समस्थानिक ज्ञात हैं जिनमें सबसे लंबी आयु वाले ${}^{259}102$ की अवधि लगभग 1 घंटा है।

तत्व नंबर 103

पिछले तत्त्व की तरह इस पारयूरेनियम तत्त्व का भी हम नाम नहीं लिख रहे हैं तथा उपसंहार में दी गयी सारणी में इस तत्त्व की खोज की जो तिथि लिखी गयी है, वह विश्वसनीय नहीं है।

1961 के आरंभ में गिओर्सो तथा उनके साथियों ने नये पारयूरेनियम तत्त्व की तलाश शुरू कर दी। कैलिफॉर्नियम के लक्ष्य पर बोरान अयस्कों की बमबारी की गयी। वैज्ञानिकों को ऐसा लगा जैसे कि उन्हें ${}^{257}103$ समस्थानिक (1/2T=8 सेकेंड) प्राप्त हो गया हो। बस फिर क्या था ? उन्होंने बिना कोई देर किये तत्त्व का नाम साइक्लोट्रोन के अन्वेषक लारेन्स के सम्मान में लारेन्सियम (Lw) रख दिया। यह चिन्ह अक्सर सारणी के 103 नंबर खाने में रचा जाता है।

दूबना संस्थान में भी यही समस्थानिक ${}^{257}103$ संश्लिष्ट किया गया, परंतु इसक गुण बरकली ग्रुप द्वारा घोषित गुणों से भिन्न निकले। इस सूचना से अमरीकी वैज्ञानिकों को अपने विचार बदलने पड़े और यह मानना पड़ा कि 1961 की बसंत में उन्होंने ${}^{257}103$ की जगह कोई और समस्थानिक संश्लिष्ट किया था, जैसे ${}^{258}103$ या ${}^{259}103$।

1965 में स्थिति स्पष्ट हो गयी, जब दुबना के भौतिकविदों ने नाभिकीय प्रतिक्रिया ${}^{243}Am({}^{18}O,5n){}^{256}103$ द्वारा 256 द्रव्यमान-संख्या वाला एक समस्थानिक संश्लिष्ट करके इसके गुण निश्चित किये। ये गुण उन गुणों से मिल गये जो

2 साल बाद बरकली के वैज्ञानिक को नाभिकीय प्रतिक्रिया $^{249}Cf(^{11}\beta,4n)^{256}103$ से मिले। इसी वजह से 1961 की तिथि पर संदेह पैदा होता है। परंतु यह निश्चित नहीं किया जा सका कि 103 नंबर तत्त्व कब खोजा गया और किसने खोजा। 102 नंबर के तत्त्व की तरह इस बार भी वैज्ञानिकों के पास 103 नंबर वाले तत्त्व के गिने चुने परमाणु थे। सबसे पहले उनकी द्रव्यमान-संख्याएं तथा विघटनाभिक गुण निश्चित किये गये। जहाँ तक उनकी रासायनिक प्रकृति का सवाल था, तो यह काम काफी बाद में किया गया।

कुरचातोवियम

इस तत्त्व की खोज, संभवतः नाभिकीय संश्लेषण पर कार्य करने विख्यात सोवियत भौतिकविद कुरचातोव के सम्मान में रखा गया जो सोवियत परमाणु प्रोग्राम के अध्यक्ष थे।

1967 में दुबना की नाभिकीय प्रतिक्रिया-प्रयोगशाला ने 104 नंबर का तत्त्व प्राप्त करने के प्रयास किये। वहां के वैज्ञानिकों ने प्लूटोनियम-242 के लक्ष्य पर निआन-22 के त्वरित आयनों की बमबारी की :

$$^{244}Pu(^{22}Ne,4n)^{260}104$$

इस नाभिकीय प्रतिक्रिया के घटने की आशा थी, परंतु वैज्ञानिकों को केवल अतिअल्प आयु का नैसर्गिक विभाजन दिखायी दिया (T1/2=14 मिलीसेकेंड) शीघ्र ही पता चल गया कि यहाँ 104 नंबर के तत्त्व का कोई निशान ही नहीं था। यह बहुत पहले से ज्ञात अमेरिसियम-242 का विभाजन था, हालांकि इसकी गति काफी तेज थी। इस प्रयोग के परिणामस्वरूप एक नयी भौतिकीय परिघटना की खोज हो गयी।

मुख्य समस्या निम्न थी : कुरचातोवियम के नाभिकों के निर्माण की एकल घटनाएँ कैसे अंकित की जायें ? वैज्ञानिकों ने नैसर्गिक विभाजन से पैदा हुए नाभिकीय खंडों को अंकित करने का फैसला किया क्योंकि 104 नंबर के तत्त्व के लिये इस प्रकार का विघटनाभिक रूपांतरण प्रबल होना चाहिये था। विभाजित खंडों को अंकित करने के लिए एक विशेष किस्म का कांच इस्तेमाल किया गया (कैटलाग में इसे यूरेनियम-104 बताया गया)। खंडों ने कांच की प्लेटों पर जो निशान छोड़े, वे आँख से दिखाई नहीं दिये। विशेष रासायनिक प्रक्रम के बाद इन प्लेटों को सूक्ष्मदर्शी के सामने रखने पर ये निशान दिखायी देने लगे। इन परिस्थितियों में अन्य विघटनाभिक विकिरणों के निशान नहीं दिखायी दिये।

सन् 1964 में 104 नंबर के तत्त्व के संश्लेषण का काम एक बार फिर से शुरू किया गया। एक प्लूटोनियम लक्ष्य पर 40 घंटे तक निऑन आयनों की बमबारी की गयी। एक विशेष पेटी ने संश्लिष्ट नाभिक कांच की प्लेटों तक पहुंचा दिये। साइक्लोट्रोन बंद करने के बाद कांच की प्लेटों का रासायनिक विवेचन किया गया। कुछ घंटों बाद प्लेटों को सूक्ष्मदर्शी के सामने रखने पर 6 निशान दिखायी दिये। प्लेटों पर उनकी स्थितियों का हिसाब रखकर समस्थानिकों का अर्धक्षयकाल ज्ञात किया गया। यह 0.1 और 0.5 सेकेंड के बीच था अर्थात् औसत अर्धआयु 0.3 सेकेंड थी। केवल कई सालों बाद ज्यादा लंबी आयु वाले कुरचातोवियम समस्थानिक प्राप्त हुए जिनमें सबसे लंबी उम्र वाला $^{261}104$ समस्थानिक (1/2T=1मिनट) था।

परंतु दुबना में जिस समस्थानिक से कुरचातोवियम के रासायनिक गुणों का अध्ययन किया गया, उसकी द्रव्यमान संख्या 260 तथा अर्धक्षयकाल 0.3 सेकेंड था। इतने अल्पसमय में समस्थानिक का अध्ययन असंभव लगता है, परंतु किया गया।

104 नंबर के तत्त्व के रासायनिक गुणों के अध्ययन के लिये निम्न तरीका अपनाया गया। लक्ष्य के बाहर निकलने के बाद प्रतिक्षिप्त परमाणु नाइट्रोजन के प्रवाह में आ गये, इसके अंदर रुक गये और फिर उन पर क्लोरीन की प्रतिक्रिया की गयी। तत्त्व नंबर 104 के क्लोरीन यौगिक बड़ी आसानी से एक विशेष छलनी के पार निकल गये, जबकि ऐक्टिनाइडों के क्लोराइड ऐसा नहीं कर सके। अगर कुरचातोवियम ऐक्टिनाइड होता, तो यह भी छलनी द्वारा अवशोषित हो जाता।

परंतु परिणामों ने बताया कि तत्त्व नंबर 104 हैफ्नियम एक रासायनिक सदृशरूप था।

एकल परमाणुओं के रासायनिक गुणों का अध्ययन इस प्रकार किया गया। इस विधि की सहायता से 102 और 103 नंबर के तत्त्वों की रासायनिक प्रकृति ज्ञात की गयी, परंतु वहाँ यह सिद्ध करना पड़ा था कि ये तत्त्व ऐक्टिनाइड थे। इस अवधि का नाम निम्न रखा गया : ''साइक्लोट्रोन पुंज'' में उड़नशील धात्विक क्लोराइडों की तापीय क्रामोटोग्राफी''। यह विधि चेक वैज्ञानिक ज्वारा के नेतृत्व में वैज्ञानिकों के एक दल ने विकसित की।

तत्व नंबर 104 पर भी बहस हो रही है। अमरीकी वैज्ञानिकों ने भी इसकी खोज की प्राथमिकता पर अधिकार जताया है, हालांकि उनके पास इसका सबूत नहीं है।

नील्सबोहरियम

105 नंबर के तत्त्व के बारे में कुछ ज्यादा नहीं बताया जा सकता। इसका जन्म फरवरी 1970 में दुबना में हुआ। यह प्रतिक्रिया $^{243}Am(^{22}Ne,4n)^{261}Ns$ से प्राप्त हुआ। नैसर्गिक विभाजन के अनुसार इसका अर्धक्षयकाल लगभग 2 सेकेंड है। इसका नाम महान् डेनिश भौतिकविद नील्स बोहर के नाम पर रखा गया। इसकी रासायनिक प्रकृति उसी विधि से ज्ञात की गयी, जिस विधि से कुरचातोवियम की, और यह टैन्टेलम का सदृशरूप निकला।

अमरीकी भौतिकविद फिर किस बात का दावा कर रहे हैं ? अप्रैल 1970 की बात थी। उन्होंने नाभिकीय प्रतिक्रिया $^{249}cf\,(^{15}N,4n)^{260}\,Ha$ से एक तत्त्व प्राप्त किया जिसका नाम गाहन के सम्मान में 'गाहनियम' रखा।

लगता है कि $Z>102$ वाले पारयूरेनियम तत्त्वों के संश्लेषणों पर जो वादविवाद हो रहा है, वह उचित है। इस प्रकार का प्रत्येक संश्लेषण विज्ञान और तकनीक की एक बहुत बड़ी जीत है। इस जटिल काम में त्रुटियाँ होना स्वाभाविक है। वैज्ञानिक बहुत दिनों से यह स्वीकार कर चुके हैं कि नये तत्त्वों के संश्लेषणों के सख्त मापदंड निश्चित किये जाने चाहियें। दूसरे दशक के संश्लिष्ट तत्त्वों के लिये ''खोज'' शब्द का अर्थ एक नयी परिभाषा में परिवर्तित हो जाता है। इसका मुख्य कारण यह है कि इनकी आयु बहुत अल्प होती है। अतः आवर्त सारणी में इनके चिन्ह रखना निराधार सिद्ध होगा। ये तत्त्व कभी भी वजन करने लायक मात्रा में इकट्ठे नहीं किये जा सकेंगे। ज्यादा से ज्यादा कुछ गिने-चुने परमाणु मिल सकते हैं। जब भी इन तत्त्वों के गुणों का अध्ययन करना होगा, उन्हें नये सिरे से संश्लिष्ट करना पड़ेगा। अतः यहां तत्त्वों की खोज की जगह उनके नाभिक के निर्माण का प्रेक्षण होता है।

तत्व नंबर 106 और 107

किसी ने भी अभी तक इन तत्त्वों को न नाम देने की कोशिश की है और न ही इनकी रासायनिक प्रकृति ज्ञात करने की। इनका अर्धक्षयकाल सेकेंड का सैकड़वां या हजारवाँ अंश है। हां, भविष्य में अधिक उम्र वाले समस्थानिकों को प्राप्त करने की आशा जरूर है। इन तत्त्वों के संश्लेषण के लिये एक विशिष्ट विधि अपनायी गयी। पिछले सारे उदाहरणों में लक्ष्य कम या अधिक विघटनाभिक था, हालांकि इससे काम काफी जटिल हो गया था। परंतु 106 और 107 नंबर के तत्त्वों के संश्लेषण में दुबना के भौतिकविदों ने पहली बार स्थायी तत्त्वों (Bi और Pb) के लक्ष्य इस्तेमाल किये। उन्होंने इन लक्ष्यों पर क्रोनियम आयनों की बमबारी की :

$$^{207}_{8a}Pb+^{54}_{24}Cr \rightarrow ^{259}106+2n$$

$$^{209}_{83}Bi+^{54}_{24}Cr \rightarrow ^{261}107+2n$$

पहली नाभिकीय प्रतिक्रिया 1974 में और दूसरी 1976 में करायी गयी है।

आगे क्या करना है?

जब प्रथम पारयूरेनियम तत्त्व नेप्टयूनियम के संश्लेषण में सफलता मिल गयी, तब वैज्ञानिकों को यह बात पता नहीं थी कि यूरेनियम के पीछे कितने कदम और उठाये जायेंगे। आज दूसरी पीढ़ी के वैज्ञानिक भी इस प्रश्न का उत्तर नहीं दे पा रहे हैं कि नये तत्त्वों के संश्लेषण की सीमा कहां खत्म होगी ?

परंतु दोनों पीढ़ियों-मैक्मिलन तथा आबेल्सन के समकालीनों तथा आठवें दशक के वैज्ञानिकों के बीच आधारभूत अंतर है। प्रश्न का निश्चित उत्तर देने के लिये पहलों को बहुत कम पता था और दूसरों को बहुत कुछ पता है (यह बात कितनी विरोधाभासी लगती है, परंतु यह वास्तविकता है)। पारयूरेनियम तत्त्वों के 40 साल लंबे इतिहास में कई बार ऐसा लगा जैसे कि अंत नजदीक है। जैसे-जैसे Z के मान में बढ़ोतरी के साथ-साथ संश्लेषण आगे बढ़ता गया, अर्धक्षयकाल में एक नियमित घटाव देखा गया, विशेष रूप से नैसर्गिक विभाजन की अवधि करोड़ों सालों से घंटों, मिनटों, सेकेंडों और सेकेंड के अंशों तक सीमित होती गयी। साधारण कलन ने बताया है कि Z का मान 108-110 होने पर नाभिक इतने कम उम्र के होंगे कि बनते ही टूट जायेंगे।

कुछ समय तक वैज्ञानिक जगत् में यह धारणा प्रचलित होती रही कि आवर्त सारणी का समापन नजदीक है। परंतु दूसरे शतक के तत्त्वों के समस्थानिकों के संश्लेषण की रिपोर्टों से प्रयोगकर्ताओं को विश्वास आ गया कि सिद्धांतवादियों के पूर्वानुमान पूरी तरह नहीं है। निस्संदेह, ये सारे समस्थानिक बहुत कम अर्से के लिये जीवित रहे, परंतु यह उम्र इतनी ज्यादा कम नहीं थी जितनी सिद्धांत द्वारा पूर्वानुमानित की गयी थी। उदाहरणार्थ, तत्त्व नंबर 107 के 261 द्रव्यमान-संख्या वाले समस्थानिक के नैसर्गिक विभाजन का अर्धक्षयकाल 0.002 सेकेंड था। देखने में यह संख्या बहुत छोटी लगती है, परंतु यह पूर्वानुमानित संख्या से अरब गुना अधिक है। वास्तविकता यह है कि नाभिक के अस्थायित्व की वृद्धि पर एक निषेध सा लगना शुरू हो जाता है।

ऐसा क्यों होता है ? अब जर्मन भौतिकविद स्वीन्ने के प्रयोगों की याद करने का वक्त आ गया है (अध्याय का आरंभ देखिये)। आधुनिक भौतिकी भाषा में उनके विचार इस प्रकार से प्रकट किये जा सकते हैं : उच्च द्रव्यमान-संख्या वाले तीव्र विघटनाभिक तत्त्वों के बीच स्थायित्व के विशिष्ट द्वीप हो सकते हैं। इन द्वीपों पर स्थित तत्त्व पड़ोसी तत्त्वों के मुकाबले कम अस्थायी होंगे।

यह अद्वितीय तथा भूली बात सातवें दशक के मध्य में याद आयी, जब स्थायित्व के द्वीपों के विचार ने जन्म लिया। गणना के अनुसार ऐसा पहला द्वीप Z=114 के क्षेत्र में होना चाहिये। परंतु सिद्धांतवादी और भी आगे बढ़ गये और उन्होंने Z–126, 164 तथा 184 के आसपास भी ऐसे द्वीपों के अस्तित्व के पूर्वानुमान किये।

यह पुस्तक तत्त्वों की खोजों के इतिहास के साथ संबंधित है, अतः हम इन पूर्वानुमानों की वैधता की चर्चा नहीं करने जा रहे हैं। इनके अनुसार द्वीपों पर स्थित नाभिकों की आयु काफी लंबी होनी चाहिये अर्थात् उनका संश्लेषण एक कल्पना नहीं रह जाता है। यह साहसी तथा सुंदर परिकल्पना किसी भी तत्त्व (द्वीपवासी) के संश्लेषण द्वारा सत्य सिद्ध की जा सकती है। 1967 से ऐसे संश्लेषणों के कई प्रयास किये जा रहे हैं, परंतु अभी तक सफलता नहीं मिली है।

फिर भी हमें विश्वास है कि भविष्य में तत्त्वों की खोजों के इतिहास में नये पृष्ठ जरूर जोड़े जायेंगे।

उपसंहार

हम आवर्तसारणी के 107 तत्त्वों की कहानी के अंत तक पहुंचते गये हैं। उनकी नियति अलग-अलग थी; विभिन्न देशों के वैज्ञानिकों ने प्रकृति में उनकी खोज या उनके कृत्रिम संश्लेषण में बहुत वक्त लगाया और काफी मेहनत की। अब हमारे पास इन तत्त्वों की खोजों के इतिहास के सारे तथ्य, आंकड़े तथा घटनायें हैं, अतः हम कुछ निष्कर्षों पर पहुँच सकते हैं।

सारणी में 4 प्राचीन काल के तत्त्वों तथा मध्ययुग में खोजे गये तत्त्वों के अलावा बाकी सारे तत्त्वों की खोज की तिथियाँ तथा खोजकर्ताओं के नाम दिये गये हैं। लगभग 90 तत्त्वों के खोजकर्ताओं के नाम ज्ञात हैं। कहा जा सकता है कि स्थायी प्राकृतिक तत्त्वों की खोजों में कुल 50 व्यक्तियों ने भाग लिया ; 9 लोगों को प्राकृतिक विघटनाभिक परिवारों के सदस्यों की खोज में लगभग 25 वैज्ञानिकों ने भाग लिया।

संश्लेषित तत्त्वों की खोजों में ज्यादा वैज्ञानिकों ने भाग लिया (30 से ज्यादा)। यह आश्चर्य की बात नहीं है क्योंकि प्रयोगकर्ताओं और सिद्धांतवादियों (भौतिकविदों और रसायनज्ञों) के साथ-साथ तकनीशियनों ने भी पारयूरेनियम तत्त्वों, विशेषतया ज्यादा मान वाले तत्त्वों के संश्लेषण की में हाथ बटाया। उदाहरण के लिए, 106 नंबर के तत्त्व के संश्लेषण रिपोर्ट पर दुबना के 11 वैज्ञानिकों के हस्ताक्षर थे तथा हर किसी ने इस कार्य में महत्वपूर्ण योगदान दिया था।

कुल मिलाकर लगभग 100 वैज्ञानिकों ने आधुनिक आवर्त सारणी के खाने भरे।

इनमें से कुछ रिकार्ड तोड़ने वाले कहे जा सकते हैं । अगर हम प्रकृति में मिले तत्त्वों की बात करते हैं, तो स्वीडिश रसायनज्ञ शील का इन वैज्ञानिकों में प्रथम स्थान है। शील ने छः तत्त्वों की खोज की : फ्लुओरीन, क्लोरीन, मैंगनीज, मालिब्डेनम, बेरियम तथा टंग्स्टन।।

इस सूची में सातवाँ तत्त्व ऑक्सीजन भी शामिल किया जा सकता है जिसकी खोज शील और प्रीस्टली ने मिलकर की।

सारणी 4

रासायनिक तत्त्वों की खोज की तिथि तथा खोजियों के नाम

तत्व का नाम	तिथि	खोजी का नाम
हाइड्रोजन	1766	हे. केवेन्डिश
हीलियम	1868	न. लोक्येर
		ज. झान्सेन
लीथियम	1817	अर्फवेडसन
बेरीलियम	1798	वोक्लेन

बोरान	1808	गे-लुसाक, टेनर
कार्बन		प्राचीन काल से ज्ञात है
नाइट्रोजन	1772	दे. रदरफोर्ड
ऑक्सीजन	1774	प्रिस्टली, शील
फ्लुओरीन	1771	शील
निआन	1898	रैमजे, ट्रेवर्स
सोडियम	1807	डेवी
मैग्नीशियम	1808	डेवी
एलूमिनियम	1825	एर्स्टड
सिलिकन	1823	बेर्जेलियस
फास्फोरस	1669	ब्रांड
सल्फर (गंधक)		प्राचीन काल से ज्ञात है
क्लोरीन	1774	शील
आर्गान	1894	रैमजे, रेले
पोटेशियम	1807	डेवी
कैल्सियम	1807	डेवी
स्केन्डियम	1879	निल्सन
टाइटेनियम	1795	क्लाप्रोथ
वेनेडियम	1830	सेफस्ट्रेम
क्रोमियम	1797	शील
मैंगनीज	1779	शील
लोह		प्राचीन काल से ज्ञात है
कोबाल्ट	1735	ब्रांड
निकैल	1751	क्रोन्श्तेड
ताम्र		प्राचीन काल से ज्ञात है
जिंक		मध्य युग में प्राप्त किया गया
गैलियम	1875	डि. बुआबोडरान
जर्मेनियम	1886	विन्कलेर
आर्सेनिक		मध्य युग में प्राप्त किया गया
सेलेनियम	1817	बेर्जेलियस
ब्रोमीन	1826	बल्यार
क्रिप्टान	1898	रैमजे, ट्रेवर्स
रूबीडियम	1861	बुन्सेन, किर्गोफ
स्टोन्शियम	1790	क्राउफार्ड
इट्रियम	1794	गैडोलीन
जिर्कोनियम	1789	क्लाप्रोथ

नियोबियम	1801	हेट्चेट
मलिब्डेनम	1778	शील
टेक्नीशियम	1937	पेर्येट, सेर्गे
रूथीनियम	1844	क्लाउस
रोडियम	1804	वोल्लास्टैन
पैलेडियम	1803	वोल्लास्टैन
रजत		प्राचीन काल से ज्ञात है
काडमियम	1817	स्ट्रोमेयर
इंडियम	1863	रेख
इंडियम		प्राचीन काल से ज्ञात है
लेड		प्राचीन काल से ज्ञात है
ऐन्टिमनी		मध्य युग में प्राप्त किया गया
टैलुरियम	1782	मुलेर वान रैखेनस्टाइन
आयोडीन	1811	कुर्टुआ
जीनॉन	1898	रैमजे, ट्रावर्स
सीजियम	1861	बुन्सन, किर्गोफ
बेरियम	1774	शील, गाहन
लेन्टेनम	1839	मोसान्डर बेर्जेलियस, हिजिंगर, क्लाप्रोत
रेनियम	1925	नोडाक, ताक्के, बेर्ग
ओस्मियम	1804	टेन्नान्ट
इरीडियम	1804	टेन्नान्ट
प्लैटिनम	1784	
स्वर्ण		प्राचीन काल से ज्ञात है
पारद		प्राचीन काल से ज्ञात है
टैलियम	1861	क्रुक्स
प्लुम्बुम (सीसा)		प्राचीन काल से ज्ञात है
बिस्मथ		मध्य युग में प्राप्त किया गया
पोलोनियम	1898	प्येर और मारिया क्यूरी
अस्टाटस	1940	कर्सन, मक्कंजी, सेर्गे
राडोन	1899	रदरफोर्ड, औंस
फ्रान्सियम	1939	पेरे
रेडियम	1898	प्येर और मारिया क्यूरी
ऐक्टीनियम	1899	डेब्रे
टोरियम	1828	बेर्जेलियस
प्रोटाक्टीनियम	1918	गाहन, मेइटनर, सोडी, क्रेंस्टन
यूरेनियम	1789	क्लाप्रोत

नेप्ट्यूनियम	1940	मकमिल्लन, अबेल्सन
प्लूटोनियम	1940	सीबर्ग और उनके सहयोगी
अमेरीसियम	1945	सीबर्ग और उनके सहयोगी
क्यूरियम	1944	सीबर्ग और उनके सहयोगी
बर्केलियम	1950	सीबर्ग और उनके सहयोगी
कैलिफोर्नियम	1950	सीबर्ग और उनके सहयोगी
आइंस्टेनियम	1952	गिओर्सो, सीबर्ग और अन्य रसायनज्ञ
फेर्मियम	1952	गिओर्सो, सीबर्ग और अन्य रसायनज्ञ
मेंडेलेवियम	1955	सीबर्ग और अन्य रसायनज्ञ
102	1963-1966	फ्लेरोव और अन्य रसायनज्ञ
लौरेन्सियम	1961	गिओर्सो और अन्य रसायनज्ञ
कुर्चातोवियम	1964	फ्लेरोव और अन्य रसायनज्ञ
नील्सबोरियम	1970	फ्लेरोव और अन्य रसायनज्ञ
106	1974	ओगानेस्यान और अन्य रसायनज्ञ
107	1976	ओगानेस्यान और अन्य रसायनज्ञ

नये तत्त्वों की खोज के लिये रजत पदक रैमजे को दिया जा सकता है जिन्होंने आर्गान, हीलियम, क्रिप्टान, निआन तथा जीनान की खोज की। यह बात जरूर है कि इन सब खोजों में दूसरे वैज्ञानिकों ने भी उन्हें सहयोग दिया था—क्रूक्स (हीलियम), रेले (आर्गान), ट्रेवर्स (क्रिप्टान, निआन तथा जीनान)। बेर्जेलियस (सीरियम, सिलेनियम, सिलिकन, थोरियम), डेवी (पोटेशियम, कैल्सियम, सोडियम मैग्नीशियम) और डि बुआबोडरान (थलियम, समेरियम, गैडोलिनियम, डिस्प्रोसियम) ने चार-चार तत्त्व खोजे। क्लाप्रोत (टाइटेनियम, जिर्कोनियम, यूरेनियम) तथा मोसांदर (लैन्थेनम, टेर्बियम, ऐर्बियम) ने तीन-तीन तत्त्व खोजे। दो-दो तत्त्व खोजने वाले कई वैज्ञानिक थे : वोक्लेन (बेरिलियम, क्रोमियम), वोल्लास्टोन (रोडियम, पैलेडियम) बुन्सन और किरचोफ (रूबिडियम, सीजियम), वल्सबाख (प्रेसोडियमियम, नियोडिमियम), क्लेव (हाल्मियम, थूलियम) और टेनान्ट (आस्मियम, इरीडियम) यह एक आदर्श विवरण है। जब हमने अलग-अलग तत्त्वों की खोजों की चर्चा की तब खोजकर्ता का नाम बताने में एक बार भी दिक्कत नहीं आयी।

जहाँ तक प्राकृतिक विघटनाभिक तत्त्वों की बात है, तो प्रथम स्थान मारिया और पी. क्यूरी का है जिन्होंने यूरेनियम खनिजों से दो तत्त्व प्राप्त किये—पोलोनियम और रेडियम। सीबर्ग ने आठ पारयूरेनियम तत्त्वों की खोज में भाग लिया (प्लूटोनियम से मेंडेलेवियम तक), फ्लेरोव तथा उनके ग्रुप ने Z-107 तक के तत्त्वों के संश्लेषण में निर्णायात्मक भूमिका निभायी।

आइये, अब हम देशों के हिसाब से तत्त्वों की खोजें देखते हैं।

स्वीडन के वैज्ञानिकों ने सबसे ज्यादा तत्त्व खोजे—23 तत्त्व। इनकी क्रमबद्ध सूची निम्न है : कोबाल्ट (1738), निकैल (1751), फ्लुओरीन (1771), क्लोरीन (1774), मैंगनीज (1774), बेरियम (1774), मालिब्डेनम (1778), टंग्स्टन (1781), इट्रियम (1794), टैन्टेलम (1802), सीरियम (1803), लीथियम (1817), सिलीनियम (1817), सिलिकन (1823), थोरियम (1828), वैनेडियम (1830), लैन्थेनम (1839), टेर्बियम (1843), स्कैन्डियम (1879), हाल्मियम (1879) और थूलियम (1879)। इस सूची में कई विरल तत्त्व तथा दुर्लभ मृदा तत्त्व शामिल हैं तथा यह कोई संयोग की बात नहीं है। अठाहरवीं शताब्दी में स्वीडन में धात्विकी बहुत विकसित थी तथा इस कारण से लौह अयस्कों के नये निक्षेपों की जरूरत

महसूस हो रही थी। वैज्ञानिकों को इनकी खोज के दौरान नये खनिज मिले जो अज्ञात तत्त्वों के स्रोत सिद्ध हुए। इसके अलावा स्वीडन के वैज्ञानिकों को विभिन्न खनिकों के रासायनिक विश्लेषण का तजुर्बा भी बहुत हो गया था। इस प्रकार आवश्यकता के कारण स्वीडन वह देश बन गया जिसके वैज्ञानिकों ने सबसे ज्यादा तत्त्व खोजे।

दूसरा नम्बर इंगलैंड का था। वहां के वैज्ञानिकों ने कुल मिलाकर 20 तत्त्व खोजे : हाइड्रोजन (1766), नाइट्रोइज (1772), ऑक्सीजन (1771), स्ट्रान्शियम (1787), नियोबियम (1801), पैलेडियम (1803), रोडियम (1804), आस्मियम (1804), इरीडियम (1804), सोडियम (1807), पोटेशियम (1807), मैग्नीशियम (1808), कैल्सियम (1808), थैलियम (1861), आर्गान (1894), हीलियम (1895), निऑन (1898), क्रिप्टान (1898), जीनान (1898), रेडॉन (1900)। अंग्रेज रसायनज्ञों का काम तत्त्वों की खोजों तथा अनुसंधान के सामान्य दिगविन्यासों के बीच संबंध स्पष्ट दिखाता है। वायवीय रसायन की जन्मभूमि इंगलैंड में वायु की जिस्में ढूंढ़ी गयीं जो आगे चलकर वायुमंडल की तात्विक गैसें निकलीं—हाइड्रोजन, नाइट्रोजन और ऑक्सीजन। 100 साल बाद अनुसंधान की अनुकूल परिस्थितियों के कारण इंगलैंड में ही अक्रिय गैसें खोजी गयी। उन्नीसवीं शताब्दी के आरंभ में विद्युतृरसायन ने इंगलैंड में काफी उन्नति की जिसके बल पर डेवी ने स्वतंत्र अवस्था में चार धातुएँ प्राप्त कीं—सोडियम, पोटेशियम, मैग्नीशियम तथा कैल्सियम। कच्चे प्लैटिनम के अध्ययन में तरक्की के कारण इंगलैंड में चार प्लैटिनम धातुएँ खोजी गयीं।

तीसरा स्थान फ्रांस का है, जहां 15 तत्त्व खोजे गये : क्रोमियम (1798), बेरिलियम (1808), बोरान (1811), आयोडीन (1826), बेरिलियम (1808), बोरान (1811), आयोडीन (1826), ब्रोमीन (1875), गैलियम (1879), समेरियम (1886), गैडोलिनियम (1886), डिस्प्रोसियम (1886), रेडियम (1898), पोलोनियम (1898), ऐक्टिनियम (1899), यूरोपियम (1901), ल्यटेशियम (1907), फ्रेंसियम (1939)। यह कोई आश्चर्य की बात नहीं कि विघटनाभिक तत्त्व Po, Ra, Ac फ्रेंच वैज्ञानिकों द्वारा खोजे गये। ये खोजें फ्रांस में विघटनाभिकता के आरंभिक अध्ययनों का परिणाम थीं। कुशल स्पेक्ट्रम विशेषज्ञ बोइस बुआबोडरान ने स्पेक्ट्रम विश्लेषण से चार नये तत्त्व खोजे—गैलियम तथा तीन दुर्लभ मृदा तत्त्व (सयेरियम, गैडोलिनियम और डिस्प्रोसियम)। क्रोमियम और बेरिलियम वोक्लीन ने खोजे, जो इतने कुशल विश्लेषक थे कि अगर वे विश्व को एक भी नया रासायनिक तत्त्व भेंट न करते, तो यह बहुत बड़ा अन्याय होता।

तत्त्वों की खोजों में जर्मनी चौथे स्थान पर है : 10 तत्त्व : जिर्कोनियम (1789), यूरेनियम (1789), टाइटेनियम (1795), कैडनियम (1817), सीजियम (1860), रूबीडियम (1861), इंडियम (1863), जर्मेनियम (1886), प्रोटैक्टेनियम (1918), रीनियम (1925)। इन खोजों में तीन बातों ने मुख्य भूमिका निभायी : रसायनज्ञ विश्लेषक क्लाप्रोत की कुशलता ने (Ti, Zr तथा U); स्पेक्ट्रम विश्लेषण के विकास ने (Cs, Rb और In) तथा एक्सरे स्पेक्ट्रम अध्ययन के विकास ने (Re)।

तीन तत्त्व—टैल्यूरियम (1782), प्रेसियोडिमियम (1885), नियोडिमियम (1885), आस्ट्रिया में खोजे गये, दो डेनमार्क में : ऐलुमिनियम (1825) तथा हैफ्नियम (1923)। एक तत्त्व पारद 1844 में रूस में खोजा गया। परंतु यहाँ यह बताना आवश्यक है कि कई-कई नये तत्त्वों की खोजों की खबरें सुनकर रूसी वैज्ञानिकों ने इन नये तत्त्वों को प्राकृतिक खनिजों से प्राप्त किया और इनके गुणों का अध्ययन किया (प्लैटिनम धातुएं, क्रोमियम, स्ट्रान्शियम)। रूसी रसायनज्ञ कई कारणों से नये तत्त्वों की खोज नहीं कर सके परंतु यह नहीं भूलना चाहिये कि तत्त्वों की आवर्त प्रणाली, उनका वर्गीकरण महान् रूसी वैज्ञानिक मेंडेलीफ ने संपन्न किया था तथा यह कार्य कई नये तत्त्वों की खोज से कहीं ज्यादा कठिन था।

यह कोई आश्चर्य की बात नहीं कि प्रकृति में मिले तत्त्वों में से अधिकांश चार देशों के वैज्ञानिकों ने ढूंढ़े : इंगलैंड, जर्मनी, फ्रांस तथा स्वीडन, जहाँ रासायनिक अनुसंधान बहुत विकसित था। इन देशों में ऐसे कई महत्वपूर्ण परिणाम प्राप्त किये गये, जिन्होंने नये रासायनिक तत्त्वों की खोजों में अति महत्वपूर्ण भूमिका निभायी।

संश्लिष्ट तत्त्वों की खोजों का हम ऊपर वर्णन कर चुके हैं (पृ. 245)। यहाँ हम केवल यह और जोड़ना चाहेंगे कि उन तत्त्वों का संश्लेषण सबसे ज्यादा मुश्किल सिद्ध हुआ जिनके Z का मान 102 से 107 तक था तथा ये तत्त्व सर्वप्रथम

सोवियत संघ में संश्लिष्ट किये गये।

एक और दिलचस्प सवाल पूछा जा सकता है : विभिन्न ऐतिहासिक कालों में तत्त्वों की खोज की गति क्या थी ? सुविधा के लिये हम 1750 (रासायनिक विश्लेषण के आरंभ का काल) से 1925 (अंतिम स्थायी तत्त्व रीनियम की खोज का काल) तक का अन्तराल ले लेते हैं और इसे 25.25 साल की अवधियों में बांट देते हैं और नये तत्त्वों की खोजों की गति की निम्न सारणी बना देते हैं :

सारणी 5

सन 1750 से 1925 तक नये तत्त्वों की खोजों की गति

वर्ष		खोजे गये तत्त्वों की संख्या और नाम	ज्ञात तत्त्वों की कुल संख्या
1750 तक	16	(C,P,S.Fe,Co,Cu,Zn,As,Ag,Sn, Sb,Pt,An,Hg,Pb,Bi)	16
1751-1775	8	H,N,O,F,Cl,Mn,Ni,Ba)	24
1776-1800	10	(Be,Ti,Cr,Y,Zr,Mo,Te,W,U,Sr)	34
1801-1825	18	(Li,B,Na,Mg,Al,Si,K,Ca,Se, Nb,Rh,Pd,Cd,I,Ce,Ta,Os,Ir)	59
1826-1850	7	(V,Br,Ru,La,Tb,Er,Th)	59
1851-1875	5	(Rb,In,Cs,Tl,Ga)	64
1876-1900	19	(He,Ne,Ar,Sc,Ge,Kr,Xe,Pr,Nd, Sm,Gd,Dy,Ho,Tu,Yb,Po,Ra,Ac,Rn)	83
1901-1925	5	(En,Lu,Hf,He,Pa)	88

इस सारणी से पता चलता है कि उन्नीसवीं शताब्दी के चतुर्थांशों में प्रथम एवं अन्तिम चतुर्थांशों दो चतुर्थशताब्दियों में सबसे ज्यादा नये तत्त्वों की खोज हुई। पहला काल 1801 से 1825 के बीच का है जब 18 तत्त्व खोजे गये। इसका कारण स्पष्ट है–इस जमाने में क्लाप्रोत, बेर्जेलियस जैसे महान् रसायनज्ञों के अनुसंधान कार्यों के कारण रासायनिक विश्लेषण अपनी चरम सीमा पर पहुँच गया था। डेवी ने भी इस दौरान विश्व को विद्युत्-रसायन विश्लेषण प्रदान कर एक महान् कार्य किया, जिससे तुरंत कई क्षारीय तथा क्षारीय मृदा धातुओं का जन्म हुआ। दूसरा काल 1876 से 1900 के बीच का है जब 19 नये तत्त्व खोजे गये। यह स्पेक्ट्रमदर्शी विधि तथा विकिरणमापीय विधि के विकास तथा दुर्लभ मृदाओं के रसायन की उपलब्धियों का कमाल था। परंतु 1825 से 1875 के बीच 50 साल के अर्से में केवल 12 नये तत्त्व खोजे गये। इसका कारण स्पष्ट है। इस अर्से के दौरान रासायनिक विश्लेषण विधि ने वे सारे बचे-खुचे तत्त्व ढूंढ़ लिये, जिन्हें ढूंढ़ने की उसमें क्षमता थी। इसके विपरीत स्पेक्ट्रम विश्लेषण विधि अभी एक नयी शाखा थी, जो अपनी शक्ति की परख कर रही थी। उसके अच्छे दिन अभी आने थे। जहां तक बीसवीं शताब्दी के प्रथम चतुर्थांश की बात है तो इस अर्से में केवल 5 तत्त्व खोजे गये परंतु इसका मतलब यह नहीं है कि तब विज्ञान की क्षमता सीमित थी। यह तथ्य इस बात को स्पष्ट करता है कि प्रकृति में तत्त्वों का भंडार खाली हो चुका था।

ऊपरी वर्णन में एक कमी है जो इसका महत्व काफी घटा देती है। यह सारणी 4 के आंकड़ों पर, विशेषतया, खोजों

की तिथियों पर आधारित है। परंतु ये तिथियाँ तत्त्वों के इतिहास की विभिन्न घटनायें बताती हैं अर्थात् उनका महत्व विविध है।

यह बात निम्न साधारण उदाहरण से दिखायी जा सकती हैं। तीन हैलोजन–फ्लुओरीन, क्लोरीन तथा ब्रोमीन से लेते हैं। फ्लुओरीन की खोज की तिथि सन् 1771 मानी जाती है जब शील ने एक यौगिक प्राप्त किया जो आगे चलकर हाइड्रोफ्लुओरिक अम्ल साबित हुआ। परंतु इस घटना के केवल 15 साल बाद लाऊज्यो ने यह संभावना प्रकट की कि इस अम्ल में एक नया तत्त्व उपस्थित था परंतु उनकी बात गलत थी क्योंकि उनके विचारानुसार यह तत्त्व ऑक्सीजन था। केवल 1810 में डेवी तथा ऐम्पियर इस निष्कर्ष पर पहुंचे कि हाइड्रोफ्लुओरिक अम्ल हाइड्रोजन तथा एक अज्ञात तत्त्व–फ्लुओरीन का यौगिक था। यह तत्त्व केवल 1886 में स्वतंत्र अवस्था में प्राप्त किया गया। व्यापक रूप से इनमें से हर तिथि फ्लुओरीन की खोज की तिथि मानी जा सकती है परंतु मानी सबसे अनिश्चित तिथि गयी है–1771 शील को ठीक-ठीक पता नहीं था कि उन्होंने खोजा क्या था ?

दूसरी तरफ आयोडीन तत्त्वों की एक बेहतर मिसाल है जिसकी खोज की तिथि पर किसी भी तरह का विवाद नहीं है। सीधे साधारण पदार्थ के रूप में खोज (1811), थोड़े से अर्से में इसका अच्छी तरह से अध्ययन कर लिया गया तथा हैलोजेनों का संबंधी स्वीकार कर लिया गया। अतः हम देख रहे हैं कि तीनों संबंधी धातुओं की खोजों की तीनों तिथियों (1771, 1774 और 1811) का अर्थ भिन्न-भिन्न निकलता है।

अब तीन एक दूसरे से पूर्णतया असंबंधित तत्त्वों ब्रोमियम, इट्रियम तथा हीलियम का उदाहरण लेते हैं। सारणी 4 में इनकी खोज की तिथियों का क्या मतलब निकलता है ? ब्रोमीन की खोज की तिथि (1826) इस तत्त्व को स्वतंत्र अवस्था में प्राप्त करने की तिथि है। इट्रियम की खोज की तिथि (1794, गैडोलियन) इस धातु के ऑक्साइड की प्राप्ति की तिथि है। 40 से ज्यादा साल बाद पता चला कि गैडोलिन का ''इट्रियम'' वास्तविकता में दुर्लभ मृदाओं का मिश्रण था और इसका अपेक्षाकृत शुरू ऑक्साइड मोसांदर ने प्राप्त किया था। अतः 1774 की तिथि सदृश तत्त्वों के मिश्रण की खोज की तिथि है न कि व्यक्तिगत तत्त्व की खोज की तिथि। हीलियम की खोज की अधिकृत तिथि (1868) उस घटना के साथ संबंधित है जो तत्त्वों के इतिहास में पहले कभी नहीं घटी। इस नये तत्त्व के अस्तित्व का सर्वप्रथम संकेत इसकी भू-पदार्थों में उपस्थिति से नहीं बल्कि सौर ज्वालाओं के स्पेक्ट्रम में एक अज्ञात रेखा के प्रेषण से मिला। 1895 तक, जब भू-हीलियम प्राप्त किया गया, यह तत्त्व केवल एक परिकल्पित तत्त्व बना रहा।

इस प्रकार हम फिर देखते हैं कि इस तत्त्व की खोज की तीनों तिथियों का अर्थ तथा पृष्ठभूमि अलग-अलग है। इस तरह के कई और उदाहरण दिये जा सकते हैं।

अब सवाल यह उठता है कि तत्त्वों की खोजों की तिथियों में इस अंतर को स्पष्ट कैसे किया जाये ? इसका उत्तर यह है कि ''रासायनिक तत्त्व की खोज'' शब्दों की कोई निश्चित परिभाषा नहीं है तथा इसे अक्सर विभिन्न प्रसंगों में प्रयोग किया जाता है।

विख्यात सोवियत इतिहासकार फिगुरोव्स्की ने इसकी निम्न परिभाषा दी : ''किसी भी तत्त्व की खोज का मतलब स्वतंत्र अवस्था में उसकी प्राप्ति के साथ-साथ किसी भी यौगिक में रासायनिक या भौतिक विधि से उसकी उपस्थिति भी निश्चित करना है। स्वाभाविक है कि यह परिभाषा उन तत्त्वों पर लागू होती है जिनकी खोजें अठाहरवीं शताब्दी के द्वितीय अर्धांश से शुरू हुई। यह इससे पहले के ऐतिहासिक काल पर नहीं लागू होती, जब वैज्ञानिकों के पास अज्ञात तत्त्वों वाले यौगिकों की संरचना के अध्ययन के साधन नहीं थे।'' हम इस कथन के दूसरे तथा तीसरे वाक्य के साथ पूर्णतया सहमत हैं परंतु पहले के साथ नहीं। इसके अनुसार तत्त्व की साधारण पदार्थ में प्राप्ति तथा यौगिक में इसके अस्तित्व के निर्धारण में कोई अंतर ही नहीं है। परंतु ये दोनों चीजें विभिन्न हैं और हम ऊपर इस बात को सिद्ध कर चुके हैं, जब हमने कुछ तत्त्वों की खोजों की तिथियों का मतलब बताया था। ''किसी भी तत्त्व को साधारण पदार्थ में प्राप्त करना उसके इतिहास की अतिमहत्वपूर्ण घटना है।'' फिगुरोवस्की-रासायनिक तत्त्वों की खोज और उनके नामों की उत्पत्ति, मास्को, (1970, पृ.

25-26। इस बात में कोई शक नहीं कि किसी भी तत्त्व के गुणों की पर्याप्त जानकारी तभी होगी, जब उसे स्वतंत्र अवस्था में प्राप्त कर लिया जायेगा। वैज्ञानिक केवल तभी उसके रासायनिक गुण जैसे, विभिन्न अभिकर्मकों के साथ इसकी प्रतिक्रिया और अधिकांश भौतिक गुण पता कर सकते हैं। अतः तत्त्व की स्वतंत्र अवस्था में प्राप्ति उसकी खोज का उच्च चरण तथा यौगिक के रूप में उसकी प्राप्ति उसकी खोज का निम्न चरण माना जाना चाहिये।

तत्वों की खोज का इतिहास इस बात का साक्षी है कि खोज के उच्च चरण तक हमेशा यह नहीं था कि तत्त्व स्वतंत्र अवस्था में प्राप्त हो गया था। अतः कई उदाहरणों में तत्त्व की खोज एक अकेली घटना नहीं मानी जा सकती। सारणी 4 में हर तत्त्व के इतिहास की केवल एक तिथि दी गई है अर्थात् एक किस्म के इतिहास की उपेक्षा की गयी है। सारणी में कुछ तिथियाँ नए तत्त्वों के अस्तित्व के अप्रत्यक्ष निर्धारणों की तिथियाँ जो सर्वप्रथम विकिरणमापीय या स्पेक्ट्रमदर्शी विधि से खोजे गये परंतु पदार्थ के रूप में नहीं प्राप्त किये गये।

खोजों की विधियों के आधार पर तत्त्व दो ग्रुपों में बांटे जा सकते हैं : 1 प्रकृति में ढूंढ़े गये तत्त्व 11, संश्लिष्ट तत्त्व। प्रथम ग्रुप में से वे तत्त्व निकल जाते हैं जिन पर 'खोज' की परिभाषा लागू नहीं होती है अर्थात् प्राचीन काल के तथा मध्ययुग के तत्त्व।

हम देखते हैं कि प्रथम ग्रुप में अधिकांश तत्त्व ऐसे हैं जो आरंभ में यौगिकों के रूप में प्राप्त किये गये (Li, Be, F, SC, Ti, V, Rb, Y, Zr, Nb, Mo, La, Ce, Pr, Nd, Sm, Eu, Gd, Tb, Dy, Ho, Fr, Tu, Yb, Lu, Hf, Ta, W, Re, Po, Fr, Ro, Ac, Pa, Th, U। इन 36 में से 10 तत्त्वों (Pb, Sm, Eu, Dy, Ho, Tu, Yb, Lu, Hf, Re) को आरंभ में स्पेक्ट्रम विधि से प्राप्त किया गया और (5 को Po, Fr, Sr, Ac, Pa) विकिरणमापीय विधि से। इनमें से कुछ तत्त्व इस सूची में सप्रतिबंधित शामिल किये गये हैं। लगभग इतने ही तत्त्व (40) सीधे स्वतंत्र अवस्था में प्राप्त किये गये अर्थात् यौगिकों के रूप में उनकी प्राप्ति की नौबत ही नहीं आयी। ये निम्न तत्त्व थे : H, He, B, N, O, Ne, Na, Mg, Al, Si, P, Cl, Ar, K, Ca, Cr, Mn, Co, Ni, Cra, Cre, Se, Br, Kr, Sr, Ru, Rn, Pd, Cd, In, Te, I, Xe, Cs, Ba, Os, Ir, Pt, Tl, Rn। इनमें से आठ तत्त्वों (He, Ne, Ar, Kr, Xe, Cs, In तथा Tl) की उपस्थिति आरंभ में स्पेक्ट्रमदर्शी विधि द्वारा सिद्ध की गयी और रेगॅन आरंभ में विकिरणमापीय विधि द्वारा प्राप्त किया गया।

इस प्रकार हम देखते हैं कि रासायनिक तत्त्वों के इतिहास का समापन अभी बहुत दूर है। इसे पुराने आंकड़ों के नये अध्ययन तथा पुनः मूल्यांकन की जरूरत है। विश्वसाहित्य में अभी तक एक भी मौलिक कार्य नहीं छपा है जिसमें तत्त्वों की खोजों के इतिहास का सविस्तार तथा व्यापक विवरण दिया गया हो।

हमारी पुस्तक इस दिशा में केवल एक प्रयास मात्र है। परंतु पुस्तक की समाप्ति से पहले हम पाठकों का ध्यान उस समस्या की ओर दिलाना चाहेंगे जिसका तत्त्वों के इतिहास के साथ सीधा संबंध है। हमारा अभिप्राय तत्त्वों की झूठी खोजों से है। यहाँ हम 100 के लगभग नामों को केवल गिनाने जा रहे हैं, जिनका संबंध झूठी खोजों के साथ रहा है (खोजकर्ता का नाम तथा तिथि बताने जा रहे हैं) तथा इन त्रुटियों के कारणों का संक्षिप्त अध्ययन करने जा रहे हैं। आधे से ज्यादा झूठी खोजें दुर्लभ मृदा तत्त्वों के अध्ययन के दौरान हुईं (यहां त्रुटियों की संख्या दोगुनी नाम न देकर केवल लातीनी या यूनानी अक्षरों से विशिष्ट कर दिया गया)। इन झूठे तत्त्वों की सूची निम्न है : आस्ट्रियम (1886, लिनेमान), बेर्जेलियम (1903, बास्करविले), कैरोलिनियम (1900, बास्करविले), सेल्तियम (1911, उरबेन), कोलंबियम (1879, स्मिथ), डमेरियम (1878, लाउर, आन्तश), डेसिपियम (1804, डिलाफोन्टेन), डिमोनियम (1894, रोलैंड), डेनेबियम (1916, ऐडर), डोनेरियम (1851, बर्गमान), ड्यूभियम (1916, ऐडर), यूरोसमेरियम (1917, ऐडर), यूक्सेनियम मृदा 1, 11 (1901, हाफ्मान, प्रान्डटल), ग्लाउकोडिनियम (1897, खुश्चेव), इनकोगनिटम और आयोनियम (1905, क्रूक्स), जूनोनियम (1811, थामसन), कास्मियम (1896, कास्मान) ल्यूसियम (1896, बेरियर), मेसरियम (1892, रिचमोन्ड), मेटासीरियम (1895, ब्राउनर), मोनियम या विक्टोरियम (1898, क्रूक्स), मोसांदरियम (1877, स्मिथ), नियोकास्मियम (1896, कास्मान), फिलीपियम

(1878, डिलाफोन्टेन), रोजेरियम (1879, स्मिथ), रूसियम (1887, खुश्चेव), वेस्टियम (1818, गिल्बर्ट), वेसियम (1862, बाहर), वेल्सियम (1920, ऐडर)। अन्य झूठी दुर्लभ मृदाओं को कोई नाम नहीं दिया गया।

43, 61, 85 तथा 87 नंबर तत्त्वों की खोज के साथ कई झूठी खोजें संबंधित है। वैज्ञानिक बहुत लंबे अर्से तक प्रकृति में इन तत्त्वों को प्राप्त करने में असफल होते रहे, विशेष रूप से हमारी शताब्दी के पहले चार दशकों में। कुछ उदाहरण निम्न है : अलाबेमियम (1931, एलिसन तथा अन्य), एलसेलिनियम (1926, लोरिंग, डरूस), डेसिनम (1973, सेपारेट), फ्लोरेन्सियम (1926, रोला, फर्नान्डीज), डेल्बेटियम या ऐन्गलोहेल्वेटियम (1940, मिन्डर ; 1942, ले स्मिथ), इलिनियम (1926, हैरिस तथा अन्य), लेप्टाइन (1943, मार्टिन), मजरियम (1925, नोडाक, टाके, वर्ग), मल्दावियम (1937, हयूलूबी), निपोनियम (1908 ओगावा), रूसियम (1925) दोब्रोसेरदोव, वर्जीनियम (1930, ऐलिसन तथा अन्य)। चौथे दशक के मध्य में पारयूरेनियम तत्त्वों की खबरें आयीं, जो झूठी निकलीं ओजोनियम, हैस्परियम, बोहेमियम, सिक्यूऐनियम।

जटिल अयस्कों तथा खनिजों के अध्ययन के दौरान बहुत सारी झूठी खोजें हुई, विशेष रूप से परिष्कृत प्लैटिनम के अध्ययन के दौरान। उदाहरणतया, नीचे दिये तत्त्वों की खोजों की रिपोर्ट आयीं अमेरिलियम (1902, कर्टिस), वेस्टियम (1808, सन्यादेत्स्की), डेवियम (1877, कर्न), जोजेफिनियम (1903, खोजकर्ता का नाम पता नहीं है), कैनेडियम (1911, फेरन्च), प्लूरेनियम, पोलिनियम औ रूथीनियम (1829, ओसान), आउडेलियम (1879, गेयार्ड)। गेन्थ (1853), चेन्डलर (1862), विल्म (1883) ने भी नयी प्लैटिनम धातुओं की खोजों की सूचना दी, परंतु उन्होंने इन धातुओं को कोई नाम नहीं दिया। निस्संदेह, यह सूची अधूरी है।

कोबाल्ट, जिर्कोनियम तथा निकैल के खनिजों-कोलंबाइटों के अध्ययन ने भी कई झूठी खोजों को जन्म दिया : वेस्टियम या सीरियम (1818, वैस्ट), वोडेनियम (1818, लैम्पेडियस), ग्नोमियम (1889, क्रूज, शामिल), डिआनियन (1860, कोबेल), इडूनियय (1884, वेबस्की), इलमेनियम (1846, हरमान), नेप्टयूनियम (1850, हरमान), नीजरियम (1869, चर्च) निकोलेनम (1803, रिख्तर), नोर्वेजियम (1879, डाहल), नोरियम (1845, स्वानबर्ग), ओस्ट्रान (1825, ब्रेथाउप्ट), पेलोपियम (1846, रोज), जार्गोनियम (1869, सोर्बी)।

इस प्रकार झूठी खोजों के चार ग्रुप बनते हैं। इनके अलावा इतिहास में अकेली झूठी खबरें मिलती हैं जो मात्र संयोगवश फैलीं। उदाहरणतया, आस्ट्रियग (1889, ब्राउनर), ऐक्टिनियम (1881, फिप्सन), क्रोडोनियम (1820, ट्रोम्सडोर्फ), डोनियम (1836, रिचार्डसन), एका-टैल्यरियम (1889, ग्रनवाल्ड), इथेरियम (1877, ब्रश), लेवोएसियम (1898, प्राट), पानक्रोमियम या एरीट्रोनियम (1801, डेअरिओ), ट्रीनियम (1836, बोआज), एका-टैल्यूरियम (1889, ग्रुन्वाल्ड), एफिरोन (1898, ब्राश)।

ऊपर दिये गये नाम कभी-कभी दो बार मिलते हैं (आस्ट्रियम, वेस्टियम) या वास्तविक तत्त्वों के नाम से मिलते हैं (एक्टिनियम, रूथीनियम)। यह संयोग की बात है। जिन तत्त्वों के ऊपर तार का चिन्ह बना हुआ है, वे विशेष महत्व रखते हैं। इन उदाहरणों में इस बात के सबूत मिलते हैं कि अध्ययनित नमूनों में वास्तव में अज्ञात तत्त्व उपस्थित था जिसकी पहचान नहीं हो सकी थी। इन तत्त्वों को झूठे तत्त्व की जगह अमान्य तत्त्व कहना बेहतर होगा। उदारहण के लिये, अमेरिलियम तथा डेवियम रीनियम के पूर्वाधिकारी माने जा सकते हैं तथा नियोनियम–हैफ्नियम का।

ऊपर गिनाये सभी झूठे तत्त्व प्रयोगों के परिणाम से मिले थे जो लगभग ठीक प्रकार से संपन्न किये गये थे परंतु जिनके परिणामों के गलत अर्थ लगाये गये थे। इनके साथ-साथ पुराने रसायन तथा भौतिक साहित्य में कुछ ऐसे तत्त्वों के नाम भी मिलते हैं जो कभी-कभी किसी द्वारा खोजे ही नहीं गये। ये एक प्रकार के परिकल्पित तत्त्व हैं जिनका अस्तित्व किसी प्रक्रम की व्याख्या देने के लिये कल्पित किया गया या अप्रत्यक्ष सबूतों के आधार जिनकी उपस्थिति स्वीकार की गयी उदाहरण के लिये कोरोनियम, नेबूलियम, ऐस्टेरियम, आर्कोनियम तथा प्रोटोफ्लुओरीन, जो विभिन्न अंतरिक्ष पिंडों में उपस्थित हो सकते थे। तत्त्वों के इतिहास के साथ इनका कोई संबंध नहीं है।

रसायन विज्ञान : सहज बोध

प्रस्तावना

प्रोफेसर निकोलाई ग्लीनका की प्रस्तुत पुस्तक 'सामान्य रसायन : प्रश्न और अभ्यास' कई सालों से सोवियत संघ के स्कूलों तथा उच्च शिक्षा-संस्थानों के विद्यार्थियों और रसायन के अध्यापकों की प्रिय पुस्तक बनी हुई है। पुस्तक की लोकप्रियता का प्रमुख कारण यह है कि इसमें अभ्यासों का चयन अत्युत्तम है और प्रश्नों से पहले तत्संबंधी विषय की संक्षिप्त और सुस्पष्ट व्याख्या दी गई है। पुस्तक का महत्व इस बात से और भी अधिक बढ़ता है कि इसके अभ्यास प्रोफेस ग्लीनका की ही सुप्रसिद्ध पाठ्य-पुस्तक—सामान्य रसायन—पुस्तक 1, 2 के अध्यायों के अनुरूप बनाए गए हैं। इस पाठ्य-पुस्तक का हिंदी अनुवाद मीर प्रकाशन ने सन् 1984 में छापा है।

इस अभ्यास-पुस्तिका के रूसी में अब तक चौबीस संस्करण निकल चुके हैं। स्वर्गीय प्रोफेसर ग्लीनका ने 1964 में तेरहवें संस्करण के लिए इसमें संशोधन किए थे। इसके बाद के वर्षों में रसायन-विज्ञान के विकास तथा स्कूलों और उच्च शिक्षा-संस्थानों के पाठ्यक्रमों में परिवर्तनों को देखते हुए पुस्तक में भी बहुत से संशोधन करना आवश्यक हो गया। यह काम निम्नलिखित विद्वानों ने किया : अध्याय 2 ता. अलेक्सेयेवा, पी एच. डी. ने, अध्याय 3, 4, 9—ना. प्लातुनोवा, पी एच. डी. ने, अध्याय 5—रूबिना, पी एच. डी. व रबिनोविच, पी एच. डी. ने, अध्याय 8—ख्रीपुनोवा, पी एच. डी. व रबिनोविच, पी एच. डी. ने। ता. अलेक्सेयेवा ने अध्याय 1 और 10, रूबिना ने अध्याय 6 और 7 तथा प्लातुनोवा व अलेक्सेयेवा ने अध्याय 11 संशोधित तथा संपूरित किए हैं।

पारस्परिक प्रश्नों तथा अभ्यासों के अलावा पुस्तक में कई परिच्छेदों में विद्यार्थियों के ज्ञान की परीक्षा के लिए प्रश्न दिए गए हैं, जिसके आधार पर विद्यार्थी विषय के बारे में अपने ज्ञान की जा4च कर सकता है। हर प्रश्न के अंत में कई सारे उत्तर दिए गए हैं जिनमें से एक या एकाधिक सही उत्तरों को ढूँढ़ना है। कई प्रश्नों में उत्तर की पुष्टि करनी चाहिए जिसके लिए अभ्यास में दिए गए उदाहरणों में सही उत्तर ढूँढ़ना चाहिए। अगर छात्र द्वारा चुना गया उत्तर पुस्तिका के अंत में दिए गए उत्तर से पूर्णतया या आंशिक रूप से नहीं मिलता है तो इसका अर्थ यह है कि विद्यार्थी को उस परिच्छेद के आरंभ में दी गई व्याख्या फिर से पढ़नी चाहिए या पाठ्य-पुस्तक की सहायता लेनी चाहिए।

इस संस्करण को तैयार करते समय लेखकों तथा संपादकों ने प्रोफेसर ग्लीनका की मूल पुस्तक की शैली तथा खूबियों को बनाए रखने का प्रयास किया है, साथ ही इस बात का भी ध्यान रखा है कि इस पुस्तक का स्वरूप प्रोफेसर ग्लीनका की पुस्तक 'सामान्य रसायन' के अंतिम संस्करणों के साथ मेल खाए। हम अपने पाठकों—अध्यापकों तथा विद्यार्थियों—के सुझावों के लिए बहुत आभारी होंगे, इससे पुस्तक को सुधारने में सहायता मिलेगी।

साधारण रससमीकरणमितीय गणनाएँ

1. तुल्य. तुल्यता नियम

किसी तत्व का **तुल्य** उसकी उस मात्रा को कहते हैं जो हाइड्रोजन के परमाणुओं के एक मोल के साथ संयुक्त होती है या रासायनिक अभिक्रियाओं में हाइड्रोजन परमाणुओं की उसी संख्या का स्थान ले लेती है।

किसी तत्व के एक तुल्य का द्रव्यमान उसका **तुल्य द्रव्यमान** कहलाता है।

उदाहरण 1. यौगिकों HBr, H_2O और NH_3 में तत्वों के तुल्य तथा तुल्य द्रव्यमान ज्ञात करें।

हल. ऊपर दिए गए यौगिकों में ब्रोमीन परमाणुओं का 1 मोल, आक्सजीन परमाणुओं $\frac{1}{2}$ मोल तथा नाइट्रोजन परमाणुओं का $\frac{1}{3}$ मोल हाइड्रोजन परमाणुओं के 1 मोल के साथ मिलता है। अतः परिभाषा के अनुसार ब्रोमीन, आक्सीजन तथा नाइट्रोजन के तुल्य 1 मोल, $\frac{1}{2}$ मोल तथा $\frac{1}{3}$ मोल के बराबर होंगे। इन तत्वों के परमाणुओं के मोलीय द्रव्यमान यह बताते हैं कि ब्रोमीन का तुल्य द्रव्यमान 79.9 g/mol, आक्सीजन का $16 \times \frac{1}{2} = 8$ g/mol तथा नाइट्रोजन का $14 \times \frac{1}{3} = 4.67\ g / mol$ होगा।

किसी तत्व का तुल्य या तुल्य द्रव्यमान ज्ञात करने के लिए उसके हाइड्रोजन यौगिक को लेना जरूरी नहीं है। निर्दिष्ट तत्व का तुल्य (तुल्य द्रव्यमान) किसी दूसरे तत्व के साथ उसके यौगिकों की संरचना के आधार पर कलित किया जा सकता है, अगर उसका तुल्य ज्ञात है।

उदाहरण 2. जब 5.6 ग्राम लोहा सल्फर के साथ मिलाया गया, तब 8.8 ग्राम फेरस सल्फाइड प्राप्त हुआ। फेरस E_{Fe} का तुल्य द्रव्यमान 16 g/mol के बराबर होता है।

हल. उदाहरण के आंकड़े यह बताते हैं कि फेरस सलफाइड में 5.6 ग्राम फेरस और 8.8-5.6 = 3.2 ग्राम सल्फर है। तुल्यता नियम के अनुसार एक दूसरे के साथ प्रतिक्रिया करने वाले पदार्थों के द्रव्यमान उनके तुल्य द्रव्यमानों के आनुपातिक होते हैं। अतः

5.6 ग्राम फेरस 3.2 ग्राम सल्फर के बराबर होगा,

E_{Fe} g/mol फेरस 16 g/mol सल्फर के बराबर होगा,

जिससे स्पष्ट है : $E_{Fe} = \dfrac{5.6 \times 16}{3.2} = 28\ g/mol$

फेरस के परमाणुओं का मोलीय द्रव्यमान संख्यात्मक रूप से इसके सापेक्षिक मोलीय द्रव्य (56 g/mol) से मिल रहा है। चूंकि फेरस का तुल्य द्रव्यमान (28 g/mol) इसके परमाणुओं के मोलीयद द्रव्यमान का आधार है, अतः फेरस के एक मोल में दो तुल्य होते हैं। अतः फेरस का तुल्य $\frac{1}{2}$ मोल के बराबर हुआ।

तुल्यता नियम के आधार पर यौगिकों के तुल्य द्रव्यमान ज्ञात करने के लिए निम्न सूत्र बनाए जा सकते हैं :

$$E_{\text{आक्साइड}} = \frac{M_{\text{आक्साइड}}}{\text{तत्व के परमाणुओं की संख्या} \times \text{तत्व की संयोजकता}}$$

$$E_{\text{अम्ल}} = \frac{M_{\text{अम्ल}}}{\text{अम्ल का भस्म*}}$$

$$E_{\text{भस्म}} = \frac{M_{\text{भस्म}}}{\text{भस्म की अम्लता**}}$$

$$E_{\text{अम्ल}} = \frac{M_{\text{लवण}}}{\text{धातु के परमाणुओं की संख्या} \times \text{धातु की संयोजकता}}$$

यहाँ M यौगिक का मोलीय द्रव्यमान है।

उदाहरण 3. एक विलयन में 8 ग्राम NaOH उपस्थित है। ज्ञात करें कि इस विलयन को सल्फ्यूरिक अम्ल द्वारा उदासीन करने से प्राप्त सोडियम हाइड्रोजन सल्फेट का द्रव्यमान कितना होगा?

हल. हम सोडियम हाइड्रोक्साइड का तुल्य द्रव्यमान ज्ञात कर सकते हैं : $E_{NaOH} = M_{NaOH}/1 = 40\ g/mol$

अतः NaOH के 8 gNaOH के तुल्य द्रव्यमान का $\frac{8}{40} = 0.2$ भाग बनाते हैं। तुल्यता नियम के अनुसार प्राप्त लवण का द्रव्यमान भी इसके तुल्य द्रव्यमान का 0.2 भाग होता है।

अब हम लवण का तुल्य द्रव्यमान ज्ञात कर सकते हैं : $E_{(NaHSO_4)}$ *** = $M_{(NaHSO_4)}/1 = 120$ g/mol । प्राप्त सोडियम हाइड्रोजन सल्फेट का द्रव्यमान 120x0.2 = 24 ग्राम हुआ।

* किसी भी अम्ल की भस्मता प्रोटोनों की उस संख्या से निर्धारित होती है जो भस्म के साथ अम्ल की अभिक्रिया के साथ उसके अणु से प्राप्त होती है।

** किसी भी क्षार की अम्लता अणु के प्रोटोनों की संख्या द्वारा निर्धारित होती है जो अम्ल के साथ अणु की अभिक्रिया के समय उसके साथ संयुक्त होकते हैं।

* आगे चलकर हम रासायनिक सूत्र (उदाहरणार्थ) E_{NaHSO_4} को इस तरह लिखेंगे : $E_{(NaHSO_4)}$.

गैसीय अभिकारकों के आयतनों संबंधी प्रश्नों का हल करते समय तुल्य आयतन के मान का इस्तेमाल करना उचित रहता है।

तुल्य आयतन उस आयतन को कहते हैं जो दी गई परिस्थितियों में विचाराधीन पदार्थ के एक तुल्य के बराबर होता है। गैसीय अवस्था में स्थित पदार्थ का तुल्य आयतन ज्ञात किया जा सकता है अगर हमें यह याद हो कि एक परमाणुक अणु वाली किसी भी गैस के मोलीय आयतन में परमाणुओं का एक मोल होता है, द्विपरमाणु अणु वाली गैस के मौलीय आयतन में परमाणुओं के दो मोल होते हैं, इत्यादि। उदाहरणतया, सामान्य परिस्थितियों में (मानक ताप तथा दाब) 22.4 तथा H_2 में हाइड्रोजन परमाणुओं के दो मोल उपस्थित होते हैं। चूँकि हाइड्रोजन का तुल्य एक मोल होता है, अतः 22.4 लीटर H_2 में दो हाइड्रोजन तुल्य होते हैं, अर्थात हाइड्रोजन का तुल्य आयतन 22.4/2 = 11.2 लीटर मोल हुआ।

उदाहरण 4. किसी धातु का तुल्य द्रव्यमान 28 g/mol है। इसकी एक निश्चित मात्रा सामान्य परिस्थितियों में अम्ल से 0.7 लीटर हाइड्रोजन विस्थापित करती है। धातु का द्रव्यमान कलित करे।

हल. हम यह जानते हैं कि हाइड्रोजन का तुल्य आयतन 11.2 l/mol होता हैं इसके आधार पर हम निम्न अनुपात बताते हें : 28 ग्राम धातु 11.2 लीटर हाइड्रोजन के तुल्य है। x ग्राम धातु 0.7 लीटर हाइड्रोजन के तुल्य है।

अतः $X = \frac{0.7 \times 28}{11.2} = 1.75$ ग्राम

प्रश्न

1. किसी धातु की 5.00 ग्राम मात्रा के दहन से 9.44 ग्राम आक्साइड प्राप्त होता है। धातु का तुल्य द्रव्यमान ज्ञात करें।

2. किसी धातु की एक समान मात्रा 0.200 ग्राम आक्सीजन तथा 3.17 ग्राम हैलोजेन के साथ संयोजित होती है। हैलोजेन का तुल्य द्रव्यमान ज्ञात करें।

3. एक लीटर आक्सीजन का द्रव्यमान 1.4 ग्राम है। 21 ग्राम मैग्नीशियम के दहन के लिए कितने लीटर आक्सीजन की जरूरत पड़ेगी अगर मैग्नीशियम का तुल्य $\frac{1}{2}$ मोल है?

4. एक धातु तथा सल्फर के तुल्य द्रव्यमान ज्ञात कीजिए अगर 3.24 ग्राम धातु 3.48 ग्राम आक्साइड तथा 3.72 ग्राम सल्फाइड बनाती है।

5. अगर किसी द्विसंयोजन धातु की 8.34 ग्राम मात्रा सामान्य परिस्थिति में 0.680 लीटर आक्सीजन द्वारा उपचयित होती है, तो उस धातु का परमाणु द्रव्यमान कितना होगा? यह भी बताइए कि वह धातु कौन सी होगी।

6. आर्सेनिक दो आक्साइड बनाता है जिनमें से पहले में 65.2% As तथा दूसरे में 75.7% As उपस्थित है। दोनों आक्साइडों में आर्सेनिक के तुल्य द्रव्यमान ज्ञात कीजिए।

7. किसी धातु की 1.00 ग्राम मात्रा 8.89 ग्राम ब्रोमीन तथा 1.78 ग्राम सल्फर के साथ संयोजित होती है। सल्फर के तुल्य द्रव्यमान 16.0 g/mol है। यह जानकर ब्रामीन तथा धातु के तुल्य द्रव्यमानों का कलन करें।

8. क्लोरीन का तुल्य द्रव्यमान 35.5 g/mol है तथा कापर परमाणुओं का मोलीय द्रव्यमान 63.5 g/mol है। कापर क्लोराइड का तुल्य द्रव्यमान 99.5 g/mol है। कापर क्लोराइड का सूत्र क्या है?

9. किसी धातु की 16.8 ग्राम मात्रा को घोलने के लिए 14.7 ग्राम सल्फ्यूरिक अम्ल की आवश्यकता पड़ी। धातु का तुल्य द्रव्यमान तथा विस्थापित हाइड्रोजन का आयतन ज्ञात करें। (सामान्य परिस्थितियों में)।

10. किसी धातु के आक्साइड की 1.80 ग्राम मात्रा के अपचयन के लिए 833 मिलीलीटर हाइड्रोजन की जरूरत पड़ी। (हाइड्रोजन सामान्य परिस्थितयों में नापा गया) आक्साइड तथा धातु के तुल्य द्रव्यमान ज्ञात कीजिए।

11. किसी धातु का तुल्य द्रव्यमान 27 g/mol है। इसकी एक निश्चित मात्रा एक अम्ल से सामान्य परिस्थितियों में नापा गया 700 मिलीलीटर हाइड्रोजन विस्थापित करती है। धातु का द्रव्यमान ज्ञात कीजिए।

12. 1.60 ग्राम कैल्सियम तथा 2.16 ग्राम जिंक एक अम्ल से हाइड्रोजन की एक समान मात्रा विस्थापित करते हैं। अगर कैल्सियम का तुल्य द्रव्यमान 20.0 g/mol है, तो जिंक का तुल्य द्रव्यमान कितना होगा?

13. सल्फ्यूरिक अम्ल तथा आर्थोफास्फोरिक अम्ल के आण्विक द्रव्यमान एक जैसे हैं। क्षार की एक समान मात्रा को उदासीन करने के लिए इन अम्लों के द्रव्यमानों का अनुपात क्या होगा अगर इन अभिक्रियाओं से सल्फेट तथा डाइहाइड्रो आर्थोफास्फेट प्रापत हुए हों?

14. कापर दो आक्साइड बनाता है। इसकी एक निश्चित मात्रा के पहले आक्साइड की तुलना में दूसरा आक्साइड बनाने के लिए दोगुना अधिक आक्सीजन की जरूर पड़ी। पहले और दूसरे आक्साइड में कापर की संयोजकताओं में क्या अनुपात होगा?

15. जब आर्थोफास्फोरिक अम्ल की एक क्षार के साथ अभिक्रिया कराई गई तो लवण Na_2HPO_4 प्राप्त हुआ। इस स्थिति में आर्थोफास्फोरिक अम्ल का तुल्य द्रव्यमान कितना होगा?

16. किसी अम्ल की 2.45 ग्राम मात्रा को उदासीन करने के लिए 2.00 ग्राम सोडियम हाइड्रोक्साइड की जरूरत पड़ती है। उस अम्ल का तुल्य द्रव्यमान ज्ञात करें।

17. किसी पदार्थ की 5.95 ग्राम मात्रा के साथ 2.75 ग्राम हाइड्रोजन क्लोराइड की अभिक्रिया के फलस्वरूप 4. 40 ग्राम लवण प्राप्त हुआ। उस पदार्थ तथा प्राप्त लवण के तुल्य द्रव्यमानों के मान ज्ञात कीजिए।

18. 0.376 ग्राम ऐलुमिनियम ने अम्ल के साथ अभिक्रिया करके सामान्य परिस्थितियों में नापे गए 0.468 लीटर हाइड्रोजन को विस्थापित कर दिया। यह जानकर कि ऐलुमिनियम का तुल्य द्रव्यमान 8.99 g/mol है, हाइड्रोजन का तुल्य आयतन कलन करें।

अपना ज्ञान परखिए

19. किसी तत्व का तुल्य किस बात पर निर्भर करता है?

(a) तत्व की संयोजकता पर (b) इसका मान हमेशा स्थिर रहता है।

20. नीचे दिए सूत्रों में से तुल्य नियम का सही सूत्र कौन-सा है?

a) $\frac{m_1}{m_2} = \frac{E_2}{E_1}$; b) $m_1E_2 = m_2E_1$

21. फास्फोरस दो क्लोराइड बनाता है जिसकी संरचनाएँ भिन्न होती हैं। इन यौगिकों में किस तत्व का तुल्य स्थिर रहता है?

(a) क्लोरीन (b) फास्फोरस

22. सामान्य परिस्थितियों के लिए आक्सीजन और हाइड्रोजन के तुलय आयतनों के सही मान चुन लीजिए :

(a) 11.2 लीटर आक्सीजन तथा 22.4 लीटर हाइड्रोजन;

(b) 11.2 लीटर आक्सीजन तथा 11.2 लीटर हाइड्रोजन;

(c) 5.6 लीटर आक्सीजन तथा 11.2 लीटर हाइड्रोजन;

23. किसी धातु का तुल्य द्रव्यमान 12 g/mol है। इसके आक्साइड का तुल्य द्रव्यमान कितना होगा ?

(a) 24 g/mol; (b) इसे ज्ञात नहीं किया जा सकता; (c) 20 g/mol.

24. किसी धातु का तुल्य द्रव्यमान आक्सीजन के तुल्य द्रव्यमान से दुगुना अधिक है। धातु के आक्साइड का द्रव्यमान धातु के द्रव्यमान से कितने गुना ज्यादा होगा? (a) 1.5 गुन; (b) 2 गुना (c) 3 गुना।

25. सल्फर दो क्लोराइड -S_2CI_2 तथा SCI_2 बनाता है; SCI_2 में सल्फर का तुल्य द्रव्यमान 16 g/mol है। S_2CI_2 में सल्फर के तुल्य द्रव्यमान का सही मान बताएँ :

(a) 8 g/mol (b) 16 g/mol (c) 32 g/mol.

26. क्या यौगिकों $CrCI_3$ तथा $Cr_2(SO_4)_3$ में क्रोमियम का तुल्य एक समान होता है?

(a) हाँ (b) नहीं।

2. मुख्य गैस नियम

किसी भी गैस की अवस्था उसके तापमान, दाब तथा आयतन द्वारा लक्षित होती है। अगर किसी गैस का तापमान O°C है तथा इसका दाब मानक वायुमंडलीय दाब (101.325 kPa या 760mm Hg) के बराबर है तो गैस की ऐसी परिस्थितियों को **सामान्य परिस्थितियाँ** कहते हैं। इन परिस्थितियों में गैस के आयतन को V_0 द्वारा द्योतित करते हैं तथा दाब को P_0 द्वारा।

बायल-मेरियत के नियमानुसार **स्थिर ताप पर गैस का दाब उसके आयतन के व्युत्क्रमानुपाती है :**

उदाहरण 1. किसी निश्चित तापमान पर एक गैस के तीन लीटर आयतन का दाब 93.3 kPa (700mm Hg) है। अगर तापमान में परिवर्तन लाए बिना गैस का आयतन घटाकर 2.8 लीटर कर दिया जाए, तो उस गैस का दाब कितना होगा?

हल . अज्ञात दाब को P_2 द्वारा द्योतित कर हम निम्न समीकरण लिख सकते हैं :

गे-लुसाक नियम के अनुसार **स्थिर दाब पर गैस का आयतन परम ताप** (T) **के अनुत्क्रमानुपाती होता है :**

उदाहरण 2. 27°C पर किसी गैस का आयतन 600 ml है। 57°C पर गैस का आयतन कितना होगा, अगर दाब स्थिर रहता है?

हल. अज्ञात आयतन को V_2 द्वारा द्योतित करते हैं तथा इसके संगत तापमान को T_2 द्वारा। उदाहरण के आंकड़ों के अनुसार

$V_1 = 600$ ml, $T_2 = 273 + 27 = 300$ K

तथा $T_2 = 273 + 57 = 300$ K

इन मानों को गे-लुसाक नियम के सूत्र में भर देते हैं :

स्थिर आयतन पर गैस का दाब परम ताप के अनुत्क्रमानुपाती होता है :

उदाहरण 3. 15°C पर आक्सीजन के एक सिलिंडर में दाब $91.2 x 10^2$kPa है। कितने तापन पर आक्सीजन का दाब $101.33 x 10^2$kPa हो जाएगा?

हल. मान लेते हैं कि अज्ञात तापमान T_2 के बराबर है। आंकड़ों के अनुसार

$T_2 = 273 + 15 = 288\ K\ P_1 = 91.2 x 10^2$kPa

तथा $P_2 = 101.33 x 10^2$kPa

इन मानों को पिछले समीकरण में भर देते हैं :

किसी गैस के आयतन, दाब तथा ताप के बीच संबंध बायल तथा गे-लुसाक के नियमों को मिलाकर एक समीकरण द्वारा प्रस्तुत कर सकते हैं :

जहाँ P और V तापमान T पर गैस का दाब तथा आयतन है और P_0 तथा V_0 सामान्य परिस्थितियों में गैस का आयतन तथा दाब हैं।

इस समीकरण की सहायता से ऊपर दिए गए मानों में से किसी को भी ज्ञात किया जा सकता है अगर बाकी मान ज्ञात हों।

उदाहरण 4. 25°C ताप तथा 99.3 kPa (745 mm Hg) दाब पर किसी गैस की एक निश्चित मात्रा 152ml आयतन घेरती है। O°C ताप तथा 101.33 kPa दाब पर गैस की उतनी ही मात्रा का आयतन कितना होगा?

हल. उदाहरण के आंकड़ों को पिछले समीकरण में भर देते हैं :

प्रश्न

28. 17°C ताप पर किसी गैस की निश्चित मात्रा का आयतन 580ml है। 100°C पर गैस की उतनी ही मात्रा आयतन कितना होगा, अगर दाब स्थिर रहता है ?

29. किसी गैस के 2.5 लीटर आयतन का दाब 121.6kPa (912mm Hg) है। अगर ताप बदले बिना गैस को संपीडित करके उसका आयतन एक लीटर कर दिया जाए, तो उसका दाब कितना होगा?

30. O°C ताप पर एक बंद बर्तन में भरी गैस को कितने केल्विन तक गर्म किया जाए कि उसका दाब दुगुना हो जाये?

31. 27°C ताप तथा 720mm Hg दाब पर किसी गैस का आयतन 5 लीटर है। 39°C ताप तथा 104kPa दाब पर उसका आयतन कितना होगा?

32. एक बंद बर्तन में 7°C पर सिकी गैस का दाब 96.0kPa है। अगर बर्तन को -33°C कर शीति किया जाये, तो गैस का दाब कितना होगा?

33. सामान्य परिस्थितियों में 1 ग्राम वायु का आयतन 773ml है। O°C ताप तथा 93.3kPa (700mm Hg) दाब पर उतनी ही वायु का आयतन कितना होगा?

34. एक बंद बर्तन में 12°C पर किसी गैस का दाब 100kPa (750mm Hg) है। अगर बर्तन को 30°C तक गर्म किया जाये, तो गैस का दाब कितना हो जाएगा?

35. 12 लीटर धारित वाले स्टील के बने एक सिलिंडर में O°C ताप तथा 15.2MPa दाब पर आक्सीजन भर कर रखी गई है। सामान्य परिस्थितियों में उस सिलिंडर से आक्सीजन का कितना आयतन प्राप्त किया जा सकेगा?

36. 12.2MPa दाब पर स्टील के सिलिंडर में भरे नाइट्रोजन का तापमान 17°C है। इस सिलिंडर में दाब का अधिकतम मानक 20.3MPa है। किस तापमान पर नाइट्रोजन का दाब उच्चतम सीमा तक पहुँच जायेगा?

37. किसी गैस की निश्चित मात्रा का 98.7 kPa दाब तथा 91°C तापमान पर आयतन 608ml है। सामान्य परिस्थिति में गैस का आयतन कितना होगा?

38. 1.28 ग्राम धातु जल के साथ अभिक्रिया करने पर 380ml हाइड्रोजन अलग हुआ जो 21°C ताप तथा 104. 5kPa (784mm Hg) दाब पर नापा गया। इस धातु का तुल्य द्रव्यमान ज्ञात करें।

अपना ज्ञान परखिए

39. किसी गैस के द्रव्यमान में वृद्धि से उसके आयतन में भी वृद्धि न आने देने के लिए परिस्थितियों में क्या परिवर्तन लाने चाहिए?

(a) ताप घटाया जाए (b) ताप बढ़ाया जाए (c) जरूरी परिस्थितियों का चुनाव असंभव है।

40. गैसों के कौन से तापमान और दाब के मान सामान्य परिस्थितियों के अनुकूल हैं?

(a) $t = 25°C$, $P = 760$ mm Hg ;

(b) $t = 0°C$, $P = 1.013 \times 10^5$ Pa;

(c) $t = 0°C$, $P = 760$ mm Hg.

3. गैस का आंशिक दाब

मिश्रण में गैस का आंशिक दाब यह दाब है जो मिश्रण में उपस्थित उस गैस का आयतन उन्हीं भौतिक परिस्थितियों में संपूर्ण गैसीय मिश्रण के आयतन के बराबर होता।

उदाहरण 1. एक समान दाब 100 kPa (750mm Hg) पर 2 लीटर O_2 तथा 4 लीटर SO_2 को मिलाया जाता है; मिश्रण का आयतन 6 लीटर है। मिश्रण में गैसों का आंशिक दाब ज्ञात करें।

हल. उदाहरण के आंकड़ों के अनुसार मिलाने के बाद आक्सीजन को आयतन 6/2 =3 गुना और सल्फर डाइआक्साइड का 6/4 = 1.5 गुना बढ़ गया। गैसों के आंशिक दाब भी इतने ही गुना कम हो गए।

आंशिक दाब के नियमानुसार जो **गैसें एक दूसरे के साथ रासायनिक अभिक्रिया नहीं करती हैं, उनके मिश्रण का कुल दाब मिश्रण में गैसों के आंशिक दाबों के योग के बराबर होता है।**

उदाहरण 2. 3 लीटर CO_2 को 4 लीटर O_2 तथा 6 लीटर N_2 के साथ मिलाते हैं। मिलाने से पहले CO_2, O_2 तथा N_2 के दाब क्रमशः 96.108 तथा 9.6 kPa िथे। मिश्रण का कुल आयतन 10 लीटर है। मिश्रण का दाब कितना होगा?

हल. पिछले प्रश्न के हल की तरह प्रत्येक गैस का आंशिक दाब निकालते हैं :

गैस का कुल दाब आंशिक दाबों के योग के बराबर होता है, अतः

$P = 28.8 + 43.2 + 54.4 = 126.4$ kPa

अगर गैस द्रव के ऊपर इकट्ठी की गई है, तेा गणना करते समय यह ध्यान रखना चाहिए कि इसका दाब आंशिक होता है तथा गैस मिश्रण के कुल दाब और द्रव की वाष्प के आंशिक दाब के अंतर के बराबर होकता है।

उदाहरण 3. सामान्य परिस्थितियों में 20°C ताप तथा 100 kPa (750mm Hg) दाब पर जल के ऊपर इकट्ठे 120ml नाइट्रोजन का आयतन कितना होगा? संतृप्त जल वाष्प का दाब 20°C पर 2.3 kPa है।

हल. नाइट्रोजन का आंशिक दाब जल की वाष्प के कुल दाब तथा उसके आंशिक दाब के अंतर के बराबर होगा :

$P(N_2) = P—P(H_2O) = 100 - 2.3 = 97.7$ kPa

अज्ञात आयतन को V_0 मानते हुए हम बायल-मेरियत और गे-लुसाक के नियमों पर आधारित संयुक्त समीकरण का प्रयोग करते हैं :

प्रश्न

41. 0.04m^3 नाइट्रोजन 96 kPa (720 mm Hg) दाब पर 0.02m^3 आक्सीजन के साथ मिलाते हैं। मिश्रण का कुल

आयतन 0.06 m^3 है तथा कुल दाब 97.6 kPa (732 mm Hg) है। लिए गए आक्सीजन का दाब कितना था?

42. 2 लीटर H_2 (P = 93.3 kPa) तथा 5 लीटर CH_4 (P = 112 kPa) से एक गैस मिश्रण तैयार किया जाता है। मिश्रण का कुल आयतन 7 लीटर है। गैसों के आंशिक दाब तथा मिश्रण का कुल दाब ज्ञात करें।

43. गैस मिश्रण NO तथा CO_2 से बना है। मिश्रण में गैसों का प्रतिशत आयतन कलन कीजिए, अगर उनके आंशिक दाब 36.3 तथा 70.4 kPa (272 तथा 528 mm Hg) हैं।

44. 0.6m^3 धारिता वाले एक बंद बत्रन में एक मिश्रण है जिसमें 0.2kg Co_2, 0.4kg O_2 तथा 0.15kg CH_4 O°C ताप पर मिली हैं।

कलित करें : (a) मिश्रण का कुल दाब; (b) प्रत्येक गैस का आंशिक दाब तथा (c) मिश्रण में गैसों के आयतनों की संरचना % में।

45. 0.03m^3 CH_4, 0.04m^3 H_2 तथा 0.01m^3CO से एक गैस मिश्रण तैयार किया गया है। CH_4, H_2 तथा CO के आरंभिक दाब क्रमशः 96,84 तथा 108,8 kPa (720, 630 तथा 816 mm Hg) थे। मिश्रण का आयतन 0.08m^3 है। गैसों के आंशिक दाब तथा मिश्रण का कुल दाब ज्ञात करें।

46. जल के ऊपर एक गैसमीटर में 23°C ताप तथा 104.1 kPa (781mm Hg) दाब पर 7.4 लीटर आक्सीजन भरा है। संतृप्त जल वाष्प का 23°C ताप पर दाब 2.8 kPa (21mm Hg) है। सामान्य परिस्थितियों में गैस मीटर में आक्सीजन का आयतन कितना होगा?

47. 0.350g धातु अम्ल से 209ml हाइड्रोजन विस्थापित कर चुकी है। हाइड्रोजन जल के ऊपर 20°C ताप और 104.3 kPa दाब पर इकट्ठा हुआं इस तापमान पर संतुप्त जल-वाष्प का दाब 2.3 kPa होगा। धातु का तुल्य द्रव्यमान कलित करके बताइए।

48. जल के ऊपर 26°C ताप तथा 98.7 kPa दाब पर 250ml हाइड्रोजन इकट्ठा हुआ। 26°C पर संतृप्त जल वाष्प का दाब 3.4 kPa है। सामान्य परिस्थितियों में हाइड्रोजन का आयतन तथा द्रव्यमान ज्ञात करें।

49. एक द्विसंयोजक धातु की 0.604 ग्राम मात्रा द्वारा अम्ल से 581ml हाइड्रोजन विस्थापित करने पर 18°C ताप तथा 105.6 kPa दाब पर जल के ऊपर एकत्रित हुआ। 18°C पर संतृप्त जल वाष्प का दाब 2.1 kPa है। धातु का सापेक्षिक परमाणु द्रव्यमान ज्ञात करें।

अपना ज्ञान परखिए

50. एक बर्तन में आक्सीजन और नाइट्रोजन का मिश्रण भरा है। आंशिक दाबों के किस अनुपात पर गैसों के द्रव्यमान एक समान होंगे?

(a) $P(O)_2 = P(N)_2$; (b) $P(O)_2 = 0.875P(N)_2$

(c) $P(O)_2 = 1.14\ P(N)_2$

51. वायु में आक्सीजन का आंशिक दाब 22 kPa है। प्रतिशत आयतन में आक्सीजन की मात्रा कितनी है?

(a) 42%; (b) 21%; (c) 10.5%

52. एक जैसी परिस्थितियों में हाइड्रोजन पहली बार जल के ऊपर ओर दूसरी बार मर्करी के ऊपर एकत्रित किया गया। दोनों बार गैसों का आयतन समान था। क्या एकत्रित हाइड्रोजन की दोनों मात्राएँ समान होंगी?

(a) हाँ; (b) मर्करी के ऊपर एकत्रित हाइड्रोजन की मात्रा अधिक थी; (c) जल के ऊपर एकत्रित हाइड्रोजन की मात्रा अधिक थी।

4. मोल. आवोगाड्रो का नियम. गैस का मोलीय आयतन

रासायनिक कलनों में द्रव्यमान तथा आयतन के साथ-साथ **पदार्थ की मात्रा** का भी अक्सर इस्तेमाल किया जाता है जो पदार्थ में उपस्थित4 संरचनात्मक इकाइयों के अनुपाती होती हैं हर बार यह बताना अनिवार्य है कि वसतुतः कौन सी संरचनात्मक इकाइयों को लिया गया है—अणु, परमाणु, आयन आदि। पदार्थ की मात्रा की इकाई को **मोल** कहते हैं।

मोल किसी पदार्थ की वह मात्रा है जिसमें ^{12}C कार्बन समस्थानिक के 0.012 किलोग्राम में स्थित परमाणुओं की संख्या के बराबर उसके अणु, परमाणु, आयन, इलेक्ट्रान या दूसरी संरचनात्मक इकाइयाँ उपस्थित हैं।

किसी पदार्थ के एक मोल में संरचनात्मक इकाइयों की संख्या (अवोगाड्रो की स्थिर संख्या) काफी परिशुद्धता के साथ ज्ञात की गई है। व्यावहारिक कार्यों के लिए यह संख्या $6.02x10^{23}$ मोल $^{-1}$ के बराबर मानी गई है।

यह दिखाना कठिन नहीं है कि ग्रामों में व्यक्त किसी पदार्थ के 1 मोल का द्रव्यमान (मोलीय द्रव्यमान) संख्यात्मक मान की दृष्टि से उसके सापेक्षिक आण्विक द्रव्यमान के समान होता है।

उदाहरणतया, मुक्त क्लोरीन Cl_2 का सापेक्षिक आण्विक द्रव्यमान (संक्षिप्त में आण्विक द्रव्यमान) 70.90 है। अतः आण्विक क्लोरीन का मोलीय द्रव्यमान 70.90g/mol हुआ। परंतु क्लोरीन परमाणुओं का मोलीय द्रव्यमान इसका आधा है (35.45 g/mol) क्योंकि क्लोरीन Cl_2 अणुओं के एक मोल में क्लोरीन परमाणुओं के 2 मोल होते हैं।

उदाहरण 1. CO_2 के एक अणु का द्रव्यमान ग्रामों में ज्ञात कीजिए।

हल. CO_2 का आण्विक द्रव्यमान 44.0 है। अतः CO_2 का मोलीय द्रव्यमान 44.0g/mol हुआ। CO_2 के एक मोल में $6.02x10^{23}$ अणु हैं, अतः एक अणु का द्रव्यमान m ज्ञात किया जा सकता है

आवोगाड्रो के नियमानुसार **समान ताप तथा दाब पर सभी गैसों के समान आयतनों में अणुओं की संख्या समान होती है।**

अन्य शब्दों में, किसी भी गैस के अणुओं की एक ही संख्या का समान परिस्थितियों में आयतन समान होता है। दूसरी ओर किसी भी गैस के एक मोल में अणुओं की संख्या समान होती है, अतः समान परिस्थितियों में किसी भी गैस के एक मोल का आयतन समान होगा। इस आयतन को गैस का मोलीय आयतन कहते हैं तथा सामान्य परिस्थितियों में (0°C ताप तथा 101.325 kPa दाब) इसका मान 22.4 लीटर होता है।

उदाहरण 2. एक बंद पात्र में 100°C से ज्यादा ताप पर हाइड्रोजन और आक्सीजन की समान मात्राओं का मिश्रण रखा हुआ है। पात्र के अन्दर दाब किस प्रकार बदलेगा अगर मिश्रण को पहले विस्फोटित कर दिया जाए और फिर पात्र के अंदर इसको आरंभिक ताप तक शीतलित किया जाए?

हल. जब हाइड्रोजन और आक्सीजन की अभिक्रिया में H_2 के हर दो अणु तथा O_2 के एक अणु से H_2O के दो अणु बनते हैं।

इस अभिक्रिया के परिणामस्वरूप अणुओं की कुल संख्या 1.5 गुना कम हो जाती हैं चूंकि अभिक्रिया एक स्थिर आयतन पर घटती है तथा खत्म होने पर पात्र के अंदर मिश्रण आरंभिक ताप पर लौट आता है, अतः अणुओं की संख्या में 1.5 गुना कमी से दाब भी इतना ही कम हो जाता है।

उदाहरण 3. 26°C तथा 98.9 kPa (742 mm Hg) पर 5.25g नाइट्रोजन के आयतन का परिकलन करें।

हल. नाइट्रोजन का मोलीय आयतन तथा मोलीय द्रव्यमान (28.0 g/mol) जाने हुए हम सामान्य परिस्थितियों में 5. 25g नाइट्रोजन का आयतन निकालते हैं :

28.0g नाइट्रोजन 22.4 लीटर आयतन लेता है

5.25g नाइट्रोजन V_0 आयतन लेता है।

अब उदाहरण में दी गई परिस्थितियों के अनुसार आयतन निश्चित करते हैं।

किसी गैस मिश्रण में **गैस की आयतनसूचक** मात्रा गैस मिश्रण के आयतन के उस भाग को कहते हैं जो उसी ताप पर और गैस मिश्रण के कुल दाब के बराबर आंशिक दाब पर प्रदत्त गैस का आयतन होता। यह मान कुल आयतन के एक अंश के रूप में (आयतन अंश) या कुल आयतन के प्रतिशत के रूप में (प्रतिशत आयतन) प्रकट किया जा सकता है।

उदाहरण के लिए : ''वायु में कार्बन डाइआक्साइड की मात्रा 0.03% (आयतन) होती है''; इसका अर्थ है कि वायु के कुल दाब के बराबर CO_2 के आंशिक दाब पर तथा इसी ताप पर वायु में कार्बन डाइआक्साइड का आयतन इसके कुल आयतन का 0.03% होगा।

उदाहरण 4. एक लीटर वायु में कितने मोल आक्सीजन होता है अगर उसकी आयतनसूचक मात्रा 21% हो (सामान्य परिस्थितियों में)?

हल. सामान्य परिस्थितियों में एक लीटर वायु में आक्सीजन का आयतन 0.21 लीटर होता हैं आक्सीजन का मोलीय आयतन जानते हुए हम 0.21 लीटर O_2 में इसके मोलों की संख्या ज्ञात करते हैं :

1 मोल 22.4 लीटर आयतन घेरता है

x मोल 0.21 लीटर आयतन घेरते हैं

अतः

प्रश्न

53. $1gNH_3$स तथा $1gN_2$ में उपस्थित अणुओं की संख्या की तुलना करें। कब और कितनी बार अणुओं की संख्या अधिक है?

54. सल्फर डाइआक्साइड के एक अणु का द्रव्यमान ग्रामों में व्यक्त कीजिए।

55. 0.001kg H_2 तथा 0.001 kg O_2 मूं अणुओं की संख्या समान है? H_2 के एक मोल तथा O_2 के एक मोल में? समान परिस्थितियों में 1 लीटर H_2 तथा 1 लीटर O_2 में?

56. सामान्य परिस्थितियों में 1.00ml हाइड्रोजन में कितने अणु उपस्थित होते हैं?

57. सामान्य परिस्थितियों में किसी गैस के $27x10^{21}$ अणुओं का आयतन कितना होता है?

58. समान परिस्थितियों में आक्सीजन, हाइड्रोजन तथा मिथेन के समान द्रव्यमान लिए गए। इन गैसों के आयतनों का अनुपात ज्ञात कीजिए।

60. सामान्य परिस्थितियों में जल के एक मोल का आयतन कितना होगा? इस प्रश्न का उत्तर 22.4 लीटर है। यह सही है या गलत?

61. एक लीटर वायु में कार्बन डाइआक्साइड के कितने अणु होंगे अगर CO_2 की आयतनसूचक मात्रा 0.03% हो (सामान्य परिस्थितियों में)?

62. (a) 2 लीटर H_2 का 15ºC ताप तथा 100.7 kPa (756mm Hg) दाब पर द्रव्यमान ज्ञात करें; (b) lm^3 N_2 का 10ºC तथा 102.9kPa (772 mm Hg) पर, (c) 0.5^3 Cl_2 का 20ºC तथा 99.9kPa (749.3 mm Hg) पर।

63. 0.07kg N_2 का 21ºC ताप तथा 142 kPa (1065mm Hg) दाब पर आयतन निर्धारित करें।

64. पोटेशियम क्लोरेट गर्म करने पर KCl तथा O_2 में विभाजित हो जाता है। $KClO_3$ के एक मोल से OºC ताप तथा 101.3 kPa दाब पर कितने लीटर आक्सीजन प्राप्त हो सकते हैं?

65. सामान्य परिस्थितियों में किसी भी गैस के $1m^3$ में कितने मोल हो सकते हैं?

66. किसी पहाड़ की चोटी पर वायुमंडलीय दाब कितना है अगर O°C ताप पर वहाँ की 1 लीटर वायु का द्रव्यमान 700mh है?

67. CO के एक आयतन तथा Cl_2 के एक आयतन की अभिक्रिया से फासजीन का एक आयतन प्राप्त होता है। फासजीन का सूत्र बताइए।

68. 2 लीटर ब्यूटेन के दहन से CO_2 का कितना आयतन प्राप्त होगा? दोनों गैसों के आयतन समान परिस्थितियों में नापे गए हैं।

69. एक बंद पात्र में 120°C ताप तथा 600 kPa दाब पर O_2 के तीन आयतन तथा CH_4 के एक आयतन का मिश्रण भरा हैं अगर मिश्रण को विस्फोटित कर दिया जाए और फिर पात्र के अंदर भारी गैसों को आरंभिक ताप पर ले आया जाए, तो पात्र के अंदर दाब कितना होगा?

70. हाइड्रोजन और आक्सीजन के मिश्रण के 0.020 लीटर आयतन के विस्फोटन के बाद 0.0032 लीटर आक्सीजन बचा। मिश्रण की आरंभिक संरचना का आयतन प्रतिशत बताएँ।

71. जब SO_2 तथा O_2 के समान आयतनों का मिश्रण एक संपर्क उपकरण में से गुजारा जाता है तो 90% SO_2 अणु SO_3 में परिवर्तित हो जाते हैं। संपर्क उपकरण से बाहर निकलते गैस मिश्रण की संरचना (आयतन प्रतिशत में) ज्ञात करें।

72. तीन आयतन Cl_2 तथा एक आयतन H_2 का मिश्रण एक बंद पात्र में विसरित प्रकाश में एक स्थिर ताप पर रख दिया गया। कुछ समय बाद क्लोरीन की मात्रा 20% कम हो गई। क्या पात्र के अंदर दाब बदल गया? मिश्रण की आयतनसूचक मात्रा प्रतिशत में कितनी हो गई?

73. NH_3 की Cl_2 के साथ अभिक्रिया से हाइड्रोजन क्लोराइड और नाइट्रोजन प्राप्त होते हैं। NH_3 तथा Cl_2 के किन आयतन अनुपातों में अभिक्रिया घटती है तथा प्राप्त गैसों के आयतनों में क्या अनुपात है?

74. H_2 का कितना आयतन 17°C ताप तथा 102.4 kPa दाब पर मुक्त होगा, जब 1.5 kg जिंक हाइड्रोक्लोरिक अम्ल में विलयित किया जाता है।

75. अध्ययन हेतु ली गई किसी गैस के एक आयतन तथा H_2 के एक आयतन के मिश्रण के विस्फोटन से जल वाष्प का एक आयतन नाइट्रोजन का एक आयतन प्राप्त हुए। सभी मापन समान परिस्थितियों में किए गए गैस का सूत्र बताइए।

अपना ज्ञान परखिए

76. समान परिस्थितियों में N_2 तथा O_2 के समान आयतन लिए गए हैं। दोनों गैसों के द्रव्यमानों का अनुपात क्या है?
(a) $m(O_2) > m(N_2)$; (b) $m(N_2) > m(O_2)$;
(c) $m(O_2) = m(N_2)$;

77. H_2 तथा Cl_2 के समान आयतन मिलाए गए। अभिक्रिया के बाद मिश्रण का आयतन किस प्रकार बदलेगा?
(a) यह नहीं बदलेगा; (b) यह दोगुना बढ़ जाएगा;
(c) यह आधा हो जाएगा।

78. HCl के एक मोल तथा Cl_2 के एक मोल के आयतनों का अनुपात क्या है (T तथा P समान है)?
(a) $V(HCl) > V(Cl_2)$; (b) $V(HCl) = V(Cl_2)$;
(c) $V(HCl) < V(Cl_2)$;

79. गर्म करने पर HBr पूर्णतया विीाजित हो जाता है। गैस का आयतन अपरिवर्तित रहता है। विभाजन अभिक्रिया के उत्पाद निश्चित कीजिए।

(a) H तथा Br परमाणु; (b) H_2 तथा Br_2 अणु;

(c) H_2 अणु तथा Br परमाणु।

5. गैसीय अवस्था में आण्विक द्रव्यमान निश्चित करना

किसी प्रदार्थ का आण्विक द्रव्यमान निश्चित करने के लिए अक्सर उस पदार्थ के अणुओं की संख्या के बराबर उस पदार्थ का मोलीय द्रव्यमान (ग्रा. में) ज्ञात करते हैं।

A. गैस के घनत्व के आधार पर आण्विक द्रव्यमान निश्चित करना

उदाहरण 1. वायु की तुलना में सिकी गैस का घनत्व 1.17 है। गैस का मोलीय द्रव्यमान ज्ञात करें।

हल. अवोगाड्रो के नियमानुसार समान दाब तीा समान ताप पर गैसों के समान आयतनों के द्रव्यमानों *(m)* का अनुपात वही होता है जो उनके मोलीय द्रव्यमानों (M) का;

जहाँ ******* पेज 30 पहली गैस का दूसरी गैस के प्रति **सापेक्षिक घनत्व** है तथा इसे D चिन्ह द्वारा द्योतित करते हैं।

अतः उदाहरण के आंकड़ों के अनुसार :

******* पेज 30

वायु का औसत आण्विक द्रव्यमान M_2 29.0 g/mol है। अतः M_1 = 1.17x29.0 = 33.9 g/mol जो 33.9 आण्विक द्रव्यमान के संगत है।

B. मोल आयतन के आधार पर गेस का आण्विक द्रव्यमान निश्चित करना

उदाहरण 2. गैस का आण्विक द्रव्यमान ज्ञात करें, अगर सामान्य परिस्थितियों में इसकी 0.824 ग्राम मात्रा का आयतन 0.260 लीटर है।

हल. सामान्य परिस्थितियों में किसी भी गैस के एक मोल का आयतन 22.4 लीटर होता है। दी गई गैस के 22. 4 लीटर आयतन का कलन करके हम उसका मोलीय द्रव्यमान ज्ञात करेंगे।

0.824 ग्राम गैस का आयतन 0.260 लीटर है

X ग्राम...................22.4 लीटर है।

अतः

इस प्रकार गैस का मोलीय द्रव्यमान 71.0g/mol हुआ तथा इसका आण्विक द्रव्यमान 71 है।

C. क्लोरान-मेंडेलीफ समीकरण की सहायता से आण्विक द्रव्यमान निश्चित करना

क्लेपेरान-मेंडेलीफ समीकरण (आदश्च गैस की अवस्था का समीकरण) गैस के द्रव्यमान (m, kg), ताप (T,K), दाब (P, Pa) तथा आयतन (V, m^3) का उस गैस के मोकलीय द्रव्यमान (M,Kg/mol) के साथ संबंध दर्शाता है।

यहाँ R गैस का सामान्य स्थिरांक है जो 8.134 J (mol.K)* के बराबर है।

इस समीकरण की सहायता से किसी भी राशि का मान ज्ञात किया जा सकता है अगर बाकी सब के मान ज्ञात हों।

* अन्य इकाइयों में R का मान निम्न होता है :

उदाहरण 3. बेंजोल का मोलीय द्रव्यमान ज्ञात कीजिए, अगर इसकी 600ml वाष्प का 87°C ताप तथा 83.2 kPa दाब पर द्रव्यमान 1.30g है।

हल. इस उदाहरण के आंकड़ों को SI इकाइयों में व्यक्त करते हैं :

$P = 8.32 \text{x} 10^4$ Pa; $V = 6 \text{x} 10^{-4}\ m^3$; $m = 1.30 \text{x} 10^{-3}$ kg और $T = 360$ K

प्राप्त परिणामों को क्लेपेरान-मेंडेलीफ समीकरण में भर देते हैं :

बेंजोल का आण्विक द्रव्यमान 78.0 है।

प्रश्न

80. सामान्य परिस्थितियों में 200ml ऐसीटिलीन का द्रव्यमान 0.232g है। ऐसीटिलीन का मोलीय द्रव्यमान ज्ञात कीजिए।

81. सामान्य परिस्थितियों में 600ml गैस का द्रव्यमान 1.714g है। गैस के मोलीय द्रव्यमान का कलन कीजिए।

82. $0.001 m^3$ गैस का 0°C ताप तथा 101.3 kPa दाब पर द्रव्यमान 1.25h है।

परिकलन कीजिए : (a) गैस का मोलीय द्रव्यमान; (b) गैस के एक अणु का द्रव्यमान।

83. सामान्य परिस्थितियों में $0.001 m^3$ गैस का द्रव्यमान 0.0021 kg है। गैस का मोलीय द्रव्यमान तथा वायु के प्रति इसका घनत्व निश्चित करें।

84. आक्सीजन के प्रति ऐसीटिलीन का घनतव 0.875 है। गैस का आण्विक द्रव्यमान निश्चित कीजिए।

85. सामान्य परिस्थितियों में $0.001 m^3$ गैस का द्रव्यमान 0.00152 kg है जबकि $0.001 m^3$ नाइट्रोजन का द्रव्यमान 0.00125kg है। (a) नाइट्रोजन के प्रति गैस के घनत्व के आधार पर गैस का आण्विक द्रव्यमान कलन कीजिए; (b) मोलीय 62.36 l.mm Hg. K^{-1}. mol^{-1}; 1.987 cal. K^{-1}. mol^{-1} आयतन के आधार पर इस गैस के आण्विक द्रव्यमान का कलन कीजिए।

86. अगर वायु के प्रति मर्करी का घनत्व 6.92 है, तो मर्करी वाष्प के अणुओं में कितने परमाणु होंगे?

87. एक निश्चित ताप पर नाइट्रोजन के प्रति सल्फर वाष्प का घनत्व 9.14 है। इस ताप पर सल्फर के एक अणु में कितने परमाणु होंगे?

88. अगर 500ml ऐसीटोन वाष्प का 87°C ताप तथा 96kPa (720 mm Hg) दाब पर द्रव्यमान 0.94g है। गैस के मोलीय द्रव्यमान का कलन कीजिए।

90. 1 kg वायु 17°C तथा 101.33 kPa पर कितना आयतन घेरेगी?

91. 20 लीटर धारिता वाला एक गैसमीटर गैस से भरा हुआ है। वायु के प्रति इस गैस का घनत्व 0.40 है, उसका दाब 103.3 kPa (764.8 mm Hg) तथा ताप 17°C है। गैस के द्रव्यमान का कलन कीजिए।

92. 27°C ताप पर 750ml धारिता वाले एक फ्लास्क में भरे आक्सीजन का द्रव्यमान 83.3g है। खाली फ्लास्क का द्रव्यमान 82.1g है। आक्सीजन का दाब निश्चित कीजिए।

93. 17°C? ताप तथा 82.2 kPa (624 mm Hg) दाब पर lm^3 वायु के द्रव्यमान का कलन कीजिए।

अपना ज्ञान परिखए

94. नीचे दिए गए तथ्यों में से कौन-सा तथ्य यह सिद्ध करता है कि गैसीय निआन एकपरमाण्विक है? (a) निआन अन्य तत्वों के साथ कोई यौगिक नहीं बनाता है। (b) निआन का घनत्व उत्कृष्ट गैस आर्गान के घनत्व का आधा होता है, जो आवर्त सारणी में इसके नीचे स्थिति है। (c) निआन का घनत्व फ्लुओरीन के घनत्व का लगीाग आधा होता है जो

आवर्त सारणी में निआन से पिछला तत्व है।

95. वायु के प्रति क्लोरीन का घनतव कितना होता है? (a) 2.44; (b) 3.0; (c) यह केवल प्रयोग द्वारा ज्ञात किया जा सकता है।

96. एक गैसी आक्साइड में 30.4% नाइट्रोजन उपस्थित है। एक आक्साइड अणु में एक नाइट्रोजन परमाणु हैं आक्सीजन के प्रति गैस का घनत्व कितना है?

(a) 14; (b) 1.44; (c) 1.50.

97. सामान्य परिस्थितियों में 2.24 लीटर गैस का द्रव्यमान 2.8g है। गैस का आण्विक द्रव्यमान कितना है?

(a) 14; (b) 28; (c) 42

98. एक सल्फर परमाणु का द्रव्यमान आक्सीजन परमाणु के द्रव्यमान का दुगुना अधिक है। क्या हम यह कह सकते हैं कि आक्सिजन के प्रति सल्फर वाष्प का घनत्व 2 है? (a) हाँ; (b) नहीं।

6. रासायनिक सूत्र बनाने की विधि. रासायनिक सूत्रों तथा समीकरणों के आधार पर कलन.

पदार्थों के सूत्र यह दिखतो हैं कि पदार्थ किन तत्वों से बने हैं तथा उन तत्वों की मात्रा कितनी है। सूत्र दो प्रकार के होते हैं : सरलतम तथा आण्विक। सरलतम सूत्र पदार्थ के अणुओं की सरलतम संभाव्य परमाण्विक संरचना व्यक्त करता है जो इस पदार्थ के तत्वों के द्रव्यमानों के अनुपातों के अनुकूल हैं आण्विक सूत्र प्रत्येक तत्व के एक अणु में परमाणुओं की वास्तविक संख्या बताता है (आण्विक संरचना वाले पदार्थों के लिए)।

किसी भी पदार्थ का सरलतम सूत्र बनाने के लिए उसकी संरचना तथा उसके तत्वों के परमाण्विक द्रव्यमानों की जानकारी पर्याप्त है।

उदाहरण 1. क्रोमियम आक्साइड का सरलतम सूत्र लीखिए जिसमें 68.4% क्रोमियम (द्रव्यमान) उपस्थित है।

हल. आक्साइड के सरलतम सूत्र में क्रोमियत तथा आक्सीजन के परमाणुओं की संख्या क्रमशः X और Y से अंकित करते हैं। इन तत्वों के परमाण्विक द्रव्यमान 52 और 16 हैं।

अतः आक्साइड में क्रोमियम और आक्सीजन के द्रव्यमानों का अनुपात 52X : 16Y होगा। उदाहरण के आंकड़ों के अनुसार यह अनुपात 68.4 : 31.6 है।

अत $52\,x\,;\,16\,y = 68.4 : 31.6$

जिसमें

इस अनुपात को पूर्ण संख्या में व्यक्त करने के लिए इसके दोनों पदों को छोटे पद के मान से विभाजित कर देते हैं :

और फिर अन्तिम अनुपात के दोनों पदों में 2 की गुणा कर देते हैं :

$x : y = 2 : 3$

अतः क्रोमियम आक्साइड का मूलानुपाती सूत्र $Cr_2\,O_3$ हुआ।

उदाहरण 2. एक पदार्थ के 2.66g के पूण्र दहन से 1.54g CO_2 तथा 4.48g SO_2 प्राप्त हुआ। पदार्थ का सरलतम सूत्र ज्ञात करें।

हल. दहन के फलस्वरूप प्राप्त उत्पादों की संरचना दर्शाता है कि पदार्थ में कार्बन और सल्फर उपस्थित थे। इन दो तत्वों के अलावा इसमें आक्सीजन भी हो सकता था।

प्राप्त CO_2 के द्रव्यमान से हम पदार्थ में कार्बन का द्रव्यमान ज्ञात कर सकते हैं। CO_2 का मोलीय द्रव्यमान 44g/mol तथा इसके एक मोल में 12g कार्बन उपस्थित होता है। हम 1.54g O_2 में कार्बन का द्रव्यमान m कलन करते हैं :

$44 : 12 = 1.54 : m$

इसी प्रकार हम सल्फर का द्रव्यमान भी कलन करते हैं। 4.48g SO_2 में सल्फर का द्रव्यमान 2.24g होगा।

अतः दग्ध पदार्थ में 0.42g कार्बन के प्रति 2.24g सल्फर उपस्थित था। चूँकि इन दोनों द्रव्यमानों का योगफल दग्ध पदार्थ के कुल द्रव्यमान (2.66g) के बराबर है, तो यह सिद्ध हो जाता है कि पदार्थ में आक्सीजन की जरा सी भी मात्रा नहीं थी।

अब हम दग्ध पदार्थ के एक अणु में कार्बन (X) और सल्फर (Y) के परमाणुओं की संख्याओं में अनुपात परिकलित कर लेते हैं :

अतः पदार्थ का सरलतम सूत्र CS_2 हुआ।

किसी पदार्थ का आण्विक सूत्र निर्धारित करने के लिए हमें पदार्थ की संरचना के अलावा उसका आण्विक द्रव्यमान भी ज्ञात होना चाहिए।

उदाहरण 3. नाइट्रोजन और हाइड्रोजन के एक गैसीय यौगिक में 12.5% (द्रव्यमान) हाइड्रोजन उपस्थित है। हाइड्रोजन के प्रति यौगिकों का घनत्व 16 है। यौगिक का आण्विक सूत्र ज्ञात करें।

हल. हम यौगिक के एक अणु में हाइड्रोजन परमाणुओं की संख्या (Y) के प्रति नाइट्रोजन परमाणुओं की संख्या (X) अनुपात ज्ञात करते हैं :

यौगिकों का सरलतम सूत्र NH_2 है। आण्विक द्रव्यमान 16 इस सूत्र के संगत है। हम हाइड्रोजन के प्रति पदार्थ के घनत्व से उसका वास्तविक आणविक द्रव्यमान कलन कर लेते हैं :

$M = 2 \text{ x } 16 = 32$

अतः पदार्थ का वास्तविक आण्विक द्रव्यमान सरलतम सूत्र द्वारा परिकलित आण्विक द्रव्यमान दुगुना अधिक हुआ। इसलिए यौगिक का आण्विक सूत्र N_2H_4 है।

सिकी रासायनिक अभिक्रिया के समीकरण में हर सूत्र के संगत पदार्थ का एक मोल प्रस्तुत करता है। अतः अभिक्रिया में भाग ले रहे पदार्थों के मोलीय द्रव्यमान जानते हुए हम समीकरण की सहायता से अभिक्रिया के पदार्थों के द्रव्यमानों और उसके उत्पादों के द्रव्यमानों का अनुपात ज्ञात कर सकते हैं। अगर किसी अभिक्रिया में गैसीय पदार्थ भाग लेते हैं, तो अभिक्रिया के समीकरण के आधार पर हम उनके आयतनों का अनुपात ज्ञात कर सकते हैं।

उदाहरण 4. 20g सोडियम हाइड्रोक्साइड के पूर्ण उदासीनीकरण के लिए आवश्यक सल्फ्यूरिक अम्ल का द्रव्यमान ज्ञात करें।

हल. अभिक्रिया का समीकरण निम्न है :

$H_2SO_4 + 2NaOH = Na_2SO_4 + 2H_2O =$

H_2SO_4 तथा NaOH के आण्विक द्रव्यमान क्रमशः 98 तथा 40 हैं। अभिक्रिया के समीकरण के अनुसार H_2SO_4 का एक मोल NaOH के दो मोलों के साथ अभिक्रिया करता है, अर्थातः

98g H_2SO_4 80g NaOH उदासीन करता हैं।

xg H_2SO_4 20g NaOH उदासीन करता हैं।

अतः*******

उदाहरण 5. MnO_2 तथा NaCl के मिश्रण के साथ सल्फ्यूरिक अम्ल की अभिक्रिया से Cl_2 उत्पन्न किया जा सकता है। अभिक्रिया का समीकरण भिन्न है :

$2NaCl + MnO_2 + 3\ H_2SO_4 = 2NaHSO_4 + MnSO_4 + Cl_2 + 2H_2O$

सामान्य परिस्थितियों में 100g सोडियम क्लोराइड से क्लोरीन का कितना आयतन प्राप्त हो सकता है?

हल. अभिक्रिया के समीकरण के अनुसार NaCl के दो मोलों से Cl_2 का एक मोल प्राप्त होता है। NaCl के दो मोलों का द्रव्यमान परिकलित करके (117g) हम एक अनुपात बनाते हैं :

117g NaCl से 22.4 लीटर Cl_2 प्राप्त होता है।

100g NaCl से x लीटर Cl_2 प्राप्त होता है।

अतः

प्रश्न

99. उस पदार्थ का सरलतम सूत्र लिखिए जिसमें द्रव्यमान के प्रति 43.4% सोडियम, 11.3% कार्बन तथा 45.3% आक्सीजन उपस्थित हों।

100. उस पदार्थ का सरलतम सूत्र लिखिए जिसमें हाइड्रोजन, कार्बन, आक्सीजन तथा नाइट्रोजन के द्रव्यमानों का अनुपात 1:3:4:7 से व्यक्त हो।

101. वैनेडियम आक्साइड का सरलतम सूत्र बताइए, अगर 2.73g आक्साइड में 1.53g आक्साइड में 1.53g धातु उपस्थित है।

102. किसी पदार्थ में (द्रव्यमान के प्रति) 26.53% पोटिशियम, 35.37% क्रोमियम तथा 38.10% आक्सीजन उपस्थित हैं। पदार्थ का सरलतम सूत्र बताइए।

103. यह जानते हुए कि 36.6g लवण (बेरियम के क्रिस्टल हाइड्रेट क्लोराइट) का परितापन करने पर उसके द्रव्यमान में 5.4g कमी आ जाती है। इसका सूत्र बताइए।

104. ब्युटिरिक अम्ल का आण्डिक सूत्र बताइये, जिसमें (द्रव्यमान के प्रति) उपस्स्थित है। अगर वायु के प्रति इस पदार्थ का घनत्व 4.41 है, तो पदार्थ का आण्विक सूत्र क्या होगा?

106. 4.3g हाइड्रोकार्बन के दहन से CO_2 के 13.2g हुए। हाइड्रोजन के प्रति हाइड्रोकार्बन की वाष्प का घनतव 43 है। पदार्थ का आण्विक सूत्र क्या होगा?

107. किसी गैस के एक आयतन तथा आक्सीजन के दो आयतनों के मिश्रण के विस्फोट से CO_2 के दो आयतन तथा N_2 का एक आयतन प्राप्त हुआ। गैस का आण्विक सूत्र बताइए।

108. बोरान और हाइड्रोजन के एक यौगिक का आण्विक सूत्र बताइए, अगर इस गैस के एक लीटर का द्रव्यमान एक लीटर नाइट्रोजन के द्रव्यमान के बराबर है और पदार्थ में बोरान की मात्रा 78.2%।

109. एक किलोग्राम (a)स पोटेशियम नाइट्रेट KNO_3 (b) अमोनियम नाइट्रेट NH_4NO_3 तथा (c) अमोफोस $(NH_4)_2$ HPO_4 में नाइट्रोजन का द्रव्यमान कलन कीजिए।

110. निम्न यौगिकों में प्रत्येक तत्व की % सरंचना का (द्रव्यमान के प्रति) परिकलन कीजिए : (a) $Mg(OH)_2$; (b) $Fe(NO_3)$; (c) H_2 SO_4; (d) $(NH_4)_2$ SO_4

111. फेरस अयस्क में (द्रव्यमान के प्रति) 94% Fe_2 O_3 उपस्थिति है। 2 टन अयस्क से कितना फेरस प्राप्त किया जा सकता है?

112. किसी विलयन में H_2 SO_2 की मात्रा 10 ग्राम है। 9g NaOH इस विलयन में मिलाया गया। प्राप्त विलयन में क्या अभिक्रिया घटेगी?

113. किसी विलयन में 34.0g $AgNO_3$ उपस्थिति है। इस विलयन को एक दूसरे विलयन के साथ मिलाया जाता है जिसमें NaCl का द्रव्यमान उतना ही है। क्या इसके फलस्वरूप हुई अभिक्रिया में सारा सिल्वर नाइट्रेट भाग लेगा? प्रयोग के परिणामस्वरूप कितने ग्राम AgCl प्राप्त होगा?

114. 3.00g ऐन्थ्रासइट के दहन से सामान्य परिस्थितियों में 5.30 लीटर CO_2 प्राप्त हुआ। ऐन्थ्रासइट में (द्रव्यमान के प्रति) कितने प्रतिशत कार्बन उपस्थिति है?

115. 0.20 मोल $FeCl_3$ वाले विलयन में 0.24 मोल NaOH के साथ अभिक्रिया कराई गई। $Fe(OH)_3$ के कितने मोल प्राप्त हुए तथा विलयन में $FeCl_3$ के कितने मोल बाकी रह गए?

116. जल के एक मोल का विद्युत धारा द्वारा विखंडन से सामान्य परिस्थितियों में कितने लीटर अधिस्फोटी गैस प्राप्त होगी?

117. 0.80kg CaC_2 के साथ जल की अभिक्रिया से सामान्य परिस्थितियों में ऐसीटिलीन का कितना आयतन प्राप्त होगा?

118. 265g Na_2CO_3 से कितने ग्राम NaCl प्राप्त किया जा सकता है?

119. SO_2 के 10 मोल तथा O_2 के 15 मोल के मिश्रण को एक उत्प्रेरक के ऊपर से प्रवाहित करने पर SO_2 तथा O_2 के कितने मोलों ने अभिक्रिया में भाग नहीं लिया?

120. 7.3g HCl को 4.0g NH_3 के साथ मिलने से कितने ग्राम NH_4Cl प्राप्त होता है? अंभिक्रिया के बाद बची गैस के द्रव्यमान का कलन करें।

121. आयतन के प्रति एक गैस की संरचना आयतन प्रतिशत में निम्न है : 50%H_2, 35%CH_4, 8%CO, 2%C_2H_4 तथा 5% अदहनशील अशुद्धियां। $1m^3$ गैस के दहन के लिये कितनी वायु की आवश्यकता पड़ेगी? वायु में 21% आक्सीजन (आयतन) उपस्थित है।

122. जब तप्त कोयले के ऊपर से जल वाष्प गुजारी जाती है, एक जल गैस प्राप्त होती है जिसमें CO और H_2 समान आयतनों में उपस्थित होती है। सामान्य परिस्थितियों में 3.0kg कोयले से कितने आयतन जल गैस प्राप्त होगी?

123. गर्म करने पर कैल्सियम कार्बोनेट CaO तथा CO_2 में अपघटित हो जाता है। 7.0 टन अशमित चूना प्राप्त करने के लिये प्राकृतिक चूना-पत्थर के कितने द्रव्यमान की आवश्यकता पड़ेगी। चूना-पत्थर में (द्रव्यमान के प्रति) 90%$CaCO_3$ उपस्थित है।

124. किसी विलयन में 5.0g KOH उपस्थित था। इस विलयन को एक दूसरे विलयन में मिला दिया गया जिसमें 6.8g $AlCl_3$ उपस्थित था। अवक्षेप का द्रव्यमान ज्ञात करें।

125. 10g कापर को नाइट्रिक अम्ल में घोलने के बाद विलयन के वाष्पीकरण से प्राप्त त्रिस्टल हाइड्रेट $Cu(NO_3)_2.3H_2O$ का द्रव्यमान ज्ञात करें।

126. ऐलुमिनियम तथा इसके आक्साइड के मिक्षण की 3.90g मात्रा की सोडियम हाइड्रोक्साइड विलयन के साथ अभिक्रिया के सामान्य परिस्थितियों में 840ml गैस प्राप्त हुई। आरंभिक मिक्षण (द्रव्यमान के प्रति) की प्रतिशत संरचना ज्ञात करें।

127. आंशिक रूप से आक्सीकृत 5.10g मैग्नीशियम के हाइड्रोक्लोरिक अम्ल की अभिक्रिया कराने से सामान्य परिस्थितियों में 3.74 लीटर H_2 मुक्त हुआ। पाउडर में (द्रव्यमान के प्रति) कितने प्रतिशत मैग्नीशियम उपस्थित था?

128. 3.4260g लौह शेविंग्स के आवश्यक उपचार से 0.0998g SiO_2 प्राप्त हुआ। विश्लेषण हेतु लिये लोहे में सिलिकन की मात्रा % में ज्ञात करें।

129. सामान्य परिस्थितियों में 125g MoO_3 को धातु के रूप तक अपचयित करने के लिये कितने हाइड्रोजन की जरूरत पड़ेगा?

130. 23°C ताप तथा 100.7kPa दाब पर 1.20g मैग्नीशियम-ऐलुमिनियम ऐलाय के साथ हाइड्रोक्लोरिक अम्ल की अभिक्रिया के फलस्वरूप 1.42 लीटर हाइड्रोजन प्राप्त हुआ। प्रतिशत (द्रव्यमान के प्रति) ऐलाय की मात्रा ज्ञात करें।

131. औद्योगिक $NaNO_3$ में NaCl की मात्रा ज्ञात करने के लिये 2.00g $NaNO_3$ जल में विलीन किया गया और इस विलयन में बड़ी मात्रा में $AgNO_3$ विलयन मिलाया गया। प्राप्त अवक्षेप को धोकर सूखा किया गया। इस द्रव्यामान 0.287g निकला। आरंभिक नमूने में NaCl का द्रव्यमान ज्ञात करें।

अपना ज्ञान परखिये

132. हाइड्रोजन का सरलतम सूत्र NH_2 है। इसका सही सूत्र बताइये, अगर वायु के प्रति हाइड्रोजन वाष्प का धनत्व 1.1 है : (a) NH_2 ; (b) N_2H_4 ; (c) N_3H_6.

133. हाइड्रोजन के साथ कार्बन के एक यौगिक का सरलतम सूत्र CH_2 है। यौगिक का सही सुत्र क्या है अगर एक लीटर गैस का द्रव्यमान एक लीटर नाइट्रोजन के द्रव्यमान के बराबर है :

(a) C_3H_6; (b) C_2H_4; (c) C_4H_8?

134. आक्सीजन के साथ नाइट्रोजन के एक यौगिक का आण्विक सूत्र क्या है अगर हाइड्रोजन के प्रति इस गैस का घनत्व 15 है : (a) NO; (b) N_2O; (c) NO_2?

135. सामान्य परिस्थितियों में एक धातु ने 16.8 ml H_2 विस्थापित की। हाइड्रोजन की इस मात्रा को NH_3 में परिवर्तित करने के लिये N_2 का कितना आयतन आवश्यक होगा?

(a) 11.2ml: (b) 5.6ml; (c) 8.4ml.?

136. $CaCO_3$ के विभाजक से 11.2 लीटर CO_2 प्राप्त हुआ।
इस CO_2 को कार्बोनेट में परिवर्तित करने के लिये कितने KOH की जरूरत पड़ेगी :
(a) 56g; (b) 112g; (c) 28g.

137. एक विलयन लिया गया है। इसमें 90g NaOH तथा 73g HCl की अभिक्रिया की प्रकृति बताइये :

(a) उदासीन; (b) अम्लीय; (c) क्षारीय।

अध्याय 2

अकार्बनिक यौगिकों के मुख्य वर्ग

अकार्बनिक यौगिकों का वर्गीकरण दो तरह से किया जा सकता है :

1. उसकी संरचना के आधार पर तथा

2. उनके गुणों (कार्यात्मक लक्षणों) के आधार पर। संरचना के आधार पर वे द्वयी यौगिक (दो तत्वों वाले यौगिकों) तथा बहुतत्वों वाले यौगिकों में विभाजित किये जाते हैं।

द्वयी यौगिकों की सूची में निम्न यौगिक आते है : आक्सीजन के साथ तत्वों के यौगिक (आक्साइड), हैलोजेनों के साथ (हैलाइड-फ्लुओराइड क्लोरइड, ब्रोमाइड, आयोडाइड), सल्फर के साथ (सल्फाइड); नाइट्रोजन के साथ (नाइट्राइड), फास्फोरस के साथ (फास्फाइड), कार्बन के साथ (कार्बाइड) तथा हाइड्रोजन के साथ धातुओं के यौगिक (हाइड्राइड)। द्वयी यौगिकों का नाम दो भगों से बनता है। पहले भाग का नाम कम वैद्युत ऋणात्मक (अधिक धात्विक) तत्व के लातीनी नाम का मूल लेकर रखा जाता है। दूसरे भाग का नाम तत्व के प्रातिपदिक में-ide जोड़कर प्राप्त किया जाता है। उदाहरण के

लिये, Al_2O_3 ऐलुमिनियम आक्साइड होता है (परंतु OF_2 आक्सीजन फ्लुओराइड है क्योंकि आक्सीजन के मुकाबले फ्लुओरीन ज्यादा वैद्युत ऋणात्मक तत्व होता है), NaCl सोडियम क्लोराइड होता है, CaC_2 कैल्सियम कार्बाइड इत्यादि। अगर कम वैद्युत ऋणात्मक तत्व से आक्सीजन की विभिन्न अवस्थाओं पर ध्यान दिया जाता है, तो कोष्टकों में उसके आक्सीकरण का स्तर रोमन अंकों में देते हैं। उदाहरणतया, कापर (I) आक्साइड CuO, कापर (II) आक्साइड Cu_2O तथा फेरस (III) क्लोराइड $FeCl_3$ ।

द्वयी यौगिकों के कम ऋणात्मक अणु के आक्सीकरण स्तर की जगह इनके अधिक ऋणात्मक परमणुओं की संख्या शब्दों से लिख सकते है :

mono—di—tri—tertra—penta—hexa

आदि, जैसे कार्बन मानो-आक्साइड CO, कार्बन डाइआक्साइड CO_2 सल्फर हैक्सा-फ्लुओराइड SF_6, नाइट्रोजन डाइआक्साइड NO_2, नाइट्रोजन टेट्राआक्साइड N_2O_4 आदि। अधातुओं के जो हाइड्रोजन यौगिक अम्लीय गुण दर्शाते हैं, उन पर पिछले दिनों तक ये नियम लागु नहीं थे। उनके नाम अम्लों के नाम जैसे रखे जाते थे (आगे देखिये)। IUPAC ने यह सुझाव रखा है कि इन तत्वों के नाम हाइड्रोजन के द्वयी यौगिकों के नामों के आधार पर रखे जाने चाहियें, जैसे हाइड्रोजन क्लोराइड HCl तथा हाइड्रोजन सल्फाइड H_2S।

बहुतत्वों वाले यौगिकों में हाइड्रोक्साइड ग्रुप महत्वपूर्ण स्थान रखता है अर्थात वे पदार्थ जिनमें हाइड्रोक्साइड ग्रुप OH शामिल हैं तथा जिन्हें जल के साथ आक्साइडों का अनुबंध माना जा सकता है। इनमें क्षारक (क्षारकीय हाइड्रोक्साइड) जैसे NaOH तथा $Ca(OH)_2$ शामिल हैं और अम्ल भी (अम्लीय हाइड्रोक्साइड), जैसे HNO_3 तथा H_2SO_4। इनके अलावा के प्रदार्थ भी इस ग्रुप में शामिल हैं जो अम्लीय और क्षारकीय दोनों गुण प्रदर्शित करते हैं (उभयधर्मी हाइड्रोक्साइड)। अम्लीय गुण प्रदर्शित करने वाले हाइड्रोक्साइडों के नाम अम्लों के नामों पर लागू नियमों के आधार पर रखे जाते है। क्षारकीय हाइड्रोक्साइडों के नाम रखने के लिये संगत तत्व के नाम के आगे ''हाइड्रोक्साइड'' शब्द लिख देते हैं तथा आवश्यकता पड़ने पर तत्व का आक्सीकरण स्तर रोमन अंको द्वारा कोष्ठकों में लिख देते हैं। जैसे, लीथियम हाइड्रोक्साइड LiOH तथा फेरस (II) हाइड्रोक्साइड $Fe(OH)_2$ ।

कार्यात्मक लक्षणों के आधार पर अकार्बनिक यौगिक रासयानिक अभिक्रियाओं में उनके कार्यों की प्रकृति के अनुसार विभिन्न वर्गों में विभाजित किये जाते हैं। उदाहरणतया, आक्साइड दो ग्रुपो में बांटे जाते हैं : अलवणकारी तथा लवणकारी। लवणकारी क्रमश : क्षारकीय, अम्लीय व उभयधर्मी आक्साइडों में विभाजित किये जाते है।

क्षारकीय आक्साइड वे होते हैं जो अम्लों या अम्लीय आक्साइडों के साथ अभिक्रिया करके लवण बनाते हैं। क्षारक क्षारकीय आक्सइडों के संगत होते हैं। उदाहरण के लिये, क्षारक कैल्सियम हाइड्रोक्साइड $Ca(OH)_2$ कैडमियम आक्साइड CdO के।

अम्लीय आक्साइड उन आक्साइडों को कहते हैं जो क्षारकों या क्षारकीय आक्साइडों के साथ अभिक्रिया करके लवण बनाते हैं। अम्लीय आक्साइड प्रत्यक्ष या अप्रत्यक्ष रूप से जल के साथ मिलकर अम्ल बनाते हैं। जैसे, सिलिकन डाइआक्साइड SiO_2 – सिलिसिक अम्ल H_2SiO_3 बनाता है तथा डाइनाइट्रोजन पेंटाआक्साइड N_2O_5 – नाइट्रिक अम्ल H_2NO_3 बनाता है।

संगत अम्ल से जल अलग करके अम्लीय आक्साइड प्राप्त किये जा सकते हैं जिसके कारण इन्हें अम्लीय एनहाइड्राइड भी कहते हैं।

जो आक्साइड अम्लों तथा क्षारकों दोनों के साथ अभिक्रिया करके लवण बनाते हैं, उन्हें उभयधर्मी आक्साइड कहते हैं। ZnO, Al_2O_3, SnO, SnO_2, PbO तथा Cr_2O_3 आदि आक्साइड उभयधर्मी आक्साइडों में गिने जाते हैं।

अलवणकारी आक्साइड न तो अम्लों के साथ अभिक्रिया करते हैं और न ही क्षारकों के साथ डाइनाइट्रोजन

मोनोआक्साइड (I) N_2O तथा नाइट्रोजन (II) मोनोआक्साइड NO अलवणकारी आक्साइडों के उदाहरण हैं।

आक्सीजन के साथ तत्वों के ऐरो यौगिक होते हैं जो संरचना की दृष्टि से आक्साइडों के ग्रुप में रखे जाते हैं, परंतु संरचना और गुण के कारण वे लवणों के वर्ग में आते हैं। इन यौगिकों को पर आक्साइड कहते हैं।

हाइड्रोजन परआक्साइड H_2O_2 के लवणों को परआक्साइड कहते हैं, जैसे, Na_2O_2 तथा CaO_2। इन यौगिकों की संरचना की यह विशेषता है कि इनमें द्वि अनुबंधी आक्सीजन परमाणु —O—O— ("आक्सीजन पुल") उपस्थित होते हैं।

जहां तक कार्यात्मक लक्षणों की बात है तो अम्ल अकार्बनिक यौगिकों का एक महत्वपुर्ण वर्ग हैं। विद्युत-अपघटनी वियोजन सिद्धांत के अनुसार अम्ल उन पदार्थों को कहते हैं जो किसी विलयन में वियोजित होने की क्षमता रखते हैं तथा जिसके परिणामस्वरूप हाइड्रोजन आयन बनते हैं। अम्ल व भस्म संबंधी प्रोटोन सिद्धांत के अनुसार अम्ल वे प्रदार्थ होते हैं जो प्रोटोनों का दान कर सकते हैं अर्थात जो हाइड्रोजन आयन छोड़ सकते हैं।

अम्लों की एक विशेषता यह है कि वे क्षारकों तथा क्षारकीय और अभयधर्मी आक्साइडों के साथ अभिक्रिया करके लवण बनाने की क्षमता रखते हैं, जैसे :

$2HNO_3 + Cu(OH)_2 = Cu(NO_3)_2 + 2H_2O$

$2HCl + CaO = CaCl_2 = H_2O$

$H_2SO_4 + ZnO = ZnSO_4 + H_2O$

अम्लों के अंदर आक्सीजन की उपस्थित के अनुसार वे दो ग्रुपों में बांटे जाते हैं : आक्सीअम्ल अर्थात आक्सीजन गर्भित अम्ल (जैसे, H_2SO_4 तथा HNO_3) और आक्सीजनरहित अर्थात वे अम्ल जिनमें आक्सीजन नहीं है (जैसे HBr तथा H_2S)। अम्ल के एक अणु में उपस्थित हाइड्रोजन परमाणुओं की संख्या के आधार पर (जो धातु के परमाणुओं द्वारा विस्थापित होने की क्षमता रखते हैं) अम्ल एक क्षारक (जैसे, हाइड्रोजन क्लोराइड HCl तथा नाइट्रिक अम्ल HNO_2) द्विक्षारक (सल्फ्यूरस अम्ल H_2SO_3 तथा कार्बोनिक अम्ल H_2CO_3), त्रिक्षारक (आर्थोफस्फोरिक अम्ल H_3PO_4) आदि होते हैं।

अम्लों के नाम उनको बनाने वाले तत्वों के नामों पर रखे जाते हैं। आक्सीजनरहित अम्लों के नाम अधातुओं के द्वयी अम्लों के नामों की तरह रखे जाते हैं। इनमें वे अम्ल भी शामिल हैं जिनमें कई तत्व उपस्थित होते हैं, जैसे, हाइड्रोजन सायनाइड HCN आदि। चिरप्रतिष्ठित प्रणाली के अनुसार, जो आज भी कई पुस्तकों में अपनायी जा रही है, आक्सीजनरहित अम्लों के नाम में उपसर्ग hydro या hydr तथा अंतसर्ग (प्रत्यय) – ic लिखे जाते हैं। hydro शब्द तत्व के नाम के आगे और ic इसके अंत में आते हैं। हाइड्रोक्लोरिक अम्ल HCl तथा हाइड्रोसायनिक अम्ल HCN इसके उदाहरण हैं।

आक्सीअम्लों के नाम भी उनको बनाने वाले तत्वों के नाम पर रखे जाते हैं। परंतु यहां तत्वों के आक्सीकरण का स्तर उनके नाम में व्यक्त होता हैं। इरा उद्देश्य में उपसर्ग per— तथा hypo और प्रत्यय – ic तथा – ous इस्तेमाल किये जाते हैं। आक्सीकरण की चार अवस्थाओं के अनुकूल आक्सीअम्लों के नामों के उदाहरण निम्न है : परक्लोरिक अम्ल $HClO_4$, क्लोरिक अम्ल $HClO_3$, क्लोरस अम्ल $HClO_2$ तथा हाइड्रोक्लोरस अम्ल HClO (आम तौर पर HOCl लिखते हैं)। आक्सीकरण की अवस्थाओं की संख्या दो होने पर प्रत्यय – ic आक्सीकरण का उच्च स्तर दर्शाता है तथा प्रत्यय – ous – निम्न स्तर (सल्फ्यूरिक अम्ल H_2SO_4 तथा सल्फ्यूरस अम्ल H_2SO_3)।

जब कोई तत्व एक ही आक्सीकरण अवस्था में कई अम्ल बनाता है और प्रत्येक अम्ल के एक अणु में तत्व का एक परमाणु उपस्थित होता है (उदाहरणतया, HPO_3 तथा H_2PO_4), तो उपसर्ग meta– उस अम्ल के नाम के साथ जोड़ दिया जाता है, जिसमें आक्सीजन परमाणुओं की संख्या निम्नतम होती है तथा उपसर्ग Ortho — उस अम्ल के नाम के साथ, जिसमें आक्सीजन परमाणुओं की संख्या अधिकतम होता है (मेटाफस्फोरिक अम्ल HPO_3 तथा आर्थोफस्फोरिक अम्ल H_3PO_4)। अगर किसी अम्ल के अणु में अम्ल बनाने वाले तत्व के दो परमाणु उपस्थित होते हैं, तो उसके नाम के पहले उपसर्ग di – जोड़ दिया जाता है (डाइफास्फोरिक अम्ल $H_4P_2O_7$ तथा डाइसल्फ्यूरिक अम्ल $H_2S_2O_7$)।

जिन अम्लों में परमाणुओं —O—O— का ग्रुप उपस्थित होता है, उन्हें हाइड्रोजन परआक्साइड का व्युत्पाद माना जा सकता है। उन्हें पर अम्ल कहते हैं। आवश्यकता पड़ने पर इन अम्लों के नाम के बाद अणु में अम्ल बनाने वाले तत्व के परमाणुओं लिख दी जाती है, जैसे

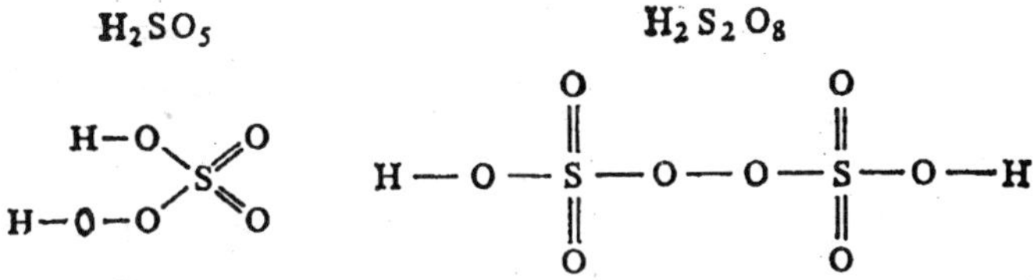

परसल्फ्यूरिक अम्ल   परडाइसल्फ्यूरिक अम्ल

अम्लों के अलावा अकार्बनिक यौगिकों का एक और महत्वपूर्ण वर्ग होता है - क्षारक। विद्युत अपघटनी वियोजन सिद्धांत के अनुसार क्षारक उन प्रदार्थों को कहते हैं जो विलयन में वियोजित होकर हाइड्रोक्साइड आयन अर्थात क्षारीय हाइड्रोक्साइड बनाने की क्षमता रखते हैं।

क्षारकों का एक महत्वपुर्ण गुण यह होता है कि वे अम्लों, अम्लीय तथा उभयधर्मी आक्साइडों के साथ अभिक्रिया करके लवण बनाते हैं, जैसे :

$KOH + HCl = KCl + H_2O$

$Ba(OH)_2 + CO_2 = BaCO_3 + H_2O$

$2NaOH = Al_2O_3 = 2NaAlO_2 + H_2O$

प्रोटोन सिद्धांत के अनुसार क्षारक उन प्रदार्थों को कहते हैं जो प्रोटोन के ग्रहण कर सकते हैं अर्थात एक हाइड्रोजन आयन संयोजित कर सकते हैं। इस दृष्टिकोण से क्षारकीय हाइड्रोक्साइडों के अलावा कुछ और प्रदार्थ भी क्षारक माने जा सकते हैं, जैसे अमोनिया, जिसका अणु एक प्रोटोन ले कर अमोनियत आयन बना सकता है :

$NH_3 + H^+ = NH_4^+$

यह बात सही है कि अमोनिया क्षारकीय हाइड्रोक्साइडों की तरह अम्लों के साथ अभिक्रिया करके लवण बना सकता हे :

$NH_3 + HCl = NH_4Cl$

क्षारक के साथ संयोजित प्रोटोनों की संख्या के आधार पर क्षारक एक अम्लीय (जैसे, LiOH, KOH, NH_3) द्वि-अम्लीय [जैसे, $Ca(OH)_2$, $Fe(OH)_2$] आदि हो सकते हैं।

उभयधर्मी हाइड्रोक्साइड जलीय विलयनों में दोनों तरह से वियोजित हो सकते है : अम्लों की तरह भी (हाइड्रोजन धनायन उत्पन्न होते हैं) तथा क्षारकों की तरह भी (हाइड्रोक्साइड ऋणायन उत्पन्न होते हैं), वे प्रोटोनों के दाता भी हो सकते हैं और ग्रहीता भी। यही कारण है कि उभयधर्मी हाइड्रोक्साइड अम्लों और क्षारकों के साथ अभिक्रिया करके लवण बनाते हैं। जब वे अम्लों के साथ अभिक्रिया करते हैं, तब वे क्षारकों के गुण प्रदर्शित करते हैं और जब क्षारकों के साथ अभिक्रिया करते हैं, तब अम्लों के गुण प्रदर्शित करते हैं :

$Zn(OH)_2 + 2HCl = ZnCl_2 + 2H_2O$

$Zn(OH)_2 + 2NaOH = Na_2ZnO_2 + 2H_2O$

$Zn(OH)_2$, $Al(OH)_3$, $Pb(OH)_2$, $Sn(OH)_2$ तथा $Cr(OH)_3$

उभयधर्मी हाइड्रोक्साइडों के उदाहरण हैं।

अम्ल के अणु में धातु के परमाणुओं द्वारा हाइड्रोजन के परमाणुओं के पूर्ण या आंशिक प्रतिस्थापन या अम्लीय अवशेषों द्वारा क्षारकीय हाइड्रोक्साइड के अणु में हाइड्रोक्साइल ग्रुप के पूर्ण या आंशिक प्रतिस्थापन के उत्पादों के लवण कहते हैं। अम्ल के अणु में हाइड्रोजन परमाणुओं के पूर्ण प्रतिस्थापन से उदासीन (या सामान्य) लवण प्राप्त होते हैं तथा अपूर्ण प्रतिस्थापन के फलस्वरूप अम्लीय लवण प्राप्त होते हैं। अम्लीय लवण बहुक्षारकी अम्लों से प्राप्त होते हैं।

क्षारकीय हाइड्रोक्साइड अणु में अम्लीय अवशेषों द्वारा हाइड्रोक्साइल ग्रुप के पूर्ण या आंशिक प्रतिस्थापन के फलस्वरूप क्षारकीय लवण (Hydroxo लवण) प्राप्त होते हैं। क्षारकीय लवण केवल बहुअम्लीय हाइड्रोक्साइडों से प्राप्त किये जा सकते हैं।

अम्लीय लवण तब प्राप्त होते हैं जब क्षारकों के साथ अम्लों की अभिक्रिया में क्षारक की मात्रा उदासीन लवण के निर्माण के लिये कम होती है, जैसे :

$$H_2SO_4 + NaOH = NaHSO_4 + H_2O$$

क्षारकीय लवण तब प्राप्त होते हैं जब अभिक्रिया में अम्ल की मात्रा उदासीन लवण के निर्माण के लिये कम पड़ जाती है, जैसे :

$$Fe(OH)_3 + H_2SO_4 = FeOHSO_4 + 2H_2O$$

लवणों के नाम अम्ल के धनायन तथा ऋणायन के नामों से बनाये जाते हैं (सोडियम क्लोराइड, कापर सल्फेट इत्यादि)। जहां ऋणायन का नाम अम्ल बनाने वाले तत्व के लातीनी नाम के मूल से लिया जाता है (उदाहरणतया, कैल्सियम प्लम्बेट)। आवश्यकता पड़ने पर धनायन बनाने वाली धातु के आक्सीकरण का स्तर कोष्ठक में रोमन अंको में लिख देते हैं।

आक्सीजनरहित अम्ल के ऋणायन को प्रत्यय – ide दे देते हैं, जैसे, सोडियम ब्रोमाइड NaBr, फेरस (II) सल्फाइड FeS तथा पोटेशियम सायनाइड KCN।

अम्ल बनाने वाले तत्व के आक्सीकरण की उच्च अवस्था के लिये आक्सीजन सहित अम्लों के ऋणायनों के नामों को प्रत्यय ate दे देते हैं तथा आक्सीकरण की निम्न अवस्था के लिये प्रत्यय – ite। जब अम्लों के लिये उपसर्ग per – तथा hypo – इस्तेमाल करते हैं तब उनके लवणों के नामों में ये उपसर्ग रहने देते हैं। उदाहरणतया, सल्फ्यूरिक अम्ल के लवण सल्फेट, सल्फ्यूरस अम्ल के – सल्फाइट, परक्लोरिक अम्ल के – परक्लोरेड तथा हाइपोक्लोरस अम्ल के – हाइपोक्लोराइड कहलाते हैं।

अगर अम्ल एक अणु में अम्ल बनाने वाले तत्व के दो परमाणु उपस्थित होते हैं तो ऋणायन के नाम के साथ उपसर्ग di – जोड़ देते हैं, जैसे डाइसल्फ्यूरिक अम्ल $H_2S_2O_7$ के लवणों को डाइसल्फेट तथा डाइफास्फोरिक अम्ल $H_2S_2O_8$ के लवणों को परडाइसल्फेट कहते हैं।

सर्वाधिक महत्वपूर्ण अम्लों तथा उनके लवणों के नात परिशिष्ट में दिये गये हैं (सारणी 4)।

अम्लीय लवणों के नाम उदासीन लवणों के नामों की तरह रखे जाते हैं। परन्तु अम्लीय लवणों के नाम के पहले उपसर्ग ''हाइड्रा'' लिख देते हैं। यह उपसर्ग हाइड्रोजन के उन परमाणुओं की उपस्थिति का प्रतीक है जो अभिक्रिया में प्रस्थापित नहीं हुए। इन परमाणुओं की संख्या युनानी अंको di, tri आदि से द्योतित होती है। उदाहरणतया, बेरियम हाइड्रोकार्बोनेट $Ba(HCO_3)_2$, सोडियम डाइहाइड्रो आर्थोआर्सेनेट NaH_2AsO_4 तथा लीथियम हाइड्रोसल्फाइड LiHS।

क्षारकीय लवणों के नाम भी उदासीन लवणों के नामों की तरह रखे जाते हैं। फर्क केवल इतना हैं कि इनके नामों के साथ हाइड्रोक्सो शब्द और जोड़ देते हैं जो प्रतिस्थापित न हुए हाइड्रोक्सो ग्रुपों की उपस्थिति बताता है। उदाहरणतया, फेरस (II) क्लोराइड हाइड्रोक्साइड FeOHCl, निकेल सल्फेट हाइड्रोक्साइड $(NiOH)_2SO_3$, ऐलुमिनियम नाइट्रेट डाइहाइड्रोक्साइड $Al(OH)_2NO_2$ आदि।

कई बार क्षारकीय लवण के निर्माण के दौरान जल मुक्त होता हैं, जैसे

$Bi(OH)_2Cl = BiOCl + H_2O$

इस प्रकार प्राप्त लवणों (आक्सो-लवणों) में हाइड्रोक्साइड ग्रुप विद्यमान नहीं होता, परंतु क्षारकीय लवणों के गुण उनके अंदर बने रहते हैं, विशेष रूप से अम्लों के साथ अभिक्रिया में उदासीन लवण उत्पन्न करने की क्षमता :

$BiOCl + 2HCl = BiCl_3 + H_2O$

आक्सो-लवणों (**EQ/page no-49** आदि) में आक्सीजन सहित ऋणायनों के नाम रखने के लिये धातु के लातीनी नाम के मूल के साथ प्रत्यय – yl जोड़ देते है: बिस्मथिल BiO^+, स्टिबिल (ऐंटिमोनिल) SbO^+, यूरेनिल **EQ/page no-49**। इस प्रकार BiOCl को बिस्मथिल क्लोराइड कहते हैं तथा $UO_2(NO_3)_2$ को यूरेनिल नाइट्रेट, आदि।

प्रश्न

138. निम्न अम्लों के एनहाइड्राइडों के सूत्र लिखिये : H_2SO_4, H_3BO_3, $H_4P_2O_7$, HOCl, $HMnO_4$।

139. निम्न हाइड्रोक्साइडों के अनुसार आक्साइडों के सूत्र लिखिये :

H_2SiO_3, $Cu(OH)_2$, H_3AsO_4, H_2WO_4, $Fe(OH)_3$।

140. उन अभिक्रियाओं के समीकरण लिखिये जिनकी सहायता से निम्न रूपांतरण संभव हो सकेंगे :

$Ba \rightarrow BaO \rightarrow BaCl_2 \rightarrow Ba(NO_3)_2 \rightarrow BaSO_4$

$Mg \rightarrow MgSO_4 \rightarrow Mg(OH)_2 \rightarrow MgO \rightarrow MgCl_2$

141. उन अभिक्रियाओं के समीकरण लिखियेण जिनसे निम्न रूपांतरण संभव हो सकते है :

$Zn \rightarrow K_2ZnO_2$; $S \rightarrow H_2SO_3$

$NH_3 \rightarrow HNO_3$; $Cu \rightarrow CuS$

142. निम्न गैसों में से कौनसी गैसें क्षारीय विलयन के साथ अभिक्रिया करती है : HCl, H_2S, NO_2, N_2, Cl_2, CH_4, SO_2, NH_3 ? प्राप्त अभिक्रियाओं के समीकरण लिखिये।

143. अगर आपके पास $CuSO_4$, $AgNO_3$, K_3PO_4, $BaCl_2$ हो, तो कौन-कौन से लवण प्राप्त किये जा सकते हैं। अभिक्रियाओं के समीकरण तथा प्राप्त लवण के नाम लिखिये।

144 निम्न यौगिकों के नाम बताइये : K_2O_2, MnO_2, BaO_2, MnO, CrO_3, V_2O_5.

145. ZnO, Al_2O_3, $Sn(OH)_2$ तथा $Cr(OH)_3$ की उभयधर्मी प्रकृति कैसे सिद्ध कर सकते हैं?

146. क्या ऐसा विलयन प्राप्त किया जा सकता है जिसमें निम्न तत्व एक साथ उपस्थित हों (a) $Ba(OH)_2$ तथा HCl; (b) $CaCl_2$ तथा Na_2CO_3; (c) NaCl तथा $AgNO_3$; (d) KCl तथा $NaNO_3$? कौन-कौनसे जोड़े असंभव हैं और क्यों?

147. निम्न अम्लों में से कौनसे अम्ल अम्लीय लवण बनाते हैं :

HI, H_2Se, H_2SeO_3, $H_2C_2O_4$, CH_3COOH?

148. निम्न आक्साइडों की जल के साथ सीधी अभिक्रिया से कौनसे अम्ल प्राप्त किये जा सकते है : P_2O_5, CO_2, N_2O_5, NO_2, SO_2?

149. नीचे दिये किन किन प्रदार्थों के साथ हाइड्रोक्लोरिक अम्ल अभिक्रिया करता है : N_2O_5, $Zn(OH)_2$, CaO, $AgNO_3$, H_3PO_4, H_2SO_4? अभिक्रियाओं के समीकरण लिखिये।

150. नीचे दिये पदार्थों में से कौनसे पदार्थ सोडियम हाइड्रोक्साइड के साथ अभिक्रिया करते हैं : HNO_3, CaO, CO_2, $CuSO_4$, $Cd(OH)_2$, P_2O_5? अभिक्रियाओं के समीकरण लिखिये।

151. FeO, CS_2O, Hgo तथा Bi_2O_3 के भस्मीय गुणों का प्रदर्शन करने वाली अभिक्रियाओं के समीकरण लिखिये।

152. SeO_2, SO_3, Mn_2O_7, P_2O_5 तथा CrO_3 के अम्लीय गुण प्रमाणित करने वाली अभिक्रियाओं के समीकरण लिखिये।

153. मैग्नीशियम क्लोराइड प्राप्त करने की अभिक्रियाओं के समीकरण लिखिये। (a) धातु पर अम्ल की अभिक्रिया का; (b) भस्म पर अम्ल की अभिक्रिया का; (c) लवण पर लवण की अभिक्रिया का।

154. अम्लों और भस्मों के बीच अभिक्रियाओं से निम्न लवण प्राप्त हुए: $NaNO_3$, $NaHSO_4$, Na_2HPO_4, K_2S तथा $Fe_2(SO_4)_3$। अभिक्रियाओं के समीकरण लिखिए।

155. अम्ल की लवण के साथ अभिक्रिया से कौनसे प्रदार्थ प्राप्त हो सकते है? अम्ल की भस्म के साथ अभिक्रिया के उदाहरण दें।

156. निम्न अम्लों द्वारा प्राप्त पोटेशियम तथा कैल्सियम के उदासीन तथा अम्लीय लवणों के सुत्र लिखिये : (a) कार्बोनिक अम्ल द्वारा; (b) आर्सेनियस अम्ल द्वारा।

157. निम्न लवणों के नाम बताइये : $SbONO_3$, $[Fe(OH)]_2CrO_4$, $(AlOH)SO_4$, $Cd(HS)_2$, $Ca(H_2PO_4)_2$।

158. सोडियम डाइहाइड्रोजन आर्थोऐंटिमोनट, सोडियम मेटाक्रोमाइट, पोटेशियम हाइड्रोजन आर्सेनेट तथा ऐलुमिनियम सलफेट हाइड्रोक्साइड प्राप्त करने के लिये कौन-कौनसे प्रदार्थो की अभिक्रिया करानी चाहिये? अभिक्रियाओं के समीकरण लिखिये।

159. लवण $Mg_2P_2O_7$, $Ca_3(PO_4)_2$, $Mg(ClO_4)_2$ तथा $Ba(NO_3)_2$ निम्न अभिक्रियाओं के परिणामस्वरूप प्राप्त हुए : (a) भस्मीय तथा अम्लीय आक्साइड की अभिक्रिया से; (b) भस्म तथा अम्लीय आक्साइड की अभिक्रिया से; (c) भस्मीय आक्साइड तथा अम्ल की अभिक्रिया से; (d) भस्म तथा अम्ल की अभिक्रिया से। अभिक्रियाओं के समीकरण लिखिये।

160. प्रयोगशाला में निम्न प्रदार्थों को प्राप्त करने के लिये जो अभिक्रियाएं की गयी हैं, उनके समीकरण लिखिये : (a) हाइड्रोजन क्लोराइड; (b) लेड सल्फांइड; (c) बेरियम सल्फेट; (d) सिल्वर आर्थोफास्फेट; (e) फेरस (III) हाइड्रोक्साइड; (f) कापर (II) नाइट्रेट।

161. निम्न लवणों के नाम बताइये : (a) $Zn(NO_3)_2$; (b) NaH_2SbO_4; (c) $K_2H_2P_2O_7$; (d) $Al(OH)_2NO_3$; (e) $CaCrO_4$; (f) K_3AsO_4; (g) $Na_2 Cr_2O_7$; (h) $Ba(HSO_3)_2$; (i) $CrOHSO_4$; (j) $(CuOH)_2CO_3$ तथा (k) NaHS।

अपना ज्ञान परखिये

162. नीचे दिये हाइड्रोक्साइडों में से कौनसे भस्मीय लवण बना सकते है?

(a) $Cu(OH)_2$; (b) $Ca(OH)_2$; (c) LiOH ; (d) $Al(OH)_3$; (e) KOH.

163. P_2O_5 किस अम्ल का एनहाइड्राइड है? (a) फास्फोरस; (b) डाइफास्फोरिक; (c) आर्थोफास्फोरिक।

164. Cl2O7 किस अम्ल का एनहाइड्राइड है? (a) परक्लोरिक; (b) क्लोरिक; (c) हाइपोक्लोरस।

165. निम्न यौगिकों में से कौनसे यौगिक परआक्साइड हैं?

(a) NO_2 ; (b) K_2O_2 ; (c) BaO_2 ; (d) MnO_2.

166. पोटेशियम हाइड्रोक्साइड को आर्थोआर्सेनिक अम्ल से उदासीन करने की अभिक्रिया में आर्थोआर्सेनिक अम्ल का तुल्य द्रव्यातान 142g/mol हुआ, अभिक्रिया में कौनसा लवण बना?

(a) पोटेशियम आर्थोआर्सेनेट; (b) पोटेशियम हाइड्रोजन आर्थोआसेंनेट; (c) पोटेशियम डाइहाइड्रोजन आर्थोआर्सेनेट।

167. मैंगनिक अम्ल का सुत्र क्या है?

(a) $HMnO_4$; (b) H_4MnO_4 ; (c) H_2MnO_4 ।

168. बेरियम क्लोरेट का सुत्र क्या है?

(a) $BaCl_2$; (b) $Ba(OCl)_2$; (c) $Ba(ClO_3)_2$; (d) $Ba(ClO_2)_2$ ।

169. लवण $(CuOH)_2CO_3$ का नाम बताइये?

(a) कापर कार्बेनेट हाइड्राक्साइड; (b) कापर (II) कार्बोनेट हाइड्रोक्साइड; (c) कार्बोनेट डाइहाइड्रोक्साइड ।

170. जिंक हाइड्रोक्साइड के एक मोल तथा आर्थोफास्फोरिक अम्ल के दो मोलों की अभिक्रिया से कौन सा लवण प्राप्त होता है? (a) जिंक आर्थोफास्फेट; (b) जिंक डाइहाइड्रोजन आर्थोफास्फेट; (c) जिंक आर्थोफास्फेट हाइड्रोक्साइड; (d) जिंक हाइड्रोजन आर्थोफास्फेट।

171. मैग्नीशियम क्लोराइड हाइड्रोक्साइड से उदासीन लवण प्राप्त करने के लिए कौन सी अभिक्रिया करानी पड़ेगी?

(a) MgOHCl + NaOH; (b) $MgOHClO_3$+NaOH;

(d) $MgOHClO_3$+HCl; (d) MgOHCl+HCl

अध्याय 3

परमाणुओं की संरचना विघटनाभिकता

1. परमाणुओं की इलेक्ट्रानिक संरचना . परमाणुओं की संरचना पर तत्वों के गुणों की निर्भरता

परमाणुओं की इलेक्ट्रानिक संरचना से संबंधित प्रश्नों को हल करते समय हमें इस तथ्य को याद रखना चाहिये कि परमाणु में एक इलेक्ट्रान की कोई भी स्थायी अवस्था स्वांटमी संख्याओं n, l, m तथा s के निश्चित मानों द्वारा लक्षित होती है। क्वांटमी संख्याओं n, l तथा m के निश्चित मानों के अनुकूल इलेक्ट्रान की अवस्था को परमाण्वीय इलेक्ट्रानी कक्षक कहते हैं।

प्रत्येक परमाण्वीय कक्षक (प॰ क॰) आकाश में तरंगी फलन ψ के निश्चित विस्तार द्वारा प्रकट किया जाता है। तरंगी फलन का वर्ग आकाश के प्रदत्त क्षेत्र में इलेक्ट्रान ढूंढ़ने की संभावना निश्चित करता है। 0, 1, 2, 3 के बराबर l मानों के संगत परमाण्वीय कक्षकों को s—, —p, —d, तथा f— कक्षक कहते हैं। परमाणुओं की इलेक्ट्रानिक संरचनाओं के आरेखी चित्रों में प्रत्येक कक्षक को □ चिन्ह से दर्शाया जाता है।

पाउली अपवर्जन सिद्धांत के अनुसार एक परमाणु के अंदर ऐसे दो इलेक्ट्रान नहीं हो सकते जिनकी स्वान्टमी संख्याएं एक समान हों। इससे स्पष्ट होता है कि प्रत्येक परमाण्वीय कक्षक में दो से अधिक इलेक्ट्रान नहीं हो सकते तथा इनकी प्रचक्रण क्वान्टमी संख्याएं विभिन्न होनी चाहियें। इसे निम्न प्रतीक द्वारा व्यक्त किया जाता है : **Fig. (P. 54)**

बहुइलेक्ट्रानिक परमाणु की स्थायी (अनुद्दीपित) अवस्था में प॰ क॰ इलेक्ट्रानों का ऐसा वितरण होता है कि इनकी परमाण्वीय ऊर्जा निम्न होती है। यही कारण है कि प॰ क॰ उनकी ऊर्जा की वृद्धि बढ़ने के क्रमानुसार भरे जाते हैं (पाउली अपवर्जन सिद्धांत का खंडन किये बिना)। प॰ क॰ में इलेक्ट्रानों का क्रम क्लेचूकोवस्की नियमों द्वारा निर्धारित करते हैं जिनमें मुख्य क्वान्टमी संख्या (n) तथा कक्षकीय क्वान्टमी संख्या (l), दोनों पर कक्षक की ऊर्जा की निर्भरता ध्यान रखी जाती है। इन नियमों के अनुसार प॰ क॰ n + l के मान की क्रमिक वृद्धि के अनुसार इलेक्ट्रानों से भरे जाते हैं (क्लेचूकोवस्की

का प्रथम नियम)। अगर इस संकुल की दोनों संख्याएं समान होती हैं, तो संख्या n की क्रमबद्ध वृद्धि के अनुसार (क्लेचूकोव्स्की का दूसरा नियम)।

उदाहरण 1. उपतल 4p भरने के बाद परमाणु में इलेक्ट्रान कौनसा उपतल भरते हैं?

हल : 4p उपतल के बराबर संकल $n + 1$ है जो $4 + 1 = 5$ है। $3d(3 + 2 = 5)$ तथा $5s(5 + 0 = 5)$ $n + 1$ के उसी संकल द्वारा व्यक्त किये गये हैं। परंतु 3d की अवस्था 4p की अवस्था की तुलना $n(n = 3)$ के छोटे मान से लक्षित है। इसलिये उपतल 3d उपतल 4d से पहले भरा जायेगा। अतः उपतल 4p के भरने के बाद उपतल 5s भरा जायेगा जिसमें $n(n = 5)$ का मान इकाई से ज्यादा है।

उदाहरण 2. उपतल 4s के बाद कौनसा उपतल भरा जायेगा?

हल : $n + 1 = 4 + 0 = 4$ का संकल उपतल 4s के अनुकूल है। 3p उपताल $n + 1$ के उसी संकल द्वारा प्रकट किया गया है, परंतु यह उपतल 4s उपतल से पहले भरा जाता है क्योंकि 4s मुख्य क्वान्टमी संख्या के उच्च मान से लक्षित है। अतः उपतल 4s के बाद $n + 1 = 5$ संकल वाला उपतल भरा जायेगा; $n + 1$ के इस मान के सभी संभव संयोजनों में से सबसे पहले वह संयोजन कार्यान्वित किया जायेगा जिसमें मुख्य क्वान्टमी संख्या का मान निम्नतम होगा अर्थात उपतल 4s के भरने के बाद उपतल 3d भरा जायेगा।

एक ऊर्जा उपतल की सीमाओं के अंदर परमाणु कक्षकों में इलेक्ट्रानों का क्रम हुंड नियम की सहायता से ज्ञात किया जाता है। इस नियम के अनुसार एक निम्नतम ऊर्जा वाले परमाणुओं के इलेक्ट्रान प्रदत्त उपतल के प. क. पर इस प्रकार वितरित होते हैं कि परमाणु प्रचक्रण का संकल मान अधिकतम होता है। इलेक्ट्रानों के किसी अन्य क्रम पर परमाणु उद्दीपित अवस्था में होता है, अर्थात वह अधिक उच्च ऊर्जा से लक्षित होगा।

उदाहरण 3. सिलिकन परमाणु का इलेक्ट्रानी सूत्र विन्यास लिखिये तथा साधारण और उद्दीपित अवस्थाओं में इस परमाणु के संयोजकता कक्षक को इलेक्ट्रानों द्वारा भरने का रेखाचित्र बनाइये।

हल : हम सिलिकन परमाणु का इलेक्ट्रानी सूत्र लिखते हैं : $1s^2 2s^2 3s^2 3p^2$। बाहरी (तीसरी) इलेक्ट्रानी सतह के कक्षक अर्थात 3s—3p—तथा खाली 3d—कक्षक इस परमाणु में संयोजकता कक्षक हैं। इलेक्ट्रानों द्वारा इन कक्षकों के भरे जाने का रेखाचित्र निम्न होगा :

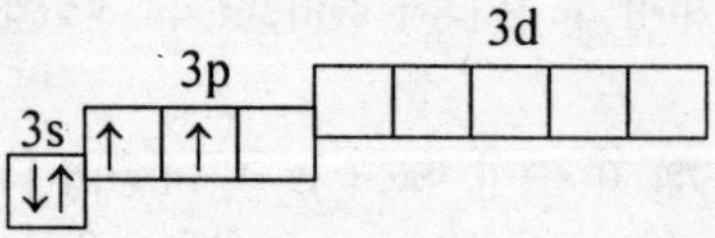

यहां 3p—उपतल में इलेक्ट्रानों का क्रम हुंड नियम के अनुसार दिखाया गया है : परमाणु के कुल प्रचक्रण का मान उच्चतम है। 3p उपतल में इलेक्ट्रानों का दूसरा संभव क्रम, उदाहरणतया, निम्न हो सकता है :

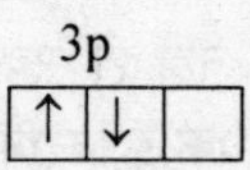

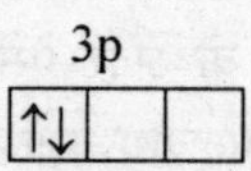

जो परमाणु प्रचक्रण के संकल शून्य मान के बराबर हैं, अतः यह परमाणु की उद्दीपित अवस्था के संगत होगा।

जब ऊर्जा की निश्चित मात्रा व्यय की जाती है, सिलिकन परमाणु के 3s इलेक्ट्रानों में से एक खाली 3p कक्ष में स्थानांतरित किया जा सकता है; इसके फलस्वरूप परमाणु की ऊर्जा में इतनी वृद्धि आ जाती है कि नया इलेक्ट्रान विन्यास ($1s^2 2s^2 2n^6 3s^1 3p^3$) भी सिलिकन की संभव उद्दीपित अवस्था के संग हो जाता है :

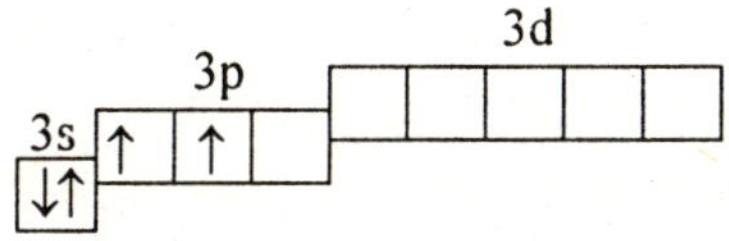

इलेक्ट्रानी सदृशरूप उन तत्वों को कहते हैं जिनके संयोजकता इलेक्ट्रान जिन कक्षकों में स्थित होते हैं, उनका विन्यास इन सभी तत्वों के लिये एक जैसा होता है। तत्वों की आवर्त सारणी में इलेक्ट्रानी सदृशरूप एक उपग्रुप में रखे गये हैं।

उदाहरण 4. आवर्त सारणी में क्लोरीन और मैंगनीज एक ग्रुप में क्यों रखे गये हैं? इन दोनों तत्वों को विभिन्न उपग्रुपों में क्यों रखा जाता है?

हल : परमाणुओं का इलेक्ट्रानी विन्यास निम्न होता है :

Cl $1s^2 2s^2 2p^6 3s^2 3p^5$

Mn $1s^2 2s^2 2p^6 3s^2 3p^6 3d^5 4s^2$

क्लोरीन के संयोजकता इलेक्ट्रान $3s^2 3p^5$ हैं तथा मैंगनीज के–$3d^5 4s^2$; अतः ये तत्व इलेक्ट्रानी सदृशरूप नहीं हैं तथा इन्हें एक उपग्रुप में नहीं रखा जाना चाहिये। परंतु इन तत्वों के परमाणुओं के संयोजकता कक्षकों में इलेक्ट्रानों की संख्या समान है–7। इसी कारण दोनों तत्व आवर्त सारणी में एक ही ग्रुप में (सातवें) परंतु विभिन्न उपग्रुपों में रखे जाते हैं।

परमाणु से इलेक्ट्रान के पृथक होने में तथा परमाणु के धनात्मक आवेशित आयन बनने में जो ऊर्जा व्यय होती है, उसे आयनीकरण ऊर्जा कहते हैं। आयनीकरण की ऊर्जा को प्रायः इलेक्ट्रान वोल्ट (eV) में व्यक्त करते हैं; leV 96.48 kJ/mol–आयनीकरण की ऊर्जा के संगत होता है।

आयनीकरण की ऊर्जा विद्युत-क्षेत्र में त्वरित इलेक्ट्रानों द्वारा परमाणुओं पर बमबारी से निश्चित की जाती है। जिस निम्नतम विभवान्तर पर इलेक्ट्रान का वेग परमाणुओं के आयतनीकरण के लिये पर्याप्त रहता है, उसे प्रदत्त तत्व के परमाणुओं का आयनीकरण विभव कहते हैं। वोल्ट (V) में व्यवत आयतनीकरण विभव (I) सांख्यिक रूप से इलेक्ट्रानवोल्ट में व्यक्त आयनीकरण ऊर्जा (E) के बराबर होता है।

पर्याप्त परमाणु ऊर्जा व्यय करके परमाणु से दो, तीन या अधिक इलेक्ट्रान अलग किये जा सकते हैं। प्रथम आयनीकरण विभव प्रथम इलेक्ट्रान को अलग करने में व्यय हुई ऊर्जा के संगत होता है तथा द्वितीय आयनीकरण विभव–द्वितीय इलेक्ट्रान को पृथक करने में व्यय हुई ऊर्जा के, आदि।

जैसे-जैसे क्रम में परमाणु से इलेक्ट्रान पृथक किये जाते हैं, वैसे-वैसे बनने वाले आयन का धनात्मक आवेश बढ़ता जाता है। अतः प्रत्येक इलेक्ट्रान को पृथक करने के लिये ऊर्जा की आवश्यकता भी बढ़ती जाती है जिससे परमाणु के आयनीकरण विभव (I_1, I_2, I_3...) क्रम में बढ़ते जाते हैं। बेरिलियम, बोरान तथा कार्बन परमाणुओं के उदाहरणों से यह बात देखी जा सकती है :

	Be	B	C
I_1	9.3	8.3	11.3
I_2	18.2	25.2	24.4
I_3	253.9	37.9	47.9

आयनीकरण विभव विशेष रूप से बहुत तेजी से तब बढ़ता है जब पृथक गये इलेक्ट्रान की मुख्य क्वान्टमी संख्या

पूर्ववर्ती इलेक्ट्रान की तुलना में छोटी होती है। उदाहरणतया, Be ($1s^2, 2s^2$) के लिये I_1 तथा I_2 के बीच अंतर I_2 तथा I_3 के बीय के अंतर के मुकाबले काफी कम है। इसका कारण यह है कि तीसरे इलेक्ट्रान को पृथक करने के लिये अधिक ऊर्जा की जरूरत पड़ेगी, जो पिछले दोनों, इलेक्ट्रानों से नाभिक के निकट स्थित है।

अन्य समान परिस्थितियों में आयनीकरण विभव जितना अधिक होता है, नाभिक का आवेश उतना ही अधिक तथा परमाणु या आयन की त्रिज्या उतनी ही कम होती है। इस दृष्टिकोण से नाभिक के आवेश में वृद्धि के साथ-साथ आयनीकरण विभव में भी वृद्धि की प्रवृत्ति दिखाई देनी चाहिये (जब एक ही मुख्य क्वान्टमी संख्या वाला इलेक्ट्रान पृथक किया जाता है)। इसीलिये Be के लिये I_1 तथा I_2 के मान वास्तव में C के मानों से कम हैं।

परंतु इसके अलावा आयनीकरण विभव परमाणु या आयन के इलेक्ट्रान विन्यास पर भी निर्भर करता है। विशेषतया पूर्ण या आधे भरे हुए उपतलों में बहुत ज्यादा स्थिरता होती है। ऊपर लिये गये परमाणुओं के इलेक्ट्रान विन्यासों की तुलना से यह बात स्पष्ट हो जाती है :

Be $1s^2\,2s^2$ B $1s^2\,2s^2\,2p^1$ C $1s^2\,2s^2\,2p^2$

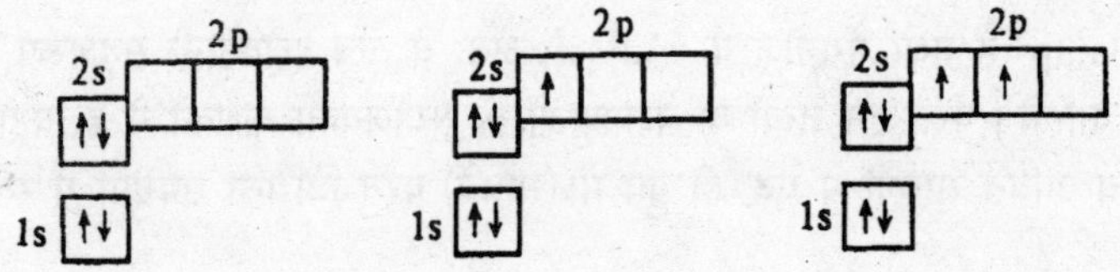

कि Be परमाणु का इलेक्ट्रान विन्यास सबसे ज्यादा स्थिर है (2s उपतल पूर्णतया भरा हुआ है); यही कारण है कि इसे आयनित करने के लिये ज्यादा ऊर्जा व्यय होती है। नाभिक के आवेश के बढ़ने के बावजूद भी बोरान में 2p इलेक्ट्रान को प्रथक करने में कम ऊर्जा की जरूरत पड़ती है।

प्रश्न

172. अगर किसी ऊर्जा उपतल की कक्षीय क्वान्टमी संख्या $l = 2$ तथा $l = 3$ हो, तो चुंबकीय क्वान्टमी संख्या m के कितने मान संभव होंगे?

173. किसी परमाणु की इलेक्ट्रान सतह की मुख्य क्वान्टमी संख्या $n = 4$ है। उस परमाणु में इलेक्ट्रानों की अधिकतम संख्या कितनी हो सकती है?

174. क्लेचूकोव्स्की के नियम द्वारा उन इलेक्ट्रानी कक्षकों के भरने का क्रम ज्ञात कीजिये, जिनके लिये $n + l$ का मान (a) 5, (b) 6 तथा (c) 7 है।

175. उस तत्व की परमाण्वीय संख्या बताइये जिसमें (a) इलेक्ट्रानों 4d कक्षक भरने का कार्य पूरा हो गया है और (b) 4p उपतल के भरने का काम शुरू होता है।

176. परमाणुओं में 5s उपतल के बाद कौनसा उपतल भरा जाता है?

177. किस तत्व में उपतल 4f के भरने का कार्य आरंभ होता है? किस तत्व में इस उपतल के भरने का काम पूरा हो जाता है?

178. परमाणुओं में 5p उपतल के बाद कौनसा उपतल भरा जाता है? और उपतल 5d के भरने के बाद कौनसा?

179. किन्हीं तत्वों के परमाणुओं के नाभिकीय आवेश (a) 8, (b) 13, (c) 18, (d) 23, (e) 53, (f) 63 तथा (g) 83

हैं। इन परमाणुओं के इलेक्ट्रानी विन्यास लिखिये। इलेक्ट्रानों द्वारा परमाणुओं के संयोजकता कक्षकों के भरने के रेखाचित्र बनाइये।

180. निम्न इलेक्ट्रानी विन्यासों में से कौन-कौन से विन्यास असंभव हैं और क्यों? (a) $1p^3$, (b) $3p^6$, (c) $3s^2$, (d) $2s^2$, (e) $2d^5$, (f) $5d^2$, (g) $3f^{12}$, (h) $2p^4$, (i) $3p^7$.

181. (a) Cl, (b) V तथा (c) Mn के उद्दीपित परमाणुओं में कितने खाली 3d कक्षक उपस्थित होते हैं?

182. (a) B, (b) S, (c) As, (d) Cr, (e) Hg तथा (f) Eu उद्दीपित परमाणुओं में कितने अयुग्मित इलेक्ट्रान उपस्थित हैं?

183. आयन Fe^{2+} तथा आयन Fe^{3+} के इलेक्ट्रानी विन्यासों का रेखाचित्र बनाइये। आयन Fe^{3+} के इलेक्ट्रानी विन्यास की उच्च स्थिरता का कारण कैसे समझा सकते हैं?

184. कापर तथा क्रोमियम परमाणुओं के इलेक्ट्रानी विन्यासों की विशेषताएं बताइये। इन तत्वों के अनुद्दीपित परमाणुओं में कितने 4s इलेक्ट्रान स्थित होते हैं?

185. किसी तत्व के एक परमाणु की संयोजकता इलेक्ट्रानी सतह का विन्यास (a) $5s^2\,5p^4$ तथा (b) $3d^5\,4s^1$ है। तत्व की क्रमिक संख्या तथा इसका नाम बताइये।

186. किसी परमाणु का इलेक्ट्रानी विन्यास $1s^2\,2s^2\,2p^6\,3s^2\,3p^6\,3d^6\,4s^2$ है। तत्व का नाम क्या है?

187. आयनों (a) Sn^{2+}, (b) Sn^{4+}, (c) Mn^{2+}, (d) Cu^{2+}, (e) Cr^{3+}, (f) S^{2-} के इलेक्ट्रानी विन्यास लिखिये।

188. तत्वों के किन आवर्तों में बाह्य सतही इलेक्ट्रानों के लिये $n + l$ का मान 5 होगा?

189. आवर्त सारणी के छटे ग्रुप के तत्वों में इलेक्ट्रानी सदृशरूपों की सूची बताइये। इन तत्वों के परमाणुओं में संयोजकता इलेक्ट्रानी उपतलों के इलेक्ट्रानी विन्यास साधारण रूप में लिखिये।

190. आवर्त सारणी में क्रोमियम तथा सल्फर, फास्फोरस तथा वैनेडियम एक ग्रुप में क्यों रखे गये हैं? ये तत्व विभिन्न उपग्रुपों में क्यों रखे गये हैं?

191 कापर और पोटेशियम एक ही ग्रुप में और एक ही आवर्त में रखे गये हैं, परंतु कापर का परमाण्वीय आयतन पोटेशियम से कम है। ऐसा क्यों है?

192. किसी कार्बन परमाणु के आयनीकरण विभव (V में) का क्रम निम्न है : $I_1 = 11.3$, $I_2 = 24.4$, $I_3 = 47.9$, $I_4 = 64$ तथा $I_5 = 392$। (a) आयन विभवों में परिवर्तन का क्रम तथा (b) I_4 से I_5 में तीव्र छलांग का कारण बताइये।

193. उत्कृष्ट गैस परमाणुओं में आयन ऊर्जाएं (eV में) निम्न हैं : He—24.6, Ne—21.6, Ar—15.8, Kr—14.0, Xe—12.1 तथा Rn—10.8। इस उपग्रुप में आयनी ऊर्जा में परिवर्तन का क्रम समझाइये।

194. आवर्त सारणी के I ग्रुप के तत्वों के प्रथम आयनीकरण विभवों के मान निम्न हैं : Li—54, Cs—3.9, Cu—7.7 तथा Ag—9.2। यह बताइये कि (a) I ग्रुप के किस उपग्रुप के तत्वों में धात्विक गुण ज्यादा सुस्पष्ट हैं तथा (b) उपग्रुपों में आयन विभवों के मानों के क्रम में अंतर किस तरह समझा सकते हैं?

195. लीथियम का संयोजकता इलेक्ट्रान 6s उपतल तक उद्दीपित किया गया है। क्या इनके परमाणुओं के आयनीकरण की ऊर्जा समान होगी? उत्तर के पक्ष में तर्क दीजिये।

196. दूसरे आवर्त के तत्वों के परमाणु क्रमांकों में वृद्धि के अनुसार उनके प्रथम आयन विभव का मान किस प्रकार बदलता है? Be परमाणु का प्रथम आयन विभव Li तथा B परमाणुओं के प्रथम आयन विभव से अधिक होता है-इस तथ्य को किस तरह से समझ सकते हैं?

197. Mg-Al-Si पंक्ति में आयन विभव (eV में) की ऊर्जा में परिवर्तन क्यों होता है?

	Mg	Al	Si
I_1	7.6	6.0	8.2
I_2	15.0	18.8	16.3
I_3	80.1	28.4	33.5

अपना ज्ञान परखिये

198. निम्न परमाणु-कक्षकों का आम तौर पर क्या भौतिकीय अर्थ होता है?

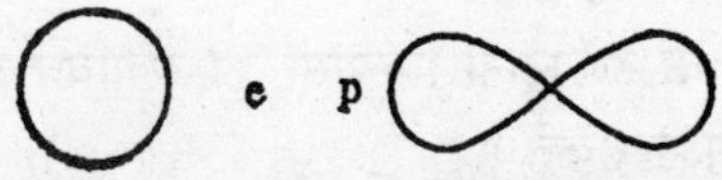

(a) समान इलेक्ट्रानी घनत्व वाली सतह, जिसके अंदर इलेक्ट्रानी अभ्र का कोई भी भाग बंद है ; (b) इलेक्ट्रान का प्रक्षेप-पथ ; (c) सतह, जिसके अंदर इलेक्ट्रानी अभ्र बंद है ; (d) समान इलेक्ट्रानी घनत्व वाली सतह, जिसके अंदर इलेक्ट्रानी अभ्र का कोई निश्चित भाग बंद है।

199. अगर मुख्य क्वान्टमी संख्या का मान स्थिर होता है, तो बहुलेक्ट्रानी परमाणु में इलेक्ट्रान की ऊर्जा कक्षीय क्वान्टमी संख्या पर किस प्रकार निर्भर करती है? (a) यह l के मान की वद्धि के साथ घटती जाती है; (c) यह स्थिर रहती है।

क्योंकि (1) इलेक्ट्रानी अभ्र के आकार केवल मुख्य क्वान्टमी संख्या n के मान द्वारा निर्धारित किये जाते है; (2) n के एक जैसे मान पर l के अधिक मान वाले इलेक्ट्रान आंतरिक इलेक्ट्रानों द्वारा ज्यादा अच्छी तरह से स्क्रीन किये जाते है; (3) l का मान बढ़ने से उपतल के विपोषण का स्तर निम्न हो जाता है।

200. तत्वों Li, Be, B, C, N, O, F तथा Ne की पंक्ति में आयनीकरण के प्रथम विभवों के मान किस प्रकार बदलते हैं? (a) वे बढ़ जाते हैं ; (b) वे कम हो जाते हैं; (c) वे अनियमित रूप से बदलते रहते हैं परंतु उनमें वृद्धि की प्रवृति होती है।

201. बेरिलियम और बोरान में से कौन से तत्व का प्रथम आयनीकरण विभव अधिक होता है? (a) Be का ; (b) B का।

क्योंकि (1) Be से B की ओर जाते हुए नाभिक का आवेश बढ़ जाता है; (2) पूर्णतया भरे उपतल के इलेक्ट्रानी विन्यास अधिक स्थिर होते हैं; (3) Be से B की ओर आते हुए परमाणु का आकार घट जाता है।

202. परमाणु की साधारण अवस्था का कौनसा विन्यास सही है?

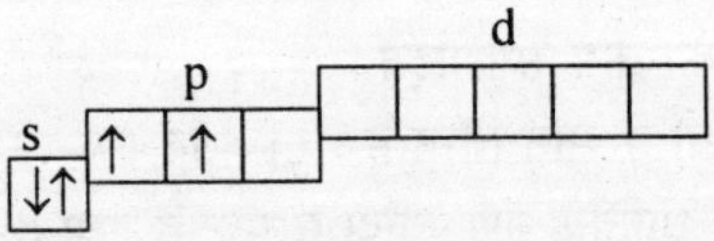

(a)

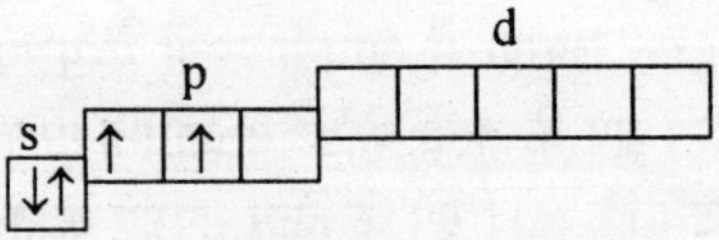

(b)

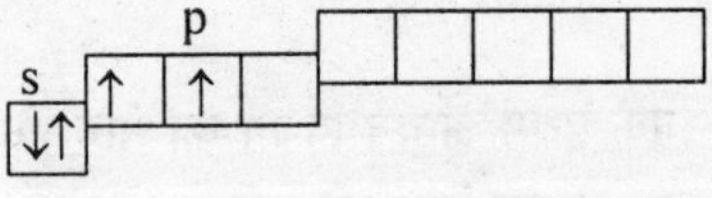

(a)

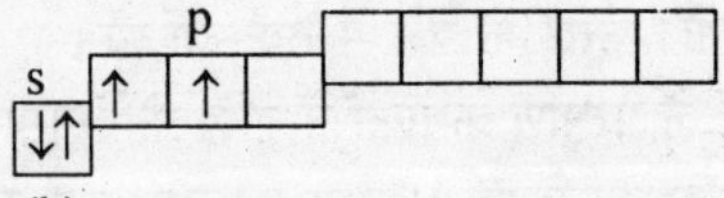

(b)

क्योंकि (1)— - अवस्थाओं में हुंड नियम का खंडन होता है, (2)— - अवस्थाओं में पाउली अपवर्जन सिद्धांत का

खंडन होता है ; (3)— - अवस्थाओं में परमाण की ऊर्जा निम्नतम नहीं है।

2. परमाण्वीय नाभिकों की संरचना, विघटनाभिकता. नाभिकीय प्रतिक्रियाएं

इस अनुच्छेद में रासायनिक चिन्ह तत्वों के परमाणुओं की जगह उनके नाभिकों के प्रतीक हैं। निचला सूचकांक नाभिक का आवेश बताता है, जो सांख्यिक रूप से आवर्त सारणी में तत्व के परमाणु क्रमांक के बराबर होता है तथा ऊपर सूचकांक द्रव्यमान संख्या A द्योतिक करता है और यह Z+N के संकल के समान है, जहां Z-नाभिक में आवेशों की संख्या (p) है और N नाभिक में न्यूट्रानों की संख्या (n) है। किसी तत्व के सभी परमाणुओं के नाभिकों का आवेश एक समान होता है अर्थात उनमें प्रोटोनों की संख्या समान होती है; न्यूट्रानों की संख्या विभिन्न हो सकती है।

वे परमाणु जिनमें नाभिकीय आवेश तो एक समान होता है, परंतु द्रव्यमान संख्याएं भिन्न होती हैं, समस्थानिक कहलाते हैं (उदाहरणातया, $^{35}_{17}Cl$ तथा $^{37}_{17}Cl$)

वे परमाणु जिनमें द्रव्यमान संख्याएं तो एक समान होती हैं, परंतु नाभिकों में प्रोटोनों की संख्या भिन्न होती है, समभारिक परमाणु कहलाते हैं (जैसे, $^{40}_{19}K$ तथा $^{40}_{20}Ca$)।

उदाहरण 1. किसी तत्व के एक समस्थानिक का चिन्ह $^{238}_{92}E$ है। (a) तत्व का नाम (b) उसके नाभिक में न्यूट्रानों और प्रोटोनों की संख्या तथा (c) उसके परमाणु के इलेक्ट्रानी कोश में इलेक्ट्रानों की संख्या बतायें।

हल. इष्ट तत्व के परमाणु का नाभिकीय आवेश 92 सांख्यिक रूप से आवर्त सारणी में इस तत्व के क्रमांक के समान है नंबर 92 का तत्व यूरेनियम है जिसका चिन्ह U है।

दिये गय नाभिक में न्यूट्रानों की संख्या N=A—Z सूत्रानुसार 238—92 अर्थात 146 हुई।

परमाणु में इलेक्ट्रानों की संख्या उसके नाभिकीय आवेश के बराबर है, अतः इस प्रश्न में इलेक्ट्रानों की संख्या 92 हुई।

विघटनाभिकता वह परिघटना है जिसमें एक रासायनिक तत्व का अस्थायी समस्थानिक स्वेच्छापूर्वक किसी दूसरे तत्व के सभस्थानिक में बदल जाता है तथा क्रिया के समय प्राथमिक कणों या नाभिकों का उत्सर्जन होता है।

विघटनाभिक समस्थानिक के अर्धक्षय का काल (T1/2) ऐसी अवधि है जिसके दौरान विघटनाभिक की प्रारंभिक मात्रा का आधा भाग विघटित होता है। प्रथम अर्ध-क्षयकाल में समस्थानिक N_0 के 50% नाभिक विघटित होते हैं और $1/2N_0$ का भाग बच जाता है जो $2^{-1}N_0$ नाभिक के समान है। द्वितीय अर्ध-क्षयकाल में $2^{-1}N_0$ का आधा भाग विघटित होता है और $1/2\times2^{-1}N_0=2^{-2}N_0$ नाभिक बच जाते हैं, इत्यादि। अर्ध-क्षयकाल के अंत में आरंभिक समस्थानिक के $2^{-n}N_0$ नाभिक बाकी रह जाते हैं। अक्षयित समस्थानिक के द्रव्यमान (m) के लिये भी यह बात सही है: $m=2^{-n}m_0$ जहां m_0 समस्थानिक का आरंभिक द्रव्यमान है।

उदाहरण 2. किसी विघटनाभिक समस्थानिक का अर्ध-क्षयकाल 3 घंटे है। अगर समस्थानिक का आरंभिक द्रव्यमान 200g था तो 18 घंटे में उसका कितना द्रव्यमान अक्षयित रहा?

हल. विघटनाभिक समस्थानिक के संचयन के दौरान $\frac{18}{3}=6$ अर्ध-क्षयकाल बीते।

अतः 18 घंटे रखने के बाद अक्षयित समस्थानिक का द्रव्यमान निम्न सूत्र से ज्ञात किया जा सकता है:

$$m = 2^{-n}m_0=2^{-6}\times200=\frac{200}{64} = 3.125\ g$$

विघटनाभिक क्षय के मुख्य रूपों में α- क्षय, β^- क्षय और β^+ क्षय, इलेक्ट्रानी परिग्रहण तथा स्वतः विखंडन गिन जाते हैं। इस प्रकार के विघटनाभिक क्षयों के समय γ — किरणों का उत्सर्जन अक्सर होता है अर्थात कठोर (लघु तरंग वाला) वैद्युत चुंबकीय विकिरण होता है। α-— क्षय. α-कण हीलियम परमाणु $^{4}_{2}He$ का नाभिक है। α कण उत्सर्जित होने पर नाभिक दो प्रोटोनों तथा दो न्यूट्रानों को खो देता है, अतः नाभिक के आवेश में 2 तथा उसको द्रव्यमान संख्या में 4 की

कमी होती है। संतति नाभिक उस तत्व से संबंधित होता है जिसका परमाणु क्रमांक जनक तत्व से 2 कम होता है : ${}^{A}_{Z}E \rightarrow {}^{4}_{2}He + {}^{A-4}_{Z-2}E$.

β—क्षय. β^-—कण इलेक्ट्रान होता है। β^- क्षय के पहले नाभिक के अंदर ${}^{1}_{0}n \rightarrow {}^{0}_{-1}e + {}^{1}_{1}p$ प्रक्रिया घटती है। अतः इलेक्ट्रान के उत्सर्जन से नाभिक के आवेश में 1 की बढ़ोतरी हो जाती है, परंतु उसकी द्रव्यमान संख्या बदलती नहीं हे। संतति नाभिक—जनक का समभारिक-उस तत्व को प्राप्त है जिसका परमाणु क्रमांक आवर्त सारणी में जनक तत्व से एक घर की ओर स्थानान्तरित है:

$${}^{A}_{Z}E \rightarrow {}^{0}_{-1}e^- + {}^{A}_{Z-}E'$$

पाजिट्रोन β^+ क्षय. β^+ कण, पाजिट्रोन (e^+) इलेक्ट्रान का द्रव्यमान रखता है तथा इसका आवेश इलेक्ट्रान के आवेश के समान होता है, परन्तु इसका चिन्ह विपरीत होता है। पाजिट्रोन क्षय से पहले नाभिकीय प्रतिक्रिया ${}^{1}_{1}p \rightarrow {}^{1}_{0}n + {}^{0}_{1}e^+$ घटती है। पाजिट्रोन के क्षय में, नाभिक के अंदर प्रोटोनों की संख्या में 1 की कमी आ जाती है, जबकि द्रव्यमान संख्या में कोई परिवर्तन नहीं होता। संतति नाभिक जनक का समभारिक होता है तथा उस तत्व के साथ संबंधित होता है जिसका परमाणु क्रमांक जनक तत्व से आवर्त सारणी के आरंभ की ओर एक घर में विस्थापित होता है:

$${}^{A}_{Z}E \rightarrow {}^{0}_{-1}e^+ + {}^{N}_{Z-1}E'$$

इलेक्ट्रानी परिग्रहण. जब इलेक्ट्रान का नाभिक उसके सबसे पास स्थित K सतह से इलेक्ट्रान का परिग्रहण करता है तो प्रतिक्रिया ${}^{1}_{1}p + {}^{0}_{-1}e^- = {}^{1}_{0}n$ के कारण नाभिक में प्रोटोनों की संख कम हो जाती है। नाभिक के आवेश में 1 की कमी आ जाती है, परंतु द्रव्यमान संख्या अपरिवर्तित रहती है। संतति नाभिक उस तत्व (जनक का समभारिक) के साथ संबंधित होता है जो जनक तत्व से सारणी मे एक घर आगे विस्थापित होता है।

$${}^{A}_{Z}E \rightarrow {}^{0}_{-1}e^+ + {}^{A}_{Z-1}E' + h\nu$$

जब कोई बाह्य कोश इलेक्ट्रान K सतह में रिक्त स्थान घेर लेता है तो ऊर्जा एक्सरे विकिरण के क्वान्टम के रूप में उत्सर्जित होती है।

उदाहरण 3. विघटनाभिक क्षय के निम्न समीकरणों को पूरा करें,

(a) ${}^{232}_{90}Th \rightarrow$; (b) ${}^{239}_{93}Np \rightarrow$; (c) ${}^{55}_{27}Co \rightarrow$;

(d) ${}^{40}_{19}K \rightarrow$ K = प्रग्रिहण

5-1645

हल—(a) ${}^{232}_{90}Th \rightarrow {}^{4}_{2}He + {}^{228}_{88}Ra$

(b) ${}^{239}_{93}Np \rightarrow {}^{0}_{-1}e^- + {}^{239}_{94}Pu$

(c) ${}^{55}_{27}Co \rightarrow {}^{0}_{1}e^+ + {}^{55}_{26}Fe$

(d) ${}^{40}_{19}K + {}^{0}_{-1}e^- \rightarrow {}^{40}_{18}Ar + h\nu$

नाभिकीय प्रतिक्रियाओं (इनमें विघटनाभिक क्षय की प्रतिक्रियाएं भी शामिल हैं) के समीकरणों को सूचकांकों के संकल की समानता के नियम का पालन करना चाहिये—इसका अर्थ कि a) प्रतिक्रिया में अनुबंधित द्रव्यमान संख्याओं का संकल द्रव्यमान संख्याओं के संकल के बराबर होता है (इलेक्ट्रानों, पाजिस्ट्रोनों तथा फोटोनों के द्रव्यमानों को नहीं गिना जाता) तथ b) प्रतिक्रिया में अनुबंधित कणों के आवेशों का योगफल उत्पादों के आवेशों के योगफल के बराबर होता है।

उदाहरण 4. निम्न नाभिकीय प्रतिक्रियाओं के समीकरण पूरा करें :

(a) ${}^{53}_{24}Cr + {}^{2}_{1}D \rightarrow {}^{1}_{0}n +$.........;

(b) ${}^{19}_{9}F + {}^{1}_{1}p \rightarrow$ ....$+ \rightarrow$

हल. (a) प्रतिक्रिया के समीकरण को निम्न प्रकार से लिखते हैं:

$^{53}_{24}Cr + ^{2}_{1}D \rightarrow ^{1}_{0}n + ^{A}_{Z}E$

ऊपर लिखित सूचनांकों के लियेः 53+2 = 1+A है, अतः A = 54। नीचे लिखित सूचकांकों के लियेः

24+1=0+Z, अतः Z= 25।

प्राप्त नाभिक $^{54}_{25}E$ मैंगनीज का एक समस्थानिक है। प्रतिक्रिया का पूर्ण समीकरण निम्न हुआ :

$^{53}_{24}Cr + ^{2}_{1}D \rightarrow ^{1}_{0}n + ^{54}_{25}Mn$

नाभिकीय प्रतिक्रिया का समीकरण संक्षेप में निम्न प्रकार से लिखा जाता हैः

जनक नाभिक (बमबारी करने वाला कण, उत्सर्जित कण) संतति नाभिक :

$^{53}_{24}Cr\ [D, n]\ ^{54}_{25}Mn$

(b) $^{19}_{9}F + ^{1}_{1}p \rightarrow ^{A}_{Z}E + ^{0}_{0}\gamma$

ऊपर लिखित सूचकांकों के लिये : 19+1=A+O

अर्थात A=20 तथा नीचे लिखित सूचकांकों के लिये 9+1=Z+O अतः Z = 10। संतति नाभिक $^{20}_{10}E$ नियान का एक समस्थानिक है।

नाभिकीय प्रतिक्रिया का पूर्ण समीकरण निम्न हुआः

$^{19}_{9}F + ^{1}_{1}p \rightarrow ^{20}_{10}Ne + \gamma$

समीकरण का संक्षेप रूप निम्न हुआः

$^{19}_{9}F\ [p, \gamma]\ ^{20}_{10}Ne$

प्रश्न

203. किसी तत्व के समस्थानिक का चिन्ह $^{52}_{24}E$ है। (a) तत्व का नाम, (b) नाभिक में प्रोटोनो और न्यूट्रानों की संख्या तथा; (c) परमाणु के इलेक्ट्रानी कोश में इलेक्ट्रानों की संख्या बताइये।

204. किसी तत्व के परमाणु के नाभिक में 16 न्यूट्रान तथा इलेक्ट्रानी कोश में 15 इलेक्ट्रान उपस्थित हैं। उक्त परमाणु किस तत्व का समस्थानिक है? इसका चिन्ह लिखें तथा नाभिक का आवेश और द्रव्यमान संख्या भी बताइये।

205. किसी तत्व के परमाणु की द्रव्यमान संख्या 181 है तथा परमाणु के इलेक्ट्रानी कोश में 73 इलेक्ट्रान उपस्थित हैं। परमाणु के नाभिक में प्रोटोनों और न्यूट्रानों की संख्या बताइयें तथा तत्व का नाम लिखें।

206. किसी प्राकृतिक क्लोरीन यौगिक में क्लोरीन दो समस्थानिकों ^{35}Cl [75.5% (द्रव्यमान)] तथा ^{37}Cl [24.5%(द्रव्यमान)] के रूप में उपस्थित है। प्राकृतिक क्लोरीन का औसत परमाणु द्रव्यमान परिकलित करें।

207. प्राकृतिक मैग्नीशियम के तीन समस्थानिक होते हैं- ^{24}Mg, ^{25}Mg तथा ^{26}Mg। अगर इन समस्थानिकों की परमाणु प्रतिशत मात्रा क्रमशः 78.6, 10.1 तथा 11.3 हो, तो प्राकृतिक मैग्नीशियम का औसत परमाणु द्रव्यमान कितना होगा?

208. प्राकृतिक गैलियम के दो समस्थानिक होते हैं-^{71}Ga तथा 69 Ga। अगर गैलियम का औसत परमाणु द्रव्यमान 69.72 है, तो इन समस्थानिकों के परमाणुओं की संख्याओं का सांख्यिक अनुपात कैसे ज्ञात करें।

209. ^{81}Sr (Tl/2=8.5 घंटे) का आरंभिक द्रव्यमान 200mg है। इसके 25.5 घंटे बचने के बाद समस्थानिक का द्रव्यमान कितना होगा?

210. 2.5 घंटे बचने के बाद समस्थानिक ^{128}I (Tl/2=25 मिनट) के सुरक्षित परमाणुओं का प्रतिशत ज्ञात करें।

211. β–विघटनाभिक समस्थानिक ^{24}Na का अर्धक्षय-काल 14.8 घंटे है। क्षय प्रतिक्रिया का समीकरण लिखें तथा यह कलन करें कि 24g ^{24}Na से 29.6 घंटे के भीतर कितने ग्राम संतति उत्पाद प्राप्त होगा?

212. विघटनाभिक क्षय की प्रतिक्रियाओं के निम्न समीकरणों को पूरा करें :

(a) $^{238}_{92}U \xrightarrow{\alpha}$; (b) $^{235}_{92}U \xrightarrow{\alpha}$; (c) $^{239}_{94}Pu \xrightarrow{\alpha}$;

(d) $^{86}_{37}Rb \xrightarrow{\beta^-}$; (e) $^{234}_{90}Th \xrightarrow{\beta^-}$; (j) $^{57}_{25}Mn \xrightarrow{\beta^-}$;

(g) $^{18}_{9}F \xrightarrow{\beta^+}$; (n) $^{11}_{6}C \xrightarrow{\beta^+}$; (i) $^{45}_{22}Ti \xrightarrow{\beta^+}$;

किन परिस्थितियों में संतति परमाणु जनक परमाणु का समभारिक कब होगा?

213. निम्न रूपांतरणों में किस प्रकार का विघटनाभिक क्षय दिखाई देता है?

(a) $^{226}_{88}Ra \rightarrow ^{222}_{86}Rn$; (b) $^{239}_{93}Np \rightarrow ^{239}_{94}Pu$;

(c) $^{152}_{62}Sm \rightarrow ^{148}_{60}Nd$; (d) $^{111}_{46}Pd \rightarrow ^{111}_{47}Ag$.

214. निम्न नाभिकीय प्रतिक्रियाओं के समीकरण लिखें :

(a) $^{61}_{28}Ni + ^{1}_{1}H \rightarrow ? + ^{1}_{0}n$; (b) $^{10}_{5}B + ^{1}_{0}n \rightarrow ? + ^{4}_{2}He$;

(c) $^{27}_{13}Al + ^{1}_{1}H \rightarrow ? + ^{4}_{2}He$; (d) $? + ^{1}_{1}H \rightarrow ^{83}_{35}Br \rightarrow ? + ^{1}_{0}n$.

215. निम्न नाभिकीय प्रतिक्रियाओं के पूर्ण समीकरण लिखें :dक

(a) $^{70}_{30}Zn\ [p, n]?$; (b) $^{51}_{23}V\ [\alpha, n]?$; (c) $^{56}_{26}Fe\ [D,?]\ ^{57}_{24}Co$;

(d) $?\ [\alpha, D]\ ^{34}_{17}Cl$: (e) $^{55}_{25}Mn\ [?, \alpha]\ ^{52}_{23}V$.

216. किसी समस्थानिक परमाणु की द्रव्यमान संख्या तथा आवेश कैसे बदलेंगे अगर (1) एक α कण तथा दो β—कण क्रमांनुसार उत्सर्जित हों, (2) नाभिक दो प्रोटोनों को अवशेषित करे और दो न्यूट्रान उत्सर्जित करे, (3) एक α कण को अवशेषित करें तथा दो डेइट्रान को उत्सर्जित करें?

217. 226Ra नाभिक से कितने a कण तथा b^- कण उत्सर्जित होने चाहियें ताकि संतति तत्व की द्रव्यमान संख्या 206 हो (आवर्त सारणी के चौथे ग्रुप का तत्व)? इस तत्व का नाम बतायें।

218. विघटनाभिक क्षय के फलस्वरूप समस्थानिक $^{238}_{92}U$ का एक परमाणु नाभिक $^{226}_{88}Ra$ नाभिक में परिवर्तित हो गया। जनक नाभिक ने कितने α तथा β^- कण उत्सर्जित किये?

अपना ज्ञान परखिये

219. समस्थानिक ^{40}K समस्थानिक ^{40}Ca में परिवर्तित हो जाता है। इस दौरान किस प्रकार का विघटनाभिक क्षय घटता है? (a) α क्षय; (b) β^- क्षय; (c) β^+क्षय; (d) इलेक्ट्रान का परिग्रहण; (e) स्वतः विखंडन।

220. किस प्रकार के विघटनाभिक क्षय से उस संतति नाभिक की उत्पत्ति होगी जो जनक नाभिक का समभारिक है? (a) α क्षय; (b) β^- क्षय; (c) β^+ क्षय; (d) इलेक्ट्रान का परिग्रहण; (e) इनमें से कोई भी प्रतिक्रिया से नहीं।

221. एक α कण तथा दो β^- कणों के उत्सर्जन से परमाणु की द्रव्यमान संख्यसा तथा आवेश में क्या परिवर्तन आयेंगे?

(a) आवेश में 2 की कमी आ जायेगी तथा द्रव्यमान संख्या में 4 की ;

(b) आवेश में 2 की बढ़ोतरी हो जायेगी तथा द्रव्यमान संख्या में 4 की कमी आ जायेगी; (c) आवेश में कोई परिवर्तन नहीं आयेगा, परंतु द्रव्यमान संख्या में 4 की कमी आ जायेगी; (d) न तो आवेश में और न ह्वी द्रव्यमान संख्या में कोई परिवर्तन होगा।

222. कठोर (गामा) γ विकिरण का फोटोन $^{26}_{12}Mg$ नाभिक से एक प्रोटोन बाहर निकाल देता है। प्राप्त उत्पाद क्या होगा?

(a) समस्थानिक नाभिक $^{25}_{12}Mg$; (b) समभारिक नाभिक $^{26}_{12}Mg$;

(c) समस्थानिक नाभिक $^{23}_{11}Na$; (d) समभारिक नाभिक $^{23}_{11}Na$; ।

223. समस्थानिक 207 Pb किस विघटनाभिक परिवार से संबंध रखता है?

(a) ^{232}Th; (b) ^{237}Np; (c) ^{227}Ac; (d) ^{238}U.

224. क्या 3.2 दिन का अर्ध क्षय-काल वाला ^{222}Rn समस्थानिक प्रकृति में मिल सकता है? (a) हाँ; (b) नहीं। क्योंकि (1) इस समस्थानिक का अर्ध क्षय-काल पृथ्वी की आयु से बहुत कम है; (2) यह समस्थानिक विघटनाभिक परिवार का सदस्य है; (3) रेडान के कुछ समस्थानिकों की आयु ज्यादा दीर्घ होती है।

अध्याय 4

रासायनिक अनुबंध

1. सहसंयोजी अनुबंधों के बनने की विधियाँ

किसी अणु में रासायनिक अनुबंध का वर्णन—उसके अंदर इलेक्ट्रानी घनत्व के वितरण का वर्णन है। इस वितरण की प्रकृति के अनुसार रासायनिक अनुबंध सहसंयोजी, आयनी तथा धात्विक* माने जाते हैं।

सहसंयोजी अनुबंध– दो परमाणुओं के बीच रासायनिक अनुबंध है जो परमाणुओं में इलेक्ट्रानों के समान जोड़े से कार्यान्वित किया जाता है (H_2, Cl_2 आदि)।

आयनी अनुबंध विपरीत आवेशों वाले आयनों की वैद्युत स्थैतिक व्यतिक्रिया का परिणाम है जब आयनों के अपने-अपने इलेक्ट्रानी कोश होते हैं (Cs^+F^-,Na^+Cl^- आदि)।

शुद्ध आयनी अनुबंध केवल चरम अवस्था में संभव है। अधिकांश अणुओं में रासायनिक अनुबंधों की प्रकृति शुद्ध सहसंयोजी तथा शुद्ध

*** धात्विक अनुबंध धातुओं में होते हैं। इस किस्म के अनुबंधों का सविस्तार वर्णन धातुओं के अध्याय में किया गया है।**

आयनी अनुबंधों के बीच होती है। ये ध्रवीय सहसंयोजी अनुबंध होते हैं जो दो परमाणुओं के समान इलेक्ट्रानी जोड़े द्वारा कार्यान्वित होते हैं। इलेक्ट्रानों का जोड़ा भागी परमाणुओं में से एक के नाभिक की ओर विस्थापित होता है। अगर यह विस्थापन ज्यादा नहीं होता तो अनुबंध की प्रकृति शुद्ध सहसंयोजी अनुबंध के समीप हो जाती है। विस्थापन जितना ज्यादास होता है अनुबंध उतना ही शुद्ध आयनी जैसा होता है। अनुबंध में भाग लेने वाले इलेक्ट्रानों को अपनी ओर आकृष्ट करने की परमाणु की क्षमता के मूल्याकंन के लिये सापेक्षिक वैद्युत ऋणात्मकता का मान प्रयोग में लाया जाता है। परमाणु की विद्युत ऋणात्मकता का मान प्रयोग में लाया जाता है। परमाणु की विद्युत ऋणात्मकता जितनी अधिक होती है, उतनी ही अधिक तीव्रता से परमाणु इलेक्ट्रानी जोड़े को आकृष्ट करता है। अन्य शब्दों में, जब दो विभिन्न तत्वों के दो परमाणुओं के बीच सहसंयोजी अनुबंध बनता है, तब संयुक्त इलेक्ट्रानी अभ्र अधिक ऋणविद्युत परमाणु की ओर स्थानांतरित होता है तथा दोनों परमाणुओं की वैद्युत ऋणात्मकता Δx जितनी ज्यादा भिन्न होती है, इलेक्ट्रानी अभ्र उतना स्थानांतरित होता है। इसलिये Δx की वृद्धि के साथ आयनी अनुबंध का स्तर भी बढ़ जाता है। वैद्युत ऋणात्मकता 4.0 लेकर उसके प्रति अन्य तत्वों की वैद्युत ऋणात्मकता के मान नीचे दिये गये है।

परमाणुओं की सापेक्षिक वैद्युत ऋणात्मकता

H 2.1						
Li 0.98	Be 1.5	B 2.0	C 2.5	N 3.07	O 3.5	F 4.0
Na 0.93	Mg 1.2	Al 1.9	Si 1.9	P 2.2	S 2.6	C 3.0
K 0.91	Ca 1.04	Ga 1.8	Ge 2.0	As 2.1	Se 2.5	Br 2.8
Rb 0.89	Sr 0.99	In 1.5	Sn 1.7	Sb 1.87	Te 2.1	I 2.6

उदाहरण 1. यौगिकों $E(OH)_2$ में, जहां E—Mg, Ca या Sr है, अनुबंधों H—O तथा O—E के लिये परमाणुओं की सापेक्षिक वैद्युत ऋणात्मकताओं के अंतर कलन करें तथा ज्ञात करें कि (a) H—O तथा O—E में से कौनसा अनुबंध प्रत्येक अणु में आयनी के अधिक स्तर से लक्षित है (b) जलीय विलयन मे इन अणुओं के अयनीकरण की क्या प्रकृति है?

हलः उपरोक्त सारणी को देखकर हम अनुबंधों O—E के लिये सापेक्षिक वैद्युत ऋणात्मकताओं का अंतर कलन करते हैं :

Δx (Mg—O) = 3.5—1.2 = 2.3

तथा Δx (Ca—O) = 3.5—1.04=2.46

Δx (Sr—O)= 3.5—0.99=2.51

O—H अनुबंध के लिये Δx का मान 3.5—2.1अर्थात 1.4 हुआ। अतः (a) लिये गये सारे अणुओं में O—E अनुबंध अधिक ध्रवीय है अर्थात आयनी अनुबंध का स्तर उच्च है तथा (b) जलीय विलयन में आयनीकरण सब सग अधिक आयनी अनुबंध के अनुसार घटेगा जिसका समीकरण निम्न होगाः $E(OH)_2=E^{2+}+2OH^-$.

अतः सारे यौगिक भस्म की भांति आयनित होंगे।

सहसंयोजी अनुबंध तथा अणुओं की संरचना का क्वान्टमी'यांत्रिकीय वर्णन दो तरीकों से किया जा सकता हैः संयोजकता अनुबंधों की विधि तथा आण्विक कक्षकों की विधि।

संयोजकता अनुबंधों की विधि (BC) निम्न बातों पर आधारित होती हैः 1—सहसंयोजी रासायनिक अनुबंध विपरीत प्रचक्रण वाले दो इलेक्ट्रानों से बनता हैं ये दोनों इलेक्ट्रान दो परमाणुओं के साथ संबंधित होते हैं।

इस तरह का सामूहिक इलेक्ट्रान युगल या तो दो विभिन्न परमाणुओं के साथ संबंधित दो अयुग्मी इलेक्ट्रानों के युगल से बनता है (अनुबंध बनने का सामान्य क्रम या एक परमाणु-दाता के इलेक्ट्रानों के युगल तथा दूसरे परमाणु-ग्राही के रिक्त कक्षक के व्यय से (दाताग्राहक अनुबंध द्वारा)।

2. परस्पर क्रियाशील इलेक्ट्रान अभ्रों की व्यतिक्रिया जितनी अधिक होती है सहसंयोजी अनुबंध उतना ही ज्यादा दृढ़ होता है। अतः सहसंयोजी अनुबंध उस दिशा में बनता है जिसमें व्यतिक्रिया सबसे ज्यादा होती है।

उदाहरण 2. SiF_4 अणु तथा SiF_6^{2-} आयन के बनने की प्रक्रिया समझाइये। क्या CF_6^{2-} आयन संभव हो सकता है?

हलः सिलिकन परमाणु का इलेक्ट्रानी विन्यास $1s^2 2s^2 2p^6 3s^2 3p^2$ होता है। इसके सहसंयोजी कक्षकों की इलेक्ट्रानी संरचना अनुद्दीपित अवस्था में निम्न हो सकती हैः

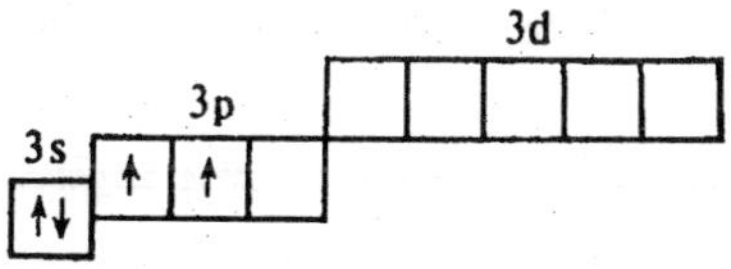

उद्दीपित अवस्था मकें सिलिकन के परमाणु का विन्यास ऐसा होगाः $1s^2 2s^2 2p^6 3s^1 3p^3$ और इसके सहसंयोजी कक्षकों की इलेक्ट्रानी संरचना निम्न होगीः

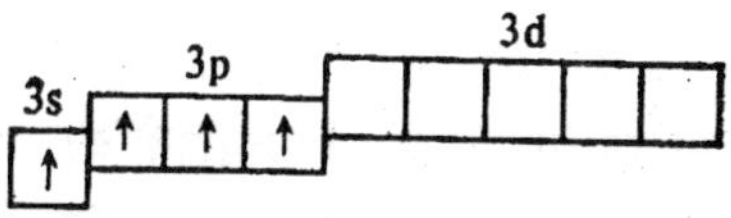

उद्दीपित परमाणु के चार अयुग्मी इलेक्ट्रान सामान्य प्रक्रिया द्वारा फ्लुओरीन परमाणुओं ($1s^2 2s^2 2p^5$) (प्रत्येक परमाणु का एक अयुग्मी इलेक्ट्रान होता है) के साथ मिलकर परिणामस्वरूप SiF_4 अणु प्राप्त होता है।

SiF_6^{2-} आयन के निर्माण के लिये दो F^- आयनों को ($1s^2 2s^2 2p^6$) (जिनके सारे संयोजकता इलेक्ट्रान युगली हैं) SiF_4 अणु के साथ मिलना चाहिये अनुबंध दाता-ग्राही यंत्र के अनुसार होगा तथा फ्लाइोकराइड आयनों के जोड़ों तथा सिलिकन परमाणु के दो रिक्त 3d कक्षकों के व्यय से प्राप्त होगा। कार्बन ($1s^2 2s^2 2p^2$) SiF_4 की तरह यौगिक CF_4 बन सकता है, परंतु यहां कार्बन की संयोजकता संभावनाएं खत्म हो जायेंगी (न तो अयुग्मी इलेक्ट्रान हैं, न ही अविभाजित इलेक्ट्रान जोड़े हैं और संयोजकता स्तर पर रिक्त कक्षक भी नहीं हैं)। CF_6^{2} आयन नहीं बन सकता।

उदाहरण 3. ऋऋशृंखला $H_2O—H_2S—H_2Se—H_2Te$ में अनुबंध H—E की दृढ़ता किस प्रकार परिवर्तित होगी?

हलः इस शृंखला में तत्वों (O, S, Se तथा Te) के संयोजकता इलेक्ट्रानाी अभ्रों के आकार बढ़ते हैं जिससे हाइड्रोजन परमाणु के इलेक्ट्रानी अभ्र के साथ उनके अतिव्यायन का स्तर घट जाता है तथा अतिव्यायन का क्षेत्र संगत तत्व के परमाणु के नाभिक से दूर होता जाता है। इसके परिणामस्वरूप अनुबंध कमजोर हो जाता है। शृंखला O—S—Se—Te में माध्यमिक इलेक्ट्रानी सतहों की वृद्धि के परिणामस्वरूप दिये गये तत्वों के नाभिकों की वर्धमान स्क्रीनिंग से भी यही परिणाम मिलते हैं। अतः आक्सीजन से टैल्यूरियम की ओर बढ़ते हुए अनुबंध H—E की दृढ़ता कम होती जाती है।

आण्विक कक्षकों की विधि इस पूर्वानुमान पर आधारित है कि किसी अणु में इलेक्ट्रानी की अवस्था को आण्विक इलेक्ट्रानी कक्षकों (आण्विक इलेक्ट्रानी अभ्रों) का संकल माना जा सकता है जहां प्रत्येक आण्विक कक्षक के लिये आण्विक क्वान्टमी संख्याओं का एक निश्चित संकल अनुकूल होता है। किसी अन्य बहुइलेक्ट्रानी प्रणाली की तरह अणु के लिये भी पाउली सिद्धांत सही बैठता है। अतः प्रत्येक आण्विक कक्षक में दो से अधिक इलेक्ट्रान नहीं आ सकते और इनके प्रचक्रणों की दिशाएं विपरीत होनी आवश्यक है। हुंड का नियम भी यहां लागू होता है जिसके अनुसार ऊर्जा तुल्य कक्षकों के बीच इलेक्ट्रानों का वितरण इस प्रकार होता है कि अणु के कुल प्रचक्रणों का अधिकतम मान परम होता है। अगर आण्विक कक्षक में अयुग्मी इलेक्ट्रान होते हैं तो अणु अनुचुम्बकीय होता है और अगर सारे इलेक्ट्रान युग्मी हैं तो

अणु प्रतिचुम्बकीय होता है।

एक विशेष अवस्था में आण्विक इलेक्ट्रानी अभ्र अणु में किसी भी एक नाभिक के समीप संकेन्द्रित हो सकता है; ऐसा इलेक्ट्रान वस्तुतः एक ही परमाणु के साथ संबंधित होता है तथा अनुबंध के निर्माण में भाग नहीं लेता है। इन आण्विक कक्षकों को विअंनुबंधित कहते हैं, ऊर्जा के अनुसार ये कक्षक विलगित परमाणुओं के परमाणवीय कक्षकों के संगत होते हैं।

अगर इलेक्ट्रानी अभ्र का प्रमुख भाग दो या अधिक नाभिकों के साथ संबंधित होता है तो द्विकेन्द्रीय अनुबंधों का निर्माण होता है। ऐसी अवस्थाओं में आण्विक तरंगी फलन व्यतिक्रिया करने वाले इलेक्ट्रानों के परमाण्वीय तरंगी फलनों के रैखिक संयोग के रूप में प्रस्तुत किया जा सकता है (परमाण्वीय कक्षकों के रैखिक संयोग की विधि)।

अगर दो परमाण्वीय कक्षक मिलते हैं (उदाहरणतया, दो हाइड्रोजन परमाणुओं के 1s प॰ क॰) तो आण्विक कक्षक बनते हैं जिनकी आरंभिक प॰ क॰ की ऊर्जा से भिन्न होती है; इनमें से एक इलेक्ट्रानों की निम्न ऊर्जा के संगत (अनुबंधी आ॰क॰) तथा दूसरा इलेक्ट्रानों की उच्च ऊर्जा के संगत (विअनुबंधी आ॰क॰) होता है।

आम तौर पर n आरंभिक प॰ क॰ सें n आ॰क॰ बनते हैं। परमाणुओं के बीच रासायनिक अनुबंध तब पैदा होता है जब अनुबंधी आ॰क॰ में इलेक्ट्रानों की संख्या विअनुबंधों आ॰क॰ में इलेक्ट्रानों की संख्या से अधिक होती है। आ॰क॰ विधि से अनुबंधी तथा विअनुबंधी इलेक्ट्रानों की संख्याओं के बीच अर्ध अंतर को अनुबंध का गुणांक कहते हैं। एक साधारण अनुबंध दो अनुबंधी इलेक्ट्रानों के संगत होता है, जिनकी विअनुबंधी इलेक्ट्रान क्षतिपूर्ति नहीं करते है।

अनुबंध का गुणांक जितना उच्च होता है, उसकी लंबाई उतनी ही कम होती है। तथा अनुबंध की वियोजन ऊर्जा उतनी ही अधिक होती है।

उदाहरण 4. आ॰क॰ विधि के दृष्टिकोण से आण्विक आयन He_2^+ के आस्त्वि की संभावना तथा अणु He_2 के अस्तित्व की असंभावना समझाइये।

हलः आण्विक आयन He_2^+ में तीन इलेक्ट्रान हैं। पाउली सिद्धांत के अनुसार इस आयन के निर्माण का ऊर्जा स्तर निम्न रेखाचित्र द्वारा व्यक्त किया जा सकता है:

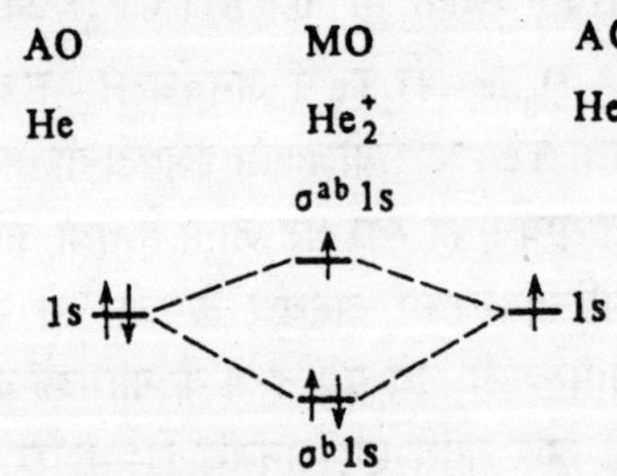

अनुबंधी कक्षक में दो इलेक्ट्रान तथा विअनुबंधी कक्षक में एक स्थित है। अतः इस आयन का अनुबंध गुणांक 0.5 हुआ तथा यह अपनी ऊर्जा के अनुसार स्थायी होगा।

इसके विपरीत He_2 अणु अपनी ऊर्जा के अनुसार अस्थायी होगा क्योंकि आ॰क॰ जिन चार इलेक्ट्रानों को जगह देगा, उनमें से दो अनुबंधी आ॰क॰ में तीाि दो विअनुबंधी आ॰क॰ में जगह ले लेंगे। अतः He_2 अणु के निर्माण के दौरान ऊर्जा स्वतंत्र नहीं होगी। इस अवस्था में अनुबंध का गुणांक शून्य होगा अर्थात कोई अणु नहीं बनेगा।

चित्र 1 में आ॰क॰ बनने का आरेख दिखाया गया है; इस प्रक्रिया में दो सामन परमाणुओं के 2p कक्षक भाग लेते हैं। आरेख देखने से पता चलता है कि छः आ॰क बनते हैः तीन अनुबंधी तथा तीन विअनुबंधी। इसमें एक अनुबंधी तथा

एक विअनुबंधी आ॰क॰ सिग्मा σ किस्म के साथ संबंधित होते हैं: वे p कक्षकों की व्यतिक्रिया से बनते हैं जिनके इलेक्ट्रानी अभ्र अनुबंध अक्ष की ओर अभिमुख होते हैं (s प॰क॰ से प्राप्त आ॰क॰ भी इस किस्म के होते हैं)। जिन p कक्षकों के इलेक्ट्रानी अभ्र अनुबंध अक्ष के साथ समकोण बनाये होते हैं, उनकी व्यतिक्रिया से दो अनुबंधी तथा दो विअनुबंधी आ॰क॰ बनते हैं; ये कक्षक π किस्म के होते हैं।

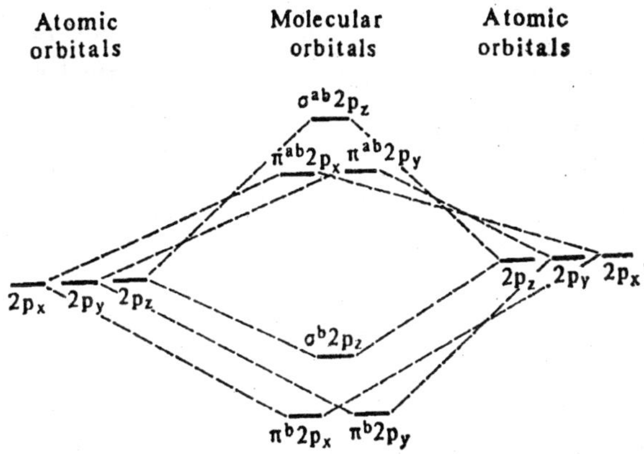

चित्र 1. MO के बनने का ऊर्जा आरेख, जब दो सद्वश परमाणुओं के 2p कक्षक प्रक्रिया में भाग लेते हैं।

उदाहरण 5. B_2 तथा C_2 अणुओं में से कौनसा अणु परमाणुओं के अंदर ज्यादा वियोजन ऊर्जा रखता है? इन अणुओं के चुंबकीय गुणों की तुलना करें।

हल: हम B_2 तथा C_2 अणुओं के निर्माण के ऊर्जा स्तर के आरेख बनाते हैं (चित्र 2)। B_2 अणु में अनुबंधी इलेक्ट्रानों की संख्या तथा प्रति अनुबंधी इलेक्ट्रानों की संख्या के बीच दो अंतर है तथा C_2 अणु में चार का। अतः इनके अनुबंध गुणांक क्रमशः 1 और 2 हुए। इसका मतलब यह हुआ कि उच्च गुणांक होने के कारण C_2 अणु अधिक स्थायी होना चाहिये। यह निष्कर्ष प्रयोग द्वारा स्थापित वियोजन ऊर्जा के मानों के संगत हैं: B_2 अणु−276 kJ/mol तथा C_2 अणु−605kJ/mol।

B_2 अणु मे हुंड के नियमानुरार दो π^b 2p कक्षकों में दो इलेक्ट्रान रखे गये हैं। दो अयुग्मी इलेक्ट्रानों की उपस्थिति इस अणु को अनुचुंबकीय गुण प्रदान करती है।

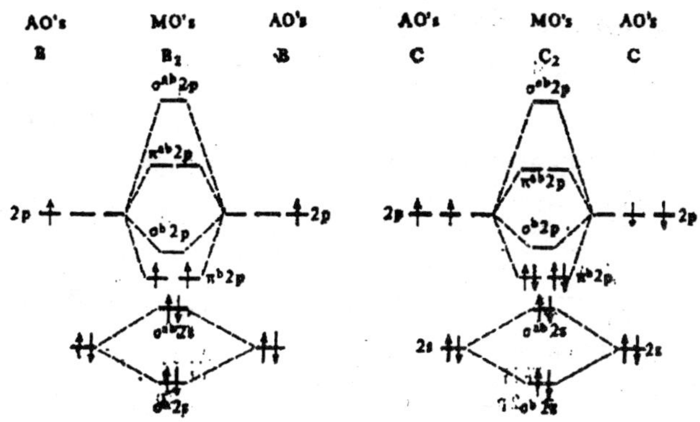

चित्र 2. B_2 और C_2 अणुओं के बनने का ऊर्जा आरेख।

C_2 अणु में सारे इलेक्ट्रान युग्मी हैं, अतः यह अणु प्रतिचुंबकीय है।

विषमनाभिकीय द्विपरमाणुक अणुओं (विभिन्न तत्वों से बने) में अनुबंधी आ॰क॰ ऊर्जा के अनुसार अधिक वैद्युत-ऋणात्मकता वाले कक्षकों के समीप होते हैं तथा विअनुबंधी आ॰क॰ कम वैद्युत ऋणात्मकता वाले प॰क॰ के समीप होते हैं।

उदाहरण 6. समीकरण $C^- + N \rightarrow CN^-$ के अनुसार CN अणु तथा CN^- आण्विक आयन में आ॰ कक्षकों के बीच इलेक्ट्रान किस प्रकार वितरित होंगे? इन कणों में से किसी अनुबंध-लबांई अधिक होगी?

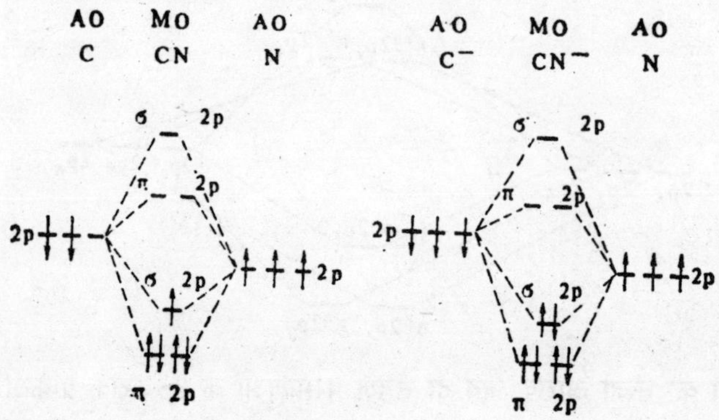

चित्र 3. अणु CN और आण्विक आयन CN^- के बनने का आरेख।

हलः दिये गये कणों के निर्माण के ऊर्जा-स्तर के आरेख बनाने पर (चित्र 3) हम इस निष्कर्ष पर पहुंचते हैं कि CN तथा CN^- में अनुबंध के गुणांक क्रमशः 2.5 और 3 है। CN^- आयन, जिसमें परमाणुओं के बीच गुणांक अधिक है, निम्नतम अनुबंध-लंबाई से लक्षित होगी।

प्रश्न

225. फ्लुओरीन तथा क्लोरीन परमाणुओं की आयतनीकरण ऊर्जा क्रमशः 17.4 व 13.0eV है और एक इलेक्टणन के प्रति उनकी बंधुता-ऊर्जा 3.45 तथा 3.61eV है। दोनों में से कौनसा तत्व आयनिक यौगिक बनाने की अधिक संभावना रखता है? इन यौगिकों में हैलोजेनों के आयनों के आवेश का चिन्ह क्या होगा?

226. अणुओं H_2,CI_2 तथा HCI में कौनसी किस्म के रासायनिक अनुबंध है? इलेक्ट्रानी अभ्रों के अतिव्यायन का आरेख बनाइये।

227. सापेक्षिक वैद्युत-ऋणात्मकताओं की सारणी की सहायता से अनुबंधों K—CI, Ca—CI, Fe—CI तथा Ge—CI के लिये सापेक्षिक वैद्युत-ऋणात्मकाताओं के अंतर का परिकलन करें उक्त अनुबंधों में से कौनसा अनुबंध सबसे ज्यादा आयनित है?

228. अणुओं NCI_3, CS_2, ICI_5, NF_3, OF_2, CIF तथा CO_2 में अनुबंध की प्रकृति निश्चित करें प्रत्येक अणु के लिये सहभागी इलेक्ट्रानी जोड़े के विस्थापन की दिशा बतायें।

229. क्लोराफार्म अणु $CHCI_3$ का संयोजकता आरेख बनाइये तथा बताइये कि (a) कौनसा अनुबंध ज्यादा ध्रवीय होगा व (b) इस अनुबंध का इलेक्ट्रानी अभ्र किस दिशा में विस्थापित होगा?

230. यौगिकों HOHal में अनुबंधों H–O तथा O—Hal (जहां Hal—Cl, Br या I है) के लिये परमाणुओं की सापेक्षिक वैद्युत-ऋणातमकताओं के बीच अंतर कलन करें तथा बतायें कि (a) प्रत्येक अणु में कौनसा अनुबंध अधिक आयनित है तथा (b) जलीय वियलन में अणुओं के वियोजन की प्रकृति क्या है?

231. अनुबंध H—O तथा O—As के लिये परमाणुओं की सापेक्षिक वैद्युत-ऋणात्मकताओं में अन्तर परिकलित करें। कौनसा अनुबंध अधिक ध्रुवीय है? $As(OH)_3$ हाइड्रोक्साइडों के किस वर्ग के साथ संबंधित है?

232. शृंखला HF—HCl—HBr—HI में अनुबंध दृढ़ता किस प्रकार परिवर्तित होती है? इन परिवर्तनों के कारण बताइये।

233. संयोजकता अनुबंध विधि के अनुसार BF_3 अणु तथा BF_4^- आयन के इलेक्ट्रानी संरचना समझाइये।

234. अणुओं CH_4, NH_3 तथा आयन NH_4^+ में सहसंयोजी अनुबंध बनने की विधियों की तुलना करें। क्या CH_5^+ तथा NH_5^{2+} आयन संभव हो सकते हैं?

235. BH_4^- आयन के बनने में कौनसा परमाणु या आयन इलेक्ट्रानी जोड़े का दाता होता है?

236. संयोजकता अनुबंध विधि के अनुसार आक्साइडों NO तथा NO_2 की द्वितीय अणु बनाने की क्षमता समझाइये।

237. संयोजकता अनुबंध विधि के अनुसार C_2N_2 अणु के बनने की संभावना समझाइये।

238. संयोजकता अनुबंध विधि तथा आण्विक कक्षक विधि के अनुसार CO तथा CN अणुओं की इलेक्ट्रानी संरचना का वर्णन कीजियें कौन से अणु का अनुबंध गुणांक अधिक होगा?

239. आ॰क॰ विधि के अनुसार B_2 Fe तथा BF अणुओं के बनने की संभावना पर विचार करें। इनमें से कौनसा अणु सबसे ज्यादा स्थायी है?

240. Be_2 तथा Ne_2 के स्थायी अणु क्यों नहीं संभव हो सकते?

241. शृंखला O_2^{2-} —O_2^- —O_2—O_2^+ में अनुबंध लंबाई, वियोजन ऊर्जा तथा चुंबकीय गुण किस प्रकार परिवर्तित होते हैं? तर्कसहित उत्तर दीजिये।

242. NO^+, NO, या NO^- में से किस कण की अनुबंध लंबाई सबसे कम है?

243. सं॰ अनु॰विधि तथा आ॰क॰ विधि के अनुसार शृंखला F_2(155) —O_2(493)—N_2(945) में अणुओं की वियोजन ऊर्जा kJ/mol में परिवर्तन स्पष्ट करें

244. N_2 तथा CO अणुओं की वियोजन ऊर्जा क्रमशः 945 तथा 1071kJ/mol है। सं॰ आ॰ विधि तथा आ॰क॰ विधि के अनुसार इन मानों की समीपता समझाये।

अपना ज्ञान परखिये

245. CO अणु में कार्बन की सहसंयोजकता कितनी है?

(a) दो; (b) तीन; (c) चार।

क्योंकि (1) अनुद्दीपित कार्बन परमाणु में दो अयुग्मी इलेक्ट्रान होते है;

(2) कार्बन परमाणु इलेक्ट्रानी जोड़े का ग्राही हो सकता है;

(3) कार्बन परमाणु में चार संयोजकता इलेक्ट्रान होते है।

246. क्या HF तथा SiF_4 के बीच अभिक्रिया संभव है?

(a) हाँ; (b) नहीं।

क्योंकि (1) HF अणु ध्रुवीय होता है तथा SiF_4 अणु अध्रुवीय होता है।;

(2) दोनों अणुओं के पास एक ही अयुग्मी इलेक्ट्रान नहीं होते है;

(3) सिलिकन के संयोजकता कक्षकों की संख्या चार से अधिक होती है तथा इनमें कई कक्षक संयोजकता इलेक्ट्रान नहीं घेरते हैं। (4) सिलिकन के संयोजकता इलेक्ट्रानों की संख्या चार होती है;

(5) HF अणु इलेक्ट्रानी जोड़े के दाता की भूमिका निभा सकता है।

247. O_2अणु में कौनसे चुंबकीय गुण विद्यमान होते है?

(a) प्रतिचुंबकीय; (b) अनुचुंबकीय।

क्योंकि (1) O_2 अणु में इलेक्ट्रानों की संख्या सम होती है;

(2) O_2 अणु का कुल प्रचक्रण शून्य से भिन्न होता है।

248. NO अणु में अनुबंध गुणांक कितना होता है?

(a) दो; (b) ढ़ाई; (c) तीन।

क्योंकि (1) π-कक्षकों में अनुबंधी इलेक्ट्रानों की संख्या चार है;

(2) अनुबंधी इलेक्ट्रानों की संख्या विअनुबंधी इलेक्ट्रानों की संख्या से पांच अधिक है;

(3) नाइट्रोजन अणु में तीन अयुग्मी इलेक्ट्रान होते हैं।

249. नीचे दिये कणों में से कौनसा कण अनुचुंबकीय होता है?

(a) H_2^+; (b) H_2; (c) H_2^-; (d) He_2; (e) HHe।

2. अणुओं की ध्रुवता, अणुओं की ज्यामितिक संरचना

ध्रुवीय सहसंयोजी अनुबंध के बनने में सहभागी इलेक्ट्रानी अभ्र के विस्थापन के फलस्वरूप ऋणात्मक वैद्युत आवेश का घनत्व अधिक वैद्युत ऋणात्मकता वाले परमाणु के पास उच्च तथा कम वैद्युत ऋणात्मकता वाले परमाणु के पास निम्न होता है। इसके परिणामस्वरूप पहला परमाणु अतिरिक्त ऋणात्मक आवेश प्राप्त करता है तथा दूसरा परमाणु ऐसी ही परम राशि वाला अतिरिक्त धनात्मक आवेश। परम राशि की दृष्टि से समान और विपरीत चिन्हों वाले तथा एक दूसरे से निश्चित दूरी पर स्थित आवेशों के इस विन्यास को वैद्युत-द्विध्रुव कहते हैं।

किसी द्विध्रुव द्वारा बनाये क्षेत्र की तीव्रता अणु के द्विध्रुव आघूर्ण के आनुपातिक होती है, जो इलेक्ट्रान q के आवेश के परम मान (1.60×10^{-19}C) तथा वैद्युत-विध्रुव आघूर्ण में धनात्मक तथा ऋणात्मक आवेशों के केन्द्रों के बीच की दूरी l का गुणनफल होती है: $\mu=ql$।

अणु का विद्युत-द्विध्रुव आघूर्ण उसकी ध्रुवता का संख्यात्मक मापक होता है। अणुओं के द्विध्रुव आघूर्ण प्रायः डेबाई (D) में मापे जाते हैं।

$1D=3.33\times10^{-30}$ C.m.

उदाहरण 1. एक HCl अणु के वैद्युत-द्विध्रुव की लंबाई 0.22×10^{-8} C.m है। अणु का द्विध्रुव आघूर्ण कलन करें।

हल. $q= 1.60\times10^{-19}$ C

$l= 2.2\times10^{-11}$ m

$\mu = ql = 1.60\times10^{-19}\times2.2\times10^{-11}=3.52\times10^{-30}$C.m =

$$= \frac{3.52\times10^{-30}}{3.33\times10^{-30}} D = 1.06D$$

द्विध्रुव आघूर्ण एक सदिश संख्या है जिसकी दिशा धनात्मक छोर से ऋणात्मक छोर की ओर होती है। इसी कारण

बहुपरमाणुक अणु का द्विध्रुव अनुबंधों के द्विध्रुवों के सदिश योग के बराबर माना जाता हैः यह प्रत्येक अनुबंध की ध्रुवता के साथ-साथ अनुबंधों के पारस्परिक विन्यास पर भी निर्भर करता है।

उदाहरण के लिये AB_2 अणु की दो संरचनाएं संभव हो सकती है या तो रैखिक (a) या V–कोणिक आकार की (b) :

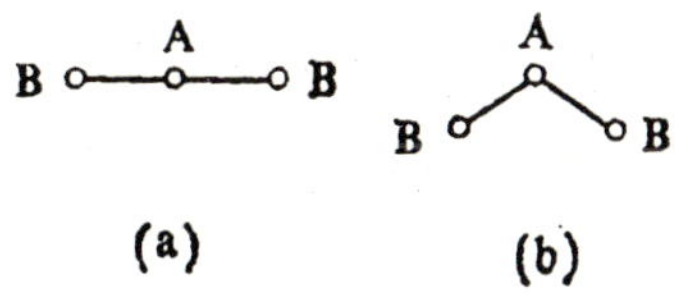

AB$_3$ अणु की तीन संरचनाएं संभव हो सकती हैः समबाहु त्रिभुज (a), त्रिभुजीय पिरामिड (b) या अंग्रेजी अक्षर T की (c) :

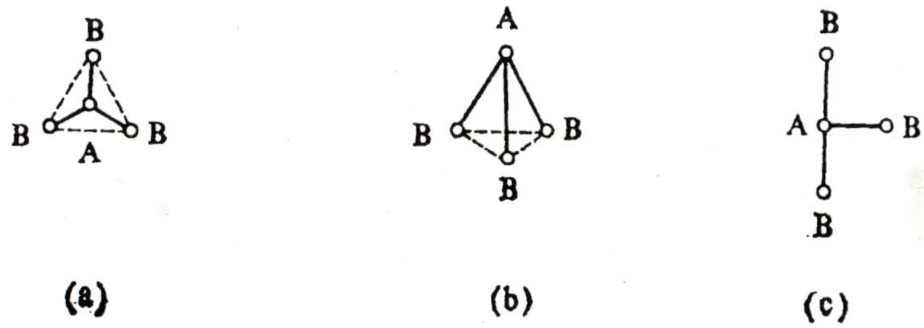

रैखिक AB_2, त्रिभुजीय AB_3, चतुष्फलकीय तथा वर्गाकार AB_4 अणुओं में A-B अनुबंधों के द्विध्रुवी आघूर्ण एक दूसरे की पूर्ति करते हैं जिसके फलस्वरूप इन अणुओं के द्विध्रुव आघूणों का संकलन शून्य के बराबर हैं अलग-अलग अनुबंधों की ध्रुवता के बावजूद भी ऐसे अणु अध्रुवीय होते हैं।

V–कोणिक आकार वाले AB_2 अणुओं, पिरामिड तथा T आकार वाले AB_3 अणुओं में अलग-अलग अनुबंधों के द्विध्रुव आघूणों की पारस्परिक पूर्ति नहीं होती है; ऐसे अणुओं के अद्विध्रुव आघूर्ण शून्य के बराबर नहीं होते हैं।

उदाहरण 2. अमोनिया अणु का द्विध्रुव आघूर्ण 1.48D है। द्विध्रुव की लंबाई कलित करें। क्या यह सोचा जा सकता है कि अणु समत्रिभुजी आकार का है?

<u>हल</u> : $\mu = 1.48D = 1.48 \times 3.33 \times 10^{-30}C.m 4.93 \times 10^{-30}C.m$

$q = 1.60 \times 10^{-19}C$

अतः $l = \frac{\mu}{q} = \frac{4.93 \times 10^{-30}}{1.60 \times 10^{-19}} = 3.08 \times 10^{-}11m = 0.0308$ nm

NH_3 अणु समत्रिभुजी आकार का नहीं हो सकता क्योंकि इस हालत में इसका द्विध्रुव आघूर्ण शून्य के बराबर होता। इसका वास्तविक आकार एक त्रिभुजाकार पिरामिड जैसा होगा, जिसका शीर्ष नाइट्रोजन परमाणु तथा आधार के सिरे हाइड्रोजन परमाणु होंगे।

अणुओं की ज्यामितिक संरचना अर्थात सहसंयोजी अनुबंधों की दिशाओं की प्रकृति समझाने के लिये केन्द्रीय परमाणु के प॰क॰ के संकरण की धारणा का प्रयोग करते हैं। इस धारणा के अनुसार रासायनिक अनुबंधों के बनने से पहले परमाणु के संयोजकता कक्षकों में परिवर्तन उत्पन्न हो सकते है; ऊर्जा की दृष्टि से परमाणुओं के असमान कक्षक "अतिमिश्रण" से समान ऊर्जा वाले कक्षक बन जाते हैं। इसके दौरान इलेक्ट्रानी घनत्व का पुनर्वितरण होता है जिसके लिये ऊर्जा के व्यय

की जरूरत पड़ती है तथा जो विलगित परमाणुओं में कार्यान्तित नहीं हो पाता है। संकरण के फलस्वरूप इलेक्ट्रानी अभ्र व्यति क्रियाशील परमाणु की दिशा में फैल जाता है जिससे इलेक्ट्रानी अभ्र का इसके साथ अतिव्यामन बढ़ जाता है। इसके परिणामस्वरूप अधिक दृढ़ रासायनिक अनुबंध बनता है और अतिरिक्त ऊर्जा की प्राप्ति होती है जो संकरण में व्यय हुई ऊर्जा की क्षतिपूर्ति करती है।

संकरित प॰क॰ की संख्या के बराबर होती हे। अगर संकरण में एक s-तथा एक p-कक्षक भाग लेता है (sp-संस्करण) तो दो समान संकरित sp-कक्षक बन जाते हैं; एक s-तथा दो p^2-कक्षक (sp^2 संकरण) बनाते हैं आदि।

एक निश्चित किस्म के संकरण के लिये संकरित अभ्र परमाणु में इस प्रकार स्थित हिोते हैं कि इलेक्ट्रानों के बीच पारस्परिक क्रिया निम्नतम रहे अर्थात वे एक दूसरे से ज्यादा से ज्यादा दूर रहें। अतः sp-संस्करण में इलेक्ट्रानी अभ्र विपरीत दिशाओं में खिंचे होते हैं तथा sp^2-संकरण में इलेक्ट्रानी अभ्रों की दिशाएं एक ही समतल में होती हैं और परस्पर 120° का कोण बनाती है (अर्थात समबाहु त्रिभुज के कोनों की दिशाओं में), sp^3-संकरण में चतुष्फलकीय कोनों की दिशाओं में (इन दिशाओं के बीच का कोण 109°28' है) तथा sp^3d^2-संकरण में अष्टफलकीय कोनों की दिशाओं में (अर्थात एक दूसरे के प्रति लंब की दिशाओं में)। सारणी 2 में चुने हुए संकरणों में संकरित इलेक्ट्रानी अभ्रों के अक्षों की पारस्पारिक दिशाएं दिखायी गयी हैं। प्रत्येक तीर किसी एक अभ्र के अक्ष की दिशा दर्शाता हैं

सारणी 2

संकरण का रूप	*sp*	sp^2	sp^3	sp^3d^2
संकरण अभ्रों की संख्या	2	3	4	6
संकरण अभ्रों के अभिविन्यास की दिशा				

अणु की व्योमिक संरचना केन्द्रीय परमाणु में संयोजकता कक्षकों के संकरण की किस्म तथा संयोजकता इलेक्ट्रानी सतह में अभिन्न इलेक्ट्रानी जोड़ों की संख्या द्वारा निर्धारित होती है।

उदाहरण 3. NH_4^+ आयन तथा NH_3 अणु नाइट्रोजन के प॰क॰ के किस प्रकार के संकरण से बनते हैं? इन कणों की व्योमिक संरचना क्या है?

हलः अमोनियम आयन तथा अमोनिया अणु दोनों में नाइट्रोजन परमाणु की संयोजकता इलेक्ट्रानी सतह में चार इलेक्ट्रान जोड़े हैं:

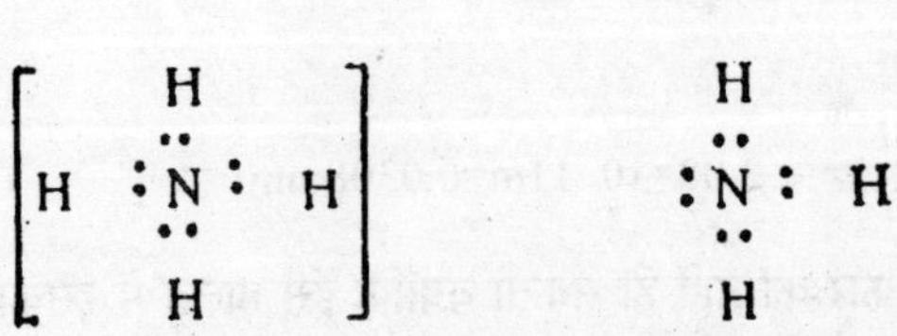

अतः दोनों अवस्थाओं में नाइट्रोजन परमाणु के इलेक्ट्रानी अभ्र sp^3-संकरण में एक दूसरे से सबसे ज्यादा दूरी पर रहेंगे, जब उनके अक्ष चतुष्फलक के कोनों की ओर उन्मुख होंगे। NH_4^+ आयन में चतुष्फलक के सारे कोने हाइड्रोजन परमाणुओं से घिरे हुए हैं जिससे इस आयन का विन्यास चतुष्फलकीय है (नाइट्रोजन परमाणु इस चतुष्फलक के केन्द्र में है)।

जब अमोनिया अणु बनता है, हाइड्रोजन परमाणु चतुष्फलक के केवल तीन कोन घेरते हैं तथा नाइट्रोजन परमाणु

के अविभाजित इलेक्ट्रानी जोड़ों का इलेक्ट्रानी अभ्र चौथे कोने की ओर उन्मुख है। इसे निम्न प्रकार से दिखाया जा सकता है :

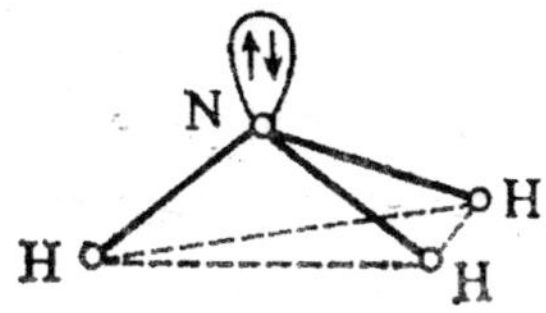

प्राप्त आकृति त्रिभुजाकार पिरामिड है जिसके शीर्ष नाइट्रोजन परमाणु है तथा आधार के कोनों पर हाइड्रोजन परमाणु।

प्रश्न

251. HCI अणु का द्विध्रुव आघ्रुर्ण 2.9D हैं द्विध्रुव की लंबाई का कलन करें।

252. हाइड्रोजन फ्लुओराइड अणु के द्विध्रुव की लंबाई 4×10^{-1}m है। कूलाम-मीटरों तथा डेबाइयों में इसका द्विध्रुव आघूर्ण कलन करें

253. H_2O तथा H_2S अणुओं के द्विध्रुवी आघ्रूर्ण क्रमशः 1.84 व 0.94D है। द्विध्रुवों की लंबाइयां ज्ञात करें। किस अणु में अनुबंध ज्यादा ध्रुवीय है? इन अणुओं में अनुबंधों के द्विध्रुवीय आघूर्णो की दिशायें बताइयें।

254. अध्रुवीय $BeCl_2$ अणु की व्यौमिक संरचना का वर्णन कीजिये। बेरिलियम के कौन से प॰क॰ Be-CI अनुबंधों के निर्माण में भाग लेते हैं?

255. SO_2 अणु का द्विध्रुव आघूर्ण 1.61D तथा CO_2 अणु का शून्य है। क्या संयोजका कोण OSO तथा OCO समान है? अपने उत्तर का कारण समझाइये।

256. CS_2 अणु का द्विध्रुव आघूर्ण शून्य हैं यह अणु कार्बन के प॰क॰ के किस किस्म के संकरण से बनता है?

257. BF_3 तथा NF_3 अणुओं के द्विध्रुव O तथा 0.2D है। बोरान तथा नाइट्रोजन के किस किस्म के संकरण से ये दोनों अणु बनते हैं?

258. अणुओं CH_4,C_2H_6, C_2H_4, C_2H_2 के बनने में कार्बन के प॰क॰ के संकरण की किस्में बताइये।

259. SiH_4 तथा SiF_4 अणुओं में सिलिकन के प॰क॰ के संकरण की किस्म क्या होती है? क्या ये अणु ध्रुवीय है?

260. SO_2 तथा SO_3 अणुओं में सल्फर परमाणु sp^{2-} संकरण की अवस्था में है। क्या ये अणु ध्रुवीय है? इनकी व्यौमिक संरचना क्या है?

261. HF के साथ SiF_4 की व्यतिक्रिया से तीव्र अम्ल H_2SiF_6 प्राप्त होता है जो H^+ तथा SiF_6^{2-} आयनों में वियोजित हो जाता है। क्या CF_4 तथा HF के बीच भी इसी प्रकार की अभिक्रिया हो सकती है? SiF_6^{2-} आयन में सिलिकन के प॰क॰ के संकरण की किस्म बताइये।

अपना ज्ञान परखिये

262. क्या BF_3 तथा NF_3 अणुओं का ज्यामितिक विन्यास एक जैसा है?
(a) हाँ; (b) नहीं।
<u>क्योंकि</u> (1) दोनों अणुओं में केन्द्रीय परमाणु की सहसंयोजकता एक जैसी है; (2) एक अणु ध्रुवीय है तथा

दूसरा अध्रुवीय हैं।

263. BF_3 या NH_3 में से कौनसे अणु में द्विध्रुव आघूर्ण का मान अधिक है? (a) द्विध्रुव आघूर्ण बराबर है; (b) BF_3 में; (c) NH_3 में।

क्योंकि NH_3 अणु के मुकाबले BF_3 अणु में परमाणुओं की वैद्युत-ऋगात्मकताओं का अंतर अधिक है, (2) BF_3 की संरचना समतलीय है तथा NH_3 अणु की पिरामिडाकार है; (3) नाइट्रोजन परमाणु में इलेक्ट्रानों का अविभाजित जोड़ा है तथा बोरान परमाणु में स्वतंत्र (रिक्त) संयोजकता कक्षक है।

264. कार्बन डाइआक्साइड अणु में कार्बन के प.क. के संकरण की किस्म बताइये। (a) sp; (b) sp^2; (c) sp^3; (d) इस अणु उमें कोई संकरण नहीं घटता है।

क्योंकि (1) कार्बन परमाणु के सभी संयोजकता इलेक्ट्रान अनुबंधों के निर्माण में भाग लेते हैं; (2) 2p-कक्षक में कार्बन परमाणु में दो अविभाजित इलेक्ट्रान हैं; (3) CO_2 अणु रैखिक संरचना वाला होता है।

3. आयनी अनुबंध, आयनों का ध्रुवण

आयनी अनुबंध की न तो दिशा होती है और न ही संतृप्तता। इसलिये आयनी यौगिकों में युग्मन अर्थात परस्पर जुड़ने की प्रकृति होती है। ठोस अवस्था में सभी आयनी यौगिक आयनी क्रिस्टलीय जाली बनाते हैं जिसमें प्रत्येक आयन विपरीत चिन्हों वाले अनेक आयनों से घिरा होता है। दिये गये आयन के पड़ोसी आयनों के साथ अनुबंध समान होते हैं जिसके कारण समस्त क्रिस्टल को एकल परमाणु समझा जा सकता है।

आयानी यौगिकों के गुण उनके अन्दर आयनों के पारस्पारिक ध्रुवण से लक्षित होते हैं। आयन का ध्रुवण पड़ोसी आयन के वैद्युत क्षेत्र के प्रभावस्वरूप नाभिक तथा उसके चारों और स्थित बाह्य इलेक्ट्रानी अभ्र के सापेक्षिक विस्थापनमें व्यक्त किया जाता है; संयोजकता इलेक्टणन धनायनों की ओर विस्थापित होते हैं। इलेक्ट्रानी अभ्र के इस अपरूपण से अनुबंध का आयनी स्तर घट जाता है तथा यह ध्रुवीय सहसंयोजी अनुबंध में परिवर्तित हो जाता है।

आयनों की ध्रुवणीयता (अर्थात बाह्य वैद्युत क्षेत्र के प्रभावस्वरूप उनकी अरूपण क्षमता) की निम्न विशेषताएं होती हैः

1. आवेश के समान परम मान तथा आयनों की समान त्रिज्याएं होने पर धनायनों की अपेक्षा ऋणायनों की ध्रुवणीयता (ध्रुवण-क्षमता) अधिक होती है।

2. आयनी त्रिज्या अर्थात इलेक्ट्रानी सतहों की संख्याओं की वृद्धि से समान इलेक्ट्रान संरचना वाले आयनों की ध्रुवणीयता बढ़ जाती है। उदाहरणतया, हैलाइड तथा क्षारीय धातु आयनों की ध्रुवणीयता निम्न क्रम से बढ़ती है :

$F^- < Cl^- < Br^- < I^-$; $Li^+ < Na^+ < K^+ < Rb^+ < Cs^+$

3. समान आवेश तथा समान आयनी त्रिज्या होने पर 18-इलेक्ट्रानपी कोशों वाले आयनों (उदाहरणतया, Cu^+ तथा Cd^{2+}) की ध्रुवणीयता उत्कृष्ट गैसीय इलेक्ट्रानपी संरचना वाले आयनी (Na^+,Ca^{2+}आदि) की ध्रुवणीयता से अधिक होती है।

आयन की ध्रुवण-शक्ति (अर्थात उसकी दूसरी आयन की अरूपित करने, ध्रुवित करने की क्षमता) आवेश की वृद्धि तथा आयनी त्रिज्या के घटने के साथ बढ़ती जाती है तथा आयन की इलेक्ट्रानी संरचना पर बहुत निर्भर करती है। उत्कृष्ट गैसीय इलेक्ट्रानी संरचना वाले आयनों (जैसे, Ca^{2+} तथा Ba^{2+}) की ध्रुवण-शक्ति अपूर्ण इलेक्ट्रानी सतह वाले आयनों (Ti^{2+}, Fe^{2+},Pb^{2+}आदि) की तुलना में क्षीण होती है। जिन आयनों की बाह्य सतह में 18 इलेक्ट्रान उपस्थित होते हैं, उनमें सबसे अधिक ध्रुवण-शक्ति होती है (Cu^+,Ag^+, Zn^{2+},Cd^{2+},Hg^{2+})। चूंकि ऋणायनों के आकार सामान्यतः धनायनों से बड़े होते

हैं, ऋणायनों में धनायनों के मुकाबले ध्रुवणीयता अधिक तथा ध्रुवण-शक्ति कम होती है। अतः जब धनायन ऋणायन के साथ अभिक्रिया करता है, मुख्यतः ऋणायन ध्रुवित होता है; अधिकांश स्थितियों में धनायन के ध्रुवण की उपेक्षा की जा सकती है।

उदाहरण 1. Na^+ तथा Cu^+ की आयनी त्रिज्याएं समान है (0.098nm)। सोडियम क्लोराइड (801°C) तथा कापर (I) क्लोराइड (430°C) के गलनांकों में अंतर समझाइये।

हलः Na^+ तथा Cu^+ आयनों का आवेश तथा आकार (परिमाण) समान होने के कारण इनकी ध्रुवण-शक्ति में अंतर समझाने के लिये इनकी इलेक्ट्रानी संरचना की विशेषताओं पर ध्यान देना पड़ेगा। आयन Cu^+18 इलेक्ट्रान बाह्य कोश वाला है और उत्कृष्ट गैसीय इलेक्ट्रानी संरचना वाले Na^+ आयन की तुलना में Cl^- ऋणायन को अधिक शक्ति के साथ ध्रुवित करता है। अतः कापर (I) क्लोराइड में ध्रुवण के फलस्वरूप सोडियम क्लोराइड के मुकाबले इलेक्ट्रानी आवेश का ज्यादा भाग ऋणायन से धनायन की ओर स्थानान्तरित होता है। CuCl क्रिस्टल के आयनों के प्रभावी आवेश NaCl की अपेक्षा छोटे होते हैं जबकि दोनों के बीच वैद्युत स्थैतिक प्रतिक्रिया क्षीण होती है। इसी कारण से NaCl के मुकाबले CuCl का गलनांक निम्न होता है—NaCl की क्रिस्टलीय जाली शुद्ध आयनी किस्म के समीप होती है।

उदाहरण 2. कैल्सियम फ्लुओराइड 1000°C पर भी परमाणुओं में वियोजित नहीं होता है जबकि कापर (II) आयोडाइड साधारण ताप पर ही अस्थायी होता है। इन यौगिकों की दृढ़ता में अंतर किस प्रकार समझा सकते हैं?

हलः 17-इलेक्ट्रानी बाह्य कोश तथा अपेक्षाकृत छोटी त्रिज्या (0.08nm) वाले Cu^{2+} आयन में ध्रुवण-शक्ति प्रबल होती है जबकि बड़े परिमाणों (R-0.22nm) वाले I^- आयन की ध्रुवणीयता उच्च होती है। अतः Cu^{2+} धनायन द्वारा I^- ऋणायन के ध्रुवण के फलस्वरूप इलेक्ट्रान ऋणायन से धनायन की ओर विस्थपित होता हैः Cu^{2+} आयन Cu^+ में अपचयित हो जाता है तथा I^- आयन स्वतंत्र आयोडीन में आक्सीकृत हो जाता है। CuI_2 यौगिक होता ही नहीं है।

Cu^{2+} आयन उत्कृष्ट गैसीय इलेक्ट्रानी संरचना वाला होता है और इसकी त्रिज्या 0.104nm होती है; इसी कारण ऋणायन पर इसकी ध्रुवण-क्रिया Cu^{2+} आयन के मुकाबले क्षीण होती है। दूसरी ओर अपेक्षाकृत छोटे परिमाणों (r-0.133nm) वाले F^- आयन की ध्रुवणीयता I^- आयन से निम्न होती है। जब क्षीण रूप से ध्रुवित Ca^{2+} धनायन क्षीण ध्रुवणीय ऋणायन F^- के साथ व्यतिक्रिया करता है, आयनों के इलेक्ट्रानी कोश लगभग अरूपित नहीं होते है; यौगिक CaF_2 बहुत अधिक स्थायी होता है।

प्रश्न

265. आयनी अनुबंध की प्रकृति की धारणा के आधार पर समझाइये कि सामान्य परिस्थितियों में आयनी यौगिक पृथक अणुओं के रूप में न मिलकर अपनी क्रिस्टलों के रूप में क्यों मिलते हैं?

266. $CaCl_2$ का गलनांक 780°C तथा $CdCl_2$ का 560°C है; Ca^{2+} व Cd^{2+} आयनों की त्रिज्याएं क्रमशः 0.104 तथा 0.099nm हैं। गलनांकों का अंतर समझाइये।

267. CsF से CsI की ओर आते हुए क्रिस्टलों का गलनांक कम हो जाता है। गलनांकों में इस परिवर्तन का कारण समझाइये।

268. कापर (I) तथा रजत (I) हाइड्रोक्साइडों के अस्थायित्व के कारण बताइये।

269. AuCI की तुलना में $AuCI_3$ का स्थायित्व निम्न होता है तथा $PbCI_4$ का PbC_2 से निम्न होता है। इस अंतर को समझाइये।

270. K_2CO_3 890°C पर वियोजित हुए बिना प्रगलित हो जाता है जबकि Ag_2CO_3 220°C पर वियोजित हो जाता है इस अंतर का कारण बताइये।

271. $BaCl_2$ जलीय वियलयनों में पूर्णतया वियोजित हो जाता है जबकि $HgCl_2$ लगभग न के बराबर वियोजित होता हैं। लवणों के गुणों में से इस अंतर को समझाइये।

अपना ज्ञान परखिये

272. निम्न आयनों में से किस आयन में ध्रुवण-शक्ति उच्च है?

(a)Na^+; (b) Ca^{2+}; (c) Mg^{2+}; (d) Al^{3+} ।

273. SrF_2 तथा PbF_2 में से किस यौगिक का गलनांक उच्च हैं?

(a) SrF_2; (b) PbF_2 (c) दोनों के गलनांक लगभग बराबर हैं

क्योंकि (1) Sr^{2+} व Pb^{2+} आयनों की त्रिज्याओं के मान मिलते-जुलते हैं; (2) Sr-F अनुबंध की अपेक्षा अधिक आयनी होता हे।

274. Mg CO_3 व $ZnCO_3$ में से कौनसा यौगिक ताप के प्रति अधिक स्थायी है?

(a) $MgCO_3$; (b) $ZnCO_3$ ।

क्योंकि (1) मैग्नीशियम हाइड्रोक्साइड केवल भस्मी गुण प्रदर्शित करता है जबकि जिंक हाइड्रोक्साइड उभयधर्मी होता है;

(2) उत्कृष्ट गैसीय इलेक्ट्रानी संरचना वाला धनायन उसी आकार तथा बाह्य सतह के 18-इलेक्ट्रान सरंचना वाले धनायन की तुलना में ऋणायन पर ध्रुवण प्रभाव डालता है।

275. Ca^{2+} व Cd^{2+} में से कौनसा आयन ऋणायनों पर प्रबल ध्रुवण प्रभाव डालता है?

(a) Ca^{2+}; (b) Cd^{2+}; (c) इन आयनों का ध्रुवण प्रभाव समान होता है।

क्योंकि (1) आयनों के आवेश समान तथा त्रिज्याएं काफी मिलती-जुलती है [$r(Ca^{2+})$=0.104nm तथा $r(Cd^{2+})$=0.099nm]; (2) तत्वों की आवर्त सारणी में कैल्सियम का स्थान चौथे आवर्त में है तथा कैडमियम का पाँचवें आवर्त में; (3) Ca^{2+} आयन उत्कृष्ट गैसीय इलेक्ट्रानी संरचना वाला होता है तथा Cd^{2+} आयन की 18-इलेक्ट्रान बाह्य सतह वाली संरचना है।

4. हाइड्रोजन अनुबंध, अंतराआण्विक पारस्परिक व्यतिक्रिया.

हाइड्रोजन परमाणु एक अति वैद्युत ऋणातमक तत्व के परमाणु के साथ युग्मित होकर एक रासायनिक अनुबंध बना सकता है, जिसे हाइड्रोजन अनुबध के नाम से जाना है। हाइड्रोजन अनुबंधों की उपस्थिति से जल, हाइड्रोजन फ्लुओराइड बहुलक (HF)n होता है जहां n का मान छः तक पहुंच सकता है तथा फार्मिक अम्ल गैसीय अवस्था में भी द्विलक होता है।

हाइड्रोजन अनुबंधों की ऊर्जा की आवश्यकता पड़ती हैं

उदाहरण 1. सामान्य ताप पर हाइड्रोजन सल्फाइड गैस होती है तथा जल द्रव होता है। इन दोनों के गुणों में इस अंतर को कैसे समझा सकते हैं?

हलः आक्सीजन सल्फर से अधिक वैद्युत ऋणात्मक तत्व होता हैं अतः हाइड्रोजन सल्फाइड के अणुओं की तुलना

---

* H_2S अणुओं के बीच हाइड्रोजन अनुबंधों की ऊर्जा बहुत अल्प होती है—यह साधारण ताप पर अणुओं की तापीय गति की औसत ऊर्जा से कम होती है। अतः हाइड्रोजन सल्फाइड के गुणों पर हाइड्रोजन अनुबंधों के बनने से कोई असर नहीं पड़ता।

में जल के अणुओं के बीच हाइड्रोजन अनुबंध अधिक प्रबल होते हैं। जल के गैसीय अवस्था में परिवर्तित होने के लिये इन अनुबंधों को तोड़ने की आवश्यकता पड़ती है जो ऊर्जा के अतिरिक्त से संबंधित है। इसके फलस्वरूप जल के गलनांक में असामान्य वृद्धि हो जाती हैं।

द्रव या ठोस पदार्थ के कणों को एक दूसरे के निकट रखने वाले बल वैद्युत प्रकृति के होते हैं। परंतु कणों की प्रकृति के अनुसार ये बल एक-दूसरे से बिल्कुल भिन्न होते हैं; ये इस बात पर निर्भर करते है कि कण धात्विक तत्व के परमाणु है या अधात्विक तत्वों के आयन हैं या अणु। आण्विक संरचना वाले पदार्थो में अतंराआण्विक तत्वों के आयन हैं या अणु। आण्विक संरचना वाले पदार्थो में अंतराआण्विक पारस्पारिक व्यतिक्रियाएं घटती है। इन व्यतिक्रियाओं के बलों को वान्डर वाल्स बल कहते हैं तथा ये बल सहसंयोजी अनुबंधों के निर्माण के लिये आवश्यक बलों से क्षीण होते हैं, परन्तु वे अधिक दूरियों पर प्रकट आहोते हैं। ये आण्विक द्विध्रुवों की वैद्युत स्थैतिक व्यतिक्रिया पर आधारित होते हैं।

अतंराआण्विक व्यतिक्रिया तीन प्रकार की होती हैः अभिविन्यासी या द्विध्रुवीय-द्विध्रुवीय, प्रेरण तथा विक्षेपण व्यतिक्रिया।

उदाहरण 2. उत्कृष्ट गैसों के क्वथनांक (k में) निम्न हैंः

He	Ne	Ar	Kr	Xe	Rn
4.3	27.2	87.3	119.9	165.0	211.2

उत्कृष्ट गैस के परमाणु क्रमांक में वृद्धि के अनुसार क्वथनांक की वृद्धि कैसे समझायी जा सकती है?

हल उत्कृष्ट गैसों के परमाणुक क्रमांक में वृद्धि के साथ-साथ उनके परमाणुओं के परिमाण बढ़ते जाते हैं, परंतु परमाणु की बाहृय सतह की इलेक्ट्रानी संरचना एक जैसी बनी रहती है। अतः परमाणुओं की ध्रुवणीयता बढ़ती जाती है जिसके फलस्वरूप उनके बीच विक्षेप बलों की व्यतिक्रियाएं भी बढ़ जाती है। द्रव अवस्था से गैसीय अवस्था में आते समय परमाणुओं के एक-दूसरे से अलग होने के लिये ऊर्जा के व्यय की आवश्यकता लगातार बढ़ती जाती है। गलनांकों में वृद्धि का यही कारण है।

प्रश्न

276. वान्डर वाल्स बलों की प्रकृति क्या होती है? Ne, N_2, HI, Cl_2, BF_3 तथा H_2CO को संघनित अवस्था में लाने के लिये किस किस्म की व्यतिक्रिया करानी चाहिये?

277. BF_3, BCl_3, BBr_3, तथा BI_3 के क्वथनांक क्रमशः 172, 286, 364 तथा 483 k हैं, इस नियमितता की व्याख्या करें।

278. NF_3, PF_3 तथा AsF_3 के क्वथनांक क्रमशः 144, 178 व 336 K है। इस नियमितता की व्याख्या करें।

279. समान यौगिकों की शृंखलाओं के लिये क्वथनांक Tb, वाष्पन ऊष्माएं ΔH तथा द्विध्रुवीय आघूर्ण μ नीचे दिये गये हैः

	T_b,K	ΔH वाष्पन kJ/mol	μ, D
HF	292.7	32.6	1.91
HCl	188.1	16.2	1.03
HBr	206.4	17.6	0.79
HI	237.8	19.8	0.42
H_2O	373.0	40.7	1.84

H_2S	212.8	18.7	0.93
H_2Se	231.7	19.9	0.24
H_2Te	271	23.4	—
NH_3	239.7	23.3	1.48
PH_3	185.7	14.7	0.55
AsH_3	210.7	16.7	0.03
SbH_3	255	21.1	—

समझाइये, यौगिकों की प्रत्येक शृंखला में Tb तथा ΔH अणुओं में ध्रुवीयता के क्रमबद्ध मानों में बड़े अन्तर के बावजूद क्यों Tb और ΔH में अंतर बड़ा होता है।

अध्याय 5

रासायनिक अभिक्रियाओं के मुख्य नियम

1.अभिक्रियाओं में ऊर्जा का रूपांतरण, तापीय-रासयनिक परिकलन

रासायनिक प्रणालियों के कुछ महत्त्वपूर्ण मान निम्न हैः आंतरिक ऊर्जा U, एन्थैल्पी H, एन्ट्रॉपी S तथा गिब्ज ऊर्जा (संभारिक-समतापी विभव) G1 ये सारे मान अवस्था के फलन होते हैं अर्थात केवल प्रणाली की अवस्था पर निर्भर करते हैं न कि इस अवस्था को प्राप्त करने की विधि पर।

रासायनिक अभिक्रिया के दौरान अभिकारी प्रणाली की आंतरिक ऊर्जा परिवर्तित होती है। अगर प्रणाली की आंतरिक ऊर्जा घटती है (ΔU<O),तो अभक्रिया के समय ऊर्जा का निकास होता है (ऊष्माक्षेपी अभिक्रिया) और अगर प्रणाली की आंतरिक ऊर्जा बढ़ती है (ΔU>O), तब अभिक्रिया के दौरान परिवेशी माध्यम से ऊर्जा अवशोषित की जाती है। (ऊष्माशोषी अभिक्रिया)।

अगर रासायनिक अभिक्रिया के फलस्वरूप किसी प्रणाली ने ऊष्मा की मात्रा Q अवशोषित की तथा कार्य W संपन्न किया, तो आंतरिक ऊर्जा ΔU में परिवर्तन निम्न समीकरण द्वारा ज्ञात किया जा सकता है:

$$\Delta U=Q—W$$

ऊर्जा संरक्षण-नियम के अनुसार ΔU क्रिया के घटने की विधि पर नहीं बल्कि प्रणाली की आरंभिक तथा अंतिम अवस्थाओं पर निर्भर करती है। इसके विपरीत अगर क्रिया विभिन्न तरीकों से की जाती है तो Q और W_2 के मान विभिन्न होंगेः इल मानों में अंतर (अर्थात Q=W) अवस्था का फलन ही है न कि दोनों में से हरेक मान। U,Q तथा W के फलन प्रायः जूलों या किलोजूलों में व्यक्त करते हैं।

अगर अभिक्रिया स्थिर आयतन (ΔV=O, सम आयतनिक क्रिया) में घटती है तो प्रणाली के विस्तार का कार्य (W= PΔV) शून्य के बराबर होता है। अगर और किसी किस्म का कार्य नहीं किया जाता(उदाहरणतया, वैद्युत) तो ΔU-Qv, जहां

* ऊष्मा प्रभावों के ये चिन्ह रासायनिक ऊष्मागति विज्ञान में अपनाये गये हैं ऊष्मारसायन में प्रायः विपरीत चिन्ह प्रयोग किये जाते हैं अर्थात प्रणाली द्वारा उत्सर्जित ऊर्जा को धनात्मक मानते हैं। परंतु ऊष्मा प्रभावों के चिन्ह कुछ भी क्यों न हों-ऊर्जा के उत्सर्जन के साथ घटने वाली अभिक्रिया की ऊष्माक्षेपी तथा ऊर्जा के शोषण के साथ घटने वाली अभिक्रिया की ऊष्माशोषी कहते हैं।

Qv स्थिर आयतन पर अभिक्रिया का ऊष्मा प्रभाव है (अर्थात प्रणाली द्वारा अवशोषित ऊष्मा की मात्रा)। ऊष्माक्षेपी अभिक्रिया के लिये Qv <O तथा ऊष्माशोष्ह्मी अभिक्रिया के लिये Qv>OA ।*

प्रायः रासायनिक अभिक्रियाएं स्थिर आयतन में नहीं बल्कि स्थिर दाब P पर (ΔP=O समभारिक क्रिया) घटती है। इन हालतों में आतंरिक ऊर्जा U के स्थान पर एन्थैल्पी H का प्रयोग ज्यादा सुविधाजनक रहता है। एन्थैल्पी को निम्न समीकरण द्वारा ज्ञात किया जाता हैः

$$H=U+P\Delta V$$

हम देखते हैं कि एन्थैल्पी का परिमाण वही है जो आंतरिक ऊर्जा का है, अतः यह प्रायः जूलों या किलोजूलों में व्यक्त की जाती है।

स्थिर दाब पर

$$\Delta H= \Delta U+P\Delta V$$

अर्थात एन्थैल्पी में परिवर्तन आंतरिक ८ऊर्जा (ΔU) में परिवर्तन तथा तंत्र द्वारा संपन्न विस्तार कार्य ($P\Delta V$) के योग के बराबर होता है। अगर और किसी प्रकार के कार्य सम्पन्न नहीं किये गये हैं, तो DH=Qp, जहां Qp स्थिर दाब पर अभिक्रिया का तापीय प्रभाव है ऊष्माक्षेपी अभिक्रिया के लिये Qp<O तथा ऊष्माशोषी अभिक्रिया के लिये Qp>O ।

आंतरिक ऊर्जा का एन्थैल्पी में परिवर्तन आम तौर पर उस स्थिति के लिये माना जाता है, जब सभी अभिकारक तथा उत्पाद मानक अवस्था में होते हैं। किसी पदार्थ की एक निश्चित तापमान पर मानक अवस्था उस अवस्था को कहते हैं जब यह पदार्थ सामान्य वायुमंडलीय दाब (101.325kPa या 760 mm Hg) पर कुछ शुद्ध रूप में होता है (गैसों के लिये आंशिक दाब लिया जाता है)। अगर अभिक्रिया में भाग लेने वाले सारे पदार्थ मानक अवस्थाओं में होते हैं, तो इसके प्रचलन की परिस्थितियां आदर्श परिस्थितियां मानी जाती हैं। इनमें हुए तदनुकूल मानों में परिवर्तन आदर्श परिवर्तन कहलाते हैं। वे ऊपरी सूचकांक° से द्योतित होते हैं। उदाहरण के लिये, ΔU° किसी रासायनिक अभिक्रिया को आंतरिक ऊर्जा में आदर्श परिवर्तन व्यक्त करता है तथा ΔH° उसकी एन्थैल्पी में आदर्श परिवर्तन व्यक्त करता है (या संक्षेप में ΔH° अभिक्रिया की आदर्श एन्थैल्पी है)।

सरल पदार्थ में प्रदत्त पदार्थ के एक मोल के बनने में जो अभिक्रिया घटती है, उसकी आदर्श एन्थैल्पी को उस पदार्थ की आदर्श संभवन एन्थैल्पी* कहते हैं। यह मान प्रायः किलोजूल प्रति मोल में व्यक्त किया जाता है।

ऊपर दी गयी व्याख्या के अनुसार सरल पदार्थो की संभवन-एन्थैल्पी तथा आन्तरिक ऊर्जा संभवन शून्य के बराबर होता है। अगर कोई तत्व कई सरल पदार्थ बनाता है (ग्रेफाइट तथा हीरक, श्वेत व लाल फास्फोरस आदि), तो दी गयी परिस्थितियों में सर्वाधिक स्थायी रूप में तत्व की अवस्था मानक समझी जाती है। (कार्बन के लिये ग्रेफाइट, ऑक्सीजन के लिये O_2, आदि); जिसकी संभवन-एन्थैल्पी तथा आन्तरिक ऊर्जा शून्य के बराबर ली गयी है)।

एन्थैल्पी में परिवर्तन दर्शाने वाले रासायनिक समीकरणों को ऊष्मारासायनिक समीकरण कहते हैं। उदाहरण के लिये, समीकरण

$$PbO(c.)+CO(g.)=Bp(c.)+CO_2\ (g.)$$
$$\Delta H^\circ=-64\ kJ$$

यह बताता है कि जब PbO का एक मोल कार्बन (II) आक्साइड के साथ अपचयित किया जाता है तो 64kJ

---

* इसके लिये अक्सर संक्षिप्त संज्ञाएं, जैसे संभवन-एन्थैल्पी, संभवन-ऊर्जा, आदि इस्तेमाल की जाती है। यहां अभिप्राय आदर्श मानों से होता है। जब संभवन ऊष्मा की बात करते हैं, मगर अभिक्रिया के प्रचलन की परिस्थितियों का जिक्र नहीं करते हैं, तो ध्यान में रखते हैं कि अभिक्रिया में स्थिर दाब (Qp) पर ऊष्मा संभवन होता है।

ऊष्मा का उत्सर्जन होता है*। चिन्ह (c.), (lq.) व (g.) पदार्थ की तीन अवस्थाओं के प्रतीक हैं- क्रिस्टलीय, द्रव व गैसीय।

सन 1840 में हेस नामक वैज्ञानिक ने ऊर्जा संरक्षण नियम के आधार पर प्रयोगों द्वारा एक नया नियम प्रस्तुत किया जिसका नाम "हेस नियम" रखा गयां यह नियम ऊष्मारासायनिक परिकलनों का आधार है।

<u>रासायनिक अभिक्रिया का तापीय प्रभाव</u> (अर्थात अभिक्रिया के परिणामस्वरूप प्रणाली की एन्थैल्पी या आंतरिक ऊर्जा में परिवर्तन) <u>अभिक्रिया में भाग ले रहे पदार्थो की आरंभिक तथा अंतिम अवस्थाओं पर निर्भर करता है, यह क्रिया की मध्यवर्ती स्थितियों पर आधारित नहीं होता हैं।</u>

हेस के नियम से एक विशेष बात पता चलती है और वह यह कि ऊष्मारासायनिक समीकरणों को जोड़ा और घटाया जा सकता है तथा इनमें संख्यात्मक गुणजों से गुणा की जा सकती है।

उदाहरण 1. गैसीय कार्बन डाइआक्साइड की संभवन-ऊष्मा ($\Delta H°$=393.5kJ/mol) तथा ऊष्मारासायनिक समीकरण

$$C\ (\text{ग्रेफाइट}) + 2N_2O\ (g.) = CO_2\ (g.) + 2N_2(g.);$$

$$\Delta H° = -\ 557.5lJ \qquad (1)$$

की सहायता से N_2O (g.)की संभवन ऊष्मा का कलन करें।

<u>हल</u>: अज्ञात मान को x मान हम सरल पदार्थो से N_2O की संभवन ऊष्मा का ऊष्मारासायनिक समीकरण लिख देते हैं

$$N_2(g.) + \frac{1}{2}O_2(g.) = N_2O(g.);$$

$$\Delta H°_1 = x\ kJ \qquad (2)$$

सरल पदार्थो से CO2(g.) बनने की अभिक्रिया का ऊष्मारासायनिक समीकरण भी लिख देते हैं:

$$C\ (\text{ग्रेफाइट}) + O_2(g.) = CO_2\ (g.);$$

$$\Delta H°_2 = -\ 393.5\ kJ \qquad (3)$$

समीकरण (1) और (4) की तुलना से हमें निम्न समीकरण मिलता है :

$$-393.2-2x=-557.5$$

$$\text{जहां से } x = \frac{-557.5+393.5}{2}$$

$$\text{अतः } x = 82.0\ kJ/mol$$

उदाहरण 2. मिथेन दहन की अभिक्रिया

CH_4 (g.)+2O_2(g.)=CO_2 (g.) +2H_2O(g.)

के लिये एन्थैल्पी में मानक परिवर्तन DH° ज्ञात करें। CO_2 (g.) H_2O(g) तथा CH_4 (g.) की संभवन एन्थैल्पियां क्रमशः - 393.5,-241.8 तथा -74.9kJ/mol है।

<u>हल</u> : हम CO_2, H_2O तथा CH_4 के बनने की संभवन अभिक्रियाओं के ऊष्मारासायनिक समीकरण लिख देते हैं:

$$C\ (\text{ग्रेफाइट}) + O_2(g.) = CO_2(g.)$$

$$\Delta H°(CO_2) = -393.5kJ \qquad (1)$$

---

* ऊष्मारसायन में ऐसे समीकरण प्रायः दूसरी तरह से लिखे जाते हैं (पृ. 96 पर टिप्पणी देखिये):

PbO (c.)+ CO (g.)= Pb (c.)+CO_2 (g.)+kJ

$$H_2\,(g.) + \frac{1}{2}\,O_2\,(g.) = H_2O\,(g.);$$

$$\Delta H°(H_2O) =- 241.8\ kJ \qquad (2)$$

$$C\ (\text{ग्रेफाइट})\ +2H_2\,(g.) = CH_4\,(g.);$$

$$\Delta H°\,(CH_4) =- 74.9 kJ \qquad (3)$$

समीकरण (2) को दो से गुणा करके प्राप्त समीकरण को समीकरण (1) में जोड़ कर मिले समीकरण में से समीकरण (3) घटा देते है, जिसके फलस्वरूप हमें आवश्यक अभिक्रिया का ऊष्मारासायनिक समीकरण प्राप्त हो जाता है:

$$CH_4\,(g.)+20_2(g.)= CO_2\,(g.) + 2H_2O(g.);$$

$$\Delta H°=\Delta H°\,(CO_2)+2\Delta H°(H_2O)-\Delta H°(CH_4)$$

अंतिम उदाहरण हेस नियम के उपसिद्धांत का व्यावहारिक महत्व दर्शाता है, जिसका प्रयोग कई ऊष्मारासायनिक परिकलनों को सरल बना देता है:

<u>रासायनिक अभिक्रिया की एन्थैल्पी में आदर्श परिवर्तन-अभिक्रिया के उत्पादों के बनने की आदर्श एन्थैल्पियों के योग के समान है जिसमें से अभिकारकों के बनने की आदर्श एन्थैल्पियों का योग घटाया जाता है।</u>

दोनों बार योग करते समय समीकरण के अनुसार अभिक्रिया में भाग लेने वाले पदार्थो के मोलों की संख्या को ध्यान में रखना चाहिये।

उदाहरण 3. परिशिष्ट में दी गयी सारणी 5 की सहायता से निम्न अभिक्रिया के लिये $\Delta H°$ का मान निकालें:

$$2Mg\,(c.) +CO_2(g.) = 2MgO(c.) +C\ (\text{ग्रेफाइट})$$

<u>हल</u>: सारणी 5 के अनुसार CO2 तथा MgO के बदलने की आदर्श एन्थैल्पियां क्रमश:-393.5 तथा 601.8 kJ/mol है (यहां हम पाठकों को याद दिलाना चाहते हैं कि सरल पदार्थो के बनने की आदर्श एन्थैल्पियां अर्थात आदर्श संभवन एन्थैल्पियां शून्य के बराबर होती है)।

अतः अभिक्रिया की आदर्श एन्थैल्पी के लिये निम्न समीकरण प्राप्त होता है:

$\Delta H°-2H°(MgO)—\Delta II°(CO_2)$

अर्थात $\Delta H°=—601.8\times2+393.5$

अतः $\Delta H° =—810.1kJ$

उदाहरण 4. अभिक्रियाओं

$$MgO\,(e.)+ 2H(aq.)=Mg^{2+}(aq.)+H_2O(lq.);$$

$$\Delta H^{\circ}_1=—145.6kJ$$

$$H_2O\,(lq.)=H^+(aq.)+OH^-(aq.);$$

$$\Delta H^{\circ}_2=57.5kJ$$

के लिये DH° के मानों के आधार पर मैग्नीशियम आक्साइड के जल में विलयित होने के मान DH2° का कलन करें। aq का मतलब तनु जलीय विलयन हैं।

<u>हल</u>: हेस के नियम के अनुसार हम निम्न समीकरण लिख सकते हैं:

$\Delta H°_3=\Delta H°_1+2\,\Delta H°_2$

अतः $\Delta H°_3=-145.5+57.5\times2=36.6\ kJ$

जिस दिशा में रासायनिक अभिक्रिया घटती है उसे निश्चित करने के लिये दो कारकों की सहायता ली जाती है:1) प्रणाली की निम्नतम ऊर्जा अवस्था में आने की प्रवृति (समभारिक क्रियाओं के लिये निम्नतम एन्थैल्पी अवस्था) तथा 2)

सबसे अधिक संभावना वाली अवस्था को प्राप्त करने की प्रवृति (माइक्रोस्टेट या माइक्रोअवस्था)।

रासायनिक अभिक्रिया में एन्थैल्पी में परिवर्तन समभारिक क्रियाओं के लिये प्रथम प्रवृति का मापदंड होता है: ΔH का ऋणात्मक चिन्ह जो प्रणाली की एन्थैल्पी में कमी का तथा धनात्मक चिन्ह जो वृद्धि का प्रतीक होता है।

एन्ट्रॉपी S तापप्रवेगिकी विज्ञान में प्रणाली की अवस्था की संभाविता की मापदंड होती है। यह मात्रा समान रूप से संभव सूक्ष्म अवस्थाओं* की संख्या के लघुगणक के अनुक्रमानुपाती होती है। जो प्रदत्त स्थूल अवस्था में उत्पन्न हो सकती है। एन्ट्रॉपी को ताप द्वारा विभाजित ऊर्जा में नापा जाता है तथा सामान्यताः यह पदार्थ के एक मोल के तदनुरूप होती है। (मोलीय एन्ट्रॉपी)। उसे J/mol.K में व्यक्त करते है।

ऊपर लिखी बातों से यह स्पष्ट हो से द्रव अवस्था तथा द्रव अवस्था से गैसीय अवस्था में परिवर्तित होने पर एन्ट्रॉपी बढ़ जाती है अर्थात जब क्रिस्टल विलयित होते हैं, गैसें फैलती हैं; रासायनिक अभिक्रियाओं में कणों की संख्या बढ़ जाती है, विशेषतः गैसीय अवस्था में कणों की संख्या। इसके विपरीत जिन क्रियाओं में प्रणाली अधिक व्यवस्थित होती है (संघनन, बहुलकन, संपीडन कणों की संख्या में कमी), वहां एन्ट्रॉपी घट जाती है।

उदाहरण 5. निम्न अभिक्रियाओं में कलन किये बिना एन्ट्रॉपी के परिवत्रन का चिन्ह ज्ञात कीजियेः

$NJ_4NO_3(c.) = N_2O(g.)+2H_2O(g.)$ (1)

$2H_2(g.)+O_2(g.) = 2H_2O(g.)$ (2)

$2H_2(g.)+O_2(g.) = 2H_2O(lq.)$ (3)

हलः अभिक्रिया (1) में पदार्थ का एक मोल क्रिस्टलीय अवस्था में गैसों के तीन मोल बनाता है; अतः $\Delta S_,>O$। अभिक्रियाओं (2) और (3) में मोलों की कुल संख्या तथा गैसीय पदार्थ के मोलों की संख्या इस प्रकार घटती है कि $\Delta S_2<O$ तथा $\Delta S_3<O$। मात्रा ΔS_3 का मान ΔS_2 की तुलना में अधिक ऋणात्मक है क्योंकि $S[H_2O(lq)]<S[H_2O(g.)]$।

एन्ट्रॉपी पर भी DH का नियम लागू होता है: किसी रासायनिक अभिक्रिया (DS) के फलस्वरूप एक प्रणाली की एन्ट्रॉपी में परिवर्तन DS उत्पादों की एन्ट्रॉपियों के योग के समान है जिसमें से -अभिकारकों की एन्ट्रॉपियों का योग निकाला जाता है। एन्थैल्पी के कलन की तरह यहां भी योगफल का कलन अभिक्रिया में भाग लेने वाले पदार्थों के मोलों की संख्या के आधार पर किया जाता है।

यह ध्यान रखना चाहिये कि संभवन एन्थैल्पी से सरल पदार्थ की एन्ट्रॉपी की भिन्नता यह है कि क्रिस्टलीय अवस्था में भी यह शून्य के बराबर नहीं हीती हैं क्योंकि क्रिस्टलीय अवस्था में भी यह शून्य के बराबर नहीं होती है। क्योंकि परम शून्य के अलावा अन्य तापमान पर क्रिस्टल की स्थूल अवस्था एकल सूक्ष्म अवस्था द्वारा नहीं बल्कि समान रूप से संभव सूक्ष्म अवस्थाओं की बड़ी संख्या में प्राप्त की जा सकती है।

गिब्ज की ऊर्जा रासायनिक प्रक्रिया की अवस्था का एक फलन है जो साथ ही प्रक्रिया की दिशा पर ऊपर वर्णित दोनों प्रवृत्तियों का प्रभाव प्रतिबिंबित करता है। गिब्ज की ऊर्जा एन्थैल्पी तथा एन्ट्रॉपी के प्रति निम्न अनुपात रखती है।

$$G=H—TS$$

यहां T—परम ताप है।

गिब्ज ऊर्जा का परिमाण एन्थैल्पी के समान होता है, अतः इसे प्रायः जूल या किलोजूल में व्यक्त किया जाता है।

समभारिक-समतापी क्रियाओं (अर्थात स्थिर दाब तथा ताप पर घट रही क्रियाओं) के लिये गिब्ज ऊर्जा में परिवर्तन

---

* हम पाठकों को याद दिलाना चाहेंगे कि स्थूल अवस्था पदार्थ स्थूलदर्शी गुणों के निश्चित मानों द्वारा निर्दिष्ट होती है (ताप, दाब, आयतन, आदि)। सूक्ष्म अवस्था पदार्थ की वह अवस्था है जो प्रत्येक कण की निश्चित अवस्था द्वारा व्यक्त होती हैं विभिन्न सूक्ष्म अवस्थाओं की बड़ी संख्या एक ही स्थूल अवस्था के तदनुरूप हो सकती है।

निम्न प्रकार से व्यक्त किया जा सकता है :

$$\Delta G = DH - T\Delta S$$

ΔH तथा ΔS की तरह रासायनिक अभिक्रिया के फलस्वरूप गिब्ज ऊर्जा में परिवर्तन ΔG (या संक्षेप में, अभिक्रिया की गिब्ज ऊर्जा)-उत्पादों के बनने की गिब्ज ऊर्जाओं का योग निकाला जाता है; यहां भी योग करते समय दोनों बार अभिक्रिया में भाग लेने वाले मोलों की संख्या को ध्यान में रखा जाता है।

गिब्ज संभवन-ऊर्जा पदार्थों के एक मोल के साथ संबंधित होती है तथा प्रायः kJ/mol में व्यक्त की जाती है; किसी सरल पदार्थ के सर्वाधिक स्थायी रूपांतरण के बनने का ΔG° शून्य के बराबर माना जाता है।

स्थिर ताप तथा दाब की अवस्थाओं में अभिक्रियाएं स्वयं ही गिब्ज ऊर्जा के कम होने की दिशा में घटती है ($\Delta G < O$)।

सारणी 3 में ΔH तथा ΔS के चिन्हों के विभिन्न संयोजनों वाली एक अभिक्रिया के स्वयं घटने की संभावना (या असंभावना) दिखायी गयी है।

उदाहरण के लिये, अगर किसी अभिक्रिया के लिये $\Delta H < O$ (ऊष्माक्षेपी) तथा $\Delta S > 0$, तो अंतिम समीकरण से यह निष्कर्ष निकलता है कि सभी तापमानों पर $\Delta G < 0$। इससे स्पष्ट है कि अभिक्रिया किसी भी तापमान पर $\Delta G < 0$। इससे स्पष्ट है कि अभिक्रिया किसी भी तापमान पर स्वयं घट सकती है। अगर $\Delta H < 0$ तथा $\Delta S < 0$ तो अभिक्रिया तब संभव हो सकती है जब ΔH का परम मान गिब्ज ऊर्जा के समीकरण में पद ΔH पद TΔS से अधिक है; चूंकि गुणज T की वृद्धि के साथ-साथ पद TΔS का परम मान बढ़ता जाता है, यह प्रक्रिया काफी निम्न तापमानों पर घटेगी, अन्य शब्दों में ऊष्माक्षेपी अभिक्रियाओं के स्वयं घटने की सबसे अधिक संभावना निम्न तापमानों पर होती है, प्रणाली की एन्ट्रॉपी चाहे घट ही क्यों न रही हो।

सारणी 3 से हमें यह पता चलता है कि जिन अभिक्रियाओं में एन्ट्रॉपी की वृद्धि होती है, उनके घटने की सबसे अधिक संभावना उच्च तापमानों पर होती है; ऊष्माशोषी अभिक्रियाएं भी इस सूची में शामिल हैं।

सारणी 3

ΔH तथा ΔS के विभिन्न चिन्हों वाली अभिक्रियाओं की दिशाएं

फलन में परिवर्तन का चिन्ह			अभिक्रिया के स्वयं घटने की संभावना (असंभावना)	अभिक्रिया का उदाहरण
ΔH	ΔS	ΔG		
—	+	—	किसी भी तापमान पर पर संभव है	$C_6H_6(lq.)+7.5O2(g.)= = 6CO_2(g.)+3H_2O(g.)$
+	—	+	किसी भी तापमान पर असंभव है	$N_2\ (g.)+2O_2(g.)= =2NO_2\ (g.)$
—	—	±	काफी निम्न तापमानों पर संभव है	$3H_2(g.)+N_2(g.)= =2NH_3(g.)$
+	+	±	काफी उच्च तापमानों पर संभव है	$N_2O_4(g.) = 2NO_2(g.)$

उदाहरण 6. किसी निश्चित तापमान T पर ऊष्माशोषी अभिक्रिया $A \rightarrow B$ वस्तुतः समाप्त हो रही है। ज्ञात करें: (a) अभिक्रिया के ΔS का चिन्ह; (b) T तापमान पर अभिक्रिया $B \rightarrow A$ के लिये ΔG का चिन्ह; (c) जिन तापमानों पर अभिक्रिया $B \rightarrow A$ के घटने की संभावना।

हल: (a) अभिक्रिया $A \rightarrow B$ के स्वयं घटने का अर्थ है कि $\Delta G<0$। क्योंकि $\Delta H>0$, अतः समीकरण $\Delta G=\Delta H—T\Delta S$ से हमे यह पता चलता है कि Ds>0। प्रतिवर्ती BA के लिये $\Delta S<0$।

(b) अभिक्रिया AB के लिये $\Delta G<0$। अतः इसी तापमान पर प्रतिवर्ती अभिक्रिया के लिये $\Delta G>0$।

(c) अभिक्रिया $B \rightarrow A$ अभिक्रिया $A \rightarrow B$ की प्रतिवर्ती हैं यह ऊष्माक्षेपी अभिक्रिया है ($\Delta H<0$)। पद $T\Delta S$ का परम मान निम्न तापमानों के लिये कम है, इसलिये ΔG का चिन्ह ΔH के चिन्ह द्वारा निश्चित किया जाता है। अतः काफी निम्न तापमानों पर अभिक्रिया $B \rightarrow A$ घट सकती है।

उदाहरण 7. $AB(e.)+B_2(g.) = AB_3(c.)$ अभिक्रिया के लिये ΔH, ΔS, ΔG के चिन्ह निश्चित करें।

अभिक्रिया तापमान 298K पर अग्रवर्ती दिशा में घटती हैं तापमान में वृद्धि के साथ चिन्ह ΔG का मान कैसे बदलता रहेगा?

हल: चूंकि अभिक्रिया स्वयं घटती है, अतः $\Delta G<0$ अभिक्रिया के परिणामस्वरूप प्रणाली में कणों की कुल संख्या कम हो जाती है, इसके दौरान B2 गैस का व्यय होता है और क्रिस्टलीय पदार्थ AB3 का निर्माण होता है। इसका अर्थ है कि अभिक्रिया के समय प्रणाली की व्यवसी उच्च स्तर पर पहुंच जाती है, जिसके लिये $\Delta S<0$. इस प्रकार समीकरण $\Delta G=\Delta H—T\Delta S$ में ΔG का मान ऋणात्मक है और समीकरण के दायें भाग का दूसरा पद ($-T\Delta S$)-धनात्मक है। यह तब संभव होता, जब $\Delta H<0$ होता। तापमान में वृद्धि के साथ पद-$T\Delta S$ का धनात्मक मान बढ़ जाता है, जिसके फलस्वरूप ΔG का मान कम ऋणात्मक हो जाता हैं

किसी अभिक्रिया के ΔH, ΔS व ΔG के मान अधिकारकों की प्रकृति पर ही नहीं निर्भर करते हैं विभिन्न अभिक्रियाओं के तुलनीय आंकड़े प्राप्त करने के लिये एन्थैल्पी तथा गिब्ज ऊर्जा में मानक परिवर्तनों ($\Delta H^\circ_T \Delta S^\circ_T$ तथा ΔG°_T) की पारस्पारिक तुलना की जाती है अर्थात वे परिवर्तन जो अभिक्रिया में भाग लेने वाले पदार्थो (अभिकारकों तथा उत्पादों) की मानक अवस्थाओं में घटते है; यहां निचले सूचकांक परम तापमान दर्शाते हैं, जिस पर अभिक्रिया करायी जाती है।

परिशिष्ट की सारणी 5 में 298 K (25°C) पर S°_{298} तथा कुछ पदार्थो के बनने के $\Delta H^\circ 298$ व $\Delta G^\circ 298$ के मान दिये गये हैं। इन आंकड़ों की सहायता से हम विभिन्न प्रकार के ऊष्मारासायनिक परिकलन संपन्न कर सकते हैं।

उदाहरण 8. क्या 298K पर निम्न अभिक्रियाएं अग्रवर्ती दिशा में स्वयं घटेंगी?

$Cl_2 (g.) +2HI(g.)=I_2(e.)+2HCl(g.)$ (1)

$I_2 (c.)+H_2S (g.) = 2HI (g.)+S (e.)$ (2)

तापमान की वृद्धि इन अभिक्रियाओं की दिशा को किस प्रकार प्रभावित करेगी?

हल: प्रथम प्रश्न का उत्तर ज्ञात करने के लिये हमें दी गयी अभिक्रियाओं के लिये ΔG°_{298} के मान निश्चित करने चाहिये। परिशिष्ट की सारणी 5 से हमें निम्न मान प्राप्त होते हैं:

$\Delta G^\circ_{form}(HI)$= 1.8kJ/mol, ΔG°form (HCl)=—95.2kJ/mol, $G^\circ$from (H2S) =—33.8kJ/mol

अतः अभिक्रियाओं 1 व 2 के लिये हमें निम्न मान प्राप्त होते हैं:

ΔG°_1=—95.2×—1.8×2=—194.0kJ

ΔG°_2=1.8×2—(—33.8)=37.4kJ

$\Delta G°1$का ऋणात्मक चिन्ह अभिक्रिया (1) के स्वयं घटने का प्रतीक है; formG2°का धनात्मक चिन्ह वह बताता है कि अभिक्रिया (2) दी गयी अवस्थाओं में नहीं घट सकती।

दूसरे प्रश्न का उत्तर अभिक्रियाओं के लिये $\Delta S°$ के चिन्ह द्वारा ज्ञात किया जा सकता है। अभिक्रिया (1) में गैसीय अवस्था में पदार्थो के मोलों की संख्या घट जाती है तथा अभिक्रिया (2) में यह संख्या बढ़ जाती है, अतः $\Delta S1° < 0$ तथा $\Delta S°2 > 0$ अर्थात समीकरण $\Delta G° = \Delta H° — T\Delta S°$ में पद-TDS° अभिक्रिया (1) के लिये धनात्मक तथा अभिक्रिया (2) के लिये ऋणात्मक है। अतः जब गुणज T में वृद्धि होती है (तापमान में वृद्धि) DG1° का मान बढ़ जाता है (अर्थात कम ऋणात्मक हो जाता है) तथा DG2° का मान घट जाता है (अर्थात कम धनात्मक हो जाता है)। इसका मतलब यह हुआ कि तापमान की वृद्धि अग्रवर्ती दिशा में अभिक्रिया (1) के घटने में बाधक तथा अभिक्रिया (2) के घटने में सहायक सिद्ध होगी।

उदाहरण 9. निर्देश आंकड़ों का प्रयोग करके बताइयें कि क्या अभिक्रिया

TiO2(c.)+2C (ग्रेफाइट)= Ti (e.) + 2CO(g.)

के फलस्वरूप 298 तथा 2500K तापमानों पर टाइटेनियम डाइआकसाइड का स्वतंत्र धातु में अपचयन संभव है? DH° व DS° की तापमान पर निर्भरता पर ध्यान नहीं देना है।

<u>हलः</u> परिशिष्ट की सारणी 5 से हमें यह पता चलता है कि 298K के लिये;

$\Delta G°_{form} (TiO_2) =—888.6 kJ/mol$

$\Delta G°_{form} (CO) =—137.1 kJ/mol$

अतः दी गयी अभिक्रिया के लियेः

$\Delta G°_{298} = 2\Delta G°_{form} (CO) — \Delta G°_{form} (TiO_2) =$

$= —137.1 \times 2 — (—888.6) = 614.4 kJ$

चूंकि DG° 298>0, अतः 298K पर TiO_2का अपचयन असंभवच है।

DG°2500 का परिकलन करने के लिये हम समीकरण DG°=DH°-TDS° का प्रयोग करते है। उदाहरण में दिये गये आंकड़ों के अनुसार हम DH° तथा DS° के मान 298 K के लिये ले लेते हैं। अभिक्रिया के DH° तथा DS° के मान ज्ञात करने के लिये हमें सारणी 5 में अभिकारकों के लिये DH°form तथा S° के मान ज्ञात करते हैं। हम देखते हैं कि

$\Delta H°_{form} (TiO_2) = —943.9 kJ/mol,$

$\Delta H°_{form} (CO) = —110.5 kJ/mol$

$S°(TiO_2) = 50.3 J/mol.K), S° (c.) = 5.7 J/(mol.K),$

$S° (Ti) = 30.6 J/(mol.K)$ तथा $S° (CO) = 197.5 J/mol.K)$

अब इस अभिक्रिया के $\Delta H°$ का मान ज्ञात करते हैंः

$\Delta S° = S° (Ti) + 2S° (CO) — \Delta H°_{form} (TiO_2) =$

$= —110.5x — (—943.9) = 722.9 kJ/K$

इसी प्रकार हम अभिक्रिया के $\Delta S°$ का मान ज्ञात कर सकते हैः

$\Delta S° = S° (Ti) + 2S° (CO) — S° (TiO_2) — 2S° (C) =$

$= 30.6 + 197.5 \times 2 — 50.3 — 5.7 \times 2 = 425.6 — 61.7 = 363.9 J/k$

अब हम $\Delta S°$ के kJ/K में व्यक्त करके अभिक्रिया के ΔG_{2500} का मान ज्ञात कर सकते हैः

$\Delta G°_{2500} = \Delta H°_{2500} — T\Delta S° 2500 = 722.9 — 2500.363.9/1000 =$

$= 722.9 — 909.8 = —186.9 kJ$

इस प्रकार हम देखते हैं कि $\Delta G^\circ_{2500}<0$, जिसका मतलब यह हुआ कि 2500K पर TiO_2 का ग्रेफाइट द्वारा अपचयन संभव है।

प्रश्न*

280. जब 2.1g फेरस सल्फर के साथ मिलता है तो 3.77 kJ ऊष्मा उत्सर्जित होती है। फेरस सल्फाइड के बनने की ऊष्मा का परिकलन करें

281. सामान्य परिस्थितियों में 8.4 लीटर स्फोटक गैस के विस्फोट से मुकत हुई ऊष्मा की मात्रा ज्ञात करें।

282. समीकरण $2PH_3'(g.) + 4O_2(g.) = P_2O_5(e.) + 3H_2O(lq)$;
$\Delta H^\circ = —2360kJ$
की सहायता से PH_2 के बनने की मानक एन्थैली (ΔH°_{298}) निश्चित करें।

283. अभिक्रिया $3CaO(c.) + P_2O_5(e.) = Ca_3\ (PO_4)_2(c.)$
$\Delta H^\circ = —739kJ$
के ऊष्मा प्रभाव के आधार पर कैल्सियम आर्थोफास्फेट के बनने का ΔH°_{298} निर्धारित करें।

284. अभिक्रिया के समीकरण

$$CH_3OH(lq.) + \frac{3}{2} O_2\ (g.) = CO_2(g.) + 2H_2O(lq.);$$
$\Delta H^\circ = —726.5kJ$
के आधार पर मिथाइल ऐल्कोहाल के बनने के DH°298 का परिकलन करें।

285. 12.7g कापर (II) आक्साइड को कोयले द्वारा अपचयित कराने से (CO की प्राप्ति) 8.24kJ ऊष्मा अवशोषित होती है। CuO के बनने का DH°_{298} निर्धारित करें।

286. एथिलीन के पूर्ण दहन से (द्रव जल की प्राप्ति) 6226kJ ऊष्मा उत्सर्जित होती है। सामान्य परिस्थितियों में अभिक्रिया में भाग लेने वाले आक्सीजन का आयतन ज्ञात करें।

287. भाप अंगार गैस हाइड्रोजन और कार्बन मोनोआक्साइड के समान आयतनों का मिश्रण है। सामान्य परिस्थितियों में 112 लीटर भाप अंगार गैस के दहन से कितनी ऊष्मा उत्सार्जित होगी?

288. समान परिस्थितियों में हाइड्रोजन तथा ऐसीटिलीन के समान आयतनों के दहन से H_2O (g) प्राप्त हुआ। किस दशा में अधिक ऊष्मा उत्सर्जित होती हैं और कितनी ऊष्मा उत्सर्जित होती है और कितने गुना अधिक?

289. अभिक्रिया $3C_2H(g.) = C_6H_6(l0q)$ के लिये ΔH°_{298} ज्ञात करें, मगर ऐसीटिलीन के दहन की अभिक्रिया के लिये CO_2 (g.) तथा H_2O(lq) की प्राप्ति ΔH°_{298}—1300kJ/mol है तथा बैंजील के बनने का ΔH°_{298} 82.9kJ/mol है।

290. निम्न आंकड़ों की सहायता से एथिलीन के बनने का DH° ज्ञात करें:

$$C_2H_4(g) + 3O_2(g.) = 2CO_2(g.) + 2H_2O\ (g.)$$
$$DH^\circ = —1323kJ$$
$$C(\text{ग्रेफाइट}) + O_2(g.) = CO_2(g.);$$
$$\Delta H^\circ = —393.5kJ$$

* इस खंड के प्रश्नों को हल करते समय आवश्यकता पड़ने पर परिशिष्ट की सारणी 5 इस्तेमाल की जा सकती है।

$$H_2(g.)+\frac{1}{2}O_2(g.) = H_2O(g.);$$
$$\Delta H^\circ = —241.87 kJ$$

291. विभिन्न अपचयकों का प्रयोग करते हुए 298 K पर फेरम (III) आक्साइड के अपचयन की अभिक्रिया के लिये ΔH°_{298} की तुलना करें:

(a) Fe_2O_2 (e.)+$3H_2$ (g.) = 2Fe(c.)+$3H_2O$(g.)

(b) Fe_2O_3(c.) + 3C(ग्रेफाइट)=2Fe(e.)+3CO(g.)

(c) Fe_2O_2(e.)+3CO(g.)= 2Fe(c.)+$3CO_2$(g.)

292. उस मिथेन का द्रव्यमान ज्ञात करें जिसके पूर्ण दहन से (द्रव जल की प्राप्ति के साथ) जो ऊष्मा उत्सर्जित होती है, वह 100g जल को 20° से 30° तक गर्म करने के लिये पर्याप्त रहती है। जल की मोलीय ऊष्माधारिता 75.37 J/(mol, k) मानी जा सकती है।

293. निम्न आकंड़ों की सहायता से 298K पर $MgCO_3$(c.) के बनने के ΔH°_{298} का परिकलन करें:

C (ग्रेफाइट) + O_2= CO_2(g.); ΔH°_{298}=—393.5 kJ

2Mg (c.) +O_2=2MgO (c.); ΔH°_{298}=—1203.6kJ

MgO (c.)+CO_2(g.) = Mg CO_3(c.); DH°_{298}=—117.7kJ

294. H2O(g.) के बनने के DH°_{298} तथा निम्न आंकड़ों की सहायता से अभिक्रिया

FeO (e.) + H_2(g.) = Fe(c.)+H_2O (g.)

के लिये ΔH°_{298} का परिकलन करें;

FeO (c.)+CO(g.)= Fe(c.) +CO_2(g.); ΔH°_{298}=—18.2kJ

2CO(g.)+O_2 = $2CO_2$ (g.); ΔH°_{298}=—566.0kJ

295. निम्न अभिक्रियाओं के लिये ΔH°_{298} ज्ञात करें:

(a) C_2H_2(g.) + $\frac{7}{2}$ O_2 (g.) = $2CO_2$(g.) +$3H_2O$(g.)

(b) C_6H_6(lq) ! $\frac{15}{2}$ O_2(g.)– $6CO_2$(g.) + $3H_2O$(lq.)

296. निम्न अभिक्रियाओं के लिये ΔH°_{298} का परिकलन करें:

(a) 2Li(e.) + $2H_2O$(lq)= $2Li^+$(lq) + $2OH^-$ (aq.) + H_2 (g.)

(b) 2Na (c.) + $2H_2O$ (lq.) = 2Na+(aq.) + $2OH^-$ (aq.) + H_2(g.)

Li^+ (aq), Na^+ (aq) तथा OH^- (aq) की मानक संभवन-एन्थैल्पियां क्रमशः– 278.5, —239.7 तथा - 228.9kJ/mol ली जा सकती हैं।

297. जीव के अंदर घट रहे ग्लूकोस के रूपांतरण की अभिक्रियाओं के लिय ΔH° 298 का मान ज्ञात करें:

(a) $C_6H_{12}O_6$ (c.) = $2C_2H_5OH$ (lq.) + $2CO_2$ (g.)

(b) $C_6H_{12}O_6$ (c.) + $6O_2$ (g.) = $6CO_2$ (g.) +$6H_2O$(lq.)

कौनसी अभिक्रिया जीव को ज्यादा ऊर्जा प्रदान करती है?

298. क्या किसी अभिक्रिया के लिये ΔH° का मान प्रणाली में उत्प्रेरकों की उपस्थिति पर निर्भर करता है? अपने उत्तर के पक्ष में तर्क दीजिये।

299. जल में पदार्थो के विलयन की क्रियाएं केवल ऊष्माक्षेपी प्रभाव ($\Delta H<0$) के साथ ही नहीं बल्कि ऊष्माशोषी प्रभाव ($\Delta H>0$) के साथ भी कयों स्वयं घटती है?

300. कलन किये बिना निम्न क्रियाओं के लिये $\Delta S°$ का चिन्ह ज्ञात करें:

(a) $2NH_3(g.) = N_2(g.) + 3H_2(g.)$

(b) $CO_2(c.) = CO_2(g.)$

(c) $2 NO (g.) + O_2 (g.) = 2NO_2 (g.)$

(d) $2H_2S (g.) + 3O_2 (g.) = 2H_2O(lq) + 2SO_2(g.)$

(e) $2CH_3OH (g.) + 3O_2(g.) = 4 H_2O(g.) + 2CO_2(g.)$

301. निम्न अभिक्रिया के लिये एन्ट्रॉपी में परिवर्तन का चिन्ह निर्धारित करें:

$$2A_2(g.) + B_2(g.) = 2A_2B (lq.)$$

क्या यह अभिक्रिया मानक परिस्थितियों में घट सकती है? अपने उत्तर का कारण स्पष्ट कीजिये।

302. निम्नलिखित क्रियाओं के लिये ΔH, ΔS और ΔG के चिन्ह निश्चित करें:

(a) निर्वात में आदर्श गैस का विस्तार; (b) 100°C पर तथा जल वाष्प के आंशिक दाब 101.325kPa (760mmHg) पर जल का वाष्पण व (c) अतिशीतलित जल का क्रिस्टलीकरण।

303. अग्रवर्ती दिशा में 298K पर घट रही अभिक्रिया $AB9c.) + B_2(g.)= AB_3(c.)$ के लिये DH°, DS° तथा DG° के चिन्ह ज्ञात करें। तापमान में वृद्धि के साथ DG° का मान बढ़ेगा या घटेगा?

304. निम्न तापमानों पर किसी अभिक्रिया के स्वयं घटने की दिशा DH के चिन्ह द्वारा तथा उच्च तापमानों पर DS के चिन्ह द्वारा क्यों निर्धारित की जाती है?

305. निम्न अभिक्रियाओं के लिये $DG°_{298}$ के मान ज्ञात कीजिये तथा यह निर्धारित कीजिये कि मानक परिस्थितियों में 25°C पर ये अभिक्रियाएं किस दिशा में घट सकती है:

(a) $NiO (c.) + Ph (e.) = Ni(c.) + PbO (c.)$

(b) $Ph(c.) + CuO (c.) = PhO (c.) + Cu (c.)$

(c) $8Al (c.) + 3Fe_3O_4(e.) = 9Fe (c.) + 4Al_2 O_3 (c.)$

306. निर्देश आंकड़ों के प्रयोग द्वारा यह दिखाइये कि मानक परिस्थितियों मं अभिक्रिया

$Cu (c.) + ZnO (c.) = CuO (c.) + Zn(c.)$

असंभव है।

307. निम्न अभिक्रियाओं में से कौन-सी अभिक्रिया मानक परिस्थितियों में 25°C पर संभव है:

(a) $N_2 (g.) + \frac{1}{2} O_2 (g.) = N_2O (g.)$

(b) $4HCI (g.) + O_2 (g.)= 2CI_2 (g.) +2H_2O (lq.)$

(c) $Fe_2O_3(c.)+ 3CO (g.) = 2 Fe(c.) + 3CO_2(g.)$

308. अभिक्रिया

$CaCO_3(c.) = CaO (c.) + CO_2(g.)$

के लिये 25,500 तथा 1500°C पर DG° परिकलित करें। DH° व DS° की ताप पर निर्भरता को कोई महत्व न दें।

DG° की ताप-निर्भरता का ग्राफ खींच कर वह तापमान ज्ञात करें जिसके ऊपर मानक परिस्थितियों में अभिक्रिया स्वयं घट सकती हें

309. फेरस (II) आक्साइड के अपचयन की निम्न अभिक्रियाओं के लिये $DC°_{298}$के मान ज्ञात करें:

(a) FeO (c.) + $\frac{1}{2}$ C (ग्रेफाइट) = Fe 1(c.) + $\frac{1}{2}$ CO_2 (g.)

(b) Fe O (c.) + C (ग्रेफाइट) = Fe (c.) + CO (g.)

(c) Fe O (c.) + CO (g.) = Fe (c.) + CO_2 (g.)

किस अभिक्रिया के घटने की संभवना सबसे ज्यादा है?

310. 298 K पर निम्न में से कौन से आक्साइड एल्यमिनियम द्वारा अपचयित किये जा सकते हैं: CaO, FeO, CuO, PbO, Fe_2O_3, Cr_2O_3?

311. 298 K पर निम्न में से कौन से आक्साइड हाइड्रोजन द्वारा मुक्त धातु में अपचयित किये जा सकते हैं: CaO, ZnO, SnO_2, NiO, Al_2O_3?

312. मानक परिस्थितियों में किन अभिक्रियाओं से नाइट्रोजन आक्साइड स्वयं बन सकते हैं तथा किस ताप पर (उच्च या निम्न):

(a) $2N_2$ (g.) + O_2(g.) = $2N_2O$(g.); $\Delta H°_{298}>0$

(b) N_2(g.) + O_2 (g.) = 2NO (g.); $\Delta H°_{298}>0$

(c) $2NO_2$ (g.) + O_2 (g.); = 2NO2 (c.);$\Delta H°_{298}<0$

(d) NO (g.) + NO_2(g.)= N_2O_3(c); $\Delta H°_{298}<0$

(e) N_2 (g.) + $2O_2$(g.) = 2 NO_2 (g.);$\Delta H°_{298}>0$

अपना ज्ञान परखिये

313. निम्न अभिक्रियाओं के लिये एथैल्पी के मानक परिवर्तनों के बीच सही संबंध दिखाइये:

H_2 (g.) + O (g.) = H_2 O(g.) (1)

H_2 (g.) + $\frac{1}{2}$ O_2 (g.) = H_2O (g.) (2)

2H(g.) + O (g.) = H_2O(g.) (3)

(a) $\Delta H°_2<\Delta H°_1<\Delta H°_3$; *(b)* $\Delta H°_2>\Delta H°_1>\Delta H°_3$

314. निम्न में से कौनसा विवरण सही है : (a) ऊष्माशोषी अभिक्रियाएं स्वयं नहीं घट सकती। (b) ऊष्माशोषी अभिक्रियाएं काफी निम्न तापमानों पर घट सकती है। (c) अगर अभिक्रिया की एन्ट्रॉपी में परिवर्तन धनात्मक है, तो ऊष्माशोषी अभिक्रियाएं काफी उच्च तापमानों पर घट सकती हैं।

315. कलन किये बिना बताइये कि नीचे दी गयी क्रियाओं में से किस क्रिया में एन्ट्रॉपी का परिवर्तन धनात्मक है:

(a) MgO (c.) + H2 (g.) = Mg (c.) + H2 O (lq.)

(b) C (ग्रेफाइट) + CO_2 (g.) = 2CO (g.)

(c) CH_3 COOH(aq) = CH_3 COO^-(aq.) + H^+(aq)

(d) 4HCl (g.) + O_2 (g.) = 2Cl (g.) + 2 H_2O(g.)

(e) NH_4NO_3(c.) = N_2O(g.) + $2H_2O$ (g.)

316. नीचे दिये गये उदाहरणों में से अभिक्रिया सब तापमानों पर कब संभव है?

(a) $\Delta H° < 0, \Delta S°>0$; (b) $\Delta H° <0, \Delta S°<0$, (c) $\Delta H° >0,\Delta S°>0$

317. नीचे दिये गये उदाहरणों में से कौनसी अभिक्रिया सब तापमानों पर कब असंभव है?

(a) $\Delta H° > 0, \Delta S°>0;$ (b) $\Delta H° >0, \Delta S°<0,$ (c) $\Delta H° <0, \Delta S°<0$

318. अगर $\Delta H<0$ तथा $\Delta S<0$ है, तो निम्न में से अभिक्रिया कब स्वयं घट सकती है?

(a) $\Delta H > T\Delta S$; (b) $\Delta H < T\Delta S$

319. निम्न अभिक्रियाओं के $\Delta G°_{298}$ चिन्ह के द्वारा यह निश्चित करें कि लेड और टिन के लिये आक्सीकरण के कौनसे स्तर अधिक अभिलक्षित हैं :

PbO_2 (c.) + (Pb (c.) = 2 PBO (c.); $\Delta G°_{298}<0$

SnO_2(c.) + Sn (c.) = 2 SnO (c.); $\Delta G°_{298}>0$

(a) लेड के लिये + 2, टिन के लिये +2;

(b) लेड के लिये + 2, टिन के लिये +4;

(c) लेड के लिये + 4, टिन के लिये +2;

(d) लेड के लिये + 4, टिन के लिये +4;

320. 263K पर बर्फ के पिघलने की क्रिया के लिये ΔG का चिन्ह क्या है?

(a) $\Delta G > 0$; (b) $\Delta G = 0$; (c) $\Delta G < 0$

321. यह जानते हुए कि NO_2 (g.) रंगदार तथा N_2O_4 रंगहीन होता है तथा अभिक्रिया $2NO_2(g.)=N_2O_4(g.)$ की एन्ट्रॉपी में परिवर्तन के चिन्ह के आधार पर बताइये कि तापमान बढ़ाने से प्रणाली $NO_2—N_2O_4$ में रंग में क्या परिवर्तन आयेंगे? (a) गाढ़ा हो जायेगा (b) फीका पड़ जायेगा।

2. रासायनिक अभिक्रिया की चाल. रासायनिक संतुलन

रासायनिक अभिक्रिया की चाल पदार्थ की इस मात्रा से मापी जाती है जो समय की इकाई में प्रणाली के इकाई आयतन में अभिक्रिया के दौरान भाग लेती है या अभिक्रिया के फलस्वरूप बनती हैं (सजातीय अभिक्रिया के लिये) या जो प्रावस्था अंतरापृष्ठ की इकाई सतह के क्षेत्रफल पर समय की इकाई में अभिक्रिया में बनती है या अभिक्रिया के फलस्वरूप बनती है (विजातीय अभिक्रिया के लिये*।

स्थिर आयतन पर घट रही सजातीय क्रिया की चाल अभिकारकों की सान्द्रता में समय की इकाई में परिवर्तनों द्वारा मापी जाती है। यह परिभाषा निम्न समीकरण द्वारा व्यक्त की जा सकती है :

$$v = \frac{\pm\Delta C}{\Delta t}$$

इस समीकरण में चिन्ह + अभिक्रिया ($\Delta C>0$) में पदार्थ की सान्द्रता का परिवर्तन व्यक्त करता है और चिन्ह-अभिक्रिया ($\Delta C<0$) में भाग लेने वाले पदार्थ में सान्द्रता के परिवर्तन का प्रतीक है।

अभिक्रिया की चाल निम्न बातों पर निर्भर करती हैः अभिकारकों की प्रद्वति, उनकी सान्द्रता, ताप तथा प्रणाली में उत्प्रेरकों की उपस्थिति। जब किसी अभिक्रिया को धटाने के लिये दो क्रियाशील

कणों (अणुओं, परमाणुओं) को टकराने की आवश्यकता होती है, तो सान्द्रता पर अभिक्रिया की चाल की निर्भरता

* प्रावस्था अंतरापृष्ट का क्षेत्रफल ज्ञात करना अकसर काफी मुश्किल काम होता है जिसकी वजह से विजातीय अभिक्रिया की चाल प्रायः ठोस अंतरापृष्ठ के इकाई द्रव्यमान या इकाई आयतन से संबंधित होती है।

द्रव्यमानों की अनुपाती क्रिया के नियम द्वारा ज्ञात की जाती हैः स्थिर ताप पर रासायनिक अभिक्रिया की चाल अभिकारकों की सान्द्रताओं के अनुक्रमानुपाती होती है।

उदाहरण के लिये, निम्न किस्म की अभिक्रिया के लिये

$$A+B_2 \rightarrow AB_2$$

द्रव्यमानों की अनुपाती क्रियश का नियम निम्न प्रकार से व्यक्त किया जाता हैः

$$v= k [A][B_2]$$

यहां [A] तथा $[B_2]$ अभिकारकों की सान्द्रताएं हैं तथा k अनुपातिकता स्थिरांक अभिक्रिया की चाल का स्थिकांरक हैं, जिसका मान अभिकारकों की प्रकृति पर निर्भर करता है।

तीन अभिकारी कण्प्रे की टक्कर के परिणामस्वरूप अभिक्रिया प्रायः काफी कम घटती है। उदाहरणतया, निम्न प्रकार की अभिक्रिया

$$A+2B \rightarrow AB_2$$

तीन प्रकार की टक्कर के परिणामस्वरूप घट सकती हैः

$$A+B+B \rightarrow AB_2$$

इस परिस्थिति में द्रव्यमानों की अनुपाती क्रिया के नियमानुसार हम निम्न समीकरण लिख सकते हैं:

$$v= k [A] [B] [B]$$

अर्थात $v= k [A] [B]^2$

तीन से अधिक कणों की एक ही समय में टक्कर की संभावना लगभग असंभव है। अतः जिन अभिक्रियाओं के समीकरणों में काफी अधिक संख्या में कण होते हैं (उदाहरण के लिये, $4HCl + O_2 \rightarrow 2Cl_2 + 2H_2O$) कई चरणों में घटती है, जिनमें से प्रत्येक चरण दो (काफी कम अक्सरों पर तीन) कणों की टक्कर के परिणामस्वरूप घटता है। इन स्थितियों में द्रव्यमानों की अनुपाती क्रिया का नियम पूर्ण अभिक्रिया पर लागू न होकर त्रिज्या के प्रत्येक चरण पर लागू होता है।

विभाजीय अभिक्रियाओ में ठोस प्रावस्था में स्थित पदार्थो की सान्द्रताएं अभिक्रिया के दौरान परिवर्तित नहीं होती, जिसके कारण उन्हें द्रव्यमानों की अनुपाती क्रिया के नियम के रागीकरण में सम्पिलित नहीं किया जाता है।

उदाहरण 1. निम्न अभिक्रियाओं के लिये द्रव्यमानों की अनुपाती क्रिया के नियम की अभिव्यंजना करें।

(a) $2NO (g.) + CI_2 (g.) \rightarrow 2NOCI (g.)$

(c) $Ca\ CO_3 (c.) \rightarrow CaO(e.) + CO_2(g.)$

हलः (a) $v= k [NO]^2 [CI_2]$

(b) कैल्सियम कार्बोनेट एक ठोस पदार्थ है जिसकी सान्द्रता अभिक्रिया के दौरान परिवर्तित नहीं होती है, अतः आवश्यक अभिव्यक्ति v=k होगी अर्थात इस स्थिति में निश्चित ताप पर अभिक्रिया की चाल स्थिर है।

उदाहरण 2. अभिक्रिया $2NO (g.) +O_2(g) = 2NO_2 (g.)$ की चाल किस प्रकार परिवर्तित नहीं होगी अगर अभिकारी पात्र का आयतन आरंभिक आयतन के मान से तीन गुना घटा दिया जाये?

हलः आयतन में परिवर्तन लाने से पहले अभिक्रिया की चाल निम्न समीकरण द्वारा व्यक्त की जाती हैः

$v= k [NO]^2 [O_2]$

आयतन में घटाव के कारण प्रत्येक अभिकारक की सान्द्रता तीन गुना बढ़ जाती हैं

अतः

$v' = k (3[NO])^2 (3[O_2]= 27k [NO]^2 [O_2]$

v व v^1 के मानों की तुलना से हम देखते हैं कि अभिक्रिया की चाल 27 गुना बढ़ जायेगी।

ताप पर किसी अभिक्रिया की चाल निर्भरता (या अभिक्रिया की चाल का स्थिरांक) निम्न समीकरण द्वारा व्यक्त किया जा सकती है:

$$\frac{v_{t+10}}{v_t} = \frac{k_{t+10}}{k_t} = \gamma\Delta t / 10$$

यहां V_t तथा k_t t°C पर अभिक्रिया की चाल तथा चाल का स्थिरांक हैं, V_{t+10} व k_{t+10} वही मान हैं, मगर t + 10°C के ताप पर अभिक्रिया की चाल का तापीय गुणांक हैं, तथा अधिकांश अभिक्रियाओं के लिये इसका मान दो से चार के बीच रहता हैं (वान्ट हॉफ नियम)। साधारण स्थिति में, अगर तापमान में परिवर्तन Δt°C हैं, तो अंतिम समीकरण निम्न रूप ले लेता है:

$$\frac{v_{t+\Delta t}}{v_t} = \frac{k_{t+\Delta t}}{k_t} = \gamma\Delta t / 10$$

उदाहरण 3. अभिक्रिया की चाल का तापीय गुणांक 2.8 है। अगर ताप 20° से बढ़ाकर 75°C कर दिया जाये, तो अभिक्रिया की चाल कितने गुना तेज हो जायेगी?

हल : यहां Δt = 55°C

20° तथा 75°C पर अभिक्रिया की चालों को V तथा V^1 मान कर हम निम्न समीकरण लिख सकते हैं:dक

$$\frac{v'}{v} = 2.8^{55/10} = 2.8^{5.5}$$

$$\log\frac{v'}{v} = 5.5 \log 2.8 = 5.5\times0.447 = 2.458$$

अतः $\frac{v'}{v} = 287$

अभिक्रिया की चाल 287 गुना तेज हो जायेगी।

अंतिम उदाहरण यह बताता है कि तापमान में वृद्धि होने के साथ-साथ अभिक्रिया की चाल बहुत तेज हो जाती है। यह बात इस तथ्य के साथ संबंधित है कि अभिक्रियाशील अणुओं की सभी टक्करों के फलस्वरूप रासायनिक अभिक्रिया नहीं घटती है: केवल वे अणु अभिक्रिया करते है (सक्रिय अणु) जिनकीऊर्जा आरंभिक कणों के अनुबंधों को तोड़ने या क्षीण करने के लिये पर्याप्त होती है, जिससे नये अणुओं के निर्माण की संभावना पैदा हो जाती हैं, जिससे नये अणुओं के निर्माण की संभावना पैदा हो जाती है। अतः प्रत्येक अभिक्रिया का एक निश्चित ऊर्जा-अवरोध होता है जिसे पार करने के लिये अतिरिक्त ऊर्जा (सक्रियण ऊर्जा की आवश्यकता पड़ती है (दिये गये ताप पर अणाओं की औसत ऊर्जा की तुलना में)। यह अणुओं की ऐसी ऊर्जा है जिसकी बदौलत उनके टकराव के परिणामस्वरूप नये पदार्थ का निर्माण संभव होता है। ताप की वृद्धि से सक्रिया अणुओं की संख्या में बड़ी तेजी से वृद्धि होती है जिसके कारण अभिक्रिया की चाल भी बहुत तेज हो जाती है।

अभिक्रिया के चाल स्थिरांक k की सक्रियण ऊर्जा (E_a,J/mol) पर निर्भरता आर्रेनिअस समीकरण द्वारा व्यक्त की जा सकती है

$$K=ZPe^{-Ea/RT}$$

यहां z इकाई आयतन में प्रति सेकंड में अणुओं की टक्करों की संख्या है; e प्राकृतिक लघुगुणक का आधार (e = 2.718......), R मोलीय गैस स्थिरांक (R= 8.314 $J.mol^{-1},K^{-1}$), T—तापमान, तथा P- स्टिरिक गुणक हैं।

आर्रेनिअस समीकरण में गुणक P लाने का कारण यह है कि दो सक्रिय अणुओं के निश्चित अभिविन्यास होते हैं। गुणक P अभिक्रिया में सहायक अणुओं के पारस्पारिक अभिविन्यास के तरीकों की संख्या के समानुपाती होता है; यह अनुपात जितना ज्यादा होता है, अभिक्रिया उतनी ही ज्यादा तेजी से घटती है। स्टिरिक गुणक P प्रायः इकाई से काफी कम होता है; यह उन अभिक्रियाओं की चाल को विशेष रूप से अधिक प्रभावित करता है जिनमें जटिल अणु (उदाहरण के लिये-प्रोटीन) भाग ले रहे होते हैं, अर्थात जब विभिन्न संभव अभिविन्यासों की संख्या बहुत बड़ी होती है तथा अभिक्रिया में सहायक अभिविन्यासों की संख्या बहुत सीमित होती है।

आर्रेनियस समीकरण से स्पष्ट है कि सक्रियण ऊर्जा जितनी कम होती है, अभिक्रिया की चाल का स्थिरांक उतना उच्च होता है।

उदाहरण 4. विन्यास

$$A \underset{k_2}{\overset{k_1}{\rightleftarrows}} B \xrightarrow{k_3} C$$

के अनुसार पदार्थ A पदार्थ C में परिवर्तित हो जाता है। अभिक्रिया के दूसरे चरण में ऊर्जा निम्न प्रकार से अवशोषित होती है; $k_1 < k_2$ तथा $k_2 > k_3$। अभिक्रिया का ऊर्जा आरेख बनाइये तथा पूर्ण अभिक्रिया के ΔH का चिन्ह निर्धारित कीजिये।

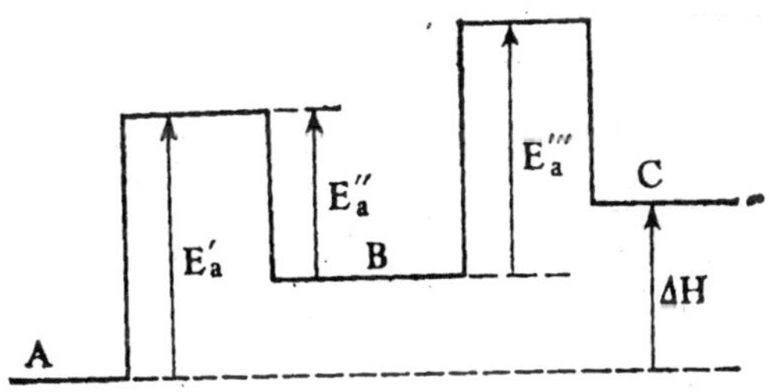

चित्र 4. अभिक्रिया $A \rightleftarrows B \rightarrow C$ का ऊर्जा आरेख।

हलः हम पहले ऊर्जा के रेखा-चित्र के उस भाग पर ध्यान देते हैं जहां अभिक्रिया के प्रथम चरण पर अभिकारक A का माध्यमिक उत्पाद B में परिवर्तन दिखाया गया है। (आरेख 4 में खंड AB)। चूंकि प्रतिवर्ती अभिक्रिया ($B \rightarrow A$) का चाल स्थिरांक k_2 अग्रवर्ती अभिक्रिया के चाल स्थिरांक k_1 से बड़ा है, अतः प्रतिवर्ती अभिक्रिया की सक्रियण ऊर्जा अग्रवर्ती अभिक्रिया की सक्रियण ऊर्जा से कम होनी चाहिये (Ea" <E'a)। इसका मतलब यह हुआ कि पदार्थ A के पदार्थ B में रूपांतरित होने में प्रणाली की ऊर्जा बढ़ती हैं (आरेख 4 देखिये)।

जहां तक अभिक्रिया के दूसरे चरण-पदार्थ B का उत्पाद C में परिवर्तन (आरेख 4 में खंड BC का प्रश्न है), इन्हीं कारणों से ($k_2 > k_3$)क्रिया $B \rightarrow C$ के लिये ऊर्जा अवरोध क्रिया $B \rightarrow A$ (Ea" '>Ea") के ऊर्जा अवरोध से अधिक होना

चाहिये। अतः खंड BC पर महत्तम खंड BA की तुलना में अधिक होना चाहिये।

अंत में, उदाहरण के आंकड़ों के अनुसार अभिक्रिया का दूसरा चरण ऊष्माशोषी है, अतः माध्यमिक अवस्था (पदार्थ B) के मुकाबले प्रणाली की अंतिम अवस्था (पदार्थ C) का ऊर्जा स्तर अधिक उच्च होना चाहिये और यही बात रेखाचित्र में दिखाई गयी है। हम देखते हैं कि पूर्ण अभिक्रिया में ऊष्मा अवशोषित होती है अर्थात $\Delta H>0$

अभिक्रिया की चाल उ... की उपस्थिति में तेज हो जाती हैं उत्प्रेरक के इस प्रभाव का कारण चयह होता है कि इसकी उपस्थिति अस्थायी, मा...यमिक यौगिक (सक्रियित संकुल) उत्पन्न करती है जिनके क्षय से उत्पादों का निर्माण होता है। इस समय अभिक्रिया की सक्रियण ऊर्जा घट जाती है तथा कुछ अणु अधिक सक्रिय हो जाते हैं जिनकी ऊर्जा उत्प्रेरक की अनुपस्थिति में अभिक्रिया घटने के लिये अपर्याप्त होती है। इसके परिणामस्वरूप सक्रिय अणुओं की कुल संख्या बढ़ जाती है और अभिक्रिया की चाल तेज हो जाती है।

आर्रेनिअस समीकरण से, जिसमें E_a एक घातांक है, यह पता चलता है कि सक्रियण ऊर्जा में जरा सी भी कमी से अभिक्रिया की चाल में काफी वृद्धि आ जाती है। उदाहरणतया, जैव उत्प्रेरक-फर्मेंट-सप्राण जीवों के अन्दर घट रही रासायनिक अभिक्रियाओं की सक्रियण ऊर्जा बड़ी तेजी से घटा देते हैं तथा अपेक्षाकृत निम्न तापमानों पर ये अभिक्रियाएं काफी तेजी से घटती है।

उदाहरण 5. उत्प्रेरक की अनुपस्थिति में किसी अभिक्रिया की सक्रियण ऊर्जा 75.24kJ/mol है तथा उत्प्रेरक की उपस्थिति में -50.14kJ/mol है। अगर अभिक्रिया 25°C पर घटायी जाये, तो उत्प्रेरक की उपस्थिति में अभिक्रिया की चाल कितने गुना तेज हो जायेगी?

हलः उत्प्रेरक के बिना अभिक्रिया की सक्रियण ऊर्जा E_a उत्प्रेरक के साथ E'_a तथा k व k' अभिक्रिया के चाल स्थिरांक मान लेते हें। आर्रेनिअस समीकरण के प्रयोग से हमें निम्न समीकरण प्राप्त होता हैःdक

$$\frac{\kappa'}{\kappa} = \frac{\varepsilon^{-E_\alpha/PT}}{\varepsilon^{-E_\alpha/PT}} = \varepsilon^{(E\alpha - E_\alpha)/PT}$$

अतः $\ln\frac{k'}{k} = 2.30 \log\frac{k'}{k} = \frac{E_a - E'_a}{RT}$

तथा $\text{Log}\frac{k}{k} = \frac{E_a - E'_a}{2.30RT}$

उदाहरण के आंकड़ें अंतिम समीकरण में भरने, सक्रियण ऊर्जा को जूल में व्यक्त करने और T = 298K लेने से हमें निम्न परिणाम प्राप्त होता हैः

$$\log\frac{k'}{k} = \frac{(75.24 - 50.14)\times 10^3}{2.30\times 8.314\times 298} = \frac{25.1\times 10^3}{2.30\times 8.314\times 298} = 4.40$$

अंत में हम देखते हैं कि $\frac{k'}{k} = 2.5\times 10^4$

अतः सक्रियण ऊर्जा में 25.1kJ की कमी से अभिक्रिया की चाल 25000 गुना तेज हो जाती है।

जब कोई रासायनिक अभिक्रिया घट रही होती है, तो अभिकारकों की सान्द्रताएं कम होती जाती है। द्रव्यमानों की अनुपाती क्रिया के नियमानुसार इसके परिणामस्वरूप अभिक्रिया की चाल मंद हो जाती है। अगर अभिक्रिया दोनों दिशाओं

में घट सकती है अर्थात अग्रवर्ती तथा प्रतिवर्ती दिशाओं में, तो समय के साथ-साथ प्रतिवर्ती अभिक्रिया की चाल भी बढ़ती जायेगी क्योंकि उत्पादों की सान्द्रताएं बढ़ जायेंगी। जब अग्रवर्ती तथा प्रतिवर्ती अभिक्रिया की चालें समान होती है जब रासायनिक संतुलन की अवस्था प्राप्त हो जाती है और अभिकारकों तथा उत्पादों की सान्द्रताओं में कोई और परिवर्तन नहीं घटता।

प्रतिवर्ती रासायनिक अभिक्रिया के लिये

$$A + B \rightleftarrows C + D$$

अभिकारकों तथा उत्पादों की सान्द्रताओं पर अग्रवर्ती ($v\rightarrow$)तथा प्रतिवर्ती ($v\leftarrow$) अभिक्रियाओं की चालों की निर्भरता निम्न प्रकार से व्यक्त की जा सकती हैः

$$v_{\rightarrow} = k_{\rightarrow} [A][B] \text{ तथा } v_{\leftarrow} = k_{\leftarrow}[C][D]$$

रासायनिक संतुलन की अवस्था में,

$$v\rightarrow = \leftarrow v$$

$$k\rightarrow [A]\,[B] = k\leftarrow [C]\,[D]$$

$$\text{अतः } \frac{k\rightarrow}{k\leftarrow} = \frac{[C][D]}{[A][B]} = K$$

जहां K अभिक्रिया का संतुलन स्थिरांक है।

संतुलन स्थिरांक के लिये सान्द्रताएं संतुलन सान्द्रताएं कहलाती हैं संतुलन स्थिरांक निश्चित ताप पर एक स्थिर मान है जो उत्पादों (अंश) तथा अभिकारकों (हर) की संतुलन सान्द्रताओं के बीच अनुपात दिखाता हैं। संतुलन स्थिरांक जितना ज्यादा बड़ा होता ह, अभिक्रिया उतनी ही ज्यादा अच्छी तरह से घटती है अर्थात उत्पाद उतने ही ज्यादा प्राप्त होते हैं।

रासायनिक ऊष्मागतिकी में यह सिद्ध किया गया है कि सामान्य अवस्था में रासायनिक अभिक्रिया के लिये

$$a\Lambda + bB + \ldots \rightleftarrows cC + dD + \ldots..$$

अभिक्रिया के संतुलन स्थिरांक को भी इसी तरह से व्यक्त कियसा जा सकता हैः

$$K = \frac{[C]^c[D]^d}{[A]^a[B]^b}$$

द्रव्यमानों की अनुपाती क्रिया के नियम की तरी विजातीय अभिक्रियाओं के संतुलन स्थिरांक को व्यक्त करने के लिये केवल उन्हीं पदार्थो की सान्द्रताएं ली जाती है जो गैसीय या द्रव अवस्था में होते हैं, क्योंकि ठोस पदार्थो की सान्द्रताएं आम तौर पर स्थिर रहती है।

उत्प्रेरक संतुलन स्थिरांक के मान पर कोई प्रभाव नहीं डालता क्योंकि यह अग्रवती तथा प्रतिवर्ती अभिक्रियाओं की चालें भी समान रूप से परिवर्तित कर देता है। उत्प्रेरक केवल संतुलन के आने को तेज कर सकता है, परन्तु उत्पादों की मात्रा पर कोई प्रभाव नहीं डालता है।

उदाहरण 6. प्रणाली A(g.)+2b(g.) = C(g.) में संतुलन स्थिरांक निम्न हैः [A] =0.06mol/l, [B] = 0.12mol/l तथा [C]=0.21mol/l। अभिक्रिया का संतुलन स्थिरांक ज्ञात करें तथा पदार्थो A व B की आंरभिक सान्द्रताएं निश्चित करें

हलः दी गयी अभिक्रिया का संतुलन स्थिरांक निम्न समीकरण द्वारा व्यक्त कर सकते हैं :

$$K = \frac{[C]}{[A][B]^2}$$

उदाहरण के आंकड़ों को इस समीकरण में भरने से हमें निम्न परिणाम प्राप्त होता है:

$$K = \frac{0.216}{0.06 \times (0.12)^2} = 250$$

पदार्थों A व B की आरंभिक सान्द्रताएं ज्ञात करने के लिये हम अभिक्रिया के समीकरण की सहायता से इस बात का लाभ उठायेंगे कि A का एक मोल तथा B के दो मोल C का एक मोल बनाते हैं। उदाहरण के आंकड़ों के अनुसार पदार्थ C के 0.216 मोल प्रणाली के प्रत्येक लीटर में बने तथा A के 0.216 मोल और B के 0.216×2=0.432 मोल खर्च हो गये। अतः आंरभिक सान्द्रताएं निम्न हुई :

$$[A_0] = 0.06+0.216=0.276 \text{ mol/l}$$
$$[B_0] = 0.12+0.432=0.552 \text{ mol/l}$$

उदाहरण 7. एक बंद पात्र में SO_2 के आठ मोल तथा O_2 के चार मोल मिलाये गये। अभिक्रिया एक स्थिर ताप पर घटती है। संतुलन की अवस्था आने पर SO_2 की आंरभिक मात्रा का 80% भाग अभिक्रिया में भाग लेता हैं अगर आरंभिक दाब 300kPa था, तो संतुलन में गैस मिश्रण का दाब ज्ञात करें।

<u>हल:</u> दी गयी अभिक्रिया का समीकरण निम्न है :

$$2SO_2(g.) + O_2(g.) \rightleftarrows 2SO_3(g.)$$

उदाहरण के आंकड़ों के अनुसार SO_3 के 80% अर्थात 6.4 मोल अभिक्रिया में व्यय हो गये और 1.6 मोल बाकी बच गये। अभिक्रिया के समीकरण के अनुसार SO_2 के हर दो मोलों के साथ O_2 का एक मोल खर्च होता है। और SO_3 के दो मोल प्राप्त होते हैं, अर्थात O_2 के 3.2 मोलों की SO_2 के 6.4 मोलों के साथ अभिक्रिया से SO_3 के 6.4 मोल बने; अतः आक्सीजन (O_2) के 4-3.2=0.8 मोल बाकी बच गये।

अतः अभिक्रिया से पूर्व गैसों के मोलों की कुल संख्या 8+4=12 थी तथा संतुलन अवस्था प्राप्त होने के बाद 1.6+0.8+6.4=8.8थी। बंद पात्र में स्थिर ताप पर गैस मिश्रण का दाब गैस की कुल मात्रा के समानुपाती होता है। अतः संतुलन अवस्था में दाब P अनुपात 12:8.8=300:P से ज्ञात किया जा सकता हे।

अर्थात $P = \frac{8.8 \times 300}{12} = 220 \text{ kPa}$

उदाहरण 8. किसी निश्चित तापमान पर हाइड्रोजन आयोडाइड का आरंभिक पदार्थों में परिवर्तित होने का वियोजन स्थिरांक 6.25×10^{-2} है। इस तापमान पर कितने प्रतिशत हाइड्रोजन आयोडाइड वियोजित होता है?

<u>हल:</u> HI वियोजन की अभिक्रिया का समीकरण निम्न है:

$$2HI \rightleftarrows H_2 + I_2$$

हम HI की आरंभिक सान्द्रता C (mol/l) मान लेते हैं अगर संतुलन की अवस्था आने तक हाइड्रोजन आयोडाइड के प्रति C मोल x मोल वियोजित करते हैं तो अभिक्रिया के समीकरण के अनुसार H_2 के 0.5x मोल तथा I_2 के 0.5x मोल बने। अतः संतुलन सान्द्रताएं निम्न हुई:

$$[HI] = (c—x) \text{ mol/l}; [H_2] = [I_2] = 0.5x \text{ mol/l}$$

हम ये मान अभिक्रिया के संतुलन स्थिरांक के व्यंजन में भर देते हैं:

$$K\frac{[H_2][I_2]}{[HI]^2}$$

$$6.25\times10^{-2}=\frac{0.5x.05x}{(c-x)^2}$$

समीकरण के दोनों पक्षों में से वर्गमूल घटाने पर हमें निम्न व्यंजन प्राप्त होता है :

$$0.25=\frac{0.5x}{c-x}$$

अतः $x = 0.333C$

इसका मतलब यह हुआ कि संतुलन अवस्था आने पर हाइड्रोजन आयोडाइड की आरंभिक मात्रा का 33.3% भाग वियोजित हो जाता है।

जब अभिक्रिया की परिस्थितियां (ताप, दाब, किसी भी एक अभिकारक या उत्पाद की सान्द्रता) परिवर्तित होती है, तो अग्रवर्ती तथा प्रतिवर्ती क्रियाओं की चालें भिन्न प्रकार से परिवर्तित होती है और रासायनिक संतुलन बिगड़ जाता है। किसी भी एक संभव दिशा में अभिक्रिया है तेजी आने से एक नयी रासायनिक संतुलन अवस्था प्राप्त होती है जो आरंभिक रासायनिक संतुलन अवस्था से भिन्न होती है। एक संतुलन अवस्था से दूसरी संतुलन अवस्था में आने की क्रिया को रासायनिक संतुलन का विस्थापन कहते हैं। इसकी दिशाएं ले-शातेल्ये के नियम का पालन करती है।

यदि संतुलन की अवस्था में किसी प्रणाली पर कोई प्रभाव डाला जाये, तो संतुलन का विस्थापन उस दिशा में होगा जिससे प्रभाव कम हो सके।

उदाहरणतया, ताप में वृद्धि होने से संतुलन ऊष्माशोषी अभिक्रिया की दिशा में विस्थापित होता है, अर्थात प्रणाली ठंडी होती है; दाब में वृद्धि से संतुलन गैसीय पदार्थो के अणुओं की कुल संख्या की कमी दिशा में विस्थापित होता है अर्थात दाब के घटने की दिशा में; प्रणाली से कोई भी एक उत्पाद अलग करने से संतुलन अग्रवर्ती अभिक्रिया की दिशा में विस्थापित होता है तथा किसी भी अभिकारक की सान्द्रता घटने से संतुलन प्रतिवर्ती अभिक्रिया की दिशा में विस्थापित होता है।

उदाहरण 9. अगर स्थिर तापमान पर आयतन घटा कर गैस मिश्रण के दाब में वृद्धि लायी जाये तो निम्न प्रणाली में संतुलन किस दिशा में विस्थापित होगाः

(a) $CO\,(g.) + Cl_2\,(g.) \rightleftarrows COCl_2\,(g.)$

(b) $H_2\,(g.) + I_2(g.) \rightleftarrows 2HI\,(g.)$

हलः (a) अभिक्रिया की अग्रवर्ती दिशा में घटने से गैसों के मोलों की कुल संख्या घट जाती है अर्थात प्रणाली में दाब कम हो जाता है। अतः ले-शातेल्ये के नियमानुसार दाब में वृद्धि से संतुलन अग्रवर्ती अभिक्रिया की दिशा में विस्थापित होता है। (b) अभिक्रिया के दौरान गैसों के मोलों की संख्या में कोई परिवर्तन न होने के कारण दाब में भी कोई परिवर्तन नहीं आता है। अतः इस अवस्था में परिवर्तन से संतुलन विस्थापित नहीं होगा।

रासायनिक अभिक्रिया का संतुलन स्थिरांक K_T इस अभिक्रिया की गिब्ज ऊर्जा में मानक परिवर्तन ΔG°_T के साथ निम्न प्रकार से संबंधित होता है :

$\Delta G^\circ_T = -2.3RT\log K_T$

298K(25°C) के लिये यह समीकरण निम्न रूप ले लेता हैः

ΔG°_{298}=—5.69 Log K_{298}

जहां ΔG°_{298}kJ/mol में व्यक्त किया गया है।

अंतिम समीकरण यह बताता है कि ΔG° का चिन्ह ऋणात्मक तभी हो सकता है जब log K>0 अर्थात K>l तथा धनात्मक तब, जब logK<0 अर्थात K<I । इसका मतलब यह हुआ कि ΔG° के मान ऋणात्मक होने पर संतुलन अग्रवर्ती अभिक्रिया की दिशा में विस्थापित होता है तथा प्राप्त उत्पादों की मात्रा अपेक्षाकृत ज्यादा होती है। ΔG° धनात्मक होने पर संतुलन प्रतिवर्ती अभिक्रिया की दिशा में विस्थापित होता है तथा प्राप्त उत्पादों की मात्रा अपेक्षाकृत कम होती है। यहां इस बात पर ध्यान देना है कि ΔG° का चिन्ह केवल मानक परिस्थितियों में अभिक्रिया के घटने की संभवना या असंभवना प्रदर्शित करता है जब सारे अभिकारक तथा उत्पाद मनक अवस्थाओं में होते हैं। आम परिस्थितियों में अभिक्रिया की संभवना (या असंभवना) ΔG° की जगह ΔG° के चिन्ह द्वारा निश्चित की जाती है।

उदाहरण 10. निर्देश आंकड़ों की सहायता से यह बतायें कि किस तापमान पर भाप-अंगार गैस के बनने की निम्न अभिक्रिया की संतुलन स्थिरांक इकाई के बराबर होगाः

C (ग्रेफाइट) + H_2O(g.) $\rightleftarrows$ CO(g.) + H2 (g.)

तापमान पर ΔH° तथा ΔS° की निर्भरता की उपेक्षा कर सकते हैं।

हलः समीकरण ΔG_T°=—2.3RT log K_T से हमें यह पता चलता है कि K_T=1 होने पर रासायनिक अभिक्रिया की गिब्ज मानक ऊर्जा शून्य के बराबर होती हैं।

समीकरण $\Delta G^\circ_T = \Delta H^\circ_T - T\Delta S^\circ$ से यह पता चलता है कि संगत तापमान पर $\Delta H^\circ_T = T\Delta S^\circ_T$

$$\text{अतः } T = \frac{\Delta H^\circ_T}{\Delta S^\circ_T}$$

उदाहरण के आंकड़ों के अनुसार हम अपने कलनों में ΔH°_{298} तथा ΔS°_{298} के मानों का प्रयोग कर सकते हैं; ये मान परिशिष्ट की सारणी 5 में दिये गये हैं अतः

$\Delta H^\circ_{298} = \Delta H^\circ_{form}(CO) - \Delta H^\circ_{form}(H_2O) =$

$= -110.5 - (-241.8) = 131.3$ kJ

$\Delta S^\circ_{298} = S^\circ_{298}(CO) + S^\circ_{298}(H_2) - S^\circ_{298}(C) - S^\circ_{298}(H_2O) =$

=197.5+130.5-5.7-188.7=133.6J/k =0.1336kJ/K

$$\text{अतः } T = \frac{131.3}{0.1336} = 983 \text{ K}$$

प्रश्न

322. अभिक्रिया A+B $\rightarrow$ AB के लिये चाल स्थिरांक का मान ज्ञात करें, अगर A और B पदार्थो की सान्द्रताओं 0.05 तथा 0.01mol/1 के लिये अभिक्रिया की चाल $5+10^{-5}$mol/(1.mn) है।

323. अभिक्रिया 2A+B $\rightarrow$ A_2B की चाल कितनी गुना परिवर्तित होगी, अगर पदार्थ A की सान्द्रता दुगुनी कर दी जाये और पदार्थ B की आधी कर दी जाये।

324. प्रणाली $2A_2$(g.) + B_2(g.)= $2A_2B$(g.) में अग्रवर्ती अभिक्रिया की चाल अपरिवर्तित रहने देने के लिये B_2 पदार्थ की सान्द्रता कितनी गुना बढ़ायी जानी चाहिये, अगर पदार्थ A की सान्द्रता आरंभिक मान का $\frac{1}{4}$ कर दी गयी हो।

325. गैस A का एक मोल तथा गैस B के दो मोल एक पात्र में भरे जाते हैं तथा गैस A के दो मोल और गैस B का एक मोल उतनी ही धारिता वाले एक दूसरे पात्र में भरे जाते हैं क्या इन बर्तनों में गैस A और B की अभिक्रिया की चाल विभिन्न होगी, अगर यह निम्न समीकरण द्वारा व्यक्त की गयी हो?

(a) $v_1 = k_1[A][B]$; (b) $v_2 = k_2[A]^2[B]$

326. अभिक्रिया $3A+B \rightarrow 2C + D$ के आरंभ होने के कुछ देर बाद पदार्थो- की सान्द्रताएं निम्न थीः

$[A] = 0.03 mol/l$, $[B] = 0.01 mol/l$

$[C] = 0.008 mol/l$ अभिकारकों A+B

की आरंभिक सान्द्रताएं कितनी थी?

327. प्रणाली $CO+Cl_2=COCl_2$ में CO की सान्द्रता 0.03 से बढ़ाकर 0.12mol/l तथा क्लोरीन की 0.02 से बढ़ाकर 0.06mol/l कर दी गर्यी अग्रवर्ती अभिक्रिया की चाल कितनी गुना बढ़ गयी?

328. पदार्थो A व B के बीच अभिक्रिया समीकरण $A+2B \rightarrow C$ द्वारा व्रूक्त किया गया है। अभिकारकों की आंरभिक सान्द्रताएं निम्न हैंः

$[A]0=0.03 mol/l [B]0 = 0.05 mol/l$

अभिक्रिया का चाल स्थिरांक 0.4 है। अभिक्रिया की आरंभिक चाल बताइये । जब कुछ समय के बाद पदार्थ [A] की सान्द्रता 0.01mol घट जायेगी, तो अभिक्रिया की चाल क्या होगी?

329. अभिक्रिया

$$2NO (g.) + O_2(g.) \rightarrow 2NO_2(g.)$$

की चाल किस प्रकार परिवर्तित होगी अगर (a) प्रणाली का दाब तीन गुना बढ़ा दिया जाये; (b) प्रणाली का आयतन आरंभिक आयतन से 3 गुना कम कर दिया जाये;

(c) NO की सान्द्रता तीन गुना बढ़ा दी जाये।

330. समान चाल से दो अभिक्रियाएं 25°C पर घटती है। प्रथम अभिक्रिया की चाल का ताप गुणांक 2.0 तथा दूसरी का 2.5 है। 95°C पर इन अभिक्रियाओं की चालों के बीच अनुपात ज्ञात कीजिये।

331. अभिक्रिया की चाल का ताप गुणांक कितना है, अगर ताप में 30 केल्विन की वृद्धि से चाल 15.6 गुना बढ़ जाती है?

332. अभिक्रिया की चाल का ताप गुणांक 2.3 है। अगर तापमान 25 केल्विन बढ़ा दिया जाये, तो अभिक्रिया की चाल कितनी गुना तेज हो जायेगी?

333. 150°C पर एक अभिक्रिया 16 मिनट में पूरी हो जाती है। अभिक्रिया की चाल का ताप गुणांक 2.5 मानकर परिकलित करें कि (a) 200° C तथा (b) 80°C पर यह अभिक्रिया कितनी देर में पूरी होगी?

334. क्या अभिक्रिया की चाल के गुणांक का मान बदल जायेगा अगर (1) एक उत्प्रेरक की जगह दूसरा उत्प्रेरक ले लिया जाये व (2) अभिकारकों तथा उत्पादों की सान्द्रताएं बदल दी जायें?

335. क्या अभिक्रिया का ताप प्रभाव उसकी सक्रियण ऊर्जा पर निर्भर करता है? अपने उत्तर का कारण समझाइये।

336. अगर अग्रवर्ती अभिक्रिया के दौरान ऊष्मा उत्सर्जित हो रही हो, तो किस अभिक्रिया-अग्रवर्ती या प्रतिवर्ती -के लिये सक्रियण ऊर्जा ज्यादा होगी?

337. 298 K पर किसी अभिक्रिया की चाल कितनी गुना गढ़ जायेगी अगर उसकी सक्रियण ऊर्ज़ा 4kJ/mol कम कर दी जाये?

338. अभिक्रिया की सक्रियण ऊर्जा कितनी होगी, अगर तापमान 290 से बढ़ाकर 300K करने पर उसकी चाल दुगुनी

हो जाती है?

339. अभिक्रिया की सक्रियण ऊर्जा का मान बताइये, अगर 300 K पर इसकी चाल 280K के मुकाबले 10 गुना अधिक है?

340. अभिक्रिया

$$O_2(g.) + NO\ (g.) \rightarrow O_2(g.) + NO_2\ (g.)$$

की सक्रियण ऊर्जा 10kJ/mol है। अगर ताप 27° से बढ़ाकर 37°C कर दिया जाये तो अभिक्रिया की चाल कितनी गुना परिवर्तित होगी?

341. क्या अभिक्रिया की चाल का ताप गुणांक सक्रियण ऊर्जा के मान पर निर्भर करता है? अपने उत्तर के पक्ष में तर्क दीजिये।

342. क्या विजातीय उत्प्रेरक की उपस्थिति में अभिक्रिया की सक्रियण ऊर्जा उत्प्रेरक के क्षेत्रफल तथा उसकी संरचना पर निर्भर करती है?

343. अभिक्रिया

$$2H_2\ (g.) + O_2(g.) \rightarrow 2H_2O(g.)$$

के घटने के दौरान ऊष्मा का उत्सर्जन होता है, परन्तु अभिक्रिया शुरू कराने के लिये गैसों का आरंभिक मिश्रण को गर्म करना पड़ता है। ऐसा क्यों होता है?

344. अभिक्रिया $A+B \rightleftarrows AB$ का ऊर्जा रेखाचित्र खीचिंये। किस अभिक्रिया का-अग्रवर्ती या प्रतिवर्ती का चाल स्थिरांक बड़ा होगा?

345. अभिक्रिया

$$A \underset{k_2}{\overset{k_1}{\rightleftarrows}} B \overset{k_3}{\rightarrow} C$$

का ऊर्जा रेखाचित्र बनाइये, अगर $k_1 > k_2 > k_3$ तथा पूर्ण अभिक्रिया के लिये ΔH>O।

346. शृंखला अभिक्रिया

$$H_2 + CI_2 = 2HCI$$

में शृंखला मूलक H. से शुरू न होकर मूलक CI से क्यों शुरू होती है?

347. एक बंद पात्र में स्थिर ताप पर अभिक्रिया

$$CO + CI_2 \rightleftarrows COCI_2$$

घटती है; अभिकारकों की मात्रा समान है। संतुलन अवस्था आने पर CO की आरंभिक मात्रा का 50% भाग बच जाता है। अगर आंरभिक दाब 100kPa (750mm Hg) था तो संतुलन गैस मिश्रण का दाब कितना होगा?

348. एक बंद पात्र में संतुलन

$$CO_2\ (g.) + H_2\ (g.) \rightleftarrows CO\ (g.) + H_2O(g.)$$

बनाया गया है; संतुलन स्थिरांक इकाई के बराबर है। बताइयें कि अगर CO_2 का एक मोल तथा H_2 के पांच मोल मिलाये जायें तो किसी दिये गये तापमान पर कितने प्रतिशत CO_2 CO में परिवर्तित हो जायेंगे (2) अगर संतुलन आने तक हाइड्रोजन की आंरभिक मात्रा का 90% भाग अभिक्रिया में खर्च हो जाये, तो CO_2 तथा H_2 किस अनुपात में मिलाये गये थे?

349. प्रणाली

$N_2\ (g.) + 3H_2(g.) \rightleftarrows 2NH_3\ (g.)$,

ΔH° =-92.4kJ

की संतुलन अवस्था में होने पर अभिकारकों तथा उत्पाद की सान्द्रताएं निम्न हैं :

$[N_2] = 3$ mol/1; $[H_2] = 9$ mol/1

तथा

$[NH_3] = 4$ mol/1

(a) H_2 तथा N_2 की आरंभिक सान्द्रताएं ज्ञात करें, तथा बताइये कि (b) ताप की वृद्धि के साथ संतुलन किस दिशा में विस्थापित होगा और (c) अगर अभिक्रिया पात्र का आयतन घटा दिया जाये, तो अभिक्रिया का संतुलन किस दिशा में विस्थापित होगा?

350. किसी निश्चित ताप पर अभिक्रिया

FeO (c.) + CO (g.) $\rightleftarrows$ Fe (c.) +CO_2(g.)

का संतुलन स्थिरांक 0.5 CO व CO_2 की संतुलन सान्द्रताएं ज्ञात कीजिये, अगर इन पदार्थो की आरंभिक सान्द्रताएं निम्न थीं:

$$[CO]_0 = 0.05\text{mol/1}$$

$$[CO_2]_0 = 0.01\text{ mol/1}$$

351. प्रणाली

$$H_2(g.) + I_2(g.) \rightleftarrows 2HI(g.)$$

में संतुलन निम्न सान्द्रताओं पर प्राप्त किया गयाः

$$[H2] = 0\ .025\text{ mol/1}$$

तथा $[I_2] = 0.005$ mol/1

$$[HI] = 0.09\text{ mol/1}$$

आयोडीन हाइड्रोजन की आरंभिक सान्द्रताएं ज्ञात कीजिये।

352. किसी निश्चित तापमान पर प्रणाली में संतुलन

$$2NO_2 \rightleftarrows 2NO+O_2$$

निम्न सान्द्रताओं पर प्राप्त किया गयाः

$$[NO_2] = 0.006\text{mol/1}, [NO]=0.024\text{ mol/1}$$

तथा $[O_2] = 0.12$ mol/1

अभिक्रिया का संतुलन स्थिरांक तथा NO_2 की आंतरिक सान्द्रता ज्ञात करें।

353.. किसी निश्चित तापमान पर, K=I अभिक्रिया

$$H_2\ (g.) + Br_2(g.) \rightleftarrows 2\ HBr\ (g.)$$

के लिये संतुलन अभिक्रिया की संरचना (प्रतिशत आयतन में) ज्ञात करें, अगर आंरभिक मिश्रण में H_2 के 3 मोल और और Br_2 के दो मोल उपस्थित थे।

354. अभिक्रिया

$$A(g.) + B\ (g.) \rightleftarrows C\ (g.)\ + D\ (g.)$$

का संतुलन स्थिरांक इकाई के बराबर है। अगर पदार्थ A के तीन मोल और पदार्थ B के पांच मोल मिलाये जायें तो पदार्थ A की कितनी प्रतिशत मात्रा रूपांतरित हो जायेगी?

355. गैसों A व B को मिलाने पर प्रणाली

$$A(g.) = B\ (g.) \rightleftarrows C(g.)+ D(g.)$$

में निम्न सान्द्रताओं पर संतुलन प्राप्त होता है:

$$[B] = 0.05 \text{ mol/l तथा } [C] = 0.02 \text{ mol/l}$$

अभिक्रिया का संतुलन स्थिरांक 4×10^{-2} है। पदार्थ A और B की आरंभिक सान्द्रताएं ज्ञात करें।

356. अभिक्रिया $N_2O_4 \rightleftarrows 2NO_2$ का संतुलन स्थिरांक ज्ञात करें, अगर N_2O_4 की आंरभिक सान्द्रता 0.08mol/l थी तथा संतुलन अवस्था आने तक 50% N_2O_4 वियोजित हो गयी थी।

357. अभिक्रिया

$AB (g.) \rightleftarrows A(g.) + B(g.)$

एक बंद पात्र में घटती है। अभिक्रिया की संतुलन सान्द्रता 0.02mol/l है। पदार्थ AB की आरंभिक सान्द्रता ज्ञात करें। पदार्थ AB की कितनी प्रतिशत मात्रा अपघटित हुई?

358. अभिक्रिया $A+B \rightleftarrows C+D$ का संतुलन स्थिरांक एक है। आरंभिक सान्द्रता

$[A]_0 = 0.02$ mol/l

है। पदार्थ A की कितनी प्रतिशत मात्रा रूपांतरित होती है, अगर आरंभिक सान्द्रता $[B]_0$ 0.02, 0.1 तथा 0.2mol/l के बराबर है?

359. प्रणाली

$$C \text{ (ग्रेफाइट)} + CO_2(g.) \rightleftarrows CO(g.)$$

$$\Delta H^\circ = 172.5 kJ$$

संतुलन अवस्था में है, संतुलित मिश्रण में (a) तापमान में वृद्धि से तथा स्थिर दाब पर कुल दाब में तथा (b) क्या स्थिर ताप पर कुल दाब में वृद्धि लाने से CO की मात्रा कैसे बदलेगी? संतुलन स्थिरांक कैसे परिवर्तित होगा, अगर ताप में वृद्धि लायी जाये? प्रणाली में एक उत्प्रेरक प्रयुक्त किया जाये?

$$2CO (g.)+O_2 (g.) \rightleftarrows 2CO_2 (g.)$$

$$\Delta H^\circ = -566 kJ$$

$$N_2(g.)+O_2(g.) \rightleftarrows 2NO (g.);$$

$$\Delta H^\circ = 180 \text{ kJ}$$

(a) जब तापमान निम्न किया जाता है?

(b) जब दाब में वृद्धि लायी जाती है?

361. (a) दाब में वृद्धि तथा (b) ताप में वृद्धि लाने से निम्न अभिक्रियाओं का संतुलन किस प्रकार प्रभावित होगा:

$$2H_2(g.)+O_2(g.) \rightleftarrows 2H_2O(g.);$$

$$\Delta H^\circ = -483. kJ$$

$$CaCO_a(c.) \rightleftarrows CaO(c.)+CO_2(g.)$$

$$\Delta H^\circ = 179 \text{ kJ}$$

362. अभिकारकों तथा उत्पादों की सान्द्रताओं में किन परिवर्तनों द्वारा अभिक्रिया

$$CO_2(g.)+C \text{(ग्रेफाइट)} \rightleftarrows 2CO(g.)$$

का संतुलन दायीं और स्थानान्तरित किया जा सकता है?

363. अभिक्रिया

$$A_2(g.) +B_2(g.) \rightleftarrows 2AB (g.)$$

का संतुलन किस दिशा में स्थानान्तरित होता है, अगर दाब दुगुना कर दिया जाता और साथ ही साथ तापमान 10°

बढ़ा दिया जाता है? अग्रवर्ती तथा प्रतिवर्ती अभिक्रियाओं की चालों के ताप गुणांक क्रमशः 2 व 3 हैं। इस अभिक्रिया के लिये ΔH° का चिन्ह क्या है?

364. सारणी में दिये आंकड़ों की सहायता स्थिरांकों का परिकलन करें:

(a) $H_2O(g.) + CO(g.) \rightleftarrows CO2\ (g.) + H_2(g.)$

(b) CO_2 (g.) +C(ग्रेफाइट) $\rightleftarrows$ 2CO (g.)

(c) $N_2(g.) + 3H_2\ (g.) \rightleftarrows 2NH_3(g.)$

तापमान के साथ ΔH° तथा ΔS° में परिवर्तनों को कोई महत्व न दें।

365. किस तापमान पर अभिक्रिया

$$2NO_2(g.) \rightleftarrows N_2O_4(g.)$$

का संतुलन स्थिरांक इकाई के बराबर होगा?

ΔH° तथा ΔS° में तापमान में परिवर्तनों को कोई महत्व न दें। निम्न तापमान पर संतुलन किस दिशा में स्थानन्तरित होगा?

366. यह मानते हुए कि अभिक्रिया

$$4HCI\ (g.) + O_2(g.) \rightleftarrows 2H_2O(g.) + 2CI_2(g.)$$

के लिये ΔH° व ΔS° तापमान पर निर्भर नहीं है, यह बताइये कि किस तापमान पर इस अभिक्रिया का संतुलन स्थिरांक इकाई के बराबर होगा?

367. 298 K पर अभिक्रिया

$$A + B \rightleftarrows AB$$

के लिये गिब्ज ऊर्जा में मानक परिवर्तन —8kJ/mol है। आरंभिक सान्द्रताएं

$$[A]_0 = [B]_0 = 1 mol/1$$

है; पदार्थो A, B व AB की संतुलन सान्द्रताएं तथा अभिक्रिया का संतुलन स्थिरांक ज्ञात करें।

368. ΔG° ऋणात्मक होने पर भी कई बार अभिक्रिया घटाने में असफलता मिलती है। ऐसा क्यों होता है? ऐसी अवस्थाओं में अभिक्रिया किस तरह से घटायी जा सकती है?

369. तापमान के किसी निश्चित मध्यान्तर में अभिक्रिया

$$A_2(g.) + B_2(g) \rightleftarrows 2AB\ (g.)$$

के लिये ΔG° का मान धनात्मक है। क्या इसका मतलब यह है कि A_2 तथा B_2 की सीधी प्रतिक्रिया से तापमान के इस मध्यान्तर में पदार्थ AB प्राप्त नहीं किया जा सकता? अपने उत्तर के पक्ष में तर्क दीजिये।

अपना ज्ञान परखिये

370. अगर अभिक्रिया के पात्र का आयतन दुगुना कर दिया जाये, तो अभिक्रिया

$$2NO + O_2 \rightarrow 2NO_2$$

की चाल कैसे परिवर्तित होगी? (a) यह आरंभिक मान का $\frac{1}{4}$ हो जायेगी; (b) यह आरंभिक मान का $\frac{1}{8}$ हो जायेगी; (c) यह चार गुना हो जायेगी; (d) यह आठ गुना हो जायेगी।

371. प्रणाली में उत्प्रेरक की उपस्थिति से अभिक्रिया की चाल क्यों तेज हो जाती है? (a) सक्रियण ऊर्जा में कमी आने के कारण; (b) अणुओं की औसत गतिज ऊर्जा में वृद्धि के कारण; (c) टक्करों की संख्या में वृद्धि आने के कारण;

(d) सक्रिय अणुओं की संख्या में वृद्धि होने के कारण।

372. निम्न में से कौनसी प्रक्रिया से अभिक्रिया के चाल स्थिरांक में परिवर्तन आ जायेगा? (a) दाब में परिवर्तन से; (b) ताप में परिवर्तन से; (c) अभिक्रिया के पात्र के आयतन में परिवर्तन से; (c) अभिक्रिया के पात्र से आयतन में परिवर्तन से; (d) प्रणाली में उत्प्रेरक के प्रयोग से; (e) अभिकारकों तथा उत्पादों की सान्द्रता में परिवर्तन से।

373. किसी विजातीय रासायनि अभिक्रिया पर मिश्रण-क्रिया का क्या प्रभाव पड़ता है? (a) हर अवस्था में इससे अभिक्रिया की चाल तेज हो जाती है; (b) केवल कुछ अवस्थाओं में इससे अभिक्रिया की चाल तेज हो जाती है; (c) अभिक्रिया की चाल पर इसका कोई असर नहीं पड़ता।

374. तापमान के साथ अभिक्रिया की चाल में तेजी मुख्यतः निम्न कारण से आती है: (a) अणुओं की औसत गतिज ऊर्जा बढ़ जाती है; (b) सक्रिय अणुओं की संख्या बढ़ जाती है; (c) टक्करों की संख्या बढ़ जाती है।

375. किन अभिक्रियाओं की चाल तापमान के साथ तेज हो जाती है? (a) किसी भी अभिक्रिया की; (b) उन अभिक्रियाओं की, जिनके घटने के दौरान ऊर्जा का अवशोषण होता है।

376. अगर एक अभिक्रिया का चाल स्थिरांक (k') दूसरी अभिक्रिया के चाल स्थिरांक (k") से बड़ा है तो इन अभिक्रियाओं की सक्रियण ऊर्जाओं के क्या अनुपात सही होंगे?

(a) $E'a > E''a$; (b) $E'a < E''a$ (c) यह अनुपात ज्ञात नहीं किया जा सकता।

377. निम्न में से कौनसी प्रक्रिया रासायनिक अभिक्रिया के संतुलन स्थिरांक का मान बदल देती है?

(a) दाब में परिवर्तन

(b) ताप में परिवर्तन

(c) उत्प्रेरक की बदली;

(d) अभिकारकों की सान्द्रताओं में परिवर्तन।

378. अगर एक बंद अभिक्रिया पात्र में संतुलन

$$2SO_2(g.) + O_2(g.) \rightleftarrows 2SO3\ (g.)$$

प्राप्त करके पात्र का आयतन आधा कर दिया जाये तो (a) अग्रवर्ती तथा प्रतिवर्ती अभिक्रियाओं की चालें नहीं बदलेंगी; (b) अग्रवर्ती अभिक्रिया की चाल प्रतिवर्ती अभिक्रिया की चाल की दुगुनी हो जायेगी; (c) संतुलन स्थानान्तरित नहीं होगा; (d) संतुलन दायीं और स्थानान्तरित हो जायेगा; (e) संतुलन बायीं ओर स्थानान्तरित हो जायेगा।

379. प्रणाली

$$4HCI\ (g.) + O_2\ (g.) \rightleftarrows 2CI_2(g.) + 2H_2O\ (g.)$$

में क्या परिवर्तन लाने से संतुलन बायीं ओर स्थानान्तरित हो जायेगा?

(a) O_2की सान्द्रता बढ़ाने से; (b) CI_2की सान्द्रता बढ़ाने से; (c) दाब बढ़ाने; (d) अभिक्रिया पात्र का आयतन बढ़ाने से।

380. दाब की वृद्धि से प्रणाली

$$4Fe\ (c.) + 3O_2(g.) \rightleftarrows 2Fe_2O_3(c.)$$

में संतुलन किस दिशा में स्थानान्तरित होगा?

(a) अग्रवर्ती अभिक्रिया की दिशा में;

(b) प्रतिवर्ती अभिक्रिया की दिशा में;

(c) किसी भी दिशा में ;

381. प्रणाली

$$A\ (g.) + B(g.) \rightleftarrows AB\ (g.)$$

में उत्पाद AB की संतुलन सान्द्रता बढ़ाने के लिये क्या परिवर्तन लाने पड़ेंगे, अगर अभिक्रिया का ΔH° ऋणात्मक हो?

(a) प्रणाली में उत्प्रेरक प्रयुक्त करना पड़ेगा;

(b) ताप बढ़ाना पड़ेगा;

(c) ताप घटाना पड़ेगा;

(d) अभिक्रिया पात्र में पदार्थ B की अतिरिक्त मात्रा भरनी पड़ेगी।

382. स्वयं घट रही एक अभिक्रिया के लिये $\Delta S^\circ<0$ है। ताप की वृद्धि से संतुलन स्थिरांक में क्या परिवर्तन आयेंगे? (a) यह बढ़ जायेगा; (b) यह घट जायेगा; (c) दिये गये आंकड़ों से इस परिवर्तन की जानकारी असंभव है।

383. अभिक्रिया

$$H_2O\,(g.) \rightleftarrows H_2(g.)\frac{1}{2}O_2\,(g.)$$

के संतुलन स्थिरांक का मान ताप की वृद्धि के साथ बढ़ता जाता है। इस अभिक्रिया के लिये ΔH°_{298} का चिन्ह क्या है? (a) $\Delta H^\circ > 0$ (b) $\Delta H^\circ < 0$; (c) दिये गये आंकड़ों से जानकारी नहीं हो सकती।

384. किसी अभिक्रिया के लिये $\Delta G^\circ > 0$ है। निम्न में से कौनसे कथन ठीक है? (a) K>I (b) K< I; (c) संतुलित मिश्रण में उत्पाद प्रमुख है; (d) संतुलित मिश्रण में अभिकारक प्रमुख हैं।

385. 293 K पर किसी अभिक्रिया का संतुलन स्थिरांक 5×10^{-3} तथा 1000 K पर 2×10^{-6} है। इस अभिक्रिया के लिये ΔH° का चिन्ह बताइये।

(a) $\Delta H^\circ>0$; (b) $\Delta H^\circ<0$?

अध्याय 6.

विलयन

1. विलयनों की सान्द्रताएं, विलयशीलता

विलयन की सान्द्रता विलये की वह मात्रा कहलाती है जो विलयन या विलायक के एक निश्चित द्रव्यमान या आयतन में होती है।

रसायन में सान्द्रता व्यक्त करने की विधियाँ निम्न हैं :

सान्द्रता व्यक्त करने की विधियां	परिभाषा
द्रव्यमान की प्रतिशत मात्रा (c)	विलेय के द्रव्यमान और विलयन के कुल द्रव्यमान का प्रतिशत अनुपात, उदाहरणतया, C= 9.25% (द्रव्यमान)
मोलीय अंश (Ni)	विलेय (या विलायक) की मात्रा और विलयन में उपस्थित सभी पदार्थो की मात्राओं के योग का अनुपात। उदाहरणतया, विलायक और एकमात्र विलेय से बने तंत्र में अंतिम का मोलीय अंश $N_2=n_2(n_1+n_2)$ और विलायक को मोलीय अंश $N_1=n_1/(n_1+n_2)$ जहां n_1 और N_2 विलायक और विलेय की संगत मात्राएं हैं।

मोलीय सान्द्रता या मोलरता (C_M और M)	विलेय की मात्रा और विलयन के आयतन का अनुपात; उदाहरणतया, 1.5M विलयन या C_M = 1.5 mol/l
मोललीय सान्द्रता या मोललता (m)	विलायक के द्रव्यमान और विलय की मात्रा का अनुपात, उदाहरणतया, m = 1.5 mol/Kg(H_2O)
तुल्य सान्द्रता या नार्मलता (C_n या N)	विलेय के तुल्यों की संख्या और विलयन के आयतन का अनुपात; उदाहरणतया, 0.75 विलयन या C_N = 0.75mol/l

उदाहरण 1. 50g. क्रिस्टल हाइड्रेट

$$FeSO_4, 7H_2O$$

250g जल में विलीन किया गया। विलयन में क्रिस्टल हाइड्रेट तथा निर्जल फेरस (II) सल्फेट की प्रतिशत सान्द्रता ज्ञात करें।

हलः प्राप्त विलयन का द्रव्यमान 300g है। हम निम्न अनुपात द्वारा क्रिस्टल हाइड्रेट की प्रतिशत सान्द्रता ज्ञात करते हैं :

300g. विलयन — 100%

50g. क्रिस्टल हाइड्रेट —X%

$$\text{अतः } X = \frac{50 \times 100}{300} = 16.7\%$$

अब हम 50g क्रिस्टल हाइड्रेट में निर्जल लवण की मात्र ज्ञात करते हैं। $FeSO_4, 7H_2O$ का मोलीय द्रव्यमान 278 g/mol है तथा $FeSO_4$ का —152g/mol । निम्न अनुपात द्वारा हम 50g. $FeSO_4. 7H_2O$ में $FeSO_4$ की मात्रा ज्ञात कर लेते हैं :

$$278: 152 = 50: x$$

अर्थात

$$x = \frac{50 \times 152}{278} 27.4 \text{ g.}$$

अतः 300g विलयन में निर्जल लवण की प्रतिशत सान्द्रता C निम्न कलन द्वारा ज्ञात हो जाती है:

$$C = \frac{27.4 \times 100}{300} = 9.4\%$$

उदाहरण 2. एक लीटर विलयन (8% निर्जल लवण युक्त) को तैयार करने के लिये आवश्यक जल और नीले थोथे $CuSO_4. 5H_2O$ के द्रव्यमान ज्ञात करें। $CuSO_4$ के 8% विलयन का घनत्व 1.084g/l है।

हलः प्राप्त एक लीटर विलयन का द्रव्यमान 1.084× 1000 अर्थात 1084g होगा। इस विलयन में 8% निर्जल लवण अर्थात 1084× 0.08 = 86.7g उपस्थित होना चाहिये। हम निम्न अनुपात द्वारा $CuSO_4 .5H_2O$ (इसका मोलीय द्रव्यमान 249. 7g/mol है) जिसमें 86.7g निर्जल लवण उपस्थित है (मोलीय द्रव्यमान 159,6g/mol) का द्रव्यमान ज्ञात कर लेते हैं:

249.7:159.6 = x : 86.7

$$x = \frac{249.7 \times 86.7}{159.6} = 135.6 \text{ g.}$$

विलयन को प्राप्त करने के लिये 1084—135.6 = 948.4g जल की जरूरत पड़ेगी।

उदाहरण 3. 15% H_2SO_4 के 100ml विलयन (p= 1.10g/mol)को तैयार करने के लिये 96% सल्फ्यूरिक अम्ल (घनत्व 1.84g/mol) के कितने आयतन तथा कितने जल की जरूरत पड़ेगी?

<u>हलः</u> हम 15% H_2SO_4 के 100 ml का द्रव्यमान ज्ञात करते हैं, इस विलयन के 110g में H_2SO_4 का द्रव्यमान 15×110/100 अर्थात 16.5g है।

अब हम 96% विलयन का आयतन ज्ञात करते हैं जिसमें 16.5g H_2SO_4 उपस्थित है। विलयन के एक मिलीलीटर का द्रव्यमान 1.84g है, अर्थात एक मिलीलीटर में

$$1.84 \times 0.96 = 1.77 g\ H_2SO_4$$

उपस्थित है। अतः H_2SO_4 के आरंभिक विलयन का आयतन $\frac{16.5}{1.77}$ अर्थात 9.32ml होना चाहिये।

इसका मतलब यह हुआ कि 100ml H_2SO_4 के 15% विलयन को तैयार करने के लिये अम्ल के 96% विलयन के 9.32ml की जरूरत पड़ती हैं तथा

$$110—16.5=93.5\ g\ H_2O \text{ की।}$$

उदाहरण 4. क्षार के 10% विलयन को प्राप्त करने के लिये NaOH (p= 1.33g/mol) के 30% विलयन के 200ml में जल का कितना आयतन मिलाना चाहिये? NaOH के 200ml विलयन का द्रव्यमान 200×1.33= 266 g.है।

इस विलयन में 30% NaOH (अर्थात 266×0.3=79.8 g.) उपस्थित है। उदाहरण के आंकड़ों के अनुसार यह द्रव्यमान तनु विलयन के कुल द्रव्यमान का 10% है। अतः प्राप्त विलयन का द्रव्यमान

$$\frac{79.8}{10} \times 100 = 798\ g$$

होगा। इसका मतलब यह हुआ कि आरंभिक विलयन में 798-266=532 g जल मिलाना चाहिये।

उदाहरण 5. शर्करा $C_{12}H_{22}O_{11}$ के 67% विलयन में विलेय की मोललता तथा मोल-अंश ज्ञात करें।

<u>हलः</u> हम निम्न अनुपात द्वारा प्रति 1000g जल में शर्करा का द्रव्यमान ज्ञात कर लेते हैं:

1000:33=x:67

$$x = \frac{67 \times 1000}{33} = 2030\ g$$

शर्करा का मोलीय द्रव्यमान 342 g/mol है अतः मोललता

$$m = \frac{2030}{342} = 5.96\ mol / kg$$

विलेय का मोलीय अंश $N_2=n_2/(n_1+n_2)$ है। 100g विलयन में 67g शर्करा तथा 33g जल उपस्थित है, अतः

$$n_1 = \frac{33}{18} = 1.83 \text{ मोल}$$

$$n_2 = \frac{67}{342} = 0.196 \text{ मोल}$$

$$N_2 = \frac{0.196}{1.83 + 0.196} = 0.097$$

उदाहरण 6. H_2SO_4 (p=1.10g/mol) के 15% विलयन की मोललता, नार्मलता व मोलरता ज्ञात करें।

हलः मोललता ज्ञात करने के लिये पहले हम सल्फ्यूरिक अम्ल के प्रति 1000g जल में द्रव्यमान ज्ञात कर लेते हैं:

$$1000:85= x: 15;$$

$$x = \frac{15\times 1000}{85} = 176.5g.$$

H_2SO_4का मोलीय द्रव्यमान 98g/mol है।

अतः $m= \frac{176.5}{98} = 1.80$ mol प्रति 1000g H_2O।

विलयन की मोलरता और नार्मलता ज्ञात करने के लिये हम 1000ml (अर्थात 1000×1.1= 1100g) में सल्फ्यूरिक अम्ल का द्रव्यमान ज्ञात करते हैं:

$$1000:100=y:15$$

$$y= \frac{1100\times 15}{100} = 165g.$$

सल्फ्यूरिक अम्ल का तुल्य द्रव्यमान 49g/mol है।

अतः C_n = 165/49g=3.37N तथा

C_M= 165/98=1.68mol/1

उदाहरण 7. 500ml 3M विलयन तैयार करने के लिये HCI के 2 तथा 6M विलयन किस आयतन में मिलाये जाने चाहियें?

<u>हलः</u> 3M विलयन के 500ml में HCI के 0.5×3 = 1.5mol उपस्थित है। हम 6M विलयन के आवश्यक आयतन को x मान लेते हैं।

अतः 2M विलयन का आवश्यक आयतन (0.5—x) लीटर होगा। 6M विलयन के 2 लीटरों में HCI के 6x mol उपस्थित हैं, जबकि 2M विलयन के (0.5—x) लीटरों में HCI के 2(0.5—x)mol उपस्थित हैं।

चूंकि मोलों की कुल संख्या 1.5 के बराबर है,

अतः हम निम्न समीकरण लिख सकते हैं।

$$6x+2(0.5-x) = 1.5$$

$$x= 0.125\ I$$

अतः आवश्यक विलयन तैयार करने के लिये हमें HCI विलयनों के 6M के 125 ml तथा 2M के 375 ml लेने चाहिये।

उदाहरण 8. 42ml H_2SO_4 को उदासीन करने के लिये 14ml 0.3N क्षारीय विलयन की जरूरत थी।

H_2SO_4विलयन की मोलरता ज्ञात करें।

<u>हलः</u> चूंकि पदार्थ समान मात्रा में अभिक्रिया करते हैं। अतः हम निम्न समीकरण लिख सकते हैं:

Cn, ac Vac= Cn, alkValk

जहां Cn, ac तथा Cn, alk Valk अम्ल क्षार की नार्मलताएं और Vac व Valk संगत आयतन है।

अतः Cn, ac ×42=14×0.3

$$Cn, ac = \frac{14\times 0.3}{42} = 0.1$$

अर्थात अम्ल की सान्द्रता 0.1N है। सल्फ्यूरिक अम्ल का तुल्य 0.5 मोल है। अतः अम्ल की सान्द्रता 0.1N है।

सल्फ्यूरिक अम्ल का तुल्य 0.5 मोल है, अतः अम्ल की मोलरता $0.1\times0.5=0.05$ mol/l हुई।

पदार्थ की विलयशीलता दसके संतृप्त विलयन की सान्द्रता द्वारा मापी जाती है। ठोस पदार्थो की विलयशीलता प्रायः विलेयता गुणांक के मान द्वारा व्यक्त की जाती है अर्थात नियत अवस्थओं में 100g विलायक की संतृप्त करने वाले पदार्थ के द्रव्यमान द्वारा।

गैसों की विलयशीलता प्रायः अवशोषण गुणांक द्वारा व्यक्त की जाती है। जो विलायक के एक आयतन को संतृप्त करने वाली गैस का आयतन बताता है। हेनरी नियम के अनुसार द्रव के नियत आयतनर में स्थिर ताप पर विलीन होने वाली गैस का द्रव्यमान गैस के आंशिक दाब के अनुक्रमानुपाती होता है। हेनरी नियम से यह निष्कर्ष निकलता है कि विलीन होने वाली गैस का आयतन (अतः अवशोषण गुणांक भी) नियत ताप पर उसके आंशिक दाब पर निर्भर नहीं करता है।

उदाहरण 9. KNO_3 के संतृप्त विलयन में 60°C पर 52.4% लवण उपस्थित है। इस ताप पर लवण का विलेयता गुणांक ज्ञात करें।

हलः हम निम्न अनुपात द्वारा विलेयता गुणांक ज्ञात कर लेते हैं:

52.4g KNO_3 पर 47.6 H_2O लगता है, तथा xg KNO_3 100g H_2O लगता है।

अतः $$x=\frac{100\times52.4}{47.6}=110g$$

अतः 60°C पर KNO_3की विलेयशीता 100g H_2O में 110g हुई।

उदाहरण 10. 15% विलयन के 300g को ठंडा करने पर विलेय का एक हिस्सा अवक्षेपित हो गया तथा विलयन की सान्द्रता 8% हो गयी।

अवक्षेपित पदार्ाि का द्रव्यमान बताइये।

हलः 15% विलयन के 300g में 45g विलेय तथा 255g विलायक उपस्थित हैं। ठंडा करने पर विलायक की मात्रा परिवर्तित नहीं होती है। हम निम्न अनुपात द्वारा 255g विलायक में विलेय की मात्रा ज्ञात कर सकते है:

92g विलायक में 8g पदार्थ उपस्थित है।

255g विलायक में xg पदार्थ उपस्थित हों।

अर्थात $$x\frac{8\times255}{92}=22.2g.$$

अतः विलयन ठंडा होने पर 45—22.2=22.8g विलेय अवक्षेपित हो गया।

उदाहरण 11. O°C पर आक्सीजन तथा नाइड्रोजन के अवशोषण गुणांक क्रमशः 0.049 व 0.23 है। एक गैस मिश्रण में 20% (आयतन) O_2 तथा 80% (आयतन) N_2उपस्थित है। उसे O°C पर जल के साथ तब तक मिलाया गया, जब तक कि एक संतृप्त विलयन प्राप्त हो गया। जल में विलीन गैसों की प्रतिशत मात्रा (आयतन) ज्ञात करें।

हलः उदाहरण के अनुसार 49ml O_2 तथा 23ml N_2एक लीटर जल में विलीन होते हैं। इन आयतनों की सीधी तुलना नहीं की जा सकती क्योंकि विलीन गैसों के आंशिक दाब भिन्न हैं-गैस मिश्रण के कुल दाब का 0.2 व 0.8 हैं। अगर हम गैस मिश्रण के कुल दाब को इकाई मान लें, तो विलीन आक्सीजन व नाइट्रोजन के आयतन

$49\times0.2 = 9.8$ ml O_2

तथा $23\times0.8 = 18.4$ ml N_2

होंगे। अतः विलीन गैसों का कुल आयतन

9.8+18.4 = 28.2ml होगा।

अब हम प्रत्येक गैस की प्रतिशत मात्रा निम्न प्रकार से ज्ञात कर सकते हैं:

$$\frac{9.8 \times 100}{28.2} = 35\% \text{ (आयतन) } O_2$$

तथा

$$\frac{18.4 \times 100}{28.2} = 65\% \text{ (आयतन) } N_2$$

प्रश्न

386. उस विलयन की सान्द्रता प्रतिशत में ज्ञात करें, जिस में 280g जल में 40g ग्लूकोस उपस्थित है।

387. 5 लीटर 80% विलयन (p= 1.075g/ml) प्राप्त करने के लिये कितने ग्राम Na_2SO_3की जरूरत पड़ेगी?

388. 1 लीटर 25% (द्रव्यमान के प्रति) विलयन में 0.458g विलेय उपस्थित है। विलयन का घनत्व कितना है?

389. 400g H_2SO_4 के 50% (द्रव्यमान के प्रति) विलयन से 100g जल वाष्पित किया गया। बाकी बचे विलयन की प्रतिशत सान्द्रता बताइये।

390. 25°C पर 100g जल में NaCl की विलयशीलता 36.0g है। संतृप्त विलयन की सान्द्रता प्रतिशत में निकालें।

391. लवण का 10% विलयन प्राप्त करने के लिये 300g जल में NaCl के 30% विलयन की कितने ग्राम मात्रा मिलानी चाहिये?

392. HCl का 9% (द्रव्यमान के प्रति) विलयन प्राप्त करने के लिये 67.2 लीटर HCl जल के कितने द्रव्यमान में विलीन कराना चाहिये। आयतन सामान्य परिस्थितियों में मापा गया है।

393. 25% विलयन प्राप्त करने के लिये 1kg 50% (द्रव्यमान के प्रति) विलयन में KOH के 20% (द्रव्यमान के प्रति) विलयन का कितना द्रव्यमान मिलाना चाहिये?

394. 25% विलयन के 300g तथा 40% विलयन के 40g मिलाने से प्राप्त विलयन की प्रतिशत सान्द्रता ज्ञात करें

395. 400g 20% विलयन को ठंडा करने पर 50g विलेय अवक्षेपित हो गया। बाकी बचे विलयन की प्रतिशत सान्द्रता बताइये।

396. 5% विलयन प्राप्त करने के लिये H_2SO_4के 20% विलयन के 100ml([=1.14g/ml) में कितना जल मिलाना चाहिये?

397. 500ml 32% HNO_3 (p=1.20g/ml) में 1 लीटर जल मिलाया गया। प्राप्त विलयन में HNO_2की प्रतिशत सान्द्रता कितनी है?

398. 4.5% विलयन (p=1.029g/ml) प्राप्त करने के लिये 500ml20%NaCl विलयन (p=1.152g/ml) को कितना तनु करना चाहिये?

399. नाइट्रिक अम्ल विलयन की प्रतिशत सान्द्रता बताइये जिसके एक लीटर में 224g HNO_3उपस्थित है (p=1.12g/ml)।

400. KOH के 26% विलयन का घनत्व 1.24g/ml है। पांच लीटर विलयन में KOH के कितने मोल उपस्थित होंगे?

401. $MgSO_4$ का 5% विलयन तैयार करने के लिये 400g $MgSO_4 \times 7H_2O$ लिया गया। प्राप्त विलयन का द्रव्यमान बताइये।

402. $MgSO_4$ का 10% विलयन प्राप्त करने के 100 मोल जल में $MgSO_4 \times 7H_2O$ के कितने मोल मिलाने चाहियें।

405. 10% Na_2SO_4 विलयन करने के लिय 800g जल में कितने ग्राम $Na2SO_4 \times 10H_2O$ घोलना पड़ेगा?

406. $AgNO_3$ के 2% विलयन के कितने ग्राम NaCI की अतिरिक्त मात्रा के साथ अभिक्रिया करके 14.35g AgCI अवक्षेप उत्पन्न करेंगे?

407. अमोनियम हाइड्रोक्साइड का 15% विलयन प्राप्त करने के लिये NH_4OH के 10% विलयन के 200g में कितने लीटर NH_3 (आयतन सामान्य परिस्थितियों में मापा गया है) घोलना चाहिए?

408. H_2SO_4 का 15% विलयन प्राप्त करने के लिये 400g H_2O में कितने ग्राम SO_3 घोलना पड़ेगी?

409. 300ml 0.2M विलयन प्राप्त करने के लिये कितने $NaNO_3$ की जरूरत पड़ेगी?

410. 500ml 0.25M विलयन में कितने ग्राम $NzCO_3$ उपस्थित है?

411. क्षार के 30ml 0.1N विलयन को उदासीन करने के लिये 12ml अम्ल की जरूरत पड़ीं अम्ल की नार्मलता ज्ञात करें।

412. HCI के 36.2% विलयन का घनत्व 11.8g/ml है। विलयन की मोलरता ज्ञात करें।

413. IM तथा IN विलयन के कितने आयतन में 114g $AI_2(SO_4)_3$ उपस्थित होता है?

414. 100g जल में 20°C पर कैडमियम क्लोराइड की विलयशीलता 114.1g हैं $CdCI_2$ के संतृप्त विलयन की प्रतिशत सान्द्रता तथा मोललता ज्ञात करें।

415. 1 लीटर 0.25N विलयन प्राप्त करने के लिये H_2SO_4 के 96% विलयन (p= 1.84g/ml) के कितने मिलीलीटरों की जरूरत पड़ेगी?

416. 15ml 2.5M विलयन से H_2SO_4 का कितने मिलीलीटर 0.5M विलयन तैयार किया जा सकता है।

417. 75ml 0.75N विलयन से H_2PO_4 के 0.1M विलयन का कितना आयतन तैयार किया जा सकता है?

418. HCI का 25ml.2.5M विलयन तैयार करने के लिये HCI के 6.0M विलयन के कितने आयतन की जरूरत पड़ेगी?

419. HNO_3 के 40% विलयन का घनत्व 1.25g./ml है। इस विलयन की मोलरता तथा मोललता ज्ञात करें।

420. 9.28N NaOH विलयन (p=1.310g/ml)की प्रतिशत सान्द्रता निकालें

421. एथिल एल्कोहल के 96% विलयन में एल्कोहल तथा जल के मोल-अंश ज्ञात करें।

422. 1kg जल में 666g KOH विलीन किया गया। विलयन का घनत्व 1.395g/ml है। (a) KOH की प्रतिशत सान्द्रता; (b) मोलरता,(c) मोललता तथा (d) क्षार और जल के मोलीय अंशों का परिकलन करें।

423. H_2SO_4 के 15% विलयन का घनत्व 1.105g/ml है। विलयन की (a) नार्मलता, (b) मोलरता तथा (c) मोललता ज्ञात करें।

424. शर्करा $C_{12} H_{22} O_{11}$ के 9% विलयन का घनत्व 1.035g/ml है। (a) शर्करा की सान्द्रता g/l में, (b) विलयन की मोलरता तथा (c) मोललता निकालें।

425. सोडियम क्लारोइड का विलयन जिसमें प्रति 1000g H_2O में NaCI के 1.50 मोल उपस्थित हैं, प्राप्त करने के लिये कितने ग्राम जल लेना चाहिये?

426. 500ml 0.5N विलयन प्राप्त करने के लिये कितने मिलीलीटर 0.5N H_2SO_4 विलयन की जरूरत पड़ेगी?

427. 100ml 1N विलयन से 0.05N विलयन का कितना आयतन प्राप्त किया जा सकता है?

428. 1 लीटर 0.25N विलयन तैयार करने के लिये 2M Na_2CO_3 विलयन के कितने आयतन की जरूरत पड़ेगी?

429. 1 लीटर 2N विलयन प्राप्त करने के लिये कितने मिलीलीटर सान्द्रित हाइड्रोलिक अम्ल (p=1.19g/ml) लेना चाहिये? इस अम्ल में 38% HCI उपस्थित हे।

430. 400ml जल 100ml 96% H_2SO_4 (घनत्व 1.84g/ml) में मिलाकर एक विलयन (घनत्व 1.220g/ml) प्राप्त किया गया। विलयन की प्रतिशत तथा तुल्य सान्द्रताएं ज्ञात करें।

431. सान्द्रित हाइड्रोलोरिक अम्ल (अम्ल 1.18g.ml) में 36.5% HCI उपस्थित है। अम्ल की नार्मलता ज्ञात करें।

432. किसी विलयन में 16.0gNaOH उपस्थित है। इसे उदासीन करनके के लिये कितने मिलीलीटर 10% सल्फ्यूरिक अम्ल (p=1.07g/ml) की जरूरत पड़ेगी?

433. 1 लीटर विलयन में 18.9g HNO_3तथा 1 लीटर दूसरे विलयन में 3.2g NaOH उपस्थित है। उदासीन अभिक्रिया वाला विलयन प्राप्त करने के लिये इन दोनों विलयनों को किस अनुपात में मिलाना चाहिये?

434. 100ml 0.5N $FeCI_3$ विलयन में उपस्थित सारे फेरस को $Fe(OH)_3$के रूप में अवक्षेपित करने के लिये 0.2N क्षारीय विलयन के कितने आयतन की जरूरत पड़ेगी?

435. 400ml 0.5N $CaCI_2$ विलयन में अतिरिक्त सोडा मिलाने से कितने ग्राम $CaCO_2$ अवक्षेपित होगा?

436. 20ml 0.1N अम्ल विलयन की उदासीन करने के लिये 8ml NaOH विलयन की जरूरत पड़ी। 1 लीटर NaOH विलयन में कितने ग्राम NaOH उपस्थित हैं?

437. 40ml क्षारीय विलयन को उदासीन करने के लिये 25ml 0.5N H_2SO_4 विलयन की जरूरत पड़ी। क्षारीय विलयन की नार्मलता कितनी है।? इसी काम के लिये 0.5N HCI विलयन का कितना आयतन पर्याप्त रहेगा?

438. किसी विलयन में 2.25g अम्ल उपस्थित है, इस विलयन को उदासीन करने के लिये 25ml 2N क्षारीय विलयन की जरूरत पड़ी। अम्ल का तुल्य द्रव्यमान ज्ञात करें।

439. किसी विलयन के प्रति लीटर में 12g क्षार उपस्थित है। इस विलयन के 20ml को उदासीन करने के लिये 24 ml 0.25N अम्लीय विलयन की जरूरत पड़ी। क्षार के तुल्य द्रव्यमान की कलना करें।

440. 24.3gMg को पूर्णतया विलीन करने के लिये 15% H_2SO_4 विलयन (p=1.10g/ml) के कितने आयतन की जरूरत पड़ेगी? और 27.OgAl के लिये?

441.100g 15% $BaCI_2$ विलयन से $BaSO_4$के पूर्ण अवक्षेपण के लिये 14.4ml H_2SO_4 की जरूरत पड़ी। H_2SO_4 विलयन की नार्मलता ज्ञात करें।

442. 500g गर्म जल में 300g NH_4Cl का कितना द्रव्यमान विलयन से अवक्षेपित हो जायेगा, अगर इस ताप पर 100g जल में NH_4Cl की विलयशीलता 50g है?

443. 100g जल में पोटेशियम क्लोरेट की विलयशीलता 70°C पर संतृप्त हुए 70g विलयन को अगर 30°C तक ठंडा किया जाये, तो कितने ग्राम पोटेशियम क्लोरेट अवक्षेपित होगा?

444. प्रति 100g H_2O में 30°C पर कापर सल्फेट का विलेयता गुणांक 25g है। क्या लवण का 18% विलयन इस ताप पर संतृप्त हो जायेगा?

445. 60°C पर संतृप्त हुए 70g विलयन को अगर 0°C तक ठंडा किया जाये, तो कितने ग्राम पोटेशियम नाइट्रेट क्रिस्टलित होगा? 100g H_2O में इन तापों पर लवण के विलेयता गुणांक क्रमशः 110g तथा 13g हैं।

446. 0°C ताप तथा 506.6kPa (3800mm Hg) दाब पर 1 लीटर जल CO_2 के साथ संतृप्त किया गया। जल से पृथक करके सामान्य परिस्थितियों में लाने पर विलीन गैस का आयतन कितना होगा? 100ml H_2O में 0°C पर CO_2की विलयशीलता 171ml है।

447. 1ml जल में 20°C पर अमोनिया की विलयशीलता 702ml है। संतृप्त अमोनिया की सान्द्रता प्रतिशत (द्रव्यमान) में व्यक्त करें। यह मान लें कि NH_3 का आंशिक दाब सामान्य वायुमंडलीय दाब के बराबर है।

448. 0°C पर 1 लीटर जल में 4.62 लीटर H_2S विलीन हो जाता है। 5% विलयन प्राप्त करने के लिये H_2S को किस दाब पर घोलना चाहिये।

449. यह जानते हुए कि वायुमंडलीय वायु में 21% (आयतन) O_2 तथा 79% (आयतन) N_2 उपस्थित है, 20°C ताप वाले जल से उत्सर्जित बायु का % संघटन (आयतन) ज्ञात करें। इस ताप पर आक्सीजन का अवशोषण गुणांक 0.031 तथा नाइट्रोजन का 0.0154 है।

450. किसील गैस मिश्रण में 40% (आयतन) N_2O तथा 60% (आयतन) NO उपस्थित थीं। इस मिश्रण को 17°C ताप तथा स्थिर दाब पर जल में विलीन करके जल पूर्णतया संतृप्त कराया गया। जल से उत्सर्जित होने के बाद गैसे मिश्रण की प्रतिशत संख्या (आयतन) निकालें,अगर 17°C पर N_2O व NO के अवशोषण गुणांक क्रमशः 0.690 तथा 0.050 हैं।

451. 0°C पर CO_2 का अवशोषण गुणांक 1.71 है। इसी ताप पर जल में CO_2 की विलयशीलता 16g/1 रखने के लिये दाब कितना होना चाहिये?

2. विलयनों के बनने के दौरान ऊर्जा प्रभाव

किसी पदार्थ का एक मोल दिये गये विलायक में घोलने पर पदार्थ के विलयन की एन्थैल्पी में आये परिवर्तन की उस विलयन की एन्थैल्पी कहते हैं।

यह याद रखना चाहिये कि विलयन की एन्थैल्पी विलायक के ताप तथा उसकी मात्रा पर निर्भर करती है। इस खंड में दिये गये मान सामान्य ताप (18-20°C) तथा तनु विलयनों (विलेय के प्रति मोल में जल के 400-800 मोल) के लिये हैं (अगर और कुछ नहीं बताया गया है)।

उदाहरण 1. 10g अमोनियम क्लोराइड 233g जल में घोलने पर ताप 2.80 K कम हो गया। NH_4Cl विलयन की एन्थैल्पी ज्ञात करें।

हलः जब लवण की ऊपर बतायी मात्रा घोली गयी, तो एक काफी तनु विलयन प्राप्त हुआ, जिसकी विशिष्ट ऊष्मा धारिता (c) जल की ऊष्मा धारिता के बराबर अर्थात् 4.18J/(g.K) मानी जा सकती है। विलयन का कुल द्रव्यमान (m) 243g है।

अवशोषित ऊष्मा की मात्रा ज्ञात करने के लिये हम तापमान में कमी (Δt) का कलन करते हैं:

$Q= cm\Delta t=4.18\times243(-2.80)=-2844J \approx -2.84\ kJ$

अतः 10g लवण घोलने पर एन्थैल्पी में परिवर्तन 2.84kJ हुआ। NH_4Cl का मोलीय द्रव्यमान 53.5g/mol है। अतः लवण के विलयन की एन्थैल्पी

$$\Delta H = \frac{2.84\times53.5}{10} = 15.2kJ/mol$$

उदाहरण 2. 10g निर्जल कैल्सियम क्लोराइड जल में घोलने पर 6.82kJ ऊष्मा उत्सर्जित हुई तथा 10g क्रिस्टल हाइड्रेट $CaCl_2.6H_2O$ जल में घोलने पर 0.87kJ ऊष्मा अवशोषित हुई। निर्जल लवण तथा जल से क्रिस्अल हाइड्रेट के बनने की एन्थैल्पी ज्ञात करें।

हल: निर्जल लवण को घोलने की क्रिया दो चरणों में निम्न प्रकार से लिखी जा सकती है:

$CaCl_2(c.) + 6H_2O(lq.) = CaCl_2.6H_2O(c.)$ (ΔH_1)

$CaCl_2,6H_2O(c.) = nH_2O(lq.)=$

$= CaCl_2(sol) + (n+6)\ H_2O(sol)$ (ΔH_2)

यहां ΔH_1 क्रिस्टल हाइड्रेट के बनने की एन्थैल्पी है तथा ΔH_2 विलयन की एन्थैल्पी है।

कुल क्रिया निम्न समीकण द्वारा व्यक्त की जा सकती है:

$CaCl_2(c.)+(n+6)H_2O(lq.) = CaCl_2\ (sol) + (n+6)H_2O(sol)$ (ΔH_3)

यहां ΔH_3 निर्जल लवण के वियन की एन्थैल्पी है।

हेस नियम के अनुसार

$\Delta H_3 = \Delta H_1 + \Delta H_2$

अतः $\Delta H_1 = \Delta H_3 — \Delta H_2$

ΔH_1 का मान ज्ञात करने के लिये हमें निर्जल लवण के विलयन की एन्थैल्पी $d\Delta H_3)$ तथा क्रिस्टल हाइड्रेट की एन्थैल्पी (ΔH_2) ज्ञात करनी चाहिये।

$CaCl_2$ का मोलीय द्रव्यमान 111g/mol है। चूंकि 10g $CaCl_2$ विलीन करने पर एन्थैल्पी में परिवर्तन 6.82kJ है। अतः

$$\Delta H_3 = \frac{(-6.82)\times 111}{10} = -75.7 kJ / mol$$

$CaCl_2,\ 6H_2O$ का मोलीय द्रव्यमान 219g/m है, अतः

$$\Delta H_2 = \frac{0.87\times 219}{10} = 19.1\ kJ / mol$$

अंत में क्रिस्टल हाइड्रेट के बनने की एन्थैल्पी ज्ञात हो जाती है:

$\Delta H_1 = \Delta H_3 + \Delta H_2 = —75.7 — 19.7 = —94.8$ kJ/mol

प्रश्न

452. 10g NaOH 250g जल में घोलने पर ताप में 9.70K की वृद्धि आ गयी। NaOH की एन्थैल्पी ज्ञात करें। विलयन की विशिष्ट ऊष्मा धारिता 4.18 J/(g.K.) मान सकते हैं।

453. H_2SO_4 का एक मोल 800g जल में घोलने पर ताप में 22.4 K की वृद्धि आ गयी। H_2SO_4 विलयन की विशिष्ट ऊष्मा धारिता 3.76 J/(g.K.) मान कर H_2SO_4 विलयन की एन्थैल्पी ज्ञात करें।

454. जल में $NH_4\ NO_3$ विलयन की एन्थैल्पी 26.7kJ/mol है। अगर 20g $NH_4\ NO_3$ 180g H_2O में घोला जाये, तो ताप कितने केल्विन गिर जायेगा? विलयन की विशिष्ट ऊष्मा धारिता 3.76/J (g.K) मानी जा सकती है।

455. 8g $CuSO_4$ 192g जल में घोलने पर ताप में 3.95 केल्विन की वृद्धि आ गयी। निर्जल लवण तथा जल से $CuSO_4.5H_2O$ के बनने एन्थैल्पी ज्ञात करें, अगर क्रिस्टल हाइड्रेट के विलयन की एन्थैल्पी 11.7 kJ/mol तथा विलयन की विशिष्ट ऊष्मा धारिता 4.18 J/(g.K) है।

456. जल में $Na_2SO_4.\ 10H_2O$ विलयन की एन्थैल्पी 78.6 kJ/mol है। अगर इस लवण के 0.5 मोल 1000g जल में घोला जाये, तो तापमान कितने केल्विन गिर जायेगा? विलयन की विशिष्ट ऊष्मा धारिता 4.18 J/(g. K) है।

3. विद्युत-अनुपघट्यों के तनु विलयनों के भौतिक-रासायनिक गुण

विद्युत-अनुपघट्यों के तनु विलयनों में कई गुण (अणुसंख्य गुणधर्म) होते हैं जिनकी मात्रात्मक अभिव्यक्ति विलयन में विलेय कणों की संख्या तथा विलायक की मात्रा पर निर्भर करती है। विलयनों के कुछ अणुसंख्या गुणधर्मो के आधार पर विलेय का आण्विक द्रव्यमान निर्धारित किया जाता है।

सान्द्रता पर इन गुणों की निर्भरता निम्न समीकरणों द्वारा व्यक्त की जाती है:

1. विलयन के ऊपर विलायक के वाष्पीय दाब का पात, Δp (राऊल नियम)

$$p_1 = N_1 p_0;$$

$$\Delta p = p_0 - p_1 = N_2 P_0 = P0\ \frac{n_2}{n_1 + n_2}$$

यहां P_1 विलयन के ऊपर विलायक की संतृप्त वाष्प का आंशिक दाब है; P_0शुद्ध विलायक के ऊपर संतृप्त वाष्प का दाब है; N_1विलायक का मोलीय अंश है; N_2 विलेय का मोलीय अंश है : n_1विलायक के मोलों की संख्या है तथा n_2विलेय के मोलों की संख्या है।

2. विलयन के क्रिस्टलीकरण के ताप का पात Δt_{er}

$$\Delta t_{er} = Km$$

यहां K विलयक का क्रिस्टलीकरणीय स्थिरांक है तथा m विलेय की मोललता है।

3. विलयन के क्वथनांक की वृद्धि Δt_b (Δtb):

$$\Delta t_b = Em$$

यहां E विलायक का क्वथनांकमितीय स्थिरांक है।

4. परासरण दाब P, k Pa :

$P = CmRT$

यहां C_m मोलीय सान्द्रता है; R मोलीय गैस स्थिरांक [8.31 J/(mol.K)] है तथा T तापमान है।

कुछ विलायकों के हिमांकमितीय स्थिरांकों तथा क्वथनांकमितीय स्थिरांकों के मान निम्न है:

बनाया गया है; संतुलन स्थिरांक इकाई के बराबर है। बताइयें कि अगर CO_2का एक मोल तथा H_2के पांच मोल मिलाये जायें तो किसी दिये गये तापमान पर कितने प्रतिशत CO_2 COमें परिवर्तित हो जायेंगे (2) अगर संतुलन आने तक हाइड्रोजन की आंरभिक मात्रा का 90% भाग अभिक्रिया में खर्च हो जाये, तो CO_2तथा H_2 किस अनुपात में मिलाये गये थे?

349. प्रणाली

N_2 (g.) +3H_2(g.) $\rightleftarrows$ 2NH_3 (g.),

$\Delta H° = -92.4 kJ$

समीकरण कहते हैं। उदाहरण के लिये, समीकरण

$$PbO(c.)+CO(g.)=Bp(c.)+CO_2\ (g.)$$
$$\Delta H° = -64\ kJ$$

यह बताता है कि जब PbO का एक मोल कार्बन (I I) आक्साइड के साथ अपचयित किया जाता है तो 64kJ

ऊष्मा का उत्सर्जन होता है* । चिन्ह (c.), (lq.) व (g.) पदार्थ की तीन अवस्थाओं के प्रतीक हैं- क्रिस्टलीय, द्रव व गैसीय।

सन 1840 में हेस नामक वैज्ञानिक ने ऊर्जा संरक्षण नियम के आधार पर प्रयोगों द्वारा एक नया नियम प्रस्तुत किया जिसका नाम "हेस नियम" रखा गयां यह नियम ऊष्मारासायनिक परिकलनों का आधार है।

रासायनिक अभिक्रिया का तापीय प्रभाव (अर्थात अभिक्रिया के परिणामस्वरूप प्रणाली की एन्थैल्पी या आंतरिक ऊर्जा में परिवर्तन) अभिक्रिया में भाग ले रहे पदार्थो की आरंभिक तथा अंतिम अवस्थाओं पर निर्भर करता है, यह क्रिया की मध्यवर्ती स्थितियों पर आधारित नहीं होता हैं।

हेस के नियम से एक विशेष बात पता चलती है और वह यह कि ऊष्मारासायनिक समीकरणों को जोड़ा और घटाया जा सकता है तथा इनमें संख्यात्मक गुणजों से गुणा की जा सकती है।

उदाहरण 1. गैसीय कार्बन डाइआक्साइड की संभवन-ऊष्मा ($\Delta H°$=393.5kJ/mol) तथा ऊष्मारासायनिक समीकरण

$$C \text{ (ग्रेफाइट)} + 2N_2O(g.) = CO_2(g.) + 2N_2(g.);$$
$$\Delta H° = -557.5lJ \qquad (1)$$

की सहायता से N_2O (g.)की संभवन ऊष्मा का कलन करें।

हलः अज्ञात मान को x मान हम सरल पदार्थो से N_2O की संभवन ऊष्मा का ऊष्मारासायनिक समीकरण लिख देते हैं

$$N_2(g.) + \frac{1}{2}O_2(g.) = N_2O(g.);$$
$$\Delta H°_1 = x \text{ kJ} \qquad (2)$$

सरल पदार्थो से CO2(g.) बनने की अभिक्रिया का ऊष्मारासायनिक समीकरण भी लिख देते हैं:

$$C \text{ (ग्रेफाइट)} + O_2(g.) = CO_2(g.);$$
$$\Delta H°_2 = -393.5 \text{ kJ} \qquad (3)$$

समीकरण (1) और (4) की तुलना से हमें निम्न समीकरण मिलता है :

$$-393.2 - 2x = -557.5$$

$$\text{जहां से } x = \frac{-557.5 + 393.5}{2}$$

$$\text{अतः } x = 82.0 \text{ kJ/mol}$$

उदाहरण 2. मिथेन दहन की अभिक्रिया

$CH_4(g.) + 2O_2(g.) = CO_2(g.) + 2H_2O(g.)$

के लिये एन्थैल्पी में मानक परिवर्तन DH° ज्ञात करें। CO_2 (g.) H_2O(g) तथा CH_4 (g.) की संभवन एन्थैल्पियां क्रमशः -393.5,-241.8 तथा -74.9kJ/mol है।

हल : हम CO_2, H_2O तथा CH_4 के बनने की संभवन अभिक्रियाओं के ऊष्मारासायनिक समीकरण लिख देते हैं:

$$C \text{ (ग्रेफाइट)} + O_2(g.) = CO_2(g.)$$
$$\Delta H°(CO_2) = -393.5 \text{kJ} \qquad (1)$$

---

* ऊष्मारसायन में ऐसे समीकरण प्रायः दूसरी तरह से लिखे जाते हैं (पृ. 96 पर टिप्पणी देखिये):

$PbO(c.) + CO(g.) = Pb(c.) + CO_2(g.) + kJ$

$$H_2\,(g.) + \frac{1}{2}\,O_2\,(g.) = H_2O\,(g.);$$

$$\Delta H°(H_2O) = -\,241.8\ kJ \qquad (2)$$

$$C\ (\text{ग्रेफाइट})\ + 2H_2\,(g.) = CH_4\,(g.);$$

$$\Delta H°\,(CH_4) = -\,74.9kJ \qquad (3)$$

समीकरण (2) को दो से गुणा करके प्राप्त समीकरण को समीकरण (1) में जोड़ कर मिले समीकरण में से समीकरण (3) घटा देते है, जिसके फलस्वरूप हमें आवश्यक अभिक्रिया का ऊष्मारासायनिक समीकरण प्राप्त हो जाता है:

$$CH_4\,(g.) + 20_2(g.) = CO_2\,(g.) + 2H_2O(g.);$$

$$\Delta H° = \Delta H°\,(CO_2) + 2\Delta H°(H_2O) - \Delta H°(CH_4)$$

अंतिम उदाहरण हेस नियम के उपसिद्धांत का व्यावहारिक महत्व दर्शाता है, जिसका प्रयोग कई ऊष्मारासायनिक परिकलनों को सरल बना देता है:

<u>रासायनिक अभिक्रिया की एन्थैल्पी में आदर्श परिवर्तन-अभिक्रिया के उत्पादों के बनने की आदर्श एन्थैल्पियों के योग के समान है जिसमें से अभिकारकों के बनने की आदर्श एन्थैल्पियों का योग घटाया जाता है।</u>

दोनों बार योग करते समय समीकरण के अनुसार अभिक्रिया में भाग लेने वाले पदार्थो के मोलों की संख्या को ध्यान में रखना चाहिये।

उदाहरण 3. परिशिष्ट में दी गयी सारणी 5 की सहायता से निम्न अभिक्रिया के लिये $\Delta H°$ का मान निकालें:

$$2Mg\,(c.) + CO_2(g.) = 2MgO(c.) + C\ (\text{ग्रेफाइट})$$

<u>हल:</u> सारणी 5 के अनुसार CO2 तथा MgO के बदलने की आदर्श एन्थैल्पियां क्रमशः-393.5 तथा 601.8 kJ/mol है (यहां हम पाठकों को याद दिलाना चाहते हैं कि सरल पदार्थो के बनने की आदर्श एन्थैल्पियां अर्थात आदर्श संभवन एन्थैल्पियां शून्य के बराबर होती है)।

अतः अभिक्रिया की आदर्श एन्थैल्पी के लिये निम्न समीकरण प्राप्त होता है:

$\Delta H° = 2H°(MgO) — \Delta H°(CO_2)$

अर्थात $\Delta H° = —601.8 \times 2 + 393.5$

अतः $\Delta H° = —810.1kJ$

उदाहरण 4. अभिक्रियाओं

$$MgO\,(e.) + 2H(aq.) = Mg^{2+}(aq.) + H_2O(lq.);$$

$$\Delta H°_1 = —145.6kJ$$

$$H_2O\,(lq.) = H^+(aq.) + OH^-(aq.);$$

$$\Delta H°_2 = 57.5kJ$$

के लिये DH° के मानों के आधार पर मैग्नीशियम आक्साइड के जल में विलयित होने के मान DH2° का कलन करें। aq का मतलब तनु जलीय विलयन हैं।

<u>हल:</u> हेस के नियम के अनुसार हम निम्न समीकरण लिख सकते हैं:

$\Delta H°_3 = \Delta H°_1 + 2\,\Delta H°_2$

अतः $\Delta H°_3 = -145.5 + 57.5 \times 2 = 36.6\ kJ$

जिस दिशा में रासायनिक अभिक्रिया घटती है उसे निश्चित करने के लिये दो कारकों की सहायता ली जाती है:1) प्रणाली की निम्नतम ऊर्जा अवस्था में आने की प्रवृति (समभारिक क्रियाओं के लिये निम्नतम एन्थैल्पी अवस्था) तथा 2

) सबसे अधिक संभावना वाली अवस्था को प्राप्त करने की प्रवृति (माइक्रोस्टेट या माइक्रोअवस्था)।

रासायनिक अभिक्रिया में एन्थैल्पी में परिवर्तन समभारिक क्रियाओं के लिये प्रथम प्रवृति का मापदंड होता है: ΔH का ऋणात्मक चिन्ह जो प्रणाली की एन्थैल्पी में कमी का तथा धनात्मक चिन्ह जो वृद्धि का प्रतीक होता है।

एन्ट्रॉपी S तापप्रवेगिकी विज्ञान में प्रणाली की अवस्था की संभाविता की मापदंड होती है। यह मात्रा समान रूप से संभव सूक्ष्म अवस्थाओं* की संख्या के लघुगणक के अनुक्रमानुपाती होती है। जो प्रदत्त स्थूल अवस्था में उत्पन्न हो सकती है। एन्ट्रॉपी को ताप द्वारा विभाजित ऊर्जा में नापा जाता है तथा सामान्यतः यह पदार्थ के एक मोल के तदनुरूप होती है। (मोलीय एन्ट्रॉपी)। उसे J/mol.K में व्यक्त करते है।

ऊपर लिखी बातों से यह स्पष्ट हो से द्रव अवस्था तथा द्रव अवस्था से गैसीय अवस्था में परिवर्तित होने पर एन्ट्रॉपी बढ़ जाती है अर्थात जब क्रिस्टल विलयित होते हैं, गैसें फैलती हैं; रासायनिक अभिक्रियाओं में कणों की संख्या बढ़ जाती है, विशेषतः गैसीय अवस्था में कणों की संख्या। इसके विपरीत जिन क्रियाओं में प्रणाली अधिक व्यवस्थित होती है (संघनन, बहुलकन, संपीडन कणों की संख्या में कमी), वहां एन्ट्रॉपी घट जाती है।

उदाहरण 5. निम्न अभिक्रियाओं में कलन किये बिना एन्ट्रॉपी के परिवव्रन का चिन्ह ज्ञात कीजियेः

$NJ_4NO_3(c.) = N_2O(g.)+2H_2O(g.)$ (1)

$2H_2(g.)+O_2(g.) = 2H_2O(g.)$ (2)

$2H_2(g.)+O_2(g.) = 2H_2O(lq.)$ (3)

हलः अभिक्रिया (1) में पदार्थ का एक मोल क्रिस्टलीय अवस्था में गैसों के तीन मोल बनाता है; अतः $\Delta S,>O$। अभिक्रियाओं (2) और (3) में मोलों की कुल संख्या तथा गैसीय पदार्थ के मोलों की संख्या इस प्रकार घटती है कि $\Delta S_2<O$ तथा $\Delta S_3<O$। मात्रा ΔS_3 का मान ΔS_2 की तुलना में अधिक ऋणात्मक है क्योंकि $S[H_2O(lq)]<S[H_2O(g.)]$।

एन्ट्रॉपी पर भी DH का नियम लागू होता हैः किसी रासायनिक अभिक्रिया (DS) के फलस्वरूप एक प्रणाली की एन्ट्रॉपी में परिवर्तन DS उत्पादों की एन्ट्रॉपियों के योग के समान है जिसमें से -अभिकारकों की एन्ट्रॉपियों का योग निकाला जाता है। एन्थैल्पी के कलन की तरह यहां भी योगफल का कलन अभिक्रिया में भाग लेने वाले पदार्थो के मोलों की संख्या के आधार पर किया जाता है।

यह ध्यान रखना चाहिये कि संभवन एन्थैल्पी से सरल पदार्थ की एन्ट्रॉपी की भिन्नता यह है कि क्रिस्टलीय अवस्था में भी यह शून्य के बराबर नहीं हीती हैं क्योंकि क्रिस्टलीय अवस्था में भी यह शून्य के बराबर नहीं होती है। क्योंकि परम शून्य के अलावा अन्य तापमान पर क्रिस्टल की स्थूल अवस्था एकल सूक्ष्म अवस्था द्वारा नहीं बल्कि समान रूप से संभव सूक्ष्म अवस्थाओं की बड़ी संख्या में प्राप्त की जा सकती है।

गिब्ज की ऊर्जा रासायनिक प्रक्रिया की अवस्था का एक फलन है जो साथ ही प्रक्रिया की दिशा पर ऊपर वर्णित दोनों प्रवृत्तियों का प्रभाव प्रतिबिंबित करता है। गिब्ज की ऊर्जा एन्थैल्पी तथा एन्ट्रॉपी के प्रति निम्न अनुपात रखती है।

$$G=H—TS$$

यहां T—परम ताप है।

गिब्ज ऊर्जा का परिमाण एन्थैल्पी के समान होता है, अतः इसे प्रायः जूल या किलोजूल में व्यक्त किया जाता है।

समभारिक-समतापी क्रियाओं (अर्थात स्थिर दाब तथा ताप पर घट रही क्रियाओं) के लिये गिब्ज ऊर्जा में परिवर्तन

---

* हम पाठकों को याद दिलाना चाहेंगे कि स्थूल अवस्था पदार्थ स्थूलदर्शी गुणों के निश्चित मानों द्वारा निर्दिष्ट होती है (ताप, दाब, आयतन, आदि)। सूक्ष्म अवस्था पदार्थ की वह अवस्था है जो प्रत्येक कण की निश्चित अवस्था द्वारा व्यक्त होती हैं विभिन्न सूक्ष्म अवस्थाओं की बड़ी संख्या एक ही स्थूल अवस्था के तदनुरूप हो सकती है।

निम्न प्रकार से व्यक्त किया जा सकता है:

$$\Delta G = DH - T\Delta S$$

ΔH तथा ΔS की तरह रासायनिक अभिक्रिया के फलस्वरूप गिब्ज ऊर्जा में परिवर्तन ΔG (या संक्षेप में, अभिक्रिया की गिब्ज ऊर्जा)-उत्पादों के बनने की गिब्ज ऊर्जाओं का योग निकाला जाता है; यहां भी योग करते समय दोनों बार अभिक्रिया में भाग लेने वाले मोलों की संख्या को ध्यान में रखा जाता है।

गिब्ज संभवन-ऊर्जा पदार्थों के एक मोल के साथ संबंधित होती है तथा प्रायः kJ/mol में व्यक्त की जाती है; किसी सरल पदार्थ के सर्वाधिक स्थायी रूपांतरण के बनने का $\Delta G°$ शून्य के बराबर माना जाता है।

स्थिर ताप तथा दाब की अवस्थाओं में अभिक्रियाएं स्वयं ही गिब्ज ऊर्जा के कम होने की दिशा में घटती है ($\Delta G<O$)।

सारणी 3 में ΔH तथा ΔS के चिन्हों के विभिन्न संयोजनों वाली एक अभिक्रिया के स्वयं घटने की संभावना (या असंभावना) दिखायी गयी है।

उदाहरण के लिये, अगर किसी अभिक्रिया के लिये $\Delta H<O$ (ऊष्माक्षेपी) तथा $\Delta S>0$, तो अंतिम समीकरण से यह निष्कर्ष निकलता है कि सभी तापमानों पर $\Delta G<0$। इससे स्पष्ट है कि अभिक्रिया किसी भी तापमान पर $\Delta G<0$। इससे स्पष्ट है कि अभिक्रिया किसी भी तापमान पर स्वयं घट सकती है। अगर $\Delta H<0$ तथा $\Delta S<0$ तो अभिक्रिया तब संभव हो सकती है जब ΔH का परम मान गिब्ज ऊर्जा के समीकरण में पद ΔH पद $T\Delta S$ से अधिक है; चूंकि गुणज T की वृद्धि के साथ-साथ पद $T\Delta S$ का परम मान बढ़ता जाता है, यह प्रक्रिया काफी निम्न तापमानों पर घटेगी, अन्य शब्दों में ऊष्माक्षेपी अभिक्रियाओं के स्वयं घटने की सबसे अधिक संभावना निम्न तापमानों पर होती है, प्रणाली की एन्ट्रॉपी चाहे घट ही क्यों न रही हो।

सारणी 3 से हमें यह पता चलता है कि जिन अभिक्रियाओं में एन्ट्रॉपी की वृद्धि होती है, उनके घटने की सबसे अधिक संभावना उच्च तापमानों पर होती है; ऊष्माशोषी अभिक्रियाएं भी इस सूची में शामिल हैं।

सारणी 3

ΔH तथा ΔS के विभिन्न चिन्हों वाली अभिक्रियाओं की दिशाएं

फलन में परिवर्तन का चिन्ह			अभिक्रिया के स्वयं घटने की संभावना (असंभावना)	अभिक्रिया का उदाहरण
ΔH	ΔS	ΔG		
—	+	—	किसी भी तापमान पर पर संभव है	$C_6H_6(lq.)+7.5O2(g.)= = 6CO_2(g.)+3H_2O(g)$
+	—	+	किसी भी तापमान पर असंभव है	$N_2(g.)+2O_2(g.)= =2NO_2(g.)$
—	—	±	काफी निम्न तापमानों पर संभव है	$3H_2(g.)+N_2(g.)= =2NH_3(g.)$
+	+	±	काफी उच्च तापमानों पर संभव है	$N_2O_4(g.) = 2NO_2(g.)$

उदाहरण 6. किसी निश्चित तापमान T पर ऊष्माशोषी अभिक्रिया $A \rightarrow B$ वस्तुतः समाप्त हो रही है। ज्ञात करें: (a) अभिक्रिया के ΔS का चिन्ह; (b) T तापमान पर अभिक्रिया $B \rightarrow A$ के लिये ΔG का चिन्ह; (c) जिन तापमानों पर अभिक्रिया $B \rightarrow A$ के घटने की संभावना।

हलः (a) अभिक्रिया $A \rightarrow B$ के स्वयं घटने का अर्थ है कि $\Delta G<0$। क्योंकि $\Delta H>0$, अतः समीकरण $\Delta G=\Delta H—T\Delta S$ से हमे यह पता चलता है कि Ds>0। प्रतिवर्ती BA के लिये $\Delta S<0$।

(b) अभिक्रिया AB के लिये $\Delta G<0$। अतः इसी तापमान पर प्रतिवर्ती अभिक्रिया के लिये $\Delta G>0$।

(c) अभिक्रिया $B \rightarrow A$ अभिक्रिया $A \rightarrow B$ की प्रतिवर्ती हैं यह ऊष्माक्षेपी अभिक्रिया है ($\Delta H<0$)। पद $T\Delta S$ का परम मान निम्न तापमानों के लिये कम है, इसलिये ΔG का चिन्ह ΔH के चिन्ह द्वारा निश्चित किया जाता है। अतः काफी निम्न तापमानों पर अभिक्रिया $B \rightarrow A$ घट सकती है।

उदाहरण 7. $AB(e.)+B_2(g.) = AB_3(c.)$ अभिक्रिया के लिये ΔH, ΔS, ΔG के चिन्ह निश्चित करें।

अभिक्रिया तापमान 298K पर अग्रवर्ती दिशा में घटती हैं तापमान में वृद्धि के साथ चिन्ह ΔG का मान कैसे बदलता रहेगा?

हलः चूंकि अभिक्रिया स्वयं घटती है, अतः $\Delta G<0$ अभिक्रिया के परिणामस्वरूप प्रणाली में कणों की कुल संख्या कम हो जाती है, इसके दौरान B2 गैस का व्यय होता है और क्रिस्टलीय पदार्थ AB3 का निर्माण होता है। इसका अर्थ है कि अभिक्रिया के समय प्रणाली की व्यवसाी उच्च स्तर पर पहुंच जाती है, जिसके लिये $\Delta S<0$. इस प्रकार समीकरण $\Delta G=\Delta H—T\Delta S$ में ΔG का मान ऋणात्मक है और समीकरण के दायें भाग का दूसरा पद ($-T\Delta S$)-धनात्मक है। यह तब संभव होता, जब $\Delta H<0$ होता। तापमान में वृद्धि के साथ पद-$T\Delta S$ का धनात्मक मान बढ़ जाता है, जिसके फलस्वरूप ΔG का मान कम ऋणात्मक हो जाता हैं

किसी अभिक्रिया के ΔH, ΔS व ΔG के मान अधिकारकों की प्रकृति पर ही नहीं निर्भर करते हैं विभिन्न अभिक्रियाओं के तुलनीय आंकड़े प्राप्त करने के लिये एन्थैल्पी तथा गिब्ज ऊर्जा में मानक परिवन्नों ($\Delta H°_T \Delta S°_T$ तथा $\Delta G°_T$) की पारस्पारिक तुलना की जाती है अर्थात वे परिवर्तन जो अभिक्रिया में भाग लेने वाले पदार्थो (अभिकारकों तथा उत्पादों) की मानक अवस्थाओं में घटते है; यहां निचले सूचकांक परम तापमान दर्शाते हैं, जिस पर अभिक्रिया करायी जाती है।

परिशिष्ट की सारणी 5 में 298 K (25°C) पर $S°_{298}$ तथा कुछ पदार्थो के बनने के $\Delta H°298$ व $\Delta G°298$ के मान दिये गये हैं। इन आंकड़ों की सहायता से हम विभिन्न प्रकार के ऊष्मारासायनिक परिकलन संपन्न कर सकते हैं।

उदाहरण 8. क्या 298K पर निम्न अभिक्रियाएं अग्रवर्ती दिशा में स्वयं घटेंगी?

Cl_2 (g.) +2Hl(g.)=I_2(e.)+2HCI(g.) (1)

I_2 (c.)+H_2S (g.) = 2HI (g.)+S (e.) (2)

तापमान की वृद्धि इन अभिक्रियाओं की दिशा को किस प्रकार प्रभावित करेगी?

हलः प्रथम प्रश्न का उत्तर ज्ञात करने के लिये हमें दी गयी अभिक्रियाओं के लिये $\Delta G°_{298}$ के मान निश्चित करने चाहिये। परिशिष्ट की सारणी 5 से हमें निम्न मान प्राप्त होते हैं:

$\Delta G°_{form}$(HI)= 1.8kJ/mol, $\Delta G°$form (HCl)=—95.2kJ/mol, G°from (H2S) =—33.8kJ/mol

अतः अभिक्रियाओं 1 व 2 के लिये हमें निम्न मान प्राप्त होते हैं:

$\Delta G°_1$=—95.2×—1.8×2=—194.0kJ

$\Delta G°_2$=1.8×2—(—33.8)=37.4kJ

$\Delta G°1$का ऋणात्मक चिन्ह अभिक्रिया (1) के स्वयं घटने का प्रतीक है; formG2°का धनात्मक चिन्ह वह बताता है कि अभिक्रिया (2) दी गयी अवस्थाओं में नहीं घट सकती।

दूसरे प्रश्न का उत्तर अभिक्रियाओं के लिये $\Delta S°$ के चिन्ह द्वारा ज्ञात किया जा सकता है। अभिक्रिया (1) में गैसीय अवस्था में पदार्थों के मोलों की संख्या घट जाती है तथा अभिक्रिया (2) में यह संख्या बढ़ जाती है, अतः $\Delta S1°<0$ तथा $\Delta S°2>0$ अर्थात समीकरण $\Delta G°=\Delta H°—T\Delta S°$ में पद-TDS° अभिक्रिया (1) के लिये धनात्मक तथा अभिक्रिया (2) के लिये ऋणात्मक है। अतः जब गुणज T में वृद्धि होती है (तापमान में वृद्धि) DG1° का मान बढ़ जाता है (अर्थात कम ऋणात्मक हो जाता है) तथा DG2° का मान घट जाता है (अर्थात कम धनात्मक हो जाता है)। इसका मतलब यह हुआ कि तापमान की वृद्धि अग्रवर्ती दिशा में अभिक्रिया (1) के घटने में बाधक तथा अभिक्रिया (2) के घटने में सहायक सिद्ध होगी।

उदाहरण 9. निर्देश आंकड़ों का प्रयोग करके बताइयें कि क्या अभिक्रिया

TiO2(c.)+2C (ग्रेफाइट)= Ti (e.) + 2CO(g.)

के फलस्वरूप 298 तथा 2500K तापमानों पर टाइटेनियम डाइआकसाइड का स्वतंत्र धातु में अपचयन संभव है? DH° व DS° की तापमान पर निर्भरता पर ध्यान नहीं देना है।

हलः परिशिष्ट की सारणी 5 से हमें यह पता चलता है कि 298K के लिये;

$\Delta G°_{form}(TiO_2)$ =—888.6kJ/mol

$\Delta G°_{form}(CO)$ =—137.1kJ/mol

अतः दी गयी अभिक्रिया के लियेः

$\Delta G°_{298}=2\Delta G°_{form}(CO)—\Delta G°_{form}(TiO_2)=$
=—137.1×2—(—888.6)=614.4kJ

चूंकि DG° 298>0, अतः 298K पर TiO_2का अपचयन असंभवच है।

DG°2500 का परिकलन करने के लिये हम समीकरण DG°=DH°-TDS° का प्रयोग करते है। उदाहरण में दिये गये आंकड़ों के अनुसार हम DH° तथा DS° के मान 298 K के लिये ले लेते हैं। अभिक्रिया के DH° तथा DS° के मान ज्ञात करने के लिये हमें सारणी 5 में अभिकारकों के लिये DH°form तथा S° के मान ज्ञात करते हैं। हम देखते हैं कि

$\Delta H°_{form}(TiO_2)$=—943.9 kJ/mol,

$\Delta H°_{form}(CO)$=—110.5kJ/mol

$S°(TiO_2)$ =50.3J/mol.K), S° (c.) =5.7 J/(mol.K),

S° (Ti) = 30.6 J/(mol.K) तथा S° (CO)=197.5 J/mol.K)

अब इस अभिक्रिया के $\Delta H°$ का मान ज्ञात करते हैं:

$\Delta S° = S°(Ti) + 2S°(CO)—\Delta H°_{form}(TiO_2)=$
=—110.5x—(—943.9)=722.9kJ/K

इसी प्रकार हम अभिक्रिया के $\Delta S°$ का मान ज्ञात कर सकते है:

$\Delta S°= S°(Ti)+2S°(CO)—S°(TiO_2)—2S°(C)=$
=30.6+197.5×2—50.3—5.7×2=425.6—61.7=363.9 J/k

अब हम $\Delta S°$ के kJ/K में व्यक्त करके अभिक्रिया के ΔG_{2500} का मान ज्ञात कर सकते है:

$\Delta G°_{2500}=\Delta H°_{2500}$ —T$\Delta S°$ 2500=722.9—2500.363.9/1000=
=722.9—909.8=—186.9 kJ

इस प्रकार हम देखते हैं कि $\Delta G^\circ_{2500}<0$, जिसका मतलब यह हुआ कि 2500K पर TiO_2 का ग्रेफाइट द्वारा अपचयन संभव है।

प्रश्न*

280. जब 2.1g फेरस सल्फर के साथ मिलता है तो 3.77 kJ ऊष्मा उत्सर्जित होती है। फेरस सल्फाइड के बनने की ऊष्मा का परिकलन करें

281. सामान्य परिस्थितियों में 8.4 लीटर स्फोटक गैस के विस्फोट से मुकत हुई ऊष्मा की मात्रा ज्ञात करें।

282. समीकरण $2PH_3'(g.) + 4O_2(g.) = P_2O_5(e.) + 3H_2O(lq)$;

$\Delta H^\circ = -2360kJ$

की सहायता से PH_2 के बनने की मानक एन्थैली (ΔH°_{298}) निश्चित करें।

283. अभिक्रिया $3CaO(c.) + P_2O_5(e.) = Ca_3(PO_4)_2(c.)$

$\Delta H^\circ = -739kJ$

के ऊष्मा प्रभाव के आधार पर कैल्सियम आर्थोफास्फेट के बनने का ΔH°_{298} निर्धारित करें।

284. अभिक्रिया के समीकरण

$$CH_3OH(lq.) + \frac{3}{2} O_2(g.) = CO_2(g.) + 2H_2O(lq.);$$

$\Delta H^\circ = -726.5kJ$

के आधार पर मिथाइल ऐल्कोहाल के बनने के DH°298 का परिकलन करें।

285. 12.7g कापर (II) आक्साइड को कोयले द्वारा अपचयित कराने से (CO की प्राप्ति) 8.24kJ ऊष्मा अवशोषित होती है। CuO के बनने का DH°_{298} निर्धारित करें।

286. एथिलीन के पूर्ण दहन से (द्रव जल की प्राप्ति) 6226kJ ऊष्मा उत्सर्जित होती है। सामान्य परिस्थितियों में अभिक्रिया में भाग लेने वाले आक्सीजन का आयतन ज्ञात करें।

287. भाप अंगार गैस हाइड्रोजन और कार्बन मोनोआक्साइड के समान आयतनों का मिश्रण है। सामान्य परिस्थितियों में 112 लीटर भाप अंगार गैस के दहन से कितनी ऊष्मा उत्सार्जित होगी?

288. समान परिस्थितियों में हाइड्रोजन तथा ऐसीटिलीन के समान आयतनों के दहन से H_2O (g) प्राप्त हुआ। किस दशा में अधिक ऊष्मा उत्सर्जित होती हैं और कितनी ऊष्मा उत्सर्जित होती है और कितने गुना अधिक?

289. अभिक्रिया $3C_2H(g.) = C_6H_6(l0q)$ के लिये ΔH°_{298} ज्ञात करें, मगर ऐसीटिलीन के दहन की अभिक्रिया के लिये CO_2 (g.) तथा H_2O(lq) की प्राप्ति ΔH°_{298}—1300kJ/mol है तथा बैंजील के बनने का ΔH°_{298} 82.9kJ/mol है।

290. निम्न आंकड़ों की सहायता से एथिलीन के बनने का DH° ज्ञात करें:

$$C_2H_4(g) + 3O_2(g.) = 2CO_2(g.) + 2H_2O\ (g.)$$
$$DH^\circ = -1323kJ$$
$$C(\text{ग्रेफाइट}) + O_2(g.) = CO_2(g.);$$
$$\Delta H^\circ = -393.5kJ$$

* इस खंड के प्रश्नों को हल करते समय आवश्यकता पड़ने पर परिशिष्ट की सारणी 5 इस्तेमाल की जा सकती है।

$$H_2(g.)+\frac{1}{2}O_2(g.) = H_2O(g.);$$

$$\Delta H° = —241.87 kJ$$

291. विभिन्न अपचयकों का प्रयोग करते हुए 298 K पर फेरम (III) आक्साइड के अपचयन की अभिक्रिया के लिये $\Delta H°_{298}$ की तुलनां करें:

(a) Fe_2O_2 (e.)+$3H_2$ (g.) = 2Fe(c.)+$3H_2O$(g.)

(b) Fe_2O_3(c.) + 3C(ग्रेफाइट)=2Fe(e.)+3CO(g.)

(c) Fe_2O_2(e.)+3CO(g.)= 2Fe(c.)+$3CO_2$(g.)

292. उस मिथेन का द्रव्यमान ज्ञात करें जिसके पूर्ण दहन से (द्रव जल की प्राप्ति के साथ) जो ऊष्मा उत्सर्जित होती है, वह 100g जल को 20° से 30° तक गर्म करने के लिये पर्याप्त रहती है। जल की मोलीय ऊष्माधारिता 75.37 J/(mol, k) मानी जा सकती है।

293. निम्न आकंड़ों की सहायता से 298K पर $MgCO_3$(c.) के बनने के $\Delta H°_{298}$ का परिकलन करें:

C (ग्रेफाइट) + O_2= CO_2(g.); $\Delta H°_{298}$=—393.5 kJ

(a)Na^+; (b) Ca^{2+}; (c) Mg^{2+}; (d) Al^{3+} ।

273. SrF_2 तथा PbF_2 में से किस यौगिक का गलनांक उच्च हैं?

(a) SrF_2; (b) PbF_2 (c) दोनों के गलनांक लगभग बराबर हैं

<u>क्योंकि</u> (1) Sr^{2+} व Pb^{2+} आयनों की त्रिज्याओं के मान मिलते-जुलते हैं; (2) Sr-F अनुबंध की अपेक्षा अधिक आयनी होता हे।

274. Mg CO_3 व $ZnCO_3$ में से कौनसा यौगिक ताप के प्रति अधिक स्थायी है?

(a) $MgCO_3$; (b) $ZnCO_3$ ।

<u>क्योंकि</u> (1) मैग्नीशियम हाइड्रोक्साइड केवल भस्मी गुण प्रदर्शित करता है जबकि जिंक हाइड्रोक्साइड उभयधर्मी होता है;

(2) उत्कृष्ट गैसीय इलेक्ट्रानी संरचना वाला धनायन उसी आकार तथा बाहृय सतह के 18-इलेक्ट्रान सरंचना वाले धनायन की तुलना में ऋणायन पर ध्रुवण प्रभाव डालता है।

275. Ca^{2+} व Cd^{2+} में से कौनसा आयन ऋणायनों पर प्रबल ध्रुवण प्रभाव डालता है?

(a) Ca^{2+}; (b) Cd^{2+}; (c) इन आयनों का ध्रुवण प्रभाव समान होता है।

<u>क्योंकि</u> (1) आयनों के आवेश समान तथा त्रिज्याएं काफी मिलती-जुलती है [$r(Ca^{2+})$=0.104nm तथा $r(Cd^{2+})$=0.099nm]; (2) तत्वों की आवर्त सारणी में कैल्सियम का स्थान चौथे आवर्त में है तथा कैडमियम का पाँचवें आवर्त में; (3) Ca^{2+} आयन उत्कृष्ट गैसीय इलेक्ट्रानी संरचना वाला होता है तथा Cd^{2+} आयन की 18-इलेक्ट्रान बाहृय सतह वाली संरचना है।

4. हाइड्रोजन अनुबंध, अंतराआण्विक पारस्परिक व्यतिक्रिया.

हाइड्रोजन परमाणु एक अति वैद्युत ऋणातमक तत्व के परमाणु के साथ युग्मित होकर एक रासायनिक अनुबंध बना सकता है, जिसे हाइड्रोजन अनुबंध के नाम से जाना है। हाइड्रोजन अनुबंधों की उपस्थिति से जल, हाइड्रोजन

फ्लुओराइड बहुलक (HF)n होता है जहां n का मान छः तक पहुंच सकता है तथा फार्मिक अम्ल गैसीय अवस्था में भी द्विलक होता है।

हाइड्रोजन अनुबंधों की ऊर्जा की आवश्यकता पड़ती हैं

उदाहरण 1. सामान्य ताप पर हाइड्रोजन सल्फाइड गैस होती है तथा जल द्रव होता है। इन दोनों के गुणों में इस अंतर को कैसे समझा सकते हैं?

हलः आक्सीजन सल्फर से अधिक वैद्युत ऋणात्मक तत्व होता हैं अतः हाइड्रोजन सल्फाइड के अणुओं की तुलना में जल के अणुओं के बीच हाइड्रोजन अनुबंध अधिक प्रबल होते हैं। जल के गैसीय अवस्था में परिवर्तित होने के लिये इन अनुबंधों को तोड़ने की आवश्यकता पड़ती है जो ऊर्जा के अतिरिक्त से संबंधित है। इसके फलस्वरूप जल के गलनांक में असामान्य वृद्धि हो जाती हैं।

द्रव या ठोस पदार्थ के कणों को एक दूसरे के निकट रखने वाले बल वैद्युत प्रकृति के होते हैं। परंतु कणों की प्रकृति के अनुसार ये बल एक-दूसरे से बिल्कुल भिन्न होते हैं; ये इस बात पर निर्भर करते है कि कण धात्विक तत्व के परमाणु है या अधात्विक तत्वों के आयन हैं या अणु। आण्विक संरचना वाले पदार्थो में अतंराआण्विक तत्वों के आयन हैं या अणु। आण्विक संरचना वाले पदार्थो में अंतराआण्विक पारस्पारिक व्यतिक्रियाएं घटती है। इन व्यतिक्रियाओं के बलों को वान्डर वाल्स बल कहते हैं तथा ये बल सहसंयोजी अनुबंधों के निर्माण के लिये आवश्यक बलों से क्षीण होते हैं, परन्तु वे अधिक दूरियों पर प्रकट आहोते हैं। ये आण्विक द्विध्रुवों की वैद्युत स्थैतिक व्यतिक्रिया पर आधारित होते हैं।

अतंराआण्विक व्यतिक्रिया तीन प्रकार की होती हैः अभिविन्यासी या द्विध्रुवीय-द्विध्रुवीय, प्रेरण तथा विक्षेपण व्यतिक्रिया।

उदाहरण 2. उत्कृष्ट गैसों के क्वथनांक (k में) निम्न हैंः

He	Ne	Ar	Kr	Xe	Rn
4.3	27.2	87.3	119.9	165.0	211.2

उत्कृष्ट गैस के परमाणु क्रमांक में वृद्धि के अनुसार क्वथनांक की वृद्धि कैसे समझायी जा सकती है?

हल उत्कृष्ट गैसों के परमाणुक क्रमांक में वृद्धि के साथ-साथ उनके परमाणुओं के परिमाण बढ़ते जाते हैं, परंतु परमाणु की बाह्य सतह की इलेक्ट्रानी संरचना एक जैसी बनी रहती है। अतः परमाणुओं की ध्रुवणीयता बढ़ती जाती है जिसके फलस्वरूप उनके बीच विक्षेप बलों की व्यतिक्रियाएं भी बढ़ जाती है। द्रव अवस्था से गैसीय अवस्था में आते समय परमाणुओं के एक-दूसरे से अलग होने के लिये ऊर्जा के व्यय की आवश्यकता लगातार बढ़ती जाती है। गलनांकों में वृद्धि का यही कारण है।

प्रश्न

276. वान्डर वाल्स बलों की प्रकृति क्या होती है? Ne, N_2, Hl, Cl_2, BF_3 तथा H_2CO को संघनित अवस्था में लाने के लिये किस किस्म की व्यतिक्रिया करानी चाहिये?

277. BF_3, BCl_3, BBr_3, तथा Bl_3 के क्वथनांक क्रमशः 172, 286, 364 तथा 483 k हैं, इस नियमितता की व्याख्या करें।

---

* H_2S अणुओं के बीच हाइड्रोजन अनुबंधों की ऊर्जा बहुत अल्प होती है—यह साधारण ताप पर अणुओं की तापीय गति की औसत ऊर्जा से कम होती है। अतः हाइड्रोजन सल्फाइड के गुणों पर हाइड्रोजन अनुबंधों के बनने से कोई असर नहीं पड़ता।

278. NF_3, PF_3 तथा AsF_3 के क्वथनांक क्रमशः 144, 178 व 336 K है। इस नियमितता की व्याख्या करें।

279. समान यौगिकों की शृंखलाओं के लिये क्वथनांक Tb, वाष्पन ऊष्माएं ΔH तथा द्विध्रुवीय आघूर्ण μ नीचे दिये गये है:

	T_b,K	ΔHवाष्पन kJ/mol	μ, D
HF	292.7	32.6	1.91
HCl	188.1	16.2	1.03
HBr	206.4	17.6	0.79
HI	237.8	19.8	0.42
H_2O	373.0	40.7	1.84
H_2S	212.8	18.7	0.93
H_2Se	231.7	19.9	0.24
H_2Te	271	23.4	—
NH_3	239.7	23.3	1.48
PH_3	185.7	14.7	0.55
AsH_3	210.7	16.7	0.03
SbH_3	255	21.1	—

समझाइये, यौगिकों की प्रत्येक शृंखला में Tb तथा ΔH अणुओं में ध्रुवीयता के क्रमबद्ध मानों में बड़े अन्तर के बावजूद क्यों Tb और ΔH में अंतर बड़ा होता है।

अध्याय 7

रासायनिक अभिक्रियाओं के मुख्य नियम

1. अभिक्रियाओं में ऊर्जा का रूपांतरण, तापीय-रासयनिक परिकलन

रासायनिक प्रणालियों के कुछ महत्त्वपूर्ण मान निम्न हैः आंतरिक ऊर्जा U, एन्थैल्पी H, एन्ट्रॉपी S तथा गिब्ज ऊर्जा (संभारिक-समतापी विभव) G1 ये सारे मान अवस्था के फलन होते हैं अर्थात केवल प्रणाली की अवस्था पर निर्भर करते हैं न कि इस अवस्था को प्राप्त करने की विधि पर।

रासायनिक अभिक्रिया के दौरान अभिकारी प्रणाली की आंतरिक ऊर्जा परिवर्तित होती है। अगर प्रणाली की आंतरिक ऊर्जा घटती है ($\Delta U<O$),तो अभक्रिया के समय ऊर्जा का निकास होता है (ऊष्माक्षेपी अभिक्रिया) और अगर प्रणाली की आंतरिक ऊर्जा बढ़ती है ($\Delta U>O$), तब अभिक्रिया के दौरान परिवेशी माध्यम से ऊर्जा अवशोषित की जाती है। (ऊष्माशोषी अभिक्रिया)।

अगर रासायनिक अभिक्रिया के फलस्वरूप किसी प्रणाली ने ऊष्मा की मात्रा Q अवशोषित की तथा कार्य W संपन्न किया, तो आंतरिक ऊर्जा ΔU में परिवर्तन निम्न समीकरण द्वारा ज्ञात किया जा सकता है:

$$\Delta U=Q-W$$

ऊर्जा संरक्षण-नियम के अनुसार ΔU क्रिया के घटने की विधि पर नहीं बल्कि प्रणाली की आरंभिक तथा अंतिम

अवस्थाओं पर निर्भर करती है। इसके विपरीत अगर क्रिया विभिन्न तरीकों से की जाती है तो Q और W_2 के मान विभिन्न होंगेः इल मानों में अंतर (अर्थात Q=W) अवस्था का फलन ही है न कि दोनों में से हरेक मान। U,Q तथा W के फलन प्रायः जूलों या किलोजूलों में व्यक्त करते हैं।

अगर अभिक्रिया स्थिर आयतन (ΔV=O, सम आयतनिक क्रिया) में घटती है तो प्रणाली के विस्तार का कार्य ($W=P\Delta V$) शून्य के बराबर होता है। अगर और किसी किस्म का कार्य नहीं किया जाता(उदाहरण्तया, वैद्युत) तो ΔU-Qv, जहां Qv स्थिर आयतन पर अभिक्रिया का ऊष्मा प्रभाव है (अर्थात प्रणाली द्वारा अवशोषित ऊष्मा की मात्रा)। ऊष्माक्षेपी अभिक्रिया के लिये Qv <O तथा ऊष्माशोष्क्षी अभिक्रिया के लिये Qv>OA।*

प्रायः रासायनिक अभिक्रियाएं स्थिर आयतन में नहीं बल्कि स्थिर दाब P पर (ΔP=O समभारिक क्रिया) घटती है। इन हालतों में आतंरिक ऊर्जा U के स्थान पर एन्थैल्पी H का प्रयोग ज्यादा सुविधाजनक रहता है। एन्थैल्पी को निम्न समीकरण द्वारा ज्ञात किया जाता हैः

$$H=U+P\Delta V$$

हम देखते हैं कि एन्थैल्पी का परिमाण वही है जो आंतरिक ऊर्जा का है, अतः यह प्रायः जूलों या किलोजूलों में व्यक्त की जाती है।

स्थिर दाब पर

$$\Delta H= \Delta U+P\Delta V$$

अर्थात एन्थैल्पी में परिवर्तन आंतरिक ८ऊर्जा (ΔU) में परिवर्तन तथा तंत्र द्वारा संपन्न विस्तार कार्य ($P\Delta V$) कं योग के बराबर होता है। अगर और किसी प्रकार के कार्य सम्पन्न नहीं किये गये हैं, तो DH=Qp, जहां Qp स्थिर दाब पर अभिक्रिया का तापीय प्रभाव है ऊष्माक्षेपी अभिक्रिया के लिये Qp<O तथा ऊष्माशोषी अभिक्रिया के लिये Qp>O ।

आंतरिक ऊर्जा का एन्थैल्पी में परिवर्तन आम तौर पर उस स्थिति के लिये माना जाता है, जब सभी अभिकारक तथा उत्पाद मानक अवस्था में होते हैं। किसी पदार्थ की एक निश्चित तापमान पर मानक अवस्था उस अवस्था को कहते हैं जब यह पदार्थ सामान्य वायुमंडलीय दाब (101.325kPa या 760 mm Hg) पर कुछ शुद्ध रूप में होता है (गैसों के लिये आंशिक दाब लिया जाता है)। अगर अभिक्रिया में भाग लेने वाले सारे पदार्थ मानक अवस्थाओं में होते हैं, तो इसके प्रचलन की परिस्थितियां आदर्श परिस्थितियां मानी जाती हैं। इनमें हुए तदनुकूल मानों में परिवर्तन आदर्श परिवर्तन कहलाते हैं। वे ऊपरी सूचकांक° से द्योतित होते हैं। उदाहरण के लिये, ΔU° किसी रासायनिक अभिक्रिया को आंतरिक ऊर्जा में आदर्श परिवर्तन व्यक्त करता है तथा ΔH° उसकी एन्थैल्पी में आदर्श परिवर्तन व्यक्त करता है (या संक्षेप में ΔH° अभिक्रिया की आदर्श एन्थैल्पी है)।

सरल पदार्थ में प्रदत्त पदार्थ के एक मोल के बनने में जो अभिक्रिया घटती है, उसकी आदर्श एन्थैल्पी को उस पदार्थ की आदर्श संभवन एन्थैल्पी** कहते हैं। यह मान प्रायः किलोजूल प्रति मोल में व्यक्त किया जाता है।

ऊपर दी गयी व्याख्या के अनुसार सरल पदार्थो की संभवन-एन्थैल्पी तथा आन्तरिक ऊर्जा संभवन शून्य के बराबर

* ऊष्मा प्रभावों के ये चिन्ह रासायनिक ऊष्मागति विज्ञान में अपनाये गये हैं ऊष्मारसायन में प्रायः विपरीत चिन्ह प्रयोग किये जाते हैं अर्थात प्रणाली द्वारा उत्सर्जित ऊर्जा को धनात्मक मानते हैं। परंतु ऊष्मा प्रभावों के चिन्ह कुछ भी क्यों न हों-ऊर्जा के उत्सर्जन के साथ घटने वाली अभिक्रिया की ऊष्माक्षेपी तथा ऊर्जा के शोषण के साथ घटने वाली अभिक्रिया की ऊष्माशोषी कहते हैं।

** इसके लिये अक्सर संक्षिप्त संज्ञाएं, जैसे संभवन-एन्थैल्पी, संभवन-ऊर्जा, आदि इस्तेमाल की जाती है। यहां अभिप्राय आदर्श मानों से होता है। जब संभवन ऊष्मा की बात करते हैं, मगर अभिक्रिया के प्रचलन की परिस्थितियों का जिक्र नहीं करते हैं, तो ध्यान में रखते हैं कि अभिक्रिया में स्थिर दाब (Qp) पर ऊष्मा संभवन होता है।

होता है। अगर कोई तत्व कई सरल पदार्थ बनाता है (ग्रेफाइट तथा हीरक, श्वेत व लाल फास्फोरस आदि), तो दी गयी परिस्थितियों में सर्वाधिक स्थायी रूप में तत्व की अवस्था मानक समझी जाती है। (कार्बन के लिये ग्रेफाइट, ऑक्सीजन के लिये O_2, आदि); जिसकी संभवन-एन्थैल्पी तथा आन्तरिक ऊर्जा शून्य के बराबर ली गयी है)।

एन्थैल्पी में परिवर्तन दर्शाने वाले रासायनिक समीकरणों को ऊष्मारासायनिक समीकरण कहते हैं। उदाहरण के लिये, समीकरण

$$PbO(c.)+CO(g.)=Bp(c.)+CO_2\ (g.)$$
$$\Delta H^\circ=-64\ kJ$$

यह बताता है कि जब PbO का एक मोल कार्बन (II) आक्साइड के साथ अपचयित किया जाता है तो 64kJ ऊष्मा का उत्सर्जन होता है*। चिन्ह (c.), (lq.) व (g.) पदार्थ की तीन अवस्थाओं के प्रतीक हैं- क्रिस्टलीय, द्रव व गैसीय।

सन 1840 में हेस नामक वैज्ञानिक ने ऊर्जा संरक्षण नियम के आधार पर प्रयोगों द्वारा एक नया नियम प्रस्तुत किया जिसका नाम "हेस नियम" रखा गयां यह नियम ऊष्मारासायनिक परिकलनों का आधार है।

रासायनिक अभिक्रिया का तापीय प्रभाव (अर्थात अभिक्रिया के परिणामस्वरूप प्रणाली की एन्थैल्पी या आंतरिक ऊर्जा में परिवर्तन) अभिक्रिया में भाग ले रहे पदार्थो की आरंभिक तथा अंतिम अवस्थाओं पर निर्भर करता है, यह क्रिया की मध्यवर्ती स्थितियों पर आधारित नहीं होता हैं।

हेस के नियम से एक विशेष बात पता चलती है और वह यह कि ऊष्मारासायनिक समीकरणों को जोड़ा और घटाया जा सकता है तथा इनमें संख्यात्मक गुणजों से गुणा की जा सकती है।

उदाहरण 1. गैसीय कार्बन डाइआक्साइड की संभवन-ऊष्मा (ΔH°=393.5kJ/mol) तथा ऊष्मारासायनिक समीकरण

$$C\ (\text{ग्रेफाइट}) + 2N_2O\ (g.) = CO_2\ (g.)+2N_2(g.);$$
$$\Delta H^\circ = -\ 557.5lJ \qquad (1)$$

की सहायता से N_2O (g.)की संभवन ऊष्मा का कलन करें।

हल: अज्ञात मान को x मान हम सरल पदार्थो से N_2O की संभवन ऊष्मा का ऊष्मारासायनिक समीकरण लिख देते हैं

$$N_2(g.)+\frac{1}{2}O_2(g.)= N_2O(g.);$$
$$\Delta H^\circ_1 = x\ kJ \qquad (2)$$

सरल पदार्थो से CO2(g.) बनने की अभिक्रिया का ऊष्मारासायनिक समीकरण भी लिख देते हैं:

$$C\ (\text{ग्रेफाइट}) + O_2(g.)= CO_2\ (g.);$$
$$\Delta H^\circ_2 = -\ 393.5\ kJ \qquad (3)$$

(a) ताप घटाया जाए (b) ताप बढ़ाया जाए (c) जरूरी परिस्थितियों का चुनाव असंभव है।

40. गैसों के कौन से तापमान और दाब के मान सामान्य परिस्थितियों के अनुकूल हैं?

(a) t = 25°C, P = 760 mm Hg ;

(b) t = 0°C, $P = 1.013 \times 10^5$ Pa;

(c) t = 0°C, P = 760 mm Hg.

---

* ऊष्मारसायन में ऐसे समीकरण प्रायः दूसरी तरह से लिखे जाते हैं (पृ. 96 पर टिप्पणी देखिये):

PbO (c.)+ CO (g.)= Pb (c.)+CO_2 (g.)+kJ

3. गैस का आंशिक दाब

मिश्रण में गैस का आंशिक दाब यह दाब है जो मिश्रण में उपस्थित उस गैस का आयतन उन्हीं भौतिक परिस्थितियों में संपूर्ण गैसीय मिश्रण के आयतन के बराबर होता।

उदाहरण 1. एक समान दाब 100 kPa (750mm Hg) पर 2 लीटर O_2 तथा 4 लीटर SO_2 को मिलाया जाता है; मिश्रण का आयतन 6 लीटर है। मिश्रण में गैसों का आंशिक दाब ज्ञात करें।

हल. उदाहरण के आंकड़ों के अनुसार मिलाने के बाद आक्सीजन को आयतन 6/2 =3 गुना और सल्फर डाइआक्साइड का 6/4 = 1.5 गुना बढ़ गया। गैसों के आंशिक दाब भी इतने ही गुना कम हो गए।

आंशिक दाब के नियमानुसार जो **गैसें एक दूसरे के साथ रासायनिक अभिक्रिया नहीं करती हैं, उनके मिश्रण का कुल दाब मिश्रण में गैसों के आंशिक दाबों के योग के बराबर होता है।**

उदाहरण 2. 3 लीटर CO_2 को 4 लीटर O_2 तथा 6 लीटर N_2 के साथ मिलाते हैं। मिलाने से पहले CO_2, O_2 तथा N_2 के दाब क्रमशः 96.108 तथा 9.6 kPa ी। मिश्रण का कुल आयतन 10 लीटर है। मिश्रण का दाब कितना होगा?

हल. पिछले प्रश्न के हल की तरह प्रत्येक गैस का आंशिक दाब निकालते हैं :

गैस का कुल दाब आंशिक दाबों के योग के बराबर होता है, अतः

$P = 28.8 + 43.2 + 54.4 = 126.4$ kPa

अगर गैस द्रव के ऊपर इकट्ठी की गई है, तो गणना करते समय यह ध्यान रखना चाहिए कि इसका दाब आंशिक होता है तथा गैस मिश्रण के कुल दाब और द्रव की वाष्प के आंशिक दाब के अंतर के बराबर होकता है।

उदाहरण 3. सामान्य परिस्थितियों में 20ºC ताप तथा 100 kPa (750mm Hg) दाब प जल के ऊपर इकट्ठे 120ml नाइट्रोजन का आयतन कितना होगा? संतृप्त जल वाष्प का दाब 20ºC पर 2.3 kPa है।

हल. नाइट्रोजन का आंशिक दाब जल की वाष्प के कुल दाब तथा उसके आंशिक दाब के अंतर के बराबर होगा :

$P(N_2) = P—P(H_2O) = 100 - 2.3 = 97.7$ kPa

अज्ञात आयतन को V_0 मानते हुए हम बायल-मेरियत और गे-लुसाक के नियमों पर आधारित संयुक्त समीकरण का प्रयोग करते हैं :

प्रश्न

41. $0.04m^3$ नाइट्रोजन 96 kPa (720 mm Hg) दाब पर $0.02m^3$ आक्सीजन के साथ मिलाते हैं। मिश्रण का कुल आयतन 0.06 m^3 है तथा कुल दाब 97.6 kPa (732 mm Hg) है। लिए गए आक्सीजन का दाब कितना था?

42. 2 लीटर H_2 (P = 93.3 kPa) तथा 5 लीटर CH_4 (P = 112 kPa) से एक गैस मिश्रण तैयार किया जाता है। मिश्रण का कुल आयतन 7 लीटर है। गैसों के आंशिक दाब तथा मिश्रण का कुल दाब ज्ञात करें।

43. गैस मिश्रण NO तथा CO_2 से बना है। मिश्रण में गैसों का प्रतिशत आयतन कलन कीजिए, अगर उनके आंशिक दाब 36.3 तथा 70.4 kPa (272 तथा 528 mm Hg) हैं।

44. $0.6m^3$ धारिता वाले एक बंद बत्रन में एक मिश्रण है जिसमें 0.2kg Co_2, 0.4kg O_2 तथा 0.15kg CH_4 OºC ताप पर मिली हैं।

कलित करें : (a) मिश्रण का कुल दाब; (b) प्रत्येक गैस का आंशिक दाब तथा (c) मिश्रण में गैसों के आयतनों की संरचना % में।

45. $0.03m^3$ CH_4, $0.04m^3$ H_2 तथा $0.01m^3$CO से एक गैस मिश्रण तैयार किया गया है। CH_4, H_2 तथा CO

के आरंभिक दाब क्रमशः 96,84 तथा 108,8 kPa (720, 630 तथा 816 mm Hg) थे। मिश्रण का आयतन $0.08m^3$ है। गैसों के आंशिक दाब तथा मिश्रण का कुल दाब ज्ञात करें।

46. जल के ऊपर एक गैसमीटर में 23°C ताप तथा 104.1 kPa (781mm Hg) दाब पर 7.4 लीटर आक्सीजन भरा है। संतृप्त जल वाष्प का 23°C ताप पर दाब 2.8 kPa (21mm Hg) है। सामान्य परिस्थितियों में गैस मीटर में आक्सीजन का आयतन कितना होगा?

47. 0.350g धातु अम्ल से 209ml हाइड्रोजन विस्थापित कर चुकी है। हाइड्रोजन जल के ऊपर 20°C ताप और 104.3 kPa दाब पर इकट्ठा हुआं इस तापमान पर संतुप्त जल-वाष्प का दाब 2.3 kPa होगा। धातु का तुल्य द्रव्यमान कलित करके बताइए।

48. जल के ऊपर 26°C ताप तथा 98.7 kPa दाब पर 250ml हाइड्रोजन इकट्ठा हुआ। 26°C पर संतृप्त जल वाष्प का दाब 3.4 kPa है। सामान्य एरिस्थितियों में हाइड्रोजन का आयतन तथा द्रव्यमान ज्ञात करें।

49. एक द्विसंयोजक धातु की 0.604 ग्राम मात्रा द्वारा अम्ल से 581ml हाइड्रोजन विस्थापित करने पर 18°C ताप तथा 105.6 kPa दाब पर जल के ऊपर एकत्रित हुआ। 18°C पर संतृप्त जल वाष्प का दाब 2.1 kPa है। धातु का सापेक्षिक परमाणु द्रव्यमान ज्ञात करें।

अपना ज्ञान परखिए

50. एक बर्तन में आक्सीजन और नाइट्रोजन का मिश्रण भरा है। आंशिक दाबों के किस अनुपात पर गैसों के द्रव्यमान एक समान होंगे?

(a) $P(O)_2 = P(N)_2$; (b) $P(O)_2 = 0.875P(N)_2$

(c) $P(O)_2 = 1.14\,P(N)_2$

51. वायु में आक्सीजन का आंशिक दाब 22 kPa है। प्रतिशत आयतन में आक्सीजन की मात्रा कितनी है?

(a) 42%; (b) 21%; (c) 10.5%

52. एक जैसी परिस्थितियों में हाइड्रोजन पहली बार जल के ऊपर ओर दूसरी बार मर्करी के ऊपर एकत्रित किया गया। दोनों बार गैसों का आयतन समान था। क्या एकत्रित हाइड्रोजन की दोनों मात्राएँ समान होंगी?

(a) हाँ; (b) मर्करी के ऊपर एकत्रित हाइड्रोजन की मात्रा अधिक थी; (c) जल के ऊपर एकत्रित हाइड्रोजन की मात्रा अधिक थी।

4. मोल. आवोगाड्रो का नियम. गैस का मोलीय आयतन

रासायनिक कलनों में द्रव्यमान तथा आयतन के साथ-साथ **पदार्थ की मात्रा** का भी अक्सर इस्तेमाल किया जाता है जो पदार्थ में उपस्थित4 संरचनात्मक इकाइयों के अनुपाती होती हैं हर बार यह बताना अनिवार्य है कि वसतुतः कौन सी संरचनात्मक इकाइयों को लिया गया है–अणु, परमाणु, आयन आदि। पदार्थ की मात्रा की इकाई को **मोल** कहते हैं।

मोल किसी पदार्थ की वह मात्रा है जिसमें ^{12}C कार्बन समस्थानिक के 0.012 किलोग्राम में स्थित परमाणुओं की संख्या के बराबर उसके अणु, परमाणु, आयन, इलेक्ट्रान या दूसरी संरचनात्मक इकाइयाँ उपस्थित हैं।

किसी पदार्थ के एक मोल में संरचनात्मक इकाइयों की संख्या (अवोगाड्रो की स्थिर संख्या) काफी परिशुद्धता के साथ ज्ञात की गई है। व्यावहारिक कार्यों के लिए यह संख्या $6.02 x 10^{23}$ मोल $^{-1}$ के बराबर मानी गई है।

यह दिखाना कठिन नहीं है कि ग्रामों में व्यक्त किसी पदार्थ के 1 मोल का द्रव्यमान (मोलीय द्रव्यमान) संख्यात्मक

मान की दृष्टि से उसके सापेक्षिक आण्विक द्रव्यमान के समान होता है।

उदाहरणतया, मुक्त क्लोरीन Cl_2 का सापेक्षिक आण्विक द्रव्यमान (संक्षिप्त में आण्विक द्रव्यमान) 70.90 है। अतः आण्विक क्लोरीन का मोलीय द्रव्यमान 70.90g/mol हुआ। परंतु क्लोरीन परमाणुओं का मोलीय द्रव्यमान इसका आधा है (35.45 g/mol) क्योंकि क्लोरीन Cl_2 अणुओं के एक मोल में क्लोरीन परमाणुओं के 2 मोल होते हैं।

उदाहरण 1. CO_2 के एक अणु का द्रव्यमान ग्रामों में ज्ञात कीजिए।

हल. CO_2 का आण्विक द्रव्यमान 44.0 है। अतः CO_2 का मोलीय द्रव्यमान 44.0g/mol हुआ। CO_2 के एक मोल में 6.02×10^{23} अणु हैं, अतः एक अणु का द्रव्यमान m ज्ञात किया जा सकता है"

आवोगाड्रो के नियमानुसार **समान ताप तथा दाब पर सभी गैसों के समान आयतनों में अणुओं की संख्या समान होती है।**

अन्य शब्दों में, किसी भी गैस के अणुओं की एक ही संख्या का समान परिस्थितियों में आयतन समान होता है। दूसरी ओर किसी भी गैस के एक मोल में अणुओं की संख्या समान होती है, अतः समान परिस्थितियों में किसी भी गैस के एक मोल का आयतन समान होगा। इस आयतन को गैस का मोलीय आयतन कहते हैं तथा सामान्य परिस्थितियों में (0ºC ताप तथा 101.325 kPa दाब) इसका मान 22.4 लीटर होता है।

उदाहरण 2. एक बंद पात्र में 100ºC से ज्यादा ताप पर हाइड्रोजन और आक्सीजन की समान मात्राओं का मिश्रण रखा हुआ है। पात्र के अन्दर दाब किस प्रकार बदलेगा अगर मिश्रण को पहले विस्फोटित कर दिया जाए और फिर पात्र के अंदर इसको आरंभिक ताप तक शीतलित किया जाए?

हल. जब हाइड्रोजन और आक्सीजन की अभिक्रिया में H_2 के हर दो अणु तथा O_2 के एक अणु से H_2O के दो अणु बनते हैं।

इस अभिक्रिया के परिणामस्वरूप अणुओं की कुल संख्या 1.5 गुना कम हो जाती हैं चूंकि अभिक्रिया एक स्थिर आयतन पर घटती है तथा खत्म होने पर पात्र के अंदर मिश्रण आरंभिक ताप पर लौट आता है, अतः अणुओं की संख्या में 1.5 गुना कमी से दाब भी इतना ही कम हो जाता है।

उदाहरण 3. 26ºC तथा 98.9 kPa (742 mm Hg) पर 5.25g नाइट्रोजन के आयतन का परिकलन करें।

हल. नाइट्रोजन का मोलीय आयतन तथा मोलीय द्रव्यमान (28.0 g/mol) जाने हुए हम सामान्य परिस्थितियों में 5. 25g नाइट्रोजन का आयतन निकालते हैं :

28.0g नाइट्रोजन 22.4 लीटर आयतन लेता है

5.25g नाइट्रोजन V_0 आयतन लेता है।

अब उदाहरण में दी गई परिस्थितियों के अनुसार आयतन निश्चित करते हैं।

किसी गैस मिश्रण में **गैस की आयतनसूचक** मात्रा गैस मिश्रण के आयतन के उस भाग को कहते हैं जो उसी ताप पर और गैस मिश्रण के कुल दाब के बराबर आंशिक दाब पर प्रदत्त गैस का आयतन होता। यह मान कुल आयतन के एक अंश के रूप में (आयतन अंश) या कुल आयतन के प्रतिशत के रूप में (प्रतिशत आयतन) प्रकट किया जा सकता है।

उदाहरण के लिए : ''वायु में कार्बन डाइआक्साइड की मात्रा 0.03% (आयतन) होती है''; इसका अर्थ है कि वायु के कुल दाब के बराबर CO_2 के आंशिक दाब पर तथा इसी ताप पर वायु में कार्बन डाइआक्साइड का आयतन इसके कुल आयतन का 0.03% होगा।

उदाहरण 4. एक लीटर वायु में कितने मोल आक्सीजन होता है अगर उसकी आयतनसूचक मात्रा 21% हो (सामान्य परिस्थितियों में)?

हल. सामान्य परिस्थितियों में एक लीटर वायु में आक्सीजन का आयतन 0.21 लीटर होता हैं आक्सीजन का

मोलीय आयतन जानते हुए हम 0.21 लीटर O_2 में इसके मोलों की संख्या ज्ञात करते हैं :

1 मोल 22.4 लीटर आयतन घेरता है

x मोल 0.21 लीटर आयतन घेरते हैं

अतः

प्रश्न

53. 1gNH_3स तथा 1gN_2 में उपस्थित अणुओं की संख्या की तुलना करें। कब और कितनी बार अणुओं की संख्या अधिक है?

54. सल्फर डाइआक्साइड के एक अणु का द्रव्यमान ग्रामों में व्यक्त कीजिए।

55. 0.001kg H_2 तथा 0.001 kg O_2 मूं अणुओं की संख्या समान है? H_2 के एक मोल तथा O_2 के एक मोल में? समान परिस्थितियों में 1 लीटर H_2 तथा 1 लीटर O_2 में?

56. सामान्य परिस्थितियों में 1.00ml हाइड्रोजन में कितने अणु उपस्थित होते हैं?

57. सामान्य परिस्थितियों में किसी गैस के $27x10^{21}$ अणुओं का आयतन कितना होता है?

58. समान परिस्थितियों में आक्सीजन, हाइड्रोजन तथा मिथेन के समान द्रव्यमान लिए गए। इन गैसों के आयतनों का अनुपात ज्ञात कीजिए।

60. सामान्य परिस्थितियों में जल के एक मोल का आयतन कितना होगा? इस प्रश्न का उत्तर 22.4 लीटर है। यह सही है या गलत?

61. एक लीटर वायु में कार्बन डाइआक्साइड के कितने अणु होंगे अगर CO_2 की आयतनसूचक मात्रा 0.03% हो (सामान्य परिस्थितियों में)?

62. (a) 2 लीटर H_2 का 15°C ताप तथा 100.7 kPa (756mm Hg) दाब पर द्रव्यमान ज्ञात करें; (b) lm^3 N_2 का 10°C तथा 102.9kPa (772 mm Hg) पर, (c) 0.5^3 Cl_2 का 20°C तथा 99.9kPa (749.3 mm Hg) पर।

63. 0.07kg N_2 का 21°C ताप तथा 142 kPa (1065mm Hg) दाब पर आयतन निर्धारित करें।

64. पोटेशियम क्लोरेट गर्म करने पर KCl तथा O_2 में विभाजित हो जाता है। $KClO_3$ के एक मोल से O°C ताप तथा 101.3 kPa दाब पर कितने लीटर आक्सीजन प्राप्त हो सकते हैं?

65. सामान्य परिस्थितियों में किसी भी गैस के lm^3 में कितने मोल हो सकते हैं?

66. किसी पहाड़ की चोटी पर वायुमंडलीय दाब कितना है अगर O°C ताप पर वहाँ की 1 लीटर वायु का द्रव्यमान 700mh है?

67. CO के एक आयतन तथा Cl_2 के एक आयतन की अभिक्रिया से फासजीन का एक आयतन प्राप्त होता है। फासजीन का सूत्र बताइए।

68. 2 लीटर ब्यूटेन के दहन से CO_2 का कितना आयतन प्राप्त होगा? दोनों गैसों के आयतन समान परिस्थितियों में नापे गए हैं।

69. एक बंद पात्र में 120°C ताप तथा 600 kPa दाब पर O_2के तीन आयतन तथा CH_4 के एक आयतन का मिश्रण भरा हैं अगर मिश्रण को विस्फोटित कर दिया जाए और फिर पात्र के अंदर भारी गैसों को आरंभिक ताप पर ले आया जाए, तो पात्र के अंदर दाब कितना होगा?

70. हाइड्रोजन और आक्सीजन के मिश्रण के 0.020 लीटर आयतन के विस्फोटन के बाद 0.0032 लीटर आक्सीजन बचा। मिश्रण की आरंभिक संरचना का आयतन प्रतिशत बताएँ।

71. जब SO_2 तथा O_2 के समान आयतनों का मिश्रण एक संपर्क उपकरण में से गुजारा जाता है तो 90% SO_2 अणु SO_3 में परिवर्तित हो जाते हैं। संपर्क उपकरण से बाहर निकलते गैस मिश्रण की संरचना (आयतन प्रतिशत में) ज्ञात करें।

72. तीन आयतन Cl_2 तथा एक आयतन H_2 का मिश्रण एक बंद पात्र में विसरित प्रकाश में एक स्थिर ताप पर रख दिया गया। कुछ समय बाद क्लोरीन की मात्रा 20% कम हो गई। क्या पात्र के अंदर दाब बदल गया? मिश्रण की आयतनसूचक मात्रा प्रतिशत में कितनी हो गई?

73. NH_3 की Cl_2 के साथ अभिक्रिया से हाइड्रोजन क्लोराइड और नाइट्रोजन प्राप्त होते हैं। NH_3 तथा Cl_2 के किन आयतन अनुपातों में अभिक्रिया घटती है तथा प्राप्त गैसों के आयतनों में क्या अनुपात है?

74. H_2 का कितना आयतन 17°C ताप तथा 102.4 kPa दाब पर मुक्त होगा, जब 1.5 kg जिंक हाइड्रोक्लोरिक अम्ल में विलयित किया जाता है।

75. अध्ययन हेतु ली गई किसी गैस के एक आयतन तथा H_2 के एक आयतन के मिश्रण के विस्फोटन से जल वाष्प का एक आयतन नाइट्रोजन का एक आयतन प्राप्त हुए। सभी मापन समान परिस्थितियों में किए गए गैस का सूत्र बताइए।

अपना ज्ञान परखिए

76. समान परिस्थितियों में N_2 तथा O_2 के समान आयतन लिए गए हैं। दोनों गैसों के द्रव्यमानों का अनुपात क्या है?

(a) $m(O_2) > m(N_2)$; (b) $m(N_2) > m(O_2)$;

(c) $m(O_2) = m(N_2)$;

77. H_2 तथा Cl_2 के समान आयतन मिलाए गए। अभिक्रिया के बाद मिश्रण का आयतन किस प्रकार बदलेगा?

(a) यह नहीं बदलेगा; (b) यह दोगुना बढ़ जाएगा;

(c) यह आधा हो जाएगा।

78. HCl के एक मोल तथा Cl_2 के एक मोल के आयतनों का अनुपात क्या है (T तथा P समान है)?

(a) $V(HCl) > V(Cl_2)$; (b) $V(HCl) = V(Cl_2)$;

(c) $V(HCl) < V(Cl_2)$;

79. गर्म करने पर HBr पूर्णतया विाािजित हो जाता है। गैस का आयतन अपरिवर्तित रहता है। विभाजन अभिक्रिया के उत्पाद निश्चित कीजिए।

(a) H तथा Br परमाणु; (b) H_2 तथा Br_2 अणु;

(c) H_2 अणु तथा Br परमाणु।

5. गैसीय अवस्था में आण्विक द्रव्यमान निश्चित करना

किसी प्रदार्थ का आण्विक द्रव्यमान निश्चित करने के लिए अक्सर उस पदार्थ के अणुओं की संख्या के बराबर उस पदार्थ का मोलीय द्रव्यमान (ग्रा. में) ज्ञात करते हैं।

A. गैस के घनत्व के आधार पर आण्विक द्रव्यमान निश्चित करना

उदाहरण 1. वायु की तुलना में सिकी गैस का घनत्व 1.17 है। गैस का मोलीय द्रव्यमान ज्ञात करें।

हल. अवोगाड्रो के नियमानुसार समान दाब ताि समान ताप पर गैसों के समान आयतनों के द्रव्यमानों *(m)* का अनुपात वही होता है जो उनके मोलीय द्रव्यमानों (M) का;

जहाँ ******* पेज 30 पहली गैस का दूसरी गैस के प्रति **सापेक्षिक घनत्व** है तथा इसे D चिन्ह द्वारा द्योतित करते हैं।

अतः उदाहरण के आंकड़ों के अनुसार :

******* पेज 30

वायु का औसत आण्विक द्रव्यमान M_2 29.0 g/mol है। अतः M_1 = 1.17x29.0 = 33.9 g/mol जो 33.9 आण्विक द्रव्यमान के संगत है।

B. मोल आयतन के आधार पर गैस का आण्विक द्रव्यमान निश्चित करना

उदाहरण 2. गैस का आण्विक द्रव्यमान ज्ञात करें, अगर सामान्य परिस्थितियों में इसकी 0.824 ग्राम मात्रा का आयतन 0.260 लीटर है।

हल. सामान्य परिस्थितियों में किसी भी गैस के एक मोल का आयतन 22.4 लीटर होता है। दी गई गैस के 22. 4 लीटर आयतन का कलन करके हम उसका मोलीय द्रव्यमान ज्ञात करेंगे।

0.824 ग्राम गैस का आयतन 0.260 लीटर है

X ग्राम....................22.4 लीटर है।

अतः

इस प्रकार गैस का मोलीय द्रव्यमान 71.0g/mol हुआ तथा इसका आण्विक द्रव्यमान 71 है।

C. क्लोरान-मेंडेलीफ समीकरण की सहायता से आण्विक द्रव्यमान निश्चित करना

क्लेपेरान-मेंडेलीफ समीकरण (आदश्न गैस की अवस्था का समीकरण) गैस के द्रव्यमान (m, kg), ताप (T,K), दाब (P, Pa) तथा आयतन (V, m^3) का उस गैस के मोकलीय द्रव्यमान (M,Kg/mol) के साथ संबंध दर्शाता है।

यहाँ R गैस का सामान्य स्थिरांक है जो 8.134 J (mol.K)* के बराबर है।

इस समीकरण की सहायता से किसी भी राशि का मान ज्ञात किया जा सकता है अगर बाकी सब के मान ज्ञात हों।

उदाहरण 3. बेंजोल का मोलीय द्रव्यमान ज्ञात कीजिए, अगर इसकी 600ml वाष्प का 87°C ताप तथा 83.2 kPa दाब पर द्रव्यमान 1.30g है।

हल. इस उदाहरण के आंकड़ों को SI इकाइयों में व्यक्त करते हैं :

$P = 8.32 \times 10^4$ Pa; $V = 6 \times 10^{-4}$ m^3; $m = 1.30 \times 10^{-3}$ kg और $T = 360$ K

प्राप्त परिणामों को क्लेपेरान-मेंडेलीफ समीकरण में भर देते हैं :

बेंजोल का आण्विक द्रव्यमान 78.0 है।

प्रश्न

80. सामान्य परिस्थितियों में 200ml ऐसीटिलीन का द्रव्यमान 0.232g है। ऐसीटिलीन का मोलीय द्रव्यमान ज्ञात कीजिए।

81. सामान्य परिस्थितियों में 600ml गैस का द्रव्यमान 1.714g है। गैस के मोलीय द्रव्यमान का कलन कीजिए।

82. 0.001m^3 गैस का 0°C ताप तथा 101.3 kPa दाब पर द्रव्यमान 1.25h है।

परिकलन कीजिए : (a) गैस का मोलीय द्रव्यमान; (b) गैस के एक अणु का द्रव्यमान।

83. सामान्य परिस्थितियों में 0.001m^3 गैस का द्रव्यमान 0.0021 kg है। गैस का मोलीय द्रव्यमान तथा वायु के प्रति इसका घनत्व निश्चित करें।

84. आक्सीजन के प्रति ऐसीटिलीन का घनतव 0.875 है। गैस का आण्विक द्रव्यमान निश्चित कीजिए।

85. सामान्य परिस्थितियों में 0.001m^3 गैस का द्रव्यमान 0.00152 kg है जबकि 0.001m^3 नाइट्रोजन का द्रव्यमान

0.00125kg है। (a) नाइट्रोजन के प्रति गैस के घनत्व के आधार पर गैस का आण्विक द्रव्यमान कलन कीजिए; (b) मोलीय 62.36 $l.mm\,Hg.\,K^{-1}.\,mol^{-1}$; 1.987 $cal.\,K^{-1}.\,mol^{-1}$ आयतन के आधार पर इस गैस के आण्विक द्रव्यमान का कलन कीजिए।

86. अगर वायु के प्रति मर्करी का घनत्व 6.92 है, तो मर्करी वाष्प के अणुओं में कितने परमाणु होंगे?

87. एक निश्चित ताप पर नाइट्रोजन के प्रति सल्फर वाष्प का घनत्व 9.14 है। इस ताप पर सल्फर के एक अणु में कितने परमाणु होंगे?

88. अगर 500ml ऐसीटोन वाष्प का 87ºC ताप तथा 96kPa (720 mm Hg) दाब पर द्रव्यमान 0.94g है। गैस के मोलीय द्रव्यमान का कलन कीजिए।

90. 1 kg वायु 17ºC तथा 101.33 kPa पर कितना आयतन घेरेगी?

91. 20 लीटर धारिता वाला एक गैसमीटर गैस से भरा हुआ है। वायु के प्रति इस गैस का घनत्व 0.40 है, उसका दाब 103.3 kPa (764.8 mm Hg) तथा ताप 17ºC है। गैस के द्रव्यमान का कलन कीजिए।

92. 27ºC ताप पर 750ml धारिता वाले एक फ्लास्क में भरे आक्सीजन का द्रव्यमान 83.3g है। खाली फ्लास्क का द्रव्यमान 82.1g है। आक्सीजन का दाब निश्चित कीजिए।

93. 17ºC? ताप तथा 82.2 kPa (624 mm Hg) दाब पर lm^3 वायु के द्रव्यमान का कलन कीजिए।

अपना ज्ञान परिखए

94. नीचे दिए गए तथ्यों में से कौन-सा तथ्य यह सिद्ध करता है कि गैसीय निआन एकपरमाण्विक है? (a) निआन अन्य तत्वों के साथ कोई यौगिक नहीं बनाता है। (b) निआन का घनत्व उत्कृष्ट गैस आर्गान के घनत्व का आधा होता है, जो आवर्त सारणी में इसके नीचे स्थिति है। (c) निआन का घनत्व फ्लुओरीन के घनत्व का लगभग आधा होता है जो आवर्त सारणी में निआन से पिछला तत्व है।

95. वायु के प्रति क्लोरीन का घनतव कितना होता है? (a) 2.44; (b) 3.0; (c) यह केवल प्रयोग द्वारा ज्ञात किया जा सकता है।

96. एक गैसी आक्साइड में 30.4% नाइट्रोजन उपस्थित है। एक आक्साइड अणु में एक नाइट्रोजन परमाणु हैं आक्सीजन के प्रति गैस का घनत्व कितना है?

(a) 14; (b) 1.44; (c) 1.50.

97. सामान्य परिस्थितियों में 2.24 लीटर गैस का द्रव्यमान 2.8g है। गैस का आण्विक द्रव्यमान कितना है?

(a) 14; (b) 28; (c) 42

98. एक सल्फर परमाणु का द्रव्यमान आक्सीजन परमाणु के द्रव्यमान का दुगुना अधिक है। क्या हम यह कह सकते हैं कि आक्सिजन के प्रति सल्फर वाष्प का घनत्व 2 है? (a) हाँ; (b) नहीं।

573. निम्न अभिक्रियाओं के आयनी आण्विक समीकरण लिखें, जिनके फलस्वरूप अल्प वियोजी यौगिक बनते हैं :

(a) $Na_2S + H_2SO_4$; (b) $FeS + HCl$;

(c) $HCOOK + HNO_3$; (d) $NH_4Cl + Ca(OH)_2$;

(e) $NaOCl + HNO_3$.

574. निम्न उदासीनीकरण अभिक्रियाओं के आयनी-आण्विक समीकरण लिखें :

(a) $HCl + Ba(OH)_2$; (b) $HF + KOH$;

---

* अन्य इकाइयों में R का मान निम्न होता है :

(c) $Fe(OH)_3 + HNO_3$; (d) $CH_3COOH + NH_4OH$;

(e) $HNO_2 + NH_4OH$; (f) $H_2S + NH_4OH$.

इनमें से कौनसी अभिक्रियाएं उत्क्रमणीय हैं तथा कौनसी अनुत्क्रमणीय।

575. निम्न पदार्थों के जलीय विलयनों के बीच अभिक्रियाओं के आयनी-आण्विक समीकरण लिखें :

(a) $NaHCO_3$ व HCl;

(b) $FeCl_3$ व KOH;

(c) $Pb(CH_3COO)_2$ व Na_2S;

(d) KHS व H_2SO_4;

(e) $Zn(NO_3)_2$ + KOH (अतिरिक्त);

(f) $Ca(OH)_2 + CO_2$

(g) $Ca(OH)_2 + CO_2$ (अतिरिक्त)

प्रत्येक अवस्था में संतुलन के अग्रवर्ती अभिक्रिया की दिशा में स्थानान्तरित होने का कारण बताइये।

576. निम्न में से कौन-से लवण जलापघटित होते हैं :

NaCN, KNO_3, KOCl, $NaNO_2$, NH_4CH_3COO, $CaCl_2$, $NaClO_4$, KHCOO व KBr?

प्रत्येक जलापघटित लवण के लिये जलापघटन का आयनी-आण्विक समीकरण लिखें तथा यह बतायें कि इसका जलीय विलयन उदासीन अम्लीय या क्षारीय है?

577. निम्न में से कौन से लवण जलापघटित होते हैं :

$ZnBr_2$, K_2S; $Fe_2(SO_4)_3$; $MgSO_4$; $Cr(NO_3)_2$; K_2CO_3; Na_3PO_4 व $CuCl_2$?

प्रत्येक जलापघटित लवण के हर चरण के लिये आण्विक व आयनी-आण्विक समीकरण लिखें और बतायें कि लवण का जलीय विलयन उदासीना, अम्लीय या क्षारीय है?

578. KCN, NH_4Cl, K_2SO_3, $NaNO_3$, $FeCl_3$, Na_2CO_3 व Na_2SO_4 के जलीय विलयनों में लिटमस कौन-से रंग में परिवर्तित हो जायेगा? अपने उत्तर का कारण बताइये।

579. पोटेशियम फ्लुओराइड का जलापघटन स्थिरांक ज्ञात करें; 0.01 M विलयन में इस लवण के जलापघटन की डिग्री तथा विलयन का pH ज्ञात करें।

580. अमोनियम क्लोराइड का जलापघटन स्थिरांक ज्ञात करें, 0.01 M विलयन में इस लवण के जलापघटन की डिग्री तथा विलयन का pH ज्ञात करें।

581. केवल प्रथम चरणी जलापघटन के आधार पर सोडे Na_2CO_3 के 0.02 N विलयन का pH ज्ञात करें।

582. पोटेशियम सायनाइड के 0.1 M व 0.001 M विलयनों में लवण के जलापघटन की डिग्री तथा विलयन के pH की तुलना करें।

583. 60°C पर जल का आयनी गुणनफल $Kw = 10^{-13}$ है। यह जानते हुए कि ताप के साथ हाइड्रोक्लोरस अम्ल का वियोजन स्थिरांक परिवर्तित नहीं होता है, 25 तथा 60°C पर KOCl के 0.001 N विलयन का pH ज्ञात करें।

584. किसी एक भस्मीय कार्बोनिक अम्ल के सोडियम लवण के 0.1 M विलयन का pH 10 है। अम्ल के वियोजन स्थिरांक का कलन करें।

585. संगत अम्लों व भस्मों के वियोजन स्थिरांकों के मानों के आधार पर निम्न लवणों के जलीय विलयनों की अभिक्रिया लिखें : NH_4CN, NH_4F, $(NH_4)_2S$।

586. $pH < 3.1$ पर मेथिल रेड सूचक का रंग लाल हो जाता है, $pH > 6.3$ पर पीला तथा pH के मध्यम मानों पर

नारंगी। NH_4Br के 0.1 M विलयन में सूचक कौनसे रंग का हो जायेगा?

587. NaH_2PO_4 का विलयन दुर्बल अम्लीय है तथा Na_2PO_4 का प्रबल क्षारीय है। इन तथ्यों के कारण बताइये तथा संगत आयनी समीकरणों द्वारा अपना उत्तर स्पष्ट कीजिये।

588. $NaHCO_3$ का विलयन दुर्बल क्षारीय तथा $NaHCO_3$ का अम्लीय क्यों होता है?

589. जब एक ही पात्र में $Cr(NO_3)_3$ तथा Na_2S के जलीय विलयन भरे जाते हैं, तो क्रोमियम (III) हाइड्रोक्साइड का अवक्षेप बनता है तथा एक गैस उत्सर्जित होती है। अभिक्रिया के आण्विक तथा आयनी आण्विक समीकरण लिखें।

अपना ज्ञात परखिये।

590. अभिक्रिया

AgI (c.) + NaCl(aq.) **Eq. Page No. 209** AgCl (c.) + NaI (aq.)

का संतुलन किस दिशा में स्थानान्तरित होगा? (a) अग्रवर्ती अभिक्रिया की दिशा में; (b) प्रतिवर्ती अभिक्रिया की दिशा में।

591. जलीय विलयन में अभिक्रिया

$CH_3COONa + CH_2ClCOOH$ **Eq. Page No. 209** $CH_3COOH + CH_2ClCOONa$

का संतुलन किस दिशा में स्थानान्तरित होगा?

(a) अग्रवर्ती अभिक्रिया की दिशा में; (b) प्रतिवर्ती अभिक्रिया की दिशा में।

592. समान आण्विक सान्द्रता वाले विलयनों का कौनसा क्रम pH की वृद्धि के संगत होगा?

(a) NH_4Cl — $NaNO_3$ — $CH_2ClCOONa$ —
— NaF — CH_3COONa — NaCN;

(b) NaCN — CH_3COONa — NaF —
— $CH_2ClCOONa$ — $NaNO_3$ — NH_4Cl

593. pH का परास 5 से 8.3 तक होने पर लिटमस का रंग बदल जाता है। सोडियम ऐसीटेट CH_3COONa ($K_h = 5.6 \times 10^{-9}$)
के 0.001 विलयन में लिटमस रखा होने पर विलयन कौनसे रंग को होगा?

(a) लाल; (b) बैंगनी; (c) नीला।

594. pH परास 3.2 से 4.4 तक होने पर मेथिल आरेन्ज सूचक का रंग लाल से पीला हो जाता है। अमोनियम ऐसीटेट CH_3COONH_4 का 0.1 M जलीय विलयन, जिसमें मेथिल आरेन्जा उपस्थित है, किस रंग का होगा?

(a) लाल; (b) नारंगी; (c) पीला।

595. हाइड्रेजोइक अम्ल HN_3 तथा अमोनियम हाइड्रोक्साइड NH_4OH के वियोजन स्थिरांक लगभग समान हैं। समान मोलीय सान्द्रता वाले $NaN_3(pH_1)$ व $NH_4NO_3(pH_2)$ विलयनों में pH के मानों के बीच क्या संबंध होगा?

(a) $pH_1 > pH_2$; (b) $pH_1 \approx pH_2$; (c) $pH_1 < pH_2$

क्योंकि (1) दोनों लवण एक ही डिग्री तथा जलापघटित होते हैं, (2) एक लवण में धनायन जलापघटित होता है तथा दूसरे में ऋणायन।

596. निम्न में से कौनसे अभिकर्मक $FeCl_3$ विलयन में मिलाये जाने पर लवण का जलापघटन तीव्र कर देंगे?

(a) HCl; (b) NaOH; (c) $ZnCl_2$;

(d) Na_2CO_3; (e) NH_4Cl (f) Zn;

(g) H_2O।

अध्याय 8

उपापचयन अभिक्रियाएँ. विद्युत रसायन के मुख्य नियम

1. उपचयन संख्या. उपचयन और अपचयन

किसी यौगिक में तत्व की उपचयन संख्या (या उपचयन अवस्था) नियत तत्व के एक परमाणु से दूसरे परमाणुओं की ओर विस्थापित (ऋणात्मक उपचयन) इलेक्ट्रानों की संख्या द्वारा निर्धारित की जाती है।

यौगिक में किसी तत्व की उपचयन संख्या ज्ञात करने के लिये निम्न नियमों का पालन करना चाहिये : (1) सरल पदार्थ में तत्वों की उपचयन संख्या शून्य के बराबर ली जाती है; (2) अणु में सारे परमाणुओं की उपचयन संख्याओं का बीजीय योग शून्य के बराबर होता है; (3) क्षारीय धातुओं (+1), द्वितीय ग्रुप के मुख्य उपग्रुप की धातुओं, जिंक और कैडमियम (+2) की उपचयन संख्या स्थिर होती है; (4) अधिकांश यौगिकों में हाइड्रोजन की उपचयन संख्या +1 के बराबर होती है तथा धात्विक हाइड्राइडों (NaH, CaH_2 आदि) में यह –1 के बराबर होती है : (5) यौगिकों में आक्सीजन की उपचयन संख्या –2 होती है। [पर-आक्साइडों (–1) तथा आक्सीजन फ्लुओराइड OF_2(+2) के अतिरिक्त।]

ऊपर दिये नियमों के आधार पर यह निर्धारित करना सरल है कि यौगिकों NH_3, N_2H_2, NH_2OH, N_2O, NO, HNO_2, NO_2 व NHO_3 में नाइड्रोजन की उपचयन संख्या क्रमशः –3, –2, –1, +1, +2, +3, +4 व +5 है।

उपापचयन अभिक्रियाओं में अभिकारी पदार्थों में एक या अधिक तत्वों की उपचयन संख्या परिवर्तित हो जाती है। वह अभिक्रिया, जिसमें परमाणु द्वारा इलेक्ट्रान देने के साथ उपचयन संख्या बढ़ती है, उपचयन कहलाती हैं, वह अभिक्रिया, जिसमें परमाणु द्वारा इलेक्ट्रान प्राप्त करने के साथ उपचयन संख्या घटती है, अपचयन कहलाती है।

वह पदार्थ, जिसमें उपचयित होने वाला तत्व उपस्थित होता है, अपचायक कहलाता है तथा वह पदार्थ, जिसमें अपचियित होने वाला तत्व उपस्थित होता है, उपचायक या आक्सीकारक कहलाता है, उदाहरण के लिये, अभिक्रिया

$$4Al + 3O_2 = 2Al_2O_3$$

में ऐलुमिनियम अपनी उपचयन संख्या 0 से बढ़ाकर +3 को देता है तथा यह एक अपचायक है। अभिक्रिया के फलस्वरूप ऐलुमिनियम का अपचयित रूप (मुक्त ऐलुमिनियम) उपचयित हो जाता है तथा संयुग्मी उपचयित रूप में परिवर्तित हो जाता है (ऐलुमिनियम +3 उपचयन अवस्था में)।

इस अभिक्रिया में आक्सीजन अपनी उपचयन संख्या काम कर देता है (0 से –2 कर देता है) तथा यह एक उपचायक है; अभिक्रिया के परिणामस्वरूप आक्सीजन का उपचयित रूप (मुक्त आक्सीजन) अपचयित हो जाता है तथा इसके संयुग्मी अपचयित रूप में परिवर्तित हो जाता है (आक्सीजन –2 उपचयन अवस्था में)। दोनों क्रियाएं–उपचयन तथा अपचयन साथ-साथ घटती हैं। अपचायक द्वारा दिये गये इलेक्ट्रानों की कुल संख्या उपचायक द्वारा प्राप्त इलेक्ट्रानों की कुल संख्या के बराबर होती है।

उपरोक्त अभिक्रिया में दो पदार्थ व्यतिक्रिया करते है : उनमें से एक उपचायक है–(आक्सीजन) तथा दूसरा अपचायक है (ऐलुमिनियम)। इस प्रकार की अभिक्रियाएं अंतराअणुक उपापचयन अभिक्रियाओं के अंतर्गत आती हैं। अभिक्रिया

$$4H_3PO_3 = 3H_3OP_4 + PH_3$$

स्वतः उपचयन-स्वतः अपचयन (असमानुपातन) अभिक्रियाओं का एक उदाहरण है। इन अभिक्रियाओं में एक साथ ऐसे यौगिक बनते हैं जिनमें दिया तत्व आरंभिक अवस्था से अधिक उपचयित तथा अधिक अपचयित अवस्था में उपस्थित होता है। आरंभिक पदार्थ उपचायक और अपचायक दोनों की भूमिकाएं निभाता है। अंतिम अभिक्रिया में फास्फोरस अम्ल H_3PO_4 (फास्फोरस की उपचयन संख्या +3 है) उपचायक की भूमिका भी निभाता है (फास्फोरस के –3(PH_3) उपचयन अवस्था तक अपचयित हो जाने के कारण) तथा अपचायक की भी (फास्फोरस के +5(H_3PO_4) उपचयन अवस्था तक उपचयित हो जाने के कारण) ये अभिक्रियाएं तभी संभव हैं, जब प्रारंभिक तत्व आरंभिक यौगिक में मध्यवर्ती उपचयन अवस्था में हो। उदाहरणतया, उक्त अभिक्रिया में आरंभिक यौगिक में फास्फोरस की उपचयन संख्या (+3) इस तत्व की अधिकतम (+5) तथा निम्नतय उपचयन संख्या (–3) की मध्यवर्ती है। अभिक्रिया

$$(NH_4)_2Cr_2O_7 = N_2 + Cr_2O_3 + 4H_2O$$

में क्रोमियम, जिसकी उपचयन संख्या +6 से घट कर +3 हो जाती है, अपचयित होता है तथा नाइड्रोजन जिसकी उपचयन संख्या –3 से बढ़कर 0 हो जाती है, उपचयित होता है। ये दोनों तत्व एक ही आरंभिक पदार्थ में उपस्थित हैं। इस प्रकार की अभिक्रियाएं अंतःअणुक उपापचयन अभिक्रियाएं कहलाती हैं। उदाहरण के लिये, सम्मिश्र यौगिकों के ऊष्मीय अपघटन की बहुत सारी अभिक्रियाएं अंतःअणुक उपापचयन अभिक्रियाओं के अंतर्गत आती हैं।

प्रश्न

597. निम्न यौगिकों में सल्फर की उपचयन संख्या ज्ञात करें : SO_2, H_2S, Na_2SO_3, CS_2, H_2SO_4, As_2S_3 ।

598. निम्न यौगिकों में क्रोमियम की उपचयन संख्या निर्धारित करें : K_2CrO_4, Cr_2O_3, $Fe(CrO_2)_2$, $K_2Cr_2O_7$, $Cr_2(SO_4)_3$, $Na_3[Cr(OH)_6]$ ।

599. निम्न प्रक्रियाओं में उपचयन और अपचयन प्रक्रियाएं इंगित करें :

$$S \rightarrow SO_4^{2-}; S \rightarrow S^{2-}; S \rightarrow Sn^{4+};$$
$$K \rightarrow K^+; Br_2 \rightarrow 2Br^-;$$
$$2H^+ \rightarrow H_2; H_2 \rightarrow 2H^-; V^{2+} \rightarrow VO_3^-;$$
$$Cl^- \rightarrow ClO_3^-; IO_3^- \rightarrow I_2; MnO_4^- \rightarrow MnO_4^{2-}.$$

600. निम्न में से कौनसी प्रक्रियाओं में नाइट्रोजन उपचयित और कौनसी में अपचयित होता है तथा यह भी बताइये कि प्रत्येक प्रक्रिया में नाइट्रोजन की उपचयन संख्या किस तरह से बदलती है :

$NH_4^+ \rightarrow N_2; NO_3^- \rightarrow NO; NO_2^- \rightarrow NO_3^-; NO_2 \rightarrow NO_2^-$

601. निम्न में से कौनसी अभिक्रिया उपापचयन अभिक्रिया है?

(a) $H_2 + Br_2 = 2HBr$
(b) $NH_4Cl = NH_3 + HCl$
(c) $NH_4NO_3 = N_2O + 2H_2O$
(d) $2K_2CrO_4 + H_2SO_4 = K_2Cr_2O_7 + K_2SO_4 + H_2O$
(e) $H_3BO_3 + 4HF = HBF_4 + 3H_2O$
(f) $Fe + S = FeS$

602. निम्न अभिक्रियाओं में कौन-कौनसे पदार्थ तथा तत्व उपचायक हैं और कौन-कौनसे अपचायक हैं :

(a) $SO_2 + Br_2 + 2H_2O = 2HBr + H_2SO_4$
(b) $Mg + H_2SO_4 = MgSO_4 + H_2$

(c) $Cu + 2H_2SO_4 = CuSO_4 + SO_2 + 2H_2O$

(d) $3I_2 + 6KOH = KIO_3 + 5KI + 3H_2O$

603. निम्न में से कौन-कौनसी अभिक्रियाएं अंतराअणुक हैं और कौन-कौनसी अंतःअणुक तथा असमानुपाती :

(a) $4KMnO_4 + 4KOH = 4K_2MnO_4 + O_2 + 2H_2O$

(b) $H_2SO_3 + 2H_2S = 3S + 3H_2O$

(c) $NH_4NO_2 = N_2 + 2H_2O$

(d) $4P + 3KOH + 3H_2O = PH_3 + 3KH_3PO_2$

(e) $2H_2O_2 = 2H_2O + O_2$

(f) $2KMnO_4 + 3MnSO_4 + 2H_2O = 5MnO_2 + K_2SO_4 + 2H_2SO_4$

अपना ज्ञान परखिये

604. निम्न में से कौनसी अभिक्रियाएं उपापचयन अभिक्रियाएं हैं :

(a) $Cr_2(SO_4)_3 + 6RbOH = 2Cr(OH)_3 + 3Rb_2SO_4$

(b) $2Rb + 2H_2O = 2RbOH + H_2$

(c) $2CuI_2 = 2CuI + I_2$

(d) $NH_2Cl + NaOH = NaCl + NH_3 + H_2O$

(e) $2K_4[Fe(CN)_6] + Br_2 = 2K_3[Fe(CN)_6] + 2KBr$

605. निम्न रूपांतरणों में असमानुपात की अभिक्रियाएं इंगित करें :

(a) $S + KOH$ ® $K_2SO_3 + K_2S + H_2O$

(b) $Au_2O_3 \rightarrow Au + O_2$

(c) $HCl + CrO_3 \rightarrow CrCl_3 + Cl_2 + H_2O$

(d) $HClO_3 \rightarrow ClO_2 + HClO_4$

(e) $N_2H_4 \rightarrow N_2 + NH_3$

(f) $AgNO_3 \rightarrow Ag + NO_2 + O_2$

606. जल को किन उत्पादों तक उपचयित किया जा सकता है? (a) O_2 व H^+ तक; (b) OH^- व H_2 तक; $2OH^-$ तक?

607. निम्न में से कौनसे रूपातरणों में आक्सीजन अपचायक की भूमिका निभाता है?

(a) $Ag_2O \rightarrow Ag + O_2$

(b) $F_2 + H_2O \rightarrow HF + O_2$

(c) $NH_3 + O_2 \rightarrow N_2 + H_2O$

(d) $AgNO_3 + KOH + H_2O_2 \rightarrow Ag + KNO_3 + O_2$

2. उपचायक और अपचायक

जो तत्व उपचयन की उच्चतम अवस्था में होते हैं, वे केवल अपचयित हो सकते हैं क्योंकि उनके सभी परमाणु केवल एक काम कर सकते हैं—इलेक्ट्रानों की प्राप्ति। उदाहरण के लिये, सल्फर +6 उपचयन अवस्था में (H_2SO_4), नाइड्रोजन +5 अवस्था में (HNO_3 व नाइट्रेट), मैंगनीज +7 अवस्था में (परमैंगनेट), क्रोमियम +6 अवस्था में (क्रोमेट तथा डाइक्रोमेट) और

लेड +4 अवस्था में (PbO_2)।

इसके विपरीत जो तत्व निम्नतम उपचयन अवस्था में होते हैं, वे केवल उपचयित हो सकते हैं क्योंकि उनके परमाणु केवल एक कार्य कर सकते हैं–इलेक्ट्रानों का दान। उदाहरणतया, सल्फर –2 उपचयन अवस्था में (H_2S व सल्फाइड), नाइट्रोजन –3 अवस्था में (NH_3 व इसके व्युत्पन्न) और आयोडीन –1 अवस्था में (HI व आयोडाइड)।

जिन पदार्थों में तत्व मध्यवर्ती उपचयन अवस्थाओं में होते हैं, उनमें उपापचयन द्वैत होता है। वे इलेक्ट्रान प्राप्त करने की क्षमता भी रखते हैं और दान करने की भी तथा यह इस बात पर निर्भर करता है कि वे किस साझेदार के साथ अभिक्रिया कर रहे हैं और अभिक्रिया की परिस्थितियां क्या है।

कुछ अतिमहत्वपूर्ण उपचायकों व अपचायकों का नीचे वर्णन कर रहे हैं।

उपचायक

1. कुछ विशिष्ट अधातुएं (F_2, Cl_2, Br_2, I_2, O_2) तात्विक (मुक्त) अवस्था में उपचयन गुण व्यक्त करती हैं। हैलोजेना, जो उपचायक की भूमिका निभाते हैं, –1 उपचयन संख्या प्राप्त कर लेते हैं। फ्लुओरीन से आयोडीन तक उपचायक गुण क्षीण हो जाते हैं :

$$2F_2 + 2H_2O = 4HF + O_2$$
$$4Cl_2 + H_2S + 4H_2O = 8HCl + H_2SO_4$$
$$I_2 + H_2S = 2HI + S$$

आक्सीजन अपचयित करने पर –2 उपचयन अवस्था (H_2O या OH^-) में रूपांतरित हो जाता हैं।

$$4NH_3 + 5O_2 = 4NO + 6H_2O$$
$$4FeSO_4 + O_2 + 2H_2O = 4(FeOH)SO_4$$

2. आक्सीअम्लों व उनके लवणों में सबसे महत्वपूर्ण उपचायक निम्न हैं : $KMnO_4$, K_2CrO_4, $K_2Cr_2O_7$, सांद्रित सल्फ्यूरिक अम्ल, नाइट्रिक अम्ल व नाइट्रेट, हैलोजेन के आक्सीअम्ल व उनके लवण।

पोटेशियम परमैंगनेट, जो Mn(VII) की कीमत पर उपचयन गुण प्रदर्शित करता है, विलयन की अम्लता के अनुसार विभिन्न उत्पादों में अपचयित हो जाता है : अम्लीय विलयन में –Mn^{2+} (मैंगनीज की उपचयन संख्या +2 है), उदासीन व क्षीण क्षारीय विलयन में –MnO_2 (उपचयन संख्या +4) तथा प्रबल क्षारीय विलयन में–मैगनेट आयन $MnO_4{}^{2-}$ (उपचयन संख्या +6) :

$$5K_2SO_3 + 2KMnO_4 + 3H_2SO_4$$
$$= 6K_2SO_4 + 2MnSO_4 + 3H_2O$$
$$3K_2SO_3 + 2KMnO_4 + H_2O$$
$$= 3K_2SO_4 + 2MnO_2 + 2KOH$$
$$K_2SO_3 + 2KMnO_4 + 2KOH$$
$$= K_2SO_4 + 2K_2MnO_4 + H_2O$$

पोटेशियम क्रोमेट व डाइक्रोमेट (K_2CrO_4 व $K_2Cr_2O_7$) अम्लीय माध्यम में उपचायकों की भूमिका निभाते हैं और Cr^{3+} आयन तक अपचयित हो जाते हैं। चूंकि अम्लीय विलयन में संतुलन

$$2CrO_4^{2-} + 2H \leftrightarrows 2CrO_4^{2-} + 2H + H_2O$$

दायीं ओर विस्थापित होता है, तो $Cr_2O_7{}^{2-}$ आयन उपचायक होता है :

$$K_2Cr_2O_7 + 3H_2O + 4H_2SO_4$$
$$= Cr_2(SO_4)_3 + 3S + K_2SO_4 + 7H_2O$$

सांद्रित सल्फ्यूरिक अम्ल +6 उपचयन अवस्था में सल्फर की कीमत पर उपचयन गुण प्रदर्शित करता है, जो +4 अवस्था (SO_2), O (मुक्त सल्फर) या $-2(H_2S)$ तक अपचयित हो सकता है। अपचयन उत्पादों की संरचना मुख्यतः अपचायक की सक्रियता तथा अपचायकों की संख्या व सल्फ्यूरिक अम्ल के अनुपात, अम्ल की सान्द्रता और प्रणाली के ताप के आधार पर निश्चित की जाती है। अपचायक जितना अधिक सक्रिय होता है तथा अम्ल की सान्द्रता जितनी उच्च होती है, उपचयन उतना ही अधिक होता है। जैसे, निम्न सक्रियता वाली धातुएं (Cu, Sb आदि), हाइड्रोजन ब्रोमाइड तथा कुछ अधातुएं सान्द्रित सल्फ्यूरिक अम्ल को SO_2 में अपचयित कर देती हैं :

$$Cu + 2H_2SO_4 = CuSO_4 + SO_2 + 2H_2O$$
$$2HBr + H_2SO_4 = Br_2 + SO_2 + 2H_2O$$
$$C_{(\text{कोयला})} + 2H_2SO_4 = CO_2 + 2SO_2 + 2H_2O$$

सक्रिय धातुएं (Mg, Zn आदि) सान्द्रित सल्फ्यूरिक अम्ल को मुक्त सल्फर या हाइड्रोजन सल्फाइड* में अपचयित कर देती हैं :

$$3Mg + 4H_2SO_4 = 3MgSO_4 + S + 4H_2O$$
$$4Zn + 5H_2SO_4 = 4ZnSO_4 + H_2S + 4H_2O$$

नाइट्रिक अम्ल +5 उपचयन अवस्था में नाइट्रोजन की कीमत पर उपचयन गुण प्रदर्शित करता है, HNO_3 की उपचयन क्षमता उसकी सान्द्रता की वृद्धि के अनुसार बढ़ती जाती है। सान्द्रित नाइट्रिक अम्ल अधिकांश तत्वों को उनकी उच्चतम उपचयन संख्या तक उपचयित कर देता है। HNO_3 के अपचयन के उत्पादों की संख्या अपचायक की सक्रियता तथा अम्ल की सान्द्रता पर निर्भर करती है; अपचायक जितना ज्यादा सक्रिय होता है तथा अम्ल जितना अधिक तनु होता है, नाइट्रोजन का उतना ही ज्यादा अपचयन होता है :

अम्ल की सान्द्रता

$$\longleftarrow$$

$$NO_2 \quad NO \quad N_2O \quad N_2 \quad NH^+$$

$$\longrightarrow$$

उपचायक की सक्रियता

इसी कारण जब सान्द्रित नाइट्रिक अम्ल अधातुओं या अल्प सक्रियता वाली धातुओं के साथ अभिक्रिया करता है, नाइट्रोजन डाइआक्साइड बनती है :

$$P + 5HNO_3 = H_3PO_4 + 5NO_2 + H_2O$$
$$Ag + 2HNO_3 = AgNO_3 + NO_2 + H_2O$$

जब अधिक तनु नाइट्रिक अम्ल निम्न सक्रियता वाली धातुओं के साथ अभिक्रिया करता है, नाइट्रोजन मोनेआक्साइड उत्सर्जित हो सकती है :

$$3Cu + 8HNO_3\ (35\%) = 3Cu(NO_3)_2 + 2NO + 4H_2O$$

जबकि सक्रिय धातुओं के साथ अभिक्रिया से डाइनाइट्रोजन आक्साइड या मुक्त नाइट्रोजन** उत्सर्जित होती है :

---

* सल्फ्यूरिक अम्ल के अपचयन के दौरान कभी-कभी H_2S, S व SO_2 विभिन्न अनुपातों में बनते हैं।

** इन अवस्थाओं में सामान्यतः HNO_3 अपचयन के उत्पादों का मिश्रण बनता है।

$$4Zn + 10HNO_3\ (\text{तनु}) = 4Zn(NO_3)_2 + N_2O + 5H_2O$$
$$5Zn + 12HNO_3\ (\text{तनु}) = 5Zn(NO_3)_2 + N_2 + 6H_2O$$

बहुत अधिक तनु नाइट्रिक अम्ल की सक्रिय धातुओं के साथ अभिक्रिया कराके अमोनियम आयन तक अपचयित हो सकता है, जो अम्ल के साथ अमोनियम नाइट्रेट बनाता है :

$$4Mg + 10HNO_3\ (\text{अति तनु}) = 4Mg(NO_3)_2 + NH_4NO_3 + 3H_2O$$

SO_4^{2-} आयन से भिन्न NO_3^- आयन केवल अम्ल में ही नहीं बल्कि क्षारीय विलयन में भी उपचयन गुण प्रदर्शित करता है। विलयनों में NO_3^- आयन सक्रिय धातुओं द्वारा NH_3 तक अपचयित कर दिया जाता है :

$$4Zn + NaNO_3 + 7NaOH + 6H_2O = 4Na_2[Zn(OH)_4] + NH_3$$

तथा प्रगलित धातुओं में संगत नाइट्राइटों तक :

$$Zn + KNO_3 + 2KOH = K_2ZnO_2 + KNO_2 + H_2O$$

हैलोजेन के आक्सीअम्ल (उदाहरणतया, HOCl, $HClO_3$, $HBrO_3$) तथा उनके लवण, जब उपचायकों की भूमिका निभाते हैं, वे सामान्यतः हैलोजेन उपचयन अवस्था –1 (क्लोरीन तथा ब्रोमीन के लिये) या शून्य (आयोडीन के लिये) तक अपचयित हो जाता है :

$$KClO_3 + 6FeSO_4 + 3H_2SO_4 = KCl + 3Fe_2(SO_4)_3 + 3H_2O$$
$$KBrO + MnCl_2 + 3KOH = KBr + MnO_2 + 2KCl + H_2O$$
$$HIO_3 + 5HI = 3I_2 + 3H_2O$$

3. हाइड्रोजन +1 उपचयन अवस्था में मुख्यतः अम्लों के विलयनों में उपचायक होता है (सामान्यतः उन धातुओं के साथ अभिक्रिया के दौरान, जो विद्युतवाहक श्रेणी में हाइड्रोजन से पहले होती हैं) :

$$Mg + H_2SO_4\ (\text{तनु}) = MgSO_4 + H_2$$

परंतु जल में हाइड्रोजन उपचायक हो सकता है जब जल प्रबल अपचायकों के साथ अभिक्रिया करता है :

$$2K + 2H_2O = 2KOH + H_2$$

4. धात्विक आयन उच्चतम उपचयन अवस्था में (जैसे, Fe^{3+}, Cu^{2+} व Hg^{2+}) उपचायकों की भूमिका निभाते समय निम्न उपचयन संख्या वाले आयनों में रूपांतरित हो जाते हैं :

$$2FeCl_3 + H_2S = 2FeCl_2 + S + HCl$$
$$2HgCl_2 + SnCl_2 = Hg_2Cl_2 + SnCl_4$$

अपचायक

1. तात्विक पदार्थों में निम्न विशिष्ट अपचायक होते हैं : सक्रिय धातुएं (क्षारीय तथा क्षारीय-मृदा धातुएं, जिंक, ऐलुमिनियम, लौह आदि) कुछ अधातुएं जैसे, हाइड्रोजन, कार्बन (ग्रेफाइट या कोयले के रूप में), फास्फोरस व सिलिकन। अम्लीय विलयन में धातुएं धनात्मक आवेशित आयनों में उपचयित हो जाती हैं जबकि क्षारीय विलयन में उभयधर्मी हाइड्रोक्साइड बनाने वाली धातुएं (जैसे, जिंक, ऐलुमिनियम, टिन आदि) ऋणात्मक आवेशित ऋणायनों या हाइड्रोक्सोमिश्रों का घटक बन जाती है।

कार्बन अक्सर CO या CO_2 में उपचयित हो जाता है तथा फास्फोरस प्रबल उपचायकों के साथ अभिक्रिया से H_3PO_4 में।

2. हाइड्रारहित अम्लों (HCl, HBr, HI, H_2S व उनके लवणों में ऋणायन अपचयन कार्य के वाहक होते हैं,

जो उपचयित करने पर सामान्यतः तात्विक पदार्थ बनाते हैं। हैलाइड आयनों की श्रेणी में Cl^- से I^- तक अपचयन गुण बढ़ते जाते हैं।

3. जिन क्षारीय तथा क्षारीय-मृदा धातुओं में H^- आयन उपस्थित होता है, वे अपचयन गुण प्रदर्शित करती हैं तथा सरलता से मुक्त हाइड्रोजन तक उपचयित हो जाती हैं :

$$CaH_2 + 2H_2O = Ca(OH)_2 + 2H_2$$

4. धातुएं निम्नतम उपचयन अवस्था में (आयन Sn^{2+}, Fe^{2+}, Cu^+, Hg_2^{2+} आदि) जब उपचायकों के साथ अभिक्रिया करती हैं, वे अपनी उपचयन संख्या बढ़ा सकती हैं :

$$SnCl_2 + cl_2 = SnCl_4$$

$$5Fecl_2 + KMnO_4 + 8HCl \text{ (तनु)} =$$
$$= 5FeCl_3 + MnCl_2 + KCl + 4H_2O$$

उपापचयन द्वैत

नीचे कुछ ऐसे विशिष्ट यौगिकों के उदाहरण दिये जा रहे हैं जो दोनों गुण-उपचयन और अपचयन प्रदर्शित कर सकते हैं।

1. उपचयन क्रिया का उत्त वाहक होने के बावजूद भी आयोडीन स्वतंत्र अवस्थ में प्रबल उपचायकों के साथ अभिक्रिया के दौरान अपचाएयक की भूमिका निभा सकता है, जैसे,

$$I_2 + 5Cl_2 + 6H_2o = 2HIO_3 + 10HCl$$

इसके अलावा खारीय माध्यम में फ्लुओरीन के अलावा बाकी सारे हैलोजेन असमानुपातन अभिक्रियाओं की क्षमता रखते हैं :

$Cl_2 + 2KOH = KOCl + KCl + H_2O$ (ठंडी अवस्था में)

$3Cl_2 + 6KOH = KClO_3 + 5KCl + 3H_2O$ (गर्म किये जाने पर)

2. हाइड्रोजन पर आक्साइड H_2O_2 में आक्सीजन -1 अवस्था में होता है। अपचायकों की उपस्थिति में यह अपनी उपचयन संख्या-2 तक घटा सकता है तथा उपचायकों के साथ अभिक्रिया करके अपनी अपचयन संख्या बढ़ा सकता है तथा मुक्त आक्सीजन में रूपांतरित हो सकता है :

$5H_2O_2 + I_2 = 2HIO_3 + 4H_2O$ (H_2O_2 – उपचायक)

$3H_2O_2 + 2KMnO_4 = 2MnO_2 + 2KOH + 3O_2 + 2H_2O$ (H_2O_2 –अपचायक)

3. नाइट्रिक अम्ल व नाइट्राइट, जो NO_2^- आयन की कीमत पर अपचायक की भूमिका निभाते हैं, नाइट्रिक अम्ल या इसके लवणों तक उपचयित हो जाते हैं :

$$5HNO_2 + 2KMnO_4 + 3H_2SO_4 =$$
$$= 5HNO_3 + 2MnSO_4 + K_2SO_4 + 3H_2O$$

उपचायक की भूमिका निभाते समय NO_2^- आयन प्रायः NO तक अपचयित हो जाता है तथा प्रबल अपचायकों के साथ अभिक्रिया करके–नाइड्रोजन की निम्न उपचयन अवस्थाओं तक :

$$2NaNO_2 + 2NaI + 2H_2SO_4 = 2NO + I_2 + 2Na_2SO_4 + 2H_2O$$

प्रश्न

608. परमाणुओं की इलेक्ट्रान संरचना के आधार पर बताइये कि निम्न उपचायक हो सकते हैं। या नहीं : सोडियम

परमाणु, सोडियम धनायन, आक्सीजन -2 उपचयन अवस्थ में, आयोडीन 0 उपचयन अवस्था में, फ्लुओराइड आयन, हाइड्रोजन धनायन, नाइट्राइट आयन व हाइड्राइड आयन?

609. निम्न में से कौन कौन से आयन अपचायक हो सकते हैं ओर कौन से क्यों नहीं हो सके : Cu^{2+}, Sn^{2+}, Cl^-, VO_3^-, S^{2-}, Fe^{2+}, WO_4^{2-}, IO_4^-, Al^{3+}, Hg^{2+}, Hg_2^{2+}?

610. निम्न में से कौन से पदार्थ कौन से तत्वों की कीमत पर प्रायः उपचयन गुण प्रदर्शित करते हैं? इनमें से कौन से उपापचयन द्वैत का गुण रखते हैं?

H_2S, SO_2, CO, Zn, F_2, $NaNO_2$, $KMnO_4$, $HOCl$, H_3SbO_3.

611. निम्न में से कौन-सी अभिक्रियाओं में हाइड्रोजन उपचायक का कार्य करता है तथा कौन सी में -अपचायक का :

(a) $I_2 + H_2O_2 \rightarrow HIO_3 + H_2O$

(b) $PbO_2 + H_2O_2 \rightarrow Pb(OH)_2 + O_2$

(c) $KClO_3 + H_2O_2 \rightarrow KCl + O_2 + H_2O$

(d) $KMnO_4 + H_2O_2 \rightarrow MnO_2 + KOH + O_2 + H_2O$

612. निम्न में से कौन सी अभिक्रियाओं में हाइड्रोजन N_2H_4 उपचायक है तथा कौन सी में उपचाय है :

$N_2H_4 + 4AgNO_3 + 4KOH = N_2 = 4Ag + 4KNO_3 + 4H_2O$

$N_2H_4 + Zn + 2KOH + 2H_2O = 2NH_3 + K_2[Zn(OH)_4]$

3. उपापचयन अभिक्रियाओं के समीकरणों का बनाना

उपापचयन अभिक्रियाओं के समीकरणों को बनाते समय निम्न क्रम का पालन करना चाहिये :

1. अभिक्रिया का आरेख बनाकर अभिकारक व उत्पाद दिखायें तथा उन तत्वों की पहचान करें जिनकी उपचयन संख्या अभिक्रिया के फलस्वरूप बदल जाती है, उपचायकों तथा अपचायकों को ढूंढ़ें।

2. उपचयन तथा अपचयन अर्धअभिक्रियाओं के आरेख बनाकर अभिकारकों व उन आयनों या अणुओं के उत्पाद दर्शायें, जो अभिक्रिया की अवस्थाओं में वास्तव में मौजूद होते हैं।

3. अर्धअभिक्रिया के समीकरण के बायें तथा दायें पक्षों में प्रत्येक तत्व के परमाणुओं की संख्या समान करें। याद रखें कि जलीय विलयनों में H_2O अणु व H^+ या OH^- आयन अभिक्रियाओं में भाग ले सकते हैं।

4. प्रत्येक अर्धअभिक्रिया के दोनों पक्षों में आवेशों की कुल संख्या समान करें; इसके लिये अर्धअभिक्रिया के बायें या दायें पक्ष में इलेक्ट्रानों की आवश्यक संख्या जोड़ दें।

5. अर्धअभिक्रिया के लिये घटक (मूल गुणांक) इस प्रकार छांटें कि उपचयन में खर्च इलेक्ट्रानों की संख्या अपचयन में प्राप्त इलेक्ट्रानों की संख्या के बराबर हो।

6. प्राप्त मूल गुणांकों को ध्यान में रखते हुए दोनों अर्धअभिक्रिया के समीकरणों का योग कर दें।

7. गुणांकों को अभिक्रिया के समीकरण में रख दें।

यह ध्यान रखना है कि जलीय विलयनों में अतिरिक्त आक्सीजन का मिलन तथा अपचायक द्वारा आक्सीजन का संलगन अम्लीय, उदासीन व क्षारीय विलयनों में विभिन्न प्रकार से होता है। अम्लीय विलयनों में अतिरिक्त आक्सीजन हाइड्रोजन आयनों के साथ मिलकर जल अणु बनाता है जबकि उदासीन व क्षारीय विलयनों में यह जल अणुओं के साथ मिलकर हाइड्रक्साइड आयन बनाता है, जैसे :

$MnO_4^- + 8H^+ + 5e^- = Mn^{2+} + 4H_2O$

(अम्लीस विलयन)

$NO_3^- + 6H_2O + 8e^- = NH_3 + 90H^-$

(उदासीन या क्षारीय विलयन)

अम्लीय व उदासीन विलयनों में उपचायक जल अणुओं की कीमत पर आक्सीजन मिलाकर हाइड्रोजन आयन बनाते हैं और क्षारीय विलयनों में हाइड्रोक्साइड आयनों की कीमत पर जल अणु बनाते हैं, उदाहरणतया :

$I_2 + 6H_2O = 2IO_3^- + 12H^+ + 10e^-$

(अम्लीय या उदासीन विलयन)

$CrO_2^- + 4OH^- = CrO_4^{2-} + 2H_2O + 3e^-$

(क्षारीय विलयन)

उदाहरण 1. आरेख

$H_2S + Cl_2 + H_2O \rightarrow H_2SO_4 + HCl$

पर आधारित हाइड्रेजन सल्फाइड को क्लोरन जल द्वारा उपचयन का अभिक्रिया समीकरण पूरा करें।

हल. अभिक्रिया के दौरान क्लोरीन की उपचयन संख्या 0 से घटकर -1 (क्लोरीन अपचयित होता है) हो जाती है तथा सल्फर की -2 से बढ़कर +6 (सल्फर उपचयित होता है।)

क्लोरीन की अपचयन अर्धअभिक्रिया का समीकरण निम्न है :

$$Cl_2 + 2e^- = 2Cl^-$$

सल्फर की उपचयन अर्धअभिक्रिया के समीकरण को बनाते समय हम म्नि आरेख की सहायता लेते है :

$$H_2S \rightarrow SO_4^{2-}$$

इस क्रिया के दौरान सल्फर परमाणु आक्सीजन के चार परमाणुओं के साथ अनुबंधित होता है जिनका स्रोत है जल के चार अणु। इसके परिणामस्वरूप आठ H^+ आयन बनते हैं तथा इनके अलावा दो और H^+ आयन H_2S अणु के बाहर निकल जाते हैं। इस प्रकार कुल मिलाकर स हाइड्रोजन आयन बनते हैं :

$$H_2S + 4H_2O \rightarrow SO_4^{2-} + 10H^+$$

आरेख के बायें पक्ष में केवल अनावेशित कण हैं जबकि दायें पक्ष में आयनों का कुल आवेश +8 है। अतः उपचयक के फलस्वरूप आठ इलेक्ट्रान बाहर निकलते हैं :

$$H_2S + 4H_2O = SO_4^{2-} + 10H|+^{+8e}-$$

चूंकि क्लोरीन के अपचयन में प्राप्त इलेक्ट्रानों की संख्या और सल्फर के उपचयन में लगे इलेक्ट्रानों की संख्या के बीच 1:4 का अनुपात है, अतः अपचयन तथा उपचयन के अर्धअभिक्रिया के समीकरणों का योग करते समय हमें पहले में 4 की और दूसरें में 1 की गुण करनी चाहिये :

$$\begin{array}{l|l} Cl_2 + 2e^- = 2Cl^- & 4 \\ H_2S + 4H_2O = SO_4^{2-} + 10H^+ + 8e^- & 1 \\ \hline 4Cl_2 + H_2S + 4H_2O = 8Cl^- + SO_4^{2-} + 10H^+ & \end{array}$$

प्राप्त समीकरण का आण्विक रूप निम्न हुआ :

$$4Cl_2 + H_2S + 4H_2O = 8HCl + H_2SO_4$$

कभी-कभी एक अपचायक में दो उपचायक तत्व भी उपस्थित हो सकते हैं। इसका उदाहरण नीचे दे रहे हैं।

उदाहरण 2. आर्सेनिक (III) सल्फाइड का सान्द्रित नाइट्रिक अम्ल द्वारा उपचयन निम्न आरेख द्वारा घटता है : समीकरण को

$$As_2S_3 + HNO_3 \rightarrow H_3AsO_4 + H_2SO_4 + NO$$

पूरा करें।

हल. अभिक्रिया के दौरान आर्सेनिक और सल्फर दोनों ही उपचयित हो जाते है : आर्सेनिक की उपचयन संख्या +3 से बढ़कर +5 हो जाती है तथा सल्फर की -2 से बढ़कर +6। एक As_2S_3 अणु दो AsO_4^{2-} तथा तीन SO_4^{2-} आयनों में रूपांतरित हो जाता है :

$$As_2S_3 \rightarrow 2AsO_4^{3-} + 3SO_4^{2-}$$

अम्लीय विलयन में जल के अणु इस क्रिया के लिये आवश्यक आक्सीजन देते हैं। दो AsO_4^{3-} आयनों के बनने के लिये जल के आठ अणु चाहियें तथा तीन SO_4^{2-} आयनों के लिये बारह अणु और चाहियें। इस प्रकार उपचयन की अर्धअभिक्रिया में जल के कुल बीस अणु भाग लेते हैं तथा हाइड्रोजन के चालीस आयन मुक्त होते हैं :

$$As_2S_3 + 20H_2O \rightarrow 2AsO_4^{3-} + 3SO_4^{2-} + 40H^+$$

आरेख के बायें पक्ष में आवेशित कण नहीं हैं तथा दायें पक्ष में कण्धों का कुल आवेश +28 है। इस प्रकार As_2S_3 के एक अणु के उपचयन के दौरान 28 इलेक्ट्रान बाहर निकलते हैं। उपचयन की अर्धअभिक्रिया का अंतिम समीकरण निम्न हुआ :

$$As_2S_3 + 20H_2O = 2AsO_4^{3-} = 2AsO_4^{3-} + 3SO_4^{2-} + 40H^+ + 28e^-$$

नाइट्रोजन की अपचयन अर्धअभिक्रिया के समीकरण को बनाते समय हम निम्न आरेख को आधार बनाते हैं :

$$NO_3^- \rightarrow NO$$

इस क्रिया के दौरान आक्सीजन के दो परमाणु उत्सर्जित होते हैं जो अम्लीय विलय में हाइड्रोजन के चार आयनों के साथ मिलकर जल के दो अणु बनाते हैं :

$$NO_3^- + 4H^+ \rightarrow NO + 2H_2O$$

आरेख के बायें पक्ष में आयनों का कुल आवेश +3 है और दायें पक्ष में आवेशित कण नहीं है। अतः अपचयन क्रिया में तीन इलेक्ट्रान भाग लेते हैं :

$$NO_3^- + 4H^+ + 3e^- = NO + 2H_2O$$

उपापचयन में भाग ले रहे इलेक्ट्रानों की संख और अपचयन में भाग ले रहे इलेक्ट्रानों की संख्या के बीच 28:3 का अनुपात है। अतः अर्धअभिक्रिया के समीकरणों का योग करते समय, हम पहले में 3 की और दूसरे में 28 की गुणा कर देते हैं :

$$\begin{array}{l|c} As_2S_3 + 20H_2O = 2AsO_4^{3-} + 3SO_4^{2-} + 40H^+ + 28e^- & 3 \\ NO_3^- + 4H^+ + 3e^- = NO + 2H_2O & 28 \\ \hline \end{array}$$

$$3As_2S_3 + 28NO_3^- + 112H^+ + 60H_2O = 6AsO_4^{3-} +$$
$$+ 9SO_4^{2-} + 28NO + 120H^+ + 56H_2O$$

समीकरण के दोनों पक्षों में समान सूत्रों को मिलाने पर हमें निम्न समीकरण मिलता है :

$$3As_2S_3 + 28NO_3^- + 4H_2O =$$
$$= 6AsO_4^{3-} + 9SO_4^{2-} + 28NO + 8H^+$$

या आण्विक रूप में :

$$3As_2S_3 + 28HNO_3 + 4H_2O = 6H_3AsO_4 + 9H_2SO_4 + 28NO$$

जब उपापचयन अभिक्रिया जलीय विलयन (माध्यम) के बाहर घटती है, तब अर्धअभिक्रियाओं के समीकरणों को नहीं बनाते, केवल उपचयन और अपचयन में भाग ले रहे इलेक्ट्रानों की संख्या का कलन करते हैं।

उदाहण 3. कोयले द्वारा लोहे (III) आक्साइड के अपचयन के समीकरण को बनाइये। अभिक्रिया निम्न अरेख के अनुसार घटती है :

$$Fe_2O_3 + C \rightarrow Fe + CO$$

हल. लौह अपचयित होता है-इसकी उपचयन संख्या +3 से घटकर 0 हो जाती है तथा कार्बन उपचयित होता है-इसकी उपचयन संख्या 0 से बढ़कर +2 हो जाती है। हम इन क्रियाओं की स्कीमों में तत्वों की उपचयन संख्याएँ रोमन अंकों द्वारा प्रदर्शित करते हैं (आयनों के आवेशों से भिन्न करने के लिये) :

$$\begin{array}{l|l} Fe^{+III} + 3e^- = Fe^{\circ} & 2 \\ C^{\circ} + C^{+II} + 2e^- & 3 \end{array}$$

उपचयन में भाग ले रहे इलेक्ट्रानों की संख्या और अपचयन में भाग ले रहे इलेक्ट्रानों की संख्या के बीच 3:2 का अनुपात है। अतः अभिक्रिया में लौह के हर दो परमाणु कार्बन के तीन परमाणुओं द्वारा उपचयित होते हैं।

अंत में हमें निम्न समीकरण प्राप्त होता है :

$$Fe_2O_3 + 3C = 3Fe + 3CO$$

प्रश्न

613. निम्न अभिक्रियाओं के लिये उपचयन और अपचयन अर्धअभिक्रियाओं के समीकरणों को बनाइये तथा निश्चित कीजिये कि किन स्थितियों में हाइड्रोजन उपचायक की भूमिका निभाता है और किन स्थितियों में-अपचायक की :

(a) $2Al + 6HCl = 2AlCl_3 + 3H_2$

(b) $2H_2 + O_2 = 2H_2O$

(c) $2Na + 2H_2O = 2NaOH + H_2$

(d) $BaH_2 + 2H_2O = Ba(OH)_2 + 2H_2$

614. विलयन की अम्लता को ध्यान में रखते हुए, उपचयन या अपचयन अर्धअभिक्रियाओं के समीकरणें को बनाइये :

(a) अम्लीय विलयन (b) उदासीन विलयन (c) क्षारीय विलयन

$NO_3 \rightarrow NO_2$ $NO_2^- \rightarrow NO_3^-$ $CrO_2^- \rightarrow CrO_4^{2-}$

$MnO_4^- \rightarrow Mn^{2+}$ MnO_4^- $Al \rightarrow AlO_2^-$

$Cr^{3+} \rightarrow Cr_2O_7^{2-}$ $SO_3^{2-} \rightarrow SO_4^{2-}$ $NO_3^- \rightarrow NH_3$

615. निम्न अभिक्रियाओं के समीकरणों को पूरा करें :

(a) $Mn(OH)_2 + Cl_2 + KOH = MnO_2 +$

(b) $MnO_2 + O_2 + KOH = K_2MnO_4 +$

(c) $FeSO_4 + Br_2 + H_2SO_4 =$

(d) $NaAsO_2 + I_2 + NaOH = Na_3AsO_4 +$

616. निम्न अभिक्रियाओं में सान्द्रित नाइट्रिक अम्ल उपचायक का काम करता है। इनके समीकरणें को पूरा करें :

(a) $C + HNO_3 \rightarrow CO_2 +$

(b) $Sb + HNO_3 \rightarrow HSbO_3 +$

(c) $Bi + HNO_3 \rightarrow Bi(NO_3)_3 +$

(d) $PbS + HNO_3 \rightarrow PbSO_4 + NO_2 +$

617. निम्न अभिक्रियाओं में सान्द्रित सल्फ्यूरिक अम्ल उपचायक का काम करता है। इनके समीकरणों को पूरा करें :

(a) $HBr + H_2SO_4 \rightarrow Br_2 +$

(b) $S + H_2SO_4 \rightarrow SO_2 +$

(c) $Mg + H_2SO_4 \rightarrow MgSO_4 =$

618. निम्न अभिक्रियाओं में उत्पादों को जोड़ने के लिये उपचायक (या अपचायक) की अतिरिक्त मात्रा की जरूरत पड़ती है। इनके समीकरणों को पूरा करें :

(a) $HBr + KMnO_4 \rightarrow MnBr_2 +$

(b) $HCl + CrO_3 \rightarrow Cl_2 +$

(c) NH_3 (अतिरिक्त) $+ Br_2 \rightarrow N_2 +$

(d) $Cu_2O + HNO_3 \rightarrow NO +$

619. निम्न अभिक्रियाअ ों के समीकरणों को पूरा करें और उन्हें आयनी-आण्विक रूप में लिखें :

(a) $K_2S + K_2MnO_4 + H_2O \rightarrow S +$

(b) $NO_2 + KMnO_4 + H_2O \rightarrow KNO_3 +$

(c) $KI + K_2Cr_2O_7 + H_2SO_4 \rightarrow I_2 +$

(d) $Ni(OH)_2 + NaClO + H_2O \rightarrow Ni(OH)_3 +$

(e) $Zn + H_3AsO_3 + H_2SO_4 \rightarrow AsH_3 +$

620. निम्न अभिक्रियाओं के समीकरणों को पूरा करें और बतायें कि प्रत्येक स्थिति में हाइड्रोजन परआक्साइड कौनसी भूमिका निभाता है :

(a) $PbS + H_2O_2 \rightarrow$

(b) $HOCl + H_2O_2 \rightarrow HCl +$

(c) $KI + H_2O_2 \rightarrow$

(d) $KMnO_4 + H_2O_2 \rightarrow MnO_2 \rightarrow$

(e) $I_2 + H_2O_2 \rightarrow HIO_3 +$

(f) $PbO_2 + H_2O_2 \rightarrow O_2 +$

621. निम्न अभिक्रियाओं के समीकरणों को पूरा करें। मध्यवर्ती उपचयन अवस्था में तत्वों के उपापचयन द्वैत पर ध्यान दें :

(a) $KI + KNO_2 + CH_3COOH \rightarrow NO +$

$KMnO_4 KNO_2 + H_2SO_4 \rightarrow KNO_3 +$

(b) $H_2SO_3 + Cl_2 + H_2O \rightarrow H_2SO_4 +$

$H_2SO_3 + H_2S \rightarrow S +$

(c) $Na_2S_2O_3 + I_2 \rightarrow Na_2S_4O_6 +$

$Cl_2 + I_2 + H_2O \rightarrow HIO_3 +$

622. निम्न स्वतः उपचयन स्वतः अपचयन (असमानुपातन) अभिक्रियाओं को पूरा करें :

(a) $I_2 + Ba(OH)_2 \rightarrow Ba(IO_3)_2 +$

(b) $K_2SO_3 \rightarrow K_2S +$

(c) $HClO_3 \rightarrow ClO_2 +$

(d) $P_2O_3 + H_2O \rightarrow PH_3 +$

(e) $P + KOH + H_2O \rightarrow KH_2PO_2 + PH_3$

(f) $Te + KOH \rightarrow K_2TeO_3 +$

623. निम्न अतः अणुक उपापचयन अभिक्रियाओं के समीकरणों को पूरा करें। प्रत्येक अवस्था में कौनसा परमाणु उपचायक की भूमिका निभाता है और कौनसा-अपचायक की?

(a) $CuI_2 \rightarrow CuI + I_2$

(b) $Pb(NO_3)_2 \rightarrow PbO + NO_2 +$

(c) $KClO_3 \rightarrow KCl +$

(d) $NH_4NO_2 \rightarrow N_2 +$

(e) $KMnO_4 \rightarrow K_2MnO_4 + MnO_2 +$

624. निम्न अभिक्रियाओं के समीकरणों को पूरा करें। यह बात ध्यान में रखें कि अपचायक में उपचायक तत्वों की संख्या दो है :

(a) $Cu_2S + HNO_3$ (सान्द्रित) $\rightarrow H_2SO_4 +$

(b) $FeS_2 + O_2 \rightarrow$

(c) $FeO.Cr_2O_3 + K_2CO_3 + O_2 \rightarrow K_2CrO_4 + Fe_2O_3 +$

(d) $FeSO_3 + KMnO_4 + H_2SO_4 \rightarrow Fe(SO_4)_3 +$

625. निम्न अभिक्रियाओं के समीकरणों को पूरा करें और उन्हें आण्विक रूप में लिखें :

(a) $C_2O_4^{2-} + I_2 \rightarrow CO_2 +$

(b) $BiO_3^- + Cr^{3+} + H^+ \rightarrow Bi^{3+} + Cr_2O_7^{2-} +$

(c) $SeO_3^{2-} + I^- + H_2O \rightarrow Se +$

(d) $IO_3^- + SO_2 + H_2O \rightarrow$

626. निम्न अभिक्रियाओं के समीकरणों को पूरा करें और उन्हें आण्विक रूप में लिखें :

(a) $MnO_4^- + I + H_2O \rightarrow$

(b) $HPO_3^{2-} + Hg^{2+} + H_2O \rightarrow Hg +$

(c) $P + IO_3^- + OH^- \rightarrow$

(d) $PCl_3 + ClO_3^- + H_2O \rightarrow$

(e) $AsO_3^{3-} + I_2 + H_2O \rightarrow AsO_4^{3-} +$

(f) $Bi^{3+} + Br_2 - OH^- \rightarrow BiO_3^- +$

(g) $Sb^{3+} + Zn + H^+ \rightarrow SbH_3 +$

627. निम्न अभिक्रियाओं के समीकरणों को पूरा करें और उन्हें आयनी-आण्विक रूप में लिखें :

(a) $FeSO_4 + O_2 + H_2O \rightarrow$

(b) $P + KMnO_4 + H_2O \rightarrow KH_2PO_4 + K_2HPO_4 +$

(c) $Mn(NO_3)_2 + NaBiO_3 + HNO_3 \rightarrow HMnO_4 +$

(d) $FeS_2 + HNO_3$ (सान्द्रित) $\rightarrow H_2SO_4$

(e) $(NH_4)_2Cr_2O_7 \rightarrow N_2 +$

628. निम्न अभिक्रियाओं के समीकरणों को पूरा करें और उन्हें आयनी-आण्विक रूप में लिखें :

(a) $BiCl_3 + SnCl_2 + KOH \rightarrow Bi +$

(b) $NaClO_3 + H_2S \rightarrow H_2SO_4 +$

(c) $KCrO_2 + Br_2 + KOH \rightarrow$

(d) $MnSO_4 + (NH_4)_2S_2O_8 + H_2SO_4 \rightarrow HMnO_4 +$

4. अपचायकों और उपचायकों के तुल्य

अध्याय I में हम बता चुके हैं कि पदार्थ का तुल्य इसकी उस मात्रा को कहते हैं जो हाइड्रोजन के परमाणु के एक मोल के साथ व्यतिक्रिया करती है। अगर हाइड्रोजन अपचायक (या उपचायक) की भूमिका निभाता है, तो इसके परमाणुओं का 1 मोल इलेक्ट्रानों का 1 मोल निकालता (या मिलाता) है :

$$1/2H_2 = H^+ + e^- \quad 1/2H_2 + e^- = H^-$$

अतः पचायक (या अपचायक) का तुल्य उसकी उस मात्रा को कहते हैं जो अपचयित (या उपचयित) होकर इलेक्ट्रानों के 1 मोल को मिलाती (या निकालती) हैं।

अतः किसी उपचायक (अपचायक) का तुल्य द्रव्यमान-उसका मोल द्रव्यमान (E) बटा एक अणु द्वारा मिलाये (या निकाले) इलेक्ट्रानों की संख्या

$$E = \frac{M}{n} \text{ ग्राम/मोल}$$

चूंकि एक ही पदार्थ द्वारा विभिन्न अभिक्रियाओं मे निकाले (या मिलाये) इलेक्ट्रानों की संख्या विभिन्न हो सकती है, तो उसका तूल्य द्रव्यमान भी विभिनन हो सकता है। उदाहरण के लिये, पोटेशियम परमैगनेट $KMnO_4$ (M = 158.0g/mol) विलयन की अम्लता के हिसाब से विभिनन प्रकार से उपसिात होता है। अम्लीय विलयन में अपचयन निम्न समीकरण के अनुसार घटता है : $MnO_4^- + 8H^+ + 5e^- = Mn^{2+} + 4H_2O$

यहाँ n = 5, $KMnO_4$ का तुल्य 1/5 मोल के बराबर है तथा उसका तुल्य द्रव्यमान

$$E = \frac{158.0}{5} = 31.6g/mol$$

उदासीन और क्षारीय विलयनों में अर्धअभिक्रिया के समीकरण का रूप निम्न होता है :

$$MnO_4^- + 2H_2O + 3e^- = MnO_2 + 4OH^-$$

अतः n = 3, $KMnO_4$ का तुल्य 1/3 मोल के बराबर है, तथा

$$E = \frac{158.0}{5} = 57.7g/mol$$

अंत में, प्रबल क्षारीय विलयन में $KMnO_4$ के अपचयन के दौरान

$$MnO_4^- + e^- = MnO_4^{2-}$$

n = 1, $KMnO_4$ का तुल्य द्रव्यमान 1 मोल के बराबर है तथा

$$E = \frac{158.0}{1} = 158.0g/mol$$

उदाहरण 1. हाइड्रोजन सल्फाइड के तुल्य और तुल्य द्रव्यमान का कलन करें, अगर वह सल्फ्यूरिक अम्ल तक उपचयित होता है।

हल. हाइड्रोजन सल्फाइड की उपचयन क्रिया का समीकरण निम्न है :

$$H_2S + 4H_2O = SO_4^{2-} + 10H^+ + 8e^-$$

चूंकि H_2S का एक अणु उपचयित होकर 8 इलेक्ट्रान देता है, तो हाइड्रोजन सल्फाइड का तुल्य 1/8 मोल के बराबर हुआ और

$$E = \frac{34.08}{8} = 4.26g/mol$$

उदाहरण 2. अम्लीय विलयन में 50 ml 0.2N पोटेशियम परमैगनेट विलयन द्वारा अमोनियम आक्सेलेट $(NH_4)_2C_2O_4$ का कितना द्रव्यमान उपचयित किया जा सकता है?

हल. 1 लीटर पोटेशियम परमैगेनेट में $KMnO_4$ का 0.2 तुल्य उपस्थित है और 50ml विलयन में $0.2 \times 0.05 = 0.01$ तुल्य। तुल्यता नियम के अनुसार $KMnO_4$ की इतनी मात्रा के अपचयन के दौरान अपचायक की इतनी ही मात्रा उपचयित होगी।

हम $(NH_4)_2C_2O_4$ का तुल्य द्रव्यमान ज्ञात कर लेते हैं। उपचयन अर्धअभिक्रिया के समीकरण

$$C_2O_4^{2-} = 2CO_2 + 2e^-$$

से यह निष्कर्ष निकलता है कि

$$E = \frac{M}{n} = \frac{124.1}{2} = 62.05g/mol$$

अतः $KMnO_4$ की उपलब्ध मात्रा से $62.05 \times 0.01 \times 0.62g$ अमोनियम आक्सेलेट उपचयित किया जा सकता है।

प्रश्न

630. निम्न अभिक्रियाओं में H_2SO_4 के तुल्य द्रव्यमान का कलन करें :

(a) $Zn + H_2SO_4$ (तनु) $= ZnSO_4 + H_2$

(b) $2HBr + H_2SO_4$ (सान्द्रित) $= Br_2 + SO_2 + 2H_2O$

(c) $8HI + H_2SO_4$ (सान्द्रित) $= 2I_2 + H_2S + 4H_2O$

631. निम्न अपचायकों के तुल्य द्रव्यमानों का कलन करें : टिन (II) क्लोराइड; फास्फोरस अगर वह H_3PO_4 तक उपचयित हैं, हाइड्रोजन परआक्साइड, जो आण्विक आक्सीजन तक उपचयित होता है।

632. पोटेशियम परक्लोरेट $KClO_4$ के तुल्य और तुल्य द्रव्यमान का मान कितना होगा अगर वह

(a) क्लोरीन डापइआक्साइड,

(b) कमुक्त क्लोरीन और

(c) कक्लोरीन आयन तक अपचयित होता है?

633. अम्लीय विलयन में (a) $K_2Cr_2O_7$ व (b) $KMnO_4$ 1 मोल को अपचयित करने के लिये KI के कितने तुल्यों की आवश्यकता पड़ेगी?

634. एक ग्राम आयोडीन द्वारा हाइड्रोजन सल्फाइउ की कितनी मात्रा मुक्त सल्फर तक उपचयित की जा सकती है?

635. 20ml 0.1N पोटेशियम परमैगनेट विलयन द्वारा अम्लीय विलयन में लौह (III) सल्फेट की कितनी मात्रा

उपचयित की जा सकती है?

636. 30ml 0.2N KNO_2 विलयन KI के अम्लित विलयन की अति मात्रा के साथ मिलाने के फलस्वरूप आयोडीन और नाइट्रोजन मोनोआक्साइड उत्सर्जित होती हैं। आयोडनी के द्रव्यमान और नाइट्रोजन मोनोआक्साइड के आयन का कलन करें।

637. KIO_3 (e = 1.052g/ml) के 10% विलयन की नार्मलता कितनी होती अगर वह मुक्त आयोडीन तक अपचयित होता है?

638. लौह की एक पन्नी $CuSO_4$ विलयन में डूबी हुई है। अभिक्रिया के बाद पन्नी का द्रव्यमान 2gm बढ़ गया। विलयन से प्राप्त ताम्र का द्रव्यमान ज्ञात करें।

5. विद्युत ऊर्जा के रासायनिक स्रोत इलेक्ट्रोड विभव

अगर एक उपापचयन अभिक्रिया इस प्रकार घटायी जाये कि उपचयन और अपचयन क्रियाएं दिक में पृथक हो जायें और इलेक्ट्रानों के अपचायक से उपचायक की ओर एक चालक (बाह्य परिपथ) के रास्ते प्रवाहित होने की संभावना बना दें तो बाह्य परिपथ में इलेक्ट्रानों का दिष्ट प्रवाह (एक विद्युत धारा) उत्पन्न होगा। रासायनिक उपापचयन अभिक्रिया की ऊर्जा विद्युत ऊर्जा में रूपांतरित हो जाती है। जिन साधनों में यह रूपांतरण घटता है, वे विद्युत ऊर्जा के रासायनिक स्रोत या गैलवेनी सेल कहलाते हैं।

प्रत्येक गैल्वेनी सेल में दो इलेक्ट्रोड होते हैं-धातुएं। वे विद्युत-अपघट्यों के विलयनों में डूबी होती : दोनों विलयन एक-दूसरे को स्पर्श करते हैं-इनके बीच संरध्र प्लेट लगी होती है। जिस इलेक्ट्रोड पर उपचयन होता है, वह धनाग्र कहलाता है तथा जिस इलेक्ट्रोड पर अपचयन होता है, वह ऋणाग्र कहलाता है।

जब एक गैल्वेनी सेल आरेख के अनुसार निरूपित किया जाता है, तो धातु व विलयन के पृथक्करण की सीमा एक ऊर्ध्वाधर रेखा द्वारा तथा विद्युत अपघट्यों के विलयनों के पृथक्करण की सीमा दोहरी ऊर्ध्वाधर रेखा द्वारा प्रदर्शित की जाती है। उदाहरण के लिये, एक गैल्वेनी सेल, जो निम्न अभिक्रिया के आधार पर कार्य करता है :

$$Zn + 2AgNO_3 + Zn(NO_3)_2 + 2Ag$$

निम्न प्राकर से व्यक्त किया जाता है :

$$Zn \mid Zn(NO_3)_2 \parallel AgNO_3 \mid Ag$$

इस सेल को आण्विक रूप में भी लिख सकते हैं :

$$Zn \mid Zn^{2+} \parallel Ag^{+} \mid Ag$$

दी गयी स्थिति में धात्विक इलेक्ट्रोड अभिक्रिया में प्रत्यक्ष रूप से भाग लेते हैं। धनाग्र पर जिंक उपचयित होता है :

$$Zn = Zn^{2+} + 2e^{-}$$

तथा आयनों के रूप में विलयन में आ जाता है; ऋणाग्र र रजत अपचयित होत है :

$$Ag^{+} + e^{-} = Ag\text{क}$$

तथा धातु के रूप में जमा हो जाता है। इलेक्ट्रोड अभिक्रियाओं के समीकरणों का योग करने पर (प्राप्त हुए और व्यय हुए इलेक्ट्रानों की संख्या का हिसाब रख कर) हमें अभिक्रिया का नेट समीकरण प्राप्त हो जाता है :

$$Zn + 2Ag^{+} = Zn^{2+} + 2Ag$$

कई बार इलेक्ट्रोड की धातु इलेक्ट्रोड क्रिया में परिवर्तित नहीं होती है। वह केवल पदार्थ के अपचयित रूप से उपचयित रूप तक इलेकट्रानों के रूपांतरण में भाग लेती है। जैसे, गैल्वेनी सेल

$$Pt \mid Fe^{2+}, Fe^{3+} \parallel MnO_4^-, Mn^{2+}, H^+ \mid Pt$$

में अक्रिय इलेक्ट्रोडों की भूमिका प्लैटिनम निभाता है। लौह (II) आक्साइड प्लैटिनम धनाग्र पर उपचयित होता है :

$$Fe^{2+} = Fe^{3+} + e^-$$

तथा मैंगनीज (VII) प्लैटिनम ऋणाग्र पर उपचयित होता है :

$$MnO_4^- + 8H^+ + 5e^- = Mn^{2+} + 4H_2O$$

प्रथम समीकरण में पांच की गुणा करके गुणनफल और दूसरे समीकरण का योग करने पर हमें अभिक्रिया का नेट समीकरण प्राप्त हो जाता है :

$$5Fe^{2+} + MnO_4^- + 8H^+ = 5Fe^{3+} + Mn^{2+} + 4H_2O$$

गैल्वेनी सेल की वोल्टता का अधिकतम मान, जो प्रतिवर्ती अभिक्रिया के अनुरूप होता है, सेल का विद्युत-वाहक बल (e.m.f.) कहलाता है। अगर अभिक्रिया मानक परिस्थितियों में घटती है अर्थात् जब अभिक्रिया में भाग ले रहे पदार्थ अपनी मानक अवस्थाओं में होते हैं, तो प्राप्त e.m.f. उस सेल का मानक विद्युत-वाहक बल E° कहलाता है।

गैल्वेनी सेल का वि0 वा0 ब0 दो इलेक्ट्रोड विभवों के अंतर के रूप में व्यक्त किया सकता है। प्रत्येक वीाव एक इलेक्ट्रोड पर घट रही अर्धअभिक्रिया के अनुरूप होता है। उदाहरणतया, उक्त रजत-जिंक सेल के लिये वि0 वा0 ब0 निम्न अंतर के बराबर है :

$$F = \varphi Ag - \varphi Zn$$

यहाँ φAg तथा φCn रजत और जिंक इलेक्ट्रोड पर घट रही इलेक्ट्रोड क्रियाओं के संगत विभव हैं।

वि0 वा0 ब0 का कलन करते समय उच्च इलेक्ट्रोड विभव में से निम्न इलेक्ट्रोड विभव घटा देते हैं।

इलेक्ट्रोड क्रियाओं में भाग ले रहे पदार्थों की सान्द्रताओं पर तथा तापमान पर इलेक्ट्रोड विभव की निर्भरता नेर्न्सट समीकरण द्वारा व्यक्त की जाती है :

$$\phi = \phi° + \frac{2.3RT}{zF} \log \frac{[Ox]}{[Red]}$$

यहाँ φ° मानक इलेक्ट्रोड विभव है; R मोलर गैस स्थिरांक है; T परम तापमान है; F फैराडे स्थिरांक (96500c/mol) है; z इलेक्ट्रोड क्रिया में भाग ले रहे इलेक्ट्रानों की संख्या है; [Ox] व [Red]-क्रिया के उपचयन [Ox] तथा अपचयन [Red] रूपों में भाग लेने वाले पदार्थों की सान्द्रताओं के गुणनफल हैं।

उदाहरण के लिये, इलेक्ट्रोड क्रिया

$Fe^{3+} + e^- = Fe^{2+}$ के लिये $z = 1$,

$[Ox] = [Fe^{3+}]$ तथा $[Red] = [Fe^{2+}]$

अर्धअभिक्रिया

$MnO_4^- + 8H^+ + 5e^- = Mn^{2+} + 4H_2O$ के लिये $z = 5$,

$[Ox] = [MnO_4^-]\,[H^+]^8$, $[Red] = Mn^{2+}$*

जब कोई क्रिया मानक परिस्थितियों में घटायी जाती है, तो अभिक्रिया में भाग लेने वाले सभी पदार्थों की सान्द्रताएं (सक्रियताएं) इकाई के बराबर होती हैं, जिससे नेर्न्सट समीकरण का लघुगणकीय भाग शून्य के बराबर हो जाता है, अतः समीकरण का रूप निम्न हो जाता है :

$$\varphi = \varphi°$$

*तनु विलयनों के लिये जल की सान्द्रता स्थिरांक मानी जा सकती है तथ इसे φ° में शामिल किया जा सकता है।

इस प्रकार इलेक्ट्रोड क्रिया में भाग लेने वाले सभी पदार्थों की सान्द्रता इकाई के बराबर होने पर जो विभव होता है उसे मानक इलेक्ट्रोड विभव कहते हैं।

उपरोक्त इलेक्ट्रोड क्रियाओं के उदाहरण पर नेन्सर्ट समीकरण में R, F व T के मान भरने पर 25°C (29K) पर हमें निम्न रूप प्राप्त होता है :

इलेक्ट्रोड	इलेक्ट्रोड क्रिया	नेर्न्सट समीकरण
Zn/Zn^{2+}	$Zn^{2+} + 2\bar{e} \rightleftarrows Zn$	$\phi = \phi° + \frac{0.059}{2}\log\left[Zn^{2+}\right]$
Ag/Ag^{+}	$Ag^{2+} + \bar{e} \rightleftarrows Ag$	$\phi = \phi° + 0.059 \log\left[Ag^{+}\right]$,
$Pt/Fe^{2+}, Fe^{3+}$	$Fe^{3+} + \bar{e} \rightleftarrows Fe^{2+}$	$\phi = \phi° + 0.059 \log\left[\frac{Fe^{3+}}{Fe^{2+}}\right]$
Pt/MnO_4^-,	$MnO_4^- + 8H^+ +$	$\phi = \phi° + \frac{0.059}{5} \times$
Mn^{2+}, H^+	$+5\bar{e} \rightleftarrows Mn^{2+} + 4H_2O$	$\log\frac{\left[MnO_4^-\right]\left[H^+\right]^8}{\left[Mn^{2+}\right]}$

अंतिम उदाहरण में, जब इलेक्ट्रोड क्रिया में जल भाग लेता है, इलेक्ट्रोड विभव H^+ (या OH^-) आयनों की सान्द्रता अर्थात् विलयन के pH पर निर्भर करता है।

जिस मानक हाइड्रोजन इलेक्ट्रोड पर क्रिया इस प्रकार घटती है कि हाइड्रोजन आयनों की सक्रियता (सान्द्रता) इकाई के बराबर होती है (pH = 0) तथ गैस हाइड्रोजन का आंशिक दाब, जो सप्रतिबंध रूप से इकाई के बराबर लिया है, मानक वायुमंडलीय दाब के बराबर होता है, उसे निदेर्श इलेक्ट्रोड माना है तथा इसका मानक विभव शून्य के बराबर लिया जाता है।

अगर हम H_2 का आंशिक दाब स्थिर रखते हुए विलयन में H^+ आयनों की सान्द्रता (सक्रियता) बदल दें, तो हाइड्रोजन इलेक्ट्रोड का विभव परिवर्तित हो जायेगा और शून्य के बराबर नहीं रहेगा; 25°C पर नेर्न्सट समीकरण के अनुसार इस विभव का मान निम्न अभिव्यक्ति द्वारा निर्धारित किया जाता है :

$$\varphi = -\ 0.059\ pH\ (H^+)$$

और अगर सक्रियता गुणांक को न लें तब

$$\varphi = -\ 0.059\ pH$$

विशेष रूप से, उदासीन विलयनों में (pH = 7)

$$\varphi = -\ 0.059 \times 7 \approx -\ 0.41\ V$$

परिशिष्ट की सारणी 9 में विभिन्न विद्युत-रासायनिक प्रणालियों के लिये मानक हाइड्रोजन इलेक्ट्रोड के सानुपातिक मानक

*इलेक्ट्रोड क्रियाओं के समीकरणों को अपचयन की दिशा में लिखने की प्रथा है (उन अवस्थाओं को छोड़ कर जब अपचयन क्रिया का खास तौर पर अध्ययन किया जाता है)।

इलेक्ट्रोड विभवों $\varphi°$ का बीजगणितीय मान जिता कम होता है, संगत विद्युत रासायनिक प्रणाली के अपचायक गुण उतने ही ज्यादा प्रबल होते हैं; इसके विपरीत $\varphi°$ का मान जितना उच्च होता है, प्रणाली के उपचयन गुण उतने ही ज्यादा प्रबल होते हैं।

यह मानते हैं कि गैल्वेनी सेल में इलेक्ट्रोड 1 और 2 हैं जिनके विभव φ_1 व φ_2 हैं तथा $\varphi_1 > \varphi_2$। इसका मतलब यह हुआ कि इलेक्ट्रोड 1 सेल का धन ध्रुव होगा तथा इलेक्ट्रोड 2 ऋण ध्रुव तथा इस सेल का वि. वा. ब. $\varphi_1 - \varphi_2$ के बराबर होगा। इलेक्ट्रोड 1 (ऋणाग्र) पर अपचयन अर्धअभिक्रिया घटेगी तथा इलेक्ट्रोड 2 (धनाग्र) पर उपचयन अर्धअभिक्रिया।

उदाहरण 1. एक गैल्वेनी सेल में धात्विक जिंक 0.1 M जिंक नाइट्रेट विलयन में डूबा हुआ है तथा धात्विक लेड 0.02M लेड नाइट्रेड विलयन में। सेल के वि. वा. ब. का कलन करें, इलेक्ट्रोड क्रियाओं के समीकरण लिखें तथा सेल का आरेख बनायें।

हल. सेल का वि. वा. ब. ज्ञात करने के लिये हमें इलेक्ट्रोड विभवों का कलन करना चाहिये। इसके लिये हम परिशिष्ट की सारणी 9 से प्रणाली Zn^{2+}/Zn (-0.76v) तथा Pb^{2+}/Pb (-0.13v) के मानक इलेक्ट्रोड विभवों के मान ले कर नेर्न्सट समीकरण द्वारा φ के मान का कलन कर लेते हैं :

$$\phi_{Zn} = -0.76 + \frac{0.059}{2}\log 0.1 =$$

$$= -0.76 + 0.030(-1) = -0.79V$$

$$\phi_{Pb} = -0.13 + \frac{0.059}{2}\log 0.02 =$$

$$= -0.13 + 0.030(-17) = -0.18V$$

अब हम सेल का वि0 वा0 ब0 ज्ञात कर लेते हैं :

$$E = \varphi^{Pb} - \varphi_{Zn} = -0.18 - (-0.79) = 0.61V$$

चूंकि $\varphi Pb > \varphi Zn$, तो अपचयन लेड इलेक्ट्रोड पर घटेगा अर्थात् यह ऋणाग्र होगा :

$$Pb^{2+} + 2e^- = Pb$$

उपचयन क्रिया

$$Zn = Zn^2 + 2e^-$$

जिंक इलेक्ट्रोड पर घटेगी अर्थात् यह धनाग्र होगा।

गैल्वेनी सेल का आरेख निम्न है :

$$^-Zn \mid Zn(NO_3)_2(0.1M) \parallel Pb(NO_3)_2\ (0.02M) \mid Pb^+$$

उदाहरण 2. AgBr ($KsP = 6 \times 10^{-13}$) के संतृप्त विलयन में रत इलेक्ट्रोड के विभव का कलन करें। विलयन में पोटेशियम ब्रोमाइड का 0.1 mol/1 भी उपस्थित है।

हल. प्रणाली Ag^+/Ag के लिये नेर्न्सट समीकरण लिख देते हैं :

$$\varphi = \varphi° + 0.059 \log [Ag^+]$$

इस प्रणाली के लिये f° का मान 0.80v है (परिशिष्ट की सारणी 9)। चूंकि पोटेशियम ब्रोमाइड को पूर्णतया वियोजित माना जा सकता है, तो $[Br^-] = 0.1$ mol/1। अब हम रजत आयनों की सान्द्रता ज्ञात कर लेते हैं :

$$\left[Ag^{+}\right] = \frac{K_{sp}(AgBr)}{\left[Br^{-}\right]} = \frac{6 \times 10^{-13}}{0.1} = 6 \times 10^{-12}\ mol/l$$

अब हम φ° व $[Ag^+]$ के मान इलेक्ट्रोड विभव के समीकरण में भर देते हैं :

$\varphi = 0.80 + 0.059 \log (6.10^{-12}) = 0.80 +$

$+ 0.059 (-12 + 0.78) = 0.80 + 0.059 (-11.22) =$

$= 0.80 - 0.66 = 0.14$ V

उदाहरण 3. किसी विलयन में हाइड्रोजन इलेक्ट्रोड विभव -82mV हैं। विलयन में H^+ आयनों की सक्रियता का कलन करें।

हल. समीकरण $\varphi = 1\ 0.059\ paH^+$ से

$$paH^{+} = \frac{-\phi}{0.059} = \frac{0.082}{0.059} = 1.39$$

अतः $- \log^a H^+ = 1.39$

$\log^a H^+ = - 1.39 = \bar{2}.61$

$^aH^+ = 0.041$ mol/l

गैल्वेनी सेल केवल विभिन्न इलेक्ट्रोडों से ही नहीं, एक ही विद्युत-अपघट्य के विभिन्न सान्द्रताओं वाले विलयनों में डूबे समान इलेक्ट्रोडों से भी बनाया जा सकता है (सान्द्रता गैल्वेनी सेल)। इस सेल का वि0 वा0 ब0 इसके इलेक्ट्रोडों के विभवों के अंतर के बराबर होता है।

उदाहरण 4. निम्न गैल्वेनी सेल का वि0 वा0 ब0 निर्धारित करें :

$Ag|AgNO_3(0.001M) \parallel AgNO_3(0.1M)|Ag$

जब यह सेल काम कर रहा होता है, तमब बाह्य परिपथ में इलेक्ट्रान किस दिशा में स्थानान्तरित होंगे?

हल. प्रणाली Ag^+/Ag का मानक इलेक्ट्रोड विभव 0.80v है। बायें इलेक्ट्रोड का विभव φ_1 तथा दायें का φ_2 का मान कर हमें निम्न मान प्राप्त होते हैं :

$\varphi_1 = 0.80 + 0.059 \log 0.001 = 0.80 + 0.059 (-3) = 0.62$V

$\varphi_2 = 0.80 + 0.059 \log 0.1 = 0.80 - 0.59 = 0.74$ V

हम सेल के वि0 वा0 ब0 का कलन करते हैं :

$E = \varphi_2 - \varphi_1 = 0.74 - 0.62 = 0.12$ V

चूंकि $\varphi_1 < \varphi_2$, बायाँ इलेक्ट्रोड सेल का धन ध्रुव होगा तथा बाह्य परिपथ में इलेक्ट्रान बायें इलेक्ट्रोड से दायें इलेक्ट्रोड की ओर स्थानान्तरित होंगे।

प्रश्न*

639. दो गैल्वेनी सेलों के आरेख बनाइये जिनमें से एक में कापर ऋगण हो तथा दूसरे में धनाग्र हो। इस सेलों के काम करते समय घट रही अभिक्रियाओं के समीकरण लिखें तथा मानक वि0 वा0 ब0 के मानों का कलन करें।

640. निम्न गैल्वेनी सेलों के बाह्य परिपथ में इलेक्ट्रान किस दिशा में स्थानान्तरित होंगे अगर सारे विद्युत-अपघट्य

*इस खंड के प्रश्नों को हल करते समय आवश्यकता पड़ने पर परिशिष्ट की सारणी 9 का प्रयोग किया जा सकता है।

विलयन एक मोलीय है :

(a) $Mg \mid Mg^{2+} \parallel Pb^{2+} \mid Pb$

(b) $Pb \mid Pb^{2+} \parallel Cu^{2+} \mid Cu$

(c) $Cu \mid Cu^{2+} \parallel Ag^{+} \mid Ag$?

प्रत्येक अवस्था में कौनसी धातु विलीन होगी?

641. किसी गैल्वेनी सेल में रजत इलेक्ट्रोड 1M $AgNO_3$ विलयन में डूबा हुआ है तथा उसका दूसरा इलेक्ट्रोड मानक हाइड्रोजन इलेक्ट्रोड है। इलेक्ट्रोड क्रियाओं के समीकरण तथा सेल के काम करते समय घट रही अभिक्रिया के समीकरण लिखें। सेल का वि0 वा0 ब0 कितना है?

642. किसी गैल्वेनी सेल में एक इलेक्ट्रोड मानक हाइड्रोजन इलेक्ट्रोड है तथा दूसरा लेड इलेक्ट्रोड 1M लेड लवण विलयन में डूबा हुआ है। इस सेल का वि0 वा0 ब0 126mv है। जिस समय परिपथ बंद होता है, बाह्य परिपथ में इलेक्ट्रान लेड से हाइड्रोजन इलेक्ट्रोडों की ओर स्थानान्तरित होते हैं। लेड इलेक्ट्रोड का विभव कितना है? सेल का आरेख बनाइये। इलेक्ट्रोडों पर कौनसी क्रियाएं घटती हैं?

643. Mg^{2+} आयन की सान्द्रताएं 0.1, 0.01 व 0.001 mol/l होने पर मैगनीशियम लवण विलयन में मैगनीशियम के इलेक्ट्रोड़ विभवों का कलन करें।

644. हाइड्रोजन इलेक्ट्रोड के विभव का कलन करें, अगर वह शुद्ध जल में डूबे; विलयनों में डूबे, जिनके pH क्रमशः 3.5 तथा 10.7 हैं।

645. किसी जलीय विलयन में हाइड्रोजन इलेक्ट्रोड का विभव -118mv है। इस वियलन में H^+ आयनों की सान्द्रता का कलन करें।

646. संतृप्त $PbBr_2$ विलयन में लेड इलेक्ट्रोड के विभव का कलन करें, अगर $[Br^-] = 1$ mol/l व

$$K_{sp}(PbBr_2) = 9.1 \times 10^{-6}$$

647. एक गैल्वेनी सेल में कापर और लेड इलेक्ट्रोड इन धातुओं के लवणों के 1M विलयनों में डूबे हुए हैं। सेल का वि0 वा0 ब0 0.47v है। अगर 0.001M विलयन लिये जायें, तो वि0 वा0 ब0 परिवर्तित होगा या नहीं, अपने उत्तर के पक्ष में तर्क दें।

648. क्या ऐसा गैल्वेनी सेल बना सकते हैं जिसके बाह्य परिपथ में इलेक्ट्रान अधिक धनात्मक मानक विभव वाले इलेक्ट्रोड से अधिक ऋणात्मक मानक विभव वाले इलेक्ट्रोड की और स्थनान्तरित होते हों। अपने उत्तर की व्याख्या दें।

649. किसी गैल्वेनी सेल में एक इलेक्ट्रोड मानक जिंक इलेक्ट्राड है और दूसरा क्रोमियम इलेक्ट्रोड विलयन में डूबा हुआ है, जिसमें Cr^{3+} आयन उपस्थित हैं। Cr^{3+} आयनों की सान्द्रता कितनी होने पर सेल का वि0 वा0 ब0 शून्य होगा?

650. गैल्वेनी सेल

$$Zn \mid Zn^{2+}(C_1) \parallel Zn^{2+}(C_2) \mid Zn$$

के इलेक्ट्रोड़ों पर क्या क्रियाएं घटेंगी, अगर $C_1 < C_2$? बाह्य परिपथ में इलेक्ट्रान किस दिशा में स्थानान्तरित होते हैं?

651. किसी गैल्वेनी सेल में एक इलेक्ट्रोड मानक हाइड्रोजन इलेक्ट्रोड है और दूसरा हाइड्रोजन इलेक्ट्रोड एक विलयन में डूबा हुआ है जिसका pH 12 है। सेल के काम करते समय किस इलेक्ट्रोड पर हाइड्रो जन उपचयित हो जायेगा ओर किस पर अपचयित? सेल के वि0 वा0 ब0 का कलन करें।

652. किसी गैल्वेनी सेल में दो हाइड्रोजन इलेक्ट्रोड हैं। सेल का वि0 वा0 ब0 272mV है। उस विलयन का pH कितना है जिसमें धनाग्र डूबा हुआ है अगर ऋणाग्र उस विलयन में डूबा हुआ है जिसका pH 3 है?

653. हमारे पास निम्न उपापचयन प्रणाली है :

$$[Fe(CN)_6]^{3+} + e \rightarrow [Fe(CN)_6]^{4-}$$

अपचयित और उपचयित रूपों की सान्द्रताओं का अनुपात कितना होने पर प्रणाली का विभव 0.28V होगा?

654. किन स्थितियों में इलेक्ट्रोड विभव विलयन के pH पर निर्भर करता है? निम्न विद्युत रासायनिक प्रणालियों के इलेक्ट्रोड विभव pH की वृद्धि के साथ किस प्रकार परिवर्तित होंगे :

(a) $CrO_4^{2-} + 2H_2O + 3e^- \rightarrow CrO_2^- + 4OH^-$;

(b) $MnO_4^- + 8H^+ + 5e^- \rightarrow Mn^{2+} + 4H_2O$;

(c) $Sn^{4+} + 2e^- \rightarrow Sn^{2+}$?

अपने उत्तर के पक्ष में तर्क दें।

अपना ज्ञान परखिये

655. pH = 10 पर हाइड्रोजन इलेक्ट्रोड का विभव कितना होता है?

(a)—0.59V; (b)—0.30V; (c) 0.30V; (d) 0.59V

656. जिंक इलेक्ट्रोड का विभव कितना परिवर्तित होगा, अगर जिंक लवण के विलयन को, जिसमें इलेक्ट्रोड डूबा हुआ है, 10 गुना तनु कर देते हैं? (a) 59mV बढ़ जायेगा; (b) 59mV घट जायेगा; (c) 30mV बढ़ जायेगा; (d) 30mV घट जायेगा।

657. हाइड्रोजन इलेक्ट्रोड एक विलयन में ड़ूबा हुआ है, जिसका pH शून्य के बराबर है। इलेक्ट्रोड का वीाव कितना परिवर्तित होगा, अगर विलयन को इतना उदासीन करें कि pH सात के बराबर हो जाये?

(a) 59mV बढ़ जायेगा; (b) 0.41V बढ़ जायेगा; (c) 0.41V घट जायेगा; (d) 59mV घट जायेगा।

658. गैल्वेनी सेल $Pb\,|\,Pb^{2+}\,\|\,Ag^+\,|\,Ag$ का वि0 वा0 ब0 कैसे परिवर्तित होगा, अगर लेड आयनों वाले विलयन में हाइड्रोजन सल्फाइड मिला दें?.....

(a) बढ़ जायेगा; (b) घट जायेगा; (c) अपरिवर्तित रहेगा।

659. निम्न में से कौनसी विधि द्वारा गैल्वेनी से $Pt, H_2\,|\,HCl\,(C_1)\,\|\,HCL\,(C_2)\,H_2, Pt$ का वि0 वा0 ब0 बढ़ाया जा सकता है?

(a) ऋणाग्र पर HCl की सान्द्रता घटा दें;

(b) धनाग्र पर HCl की सान्द्रता घटा दें;

(c) ऋणाग्र पर HCl की सान्द्रता बढ़ा दें;

(d) धनाग्र पर HCl की सान्द्रता बढ़ा दें।

660. गैल्वेनी सेल में दो हाइड्रोजन इलेक्ट्रोड हैं जिनमें से एक मानक इलेक्ट्रोड है। उच्चतम वि0 वा0 ब0 प्राप्त करने के लिये दूसरे इलेक्ट्रोड को निम्न में से कौनसे विलयन में डुबायें?

(a) 0.1M HCl; (b) 0.1M CH_3COOH^-, (c) 0.1M H_3PO_4

6. उपापचयन अभिक्रिया की दिशा

गैल्वेनी सेल के काम करते समय इलेक्ट्रोड विभव के अधिक उच्च मान्न वाली विद्युत रासायनिक प्रणाली उपचायक की भूमिका निभाती है तथा अधिक निम्न मान वाली-अपचायक की।

अन्य स्वतः प्रचलित प्रक्रियाओं की तरह गैल्वेनी सेल में अभिक्रिया घटते समय गिब्ज ऊर्जा कम होती है। परन्तु इसका मतलब यह है कि अभिक्रिया कर रहे पदार्थों की प्रत्यक्ष व्यतिक्रिया से अभिक्रिया उसी दिशा में घटेगी। इस प्रकार प्रदत्त प्रणालियों के विद्युत विभवों की तुलना करते हुए उपापचयन अभिक्रिया कली दिशा पहले से ही निश्चित की जा सकती है।

उदाहरण 1. अभिक्रिया

$$2NaCl + Fe_2(SO_4)_3 = 2FeSO_4 + Cl_2 + N_2SO_4$$

किस दिशा में स्वतः घट सकती है?

हल. आयनी आण्विक रूप में अभिक्रिया का समीकरण निम्न है :

$$2Cl^- + 2Fe^{3+} = 2Fe^{2+} + Cl_2$$

हम अभिक्रिया में भाग ले रही विद्युत रासायनिक प्रणालियों के मानक इलेक्ट्रोड विभव (परिशिष्ट की सारणी 9) लिख देते हैं :

$Cl_2 + 2e^- = 2Cl^-$ $f^\circ_1 = 1.36$ V

$Fe^{3+} + e^- = Fe^{2+}$ $f^\circ_2 = 0.77$ V

चूंकि $f^\circ_1 > f^\circ_2$, तो क्लोरीन उपचायक का काम करेगा और आयन Fe^{2+} अपचायक का। उपरोक्त अभिक्रिया दायीं तरफ से बायीं तरफ घटेगी।

अंतिम उदाहरण में अभिक्रिया कर रही विद्युत-रासायनिक प्रणलियों के मानक इलेक्ट्रोड विभव काफी विभिन्न थे जिसके कारण प्रक्रिया के घटने की दिशा f° के मानों के आधार पर निश्चित की गयी। जब f° के कान, जिनकी तुलना की जा रही है, निकट होते हैं, तब अभिक्रिया में भाग ले रहे पदार्थों की सान्द्रता के अनुसार प्रक्रिया की दिशा परिवर्तित हो सकती है :

उदाहरण 2. अभिक्रिया में भाग ले रहे आयनों की सान्द्रताएं निम्न होने पर अभिक्रिया

$$2Hg + 2Ag^+ = 2Ag + Hg_2^{2+}$$

किस दिशा में स्वतः घट सकती है :

(a) $[Ag^+] = 10^{-4}$ mol/l $[Hg_2^{2+}] = 10^{-1}$ mol/l

(b) $[Ag^+] = 10^{-1}$ mol/l $[Hg_2^{2+}] = 10^{-4}$ mol/l

हल. हम अभिक्रिया कर रही विद्युत रासायनिक प्रणालियों के मानक इलेक्ट्रोड विभवों के मान लिख देते हैं :

$Hg_2^{2+} + 2e^- = 2Hg$ $f^\circ_1 = 0.79$V

$Ag^+ + e^- = Ag$ $f^\circ_2 = 0.80$ V

अब हम उदाहरण के आंकड़ों में दी गयी सान्द्रताओं के लिये इलेक्ट्रोड विभवों के मानों का कलन करते हैं :

(a) $f_1 = f^\circ_1 + \frac{0.059}{2}\log\left[Hg_2^{2+}\right] = 0.79 + 0.030\log 10^{-1} =$

$= 0.79 - 0.03 = 0.76$ V

$f_2 = f^\circ_2 + 0.059 \log [Ag^+] = 0.80 + 0.059 \log 10^{-4} =$

$= 0.80 - 0.24 = 0.56$ V

इस स्थिति में $f_1 > f_2$ तथा अभिक्रिया दायीं ओर से बायीं ओर घटेगी।

(b) $f_1 = 0.79 + 0.030 \log 10^{-4} = 0.79 - 0.12 = 0.67$ V

$f_2 = 0.80 + 0.059 \log 10^{-1} = 0.80 - 0.06 = 0.74$ V

अब $f_1 < f_2$ तथा अभिक्रिया बायीं ओर से दायीं ओर घटेगी। गैल्वेनी सेल के मानक वि0 वा0 ब0 E° का सेल में घ्झट रही अभिक्रिया की गिब्ज ऊर्जा DG° के साथ निम्न संबंध होता है :

$$zFE° = - DG°$$

यहाँ z अभिक्रिया में भाग ले रहे इलेक्ट्रानों की संख्या है तथा F फैरोडे स्थिरांक है।

दूसरी ओर DG° अभिक्रिया के संतुलन स्थिरांक के साथ निम्न समीकरण द्वारा संबंधित होता है :

$$\Delta G° = - 2.3\ RT \log K$$

अंतिम दो समीकणों से निम्न परिणाम मिलता है :

$$zFE° = 2.3\ RT \log K$$

इस समीकरण की सहायता से मानक वि0 वा0 ब0 के प्रायोगिक मान के अनुसार उपापचयन अभिक्रिया के संतुलन स्थिरांक का कलन कर सकते हैं।

25°C(298K) के लिये अंतिम समीकरण में R[8.31J/(mol. K)] व F(965c/mol) के मान भरने पर निम्न रूप प्राप्त होता है;

$$\log K = \frac{zE°}{0.059}$$

उदाहरण 3. 25°C पर निम्न अभिक्रिया के लिये संतुलन स्थिरांक ज्ञात करें :

$$Hg_2(NO_3)_2 + 2Fe(NO_3)_2 = 2Hg + 2Fe(NO_3)_3$$

हलः अभिक्रिया का आयनी-आण्विक समीकरण निम्न है.

$$Hg_2^{2+} + 2Fe^{2+} = 2Hg + 2Fe^{3+}\text{क}$$

अभिक्रिया में दो विद्युत रासायनिक प्रणालियां भाग लेती हैं :

$Hg_2^{2+} + 2e^- = 2Hg\ f°_1 = 0.79V$

$Fe^{3+} + e^- = Fe^{2+}\ f_2 = 0.77V$

हम दिये गये सेल के मानक वि0 वा0 ब0 का मान ज्ञात कर लेते हैं :

$E° = f°_1 - f°_2 = 0.79 - 0.77 = = 0.02\ V$

अब हम अभिक्रिया के संतुलन स्थिरांक का कलन करते हैं :

$$\log K = \frac{zE°}{0.059} = \frac{2 \times 0.02}{0.059} = 0.678; K = 4.76$$

प्रश्न*

661. निम्न अभिक्रियाएं किस दिशा में स्वतः घट सकती हैं :

(a) $H_2O_2 + HClO = HCl + O_2 + H_2O$

(b) $2HIO_3 + 5H_2O_2 = I_2 + 5O_2 + 6H_2O$

(c) $I_2 + 5H_2O_2 = 2HIO_3 + 4H_2O$

662. निम्न में से कौनसी अभिक्रियाएं स्वतः घट सकती हैं :

(a) $H_3PO_4 + 2HI = H_3PO_3 + I_2 + H_2O$

*इस खंड के प्रश्नों को हल करते समय मानक इलेक्ट्रोड विभवों के मानों का प्रयोग किया जा सकता है (परिशिष्ट की सारणी 9)।

(b) $H_3PO_3 + SnCl_2 + H_2O = 2HCl + Sn + H_3PO_4$

(c) $H_3PO_3 + 2AgNO_3 + H_2O = 2Ag + 2HNO_3 + H_3PO_4$

(d) $H_3PO_3 + Pb(NO_3)_2 + H_2O = Pb + 2HNO_3 + H_3PO_4$

663. क्या जलीय विलयन में लौह (III) dकका लवण पोटेशियम ब्रोमइड द्वारा लौह (II) के लवण में अपचयित किया जा सकता है?

(a) पोटेशियम ब्रोमाइड द्वारा?

(b) पोटेशियम आयोडाइड द्वारा?

664. मानक इलेक्ट्रोड विभवों की सारणी की सहायता से निम्न अभिक्रियाओं के लिये संतुलन स्थिरांकों का कलन करें :

(a) $Zn + CuSO_4 = Cu + ZnSO_4$

(b) $Sn + Pb(CH_3COO)_2 = Sn(CH_3COO)_2 + Pb$

665. निम्न सेलों में घट रही अभिक्रियाओं के लिये संतुलन स्थिरांकों का कलन करें :

(a) कैडमियम-जिंक गैल्वेनी सेल;

(b) कापर-लेड गैल्वेनी सेल।

666. क्या टिन (IV) निम्न अभिक्रियाओं की सहायता से टिन (II) में अपचयित किया जा सकता है?

(a) $SnCl_4 + 2KI = SnCl_2 + I_2 + 2KCl$

(b) $SnCl_4 + H_2S = SnCl_2 + S + 2HCl$

अपने उत्तर की पुष्टि करने के लिये अभिक्रियाओं के संतुलन स्थिरांकों का कलन करें।

अपना ज्ञान परखिये

667. निकेल प्लेटें निम्न लवणों के जलीय विलयनों में डूबोयी गयी हैं। निकेल कौनसे लवणों के साथ अभिक्रिया करेगा?

(a) $MgSO_4$; (b) NaCl; (c) $CuSO_4$;

(d) $AlCl_3$; (e) $ZnCl_2$; (f) $Pb(NO_3)_2$

668. निम्न में से किन जोड़ो (धातु + जलीय वियुत अपघट्य विलयन) के बीच स्थनान्तरण अभिक्रिया घटेगी :

(a) Fe + HCl; (b) Ag + $Cu(NO_3)_2$;

(c) Cu + HCl; (d) Zn + $MgSO_4$;

(e) Mg + $NiCl_2$?

669. H_2S के जलीय विलयन में अपचायक गुण विद्यमान हैं। निम्न में से कौनसे आयन इस विलयण द्वारा अपचयित किये जा सकते हैं :

(a) Fe^{3+} से Fe_2^{+} तक; (b) Cu^{+} से Cu^{2+} तक; (c) Sn^{2+} से Sn^{4+} तक?

670. ब्रोमीन जल (जल में ब्रोमीन का विलयन) प्रयोगशाला में अक्सर एक उपचायक के रूप में प्रयोग किया जाता है। निम्न में से कौनसे आयन ब्रोमीन ल द्वारा उपचयित किये जा सकते हैं :

(a) Fe^{2+} से Fe^{3+} तक; (b) Cu^{+} से Cu^{2+} तक;

(c) Mn^{2+} से MnO_4^{-} तक; (d) Sn^{2+} से Sn^{4+} तक?

671. कापर (II) सल्फेट के विलयन की पोटेशयम क्लोराइड या पोटेशियम आयोडाइड के साथ अभिक्रिया करायी

जाती है। किन अवस्थाओं में कापर (II) कापर में अपचयित हो जायेगा? (a) दोनों अवस्थाओं में (b) KCl के साथ अभिक्रिया कराने पर; (c) KI के साथ अभिक्रिया कराने पर; (d) किसी भी अवस्था में उपचयित नहीं होगा।

672. जब पोटेशियम परमैंगनेट के जलीय विलयन की रजत के साथ अभिक्रिया करायी जाती है, तो निम्न में से कौनसी अभिक्रियाएं स्वतः घट सकती हैं?

(a) $MnO_4^- + Ag = MnO_4^{2-} + Ag^+$

(b) $MnO_4^-\ 3Ag + 2H_2O = MnO_2 + 2Ag^+ + 4OH^-$

(c) $MnO_4^- + 8H^+ + 5Ag = Mn^{2+} + 5Ag^+ + 4H_2O$

673. निम्न में से कौनसी अभिक्रियाएं उदासीन जलीय विलयन में स्वतः घट सकती हैं?

(a) $MnO_4^- + Cl^- \rightarrow MnO_2 + Cl_2$

(b) $MnO_4^- + Br \rightarrow MnO_2 + Br_2$

(c) $MnO_4^- + I^- \rightarrow MnO_2 + I_2$

674. एक जलीय विलयन में $[Hg^{2+}] = 0.01$ mol/l $[Fe^{3+}] = 0.01$ mol/l, $[Fe^{2+}] = 0.001$ mol/l उपस्थित है। इनमें से कौनसी अभिक्रिया घटेगी?

(a) $2FeCl_3 + Hg = 2FeCl_2 + HgCl_2$

(b) $HgCl_2 + 2FeCl_2 = Hg + 2FeCl_3$

7. विद्युत अपघटन

विद्युत अपघटन उन क्रियाओं का योग है, जो जो इलेक्ट्रोडों तथा विलयन या विद्युत-अपघट्य के विलयन से बनी रासायनिक प्रणाली से स्थिर वैद्युत धारा के प्रवाहित होने पर घटती हैं।

गैल्वेनी सेल की तरह विद्युत अपघ्टन में जिस इलेक्ट्रोड पर अपचयन होता है, उसे ऋणाग्र कहजते हैं तथा जिस पर उपचयन होता है, उसे धनाग्र कहते हैं।

अगर प्रणाली, जिसमें विद्युत अपघ्टन कराया जा रहा है, विभिन्न उपचायकों से पूर्ण है, तो ऋणाग्र पर वह उपचायक अपचयित होगा, जो सबसे ज्यादा सक्रिय होगा, अर्थात् विद्युत रासायनिक प्रणाली का उपचयित रूप जो इलेक्ट्रोड विभव के उच्चतम मान के अनुकूल होता है। उदाहरणतया, आयनों H^+ व Ni^{2+} की मानक सान्द्रताओं पर निकैल लवण के अम्लीय जल विलयन के विद्युत अपघटन में ($[H^+] = [Ni^{2+}] = 1$ mol/l) निकल आयन का अपचयन भी संभव है :

$$Ni^{2+} + 2e^- = Ni \quad f_1 = -0.25V$$

और हाइड्रोजन आयन का भी :

$$2H^+ + 2e^- = H_2 \quad f_2 = 0$$

चूंकि $f_1 < f_2$, तो इन परिस्थितियों में ऋणाग्र पर हाइड्रोजन उत्सर्जित होगा।

निकैल लवण के उदासीन जलीय विलयन ($[H^+] = 10^{-7}$ mol/l) के विद्युत अपघटन में ऋणाग्र-क्रिया दूसरी होगी। यहाँ हाइड्रोजन इलैकट्रोड का विभव $f_3 = -0.41V$। इस स्थिति में निकैल आयन की उक्त सान्द्रताओं (1mol/l) पर $f_1 > f_3$ तथा ऋणाग्र पर निकैल जमा होगा।

उक्त उदाहरण यह बताता है कि जिन लवणों की अभिक्रिया उदासीन के समीप होती है, उनके जलीय विलयनों के विद्युत अपघटन में ऋणाग्र पर वे धातुएं अपचयित होती हैं, जिनके इलैक्ट्रोड विभव -0.41v की तुलना में काफी अधिक

अधिक धनात्मक होते हैं। अगर धातु का विभव -0.41v की तुलना में काफी अधिक ऋणात्मक है, तो ऋणाग्र* पर हाइड्रोजन उत्सर्जित होता है। धातु के इलैक्ट्रोड विभव के मान -0.41v के निकट होने पर दोनों बातें संभव हैं-धातु का अपचयन तथा हाइड्रोजन का उत्सर्जन, जो धातु के लवण की सानद्रता तथा विद्युत अपघटन की परिस्थितियों पर निर्भर करती हैं।

इसी प्रकार अगर प्रणाली, जिसमें विद्युत अपघ्झटन कराया जा रहा है, बहुत सारे अपचायकों से पूर्ण है, तो धनाग्र पर वह अपचायक उपचयित होगा, जो सब से ज्यादा सक्रिय होगा, अर्थात् उस विद्युत रासायनिक प्रणाली का अपचयित यप होगा जो इलेक्ट्रोड विभव के निम्नतम मान द्वारा व्यक्त किया जाता है।

$$2H_2O + 2e^- = H_2 + 2OH^-$$

उदाहरण के लिये, कापर सल्फेट के जलीय वियलन के निष्क्रिय इलेक्ट्रोडों (जैसे, कार्बन) के साथ विद्युत अपघटन में धनाग्र पर दोनों सल्फेट आयन उपचयित हो सकते हैं :

$$2SO_4^{2-} = S_2O_8^{2-} + 2e^- \phi_1^\circ = 2.01V$$

और जल** भी :

$$2H_2O = O_2 + 4H^+ + 4e^- f^\circ_2 = 1.23V$$

चूंकि $f^\circ_2 << f^\circ_1$ तो संभव क्रियाओं मं से दूसरी क्रिया इस परिस्थिति में घटेगी ओर धनाग्र पर आक्सीजन उत्सर्जित होगा अगर अक्रिय इलैक्ट्रोड की जगह कापर इलैक्ट्रोड इस्तेमाल करें, तो एक और उपचयन क्रिया-कापर की धनात्मक विलीनता, संभव हो जाती है :

$$Cu = Cu^{2+} + 2e^- f^\circ_3 = 0.34v$$

अन्य धनाग्र क्रियाओं ($f^\circ_3 << f_1$ व $f^\circ_3 << f^\circ_2$) की तुलना में इस क्रिया में इलैक्ट्रोड विभव का मान निम्न होता है। अतः प्रदत्त परिस्थितियों में धनाग्र पर कापर उपचयित होगा।

नाइट्रैटों, परक्लोरेटों व फास्फेटों के जलीय विलयनों के विद्युत अपघटन में, सल्फेटों की तरह प्रायः जल धनाग्र पर उपचयित होता है तथा मुक्त आक्सीजन बनता है। परंतु आक्सीजन वाले ऋणायनों पर उनके लवणों के जलीय विलयनों के विद्युत अपघटन में धनाग्र उपचयन घट सकता है। जैसे, कुछ क्लोरीन अम्लों के लवणों के क्षारीय विलयन के विद्युत अपघटन में निष्क्रिय धनाग्र पर घट रही क्रियाएं :

$$OCl^- + 4OH^- = ClO_3^- + 2H_2O + 4e^- f^\circ = 0.50 V$$

$$ClO_3^- + 2OH^- = ClO_4^- + H_2O + 2e^- f^\circ = 1.19 V$$

क्लोराइडों के जलीय विलयनों के विद्युत अपघटन में निष्क्रिय धनाग्र पर दो क्रियाएं संभव होती हैं :

$$2Cl^- = Cl_2 + 2e^- \qquad f^\circ = 1.36 V$$

$$2H_2O = O_2 + 4H^+ + 4e^- \qquad f^\circ_2 = 1.23V$$

हालांकि यहाँ $f^\circ_1 > f^\circ_2$ परंतु यहाँ केवल प्रथम क्रिया घटती है (क्लोराइड आयन का उपचयन)। यह दूसरी क्रिया की अधिवोल्टता के साथ संबंधित है : धनाग्र का माल इसके घटने में बाधा डालता है।

उदाहरण 1. सोडियम सल्फेट के जलीय विलयन के निष्क्रिय धनाग्र के साथ

$$4OH^- = O_2 + 2H_2O + 4e^-$$

*यह ध्यान रखना चाहिये कि उदासीन या क्षारीय विलयनों के विद्युत अपघटन में ऋणाग्र पर हाइड्रोजन के उत्सर्जन का कारण जल का विद्युत-रासायनिक अपचयन होता है :

**क्षारीय विलयनों में धनाग्र पर आक्सीजन के उत्सर्जन का कारण म्नि क्रिया होती है :

विद्युत अपघटन में घट रही क्रियाओं के समीकरण लिखिये

हल. प्रणाली

$$Na^+ + e^- = Na\ (-2.71V)$$

का मानक इलेक्ट्रोड विभव (-2.71V) उदासीन जलीय माध्यम में हाइड्रोजन इलेक्ट्रोड के विभव (-0.1V) की तुलना में काफी अधिक ऋणात्मक है। अतः जल का विद्युत रासायनिक अपचयन ऋणाग्र पर होगा, जिसके फलस्वरूप हाइड्रोजन उत्सर्जित होगा :

$$2H_2O + 2e^- = H_2^{\ -} + 2Oh^-$$

तथा स्थानान्तरित हो रहे आयन Na^+ उसके साथ वाले विलयन के भाग में जमा होने लगेंगे।

जल का विद्युत रासायनिक उपचयन धनाग्र पर होगा, जिसके फलस्वरूप आक्सजीन उत्सर्जित होगा :

$$2H_2O = O_2^{\ -} + 4H^+ + 4e^-$$

चूंकि इस प्रणाली का संगत मानक इलैक्ट्रोड विभव (1.23v) प्रणाली

$$2SO_4^{2-} = SO_2O_8^{2-} + 2e^-$$

के मनक इलैक्ट्रोड विभव (2.01v) की तुलना में काफी निम्न है, विद्युत अपघटन में $SO_4^{\ 2-}$ आयन, जो धनाग्र की ओर स्थानान्तरित होते हैं, धनाग्र के व्यास में जमा हो जायेंगें।

ऋणाग्र क्रिया के समीकरण में दो की गुणा करके इसमें धनाग्र क्रिया के समीकरण का योग करने पर हमें विद्युत अपघटन की क्रिया का संकलित समीकरण प्राप्त होता है :

$$6H_2O = \frac{\left|2H_2\uparrow + 4OH^-\right|}{(\text{ऋणाग्र पर})} + \frac{\left|O_2\uparrow + 4H^+\right|}{(\text{धनाग्र पर})}$$

$$6H_2O + 2Na_2SO_4 = \frac{\left|2H_2\uparrow + 4Na^+ + 4OH^-\right|}{(\text{ऋणाग्र पर})} +$$

$$\frac{\left|O_2\uparrow + 4H^+ + 2SO_4^{2-}\right|}{(\text{धनाग्र पर})}$$

इस प्रकार एक ही समय पर सोडियम हाइड्रोक्साइड (ऋणाग्र व्योम में तथ सल्फ्यूरिक अम्ल (धनाग्र व्योग में) बनेंगे तथा हाइड्रोजन और आक्सीजन उत्सर्जित होंगे।

विद्युत अपघटन के मात्रात्मक गुण फैराडे नियम द्वारा निश्चित किये जाते हैं। इन नियमों को निम्न प्रकार से व्यक्त किया जा सकता है : विद्युत अपघटन में रूपान्तरित विद्युत-अपघट्य का द्रव्यमान तथा इलैक्ट्रोडों पर जमा हुए पदार्थो के द्रव्यमान विलयन का गलन में प्रवाहित विद्युत की मात्रा तथ संगत पदार्थो के तुल्य द्रव्यमानों के अनुक्रमानुपाती होते हैं।

फैराडे के नियम को निम्न समीकरण द्वारा व्यक्त करते हैं :

$$m = \frac{EIt}{F}$$

यहाँ m उस पदार्थ का द्रव्यमान है जो बना है या रूपान्तरित हुआि है; E इसका तुल्य द्रव्यमान है; I-विद्युत धारा है, t समय है तथा F फैरोडे स्थिरांक (96500 C/mol) अर्थात् पदार्थ के एक तुल्य के विद्युत रासायनिक रूपान्तरण के लिये

आवश्यक विद्युत की मात्रा है।

उदाहरण 2. 2.5A शक्ति वाली विद्युत धारा एक विद्युत-अपघट्य विलयन में से गुजर कर 30 मिनट में 2.77g धातु उत्सर्जित करती है। धातु का तुल्य द्रव्यमान ज्ञात करें।

हल. हम फैराडे के नियम के उस समीकरण को हल करते हैं जो धातु के तुल्य द्रव्यमान के साथ संबंधित होता है और इस समीकरण में उदाहरण के आंकड़े

(m = 2.77 g; I = 2.5 A; t = 30 मिनट = 1800 सेकंड)

भर देते हैं :

$$E = \frac{mF}{It} = \frac{2.77 \times 96500}{2.5 \times 1800} = 59.4 g / mol$$

उदाहरण 3. 6A शक्ति वाली विद्युत धारा 1.5 घंटे तक सल्फ्यूरिक अम्ल के जलीय विलयन में से गुजार गयी। वियोजित जल के द्रव्यमान तथा मुक्त हुई आक्सीज ओर हाइड्रोजन के आयतनों (सामान्य परिस्थितियों में) का कलन करें।

हलः हम फैराडे के नियम के समीकरण की सहायता से वियोहित जल का द्रव्यमान ज्ञात कर लजेते हैं और इस बात का धयान रखते हैं कि 1.5 घंटा = 5400 सेकंड तथा

$m_{eq}(H_2O)$ = g/mol

$$(mH_2O) = \frac{m_{eq} It}{F} = \frac{9 \times 6 \times 5400}{96500} = 3.02g$$

उत्सर्जित गैसों के आयतनों का कलन करते समय फैराडे के नियम के समीकरण को निम्न प्रकार से लिख सकते हैं :

$$V = \frac{V_E It}{F}$$

यहाँ V उत्सर्जित गैस का आयतन है-लीटरों में; V_E तुल्य द्रव्यमान (1/mol) है।

चूंकि सामान्य परिस्थितियों में हाइड्रोजन का तुल्य आयतन 11.2 1/mol है तथा आक्सीजन का 5.6 1/mol तो हमें निम्न परिणाम प्राप्त होते हैं :

$$V = (H_2) = \frac{11.2 \times 6 \times 5400}{96500} = 3.76 \text{ लीटर}$$

$$V(O_2) = \frac{5.6 \times 6 \times 5400}{96500} = 1.88 \text{ लीटर}$$

प्रश्न*

675. निष्क्रिय इलेक्ट्रोडों के साथ NaOH व $NiCl_2$ के गलनों के विद्युत अपघटन में घट रही क्रियाओं के समीकरणों को बनाइये।

676. प्लैटिनम इलेक्ट्रोडों के साथ H_2SO_4, $CuCl_2$, व $Pb(NO_3)_2$ के जलीय विलयनों के विद्युत अपघटन के आरेख बनाइये।

---

* इस खंड के प्रश्नों को हल करते समय आवश्यकता पड़ने पर मानक इलेक्ट्रोड विभवों के मान इस्तेमाल किये जा सकते हैं (परिशिष्ट की सारणी 9)

677. कार्बन इलेक्ट्रोडों के साथ $BaCl_2$ व $Pb(NO_3)_2$ के जलीय विलयनों के विद्युत अपघटन में घट रही इलेक्ट्रोड क्रियाओं के समीकरण लिखिये।

678. निष्क्रिय इलेक्ट्रोड के साथ $FeCl_3$ व $Ca(NO_3)_2$ के जलीय विलयनों के विद्युत अपघटन में घट रही इलेक्ट्रोड क्रियाओं के समीकरण लिखें।

679. जिंक क्लोराइड के जलीय विलयन के विद्युत अपघटन के आरेख बनाइये अगर (a) धनाग्र जिंक का बना है व (b) धनाग्र कार्बन का बना है।

680. कापर सल्फेट के जलीय विलयन के विद्युत अपघटन के आरेख बनाइये अगर (a) धनाग्र जिंक का बना है व (b) धनाग्र कार्बन का बना है।

681. किसी विलयन में निकैल, रजत व कापर सल्फेट समान सान्द्रता में उपस्थित हैं। विलयन के विद्युत अपघटन में धातुएं किसी क्रम से उत्सर्जित होंगी?

682. किसी विलयन में Fe^{2+}, Ag^{+}, Bi^{3+} व Pb^{2+} आयन समान सान्द्रता में उपस्थित हैं। विद्युत अपघटन में आयन किस क्रम से उत्सर्जित होंगे अगर किसी भी धातु के उत्सर्जन के लिये वोल्टता पर्याप्त है?

683. तनु KNO_3 विलयन के विद्युत अपघटन में कापर इलेक्ट्राडों पर घट रही क्रियाओं का आरेख बनाइये।

684. हमारे पास एक विलयन है जिसमें KCl व $Cu(NO_3)_2$ उपस्थित हैं। वस्तुतः शुद्ध KNO_3 प्राप्त करने का सबसे सरल तरीका बताइये।

685. वि. वा. श्रेणी में निकेल हाइड्रोजन से पहले आता है। बताइये कि निकेल का इसके लवणों के जलीय विलयनों से विद्युत आपघटनी उतसर्जन संभव क्यों होता है?

686. अपरिष्कृत कापर में सिल्वर और जिंक के अधिमिश्रण उपस्थित हैं। कापर के वैद्युत अपघटनी परिष्करण में इन अधिमिश्रणों के साथ क्या घटना घटेगी?

687. $CuCl_2$ विलयन के विद्युत अपघटन में धनाग्र पर 560ml गैस उत्सर्जित हुई (सामान्य परिस्थितियों में)। ऋणाग्र पर जमा हुए कापर का द्रव्यमान ज्ञात करें।

688. 6A बल की वैद्युत धारा 30 मिनट तक सिल्वर नाइट्रेट विलयन में से गुजारने पर सिल्वर की कितनी मात्रा जमा होगी?

689. 2A बल की वैद्युत धारा से जल के दो मोलों के पूर्ण वियोजन में कितना समय लगेगा?

690. लीभियम लवण से वैद्युत अपघटन विधि से LiOH कैसे प्राप्मत कर सकते हैं? 1 टन LiOH प्राप्त करने के लिये कितनी विद्युत की जरूरत पड़ेगी? इलेक्ट्रोड क्रियाओं के आरेख बनाइये।

691. 6A बल की वैद्युत धारा 30 मिनट तक KOH के जलीय विलयन में से गुजारने पर आक्सीजन का कितना आयतन (सामान्य परिस्थितियों में) उत्सर्जित होगा?

692. 3A बल की वैद्युत धारा एक घंटे तक H_2SO_4 के जलीय विलयन में से गुजारने पर हाइड्रोजन का कितना आयतन (सामान्य परिस्थितियों में) उत्सर्जित होगा?

693 (a) किसी विलयन से 2g हाइड्रोजन उत्सर्जित करने के लिये कितनी विद्युत की जरूरत पड़ेगी? (b) और 2g आक्सीजन उत्सर्जित करने के लिये कितनी विद्युत की?

694. 2A बल वाली वैद्युत धारा द्वारा $Cr_2(SO_4)_3$ के जलीय विलयन के वैद्युत अपघटन में ऋणाग्र का द्रव्यमान 8g बढ़ गया। वैद्युत अपघटन कितने अर्से तक जारी रखा गया?

695. $SnCl_2$ के जलीय विलयन के वैद्युत अपघटन में धनाग्र पर 4.48 लीटर क्लोरीन (सामान्य परिस्थितियों में)

उत्सर्जित हुआ। ऋणाग्र पर जमा हुए टिन का द्रव्यमान ज्ञात करें।

696. 5A बल की वैद्युत धारा ने प्लैटिन्म लवण के विलयन से 10 मिनट में 1.517g प्लैटिनम जमा किया। प्लैटिनम का तुल्य द्रव्यमान ज्ञात करें।

697. कैडमियम का तुल्य द्रव्यमान कितना है, अगर उसके लवण के विलयन से 1g कैडमियम प्राप्त करने के लिये विलयन में 1717C वैद्युत धारा प्रवाहित करानी पड़ती है?

698. 1.5A बल की विद्युत धारा 30 मिनट तक एक त्रिसंयोजी धातु के लवण के विलयन में प्रवाहित कराने पर ऋणाग्र पर 1.071g धातु जमा हो जाती है। धातु का परमाणु द्रव्यमान ज्ञात करें।

अपना ज्ञान परखिये

699. टिन धनाग्र पर टिन (II) क्लोराइड के जलीय विलयन के वैद्युत अपघटन में कौनसी क्रिया घटती है?

(a) $Sn \rightarrow Sn^{2+} + 2e^-$; (b) $2Cl^- \rightarrow Cl_2 + 2e^-$;

(c) $2H_2 \rightarrow O_2 + 4H^+ + 4e^-$

700. निकेल (II) सल्फेट के जलीय विलयन के वैद्युत अपघटन में धनाग्र पर निम्न क्रिया घटती है :

$2H_2O = 2O_2 + 4H^+ + 4e^-$

धनाग्र किस चीज का बना है?

(a) निकेल; (b) कापर; (c) स्वर्ण।

701. पोटैशियम सल्फेट के जलीय विलयन के वैद्युत अपघटन में एक इलेक्ट्रोड के पास वाली जगह में pH बढ़ गया। इलैक्ट्रोड वैद्युत धारा स्रोत के किसी ध्रुव के साथ जुड़ा है?

(a) धन ध्रुव; (b) ऋण ध्रुव

702. किसी लवण के जलीय विलयन के वैद्युत अपघटन में एक इलेक्ट्रोड के पास वाली जगह में pH बढ़ गया। किस लवण के विलयन का वैद्युत अपघटन किया गया?

(a) KCl; (b) $CuCl_2$; (c) $Cu(NO_3)_2$

703. NaOH के जलीय विलयन के वैद्युत अपघटन में धनाग्र पर 2.8 लीटर आक्सीजन उत्सर्जित हुआ (सामान्य परिस्थितिगों में)। ऋणाग्र पर किता हाइड्रोजन उत्सर्जित हुआ?

(a) 2.8 लीटर; (b) 5.6 लीटर;

(b) 11.2 लीटर; (d) 22.4 लीटर।

704. कापर (II) क्लोराइड विलयन के वैद्युत अपघटन में ऋणाग्र का द्रव्यमान 3.2g बढ़ गया। कापर धनाग्र पर क्या घटना घटी?

(a) 0.112 लीटर Cl_2 उत्सर्जित हुआ;

(b) 0.56 लीटर O_2 उत्सर्जित हुआ;

(c) Cu^{2+} का 0.1 मोल विलयन में आ गया;

(d) Cu^{2+} का 0.05 मोल विलयन में आ गया।

अध्याय 9

मिश्रित यौगिक

1. मिश्रित आयन की संरचना ज्ञात करना

निश्चित रासायनिक यौगिक, जो विशिष्ट घटकों के संयोजन से बनते हैं तथा जटिल आयन या अणु, जो क्रिस्टलीय तथा विलीन दोनों अवस्थाओं में मिलते हैं, मिश्रित यौगिक कहलाते हैं।

मिश्रित यौगिक के एक अणु में एक परमाणु प्रायः धनात्मक आवेशित अयन केन्द्रीय स्थिति में होता है और इसे संकुलन कर्मक केन्द्रीय परमाणु (आयन कहते हैं। इसके चारों ओर प्रत्यक्ष समीपता में विपरीत आवेशें वाले आयन या उदासीन अणु, जिन्हें संलग्नी कहते हैं, क्रमबद्ध होते हैं। संकुलन कर्मक तथ संलग्नी मिश्रित यौगिक का आन्तरिक क्षेत्र बनाते हैं। संकुलन कर्मक द्वारा संग्लनियों के साथ बनाये सिग्मा V अनुबंधों की कुल संख्या केन्द्रीय आयन की समन्वय संख्या कहलाती है। सिग्मा δ अनुबंधों की संख्या के अनुसार संग्लनी एकदंतुर, द्विदंतुर या बहुदंतुर आदि हो सकते हैं।

मिश्रित यौगिक के आन्तरिक क्षेत्र की सीमाओं के बाहर बाह्य क्षेत्र होता है जिसमें धनात्मकब आवेश वाले आयन उपस्थित होते हैं (अगर मिश्रित यौगिक का आन्तरिक क्षेत्र ऋणात्मक आवेश वाला है) या ऋणात्मक आवेश वाले आयन उपस्थित होते हैं (अगर मिश्रित आयन धनात्मक आवेश वाला है।) जब आन्तरिक क्षेत्र में कोई आवेश नहीं होता, तो बाह्य क्षेत्र अनुपस्थित होता है।

बाह्य क्षेत्र में अयिन मिश्रित आयन के साथ मुख्यतः स्थिर वैद्युत व्यतिक्रिया के बलों द्वारा अनुबंधित हेते हैं तथा प्रबल वैद्युत अपघट्यों के आयनों की तरह विलयनों में खुद को सरलता से अलग करलेते हैं। मिश्रित यौगिक के आन्तरिक क्षेत्र में संलग्नी संकुलन कर्मकों के साथ सहसंयोजी अनुबंध रखते हैं तथा वे विलयन में सामान्यतः नगण्य रूप से वियोजित होते हैं। इसी वजह से गुणात्मक रासायनिक अभिक्रियाएं केवल बाह्य क्षेत्रों के आयनों को ढूंढ़ सकती हैं। मिश्रित यौगिकों के सूत्र लिखते समय आन्तरिक क्षेत्र कोष्ठक द्वारा बाह्य क्षेत्र से पृथक करते हैं।

उदाहरण 1. मिश्रित यौगिक $CoCl_3.5NH_3$ के विलयन में उपस्थित क्लोरीन का केवल 2/3 भाग सिल्वर नाइट्रेट द्वारा अवक्षेपित किया गया। इस लवण के विलनय में कोबल्ट का एक भी आयन नहीं मिला अैर न ही मुक्त अमोनिया मिला। विलयन की वैद्युत चालकता यह दर्शाती है कि लवण तीन आयनों में वियोहित होता है। इस यौगिक की समन्वय संरचना कया है? मिश्रित यौगिक के वियोजन का समीकरण लिखिये।

हलः विलयन में Co^{3+} आयनों तथा मुक्त अमोनिया की अनुपस्थिति इस बात का सूचक है कि दो अवयव मिश्रित यौगिक के आन्तरिक क्षेत्र में सिति हैं। इसके अलावा आन्तरिक क्षेत्र में एक और क्लोराइड आयन उपस्थित है जो $AgNO_3$ द्वारा अवक्षेपित नहीं हुआ है। अतः आन्तरिक क्षेत्र की संरचना सूत्र $[Co(NH_3)_5Cl]^{2+}$ के संगत है। बाह्य क्षेत्र में दो क्लोराइड आयन हैं जो मिश्रित यौगिक $[Co(NH_3)_5Cl]Cl_2$ के आन्तरिक क्षेत्र के आवेश की क्षतिपूर्ति करते हैं। मिश्रित लवण निम्न प्रकार से वियोजित होता है :

$$[C_0(NH_3)_5Cl]Cl_2 = [C_0(NH_3)_5Cl]^{2+}2Cl^-$$

जो वैद्युत चालकता के आंकड़ों से मेल खाता है।

किसी मिश्रित आयन के आवेश का कलन करते समय इस बात को आधार बनाना चाहिये कि यह आवेश संकुलन कर्मक और संग्लनियों के आवेशों के बीज-गणितीय योग के बराबर होता है, संकुलन कर्मक का आवेश इसकी उपचयन अवस्था के बराबर लिया जाता है।

उदाहरण 2. क्रोमियम (III) द्वारा बने निम्न मिश्रित आयनों के आवेशों का कलन करें :

(a) $[Cr(H_2O)'5Cl]$; (b) $[Cr(H_2O)_4Cl_2]$;

(c) $[Cr_2(H_2O)(C_2O_4)_2]$

हलः हम क्रोमियम (III) आयन का आवेश +3 के बराबर लेते हैं, जल अणु का शून्य के बराबर तथा क्लरोराइड व आक्जेलेट आयनों का क्रमशः -1 व -2। अब प्रत्येक यौगिक के लिये आवेशों के बीजीय योग कलन करते हैं :

$$(a) + 3 + (-1) = + 2; (b) + 3 + 2 (- 1) = + 1;$$

$$(c) + 3 + 2 (- 2) = - 1$$

प्रश्न

705. सिल्वर नाइट्रेट मिश्रित लवण $PtCl_4 . 6NH_3$ के विलयन के सम्पूर्ण क्लोरीन तथा लवण $PtCl_4 . 3NH_3$ के विलयन से केवल 1/4 भाग क्लोरीन सिल्वर क्लोराइड के रूप में अवक्षेपित करता है। इन लवणों के समन्वय सूत्र लिखिये तथा प्रत्येक लवण में प्लैटिनम की समन्वय संख्या ज्ञात कीजिये।

706. कोबाल्ट के दो मिश्रित यौगिक ज्ञात हैं जिनका मूलानुपाती सूत्र एक जैसा है $CoBrSO_4 . 5NH_3$। दोनों के बीच अन्तर यह है कि एक लवण का विलयन $BaCl_2$ के साथ अवक्षेप देता है, परंतु $AgNO_3$ के साथ अवक्षेप नहीं देता, जबकि इसके विपरीत दूसरे लवण का विलयन $AgNO_3$ के साथ अवक्षेप देता है, परंतु $BaCl_2$ के साथ नहीं देता। दोनों लवणों के समन्वय सूत्र तथा आयनों में उनके वियोजन के समीकरण लिखिये।

707. $AgNO_3$ विलयन की पर्याप्त मात्रा एक अन्य विलयन के साथ मिलायी गयी जिसमें 2.335g मिश्रित लवण $CoCl_3.4NH_3$ उपस्थित था। अवक्षेपित AgCl का द्रव्यमान 0.1435g था। लवण का समन्वय सूत्र ज्ञात करें।

708. किसी लवण का मूलानुपाती सूत्र $CrCl_3.5H_2O$ है। क्रोमियम की समन्वय संख्या 6 है। 200ml 0.01M मिश्रित लवण के विलयन में उपस्थित क्लोरीन को बाह्य क्षेत्र में अवक्षेपित करने के लिये 0.1N $AgNO_3$ विलयन के आवश्यक आयतन काकलन करें; यह मान सकते हो कि लवण में सारा जल आन्तरिक क्षेत्र में है।

709. निम्न के बीच घट रही विनिमय अभिक्रियों के समीकरण अण्विक व आयनी-आण्विक रूप में लिखें; इस बात का ध्यान रखें कि प्रापत मिश्रित लवण जल में अविलेय है :

(a) $K_4[Fe(CN)_6]$ व $CuSO_4$;

(b) $Na_3[CO(CN)_6]$ व $FeSO_4$;

(c) $K_3[Fe(CN)_6]$ व $AgNO_3$।

710. निम्न मिश्रित कणों के आवेश ढूंढें तथा इनके बीच धनायन, ऋणायन व विद्युत-अनपघट्य खोजें :

$[Co(NH_3)_5Cl]$, $[Cr(NH_3)_4PO_4]$,

$[Ag(NH_3)_2]$, $[Cr(OH)_6]$,

$[Co[NH_3]_3(NO_2)_3]$, $[Cu(H_2O)_4]$।

711. निम्न मिश्रित आयनारें में संकुलन कर्मकों की उपचयन अवस्था (या संख्या) ज्ञात करें :

$[Fe(CN)_6]^{4-}$, $[Ni(NH_3)_5Cl]^+$ $[Co(NH)_2(NO_2)_4]^-$

$[Cr(H_2O)_4Br_2]^+$, $[AuCl_4]^-$, $[AuCl_4]^-$ $[Hg(CN)_4]^{2-}$, $[Cd(CN)_4]^{2-}$।

2. मिश्रित यौगिकों की नामपद्धति

मिश्रित लवणों के नाम साधारण नियम के आधार पर रचे जाते हैं : पहले धनायन का नाम रखते हैं और फिर ऋणायन का। मिश्रित धनायन का नाम निम्न प्रकार से रचते हैं : सबसे पहले संख्या लिखते हैं (यूनानी-डाइ, ट्राइ, टैट्रा, पैंटा, हैक्सा

आदि), फिर ऋणात्मक आवेश वाले संलग्नियों के लातीनी नाम में..ट जोड़ कर लिख देते हैं ;ब्स.क्लोरो, ैद्$_4^2$.सल्फेटो; व्ब्. हाइड्राक्सो आदि); इसके पीछे उदासीन संलग्नियों के नाम व संख्या लिखते हैं; जल और अमोनिया दे लिये एक्वा व ऐमीन शब्द प्रयुक्त करते हैं। अंत में संकल क्रमक केन्द्रीय परमाणु का नाम लिखते हैं, उसकी उपचयन संख्या रोमन अंकों में कोष्ठकों में उसके नाम के बाद लिखते हैं।

उदाहरण 1. म्नि मिश्रित लवणों के नाम बताइये;

$[Pt(NH_3)_3Cl]Cl$, $[Co(NH_3)_5Br]SO_4$

हलः $[Pt(NH_3)_3Cl]Cl$ का नाम क्लोराट्राइऐमीनप्लैटिनम (II) क्लोराइड है तथा $[CO(NH_3)_5Br]SO_4$ का ब्रोमोपैंटाऐमीनकोबल्ट (III) है।

मिश्रित ऋणायन का नाम धनायान के नाम के सदुश होता है तथा अंतसर्ग-ऐट से समाप्त होता है।

उदाहरण 2. निम्न लवणों के नाम बताइये :

$Ba[Cr(NH_3)_2(SCN)_4]_2$, $(NH_4)_2[Pt(OH)_2Cl_4]$

हलः $Ba[Cr(NH_3)_2(SCN)_4]_2$ का नाम बेरियम टैट्रा-रोडानोडिऐमीनक्रोमेट (III) है तथा $(NH_4)_2[Pt(OH)_2Cl_4]$ का अमोनियम डाइ हाइड्रोक्सो- टैट्राक्लोरोप्लैटिनेट।

उदासीन मिश्रित यौगिकों के नाम धनायनों के नाम की तरह रखते जाते हैं। फर्क केवल इतना होता है कि यहाँ उपचयन संख्या नहीं लिखते हैं क्योंकि यह सम्मिश्र की विद्युत उदासीनता द्वारा ज्ञात की जाती है। उदाहरण के लिये $[Pt(NH_3)_2Cl_2]$ का नाम टेट्राक्लोरोडाइऐमीनप्लैटिनम है।

प्रश्न

712. निम्न मिश्रित लवणों के नाम बताइये :

$[Pd(H_2O).(NH_3)_2Cl]Cl$, $[Cu(NH_3)_4(NO_3)_2$,
$[Co(H_2O(NO_3)_4CN]Br_2$, $[Co(NH_3)_5SO_4]NO_3$, $Pd(NH_3)_3Cl]Cl$,
$K_4[Fe(CN_6]$, $(NH_4)_3[RhCl_6]$, $Na_2[PdI_4]$, $K_2)_2N[Co(NH_3)O_2)_4]$,
$K_2[Pt(OH)_5Cl]$, $K_2[Cu(CN)_4]$।

713. निम्न मिश्रित यौगिकों के समन्वय सूत्र लिखिये : (a) पोटेशियम डाइसायनोआर्जेन्टेट; (b) पोटेशियम हैक्सानाइट्रोकोबाल्टेट; (c) हैक्साऐमीन-निकेल (II) (e) हैक्साएमीन-कोबाल्ट (III) ब्रोमाइड; (f) कार्बोनेटटैट्राएमीननिकेल (II) नाइट्रेट; (g) मैग्नीशियम ट्राइफ्लुओराहाइड्राक्सो बेरिलेट।

714. निम्न विद्युतउदासींन मिश्रित यौगिकों के नाम लिखिये :

(a) फास्फेटोटेट्राएमीनक्रोमियम;

(b) डाइक्लोरोडाइएमीनप्लैटिनम;

(c) ट्राइक्लोरोट्राइएमीनकोबाल्ट;

(d) टेट्राक्लोरोडाइएमीनप्लैटिनम।

प्रत्येक सम्मिश्र में संकुलन कर्मक की उपचयन संख्या दिखाइये।

716. पोटेशियम हैक्सासायनोफेरेट (II) तथा पोटेशियम हैक्सासायनोफेरेट (III) के सूत्र लिखिये।

717. रोजियों कोबाल्टिक क्लोराइड के ईंट जैसे लाल रंग वाले क्रिस्टलों की संरचना सूत्र $[Co(NH_3)_5(H_2O)]Cl_3$ द्वारा व्यक्त की जाती है तथा परप्यूरिओ कोबोल्टिक क्लोराइड के किरमिजी लाल क्रिस्टलों की सूत्र $[Co(NH_3)_5Cl]Cl_2$ द्वारा। इन लवणों के रासायनिक नाम बताइये।

3. मिश्रित यौगिकों के विलयनों में संतुलन

जलीय विलयनों में मिश्रित लवणों का बाह्य क्षेत्रीय वियोजन वास्तुतः आखिर तक होता है, उदाहरण के लिये, $[Ag(NH_3)_2]Cl \rightarrow [Ag(NH_3)_2]^+ + Cl^-$ ।

इस वियोजन को प्राथमिक कहते हैं, मिश्रित यौगिक के आन्तरिक क्षेत्र के उत्क्रमणीय वियोजन को माध्यमिक या द्वितीयक कहते हैं। जैसे, डाइएमीन सिल्वर आयन निम्न प्रकार से वियोजित होता है :

$[Ag(NH_3)_2]^+ \rightarrow Ag^+ + 2NH_3$

द्वितीयक वियोजन के फलस्वरूप मिश्रित कण, केन्द्रीय आयन और संलग्नियों के बीच एक संतुलन स्थापित हो जाता है। उक्त समीकरण के अनुसार $[Ag(NH_3)_2]^+$ का वियोजन एक संतुलन स्थिरांक द्वारा व्यक्त किया जाता है जिसे मिश्रित आयन का अस्थायित्व स्थिरांक कहते हैं :

$$K_{\text{अस्थायि.}} = \frac{[Ag^+][NH_3]^2}{[Ag(NH_3)_2^+]} = 6{,}8 \times 10^{-8}$$

विभिन्न मिश्रित आयनों के अस्थायित्व स्थिरांकों के मान विस्तृत सीमओं के अंदर घटते-बढ़ते रहते हैं तथा वे सम्मिश्र के स्थायित्व के मापदंड का काम कर सकते हैं। मिश्रित आयन जितना जयाद स्थायी होता है, इसका अस्थायित्व स्थिरांक उतना ही ज्यादा छोटा होता है। उदाहरण के लिये, एक किस्म के निम्न यौगिकों के अस्थायित्व स्थिरांकों के मान विभिन्न हैं :

$[Ag(NO_2)_2]^-$	$[Ag(NH_3)_2]^=$	$[Ag(S_2O_3)_2]^{3-}$	$[Ag(CN)_2]^-$
1.3×10^{-3}	8.8×10^{-8}	1×10^{-13}	1×10^{-21}

इनके बीच $[Ag(CN_2)]^-$ सबसे ज्यादा स्थायी है तथा $[Ag(NO_2)_2]^-$ सबसे कम स्थायी है।

कुछ सम्मिश्रों के अस्थायित्व स्थिरांकों के मान परिशिष्ट की सारणी 10 में दिये गये हैं।

जिन अस्थायित्व स्थिरांकों की अभिव्यक्तियों में आयनों व अणुओं की सान्द्रताएं दी जाती हैं, उन्हें सान्द्रित कहलाते हैं। वे अस्थायित्व स्थिरांक ज्यादा सुनिश्चित होते हैं जिनमें आयनों व अणुओं की सान्द्रताओं की जगह उनकी सक्रियताएं होती हैं ये स्थिरांक विलयन की संरचना तथा आयनी बल पर निर्भर नहीं करते। नीचे दिये उदाहरणों को हल करते समय हम विलयनों की पर्याप्त तनु मानेंगे जिससे प्रणाली के घटकों के सक्रियता गुणांक इकाई के बराबर लिये जा सकें तथा कलनों में सानद्रता स्थिरांकों का प्रयोग कर सकें।

उदाहरण 1. $[Ag(CN)_2]^-$ आयन का अस्थायित्व स्थिरांक 1×10^{-21} है। सिल्वर आयनों की 0.05M $K[Ag(CN)_2]$ विलयन में सान्द्रता का कलन करें, जिसमें KCN का 0.01 mol/l भी उपस्थित है।

हलः मिश्रित आन का द्वितीयक वियोजन निम्न समीकरण का पालन करता है :

$$[Ag(CN)_2]^- \rightarrow Ag^+ + 2CN^-$$

अतिरिक्त CN^- आयनों की उपस्थिति में KCN के वियोजन (जिसे पूर्ण माना जा सकता है) के कारण यह संतुलन बायीं ओर इतना ज्यादा विस्थापित हो जाता है कि द्वितीयक वियोजन में बने CN^- आयनों की संख्या नगण्य मानी जा सकती है। अतः $[CN^-] = c(KCN) = 0.01$ mol/l । इसी आधार पर $[Ag(CN)_2]^-$ आयनों की संतुलन सान्द्रता मिश्रित लवण की कुल सान्द्रता (0.05mol/l) के बराबर मान जा सकती है।

उदाहरण के आंकड़ों के अनुसार :

$$K_{\text{अस्थायि०}} = \frac{\left[Ag^{+}\right]\left[CH^{-}\right]^{2}}{\left[Ag(CN)_{2}^{-}\right]} = 1 \times 10^{-21}$$

अतः Ag^+ आयनों की सान्द्रता निम्न प्रकार से व्यक्त कर सकते हैं :

$$\left[Ag^{+}\right] = \frac{1 \times 10^{-21}\left[Ag(CN)_{2}^{-}\right]}{\left[CN^{-}\right]^{2}} = CN^{-} \text{ व } [Ag(CN)_2]^-$$

आयनों की सान्द्रताओं के मान भरने पर हमें निम्न परिणाम प्राप्त होता है :

$$\left[Ag^{+}\right] = \frac{10^{-21} \times 0.05}{(0.01)^{2}} = 5 \times 10^{-19}\ \text{mol}/1$$

साधारण (अमिश्रित) वैद्युत अपघट्यों के विलयनों मं वियोजन संतुलन निश्चित करने के लिये जिन नियमों का पालन किया जाता है, मिश्रित आयनों वाली प्रणालियों में भी वियोजन संतुलन इन्हीं के अधार पर निश्चित किया जाता है : अर्थात, संतुलन संकुलन कर्मक या संलग्नी के सर्वाधक पूर्ण अनुबंध की दिशा में स्थानान्तरित हो जाता है जिससे विलयन में अपरिबद्ध रहे इन कणों की सान्द्रताएं इन अवस्थाओं में निम्नतम सीाव मान रखती हैं।

संतुलन के स्थानान्तरण की दिशा ज्ञात करने के लिये हमें दी गयी प्रणाली में आयनों की संतुलन सान्द्रताओं के मान निर्धारित करने चाहियें।

उदाहरण 2. क्षारों के साथ सरल कैडमियम लवणों के विलयन कैडमियम हाइड्रक्साइड अवक्षेप $Cd(OH)_2$ बनाते हैं तथा हाइड्रोजन सल्फाइड के साथ कैडमियम सल्फाइड अवक्षेप CdS। ये कैसे समझा सकते हैं कि जब 0.05M $K_2[Cd(CN)_4]$ विलयन में, जिसमें 0.1 mol/1 KCN है, एक क्षार मिलताते हैं, तो कोई अवक्षेप नहीं बनता ओर जब इस विलयन में हाइड्रोजन सल्फाइउ प्रवाहित करते हैं, तो CdS अवक्षेप बनता है?

$[Cd(CN_4]^{2-}$ आयन का अस्थायित्व स्थिरांक 7.8×10^{-18} मान सकते हैं।

हलः $Cd(OH)_2$ व CdS अवक्षेपों के बनने की अवस्थाएं निम्न प्रकार से लिखी जा सकती हैं :

$[Cd^{2+}]\ [OH^-]^2 > S_{sp}[Cd(OH)_2] = 4.5 \times 10^{-15}$

$[Cd^{2+}]\ [S^{2-}] > K_{sp}(CdS) = 8 \times 10^{-27}$

दी गयी अवस्थाओं में मिश्रित लवण के विलयन में Cd^{2+} आयनों की सान्द्रता का कलन निम्न समीकरण द्वारा व्यक्त करते हैं :

$$[Cd^{2+}] = \frac{K_{\text{अस्थायी}}\left[Cd(CN)_{4}^{2-}\right]}{\left[CN^{-}\right]^{4}} = \frac{7.8 \times 10^{-18} \times 0.05}{(0.1)^{4}}$$

$$= 3.9 \times 10^{-15}\ \text{mol}/1$$

कैडमियम हाइड्राक्साइड के अवक्षेपण के लिये पर्याप्त OH^- आयनों की सानद्रता निम्न असमता द्वारा ज्ञात करते हैं :

$$\left[OH^-\right] > \sqrt{\frac{K_{sp}\left[Cd(OH)_2\right]}{\left[Cd^{2+}\right]}} = \sqrt{\frac{4.5\times10^{-15}}{3.9\times10^{-15}}} \approx 1 mol/1$$

अतः दी गयी प्रणाली में OH^- आयनों की 1 mol/1 से कम सान्द्रताओं पर संतुलन

$$[Cd(CN)_4]^{2-} + 2OH^- \rightarrow Cd(OH)_2{}^- + 4CN^-$$

मिश्रित आयन के बनने की दिशा में स्थानान्तरित हो जाता है।

पोटेशियम टैट्रासायनोकैडमेट के दिये गये विलयन से कैडमियम सल्फाइड अवक्षेप बनने की अवस्था निम्न असमता द्वारा ज्ञात करते हैं :

$$[S^{2-}] > \frac{K_{sp}(CdS)}{\left[Cd^{2+}\right]} = \frac{8.0\times10^{-27}}{3.9\times10^{-15}} \approx 2\times10^{-12}$$

अतः सल्फाइड आयन की निम्न सान्द्रताओं पर भी संतुलन

$$[Cd(CN)_4]^{-2} + S^{2-} \leftrightarrows CdS\downarrow + 4CN^-$$

वस्तुतः कैडमियम सल्फाइड के बनने की दिशा में पूर्णतया स्थानान्तरित हो जाता है।

प्रश्न*

718. निम्न विद्युत-अपघट्यों के विलयनों के बीच किन परिस्थितियों में अभिक्रिया घटेगी? अभिक्रियाओं के समीकरण आण्विक व आयनी-आण्विक रूप में लिखिये :

(a) $K_2[HgI_4] + KBr$

(b) $K_2[HgI_4] + KCN$

(c) $[Ag(NH_3)_2]Cl + K_2S_2O_3$

(d) $K[Ag(CN_2)] + K_2S_2O_3$

(e) $K[Ag(CN_2] + NH_3$

(f) $K[Ag(NO_2)_2] + NH_3$

(g) $[Ag(NH_3)_2]Cl + NiCl_2$

(h) $K_3[Cu(CN)_4] + Hg(NO_3)_2$

719. 0.1M $[Ag(NH_3)_2]NO_3$ विलयन में Ag^+ आयनों की सान्द्रता का कलन करें, अगर विलयन में NH_3 के 1 mol/l का बाहुल्य है।

720. 0.1M $K_2[Cd(CN)_4]$ विलयन में कैडमियम आयनों की सान्द्रता का कलन करें, अगर इस विलयन में 6.5g/l KCN भी उपस्थित है।

721. 0.51 0.1M सोडियम आयोसल्फेटोअर्जोन्टेट $Na_3[Ag(S_2O_3)_2]$ विलयन में आयनों के रूप में उपस्थित रजत का द्रव्यमान ज्ञात करें, अगर विलयन में 0.1 mol/l सोडियम थायोसल्फेट भी विलीन है।

722. (a) अगर 1 लीटर 0.1M $[Ag(NH_3)_2]NO_3$ विलयन में 1×10^{-5} mol KBr मिलायें तो सिल्वर हेलोजेन अवक्षेपित

* इस खंड के प्रश्नों को हल करते समय आवश्यकता पड़ने पर मिश्रित आयनों के अस्थायित्व स्थिरांकों के मानों का प्रयोग किया जा सकता है (परिशिष्ट की सारणी 10)

होगा या नहीं? विलयन में 1 mol/l अमोनिया भी उपस्थित है। (b) और अगर 1×10^{-5} mol KI मिलायें? विलेयता उत्पाद निम्न हैं :

$K_{sp}(AgBr) = 6 \times 10^{-13}$ $K_{sp}(AgI) = 1.1 \times 10^{-16}$

723. 1 लीटर 0.1M $[Ag(NH_3)_2]NO_3$ विलयन में अमोनिया के कितने मोल होने चाहियें जिससे कि 1 लीटर विलयन में 1.5g KCl मिलाने पर AgCl अवक्षेपित न हो जाये?

$K_{sp}(AgCl) = 1.8 \times 10^{-10}$

724. 0.08M $[Ag(NH_3)_2]NO_3$ विलयन में सिल्वर आयनों की सान्द्रता कितनी है, अगर विलयन में 1 mol/l अमोनिया भी उपस्थित है? AgCl का अवक्षेपण शुरू

होने से पहले 1 लीटर विलयन में कितने ग्राम NaCl मिलया जा सकता है?

$K_{sp}(AgCl) = 1.8 \times 10^{-10}$

अपना ज्ञान परखिये

725. मिश्रित आयनों $[Ag(CN_2]^-$ व $[Ag(NO_2)_2]^-$ के अस्थायित्व स्थिरांक क्रमशः 8×20^{-21} तथा 1.3×10^{-3} हैं। समान मोलीय सान्द्रताओं वाले $K[Ag(NO_2)_2]$ (C_1) व $K[Ag(CN_2]$ (C_2) विलयनों में Ag^+ आयनों की संतुलन सान्द्रताओं के बीच क्या अनुपात है?

(a) $c_1 > c_2$; (b) $c_1 = c_2$; (c) $c_1 < c_2$

726. पोटेशियम आयोडाइड $[Ag(NH_3)_2]NO_3$ विलयन से सिल्वर को AgI के रूप में अवक्षेपित करता हे, परंतु उसी मोलीय सान्द्रता वाले $K[Ag(CN)_2]$ को विलयन से अवक्षेपित नहीं करता। आयनों

$[Ag(NH_3)_2)^+(K_1)$ $[Ag(CN)_2]^-(K_2)$

के अस्थायित्व सिरिांकों के मानों के बीच क्या संबंध है?

(a) $K_1 > K_2$; (b) $K_1 = K_2$; (c) $K_1 < K_2$

727. $[Ag(NH_3)_2]^+$ व $[Cd(NH_3)_4]^{2+}$ आयनों के अस्थायित्व स्थिरांकों के मान निकट हैं (क्रमशः 9.3×10^{-8} व 7.6×10^{-8}) समान मोलीय सान्द्रताओं वाले $[Ag(NH_3)_2]Cl$ व $[Cd(NH_3)_4]Cl_2$ विलयनों में मुक्त धात्विक आयन $[C(Ag^+)$ व $C(Cd^{2+})]$ की सान्द्रताओं के बीच ठीक संबंध अनुपात बताइये। विलयनों में 0.1 mol/l NH_3 भी उपस्थित है।

(a) $c_{Ag^+} > c_{Cd^+}$; (b) $c_{Ag^+} \approx c_{Cd^{2+}}$; (c) $c_{Ag^+} < c_{Cd^{2+}}$

4. मिश्रित यौगिकों के चुबंकीय व प्रकाशिकीय गुण. मिश्रित यौगिकों की व्यौमिक संरचना

बाह्य चुंबकीय क्षेत्र के साथ प्रतिक्रिया की प्रकृति के आधार पर पदार्थ दो ग्रुपों में विभाजित किये जाते हैं–अनुचुंबकीय तथा प्रतिचुंबकीय। अनुचुंबकीय पदार्थ चुंबकीय क्षेत्र की ओर आकर्षित होते हैं और प्रतिचुंबकीय उससे क्षीण रूप में विस्थापित होते हैं।

पदार्थों के चुंबकीय गुणों में भिन्नता उनके घटकों-परमाणुओं, आयनों यचा अणुओं की इलेक्ट्रानी संरचना के साथ संबंधित है। अगर कण में सारे इलेक्ट्रान युग्मी हैं, तो उनके चुंबकीय आधूर्णों की आपस में क्षतिपूर्ति होती रहती है तथा कण का कुल चुंबकीय आघूर्ण शून्य के बराबर होता है; ऐसा कण प्रतिचुंबकीय होता है। कण में एक या अधिक अयुग्मी

इलेक्ट्रान उपस्थित होने पर वह अनुचुंबकत्व प्रदर्शित करता है। ऐसे कण का कुल चुंबकीय आघूर्ण शॅन के बराबर नहीं होता, अयुग्मी इलेक्ट्रोनों की संख्या में वृद्धि के साथ वह बढ़ता जाता है।

मिश्रित यौगिकों के चुंबकीय गुण क्रिस्टल क्षेत्र के सिद्धांत की दृष्टि से काफी अच्छी तरह से समझाये जाते हैं। यह सिद्धांत इस विचार पर आधारित है कि संतुलन कर्मक व संलग्नियों के बीच शुद्ध स्थिर-वैद्युत प्रतिक्रिया घटती है। परंतु स्थिर-वैद्युत सिद्धान्त के क्लासिकल

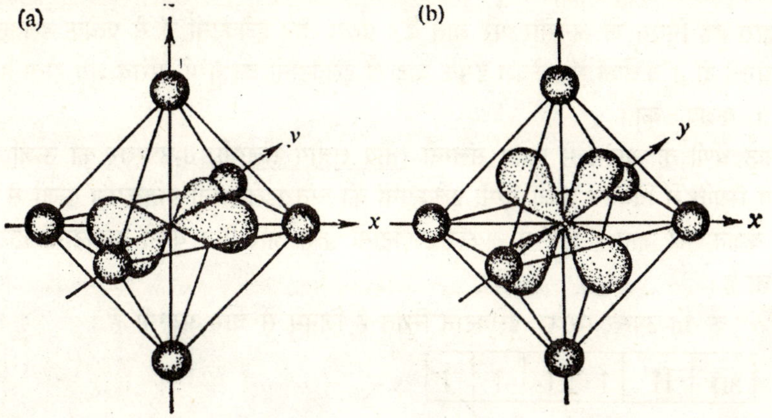

चित्र 5. संलग्नियों के अष्टफलीकीय क्षेत्र में कक्षकों $d_{x^2-y^2}$ और dxz के इलेक्ट्रान अभ्र।

परिचय से भिन्न क्रिस्टल क्षेत्र के सिद्धांत में स $d_{x^2-y^2}$ कुल कर्मकों के d-कक्षकों के इलेक्ट्रानी धन्त्व के व्यौमिक वितरण को महत्व दिया जाता है।

मुक्त परमाणु या आयन के किसी भी कक्षक के f-उपस्तर में स्थित इलेक्ट्रान समान ऊर्जा रखते हैं अगर इस आयन (परमाणु) को उस क्षेत्र के केन्द्र में रख दें, जिसकी ऊपरी सतह समान रूप से ऋणात्मक आवेशित होती (परिकल्पित स्थिति), तो सारे के सारे 5-d इलेक्ट्रानी अभ्रों पर समान प्रतिकर्षण बल का प्रभाव होता। इसके फलस्वरूप सारे d-इलेक्ट्रानों की ऊर्जा में समान वृद्धि होती।

अगर आयन (परमाणु) संलग्नियों द्वारा बनाये ऐसे क्षेत्र में प्रवेश करता है, जो गोलाकार क्षेत्र के मुकाबले कम असमित होता है, तो इलेक्ट्रानी अभ्र संलग्नी के जितने ज्यादा समीप होता है, d-इलेक्ट्रानों की ऊर्जा उतनी ही ज्यादा बढ़ती है। उदारहण के लिये, संलग्नियों के अष्टफलकों (अष्टफलकीय समन्वय) के शीर्षों में स्थित होने पर $d_z{}^2$ व $d_{x^2-y^2}$- कक्षकों के इलेक्ट्रानी अभ्र संलग्नियों की ओर आमुखित हैं (चित्र 5a) तथा संलग्नियों के बीच आमुखित d_{xy}-, d_{xz}- व d_{yz}- के इलेक्ट्रानी अभ्रों की तुलना में अधिक प्रबल प्रतिकर्षण अनुभव करते हैं। (चित्र 5b)। इसी कारण बाकी d-इलेक्ट्रानों के मुकाबले $d_z{}^{2-}$ व $d_{x^2-y^2-}$ इलेक्ट्रानों की ऊर्जा ज्यादा स्तर तक बढती है।

इस प्रकार अष्टफलकीय क्षेत्र में d-कक्षक दो विभिनन ऊर्जाओं वाले ग्रुपों में बांटे जाते हैं (चित्र 6) : अधिक निम्न ऊर्जावाले (d_e - कक्षक) d-3 कक्षक (d_{zy}, d_{xy} व d_{yz}) तथा अधक उच्च ऊर्जा वाले d_g- कक्षक) दो कक्षक ($d_z{}^2$ व $d_{x^2-y^2}$)। d_e-व d_g उपस्तरों की ऊर्जाओं के बीच अंतर को विघटन ऊर्जा कहते हैं तथा इसे यूनानी अक्षर D द्वारा व्यक्त करते हैं।

दिये गये संकुलन कर्मक के लिये विघटन ऊर्जा का मान संलग्नियों की प्रकृति द्वारा निर्धारित किया जाता है। संलग्नियों द्वारा उत्पादित विघटन ऊर्जा के हास के आधार पर उन्हें निम्न क्रम में रखा जाता है।

$CN^- > NO_2^- > NH_3 > H_2O > OH^- > F^- > Cl^- > Br^- > I^-$

इसे स्पेक्ट्रोरासायनिक श्रेणी कहते हैं।

स्पेक्ट्रोरासायनिक श्रेणी के अंत में स्थित संलग्नी (क्षीण क्षेत्रीय संलग्नी) d-उपस्तर की ऊर्जा को कम विघटित करते है। इस स्थिति में विघटन ऊर्जा के मुकाबले दो युग्मी इलेक्ट्रानों के पारस्परिक प्रतिकर्षण की ऊर्जा उच्च होती है। अतः d-कक्षक इलेक्ट्रानों द्वारा हुंड नियम के अनुसार भरे जाते हैं : प्रथम तीन इलेक्ट्रनों में से प्रत्येक इलेक्ट्रान d_e-कक्षकों में स्थित होता है, तथा अगले दो d_g कक्षकों में। केवल इसके बाद ही इलेक्ट्रानों का युग्मी भराव शुय होता है-पहले d_e^- कक्षकों का और उनके बाद d_g^- कक्षकों का।

स्पेक्ट्रोरासायनिक श्रेणी के आरंभ में स्थित संलग्नी (तीव्र क्षेत्रीय संलग्नी) d-उपस्तर की ऊर्जा को काफी ज्यादा विघटित करते हैं। इस स्थिति में विघटन ऊर्जा युग्मी इलैक्ट्रानों की अंतराइलेक्ट्रानी प्रतिकर्षण ऊर्जा से अधिक होती है। अतः सबसे पहले d_e कक्षक भरे जाते हैं-शुरू में अकेले इलेक्ट्रानों द्वारा ओर फिर युग्मी इलेक्ट्रानों द्वारा; इसके बाद d_g कक्षकों का भराव होता है।

हलः आयन Co^{3+} के 3d-उपस्तर पर छः इलेक्ट्रान स्थित हैं जिनमें से चार अयुग्मी हैं :

3D	↓↑	↑	↑	↑	↑

संलग्नियों के अष्टफलकीय क्षेत्र में d-उपस्तर का विघटन घटता है। $[CoF_6]^{3-}$ स्थिति में-क्षीण क्षेत्रीय संलग्नी (आयन F^-) d-उपस्तर को कम विघटित करता है। तथा D का मान कम है। अतः d_e-कक्षक हुंड नियम के अनुसार भरे जाते हैं. तथा आयन Co^{3+} के इलेक्ट्रानों के d_e व d_g में वितरण निम्न रूप मव्यक्त होते हैं :

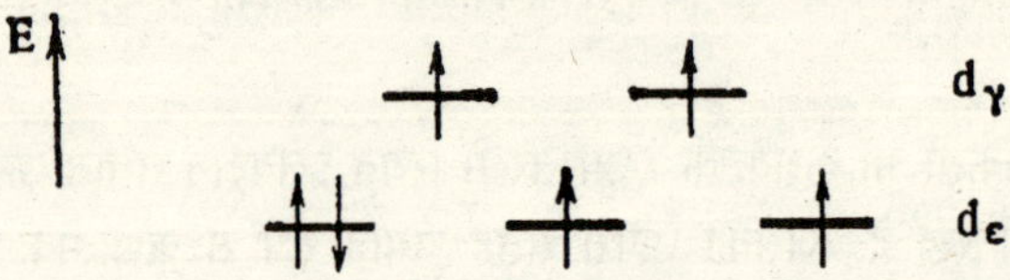

इस प्रकार आयन $[CoF_6]^{3-}$ में चार अयुग्मी इलेक्ट्रान उपस्थित हैं जो इसे अनुचुंबकीय गुण प्रदान करते हैं।

आयन $[CO(CN_6]^{3-}$ के बनने में तीव्र क्षेत्रीय संलग्नी (आयन CN^-) के प्रभावस्वरूप d-उपस्तर की विघटन ऊर्जा इतनी अधिक होगी की युग्मी इलेक्ट्रानों के अंतराइलेक्ट्रानी प्रतिकर्षण की ऊर्जा से भी ज्यादा निकलेगी। इस स्थिति में सारे छः d-इलेक्ट्रानों का d_e^- उपस्तर पर सबसे बेहतर वितरण निम्न आरेख द्वारा व्यक्त संभव होगा :

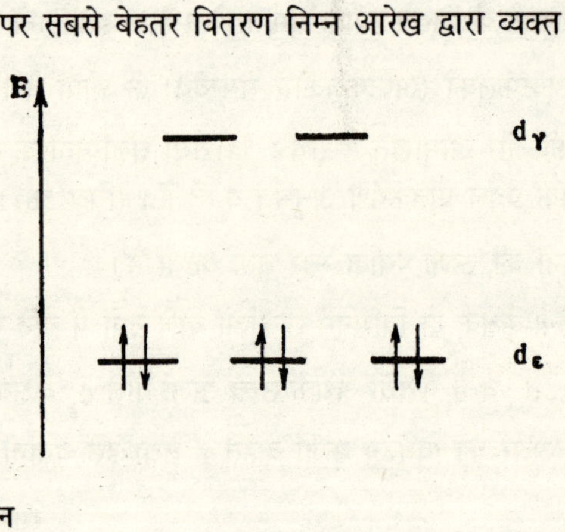

इसके परिणामस्वरूप आयन $[Co(CN)_6]^{3-}$ में सभी इलेक्ट्रान युग्मी होते हैं तथा खुद आयन प्रतिचुंबकीय होता है।

अगर उपस्तर d_g पर कोई अपूरित कक्षक है, तो प्रकाश के मिश्रित यौगिक द्वारा अवशोषण के दौरान इलेक्ट्रान का निम्न ऊर्जा उपस्तर d_e से उपस्तर d_g पर स्थानान्तरण संभव है। यह स्थानान्तरण मिश्रित यौगिक का वर्ण निर्धारित करता है, क्योंकि प्रकाश के अवशोष्य क्वांटम की ऊर्जा (E) विघटन ऊर्जा (D) के बराबर होती है। अवशोषित पदार्थ के 1 mol के लिये निम्न अनुपात ठीक बैठता है :

$$D = E.\ N_A = h_l N_A = h.cN_a/l$$

यहाँ N_A-अवोगाद्रो स्थिरांक; h-प्लांक स्थिरांक; c-प्रकाश की गति; g व l अवशोष्य प्रकाश की आवृति व तरंग-दैर्ध्य।

दिखाई दे रहे स्पैक्ट्रम के विभिन्न वर्णों में रंगे भाग निम्न तरंग दैर्ध्यों के संगत होते हैं :

बैंगनी 400-424 ना. मी.	पीला 575-585 ना. मी.
आसमानी 424-490 ना. मी.	नारंगी 585-647 ना. मी.
हरा 490-575 ना. मी.	लाल 647-710 ना. मी.

पदार्थ द्वारा स्पैक्ट्रम के निश्चित भग के अवशोषण के समय पदार्थ खुद अतिरिक्त वर्ण में रंग जाते हैं :

स्पैक्ट्रम का अवशोष्य भाग	पदार्थ का वर्ण
बैंगनी	हरा-पीला
नीला	पीला
आसमानी	नारंगी
नीला-हरा	लाल
हरा	गहरा लाल
लाल	हरा

उदाहरण 2. बताइये कि स्वर्ण (I) के यौगिक अवर्णी ओर स्वर्ण (III) के वर्णी क्यों होते हैं?

हलः स्वर्ण (I) के आयन Au^+ का इलेक्ट्रन विनयास $5d^{10}$ होता है। सारे... 5a-कक्षक भरे हुए हैं और इलेक्ट्रानों का d_e से d_g उपस्तर पर स्थानान्तर असंभव है।

स्वर्ण (III) के आयन Au^{3+} का इलेक्ट्रन विन्यास.... $5d^8$ होता है, अतः ऊपरी ऊर्जा उपस्तर (d_x) पर दो रिक्त स्थान हैं। प्रकाश के अवशोषण के समय इलेक्ट्रानों का उपस्तर d_e से उपस्तर d_g पर स्थानान्तर Au (III) के यौगिकों को वर्णी बना देता है।

उदाहरण 3. आयन $[Cu(NH_3)_4]^{2+}$ द्वारा दृश्य प्रकाश का अधिकतम अवशोष्ज्ञण तरंग दैर्ध्य l-304 ना0 मा0 के समकक्ष है। d-उपस्तर की विघटन ऊर्जा का कलन कीजिये।

हलः सूत्र $\Delta = h.cN_A/l$ में $h = 6.6 \times 10^{-34}$ जूल c^{-1}, $c = 3 \times 10^8\ M.c^{-1}$, $l = 304$ ना0 मा0 $= 3.04 \times 10^{-7}$ M, $N_A = 6.02 \times 10^{23}\ mol^{-1}$ मोल। ये मान सूत्र में भरने से हमें निम्न परिणाम प्राप्त होता है :

$$\Delta = 6.6 \times 10^{-34} \times 3 \times 10^8 \times 6.02 \times 10^{23}/3.04 \times 10^{-7} =$$

$$= 3.49 \times 10^5 \text{ जूल } \times \text{मोल}^{-1} = 349 \text{ कि. जूल मोल}^{-1}$$

उदाहरण 4. आयन $[Cr(H_2O)_6]^{3+}$ के लिये विघटन ऊर्जा 167.2kJ × mol^{-1} के बराबर है। जलीय विलयनों में क्रोमियम (III) के यौगिकों का वर्ण ककैसा है?

हलः कलन के लिये यहाँ भी उक्त सूत्र इस्तेमाल करते हैं :

$$\Delta = h.cN_A/l$$

अर्थात् $l = \frac{h.cN_A}{\Delta} = 6.6 \times 10^{-34} \times 3 \times 10^8 \times 6.02 \times$

$= 10^{23}/167.2 \times 10^2 = 0.71 \times 10^{-6}$ M = 710 ना0 म0

अतः आयन $[Cr(H_2O)_6]^{3+}$ स्पैक्ट्रम के लाल हिस्से में प्रकाश अवशोषित करता है तथा जलीय विलयनों में क्रोमियम (III) के यौगिकों का वर्ण हा (लाल के अतिरिक्त) है।

मिश्रित यौगिकों की व्यौमिक संरचना संयोजकता अनुबंधों के दृष्टिकोण से समझायी जा सकती है जिसके अनुसार संकुलन कर्मकों व संलग्नियों के बीच सहसंयोजी अनुबंधों के निर्माण के फलस्वरूप मिश्रित कण उत्पन्न होते हैं। इस समय संकुलन कर्मक ग्राही के (या आयन) के रिक्त कक्षकों के अर्थात् इलेक्ट्रानों के अवियोहि4त युग्मी संलग्नियों के कक्षकों (दाताओं) द्वारा अतिव्यापन के परिणामस्वरूप s अनुबंध बनता है। s अनुबंधों की अधिकतम संभव्य संख्या संकुलन कर्मक की समन्वय संख्या निश्चित करती हैं

चूंकि समान संलग्नियों में निर्मित s अनुबंध समान होते हैं, तो मिश्रित कण के बनने के साथ-साथ संकुलन कर्मक के ग्राही कक्षकों का संकरण होता है। समन्वय संख्या 4 होने पर अक्सर sp^3 - संकरण बनता है जो संलग्नियों के चतुष्फलकीय समन्वय के या $d_{sp}{}^2$ संकरण के संगत है। समन्वय संख्या 6 होने पर संलग्नियों का अष्टफलकीय समन्वय होता है जो $d^2{}_{sp}{}^3$ या sp^3d^2 संकरणों द्वारा निर्धारित होता है। निर्मित सम्मिश्रों के चुंबकीय गुणों के प्रायोगिक आंकड़े संकरण की किस्म निर्धारित करने का मापदंउ हो सकते हैं।

उदाहरण 5. आयन $[NiCl_4]^{2-}$ अनुचुंबकीय है और आयन $[Ni(CN)_4]^{2-}$ - प्रतिचुंबकीय है। आयन Ni^{2+} के प0 क0 संकरण की किस्म तथा प्रत्येक मिश्रित आयन की व्यौमिक संरचना बताइये।

हलः आयन Ni^{2+} का इलेक्ट्रानी विन्यास .... $3s^23p^63d^8$ है। हुंड नियम के अनुसार रिक्त कक्षकों के इलेक्ट्रानों द्वारा भरने के आरेख का रूप निम्न है :

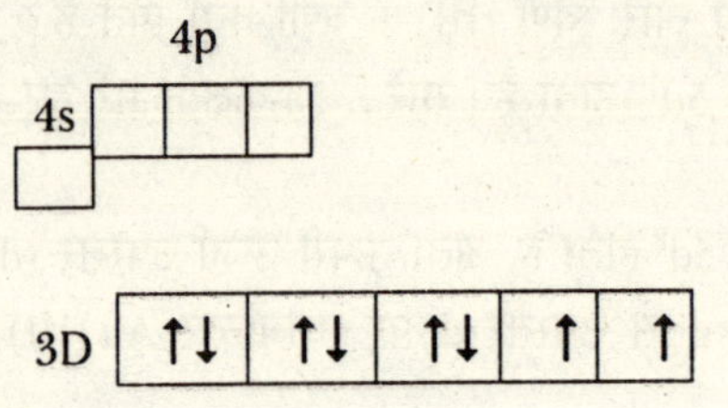

आयन $[NiCl_4]^{2-}$ अनुचुंबकीय है, अतः उसके अंदर अयुग्मी इलेक्ट्रान सुरक्षित हैं तथा आयन Ni^{2+} का एक 4s व तीन 4p कक्षक ग्राही कक्षकों (ये कक्षक ☒ चित्र द्वारा व्यक्त किये गये हैं) का काम करते हैं :

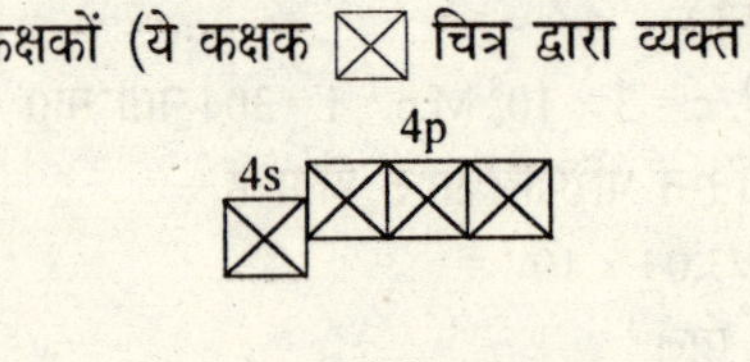

इस प्रकार आयन $[NiCl_4]^{2-}$ के बनने के दौरान निकेल के प0 क0 का dp^3 संकरण होता है। इस आयन की व्यौमिक संरचना - चतुष्फलकीय है।

प्रतिचुंबकीय आयन $[Ni(CN)_4]^{2-}$ में अयुग्मी इलेक्ट्रान नहीं हैं। अतः इस आयन के बनने के दौरान आयन Ni^{2+} के अकेले इलेक्ट्रान का युग्मन होता है तथा एक 3d कक्षक स्वतंत्र हो जाता है।

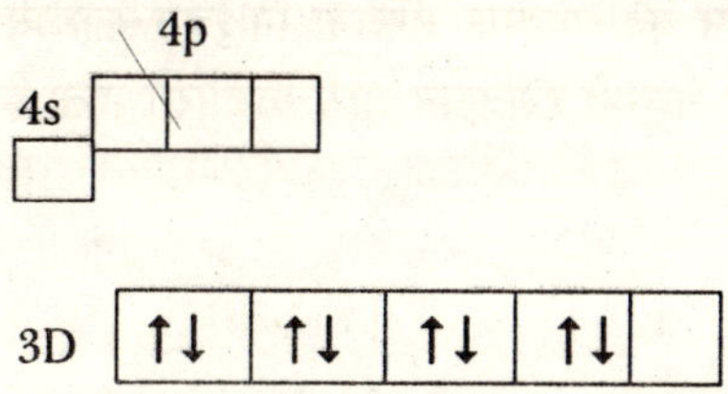

अब एक 3d, एक 4s व दो 4p कक्षक ग्राही का काम करते हैं।

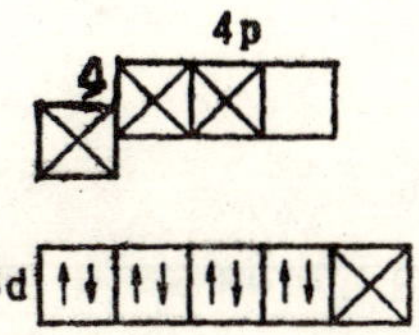

ग्राही कक्षकों का संकरण ($d_{sp}{}^2$ संकरण) आयन $[Ni(CN)_4]^{2-}$ की संरचा वर्गीयसमतल कर देता है।

प्रश्न

728. अष्टफलकीय सम्मिश्र $[Cr(CN)_6{}^{3-}$ d_e में d_g व कक्षकों पर केनद्रीय परमाणु के इलेक्ट्रानों के वितरण का आरेख बनाइये।

729. आयनों $[Fe(CN)_6]^{3-}$ व $[Fe(CN)_6]^{4-}$ में कौनसे चुंबकीय गुण विद्यमान हैं?

730. समझाइये कि ताम्र (I) के यौगिक अवर्णी तथा ताम्र (II) के वर्णी क्यों होते हैं?

731. मिश्रित आयन $[Cu(NH_3)_4]^{2+}$ के लिये दृश्य प्रकाश का अधिकतम अवशोषण 304 ना0 म0 तरंग दैर्ध्य के संगत है तथा आयन $[Cu(H_2O)_4]^{2+}$ के लिये-तरंग दैर्ध्य 365 ना0 म0 के। इन मिश्रित आयनों में d-उपस्तर की विघटन ऊर्जा का कलन करें।

732. जलीय विलयनों में मैंगनीज (III) के यौगिकों का वर्ण कैसा है, अगर आयन $[Mn(H_2O)_6]^{3+}$ के लिये D = 250.5kJ × mol^{-1}? इस आयन द्वारा दृश्य प्रकाश का अधिकतम अवशोषण कितने तरंग-दैर्ध्य के संगत है?

733. आयन $[Rh(H_2O)_6]^{3+}$ के लिये D = 321.6kJ × mol^{-1}। इस आयन का वर्ण तथा अधिकतम अवशोषण की स्थिति निश्चित करें।

734. आयन Ag^+ व Zn^{2+} अवर्णी क्यों हैं?

735. आयन $[FeF_6]^{4-}$ में केन्द्रीय परमाणु के प0 क0 के संकरण की कौनसी किस्म प्राप्त होती है, अगर इस आयन के चुंबकीय आघूर्ण का मान उसके अंदर चार अयुग्मी इलेक्ट्रानों की उपस्थिति को प्रमाणित करता है?

736. आयन $[Ni(NH_3)_6]^{2+}$ अनुचुंबकीय है। आयन Ni^{2+} के प0 क0 के संकरण की किस्म निश्चित कीजिये।

737. आयन $[Fe(CN)_6]^{4-}$ प्रतिचुंबकीय है। आयन Fe^{2+} के प0 क0 के संकरण की किस्म निश्चित कीजिये।

738. आयन $[Cu(NH_3)_4]^{2+}$ की व्यौमिक संरचना कैसी है? इस आयन के चुंबकीय गुण कैसे हैं?

739. आयन $[CoCl_4]^{2-}$ की व्यौमिक संरचना निर्धारित करें। यह ध्यान रखना चाहिये कि इस आयन के चुंबकीय आघूर्ण का मान इसके अंदर तीन अयुग्मी इलेक्ट्रानों की उपस्थिति प्रमाणित करता है।

740. आयन $[AuCl_4]^-$ प्रतिचुंबकीय है। इस आयन की व्यौमिक संरचना निश्चित कीजिये।

741. आयन $Mn(CN)_6]^{4-}$ का अनुचुंबकत्व अकेले अयुग्मी इलेक्ट्रान द्वारा निर्धारित होता है। Mn^{2+} आयन के आ0 क0 के संकरण की किस्म निर्धारित कीजिये।

अपना ज्ञान परखिये

742. आयन $[Cr(H_2O)_6]^{3+}$ हरे वर्ण में रंगा है तथा आयन $[Co(H_2O)_6]^{3+}$ लाल वर्ण में। इन आयनों द्वारा प्रकाश के अधिकतम अवशोषण के संगत तरंग दैर्ध्यों के बीच संबंध निश्चित करें :

(a) $l_{Cr} > l_{Co}$; (b) $l_{Cr} = l_{Co}$; (c) $l_{Cr} < l_{Co}$

743. निम्न में से कौनसे आयन अवर्णी हैं :

(a) $[CuCl_2]^-$; (b) $[CuCl_4]^{2-}$; (c) $[ZnCl_4]^{2-}$

(d) $[FeCl_4]^-$; (e) $[Cu(NH_3)_2]$; (f) $[Zn(NH_3)_4]^{2+}$

क्योंकि : (1) इन आयनों में केन्द्रीय परमाणु उच्चतम उपचयन अवस्था प्रदर्शित करता है; (2) इन आयनों में केन्द्रीय परमाणु उच्चतम उपचयन अवस्था प्रदशित नहीं करता है; (3) इन आयनों में केन्द्रीय आयन में संपूरित 3d-कोश उपस्थित होत है; (4) इन आयनों के केन्द्रीय आयन में असंपूरित 3d-कोश उपस्थित होता है।

744. निम्न में से कौनसे आयन अनुचुंबकीय हैं :

(a) $Fe(CN)_6]^{3-}$; (b) $[Fe(CN)_6]^{4-}$; (c) $[Co(H_2O)_6]^{2+}$

(d) $[Co(H_2O)_6]^{3+}$; (e) $[FeF_6]^{4-}$?

क्योंकिः (1) संलग्नी तीव्र क्षेत्र बनाता है तथा 6d-इलेक्ट्रान d_e उपस्तर के तीन कक्षकों को भरते हैं; (2) संलग्नी क्षीण क्षेत्र बनाता है तथा सारे कक्षक हुंड नियम के अनुसार भर जाते हैं; (3) केन्द्रीय आयन में इलेक्ट्रानों की विषम संख्या उपस्थित होती है।

745. प्रतिचुंबकीय आयन $[NiCl_4]^{2-}$ व अनुचुंबकीय आयन $[PdCl_4]^{2-}$ की व्यौमिक संरचना समान है या नहीं : (a) समान है; (b) असमान है?

क्योंकिः (1) केन्द्रीय आयनों के संयोजकता कक्षकों का इलेक्ट्रानी विन्यास सामान्य सूत्र nd^8 द्वारा व्यक्त किया जाता है; (2) तुलनीय केन्द्रीय आयनों के असमान ग्राही कक्षकों की सहायता से s अनुबंध बनते हैं।

अध्याय 10

धातुओं के सामान्य गुण

ऐलाय

द्रव अवस्था में अधिकांश धातुएं एक दूसरी में घुल जाती हैं तथा एक सजातीय द्रव ऐलाय बनाती हैं। गलित ऐलाय का क्रिस्टलीकरण करने पर अलग-अलग धातुएं विभिन्न प्रकार से व्यवहार करती हैं।

निम्न तीन अवस्थाएं मुख्य हैं :

(1) ऐलाय अपने प्रत्येक घटक के क्रिस्टलों का यांत्रिकीय मिश्रण होात है।

(2) ऐलाय मिश्रित की जाने वाली धातुओं की व्यतिक्रिया से बना रासायनिक यौगिक होता है।

(3) ऐलाय प्रतिवर्ती घटकों की सजातीय प्रावस्था होता है, जिसको ठोस विलयन कहते हैं।

ऐलायों की प्रकृति प्रायः उनके प्रावस्था आरेखों के अध्ययन की सहायता से निर्धारित की जाती है। ये आरेख उन प्रावस्थाओं को दिखाते हैं जो दी गयी परिस्थितियों में संभव हो सकती हैं। इन आरेखों में तापमान कोटि-अक्ष पर तथा ऐलाय की संरचना भुजाक्ष पर लिखी जाती है।

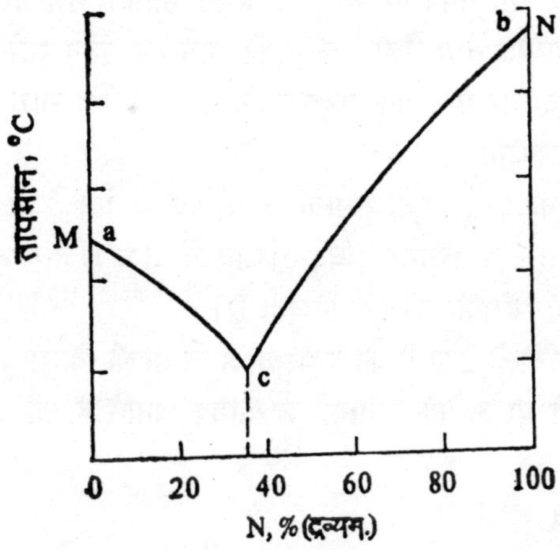

चित्र 6. कठोर विलयन और रासायनिक यौगिक न बनने वाले दो धातुओं से बनी प्रणाली का प्रावस्था आरेख।

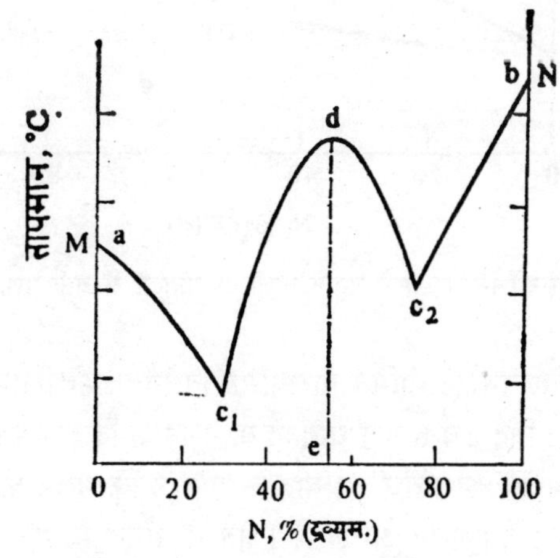

चित्र 7. एक रासायनिक यौगिक बनाने वाली दो धातुओं से बनी प्रणाली का प्रावस्था आरेख।

अगर दो धातुएं M व N मिश्रित किये जाने पर रासायनिक यौगिक नहीं बनाती हैं, तो आम तौर पर प्रावस्था आरेख का रूप चित्र 6 जैसा होगा। बिंदु a शुद्ध धातु M का गलनांक दिखाता है। जैसे ही इस धातु में धातु N मिलायी जाती है, आरंभ में गलनांक गिरता है और फिर ऐलाय में धातु N की मात्रा को और अधक बढ़ाने से यह उच्च होकर बिंदु b तक पहुंच जाता है जो शुद्ध धातु N के गलनांक के संगत होता है। वक्र acb यह दिखाता है कि धातुओं M व N से बने सारे ऐलायों में उस ऐलाय का, जिसकी संरचना बिंदु c के संगत है (दी गयी परिस्थिति में इसमें 37% धातु N उपस्थित है, अतः 63% धातु M उपस्थित है) गलनांक निम्नतम होता है। निम्नतम गलनांक वाला ऐलाय गलनक्रांतिक कहलाता है।

जब एक द्रव ऐलाय, जिसका गठन गलनक्रातिक से भिन्न है, ठंडा करते हैं, तो वह धातु ठोस प्रावस्था के रूप में अलग हो जायेगी जिसकी ऐलाय में मात्रा गलनक्रांतिक की तुला में अधिक है। उदाहरणतया, जब तक ऐलाय, जिसमें 70% धातु N उपस्थित हैं, ठंडा करते हैं, तो सर्वप्रथम धातु N अलग होगी। जैसे-जैसे धातु अलग होती जायेगी, उसके क्रिस्टलीकरण का तापमान घटता जायेगा तथा ऐलाय के बाकी भाग का गठन धीरे-धीरे गलनक्रांतिक जैसया हो जायेगा तथा इसका तापमान भी गलनक्रातिंक तापमान तक पहुंच जायेगा, ऐलाय का सारा द्रव भाग दोनों धातुओं के नन्हें-नन्हें क्रिस्टलों के मूिश्रण के रूप में जम जायेगा।

अगर मिश्रित किये गये जाने पर धातुएं एक रासायनिक यौगिक बनाती हैं तो प्रावस्था आरेख का रूप चित्र 7 जैसा होगा। यहाँ दो गलनक्रांतिक हैं : c_1 व c_2। उच्चतम (बिंदु d) धातुओं M व N द्वारा बनाये रासायनिक यौगिक के गलनांक के संगत है, जबकि बिंदु e भुजाक्ष पर इसकी संरचना दिखता है।

इस प्रकार रासायनिक यौगिक वाली प्रणाली का प्रावस्था अरेख पहली किस्म के दो आरेखों से बना लगता है। अगर घटक एक-दूसरे के साथ मिलकर दो या अधिक रासायनिक यौगिक बनाते हैं, तो आरेख पहली किस्म के तीन, चार या अधिक आरेखों से बना लगता है।

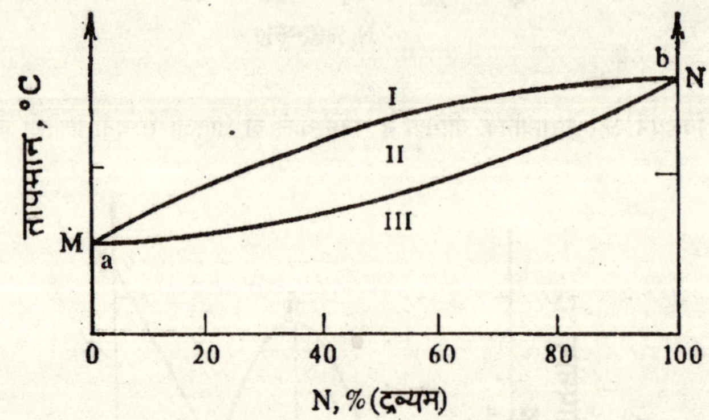

चित्र 8. कठोर विलयनों की निरंतर श्रेणी बनाने वाली दो धातुओं से बनी प्रणाली का प्रावस्था आरेख।

जिस ऐलाय के घटक ठोस विलयन (असीमित पारस्परिक विलेयता की स्थिति) बाते हैं, चित्र 8 उसके लिये अति साधारण प्राव्था का एक उदाहरण है। बिंदु a व b शुद्ध धातुओं के गलनांक दिखाते हैं। गलनांक वक्र (नीचे वाला वक्र) तथा कठोरन वक्र (ऊपर वाला वक्र) के आकर का संबंध इस बात के साथ है कि गलन को ठंडा किये जाने पर अलग होने वाले क्रिस्टलों में दोनों घटक उपस्थित होते हैं। गलन आरेख में I क्षेत्र के संगत है, गलन तथा ठोस विलयन के क्रिस्टलों का सहअस्तित्व-क्षेत्र II के तथा ठोस विलयन-क्षेत्र III के।

प्रावस्था आरेखों की सहायता से ऐलायों की प्रकृति से संबंधित कई प्रश्न हल किये जा सकते हैं : ऐलायों की संरचना

जानना मिरित की गयी धातुओं द्वारा बनाये यौगिकों की संख्या व गठन तथा गलनक्रातिक का गठन निर्धारित करना आदि।

उदाहरण 1. हमारे पास 400g ऐलाय है जिसमें 30% टिन तथा 70% लेड उपस्थित हैं। इसमें से कौनसी धातु अैर किस मात्रा में ऐलाय में गलनक्रांतिक में क्रिस्टलों के रूप में संसेचत है, अगर गलनक्रांतिक में 64% (द्रव्यमान) टिन व 36% (द्रव्यमान) लेड उपस्थित हैं?

हलः हम 400g ऐलाय में प्रत्येक धातु का द्रव्यमान कलित करते हैं :

$400 \times 0.30 = 120$ g टिन व $400 \times 0.70 = 280$g लेड

चुंकि ऐलाय में टिन की प्रतिशत मात्रा गलनक्रांतिक की तुलना में कम है, तो यह स्पष्ट है कि सारा टिन गलनक्रांतिक में है। इस तथ्य के आधार पर हम गलनक्रांतिक का द्रव्यमान ज्ञात करते हैं :

$$120 : x = 64 : 100; x = \frac{120 \times 100}{64} = 187.5\text{g}$$

ऐलाय का बाकी भाग गलनक्रांतिक में संसेचित लेड क्रिस्टलों द्वारा बना है। उनका द्रव्यमान 400-187.5=212.5g है।

उदाहरण 2. टिन को मैग्नीशियम के साथ मिलाने पर अंतराधात्विक यौगिक Mg_2Sn बनता है। धातुओं को किस अनुपात में मिलाया जाये कि प्राप्त ऐलाय में 20% (द्रव्यमान के प्रति) मुक्त मैग्नीशियम उपस्थित मिले?

हलः हम Mg_2Sn में मैग्नीशियम ओर टिन की (द्रव्यमान के प्रति) प्रतिशत मात्रा ज्ञात करते हैं। यौगिक में 28.7% मैग्नीशियम तथा 71.3% टिन उपस्थित हैं।

उदाहरण के आंकड़ों के अनुसार 100g ऐलाय में 20g मैग्नीशियम तथा 80g Mg_2Sn उपस्थित हैं। हम 80gMg_2Sn में प्रत्येक धातु की मात्रा ग्रामों में ज्ञात करते हैं :

$80 \times 0.287 = 23$ g Mg; $80 \times 0.713 = 57$ g Sn

अतः उदाहराण में दी गयी संरचना वाले ऐलाय की 100g मात्रा प्राप्त करने के लिये हमें प्रति 57g टिन के लिये 23 + 20 = 43g मैग्नीशियम लेना चाहिये, अर्थात् टिन और मैग्नीशियम 57:43 के अनुपात में लेने चाहियें।

प्रश्न

746. धातुओं के भौतिकीय गुण एक जैसे क्यों होते हैं? इन गुणों की विशेषताएं बताइये।

747. आण्विक कक्षकों की विधि के आधार पर क्रिस्टलीय अवस्था में धातुओं की संरचना की विशेषताएं समझाइये।

748. अयस्कों से धातुओं के निष्कर्षण की मुख्य विधियां बताइये।

749. परिशिष्ट की सारणी 5 का प्रयोग करके निर्धारित करें कि निम्न में से कौनसी अभिक्रियाएं सामान्य परिस्थितियों में घट से कौनसी अभिक्रियाएं सामान्य परिस्थितियों में घट सकती हैं :

WO_3(c.) + 3CO(g.) = W(c.) + $3CO_2$(g.)

WO_3(c.) + 3C(ग्रेफाइट) = W(c.) + 3CO(g.)

WO_3(c.) + 3Ca(c.) = W(c.) + 3CaO(c.)

750. क्या निम्न अभिक्रिया द्वारा धात्विक टाइटेनियम प्राप्त किया जा सकता है :

$TiCl_4$ (द्रव) + 2Mg(c.) = Ti(c.) + $2MgCl_2$(c.)? अने उत्तर को स्पष्ट करने के लिये $DG°_{298}$ का कलन करें।

751. ऐलायों में (a) 20% Bi; (b) 60% Bi व (c) 70% Bi

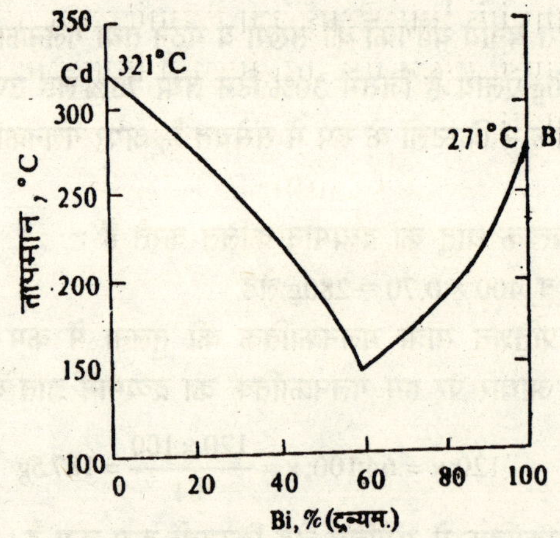

चित्र 9. प्रणाली Cd-Bi का प्रावस्था आरेख।

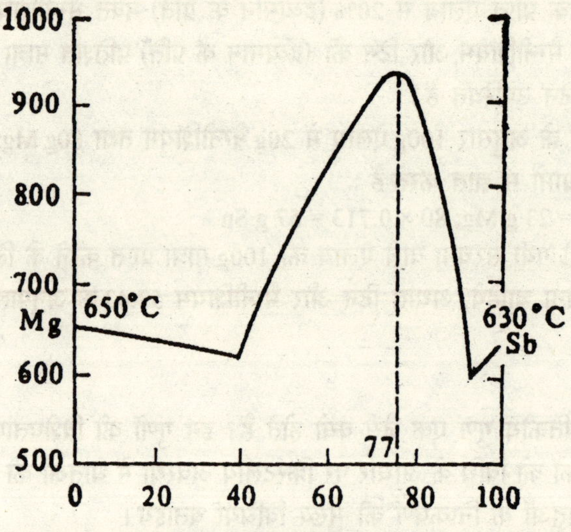

चित्र 10. प्रणाली Mg-Sb का प्रावस्था आरेख।

उपस्थित हैं। प्रणाली Cd-Bi (चित्र 9) के प्रावस्था आरेख (गलन वक्र का प्रयोग करके यह निर्धारित करें कि उन द्रव ऐलायों को ठंडा करने पर उक्त में से कौनसी धातु किस तापमान पर पहले अलग होना शुरू हो जाती है?

752. कापर ओर ऐलुमिनियम के द्रव ऐलाय, जिसमें 25% (द्रव्यमान के प्रति) कापर उपस्थित है, को ठंडा करने पर कौनसी धातु अलग होगी, अगर गलनक्रातिक में 32.5% (द्रव्यमान के प्रति) कापर है? 200g ऐलाय से इस धातु की कितने ग्राम मात्रा अलग की जा सकती है?

753. टिन और लेड के एक ऐलाय में 73% (द्रव्यमान के प्रति) टिन उपस्थित है। अगर गलनक्रांतिक में 64% (द्रव्यमान के प्रति टिन है, तो 1kg ठोस ऐलाय में गलनक्रांतिक का द्रव्यमान कितना होगा?

754. सिल्वर के सिक्के अवसर ऐसे ऐलाय से ढाले जाते हैं जिसमें सिल्वर और कापर समान मात्रा में उपस्थित होते हैं। गलनक्रांतिक में क्रिस्टलों के रूप में संसेचत ऐसे 200g ऐलाय में कितने ग्राम कापर है, अगर गलनक्रातिक में 28% (द्रव्यमान के प्रति) कापर उपस्थित है?

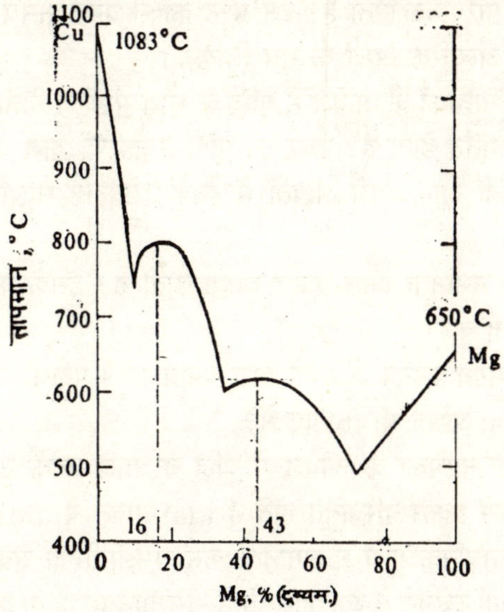

चित्र 11. प्रणाली Cu-Mg का प्रावस्था

755. प्रणाली Mg-sb (चित्र 10) के प्रावस्था आरेख का प्रयोग करते हुए इन धातुओं द्वारा बने अंतराधात्विक यौगिक का सूत्र निर्धारित करें। द्रव गलन, जिसमें 60% (द्रव्यमान के प्रति) ऐंटिमनी उपस्थित है, को ठंडा करने पर ो ठोस प्रावस्था पहले अलग होती है, उसका गठन क्या होगी? ठोस बना ऐलाय क्या चीज़ है?

756. प्रणाली Cu-Mg (चित्र 11) के प्रावस्था आरेख का प्रयोग करते हुए इन धातुओं द्वारा बने अंतराधात्विक यौगिकों के सूत्र ज्ञात करें।

757. जब मैग्नीशियम और लेड मिलाये जाते हैं, तो एक अंतराधात्विक यौगिक बनता है जिसमें 81% (द्रव्यमान के प्रति) लेड उपस्थित होता है। यौगिक का सूत्र निर्धारित करें तथा कलन करके बतायें कि मैग्नीशियम व लेड की समन मात्रओं से बने 1kg ऐलाय में इस यौगिक की कितने ग्राम मात्रा उपस्थित है?

अध्याय 11

तत्वों की आवर्त सारणी . तत्वों और उनके यौगिकों के गुण

1. सामान्य नियम

758. किस सिद्धांत के आधार पर तत्वों को ग्रुपों व उपग्रुपों में सम्मिलित किया गया है?

759. VII ग्रुप के तत्व मैंगनीज में धात्विक गुण प्रबल क्यों हैं जबकि इसी ग्रुप में हैलोजेन विशिष्ट अधातुएं हैं? उत्तर देते समय इन तत्वों के परमाणुओं के संरचना को आधार बनाइये।

760. मुख्य उपग्रुप के तत्वों के परमाणुक नाभिकों के आवेश में वृद्धि के साथ तत्वों की संयोजकता संभावनाएं तथा समन्वय संख्याएं किस प्रकार परिवर्तित होती हैं? इस प्रश्न को ल करते समय VI ग्रुप के तत्वों को उदाहरण के रूप में लें। सल्फ्यूरिक, सिलीनिक व अैल्यूरिक अम्ल के सूत्र लिखिये।

761. तत्व के परमाणुक नाभिकों के आवेश में वृद्धि के साथ मुख्य व द्वितीय उपग्रुपों में आक्साइडों व हाइड्राक्साइडों का स्थायित्व किस प्रकार परिवर्तित हेाता है? उत्तर की पुष्टि उदाहरणों द्वारा करें।

762. द्वितीय आवर्त तत्वों और अगले आवर्तों में इनके इलेक्ट्रान सदृशरूपों के गुणों के बीच अंतर किस प्रकार समझाये जा सकते हैं?

763. तत्वों की विकर्णी समानता किस प्रकार व्यक्त होती है? इसके कारण बताइये। बेरिलियम, मैग्नीशियम व ऐलुमिनियम के गुणों की तुलना करें।

764. आवर्त सरणी के मुख्य उपग्रुप के तत्वों द्वारा बनाये सरल पदार्थों के भौतिक व रासायनिक गुणों में परिवर्तन के सामान्य नियम क्या हैं : (a) आवर्त में; (b) ग्रुप में?

765. तत्वों के परमाणुक नाभिकों के आवेश में वृद्धि के साथ उनके उच्च आक्साइडों व हाड्राक्साइडों के अम्ल भस्मीय व उपापचयन गुण किस प्रकार परिवर्तित होते हैं : (a) आवर्त में; (b) ग्रुप में?

766. लैन्थेनाइडों के रासायनिक गुणों में समानता कैसे समझायी जा सकती है?

767. किस तत्व के गुण मालिब्डेनम से ज्यादा मिलते हैं—सिलीनियम के या क्रोमियम के? इस तथ्य को कैसे समझाते हैं?

768. आवर्त सारणी में तत्वों की स्थिति के आधार पर बताइये कि (a) किस हाइड्राक्साइड में -$Sn(OH)_2$ या $Pb(OH)_2$-भस्मीय गुण अधिक स्पष्ट हैं; (b) कौनसा लवण अधिक मात्रा में जलापघटित होता है-सोडियम स्टैनेट या सोडियम प्लुम्बेट; (c) कौनसा आक्साइड प्रबल उपचायक है-SnO_2 या PbO_2?

769. परमाणु क्रमांक 87 वाले कृत्रिम तत्व के रासायनिक गुण क्या हैं? आवर्त सरणी का कौनसा तत्व इसके साथ सबसे ज्यादा मिलता है?

2. हाइड्रोजन

770. प्रोटियम, डयूटीरियम अैर ट्राइटियम के परमाणुओं का वर्णन कीजिये। इन परमाणुओं के बीच क्या अंतर है? कौनसे हाइड्रोजन समस्थानिक स्थायी हैं?

771. हाइड्रोजन परमाणु की संरचना के आधार पर (a) हाइड्रोजन की संभव संयोजकता अवस्थाएं तथा उपचयन संख्याएं बताइये; (b) संयोजकता अनुबंध तथा आण्विक कक्षक विधि के दृष्टिकोण से H_2 अणु की संरचना का वर्णन कीजिये; (c) बताइये कि H_3 अणु का बनना असंभव क्यों है।

772. हाइड्रोजन अणुओं और आक्सीजन अणुओं के बीच हाइड्रोजन अनुबंध क्यों नहीं बनते?

773. हाइड्रोजन किन आयनों के रूप में रासायनिक यौगिकों की संरचना में उपस्थित हो सकता है?

774. आवर्त सरणी में हाड्रोजन को I ग्रुप में भी रखा गया है और VII ग्रुप में भी। ऐसा क्यों है?

775. औद्योगिक स्तर पर तथा प्रयोगशाला में हाइड्रोजन को कैसे प्राप्त करते हैं? अभिक्रियाओं के समीकरण लिखें।

776. क्या H_2SO_4, K_2SO_4, KCl, $CuSO_4$, NaOH के जलीय विलयन हाइड्रोजन की विद्युत अपघटनी प्राप्ति के लिये

विद्युत-अपघट्य के रूप में प्रयुक्त किये जा सकते हैं?

777. हाइड्रोजन प्राप्त करने की लौह-वाष्प विधि प्रतिवर्ती अभिक्रिया $3Fe + 4H_2O \rightarrow Fe_3O_4 + 4H_2$ पर आधारित है। इस क्रिया को किन परिस्थितियों में कराया जाये कि अभिक्रिया लौह के पूर्ण उपचयन तक घटे?

778. क्या हाइड्रोजन सान्द्रित सल्फ्यूरिक अम्ल द्वारा सूखाया जा ससकता है?

779. हाइड्रोजन को आक्सीजन, कार्बन डाइआक्साइड और नाइट्रोजन से भिन्नता कैसे पता लगायी जा सकती है?

780. प्रयोगशाला में प्राप्त हाइड्रोजन के गुणों में अंतर बताइये। क्या परमाण्वीय व आण्विक हाइड्रोजन की दहन ऊष्माएं समान हैं? अपने उत्तर का कारण समझाइये।

781. परमाण्वीय व आण्विक हाइड्रोजन के गुणों में अंतर बताइये। क्या परमाण्वीय व आण्विक हाइड्रोजन की दहन ऊष्माएं समान हैं? अपने उत्तर का कारण समझाइये।

782. हाइड्रोजन व हाइड्रोजन आयनों के उपापचयन गुणों की विशेषताएं बताइये। अभिक्रियाओं के उदाहरण दें।

783. धातुओं के हाइड्राइड कैसे प्राप्त किये जाते हैं? (a) कैल्सियम हाइड्राइड प्राप्त करने तथा (b) इसकी जल के साथ अभिक्रिया के समीकरणों को बनाइये।

784. क्षेत्र की परिस्थितियों में वायुस्थापियों को भरने के लिये कभी-कभी कैल्सियम हाइड्राइड की जल के साथ अभिक्रिया का इस्तेमाल किया जाता है। $500m^3$ वायुस्थापी को भरने के लिये कितने किलोग्राम CaH_2 इस्तेमाल करना पड़ेगा (परिस्थितियों को सामान्य मानकर) इस काम में कितना जिंक व सल्फ्यूरिक अम्ल चाहिये?

785. हाइड्रोजन और आक्सीजन सामान्य ताप पर एक दूसरे के साथ अभिक्रिया क्यों नहीं करते हैं, जबकि 700°C पर अभिक्रिया तत्काल घट जाती है?

786. हाइड्रोजन परआक्साइड प्राप्त करने की विधियां बताइये, अभिक्रियाओं के समीकरण बनाइये।

787. क्या हाइड्रोजन और आक्सीजन को प्रत्यक्ष अभिक्रिया से H_2O_2 प्राप्त कर सकते हैं? अपने उत्तर का कारण समझाइये।

788. H_2O_2 के अणु की संरचना का वर्णन करें। यह अणु ध्रुवीय क्यों है?

789. हाइड्रोजन परआक्साइड के वियोजन का समीकरण लिखिये। यह किस किस्म की उपापचयन अभिक्रिया के साथ संबंधित है?

790. 150g H_2O_2 विलयन में मैंगनीज डाइआक्साइड की थोड़ी-सी मात्रा मिलायी गयी। सामान्य परिस्थितियों में मुक्त हुए आक्सीजन का आयतन $10^{-3}m^3$ था। आरंभिक विलयन की प्रतिशं सान्द्रता का कलन करें।

791. Na_2O_2 के जलापघटन की अभिक्रिया का समीकरण आयनी-आण्विक रूप में लिखिये। क्या Na_2O_2 विलयन के विरंजक गुण सुरक्षित रहेंगे, अगर उसे उबालते हैं?

792. निम्न अभिक्रियाओं के समीकरणों को पूरा करें :

(a) $KMnO_4 + H_2O_2 + H_2SO_4 \rightarrow$

(b) $Fe(OH)_2 + H_2O_2 \rightarrow$

(c) $KI + H_2O_2 + H_2SO_4 \rightarrow$

(d) $H_2O_2 + Hg(NO_3)_2 + NaOH \rightarrow Hg +$

(e) $AgNO_3 + H_2O_2 + NaOH \rightarrow$

अपना ज्ञान परखिये

793. निम्न में से कौनसे आयन व अणु संभव नहीं हो सकते?

(a) H_2^{2+}; (b) H_2^+; (c) H_2; (d) H_2^-; (e) H_2^{2-} ।

क्योंकि

(1) अनुबंध बहुकता शून्य के बराबर है;

(2) पाउली नियम का उल्लंघन होता है;

(3) अनुबंध बहुकता इकाई से कम है।

794. निम्न में से कौनसे परमाणु, आयन व अणु प्रतिचुंबकीय हैं?

(a) H; (b) H_2; (c) H_2^+; (d) H_2^- ।

क्योंकि (1) कण आवेशित नहीं है; (2) आवेशित है; (3) इलेक्ट्रानों का कुल प्रचक्रण शून्य के बराबर है, (4) इलेक्ट्रानों का कुल प्रचक्रण शून्य के बराबर नहीं है।

795. सामान्य ताप पर अधिस्फोटी मिश्रण (a) रासायनिक संतुलन की अवस्था में होता है; (b) रासायनिक संतुलन की अवस्था में नहीं होता है।

क्योंकि (1) अभिक्रिया की चाल शून्य के बराबर है; (2) उत्प्रेरक के प्रवेश से अभिक्रिया घटती है।

796. इलेक्ट्रोड विभवों के निम्न मानों के आधार पर स्थापित करें कि क्या हाइड्राइड आयन जलीय विलयनों में विद्यमान हो सकता है?

$H_2 + 2e^- \rightarrow 2H^-$ $f^\circ = -2.23V$

$2H^+ + 2e^- \rightarrow H_2$ $f^\circ = -0.41$ V (pH = 7 पर)

(a) हां, (b) नहीं।

3. हैलोजेन

797. हैलोजेन परमाणुओं की संरचना के आधार पर बताइये कि फ्लुओरीन, क्लोरीन, ब्रोमीन ओर आयोडनी के लिये कौनसी संयोजकता अवस्थाएं लाक्षणिक हैं? हैलोजेन अपने यौगिकों में कौनसी उपचयन संख्या प्रदर्शित करते हैं?

798. (a) प्रथम आयतन विभवों में परिवर्तन की प्रकृति (b) इलेक्ट्रान प्रति सजातीयता की ऊर्जा में परिवर्तन का स्वरूप इंगित करते हुए हैलोजेन परमाणुओं की तुलनात्मक विशेषताएं बताइये।

799. (a) Hal_2 अणुओं के वियोजन की मानक एन्थैल्पियों में; (b) साधारण ताप तथा दाब पर सरल पदार्थों की समुच्चयावस्था में तथा (c) उपापचयन गुणों मं परिवर्तन का स्वरूप इंगित करते हुए हैलोजेनों द्वारा बनाये सरल पदार्थों के गुणों की तुलनात्मक विशिष्टताएं बताइये। इन परिवर्तनों के कारण बताइये।

800. आरेख $Hal_2 \rightarrow 2Hal$ के अनुसार फ्लुओरीन, क्लोरीन, ब्रोमियम व आयोडीन के लिए हैलोजनों के अणुओं की वियोजन ऊर्जाएं क्रमशः 155, 243, 190, 149 kJ/mol हैं। क्लोरीन के अणुओं के सर्वाधिक स्थायित्व का कारण समझाइये।

801. क्लोरीन की हाइड्रोजन के साथ शृंखला अभिक्रिया का आरेख बनाइये। प्रदीपन इसमें कौनसी भूमिका निभाता है? क्या प्रकाश की आवृति कोई महत्व रखती है?

802. हैलोजेनों की जली व क्षारीय विलयनों (ठंडे व गर्म) के साथ अभिक्रियाओं के समीकरण लिखिये।

803. हैलोजनों की इएक दूसरे के साथ संभव अभिक्रियाओं के उदाहरण दें। उत्पादों में हैलोजेनों उपचयन स्तर बताइये।

804. 300°C पर HI के तापीय वियोजन की डिग्री 20% है। इस ताप पर प्रणाली $H_2 + I_2 \rightarrow 2HI$ में H_2 व I_2 की

संतुलन सान्द्रता 0.96 mol/1 है।

805. (a) क्वथनांकों व गलनांकों में; (b) तापीय स्थायित्व में व (c) उपचयन गुणों में परिवर्तन का स्वरूप इंगित करते हुए हाइड्रोजन हैलाइडों के गुणों की तुलनात्मक विशेषताएं बताइये। प्रेषित नियमितताओं के कारण बताइये।

806. हाइड्रोजन हैलाइडों को प्राप्त करने की विधियां बताइये। जिन विधियों से HCl प्राप्त किया जाता है, उनसे HI प्राप्त करना असंभव क्यों है?

807. हाइड्रोजन फ्लुओराइड के उत्पादन में प्रयुक्त होने वाले उपकरण के निर्माण के लिये कौनसे पदार्थ लिये जा सकते हैं?

808. हाइड्रोजन फ्लुओराइड के जलीय विलयन को कौनसे पात्रों में रखते हैं? इस विलयन को क्या कहते हैं?

809. सोडियम फ्लुओराइड, अमोनियम फ्लुओराइड, सिलिकन फ्लुओराइड के जलीय विलयनों में माध्यम की प्रतिक्रिया कैसी होती है?

810. क्या हाइड्रोजन हैलाइड किन्हीं अभिक्रियओं में उपचायक की भूमिका निभ सकते हैं? तर्क सहित उत्तर दें।

811. dककिन हैलोजेनों की प्रतिक्रिया से निम्न यौगिकों के विलयनों से मुक्त ब्रोमीन उत्सर्जित कर सकते हैं : (a) पोटेशियम ब्रोमाइड (b) पोटेशियम ब्रोमेट? मानक इलेक्ट्रोड विभवों की सारणी का प्रयोग करते हुए अपने उत्तर के पक्ष में तर्क दीजिये।

812. शृंखला $HOCl—HClO_2—HClO_3—HClO_4$ में निम्न किस प्रकार परिवर्तित होंगे : (a) स्थायित्व; (b) उपचयन गुण व (c) अम्लीय गुण?

813. शृंखला HClO—HBrO—HIO में अम्लीय और उपापचयन गुण किस प्रकार परिवर्तित होंगे?

814. सभी हैलोजेनों में केवल आयोडीन ही बहुक्षारीय आक्सी अम्ल क्यों बनाता हैं? उच्च आक्सी अम्लों में हैलोजेन के प0 क0 के संकरण की किस्म बताइये।

815. मुक्त आयोडीन, मैंगनीज डाइआक्साइड व हाइड्रोक्लोरिक अम्ल से HIO_3 कैसे प्राप्त कर सकते हैं? संगत अभिक्रियाओं के समीकणों को बनाइये।

816. 168g पोटेशियम हाइड्रोक्साइड से पोटेशियम क्लोरेट की कितनी मात्रा प्रापत हो सकती है?

817. कैल्सिमय कार्बोनेट, सोडियम क्लोराइड और जल से क्लोरिनित चूना कैसे प्राप्त कर सकते हैं? क्रियाओं के समीकरण लिखिये। कौनसे उपोत्पाद प्रापत होते हैं?

818. समझाइये कि क्लोरीन की आक्सीजन के साथ प्रत्यक्ष अभिक्रिया से क्लोरीन आक्साइडों को प्राप्त करना असंभव क्यों है।

819. पोटेशियम क्लोरेट के प्रयोगशाला तथा औद्योगिक उत्पादन की विधियां बताइये।

820. निम्न अभिक्रियाओं के समीकरणों को पूरा करें :

(a) $F_2 + NaOH \rightarrow$ (b) $K_2CO_3 + Cl_2 + H_2O \rightarrow$

(c) $KMnO_4 + HCl \rightarrow$ (d) $HClO_3 + HCl \rightarrow$

(e) $NaCl + KClO_3 + H_2SO_4 \rightarrow$

(f) $NaCrO_2 + Br_2 + NaOH \rightarrow$

(g) $Ca(OH)_2 + Br_2 + H_2O \rightarrow$

(h) $KI + H_2SO_4$ (सान्द्रित) $\rightarrow$

(i) $I_2 + Cl_2 + H_2 \rightarrow$ (j) $BrCl_5 + H_2O \rightarrow$

(k) $I_2 + HNO_3$ (सान्द्रित) →

(l) $KBr + KClO_3 + H_2SO_4$ →

अपना ज्ञान परखिये

821. हैलोजेनों के आक्सीजन यौगिकों को प्राप्त करने के लिये निम्न में कौनसी अभिक्रियाएं कार्यान्वित की जा सकती हैं?

(a) $Cl_2 + 2O_2 = 2ClO_2$

(b) $F_2 + \frac{1}{2}O_2 = OF_2$

(c) $2Cl_2 + 10HNO_3 = 6HClO_3 + 10NO + 2H_2O$

(d) $3I_2 + HNO_3 = 6HIO_3 + 10NO + 2H_2O$

उत्तर ढूंढने के लिये परिशिष्ट की सारणी 5 व 9 का प्रयोग कीजिये।

822. निम्न में से कौनसे पदार्थों के साथ HBr अभिक्रिया करता है?

(a) $Ca(OH)_2$; (b) PCl_3; (c) H_2SO_4 (सान्द्रित); (d) KI; (e) Mg; (f) $KClO_3$

यहाँ HBr (1) अम्ल; (2) क्षार; (3) उपचायक व (4) अचायक के गुण प्रदर्शित करता है।

4. आक्सीजन के उपग्रुप के तत्व

823. आक्सीजन परमाणु की संरचना के आधार पर इसकी संयाजकता संभावनाएं बताइये। आक्सीजन अने यौगिकों में कैनसी उपचयन अवस्थाएं प्रदर्शित करता है?

824. आक्सीजन के प्रयोगशाला तथा औद्योगिक उत्पादन की विधियां बताइये तथा इसके व्यावहारिक प्रयोग के सर्वाधिक महत्वपूर्ण क्षेत्र गिनाइये।

825. आण्विक आक्सीजन O_2 की विशिष्टताएं बताते हुए (a) इसके रासायनिक गुण; (b) आ0 क0 विधि के अनुसार अणु की संरचना व (c) अणु के चुंबकीय गुण पर प्रकाश डालें। आक्सीजन कौनसे सरल पदार्थों के साथ प्रत्यक्ष अभिक्रिया नहीं करता है?

826. O_3 अणु की इलेक्ट्रानी संरचना का वर्णन कीजिये; ओजोन O_3 और आण्विक आक्सीजन O_2 की रासायनिक सक्रियता की तुलना कीजिये। आण्विक आक्सीजन से ओजोन कैसे प्राप्त कर सकते हैं?

827. क्या आक्सीजन सामान्य ताप पर (a) हाइड्रोजन और (b) नाइट्रोजन के साथ अभिक्रिया कर सकता है? अपने उत्तर को स्पष्ट करने के लिये परिशिष्ट की सारणी 5 का प्रयोग कीजिये।

828. स्थिर ताप पर आक्सीजन के कुछ आयतन के ओजोनीकरण के बाद गैस के आयतन में 500ml की कमी पायी गयी। ओजोन का कितना आयतन बना? इसके बनने में ऊष्मा की कितनी मात्रा अवशोषित हुई अगर ओजोन के लिये $DH^\circ_{Form} = 144.2$ kJ/mol?

829. सल्फर, सिलीनियम तथा टैल्यूरियम के परमाणुओं की संरचना के आधार पर बताइये कि इन तत्वों के लिये कौनसी संयोजकता अवस्थाएं तथा उपचयन संख्याएं लाक्षणिक हैं? उनके उच्च हाइड्राक्साइडों के सूत्र लिखिये। अने उत्तर का व्याख्या कीजिये।

830. (a) ताप स्थायितव, (b) गलनांक व क्वथंनाक तथा (c) अम्ल-क्षारीय और उपापचयन गुणों में परिवर्तन का

स्वरूप इंगित करते हुए और उसकी व्याख्या देते हुए ग्रुप VI के मुख्य उपग्रुप के तत्वों के हाइड्रोजन यौगिकों की तुलनात्मक विशिष्टताएं बताइये। हाइड्रोजन की संगत सरल पदार्थ के साथ अभिक्रिया से इनमें से कौनसे यौगिक प्राप्त किये जा सकते हैं?

831. कौनसा पदार्थ अधिक सरलता से उपचयित हो जाता है—सोडियम सल्फाइड या सोडियम टैल्यूराइड? अपने उत्तर की व्यासख्या करें।

832. (a) स्थायित्व, (b) अम्लीय गुणों व (c) उपापचयन गुणों में परिवर्तन का स्वरूप इंगित करते हुए सल्फयूरस, सिलिनस तथा टैलयूरस अम्लों की तुलनात्मक विशिष्टताएं बताइये। अपने उत्तर को अभिक्रियाओं द्वारा स्पष्ट करें।

833. VI ग्रुप का कौनसा तत्व षट्-भस्मीय अम्ल बनाता है? इसका सूत्र लिखें। उस उपग्रुप के बाकी तत्व ऐसे अम्ल क्यों नहीं बनाते हैं?

834. शृंखला सल्फ्यूरिक-सिलीनक-टैल्यूरिक अम्ल में अम्लीय गुण क्यों और कैसे परिवर्तित होते हैं? इस शृंखला में उपचयन गुण कैसे परिवर्तित होते हैं?

835. हाइड्रोजन सल्फाइड के संतृप्त विलयन में धीरे-धीरे क्षार मिलाने से कौनसी क्रियाएं क्रमबद्ध घटती हैं? अभिक्रियाओं के समीकरणों को आयनी-आण्विक रूप में लिखें।

836. समझाइये कि हाइड्रोजन सल्फाइड मैंगनीज सल्फाइड को क्यों नहीं अवक्षेपित करता तथा कापर सल्फाइड को अवक्षेप्ति करता है? क्या इसके लवण के जलीय विलयन से मैंगनीज सल्फाइड अवक्षेपित किया जा सकता है?

837. हाइड्रोजन सल्फाइड को प्राप्त करने की प्रयोगशाला विधि बताइये। हाइड्रोजन टैल्यूराइड कैसे प्राप्त कर सकते हैं?

838.सल्फर कौनसे हाइड्रोजन यौगिक बनाता है? उन्हें कैसे प्राप्त करते हैं? उनकी संरचना क्या है? इन यौगिकों में सल्फर कौनसी उपचयन संख्याएं प्रदर्शित करता है?

839. Sb_2S_3 की $(NH_4)_2S$ व $(NH_4)_2S_2$ के विलयनों के साथ अभिक्रिया की तुलना करें।

840. जिंक सल्फाइड हाइड्रोक्लोरिक अम्ल में क्यों विलीन हो जाता है और कापर सल्फाइड इसमें क्यों नहीं विलीन होता? कापर सल्फाइड किस अम्ल में वीन किया जा सकता है?

841. लौह (III) क्लोराइड की (a) हाइड्रोजन सल्फाइड और (b) अमोनियम सल्फाइड के साथ अभिक्रिया के उत्पाद क्या हैं?

842. समझाइये कि ZnS व PbS जलीय विलयन में विनिमय अभिक्रिया द्वारा क्यों प्राप्त किये जा सकते हैं और Al_2S_3 व Cr_2S_3 क्यों नहीं प्राप्त किये जा सकते।

843. क्या (a) Na_2S, (b) $(NH_4)_2S$ व (c) NaHS के विलयन उदासीन, अम्लीय या क्षारीय हैं?

844. हाइड्रोजन सल्फाइड कौनसे गुण प्रदर्शित करता है जब यह $KMnO_4$, H_2O_2 व NaOH के जलीय विलयनों के साथ अभिक्रिया करता है?

845. निम्न अभिक्रियाओं के समीकरणों को पूरा करें :

(a) $S + NaOH \xrightarrow{\text{संगलन}}$

(b) $H_2S + Cl_2 + H_2O \rightarrow$

(c) $H_2S + KMnO_4 + H_2O \rightarrow$

(d) $FeCl_3 + H_2S \rightarrow$

(e) $FeCl_3 + Na_2S + H_2O \rightarrow$

(f) $H_2S + H_2SO_4$ (सान्द्रित) $\rightarrow$

846. SO_2 प्राप्त करने की अभिक्रियाओं के ऐसे उदाहरण दें जिनमें (a) सल्फर की उपचयन संख्या परिवर्तित होती है (b) सल्फर की उपचयन संख्या परिवर्तित नहीं होती है।

847. क्या Na_2SO_3 व $NaHSO_3$ के विलयन उदासीन, अम्लीय या क्षारीय हैं? 0.01M Na_2SO_3 विलयन के pH का कलन करें।

848. सल्फर डाइआक्साइड और सल्फयूरस अम्ल के उपापचयन गुणों की विशिष्टताएं बताइये। अपने उत्तर को उदाहरणों द्वारा स्पष्ट कीजिये।

849. निम्न अभिक्रियाओं के समीकरणों को पूरा करें :

(a) $H_2S + SO_2 \rightarrow$ (b) $KMnO_4 + SO_2 + H_2O \rightarrow$

(c) $H_2SO_3 + I_2 \rightarrow$ (d) $HIO_3 + H_2SO_3 \rightarrow$

बताइये कि इन अभिक्रियाओं में से प्रत्येक में सल्फर डाइआक्साइड या सल्फयूरस अम्ल कौनसे गुण प्रदर्शित करते हैं?

850. निम्न में से कौनसे जलशुष्कक SO_2 से आर्द्रता दूर करने के लिये इस्तेमाल किये जा सकते हैं : H_2SO_4 (सांद्रित), KOH (सांद्रित), P_2O_5 (सांद्रित), K_2CO_3 (सांद्रित)?

851. 16.9g SO_2 HCl में अपचयित करने के लिये सामान्य परिस्थितियों में $HClO_3$ के विलयन में कितने लीटर SO_2 गुजारनी चाहिये?

852. क्या सल्फयूरस अम्ल उपचयन या अपचयन गुण प्रदर्शित करता है जब यह (a) मैग्नीशियम, (b) हाइड्रोजन व (c) आयोडीन के साथ अभिक्रिया करता है? प्रत्येक स्थिति में अम्ल का कौनसा आयन इन गुणों का उत्तरदायी है?

853. 100ml 0.2N NaOH विलयन में सामान्य परिस्थितियों पर 448 ml SO_2 प्रवाहित की गयी। कौनसा लवण बना? इसका द्रव्यमान ज्ञात करें।

854. सोडियम थायोसल्फेट की (a) क्लोरीन (जब इसकी मात्रा की कमी या बहुलता है) तथा (b) आयोडीन के साथ अभिक्रियओं के समीकरण लिखें।

855. सोडियम थायोसल्फेट प्रापत करने की अभिक्रिया का समीकरण लिखें। इस यौगिक में सल्फर की उपचयन संख्या क्या है? क्या थायोसल्फेट आयन उपचयन या अपचयन गुण प्रदर्शित करता है? संगत अभिक्रियाओं के उदाहरण दें।

856. (a) सांद्रित H_2SO_4 की मैग्नीशियम व रजत के साथ तथा (b) तनु H_2SO_4 की लौह के साथ अभिक्रियाओं के समीकरणों को बनाइये।

857. 50g मर्करी को विलीन करने के लिये कितने ग्राम सल्फ्यूरिक अम्ल की आवश्यकता पड़ेगी? कितना अम्ल मर्करी के उपचयन में खर्च हो जायेगा? क्या तनु सल्फ्यूरिक अम्ल मर्करी को विलीन करने के लिये इहस्तेमाल किया जा सकता है?

858. क्या 40g निकेल को विलीन करने के लिये सल्फ्यूरिक अम्ल की समान मात्रा की जरूरता पड़ेगी, अगर पहली बार सांद्रित अम्ल लें और दूसरी बार तनु? प्रत्येक स्थिति में निकेल को उपचयित कने के लिये कितने ग्राम सल्फ्यूरिक अम्ल खर्च होगा?

859. ओलियम लौह के टैंकों में लाया जाता है। क्या इनकी जगह लैड के टैक इस्तेमाल किये जा सकते हैं? ओलियम लौह को क्यों नहीं विलीन करता?

860. किन गुणों के आधार पर सोडियम सल्फाइड सोडियम थायोसल्फेट से अलग किया जा सकता है? अभिक्रियाओं के समीकरण दें।

अपना ज्ञान परखिये

861. उन पदार्थों के नाम बताइये, जिनकी काफी मात्रा में वायु में उपस्थिति ओजोन की उपस्थिति के साथ असंगत है।

(a) SO_2; (b) HF; (c) H_2S; (d) CO_2; (e) N_2 ।

862. सोडियम सल्फाइड (pH_1), सैलिनाइड (pH_2) व टैल्यूराइड (pH_3) के सममोलीय विलयनों के pH के बीच क्या संबंध हैं?

(a) $pH_1 < pH_2 < pH_3$; (b) $pH_1 = pH_2 = pH_3$;
(c) $pH_1 > pH_2 > pH_3$

863. निम्न में से कौनसे सल्फाइड हाइड्रोजन सल्फाइड द्वारा जलीय विलयनों से अवक्षेपित नहीं होते हैं :

(a) CuS; (b) CdS; (c) FeS; (d) Fe_2S_3; (e) MnS; (f) HgS; (g) PbS; (h) Cr_2S_3; (i) CaS?

क्योंकि (1) सलफाइड के विलेयता गुणनफल तक नहीं पहुंच पाते; (2) बना सल्फाइड पूर्णतया जलापघटित हो जाता है; (3) सल्फाइड आयन धनापयन को अपचयित कर देता है।

864. निम्न में से कौनसे यौगिक सोडियम थायोसल्फेट के साथ अभिक्रिया करते हैं : (a) HCl; (b) NaCl; (c) NaI; (d) I_2; (e) $KMnO_4$; अगर (1) आरंभिक पदार्थ अवर्णी हो जाता है; (2) एक अवक्षेप बन जाता है; (3) एक गैस उत्सर्जित होती है?

865. क्या अमोनियम सल्फाइड विलयन (a) अम्लीय; (b) उदासीन; (c) क्षारीय है?

क्योंकि (1) लवण का धनायन और ऋणायन दोनों ही जलापघटित होते हैं; (2) ऋणायन अधिक मात्रा में जलापघटित होता है; (3) अमोनियम हाइड्राक्साइड का वियोजन स्थिरांक हाइड्रोसफाइड आयन की तुलना में अधिक होता है।

866. निम्न में से कौनसे पदार्थों के साथ सांद्रित सल्फ्यूरिक अम्ल अभिक्रिया करता है : (a) CO_2; (b) HCl; (c) P; (d) $BaCl_2$; (e) $Ba(OH)_2$; (f) Hg; (g) Pt; (h) HI; (i) NH_3?

सल्फ्यूरिक अम्ल (1) अम्लीय गुण (2) उपचयन गुण (3) न अम्लीय ओर न ही उपचयन गुण प्रदर्शित करता है।

5. नाइट्रोजन के उपग्रुप के तत्व

867. (a) इलेक्ट्रान विन्यास (b) संयोजकता संभवनाएं व (c) सर्वाधिक विशिष्अ उपचयन इंगित करते हुए नाइट्रोजन के उपग्रुप के तत्वों की तुलनात्मक विशेषताएं बताइये।

868. NH_3, NH_4^+, N_2O, NH_3 व HNO_3 के इलेक्ट्रान विन्यास का वर्णन करें। प्रत्येक यौगिक में नाइट्रोजन की उपचयन संख्या क्या है?

869. नाइट्रोजन के उन यौगिकों के उदाहरण दें जिनके अणुओं में दाता-ग्राही अनुबंध हैं।

870. संयाजेकता अनुबंध तथा आ0 क0 विधि के दृष्टिकोण से N_2 अणु के इलेक्ट्रान विन्यास का वर्णन करें।

871. उन अभिक्रियाओं के उदाहरण दें जिनमें नाइट्रोजन (a) उपचायक की भूमिका निभाता है (b)bअपचायक की भूमिका निभाता है।

872. 20°C पर 100g जल में NH_4Cl व $NaNO_2$ की विलेयता क्रमशः 37/.2 व 82.9g है। गर्म किये जाने पर 24

लीटर नाइट्रोजन (20°C ताप तथा सामान्य वायुमंडलीय दाब) प्राप्त करने के लिये इन लवणों के संतृप्त विलयनों की कितने ग्राम मात्रा मिलायी जानी चाहिये?

873. वायुमंडलीय नाइट्रोजन के प्रत्यक्ष बंधन (यौगिकीकरण) से कौनसे नाइट्रोजन यौगिक प्रापत होते हैं? इन्हें प्राप्त करने की अभिक्रियाएं दें तथा इन अभिक्रियाओं के घटने की परिस्थितियां बताइये।

874. $3600 m^3$ नाइट्रोजन (20°C, सामान्य वायुमंडलीय दाब) से कितने टन कैल्सियम सायनेमाइड प्राप्त कर सकते हैं जब यह कैल्सियम कार्बाइड के साथ अभिक्रिया करता है, अगर नाइट्रोजन की हानि 40% है?

875. अमोनिया के लिये लाक्षणिक संयोजन, हाइड्रोजन विस्थापन तथा उपचयन अभिक्रियाओं के उदाहरण दें।

876. 2 लीटर 0.5N क्षारीय विलयन की अमोनियम लवण के समय अभिक्रिया से अमोनिया का कितना आयतन (सामान्य परिस्थितियों में) प्राप्त होगा?

877. क्या H_2SO_4 या P_2O_5 गैस आमोनिया के जल शुष्क कों के रूप में इस्तेमाल किये जा सकते हैं? अने उत्तर के पक्ष में तर्क दीजिये।

878. निम्न लवणों के तापीय वियोजन की अभिक्रियाओं के समीकरण लिखिये :
$(NH_4)_2CO_3$, NH_4NO_3, $(NH_4)_2SO_4$,
NH_4Cl, $(NH_4)_2HPO_4$; $(NH_4)H_2PO_4$,
$(NH_4)_2Cr_2O_7$ NH_4NO_2

879. अमोनियम नाइट्रेट दो प्रकार से वियोजित किया जा सकता है :

$NH_4NO_3(c.) = N_2O(g.) + 2H_2O(g.)$

$NH_4NO_3(c.) = N_2(g.) + \frac{1}{2}O_2(g.) + 2H_2O(g.)$

इनमें से कौनसी अभिक्रिया ज्यादा संभावित है? अपने उत्तर की पुष्टि करने के लिये $DG°_{298}$ का कलन करें। ताप में वृद्धि लाने पर इन अभिक्रियाओं की संभावना कैसे परिवर्तित होगी?

880. हाइट्रैजोइक अम्ल व इसके लवणों के गुण क्या है? क्या नाइट्रोजन व हाइड्रोजन की प्रत्यक्ष अभिक्रिया के NH_3 प्राप्त कर सकते हैं? अपने उत्तर के पक्ष में तर्क दें।

881. निम्न अभिक्रियाओं के समीकरणों को पूरा करें तथा प्रत्येक में NH_3 का कार्य (अम्लीय, उपचयन, अपचयन) बताइये :

(a) $HN_3 + KMnO_4 + H_2SO_4 \rightarrow N_2 + MnSO_4 +$
(b) $HN_3 + HI \rightarrow N_2 + NH_4I + I_2$
(c) $HN_3 + Cu \rightarrow Cu(N_3)_2 + N_2 + NH_3$
(d) $HN_3 + NaOH \rightarrow$

882. 0.1N NaN_3 विलयन के pH तथा लवण के जलापघटन की डिग्री का कलन करें।

883. निम्न अभिक्रियाओं के समीकरणों को पूरा करें :
(a) $N_2H_4 \times H_2SO_4 + KMnO_4 + H_2SO_4 \rightarrow N_2 +$
(b) $N_2H_4 + HgCl_2 \rightarrow N_2 + Hg_2Cl_2 +$
इन अभिक्रियाओं में हाइट्रैजीन की भूमिका क्या है?

884. हाइड्राक्सिल ऐमीन व इसके लवणों के उपापचयन गुणों की विशिष्टताएं बताइये; संगत अभिक्रियाओं के उदाहरण दें।

885. नाइट्रोजन आक्साइडों को प्राप्त करने की विधियां बताइये। N_2 व O_2 के प्रत्यक्ष संश्लेषण से केवल नाइट्रोजन मोनोआक्साइड क्यों प्राप्त किया जा सकता है? जब N_2 व O_2 अभिक्रिया करते हैं तो NO की पर्याप्त मात्रा केवल उच्च तापमानों पर ही क्यों मिलती है?

886. आ0 क0 विधि के अनुसार NO अणु के इलेक्ट्रान विन्यास का वर्णन करें।

887. N_2O व NO के रासायनिक गुणेां का वर्णन करें। ये यौगिक आक्साइडों के किस ग्रुप के साथ संबंधित हैं?

888. जब सांद्रित नाइट्रिक अम्ल धातुओं के साथ अभिक्रिया करता है, तो कौनसी गैस (भूरे रंग की) उतसर्जित होती है? यह गैस किन अणुओं से बनी होती है? तापमान में वृद्धि लाने पर गैस का रंग गहरा और तापमान घटाने पर हलका क्यों हो ाता है? अगर इस गैस को स्थिर तापमान पर संयोहित करें, तो क्या यह बायल मेरियात नियम का पालन करती है? जब यह गैस जल तथा क्षारीय विलयन में विलीन करते हैं तो घट रही अभिक्रियाओं के समीकरण लिखिये।

889. NO_2 इअणु क्यों सरलता से विभाजित होता है जबकि SO_2 अणु में यह विशिष्टता नहीं होती है?

890. क्या $NaNO_3$, NH_4NO_3, $NaNO_2$ व NH_4NO_2 विलयन उदासीन, अम्लीय या क्षारीय हैं? उपारोक्त में से कौनसे लवण H_2SO_4 से अम्लीय किये विलयन में (a) पोटेशियम आयोडाइड व (b) पोटेशियम परमैंगनेट के साि अभिक्रिया करते हैं? अभिक्रियाओं के समीकरण लिखिये।

891.नाइट्रिक अम्ल की जिंक, मर्करी, मैग्नीशियम, कापर, सल्फर, कार्बन व आयोडीन के साथ अभिक्रियाओं के समीकरण लिखिये। नाइट्राक अम्ल के अपचयन उत्पादों की संरचना किस बात पर निर्भर करती है?

892. HNO_2 के असमानुपात की अभिक्रिया का समीकरण लिखिये।

893. उन रासायनिक अभिक्रियाओं को बताइये जिनके परिणामस्वरूप आज प्राकृतिक पदार्थों से नाइट्रिक अम्ल प्राप्त करते हैं?

894. नाइट्रेट से नाइट्रिक अम्ल प्राप्त करते समय सल्फ्यूरिक अम्ल का सांद्रित होना तथा नाइट्रेट का ठोस रूप में होना क्यों आवश्यक है? अभिक्रिया मिश्रण को बहुत ज्यादा गर्म करना क्यों मना होता है?

895. नाइट्रेटों व नाइट्राइटों का ताप स्थायित्व क्या है? निम्न लवणों को गर्म करने पर क्या होता है : $NaNO_2$, $Pb(NO_2)_2$, NH_4NO_2, $NaNO_3$, $Pb(NO_3)_2$, $AgNO_3$ NH_4NO_3?

घटने वाली अभिक्रियाओं के समीकरण लिखिये।

896. निम्न अभिक्रियाओं के समीकरणों को पूरा करें :

(a) $NO_2 + Ba(OH)_2 \rightarrow$

(b) $NO + KMnO_4 + H_2O \rightarrow$

(c) $P + HNO_3$ (सांद्रित) $\rightarrow$

(d) $Zn + NaNO_3 + NaOH \xrightarrow{\text{संगलन}}$

(e) $Zn + NaNO_3 + NaOH \xrightarrow{\text{विलयन}}$

(f) $Cu_2S + HNO_3$ (सांद्रित) $\rightarrow$

897. अम्लराज किसे कहते हैं? इसमें कौनसे गुण होते हैं? अम्लराज की स्वर्ण के साथ अभिक्रिया का समीकरण लिखिये।

898. नाइट्रिक अम्ल में कापर की कुछ मात्रा विलीन करती है। किसी स्थिति में कम अम्ल की जरूरत पड़ेगी-जब 90% HNO_3 विलयन इस्तेमाल करते हैं या 35% HNO_3 विलयन (द्रव्यमान के प्रति)?

899. वायुमंडलीय नाइट्रोजन व जल को अभिकारकों के रूप में प्रयुक्त करने से NH_4NO_3 कैसे प्राप्त कर सकते हैं?

900. फास्फोरस औद्योगिक स्तर पर कैसे प्राप्त करते हैं? संगत अभिक्रिओं के समीकरण लिखिये।

901. फास्फोरस के अपरूपी रूपांतरण तथा उनके गुणों में अंतर बताइये। क्या ये अंतर तब भी कायम रहते हैं जब फास्फोरस गैस अवस्था में आ जाता है? यह कैसे सिद्ध कर सकते हैं कि लाल ओर सफेद फास्फोरस एक ही तत्व के अवरूपी रूपांतरण हैं?

902. 800°C पर फास्फोरस वाष्प का वायु के प्रति घनत्व 4.27 है तथा 1500°C पर यह दोगुना कम हो जाता है। इन तापमानों पर फास्फोरस अणु में कितने परमाणु उपस्थित हैं?

903. 1 टन सफेद फास्फोरस को लाल फास्फोरस में परिवर्तित कने में कितनी ऊर्जा उत्सर्जित होगी, अगर परमाणुओं की 1 मोल के लिये रूपांतरण ऊर्जा 16.73 kJ है।

904. आर्थोफास्फोरस अम्ल के अमोनियम लवणों के नाम व सूत्र बताइये। इन लवणों को सीधा गर्म कने से अमोनिया क्यों प्राप्त होती है जबकि अमोनियम क्लोराइड से अमोनिया प्राप्त करने के लिये प्रथम में हले बुझा चुना या कोई क्षार मिलाना जरूरी होता है?

905. फास्फोरस हाइड्रोजन के साथ कौनसे यौगिक बनाता है? इन्हें प्राप्त करने की विधियां बताइये। इनके गुणों की सदृश नाइट्रोजन यौगिकों के गुणों के साथ तुलना करें।

906. निम्न समीकरणों को पूरा करें :

(a) $P + Cl_2 \rightarrow$

(b) $P + HNO_3$ (सांद्रित) $\rightarrow$

(c) $P + Mg \rightarrow$

(d) $PH_3 + KMnO_4 + H_2SO_4 \rightarrow H_3PO_4 +$

(e) $Mg_3P_2 + HCl \rightarrow$

907. डाइफासेरस डाइआक्साइड के जल के प्रति (a) ठंड में व (b) गर्म करने पर संबंध की विशिष्टताएं बताइये।

908. (a) मुक्त फास्फोरस व (b) कैल्सियम आर्थोफास्फेट से आर्थोफास्फोरिक अम्ल कैसे प्राप्त कर सकते हैं? 250g H_3PO_4 प्राप्त करने के लिये कितने कैल्सियम की जरूरत पडेग्वी?

909. तीव्र अम्लीय या तीव्र क्षारीय विलयनों में सिल्वर आर्थोफास्फेट अवक्षेपित करना असंभव क्यों है?

910. निम्न अभिक्रियाओं के समीकरणों को पूरा करें :

(a) $H_3PO_2 + FeCl_3 + HCl \rightarrow H_3PO_3 +$

(b) $H_3PO_2 + I_2 + H_2O \rightarrow$

(c) $H_3PO_3 \rightarrow PH_3 +$

(d) $H_3PO_3 + AgNO_3 + H_2O \rightarrow Ag +$

911. आर्सीन व स्टिबिन प्राप्त कने की विधि बताइये। आर्सेनिक व ऐंटिमनी दर्पण कैसे प्राप्त करते हैं?

912. जब तनु सल्फूरिक अम्ल व जिंक As_2O_3 कके साथ अभिक्रिया करते हैं? तो कौनसा आर्सोनिक यौगिक प्राप्त होता है? अभिक्रिया का समीकरण लिखिये।

913. नाइट्रोजन उपग्रुप तत्वों के हाइड्रोजन यौगिकों के भौतिक व रासायनिक गुणों की तुलना करते हुए बताइये कि निम्न गुण किस प्रकार परिवर्तित होते हैं : (a) क्वंथनांक व गलनांक; (b) ताप स्थायित्व; (c) अम्लीय व क्षारीय गुण? इन परिवर्तनों के कारण बताइये।

914. शृंखला आर्सेनिक (III), ऐंटिमनी (III) व बिस्मय (III) के हाइड्राक्साइडों के अम्लीय व क्षारीय गुण किस प्रकार

परिवर्तित होते हैं? कम विलयशील $Sb(OH)_3$ व $Bi(OH)_3$ को एक दूसरे से अलग कैसे कर सकते हैं?

915. जल मिलाने पर $SbCl_3$ विलयन धुंधला क्यों हो जाता है? छाने बिना इसे फिर से पारदर्शी कैसे बना सते हैं? संगत अभिक्रियाओं के आण्विक व आयनी-आण्विक रूप में लिखिये।

916. सांद्रित HNO_3 की As_2O_3 के साथ अभिक्रिया से कौनसे पदार्थ बनते हैं? अभिक्रिया का समीकरण बनाइये।

917. किन पदार्थों को थायोअम्ल कहते हैं? थायोआर्सेनस व थायोऐंटिमोनिक अम्लों के अमोनियम लवणों को प्राप्त करने की अभिक्रियाओं के समीरकण को आयनी-आण्विक रूप में लिखिये।

918. सल्फाइडों As_2S_3, Sb_2S_3 व Bi_2S_3 के मिश्रण की सोडियम सल्फाइड विलयन के साथ अभिक्रिया करायी गयी। कौनसा सल्फाइड विलीन नहीं हुआ? सल्फाइडों के विलीन होने की अभिक्रियाआं के समीकरण लिखिये।

919. उन अभिक्रियाओं के समीकरण क्रमबद्ध लिखें जिनकी सहायता से (a) $SbCl_3$ से सोडियम थायोऐंटिमोनेट व (b) Na_3AsO_4 से थायोआर्सेनेट प्राप्त कर सकते हैं।

920. बिस्मथ तनु नाइट्रिक अम्ल में सरलता से विलीन हो जाता है, परंतु हाइड्रोक्लोरिक व तनु सल्फूरिक अम्ल में विलीन नहीं होता है। वि0 वा0 ब0 श्रेणी में बिस्मथ की स्थिति के अनुसार उक्त तथ्यों से क्या निर्णय किया जा सकता है?

921. सासेडियम बिस्मयेट कैसे प्राप्त कर सकते हैं? इस यौगिक में कौनस गुण विद्यमान होते हैं? नाइट्रिक अम्ल विलयन में सोडियम बिस्मयेट की मैंगनीज (II) के साथ अभिक्रिया का समीकरण लिखिये।

922. निम्न समीकरणों को पूरा करें :

(a) $SbCl_3 + HCl + Zn \rightarrow$

(b) $AsH_3 + KMnO_4 + H_2SO_4 \rightarrow H_3AsO_4 +$

(c) $Sb_2S_3 + HNO_3$ (सान्द्रित) $\rightarrow$

(d) $As_2S_3 + (NH_4)_2S \rightarrow$

(e) $Sb_2S_3 + (NH_4)_2S_2 \rightarrow$

(f) $BiCl_3 + K_2SnO_2 + KOH \rightarrow Bi +$

(g) $Bi(OH)_3 + Br_2 + KOH \rightarrow KBiO_3 +$

(h) $NaBiO_3 + Mn(NO_3)_2 + HNO_3 \rightarrow HMnO_4 +$

अपना ज्ञान परखिये

923. निम्न में से कौनसे अणु अनुचुंबकीय हैं : (a) NO; (b) NO_2; (c) N_2O_3; (d) N_2O_4; (e) N_2O_5; (f) N_2O?

924. निम्न से कौनसे यौगिब क्लोरीन के साथ संयोजित हो सकते हैं : (a) NO_2; (b) NH_3; (c) NO; (d) NH_2OH?

क्योंकि (1) कक्लोरीन एक उपचायक है; (2) कनाइट्रोजन के पास इलेक्ट्रानों का असहभाजित जोड़ा है; (3) अणु अनुचुंबकीय है जबकि नाइट्रोजन चतुसंयोजी है; (4) अणु प्रतिचुंबकीय है, जबकि नाइट्रोजन की सहसंयोजकता चार से कम है।

925. निम्न में से कौनसे यौगिक द्वितयन अभिक्रिया की क्षमता रखते हैं :

(a) NO_2; (b) NOCl; (c) N_2H_4; (d) N_2O?

क्योंकि (1) इस यौगिक में नाइट्रोजन की उपचयन संख्या उच्चतम नहीं है; (2) नाइट्रोजन के पास इलेक्ट्रानों का असहभाजित जोड़ा है; (3) अणु अनुचुंबकीय है।

926. निम्न में से कौनेसे पदार्थों के लिये अंतर आण्विक उपापचयन अभिक्रियाएं लाक्षणिक हैं : (a) KNO_2, (b) KNO_3, (c) $(NH_4)_2Cr_2O_7$, (d) $(NH_4)_3PO_4$?

क्योंकि (1) दिये गये पदार्थ में नाइट्रोजन उपापचयन द्वैत प्रदर्शित करता है; (2) वियोजन के दौरान गैसीय उत्पाद उत्सर्जित होते हैं; (3) अणु में नाइट्रोजन-उपाचायक के परमाणु के अलावा परमाणु-अपचायक उपस्थित है; (4) अणु में नाइट्रोजन-अपचायक के परमुाण के अलावा परमाणु-उपचायक उपस्थित है।

927. क्या हाइड्राक्सीलसऐमीन क्लोराइड विलयन (a) अम्लीय; (b) उदासीन; (c) क्षारीय है?

क्योंकि (1) अणु में —OH ग्रुप उपस्थित है; (2) लवण का जलापघटन होता है; (3) इस यौगिक में नाइट्रोजन चतुसेयोजी है तथा हाइड्रोजन के आयन के साथ संयोजित नहीं होता है।

928. निम्न में से कौनसे पदार्थों के साथ सांद्रित नाइट्रिक अम्ल अभिक्रिया करता है : (a) P_2O_5; (b) HCl; (c) Cl_2; (d) I_2; (e) CaO; (f) Cu; (g) Al; (h) CO_2; (i) HPO_3?

यहाँ नाइट्रिक अम्ल (1) अम्लीय गुण; (2) उपचायक गुण; (3) कन अम्लीय और न ही उपचायक गुण प्रदर्शित करता है।

929. निमन में से कौनसी अभिक्रियाओं के प्रयोग से मेटाफास्फोरिक अम्ल प्राप्त किया जा सकता है :

(a) $P_2O_5 + H_2O \xrightarrow{20°C}$ (c) $H_3PO_4 \xrightarrow{t}$

(b) $P + HNO_3$ (सांद्रित) $\rightarrow$ (d) $P_2O_5 + H_2O \xrightarrow{80°C}$

930. निम्न में से कौनसी अभिक्रियाओं के प्रयोग से फास्फोरस अम्ल प्रापत किया जा सकता है :

(a) $P_2O_3 + H_2O \xrightarrow{20°C}$

(b) $P_2O_3 + H_2O \xrightarrow{80°C}$

(c) $P + HNO_3$ (सांद्रित) $\rightarrow$

931. समान मोलीय सांद्रताओं वाले $SbCl_3(pH_1)$ तथा $BiCl_3(pH_2)$ के लवणों के विलयनों के pH के बीच कैनसा अनुपात ठीक है?

(a) $pH_1 < pH_2$; (b) $pH_1 = pH_2$; (c) $pH_1 > pH_2$

क्योंकि (1) जलापघटन की डिग्री विलयन की सान्द्रता पर निर्भर करती है; (2) क्षीण भस्म द्वारा बनया लवण अधिक मात्रा में जलापघटित हेा जाता हैं

6. कार्बन और सिलिकन

932. कार्बन के अपरूपी रूपांतरणों का वर्णन करें ओर उनके गुणों में भिन्नता के कारण बतायें।

933. कार्बन के लिये किसका आ0 क0 संकरण लाक्षणिक है? संयोजकता अनबंध विधि के दृष्टिकोण के अणुओं CH_4, C_2H_6, C_2H_4 व C_2H_2 की संरचना का वर्णन करें।

934. कार्बन डाइआक्साइड के भौतिक व रासायनिक गुणों की विशिष्टताएं बताइये। इसके व्यावहारिक प्रयोग के क्षेत्रों के नाम बताइये। CO_2 की क्षारीय विलयन के साथ अभिक्रियाओं के समीकरण लिखिये जब CO_2 की बहुलता है और जब CO_2 की मात्रा कम है।

935. जलीय CO_2 विलयन में कौनसे संतुलन स्थापित होते हैं? इन संतुलनों के स्थानान्तरण पर विलयन के तापक्रम की वृद्धि का क्या असर होता है? क्या 1N कार्बोनिक अम्ल विलयन तैयार किया जा सकता है?

936. क्या कार्बनिक अम्ल में क्षार की बिल्कुल तुल्य मात्रा मिला कर एक उदासीन विलयन प्रापत किया जा सकता है? अने उत्तर के पक्ष में तर्क दें।

937. कार्बन डाइआक्साइड प्राप्त करते समय संगमरमर के साथ सल्फ्यूरिक अम्ल की जगह हाइड्रोक्लोरिक अम्ल की अभिक्रिया क्यों कराते हैं? अगर संगमरमर में 96% (द्रव्यमान के प्रति) $CaCO_3$ उपस्थित हो, तो 1 kg संगमरमर से CO_2 का कितना आयतन (सामान्य परिस्थितियों में प्राप्त कर सकते हैं?

938. Na_2CO_3, $KHCO_3$ व $(NH_4)_2CO_3$ के जलापघटन के समीकरणों को आयनी व आयनी-आण्विक रूप में लिखिये।

939. 0.01M पोटेशियम कार्बोनेट विलयन के pH का कलन करें।

940. सोडा प्राप्त करने के लिये NaOH विलयन को दो भागों में विभाजित किया गया। एक भाग को CO_2 के साथ संतृप्त करके दूसरे भाग में मिला दिया गया। प्रथम भग के संतृप्तिकरण के बाद कौनसा पदार्थ बना? पहले भाग को दूसरे भग के साथ मिलाने पर क्या अभिक्रिया घटी? अभिक्रियाओं के समीकरण लिखिये।

941. रासायनिक विधियों द्वारा SO_2 मिश्रण से CO_2 कैसे अलग कर सकते हैं?

942. साल्वे प्रक्रम द्वारा सोडा कैसे प्राप्त किया जाता है? क्या कार्बन डाइआक्साइड और आमोनिया के साथ लिवयन के संतृप्तिकरण का क्रम कोई महत्व रखता है? क्या इस विधि से पोटैश प्राप्तर कर सकते हैं? तर्क सहित उत्तर दीजिये।

943. 210g $NaHCO_3$ से (a) भर्जन द्वारा तथा (b) एक अम्ल के साथ अभिक्रिया द्वारा CO_2 का कितना आयतन (सामान्य परिस्थितियों में) प्राप्त किया जा सकता है?

944. कायेले के दहन से किन परिस्थितियों में CO बनती है? भट्टी को बंद करते समय अगर कोयलों का ताप घटा दें तो कार्बन मोनोआक्साइड के प्रगट होने का खतरा कम क्यों हो जाता है? उत्तर को स्पष्ट करने के लिये परिशिष्ट की सारणी 5 का प्रयोग करें।

945. CO_2, CO व वाष्प के बनने के DH° के आधार पर सिद्ध करें कि जनक गैसे उत्पादन की क्रिया ऊष्माक्षेपी है तथा जल गैस उत्पादन की ऊष्माशोषी है।

946. कैल्सियम कार्बाइड स्कीम $CaO + C \rightarrow CaC_2 + CO$ के आधार पर प्राप्त करते हैं। 6.4 टन CaC_2 प्राप्त करने के लिये CaO की आवश्यक मात्रा का कलन करें। CO का कितना आयतन बनता है (सामान्य परिस्थितियों में)?

947. हाइड्रोसायनिक अम्ल के घटक और गुण बताइये। इस अम्ल के लवणों से भरे बर्तनों को कसकर क्यों बंद करना चाहिये? उत्तर को स्पष्ट करने के लिये अभिक्रियाओं के समीकरण दें।

948. (a) परमाणु का इलेक्ट्रान तथा इसकी संयोजकता संभावनाएं तथा (b) मुक्त सिलिकन के रासायनिक गुण दिखाते हुए सिलिकन का संक्षिप्त वर्णन करें।

949. सिलिकन डाइआक्साइड के भोतिक व रासायनिक गुणों, इसके जल, अम्लों व क्षारों के साथ संबंधों का वर्णन करें।

950. (a) सोडियम सिलिकेट के जलीय विलयन के कार्बन डाइआक्साइड के साथ संतृप्तिकरण में तथा (b) Na_2CO_3 और SiO_2 का मिश्रण भर्जित करने पर संतुलन किस दशा में और क्यों स्थानान्तरिक होगा?

951. ऐसा कौनसा अम्ल है जिसे न तो साधारण कांच के पात्र में रखा जा सकता है और न ही क्वाटर्ज कांच के पात्र में? ऐसा क्यों है?

952. सिलिकन हैलाइड के जलापघटन की अभिक्रियाओं के समीकरण लिखिये। SiF_4 के जलापघटन की क्या खूबी है? क्या इस स्कीम के आधार पर CCl_4 का जलापघटन घट सकता है? अपने उत्तर के पक्ष में तर्क दें।

953. Na_2SiO_3 के जलापघटन का समीकरण लिखिये। जब अमोनियम क्लोराइड विलयन में मिलतो हैं, तो Na_2SiO_3 के जलापघटन की डिग्रील किस प्रकार परिवर्तित होती है?

अपना ज्ञान परखिये

954. कार्बन के आ0 क0 के संकरण की किस किस्म द्वारा CO_2 अणु की संरचना का वर्णन कर सकते हैं : (a) sp; (b) sp^2; (c) sp^3; (d) संकरण नहीं होता है?

क्योंकि (1) इस यौगिक में कार्बन की सहसंयोजकता चार है; (2) अणु ध्रुवीय नहीं है; (3) कार्बन-आक्सीजन अनुबंध की बहुकता इकाई से अधिक है।

955. निम्न में से कौनसी गैसे क्षारीयस विलयन में से गुजारे जाने पर इसके साथ अभिक्रिया करती है : (a) CO; (b) CO_2; (c) HCN; (d) CF_4?

7. आवर्त प्रणाली के ग्रुप I की धातुएं.

956. तत्वों के परमाणु क्रमांकों की वृद्धि के साथ क्षारीय धातुओं के परमाणुओं के आयतन की त्रिज्याएं तथा विभव किस प्रकार परिवर्तित होते हें? परमाणुओं के इलेक्ट्रानी संरचना के आधार पर प्रेक्षित नियमितताओं को स्पष्ट करें।

957. वि0 वा0 श्रेणी तथा आवर्त प्रणाली में क्षारीय धातुओं के क्रम में विविधता किस प्रकार समझा सकते हैं?

958. शृंखला LiOH–CsOH में क्षारीय गुण कैसे और क्यों परिवर्तित होते हैं?

959. ग्रुप I के मुख्य तथा द्वितीय उपग्रुप के तत्वों के गुणों में अंतर को कैसे समझा सकते हैं?

960. Cu^+ आयन की त्रिज्या K^+ आयन की त्रिज्या से छोटी क्यों होती है? इनमें किस आयन की ध्रुवण क्षमता अधिक होती है?

961. क्षारीय धातुओं को प्राप्त करने की विद्युत-अपघटन विधि और क्षारीय धातुओं के हाइड्राक्साइडों को प्राप्त करने की विधि में क्या अंतर है? पहली और दूसरी परिस्थिति में कौनसी विद्युत रासायनिक क्रियाएं घटती हैं?

962. पोटेशियम क्लोराइड के विद्युत अपघटन से पोटेशियम हाइड्राक्साइड, हाइपोक्लोराइट तथा क्लोरेट कैसे प्राप्त कर सकते हैं? संगत अभिक्रियाओं के समीकरण लिखें।

963. औद्योगिक सोडियम हाइड्राक्साइड में प्रायः सोडे की काफी मात्रा उपस्थित होती है। इसका पता कैसे लगा सकते हैं? NaOH विलयन से सोडे की अशुद्धि को कैसे दूर कर सकते हैं? संगत अभिक्रियाओं के समीकरणों को बनाइये।

964. 10g सोडियम अमलगम की जल के साथ अभिक्रिया से एक क्षारीय विलयन प्राप्त हुआ। इस वियलन को उदासीन कने के लिये किसी अम्ल के 50ml 0.5N विलयन की जरूरत पडत्री। अमलगम में सोडियम की प्रतिशत मात्रा ज्ञात करें।

965. KCl व NaCl के मिश्रण के 0.1225g द्रव्यमान से 0.2850g AgCl अवक्षेप प्राप्त हुआ। मिश्रण में KCl व NaCl की प्रतिशत मात्र ज्ञात करें।

966. सोडियम कार्बोनेट से (a) सोडियम सिलिकेट; (b) सोडियम ऐसीटेट; (c) सोडियम नाइट्रेट; (d) कसोडियम हाइड्रोजन सल्फेट और (e) सोडियम सल्फाइट प्राप्त करने की अभिक्रियाओं के समीकरण लिखिये।

967. $KClO_3$ के लियोजन से 3.36 लीटर आक्सीजन (सामान्य परिस्थितियों में) प्राप्त हुआ। ऊर्जा की कितनी मात्रा उत्सर्जित हुई?

968. 1g ऐलाय की जिसमें 30% पोटेशियम तथा 70% (द्रव्यमान के प्रति) सोडियम उपस्थित हैं, जल के साथ अभिक्रिया कराने पर 25°C प 755 mm Hg (100.7 kPa) र हाइड्रोजन का कितना आयतन उत्सर्जित होगा?

969. 25°C पर 8g सोडियम हाइड्राइड की जल के साथ अभिक्रिया कराने पर ऊष्मा की कितनी मात्रा उत्सर्जित होगी? NaH व NaOH बनने की मानक एन्थेल्पियां -56.4kJ/mol तथा -425.9 kJ/mol हैं।

970. निम्न अभिक्रियाओं के समीकरणों को पूरा करें :

(a) $Na_2O_2 + KI + H_2SO_4 \rightarrow$

(b) $Li_3N + H_2O \rightarrow$ (c) $K + O_2$ (बाहुल्य) $\rightarrow$ (d) $KNO_3 \xrightarrow{t}$

971. कापर के सर्वाधिक महत्वपूर्ण ऐलायों के नाम तथा उनका लगभग गठन बताइये।

972. कापर की तनु (1:2) व सांद्रित नाइट्रिक अम्ल के साथ अभिक्रियाओं के समीकरण लिखिये। कापर हाइड्रोक्लोरिक अम्ल में क्यों नहीं घुलता है?

973. कापर लवणों की क्षारों के विलयनों तथा अमोनियम हाइड्राक्साइड के साथ क्या प्रतिक्रिया होती है?

974. (a) कापर व (b) प्लैटिनम इलेक्ट्रोडों के साथ कापर सल्फेट विलयन के विद्युत अपघटन में कौनसी क्रियाएं घटती हैं?

975. कापर के परिष्करण से क्या अभिप्राय है? इस क्रिया के दौरान अपरिष्कृत कापर में उपस्थित अधिक सक्रिय धातुओं (Zn, Ni) व कम सक्रिय धातुओं (Ag, Hg) के सम्मिश्रों के साथ क्या घटना घटती है?

976. कापर हाइड्राक्साइड के अम्ल में तथा अमोनिया विलयन में घुलने की अभिक्रियाओं के समीकरण लिखिये।

977. निम्न अभिक्रियाओं के समीकरणों को पूरा करें :

(a) $Ag_2O + H_2O_2 \rightarrow$

(b) $AgBr + Na_2S_2O_3$ (बाहुल्य) $\rightarrow$

(c) $Cu + KCN + H_2O \rightarrow$

978. सिल्वर ऐमीन अम्लीय विलयनों में अस्थायी क्यों होता है?

979. सोडियम क्लोराइड जब $K[Ag(CN)_2]$ विलयन के साथ अभिक्रिया करता है, तो सिल्वर क्लोराइड अवक्षेपित नहीं होता, जबकि इसी विलयन के साथ सोडियम सल्फाइड Ag_2S अवक्षेप देता है। इस तथ्य को कैसे समझा सकते हैं?

980. AgCl, AgBr व AgI KCN विलयन में बड़ी अच्छी तरह से घुल जाते हैं, जबकि केवल AgCl व AgBr अमोनिया विलयन में घुलते हैं। इस तयि को कैसे समझा सकते हैं?

981. निम्न अभिक्रियाओं के समीकरणों को पूरा करें :

(a) $Au(OH)_3 + HCl$ (सांद्रित) $\rightarrow$

(b) $AuCl_3 + H_2O_2 + KOH \rightarrow$

(c) $AuCl_3 + SnCl_2 + H_2O \rightarrow$

(d) $Au + NaCN + O_2 + H_2O \rightarrow$

(e) $Au + HCl + HNO_3 \rightarrow H[AuCl_4] +$

982. KCl या AgCl में से किस यौगिक में रासायनिक अनुबंध अधिक सहसंयोजी प्रकृति का है? इस बात को कैसे समझा सकते हैं?

983. रजत के सिक्के का एक 0.300g द्रव्यमान वाला छोटा-सा टुकड़ा नाइट्रिक अम्ल में घोल कर रजत AgCl के अवक्षेप के रूप में प्राप्त कर लिया गया। अवक्षेप को धोने और सुखाने के बाद उसका द्रव्यमान 0.199g था। सिक्के में

रजत की प्रतिशत मात्रा बताइये।

984. 1.6645g द्रव्यमान वाले पीतल के एम नमूने से विश्लेषण द्वारा 1.3466g $Cu(SCN)_2$ व 0.0840g SnO_2 प्राप्त हुए। नमूने में कापर, टिन तथा जिंक की प्रतिशत मात्रा का कलन करें।

अपना ज्ञान परखिये

985. निम्न में से कौनसे यौगिक अमोनिया विलयन के साथ अभिक्रिया करते हैं : (a) $Cu(OH)_2$; (b) AgCl; (c) AgI?

986. क्या पोटेशियम कार्बोनेट विलयन (a) अम्लीय; (b) उदासीन; (c) क्षारीय होता है?

987. सांद्रित HNO_3 निम्न में से किन पदार्थों के साथ अभिक्रिया करता है : (a) NaOH; (b) CuO; (c) Ag; (d) KCl?

यहाँ नाइट्रिक अम्ल (1) अम्लीय; (2) उपचायक गुण प्रदर्शित करता है।

988. $NaHSO_3(pH_1)$ व $Nc_2SO_3(pH_2)$ के सममोलीय विलयनों के pH के बीच क्या संबंध हैं :

(a) $pH_1 > pH_2$; (b) $pH_1 = pH_2$; (c) $pH_1 < pH_2$?

989. निम्न में से किस पदार्थ के मिलाने से सोडियम कार्बोनेट का जलापघटन तीव्र हो जाता है : (a) NaOH; (b) $ZnCl_2$; (c) H_2O; (d) K_2S?

990. NaOH के जलीय विलयन के विद्युत अपघटन में धनाग्र पर 2.8 लीटर आक्सीजन उत्सर्जित हुआ (सामान्य परिस्थितियों में)। ऋणाग्र पर कितना हाइड्रोजन उत्सर्जित हुआ : (a) 2.8 लीटर; (b) 5.6 लीटर; (c) 11.2 लीटर; (d) 22.4 लीटर?

991. पोटेशियम आयोडाइड व कापर (II) क्लोराइड की अभिक्रिया के उत्पाद क्या हैं? अगर :

$Cu^{2+} + I^- + e^- \rightarrow CuI$ $f^\circ = 0.86$ V

$I_2 + 2e^- \rightarrow 2I^-$ $f^\circ = 0.54$ V

$Cl_2 + 2e^- \rightarrow 2Cl^-$ $f^\circ = 1.36$ V

(a) CuI_2 व Cl_2; (b) CuI_2 व KCl; (c) CuI व Cl_2; (d) CuI व I_2; (e) अभिक्रिया असंभव है।

8. आवर्त प्रणाली के द्वितीय ग्रुप की धातुएं. जल की कठोरता

992. II ग्रुप की धातुओं के परमाणुओं की संरचना पर ध्यान दें। मुख्य व द्वितीय उपग्रुप में तत्वों के परमाणु क्रमांक में वृद्धि के अनुसार प्रथम आयतन विभव किस प्रकार परिवर्तित होता हैं?

993. बेरिलियम का प्रथम आयतन विभव (9.32eV) लीथियम परमाणु के आयतन विभव (5.39eV) से अधिक क्यों होता है? बेरिलियम का द्वितीय आयतन विभव (18.21eV) लीथियम परमाणु के आयतन विभव (75.64eV) से कम क्यों होता है?

994. $Be(OH)_2$ से $Ba(OH)_2$ की ओर बढ़ते हुए ग्रुप II के मुख्य उपग्रुप की धातुओं के हाइड्राक्साइडों के गुण कैसे और क्यों परिवर्तित होते हैं?

995. बेरिलियम व ऐलुमिनियम के रासायनिक गुणों में समानता किस प्रकार व्यक्त होती है? इस समानता के कारण कारण हैं?

996. $BeCl_2$ अणु का इलेक्ट्रीन विन्यास तथा ज्यामितीय संरचना दें। $BeCl_2$ अणु में बेरिलियम परमाणु किस संकरण अवस्था में होता है? $BeCl_2$ की ठोस अवस्था में रूपांतरित होने के दौरान संकरण की किस्म किस प्रकार

परिवर्तित होती है?

997. पोटेशियम टेट्रा-हाइड्राक्सोबेरिलेट व सोडियम टैट्रा-फ्लुओरोबेरिलेट के सूत्र लिखें। ये यौगिक कैसे प्राप्त किये जा सकते हैं?

998. क्या आक्सीजन, फ्लुओरीन, नाइट्रोजन, कार्बन डाइआक्साइड व जल वाष्प में कैल्सियम स्थायी रहता है? अपने उत्तर को प्रमाणित करने के लिये संगत क्रियाओं में गिब्ज ऊर्जा में परिवर्तन का कलन करें।

999. क्या कैल्सियम आक्साइड के ऐलुमिनियम द्वारा अपचयन से कैल्सियम प्राप्त किया जा सकता है? अपने उत्तर को प्रमाणित करने के लिये अभिक्रिया की गिब्ज ऊर्जा का कलन करें।

1000. कैल्सियम हाइड्राइड की (a) आक्सीजन व (b) जल के साथ अभिक्रियाओं के समीकरण लिखिये।

1001. कार्बन डाइआक्साइड में मैग्नीशियम के दहन की अभिक्रिया के लिये $DG°_{298}$ का कलन करें। क्या यह अभिक्रिया स्वयं घट सकती है?

1002. मैग्नीशियम के वायु में जलने पर कौनसे उत्पाद बनते हैं? इनकी जल के साथ अभिक्रियाओं के समीकरण लिखिये।

1003. परिशिष्ट की सारणी 5 का प्रयोग करते हुए कलन करके बताइये कि 1 kg चूने के बुझाने पर ऊष्मा की कितनी मात्रा उत्सर्जित होगी?

1004. निम्न दो में से कौनसी अभिक्रिया ज्यादा संभव है जब मैग्नीशियम N_2O के साथ अभिक्रिया करता है :

(a) $N_2O + 3Mg = Mg_3N_2 + \frac{1}{2}O_2$

(b) $N_2O + Mg = MgO + N_2$

अपने उत्तर को कलनों द्वारा प्रमाणित करें।

1005. 30g कैल्सियम सल्फेट क्रिस्टल हाइड्रेट के भर्जन से 6.28g जल प्राप्त होता है। क्रिस्टल हाइड्रेट का सूत्र क्या है?

1006. $CaCO_3$ के सम्मिश्र वाला 5.00g CaO अम्ल में घोलने पर 140ml गैस (सामान्य परिस्थितियों में) मुक्त हुई। आरंभिक नमूने में $CaCO_3$ की प्रतिशत मात्रा (द्रव्यमान के प्रति) कितनी थी?

1007. निम्न अभिक्रियाओं के समीकरणों को पूरा करें :

(a) $Ba(OH)_2 + H_2O_2 \rightarrow$

(b) $Be + NaOH \rightarrow$

(c) $BaO_2 + H_2SO_4 \rightarrow$

(d) $Mg + HNO_3$ (तनु) $\rightarrow$

(e) $BaO_2 + FeSO_4 + H_2SO_4 \rightarrow$

1008. बेरिलियम और जिंक हाइड्राक्साइडों की उभयधर्मी प्रकृति को प्रमाणित करने वाली अभिक्रियाओं के समीकरण दें।

1009. तनु तथा सांद्रित (a) हैइड्रोक्लोरिक; (b) सल्फ्यूरिक व (c) नाइट्रिक अम्ल के प्रति जिंक, कैडमियम और मर्करी के संबंध की तुलना करें। संगत अभिक्रियाओं के समीकरण लिखें।

1010. जब जिंक तथा कैडमियम हाइड्राक्साइडों की (a) क्षार व (b) अमोनिया के विलयनों के साथ अभिक्रिया कराते हैं तो क्या होता है?

1011. जिंक कार्बोनेट व जिंक आक्साइड के मिश्रण की 1.56g मात्रा के भर्जन से 1.34g जिंक आक्साइड प्राप्त हुआ। आरंभिक मिश्रण के अवयवानुपात (प्रतिशतों में) का कलन करें।

1012. 1Kg कजिंक आक्साइड के ग्रेफाइट द्वारा अपचयन में अवशोषित ऊर्जा की मात्र ज्ञात करें। तापमान पर अभिक्रिया की एन्थैल्पी की निर्भरता की अपेक्षा कर सकते हैं।

1013. पीतल का एक टुकड़ा नाइट्रिक अम्ल में घोला गया। विलयन दो भागों में विभाजित किया गया; एक भाग में अमोनिया का बाहुल्य मिलया गया और दूसरे में क्षार का बाहुल्यं क्या दोनों अवस्थाओं में जिंक व कापर विलयन में होंगें या अवक्षेप में? ओर किन यौगिकों के रूप में होंगे?

1014. धात्विक मर्करी में प्रायः जिंक, टिन व लेड के मिश्रण उपस्थित होते हैं। इन्हें अलग करने के लिये मर्करी की $Hg(NO_3)_2$ विलयन के साथ प्रतिक्रिया करायी गयी। मर्करी को शुद्ध करने की यह विधि किस बात पर आधारित है?

1015. विलयन में मर्करी (II) क्लोराइड के कम वियोजन को कैसे समझा सकते हैं?

1016. निम्न अभिक्रियाओं के समीकरणों को पूरा करें :

(a) $Zn + NaOH \rightarrow$

(b) $Zn + NaNO_3 + NaOH \rightarrow NH_3 +$

(c) $Hg + NHO_3$ (बाहुल्य) $\rightarrow$

(d) Hg (बाहुल्य) $+ HNO_3 \rightarrow$

(e) $Hg(NO_3)_2 + H_2S \rightarrow$

(f) $Hg(NO_3)_2 + KI$ (बाहुल्य) $\rightarrow$

1017. किन लवणों की उपस्थिति प्राकृतिक जल को कठोर बना देती है? (a) Na_2CO_3; (b) NaOH व (c) $Ca(OH)_2$ को कठोर जल में मिलाने से कौनसी रासायनिक अभिक्रियाएं घटती हैं? स्थायी व अस्थायी कठोरता पर विचार करें।

1018. 1000 लीटर जल में 2.86 मिलीतुल्यांक/1 लीलटर अस्थायी कठोरता दूर करने के लिये कितने ग्राम $Ca(OH)_2$ मिलाना चाहिये?

1019. 100ml जल में उपस्थित हाइड्रोजन कार्बोनेट के साथ अिाक्रिया कराने लिये 5ml 0.1N HCl विलयन की जरूरत पड़ी। इस जल की अस्थायी कठोरता का कलन करें।

1020. जल की अस्थायी कठोरता कितनी है, अगर एक लीअर जल में 0.146g मैग्नीशियम हाइड्रोजन कार्बोनेट उपस्थित है?

1021. केवल कैल्सियम हाइड्रोजन कार्बोनेट युक्त जल की कठोरता 1.785 मिलीतुल्यांक/1 लीटर है। 1 लीटर जल में हाइड्रोजन कार्बोनेट का द्रव्यमान ज्ञात करें।

1022. कुल कठोरता 4.60 मिलीतुल्यांक/1 लीटर दूर करने के लिये 5 लीटर जल में कितना सोडियम कार्बोनेट मिलाना चाहिये?

1023. 1 लीटर जल में 38mg Mg^{2+} आयन तथा 108mg Ca^{2+} आयन उपस्थित हैं। जल की कुल कठोरता ज्ञात करें।

1024. कैल्सियम हाइड्रोजन कार्बोनेट युक्त 250ml जल को उबालने पर 3.5mg अवक्षेप प्राप्त हुआ। जल की कड़ोरता कितनी थी?

1025. जल की कठोरता दूर करने की आयन विनियम विधि किस सिद्धांत पर आधारित होती है?

अपना ज्ञान परखिये

1026. निम्न में से कौनसे पदार्थों के साथ हाइड्रोक्लोरिक अम्ल अभिक्रिया करता है :

(a) Zn; (b) Hg; (c) HgS; (d) $Cd(OH)_2$;

(e) $Zn(NO_3)_2$; (f) $Zn(OH)_2$?

1027. निम्नों में से कौनसे यौगिकों के साथ $Zn(OH)_2$ अभिक्रिया करता है?

(a) NaCl; (b) H_2SO_4; (c) NH_4OH; (d) KOH; (e) $Fe(OH)_3$?

1028. किन विलयनों में जिंक के अपिचायक गुण अधिक प्रबलता के साथ प्रदर्शित होते हैं अगर

$Zn^{2+} + 2e^- = Zn\ f^\circ = -0.76V$

$ZnO_2^{2-} + 2H_2O + 2e^- = Zn + 4OH^-\ f^\circ = -1.26\ V$

(a) अम्लीय विलयनों में; (b) क्षारीय विलयनों में।

1029. प्रणालियों Zn/Zn^{2+} व Cd/Cd^{2+} के लिये मानक इलेक्ट्रोड विभवों के मान क्रमशः -0.76V तथा -040v हैं। कैडमियम-जिंक गैल्वैनी से में कौनसी अभिक्रिया स्वतः घटती है?

(a) $Zn + Cd^{2+} = Cd + Zn^{2+}$

(b) $Cd + Zn^{2+} = Zn + Cd^{2+}$

1030. अभिक्रिया $Fe + Cd^{2+} \rightarrow Cd + Fe^{2+}$ गैल्वैनी सेल में स्वतः घटती है। कौनसा इलेक्ट्रोड धनाग्र है? (a) लोहे का; (b) कैडमियम का।

1031. आवर्त प्रणाली में Mg व Be की स्थितियों के आधार पर बताइये कि $MgCl_2$ व $BeCl_2$ के लवणों के जलापघट स्थिरांकों के बीच कौनसा संबंध सही है?

(a) $K(MgCl_2) > K(BeCl_2)$;

(b) $K(MgCl_2) = K(BeCl_2)$;

(c) $K(MgCl_2) < K(BeCl_2)$

9. आवर्त प्रणाली के तीसरे ग्रुप के तत्व

1032. तीसरे ग्रुप के मुख्य उपग्रुप के परमाणुओं की संरचना की विशिष्टताओं पर विचार करें। इन तत्वों के लिये कौनसी संयोजकता अवस्थाएं लाक्षणिक हैं? तत्व के परमाणु क्रमांक की वृद्धि के साथ इनके गुण किस प्रकार परिवर्तित होते हैं?

1033. बोरान व सिलिकन के रासायनिक गुणों की समानता किस प्रकार व्यक्त होती है? इस समानता को कैसे समझा सकते हैं?

1034. डाइबोरेन के इलेक्ट्रान विन्यास का वर्णन करें। क्या B_2H_6 अणु में सभी हाइड्रोजन परमाणुओं के गुण समान हैं? अने उत्तर के पक्ष में तर्क दें।

1035. गर्म करने पर आर्थोबोरिक अम्ल में क्या परिवर्तन आते हैं? संगत अभिक्रियाओं के समीकरण लिखें।

1036. सोडियम मेटाबोरेट, टेट्राबोरेट व बोराइड के सूत्र लिखिये।

1037. ऐलुमिनियम जल से हाइड्रोजन केवल तभी विस्थापित करता है, जब जल में क्षार मिलाया जाता है। ऐसा क्यों? संगत अभिक्रियाओं के समीकरण लिखिये।

1038. ऐलुमिनियम सल्फेट की (a) $(NH_4)_2S$; (b) Na_2CO_3 व (c) KOH (बाहुल्य) के विलयनों के साथ अभिक्रियाओं के समीकरण लिखिये।

1039. सामान्य परिस्थितियों में 3 लीटर अमोनिया प्राप्त करने के लिये ऐलुमिनियम नाइट्राइड के कितने द्रव्यमान की जरूरत पड़ेगी?

1040. $AlCl_3$ के विलयन पर NH_3 व NaOH के जलीय विलयनों का बाहुल्य की प्रतिक्रियाओं के समीकरण लिखिये।

1041. परिशिष्ट की सारणी 5 का प्रयोग करते हुए स्थापित करें कि अभिक्रिया

$4Al + 3CO_2 = 2Al_2O_3 + 3C$

स्वतः घट सकती है या नहीं।

1042. गैल्वैनी सेल

$Al \mid Al_2(SO_4)_3 \parallel Cr_2(SO_4)_3 \mid Cr$

के कार्य करते समय ऋणाग्र पर 31.2g क्रोमियम अपचयित हुआ ऐलुमिनियम इलेक्ट्रोड के द्रव्यमान में कितनी कमी आ गयी?

1043. 50 लीटर हाइड्रोजन प्राप्त करने के लिये आवश्यक कैल्सियम हाइड्राइड व धात्विक ऐलुमियिम के द्रव्यमानों की तुलना करें।

1044. ऐलुमोअमोनियम फिटकरी से (a) ऐलुमियिम हाइड्राक्साइड, (b) बेरियम सल्फेट (c) पोटेशियम ऐलुमिनेट कैसे प्राप्त कर सकते हैं? संगत अभिक्रियाओं के समीकरण लिखिये।

1045. निम्न अभिक्रियाओं के समीकरणों को पूरा करें :

(a) $B + HNO_3$ (सांद्रित) $\rightarrow$

(b) $Na_2B_4O_7 + H_2SO_4 + H_2O \rightarrow$

(c) $H_3BO_3 + NaOH \rightarrow$

(d) $Al_2(SO_4)_3 + Na_2S + H_2O$

(e) $Al + NaOH + H_2O \rightarrow$

(f) $AlCl_3 + Na_2CO_3 + H_2O \rightarrow$

1046. गैलियम उपग्रुप तत्वों के लिये कौनसी उपचयन अवस्थाएं लाक्षणिक हैं? गैलियम तथ इंडियम यौगिक किन उपचयन अवस्थाओं में अधिक स्थायी होते हैं ओर थैलियम यौगिक किन उपचयन अवस्थाओं में अधक स्थायी होते हैं और थैलियम यौगिक किन उपचयन अवस्थाओं में?

1047. ऐलुमिनियम हैलाइड अणुओं की द्वितयन प्रवृति कैसे समझायी जा सकती है?

1048. Tl_2CrO_4 की विलेयता की कलन करें अगर 20°C पर इस लवण के लिये Ksp का मान 9.8×10^{-13} है।

1049. लैन्थेनाइडों के रासायनिक गुणों की समानता कैसे समझा सकते हैं?

1050. लैन्थेनाइड संकुचन क्या होता है? यह छठे आवर्त के d-तत्वों के गुणेां को किस प्रकार प्रभावित करता है?

अपना ज्ञान परखिये

1051. क्या BF_3 व NH_3 के बीच अभिक्रिया घट सकती है : (a) हां; (b) नहीं?

क्योंकि (1) NH_3 अणु में नाइट्रोजन परमाणु की बाह्य इलेक्ट्रानी सतह पूर्णता इलेक्ट्रानों से भरी है; (2) NH_3 व BF_3 अणुओं के बीच दाता-ग्राही अनुबंध बन सकता है।

1052. निम्न में से कौनसे यौगिकों के साथ KOH अभिक्रिया करेगा : (a) H_3BO_3; (b) $Na_2B_4O_7$; (c) Al_2O_3; (d) $AlCl_3$; (e) $Ga(OH)_3$?

1053. किन पदार्थों के मिलाने से $AlCl_3$ का लापघटन तीव्र हो जायेगा :

(a) H_2SO_4; (b) $ZnCl_2$; (c) $(NH_4)_2S$; (d) Zn?

1054. $AlCl_3$ व Na_2CO_3 की जलीय विलयन में अभिक्रिया से कौनसे उत्पाद बनते हैं : (a) $Al(OH)_3$ व CO_2; (b) $Al_2(CO_3)_3$ व NaCl?

1055. निम्न में से कौनसे पदार्थों के साथ सांद्रित HNO_3 अभिक्रिया रुकेगा : (a) B; (b) Al; (c) $Al(OH)_3$; (d) $Na_2B_4O_7$?

10. आवर्त प्रणाली के चौथे, पांचवें, छठे व सातवें ग्रुपों की धातुएं

1056. वायु, जल तथा अम्लों के प्रति लेड के व्यवहार का वर्णन करें। लेड तनु हाइड्रोक्लोरिक व सल्फ्यूरिक अम्लों में क्यों नहीं घुलता है हालांकि वि0 वा0 श्रेणी में यह हाइड्रोजन से पहले आता है?

1057. जर्मेयिम, टिन व लेड के आक्साइडों के नाम लिखिये। श्रेणी

$Ge(OH)_2$—$Pb(OH)_2$ व $Ge(OH)_4$—$Pb(OH)_4$

में हाइड्राक्साइडों के अम्लीय व क्षारीय गुण किस प्रकार परिवर्तित होते हैं?

1058. श्रेणी Ge (II)—Pb (II) व Ge (IV)—Pb (IV) में यौगिकों के उपापचयन गुण किस प्रकार परिवर्तित होते हैं?

1059. लेड व टिन का एक ऐलाय सांद्रित अम्ल के साथ तब तक गर्म किया गया, जब तक अभिक्रिया बंद नहीं हुई। अविलीन अवक्षेप छाना गया, सूखाया गया और भर्जित किया गया। अवशेष का गठन क्या है? विलयन में क्या चीज़ उपस्थित है?

1060. लेड आक्साइड Pb_2O_3 व Pb_3O_4 मिश्रित क्यों कहलाते हैं? इन यौगिकों में लेड की उपचयन दशा बताइये।

1061. $SnCl_2$ विलयन प्राप्त करने के लिये जल को हाइड्रोक्लोरिक अम्ल के साथ क्यों अम्लित करते हैं?

1062. धात्विक टिन के आधार पर सोडियम थायोस्टैनेट कैसे प्राप्त कर सकते हैं?

1063. परिशिष्ट की सारणी 5 के आंकड़ों की सहायता से क्रिया

$2MO + O_2 = 2MO_2$

पर विचार करते हुए टिन और लेड की विभिन्न उपचयन अवस्थाओं के तुलनात्मक स्थायित्व के बारे में किसी निष्कर्ष पर पहुंचें।

1064. a- व b- स्टैनिक अम्ल किस प्रकार प्राप्त कर सकते हैं? इनके गुणों के बीच क्या अंतर होता है?

1065. टैट्राहाइड्राक्सोस्टैनेट (II) हैक्साहाइड्राक्सोस्टैनेट (IV), हैसाहाइड्राक्सो प्लम्केट (IV), हैक्साहाइड्राक्सोप्लम्बेट (II) व सोडियम थायोस्टैनेट के सूत्र लिखिये। इन यौगिकों को कैसे प्राप्त कर सकते हैं?

1066. निमन अभिक्रियाओं के समीकरणों को पूरा करें :

(a) $Ge + NHO_3 \rightarrow$ (d) $Pb + KOH \rightarrow$

(b) $Sn + HNO_3 \rightarrow$ (e) $PbO_2 + HCl \rightarrow$

(e) $Sn + KOH \rightarrow$

1067. निम्न अभिक्रियाओं के समीकरणों को पूरा करें :

(a) $Pb_3O_4 + KI + H_2SO_4 \rightarrow$

(b) $SnCl_2 + FeCl_3 \rightarrow$

(c) $SnCl_2 + K_2Cr_2O_7 + H_2SO_4 \rightarrow$

(d) $Pb_3O_4 + Mn(NO_3)_2 + HNO_3 \rightarrow$

(e) $Pb(CH_3COO)_2 + CaOCl_2 + H_2O \rightarrow$

1068. लेड संचायक को आवेशित तथा आवेशरहित करने पर इलेक्ट्रोडों पर घट रही अभिक्रियाओं के समीकरण लिखें।

1069. वैनेडियम उपग्रुप के तत्वों के गुणों की (a) ग्रुप V के मुख्य उपग्रुप, (b) टाइटैनियम उपग्रुप व (c) क्रोमियम उपग्रुप के तत्वों के गुणों के साथ तुलना करें।

1070. नियोबियम व टैन्टेलम, मालिब्डेनम व टंग्स्टन, टेकनीशियम व रीनियम की परमाणु त्रिज्याओं की समीपता को कैसे समझा सकते हैं?

1071. क्रोमियम, मालिब्डेनम व टंग्स्टन को आवर्त सारणी के छठे ग्रुप में रखने का कारण बताइये। इन तत्वों और मुख्य उपग्रुप के तत्वों के बीच क्या समानता है?

1072. (a) आवर्त सारणी में क्रोमियम का इसके स्थान व परमाणु की संरचना, (b) धात्विक क्रोमियम का जल-वायु व अम्लों के प्रति व्यवहार तथा (c) क्रोमियम आक्साइडों व हाइड्राक्साइडों की संरचना व प्रकृति इंगित करते हुए क्रोमियम के गुणों का वर्णन करें।

1073. क्रोमियम के कौनसे यौगिकों के लिये उपचायक गुण लाक्षणिक है? उन अभिक्रियाओं के उदाहरण दें, जिनमें ये गुण दिखायी देते हैं?

1074. किस विलयन में-अम्लीय या क्षारीय-क्रोमियम (VI) के उपचायक गुण अधिक सुनिश्चित हैं? क्रोमियम (III) के अपचायक गुण? इसे कैसे समझा सकते हैं?

1075. सोडियम सल्फाइड विलयन (a) क्रोमियम (II) क्लोराइड व (b) क्रोमियम (III) क्लोराइड विलयनों के साथ मिलाने पर क्या होता है? अभिक्रियाओं के समीकरण लिखें।

1076. क्षारीय विलयन में क्रोमियम (III) क्लोराइड की (a) ब्रोमीन व (b) हाइड्रोजन परआक्साइड के साथ अभिक्रियाओं के समीकरण लिखें।

1077. अगर पोटेशियम डाइक्रोमेट अभिकारक के रूप में इस्तेमाल किया जाये तो पोटेशियम क्रोम ऐलम कैसे प्राप्त कर सकते हैं? 1Kg ऐलम प्राप्त करने के लिये आवश्यक $K_2Cr_2O_7$ का द्रव्यमान ज्ञात करें।

1078. जब बेरियम लवण पोटेशियम क्रोमेट व डाइक्रोमेट विलयनों के साथ अभिक्रिया करते हैं तो एक ही संरचना के अवक्षेप क्यों बनते हैं?

1079. क्या पोटेशियम क्रोमेट व डाइक्रोमेट के जलीय विलयन उदासीन, अम्लीय या क्षारीय हैं? तर्कसहित उत्तर दें।

1080. निम्न रूपांतरण कैसे घटाये जा सकते हैं

$Cr_2O_3 \rightarrow K_2CrO_4 \rightarrow K_2Cr_2O_7 \rightarrow$

$Cr_2(SO_4)_3 \rightarrow K_3[Cr(OH)_6]$?

1081. जब सोडियम डाइक्रोमेट का एक मोल हाइड्रोक्लोरिक अम्ल के बाहुल्य के साथ अभिक्रिया करता है तो सामान्य परिस्थितियों में क्लोरीन का कितना आयतन उत्सर्जित होता है?

1082. निम्न अभिक्रियाओं के समीकरणों को पूरा करें :

(a) $NaCrO_2 + PbO_2 + NaOH \rightarrow$

(b) $CrCl_3 + NaBiO_3 + NaOH \rightarrow$

(c) $Cr_2(SO_4)_3 + Br_2 + NaOH \rightarrow$

(d) $K_2Cr_2O_7 + SO_2 + H_2SO_4 \rightarrow$

(e) $K_2Cr_2O_7 + Fe_2SO_4 + H_2SO_4 \rightarrow$

(f) $FeO.Cr_2O_3 + O_2 + K_2CO_3 \rightarrow$

$Fe_2O_3 + K_2CrO_4 + CO_2$

1083. मैंगनीज व हैलोजेन उपग्रुप के तत्वों के परमाणुओं की संरचना में अंतर दिखाइये। ये तत्वा किन उपचयन अवस्थाओं में अपने गुणों में अधिकतम समानता प्रदर्शित करते हैं?

1084. उदासीन व अम्लीय विलयनों में 7.60g $FeSO_4$ को उपचयित करने के लिये पोटेशियम परमैंगनेट के कितने द्रव्यमान की जरूरत पड़ेगी?

1085. उन अभिक्रियाओं के समीकरण लिखें जिनमें मैंगनीज यौगिक (a) उपचायक गुण; (b) अपचायक व (c) उपचायक व अपचायक गुण साथ-साथ प्रदर्शित करते हैं।

1086. उच्च व निम्न उपचयन अवस्था वाले मैंगनीज यौगिकों से मैंगनीज (VI) यौगिक कैसे प्राप्त कर सकते हैं?

1087. पोटेशियम परमैंगनेट के ऊष्मा अपघटन का समीकरण लिखें यह अभिक्रिया किस किस्म के उपापचयन रूपांतरण के साथ संबंधित है?

1088. क्या ऐसा विलयन तैयार किया जा सकता है जिसमें SN^{2+} व Hg^{2+}; Sn^{2+} व Fe^{3+}; SO_3^{2-} व MnO_4^-; $Cr_2O_7^{2-}$ व SO_4^{2-} साथ-साथ उपस्थित हों? बताइये आयनों के कौनसे समुच्चय असंभव हैं और क्यों?

1089. निम्न अभिक्रियाओं के समीकरणों को पूरा करें :

(a) $KMnO_4 + K_2SO_3 + H_2SO_4 \rightarrow$

(b) $KMnO_4 + K_2SO_3 + H_2O \rightarrow$

(c) $KMnO_4 + K_2SO_3 + KOH \rightarrow$

(d) $KMnO_4 + H_2O_2 + H_2SO_4 \rightarrow$

1090. निम्न अभिक्रियाओं के समीकरणों को पूरा करें :

(a) $KMnO_4$ + HCl (सांद्रित) $\rightarrow$

(b) $KMnO_4 + H_2S + H_2O \rightarrow$

(c) MnO_2 + HCl (सांद्रित) $\rightarrow$

(d) $KMnO_4 + KI + H_2SO_4 \rightarrow$

(e) $MnSO_4 + (NH_4)_2S_2O_8 + H_2O \rightarrow$

1091. निम्न अभिक्रियाओं के समीकरणों को पूरा करें :

(a) $KMnO_4 + MnSO_4 + H_2O \rightarrow$

(b) $MnSO_4 + NaBrO_3 + HNO_3 \rightarrow$

(c) $MnSO_4 + Br_2 + NaOH \rightarrow$

(d) $K_2MnO_4 + H_2SO_4 \rightarrow$

(e) $MnSO_4 + PbO_2 + HNO_3 \rightarrow$

(f) $H_2MnO_4 + KNO_2 \rightarrow$

अपना ज्ञान परखिये

1092. $Sn(NO_3)_2(pH_1)$ व $Pb(NO_3)_2(pH)_2$ के सममोलीय विलयनों के pH के बीच क्या संबंध है :
(a) $pH_1 > pH_2$; (b) $pH_1 = pH_2$; (c) $pH_1 < pH_2$?

1093. $CrCl_2(h_1)$ व $CrCl_3$ (h_2) के सममोलीय विलयनों के लिये जलापघटन की डिग्रियों के बीच क्या संबंध है :
(a) $h_1 > h_2$; (b) $h_1 = h_2$; (c) $h_1 < h_2$?

1094. $SnCl_2$ के जलापघटन की डिग्री घटायी कैसे जा सकती है : (a) विलयन को गर्म करके; (b) उमें अम्ल मिला कर; (c) विलयन का pH घटा कर?

1095. लेड (II) हाइड्राक्साइड प्राप्त करने के लिये कौनसी अभिक्रिया प्रयुक्त की जा सकती है : (a) स्वतंत्र धातु की जल के साथ अभिक्रिया; (b) लेड (II) आक्साइड की जल के साथ अभिक्रिया; (c) लेड (II) के लवण की क्षार के साथ अभिक्रिया?

1096. टिन (II) क्लोराइड के जलीय विलयन के विद्युत-अपघटन में टिन इलेक्ट्रोड पर निम्न में से कौनसी अभिक्रियाएं घटती हैं?

(a) $Sn = Sn^{2+} + 2e^- \ f^o = -0.14$ V
(b) $2Cl^- = Cl_2 + 2e^- \ f^o = 1.36$V
(c) $2H_2O = O_2 + 4H^+ + 4e^- \ f = 1.23$ V

11. उत्कृष्ट गैसें, आठवें ग्रुप की धातुएं

1097. क्या उत्कृष्ट गैसों के हाइड्रेटों को, उदाहरणतया, $Kr.6H_2O$ रासायनिक यौगिक कह सकते हैं? अपने उत्तर का कारण बताइये।

1098. आर्गान अणु में कितने परमाणु होते हैं, अगर वायु के प्रति इसका घनत्व 1.38 है?

1099. यौगिक $Xe[PtF_6]$ में जीनान की प्रतिशत मात्रा का कलन कीजिये। इस यौगिक का ना बताइये।

1100. लौह परिवार की धातुओं के लिये कौनसी उपचयन अवस्थाएं लाक्षणिक हैं?

1101. लौह, कोबाल्ट व निकेल की अम्लों के प्रति संबंध की विशेषताएं बताइये।

1102. लौह (III), कोबल्ट (III) व निकेल (III) हाइड्राक्साइडों की हाइड्रोक्लोरिक व सल्फ्यूरिक अम्ल के साथ अभिक्रियाओं के समीकरण लिखें।

1103. Na_2CO_3 विलयन की $FeCl_3$ व $FeCl_2$ विलयनों के साथ अभिक्रियाओं के समीकरण लिखें।

1104. (a) लौह (III) लवण को लौह (II) लवण में; व (b) लौह (II) लवण को लौह (III) लवण में कैसे रूपांतरित कर सकते हैं? इन अभिक्रियाओं के उदाहरण दें।

1105. परिशिष्ट की सारणी 5 की सहायता से स्थापित करे कि निम्न अपचायकों में से कौनसे Fe_2O_3 को स्वतंत्र धातु में अपचयित कर सकते हैं : (a) Zn; (b) Ni; (c) H_2S?

1106. मैग्नेटाइट से लौह प्राप्त करते समय वात्या भट्ठी में घट रही अभिक्रियाओं में एक निम्न है :

$$Fe_3O_4 + CO = 3FeO + CO_2$$

परिशिष्ट की सारणी 5 की सहायता से अभिक्रिया का ऊष्मा प्रभाव ज्ञात करें। तापमान में वृद्धि लाने पर इस अभिक्रिया का संतुलन किस दिशा में स्थानान्तरित होगा?

1107. निम्न में से किस अभिक्रिया में धात्विक लौह pH = O वाले हाइड्रोक्लोरिक अम्ल में विलीन होगा :

(a) $Fe + 2HCl = FeCl_2 + H_2$

(b) $2Fe + 6HCl = 2FeCl_3 + 3H_2$

1108. कौनसे लौह व कार्बन ऐलाय इस्पात कहलाते हैं और कौनसे ढलवां लोहा?

1109. वात्या भट्ठी के विभिन्न हिस्सों में घट रही अभिक्रियाओं का अरेख बनाइये। ढलवें लोहे को प्रगलित करते समय अयस्क में कैल्सियम कार्बोनेट किसलिये मिलाते हैं?

1110. लौह को इस्पात में परिवर्तित करने की विधियों की गिनती करें। इन परिवर्तन के दौरान कौनसी अभिक्रियाएं घटती हैं?

1111. क्या (a) $FeCl_3$ व H_2S के विलयनों की अभिक्रिया और (b) $Fe(NO_3)_3$ व $(NH_4)_2S$ के विलयनों की अभिक्रिया से लौह (III) सल्फाइड प्रापत किया जा सकता है? अपने उत्तर का कारण बताइये।

1112. जलीय विलयन में लौह (II) सल्फाइड को जल में विलीन आक्सीजन द्वारा उपचयित कराने से क्षारीय लवण बनता है। संगत अभिक्रिया का समीकरण लिखें।

1113. अन्य धातुओं के साथ संपर्क का लौह के सं?क्षारण पर क्या प्रभाव पड़ता है? टिन लेपित, जस्ता चढ़ा व निकेल नेपित लौह की क्षतिगत सतह से कौनसी धातु सबसे पहले नष्ट होगी?

1114. कौनसे यौगिक फैराइड व फैरेट कहलाते हैं? ऐसे यौगिकों के उदाहरण दें।

1115. 10ml $FeSO_4$ विलयन में उपस्थित लौह को लौह (III) द्वारा उपचयित करके हाइड्राक्साइड के रूप में अवक्षेपित कर लिया गया। भर्जिप अवक्षेप का द्रव्यमान 0.4132g निकला। आरंभिक विलयन की मोलीय सान्द्रता का कलन करें।

1116. लौह व निककेल के कार्बोनिल यौगिकों के इलेक्ट्रानी विन्यास का वर्णन करें। ये यौगिक किस काम में इस्तेमला किये जाते हैं?

1117. शृंखला Fe(II)—CO(II)—Ni(II) में उपचयन के प्रति स्थायित्व कैसे परिवर्तित होता है? श्रेणी Fe(III) — CO(III) — N; (III) में उपचायक शक्ति किस प्रकार परिवर्तित होती है?

1118. निम्न अभिक्रियाओं के समीकरणों को पूरा करें :

(a) $Fe(OH)_3 + Cl_2 + NaOH$ (सांद्रित) $\rightarrow$

(b) $FeCl_3 + KI \rightarrow$

(c) $FeS_2 + HNO_3$ (सांद्रित) $\rightarrow$

(d) $CoBr_2 + O_2 + KOH + H_2O \rightarrow$

(e) $FeSO_3 + HNO_3$ (सांद्रित) $\rightarrow$

(f) $Ni(OH)_3 + HCl \rightarrow$

1119. प्लैटिनम और पेलेडियम हाइड्रोजन के साथ क्या अभिक्रिया करते हैं?

1120. Pt की अम्लराज के साथ अभिक्रिया से क्या प्राप्त होता है? अभिक्रिया का समीकरण लिखें।

1121. निम्न मिश्रित यौगिकों के नाम बताइये :

(a) $[Pd(NH_3)Cl_3]$

(b) $K_2[Ru(OH)Cl_5]$

(c) $[RH(NH_3)_3I_3]$

(d) $[Pt(NH_3)_4SO_4]Br_2$

(e) $(NH_4)_3[RhCl_6]$

(f) $Na_2[PdI_4]$

(g) $[Os(NH_3)_6]Br_3$

(h) $K_3[Ir(NO_2)_4Cl_2]$

अपना ज्ञान परखिये

1122. $FeSO_4$ (pH_1) व $Fe_2(SO_4)_3$ (pH_2) के सममोलीय विलयनों के pH के बीच क्या संबंध है?

(a) $pH_1 > pH_2$; (b) $pH_1 = pH_2$; (c) $pH_1 < pH_2$

क्योंकि (1) दुर्बल भस्म द्वारा बना लवण ज्यादा डिग्री तक जलापघटित हो जाता है; (2) जलापघटन की डिग्री विलयन की सान्द्रता पर निर्भर करती है।

1123. प्रणाली

$2Fe + 3H_2O\ (g.) \rightarrow Fe_2O_3 + 3H_2$

में संतुलन किस दिशा में स्थानान्तरित होता है, जब दाब घटाया जाता है? (a) बायीं ओरः (b) दायीं ओर; (c) संतुलन स्थानान्तरित नहीं होता है।

1124. किस पदार्थ के मिलाने से $FeCl_3$ का जलापघटन तीव्र हो जायेगाः

(a) H_2SO_4; (b) $ZnCl_2$; (c) $(NH_4)_2\ CO_3$; (d) Zn?

1125. सोडियम कार्बोनेट की $Fe_2(SO_4)_3$ के जलीय विलयन के साथ अभिक्रिया के उत्पाद क्या हैं : (a) $Fe(OH)_3$ व CO_2; (b) $Fe_2(CO_3)$ व Na_2SO_4?

क्योंकि (1) विनिमय अभिक्रिया घटती है; (2) दोनों लवचणों के जलापघटन का पारस्परिक प्रवधर्न घटता है।

1126. निम्न में से किन पदार्थों के साथ लौह (III) सल्फेट जलीय विलयन में अभिक्रिया करेगाः

(a) NaI; (b) NaBr; (c) दोनों में से किसी के साथ भी नहीं; (d) दोनों के साथ, अगर

$Fe^{3+} + e^- = Fe^{2+}\ f^\circ = 0.77V$

$I_2(c.) + 2e^- = 2I^-\ f^\circ = 0.54V$

Br_2 (द्रव) $+ 2e^- = 2Br^-\ f^\circ = 1.07V$

1127. कोबाल्ट कार्बोनिल का सूत्र क्या है : (a) $Co(CO)_4$; (b) $Co_2(CO)_8$?

क्योंकि (1) सामान्य अवस्था में कोबाल्ट परमाणु में तीन अयुग्मी d-इलेक्ट्रान उपस्थित होते हैं; (2) उत्तेजित अवस्था में कोबाल्ट परमाणु में चार स्वतंत्र संयोजकता कक्षक होते हैं; (3) उत्तेजित अवस्था में कोबाल्ट परमाणु में एक अयुग्मी इलेक्ट्रान होता है।

परिशिष्ट

सारणी 1

कुछ अंतर्राष्ट्रीय मात्रक

(SI Unit)

मान	इकाई, नाम चिन्ह
	मूल मात्रक
लंबाई	मीटर m
द्रव्यमान	किलोग्राम kg
समय	सेकंड s
विद्युत धारा की शक्ति	ऐम्पियर A
तापमान	केल्विन K
पदार्थ की मान	मोल mol
	व्युत्पन्न मात्रक
आयतन	घन मीटर m^3
घनत्व	किलोग्राम प्रति घन मीटर kg/m^3
बल, भार	न्यूटन $N(kg.m/s^2)$
दाब	पास्कल $Pa(N/m^2)$
ऊर्जा, कार्य, ऊष्मा की मात्रा	जूल J(N.m)
क्षमता	वाट W(J/s)
विद्युत की मात्रा	कूलांम C(A.s)
विद्युत वोलटता, विद्युत विभव, विद्युत वाहक बल (e.m.f.)	वोल्ट V(W/A)

कुछ NS मात्रकों से SI मात्रकों का अनुपात सारणी 2

मान	**इकाई**	**SI के प्रति अनुपात**
लंबाई	माइक्रोमीटर (Mm)	1×10^{-6}m
	एंग्स्ट्रम A	1×10^{-10} m

दाब	भौतिक ऐटमौस्फियर (atm)	1.01325×10^5 Pa
	m mol Hb	133,322 Pa
ऊर्जा, कार्य, ऊष्मा की मात्रा	इलेक्ट्रान-वोल्ट (ev)	$1,30219 \times 10^{-19}$ J
	कैलोरी (cal)	4.1868 J
	किलोकैलोरी (kcal)	4186.8 J
द्विध्रुवीय आघूर्ण	डेबाई (D)	3.33×10^{-30} c.m

कुछ मौलिक भौतिक स्थिरांकों के मान सारणी 3

स्थिरांक	चिन्ह	संख्यात्मक मान
निर्वात में प्रकाश की गति	c	2.9979246×10^8 m/s
प्लांक स्थिरांक	h	6.62618×10^{-34} J.s
प्राथमिक विद्युत आवेश	e	1.602189×10^{19} C
अवोगाड्रो स्थिरांक	N	6.022045×10^{23} mol^{-1}
फैराडे स्थिरांक	F	9.64846×10^4 C/mol
मोलीय गैस स्थिरांक	R	8.3144 J/(mol.K)

सारणी 4

सर्वाधिक महत्वपूर्ण अम्लों और उनके लवणों के नाम

अम्ल	नाम	
	अम्ल	**लवण**
$HAlO_2$	मोटोऐलुमिनिक	मोटोऐलुमिनेट
$HAsO_3$	मोटाआर्सेनिक	मोटाआर्सेनेट
H_3AsO_4	आर्थाआर्सेनिक	आर्थोआर्सेनेट
$HAsO_2$	मोटाआर्सेनस	मोटाआर्सेनाइट
H_3AsO_3	आर्थोबोरिक	आर्थोआर्सेनाइट
HBO_2	मोटाबोरिक	टेट्राबोरेट
H_3BO_3	आर्थोबोरिक	आर्थोबोरेट
$H_2B_4O_7$	टेट्राबोरिक	टेट्राबोरेट
HBr	हाइड्रोजन ब्रोमाइट	ब्रोमाइड
HBrO	हाइपोब्रोमस	हाइपोब्रोमाइट
$HBrO_3$	ब्रोमिक	ब्रोमेट
HCOOH	फार्मिक	फार्मेट
CH_3COOH	ऐसीटिक	ऐसीटेट
HCN	हाइड्रोजन सायनाइड	सायनाइड
H_2CO_3	कार्बोनिक	कार्बोनेट

$H_2C_2O_4$	आक्सैलिक	आक्सेलेट
HCI	हाइड्रोजन क्लोराइड	क्लोराइड
HCIO	हाइपोक्लोरम	हाइपोक्लोराइट
$HCIO_2$	क्लोरोम	क्लोराइट
$HCIO_3$	क्लोरिक	क्लोरेट
$HCIO_4$	परक्लोरिक	परक्लोरेट
$HCrO_2$	मोटाक्रोमस	मोटाक्रोमेट
H_2CrO_4	क्रीमिक	क्रोमेट
$H_2Cr_2O_7$	डाइक्रोमिक	डाइक्रोपेट
HI	हाइड्रोजन आयोडइड	आयोडाइड
HIO	हाइपोआयोडस	हाइपोआयोडाइट
HIO_3	आयोडिक	आयोडेट
HIO_4	परआयोडिक	परआयोडेट
$HMnO_4$	परमैंगानिक	परमैंगनेट
H_2MoO_4	मालिब्डिक	मालिब्डेट
HN_3	हाइड्रोजोइक	ऐजाइड
HNO_2	नाइट्रम	नाइट्राइट
HNO_3	नाइट्रिक	नाइट्रेट
HPO_3	मोटाफास्फोरिक	मोटाफास्फेट
H_3PO_4	आर्थोफास्फोरिक	आर्थोफास्फेट
$H_4P_2O_7$	डाइफास्फोरिक	डाइफास्फेट
H_3PO_3	फास्फोरस	फास्फाइट
H_3PO_2	हाइपोफास्फोरस	हाइपाफास्फाइट
H_2S	हाइड्रोजन सल्फाइड	सल्फाइड
HSCN	हाइड्रोजन थायोसायनाइड	थायासयनाइड
H_2SO_3	सल्फ्यूरस	सल्फाइट
H_2SO_4	सल्फ्यूरिक	सल्फेट
$H_2S_2O_3$	थायोसल्फ्यूरिक	थायोस्ल्फेट
$H_2S_2O_7$	डाइसल्फ्यूरिक	डाइसल्फेट
$H_2S_2O_8$	परसल्फ्यूरिक	परसल्फेट
H_2Se	हाइड्रोजन सिलेनाइड	सिलेनाइड
H_2SeO_3	सिलेनस	सिलेनाइट
H_2SeO_4	सिलेनिक	सिलेनेट
H_2SiO_3	सिलिसिक	सिलिकेट
HVO_3	वैनेडिक	वैनेडेट
H_2WO_4	टंगस्टिक	टंग्स्टेट

298 K (25°C) पर कुछ तत्वों की आदर्श संभवन एन्थैल्पी ΔH°_{298}, एन्ट्रापी S°_{298} और गिब्ज ऊर्जा संभवन ΔG°_{298}

पदार्थ	ΔH°_{298} kJ/mol	S°_{298} J/(mol.K)	ΔG°_{298} kJ/mol
Al_2O_3 (c.)	— 1676.0	50.9	—1582.0
C (ग्रेफाइट)	0	5.7	0
CCl_4 (lq.)	— 135.4	214.4	—64.6
CH_4 (g.)	—74.9	186.2	50.8
C_2H_2 (g.)	226.8	200.8	209.2
C_2H_4 (g.)	52.3	219.4	68.1
C_2H_6 (g.)	—89.7	229.5	—32.9
C_6H_6 (lq.)	—277.6	160.7	—174.8
$C_6H_{12}O_6$ (ग्लूकोस)	—1273.0	—	—919.5
CO (g.)	—110.2	197.5	—137.1
CO_2 (g.)	—393.5	213.7	—394.4
$CaCO_3$ (c.)	—1207.0	88.7	1127.7
CaF_2 (c.)	—1214.6	68.9	—1161.9
Ca_3N_2 (c.)	—431.8	105	—368.6
CaO (c.)	—635.5	39.7	—604.2
$Ca(OH)_2$ (c.)	—986.7	76.1	—896.8
Cl_2 (g.)	0	222.9	0
Cl_2O (g.)	76.6	266.2	94.2
ClO_2 (g.)	105.0	257.0	122.3
Cl_2O_7 (lq.)	251.0	—	—
Cr_2O_3 (c.)	—1440.6	81.2	—1050.0
CuO(c.)	—162.0	42.6	—129.9
FeO (c.)	264.8	60.8	—244.3
Fe_2O_3 (c.)	—822.2	87.4	—740.3
F_3O_4 (c.)	—1117.1	146.2	—1014.2
H_2 (g.)	0	130.5	0
HBr (g.)	—36.3	198.6	—53.3
HCN (g.)	135.0	113.1	125.5
HCl (g.)	—92.3	186.8	—95.2
HF (g.)	—270.7	178.7	—272.8
HI (g.)	26.6	206.5	1.8
HN_3 (lq.)	294.0	328.0	238.8

H_2O (g.)	—241.8	188.7	—228.6
H_2O (lq.)	—285.8	70.1	—237.3
H_2S (g.)	—21.0	205.7	—33.8
KCl (c.)	—435.9	82.6	—408.0
$KClO_3$ (c.)	—391.2	143.0	—289.9
$MgCl_2$ (c.)	—641.1	89.9	—591.6
Mg_3N_2 (c.)	—461.1	87.9	—400.9
MgO (c.)	—601.8	26.9	—569.6
N_2 (g.)	0	191.5	0
NH_3 (g.)	—46.2	192.6	—16.7
NH_4NO_2 (c.)	—256	—	—
NH_4NO_3 (c.)	—365.4	151	—183.8
N_2O (g.)	82.0	219.9	104.1
NO (g.)	90.3	210.6	86.6
N_2O_3 (g.)	83.3	307.0	140.5
NO_2 (g.)	33.5	240.2	51.5
N_2O_4 (g.)	9.6	303.8	98.4
N_2O_5 (c.)	—42.7	178	114.1
NiO (c.)	—239.7	38.0	—211.6
O_2 (g.)	0	205.0	0
OF_2 (g.)	25.1	247.0	42.5
P_2O_5 (c.)	—820	173.5	—
P_2O/ (c.)	—1492	114.5	—1348.8
PbO (c.)	—219.3	66.1	—189.1
PbO_2 (c.)	—276.6	74.9	—218.3
SO_2 (g.)	—296.9	248.1	—300.2
SO_3 (g.)	—395.8	256.7	—371.2
$SiCl_4$ (lq.)	—687.8	239.7	—
SiH_4 (g.)	34.7	204.6	—57.2
SiO_2 (क्वार्त्स)	—910.9	41.8	—856.7
SnO (c.)	—286.0	56.5	—256.9
SnO_2 (c.)	—580.8	52.3	—519.3
Ti (c.)	0	30.6	0
$TiCl_4$ (lq.)	—804.2	252.4	—737.4
TiO_2 (c.)	—943.9	50.3	—888.6
WO_3 (c.)	—842.7	75.9	—763.9
ZnO (c.)	—350.6	43.6	—320.7

25° C पर जीलय विलयनों में कुछ दुर्बल विद्युत अपघट्यों के वियोजन स्थिरांक

विद्युत अपघट्य		K	pK = — log K
ऐसीटिक अम्ल CH_3COOH	1.8×10^{-5}	4.75	
अमोनियम हाइड्रोक्साइड NH_4OH		$1.8 \times 10—^{-}5$	4.75
बोरिक अम्ल (आर्थो) $H_3BO_3K_1$		5.8×10^{-10}	9.24
फोरमिक अम्ल HCOOH		1.8×10^{-4}	3.74
हाइड्रोजोइक अम्ल HN_3	2.6×10^{-5}	4.59	
हाइड्रोब्रोमस अम्ल HOBr	2.1×10^{-9}	8.68	
नाइट्रम अम्ल HNO_2		4×10^{-4}	3.40
सिलिसिक अम्ल H_2SiO_3, K_1	2.2×10^{-10}	9.66	
	K_2	1.6×10^{-12}	11.80
हाइड्रोजन परआक्साइड $H_2O_2K_1$	2.6×10^{-12}	11.58	
हाइड्रोजन सिलेनाइड H_2Se, K_1		1.7×10^{-4}	3.77
	K_2	1×10^{-11}	11.0
सल्फ्यूरिक अम्ल H_2SO_4, K_2	1.2×10^{-2}	1.92	
सल्फ्यूरिक अम्ल H_2SO_3, K_1	1.6×10^{-2}	1.80	
	K_2	6.3×10^{-8}	7.21
हाइड्रोजन सल्फाइड H_2S, K_1	6×10^{-8}	7.22	
	K_2	1×10^{-14}	14.0
टैल्यूराइड अम्ल $H_2\ TeO_3$, K_1	3×10^{-3}	2.5	
	K_2	2×10^{-8}	7.7
हाइड्रोजन टेलुराइड H_2TeO_3, K_1	1×10^{-3}		3.0
	K_2	1×10^{-11}	11.0
कार्बोनिक अम्ल H_2CO_3, K_1	4.5×10^{-7}	6.35	
	K_2	4.7×10^{-11}	10.33
क्लोरोऐसीटिक अम्ल $CH_2ClCOOH$		1.4×10^{-3}	2.85
हाडपोक्लोरस अम्ल HOCl	5.0×10^{-8}	7.30	
सिलेनस अम्ल H_2SeO_3, K_1	3.5×10^{-3}	2.46	
	K_2	5×10^{-8}	7.3
फोस्फोरिक अम्ल H_3PO_4, K_1	7.5×10^{-3}	2.12	
	K_2	6.3×10^{-8}	7.20
	K_3	1.3×10^{-12}	11.89

हाइड्रोजन फ्लुओराइट HF	6.6×10^{-4}	3.18
हाइड्रोजन सायनाइड HCN	7.9×10^{-10}	9.10
ओक्सालिक अम्ल $H_2C_2O_4$, K_1	5.4×10^{-2}	1.27
K_2	5.4×10^{-5}	4.27

सारणी 7

विचलन के विभिन्न आयनी बलों पर आयनों के सक्रियता गुणांक।

विलयन का आयनी बल	आयन Z का आवेश		
	± 1	± 2	± 3
0.001	0.98	0.78	0.73
0.002	0.97	0.74	0.66
0.005	0.95	0.66	0.55
0.01	0.92	0.60	0.47
0.02	0.90	0.53	0.37
0.05	0.84	0.50	0.21
0.1	0.81	0.44	0.16
0.2	0.80	0.41	0.14
0.3	0.81	0.42	0.14
0.4	0.82	0.45	0.17
0.5	0.84	0.50	0.21

सारणी 8

25° C **पर कम विलयशील अपघट्यों के विलेयता गुणनकल** K_{sp}

विद्युत अपघटय	K_{sp}	विद्युत अपघटय	K_{sp}
AgBr	6×10^{-13}	$CaCo_3$	5×10^{-9}
AgCl	1.8×10^{-10}	CaC_2O_4	2×10^{-9}
Ag_2CrO_4	4×10^{-12}	CaF_2	4×10^{-11}
AgI	1.1×10^{-16}	$CaSO_4$	1.3×10^{-11}
Ag_2S	6×10^{-50}	$Ca_3 (PO_4)_2$	1×10^{-29}
Ag_2SO_4	2×10^{-5}	$Cd (OH)_2$	2×10^{-14}
$BaCO_3$	5×10^{-9}	CdS	7.9×10^{-27}
$BaCrO_4$	1.6×10^{-10}	$Cu(OH)_2$	2.2×10^{-20}
$BaSO_4$	1.1×10^{-10}	CuS	6×10^{-36}

$Fe(OH)_2$	1×10^{-15}	$PbCrO_4$	1.8×10^{-14}
$Fe(OH)_3$	3.8×10^{-38}	PbI_2	8.0×10^{-9}
FeS	5×10^{-18}	PbS	1×10^{-27}
HgS	1.6×10^{-52}	$PbSO_4$	1.6×10^{-8}
MnS	2.5×10^{-10}	$SrSO_4$	3.2×10^{-7}
$PbBr_2$	9.1×10^{-6}	$Zn(OH)_2$	1×10^{-17}
$PbCl_2$	2×10^{-5}	ZnS	1.6×10^{-24}

सारणी 9

25° C पर जलीय विलयनों में मानक इलेक्ट्रोड विभव φ°

तत्व	इलेक्ट्रोड प्रक्रम	φ°, v
Ag	$[Ag(CN)_2]^- + e = Ag + 2CN^-$	—0.29
	$Ag^{+} + e = Ag$	0.80
Al	$AlO_2^- + 2H_2O + 3e = Al + 4OH^-$	— 2.35
	$Al^{3+} + 3e = Al$	— 1.66
Au	$[Au(CM)_2]^- + e = Au + 2CN^-$	— 0.61
	$Au^{3+} + e = Au$	1.50
	$Au^+ + e = Au$	1.69
Ba	$Ba^{2+} + 2e = Ba$	— 2.90
Bi	$Bi^3 + 3e = Bi$	0.21
Br	Br_2 (lq.) $+ 2e = 2Br^-$	1.07
	$HOBr + H^+ + 2e = 2Br^- = H_2O$	1.34
Ca	$Ca^{2+} + 2e = Ca$	— 2.87
Cd	$Cd^{2+} + 2e = Cd$	— 0.40
Cl	$Cl_2 + 2e = 2Cl^-$	1.36
	$HOCl + H^+ + 2e = Cl^- + H_2O$	1.49
Co	$Co^{2+} + 2e = Co$	— 0.28
	$Co^{3+} + e = Co^{2+}$	1.81
Cr	$Cr^{3+} + 3e = Cr$	— 0.74
$CrO^2{}_4 + 4H_2O + 3e = Cr(OH)_3 + 5OH^-$		—0.74
$Cr_2O^{2-}{}_7 + 14H^+ + 6e = 2Cr^{3+} + 7H_2O$		1.33
Cu	$[Cu(CN)_2]^- + e = Cu + 2CN^-$	— 0.43
	$Cu^{2+} + e = Cu^+$	0.15
	$Cu^{2+} + 2e = Cu$	0.34
	$Cu^+ + e = Cu$	0.52
F	$F_2 + 2e = 2F$	2.87

Fe	$Fe^{2+} + 2e = Fe$	— 0.44
	$Fe^{3}+ 3e = Fe$	— 0.04
	$[Fe\ (CN)_6]^{3-} + e = [Fe\ (CN)_6]4^-$	0.36
	$Fe^{3+} + e = Fe^{2+}$	0.77
H	$H_2 + 2e = 2H^-$	—2.25
	$2H^+ + 2e = H_2$	0.000
Hg	$Hg^{2}{}_{2}{}^{+} + 2e = 2\ Hg$	0.79
	$Hg^{2+} + 2e = Hg$	0.85
	$2Hg^{2+} + 2e = Hg^{2}{}_{2}{}^{+}$	0.92
I	I_2 (क.) + 2e = $2I^-$	0.54
	$2IO^-_3 + 12H^+ + 10e = I_2$ (क.) + $6H_2O$	1.19
	$2HOI + 2H^+ 2e = I_2$ (क.) + $2\ H_2O$	1.45
K	$K^+ + e = K$	— 2.92
Li	$Li^+ + e = Li$	— 30.4
Ng	$Mg^{2+} + 2e = Mg$	— 2.36
Nn	$MnO^-_4 + e = MnO^{2}{}_{4}{}^{-}$	0.56
$MnO^-_4 + 2\ H_2O + 3e = MnO_2 + 4OH^-$		0.60
$MnO^-_4 + 4H^+ + 2e = Mn^{2+} + 2H_2O$		1.23
$MnO^-_4 + 8H^+ + 5e = Mn^{2+} + 4H_2O$		1.51
Na	$Na^+ + e = Na$	—2.71
Ni	$Ni^{2+} + 2e = Ni$	—0.25
O	$O_2 + 2H_2O + 4e = 4OH^-$	0.40
	$O_2 + 2H^+ + 2e = H_2O_2$	0.68
	$O_2 + 4H^+ + 4e = 2H_2O$	1.23
	$H_2O_2 + 2H^+ + 2e = 2H_2O$	1.78
P	$H_3PO_4 + 2H^+ + 2e = H_3PO_3 + H_2O$	—0.28
Pb	$Pb^{2+} + 2e = Pb$	— 0.13
	$Pb^{4+} + 2e = Pb^{2+}$	1.69
Pt	$Pt^{2+} + 2e = Pt$	1.19
S	$S + 2H^2 + 2e = H_2S$	0.17
	$S_2\ O^{2}{}_{8}{}^{-} + 2e = 2SO^{2-}{}_{4}$	2.01
Se	$Se + 2H^+ + 2e = H_2Se$	— 0.40
Sn	$Sn^{2+} + 2e = Sn$	— 0.14
	$Sn^{4+} + 2e = Sn^{2+}$	0.15
Te	$Te + 2H^+ + 2e = H_2Te$	—0.72
Zn	$ZnO^{2}{}_{2}{}^{-} + 2H_2O + 2e = Zn + 4\ OH^-$	— 1.22
	$Zn^{2+} + 2e = Zn$	— 0.76

25°C पर जलीय विलयनों में कुछ मिश्रित आयनों के अस्थयित्व स्थिरांक

मिश्रित आयन के वियोजन का आरेख	अस्थायित्व स्थिरांक
$[Ag(NH_3)_2]^+ \rightarrow Ag^+ + 2NH_3$	9.3×10^{-8}
$[Ag(NO_2)_2]^- \rightarrow Ag^+ + 2NO_2^-$	1.8×10^{-3}
$[Ag(S_2O_3)_2]^{3-} \rightarrow Ag^+ + 2S_2O_3^{2-}$	1.1×10^{-13}
$[Ag(CN)_2]^- \rightarrow Ag^+ + 2CN^-$	1.1×10^{-21}
$[HgCl_4]^2 \rightarrow Hg^{2+} + 4Cl^-$	8.5×10^{-16}
$[HgI_4]^{2-} \rightarrow Hg^{2+} + 4I^-$	1.5×10^{-30}
$[Hg(CN)_4]^2 \rightarrow Hg^{2+} + 4CN^-$	4.0×10^{-42}
$[Cd(NH_3)_4]^{2-} \rightarrow Cd^{2+} + 4NH_3$	7.6×10^{-8}
$[Cd(CN)_4]^{2+} \rightarrow Cd^{2+} + 4CN^-$	7.8×10^{-18}
$[Cu(NH_3)_4]^{2+} \rightarrow Cu^{2+} + 4NH_3$	2.1×10^{-13}
$[Cu(CN)_4]^{3-} \rightarrow Cu^+ 4CN^-$	5.0×10^{-31}
$[Ni(NH_3)_6]^{2+} \rightarrow Ni^2 + 6NH_3$	1.9×10^{-9}

प्रश्नों के उत्तर

अभ्यास 1

1. 9.01 g/mol
2. 127 g/mol
3. 10 l
4. 108 g/mol और 16.0 g/mol
5. 137.4; Va
6. 15.0 g/mol; 24.9 g/mol
7. 79.9 g/mol; 9.0 g/mol
9. 56.0 g/mol; 3.36 l
10. 24.2 g/mol; 16.2 g/mol
11. 1.74 g
12. 32.6 g/mol
13. 1:2
16. 49.0 g/mol
17. 79.0 g/mol; 58.4 g/mol
18. 11.2 l/mol
19. a
20. b
21. a
22. c
23. c
24. a
25. c
26. a
27. b
28. 746 ml
29. 303.9 kPa
30. 273 डिग्री पर
31. 4.8 l
32. 82.3 kPa
33. 839 ml
34. 106.3 kPa
35. 1.8 m^2
36. 114° C
37. 444 ml
38. 39.4 g/mol
39. a; b
40. b; c
41. 100.8 kPa
42. pH_2 = 26.7 kPa;
pCH_4 = 80.0 kPa
43. 34.0% NO; 66.0% CO
44. 100 kPa; 17.2% CO_2,
47.3% O_2, 35.5% CH_4
45. pCH_4 = 36 kPa,
pH_2 = 42 kPa,
pCO = 13.6 kPa
46. 6.8 l
47. 20.0 g/mol
48. 215 ml, 0.019 g
49. 24.3
50. b
51. b
52. b
54. 1.06. 10^{-22}g
56. 2.69. 10^{19}
57. 1 l
59. 1 : 16 :2
61. 8. 10^{18}
62. 0.168 g; 1.23 kg; 1.456 kg
63. 43 l

64. 33.6 l

65. 44.6 mol

66. 54.8 kPa (411 mm Hg)

68. 8 l

69. परिवर्तित नहीं होता

70. 44% O_2, 56% H_2

71. 58% SO_3; 35.5% O_2; 6.5% SO_2

72. परिवर्तित नहीं हुआ

60% cl_2, 30% HCl, 10% H_2

74. 0.54 m^3

75. N_2O

76. a

77. a

78. b

79. b

80. 26.0 g/mol

81. 64.0 g/mol

82. 28 g/mol; 4.65. 10^{-23} g

83. 47 g/mol; 1.62

84. 28.0

85. 34.0

86. एक परमाणु से

87. आठ परमाणुओं से

88. 58 g/mol

89. 58.0

90. 820 l

91. 9.94 g

92. 125 kPa

93. 1 Kg

94. c

95. a

96. b

97. b

98. b

99. Na_2CO_3

100. COH_4N_2

101. V_2O_5

102. $K_2Cr_2O_7$

103. $BaCl_2$. $2H_2O$

104. $C_4H_8O_2$

105. C_{10} H_8

106. C_6H_{14}

107. C_2N_2

108. B_2N_6

109. (a) 138.5g; (b) 350 g; (c) 219 g

111. 1315 Kg

112. क्षारीय

113. 28.7 g AgCl

114. 94.6%

115. 0.08 mol Fe $(OH)_3$

O.12 mol $FeCl_3$ बाकी बचा

116. 33.6 l

117. 0.28 m^3

118. 292.5 g

119. 2 mol SO_2 और 11 mol O_2

120. 10.7 g NH_4Cl, 0.6 g NH_3

121. 5.0 m^3

122. 11.2 m^3

123. 13.9 t

124. 2.3 g

125. 38a g.

126. 17.3% Al

127. 79.6%

128. 1.36%

129. 58.3 l

130. 49.2% Mg, 20. 8% Al

131. 0.117 g

132. b

133. b

134. a

135. b

136. a

137. c

अभ्यास 2

162. a; b; d
163. b; c
164. a
165. b; c
166. c
167. c
168. c
169. b
170. b
171. c,d

अभ्यास 3

172. 5;7
173. 32
174. (a) 3d → 4p → 5S;
(b) 4 d → 5p → 6S;
(c) 4f → 5d → 6p → 7S
175. (a) 47 (Ag); (b) 31 (Ga)
176. 4 d
177. Ce; Yb
178. 6S; 6p
179. (a) 5; (b) 2; (c) 0
182. (a) 1; (b) 2; (c) 3; (d) 6; (e) 0; (f) 7
185. (a) 52; (b) 24
186. Fe
188. IV और V
198. d
199. a2
200. b
201. a2
202. b, क्योंकि a1, a3, c3, d2
203. Cr.
204. $^{31}_{15}P$
205. Ta
206. 35.49
207. 24.32
208. 1 : 1.78
209. 25 mg
210. 1.56%
211. 18 g
217. $^{206}_{82}Pb$
219. b
220. b, c, d
221. c
222. c
223. c
224. a2

अभ्यास 4

245. b2
246. a3.5
247. b2
248. b2
249. b,c,e
250. d
251. $6.03.10^{-11}$m
252. 6.41×10^{-30} kl. m = 1.9 D,
253. 0.038 और 0.020 NM
262. b2
263. b2
264. a3
272. d
273. a2
274. a2
275. b3

अभ्यास 5

280. D H° = — 100.3 kJ/mol
281. 60.5 kJ
282. 5.3 kJ/mol
283. —4137.5 kJ/mol
284. — 238.6 kJ/mol
285. —162.1 kJ/mol
286. 296.5 l
287. 1312 kJ
288. C_2H_2 के दहन पर गुना अधिक

289. —598.7 kJ

290. 52.4 kJ/mol

291. (a) 96.8 kJ; (b) 490.7 kJ; (c) — 26.8 kJ

292. 0.086 g

293. — 1113 kJ/mol

294. 23.0 kJ

295. (a) — 1423 kJ; (b) — 3301 kJ

296. (a) — 443.2 kJ; (b) — 365.6 kJ

297. (a) — 69.2 kJ; (b) 2803 kJ

303. $\Delta S < 0$, $\Delta G < 0$, $\Delta H < 0$; तापमान की बुद्धि से ΔG बढ़ता है।

305. (a) 22.5 kJ; (b) — 59.2 kJ; (c) — 3285 kJ

307. (b) और (c)

308. 129.1 kJ; 50.7 kJ; — 114.0 kJ; लगभग 1080 k

309. (a) 47.1 kJ; (b) 107.2 kJ; (c) — 13.0 kJ

310. CaO के अतिरिक्त बाकी सभी

311. NiO, SnO_2

312. b

313. c

315. b; c; e

316. a

317. b

318. a

319. b

320. a

321. a

322. 0.1 l/mol min)

323. दो गुना बढ़ जाता है।

324. 16 गुना

325. (a) नहीं ; (b) हां

326. $[A]_0 = 0.042$ mol/l; $[C]_0 = 0.014$ mol/l

327. 12 गुना

328. $v_1 = 3 \times 10^{-5}$; $v_2 = 7.2 \times 10^{-6}$

329. (a) 27 गुना बढ़ जाता है। (b) 27 गुना बढ़ जाता है। (c) 9 गुना बढ़ जाता है।

330. $V_2/V_1 = 4.77$

331. 2.5

332. 8 गुना

333. (a) 9.8 s; (b) 162 ध. 46 मि.

337. 5 गुना

338. 49.9 kJ/mol

339. 80.3 kJ/mol

340. 1.14 गुना

347. 75 kPa

348. (a) 83.3%; (b) 9 :1

349. a $(N_2)_0 = 5$ mol/l; $[H_2O = 15$ mol/l; (b) बायीं और (c) दायीं और

350. [CO] = 0.04 mol/l; $[CO_2]$ = 0,02 mol/l

351. $[H_2]_0 = 0.07$ mol/l; $[I_2]_0 = 0.05$ mol/l

352. 0. 192; $[NO_2]_0$ = 0. 03 mol/l

353. 49.6% H_2, 29.6% Br_2, 20.8% HBr

354. 62.5%

355. $[A]_0 = 0.22$ mol/l; $[C]_0 = 0.07$ mol/l

356. 0.16

357. $[AC]_0 = 0.03$ mol/l; 66.7%

358. 50%, 83.3%, 90.9%

363. बायीं और; $\Delta H^\circ < 0$

364. (a) 1.1×10^5; 0.91;
(b) 7.5×10^{-22}; 1.4;
(c) 7.4×10^5; 3.0×10^{-6}

365. 319 K

366. 885 K

367. K = 25.4;
[A] = [B] = 0.22 mol/l;
[AB] = 0.78 mol/l

370. b

371. a; d

372. b;d

373. b

374. b

375. a

376. b

377. b

378. b;d

379. b;d

380. a

381. c;d

382. b

383. a

384. b;d

385. b

अभ्यास 6

386. 12.5%

388. 430 g

388. 1.83 g/ml

389. 66.7%

390. 26.5%

391. 150 g

392. 1107 g

393. 5 kg

394. 33.6%

395. 8.6%

396. 342 ml

397. 12%

398. 2.49 l

399. 20%

400. 28.7 mol

401. 3.90 kg

402. 1.88 mol

403. 6.4%

404. 175 g

405. 234. 6 g

406. 850 g

407. 6.9 l

408. 57.1 g

409. 5.1 g

410. 6.63 g

411. 0.25 N

412. 11.7 mol/l

413. 0.333 l; 2 l

414. 53.3%; 6.22 mol/kg

415. 6.9 ml

416. 75 ml

417. 187.5 ml

418. 10.4 ml

419. 7.94 mol/l; 10.6 mol/kg

420. 28.3%

421. 0.905; 0.905

422. (a) 40.0%; 95 mol/l; (c) 11.9 mol/kg; (d) 0.176; 0.824

423. (a) 93.2 g/l; (b) 1.69 mol/l; (c) 1.80 mol/kg

424. (a) 93.2 g/l; (b) 0.27 mol/l; (c) 0.29 mol/kg

425. 114 g

426. 125 ml

426. 125 ml

427. 1.90 l

428. 62.5 ml

429. 163.5 ml

430. 7.52 N; 30.2%

431. 11.8 N

432. 183 ml

433. 1 : 3.75

434. 0.25 l

435. 10 g

436. 10 g

437. 0.3 N; 24 ml

438. 45 g/mol

439. 40 g/mol

440. 594 ml; 891 ml

441. 10 N

442. 50 g

443. 10.8 g

444. नहीं

445. 48.5 g

446. 8.55 l.

447. 33.2%

448. 760 kPa

449. 35% O_2

450. 90% N_2O, 10% NO
451. 483 kPa
452. —42.2 kJ/mol
453. — 75.6 kJ/mol
454. 8.9 k पर
455. — 77.7 kJ/mol
456. 8.1 K पर
457. 1.24 MPa
458. 311 kPa
459. 9.0 g
460. 1.14 MPa
461. 4.95×10^4
462. 426 kPa
463. 92
464. 0.001 mol
465. 4.1 kPa
466. 24.8 kPa
467. 98 kPa
468. 54 Pa पर
469. 55.7 g
470. 0.26 डिग्री पर
471. 101° C
472. — 27° C
473. (a) 18.4 g; (b) 65.8 g
474. 2 :1
475. — 8° C के लगभग
476. 32
477. 145
478. आठ परमाणुओं से
479. $C_6H_6O_4$
480. 32; 13.4 Mpa
481. (a) 311.7 kPa; (b) — 0.25° C; (c) 100.7° C; (d) 2.33 kPa
482. a; c
483. c
484. b
485. b
486. a
487. c
488. b
489. c
490. a
491. a
492. b
493. a

अभ्यास 7

494. 0.24 mol Na_2SO_4, 0.02 mol NaCl, 0.64 mol KCl
495. 0.055
496. 5×10^{-4}
497. $K = 1.8 \times 10^{-4}$; $pK = 3.75$
498. 4.5×10^{-7}
499. 0.01 mol/l
500. 2.3 mol/l
501. 900 ml
502. 6×10^{-3} mol/l
503. 0.014 mol/l
504. $[H^+] = [HSe]^- = 2.9 \times 10^{-3}$ mol/l
505. 167 गुना
506. 1.8×10^{-4} mol/l
507. तृतीय चरण के लिये
508. 1.86
509. 0.7
510. 0.9
511. 0.75
512. 0.75
513. 0.04
514. 434 kPa
515. a
516. b
517. c
518. c
519. c
520. a
521. $a_{K+} = 0.0164$ mol/l $a_{SO_4^{2-}} = 0.0045$ mol/l

522. a_{Ba2+} = 7.8 × 10^{-4} mol/l a_{Cl-}=1.9× 10^{-3} mol/l

523. 0.95

524. L = 0.06; a_{Ca2+} = 6.4 × 10^{-3} mol/l a_{cl} = $a_{NO^-_3}$ = 1.5 × 10^{-2} mol/l

525. I = 0.0144; a_{Ba2+} = 2.8 × 10^{-3} mol/l a_{Cl-} = 8.4 × 10^{-3} mol/l

526. a_{H+} = 3.2 × 10^{-3} mol/l

527. f_{Cl-} = 0.99 fSO_4^{2-} = 0.95; fPO^{3-}_4 = 0.90; f $[Fe(CN)_6]^{4-}$ = 0.83

528. (a) 10^{-10} mol/l; (b) 3.12 × 10^{-9} mol/l; (c) 1.35 × 10^{-4} mol/l

529. (a) 10^{-11} mol/l; (b) 1.54 × 10^{-7} mol/l; (c) 7.14 × 10^{-3} mol/l

530. (a) 6.70; (b) 2.09; (c) 9.57

531. (a) 10.66; (b) 8.70; (c) 5.97

532. 3.38

533. 11.40

534. 1.5 गुना

535. $[H^+]$ = 6.3 × 10^{-7} mol/l; $[OH^-]$ = 1.6 × 10^{-8} mol/l

536. (a) 10.78; (b) 5.05; (c)2.52; (d) 3.38

537. 2.2 × 10^{-6} mol/l

538. aOH^-= 0.16 mol/l; $paOH^-$= 0.80

539. 2.35

540. $[H^+]$ = 6.0 × 10^{-3} mol/l; $[OH^-]$ = 1.7 × 10^{-12} mol/l; pOH = 11.78

541. 0.82

542. 4.75

543. (a) 0.3 बढ़ जाता है; (b) 0.15 बढ़ जाता है; (c) परिवर्तित नहीं होता

544. b;c

545. a

546. b

547. c

548. b

549. c

550. b

551. 4.8 × 10^{-9}

552. 9.2 × 10^{-6}

553. 4 × 10^{-12}

554. 8 × 10^{-9}

555. 7.1 × 10^{-4} g

556. 8.36 × 10^{-5} g

557. 408 l

558. 1.6 × 10^{11} l

559. 32500 गुना

560. हां

561. हां

562. हां

563. 2230 गुना

564. (a) 2.15 × 10^{-4} mol/l; (b) 1.4 × 10^{-5} mol/l; 15.4 गुना

565. 72 गुना

566. a

567. b

568. a

569. c

570. a

571. a

579. Kr = 1.5 × 10^{-11}; h = 3.9 × 10^{-5}; pH = 7.50

580. Kr − 5.6 × 10^{-10}; h = 2.4 × 10^{-4}; pH = 5.63

581. 11.66

582. 0.1 M विलयन में h= 1.12 × 10^{-2}, pH = 11.05; 0.001 M विलयन में h-0. 107, pH-10.03

583. 9.15 (25°C); 9.65 (60°C)

584. 10^{-7}

586. **नारंगी रंग का**

590. b

591. a

592. a

593. c

594. c

595. a2

596. b; d; f;g

अभ्यास 8

604. b; c; e
605. a; d; e
606. a
607. a; b;d
630. (a) 49.03 g/mol; (b) 49.03 g/mol; (c) 12.26 g/mol
631. 94.8 g/mol; 6.2 g/mol; 17.0 g/mol
632. (a) 1/3 mol; 46,2 g/mol; (b) 1.7 mol; 17.3 g/mol
633. (a) 6; (b) 5
634. 0.134 g
635. 0.304 g
636. 0.76 g I_2; 0.134 l NO
637. 2.46 N
638. 16.3 g
640. (a) Mg से Pb की ओर, (b) Pb से Cu की ओर; (c) Cu से Ag की ओर
641. 0.80 V
642. — 0.126 V
643. — 2.39 V; — 2.42 V; — 2.45 V
644. 0.41 V; — 0.21 V; — 0.63 V
645. 0.01 mol/l
646. — 0.28 V
648. हां
649. 0.1 mol/l
651. 0.71 V
652. 7.6
653. 0.044
655. a
656. d
657. c
658. a
659. b; c
660. b
661. a, b, c — सीधी दिशा में
662. b; c; d
663. (a) नहीं (b) हां
664. (a) 2×10^{37}; (b) 2.2
665. (a) $K = 1.6 \times 10^{12}$; (b) $K = 8.6 \times 10^{15}$
666. (a) नहीं, $K = 3.6{:}\ 10^{-15}$ (b) हां, $K = 5.5 \times 10^{10}$
667. c; d; f
668. a; e
669. a
670. a; b; d
671. c
672. c
673. c
674. a
681. Ag, Cu, Ni
682. Ag, Bi, Pb, Fe
687. 1.60 g
688. 12 g
689. 53.6 घंटे
690. 4×10^9 kl
691. 627 ml
692. 1.25 l
693. (a) 1.93×10^5 kl (b) $2,41 \times 10$kl
694. 6.19 घंटे
695. 23.7 g
696. 48.8 g/mol
697. 56.2 g/mol
698. 114.8
699. a
700. c
701. b
702. a
703. b
704. d

अभ्यास 9

708. 40 ml
719. 9.3×10^{-9} mol/l
720. 7.8×10^{-15} mol/l
721. 5.9×10^{-11} g
722. (a) नहीं; (b) हां

723. 1.0 mol अधिक
724. $[Ag^+] = 7.4 \times 10^{-9}$ mol/l; 1.4 g NaCl से अधिक नहीं
725. a
726. a
727. c
729. (a) अनुचुबंकीय; (b) प्रतिचुंबकीय
731. 349 kJ × mol^{-1}; 326 kJ × mol^{-1}; 326 kJ × mol^{-1}
732. नारंगी; 472 NM
733. रंगहीन; 376 NM
735. d^2sp^3
736. cp^3
737. d^2cp^3
738. चतुष्फलकीय; बनुचंबकीय
739. चतुष्कलकीय
740. समतल वर्ग
741. d^2cp^3
742. a
743. a3; c3; e3; f3
744. a3; c3; d3; e3
745. b2

अध्याय 10

752. 46.2 g
753. 750 g
754. 61. lg
755. Mg_3Sb_2
756. $MgCu_2$ और MgCu
757. 617.3 g

अभ्यास 11

784. 470 kg CaH_2; 1460 kg Zn और 2190 kg H_2SO_4
790. 2.02%
793. al; el
794. b3
795. b2
796. b
804. 0.12 g/mol
816. 61.2 g
821. g
822. al; c4; el.3; f4
828. 1000 ml O_3; 6.44 kJ
847. 9.1
851. 13.44 l
853. 2.08 g $NaHCO_3$
857. 48.92 g; 24.46 g
858. 133.6 g और 66.86 g; दोनों स्थितियों में आक्सीकरण पर अम्ल की समान मात्रा व्यय होती है।
861. a; c
862. c
863. cl; d3; el; h3; Il
864. a2.3; dl; el
865. c2.3
866. c2; d3; el; f2; h2; Il
872. 197 g और 152 g
874. 7.2 t
876. 67.2 l
882. pH = 8.79; h = 6.2×10^{-5}
902. 4 में से और; 2 में से
903. 5.4×10^5 kJ
923. a; b
924. c4
925. a3
926. b3; b4
927. a2
928. a3; b2; d2; el; f2
929. a; c
930. a
931. a2
937. 215 l
939. 11.16
943. (a) 28 l; (b) 56 l
947. 5.6 t; 2240 m_3
954. a2
955. b; c
964. 5.75%
965. 23.6% KCl; 76.4% NaCl

967. 4.47 kJ

968. 375 ml

969. 27.8 kJ

983. 49.9%

984. 28.77% Cu, 3.98% Sn, 67.25% Zn

985. a; b

986. c

987. al; bl; c2

988. c

989. b;c

990. b

991. d

1001. — 744.8 kJ

1013. 1164 kJ

1005. $CaSO_4$, $2H_2O$

1006. 12.5%

1011. 40.2% $ZnCO_3$; 59.8% ZnO

1012. 2950 kJ

1018. 106 g

1019. 5 m equal /l

1020. 1.22 g

1021. 144.7 mg

1022. 1.22 g

1023. 8.52 m equal/l

1024. 0.28 m equal/l

1026. a; d; f

1027. b; c; d

1028. b

1029. a

1030. a

1031. c

1039. 5.49 g

1042. 16.2 mg पर

1048. 6.26×10^{-5} mol/l

1051. a2

1052. a; c; d

1053. c; d

1054. a

1055. a; c; d

1077. 294.7 g

1081. 67.2 l

1084. 2.63 g; 1.58 g

1092. c

1093. c

1094. b; c

1095. c

1096. a

1099. 29.8%

1106. $\Delta H° = 39.7$ kJ

1115. 0.5173 mol/l

1122. cl

1123. c

1124. c; d

1125. a2

1126. a

1127. b3